U0182741

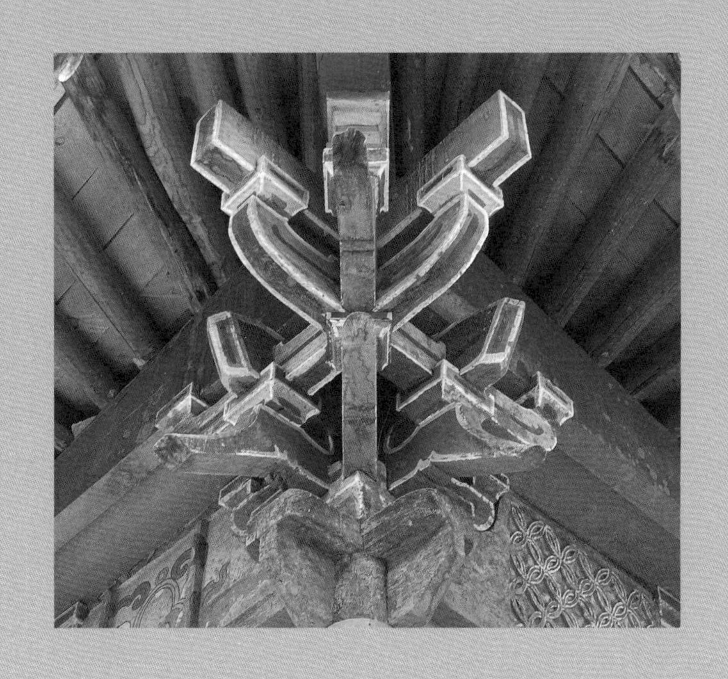

西藏藏传佛教建筑史

A History of Tibeatan Buddhist Architecture

汪永平　牛婷婷　宗晓萌　等著

东南大学出版社
南京

本书编写人员

上 卷

牛婷婷　宗晓萌　汪永平　李晶磊

赵　婷　承锡芳　周　航　徐　燕

下 卷

汪永平　梁　威　侯志翔　徐鑫鸣　王　浩

宗晓萌　曾庆璇　储　旭　周映辉　沈　芳

序　言

公元641年，美丽的大唐王朝文成公主在江夏王李道宗的护送下，携带了大量的书籍、工具、农作物的种子等，历经千辛万苦，来到了年轻的吐蕃王国。随她同来的还有一尊释迦牟尼佛像，至今仍完好地供奉在拉萨的大昭寺，这尊佛像见证了1300多年来佛教在西藏的传播和发展。

文成公主和尺尊公主的入藏，带去了大唐和尼泊尔先进的生产技术，更重要的是将佛教传入吐蕃。在当时的吐蕃，佛教是一种全新的思想体系，在对这种新文化尚未完全透彻的领悟之前，模仿是最基本也是最有效的学习途径。佛教作为一种外来的思想文化，它不可避免地与本土宗教——苯教发生矛盾，两种文化在多次的斗争中不断地相互学习、共同发展。苯教有着广泛群众基础，而佛教仅在部分上流人士之间流传，为了扩大影响站稳脚跟，佛家高僧们借用苯教的方式和方法发展佛教，并取得了一定的成果。虽然历经了“三法王”时期的快速发展，佛教在吐蕃的根基依然薄弱，公元9世纪，吐蕃王朝最后一位赞普朗达玛对佛教实施了一系列毁灭性的打击，一时间佛教在吐蕃几乎绝迹。史学界将这段时期佛教在西藏的传播发展称为藏传佛教的“前弘期”。

宗教和政治在西藏社会一直有着扯不断的联系，“朗达玛灭佛”之后的数百年时间里，佛教在西藏发展缓慢，直到公元10世纪初，在地方割据势力的支持下，佛教才又得到了恢复，并且以极迅猛的速度发展。此时的佛教徒们已然认识到贵族和封建领主的支持是必不可少的，但坚实的群众基础才是长久而稳定的发展之策，于是开始利用教义教理来安抚和笼络人民群众，并取得了可喜的成效。佛教在西藏传播多年，不断地从藏文化和苯教文化中吸收有利于自身发展的元素并将其融汇，最终形成了具有藏族本土特色的藏传佛教。佛学大家不断涌现，他们各自著书立传，广收僧徒，因为修习佛教的内容各有侧重而形成了藏传佛教下的不同教派。这其中比较著名的就是噶当派、萨迦派、噶举派、宁玛派、格鲁派。教派影响力不断扩大，封建割据势力与宗教势力的相互影响也日益加剧，出现了由某一家族同时掌管地方政权和教派的宗教权力的情况。至公元13世纪，元政府将西藏地区的行政权力赐予萨迦派高僧，委任其代为管理西藏地区的政教事务，西藏地区的政教合一体制正式确立。此后又有多个教派担任过西藏地区的实际掌权者，而格鲁派则是其中影响力最大、掌权时间最久的教派。

公元1409年，宗喀巴大师在拉萨创立格鲁派。在与其他教派的斗争中，格鲁派逐渐取代噶当派成为西藏地区的第一大教派。公元1642年，通过战斗获得西藏实际管理权的蒙古部落首领固始汗将卫藏的行政权赠予当时格鲁派精神领袖之一的五世达赖喇嘛阿旺罗桑嘉措，五世达赖遂在居住的哲蚌寺甘丹颇章建立了西藏地方政权，史称“甘丹颇章政权”。此后，清政府也册封了多位达赖喇嘛，并于公元1751年，正式认可七世达赖喇嘛为西藏地区最高政教领袖，政教合一体制由此达到巅峰。而与此同时，藏传佛教在西藏以外的地区获得了最大最广泛的影响力，被清政府定为“国教”，也是蒙古草原各部落共同信奉的唯一宗教。

佛教在西藏的发展经历了从无到有到繁荣的过程，从学习模仿，到形成特色，再到向外扩散影响，从传播学的角度看，正是经历了一段由接受者到传播者的变化过程。而寺庙建筑在西藏的发展也是基于这样的历史发展背景的，从最开始的学习模仿到形成自己的形制再作为文化传播的一种手段影响其他地区的寺庙建设。

前弘期的寺庙从使用功能上看较为简单，以供奉佛像为主要目的；采用的形式要么是简单的藏式做法——面积较小的方形空间，外围环绕礼拜道，要么是对外地佛教寺庙的模仿——主要是对印度的一些著名寺庙的模仿；当时吐蕃的建造技术尚不发达，寺庙修建的工匠多来自内地和尼泊尔、印度等地，所以建筑的营造风格也以内地和尼泊尔的为主。总体来看，寺庙作为一种全新的前所未有的建筑类型，在这一时期还处在模仿学习的阶段。

后弘期开始后，藏族人逐渐掌握到了主动权，在理解佛家思想的基础上开始有自己新的主张，寺庙建筑在这一时期也开始从单纯的模仿转向对自我形式的探讨。这种探讨首先源于佛教所处的社会背景的变化：对使用功能的要求不断增多，原来以供奉佛像为主的建筑形式显然不太能满足使用；藏族本土营造技术的不断提高，为满足多种使用要求的建筑空间的形成创造了可能，也为寺庙建筑的进一步本土化奠定了基础。“前堂后殿”“前堂侧殿”的平面模式在这一时期基本形成。

到公元15世纪，格鲁派迅速崛起；在和其他教派的数百年争斗之后，格鲁派最终取得了西藏地区的最高政教权力，也促使了寺庙建筑的进一步定型推广。“前堂后殿”的三段式平面布局、“两实夹一虚”的立面处理手法，都已经成为今天我们辨识藏传佛教寺庙建筑的典型特征。这种近乎统一的建筑形制从公元17世纪传承至今，得益于五世达赖喇嘛在西藏强大的政治、宗教双重影响力。此后，不仅本教派，其他教派的寺庙修建也开始以此为模板。可以说，格鲁派时期的寺庙建筑是藏传佛教寺庙建筑发展的一个阶段性的终点，它标志着寺庙建筑在西藏走完了从无到有逐步摸索的过程，并最终确定了类型模式。建筑是文化的物质体现，随着藏传佛教向东的发展，藏传佛教寺庙建筑的形式成为蒙古草原、内地藏传佛教寺庙修建时效仿的对象，并且与当地的建筑工艺相融合，形成了我们今天所看到的极具地域特色的藏传佛教寺庙建筑。

纵贯西藏历史，宗教自始至终扮演着一个十分重要的角色，从最开始源于自然崇拜和本土文化的苯教，到外来的佛教，到佛苯融合成为新的藏传佛教，宗教文化是藏族文化的重要组成，甚至可以被认为是藏族文化的核心内涵。20世纪80年代，常霞青写了《麝香之路上的西藏宗教文化》一书，以自己在西藏地区多年的工作实践所得，对藏族的族源问题、独特的宗教文化等方面做了专题性探讨，认为藏族是由不同文化心理的族群集团长期混居凝聚而成的，藏传佛教是西藏固有的文化和佛教文化共同作用下的产物。对于宗教文化的研究是从宗教诞生之日起从未间断过的一个连续的过程，藏传佛教体系下的不同教派的产生也可理解为是基于不同人群对于宗教文化理解上的差异。《麝香之路上的西藏宗教文化》的写作基础，不仅需要从宏观角度了解西藏宗教文化的发展，也要从微观角度了解不同教派尤其是格鲁派独特的宗教文化。图齐教授在宗教史方面也颇有研究，著有《西藏宗教之旅》，从前弘期到后弘期，以简单概括的方式综述了藏传佛教文化在西藏的发展历程；王森先生是国内颇具知名度的藏族宗教史方面的专家，他写作的《西藏佛教发展史略》一书，对西藏佛教发展的兴衰沿革做了清晰的说明；美国的梅·戈尔斯坦是一位著名的人类学家，在1991年，出版了《西藏现代史（1913—1951）——喇嘛王国的覆灭》一书，从人类学研究的角度勾画了在20世纪上半叶西藏封建农奴制度瓦解前夕，文化思潮剧烈冲击下的宗教与社会的变革。随着新中国的建立和西藏的和平解放，研究西藏文化的国内外人士逐年增多，研究的内容越来越细节化，也有一定的分歧存在，但是在藏族文化的宗教性这一点上是基本一致的。从对藏传佛教在西藏宗教文化领域的研究，延展到对西藏社会发展的影响和对西藏以外地区的影响的研究。这方面的研究专著有《明清之际藏传佛教在蒙古地区的传播》《蒙藏佛教史》等，还有大量的研究文献和学位论文，如《藏传佛教与藏区民众日常生活的关联性分析》《藏传佛教寺院教育的功能及其改造》等。

虽然西方学者对于西藏文化研究开始的时间较早，但是研究的内容多集中于西藏的历史、宗教和社会发展等方面，研究建筑的专著很少，对寺庙建筑的系统研究更少。只有在早期少数学者的游记中有零星的涉及，对佛教建筑的论述多是从宗教的角度出发，重点还是放在西藏的宗教上，如德国藏学家霍夫曼（Helmut Hoffmann）著的《西藏的宗教》，意大利的图齐（Giuseppe Tucci）和德国的海西希（Walther Heissig）合著的《西藏和蒙古的宗教》等。从建筑的角度来关注藏传佛教寺庙建筑的专著有：丹麦的克纳德·拉森（Knud Larsen）与挪威的阿穆德·希丁·拉森（Amund Sinding-Larsen）在2005年出版的《拉萨历史城市地图集：传统西藏建筑与城市景观》，其中收录了许多拉萨早期的地图及图片，为现今学者的研究提供了宝贵的资料；安德烈·亚历山大（Andre Alexander）编写的 *The Temples of Lhasa: Tibetan Buddhist Architecture from the 7th to the 21st Centuries*（《拉萨的寺庙：7—21世纪的藏传佛教建筑》)，对拉萨地区的藏传佛教寺庙建筑依次做了简单的梳理，以个例说明的形式从建筑学的角度进行了简单的分析。在20世纪90年代，西藏遗产基金会（Tibet Heritage Fund）曾以中、英、藏三语的形式编写了《拉萨八廓街区历史古建筑物简介》一书，通过测绘建筑记录历史的方式，对以大昭寺为中心的拉萨八廓街周边的主要寺庙、民居等历史建筑做了整理。

藏传佛教是藏族社会生活的重要组成，寺庙建筑也逐渐发展成为藏式传统建筑中最主要的建筑类型之一。在现代建筑理论研究开始之前，藏族的学者也对寺庙和寺庙建筑有一定的记载：如拔塞囊所著的《拔协》，就是一本详细介绍了桑耶寺修建历史的书籍，书中记述了寺庙修建的背景以及从选址奠基到最终建成的十二年完整过程；钦则旺布多年游历后著的《卫藏道场胜迹志》，对前后藏多座寺庙的地理位置做了详细描述；第悉·桑结嘉措撰写了《格鲁派教法史·黄琉璃宝鉴》，记述了教派的发展由来，同时对其在位时期管理的格鲁派寺庙做了一次较为完整的统计，范围包括卫藏中心的拉萨、后藏的日喀则、上部的阿里三围、下部的西康地区等；在很多历史书籍中也有重要寺庙修建的相关信息。宿白先生是藏式传统建筑研究的老前辈，他曾在1996年编著了《藏传佛教寺院考古》一书，以大量的实例数据为依托，对时存的各历史时期的重要寺庙建筑做了较为详细的记录，为后续研究提供了翔实客观的资料参考，同时宿白先生也对藏式寺庙建筑各个时期的发展变化做了研究。《藏传佛教寺院考古》是具有较高学术参考价值的专著。

除此之外，以寺庙建筑作为研究对象的系统性专著并不是很多，常见的主要是对藏传佛教寺庙进行白描式陈述和背景罗列的书籍，如杨辉麟编著的《西藏佛教寺庙》，仲布·次仁多杰主编的《十至十二世纪西藏寺庙》，蒲文成主编的《甘青藏传佛教寺院》等；或是以单一寺庙作为研究对象的书籍，如《西藏夏鲁寺建筑及壁画艺术》《雪域名刹萨迦寺》《大昭寺》《托林寺》等。

除了上述书籍，我国藏学研究方面的杂志有《中国藏学》《西藏研究》等，多年来刊登了一系列关于藏传佛教寺院组织制度、发展背景和建筑概况的论文。西藏大学的杨永红曾在《西藏研究》中发表了一系列关于藏式传统建筑军事防御特点的文章，其中一篇《西藏古寺庙建筑的军事防御风格》对西藏地区诸多古代典型的寺庙建筑进行了分析，并扼要地论述了西藏古代寺庙建筑的军事防御风格、特点和形成原因。也有很多高校的研究生选择了西藏寺庙建筑作为论文选题，如西安建筑科技大学宫学宁的论文《内蒙古藏传佛教格鲁派寺庙——五当召研究》，重庆大学李臻赜的论文《川西高原藏传佛教寺院建筑研究》，陕西师范大学朱普选的论文《青海藏传佛教历史文化地理研究——以寺院为中心》，等等。在汪永平教授的指导下，南京工业大学建筑学院先后完成了多篇硕士学位论文：《哲蚌寺建筑研究》《拉萨藏传佛教寺院建筑研究》《藏传佛教寺院建筑装饰研究》《西藏山南地区藏传佛教寺院建筑研究》《萨迦寺研究》《江孜白居寺研究》《扎什伦布寺及其与城市关系研究》《西藏传统建筑建造技术研究》《夏鲁寺及夏鲁村落研究》《大昭寺研究》《经院教育制度下的西藏格鲁派大型寺庙研究：以甘丹寺与色拉寺为例》等，形成了一个较为完整地对藏传佛教建筑研究的体系。

本书介绍的对象是寺庙，在文中如无特别指出则指代广义的寺庙。由于到了格鲁派执政时期，寺庙规模日益扩大，组织体系也日趋完善，笔者认为大型寺庙更准确的定义应该是“寺院”，所以在本书中将“寺庙”和“寺院”做了区分。另书中涉及的地名及行政区域划分为笔者调研时的名称，现在有所调整，书中不再一一更改。

阶段时间的划分：前弘期始于松赞干布迎娶两位外族公主而止于朗达玛灭佛；后弘期开始于“上路弘传”和“下路弘传”（对于“前弘期”和“后弘期”后文将有专门的说明）。格鲁派的确立时间是宗喀巴大师创立拉萨传召法会和甘丹寺创建的1409年。

漫长的一千多年时间，在经历了多次挫折之后，藏传佛教完成了一次华丽的转身，由一个被动的接受者成为一个颇具影响力的传播者。格鲁派成为藏传佛教的主要代表者，以前所未有的广度和深度影响着藏族聚居区甚至藏族聚居区以外的广阔世界，作为政教合一体制最后的见证者，格鲁派完成了将藏传佛教寺庙建筑定型化并对外推广的历史使命，在藏族佛教建筑史上留下了浓墨重彩的一笔。

目 录

下卷

上卷

1 绪论——西藏概况

1.1 自然概况

西藏自治区位于中华人民共和国西南边陲，青藏高原的西南部。它北临我国的新疆维吾尔自治区，东北连接青海省，东接四川省，东南与云南省相连，南部和西部与亚洲的缅甸、印度、不丹、尼泊尔等国家和地区接壤，形成了中国与上述国家和地区边境线的全部或一部分，全长近4000公里。由此可见，西藏处在黄河文明、长江文明、印度文明、西亚文明以及中亚文明等亚洲几大古文明的交汇之处，可以吸收融合多样的外来文化，彰显出地理位置的独特性。

西藏为青藏高原的主体，平均海拔4000米以上，是著名的“世界屋脊”。这里地形复杂，大体可分为三个不同的自然区：北部是藏北高原，位于昆仑山、唐古拉山和冈底斯山脉、念青唐古拉山脉之间，约占全自治区面积的2/3。由一系列浑圆而平缓的山丘组成，其间夹着许多盆地，是西藏主要的牧业区。在冈底斯山脉和喜马拉雅山脉之间，即雅鲁藏布江及其支流流经的地方，是藏南谷地，这一带有许多宽窄不一的河谷平地和湖盆谷地，地形平坦，土质肥沃，是西藏主要的农业区。藏东是高山峡谷区，大致位于那曲以东，为一系列东西走向逐渐转为南北走向的高山深谷，其间挟持着怒江、澜沧江和金沙江三条大江。山顶终年不化的白雪、山腰茂密的森林与山麓四季常青的田园，构成了峡谷区奇特的景色。蜿蜒于西藏高原南侧的喜马拉雅山脉，其主要部分在中国与印度、尼泊尔、不丹的交界线上，全长2450公里，宽约200~300公里，平均海拔在6000米以上。西藏境内河流众多，著名的有金沙江、怒江、澜沧江和雅鲁藏布江。西藏还是国际河流分布最多的一个中国省区，亚洲著名的恒河、印度河、布拉马普特拉河、湄公河、萨尔温江、伊洛瓦底江等河流的上源都在这里。

西藏的气候具有西北严寒干燥、东南温暖湿润的特点，并呈现出由东南向西北的带状更替，即亚热带—温暖带—温带—亚寒带—寒带，湿润—半湿润—半干旱—干旱。总体而言日照多，辐射强，昼夜温差大，干湿分明，多夜雨。冬春干燥，多风，气压低，氧气含量较少。西藏是中国太阳辐射能最多的地方，日照比同纬度的平原地区多一倍或三分之一，日照时数也是全国的高值中心；这里也是空气最稀薄的地方，每立方米空气中所含氧气仅相当于平原地区的62%至65.4%。由于日照多，辐射强，即使寒冷的冬季，晚间温度将至零下，白天仍然暖意融融。

气候对西藏建筑的形式、结构、材料与施工方法，有比较直接、明显的影响。如为了抵御寒冷气候，藏式传统建筑特别是农牧民群众的房屋墙体较厚，层高普遍偏低，间架和门窗尺寸不大；在建筑中基础深度小，因而墙体下部的地垄墙替代了部分建筑基础的功能，建筑基础与上部墙体结构没有明显的区分，形成了藏式建筑“下大上小”的建筑特色。又如在西藏许多地区采用平顶屋面，这与它少雨的天气也是分不开的。

1.2 历史及地域概况

公元7世纪，雅砻河谷地区悉补野王族首领松赞干布，先后兼并了周边的大小部落，一统全境，建立了强大的奴隶制政权——吐蕃王朝。“唐代杜佑所撰的《通典》中，就已记载了悉补野首领论赞弄囊即囊日论赞，于隋开皇年间（581—600年）崛起于匹播城（今西藏琼结县）。据藏籍记载，囊日论赞与次绷氏生子松赞干布，囊日论赞晚期，众叛亲离，被臣下毒死。松赞干布嗣位后，诛戮叛臣，

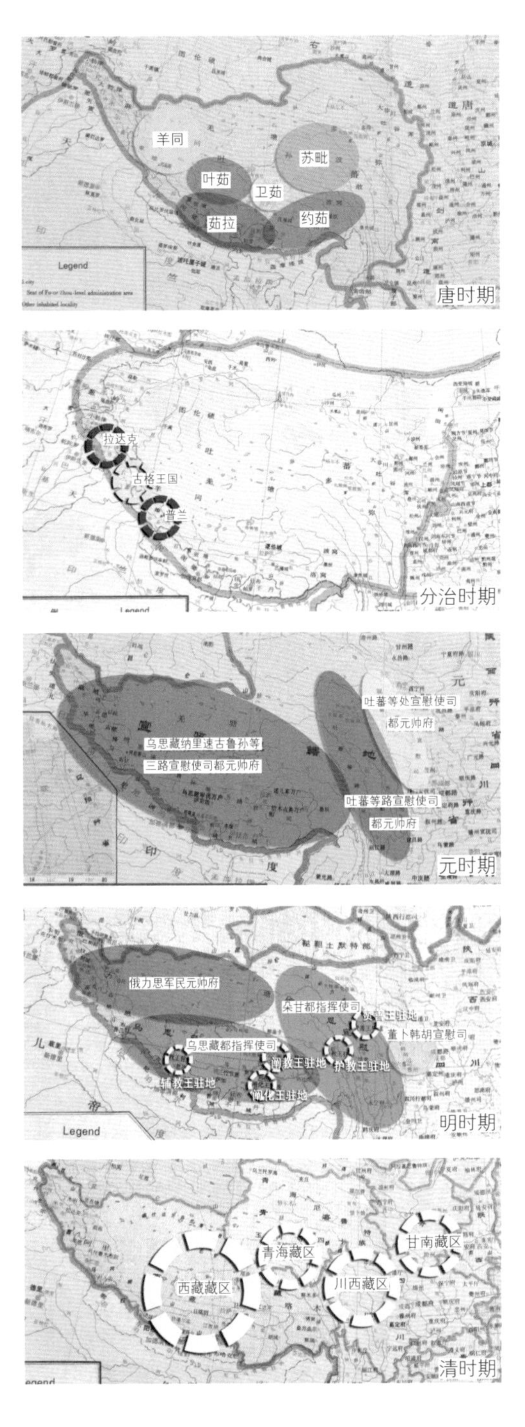

图 1–1 各历史时期西藏的地域划分
底图来源：《简明中国历史地图集》

先后降服达布、工布、娘布、苏毗等部。约于 644 年，最后兼并极西地方的羊同，完成了统一吐蕃全境的大业……”[1] 此后，松赞干布又征服了象雄国，在吐蕃设置了六“茹”，即六个主要的行政区划：卫茹、约茹、叶茹、茹拉、苏毗茹和象雄茹。松赞干布死后，他的子孙并没有放弃疆域的扩张，向东击败了吐谷浑、党项、白兰等部族（今青海、甘肃地区），向西蚕食了唐朝的龟兹、疏勒、于田、碎叶等西域重镇（今新疆地区）（见图 1–1）。

公元 842 年，赞普朗达玛被弑后，各割据势力在吐蕃境内连番争战，赞普后裔被驱赶至吐蕃的西北部，分别建立了三个小的割据政权：一子占据芒域，以今克什米尔的列城为中心，成为拉达克的首领；一子以今阿里普兰为中心建立政权；还有一子占据扎不让，以今阿里地区札达县为中心，建立了古格王国，也是后弘期上路弘传的发源地（见图 1–1）。

后弘期西藏的地域划分和称谓大多延续了元代确立的方式，主要的藏族聚居区被划分为三个行政区：乌思藏纳里速古鲁孙等三路宣慰使司都元帅府，简称乌思藏宣慰司，管辖的范围是现在昌都以西的西藏大部和克什米尔的拉达克地区，“乌思藏”指的就是包括“前藏”（或称“卫”）的拉萨、山南地区以及“后藏”（或称“藏”）的日喀则地区，而“纳里速古鲁孙”指的就是阿里三围；吐蕃等处宣慰使司都元帅府，简称朵思麻宣慰司，管辖的范围主要是甘肃南部、青海东部和南部以及四川西北部的藏族聚居区；吐蕃等路宣慰使司都元帅府，简称朵甘思宣慰司，管辖范围是西藏昌都地区和靠近昌都的四川阿坝、甘孜藏区（见图 1–1）。

明代延续了元代管理西藏地方的诸多政策，但在行政管理区划上较元有所改变：“又遣使诏谕西番各族，授其僧俗首领以国师、法王及都指挥、宣慰使、招讨使、元帅、万户等官，因俗以为治。阐化、赞善、护教、阐教、辅教五王[2]各有分地，相当于西藏自治区除阿里以外及青海玉树州之地。又置俄力思军民元帅府于今阿里地区。又设乌思藏、朵甘二都指挥使司于五王之地。封大宝、大乘、大慈等法王[3]于乌思藏之地，设董卜韩胡、长河西鱼通宁远二宣慰司于四川徼外今四川甘孜、阿坝州之地。”[4]（见图 1–1）

“清代的西藏地方的政区范围基本形成于 1728 年（雍正六年）。当年，清王朝派大军进藏平息了阿尔布巴等人的内乱后，将打箭炉（康定）、巴塘、理塘划归四川省管辖，中甸、阿墩子、维西等地归云南省管辖。”[5] 此后，又将巴彦南称（今属青海玉树地区）划归西宁办事大臣管辖，西藏地区的边界基本确定（见图 1–1）。

从历史上行政区划的变化可以看出，除了现今的西藏自治区外，在青海、甘肃、云南、四川等省区的部分区域还有我国境外的克什米尔、拉达克等地区都是藏族的聚居活动范围。本书研究的西藏藏传佛教建筑主要是在现今中华人民共和国领土范围内的，其中以西藏地区为重心，另选取了甘肃、青海、内蒙古、北京、河北等地格鲁派寺庙比较集中且影响较大的寺院作为案例补充，还对境外有影响的位于喜马拉雅文化圈内的藏传佛教建筑做了介绍。

全书涉及的时间跨度较大，从公元7世纪开始到20世纪末，但研究的重点时段是从格鲁派创建之后的公元15世纪到公元19世纪末。

1.3 宗教概况

宗教在西藏有着悠久而深刻的影响，影响着西藏的社会历史、政治经济、文化及民风民俗，它在旧西藏一直垄断着藏族的政治、军事大权，形成了政教合一的特殊政体，并且藏族的教育也以宗教的寺庙教育为主。宗教是西藏社会的主要思想意识，自藏族诞生之日起，就伴随着藏族社会的沉沦起伏，渗透到藏族社会的各个角落。西藏的宗教文化主要包括三个方面内容：原始信仰、苯教文化和藏传佛教文化，其中又以原始信仰和苯教文化为基础。佛教自公元7世纪传入藏族社会后就逐渐渗入其政治、经济、文化、教育和风俗习惯中，成为藏族广泛信仰的宗教。藏传佛教是大乘佛教，显密各俱，尤重密宗，它在与西藏苯教长期相互影响、相互斗争的过程中形成斯巴苯教（原始苯教）强烈的地方色彩。不同于汉语系佛教，藏传佛教在其繁盛的千年历史中，与当地的政治相结合，构建了政教合一的社会制度，促进了城镇与寺庙的统一发展，强化了城市的宗教色彩。随着后弘期佛教的传播，藏族社会的大量财力、物力耗费在寺院营建上，寺院建筑迅速发展起来，并成为西藏传统建筑的主体，也反映出藏族建筑所取得的成就。

1.3.1 原始崇拜

在藏民族中相继出现过由山水崇拜、植物崇拜、动物崇拜、图腾崇拜到英雄崇拜等几种原始崇拜观念和信仰过程。最初出现的原始宗教产生于与人们生活有密切关系的自然界具体实物，如对天地、日月、星辰、雪雹、山石、水火等的直接崇拜。其中，山水的崇拜规模最大，影响最久。根据藏族民间的传统信仰，藏族人民认为藏地有四大神山和三大圣湖，到现在还有传统的转山活动。随着生产力的发展和抽象思维能力的提高，藏族人民在自然崇拜的基础上又出现了一种新的原始信仰，那就是对动物的崇拜和图腾崇拜。藏民族的图腾崇拜主要有猕猴图腾、羊图腾和龙图腾。当人们逐渐认识到人的优越性后，藏族社会开始出现了对人类自身的崇拜。一些部落中最勇敢强悍的英雄，被尊奉为可以驱逐一切恶鬼、灾祸，并能主宰人生死的保护神。如众所周知的藏族英雄格萨尔王便是一位身兼数种保护职能的保护神。

1.3.2 苯教

苯教是藏族地区最主要的古老原始宗教，它是藏族宗教文化的重要源头。根据现今大部分苯教研究学者的观点，可将苯教分为斯巴苯教（原始苯教）与雍仲苯教两个阶段。

1. 斯巴苯教——原始苯教

《苯教源流》记载：“黑教开始传播于现在阿里三区之一的向雄地方，旧名古盖。”“黑教”即“黑苯”，也称“笃苯”或“伽苯”。该教派没有具体的产生年代和创建者，是西藏地区生产力发展到一定阶段所发生的社会现象，是与西藏人共同成长起来的信仰，反映了藏族浓郁的地方和民族特色。

据说，“苯（Bon）”在藏语中是“颂咒”之意，说明颂念各种咒语是原始苯教一个重要的部分。原始苯教的基本教义是“万物有灵”，将直接关系到自己生存的类似日月、山川、草木、禽兽等自然物和自然力神化，并用这种观念解释一切现象的存在和变化。这反映出当时的西藏社会生产力水平较低，对大自然的依赖较强，只能借助虚幻的神灵来代替真实，将灵性赋予万物。

原始苯教有很多自己独特的宗教教理及仪轨。原始苯教用宰杀牛羊等动物、焚烧谷物等方式祭祀神灵，佛教传入西藏后，接受了藏族一些本土宗教文化，从形式上吸收了原始苯教的一些宗教仪式并加以改进，例如用糌粑、酥油捏一些供品或牛羊等动物的头像来替代宰杀活的牲口。

2. 雍仲苯教

苯教发展的第二个阶段就是“雍仲苯教”，也称“白苯”。据传，其创始人是敦巴辛饶，亦由他将该教派传播开来。

（1）敦巴辛饶——创始人

对于敦巴辛饶的年代没有具体的资料考证，综合部分资料中对于敦巴辛饶的描述，大致有以下几种说法：第一，敦巴辛饶是苯教徒根据佛教创始人释迦牟尼的事迹推崇出来的一位人物；第二，他与释迦牟尼是同时代的人，出生在大食国[6]的沃穆隆仁[7]；第三，他出生于公元前 1 世纪冈底斯山附近的俄摩隆仁，是象雄的王子。

（2）沃穆隆仁（俄摩隆仁）——发源地

丹・马丁认为：“我们开始在有关本（苯）教地理文献中看到沃摩隆仁为双重的甚至是三重的地球中心……存在另一个地理体系的设计，即认为世界在历史上由 18 个国家（或地域）组成，而西藏本身就是广阔无垠的南赡部洲[8]的中心。”[9]较多学者均比较赞同俄摩隆仁是苯教的发源地这一说法，但其具体地点，也一直是专家学者们仍在探寻的问题。但笔者比较赞同有些苯教文献的记载，即俄摩隆仁是象雄的古地名，指位于冈底斯山与玛旁雍错附近的俄摩山谷。

还有一种推测：认为象雄俄摩隆仁是敦巴辛饶及雍仲苯教的诞生地，是地域之中心；而象雄西部某个地方的俄摩隆仁是苯教的极乐世界，即文明之中心。也有一些学者认为大食国在强盛时的疆域范围很大，沃穆隆仁与冈底斯山附近的俄摩隆仁其实就是同一个地方。

综上所述，大多数的苯教学者认为敦巴辛饶来自象雄，换言之，雍仲苯教即是由象雄向西藏腹地及其他地区传播开来的。据传，雍仲苯教是在吐蕃第二位藏王——穆赤赞普时期传入吐蕃的。根据藏文文献记载，松赞干布之前吐蕃还有三十二位藏王，由此可以大体推断出穆赤赞普生活的年代大致为公元前 4 世纪。

（3）教义

雍仲苯教是在吸收原始苯教的教义，并对其进行大量改革的基础上建立起来的相对理论化的宗教。它吸收了原始苯教中的藏医、历算、占卦、驱鬼降魔等教义，改变了一些血腥的祭祀仪式，改用糌粑捏成各种形状来代替原来的杀生祭祀仪式，这种祭祀形式对后来传入藏地的佛教也产生了很大的影响。

雍仲苯教的“卍”符号，有“永恒不变”“吉祥”之意，也象征着集中的力量，是藏地十分常见的吉祥符号之一。该教派的核心内容是密宗修炼。

1.3.3 佛教

1. 佛教传入

佛教究竟何时传入吐蕃，史书上并没有明确的时间记载，多数的史学家认为最早应该是在悉补野王统第 28 代赞普拉托托日聂赞时期，“当在位时，某次，忽从天空降下《诸佛菩萨名称经》、黄金宝塔、《宝箧经》、心要六字大明咒、旃陀罗嘛呢印模等，落于雍布拉岗宫顶楼之上。并从空中作授记云：‘过五代后，将有能解斯义者出世。’王亦佯作不识之状，奉为神物，藏内库中，名‘宁布桑瓦’，献呈贡品而供祀之”[10]。拉托托日聂赞其后五代的赞普即是松赞干布，他是吐蕃王朝的缔造者，也是西藏历史上最著名的君王之一。松赞干布“派大臣吞米桑布扎赴天竺，尽学梵文和诸明处已达精通，回藏后仿‘那迦罗’创造有头正楷藏字，仿‘乌尔都’字造无头草书，才开始有了文字”[11]。此时西藏才有能看懂经文的人。松赞干布又先后迎娶了尼泊尔的尺尊公主和唐朝的文成公主，当时的尼泊尔和大唐都是佛教昌盛的国家，两位公主陪嫁带去了大量佛学典籍和佛像，并在拉萨主持修建了著名的大昭寺、小昭寺。“又迎来藏地的主要佛像不动金刚佛及觉阿释迦牟尼佛二尊，建大小昭寺，用藏语翻译《华严》等诸大乘经藏，这样才开始创立了佛教”[12]。

由此可见，西藏的佛教是在公元7世纪松赞干布在位时期同时由我国内地和印度、尼泊尔传入的。由我国内地传入的主要是大乘佛教，由印度、尼泊尔传入的主要是佛教密宗。当时西藏人民的生活方式正由传统的游牧生活向农牧生活转变，大的城镇以及人口聚集的农业定居点开始出现，吐蕃与中原的唐王朝在文化、经济等方面也有多方面的交流，既有关于生产力发展的工具与技术交流，也有涉及社会、宗教等内容的文化交流。正是在这样的社会背景下，佛教加快了在西藏的传播。

2. 佛苯之争

佛教传入之前，吐蕃已经有了自己的有深远影响力的宗教——苯教。苯教被认为是对早期象雄文化的延续，是西藏进入父系氏族社会后发展而来的原始宗教。

苯教崇拜自然界的山川湖泊。西藏地区地理位置特殊，境内雪山众多，湖泊星罗棋布，在当时的科学历史背景下，许多无法解释的自然现象的发生被认为是神的意志的体现。苯教认为世界分为“三界”——天上、地上和地下。天界是神灵居住的地方，地上是人居住的地方，地下是鬼居住的地方。苯教通过供奉上界天神，镇压地下的鬼怪，并做兴旺人界的法事得以发展，逐渐深入并影响部落的统治阶级。这些部落首领往往会将自己的身份与天界的神联系在一起，通过“王权天授”的说法利用宗教的力量加强自己的统治。如“吐蕃王朝建立之后，王室宣称自己的祖先是‘天神赤顿之子’降临世间来做‘吐蕃六牦牛部的主宰’”。不仅如此，苯教徒也成为赞普左右的要臣，参与部族重要事务的决策。在《西藏王臣记》和《白史》中就有记载，赞普身边有名为“敦那敦”“弧苯”的司职占卜观测天象的人，多数学者认为这些人都是苯教徒。《土观宗派源流：讲述一切宗派源流和教义善说晶镜史》中也有记载：“考诸王统记，仅说：‘从聂赤赞普至赤脱吉赞之间，凡二十六代均以苯教治理王政’。”所以，在佛教传入之前，苯教已经在吐蕃社会广为流传，尤其得到诸多贵族权臣的支持，成为佛教在西藏传播的主要障碍。

为了获取统治阶层的支持，佛教和苯教之间展开了长达几个世纪的拉锯战。

松赞干布继位为赞普之后，为了加强中央集权、削弱贵族势力而引入佛教，不乏政治上的目的，却也达到了牵制苯教的发展、威慑人民，同时学习佛经典籍中的先进文化、发展吐蕃文化的正面效果。但是由于苯教在吐蕃的势力相对强盛，佛教的发展相当缓慢，仅在部分贵族间传播。从这一时期的诸多历史记载中也能看出，苯教和佛教的势力悬殊，佛教的存在对苯教几乎没有威胁，两种宗教之间没有什么争斗。

关于佛苯之战最早的记载是在赤德祖赞时期。赞普迎娶了信奉佛教的唐朝公主；收留了从西域于阗逃亡而来的佛教徒，修建寺庙供其居住并进行佛教活动；派遣藏人前往长安求取佛经，并翻译了部分佛教典籍：这一系列的推崇佛教的行为引起了苯教徒和信奉苯教的吐蕃贵族的恐慌。大约在公元739年，吐蕃当地瘟疫流行，苯教徒们声称是这些外来的佛教徒们触犯了苯教的神灵所致，于是要求将佛教僧侣赶出吐蕃。从此，佛苯之战正式拉开序幕。

赤松德赞是吐蕃历史上最负盛名的赞普之一，在其执政期间，佛教在吐蕃得到了长足的发展。赤松德赞即位早期，政权仍掌握在反对佛教的贵族大臣手中，“他们制定了在境内禁绝佛教的禁律，同时想扶持苯教来抵制佛教”[13]。直到赞普20岁时得了一场疾病，才让佛教获得了一次重生的机会，当然，这件事的真实性已经不得而知了，但是仍然能看出年轻的赞普推崇佛教的决心。赤松德赞从印度请来了寂护大师和莲花生大师，在寂护大师的提议下，佛苯双方展开了第一次的辩论，佛教取得了胜利，苯教徒们不得不做出让步，“结果商定今后不再奉行苯波教，不准再实行死人超荐仪式……商定今后要倡行佛法，修建寺庙”[14]。其后不久，在赤松德赞的支持下寂护大师主持修建了桑耶寺，并开始吸纳藏人出家。早期的藏族佛家弟子有不少是贵族子弟，这也使得佛教在贵族阶层开始有了自己的影响力。

随着大量佛经被翻译成藏文，越来越多的人开始信奉佛教，苯教感受到了强大的威胁，佛苯矛盾进一步激化。此时的赞普对于佛教和苯教是兼蓄并重的，他也延请了多位苯教首领来桑耶寺居住传教，但是这并不能平息佛苯之间日益激化的矛盾。相传苯教徒在桑耶寺杀生以举行本教派的祭祀仪式，这样的行为遭到了佛教徒们激烈的抵抗，他们向赞普提出，佛教和苯教只能有一个存在。赤松德赞遂在敦喀儿地方组织了一场辩论会，佛苯双方派出代表进行辩论，比赛以佛教徒的胜利而告终。赞普下令，苯教徒放弃信奉苯教或是改宗佛教，如若不从，则会被驱逐出境。赞普还下令吐蕃全境信奉佛教；为贵族子弟延请佛教徒为师，攻读经文；僧人不参加生产劳动，不得为奴；拨给寺庙专门的属民，来供给寺庙的日常所需；选择可靠的僧人担任“却论”[15]，参与吐蕃的部分行政管理事务等等。这一系列举措迅速巩固了佛教的社会地位，对苯教也是一次毁灭性的打击，“从此佛教在吐蕃开始取得了所谓‘国教’的地位”[16]。虽然苯教遭到了严重的打击，还是有部分坚定的信徒逃到了吐蕃的边远地区，通过小规模的比较隐秘的传教方式来延续苯教传承。

赤松德赞之后的两位赞普继续推行一系列的崇佛政策，赞普赤祖德赞在位时期，佛教在吐蕃的传播掀起了一轮新的高潮，修建辉煌的庙宇、推行“七户养僧制”等等。赤祖德赞给予佛教徒很高的政治和经济地位，僧人权力迅速膨胀，这样的做法让吐蕃的贵族大臣和将领们坐立不安，他们的利益受到了极大的威胁，也加深了他们对佛教及佛教徒的憎恶。公元 838 年，反佛的贵族大臣杀害了赞普赤祖德赞及当时权赫一时的佛教徒“钵阐布”[17]，推举朗达玛继任赞普。

朗达玛继位不久，在反佛大臣的支持下，对佛教开展了一系列毁灭性的活动：封闭所有的佛教寺院，毁灭佛像；强迫僧人还俗，甚至逼迫他们去充当屠夫、猎户，杀生破戒；禁止佛教在民间传播，焚毁佛教典籍。大昭寺和桑耶寺都在这时被改为屠宰场，大昭寺内的佛像因被偷偷转移封存才得以保留。无论在物质层面还是在精神层面上，佛教都受到了极为沉重的打击，这也是藏传佛教史上最黑暗的时期。有史学家认为“朗”一词在藏语中有“牛”之意，赞普本名达玛，加了“朗”字，是对他的一种消极的否定的评价。朗达玛的灭佛活动不仅仅是宗教意义上的镇压，也是当时吐蕃社会政治斗争的表现，各个政治团体间争权夺势，佛教成为政治斗争的牺牲品。此时的吐蕃王朝也已走到了崩溃的边缘，社会政局混乱，各势力集团矛盾尖锐。朗达玛在位不到十年，又被崇佛者杀害，各地割据势力借此起义，吐蕃王朝彻底瓦解。

总的来说，佛教自传入吐蕃以来，与苯教之间的斗争就没有停止过，斗争是残酷的，但也增进了两种宗教文化之间的交流。为了更好地在吐蕃扎根，佛教吸取了很多来源于苯教的仪轨文化。公元8世纪，莲花生大师入藏后，将苯教的诸多神祇吸收入佛教变成佛教密宗的护法神，广泛宣扬与苯教仪轨相似的咒术、幻术等具有神秘色彩的密宗仪式，这样的做法使得深受苯教文化影响的藏族群众更容易理解和接受佛教，佛教也在苯教文化的外衣之下更好地传播起来；而苯教为了自身的发展，也不断地向佛教学习先进的组织和传播方式。虽然这样的交流是被动的，但是为佛教的本土化，并最终成为具有藏民族特色的藏传佛教奠定了基础。

1.3.4 藏传佛教

佛教传入西藏地区以后，经过与本土宗教及文化的多次冲突、融合，形成了许多不同的教派。其中最著名的四大教派是：宁玛派（俗称红教）、萨迦派（俗称花教）、噶举派（俗称白教），以及噶当派，后改宗格鲁派（俗称黄教）。这种带有地方特色的西藏佛教，后来被外地人俗称为“喇嘛教”，也称藏语系佛教，与汉语系佛教、巴利语系佛教并称为世界佛教三大体系。

“宁玛”在藏语里的有“旧的、老的”之意，教派的名字也正说明了它悠久的历史，虽然普遍认为教派的产生是在后弘期，但是宁玛派的渊源仍能追溯到吐蕃王朝时期。多数史籍将现存的密宗佛教经典分为旧密咒和新密咒，划分的标准主要是以时间为界，前弘期翻译的被称为旧密咒，后弘期翻译的被称为新密咒。宁玛派主要修习的就是旧密咒，流传自莲花生大师带入西藏的密法。教派早期的传承方式是家族内的秘传，没有寺庙，也没有自己完整的、系统的经文教理和僧伽体系，往往是家庭内的父传子受，这一点也是苯教的教派特点之一，正因此，朗达玛灭佛时，教派的传承并没有受到破坏。所以，宁玛派是公认的藏传佛教体系中最古老的教派，在密法的修研上远胜于其他教派，对其他的教派也产生过深远的影响。

噶举派特别重视密法的修行，密法的口诀又是靠师父的口传，因而得名“噶举”，藏语意即“口传”。噶举派与宁玛派虽然有相似的传承方式，但是由于传承内容的差别而成为不同教派。噶举派始于公元11世纪，主要有两个传承：香巴噶举和塔波噶举，两支系的密法均来源于印度的同一传承，只是因为由不同的人在不同的区域传播而产生分支。香巴噶举主要在后藏日喀则地区传播，到了公元15世纪时基本没落；塔波噶举主要在前藏拉萨地区传播，影响力较大，其下另有四大支系：噶玛噶举、蔡巴噶举、拔绒噶举和帕竹噶举。现在所说的噶举派多指仍在流传的塔波噶举的支系。

萨迦派始祖昆·贡却杰布早年师从宁玛派，后到印度学习密宗，并习得密宗“道果”的教授法。公元1073年，贡却杰布在后藏仲曲河北岸的山坡上修建古绒寺，这个地方的土质远看为灰白色，因而寺庙又得名“萨迦”，之后此名流传了下来，教派也以该寺为中心向周边地区传播而被称为“萨迦派”。该教派在佛法的传承上依然对密法有所偏重，传承的密法也与宁玛派有一定的渊源，但似有青出于蓝的意味，主要修习贡却杰布宣扬的“道果”教义。该教派还有一个重要的特点，就是由权贵家族昆氏家族掌控教派的领袖地位，这也是与其他教派不同的地方。

噶当派是后弘期非常重要的一个教派，教派渊源为公元10世纪印度著名的“班智达”[18]阿底峡（982—1054年），此人对藏传佛教的理论化、系统化做出了杰出的贡献。阿底峡大师曾著有《菩提道灯论》一文，寥寥数千字，不仅宣传了佛教教义，还讲解了学经修佛的程序，正是在这一著作理论的指导下，各家各派建立了自己的传承体系。“噶”意为言教，“当”意为教诫、教授，“噶当”的意义即为“对如来教言，不舍一字，悉了解为教授之义”[19]，就是说把佛的一切言教都看作对于僧徒的行为和修持的知识、指导[20]。仲敦巴是阿底峡大师的徒弟，在老师的教义理论指导下，他创建了噶当派。该教派坚持显宗的学习和密宗的学习同样重要，在传播过程中更广泛地宣扬显宗教论，显宗和密宗的修习要遵循先后的顺序，认为只有有了一定修持的有根器的人才能够修习密法。

除了上述的四大教派之外，还有一些小的藏传佛教教派流传，但是范围较小，到了公元15世纪时，也大多没落了。这些教派有：希觉派，以苦修为主要方式的一个教派，要求僧众在人迹罕至的地方各自苦修；觉宇派，与希觉派相似的修习方式，修习内容略有差异；觉囊派，多数人认为该派是从萨迦派分离出来的一个教派，创始人喜饶坚赞著作很多，尤其在历算方面，但他提出的“他空见”理论被其他教派认为是非佛家理论；夏鲁派，又称布顿派，创始人是著名的佛教大师布顿，他编撰了多部影响藏传佛教发展历史的著作，并且在绘画方面也有突出的贡献。

大约在公元15世纪初，西藏高僧宗喀巴创立了格鲁派。公元1409年位于拉萨东南达孜区境内的甘丹寺的建立，标志着该教派的正式形成。格鲁派势力之大、影响之深，是其他教派所不能比拟的。它的产生使西藏佛教唯心主义思想体系更具完整系统化，并为西藏封建农奴制度的巩固提供了巨大的精神支柱，进一步促使了西藏政教合一制度的完备，强化了封建农奴主政权，并使宗教势力渗透到了各个领域。

1.4 寺庙定义

从佛教引进吐蕃到藏传佛教体系的形成，寺庙建筑的发展经历并见证了本土化的过程。虽然大昭寺形成的历史远早于桑耶寺，但是桑耶寺仍然被认为是西藏第一座真正意义上的寺庙，应该说这就是狭义寺庙和广义寺庙的区别。狭义的寺庙就是桑耶寺一类的“佛、法、僧”三宝俱全的寺庙，而广义的寺庙则包含更多的种类，主要是贡巴、拉康、嘎巴（旦康）、日追、蚌巴这五种基本类型。

（1）贡巴

藏语“贡巴”指的就是狭义的寺庙，它要求具备“佛、法、僧”三要素，即绝对的神权统治、完整的经律教义和严密的组织体系，随着藏传佛教的发展和广泛传播，贡巴也越来越多。

在这些寺庙中有的是规模庞大的建筑群体，可以被称为寺院，如甘丹寺、哲蚌寺、色拉寺，它们的占地面积都在 10 万平方米以上，由措钦、扎仓、康村等机构组成，寺内佛殿、僧舍密布，道路纵横，宛如一座宗教城市。另外，这些寺院还有分属寺庙：例如色拉寺除寺内的扎仓、康村、米村外，在寺庙周围还有普布觉拉让、曲桑日追、扎西曲林日追、帕日日追、热卡扎日追、普布觉日追、乃古东日追等下属寺庙，甚至在卫藏各地都有，著名的热振寺、策默林、帕邦卡等都是它的下属寺庙。

（2）拉康

“拉康”，藏语中本意为佛殿，作为小型寺庙解释时，除了指佛殿，还指供本寺僧人居住的扎康和供信徒转经的东康。现存的许多吐蕃时期寺庙最初建成时仅为拉康，随着藏传佛教的发展，逐渐扩修发展成现在的规模。大昭寺建成之初被称为“惹萨噶喜墀囊祖拉康”，只是作为供奉释迦不动金刚佛像的佛殿，经历多次扩建才形成了今天的格局。现在仍有一些吐蕃时期的寺庙保持着原来“拉康”的规模，如木如藏巴拉康、查拉鲁固拉康等。

（3）嘎巴（旦康）

嘎巴是一种小型寺庙，通常与村落临近或建于村落中，有些与附近大寺庙有附属关系，除了供奉、崇拜等活动外，还向周围村民提供其他的佛法事务以及一定的社会服务，如入户的佛事活动、丧葬仪式等，可以说是具有外派性质的寺庙。旦康与嘎巴很像，也是一种小型寺庙，但相比而言，寺庙的规模更大，供奉的文物也较多，其远离村落，多建于山间，主要的佛事活动就是供奉、崇拜佛像以及经文学习。

当雄县的拉多嘎巴始建于公元 1418 年，占地面积约 520 平方米。整组建筑为院落式布局，包括一间佛堂、四间僧舍、一间厨房、两间储藏室。佛堂前部突出的入口门庭、院门、法轮柱基本在一条轴线上。佛堂内有 4 根柱，使用面积为 42 平方米。僧舍等其他房间内均有 1 至 2 根柱。佛堂、僧舍建筑均为一层，佛堂层高 3.2 米，僧舍层高 2.5 米。从建筑形制上看，与拉康非常接近。

（4）日追

藏语里的“日”汉译为山，“追”汉译为修行，“日追”就是僧人静密修行的地方，一般面积不大，仅能容一至两人静密修行。

达孜区的贡朋日追现为贡康拉康的佛堂，建于公元 983 年。日追使用面积约 24 平方米，洞高约 1.8 米。左右两部分由天然石墙隔开，右侧的部分内有一个静密修行洞。墨竹工卡县门巴乡的一座日追内，建有高起的土台，供僧人静思修行使用[21]。另有达孜区的扎叶巴寺，虽然该寺从类型上看属于贡巴，但寺庙的主要部分则是几十座日追，据传说，阿底峡大师曾在此地修行过，鼎盛时期寺庙中曾有日追 108 座。

（5）蚌巴

“蚌巴”在藏语里指的是“大宝塔”，就是佛塔。

上述各种类型的寺庙在数量上也有较大差异，贡巴最多，蚌巴也较常见，拉康、日追的数量远少于贡巴，嘎巴（旦康）的数量就更少。以拉萨地区和昌都地区为例：拉萨地区共有寺庙 256 座，其中贡巴 146 座，拉康 74 座，日追 26 座，嘎巴（旦康）10 座[22]；昌都地区有寺庙 537 座，其中贡巴 416 座，拉康 37 座，日追 84 座，无嘎巴（旦康）[23]。

本课题研究的对象是寺庙，在书中如无特别指出则指代广义的寺庙。由于到了格鲁派执政时期，寺庙规模日益扩大，组织体系也日趋完善，笔者认为大型寺庙更准确的定义应该是“寺院”，所以在本书中将“寺庙”和“寺院”做了区分。

注释：

1 《藏族简史》编写组．藏族简史 [M]. 3 版．拉萨：西藏人民出版社，2006：18–19.

2 五王都是世袭制的，分别是帕木竹巴首领、河州卫（今甘肃临夏地区）宗教首领、贡觉地方宗教首领、止贡地方宗教首领和萨迦地方宗教首领。

3 三大法王中，大宝法王的地位最高，且由噶玛噶举黑帽系活佛世袭，大慈法王是格鲁派大师释迦也失，大乘法王是萨迦派大师昆泽思巴。

4 谭其骧．简明中国历史地图集 [M]. 北京：中国地图出版社，1991：62.

5 苏发祥．清代治藏政策研究 [M]. 北京：民族出版社，2001：184.

6 大食国是中国唐宋时期对于阿拉伯帝国及伊朗语地区穆斯林的泛称，从《中国历史地图集》（公元 820 年）的吐蕃王朝略图可见大食国位于吐蕃版图的西北部。

7 沃穆隆仁：与沃摩隆仁、俄摩隆仁为不同的音译。

8 南赡部洲：为佛教传说中的四大洲之一，位于须弥山以南。

9 马丁．沃摩隆仁：本教的发源圣地 [M]. 陈立健，译 // 国外藏学研究译文集：第十四辑．拉萨：西藏人民出版社，1998：3.

10 五世达赖喇嘛．西藏王臣记 [M]. 刘立千，译注．北京：民族出版社，2000：12.

11 土观・罗桑却吉尼玛．土观宗派源流：讲述一切宗派源流和教义善说晶镜史 [M]. 刘立千，译注．北京：民族出版社，2000：29.

12 土观・罗桑却吉尼玛．土观宗派源流：讲述一切宗派源流和教义善说晶镜史 [M]. 刘立千，译注．北京：民族出版社，2000：29.

13 王森．西藏佛教发展史略 [M]. 北京：中国社会科学出版社，1997：7.

14 拔塞囊．《拔协》（增补本）译注 [M]. 佟锦华，黄布凡，译注．成都：四川民族出版社，1990：28.

15 吐蕃王朝时期的一种官位名称，多数史学家认为，是佛教徒参与政治之后出现的，日常伴随赞普左右，并没有太多的政治权力。

16 王森．西藏佛教发展史略 [M]. 北京：中国社会科学出版社，1997：12.

17 赞普的“左右手”，掌握军政大权的吐蕃佛家僧侣。

18 指有多方面造诣的智者。

19 土观・罗桑却吉尼玛．土观宗派源流：讲述一切宗派源流和教义善说晶镜史 [M]. 刘立千，译注．北京：民族出版社，2000：46.

20 王森．西藏佛教发展史略 [M]. 北京：中国社会科学出版社，1997：53.

21 吴晓红．拉萨藏传佛教寺院建筑研究 [D]. 南京：南京工业大学，2006.

22 数据来源于拉萨市民宗局内部资料《拉萨宗教活动场所简介》。

23 数据来源于昌都地区民宗局内部资料《昌都地区宗教活动场所介绍》。

2 前弘期藏传佛教寺庙建筑

从赞普松赞干布开始到吐蕃王朝瓦解，佛教在西藏的传播经历了多次的起落，那时的佛教不同于现在的藏传佛教，更多的是对印度、尼泊尔和汉地佛教的研习继承。基于这样的特点，史学界将这一时期称为藏传佛教的"前弘期"。在这段时间里，佛教经历了与藏族文化的融合、对苯教文化的学习，为更好地扎根雪域高原做了充分的准备。虽然朗达玛的灭佛活动是极具打击性的，但是佛教的火种并没有被熄灭，数百年后，它们掀起了燎原之势，这一时期也因区别于"前弘期"而被称为"后弘期"。

2.1 前弘期的佛教建筑

2.1.1 大、小昭寺及十二镇魔寺

根据《西藏王臣记》的记载，拉脱脱日聂赞在位时得到了佛学典籍，但是由于没有人能解释它的内涵，而被供奉在当时赞普居住的宫殿雍布拉宫予以保存。可见，在吐蕃原并没有寺庙这样一种类型的建筑。

松赞干布时期，大、小昭寺和十二镇魔寺的修建揭开了佛教在吐蕃传播的序幕。精通堪舆术的文成公主测算出吐蕃的地形像是一个仰卧的罗刹女，女魔呈头东脚西仰卧，其心脏在今天西藏政治、经济、文化的中心——拉萨。罗刹魔女，在许多人看来是恶鬼的代名词，而且佛书也说："罗刹是恶鬼之通名也。"罗刹女乃"食人之鬼女也"。所有的书籍都把罗刹女的形象描绘得十分狰狞可怖，说她们是青面獠牙、血盆大口，是吃人肉、喝人血的恶鬼。总之罗刹魔女是非镇压不可的凶神，否则西藏就没有安宁太平的日子。

于是，根据文成公主的卜算，吐蕃人民在拉萨也就是罗刹女的心脏位置建立大昭寺，随后又在罗刹女身上的十二个重要的穴位建立寺庙。这十二座寺庙根据位置的不同分为镇边寺、重镇寺和镇肢寺："在雅砻修建昌珠慈氏不变佛殿（乃东区境内），用来镇压罗刹女左肩头；在卫茹建噶蔡寺（在今墨竹工卡县境内）镇压罗刹女右肩头；在约茹建藏章寺（在今南木林县境内），镇压罗刹女的右胯骨；在如拉克建仲巴江寺（在今拉孜县境内），镇压罗刹女的左胯骨。这四座寺是四大镇边寺。在工布建布曲寺（在今林芝境内），镇压罗刹女右肘；在洛扎建科塘寺镇压罗刹女左肘；在芒域建强真格结寺（又译强准寺或绛真格杰寺，在今吉隆县境内）镇压罗刹女右膝；在绛建扎顿孜寺（在今仲巴县境内）镇压罗刹女左膝。这四座是四大重镇寺。在康区建隆塘卓玛寺（在今四川德格县境内）镇压罗刹女右手掌；在门域建杰曲寺（在不丹境内）镇压罗刹女左手掌；在蔡仁建卓玛拉康，镇压罗刹女右足掌；在绛仓巴建伦努寺镇压罗刹女左足掌。这四座是四大镇肢寺。另有部分佛教史籍认为，镇边各寺又有支寺，并提到了修建穷结寺和在四面八方修建镇压地、水、火、风等九座寺庙的情况。"[1]（见图 2-1a、图 2-1b）虽然此时在吐蕃已经有了佛教活动，但其势力仍然微弱，占据主流宗教地位的还是本土的宗教——苯教。

1. 大昭寺

1）历史沿革

松赞干布统一了吐蕃王朝政权之后，制定了吐蕃社会的管理体制和律例，随后，他又建立了军事管理组织，首创藏文，成绩卓著，但是，他认为只有这些还不够让吐蕃长治久安。数千年来，吐蕃各部落分裂割据，战争不断，相互残杀。然而，同时期，佛法兴旺的唐朝、天竺、尼泊尔等吐蕃周边的国家文化发达、社会安定。鉴于此，松赞干布认为有必要借鉴外族先进的文化来改变吐蕃落后的局面，

图 2-1a 十二镇魔寺位置示意图
图片来源：《简明中国历史地图集》唐时期全图（一）

图 2-1b 魔女画像
图片来源：《中华遗产》

于是向尼泊尔和唐朝提亲，通过联姻的方式将佛教引入吐蕃。从尼泊尔和唐朝远嫁吐蕃的尺尊公主和文成公主都从自己的国家带来了释迦牟尼佛像以及大量的经书，使吐蕃具备了引进佛法的条件。

较早嫁入吐蕃的尺尊公主一直在筹划盖一座神庙，得到松赞干布的允许后，尺尊公主立即动工修建。据史料记载，她先后在红山的对面、拉萨河南岸的柳乌卧塘湖两岸多次动工，盖的神庙不是垮塌，就是被水淹没，白天所修的建筑物到了晚间即遭破坏，几建几毁，一直没有成功。后来尺尊公主听说文成公主精通天文历算、阴阳五行，擅长堪舆之术，便请来文成公主帮忙，选择一个理想的地方修建寺庙。文成公主按照汉地堪舆术观测后得出结论：要想在吐蕃顺利兴建佛教寺庙，必须首先选择罗刹女的心脏等重要关节处作为建寺地点将女魔镇压。文成公主发现卧塘湖（今大昭寺所在地）正是女魔的心脏，于是建议尺尊公主把佛殿建立在卧塘湖上。除此之外，文成公主还指出应该在罗刹女的两肩头、两胯骨构成的四大关节，两肘、两膝构成的四小关节，两手掌、两脚掌构成的四大掌这十二处重要的“关节点”建立寺庙，与卧塘湖上的寺庙共同镇压女魔。

从相关史籍中可知，大约公元 647 年，藏族人民开展了修建大昭寺的伟大工程，将湖水引入南边的吉曲河中，用山羊驮土填平了卧塘湖。松赞干布号召全体吐蕃民众共同努力，为修建寺庙贡献力量；文成公主和尺尊公主则分别从唐长安和尼泊尔召来大批工匠，共同参与寺庙的建造活动。可以说，松赞干布通过这次联姻大规模地引入外来文明，加快了西藏社会的发展步伐。

2）“大昭寺”名称的由来

根据藏族的传说：填湖用的土是白山羊驮来的。但是，众所周知，牦牛才是西藏传统的运输工具，可当时建大昭寺为什么偏偏用山羊？充满神秘色彩的解释是，文成公主推算出如果不用山羊驮土，那土就永远不能把湖填平。

在大昭寺修建完成后，为了纪念驮土的白山羊，藏族人民将它命名为“惹萨”。因在藏语中，“山羊”音译为“惹”，“土”音译为“萨”，藏语全称“惹萨噶喜墀囊祖拉康”，意为“山羊驮土而变经堂”，简称“祖拉康”或“觉康”，意为“佛祖之殿”，即释迦牟尼佛殿。把“大昭寺”作为寺的名字，时间并不是很长，西藏建筑勘测设计院所编的《大昭寺》一书中指出：把大昭寺作为寺名可能始于明清时期。“昭”是蒙语，表示“寺庙”的意思。

3）修缮、扩建大昭寺

在朗达玛继位赞普期间（公元 838—842 年），他禁行佛法，封闭了吐蕃所有的佛堂，大昭寺一度被沦为屠宰场。公元 9 世纪中叶至 13 世纪中叶，西藏进入封建割据时期，社会经济逐步向封建所有制过渡。寺庙势力在遭受“灭法”摧残后，开始复苏，进入后弘期，大昭寺得到了修缮和扩建。公元 11 世纪初，阿里地区著名翻译家桑噶·帕巴西绕第一次对大昭寺觉康佛殿进行较大规模的维修，扩建了释迦牟尼佛殿（即东面突出部分）。1167 年前后，山南达波地区活佛慈诚宁波增建觉康佛殿周围转经廊，并维修了壁画。公元 13 世纪中叶，萨迦王朝统一西藏，维修内容包括扩建觉康主殿东向突出部分，新建大门及护法神殿，塑造松赞干布、文成公主和尺尊公主塑像等。其中最大的工程，是在觉康主殿第三层的东、西、北建造神殿和盖金（瓦）殿顶。公

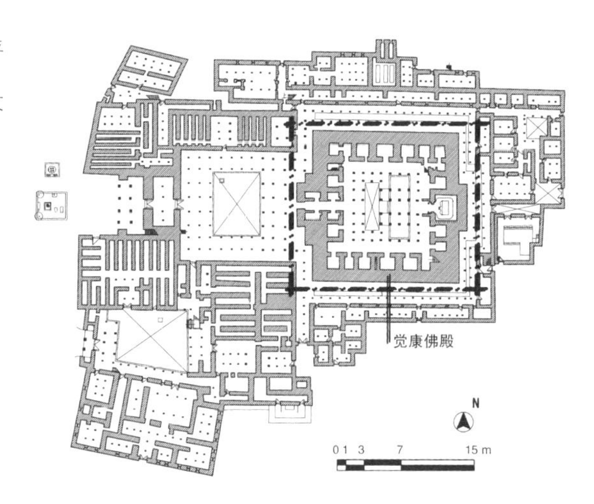

图 2-2 大昭寺一层平面测绘图
图片来源：拉萨市文物局

元 15 世纪初，宗喀巴大师推行宗教改革，创立藏传佛教中的格鲁派。为了发展格鲁派势力，宗喀巴开创默朗钦莫法会，汉语称传昭法会，于是在觉康主殿内院增加部分顶盖，有利于宗喀巴发起传昭法会时僧众聚会，此时的大昭寺就从最初王室的神殿变成了全藏的宗教圣地。

1642 年，五世达赖建立甘丹颇章王朝。他用了三十年的时间，对大昭寺进行了大面积的扩建、改造。在这个时期建成的建筑有正门、上拉丈（达赖公署）、下拉丈（班禅行宫、摄政王公署）、噶厦政府机关、埃旺姆殿和传昭机构等。根据五世达赖的指令，第巴索朗曲培指挥觉康主殿三层的重建工程，除更换旧有金顶外，增建了南侧金顶、鎏金飞檐和四层四角神殿（见图 2-2）。

图 2-3a 大昭寺西立面及入口广场
图片来源：宗晓萌摄

图 2-3b 大昭寺广场及经幢
图片来源：宗晓萌摄

西藏解放后，党和政府对大昭寺采取了有力的保护措施，并将其列为全国重点文物保护单位。1971 年周恩来总理亲自批示维修大昭寺；1973 年，西藏自治区组织能工巧匠对大昭寺进行了精细而全面的修复，使得这组古老的建筑群焕然一新（图 2-3）。

4）建筑特点

大昭寺建立在拉萨河北岸的东部平坦地带，与西部红山顶上的宫室（今布达拉宫址）遥遥相望。在西藏境内，既有海拔很高的高原，也有相对较低的河谷地区。高原地区农作物不易生长，以牧业为主；而河谷地区的地势较低，有充沛的水源和日照，形成传统的农业区。大昭寺选择的建寺地址就是海拔较低、阳光充足的地方，这里非常适宜藏族群众生产居住，自大昭寺建成以后逐渐形成了以该寺为中心的居民生活聚居区。

在西藏，把建筑物的方位定为南向是一个比较普遍的规则；朝东的方位在与西藏相邻的不丹等国家和地区是比较常见的。西藏建筑物朝向大多朝南这个习惯可能起因于想尽可能得到更多阳光的实际需要，也可能反映了与中原地区的联系，因为在中原地区，建筑和城市取南北向的方位已经成为占主导优势的惯例。

然而，大昭寺和小昭寺，这两座吐蕃王朝时期建立的重要寺庙，其建筑朝向是对这一普遍规则的例外：小昭寺朝东而大昭寺朝西。对于这两座寺庙的朝向选择，有一种比较普遍也比较令人信服的猜测性说法：两座建筑的方位是按照松赞干布两个王后——文成公主和尺尊公主的出生地的方位来定的。文成公主来自大唐帝国，位于西藏的东方；尺尊公主来自尼泊尔，位于西藏的西方，所以由文成公主主持修建的小昭寺就朝向东方，尺尊公主主持修建的大昭寺就朝向西方。在许多描写大昭寺的著作中，比较多地引用了上述说法。

考虑到大昭寺和小昭寺的建造受到了印度及尼泊尔寺庙的影响，而印度本地的印度教、佛教寺庙出入口几乎毫无例外地选择东西朝向，笔者推测大昭寺和小昭寺建筑的朝向选择也是受到印度、尼泊尔等地佛教建筑影响的表现。

5）建筑发展阶段

为大昭寺确定了兴建地点之后，首先要解决的问题就是填湖。“填湖之时，将池的四周铺以石板，用粗长柏木六十根搭于池上，又用许多兹梨木搭成网格，涂上泥土，盖上木板，再铺以砖块，灌上铁水，最后用土铺平”[2]（见图 2-4）。填湖完成之后，松赞干布和尺尊公主亲自率领群臣，并且动员藏族百姓，在已盖平的塘上经过十二天建成第一层佛殿，接着由尼泊尔的工匠建成上层佛殿。

由于大昭寺特殊的历史背景和政教地位，它受到历代西藏官民僧俗的重视，人们不断对其进行维修扩建，也因此使现存的这座寺庙建筑在平、立面布局和许多建筑装饰方面，都具有显著的时代特征。另外，在公元 7—9 世纪期间甚至更早就有相当多的藏族人与印度和大唐保持着紧密的联系，他们不可避免地给西藏带来了外来文化，使西藏的建筑风格也受到了一定的影响，就像在大昭寺、小昭寺等早期寺庙所见的局部做法一样。分析和比较大昭寺建筑所体现出的不同的时代和地域特色，无疑对探讨西藏寺庙建筑的编年分期，有着重要的标尺性意义。

宿白先生在《藏传佛教寺院考古》一书中指出：“就目前所能了解到的大昭寺的情况，我们认为现在大昭寺在形制上，至少有四个不同阶段的遗存，这大约意味着大昭寺经历过四次较大的变动。”

（1）第一阶段：松赞干布时期

此阶段的建筑遗存是大昭寺现存最早的遗迹：大昭寺中心佛殿的第一、二两层。

“吐蕃的数千名民工和来自唐朝、尼泊尔的工匠共同努力，仿照汉地的白哈尔神殿，以当时大海中航行的中等船为标准奠基。墙基的形状完全是按照《佛说毗奈耶经》所说的内殿（清静神殿）和表示三十七道品的三十七格子来建的，首先建成未来僧侣殿；为众生建造了修行诸教法之外部的四角形殿；为苯教徒和雍仲法建造四角雍仲形殿；为密咒师建成忿怒语自在坛城殿……”[3] 通过相关佛教知识

图 2-4 大昭寺建寺壁画图
图片来源：王一丁摄

的查阅可知，“三十七道品”是指佛教修行、达到涅槃的三十七种修行方式。然而并不能从大昭寺的测绘图中看出用来“表示三十七道品的三十七格子”的墙基形状，笔者推测，所谓的“三十七格子”应该是指觉康主殿四壁的独立内向闭门小室。这些小室虽然经过了后世的多次重修，但其位置皆与其原有的廊柱相对应，因而可推测它们大体保存了原来的形制。

西藏工业建筑勘测设计院所编的《大昭寺》中绘制了唐朝时期觉康佛殿的原状示意图（图 2-5）。如图所示，觉康主殿建筑整体呈方斗形，平面为 44.2 米 ×44.2 米。唐代时，觉康主殿为内院式外廊二层建筑，平屋顶，每层计有房十八间。如平面图所示，佛殿小室与廊柱之间为通道，四面通道连接呈“口”形廊道，此廊道也应出于原始设计，“口”形廊道里侧便是佛殿的方形天井。第二层与第一层平面布局形式基本相同，只是在相当于第一层殿门的位置也建成小室，而且四面各小室的后壁均开有小窗。这种平面布局的形式是所有西藏寺庙与内地寺庙中的唯一特例，与它极为类似的是印度佛寺建

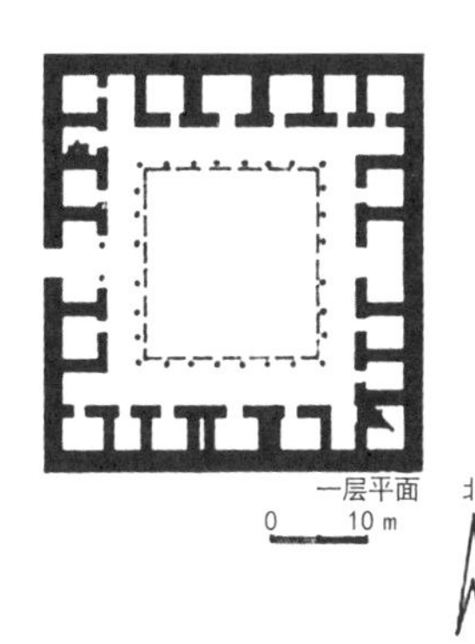

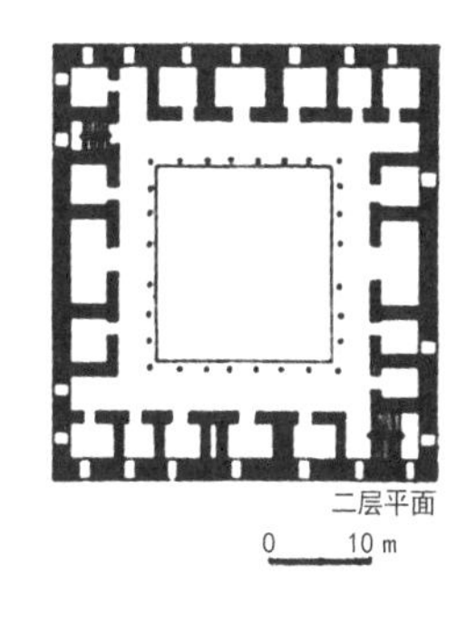

图 2-5 唐朝时期觉康佛殿平面示意图
图片来源：《大昭寺》

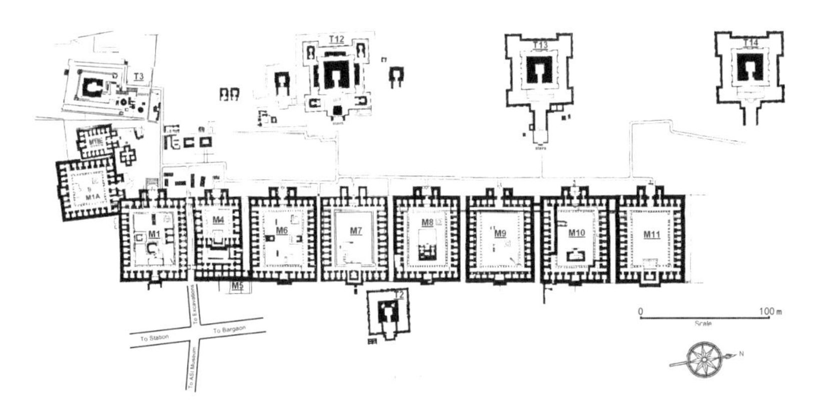

图 2-6a 印度那烂陀寺僧房院遗址（上）
图片来源：那烂陀寺考古资料（印度）
图 2-6b 印度那烂陀寺僧房院遗址 M11 照片（下）
图片来源：汪永平摄

筑中毗诃罗（僧房院）的布局形式（图 2-6）。印度现存地面上的僧房院建筑已经极为罕见，但是可以从石窟寺和考古遗址的平面来观察，除了建筑四周小室的数量不同之外，皆与大昭寺的平面布局极其相似。觉康主殿的平面布局与印度毗诃罗平面布局的相似，证明了在大昭寺建立之初，受到了印度和尼泊尔佛教建筑的深刻影响。

从大昭寺中心佛殿第一、二两层的内部设置来看，最引人注目的是满施雕饰的木质门框和廊柱。殿门和部分小室室门的造型十分精美，门框上雕刻了云气、佛传或因缘等，门额下面的券隅部分雕飞天，笔锋圆润，形象生动（图 2–7）。

廊柱多呈所谓金刚橛状，即将柱身装饰成断面形制不同的三段：下段断面呈方形，各面浮雕莲轮或人物，其上缘雕连珠、束叶；中段断面八角，每面上下缘皆分二格，格内浮雕花饰；上段自下向上呈现出方形、八角、圆形、方形依次叠置的形状，方形块饰各面雕珍宝或花叶，八角块饰各面雕花饰，圆形块饰雕重层仰莲，上层仰莲与其上部的方形块饰比较类似内地建筑中的栌斗，其上置扁长皿板，上承像内地替木一样的拱形托木，托木两侧端部浮雕飞天、动物或花草，正中则多雕人物。托木上方设枋、椽，托木枋椽之上是出挑的一圈木质卧狮，用来承载内部出挑的檐椽。一圈卧狮中正中间的一个雕刻了人头的形象，其余各卧狮皆雕刻狮子的形象，各狮皆胸饰铃圈，下垂铜质圆镜一面（图 2–8）。以上所说的雕饰的形制和风格，都是西藏佛寺所罕见的，但却在印度 6 世纪开凿的石窟中比较流行，这又一次证明了印度、尼泊尔等地佛教建筑对大昭寺建筑的深刻影响。

大昭寺与印度寺院关系密切，既与藏文文献所记松赞干布王妃尺尊公主创建大昭寺的传说相符，又与赤德祖赞、赤松德赞复兴佛教，遣使去印度迎请高僧和经典，建立僧伽，扩大大昭寺等一系列事迹相印证。

根据西藏众多的史籍记载，在朗达玛灭佛时期，大昭寺被沦为屠宰场。笔者猜测大昭寺建筑在这一时期被毁坏的程度比较大，现存觉康主殿一、二层的建筑，可能是灭佛后，西藏工匠在原始建筑遗存的基础上按照原始形式所修复的。

（2）第二阶段：大约从公元 11 世纪到公元 14 世纪中期

“11 世纪稍前，有阿里地方的桑噶·帕巴西绕等对大昭寺进行了较大规模修葺，对东面进行扩建。

图 2–7 大昭寺中心佛殿小室门细部照片

a. 中心佛殿二层小室门之一
图片来源：宗晓萌摄

b. 中心佛殿二层小室门之二
图片来源：宗晓萌摄

c. 中心佛殿二层小室门之三
图片来源：《大昭寺》

d. 小室门门框雕刻之一
图片来源：宗晓萌摄

e. 小室门门框雕刻之二
图片来源：宗晓萌摄

f. 小室门门框雕刻之三
图片来源：《大昭寺》

12世纪中，四个僧团为了争夺大昭寺发生冲突，所有佛寺毁于战事，于是贡巴·促陈宁波（1116—1169年，又译次程娘布）、蔡巴和阿里亚泽王等对大昭寺进行了修复经营和赞助。蔡巴的管理修缮一直延续到贡噶多杰时期。在元至元六年（1340年）前后，萨迦也出资修建。此时期兴建了中心佛殿的外围墙，因而出现了佛殿外的转经道，范围比原来增大，而且中心佛殿有第三层的松赞干布殿、十一面观音殿等，释迦佛殿上有大金顶，楼上四周做了屋檐，说明第三层也是藏式平顶，四周有屋檐。”[4] 不过，这一阶段修复扩建的部分有的目前已看不到明确的迹象了，有的已经在第三阶段的修复扩建工作中被拆除替换了。

现存属于第二阶段的比较清楚的遗存有：

①中心佛殿后壁正中小室前面两组高起的构架（图2-9）：前面一组构架架在小室前两侧原来的廊柱间，其上设置叉手、蜀柱用来承托一斗三升，斗拱之上是曲线简洁的托木以承载枋椽；后面一组构架位于进入小室的甬道间，两侧各设斜撑，上置托木以承载横枋。这两组高起的构架，显然都是为了增设后面小室专用的甬道，并抬高其顶部的高度，使这间小室成为中心佛殿中主要佛堂的形制更为突出而设置的。托木的形制与雕饰皆与第一阶段的廊柱及托木不同。前面一组构架上的斗拱结构，是西藏建筑中应用汉地斗拱的较早的实例。参考有关中国古代建筑资料可知，公元11世纪前期所建河北新城开善寺大殿内的结构与上文所述大昭寺内前面一组构架的结构相似，由此推断大昭寺释迦牟尼佛殿前的这两组高起的构架建在公元11世纪左右。

②为了升高中心佛殿四周廊道的高度并加强四周廊道外侧横枋的荷重，增补了多根廊柱（第一层增补6根，第二层增补2根）。这些增补的廊柱，虽然是模仿旧柱子的样式，但所在的位置和雕饰内容及技法皆与原来的柱子有别，比较容易辨别。

③中心佛殿第一层殿门内两侧增设了龙王堂，故使原来雕饰的木柱半隐在墙内；大约同一时间，又在殿门前庭两侧兴建了护法殿和护法殿西侧的外重殿门；还将第二层西侧中间小室（即龙王堂和殿门上方的小室）改建为松赞干布殿。

a. 中心佛殿二层廊柱之一
图片来源：宗晓萌摄

b. 中心佛殿二层廊柱之二
图片来源：宗晓萌摄

c. 廊柱雕刻
图片来源：《大昭寺》

d. 动物纹雀替
图片来源：《大昭寺》

e. 力士纹雀替
图片来源：《大昭寺》

f. 雄狮伏兽
图片来源：《大昭寺》

图2-8 大昭寺中心佛殿廊柱细部照片

④中心佛殿第二层四周廊道墙壁上发现的早期壁画，既有一定的印度风格，又与公元12—13世纪所绘唐卡有相似之处。佛教前弘期（约公元7—9世纪），西藏的佛教造像风格是印度、尼泊尔、汉地的翻版，从当时的历史情况分析，西藏不太可能有自己独立的造像风格，遗留下来的实例也并不多。公元10—11世纪，佛教后弘期开始后，西藏造像艺术有所发展，但总体上，仍然是对于周边国家与地区的模仿和引入。当时的主要影响源除了尼泊尔外，便是东印度波罗王朝、克什米尔及西域诸国。尼泊尔与西藏之间的交流和影响是双向的，它们都同时受到周边的印度、中亚、汉地等几大文明的共同影响。

（3）第三阶段：相当于帕竹政权时期，大约从公元1354年至1618年

帕木竹巴万户于公元1348年击败蔡巴，公元

图2-9 中心佛殿构架
图片来源：宗晓萌摄

图 2–10 中心佛殿天窗
图片来源：宗晓萌摄

1354 年又击败萨迦，建立起帕竹地方政权，大昭寺即进入了其建筑发展的第三阶段。这一阶段大昭寺变动最大的便是中心佛殿内天井部分的变革。“这时大昭寺受各方面的施助维修，面貌又有所改变……这时帕竹政权支持宗喀巴修建大昭寺，在中心佛殿的天井内……扩大了部分前廊和在天井上加了屋盖，使得原来大部分天井变成了室内，有利于宗喀巴发起传昭法会时僧众聚会。”[5]

中心佛殿内天井部分的变革：

①在原有四周廊柱前方建四方抹角柱一匝，柱顶设栌斗，栌斗上置托木，用以承托向外延伸的廊檐。托木下缘曲线简单，面部没有雕饰。

②在原来平面略呈方形的天井的中后部分树高柱，其上建天窗（图 2–10）。高柱与其上托木的形制与上述新设的四方抹角柱和托木的形式基本相同。以上两项建设大大缩小了中心佛殿原有天井面积，缩小后的天井，即现在中心佛殿殿门后的天井。

（4）第四阶段：公元 17 世纪中叶之后

此时，藏传佛教格鲁派在西藏的发展规模壮大，五世达赖被尊为西藏宗教领袖，全藏政治中心从日喀则移回拉萨。五世达赖驻锡哲蚌寺甘丹颇章以后，便开始对大昭寺进行大规模整修扩建，这是大昭寺建置第四阶段的开始。第四阶段可分为前后两期：前期即五世达赖时期，后期为七世达赖时期。现存建置中，较为明确属于前期者，主要有以下几项：

①大昭寺外大门、千佛廊院以及中心佛殿第三、四两层

在论及房屋大小的时候，藏族人习惯用一柱、二柱来表示。所谓一柱，就是四堵墙中间只有一根柱子的房间，二柱就是四堵墙中间有两根柱子的房间。可见柱子这种建筑构造元素，在藏族建筑中占有十分重要的地位。在藏族民居建筑中，柱子的用料比较小，柱子数量也少；而在寺庙等大型建筑中，柱子的体量较大，而且数量较多。

大昭寺外大门、千佛廊院以及中心佛殿第三、四层的梁、柱等构建的形式，显然与以前各阶段的遗存不同。外大门处的木柱，断面为复式十字形即“十字形”十二棱形状，这种形式的柱子在早期西藏建筑中比较罕见，其柱头托木的形制与千佛廊院和第三层的托木形制极为接近，由此判断它们大约建于同一时期（图 2–11）。

②中心佛殿第三层佛殿所用斗拱以及重檐歇山、歇山金顶等屋顶形制与等级差别，皆与内地明清时期流行的做法相似。第四层四座角殿和部分屋顶各种金饰的形制与风格皆极为相似，应该是出于同一时期（图 2–12）。

③外大门南北两侧的仓库和第二层原噶厦办公室等处柱头托木雕饰虽然繁简有别，但其下层曲线却与千佛廊院、中心佛殿第三层曲线相似，因而得出结论，它们的年代属于同一时期。

第四阶段后期是指七世达赖格桑嘉措时期的建置。公元 18 世纪中叶以后到 20 世纪中叶修整的达赖拉让和新建的威镇三界阁，都大体上沿袭了五世达赖时期的形制，但其规模和用材皆已变小，柱头托木也日趋单薄和程式化。

综上所述，大昭寺建筑从建立之初至今的情况可参见表 2–1。表 2–1 将不同时期该寺庙建筑规模的简图、柱头托木、斗拱等建筑细部进行了比较，言简意赅地梳理了大昭寺建筑一千多年以来的发展变迁。

图 2–11 寺内柱子

a. 十二棱柱子
图片来源：《大昭寺》

b. 千佛廊柱子
图片来源：宗晓萌摄

c. 中心佛殿第三层柱子
图片来源：宗晓萌摄

6）建筑装饰艺术

（1）建筑色彩

藏式建筑一般选用简单但是对比强烈的色彩来装饰和突出建筑的性格和等级。

大昭寺建筑色彩丰富，外墙内壁无不施色。觉康主殿是大昭寺建筑群中等级最高的，所以其外墙为高等级的暗红色，其他的建筑外墙为白色（图2–13a）。门窗洞口上有小雨篷，口外涂以黑色梯形边框。房屋檐口装饰一条赭红色的边玛草檐墙，其中还镶嵌了对比强烈的镏金图案（图2–13b）。屋面设置金顶、金色法轮、双鹿等饰物，光华夺目（图2–13c）。建筑外部的檐口、门窗上檐和廊柱等部位，用红、黄、黑、白等颜色的帐幔做点缀，形成一种特殊的面貌（图2–13d）。从远处欣赏该组寺庙建筑，可以发现色彩鲜艳的墙面搭配黑色的门窗形成了强烈的对比，突出了建筑的敦厚和稳重。殿堂内部的墙面满绘以绿色调为主的壁画，柱子大多漆朱红色，柱头、梁枋绘以彩画装饰，天花板为青绿色（图2–13e）。殿堂内挂满了各色彩缎制成的幡和唐卡，令人眼花缭乱，目不暇接（图2–13f）。这种用色

图2–12 大昭寺第三层佛殿屋顶
图片来源：宗晓萌摄

图2–13 大昭寺建筑色彩
图片来源：宗晓萌摄

a. 外墙

b. 屋角及边玛墙

c. 屋顶经幢

d. 金顶及帐幔

e. 觉康主殿入口处天花

f. 觉康主殿内部经幡

表2–1 大昭寺建筑纪年表

时间		建造/修缮者	建造/修缮细则		建筑规模	细部：柱子	细部：柱头托木	细部：斗拱	细部：屋顶
第一阶段（吐蕃时期）	公元647—650（建造）	松赞干布	觉康主殿一、二层			金刚橛状	单层托木、雕刻形象多样、曲线简洁		藏式平屋顶
	公元650—838（使用）								
	公元838—842（作为屠宰场）								
第二阶段（后弘期开始到萨迦时期）	公元11世纪初	帕巴西饶	扩建觉康主殿东面部分	兴建中心佛殿外围墙，出现佛殿外的转经道，中心佛殿有三层的松赞干布殿和十一面观音殿等，释迦佛殿上有大金顶		1. 模仿旧柱子的样式 2. 方柱		简单的斗拱样式及人字叉手	汉式坡屋顶
	公元11—14世纪初	贡巴·促陈宁波	“……在花廊环形等地方高顶建筑物，绘制了画面等等……觉卧佛像原来放在净宝殿南面，后迎至中间，从而改变了原来的面貌”						
		蔡巴							
		阿里亚泽王	“……在觉卧佛像头上造了金顶……又为十一面观音造了小金顶”						
	公元14世纪中叶	萨迦							
第三阶段（帕竹时期）	公元14世纪中叶—17世纪初	帕竹	在中心佛殿天井内加建柱子，使大部分天井变成室内空间				出现双层托木，下缘为多曲弧线	斗拱的样式日趋复杂	
第四阶段	公元17世纪中叶以后		修建外大门、千佛廊院、中心佛殿三四层、像殿金顶及外围转经道，新建千佛廊院底层、北面的大库房、前院二层西南角的下拉章以及北面第三层的上拉章等			十二棱柱子			

彩烘托出的强烈的宗教气氛，在每个殿堂都可以感受到。

大昭寺的建筑色彩反映出鲜明的藏民族特色：讲究色彩对比，红与绿、黑与白等反差鲜明；讲究色彩等级，以黄、红色为尊，白色次之。

（2）雕塑艺术

觉康主殿有多种形式的浮雕、半圆雕、圆雕。其中以木刻浮雕最为著名，如前文所述，佛殿一、二层的梁、枋、柱、门框等位置都雕刻着形象生动的飞天人物、飞禽走兽、卷草植物和花纹浮雕。最引人注目的是，觉康主殿内院外廊一、二层初檐与重檐间，有 144 个成排的木雕雄狮伏兽和人面狮身，这种形象的装饰题材非常特别，是我国建筑史上少见的木雕作品（图 2–14）。寺内梁头上形态各异、栩栩如生的飞天雕刻，也是非常传神的（图 2–15）。

图 2–14 人面狮身
图片来源：王一丁摄

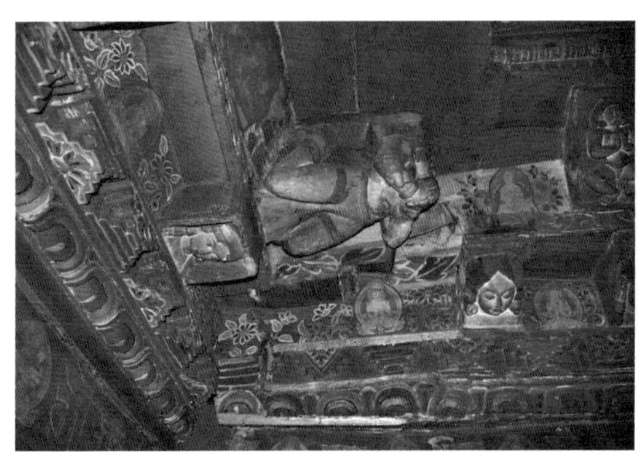

图 2–15 梁头飞天
图片来源：宗晓萌摄

大昭寺中还有大量的佛像，如释迦牟尼像、千手观音像等，其中最为珍贵的是文成公主带进西藏的释迦牟尼佛像，即大昭寺中供奉的主尊。释迦牟尼佛堂前面有站立的四力士像，传说这四位是当年护送着释迦牟尼佛像跟随文成公主进藏的壮士，其雕塑雄壮有力，衣饰上带有汉族特征。此外，松赞干布殿中有两组松赞干布、文成公主、尺尊公主的彩塑，其神态生动、形象俊秀。松赞干布先后娶了五位王妃，其中三位藏族王妃之中的芒萨・赤嘉生下王子贡松贡赞，吐蕃人民诚心尊敬爱戴她，为了永远纪念她，在大昭寺底层中心佛殿，即释尊殿的回廊北面台座上，雕塑了赞普、王后以及芒萨・赤嘉怀抱王子贡松贡赞的泥像。

（3）壁画艺术

文献记载："大昭寺内壁画面积达四千四百余平方米"[6]。从公元 7 世纪开始，尼泊尔、藏族、汉地的历代画工凭着他们的聪明才智，创造了许多具有史料价值和艺术价值的画卷。壁画的题材丰富，有宗教故事、历史人物传记、纪念性人像、重要政治事件、西藏风土等等，内容广泛，堪称一部生动的史书。

宗教画在整个壁画艺术中占有极大的比重，它将宗教的教义形象化、通俗化，具有强烈的宣传作用。公元 17 世纪中叶绘制的"千佛壁画"等都是有名的作品，数位画匠用连环画的形式，在转经廊里绘出了佛陀的一生，如"释迦佛降生""舍身饲虎"等，这类壁画是用来劝诫信徒一心向佛、慈悲为怀的。"天堂地狱""六道轮回"等壁画，形象地表达了佛教宇宙观中"因果报应、轮回转世"的思想。

大昭寺壁画中，最值得重视的是一组文成公主进藏图，生动地展现了松赞干布与文成公主联姻这一历史场面，它歌颂了文成公主为藏汉之间的民族团结所做的贡献，表达了藏族人民对文成公主的怀念和崇敬（图 2–16）。壁画中还描绘了众多工匠辛勤劳动兴建大昭寺的情景，正是这些辛勤的工匠创造了灿烂的西藏古代建筑。

欣赏大昭寺壁画，我们既能得到艺术上的享受，又能学到丰富的历史知识和佛学知识。即便是宗教画，也是现实世界的一种再现。画工们所塑造的艺术形象，不可避免地要受到当时社会生活以及西藏周边地区和国家的外来文化的影响。如佛像、菩萨、度母、天女都在一定程度上反映了各时代不同类型的人的形象，人体比例关系十分严格、写实。这些精美的壁画大都是民间画工的集体创作，是大众化的艺术。在长期的艺术实践中，藏族画工积累了丰富的经验，并世代相传，师承相接，形成一套完整的艺术传统。

2. 小昭寺

1）历史沿革

小昭寺与大昭寺一样，都是在公元 7 世纪的时候建造的，它坐落在林廓围墙北部小昭寺路的尽头。据说是由文成公主主持，并由文成公主从汉地带来的工匠修建的，所以小昭寺的早期建筑是仿汉唐风格的。寺庙取名“甲达热木齐祖拉康”，拉萨当地人叫它“热木齐”，意思就是“汉人的”。小昭寺的宗教地位没有大昭寺重要，在历代地方势力不断修复扩建大昭寺时，小昭寺仅得到了一般的关注与照顾，没有很好地加以保护、恢复和发展。

公元 1474 年，宗喀巴大师的第二代门徒将小昭寺变成了上密院的重要教育中心，属藏传佛教格鲁派密宗最高学府之一，有众多僧人在这里生活和学习。他们的住处都在小昭寺附近，但是现在这些建筑都被现代化生活住宅代替了。小昭寺在“文化大革命”期间经历了严重的破坏，直到 1985 年才重新开放（图 2–17），部分僧侣已经返回，宗教职能已经恢复到了一定程度。最近几年在入口广场附近新修建了规模稍小些的僧人住处。

据记载，这座寺院建筑也经历了四个主要建造时期（如图 2–18）：

第一个时期（公元 7—9 世纪）的寺院只有藏康（诵经班）和囊廊（最内环的转经路）；

第二个时期(公元 10—13 世纪)加入了议事大厅；

第三个时期（公元 15—16 世纪）出现了附加的护法大殿；

第四个时期（公元 17—18 世纪）重建了入口的外廊，即有转经轮的环廊和外环的转经路。

图 2–16 文成公主入藏图（局部）
图片来源：《大昭寺》

图 2–17a 小昭寺东立面
图片来源：宗晓萌摄

图 2–17b 小昭寺佛堂
图片来源：汪永平摄

2）选址与建筑朝向

传说，公元 641 年来自汉地的马车在运送神圣

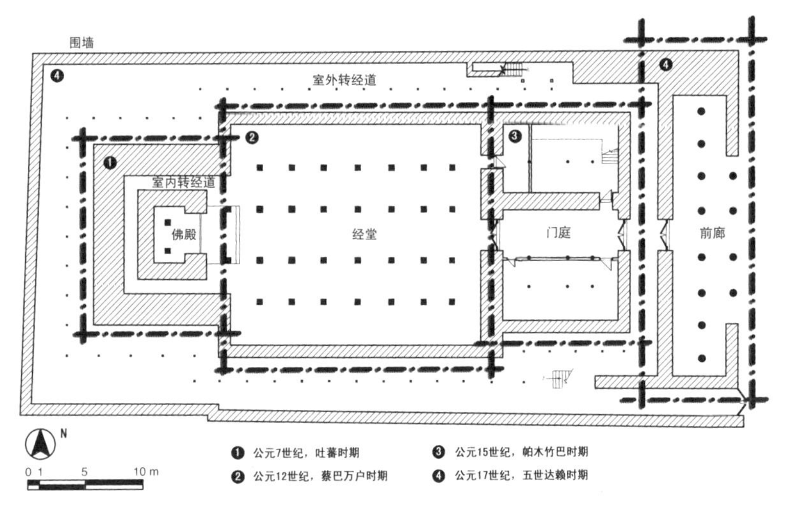

图 2-18 小昭寺建筑修建年代分析图
图片来源：牛婷婷绘制

的释迦牟尼 12 岁等身像时行至现在小昭寺的位置陷进了沙堆，几位力士几经努力都无法将车拉出，文成公主即在释迦牟尼佛像四周建立四柱，悬白锦帐而供养，后以此处为兴建小昭寺的地点。由此可见，与大昭寺的选址原则相同，小昭寺也是根据汉地的风水说以及佛教的宗教说法来确定建寺地址的。

该寺呈东西坐落，入口在东，与大昭寺的西方入口相对。据说，小昭寺向东的朝向是文成公主表达对家乡的一种思念，笔者推测小昭寺选择东西向的朝向，与大昭寺相同，也是受到了印度教寺庙建筑的影响。

3）建筑发展

由于小昭寺的建设时间与大昭寺相同，所以该寺庙也经历了朗达玛灭佛的时期，加之历史上的几次焚毁，现存小昭寺除寺门东向外，表露在外面的全部建置中，不仅看不到任何吐蕃时期的遗物，甚至 17 世纪以前的遗留也极罕见（图 2-19）。考虑到小昭寺与大昭寺有相同的历史条件，再与其他早期寺院兴建发展过程进行对比，并且结合文献记录来分析，笔者认为今天小昭寺主体部分的发展阶段与大昭寺相似，大体上也可分为四个阶段：

第一阶段：小昭寺第一层附有礼拜道的佛堂部分，虽然没有保存像大昭寺中心佛殿内的古老构件，但它的布局却与公元 8 世纪后半叶赤松德赞所建的桑耶寺中央神殿——邬孜大殿，以及创建于吐蕃时期的其他佛堂的原始形制相同。后来发现的《玛尼宝训》曾记录大、小昭寺的形制时说：与大昭寺相同，也毁于朗达玛当政时期。

第二阶段：第一阶段小昭寺的建置，经过了朗达玛灭佛和公元 12 世纪西藏各集团的战乱，也和大昭寺情况相同，虽并未被彻底破坏，但损毁严重。蔡巴历世护持大、小昭寺，其在小昭寺内建置的内容虽然无法确指，但从蔡巴在大昭寺兴建高顶建筑物和向西扩展寺院、修筑外门等工程推测，小昭寺经堂的扩大和第二层部分建置，应该都是出于蔡巴的兴建。小昭寺佛堂内现存的雕饰两瓣卷云曲线的柱头托木，式样古朴，与大昭寺中心佛殿 12 世纪的

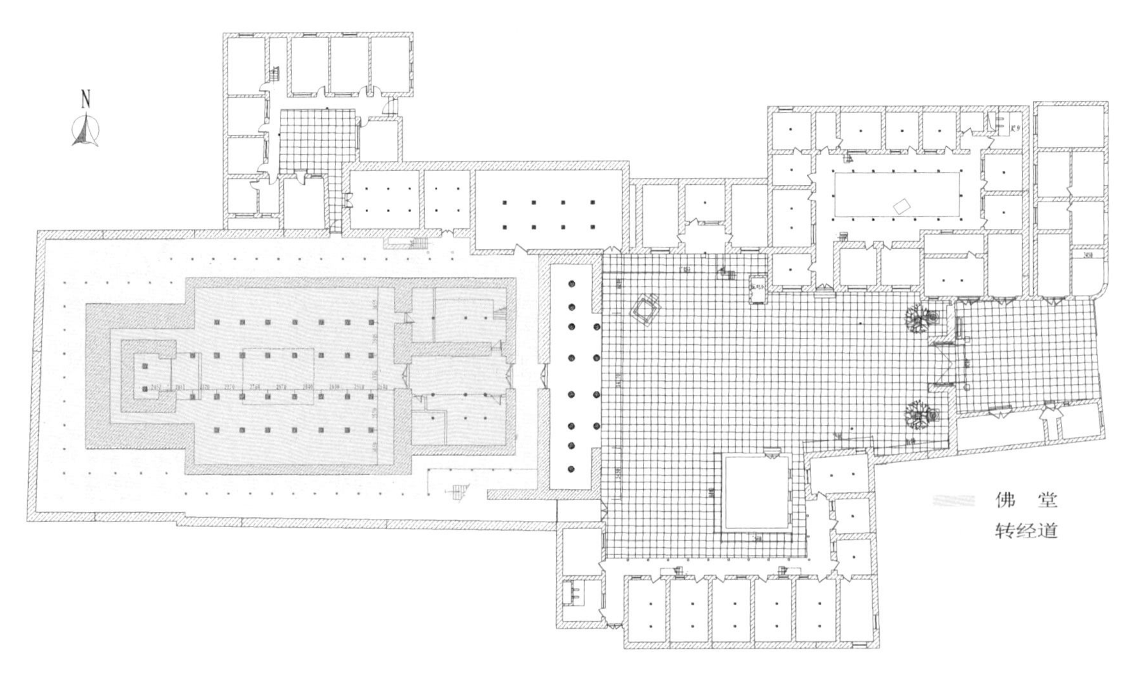

图 2-19 小昭寺一层平面示意图
图片来源：《拉萨建筑文化遗产》

托木结构样式相似，笔者怀疑是后世临摹当时的遗物重修的。

第三阶段：帕竹地方政权时期，拉萨寺院多高建天井，小昭寺经堂中部也由四根大柱撑起高高的天井（图 2-20）。

第四阶段：主要是自明崇祯十五年（1642）五世达赖开始被尊为西藏宗教领袖之后。现在小昭寺最前面的建置——十二棱的门廊廊柱，形制与大昭寺门廊相同，应当与大昭寺门廊建于同一时代（图 2-21a）。史籍中记录了五世达赖时期还新建了小昭寺围墙，实际就是整齐小昭寺外围的礼拜道（图 2-21b、图 2-21c）。门廊与围墙的兴建，表明今日小昭寺主体建筑的规模，在此时已告完成。至于门廊以内现存的许多部分的大小构件，由于乾隆年间以及其后的多次火灾和一些人为的破坏，曾屡次重修，其绝对年代已经很难确定。总之，今天我们看到的小昭寺的建置大多是近年修葺的，它的原貌虽然没有尽失，但早年的实物已经很难寻觅。

图 2-20 小昭寺佛堂大柱子
图片来源：宗晓萌摄

2.1.2 西藏第一座寺庙——桑耶寺

松赞干布死后，芒松芒赞和赤都松赞先后继位为赞普，在这两位赞普掌权的半个世纪中，佛教在西藏的传播并没有什么起色，史籍上也没有关于这两位君王与佛教发生关系的相关记载。松赞干布去世之后，谣传大唐将出兵进攻吐蕃，为了避免唐兵将文成公主带来的释迦牟尼像抢走，吐蕃人将这尊佛像用泥封在了大昭寺的墙内，在墙上绘制了当时大唐子民信奉的文殊菩萨像，并将原来供奉于大昭寺的由尼泊尔公主带来的不动金刚像供奉到了小昭寺。直到赤都松赞的儿子赤德祖赞继位，迎娶了另一位来自唐朝的金城公主后，这尊隐藏在大昭寺墙内的佛像才被发现并重见光明，此后就一直被供奉在大昭寺。

赤德祖赞并不是一位崇佛的赞普，但是与大唐的联姻使得他对佛教开始慢慢有了了解，并且对佛教有着比前两位赞普更多的宽容和更多的关注。赤德祖赞曾收留逃亡至吐蕃的佛教僧人，有些史学家认为，正是这些僧人使赞普对佛教有了更多的了解，对当时的吐蕃社会也产生了一定的影响，促使赞普有了一系列崇佛的行为：赤德祖赞派人前去天竺求法，翻译了一些从天竺带回的佛教典籍，“下令修建了拉萨喀尔札、扎玛珍桑、钦浦那木罗、札玛迦茹及玛萨贡格乃等五所佛庙，供放佛典”[7]。赤德祖赞晚年，随着对佛教了解的加深，赞普更加重视佛教，他派遣了一些藏人前往大唐求取佛经。但此时佛教在吐蕃的传播面仍然很狭窄，没有自己的僧人，没有成体系的佛学经典，所建的寺庙也仅仅是用来供奉佛像。“唐开元年间，新罗僧人慧超曾去印度，后越葱岭于721年返抵安西，所著《往五天竺传》中说，至于吐蕃，无寺无僧，总无佛法”[8]。

a. 十二棱廊柱

b. 外围转经道

c. 外围转经道

图 2-21 小昭寺廊柱及外围转经道
图片来源：宗晓萌摄

赤德祖赞死后，年幼的赤松德赞继位，此时的政权主要掌握在反对佛教的一些权贵大臣手中，直到赞普成年。传说赤松德赞于 20 岁时，曾患疾病，感觉手臂麻痹，多方治疗均未见成效，后感念先祖崇佛之心，解除了早年制定的对佛教的禁令，一心向佛，疾病得以好转。此时，赤德祖赞时期遣往大唐求佛的使者也回到了吐蕃，带回了一位汉僧和大量翻译过的佛学典籍。赤松德赞又遣使从尼泊尔先后请来了佛教高僧寂护大师和莲花生大师。寂护曾在山南的钦浦会见赞普，并在当地传扬佛法的一些基础经论。当时恰逢吐蕃发生灾荒，反佛的贵族借机宣扬是寂护带来的灾难，赞普不得不将寂护送回尼泊尔。寂护临行之前建议赤松德赞迎请密宗大师莲花生入藏，协助宣扬佛教，降妖除魔。莲花生大师到了西藏之后，在"咒法"上占了上风。赞普请回寂护大师，开始于山南的桑耶地方筹建寺庙。

公元 762 年[9]，赞普举全境之力，历时 12 年修建成西藏的第一座"佛、法、僧"三宝[10]俱全的寺庙，赐名"桑耶龙吉柱寺"，也有的史书上称其为"白吉扎玛尔桑耶米久伦吉扎巴寺"。据《拔协》记载，菩提萨埵（寂护大师）、赞普（赤松德赞）、达赞东思三人曾到桑耶附近的开苏山上勘测地形，寂护认为"这块地方如同盛满藏红花的铜盆"，是极佳的建寺场所，并且划定了寺庙的基线。由于佛教当时在吐蕃社会的影响力还相当薄弱，寺庙的修建并非一帆风顺，赞普和崇佛的大臣们使用了计谋，获取了民众的支持后，寺庙才得以破土动工。寺庙中最初修建的建筑是四座佛塔，在寺庙奠基时，挖到了"一点没有混杂的两捧白青稞和白大米"，莲花生大师遂认为这是吉兆，就在此处修"四座大佛塔的橛子"；随后修建的是南面的度母殿和上殿；最后，正殿才开始修建。莲花生大师向赞普承诺，"要把这座白吉扎玛尔桑耶米久伦吉扎巴寺修成符合所有经藏、律藏、论藏和密宗规格，在世界上威德最高，无与伦比的寺庙"[11]。最后这座寺庙效仿了印度嗢登布山上的寺庙[12]修建，以须弥山、四大洲、日月、小洲等为蓝图，从一个兔年建到另一个兔年，桑耶寺的修建经历了一个完整的轮回。整个寺庙将理想中的佛国世界香巴拉具象化地展示在了世人面前：邬孜大殿象征着宇宙中心的须弥山；邬孜大殿周围的四座佛殿象征着海上漂浮的四大神洲；四大佛殿周围的八座小佛殿象征着八小洲；邬孜大殿旁边的两座小佛殿象征着日和月；主殿四角还有白、黑、红、绿四座佛塔，镇刹驱魔；在大佛塔的周围有 108 座小塔，金刚杵形，每杵下都置有舍利一枚，象征佛法坚不可摧；寺庙的最外圈是椭圆形的围墙，象征牢固的铁围山（图 2–22）。

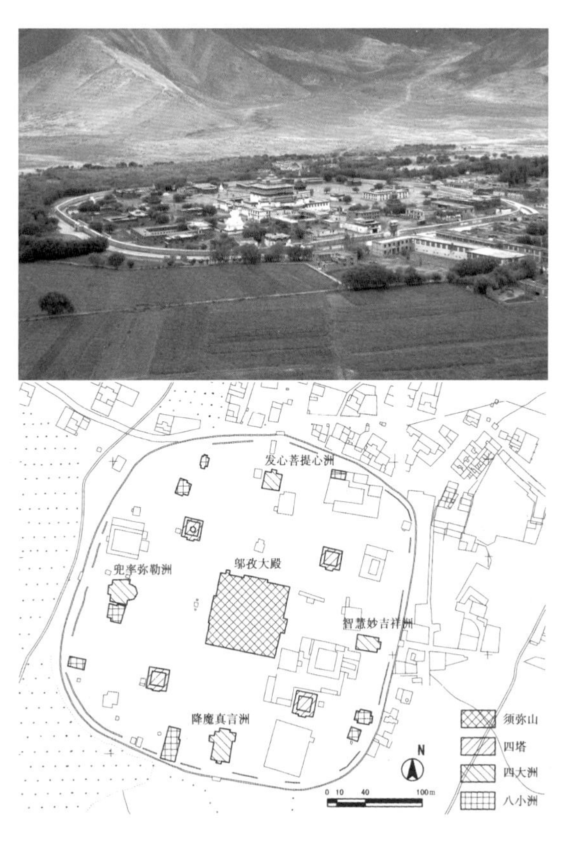

图 2–22a 桑耶寺鸟瞰
图片来源：汪永平摄

图 2–22b 桑耶寺总平面分析
图片来源：汪永平提供

邬孜大殿位于桑耶寺的正中心，是宇宙中心的象征，也是寺庙的核心，传说来自藏地、汉地和印度、尼泊尔的工匠分别修建了一层建筑，"顶层为印度风格，木质结构；中层是汉地风格，砖瓦结构；底层是吐蕃风格，石头结构。取名'桑耶楼松弥居伦珠祖拉康'（桑耶三种式样不变自然成就神殿）"[13]。整座建筑的平面形式是坛城图案。坛城，在佛教里被认为是神佛居住的地方，在"十"字形的基础上演变而来，"坛城即诸佛聚集的场所或宫殿。又在密教修'秘法'时为防止'魔众'侵入修法处，画一圆圈或建筑土坛，有时还在上面画上佛菩萨像，事毕像废。一般把划为圆形或方形的修法地方或坛城，也称为曼陀罗”[14]（图 2-23a）。据《拔协》记载：桑耶寺修建的主要模仿对象是印度的欧丹多富梨寺，欧丹多富梨寺在修建之前，“外道与侍者来到修炼死尸的房中，只见像草捆般的一具尸体在坛城上放着。持明者对侍者说：‘沙弥，你有威慑尸体的特征，不要害怕，将他的舌头割下来。舌头会变成金剑，请给我……这具尸体会变成黄金，就给你作为报酬吧’”[15]。持明者和沙弥最后就利用这具黄金尸体修建了欧丹多富梨寺。寺庙主殿修建成坛城的式样或许和这个故事有关，但是对于佛教世界的模仿，将佛神供奉在他原本生活的地方应该是选择以坛城为建筑式样的主要原因。随着吐蕃王朝的瓦解、政治中心的转移、地理优势丧失等原因，桑耶寺日趋衰败，寺庙破败不堪，僧众减少，建筑多损毁严重；直到公元 17 世纪初，萨迦派主持对寺庙进行了一次全面维修，但其后不久，寺庙又遭遇大火，大殿建筑多被烧毁；六世达赖仓央嘉措时期，格鲁派又对该寺重新予以维修，才有了现在看到的桑耶寺。图 2-23b 所示的是现在的桑耶寺邬孜大殿的平面测绘图，与历史记载中的桑耶寺邬孜大殿还是有差别的：“兔年，赞普年满 13 岁时，用马车从开苏山拉来石头，打下了正殿的基础。从雅砻改巴陀地方取土，木料都用上等的柏木和檀香木……然后用石头作料，照着吐蕃人的模样，在右边南面一排雕刻了菩萨虚空藏、弥勒佛、大慈大悲观世音、地藏菩萨、喜吉祥以及三界尊胜忿怒明王等六尊佛像……然后，是中层殿，以麝香树和紫檀香树为木料。以野黄牛皮为塑像的材料，照着内地的模样塑造……上层殿的木料全用松树和杉树。塑像的材料用布和茅草。塑像以印度式为准……然后筑起中间转经甬道；在显眼重要的地方盖了九间房屋围绕：南面是乐器龙库三间……西边是经部、续部的法库三间……北面是三间珍宝库……外面修建起大甬道围绕并塑造了吉祥大日如来护恶坛城。”[16] 宿白先生在多年考证后，曾推断：“邬孜大殿的外围墙、四门和门内的外匝礼拜廊道皆为以后增建。”[17]

图 2-23a 壁画中的坛城
图片来源：牛婷婷摄

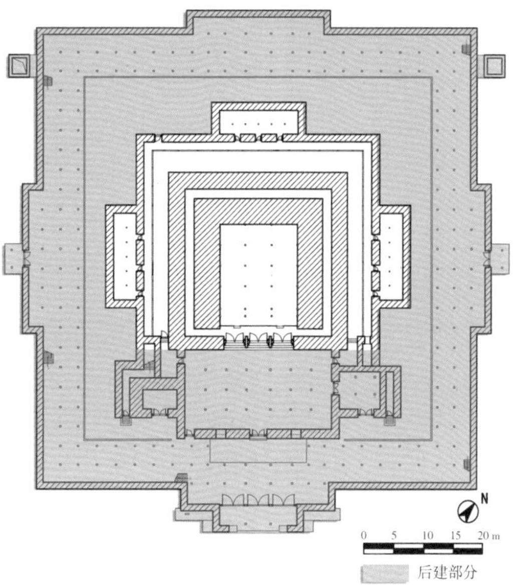

图 2-23b 邬孜大殿平面分析图
图片来源：汪永平等测绘

桑耶寺的这种构图手法对后来西藏地区的寺庙建设产生了很大的影响，成为诸多寺庙模仿的对象，如阿里的托林寺、江孜的白居寺等。图 2-24 是托林寺迦萨殿的平面图，与桑耶寺不同的是，托林寺并不是通过整座寺庙的布局来喻示香巴拉世界，而是力图在迦萨殿一组建筑中集中体现。桑耶寺建筑群体所表现的设计思想和内容被紧凑地安排在迦萨殿一栋建筑中，在建筑中心用平面为十字形、上有五个高侧窗的建筑形式比拟须弥山，将象征四大部洲、八小部洲的建筑组成一圈，主建筑外四角还分别设置了高耸的角楼，总体布局紧凑，规模远比桑耶寺小。建于公元 1427 年的白居寺措钦大殿建筑形式也模仿了坛城的式样，北面是主殿，殿外设有环绕的室内转经道，东、西两面分别布置了三间小殿，南面是建筑入口，与历史书籍中记载的桑耶寺邬孜大殿的式样比较接近。

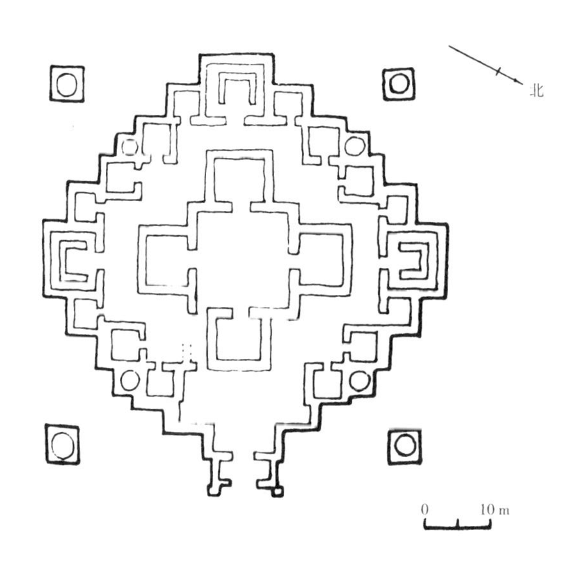

图 2–24 托林寺迦萨殿平面图
图片来源：《藏传佛教寺院考古》

桑耶寺的建立在藏传佛教历史和藏族建筑史中都有着重要的地位，它改变了吐蕃没有寺庙的历史，标志着佛教在吐蕃已经生根发芽。此后，汉僧、印僧以此为据点，开展了更为广泛的传经说教的活动。

2.2 其他寺庙

吐蕃时期修建的寺庙远不止这些，除了前文描述的世人较为熟知的寺庙之外，还有很多其他的寺庙，详见表 2–2。综合各地区文物志记载，这些吐蕃时期寺庙修建的地点都相对集中，是在赞普驻扎活动的核心区域内，如山南、拉萨、日喀则等地，尤以悉补野王统发源地山南地区的寺庙最多；“三法王”直接参与修建的寺庙达到 27 座，超过寺庙总数的 1/3。

表 2–2 吐蕃时期寺庙一览表 [18]

寺庙名称	年代	创建人	位置
大昭寺	公元 7 世纪	尺尊公主	拉萨古城
小昭寺	公元 7 世纪	文成公主	拉萨古城
查拉鲁固拉康	公元 7 世纪	松赞干布之妃	拉萨古城
木如宁巴	公元 9 世纪	赤祖德赞	拉萨古城
噶瓦神殿	公元 9 世纪	赤祖德赞	拉萨古城
次巴拉康	公元 7 世纪	—	拉萨古城
乃琼拉康	公元 7 世纪	—	拉萨古城
强日松贡布	公元 7 世纪	—	拉萨古城
奴日松贡布	公元 7 世纪	—	拉萨古城
赤宗赞	公元 7 世纪	—	拉萨城郊
扎叶巴寺	公元 7 世纪	松赞干布	拉萨达孜区
噶蔡寺	公元 7 世纪	松赞干布	拉萨墨竹工卡县
夏拉康	公元 8 世纪	莲花生	拉萨墨竹工卡县
扎雪寺	公元 8 世纪	—	拉萨墨竹工卡县
松赞拉康	公元 9 世纪	赤祖德赞	拉萨墨竹工卡县
扎西培格寺	公元 9 世纪	赤祖德赞	拉萨墨竹工卡县
雄巴拉曲拉康	公元 8 世纪	—	拉萨堆龙德庆区
玉意拉康	公元 7 世纪	松赞干布之妃	山南乃东区
扎玛东吉如拉康	公元 8 世纪	赤德祖赞	山南乃东区
扎玛噶秋寺	公元 8 世纪	赤德祖赞	山南乃东区
格汝寺	公元 8 世纪	—	山南乃东区
温浦达仓寺	公元 8 世纪	赤松德赞之妃	山南乃东区
昌珠寺	公元 7 世纪	松赞干布	山南乃东区
色热寺	公元 8 世纪	—	山南错那县
肖祖拉康	公元 7 世纪	—	山南错那县

续表

寺庙名称	年代	创建人	位置
巴廊却康	公元9世纪	—	山南桑日县
吉仲拉康	公元9世纪	—	山南桑日县
桑耶寺	公元8世纪	赤松德赞	山南扎囊县
错杰那木错拉康	公元9世纪	赤德祖赞之妃	山南扎囊县
康松桑康林	公元9世纪	赤德祖赞之妃	山南扎囊县
拉木龙寺	公元7世纪	松赞干布	山南洛扎县
提吉寺	公元8世纪	赤松德赞	山南洛扎县
吉久拉康	公元8世纪	—	山南洛扎县
科塘寺	公元7世纪	松赞干布	山南洛扎县
日当寺	公元8世纪	—	山南隆子县
达隆寺	公元8世纪	—	山南浪卡子县
若康拉康	公元8世纪	—	山南琼结县
包吴拉康	公元7世纪	松赞干布	日喀则白朗县
加勒拉康	公元7世纪	松赞干布	日喀则白朗县
达隆拉康	公元7世纪	松赞干布	日喀则白朗县
嘎东寺	公元8世纪	—	日喀则白朗县
卓玛拉康	公元7世纪	松赞干布	日喀则昂仁县
强真格结寺	公元7世纪	松赞干布	日喀则吉隆县
帕巴寺	公元8世纪	—	日喀则吉隆县
艾旺寺	公元8世纪	—	日喀则康马县
乃宁曲德寺	公元8世纪	莲花生的弟子	日喀则康马县
仲巴江寺	公元7世纪	松赞干布	日喀则拉孜县
藏章寺	公元7世纪	松赞干布	日喀则南木林县
扎顿孜寺	公元7世纪	松赞干布	日喀则仲巴县
伦努寺	公元7世纪	松赞干布	日喀则仲巴县
扎东寺	公元7世纪	—	日喀则仲巴县
孜拉康	公元8世纪	莲花生	林芝工布江达县
措宗寺	公元8世纪	—	林芝工布江达县
布久拉康	公元7世纪	—	林芝巴宜区
布曲寺	公元7世纪	松赞干布	林芝巴宜区
孜力寺	公元8世纪	—	林芝朗县
多东寺	公元8世纪	—	林芝波密县
普龙寺	公元8世纪	—	林芝波密县
易贡桑林寺	公元8世纪	—	林芝波密县
子列寺	公元8世纪	—	林芝朗县
孜珠寺	公元8世纪	—	昌都丁青县
达摩寺	公元7世纪	—	那曲比如县
热丹寺	公元7世纪	—	那曲比如县
隆塘卓玛寺	公元7世纪	松赞干布	四川甘孜德格县
杰曲寺	公元7世纪	松赞干布	今不丹境内

2.3 前弘期寺庙建筑的特点

2.3.1 寺庙建筑的功能

西藏地区的自然气候条件较为恶劣，人民生活相对艰难，所以克服自然困境，争取更好的生存条件一直是藏族先民不懈的追求。在科学并不发达的远古时代，藏族群众将许多自然现象当作妖魔作乱的行为，并且坚信有神灵的存在，能帮助他们降妖除魔。苯教作为本土产生的宗教，利用并发展了人们的这种心理暗示，通过各种宗教仪轨去解释很多的自然现象，并且强调自己降妖除魔的功能。在佛教传入吐蕃之前，苯教已经有了很强的势力，佛教为了更好地扎根吐蕃，也借用了苯教的做法，宣传镇服妖魔的本领，还通过各种方式去证明自己在这方面的能力超过苯教。

大量的史书在谈及大昭寺选址的过程时，都提到了文成公主利用汉家的堪舆之术得出吐蕃乃是倒卧的魔女，为了镇魔而要在魔女的四肢和心脏位置修建寺庙，而大昭寺就修建在魔女的心脏位置。且不论堪舆的方式是属哪家哪派，修建寺庙的目的是否真是为了用来镇压“魔女”，但从结果上看就是，这样的做法为佛教的发展和寺庙的建立起到了很好的宣传作用，达到了建立者最初的目的。

赤松德赞时期，佛教和苯教之间又发生了多次的交锋，且互有胜负，而最后决定佛教胜利的一个重要因素是密教大师莲花生入藏。莲花生是印度著名的“密咒”大师，最擅长的本领就是“降妖伏魔”。他入藏后，利用“咒术”取得了佛苯之战的胜利，同时在赞普赤松德赞的支持下主持修建了桑耶寺。不仅如此，莲花生大师也意识到苯教在吐蕃的强大势力，他将苯教的诸多神佛借用来做佛教的保护神、护法神，这种做法在很大程度上混淆了佛苯的差别，为佛教在西藏的传播赢得了更多的民众基础。

佛教传入吐蕃之后，很长的一段时间里都是只在上流社会传播，是有身份的人才能信奉的宗教。在崇佛赞普的倡导下，王室贵族都会师从汉地或印度、尼泊尔来的佛家高僧修经礼佛；吐蕃最早的僧人也是由赞普选举出来的贵族子弟，“其后，王召集吐蕃臣民，谓往昔吐蕃尚无出家沙门之例，今试观藏中有否堪作出家沙门。于大臣和属民中选聪明利根子弟七人，使从菩提萨埵出家”[19]。当时的佛教徒大多出自统治阶层，寺庙的创建者以王公贵族为主；没有大规模的学佛活动，佛教徒们往往是跟随自己的导师进行修行；所以，寺庙的另一个重要功能就是提供修行的场所。大昭寺修建时就选择了模仿印度僧房院的形制，用一个个独立的小房间组成建筑。山南乃东区的温浦达仓寺，“此是古代有名道场之一。王妃耶协措杰曾在此隐居修行过”[20]。这些寺庙规模不大，有的仅仅是一座岩洞，也就是日追。由于寺庙用于修行，修建的位置比较偏僻，才有了后弘期发现“伏藏”的可能。在《智者喜宴》中就有记载：雅砻河谷流域的吉扎浦和扎叶巴、桑耶地方的青浦是前弘期重要修行地。莲花生大师曾在吉扎浦修行过，埋藏了伏藏，公元 1354 年，邬坚林巴在吉扎浦发现了《莲花生遗教》等重要的佛家文献。

综上所述，前弘期的吐蕃寺庙本身如何并不重要，重要的是其所具有的“降妖伏魔”的功能。寺庙主要的作用是用来供奉能够打败妖魔的神佛，甚至是供奉被神化的统治者本人，是统治阶级为了达到维护阶级利益、巩固阶级统治的工具。同时，寺庙还不具备大规模传教的能力，佛教徒们更多的是选择在导师的指导下自我修行的方式，寺庙只是修行用的道场。

2.3.2 寺庙建筑的形制

吐蕃王朝时期创建的寺庙，以拉康居多，大、小昭寺还有十二镇魔寺都是这一级别的寺庙。由于只是供奉佛像，所以建筑空间比较单一，佛殿的主要形制是规模较小的方整空间，面积多为 2~4 柱，比较特别的地方是这些内室外还有一圈室内转经道包围。转经道的设置可能源于对绕塔或绕佛礼拜方式的模仿。虽然后来在修建寺庙时室内转经道已经没有了，改成在建筑外有一圈环绕的小路，但是转经礼拜的模式却被世代继承下来，并成为藏传佛教中最为常见和基本的宗教仪式。建于吐蕃时期的部分只有一层的佛殿，平面形状为方形，内室面积2柱，外围有转经道；乃东区的玉意拉康是松赞干布时期修建的四大镇边寺之一昌珠寺的分寺，同样的方形平面，被转经道包围的内室；公元8世纪修建的木如宁巴寺也是拉萨著名的古寺之一，寺庙西侧的藏巴堂平面呈“凸”字形，内室为方形，外围也附有转经道。

石窟寺也是吐蕃时期比较流行的建筑形制，面积较小，可以利用山体的天然洞穴，能满足个人修习的简单要求。拉萨查拉鲁固拉康原为松赞干布的藏妃修习佛法的地方，洞穴被设计成围绕中心柱的一圈通道，中心柱四面和通道墙壁上都刻满了佛像，山体外的建筑是后来加建的（图 2–25）。

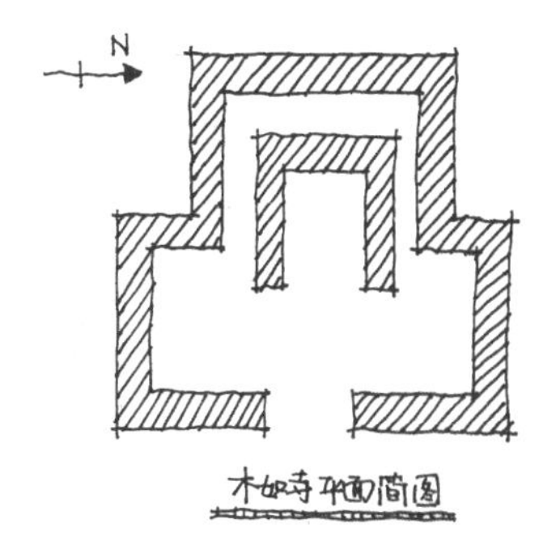

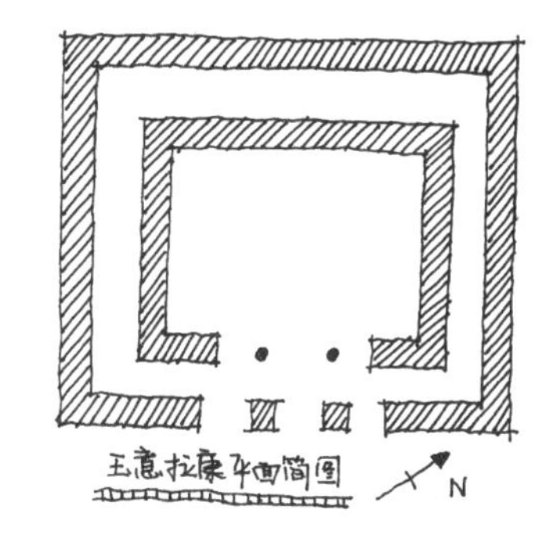

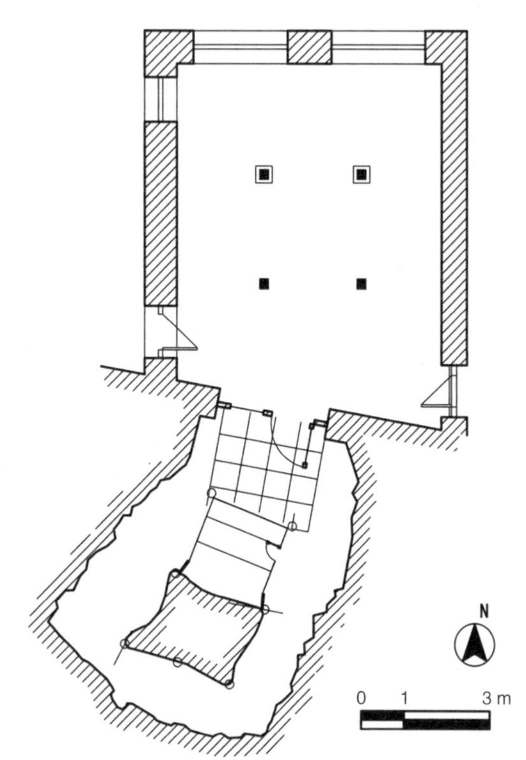

图 2–25a 拉萨查拉鲁固拉康
图片来源：牛婷婷绘

图 2–25b 石窟内围绕中心柱的转经道
图片来源：汪永平摄

2.3.3 寺庙建筑的风格

前弘期的佛教之于吐蕃，是一种完全陌生的外来文化，寺庙的营造自然摆脱不了周边地区先进文化的影响。文成和尺尊两位公主进藏的同时也带去了大量本地的建筑工匠，将当时更为先进的建造技艺和装饰手法引入吐蕃。

在北半球的高纬度地区，通常条件下坐北朝南或是坐南朝北是比较好的建筑朝向，许多后期修建的藏传佛教著名寺庙都选用了这样的朝向，而前弘期的寺庙建筑在选择朝向时，则有不少是东西朝向。大昭寺和小昭寺分别是坐东朝西和坐西朝东，现在文献中比较多的说法是寺庙朝向两位远嫁而来的公主的故乡，大臣禄东赞（噶尔・东赞）代表松赞干布前往尼泊尔求婚时曾有许诺“汝尼婆罗王有建佛宇能力我边地之王虽不如尔，尼王若喜建佛宇，但许公主，我当变化五千化身，修建一百零八座佛寺，其门皆令向于汝方，此非甚奇希有之事乎”[21]。在佛教的发源地印度，早期寺庙的建筑朝向多是东西向，有种说法是为了追随太阳的升起和落下。

西藏最负盛名的大昭寺，建寺之初并没有现在的规模，仅仅是围绕现在中心佛殿一周的两层建筑。文成公主利用了汉地道家的堪舆术决定了寺庙修建的位置；建筑在平面布局上模仿了当时印度流行的“毗诃罗”式，就是僧房院的形制，与现在复原的印度那烂陀寺僧房院遗址的平面图比较，形式非常接近；寺庙内部的许多建筑构件和细部装饰又受到了汉地、印度、尼泊尔的影响，如觉康主殿中出现

图 2-26 大昭寺中太极图案的藻井
图片来源：《大昭寺》

图 2-27a 大昭寺二楼中庭兽托
图片来源：宗晓萌摄

图 2-27b 尼泊尔加德满都帕坦兽托
图片来源：宗晓萌摄

的叉手、蜀柱、斗拱等大量的汉式建筑构件，藻井内的太极图案也是中原汉地的式样（图 2-26），寺庙内多处出现的雪山白狮的形象来源于印度寺庙，而烦琐的门楣装饰、多段式的柱子及托木的图案和处理手法则与尼泊尔建筑十分相像（图 2-27）。

我们现在看到的小昭寺是一座典型的藏式风格的寺庙，但它并非如大昭寺中心佛殿那样一直保存完好，而是遭遇过多次火灾，原有的建筑形式已不可见。在《西藏简明通史 · 松石宝串》一书中对小昭寺有如下描述："小昭寺是一座汉式风格的建筑，汉式釉瓦屋顶斑斓多彩，熠熠生辉；翅角飞檐，十分壮丽，仿佛猛虎仰望天空，故名'甲达热木齐祖拉康'。"小昭寺是文成公主进藏后主持修建的，所以选择汉地的工匠和营建风格是极为可能的，史书的相关记载还是具有可信度的。

桑耶寺是西藏第一座真正的寺庙，现在的建筑是于原址重新修建的，最早的建筑在朗达玛灭佛时期就已经毁坏，但是关于这座寺庙修建的记载非常丰富。据《西藏王臣记》记载，桑耶寺的修建是模仿了印度的欧丹多富梨寺，"仿照须弥山形起修大首顶殿，与四大洲，八小洲；仿照日月修上下药叉殿；并修铁轮山之围墙，四隅之舍利宝塔，四门之石碑等。藏王三妃亦各建三殿"[22]。

日喀则吉隆的强准祖布拉康（强真格结寺），是松赞干布时期修建的四大重镇寺之一，建筑形式为木构楼阁塔式样，现存的建筑虽经过历代维修，但建筑的基础部分还保存了吐蕃时期的遗迹。从门头做法和门廊式样看，与尼泊尔的装饰风格极为相像；二层檐口出挑下使用的斜撑，在尼泊尔的建筑中也很常见。顶层屋檐下又使用了斗拱作为支撑构件，是学习了汉地做法。

赞普赤祖德赞曾主持修建了"九层佛殿"——扎西培格寺，参与修建的工匠以外来者为主，"于是召来了印度、汉地、于阗、迦湿弥罗、尼泊尔、吐蕃等各地所有的能工巧匠，并请一位汉地堪舆家查看地形，选择地址"[23]。"遂由李域（于阗）招请善巧工艺匠师，由尼泊尔招请甚多之塑匠石匠等，修建九层佛殿"[24]。虽然并没有对建筑风格的直接描述，但是由这些工匠的来源地依旧不难判断，外来文化在九层佛殿修建过程中的重要影响。

由于佛教本身是来自其他地区的外来文化，作为仍是新兴类型的寺庙建筑，在前弘期的发展还是停留在对汉地、尼泊尔和印度寺庙的模仿上，从选址到修建，外来文化始终扮演着主导者的角色。

注释:

1 陈庆英，高淑芬. 西藏通史 [M]. 郑州：中州古籍出版社，2003：98.

2 中国建筑工业出版社. 西藏古迹 [M]. 北京：中国建筑工业出版社，1984.

3 恰白·次旦平措，诺章·吴坚 . 西藏简明通史（上册）[M]. 拉萨：西藏古籍出版社，1989：94.

4 陈耀东. 中国藏族建筑 [M]. 北京：中国建筑工业出版社，2007：230.

5 陈耀东. 中国藏族建筑 [M]. 北京：中国建筑工业出版社，2007：231.

6 西藏工业建筑勘测设计院. 大昭寺 [M]. 北京：中国建筑工业出版社，1985：123.

7 恰白·次旦平措，诺章·吴坚 . 西藏简明通史·松石宝串：全 3 册 [M]. 拉萨：西藏藏文古籍出版社，2004：134.

8 王森 . 西藏佛教发展史略 [M]. 北京：中国社会科学出版社，1997：7.

9 对于桑耶寺修建的具体年代，史学界一直颇有争议，这里参考的年代来源于刘立千先生对索南坚赞所著《西藏王统记》一书的注释。

10 “佛、法、僧”是佛教三宝，佛宝指圆成佛道的本师释迦牟尼佛；法宝指佛的一切教法，包括三藏十二部经、八万四千法门；僧宝指依佛教法如实修行、弘扬佛法、度化众生的出家沙门。也有人认为，具备神权统治、经律教义和严密组织是“三宝”俱齐。

11 拔塞囊 .《拔协》（增补本）译注 [M]. 佟锦华，黄布凡，译注 . 成都：四川民族出版社，1990：28.

12 即欧丹多富梨寺，又名能飞寺，约建于印度波罗王朝的达摩波罗之前一代。

13 恰白·次旦平措，诺章·吴坚 . 西藏简明通史·松石宝串：全 3 册 [M]. 拉萨：西藏藏文古籍出版社，2004：150.

14 钦则旺布 . 卫藏道场胜迹志 [M]. 刘立千，译 . 北京：民族出版社，2002：135.

15 拔塞囊 .《拔协》（增补本）译注 [M]. 佟锦华，黄布凡，译注 . 成都：四川民族出版社，1990：32.

16 拔塞囊 .《拔协》（增补本）译注 [M]. 佟锦华，黄布凡，译注 . 成都：四川民族出版社，1990：33–35.

17 宿白 . 藏传佛教寺院考古 [M]. 北京：文物出版社，1996：63.

18 数据来源于各地文物志、《卫藏道场胜迹志》等历史书籍，以及民宗局内部资料和调研记录。

19 索南坚赞 . 西藏王统记 [M]. 刘立千，译注 . 北京：民族出版社，2000：121.

20 钦则旺布 . 卫藏道场胜迹志 [M]. 刘立千，译 . 北京：民族出版社，2002：106.

21 索南坚赞 . 西藏王统记 [M]. 刘立千，译注 . 北京：民族出版社，2000：55.

22 五世达赖喇嘛 . 西藏王臣记 [M]. 刘立千，译注 . 北京：民族出版社，2000：40.

23 恰白·次旦平措，诺章·吴坚 . 西藏简明通史·松石宝串：全 3 册 [M]. 拉萨：西藏藏文古籍出版社，2004：188.

24 索南坚赞 . 西藏王统记 [M]. 刘立千，译注 . 北京：民族出版社，2000：136.

3 后弘期藏传佛教寺庙建筑

3.1 佛教的再度复苏和寺庙修建活动

3.1.1 佛教在西藏的再度流传

佛教传入吐蕃之后，一直由赞普的主观意愿左右其发展的兴衰。在“三法王”的推动下，佛教一度成为吐蕃的“国教”，佛教僧人成为掌控军政大权的要臣。但是，这样的辉煌还是没有经受住赞普意志的转移，公元838年，赤祖德赞死后，其弟朗达玛继位为赞普，实施了一系列的灭佛举措，吐蕃境内的佛教几乎一夜之间销毁殆尽。佛教传入吐蕃之后主要是在上流社会进行传播，是赞普借以巩固政治统治的工具；虽然随着佛教文化的深入，在民间的传播活动也日益频繁，但是深度和广度还都有所欠缺，普通民众信奉佛教的并不多；赤祖德赞推行的“七户养僧制”等制度也从一定程度上加深了普通百姓的负担，可以说吐蕃王朝时期佛教的传播是缺乏群众基础的。

公元842年，朗达玛被弑，统一的吐蕃王朝也分崩离析，其后的近百年时间是吐蕃最为混乱的分治时期，社会动荡，经济衰落，天灾人祸不断。在这段时间里，佛教在吐蕃几乎销声匿迹，苯教倒是得到了发展。朗达玛在位时曾对苯教有所扶持，王朝瓦解之后，混乱的社会局面为苯教徒们的祈福禳灾放咒复仇的活动提供了更多的机会，苯教也借此活跃起来。同时，苯教徒们也发现原有的传承方式并不利于教派的扩大发展，因而开始效仿佛教建设寺庙，著书立说，并将很多佛教的经论教义借用到了苯教的典籍中。

朗达玛灭佛时，有部分坚持信仰的佛教徒流亡到了吐蕃的周边国家，在信奉佛教的国家得到了援助并开始在当地传教授徒。其中著名者有公巴饶塞，他曾师从由吐蕃流亡至回鹘的三位藏族上师，后又至青海、甘肃藏族聚居区建寺传教。公元10世纪下半叶，在吐蕃贵族桑耶寺堪布的支援下，卫藏有十人前往公巴饶塞处受戒学经，学成后回到吐蕃，建寺传教，史称“下路弘传”。同时，古格王也资助了多人前往印度、克什米尔等地学习佛教，他们学成后回到阿里译经传教，并仿照桑耶寺的样子修建了托林寺，史称“上路弘传”。这两件事被认为是吐蕃再有佛教流传的开始，至于后弘期究竟开始于何时，在史学界仍有争议。《藏族简史》一书引用了《青史》等史籍的时间推断，“在藏文佛教史籍中，把吐蕃王朝传入佛教至达玛灭佛这一历史时期，称为‘前弘期’；从公元978年以后，即经过下路弘传与上路弘传之后佛教重新取得发展，称为‘后弘期’”[1]。而《西藏简明通史·松石宝串》一书则引用了噶当派创始人仲敦巴和《佛历年鉴及五明论略述》等史籍的观点：“认为仲敦巴·杰哇迥乃所说的铁鸡年（841）灭佛，卫藏无佛教长达七十七年，木虎年（918）为佛教后弘期开始之年的推算是确切可靠的。”[2]后弘期开始的准确时间仅在此列出诸家观点而不再深究。

吐蕃王朝时期的佛教活动层面相对狭小，虽然建有寺庙，也有僧侣组织，但是群众基础薄弱，朗达玛施行灭佛政策后，寺庙被关闭或是毁坏，僧侣组织被完全摧毁，佛教的传播网络被轻易地完全破坏。经历了这样的灾难后，幸存的吐蕃佛教徒们已经意识到教派的发展必须依托更为普遍的民众，传播的层面必须更加深广。时值社会动荡分裂，饱受摧残的民众渴望安逸稳定的生活，佛教宣扬的因果轮回逐渐被认可，被更多的普通藏族群众所接受。同时，各地的割据势力也希望借由佛教作为精神手段来帮助进行政治管理。佛教得到了一次新的发展契机。

3.1.2 百花齐放的藏传佛教教派

藏传佛教究竟形成于何时，学术界多有争议。有学者认为早在吐蕃王朝时期，藏传佛教已经有了雏形，桑耶寺的建立，不仅标志了吐蕃有了自己的寺庙，也是苯教文化与佛教文化结合的有形代表，“这座寺庙实际上是藏族、汉族和印度三种宗教文化的汇聚”[3]。也有学者认为后弘期开始流传的佛教才是藏传佛教，它区别于早期佛教的重要特点就是具有更多的藏族文化特色。以翻译的经文为例，前弘期的经文大多是对从印度或汉地传入的教典的直接翻译，更多地反映了印度或汉地的佛教文化特征；后弘期的译经过程与前弘期大有不同，译经师以藏族僧侣为主，各家译师又师出有别，在翻译的时候加入了自己对经文的理解，使得翻译出来的经文更具有本土特色，其中不乏藏族文化和苯教文化的影响。桑耶寺建立之后，曾有一次著名的佛教辩论，辩论双方分别是以摩诃衍那为代表的汉僧和以莲花戒为代表的印僧，两方因修行和求法方式的区别被分别称为顿悟派（顿门）和渐悟派（渐门），这场争辩以渐悟派印僧的胜利而告终，汉僧被驱逐出吐蕃，而印僧则留在桑耶寺传法。由此可见，吐蕃时期汉地佛教对西藏的影响是比较微弱的，主要影响还是以印僧为主导的对印度佛教的学习，至于莲花生大师借用了苯教的神明和仪轨来宣扬佛法，这也不过是在形式上的简单模仿，还没有将其真正融入传授的佛法之中。佛教再度兴盛后，有威望的藏族僧侣开始涌现，他们翻译、写作了大量的佛家典籍，加入了本民族的传统文化，使得佛教发展具有了更强烈的本土化气息，促进了藏传佛教这一具有地域文化特色的宗教的发展成熟。总而言之，虽然各人对于藏传佛教形成时间的界定不尽相同，但是对其融汇藏族文化和多地佛教文化的特点是公认的。

朗达玛灭佛后，大量的佛家典籍被焚毁，佛教复兴后，重建佛家教典的活动蓬勃发展起来，而且对于密教理论的研究也有所发展。各家译师翻译的经文典籍内容不同，使得佛教在传播学习的过程中产生了差异。“西藏佛教各派之所以分为许多不同的派别，既不像印度的小乘十八派是由于它们所遵行的节律不同而分为不同的派别，也不像印度的大乘是由于它们所主张的教义不同而分派，西藏佛教各派的区分是由于它们所传承、修持的密法彼此不同”[4]。早在莲花生大师入藏时，为了更好地传播佛教，大师不惜利用了苯教的外衣去包装佛教密法，所以长久以来，即使在多次灭佛时期，密法的传承在西藏一直有延续。随着佛教在西藏的再度传播，各人对显、密宗教法的理解和偏重的差异，教派分支开始出现。影响力较大、范围较广的主要有四大教派：宁玛派、噶举派、萨迦派和噶当派，以及之后将噶当派取代的格鲁派。

3.1.3 再度兴起的寺庙修建活动

从朗达玛被弑到13世纪中叶萨迦王朝的再度统一，近400年的时间里西藏一直处于分治时期。佛教徒们通过宣扬因果报应摆出救民于水火的姿态，同时也利用宗教的“道德”规条去帮助统治者巩固政权；但是不同于吐蕃时期的是，此时的佛教徒们已经明白了单靠统治阶级的支持是不足以获得长久的发展的，建立深厚的群众基础才是唯一可靠的途径。“在这个时期，这些僧人虽受统治者的支持，但已不完全依靠统治者的豢养，他们想方设法争取人民，利用分散割据的动荡纷争局面在民间深深扎下了根子”[5]。寺庙就是他们猎取更多信誉的场所。在获取民众信任的过程中，除了宣讲佛家的因果轮回外，作为社会高级知识掌握者的僧人们也会帮助藏族群众解决切实的民生问题，如历算、医药、绘画、教育等等。因此，寺庙不再仅仅是供奉佛像的道场和提供个人修行的僧侣住所，同时也逐渐成为西藏社会的文化教育中心，这也是藏传佛教寺庙不同于汉地寺庙的一个重要特征。

从精神上对群众进行控制使得佛教成为各个政治势力争先拉拢的对象，也正是与政权的结合促进了教派的产生。这些不同教派虽然教源相同，但因传承者源法的不同，对教理各有理解，在形成自己的体系时难免会有差异。藏传佛教后弘期的开始自然与这些传承者密切相关，他们编译的带有本人主

图 3–1 萨迦北寺旧址
图片来源：牛婷婷摄

图 3–2 重建后的热振寺
图片来源：汪永平摄

观情绪的理论体系使得佛教在西藏的传播具有了教派特色。这一渊源加诸各割据势力之间，逐步使得各教派在相应支持者的统治范围内发展起来，形成多家鼎足的局面。在这一过程中，原本印度、尼泊尔或汉地等外来的佛教文化被藏文化逐渐吸收，并依据本地实情而演变为现在大家所认知的藏传佛教，而政权与宗教的相互关系也成为藏传佛教的另一个重要特点。

在各割据势力支持下，为了获取本教派发展的最大利益，各教派的高僧们都积极努力的创建寺庙，这些寺庙大多位于交通便利的藏族群众聚集区，对于教派和藏传佛教的发展具有积极的意义。这其中包括各教派的创始寺庙。

萨迦派：萨迦北寺[6]（图 3–1），藏传佛教萨迦派的中心寺庙，由萨迦派创始人昆·贡却杰布于公元 1073 年创建，位于日喀则萨迦县仲曲河北岸的本波山南麓。“萨”藏语意为“土”，“迦”藏语意为“灰白色”，“萨迦”就是“灰白色的土”，指的是本波山腰的一片灰白色的岩石，被风化了就像土一样。寺庙已经被毁，据传萨迦北寺原有各类大小建筑 108 座，主殿为“乌孜宁玛”殿。

噶当派：热振寺（图 3–2），藏传佛教噶当派的祖寺，由阿底峡大师的大弟子仲敦巴·杰哇迥乃于公元 1056 年创建，位于拉萨林周县唐古乡境内。寺庙占地近 1.7 万平方米，主体建筑有措钦大殿、热振拉让等。该寺在 1951 年地震中坍塌了部分，“文化大革命”期间被毁，后于 20 世纪 80 年代重新修复。

宁玛派：敏竹林寺，藏传佛教宁玛派“南藏”传承的主寺[7]，位于山南地区扎囊县境内，公元 10 世纪末，由著名的“卫藏十人”之一的鲁梅·楚臣喜饶主持修建。宁玛派的传教素来以家族为单位，以个人修

图 3–3 各教派主要寺庙分布
图片来源：牛婷婷截取《中国历史地图集：第八册（清时期）》绘制

行为主，所以隶属于该教派的寺庙并不多，而敏竹林寺是后弘期宁玛派最著名的寺庙之一。创建时寺庙规模并不大，于公元17世纪进行了重建和扩建，建筑面积达到了十余万平方米，主要建筑有祖拉康、曲果仑布拉康、桑俄颇章等。寺庙曾遭受多次战争毁坏，后于20世纪80年代重新修复。

噶举派：噶举派是藏传佛教各教派中分支最多的教派，其下还分有两大支系四小支系。两大支系分别是香巴噶举和塔波噶举，香巴噶举已经没落，现在传承的大都是塔波噶举的教法。而塔波噶举下又分为四个小支系，分别是噶玛噶举、蔡巴噶举、拔绒噶举、帕竹噶举；而帕竹噶举之下又分有八个支系：直贡噶举、达垅噶举、主巴噶举、雅桑噶举、绰浦噶举、雄色噶举、叶巴噶举、玛仓噶举，故噶举派也有“四大八小”之说。这诸多支系又以自己的主寺为中心，进行势力划分。

表3–1是后弘期早期各教派修建的主要寺庙，图3–3对这些寺庙的分布做了标注。

表 3–1　公元 13 世纪以前各教派主要寺庙一览表 [8]

寺庙名称	创建年代	创建人	教派	位置	相关信息
热振寺	1056年	仲敦巴	噶当	拉萨林周县	噶当派主寺
怯喀寺	11世纪	怯喀巴	噶当	拉萨墨竹工卡县	—
基布寺	1164年	塞·基布巴	噶当	日喀则昂仁县	—
纳塘寺	1153年	仲敦巴	噶当	日喀则桑珠孜区曲美乡	—
桑普寺	1073年	雷必喜饶	噶当	拉萨堆龙德庆区	—
聂塘寺	11世纪	仲敦巴	噶当	拉萨曲水县	—
扎塘寺	1081年	扎囊十三贤	噶当	山南扎囊县	—
杰堆寺	1012年	多杰旺秋	噶当	拉萨林周县	—
洛普寺	1093年	京俄·楚程巴	噶当	拉萨达孜区	—
达布寺	12世纪	仁钦宁布	噶当	拉萨墨竹工卡县	—
觉木隆寺	1169年	贝丹旺久	噶当	拉萨堆龙德庆区	—
扎果寺	11世纪	扎果瓦	噶当	山南隆子县	—
唐波且寺	1017年	楚臣迥乃	噶当	山南琼结县	—
萨迦寺	1073年	贡却杰布	萨迦	日喀则萨迦县	萨迦派主寺
蔡巴寺	1175年	尊珠扎巴	噶举	拉萨	蔡巴噶举主寺
贡塘寺	1187年	尊珠扎巴	噶举	拉萨	—
达垅寺	1180年	扎西贝	噶举	拉萨林周县	达垅噶举主寺
直贡提寺	1179年	仁钦贝	噶举	拉萨墨竹工卡县	直贡噶举主寺
楚布寺	1189年	曲吉扎巴	噶举	拉萨堆龙德庆区	噶玛噶举主寺
降曲林寺	1189年	益西多杰	噶举	拉萨曲水县	—
雄色寺	1181年	楚臣僧格	噶举	拉萨曲水县	雄色噶举主寺
雅桑寺	1206年	却吉门兰	噶举	山南乃东区	雅桑噶举主寺
丹萨替寺	1158年	多吉杰布	噶举	山南桑日县	帕竹噶举主寺
岗布寺	1121年	塔布拉杰	噶举	山南加查县	塔波噶举主寺
色喀古陀寺	1077年	米拉日巴	噶举	山南洛扎县	—
绰浦寺	1212年	楚臣喜饶	噶举	日喀则萨迦县	绰浦噶举主寺
雄雄寺	1121年	琼布朗觉	噶举	日喀则南木林县	香巴噶举主寺
仁嘎曲德寺	11世纪	朗觉玛	噶举	日喀则谢通门县	—
噶玛丹萨寺	1147年	索南仁钦	噶举	昌都县	—
噶玛仁青林寺	1185年	堆松钦巴	噶举	昌都县	—
敏竹林寺	10世纪末	楚臣喜饶	宁玛	山南扎囊县	宁玛派主寺
结林措巴寺	1124年	强久贝	宁玛	山南扎囊县	—
亚钦寺	11世纪	欧坚林巴	宁玛	山南扎囊县	—
托林寺	996年	益西沃	宁玛	阿里札达县	—
达海寺	1057年	曲扎江村	宁玛	昌都芒康县	—
绒塘寺	1027年	加旺活佛	宁玛	昌都丁青县	—
夏鲁寺	1027年（说法不一，见17.2.1）	喜饶迥乃	萨迦	日喀则	后为夏鲁派

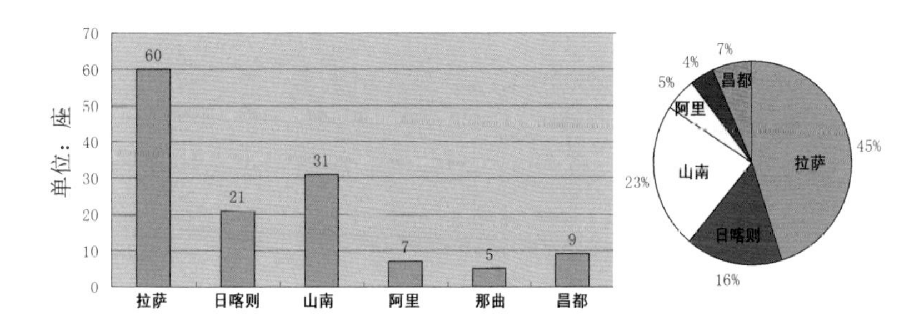

图 3–4 建于 10 至 13 世纪上半叶的寺庙建筑柱状图和饼状图（按地区划分）
图片来源：牛婷婷绘

由图表可见，寺庙营建活动以拉萨和山南为中心，后藏日喀则、昌都和阿里也有，西藏其他地区寺庙建筑活动基本没有。

3.1.4　这一时期寺庙建筑的特点

进入公元 10 世纪后，佛教从低谷中再度抬头，宽松的政治环境给予它们自由发展的空间。著名的译师和高僧层出不穷，在他们的带领下，藏传佛教揭开了一页新的篇章；此时的寺庙已经成为藏传佛教传播的主阵地，寺庙的数量也迅速增长；随着藏文化与佛教文化不断融合，寺庙建筑的形式也发生了转变，不再局限于最初的对外地寺庙的完全模仿，开始尝试用藏式传统建筑理念去营造寺庙，迈出了藏传佛教寺庙建筑最终本土化、定型化的第一步。

1. 佛教事业蓬勃发展，各教派百花齐放，以本教派主寺为中心向周边扩散并划分各自的势力范围。

以四大教派为主的藏传佛教各教派，积极修建各自的专属寺庙，广收僧徒扩充自己的势力。修建寺庙的资金来源，除了从民间获得的捐赠之外，更多地是依靠当地权贵的援助，寺庙修建完成之后又成为教派在该地区传教的据点，向周边地区辐射。长此以往，藏传佛教各教派之间形成了各自的势力划分。图 3–4 至图 3–6 是建于 10 至 13 世纪上半叶的寺庙建筑（仅是贡巴、拉康级别寺庙，日追等未计算在内）统计图，其中共有寺庙 133 座，拉萨地区 60 座，日喀则地区 21 座，山南地区 31 座，昌都地区 9 座，阿里地区 7 座，那曲地区 5 座；噶当派 59 座，噶举派 46 座，萨迦派 6 座，宁玛派 20 座，希觉派 2 座。拉萨地区的噶当派寺庙最多，占到拉萨全部寺庙一半以上；山南地区的噶举派寺庙最多，各地区都有噶举派的寺庙；萨迦派的主要活动范围是在日喀则地区；宁玛派寺庙则在山南和阿里地区较多。参看图 3–3 的各教派主要寺庙分布图，还是相吻合的，寺庙基本以本教派的主寺为中心，向四周发散。同时，各教派在与政治势力的结合中不断壮大自己的力量：萨迦派在元中央政府的支持下，一度成为掌控西藏政教事务的最高教派；噶举派下的各支系也与所在地区的政治集团结合，形成了政教合一的地方势力，如帕竹噶举、蔡巴噶举等等；而噶当派在这样的潮流下并没有与政治权贵同流，保持了一定的宗教独立性，但也束缚了教派的发展，开始走向没落。

2. 寺庙规模逐渐扩大，“前堂后殿”“前堂侧殿”的形制格局已经开始形成。

吐蕃时期的寺庙现存的已经屈指可数，还有一些是后世依据历史资料修复的，从现存的建筑情况和记载来看，建筑的规模都不大。大昭寺是有历史记载的最早的寺庙，它是一栋两层建筑，建筑呈“回”字形，中间是天井，天井四周被分割成了几十间的小室，面积 10~20 平方米，建筑形制类似印度佛教的僧房院。僧房院的功能主要是供僧侣居住修行而用，若干人一间，类似于现在的集体宿舍，内部空间面积要小很多，也就几平方米一间。桑耶寺，据记载是按照“香巴拉”而修建的理想佛国世界，但是在吐蕃时期就曾遭到多次破坏，它的规模已不得而知。赞普赤热巴巾时期曾修建过一座“九层殿”，

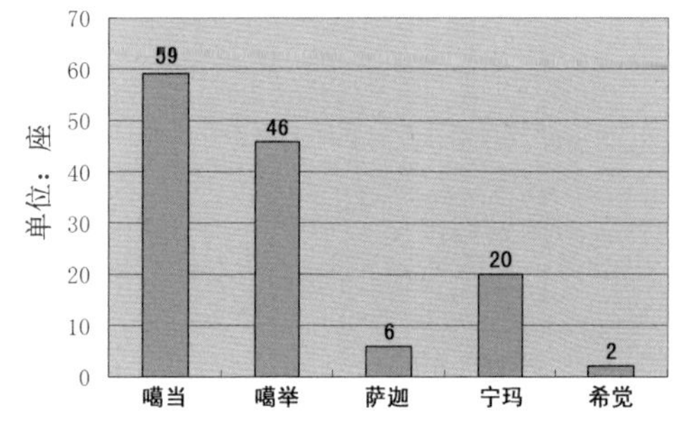

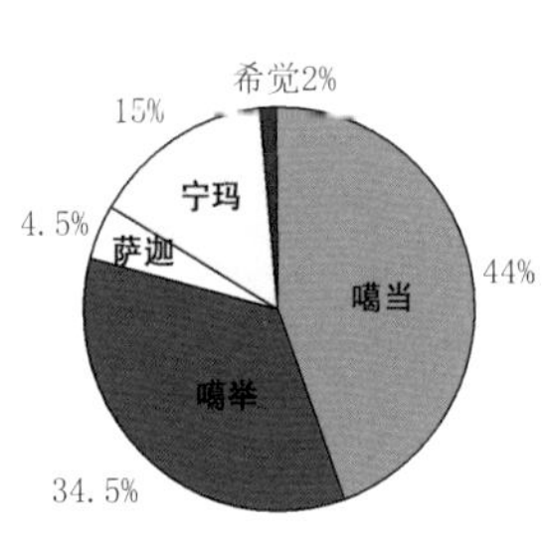

图 3–5 建于 10 至 13 世纪上半叶的寺庙建筑柱状图和饼状图（按教派划分）
图片来源：牛婷婷绘

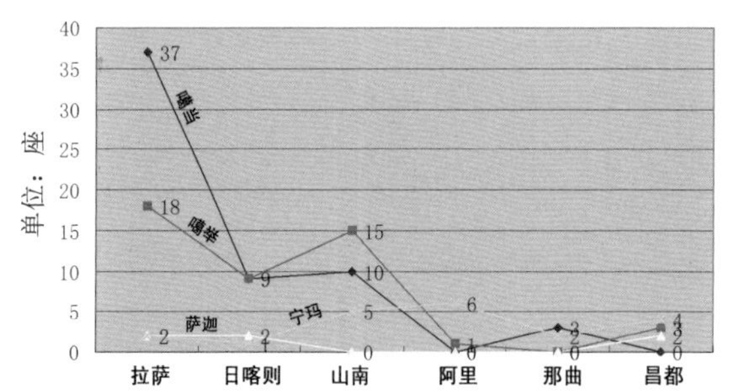

图 3–6 建于 10 至 13 世纪上半叶的寺庙建筑折线图
图片来源：牛婷婷绘

虽然有史籍称其“此庙在吐蕃境内，绝其伦比”[9]，但是，它的实际规模有多大还有待商榷。碉楼是藏式传统建筑中一种重要的建筑类型，以史料记载和文物发掘情况看，吐蕃时期的很多宫殿是碉楼，“九层殿”也很有可能采用了类似的建筑形式，始建于吐蕃时期的山南地区的色喀古托寺（见图 3-7a）还保留了一座碉楼，那么类比色喀古托寺和雍布拉康[10]（见图 3-7b），建筑每层的面积不会超过几十平方米，这样的空间只能满足供奉若干佛像和少数人修行等规模较小的活动。

随着藏传佛教的发展，教派实力的扩张，狭窄的佛殿已经不能满足僧侣集会和修行的需要。前弘期的佛教学习主要还是强调个人修行，或者是小范围的集体学习，而到了后弘期，这种在导师的带领下小规模学经的模式虽然仍有保留，但大规模的集体学经讲经活动开始成为一种更重要的传播方式，例如传昭法会等。古格王孜德于公元 1076 年在阿里的托林寺主持召开了火龙年法会，此后，传昭法会成为各教派树立威信、招徕僧徒的重要形式。后世较为著名的法会还有萨迦派八思巴大师于 1277 年在曲弥摩仁举行的曲弥法会和宗喀巴大师公元 1409 年在拉萨大昭寺主持的传昭法会。其中，拉萨的传昭法会成为惯例保留了下来，每年藏历新年在拉萨大昭寺举行，不分教派都可以参加。为了满足新的发展需要，从公元 11 世纪起到公元 14 世纪，阿里、蔡巴、萨迦、帕竹等地的贵族和僧侣多次对大昭寺进行了维修扩建，并在原来僧房院天井部分增加了多根立柱将其变为室内的多柱空间，用以满足集会的需要，大昭寺的建筑平面遂变成了“前堂后殿”的格局（见图 3-8）。这里的“堂”指的是集会诵经时使用的经堂；“殿”指的是供佛参礼的佛殿；在原来“拉康”的基础上进行了扩充，紧邻佛殿的位置修建了面积较大的经堂空间，主要用来集会讲经。除了“前堂后殿”的格局外，“前堂侧殿”式是另一种比较常见的寺庙做法。这两种寺庙布局形式的出现是符合寺庙发展要求的，它丰富了讲经传道和佛法修习的方式，同时，又将讲经和礼佛的过程有机地划分开，使两者相对独立，但也不乏联系。随着寺庙建筑的日益成熟和成型，这种佛殿和经堂相结合的模式不断发扬，作为寺庙建筑的一种固定形式保留了下来。

图 3-7a 色喀古托寺
图片来源：汪永平摄

图 3-7b 雍布拉康
图片来源：牛婷婷摄

表 3-2[11] 选择了一些建于该时期的且原有建筑保留较好的寺庙，并对这些寺庙的建筑形制格局做了罗列。从表中不难看出：虽然经堂和佛殿相结合的建筑形式已经存在，但还没有一个相对固定的形制；经堂面积都在 40 柱以内，佛殿在建筑平面布局中所占的比重较大，有的与经堂面积比接近 1:1；佛殿外围有室内转经道的形式依然存在。

公元 15 世纪，随着藏传佛教信徒的不断增多，

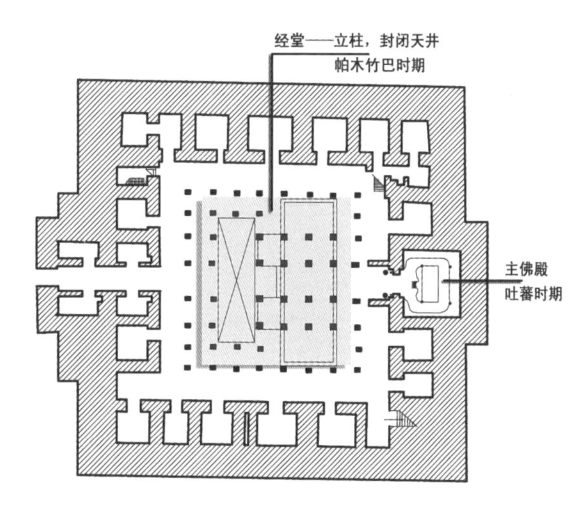

图 3-8 大昭寺“前堂后殿”平面分析图
图片来源：牛婷婷绘

表 3-2 部分建于 10 世纪至 13 世纪上半叶的寺庙建筑形制格局

寺庙名称	创建年代	教派	简述	平面简图
扎塘寺	公元 1081 年	噶当	建筑入口朝南，“前堂后殿”，经堂有柱 20 根，佛殿 6 柱，殿外有室内转经道	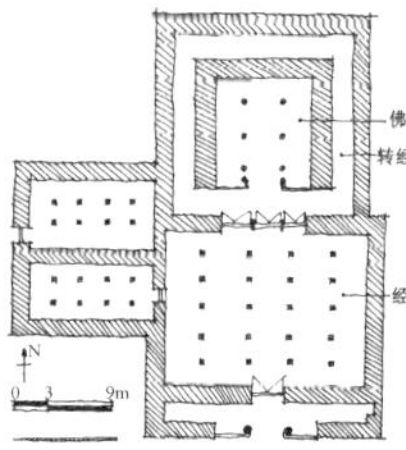 佛殿 转经道 经堂 0 3 9m N
萨迦南寺	公元 1268 年	萨迦	建筑入口朝东，经堂和佛殿围绕院落布置，经堂有柱 40 根，两侧为佛殿，在 8 柱以上	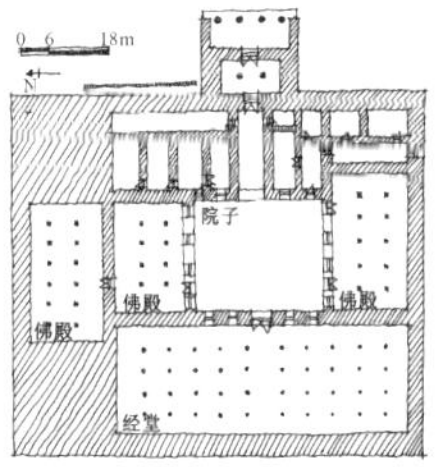 0 6 18m N 院子 佛殿 佛殿 佛殿 经堂
夏鲁寺	公元 1027 年	夏鲁	建筑入口朝西，“前堂侧殿”，经堂有柱 36 根，三面均有佛殿，以经堂为中心，环绕佛殿有室内转经道	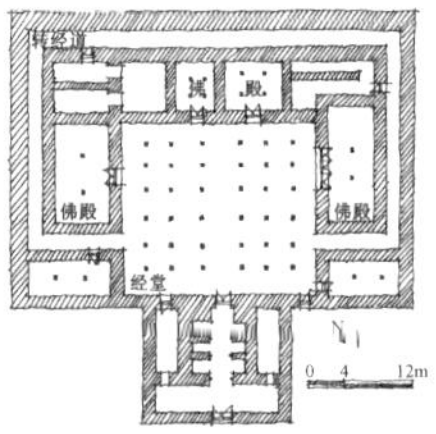 转经道 佛殿 佛殿 经堂 N 0 4 12m
丢热寺	公元 13 世纪	噶当	建筑入口朝南，“前堂后殿”，经堂有柱 36 根	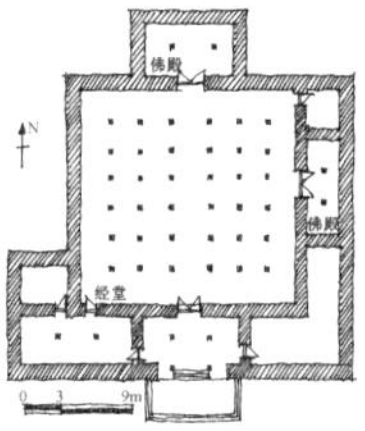 N 佛殿 经堂 0 3 9m
建叶寺	公元 11 世纪	噶当	建筑入口朝南，“前堂后殿”，经堂有柱 20 根，佛殿有 4 柱，殿外有室内转经道	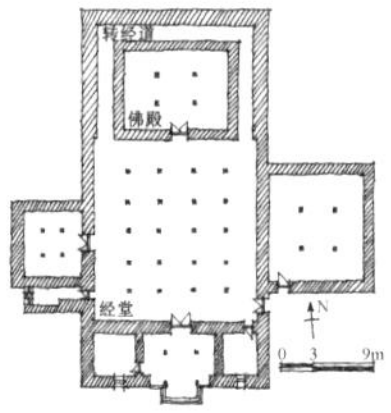 佛殿 经堂 N 0 3 9m
乃西寺	公元 13 世纪	宁玛	建筑入口朝南，“前堂侧殿”，经堂有柱 12 根，两侧有佛殿，东侧佛殿外有室内转经道	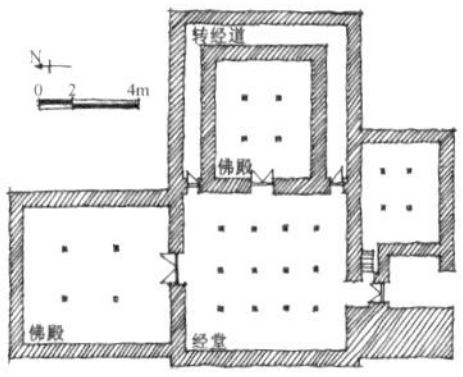 N 0 2 4m 转经道 佛殿 佛殿 经堂
增期寺	公元 10 世纪	噶当	建筑入口朝南，“前堂后殿”，经堂有柱 20 根，佛殿有柱 6 根	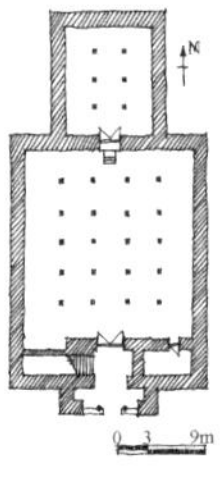 N 0 3 9m

原有的室内转经道已经不能满足大批量信众礼拜的要求，大昭寺开始将转经道迁至室外。今天，在大昭寺有三圈转经道，室内转经道仍然保留，但已不再大规模开放；围绕整个寺庙的外圈形成了第二圈的转经道；以大昭寺为中心的八廓街成为环绕大昭寺的第三圈转经道。之后，各大寺庙纷纷效仿大昭寺的做法，将重要殿堂的室内转经道迁至室外，时至今日，信徒们已经习惯了围绕整个建筑甚至建筑群转经礼拜的方式。

3. 寺庙的组织体制基本形成，寺庙功能也更加丰富。

佛教最初就是作为一种先进文化传入西藏的，传扬佛法的僧徒往往都学识渊博，甚至有些人熟识医药、通晓历算等，是藏族社会高级知识的拥有者。早期在西藏，并没有所谓的学校，孩童们学习知识的途径主要是这些僧人的传授。意大利著名的藏学家图齐认为，早在吐蕃时期寺庙就已经具备了宗教组织的性质，是崇拜活动场所、教育机构和译经中心，最典型的例子就是桑耶寺。到了后弘期，这种组织特性表现得更加充分，“藏人幼童识字读书，有的是以苯教徒为师，有的是以佛教徒为师，到 11、12 世纪间，则出现了不少青年苯教徒弃苯学佛的记载，似乎教育事业也逐渐为佛教徒所垄断”[12]。被佛教徒逐渐“垄断”的不止教育，还有医药、文化等，“他们建立寺庙很会选择适当地点，往往是建立在交通要冲或贸易中心。寺庙宗教活动又利用了本地的和从外地输入的文学艺术的成就，这样，寺庙一般又成为当地的文化生活中心”[13]。有很多学者认为，松赞干布时期修建的十二座寺庙其实位置正是在当时藏族群众比较聚集的地区，只是依托了文成公主堪舆一说，让民众更快地接受这种新兴的文化。刚刚从浩劫中恢复过来的藏传佛教徒们已经意识到佛教要想发展不仅需要统治阶层的支持，更需要广泛的民众基础，选择在交通要道和重要的藏族聚居区建立传教点是最快最有效的方法，这与松赞干布的决定似乎是不谋而合的。“直贡是噶举派的一个分支，主寺建立在交通要冲、农牧交接地点，一向以殷富著称”[14]，这里的“主寺”正是直贡噶举派的直贡提寺，公元 1179 年噶举派高僧仁钦贝将其师兄木雅贡仁在直贡地方创建的小寺庙扩建，创建了帕木噶举的支派直贡噶举派。寺庙修建在离村镇不远的半山腰上，寺庙曾在元代遭到萨迦派的毁坏，教派在藏族聚居区乃至国外的尼泊尔、印度等其他佛教区都很有影响力。噶当派主寺热振寺也是选择修建在了从内地和昌都通往拉萨的主要交通线上，是由阿底峡大师的弟子、噶当派创始人仲敦巴于公元 1056 年修建的。驻锡该寺的热振活佛也是藏传佛教历史中非常著名的大活佛之一，在清朝时深受皇帝信任，曾担任过摄政活佛。该寺在乾隆三十五年（1770）曾获敕封“凝禧寺”。

4. 寺庙建筑营建逐步本土化。

进入后弘期后，藏族僧人在佛教的传播中逐步占据了主导地位，佛教由外来文化逐步向本土文化转变。在藏文化的包容和侵蚀之下，宗教文化的地方性更加强烈。随着藏传佛教文化的不断深入，寺庙建筑也逐渐摆脱了外来文化的束缚，逐渐开始成为具有本土特色的一种重要建筑类型。

前弘期修建的许多寺庙，为了表达对佛教来源地的崇敬，在设计建筑朝向时并没有选择更适合北半球高纬度地区的南北朝向，而是面向尼泊尔、印度和内地的东西朝向。而从表 3–2 中不难看出，进入后弘期后，寺庙的建筑朝向选择的是更符合西藏当地自然条件的南北朝向。从对外的学习到建立符合自身发展的独立体系，正是藏传佛教在这一时期的重大转折。

前弘期时，西藏的寺庙建筑体量都很小，结构简单；到公元 10 世纪时，大空间的集会经堂的出现，要求提供多柱的独立空间。土（石）木混合结构依然是不二的选择，汉地的木构架虽然做工细致，但是工艺烦琐，并不适宜在西藏的长期发展。工匠们从民居建筑的营造中学习了藏式的木构搭接方式并予以发展，完善了寺庙建筑的结构体系，形成了以外墙为主要承重单位，内部辅以木柱承重的混合体系。

四大教派产生后，由于各家教义的差异，对于建筑色彩的要求也各不相同。在西藏，可以通过一

图 3-9 萨迦南寺大殿外墙
图片来源：牛婷婷摄

些简单的外墙色彩来判断寺庙所属教派。如萨迦派主尊的是喜金刚，喜金刚三张脸的颜色——灰、白、红——就是寺庙建筑外墙面上最常见的颜色（见图 3-9）；噶举派尤其是噶玛噶举派尤喜红色，常将建筑外墙粉饰成暗红色，而不似藏式建筑中惯用的白墙（见图 3-10）。

综上所述，在佛教复苏的这三四百年时间里，寺庙建筑的活动日趋频繁，寺庙为了更好地适宜时事的发展，逐渐有了自己的形制，也有了除宗教之外更多的社会功能，开始在社会生活中扮演着越来越重要的角色。

图 3-10 噶玛噶举主寺羊井寺主殿
图片来源：牛婷婷摄

3.2 政教合一体制的成型和寺庙建筑的发展

3.2.1 元政府支持下的萨迦政权

直到公元 13 世纪，西藏仍然处于分治的状态，虽然这期间产生过一些较有影响力的势力，但都没有能够像松赞干布那样，建立一个统一的王朝。同一时间，在北方地区，蒙古人的实力日益强大，从公元 1205 年开始，蒙古军队与紧邻西藏的西夏王国发生了多次争战，并最终将西夏灭亡。与西夏王朝素来交好的藏传佛教徒们认识到，蒙古人将西藏纳入其版图只是时间问题，于是，各教派高僧开始了与蒙古上层统治者的初步接触。最终，蒙古人选择了萨迦派作为其在西藏的代言人。

公元 1246 年，萨迦班智达贡噶坚赞应邀来到凉州[15]与蒙古王子阔端进行了会晤，“这次会晤是历史上一项重大事件，它直接导致后来元代中央在西藏地方建立行政体制、奠定西藏地方直辖与中央的基础”[16]。同年，萨迦班智达亲笔书写了一封致西藏各界的公开信，史称《萨迦班智达贡噶坚赞致乌思藏善知识大德及诸施主的信》，在信里，萨迦班智达现身说教，消除了西藏各界的恐惧和顾虑，同时也表明了蒙古人一统西藏的决心。这封信得到了西藏僧俗各界的尊重和支持，对于西藏统一起到了积极的促进作用。此时的萨迦派在蒙古人的认可之下逐步取得了在西藏地区的领袖地位。

公元 1270 年，元世祖忽必烈敕封贡噶坚赞的侄子八思巴为“帝师”，即佛教僧侣们的最高领袖，同时掌管 1264 年设立的释教总制院，管理西藏相关事务，“帝师之命与诏敕并行于西土”[17]。八思巴作为帝师长年居住在皇帝身边或是内地，而对西藏地方的管理主要是通过萨迦本钦来执行。在相关的藏文文献中，对“本钦”做出了这样的定义，认为他就是“随从”，是代表皇帝和帝师的随从。“他由喇嘛的命令和皇帝的圣旨来封授，他保护地方的安宁和宗教的繁荣”[18]。首任本钦就是曾经萨迦派的大总管释迦桑布，他有管理教派土地、寺庙等财产的权力，并且作为帝师辖下的一名高级官员管理地方事务。公元1288年，忽必烈改总制院为宣政院，提高了管理机构的行政级别，帝师职权未变，并设有院使一职，协助帝师管理辖区内事务。

在地方，忽必烈在藏族地区设置了三个宣慰使司都元帅府：吐蕃等处宣慰使司都元帅府、吐蕃等路宣慰使司都元帅府和乌思藏纳里速古鲁孙等三路宣慰使司都元帅府；并在宣慰使司都元帅府之下设立了万户、千户这样的次一级管理机构。多数史料都有记载当时在乌思藏曾划分有十三个万户，虽然这些万户的具体位置还存在争议，但是对其名称和萨迦万户的领袖地位是毋庸置疑的。萨迦万户的首领就是前文提到的萨迦“本钦”，“本钦由帝师提名，皇帝正式任命。本钦是萨迦派在行政上的负责人，又是元朝授权管理西藏诸万户的地方官员。本钦作为兼管军民的地方长官与蒙古诸王在其份地上所设的断事官达鲁花赤的地位职权是同一性质”[19]。可见，元朝初期的萨迦派已经不仅仅是西藏地区的重要宗教团体，也是掌握统治权的政治团体，如果说分治时期的地方政权与宗教势力的结合是政教合一体制的萌芽的话，萨迦政权的建立使得政教合一体制在西藏正式成型。

3.2.2 政权的再次起伏交替

“正如历史所记，萨迦的权力是短命的；它延续了不到一个世纪，准确一点说，只有七十五年，在这期间里交替更换了二十个本钦和住持。最后萨迦派权力崩溃，此时在前藏出现了一个对立的、强大的军事力量，先从萨迦派获得独立，然后再把萨迦征服。”[20]这股军事力量就是帕木竹巴。帕竹原是噶举派下的一个支系，主寺是位于今山南乃东区的丹萨替寺。公元1208年，出身于当地权势豪族朗氏家族的僧人扎巴迥乃成为丹萨替寺的主持，从此该寺的主持为朗氏家族所继承。帕竹也是元代乌思藏十三万户之一。到公元13世纪中后期，扎巴仁钦继位丹萨替寺住持，同时兼任帕竹万户长，成为集政教大权于一身的第一位喇本。在扎巴仁钦担任喇本期间，帕木竹巴的势力有了进一步的发展，他们赎回了被萨迦侵占的土地，成为当时前藏地区最有实力的万户之一。

扎巴仁钦死后，他的侄子绛曲坚赞继任了丹萨替寺住持的位置。公元1322年，绛曲坚赞得到元皇帝和帝师的认可，兼任帕竹万户长，成为继扎巴仁钦之后的第二位喇本。“在西藏地方各地长期孕育着政教合一制度，在这里找到它的最标准最完全的表现形式”[21]。绛曲坚赞是藏族历史上著名的政教领袖之一，他继位后在辖区内大力发展农业、畜牧业和交通，帕木竹巴的实力得到了进一步的提升。由于利益的冲突，帕木竹巴与雅桑巴[22]之间发生了多次争斗，萨迦派在调解过程中，一味偏袒雅桑巴，引致帕木竹巴的不满，最终斗争升级，演变成以萨迦派为首的多个万户与帕木竹巴之间的战争。但是由于萨迦派内部的腐朽分裂，团结稳定的帕木竹巴取得了最后的胜利，并获得了萨迦派管辖下的乌思藏大部分地区。元朝政府也承认了既定事实，封绛曲坚赞为“大司徒”，授以印信，子孙世袭，可以说此时的元政府已经认可了帕木竹巴对西藏的统治。直到元帝国灭亡，帕木竹巴一直管理着西藏地区。新生的明政权沿袭了元政府大部分的管理西藏的做法，也认可了帕木竹巴对西藏的管理。帕木竹巴政权的建立对于后来格鲁派的兴起也起到了重要作用。

权力带来的贪婪和腐败最终将导致政权的灭亡，无数的实例证明了这一点，萨迦的没落也没能逃脱这样的历史考验。但是萨迦班智达和帝师八思巴为权力的追逐者们做出了很好的榜样，让他们意识到依靠中央政府的扶持所能获得的巨大利益，这样的事实促进了藏民族与内地其他民族的交流，对祖国的统一团结也起到了深远的影响。

3.2.3 多元化风格的寺庙建筑

虽然萨迦王朝的建立改变了西藏混乱的割据局势，但是政权和教派之间的争斗始终没有停止过，而各势力派系所做的唯一相同的努力就是与当时的中央政权建立良好的政治关系。灵活多样的寺庙建筑形式和对内地营造工艺的学习成为在这样特殊历史背景下寺庙建筑发展的一个重要特点。

图 3-11 夏鲁寺大殿
图片来源：牛婷婷摄

以夏鲁寺为例。

创寺于公元 1027 年的夏鲁寺是一座非常具有时代特色的寺庙。该寺虽然始建于后弘期早期，但是寺庙真正的发展时期却是元代萨迦派掌权时期，因为当时的夏鲁寺寺主与萨迦派掌权者之间有亲属关系，所以寺庙得到了飞速的发展。寺庙的扩建维修都集中了当时汉、藏两地先进的营造工艺，风格上也体现了多元化的特点（见图 3-11）。

夏鲁寺最早修建的是集会大殿东面的护法神殿，殿门朝东开，延续了前弘期寺庙建筑朝向的主流做法，在元代寺庙扩建的时候，并没有改变寺庙群体的主要朝向，整组建筑依然是坐西朝东。

夏鲁寺的主体建筑有三层：一层是集会大殿和若干佛殿；二层是南、北、西三座无量宫佛殿，东面的般若佛母佛殿和四角的配殿，建筑布局在四周，中间形成一个被围合的天井；三层只有东无量宫佛殿。对于这样的做法，尤其是二层的平面布局存在这样的两种看法：一是认为受到了汉地院落建筑做法的影响，四面的佛殿围合中间的院落，中轴对称，均衡布置；一是认为延续了前弘期寺庙建筑对香巴拉世界的构想，东、南、西、北四座佛殿象征宇宙海中的四大洲，中间的庭院是虚化的须弥山（见图 3-12）。不论当时修建者的意图究竟如何，我们依然可以认为，夏鲁寺的平面布局形式既是对早期做法的继承，也是接受新思想、发展新形式的过渡。

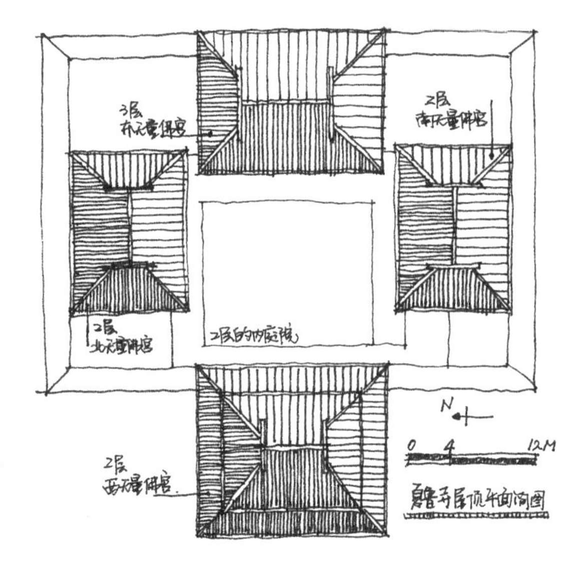

图 3-12 手绘夏鲁寺建筑布局
图片来源：牛婷婷绘

从建筑结构的角度看，夏鲁寺是一座相当汉化的藏传佛教寺庙。除了采用了藏族传统建筑中比较常用的土木混合体系外，其他的部分如柱网、梁架及屋顶做法等都使用了汉地的做法。《后藏志》中有记载，时任夏鲁万户长的扎巴坚赞在扩建夏鲁寺时不但得到了元朝政府在财力上的支持，还有许多技艺精湛的内地工匠被派遣前来协助修建寺庙[23]。本章试从以下几个方面做简单的分析阐述：

1. 侧脚和生起

从建筑外立面看，夏鲁寺采用的是墙包柱的形式，檐柱被夯土墙包裹并略高出一些，以目测已能看出角柱明显向内侧倾斜，这在藏式传统建筑中几乎没有，而是汉式建筑中常见的侧脚做法。从中心檐柱到角柱，柱子高度依次升高，普柏枋呈两端翘起的曲线。从测绘后得到的数据看，三开间佛殿的檐柱与角柱之间的高度差为 5~6 厘米，这与宋《营造法式》中生起做法“三间生高二寸”的数值十分接近，元代建筑的诸多做法是对宋的沿袭继承，汉地工匠在修建夏鲁寺时应该是采用了生起的做法。

2. 减柱和移柱

减柱和移柱的做法在元代十分盛行，尤其是在寺庙建筑中，通常是为了获取更开阔的使用空间。夏鲁寺二层的西无量宫佛殿和北无量宫佛殿都使用了这种做法。西无量宫佛殿内仅有两根柱子，而北无量宫佛殿中则没有立柱，这与下层佛殿内的八根柱子相比数量少了很多，柱子的位置也不是藏式建筑中常见的对位的做法。

3. 斗拱

从大昭寺修建开始，斗拱也开始慢慢地演变成藏式建筑中的一种重要元素。直到元代，这些斗拱在建筑中仍然承担着结构作用。夏鲁寺里无论是在上层的四座无量宫佛殿还是在下层的觉康佛殿、马头明王殿、三门佛殿、廿珠尔殿中，都能看到斗拱的身影。陈耀东先生曾对夏鲁寺和山西芮城县永乐宫的斗拱做过对比分析，得出“夏鲁寺除令拱比永乐宫三清殿稍长外，其他都大致相同，而且和宋制也极相近。在我国北方的建筑，宋元的权衡是一脉相承的，而夏鲁寺的细部做法，也和内地一样”[24]（见图 3–13）。

图 3–13 夏鲁寺无量宫佛殿屋顶下的斗拱
图片来源：牛婷婷摄

4. 屋顶

实测夏鲁寺屋顶的举折为 1:4，屋架坡度比较平缓。而西藏地区由于特殊的自然条件，建筑以平屋顶为主，即使有坡屋顶的建筑，屋顶也没有举折。

叉手和托脚是盛行于唐代的做法，到明清时已比较少见。夏鲁寺的多座佛殿中还保留了这些构件，截面尺寸长宽比约为 3:1，与宋代尺寸十分接近。阑额、普柏枋等木构件也都是藏式建筑中没有的。

说到屋顶，不得不提到琉璃瓦，夏鲁寺拥有西藏最华丽的屋顶。炫丽的琉璃瓦（见图 3–14）一直以来深得统治阶级的喜爱，在内地的寺庙、宫殿中也比较常见，而在西藏由于技术工艺上的落后，使用琉璃瓦的建筑并不多，这足以凸显夏鲁寺重要的艺术地位，同时也说明内地工匠的到来带来了先进的制作工艺，并将琉璃瓦应用到了重要寺庙建筑中。

从夏鲁寺的建筑中可以依稀寻找到早期藏传佛教寺庙的影子，也能看到格鲁派政教合一定制之后寺庙的雏形，它是藏族寺庙建筑在过渡期探索和发展的实物例证，也是汉藏文化的历史结晶。

3.2.4 政教合一体制下寺庙具有的新特点

佛教从传入西藏开始就与政治有着千丝万缕的联系，元政府建立总制院任命萨迦派高僧为帝师摄管西藏的政教事务，正式揭开了政教合一体制在西藏的序幕。而这之后建立的一系列地方政权中，宗教与政治也已结成了紧密的团体不再分开。在这样的前提下，作为宗教活动载体的寺庙必然会发生功能属性上的变化，从原来单纯的承担宗教事务和社会事务向更综合、更全面的政教事务转变，尤其是教派的核心寺庙。“这些僧侣要求掌握世俗和宗教双重权力，既把寺院精舍变成堡垒和王宫，又集政权和教权于一身”[25]。作为最高政治领袖日常起居办公的宫殿建筑慢慢地融入了寺庙建筑群体。政教合一体制下的宫殿建筑必然会带有宗教特征，也必然会与宗教有着千丝万缕的联系，身处政权中心的寺庙中的这些宫殿建筑就是代表。在承认其属于宫殿建筑类型的同时，也不能否认其与寺庙的密切联系，因此，可将其视为寺庙的一个部分，寺庙中的

图 3–14 夏鲁寺琉璃屋顶
图片来源：牛婷婷摄

宫殿——城堡式寺庙。这也是在政教合一体制下寺庙具有的最大最显著的新特点。

以萨迦南寺为例。

1. 与寺庙有着紧密联系，但又是一个完整独立的个体。

政教合一体制的一个重要特征是宗教发展依附于政治统治，政治统治因为宗教发展而更稳固，所以宗教和政治之间有着相辅相成的密切关联。这样的本质必然会导致政权所在地与宗教中心发生关系，两者也需要相互依托并存。寺庙中的宫殿与寺庙的关系可以看作是个体与整体之间的关系，既有关联又相对独立。广义的萨迦寺包括萨迦北寺和萨迦南寺，因为萨迦北寺已毁，所以现在当提及萨迦寺时都默认指的是萨迦南寺。萨迦南寺和萨迦寺就是寺庙中的宫殿与寺庙，就是个体与整体关系的代表。

萨迦寺的北寺和南寺，分别位于仲曲河的北岸和南岸（见图 3–15）。北寺修建时间较早，南寺基本上是在八思巴时期由于政治上的需要而修建的。萨迦北寺始建于公元 1073 年，由萨迦派大师昆·贡却杰布主持修建。据说北寺最辉煌时期有佛殿、拉康等建筑 108 处，占地约 73 公顷。初建时的萨迦北寺，结构简陋，规模很小。后经萨迦历代法王的不断扩建，加盖金顶从而形成了逶迤重叠、规模宏大的建筑群。萨迦南寺始建于公元 1268 年，是“帝师”八思巴委托当时的萨迦本钦释迦桑布主持修建的。萨迦南寺内的建筑主要有拉康钦莫大殿、八思巴殿、吉济拉康、则庆拉康等。其中拉康钦莫大殿又是众多建筑中的最大者。该建筑的修建是作为八思巴返回西藏之后处理日常事务的主要场所。关于该殿的修建，在《汉藏史集》中亦有记载，本钦释迦桑布“向当雄蒙古以上乌思藏地区各个地方的万户和千户府发布命令，征调人力。于次年为萨迦大殿奠基，还修建了里面的围墙、角楼和殿墙等”[26]。萨迦南寺有一套完整的围城体系，由护城河、内外城墙和角楼组成（见图 3–16）。这样的寺庙围合方式在西藏是少见的，因而，很多研究者认为，萨迦南寺的建造明显受到了汉地造城理念的影响，带有一些封建集权的寓意，也体现了在这一时期汉族文化与藏族文化的交融。

图 3–15 萨迦寺分布图
图片来源：Google Earth

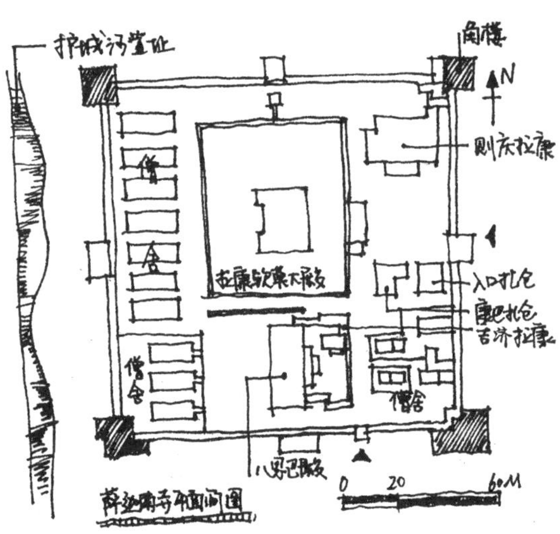

图 3–16 萨迦南寺平面简图
图片来源：汪永平等测绘

从萨迦南寺在寺庙中的位置看，其位于仲曲河南岸，与萨迦北寺隔河相望，可见它在寺庙中有相对独立的空间环境。

从功能体系上看，萨迦南寺有自己独立完整的系统。萨迦南寺的建筑按照不同的生活工作要求，配备了相应的空间，例如办公空间、宗教空间、生活空间、备用空间等等，建筑的使用管理都可以不与寺庙活动发生交叉。

萨迦南寺作为独立的建筑体系，有自己明确的空间界定，南寺通过内外两道城墙和锯齿形的护城河（见图 3–17）将拉康钦莫大殿（大经堂）等建筑围合在一个近似方形的空间里。而萨迦寺的其他建筑体之间很少有这样用明晰的实体做出勾勒界定的，虽然有些经堂建筑也是由围合院落构成，但它们仍然可看作是单体形式，而没有达到群体结合界定的层次。

2. 比一般寺庙建筑更注重军事防御性。

西藏寺庙的选址布局有一定的宗教文化基准，大多没有较强的防御性，寺庙建筑群体的扩张更多具有自然性和随意性，没有太多明显设计的痕迹。但从萨迦南寺的规划看，军事防御功能明显强于萨迦北寺，也强于西藏地区的其他寺庙建筑。从类型来看，宫殿这种建筑类型本身就具有较强的防御要求，因为它必须保护居住者的安全。而佛教寺庙建筑却没有这样的特殊要求，这与佛教本身追求的教义理念也有相当的关系。

萨迦南寺就是一个微型城池，建筑外设有两套城墙：内侧的护城墙由夯土筑成，坚实牢固，城墙外侧倾斜坡度很大，不利于攀爬；城墙四角有高耸的角楼（见图 3–18），并且设有垛口和向外凸出的马面墙台，进一步提高了防御效果；外城墙是一道低矮的养马墙，平时用于养马，战时可以作为比较简单的防御工事；城墙外是护城河。拉康钦莫大殿作为萨迦寺的中心和最重要的建筑，也是由高厚的外墙保卫，立面上很少开窗，去往二层、三层的通道也仅有一个入口，又高又陡，易守难攻。可以说萨迦南寺是一座坚固的城池。

3. 空间布局上比一般宫殿建筑更宗教化。

西藏宫殿建筑的发展大致可以划分为三个时期：萌芽时期、形成时期和成熟时期。传说中西藏的第一座宫殿是由雅砻王统的第一位赞普聂赤赞普修建的雍布拉康，在这之后的多位赞普均有修建宫殿，仅存在于史料记载中了。这一时期的宫殿建筑从形制上看更接近于碉楼。第二时期也就是宫殿形成时期，时间大概从松赞干布在位时起至公元 13 世纪。在这段时间里西藏经历了一段分裂的过程，许多分裂出来的小城邦分别建立了自己的宫殿，如古格王城、贡塘王城等。这些王城已经不再局限于碉楼的形式，但是形制还是相对比较简单的。从元代起，多位萨迦派大师被尊为“帝师”“国师”，萨迦派掌握了西藏地区的政教大权，在萨迦地方建立了政教合一的萨迦政权，并开始在萨迦寺内修建各种颇章、拉章供给掌握政治权力的各级高僧使用，所以萨迦南寺就是一个宫殿群体。从此时期，藏族宫殿建筑开始迈入成熟时期，在政教合一体制的影响下，也更加具有宗教特点。

早期的西藏寺庙在修建时，往往希望通过象征手法去实现对宗教世界的模仿，建筑的布局体现佛教世界观和曼陀罗式宇宙观。曼陀罗世界的基本构图就是以须弥山为中心，四大部洲和八小部洲将其包围，桑耶寺就是这样的一个典型实例。萨迦南寺的建筑布局也受到了这种思想的影响：拉康钦莫大殿布置在南寺正中的位置，建筑规整高大，象征萨迦法王至高无上的统治地位；其他的佛殿、扎仓和僧舍等建筑相对低矮，环绕在拉康钦莫大殿四周。这样的方式一方面是对宗教世界的模仿，另一方面也能更好地体现中央集权的政治性质，同时满足军事防御的要求。从这一点上也可以看出，萨迦南寺的修建借鉴了宗教建筑的设计手法，建筑虽然是为了满足政治上的需要，但是仍然摆脱不了宗教的影响。

图 3–17 发掘中的萨迦南寺护城河遗迹
图片来源：牛婷婷摄

图 3–18 萨迦南寺的角楼
图片来源：牛婷婷摄

注释：

1 《藏族简史》编写组 . 藏族简史 [M]. 3 版 . 拉萨：西藏人民出版社，2006：90.

2 恰白・次旦平措，诺章・吴坚 . 西藏简明通史・松石宝串：全 3 册 [M]. 拉萨：西藏藏文古籍出版社，2004：272.

3 常霞青 . 麝香之路上的西藏宗教文化 [M]. 杭州：浙江人民出版社，1988：103.

4 王森 . 西藏佛教发展史略 [M]. 北京：中国社会科学出版社，1997：41.

5 王森 . 西藏佛教发展史略 [M]. 北京：中国社会科学出版社，1997：37.

6 这里称其为"萨迦北寺"，是为了区别于现在被普遍称为"萨迦寺"的萨迦南寺，两寺被仲曲河划分南北，修建的历史相差数百年，寺庙功能也有所差异，后文会详细论述。

7 杨辉麟 . 西藏佛教寺庙 [M]. 成都：四川人民出版社，2003：8.

8 数据来源于西藏各地文物志、地方志，以及《卫藏道场胜迹志》《五世达赖喇嘛传》等书籍资料。

9 索南坚赞 . 西藏王统记 [M]. 刘立千，译注 . 北京：民族出版社，2000：137.

10 位于山南乃东区境内，据记载是吐蕃第一位赞普聂赤赞普主持修建的吐蕃第一座宫殿。

11 表中的图为自绘。

12 王森 . 西藏佛教发展史略 [M]. 北京：中国社会科学出版社，1997：39.

13 王森 . 西藏佛教发展史略 [M]. 北京：中国社会科学出版社，1997：38.

14 王森 . 西藏佛教发展史略 [M]. 北京：中国社会科学出版社，1997：41.

15 今甘肃武威。

16 《藏族简史》编写组 . 藏族简史 [M]. 3 版 . 拉萨：西藏人民出版社，2006：109.

17 出自《元史》卷二 O 二《释老传》。

18 伯戴克 . 元代西藏史研究 [M]. 张云，译 . 昆明：云南人民出版社，2002：45.

19 顾祖成，陈崇凯 . 西藏地方与中央政府关系简明教程 [M]. 拉萨：西藏人民出版社，2001：68.

20 杜齐 . 西藏中世纪史 [Z]. 李有义，邓锐龄，译 . 北京：中国社会科学院民族研究所，1980：29.

21 《藏族简史》编写组 . 藏族简史 [M]. 3 版 . 拉萨：西藏人民出版社，2006：129.

22 乌思藏十三万户之一，位置约在今山南乃东一带。

23 觉囊达热那他 . 后藏志 [M]. 佘万治，译 . 拉萨：西藏人民出版社，2002：89-90.

24 陈耀东 . 中国藏族建筑 [M]. 北京：中国建筑工业出版社，2007：277.

25 杜齐 . 西藏中世纪史 [Z]. 李有义，邓锐龄，译 . 北京：中国社会科学院民族研究所，1980：5.

26 达仓宗巴・班觉桑布 . 汉藏史集：贤者喜乐赡部洲明鉴 [M]. 陈庆英，译 . 拉萨：西藏人民出版社，1986：224.

4 格鲁派时期寺庙建筑

4.1 格鲁派的建立

萨迦派依附于元王朝获得了在西藏地方的政治管理权，此后，宗教与政治的结合成为西藏社会的一种体制，寺庙也成为继贵族之后藏族社会的又一大势力集团。原来受到各项清规戒律约束的僧侣开始慢慢尝到权力的甜头，修行、生活逐渐变得世俗化和腐朽化，人民大众甚至僧侣团体内部的不满情绪日益高涨，迫切期望有一股清新的佛教改革势力输入。格鲁派就在这样的社会背景下应运而生。

“格鲁派或名格丹派，乃是以驻锡地而命的名……若把词字简化应呼为噶鲁派，但不顺口，遂改呼为格鲁派，相沿成习，则成定名。”[1]教派的创始人是宗喀巴。宗喀巴原名罗桑扎巴，公元1357年出生于宗喀地方，后世称呼其为宗喀巴，是以地名冠之，“巴”在藏语里即为“人”的意思。公元1363年，宗喀巴被家人送至噶当派寺庙出家。在之后的近20年的时间里，他先后在乌思藏各大寺庙师从萨迦、噶举、夏鲁以及噶当派的高僧学习经法，之后又立书著传，在各地讲经授徒。“约在1388年，宗喀巴指定了其师徒戴黄色僧帽，这是革新藏传佛教并创立一个新教派的标志”[2]。由于该派的僧众都佩戴黄色的僧帽，所以格鲁派又被称为“黄教”。宗喀巴得到了当时乌思藏地区的实际统治者帕竹第悉[3]在宗教、政治以及经济上的多方面支持，长期在拉萨地区驻锡传法。公元1409年，在帕竹第悉及当地贵族的支持资助下，宗喀巴于正月初一到十五，在拉萨大昭寺亲自主持了有近万人参加的“传昭法会”[4]。“这是继古格王孜德于1076年在阿里托林寺举办的火龙年法会和萨迦第五祖八思巴于1277年在曲弥仁摩举办的曲弥法会之后，规模更为宏大，影响更为深远的一次藏传佛教的空前盛大的宗教活动”[5]。法会在之后每年的同一时间举行，一直延续到解放后。“法会之后当即选定拉萨以东一块地方破土奠基兴修甘丹寺，一般藏文史籍中，遂以1409年作为宗喀巴创立格鲁教派之始”[6]。甘丹寺在此以后一直是宗喀巴大师驻锡的寺庙，并被作为格鲁派的主寺。

宗喀巴早年学法于噶当派，因此格鲁派的许多教义教礼都是沿袭噶当派的，强调显密并修、循序渐进，并有所发展，“他吸取了噶当派的精神，加上他自己对显密经论的造诣，形成了他自己的体系，这个体系是把在西藏流传的显密教法组织成为一个以实践和修证为纲领、按部就班、次第整然的系统”[7]。在阐化王扎巴坚赞和西藏社会中诸多正直的僧侣的支持下，格鲁派迅速发展起来。宗喀巴大师的理念被认为是恢复了佛教的“纯洁”，所以当大师承认自己是噶当派的继承者之后，噶当派几乎所有的寺院僧众都先后改宗了格鲁派，成为格鲁派之后发展的坚实基础。格鲁派教义严明，倡导“善规”，要求僧人遵循修习次第，不同于早先的一些教派高高在上，脱离群众，因而得到了信众的尊重和拥护。格鲁派有三个特点：“第一，提倡僧人必须严格遵守戒律，不应干预世俗事务，不得娶妻和从事生产劳动；第二，大力兴复寺院招收僧徒，在拉萨郊区又陆续兴建哲蚌寺、色拉寺，此后在日喀则兴建扎什伦布寺，并将噶当派各地寺院全部归纳入格鲁派属下；第三，每年定期举行传昭法会，在会上讲经传法，主张僧人修习先显后密，规定必修五部经论，创立传昭期间进行辩论和考试，以授予格西等学位的制度。”[8]

格鲁派也效仿其他教派，沿用了藏传佛教特有的活佛转世的方式，其中最著名的活佛转世体系就是达赖和班禅。一世达赖喇嘛是宗喀巴大师的弟子根敦珠巴，根敦珠巴才思敏捷、理论扎实，深得宗喀巴大师喜爱。公元1447年，在宗喀巴大师的授意下，根敦珠巴主持在日喀则修建了扎什伦布寺；根敦珠巴圆寂后，十岁的根敦嘉措被认定为根敦珠巴的转世灵童继任活佛；公元 1578 年蒙古土默特部首领俺答汗授予三世达赖喇嘛索南嘉措“圣识一切瓦齐尔达喇达赖喇嘛”的称号，意为“遍知一切德智如海之金刚上师”，“达赖喇嘛”由此而来；五世达赖阿旺罗桑嘉措，是达赖支系活佛中最著名者，也是西藏地方政权——甘丹颇章政权的创立者，在他的带领下，格鲁派一跃成为藏传佛教第一大派，是西藏地区政治和宗教上的双重领袖；由于五世达赖圆寂后出现权力争夺，转世灵童的认定经历了一番波折，现在的史书中一般认为六世达赖喇嘛是被格鲁派高层喇嘛认可的仓央嘉措；七世达赖格桑嘉措正式受到乾隆皇帝的敕封，是为西藏地区的政教首领；此后，从八世至十二世达赖喇嘛因为种种原因都未能成年亲政，西藏政权一度被清政府任命的“摄政佛”掌管。

与达赖活佛系相似的是，“班禅”法号的获得来自另一位蒙古部落首领固始汗，他将此称号授予四世班禅大师罗桑却吉坚赞，全称“班禅博尔多”，意为大智慧者；前三世班禅大师均是追封，分别是宗喀巴大师三大弟子之一的一世班禅克珠杰、二世班禅索南却朗和三世罗桑敦珠；班禅活佛系中最出名者就是四世班禅罗桑却吉坚赞，他是一位在西藏政教两界都声名显赫的高僧，雍正皇帝曾将后藏的部分区域划归四世班禅治下，是五世达赖喇嘛的师傅，为五世达赖带领格鲁派走上了政治的高峰立下了汗马功劳，也开了两支活佛系达赖和班禅在各自未成年时进行相互的辅佐、互为师徒的先河。

另外，格鲁派打破了以往各教派只与某一地区某一封建势力相结合达到政教合一的局限性，主张和各地区不同的封建统治者形成更广泛的联系。三世达赖索南嘉措时期，蒙藏各部推崇黄教，并通过宗教在政治上建立了良好的关系。刚刚兴起的清政府为了安抚蒙藏地区的人民，采取了“兴黄教，即所以安众蒙古”[9]这样一种扶持黄教的政策。格鲁派由于得到了清政府和蒙藏部落首领的支持，成为继四大派之后在西藏地区最有影响的教派并延续至今。公元 1642 年，五世达赖在拉萨哲蚌寺建立政权（史称“甘丹颇章政权”），正式成为西藏地区的政治宗教领袖。

4.2 蓬勃发展的格鲁派寺庙营建活动

寺庙是宗教传播的主阵地，在西藏有着众多不同的佛教支系，寺庙的“堡垒”作用就显得尤为重要。宗喀巴大师创立教派之后，得到了藏族各界的拥护，因为教法渊源于噶当派，因而也被称为“新噶当派”；与此同时，噶当派的影响力却在日渐衰弱，噶当派的僧人和寺庙遂改随宗喀巴大师，以谋求更好的发展，大部分噶当派僧人和寺庙都划归了格鲁派所有。

宗喀巴大师在各地传教有了一定影响力之后，在信众的要求下，于公元 1409 年主持修建了自己的驻锡寺庙——甘丹寺。“当时的大成就者勒吉多吉请求宗喀巴大师指示新建寺院的地点时，上师得到授记说：‘旺古日山的山旁边，尊莫顶山岗的山坡上，将会聚集无数僧人。文殊妙吉祥菩萨等，是乌思藏、朵甘思及汉地，众生积聚资粮的福田。护持阿里及北方各地，出现兴盛繁荣的寺院。’”[10]甘丹寺全名“甘丹朗杰林”，藏语意为具喜寺或极乐寺，清世宗曾赐名永寿寺，今位于拉萨城东 57 公里的达孜区旺古日山上。寺庙建成之后，宗喀巴大师一直在此居住讲经，因此，甘丹寺也被认为是格鲁派的祖寺，它的修建也是格鲁派建立的一个重要标志。自宗喀巴大师之后，甘丹寺的住持都是从教派中经过层层选拔出来的最具智慧的高僧，历任甘丹赤巴也是格鲁派的宗教首领之一。

随着格鲁派宗教地位的确立，各地均开始修建隶属格鲁派的寺庙，其中最著名的就是包括甘丹寺在内的藏族聚居区“六大寺”。

（1）哲蚌寺，全名“贝曲哲蚌确唐门杰勒朗巴杰瓦林”，意为“吉祥米聚十万尊胜洲”。“哲蚌”在藏语里有“米聚”之意，远远看去，寺庙就像是堆积起来的米堆，意寓繁荣。哲蚌寺位于拉萨市以西 10 公里的更培邬孜山南麓，由宗喀巴大师的弟子嘉央曲杰（又译绛央却杰）创建。公元 1414 年时，宗喀巴大师向嘉央曲杰提出了创建寺庙之事，并且预言这座寺庙将比格鲁派主寺甘丹寺还要辉煌。于是在公元1416年，以柳吾宗本南嘎桑布为主要施主，先后完成了哲蚌寺措钦大殿、密修院（阿巴扎仓）和僧舍等最初的寺庙建筑群。此后寺庙多次扩建形成了现在的规模，鼎盛时期寺庙中的僧侣人数过万，成为格鲁派第一大寺。

色拉寺，位于拉萨市北郊约5公里的色拉乌孜山南麓，全名“曲德钦波色拉特钦林”，正名“秦清林”，意为大乘洲。“这是因为以前寺庙周围有许多刺蘼树环绕，状如刺蘼园，所以起名色拉寺（即刺蘼园寺）”[11]。公元1419年，宗喀巴大师对其弟子释迦也失“做了应在色拉兴建寺院，奠定讲修佛法根基的指示”[12]。同年，“大慈法王”释迦也失为大殿奠基，创建色拉寺。

扎什伦布寺，全名为“扎什伦布白吉德钦曲唐结勒南巴杰瓦林”，意为“吉祥须弥聚福殊胜诸方洲”，是后藏地区最大的寺庙，也是最具影响力的格鲁派寺庙，它位于日喀则市城西的尼色日山的南坡上。公元1447年，宗喀巴最小的弟子，就是一世达赖喇嘛根敦珠巴在当时的后藏大贵族的资助下，历时12年建成了扎什伦布寺。开始时寺院定名为“岗坚典培”，意为雪域兴佛寺，后被改为“吉祥须弥寺”，就是现在的名字。公元17世纪，四世班禅罗桑却吉坚赞任扎什伦布住持时，对该寺进行了大规模扩建。至此扎什伦布寺成了历代班禅喇嘛的驻锡之地。

塔尔寺，位于青海省西宁市湟中区的莲花山南麓，据说这里是宗喀巴大师诞生的地方，“宗喀”指的就是这里。在藏语中该寺被称作“衮本贤巴林”，意为“十万狮子吼佛像弥勒洲”。传说在宗喀巴大师诞生后，从脐带滴落血的地方长出了一棵白旃檀树，树上有十万片树叶，每片叶子都自然地显现出一尊狮子吼佛像，因而得名。公元1379年，在信徒的捐助下，在树下修建了一座佛塔“莲聚塔”，此后数百年周围未有建筑活动。到公元16世纪下半叶，始有信众在塔附近修建了僧房和佛殿。公元1583年，三世达赖喇嘛索南嘉措被迎请至塔尔寺，寺庙得到了更多的施助迅速发展起来。公元1612年，参尼扎仓（显宗）创立，寺庙中开始有了经文的传授，标志着塔尔寺成为正规的格鲁派寺庙。时至今日，塔尔寺已经成为青海藏区最具影响力的格鲁派寺庙。

拉卜楞寺，位于甘肃省甘南夏河县拉卜楞镇西，公元1709年，一世嘉木样活佛主持修建了拉卜楞寺，并创立了闻思学院和续部下院；此后两百多年间，多位嘉木样活佛都为寺庙扩建发展做出了积极的贡献，现在寺庙中共有六大扎仓和数百座僧舍，成为甘肃藏族聚居区最大的藏传佛教寺庙，被称为“安多藏区第一名刹”。

格鲁派在建立之初，由于宗喀巴大师广泛的影响力，诸多其他教派的寺庙开始讲授格鲁派教义而改变了教派宗属。但是教派的发展并非一帆风顺，在五世达赖执政前，教派曾受到来自直贡巴和后藏藏巴汗势力的威胁，格鲁派与噶举派之间的争斗从没有停止审过。在此期间，有大量的寺庙被毁坏或被弃用而没落，还有许多寺庙在藏巴汗与蒙古人的战斗中遭到了破坏。甘丹颇章政权建立后，格鲁派的势力得到巩固，一些曾经被毁坏的寺庙或是被迫改宗其他教派的寺庙得到了恢复。据《格鲁派教法史·黄琉璃宝鉴》的记载，到公元1694年，藏族聚居区包括今西藏地区、甘青藏区、四川藏区等共有藏传佛教寺庙一千八百多座，其中隶属于格鲁派的有五百多座。

公元17—18世纪，在五世达赖和西藏其他政教要人的推动下，格鲁派主持对诸多著名寺庙进行了一系列的维修扩建活动。

大昭寺是西藏历史最为悠久的寺庙之一，从前文的介绍中已知寺庙在修建之初是模仿了印度的僧房院的形制，最早修建的部分仅占现有建筑占地面积的1/4左右。因为是藏传佛教各教派公认的圣地，所以历代历派掌握政权后都会对大昭寺进行维修和扩建，到格鲁派掌权后也毫不例外，最大的两次建筑活动主要是在五世达赖和七世达赖时期。

阿里的托林寺是藏传佛教后弘期具有里程碑意义的重要寺庙。公元996年，古格王拉喇嘛益西沃仿桑耶寺修建了托林寺，将佛教再度从印度迎至西藏，揭开了藏传佛教再度兴起的序幕，史称“上路弘传”。公元1076年，古格王孜德主持了托林寺的

"火龙年大法会"，此后，托林寺也逐渐成为西藏西部地区最著名的寺庙。据彭措朗杰主编的《托林寺》一书记载："1997 年在托林寺考古工作中发现，托林寺红殿（杜康大殿）墙壁上书写了一篇历史题材的诗体题记。它概要地讲述了托林寺的沿革历史。这篇题记中对上述近四百年（公元 1076 年到公元 15 世纪格鲁教法弘扬）的历史是这样描述的：'……善缘极薄当地人，邪恶之心大膨胀，逼迫解散持法僧，佛经庙宇化成灰。'这段文字告诉我们，这一时期以托林寺为中心的古格地区发生了一次类似吐蕃赞普赤达玛乌东赞（朗达玛）时期的灭佛运动。我们不能想象这次灭佛运动中托林寺惨遭破坏的情形……自从古格·阿旺扎巴在托林寺大力弘扬格鲁教派以后，托林寺逐步得到发展。就从托林寺建筑来看，托林寺红殿、白殿、拉让府以及周围的僧舍大都是在这以后修建的。此后，扎什伦布寺的第七任赤巴兴第巴·洛珠坚赞等一批黄教大师在托林寺广传佛法。直到 1618 年，在古格王叔祖拉尊·洛桑益希欧等人的迎请下第四世班禅罗桑却吉坚赞到达阿里的时候，格鲁教派在阿里地区已十分兴盛。"

除此之外，格鲁派也在各迅速修建了一系列寺庙，"据乾隆二年（1737）七世达赖时期报理藩院的寺庙数字，属达赖的寺庙共有 3 150 多所，喇嘛有 302 560 余人，属达赖的农奴有 121 438 户；属班禅的寺庙共有 327 所，喇嘛有 13 670 人，属班禅的农奴有 6752 户"[13]。以拉萨地区为例，至公元 2000 年仍有建筑存在的兴建于公元 15 世纪后的格鲁派寺庙[14]还有 40 余座。

清政府对诸多活佛系统的认可，也大大鼓舞了他们宣传藏传佛教、修建寺庙的积极性，整个藏族聚居区甚至是在北京、五台山、承德这样的皇家佛教圣地，藏传佛教寺庙活动十分频繁。据不完全统计，清政府在北京修建的藏传佛教寺庙有 56 座。五台山地区改宗或修建的藏传佛教寺庙有 14 座。承德避暑山庄外也有模仿桑耶寺、布达拉宫、扎什伦布寺等西藏著名寺庙修建的多座藏传佛教寺庙。

格鲁派成立之后，藏传佛教各教派之间的斗争进入一个新的阶段，势力格局也在不断发生着变化。格鲁派依托噶当派的基础，逐渐在藏族社会站稳了脚跟；到公元 17 世纪五世达赖掌握西藏地方政权，格鲁派已成为藏传佛教第一大教派；各教派之间的斗争尤其是格鲁派与噶玛噶举派之间的斗争也以格鲁派的胜利告终，藏传佛教的发展进入了一段相对安定的时期。

4.3 格鲁派时期寺庙建筑的特点

4.3.1 寺庙数量剧增，建筑规模和体量巨大

公元 17 世纪末，第悉桑结嘉措曾对当时全藏族聚居区的寺庙做过一次详细的调查，据他的统计，藏传佛教寺庙有 1800 多处，其中隶属于格鲁派的有 500 多处；而到了公元 1737 年，七世达赖上报理藩院的数据则显示，在短短几十年时间里，格鲁派寺庙的数量增长至原来的 6 倍多，隶属于达赖和班禅的寺庙有近 3500 座。寺庙数量的剧增，正是源于格鲁派势力的迅速膨胀。这种增长速度在藏传佛教发展历史中也是前所未有的。

宗喀巴大师创立格鲁派之后，在信众们的支持下，首先于公元 1409 年修建了自己的根本道场甘丹寺。宗喀巴大师的弟子嘉央曲杰和释迦也失在他的指示下分别于公元 1416 年和 1419 年在拉萨城的西郊和北郊修建了哲蚌寺和色拉寺；公元 1447 年在后藏中心日喀则修建了扎什伦布寺；公元 16 世纪到 17 世纪，在青海和甘肃又分别修建了塔尔寺和拉卜楞寺，这六座寺庙在建筑规模和僧侣数量（表 4–1）上，都是其他寺庙所不能及的，因此被合称为"黄教六大寺"。

表 4–1　黄教六大寺规模对比

寺庙名称	现有建筑占地面积（万平方米）	僧侣人数（人）	主要机构
甘丹寺	15	5500	措钦、2 座扎仓
哲蚌寺	20	7700	措钦、7 座扎仓
色拉寺	11	3300	措钦、3 座扎仓
扎什伦布寺	15	3800	措钦、4 座扎仓
塔尔寺	40	3600	措钦、4 座扎仓
拉卜楞寺	67+	3400	措钦、6 座扎仓

格鲁派第一大寺哲蚌寺是西藏现存最大的藏传

佛教寺庙，寺庙由大大小小近 90 个建筑组团组成，占地面积有 20 多万平方米，俨然已经达到了一座小城镇的规模。哲蚌寺在建寺之初规模并不大，但随着寺庙集团势力的壮大和经济力量的强盛，在 17 世纪上半叶和 18 世纪上半叶，进行了两次大规模维修和扩建，形成了现在的规模。除了巨大的建筑规模外，僧侣人数也非常庞大，哲蚌寺鼎盛期在册僧侣有 7700 人，另有数量不少的外来学习的僧侣，保守估计在寺僧人总数量过万。而在五世达赖时期，整个藏族聚居区在册的僧侣人数也才十万有余，一座寺庙中的僧侣数已然超过万人就显得相当可观了。

如此大规模大体量的建筑修建活动在西藏寺庙建筑历史上是不多见的，六座大型寺院不仅体量巨大、僧人众多，而且是本地区的宗教及政治中心。

4.3.2 寺庙成为教育文化传播的主阵地，经院制度形成

佛教从第一次踏足这片雪域高原开始，经历了几百年的佛苯战争后，吸收了苯教文化和藏族本土文化，复以一种具有浓郁乡土气息的主流文化展示在历史的舞台上。藏传佛教文化成为藏族人民世代相传的民族文化的核心，寺庙自然成为文化传播与继承的主要场所。在西藏历史上，很少有关于“学校”的记载，在进入藏传佛教后弘期后，寺庙逐渐成为“学校”的代名词。但此时寺庙的学习体系还相对比较散漫，学徒们多是跟从某位或某些导师来学习，以自我意愿和导师能力作为学习的主要方向。随着格鲁派的创立及其声势的日益扩大，宗喀巴大师主张的一系列学习及考核体系逐步被接纳并推广，寺庙也逐步建立起自己完整的学习网络。尤其是在一些大型寺院中，系统体现得更加清晰，经院制度逐步确立。

一般来说，大型寺院就是一座从小学到大学教育进阶十分明确的综合性学校。寺院里学经的主要机构有措钦、扎仓、康村、米村，措钦是举行大型集会及重要宗教活动的场所，同时它也是寺院的核心管理机构；而从米村到康村到扎仓的学习大致相当于现代教育体系中由小学到中学到大学的升级过程。除了这样的在大型寺院的学习外，其他的寺庙也有自己的教学体系，程度相对较低，优秀的学生都可以到这些大寺院的扎仓来进修，这些大寺院中的学生也可以到其他寺庙中去游学。

在一座寺庙中可能有若干座扎仓，主要以显、密学院来区分，除此之外，不同的扎仓也有自己偏重学习的方向，不仅是在经文的学习上，也包括对科学文化的学习。甘肃拉卜楞寺共有 6 座扎仓，除了闻思学院，剩下的 5 座扎仓都是密宗学院，从它们的名称中就能看出各个学院偏重学习内容的差别——如时轮学院，主要偏重天文历算的学习，医药学院主要偏重对医学药理的学习等。寺院中学习的内容不单纯是佛教经文，也有与民生戚戚相关的内容。

4.3.3 三段式建筑形制的确定

从元代开始，萨迦派成为西藏地方的主要管理者，在其掌权的近百年时间里，教派的纷争仍然不断，噶举派下的诸多支系都曾在一定区域范围内有较大的影响力；格鲁派创建初期，虽然宗喀巴大师改革的主张得到了来自社会各界的支持，但是教派的力量还很薄弱，甚至一度被噶玛噶举派势力压制，失去了很多寺庙和土地；直到公元 17 世纪，五世达赖成年后不断加强与蒙古政治军事势力的联合，最终在固始汗的支持下取得了卫藏三区政权，格鲁派才真正发展起来，教派实力日益强盛，成为西藏社会中举足轻重的宗教和政治力量。正是在这样的背景下，将寺庙建筑发展成为统一的具有标志性的建筑类型成为可能。

比较大昭寺、桑耶寺、萨迦南寺、夏鲁寺等著名的早期寺庙[15]（见表 4-2），它们并没有非常固定的统一的模式，无论是从建筑布局上还是从建筑形式上，对外地建筑和理想佛教世界的模仿是主要的方式，而且模仿的手段相当具象化。大昭寺是对印度僧房院的模仿，萨迦南寺和夏鲁寺主要是对汉地建筑营造手法的模仿，而桑耶寺则是公认的香巴拉世界模型。而到了公元 17 世纪后，寺庙的修建逐渐开始有了固定的形式，尤其是在单体建筑上。以院

表 4-2 不同时期寺庙建筑特点比较表

寺庙名称	修建时间	布局	形制	风格
大昭寺	公元 7 世纪	建筑东西朝向	方形，内有天井，最东面布置佛殿，四周均为小室	印度风格，模仿那烂陀寺僧房院
桑耶寺	公元 762 年	模仿须弥山为中心的理想世界	邬孜大殿模仿了坛城式样，其他建筑规模不等，方形为主	印度风格，模仿欧丹多富梨寺
夏鲁寺	公元 1027 年	四面围合的院落式布局，东西朝向	经堂为中心，四面围合佛殿，有转经道围绕	汉式风格，琉璃歇山屋顶，四合院布局
萨迦南寺	公元 1268 年	方形城堡，外有壕沟和护城河	大殿为方形，内有天井，经堂、佛殿分别沿天井布置，规模接近	布局受到汉地造城说的影响，强调防御功能
甘丹寺	公元 1409 年	沿山坳自然发展	大殿平面三段式布局，立面“两实一虚”	藏地本土风格
哲蚌寺	公元 1416 年	以措钦大殿为中心，按等级序列层叠发展	大殿平面三段式布局，立面“两实一虚”	藏地本土风格
色拉寺	公元 1419 年	以大殿建筑为中心，由东向西自由发展	大殿平面三段式布局，立面“两实一虚”	藏地本土风格

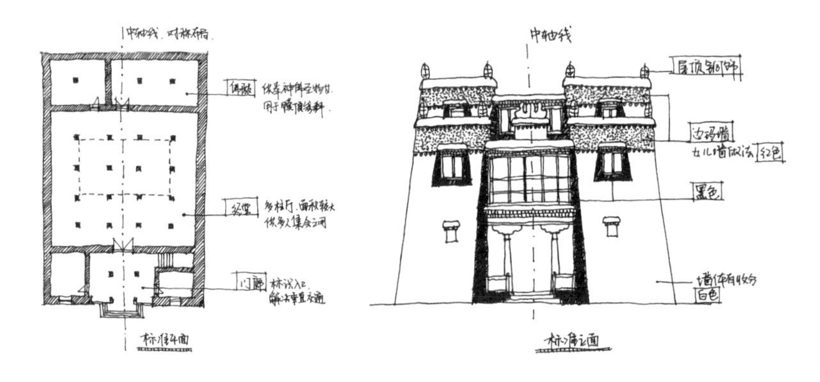

图 4-1 公元 17 世纪后寺庙建筑的定制
图片来源：牛婷婷绘

落的方式组合大殿和周围的附属用房；大殿建筑平面一般为方形，分为三段式布局，门廊、经堂、佛殿，暗寓佛教中的“欲、色、无色”三界；经堂为多柱厅，大型寺庙中经堂内的柱数已经过百根，有内天井，高侧窗采光，营造神秘的光影效果；佛殿平面大多进深短，面阔长，空间高度较高，利于烘托佛像的宏伟庄严；立面装饰手法也比前一时期更为成熟并趋于定型。最典型的实例就是六大寺。还有很多寺庙在解放初期或是“文革”期间被毁坏，20 世纪 80 年代在修复的时候大多按照原有主要建筑的式样进行了复建，但是寺庙规模就小了很多；一些新建的寺庙，建筑形式也都遵循了统一的定制（图 4-1）。

4.3.4 寺庙内建筑等级明确

从朗达玛死后，吐蕃进入分治时期，到萨迦建立统一的西藏地方政权，再到帕木竹巴等地方政权的兴起，封建农奴制已经在西藏发展稳定；藏传佛教的发展也日趋兴盛，与政治集团的结盟使得寺庙成为封建社会的又一大极具势力的团体，封建制度的稳定和寺庙地位的提高都为寺庙建筑等级化发展奠定了社会基础。

随着藏传佛教的深入发展，寺庙职能不断更新，建筑种类越来越多，建筑的使用功能也更加细化，为寺庙建筑等级化发展提供了物质基础。

宗喀巴大师创立格鲁派，提倡显密共修，循序渐进，建立、完善了一整套的学习进阶体系，将僧侣的学习划分成若干阶段形成等级，成为促进寺庙等级化发展的思想基础。

寺庙的等级化主要通过两个方面体现。一是寺庙与寺庙之间的等级差别：五世达赖喇嘛的第悉·桑结嘉措在《格鲁派教法史·黄琉璃宝鉴》一书中将整理后的五百余座格鲁派寺庙划分为一级、二级、三级三个等级，划分的依据主要是寺庙历史、影响力、规模、经济实力等。格鲁派建立后，许多小寺庙和日益衰败的寺庙为了自身的发展而不得不依附于某些大的或更具影响力的寺庙，成为大寺庙的属寺，按照大寺庙的修习体系发展自己的修佛活动，形成了子母寺的关系。例如修建于公元 1444 年的昌都强巴林寺，是藏东、多康地区（包括今林芝、昌都、青海地区）最大的格鲁派寺庙、帕巴拉活佛的驻锡寺，五世达赖时期在编僧侣数1200人。属于强巴林寺的子寺有：宗洛寺、惹·赤普寺、尤达寺、萨岗寺、木达寺、江堆寺、德尔尤寺、藏喀寺等多座寺庙。二是寺庙中的不同种类建筑之间的等级差别。在大的寺院中，主要有措钦、扎仓、康村、米村这样几级组织机构：措钦是寺庙的中心机构，总管寺庙的所有事务；措钦下辖若干座扎仓，扎仓在措钦的管理下也有自己独立的组织体系，是寺庙中非常重要的分级管理机构；扎仓下按僧侣来源地会再划分成若干的康村、米村等，这些是寺庙的组织基础，也是最低级的管理机构，它们统一安排管辖范围内僧人的日常生活和学习活动。这就形成了从措钦到扎仓再到康村、米村等层层管辖的等级序列。

寺庙建筑的等级变化主要体现在建筑选址、建筑在整体布局中的关系、建筑规模、建筑形制、建筑材料、建筑装饰等几个方面，将在后文详细阐述。

4.3.5 寺庙形式趋于统一

宗喀巴大师倡导的佛教改革得到了西藏各界的支持，在宗教界甚至跨越了教派的界限。当大师宣布师承噶当派后，日渐衰弱的噶当派又找到了一座强有力的靠山，带上了黄色的僧帽，归于宗喀巴大师的法座之下；而在其他的教派中，也有许多僧人和寺庙因为信服于大师的理念和个人魅力而转投其下；到五世达赖喇嘛掌权时期，由于强势的政治地位，除了受到格鲁派教义和宗教领袖个人魅力的感染外，也有很多寺庙和僧人出于政治或其他方面的原因改宗了格鲁派，如觉囊派就是在这段时期被五世达赖全部划入了格鲁派而消亡。《格鲁派教法史·黄琉璃宝鉴》中对于寺庙所属教派的变动也有详细的记录，如当时在拉萨及拉萨周边地区登记在册的格鲁派寺庙有19座，其中有1座原先信奉宁玛派，2座为噶举派；甲玛赤康（今拉萨墨竹工卡县）有4座格鲁派寺庙，其中1座原为宁玛派，2座原为觉囊派，还有1座原为萨迦派后成为萨迦和格鲁两派混合并存的寺庙等。

藏传佛教从诞生的那天开始就不是一种纯粹单一的文化，它在与苯教文化和藏族文化的不断斗争学习中成长起来，藏传佛教中的各教派之间也有着这样的文化渗透。宗喀巴大师虽然创建了格鲁派，教义源于噶当派，但是在早年的学习生涯中，都曾师从于萨迦派、夏鲁派、宁玛派等教派的僧人，学习了各家各派的教义，最后在此基础上，完善了自己的思想，形成了格鲁派的教义基础；五世达赖喇嘛是格鲁派声望最高的活佛之一，在修习本教派的显宗要义的同时，他也修习宁玛派的密咒；这样的例子不胜枚举。所以，当格鲁派站在一个先进而强势的位置上时，也会成为其他教派学习或效仿的对象；当格鲁派的寺庙建筑日趋成熟也更符合宗教使用和发展的要求时，也会成为一种趋势或者说一种潮流而被其他的教派接受。

位于拉萨林周县境内的达垅寺，是达垅噶举派的主寺，寺庙曾在战火和“文革”中遭受严重毁坏，后在20世纪80年代由政府组织修复。寺庙现存的主要建筑有措钦大殿、嘉吉拉康、五明佛学院等。措钦大殿是在原大殿建筑北面的基址上重新修建的。修复后的大殿已经不是原来的式样，而是与定型后的格鲁派寺庙中的大殿形制相同。建筑两层，南北走向布置，入口朝北，平面为规整的长方形，标准的“三段式”，沿中轴线由北向南依次布置的是门廊、经堂和佛殿，佛殿只有一间（图4–2），建筑立面也与格鲁派寺庙的标准形制无明显区别，除了外墙粉刷了噶举派惯用的红色。

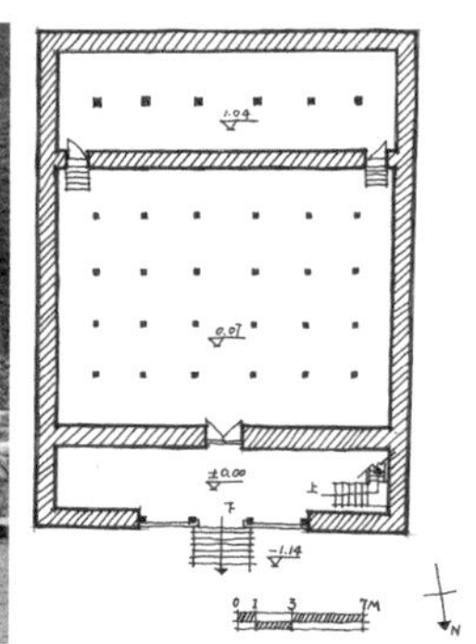

图4–2 达垅寺大殿照片和平面简图
图片来源：汪永平摄（左）、牛婷婷绘（右）

注释：

1 土观・罗桑却吉尼玛 . 土观宗派源流：讲述一切宗派源流和教义善说晶镜史 [M]. 刘立千，译注 . 北京：民族出版社，2000：125.

2 《藏族简史》编写组 . 藏族简史 [M]. 3 版 . 拉萨：西藏人民出版社，2006：150.

3 又作“第司”“第巴”“第斯”“牒巴”等，均为藏语 sde-srid 或 sde-pa 的不同音译。本意为“部落酋长”“头人”。

4 为纪念释迦牟尼以神变之法大败外道教徒功德而创立的法会，是藏传佛教最重要的宗教活动之一。藏语称“默朗钦摩”，亦称传大昭、祈愿大法会。

5 《藏族简史》编写组 . 藏族简史 [M]. 3 版 . 拉萨：西藏人民出版社，2006：151.

6 《藏族简史》编写组 . 藏族简史 [M]. 3 版 . 拉萨：西藏人民出版社，2006：151.

7 王森 . 西藏佛教发展史略 [M]. 北京：中国社会科学出版社，1997：183.

8 《藏族简史》编写组 . 藏族简史 [M]. 3 版 . 拉萨：西藏人民出版社，2006：151.

9 清高宗《御制喇嘛说》碑文，参见《卫藏通志》卷首。

10 恰白・次旦平措，诺章・吴坚 . 西藏简明通史・松石宝串：全 3 册 [M]. 拉萨：西藏藏文古籍出版社，2004：537.

11 恰白・次旦平措，诺章・吴坚 . 西藏简明通史・松石宝串：全 3 册 [M]. 拉萨：西藏藏文古籍出版社，2004：562.

12 恰白・次旦平措，诺章・吴坚 . 西藏简明通史・松石宝串：全 3 册 [M]. 拉萨：西藏藏文古籍出版社，2004：562.

13 王森 . 西藏佛教发展史略 [M]. 北京：中国社会科学出版社，1997：211.

14 统计数据来源于拉萨市民宗局提供的相关内部资料，时间从宗喀巴建立格鲁派即公元 1409 年起至西藏和平解放即公元 1956 年止。在这一时期修建的寺庙数量远不止这些，但是由于近代的多次战争和“文化大革命”的破坏，保留有寺庙或者修复的仅有四十余座。

15 这里的“早期”指前弘期和后弘期格鲁派势力巩固之前的时间。

5 藏传佛教寺庙的经院制度

寺庙，是僧人修行居住的地方，是传播佛教文化的场所，是抽象的宗教文化在物质世界的代表，宗教性是其固有的基本属性。随着藏传佛教在西藏社会的传播和深入，寺庙的职能也在发生着改变，变得更加丰富。后弘期的藏传佛教各教派已经具有广泛的民众基础、牢固的经济地位，不仅如此，他们还多方笼络各地的政治军事力量从而争取对西藏进行实质上的掌控，格鲁派也不例外。至公元17世纪五世达赖喇嘛时期，握有实权的格鲁派不再只是单纯的宗教团体，而是在各方面都具有影响力的政治集团，寺庙的政治职能被强化。在吞弥·桑布扎创造藏文字之前，吐蕃的文化传承基本是靠口授，苯教就是以说书的方式传播教义，传教者就是后世说唱艺人的雏形。进入后弘期后，各种著书立说、翻译经典的活动日益兴旺，不仅是佛教，藏族文化也在这一时期得到了整理和发展。僧人作为藏文字的主要掌握者，逐渐将其他的文化形式如医学、天文、历史、文学等纳入藏传佛教文化的体系中，寺庙成为各种文化的集中地，也成为传承文化的教育基地。到格鲁派时期，在寺庙中形成了一套完整的经院制度或经院教育管理制度。当藏传佛教文化以一种全新而全面的姿态重新走入藏族群众的生活后，寺庙随之也更多地承担起社会责任。宗教、政治和文化教育成为格鲁派寺庙所具有的最主要的三项职能。

5.1 寺庙的职能

5.1.1 宗教职能

寺，僧众供佛的处所；庙，旧时奉祀祖宗、神像或前代贤哲的地方：这是《辞海》中对“寺”“庙”两个字给出的解释。寺庙的诞生就是为了宣扬佛法，是将宗教中抽象化、意识化的精神世界具象化、物质化地展现在世人面前的场所，为宗教服务自然是寺庙最主要也是最基本的职能。

前弘期开始，寺庙就是以供奉佛像为主要目的，寺庙的形式从最开始简单的小室到模仿佛教世界的蓝图；寺庙被塑造成神佛们在人间的住所，是连接世俗社会与理想世界的媒介。到了后弘期，寺庙的这种作用不但没有被削弱，反而被强化。随着藏传佛教理念的逐步深入，信众们已经不需要通过具体化的建筑形态去理解佛教世界，寺庙有了更多的灵活空间去适应宗教活动的改变，并且成为藏族社会的一个重要组成部分影响和推动着社会的发展。

藏传佛教后弘期各教派兴起，他们通过广收僧徒来建立坚实的民众基础，前弘期那种依靠导师指导和个人修行已经不能完全满足教派迅速发展的要求，大规模的集会性宗教活动开始出现，例如传昭法会、辩经练习。寺庙也必须为这些新的宗教活动提供场所。

5.1.2 政治职能

对于“寺”“庙”二字，《辞海》里还有一种解释：古代官署名和王宫的前殿、朝堂，换言之就是某些政府机构的所在地，从这一点上看，寺庙与政治有着千丝万缕的联系。佛教从踏足青藏高原的第一天起就具备了政治背景，是赞普松赞干布想引入吐蕃的先进文化，也是大唐王朝意欲控制吐蕃的一种精神手段。虽然有多位统治者支持佛教，并将诸多的高僧大德纳入自己的智囊团队，但佛教和僧人对于政治也仅仅是参与其中而未起到主导的影响作用。直到公元1264年，萨迦大师八思巴以“帝师”的身份统领西藏的政教事务，藏传佛教真正开始参与到西藏的政治生活中，此时的寺庙也摇身一变，成为处理藏区政治事务的办事中心。帕竹政权时期，帕木竹巴的第悉同时兼任泽当寺的住持，成为明确的政教首领，寺庙的政治特性更加确定。格鲁派时期，尤其是五世达赖建立政权之后，这种政治职能发展到了极致，具有政治色彩的寺庙越来越多，寺庙的政治职能也更加普及化，甚至很多寺庙的修建都是出于一定的政治需要。

始建于吐蕃时期的大昭寺一直是藏传佛教的代表寺庙，也是藏族人民所共同景仰的宗教圣地。在其建成至今的一千多年历史中，记载了历代各派政教首领对它的关注和重视，尤其是在格鲁派建立之后。宗喀巴大师首先在此创立了声名显赫的拉萨传昭大法会，每年的正月里藏传佛教的各大教派都会派出僧众参与这一宗教盛会；五世达赖掌权之后，更是投入了无数的人力物力修复和扩建大昭寺，据宿白先生的整理，在这一时期扩建新建的部分有：大昭寺外大门、千佛廊院、中心佛殿外围的礼拜道、中心佛殿的二层和四层、中心佛殿四周的角楼以及若干处金顶，另外还有外大门南北两侧的仓库和政府办公室等[1]；公元1751年，清政府正式授权七世达赖喇嘛掌管西藏地方，并在西藏建立了由“三俗一僧”[2]组成的噶厦政府，噶厦政府成立以后将办公地设在了大昭寺。选择大昭寺作为政府机构所在地，一方面是认可了宗教在地区管理中的重要作用，承认政教合一的地方政权体制；另一方面也是依托寺庙在西藏社会中的广泛影响力，有利于巩固政治统治。大昭寺政治中心地位的确立也是格鲁派主导下寺庙政治职能强化的体现。

格鲁派创立之后建立了大量的寺庙，随着教派政治实力的巩固，越来越多的寺庙参与到政治生活中来，作为政治首领达赖和班禅驻锡寺的哲蚌寺和扎什伦布寺自然是当仁不让。五世达赖建立“甘丹颇章政权”，名称的由来正是取自他在哲蚌寺居住的建筑。公元1757年，七世达赖圆寂，乾隆皇帝为了稳定西藏的政教事务，任命第穆呼图克图在新达赖没有找寻到并未满18岁前暂代其行使政教大权，摄政活佛制度由此确立。担任摄政佛的主要出自以下五支活佛体系：第穆呼图克图、策默林呼图克图、热振呼图克图、济隆呼图克图和达扎呼图克图。前四位活佛均在拉萨修建了自己日常居住和办公会客的寺庙，就是俗称的“拉萨四大林”——丹杰林、策默林、功德林和惜德林。清政府在西藏实施摄政活佛制度除了稳固达赖未成年之前的政教事务外，还有一个很重要的目的“为藏内大臣耳目，使达赖喇嘛不至擅权自恣”[3]。所以这些寺庙的存在不仅是为摄政活佛提供在拉萨的住所，更是为了达到牵制达赖势力的政治作用。达赖喇嘛虽然被清政府任命为西藏地区的管理者，但实际上并没有完全掌握藏族聚居区的政教事务。清政府在西藏地方，将拉孜、昂仁和彭措林三个宗直接划归班禅管辖；将藏族聚居区进行划分，分别划归四川、青海、甘肃和云南省，并在当地扶植地方性的格鲁派僧团。例如外藩蒙古地方的最高宗教首领是哲布尊丹巴呼图克图，甘青、内蒙古和京城地方则是由章嘉呼图克图统领，而昌都地区是帕巴拉呼图克图。这些势力僧团的存在不仅从宗教上也从政治上影响和牵制达赖喇嘛在藏族聚居区的势力扩张。寺庙所具有的政治职能也随之扩散并更具有广泛性。

除此之外，清朝的历位帝王为了推广藏传佛教，在京城和内地也修建了大量的藏传佛教寺庙，这其中自然以格鲁派寺庙居多，而且多数是为格鲁派大活佛专门修建的。最典型的例子就是承德避暑山庄外的班禅行宫和达赖行宫。班禅行宫仿扎什伦布寺修建，达赖行宫仿布达拉宫修建，虽名为行宫，但仍是寺庙的格局和使用功能。清政府在处理蒙藏事务上的宗旨是“兴黄教，所以安蒙古”，蒙古向来是清王朝稳固的重要因素之一，宗教的稳定能带来政治的和谐，所以，这些皇家宗教建筑的修建必然会贴上政治的标签，寺庙的政治职能显现无疑。

5.1.3 社会职能

从诞生时的祈福，到死亡后的超度，藏族人的一生都与藏传佛教有着割不断的联系。藏传佛教已经深入生活的方方面面，寺庙自然也成了藏族人最常打交道的公共场所，成为社会活动的中心。藏传佛教寺庙中有一类被称为“嘎巴”，是分布在村落或藏族群众聚集地的小型寺庙，寺庙里的供奉物很少，仅有若干名僧侣，通常是附近的贡巴级寺庙设置在村落中的办事机构，就近帮助村民解决一些生活中的宗教或世俗事务。拉萨当雄县境内现保存了嘎巴 8 座，最早的可追溯到公元 15 世纪，全部隶属于格鲁派。寺庙建筑规模都不大，历史鼎盛期僧人数不超过 8 名，寺庙的主要任务就是满足村民的日常朝拜，同时帮助解决日常事务，这些事务包括出生祈福、减灾、法事超度甚至是村民纠纷。

另一个能集中体现寺庙社会职能的方面就是其对西藏社会教育文化的垄断，这些教育活动通常是在贡巴级别的寺庙中进行。意大利著名的藏学家图齐先生在《西藏宗教之旅》一书中就曾指出吐蕃时期的寺庙已然具备宗教组织的性质，并作为“崇拜地点、教育机构和译经中心”，例如桑耶寺及其属寺青浦寺就是“寺院学校和修法院”，肩负着“对新皈依者们的教育和从事研究经文的任务”[4]。进入藏传佛教发展的后弘期，四大教派兴起，僧人地位提高，教育发展在寺庙中延续，但是由于教派授教方式的差别，系统性的教育体系尚未完全建立，如宁玛派和噶举派的教法延续还是依靠师徒和父子间的口授。公元 11 世纪，阿底峡大师写作《菩提道灯论》，强调显宗学习的重要性，提出了学习佛经的程序，为寺庙教育的系统化奠定了理论基础。阿底峡大师的弟子仲敦巴创建噶当派，继承了老师的佛学理念并予以发扬。公元 13—15 世纪是各教派都参与政权竞争的混乱时期，噶当派却始终坚持教法的学习而远离政治斗争。宗喀巴大师创建格鲁派，继承了噶当派的教义和学习方法并对其进行了发扬和完善，确立了寺庙教育的形式、制度、内容和方法，并最终构建了藏传佛教寺庙教育的完整体系。

和平解放前的西藏没有学校，僧人是社会中的“高级知识分子”，格鲁派寺庙中不仅有讲授经文和主持仪式的显、密宗学院，也有研究天文、历算、医药、乐律、教育等具有藏民族特色科学文化的学院。藏族文化主要有“五明”：声明——声韵学和语文学，工巧明——工艺、技术、历算等，医方明——医学和药学，因明——逻辑学，内明——佛学。扎仓学习方向的设置主要就是按这“五明”予以分类。例如在拉卜楞寺时轮学院和医药学院学习的僧人，在学习经文同时也要学习研究天文历算和医药。可以说，各地不同规模的寺庙，就是藏族社会各等级的“学校”。拉萨三大寺、扎什伦布寺、上下密院等寺庙就是藏传佛教社会里的最高学府，各地寺庙里优秀的僧人都可以到这些高等级的寺庙里再深造学习。

僧人在西藏有着较高的社会地位，“藏族社会的读书人，要想积极用世，施展自己的政治抱负，只有走学经从教这条道路，因此出生贫苦的人通过刻苦努力的学习，可以步入上层社会。这样，在封建等级制度层层禁锢的令人窒息的社会里，藏传佛教敞开了一个窗口，它既使人们通过佛教教义充满着对彼岸幸福生活的憧憬，又能满足人们在现实生活中对高级僧侣优裕生活的追求”[5]。寺庙招收学僧并没有明确的身份条件限制，对于家境贫苦、社会地位低下的人来说，要想出人头地，入寺为僧是个不错的选择。一方面寺庙能招徕更多的僧众，扩大社会影响力；另一方面也给社会底层的人民创造了希望，维护了封建统治阶级的利益。

5.2 经院制度

公元 1042 年至 1045 年间，阿底峡大师在阿里的古格地区传教，针对该地区在密宗修行方面存在的弊端写作了《菩提道灯论》。《菩提道灯论》论述了在佛学的修为中应当遵循一定的晋学次序，只有这样循序修习才能最终取得正果。该书在规范藏传佛教戒律和建立系统化的寺院教育体系方面都有着极大的贡献，也是仲敦巴大师创立噶当派之后一直遵循的基本原则。噶当派在发展的过程中，逐渐形成了三个支系：教典派、教诫派和教授派。教典派重视对佛教经典的学习，著名的藏传佛教集大成之作《甘珠尔》《丹珠尔》就是由他们编著；教诫派重视学习过程中对戒律的遵从；教授派重视师长的教授和指导，主张僧人在学习的过程中通过辩论的形式互相促进。虽说这三个支系在学经过程中的侧重点各有不同，但都强调对经文的学习，尤其是显宗的学习；强调以显宗学习为主，密宗学习为辅，并遵循先显后密的修习次序。格鲁派创始人宗喀巴大师早年曾师从噶举、噶当、萨迦等不同教派的老师学经修习，此后，他开始四处宣讲《戒律本论》，并依此写作了《律海心要摄颂》，倡导宗教改革，整顿僧侣戒律，得到了西藏政教各界的普遍支持。宗喀巴大师和他的弟子们在噶当派教学体系的基础上，具体化了学经考试的次序，强化了僧侣应遵守的戒律，完善了寺庙的组织机构，建立了更为完整的格鲁派经院教育体系。

5.2.1 寺庙的组织形式

格鲁派寺庙组织的基本构成就是僧人和管理僧人的委员会，委员会采取“会员制”，由德高望重的喇嘛充当“委员长”，委员会由 5~8 名委员组成，他们分别负责管理寺庙的内务、外务、财务、教务等工作，委员每隔 1~4 年改选一次。在小的寺庙中，往往只有一级委员会，而在大寺庙尤其是大型寺院中，则有若干级委员会，由上而下层层管理整座寺庙的活动（图 5–1）。

寺庙中等级最高的管理委员会被称为“拉基”，拉基通常设置在寺庙的中心建筑措钦大殿中，拉基的最高管理者是“赤巴”，相当于汉地寺庙的住持，除了赤巴以外，拉基中还有“措钦协敖”“措钦吉索”“措钦翁则”等 6~8 人。措钦协敖有 2 人，主要管理寺庙的戒律，奖惩僧侣等，其中 1 名也被称为“铁棒喇嘛”，因为这名管辖戒律的喇嘛会手持铁棒，铁棒喇嘛在寺庙中有大型集会和诵经活动的时候都会出现，他的主要职责是负责入寺僧人的学问考核、僧人的日常生活和学习的纪律以及僧人在寺外的宗教活动。措钦吉索有 2~4 人，负责管理寺庙的财务，维持寺庙的日常运作。寺庙的经济来源主要是靠布施、化缘，政教合一体制确立后，寺庙的发展得到了各地贵族的财力支持，他们将大量的土地赠予寺庙，寺庙有了自己的土地和农奴，不仅能满足僧众自给自足的生活，还能有大量的结余。措钦吉索不仅要管理本寺庙的财政，还要管理寺庙下属的庄园等其他经济体的财务。措钦翁则是寺庙中的总领经人，就是在寺庙级别的大型宗教活动中作为领颂者，要求熟悉各种经典，有很深的佛学造诣，熟知各种诵经仪式，同时还要有很好的声明学基础，虽然并无实权，但却是寺庙中很有身份地位的职衔。此外，拉基下属的各扎仓的堪布也是委员会的主要成员之一。

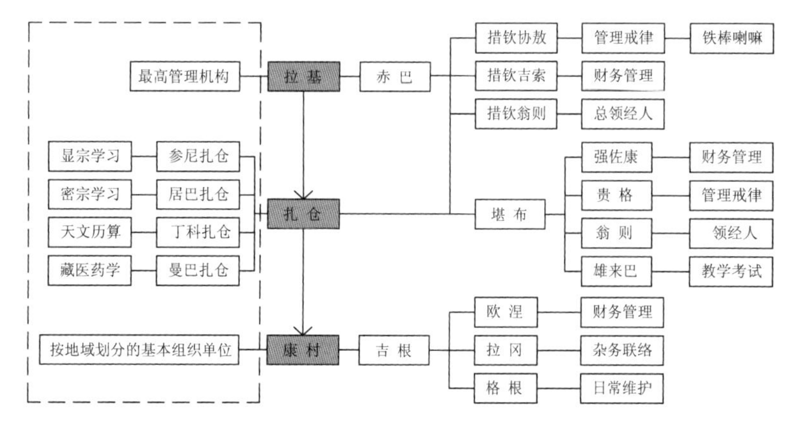

图 5–1 格鲁派寺庙组织机构图
图片来源：牛婷婷绘

扎仓是具体的学经修行机构，相当于专科性学院，扎仓之间依据所学的内容不同而有所区分，主要有以下四类：参尼扎仓、居巴扎仓、丁科扎仓和曼巴扎仓。参尼扎仓，又称显宗扎仓，主要学习佛教显宗论理；居巴扎仓，又称阿巴扎仓，主要修习佛教密宗论理；丁科扎仓，又称时轮扎仓，主修天文历算，编制藏历；曼巴扎仓，又称医药扎仓，主要学习藏医药知识，为僧众和百姓提供医疗救治服务。各寺庙由于历史背景和发展需要不同，也会设置一些不同学习内容的扎仓，例如哲蚌寺的德央扎仓，就会修习声乐和艺术的相关知识。每座扎仓也有自己的管理委员会，委员长就是堪布，一座扎仓的首位堪布往往会对扎仓未来的学习方向和修习内容产生决定性的影响。除了堪布之外，扎仓管理委员还有以下人员：“强佐康”，负责管理扎仓的财产、属民和对外事务；“贵格”，负责奖惩扎仓的僧人，侧重戒律的管理；“翁则”，扎仓的领经人；“雄来巴”管理扎仓的教学事务，相当于现代学校中的教务处长。

扎仓之下的机构是康村，是寺庙中最基础的学经单位，僧人们会依据来源地划分到不同的康村中。康村管理委员会由“吉根”“欧涅”“拉冈”“格根”组成。“吉根”是康村管理委员会委员长；“欧涅”负责管理康村的财务和经济事务；“拉冈”负责康村的日常杂务和对外联络工作；“格根”负责对康村不动产的维护。另外，康村也有自己的“翁则”，负责本康村的诵经学习活动。

综上所述，从措钦到扎仓到康村，各级机构完成了寺庙组织的基本构架，管理整个寺庙的是拉基委员会，每位委员各司其职，从财务、教务、政务、后勤等多个方面构建了藏传佛教经院的管理体系。这种委员会制度也是藏传佛教与汉地佛教的不同之处。“汉传佛教寺院由住持全面负责，其他的执事僧向住持负责，表现为一种封闭式封建性家长制管理”[6]。格鲁派寺庙的委员会管理制度虽有一定的民主性，但各级机构又具有更多的自主性和独立性，尤其是基层机构是由来源于相同地域的人组成，往往会导致寺庙管理上的障碍，容易在不同机构间形成矛盾。

在寺庙中，对应着每一级的管理机构，都能找到与之名称相对应的建筑。层层管理的等级制度同样反映在建筑中，使得建筑间产生差别。管理级别较高的机构对应的建筑规模更大，装饰更华丽。同一级管理机构各自经济、政治实力的差别，在建筑中也有体现。后文将详细分析这些寺庙中的建筑等级差异。

5.2.2 学位制度

在经文学习方面，格鲁派采取的是层层考试晋级的学位制度，通过基础教育、中级教育、高级教育等几个阶段的显宗学习，最后获得最高学位“格西”，获得“格西”称号的僧人才有资格进入密宗学院学习密法（见图 5-2）。

寺庙对入寺学习的僧人没有统一特殊的要求，无论是贵族子弟还是贫苦人家都可以进入寺庙求学，只是不同寺庙在具体执行时可能会有自己的要求。如色拉寺在俗人申请入寺为僧时就有“四个障碍和五个条件”。四个障碍指：（1）非人者，如精灵、鬼、画皮等，俱卢人；中性人，男女乔装者，身虽为人心非人者，靠偷盗为生者；异教徒，信奉外教者，杀父母者，毁佛塔僧物者，贪爱财物且小气者，被人憎恨者；愚笨者，年龄很小不省人事者，均不能当喇嘛。（2）不经父母同意或当地头人许可者；奴隶、债务人，有刑事案件者；叛逆的人及五官不正的人，不能当喇嘛。（3）出身屠夫、铁匠和造机器的工人，不能当喇嘛。（4）年逾七旬的老人和不足七岁的孩子，不许当喇嘛。五个条件是：须在释迦牟尼佛前，有堪布及一定数量的喇嘛面前，进行削发；断除俗人衣服物品，穿上喇嘛衣服；未受过旧戒或其他戒的；厌世和看破红尘的；举行当喇嘛的仪式和手续[7]。入寺后的僧人被称为“欠恰哇”，会首先进入基础教育阶段，主要学习藏语言的基本知识，掌握拼、读、写等基本功能。“欠恰哇”在入寺后选择的修学内容和自己的修为能力将决定其今后的发展方向，主要有三个方面：以宗教活动为职业的僧人，主要从事念咒、降神、占卜等为俗人服务的宗教活动，类似于巫师，这类僧人可以直接进入密宗学院学习，但是他们所学的内容仅限于法咒等内容，而无法在佛学教理上有更深层的进步；学习专门知识和技术的僧人，从事医药、历算、绘画等社会行业，他们会在完成基础

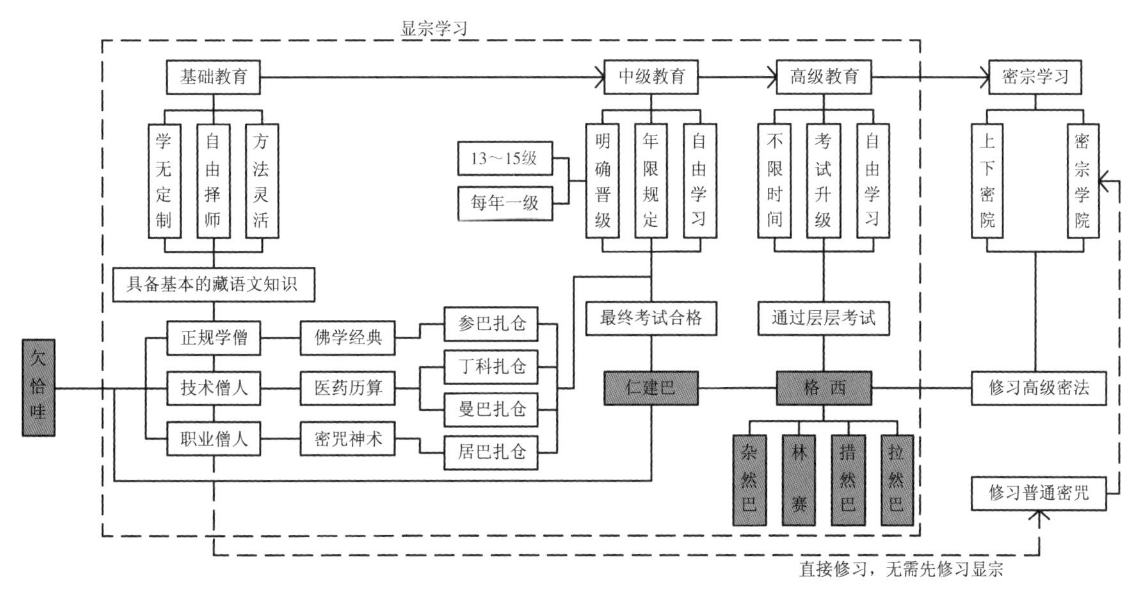

图 5-2 格鲁派寺庙学位制度示意图
图片来源：牛婷婷绘

教育之后进入教学相应内容的扎仓去学习；正规学僧，他们会按照寺庙先显后密的学习顺序，经历基础、中级、高级的显宗教义的学习，逐级考试，获得学位，能够更进一步地研究佛学教理，这类僧人往往会获得比前两类僧人更高的身份地位和社会待遇。

完成了基础教育的僧人无须通过考试即可进人中级教育阶段。中级教育阶段学习的内容主要有四个方面：佛学、医学、天文学和艺术，学僧可依据自己的喜好选择不同教学内容的扎仓进行学习。在该阶段的学习中，有修业年限和学习等级的明确规定，各寺庙之间略有不同，一般分为 13~15 级，学习的时间是一年一级。在修习的过程中没有考试，无人监督，修习是以大堂听课、自修和辩论相结合的方式，修满后通过考试可获得“仁建巴”的称号，相当于中学毕业。在中级教育阶段，一学年常被分为 7 个学期，每个学期约 1 个月，被称为“拉却”，意为在有围墙的院子里学习。塔尔寺的显宗学院将一学年分为 6 个学期：藏历正月二十五日到四月二十四日为春季大学期；其中三月初三到四月初二为春季后学期；四月二十五日至五月二十四日为夏季学期；六月十五日至七月底为坐夏学期；八月十五日到九月十四日为秋季学期；十一月初五到十二月初四为冬季学期[8]。每天的学习安排分为早堂、上午堂和下午堂：早堂一般在寺庙的大经堂举行，在铁棒喇嘛的监督下进行集体的诵经学习，上午堂和下午堂的学习没有统一安排，学习活动相对灵活。扎什伦布寺里的普通学僧一天的活动安排如下：早晨 5:30，向供奉在自己屋里的佛像献上圣水，伺候自己的师傅起床，准备需要诵念的经文；早晨 6:30，措钦大殿集体早课，由翁则带领诵念经文；早晨 9:00，在寺庙的安排下从事各自的工作，没有工作的或到经学院（扎仓）统一学习，或是回自己的房间在自己的师傅带领下学习；下午 1:30—3:30，是僧人午休的时间，可以自由安排；晚饭后，措钦大殿前有辩经活动。学期间隙的时间学僧们需要准备参加寺庙的各种宗教活动，不需要参加宗教活动的日子由学僧自己安排。不同寺庙有不同的宗教活动，扎什伦布寺特有的宗教活动主要如下：藏历正月初三，由阿巴扎仓主持举行以驱鬼为目的的金刚舞；藏历正月初五到十五，寺庙会举行名为“琼珠米拉”的集体祈福诵经的活动，迎接新年；藏历八月初，由寺庙主持名为“齐姆钦莫”的金刚舞节，扎什伦布寺的僧人在寺庙外的贡觉林卡夏宫进行大型跳舞驱魔神的盛会，舞会结束后，还会表演藏戏数十日；藏历的十月二十五日是格鲁派创始人宗喀巴大师的忌辰，在这一天扎什伦布寺的僧人们会在室内、房顶供灯，集会诵经，以示纪念扎仓；藏历十二月，寺庙会举行名为“钦莫果多”金刚舞驱魔会，由孜公康扎仓的僧人主持进行；除了上述这些节日外，每月的十、十五、三十日是扎什伦布寺规定的集体诵经日，僧人们会集聚措钦大殿集体念经；还有历辈班禅的生日、忌辰等日子，寺内都会举行相关的佛事活动[9]。

僧人在寺庙求学的过程不仅对智力有要求，也是对自身耐力和财力的考验，所以很多僧人完成了中级教育之后，会选择中止学业而走上谋生之道，真正进入高级教育阶段的僧人并不多。高级阶段的教育不再规定明确的修业时间，但是却有严格的考试制度，只有通过层层考试才能获得最高的格西学位。格西学位又被分为四等：拉然巴——意为拉萨的博学高明之士，每年有 16 个名额；措然巴——意为全寺范围的佛学造诣卓越的僧人，每年有 10 个名额；林赛——意为寺庙中有才能的人，三大寺每年每寺有 8 个名额；杂然巴——意为通过辩论考取学位的人，每年每寺每扎仓有 1 个名额。其中，前两者的考试范围是全藏族聚居区级别的，林赛是著名寺庙级别的，杂然巴是著名寺庙扎仓级别的。考试的时间都是在藏历的每年八月，由扎仓堪布主持，五位高僧组成考试小组，以答辩的形式考查，考试的内容就是格鲁派显宗学习的五部大论：《俱舍论》《戒律本论》《入中论》《现观庄严论》和《释量论》。考试结果由考试小组表决决定。考取拉然巴和措然巴学位的僧人还要参加两轮复试：在罗布林卡举行，经过格鲁派宗教领袖认可；在拉萨传昭法会上公开辩论。获得最高格西学位的僧人相当于在现代教育制度中获得了最高的博士学位，在藏族社会中享有崇高的地位和极大的荣耀。

在格鲁派的修佛过程中，不是所有的人都能修习密法，只有有“器根”的人才有资格进入密宗学院学习。通常能进入密宗学院的人都是已经完成了显宗阶段的学习获得格西学位的僧人。格鲁派级别最高的密宗学院是位于拉萨的上、下密院，又被称为“举堆扎仓”和“举巴扎仓”，这里主要修习比较高级的密法，入寺僧人必须获得格西学位；除了上、下密院外，很多寺庙如拉萨三大寺也有自己的密宗扎仓——阿巴扎仓，这是级别较低的密宗扎仓，除了有获得格西学位的僧人在这里学习密法外，有意于学习密咒的低等级僧人也可以进入学习，但他们只能修习简单的咒语，不能深入密法的研究。

并不是所有的格鲁派寺庙都能够完成上述的全部教育过程，很多寺庙往往只能完成基础教育和中级教育。这些寺庙里的僧人在完成学业之后，可以到拉萨的三大寺、日喀则的扎什伦布寺等规格更高的大寺庙中游学，并争取获得学位。如果与我们现代的教育体制相类比的话，可以将寺庙的等级按照能完成的教育程度分为三级：一级相当于大学，二级相当于中学，三级相当于小学。桑结嘉措写作的《格鲁派教法史・黄琉璃宝鉴》一书中将格鲁派寺庙分为三级，每座寺庙所能完成的教育程度也是其划分寺庙等级的参考标准。

5.3 寺庙建筑等级化

5.3.1 建筑等级化产生的背景

1. 僧人在封建等级社会身份地位的变化

早在公元8世纪赞普赤热巴巾当政时期就曾推行过“七户养僧制”，到了格鲁派时期，宗喀巴大师更是指导弟子“五谷不勤”。藏族家庭多以能将儿子送入寺庙做僧人为荣，一方面是对藏传佛教的信奉，另一方面也是为了减轻家庭负担，让孩子能够学习文化受人尊敬。据统计，公元18世纪初，约有26%的男性入寺为僧[10]。僧人一旦进入寺庙后不论成就如何都能得到寺庙的供养，但若还俗则会受到社会的冷落。僧侣集团成为继封建领主和贵族之后藏族社会的又一大特权阶级。

2. 寺庙集团的形成

从前文中可知，至格鲁派时期，西藏的寺庙之间已经有了明确的等级划分。等级较高的寺庙有着许多发展上的优势，同时也与社会上层交往频繁。等级较低的寺庙由于自身条件的限制，往往需要与大寺庙结成联盟来稳固自己的发展，主要通过两种形式：不能独立完成僧侣学习的完全培养的小寺庙，往往将优秀的僧人派遣至大寺庙中进行深造学习，从而形成与大寺庙的从属关系；也有的小寺庙通过修行与大寺庙相同的经论法理而与其产生联系，并最终促进了寺庙集团的形成。“塘普寺，绛赛德摩塘巴所建。堪布传承是达邬日超巴・仁钦顿珠、当迦・达曲桑波、帕热哇・索南旺秋、擦哇・强巴嘉措、囊孜扎桑、卓摩・阿旺扎西、洛萨林（罗赛林）规范师哉务・洛桑坚白，现在由米纳卸任经师喇嘛拉贡护持。诵经、法事活动与下密院接近，常住僧人去哲蚌寺罗赛林扎仓求学。二级寺院，在寺僧人约三十二人”[11]。这是《格鲁派教法史・黄琉璃宝鉴》书中关于某座寺庙的描述，从这段描述中可以看出：二级寺庙是等级较低的一类寺庙，它没有能力完成完整的学经程序，僧人要去更高级的寺庙继续学业；在学习上模仿下密院这样高等级寺庙的学习内容；寺庙的管理者来自高等级的哲蚌寺。通过上述方式，塘普寺与更高等级的寺庙产生种种联系，依附这些高级寺庙而发展。这种依附关系的发展正是寺庙集团形成的最基本的过程。

3. 寺庙的组织管理体系

除了上述的社会和宗教背景外，寺庙的组织管理体系也是导致建筑产生等级制的一个重要原因。无论寺庙大小、级别如何，都有一个或若干个核心的组织机构，主管寺庙的各项宗教活动、政治活动和经济活动。在大的寺院中，通常是由措钦、扎仓、康村、米村等组成一个完整的系统，寺院各类活动都统辖在措钦之下，扎仓因各自的实力不同而有相对独立的活动能力。

通过上述三点的分析，能够从纵横两个方向构筑寺庙的等级关系：纵方向可以看作某座寺庙中由措钦到扎仓到康村的组织机构的等级关系；横方向则是不同实力的寺庙或扎仓或康村等之间变化的等级关系。正如故宫的太和殿，是清朝皇帝会见群臣、举行盛典的地方，是封建皇权的象征，同时它也是中国现存的最大的木构架建筑之一，11 开间的面阔、黄琉璃重檐庑殿屋顶，无不是传统官式建筑中的顶级规格。在等级制度下，建筑无疑是权力的最直接体现者，是身份和地位的化身，所以，格鲁派寺庙的纵横等级变化能直观地体现在建筑上：横向是以相同类型的建筑为比较对象；纵向是以不同类型的建筑作为比较对象。

5.3.2 建筑等级化与建筑规模

藏族有句俗语“不住无柱之房”，藏族人习惯用“多少柱”这种方式来表达建筑的面积。藏式传统营造条件下，以柱子和墙体对建筑室内予以切割，由于密梁式的铺叠方式和建筑材料的局限，柱间距一般为 2~3 米，每四根柱子就会围合成一个近似方形的空间单元，而建筑就是由这些单元组合排列而成。所以，柱子既是藏式传统建筑中重要的承重构件，也是藏族建筑文化的直观体现。表 5–1 对部分主要格鲁派寺庙中大殿的柱子数量与面积关系做了一个比较，按照柱子数量的多少确立了一个分级标准：经堂内柱子数量在 80 柱以上的大殿建筑为一级，48 柱到 80 柱之间的为二级，48 柱以下的为三级。这其中哲蚌寺的措钦大殿规模极大，是藏传佛教寺庙中的孤例，建筑占地面积近 2000 平方米，经堂内有柱 183 根，因而将其定为特级。

大殿建筑开间为单数，常见 13、9、7、5 这样

表 5–1 寺庙大殿建筑的经堂规模和等级

所属寺庙	建筑名称	经堂规模（柱子数量）	柱间距（毫米）	建筑等级	寺庙等级[12]
甘丹寺	措钦大殿	12×9，102	2350~3700	一级	一级
	上孜扎仓	12×7，84	2800~3300	二级	
	下孜扎仓	8×7，56	2800~3000	二级	
哲蚌寺	措钦大殿	16×12，183	2500~4300	特级	一级
	罗赛林扎仓	12×9，102	2600~3100	一级	
	郭莽扎仓	12×9，102	2600~3400	一级	
	德央扎仓	10×6，56	2000~2700	二级	
	阿巴扎仓（密）	8×6，48	2450~3400	二级	
	桑洛康村	8×5，40	2400~3200	三级	
色拉寺	措钦大殿	12×9，102	2350~3700	一级	一级
	吉扎仓	10×10，96	3860~3480	一级	
	麦扎仓	10×9，84	2600~3350	一级	
	阿巴扎仓（密）	6×7，42	2650~3550	二级	
	哈东康村	6×7，42	2600~2950	三级	
扎什伦布寺	措钦大殿	8×6，48	1820~3400	二级	一级
	吉康扎仓	6×4，24	1800~3000	三级	
	哈东康村	4×3，12	2600~3000	三级	
强巴林寺	措钦大殿	10×10，100	2100~3200	一级	一级
	才尼扎仓	6×4，24	2500~2600	三级	
白居寺	措钦大殿	8×6，48	1800~3860	二级	一级
觉木隆寺	措钦大殿	4×5，20	2350~3340	三级	一级
吉杰寺	措钦大殿	4×5，20	3000~3400	三级	—
纳连查寺	措钦大殿	8×7，56	2100~3200	二级	—
切嘎曲德寺	大殿	6×5，30	2000~3000	三级	—
热堆寺	措钦大殿	8×6，48	2200~3500	二级	—
遵木材寺	大殿	4×4，16	2200~3000	三级	—
同卡寺（桑珠德钦林寺）	措钦大殿	10×7，70	2600~3500	二级	—

的开间数，100 根柱以上的一级大殿建筑的柱网基本相同，都是 12×9 的布置。这样的布置一个可能的重要原因是修建扩建的时间都是在公元 17 世纪，大约是五世达赖执政期间；另一个原因是藏式传统建筑的修筑习惯，当有了某种建筑存在之后，其他的类似规模或级别的区域再修建同样类型建筑时会以之前已经修建了的建筑为参照，就是模仿。进深方向的数据则比较灵活，虽面阔大于进深的比较多，但仍有进深大于面阔的做法。

总的来看，表 5–1 中拥有一级大经堂建筑的寺庙在桑结嘉措整理的《格鲁派教法史・黄琉璃宝鉴》一书中基本都是一级寺院，一级寺院内的措钦大殿建筑规模都很大，等级多在二级以上，而一级建筑也只在大寺院中出现；寺院中的措钦大殿等级一般比扎仓大殿等级要高，而扎仓大殿的等级也因为各自扎仓的经济和宗教势力的强弱而有高低之分；密宗扎仓大殿的等级普遍低于显宗扎仓的等级，这与格鲁派显、密宗扎仓的学僧数量以及显、密宗学习的内容差别有关；一般的寺庙没有扎仓，只有一座大殿建筑，规模远不如寺院，建筑等级也较低，经堂级别多在三等。这些通过大殿建筑的面积体现出来的等级差别客观地反映了寺庙在教派中的地位，以及寺庙本身的综合实力。

5.4 寺庙等级与建筑类型

5.4.1 寺庙职能与建筑的关系

如前文所述，格鲁派寺庙主要有宗教、政治、社会等三方面的职能要求，寺庙建筑的存在就是要满足职能使用的各种要求。

从宗教职能角度看，寺庙建筑必须能够供奉佛像等物，提供各类宗教活动的空间，是最基本的要求。

从政治职能角度看，寺庙建筑必须具有一定代表性，要符合政权和教派的双重身份。

从社会职能角度看，寺庙建筑的类型要多样化，不仅要满足宗教性活动的需求，还要能贴近世俗社会。

格鲁派寺庙从规模上看，差别巨大。寺庙大的占地几十万平方米，小的仅有一座佛殿，由若干名甚至没有僧人看守。很多的书籍和研究报告中将寺庙建筑按照组织机构的级别分为：措钦、扎仓、康村、米村这几种类型，但笔者认为这样的分类方法比较生硬，过于强调寺庙的组织管理系统对建筑的影响，忽略了影响寺庙建筑构成的职能因素和建筑的实际使用功能。而且这种分类方式只适用于在体系完整的大型寺院中，而把等级较低、组织不完备的小寺庙排斥在外，这也是不全面的。所以在本书中以寺庙的组织体系作为基础，按照不同职能要求下建筑使用功能的差别，将寺庙中的主要建筑做了以下分类：大殿、佛殿、僧舍、拉章、印经院、辩经场、厨房、佛塔等。

表 5–2 和表 5–3 分别分析了每种类型建筑的职能因素及使用功能。每种类型的建筑由于受到职能因素的影响，也会具有不同的使用功能：如大殿建筑兼备寺庙的三种职能，同时也要承担寺庙所有的公共性功能；佛殿建筑主要为宗教活动服务，它的使用也与宗教性的朝拜及修行不可分割；僧舍是僧人们日常生活起居的地方，所以并没有很强的宗教性和政治性。

完善的经院教育制度是格鲁派优于其他教派的一个重要方面，寺庙建筑的设置也和现代的学校建筑十分类似，主要是管理、教学、后勤和生活这四大类。寺庙里每种形式的建筑都能在现代学校中找到它对应的“新名称”（表 5–4）。

表 5–2 各类建筑受到的职能因素影响

功能	主要建筑类型							
	大殿	佛殿	拉章	印经院	辩经场	厨房	佛塔	僧舍
宗教职能	√	√	√	√	√	√	√	
政治职能	√		√					
社会职能	√			√	√	√		√

表 5-3　各类建筑不同的使用功能分析

功能	主要建筑类型							
	大殿	佛殿	拉章	印经院	辩经场	厨房	佛塔	僧舍
集会	√				√			
崇拜活动	√	√					√	
修行	√	√			√		√	√
起居			√					√
其他				√		√		

表 5-4　寺庙中建筑与现代学校中建筑的比较

建筑	“新名称”	类别	相似点	不同点
大殿	礼堂、教学楼	教学、管理	大空间满足集会要求，提供室内学习的空间	大殿性质更加综合，空间更加多样
佛殿	纪念馆	教学	具有纪念崇拜或宣扬某些精神理念的作用	佛殿空间相对单一
僧舍	学生宿舍	生活	日常起居的场所	僧舍也是小范围学习的教室
印经院	图书馆	后勤	收藏学习用的书籍等信息资料	比图书馆有更多的生产要求，印经院对建筑各方面要求更低
辩经场	广场	教学、生活	提供大量人群集会的开敞空间	辩经场也是考场
厨房	食堂	后勤	提供多人饮食的场所	厨房只在固定的时间提供固定种类的饮食，且不具有多人同时就餐的大空间要求
佛塔	雕像	—	用于纪念	佛塔的形式相对固定

5.4.2　大殿

寺庙最早传入吐蕃时的作用是供奉佛像，建筑以佛殿为主；随着藏传佛教的兴盛，入寺学习的僧侣的增加，以及学经方式的改变，大体量的集会经堂应运而生，大殿正是将集会功能与供奉活动相结合的一种建筑，是寺庙中举行各种类型集中性活动的场所，是寺庙中最主要的焦点性建筑，也是寺庙重要管理机构所在地。这种形式普遍出现于藏传佛教后弘期，到了格鲁派时期，大殿的建筑形制趋于定型化，成为藏传佛教寺庙中的标志性建筑，并对藏式传统建筑的做法产生了一定的影响。寺庙中最高等级的大殿是措钦大殿，相当于汉地寺庙中大雄宝殿的地位，它是全寺僧众集会的场所，也是寺庙级的管理委员会所在地；其次就是扎仓大殿；有的康村也有大殿。

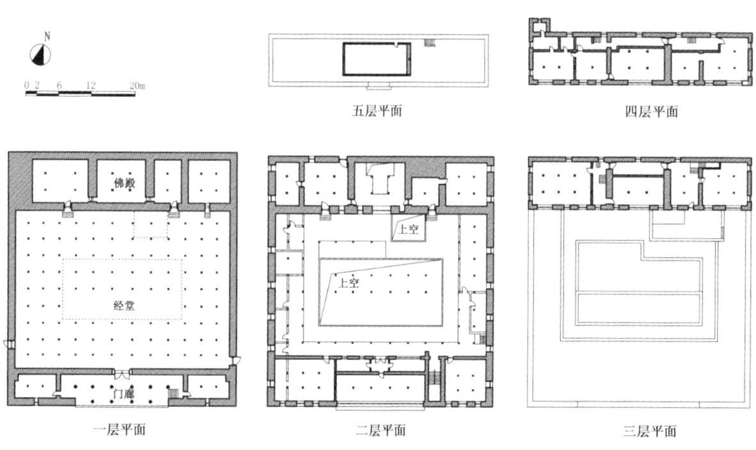

图 5-3 色拉寺措钦大殿平面测绘图
图片来源：汪永平等测绘

一般来说，大殿建筑多为三层到四层，中轴对称布局。一层主要是门廊、大经堂和佛殿；二层是一个“回”字形平面，中间经堂上方的空间形成内天井，门廊上方通常会设置面阔多间但进深不过门廊进深的“会议室”，这里是寺庙各级管理机构的所在；三层及其上一般是高僧的住处，多为套间格局，中间一间大室，两端为小室。建筑墙体有明显的收分，入口立面惯用“两实一虚”的方式，利用两侧白色的厚重石墙体来突出门廊部分由廊柱构成的过渡空间。建筑越往上开窗越多、窗面积越大，正中位置的窗面积往往最大。建筑屋顶并不是平常的女儿墙做法，而是从顶层窗户的上沿起至建筑顶部制作了工艺更烦琐、造价更高昂的边玛墙，并粉刷成象征贵族的红色。屋顶正中和四角分别放置铜质或其他材质的藏传佛教法器或吉祥物，如屋顶正中常见的

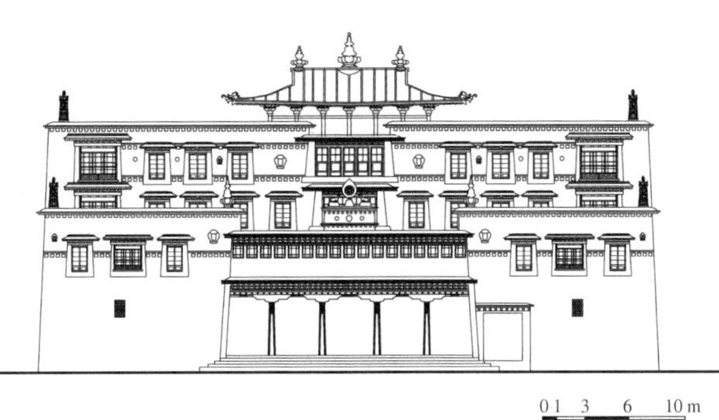

图 5-4 色拉寺措钦大殿照片及立面测绘图
图片来源：牛婷婷摄（左）、汪永平等测绘（右）

装饰物就是鹿和法轮。

色拉寺的措钦大殿建于公元 1710 年，是格鲁派寺庙建筑进入成型期的典型代表。建筑通高有五层，顶层是在平屋顶之上修建的歇山金顶，一、二层平面满铺，三、四层只有局部（图 5-3）。建筑平面形状近似方形，一层由南向北依次布置了门廊、经堂和佛殿，经堂内有柱 102 根，规模宏大，装饰华丽；经堂之后是并列四间的佛殿，面阔在两到三开间不等，进深都是三开间。二层以一层经堂正中高起的部分为中心，呈“回”字形布局，围绕高起空间的是露天的回廊；南面门廊上部空间被分割成面积较大的若干间房间，作为寺庙管理僧人议事之处；北面是与一层贯通的佛殿；东、西面则是僧舍和仓储用房。在佛殿的上部有两层空间，柱网整齐，只是房间分割方式略有不同：三层房间面积均较大，用作会客和小型讲经集会；四层则是寺庙堪布居住的套间。也有人将以色拉寺措钦大殿为代表的这种建筑形式称为“都纲法式”[13]。色拉寺措钦大殿是标准的中轴对称的建筑，“两实一虚”的处理手法突出了建筑入口。建筑一层开窗较少，随着层数的升高，开窗面积逐渐增大；边玛墙的高度近乎占到了建筑高度的 1/3，屋顶除了有经幢、神鹿、法轮等圣器之外，还架设了镏金歇山屋顶，这些都显示了建筑在寺庙中无与伦比的地位（图 5-4）。

拉萨尼木县的吉杰寺，于公元 1420 年由克增元旦加措创建，寺庙主供宗喀巴大师，鼎盛时期曾有僧人 197 名。寺庙原有的建筑大多在山上，“文革”期间被毁，留存的大殿位于山脚，作为粮库而得以保存，并于 1985 年后进行过修复。吉杰寺大殿建筑有三层高，紧靠山体修建（图 5-5）。一层中轴线上由南向北依次是门廊、经堂和佛殿，门廊面阔与经堂相近，有两排共 8 根立柱；经堂内有柱 20 根，四面绘有精美的壁画；最北面是并列的两间佛殿，都是两柱面积，高度两层；经堂的东西两面是面积较大的多柱空间，室内无装饰，柱子做法简单，为仓储之用。建筑二层以一层经堂正中升起的空间为中心，通过一圈露天回廊将各部分串联起来，房间面积大小不一，3 柱到 6 柱面积不等。三层部分主要是在一层佛殿的上方设置，在二层通过楼梯到达屋顶平台后再进入建筑三层。入口立面均分三段，左右两端是实墙，中间是虚化的入口门廊，底层不开窗，二层对称两端各开三扇窗户。边玛墙从窗户上沿直到屋顶，仅镶嵌了两件较小的铜饰。屋顶四角装饰有铜幢和布幢。

图 5-5 吉杰寺大殿照片和测绘图
图片来源：宗晓萌摄、测绘

图 5–6 嘉央拉康
图片来源：牛婷婷摄

5.4.3 佛殿

这里单独提到的“佛殿”，它从性质上与大殿中的佛殿没有区别，同样是供奉各类佛像等。但是它们是独立存在的，建筑功能更加单纯，有的是一间佛殿，有的是若干间佛殿。吐蕃时期修建的寺庙也是以这种独立佛殿形式存在的“拉康”为主。随着寺庙的发展，使用功能内涵扩大，现在已将佛殿纳入大殿中，便于佛教活动和寺庙管理。

单间佛殿的建筑一般体量不大，一层居多，层高可能会比一般僧舍的高度再高一些。从很多大寺院的发展历程中看，寺庙中这类建筑多是在寺庙修建早期留存下来的。例如哲蚌寺的嘉央拉康，嘉央曲杰创建寺庙之初，只有嘉央拉康和一个叫作“让雄玛”的山洞。嘉央拉康（图 5–6）是位于现在措钦大殿北侧的一座黄色的房子，建筑规模很小，室内只有一根支柱，面积十来平方米，供奉文殊菩萨。另一种比较多见的单间形式的佛殿就是灵塔殿，这种形式出现在活佛转世制度成熟之后。活佛往生之后将他的肉体安葬在专门的灵塔之中，在灵塔四周砌墙建造房屋将其保护起来。灵塔殿的建筑体量较大，建筑高度两到四层不等。

图 5–7 甘丹寺阳巴金
图片来源：宗晓萌摄

随着寺庙体量的扩大，逐渐出现了多间佛殿组合在一栋建筑中的做法，通常建筑中供奉的是寺庙中最重要的圣物。建筑的构成有由单间向多间组合发展的趋势。例如大昭寺，吐蕃时期的遗迹就是现在的中心佛殿，东面正中外凸的房间是用来供奉释迦牟尼像的，随着寺庙影响力的扩大，寺庙获得的圣物也与日俱增，进而将旁边的小室也打通用作佛殿；再如甘丹寺的阳巴金，是一座由护法神殿、上师殿、坛城殿和历代甘丹赤巴灵塔殿组合而来的四层建筑（图 5–7）。

5.4.4 僧舍

僧舍是寺庙建筑群中最普通且数量最多的建筑类型。很多寺庙在历史顶峰时寺庙僧侣编制均在数千人以上，哲蚌寺、甘丹寺和色拉寺的正式在编名额分别是 7700 人、5500 人和 3300 人，但实际在寺的僧人数却远大于此。如此众多的僧众居住在寺庙里，可见僧舍数量的庞大。

僧舍的建筑式样主要有两种：院落式和独栋式。

1. 院落式

院落式是以院落为核心组织建筑的方式。规模较大的院落式僧舍常在院子北面布置主要建筑，周边布置其他次要用房或仅使用院墙围合，主要建筑一般为二到四层。这些院落式的僧舍通常是康村管理机构所在地，有一间 20 柱左右面积的经堂，是康村中僧侣日常集会、学习的地方，通常布置在建筑的首层或顶层；如果首层从第二层开始的话，则建筑底层一般是半层高的储物间。院落式的建筑布局强调建筑的向心性，同时也是在提醒僧侣们要维护

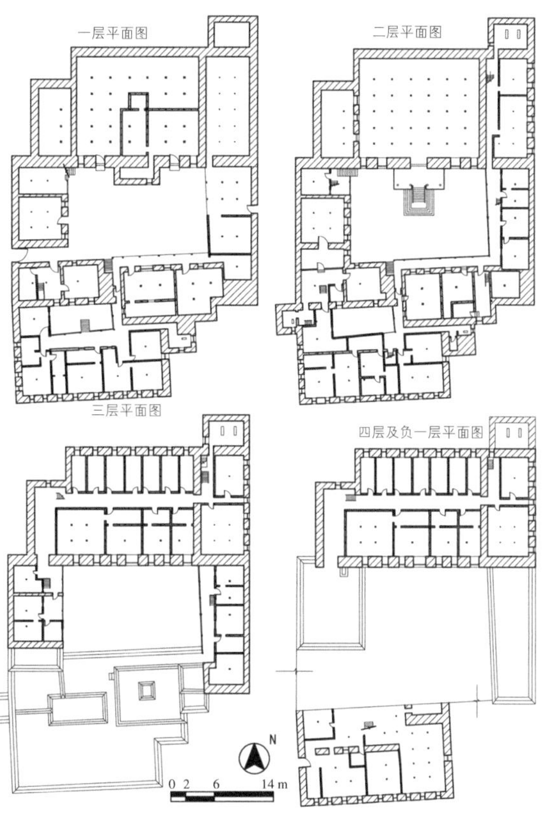

图 5-8 哲蚌寺察哇康村照片及平面图
图片来源：牛婷婷拍摄、绘制

所在团体的利益。

哲蚌寺的察哇康村是一组院门朝西，坐北朝南的院落式僧舍（图 5-8）。北面是四层的主要建筑，底层做仓储用，首层有 30 柱面积的经堂和一间 3 柱面积的小佛殿，三层和四层是按结构体系规整划分的几十间僧侣宿舍。院落西面是三层高的建筑：一层同样是用作仓储，二层是 4 柱空间的会议室，也是察哇康村管理委员会办公的地方，三层是僧人宿舍。院落的东面是外廊式的三层僧侣房间，南面是有内天井的三层僧侣房间。整体看，察哇康村的平面并不规整，立面形式也并不统一，应该是在寺庙发展过程中不断扩建而造成的。

还有一种比较规整的院落式僧舍，以一层居多，方形平面，三面院墙围合，僧房位于院落后方，与当地的普通民居差别并不大。甘肃的拉卜楞寺僧房就是一个典型实例（图 5-9），建筑形式完全统一，按照顺序的门牌号密密麻麻整齐地排列在道路两侧，这种布局方式在藏传佛教寺庙中并不多见，与格鲁派寺庙主张自然发展的布局理念有差别，是近代为了便于管理而重新修建的。

在规模较小的寺庙中，往往整座寺庙就是一座小院落，大殿被三面回廊围合，僧舍一般就设置在这些回廊部分。例如山南乃东区的曲德贡寺，院落

图 5-9 拉卜楞寺标准化僧舍
图片来源：牛婷婷摄

图 5-10 山南乃东曲德贡寺
图片来源：徐鑫鸣摄

图 5-11 哲蚌寺内的僧舍
图片来源：牛婷婷摄

图 5-12 夏琼寺南面山腰上散布的低矮僧舍
图片来源：牛婷婷摄

图 5-13 楚杰寺的大殿和僧舍
图片来源：牛婷婷摄

图 5-14 囊色林庄园建筑（维修前）
图片来源：牛婷婷摄

坐北朝南，院门开在南面，北面是大殿，东、西、南三面都有两层高的回廊围合，僧人们日常居住和存储物品的房间就布置在这里（图 5-10）。

2. 独栋式

独栋式僧舍的规模一般都比院落式的僧舍要小，有的有内天井，围绕天井四面设有僧舍，一面是走廊一面是房间，这样的建筑平面采光较好，走廊光线十分充足；没有内天井的，中间是走廊，走廊两边是房间，以长方形建筑平面居多，这样的建筑平面比较节省空间，但是室内采光会差一些，尤其是内走廊，又窄又深，光线昏暗（图 5-11）。

还有一些寺庙，没有明确的边界，主要建筑如大殿、佛殿等位于寺庙最高的位置，僧舍环绕着这些主要建筑由高处向低处自由散开，僧舍的形式比较灵活，有独门独院的，也有多户攒聚的，建筑高度较低，一层居多，不似前面介绍的僧舍以聚集和往纵向发展为趋势，而是横向的发散式展开。如青海的夏琼寺（见图 5-12），拉萨的楚杰寺（见图 5-13）。

5.4.5 拉章

严格意义上来说，拉章是僧舍的一种，是高级喇嘛居住的地方，相当于地方高级行政人员的官邸。它不仅是专门的建筑，在管理上也相对独立，空间设置更加丰富，房屋的主人在宗教上甚至政治上有较强的影响力。拉章是介于宗教性的僧舍和世俗性的贵族府邸（图 5-14）之间的一类建筑。与僧舍相比，建筑形制等级更高，功能更丰富；与贵族府邸相比，为宗教服务的空间更多。总的来说，拉章建筑既要满足宗教活动的要求，又要体现主人的身份地位。

格鲁派最著名的活佛拉章就是位于哲蚌寺的甘丹颇章，它的主人是西藏地方政权的实际控制者达赖喇嘛。甘丹颇章不仅是一组建筑，也是清代西藏地方政权的象征。甘丹颇章是位于哲蚌寺西南角的一组由三进院落构成的典型的藏式传统建筑群（图 5-15），由南向北沿中轴线纵深方向依次布置了三栋主要建筑：桑阿颇章——坐东朝西，位于中轴线西侧，是达赖护法念经的地方，“桑阿”在藏语里有密宗的护法念经之意，主要供奉护法神大威德金刚，作用类似于现在的门房，有守护保卫的功能，护法神殿下面还有达赖喇嘛为众僧传法的讲经场，桑阿颇章是整组建筑中宗教性最强的部分；寝宫是达赖喇嘛日常生活起居的地方，是甘丹颇章的核心建筑，设置在中轴线的正中位置，四层高，一层是仓储空间，二层是达赖喇嘛随从们使用的房间，三层是小经堂，四层是佛堂和达赖喇嘛的房间，这种布置方式完全参照了贵族住宅的分层布局模式，是整组建筑中最世俗化的部分；贡嘎让瓦最早被称为“多康恩莫”，是帕竹第悉的一座别墅，因为这里后来被作为达赖喇嘛存放经书的房屋而改为现在的名字，意为“存放贝叶经的房子”。整个建筑群共有七层，三个院子所在的高度分别是一层、三层、四层，有逐步攀高的趋势，这样的处理，既顺应了山体的走势，也烘托了建筑的主次关系。

拉萨的“四大林”也是著名的活佛拉章，是清朝中晚期在西藏担任摄政佛的四大支系活佛在拉萨的住处：丹杰林——第穆呼图克图的官邸；策默林——策默林呼图克图的官邸；功德林——济隆呼图克图的官邸；惜德林——热振呼图克图的官邸。

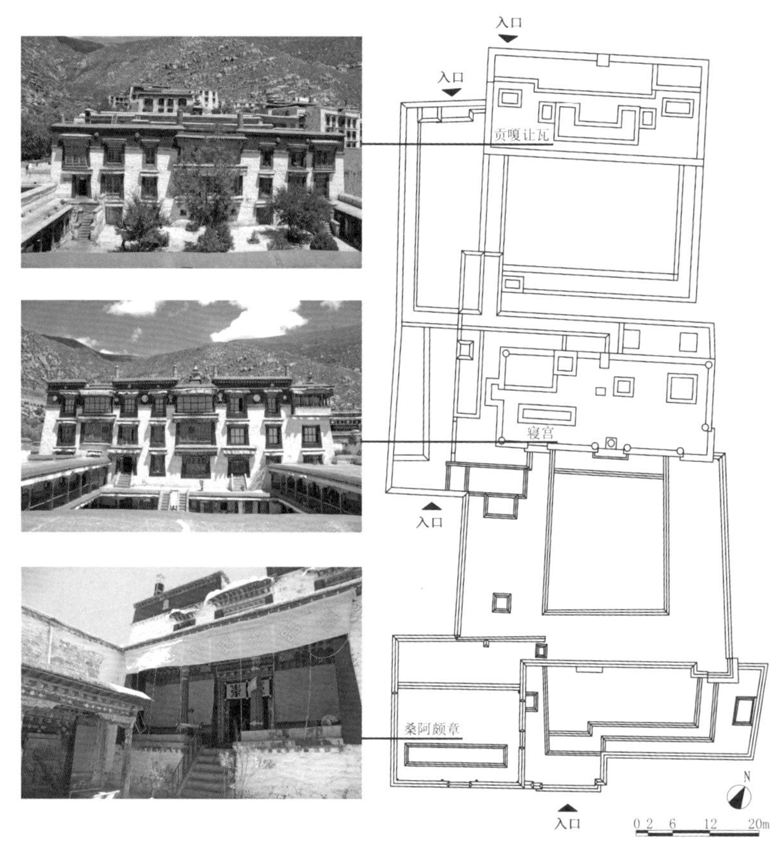

图 5-15 甘丹颇章屋顶平面及主要建筑照片
图片来源：牛婷婷拍摄、绘制

图 5-16 哲蚌寺罗赛林扎仓的辩经场
图片来源：牛婷婷摄

5.4.6 印经院

印经院是专门负责印刷经文的机构。传统的经文传承主要就是靠手书和木板印刷这两种方式，一般普通僧人诵念的经文都是经由木板印刷的，这就需要有大量的空间来存放印刷用的模板。因为高原地区气候干燥，所以在防潮方面并没有十分特殊的要求。并不是所有的寺庙都有自己的印经院，只在大寺院中或者在某一区域中的主要寺庙中才会有。印经院建筑并没有固定的建筑形式，甚至只是附属于某些建筑而存在。哲蚌寺的印经院就是利用了德央扎仓的闲置房间，但是印经模板在寺院中的存放有多处地方。扎什伦布寺和隆务寺的印经院就是一组独立的院落式建筑，与寺庙中的一般建筑无明显区别。

5.4.7 辩经场

格鲁派僧侣在显宗学习中有一个必经的过程就是“辩经”（图 5-16）。辩经在藏语里叫作“唐加”，是一种形式独特的考试，往往可以检验僧人对经文的熟练程度，并且训练他们敏捷的思考能力。这种考试主要针对的是显宗学习，所以在大寺庙里显宗扎仓都会有自己的专门的一块空地用作辩经场。

哲蚌寺和色拉寺都还保留了比较传统的辩经场的样式，四面被白墙包围，围墙内有高大的树木可以将辩经场遮挡起来，地上铺满了白色的碎石子。辩经的僧人两人一组，一问一答，或站或立。白色的石子地面、红色的僧袍和被绿叶覆盖的天空构成了一幅色彩艳丽的画卷。也有很多寺庙仅仅是圈出了一定的空地用于僧人聚集辩经，到后来慢慢发展成集合在措钦大殿前的广场上辩经。如扎什伦布寺僧人的辩经场就是在措钦大殿门前并不十分开阔的广场上，还有吉康扎仓的院子里。

图 5-17 哲蚌寺措钦大殿厨房平面测绘图和照片
图片来源：牛婷婷拍摄、绘制

5.4.8 厨房

寺庙中每当有大型的集会活动时，都会集中提供茶点和膳食，因而像措钦和扎仓级别的大殿附近配属有专门的厨房。这些厨房就有点像食堂，提供大量的食物和饮料来满足集会僧众的需要。有施主布施时，也会通过厨房来烹调食物供僧侣使用。厨房一般设置在大殿的东面或西面，对应着大殿的侧门，因此，这些侧门也被称为“茶门”。在举行集会活动时，僧人们享用的茶水、食物就是从“茶门”送入大殿的。

厨房建筑一般两到三层，一层是多柱的大空间，围绕煮食活动设置，还有厨具、餐具的储藏空间；二层会有一些面积较大的会议室或是休息接待室。厨房中灶具的尺寸十分巨大，煮土豆的铁锅有的直径3米有余，深也有1~2米。另外还有专门的排烟管道和通风口，这是在其他建筑中没有的。从外立面看，与一般的僧舍并没有太大的差别（图5-17）。也有的厨房是设置在大殿建筑中的，一般在二层的位置，放在建筑的东侧或西侧，与经堂侧门靠近，如扎什伦布寺的吉康扎仓。

图 5-18 哲蚌寺入口处的白塔
图片来源：牛婷婷摄

5.4.9 佛塔

佛塔是藏传佛教中一种非常重要的崇拜物，有很多寺庙就是以塔而闻名，例如江孜的白居寺。寺庙中出现在室外的佛塔以白塔居多，有的是标示道路的，有的是存放重要物件的，有的则有专门的纪念意义；或以单座形式出现，或以群体形式出现，体量有大有小，大的高达十几米，小的有3~5米。白塔一般由塔座、塔身和塔顶组成，塔座以方形和十字形居多，意在模仿塔城；塔身多为瓶状；塔顶由十三天相轮、伞盖和顶端的饰物组成，格鲁派塔顶部装饰日月图案。早期的白塔内多藏有重要的佛教信物，如高僧信物、宝石、经书等；后期为了防盗会将这些物件打碎混合到建塔的土石材料中；再后来一些并不是十分重要的塔，如标示位置的塔等就直接是由土石堆砌，甚至是混凝土浇筑。

哲蚌寺的入口道路南侧就有一座白塔，指示道路，标示寺庙入口。白塔周围有一圈1米左右的通道，进寺的僧人或是信众都会围绕白塔顺时针绕行一圈，做转圈礼拜（图 5-18）。拉萨林周县的夏寺，是一座尼姑寺，建于山南麓的半腰上，寺庙规模并不大，但有两百多座大小不一的白塔（图 5-19）。青海塔尔寺的由来与佛塔有着密不可分的联系，现在寺庙的入口山脚下仍然保留着八座白塔，分别象征着佛陀释迦牟尼礼佛得道的过程（图 5-20）。

图 5-19 夏寺的白塔群
图片来源：牛婷婷摄

图 5-20 塔尔寺的八座白塔
图片来源：牛婷婷摄

注释：

1 宿白．藏传佛教寺院考古 [M]. 北京：文物出版社，1996：16-20.

2 噶厦政府是由四名被称为噶伦的官员统领管辖的地方政府机构，四噶伦中有一名为僧人，由达赖喇嘛推荐。

3 《藏族简史》编写组．藏族简史 [M]. 3 版．拉萨：西藏人民出版社，2006：183.

4 相关内容可见：图齐．西藏宗教之旅 [M]. 耿昇，译 .2 版．北京：中国藏学出版社，2005：13.

5 谢佐，何波．藏族古代教育史略 [M]. 西宁：青海人民出版社，1994：323.

6 谢佐，何波．藏族古代教育史略 [M]. 西宁：青海人民出版社，1994：323.

7 资料来源于宋赞良同志整理的《色拉寺调查》报告。

8 谢佐，何波．藏族古代教育史略 [M]. 西宁：青海人民出版社，1994：328.

9 以上内容是调研中扎什伦布寺僧人提供。

10 数据参考：格尔斯坦．喇嘛王国的覆灭 [M]. 杜永彬，译．北京：中国藏学出版社，2005.

11 桑结嘉措．格鲁派教法史•黄琉璃宝鉴 [M]. 许德存，译．拉萨：西藏人民出版社，2009：129.

12 等级来源于第悉•桑结嘉措．格鲁派教法史•黄琉璃宝鉴 [M]. 许德存，译．拉萨：西藏人民出版社，2009.

13 “每座喇嘛寺中又有一所全寺最主要的扎仓，规模最大，称为杜康，或译为都纲，意为大会堂。这种‘回’字形平面，中部升高，周围是回廊的性质，到清代完全定型，喇嘛寺的经堂和佛殿，大多依此建造，大同小异，因而被称为‘都纲法式’。”引自马振华，钱雅妮．浅析喇嘛教文化与建筑 [J]. 华中建筑，2007（9）：1-3.

6 藏传佛教寺庙的选址、布局和形制

6.1 寺庙选址

在青藏高原恶劣的自然环境条件下，为了更好地保证活动质量，先民们传承下来的选址经验就显得尤为重要。藏文文献中最早关于选址的记载来源于苯教，据说苯教的四位先哲曾在玛旁雍错湖边跟随龙女学来了相地之术，并写成了专门的书籍《甄别地之善恶论述沙展》。两位公主嫁到吐蕃之后，外来的相地文化也随之传入。长久以来，被广为流传的就是文成公主堪舆地形并最后确定大昭寺及十二镇魔寺位置的传说。所以，“在传统的苯教相地文化的基础上，吸收了印度佛教宇宙哲学思想和中原汉地风水学等相关方面的文化，逐步形成了藏族特色的堪舆术”[1]。历史上多位藏传佛教大师和藏族学者都对相地之术颇有研究，并著有相关内容的书籍。例如五世达赖的第悉·桑结嘉措在《白琉璃论》中就谈到了相地文化；噶举派高僧热噶阿色也著有《相地术珍宝汇集》等。另外，在寺庙中，也有专门负责相地的僧人，被称为“孜巴”，通常是既精通佛学和天文历算，又有远大声望的高僧大德。

营造建筑是为了满足人类活动的需要，选址则是营造的前期活动，其目的是选择能更好地满足建筑营建要求的自然环境。选址不是一项盲目的工作，而是人类在改造自然活动中的经验的积累。通常影响建筑选址的主要是自然和社会这两大因素；但是在藏族社会中，宗教扮演了非常重要的角色，寺庙也是宗教活动服务的主体，所以，宗教影响也是指导寺庙建筑选址的另一个重要因素。

6.1.1 自然因素

建筑是人为营造的使用空间，在环境优越、适于生存的地点修建建筑是人类的一种本能的选择。藏族相地术中要求在“十善之地”进行营建活动，“十善”的内容包括便利建筑修建和僧侣生存的自然要素，如土地、水、木材、石材、食物等，这是具有科学性和合理性的基本选择。

虽然各地在语言、文化上有一定的差异，对选址相地的学术定义也有所不同，但是从选择后基址的实际环境效果看，还是有很多的相似之处。在汉地的风水学说中，选址的基本原则就是“依山傍水，负阴抱阳”，力求追寻“天人合一”的无上境界。依山傍水指基址要背靠群山，邻近水源，满足基本生活需要；负阴抱阳即指建筑基址后有山峰，两侧有次峰，形成三面环山之势，山上要有丰茂的植被，前面有月牙形的池塘或有弯曲的溪流穿过，建筑群体方位最好是坐北朝南，基址位于山水环抱之间，地势平坦且有一定的坡度。在藏地，也有类似的选址原则。“修建寺院的理想之地应该是背靠大山，襟连小丘，两条河流分别从左右两边流过，寺院坐落在水草丰美的谷底中央。寺院之四极亦应符合要求：东面为宽阔溪坝，南为垒起的丘陵，西为高地，北为高耸的群山”[2]。哲蚌寺里的僧人曾说，从远处看，整座更培邬孜山就像是一尊白度母，一脚弯曲，一脚向外侧伸展，哲蚌寺的位置就在佛的腰间。寺庙位于山的南坡，北面靠山，南面临水。山中有两股清泉水从寺庙旁边流过，溪水延绵数里，暗示僧人学法要循序渐进，日积月累，细水长流；同时也寓意佛法的学习源远流长。山的南面就是拉萨河，是寺庙的主要水源，它就像是一条白色的哈达，有吉祥之意（见图 6–1）。

水是人类生存的源泉，人在没有食物的情况下能坚持活过一周，但如果没有水，连三天都支撑不下去。早在吐蕃时期寺庙多选择修建在河流附近，大昭寺虽然是填湖而建，但是在它的南面就是绵长的拉萨河；桑耶寺更是直接修建在了雅鲁藏布江北岸的河谷地带，并且有自己的码头，据说早年公路交通不甚发达的时候，很多人都是从水路前往参拜（图 6–2）。修筑在山间的寺庙也离不开水源，通常作为基址的这些山峦间都有溪水，即使没有，山脚下也一定有河流，可能离寺庙有一定的距离，也正好可以锻炼僧人修行的意志。

青藏高原气候干燥，但是阳光充足；寒冷多风，但是山峦层叠，所以选择在山的南面修建建筑能达到保暖、避风的实际效果。早期寺庙曾选择东西朝向，主要的出发点还是模仿，并没有考虑本地的气候环境；随着僧人和寺庙数量的增加，建筑的修筑也更多地从本地实际出发，建筑多选择南北朝向，北面少开窗，南面开门、开面积较大的窗。山的南坡由于光照充足，也利于植被生长，能提供较好的绿化环境。

2008 年汶川地震后，对建筑抗震性能的研究得到了更多的关注。青藏高原也是地震频发地区。据《西藏地震史料汇编》记载，早在唐代就有关于地震的记载，之后的一千多年时间里，西藏地区的 4 级以上地震有上千次，6 级以上 76 次，7 级以上 11 次，8 级以上 5 次[3]。藏族传统的土木或是石木混合的结构体系中构件的柔性较差、连接较弱，建筑的整体抗震性能较低。为了减少地震带来的影响，建筑多选择在土质较为坚硬的地质或石地上修建，很多寺庙修建在山上也有这方面的考量。

在自然选择的前提下，寺庙建筑的选址与一般建筑并没有什么差异，各教派寺庙之间也没有明显差别：靠近水源保证基本生活需要；适应恶劣气候条件，选择更优的南面修筑建筑，北面的高山可以阻挡寒风，南面和西面的山谷丘陵可以争取更多的阳光；选择将建筑修筑在便于优化植被条件的位置；修筑在坚实的地基之上，保证建筑长久屹立不倒。

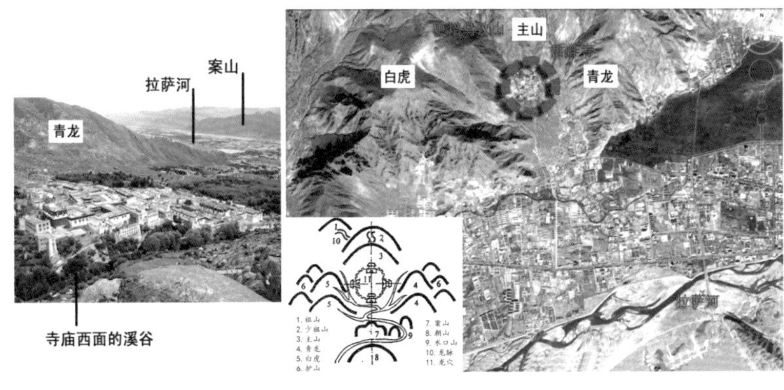

图 6–1 哲蚌寺选址分析图
图片来源：牛婷婷制作

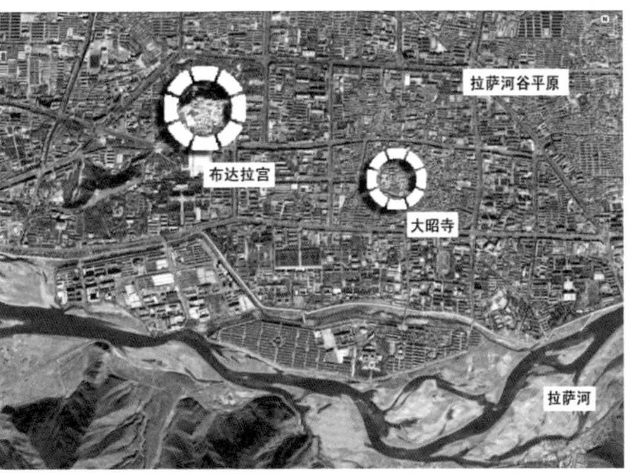

图 6–2 大昭寺、桑耶寺选址在河谷平原
图片来源：牛婷婷标注

6.1.2 社会因素

在很多历史书籍里都记载了松赞干布向尼泊尔和大唐求婚的故事：禄东赞作为求婚大臣曾分别出使尼泊尔和大唐，求婚的过程也不是一帆风顺的，其中充满了有趣的斗智斗勇的故事。《西藏王统记》记载，两国皇帝都向禄东赞问到了吐蕃有无佛教，禄东赞也向两位皇帝表明，吐蕃暂无佛教，但望两国将公主嫁于赞普，吐蕃将推行佛教，并修筑庙宇。这样的记载可能片面夸大了松赞干布推广佛教的力度，但不可否认的是，英明的赞普希望通过引入佛教这种媒介向更文明、更发达的国家学习，从政治上限制平衡苯教不断膨胀的势力，以维护和稳定刚刚建立的吐蕃王朝。文成公主通过堪舆吐蕃地形，建议赞普修建了十二镇魔寺，从表面看，是宗教思想的影响作为主导，但也不乏社会政治效果。吐蕃时期，除了用于个人修行的寺庙外，多数寺庙是修建在交通要地或是藏族群众聚居的地方。如山南泽当的昌珠寺、日喀则吉隆的强准祖布拉康等。山南的雅砻河谷流域是悉补野王统的发源地，地理环境

优越，适宜从事农牧业生产，自古以来就是藏族群众聚居的主要区域。吉隆靠近中尼边境，很多印度和尼泊尔的高僧都是从这里进入的西藏。传说当年莲花生大师入藏路过此地，觉得此地山清水秀，风景明媚，因而命名为“舒适村”，就是“吉隆”。佛教刚到吐蕃时根本没有丝毫基础，早期以在贵族阶层传播为主，后来为了扩张影响力，开始选择在人群聚居的位置修建，这不失为一种明智的选择，利于佛教的传播。经历过朗达玛灭佛之后的藏传佛教，在后弘期初期的传播中，也选择了同样的做法：建立坚实的群众基础是宗教稳固扎根的重要手段，寺庙选择在人流量大、人群密集的地方修建，例如热振寺、聂塘寺等就是修建在进入拉萨的交通要道旁边。

到了格鲁派时期，藏传佛教的势力已经无需置疑，寺庙的选址就更加灵活多样。为了让僧人们能潜心修习，不受外界社会的干扰，慢慢地寺庙修建开始远离人群聚居区。寺庙选址有从山下平原河谷向山上、从人群活动聚集的城镇向人烟稀少的地区移动的趋势。后弘期多数的寺庙选择修建在山脚或半山腰，究其原因可能有二：一是随着建造技艺的进步和经济实力的提高，在山上修建建筑成为可能；二是在苯教和藏族传统文化的影响下，佛教也遵从了对山的崇拜，认为将建筑修建在有高度的地方更能显示自己的身份和地位。寺庙选址开始远离城镇、村落，正表明到了格鲁派时期寺庙的修建已经不再需要之前那样功利的目的，相反的，由于与世俗社会的接近以及在政治上获得的极大权力，教派管理日趋散漫，僧侣行为日益败坏，严重影响了藏传佛教在民众中的形象。格鲁派以教派革新为口号，为了体现教派原则，选择在远离城市、交通并不便利的山间修建寺庙（见表 6-1）。甘丹寺位于拉萨老城以东约 57 公里的达孜区境内的山坳间，哲蚌寺位于拉萨老城以西约 10 公里的山中，色拉寺也不在拉萨老城中，而是距老城有约 5 公里的距离，三大寺和拉萨河分别从东、西、北、南四个方向将拉萨老城围合。

与此同时藏传佛教已经深入地影响藏族群众的生活，远离人群的寺庙不能便捷地服务民众，一些小型的、以普通的便民的仪轨活动为主的被称为“嘎巴”“旦康”的寺庙逐渐出现。这些小型寺庙修建在村落附近，为村民提供日常的简单的佛事活动，同时也与附近的大寺庙有一定的附属关系，由大寺庙专门派出僧人进驻“嘎巴”或“旦康”。

6.1.3 宗教因素

宗教文化对寺庙选址有着极强的主观影响。在西藏，大多数的寺庙尤其是一些著名的寺庙都会有关于寺庙创建的传说，这其中的大部分都涉及寺庙位置的选择，往往是某位重要的高僧大德主观意愿的体现，他们认为寺庙基址附近的环境极具祥瑞之气，或是与某些吉祥的图案或符号相接近。例如，桑耶寺在修建之初，赤松德赞曾请来寂护大师勘察选址，大师到达此地后云：“东山好像国王稳坐宝座，实在佳妙；小山东有如母鸡卵翼雏形，实在佳妙；药山好似宝贝堆积，实在佳妙；开苏山像是王妃身披白绸斗篷，实在佳妙；黑山宛如铁橛插地，实在佳妙；麦雅地方宛似骡马饮水，实在佳妙；朵塘地方如白绸缣缦铺展，实在佳妙。这个地方就像盛满藏红花的铜盘，若在此处修建寺庙，可实在佳

表 6-1　不同时期寺庙选址的变化

比较内容	前弘期		后弘期早期		格鲁派时期	
	大昭寺	桑耶寺	萨迦寺	热振寺	甘丹寺	哲蚌寺
修建时间	7 世纪中叶	762 年	1073 年	1056 年	1409 年	1416 年
靠山	无	无	山脚	山脚	半山	半山
临水	拉萨河	雅鲁藏布江	仲曲河	热振藏布河	无	拉萨河
地形特征	河谷平原	河谷平原	山地	河谷平原	山地	山地
位置特点	古城中心	因寺建镇	因寺建镇	交通要地	远离世俗	远离世俗
社会背景	佛教初传入西藏		佛教再度兴起		藏传佛教兴盛	

妙啊。”[4] 再如甘丹寺，“宗喀巴大师虽然知道了在旺古日山山下的卓日沃且兴建一座寺院的时机已经到来，但是为消除许多人对此事的疑问和犹豫，并且不产生流言蜚语等错失，宗喀巴大师还是到大昭寺觉卧佛像前祈愿，然后依据灯火及梦境等征兆进行辨查，认定在所有的地点中以卓日沃且最好”[5]。《安多政教史》中对塔尔寺的环境也有这样的描述：“天似八辐轮，地如八瓣莲；后山雄伟而秀丽，前山如麦积成堆；南面拉摩日山上，有自显莲花生像；西面高耸石崖上，有自显弥勒佛像；北面达日山之巅，有自显无量光佛像。南方三俱卢舍处，雪山耸峙而连绵，东南二俱卢舍处，乃是著名桑拉塘，北面群山峡谷中，湟水源远而流长。”[6] 虽然高僧大德们的高屋建瓴并不是人人都能领会，但是优越的自然环境是建筑寺庙的首选，寄托美好意愿的宗教说法无疑是锦上添花。

寺庙选址这个过程本身也是一次重要的宗教活动。首先，选址的担当者是专门的僧侣“孜巴”，笔者在扎什伦布寺调研时了解到，现在寺庙中的“孜巴”已经不多了，即使有也是一些年纪较大的僧人，寺庙里要是有新的建筑活动的时候还是会请“孜巴”去主持，若是没有则会请一些德高望重的老僧人去看地然后再决定建筑的修建与否；其次，选址的时间必须是经过卜算的吉日，气候条件必须良好；最后，还要进行一系列的宗教仪式，如观地、净地、整地等。藏传佛教文化中除了佛家哲学外还包含有很多其他的内容，如大小“五明”，这其中的“工巧明”指的正是与建筑修筑相关的内容。在藏传佛教经典《丹珠尔》中就对寺庙基址的周边情况、基址形状、土质特性有一定的要求：“如果一块地相状与乌龟背相似，会导致死亡或贫困。如果地块北方高企，会有宗族灭绝的忧虑，东面高企而中间低洼，则修习者有毁灭的危险。应该绝对避开这样的地方。”“首先，要挖一个齐膝深的坑，用同样的土回填，如果土有富余，这便赋予了吉兆。如果相反，主持者就不应开工。如果施工的话就会有损失，不能得到好的结果。”[7]

一些研究学者将“天梯说”“金刚说”“坛城说”等等与宗教内容相关的学说引用到选址的影响因素中，但就笔者看，这些内容似乎在建筑群体布局和单体建筑的设计中能得到更多的体现。

“天梯说”：传说吐蕃的赞普来自天上，他们降临到人间的时候身后都有一根看不见的绳子，在他们死后，灵魂会通过这根绳子返回天界，所以早期的赞普们都是没有墓穴的。直到止贡赞普，他在一次与其他部落的争斗中被人砍断了身后的绳子，所以死后就无法返回天界，吐蕃由此有了第一座赞普墓穴。以后的人们为了纪念，在山上绘制白色的梯子图案，并认为越往高处离天的距离就越近。很多重要的建筑如宗堡、宫殿等多修建在山的高处，一方面能起到很好的防御效果，另一方面也是等级身份的象征。现存的吐蕃第一座宫殿——雍布拉康就修建在山巅，建筑的形式也有拔地而起、直冲云霄的意境。在寺庙建筑中，建于山顶的不多，建于山腰沿山势布置的寺庙倒有不少。

“金刚说”：金刚乘是大乘佛教的一支，而藏传佛教主要就是从金刚乘演化而来。这一支派在思想和仪轨上有“顶礼朝拜”和“朝圣转经”的要求，最简单的体现就是环绕礼拜，这对很多建筑形式和城市布局产生了很大的影响。例如围绕寺庙或是某些重要建筑的转经道，甚至在建筑室内布置时也会在靠墙的位置预留一圈环绕的通道。

“坛城说”：坛城是神佛居住和修行的根本道场，其基本形式以圆和方为主，在唐卡中常能看到以此为主题的作品。桑耶寺就是模仿坛城式样修筑的典型代表，寺庙修建在河谷平地，便于整组布局图形的展开；但是也有修建在山地的坛城布局的寺庙，如山南的日吾体寺，所以何种地形对寺庙向坛城式样的模仿都没有太大的影响。还有很多单体建筑，从平面形式上对坛城进行了模仿，阿里托林寺的红殿、白居寺大殿和扎什伦布寺的吉康扎仓等都是很典型的代表。

随着格鲁派的发展壮大，寺庙建筑的类型也更加多样，功能更加细化，不同类型的寺庙开始承担不同的宗教、社会甚至政治职能，因而寺庙按一定等级被分成了如下几个类型：贡巴、拉康、嘎巴（旦康）、日追、蚌巴等。这几类寺庙都有自己的使用上的不同点，因而在选址上会有不同的要求，详见表 6-2。

在西藏，组织体系完整的寺庙被称为“贡巴”。从使用功能上看，贡巴非常全面，是僧侣学习修行的主要场所；从教义要求出发，这些寺庙会选择在环境优美、能够沉心学习的地方。修建于同一时期的西藏四大寺分别修建在两大中心城市——拉萨和日喀则近郊，与老城保持了一定的距离。虽然从现在的城市建设来看，有的已经被包括在城市中，但在几百年前交通尚不发达的西藏，寺庙与城市间还是有不小的距离的。

拉康这样的建筑规模较小，选择灵活，一般会分布在人群集中的地区，便于被顶礼膜拜。拉萨古城的中心正是大昭寺和八廓街，在这一片区域中分布了几十处拉康建筑，有的历史可以追溯到吐蕃时期，也有的是在 20 世纪末新修的（见表 6-3）。

嘎巴（旦康）是类似现代某机构派驻外地的办事处，通常有若干间佛殿还有几名僧人，帮助所在的村落处理日常的佛事活动，所以这些建筑在选址时会靠近村落布置。

日追是僧人苦修用的洞窟，自然非常艰苦，通常在人迹罕至的地方，利用一些天然形成的洞穴。扎叶巴寺就是一座拥有多座日追的贡巴，传说此山形似白度母，是吉兆之所在，站在寺中向远处眺望，山下风景一览无余，还能看到隐约在远处山间的村

表 6-2　不同类型寺庙的不同选址要求

类型名称	使用功能	选址特点
贡巴	大型集会，集中教授经文	与城镇、村落保持一定距离，周边环境优美，交通较为不便
拉康	供奉佛像或神圣之物	人群较为聚集的地方
嘎巴（旦康）	处理简单的日常性佛教事务	与村落在一起
日追	苦修	人烟稀少、交通不便的山上
蚌巴	供奉神圣之物，道路标识	于交通枢纽或发生过重要事件或产生重要人物的地点

表 6-3　拉萨老城中的拉康建筑列表[8]

名 称	年 代	教 派	位 置
木如寺	公元 817 年	格鲁派	吉崩岗木如居委会
木如藏巴拉康	公元 817 年	格鲁派	八廓街八廓居委会
查拉鲁固拉康	公元 1490 年	格鲁派	吉崩岗雪居委会
桑杰东固拉康	公元 1993 年	格鲁派	吉崩岗雪居委会
康昂东云仁拉康	公元 1983 年	格鲁派	吉崩岗雪居委会
次巴拉康	公元 660 年	格鲁派	吉崩岗雪居委会
康昂东玛尼拉康	公元 1988 年	格鲁派	吉崩岗雪居委会
嘎玛夏拉康	—	格鲁派	吉日铁崩岗居委会
木如白贡扎苏拉康	公元 1340 年	萨迦派	八廓街八廓居委会
强巴拉康	公元 16 世纪	格鲁派	八廓街八廓居委会
八廓玛尼拉康	公元 1988 年	宁玛派	八廓街八廓居委会
乃琼拉康	公元 7 世纪	格鲁派	八廓街八廓居委会
萨迦拉康	公元 1988 年	萨迦派	八廓街白林居委会
朱多拉康（尼）	公元 1945 年	宁玛派	吉崩岗雪居委会
强日松贡布	公元 7 世纪	格鲁派	吉崩岗雪居委会
奴（西）日松贡布	公元 7 世纪	噶举派	八廓街鲁固居委会
洛日松贡布	—	格鲁派	八廓街绕赛居委会
卓地康萨	—	格鲁派	八廓街白林居委会
朗卡奴拉姆	—	格鲁派	冲赛康达布林居委会
德庆绕丹拉姆	公元 1986 年	格鲁派	冲赛康达布林居委会

落，甚是优美。但是通往寺庙的道路并不便利，即使在交通发达的今天，从国道转到寺庙所在的位置还需要走近一个小时的盘山路。

蚌巴严格来说并不能算寺庙，是比较纯粹的纪念性构筑物，塔内会按照“井”字形划分成9格，分别存放经书、佛像等。它的存在一是用作崇拜，二是在一些重要的路口起到标识作用，通常布置在一些大型寺庙的入口处。

图6-3 上图：波多寺措钦大殿，下图：波多寺僧舍
图片来源：牛婷婷摄

6.2 建筑布局

像大昭寺、桑耶寺、萨迦南寺等寺庙这样经过一定设计的相对图形化的建筑布局方式到了格鲁派时期已经没有了，取而代之的是更符合拓扑原理的自由式布局。这种形式更多地强调建筑与自然的和谐，创造了更加生活化、人性化的宗教世界。

寺庙的发展是一个连续性的历史过程，大体量的寺庙建筑群也是由简单的建筑发展而来，最早修建的建筑和使用频率最高的建筑在群体中的地位就显得十分重要。虽然是自然生长的发展模式，但在这样的前提下，布局发展还是有一定规律可循的：通常会以某一核心建筑如措钦大殿等为中心向四周发散，优先向自然条件优越的区域发展；随着建筑数量和种类的增加，不同等级的核心建筑增多，其他的建筑依然会围绕这些核心建筑修建，并在交集的区域相互协调建设；修建在山上的建筑，一般发展的趋势都会由山上往山下发展，后期修建的重要建筑一般都会争取与其他重要建筑位于同一高程或相靠近；格鲁派时期，寺庙建筑的朝向选择更加自然化，以南北向居多，寺庙布局遂多以东西向展开。保存较为完好的西藏四大寺就是最典型的实例，后文将会逐一分析。

还有一些规模较小的寺庙，在建筑布局时比较常见两种形式：一是修建在山腰或山顶的寺庙建筑，核心建筑大殿多位于山顶或地势较高的位置，僧舍和其他用房等沿着山势在山的南坡展开，如波多寺（见图6-3）；二是修建于平地的寺庙建筑，多是以相对独立的围合院落来组成寺庙，院落多为方形，朝东或朝西开院门，核心建筑大殿位于院落的北面，东、南、西三面由一层或两层的廊围合，僧舍多设置在这些廊中，如塔巴寺（见图6-4）。这些院落有的是中心对称的，有的不是，强调的主要是围合的空间效果。围合院落的形式在大型寺庙中也很常见，康村、米村还有规模较小的扎仓采用较多。

图6-4 上图：塔巴寺大殿，下图：塔巴寺僧舍
图片来源：牛婷婷摄

6.3 建筑形制

“形制”一词有多种释义，作为与建筑相关的词语使用时，主要是指“形状、款式”。虽然西藏的寺庙建筑史可以上溯到吐蕃王朝时期，但是当时修建的寺庙并没有一种固定的建筑形式，包括后弘期的很多寺庙建筑，也没有摆脱对外来寺庙建筑的模仿。“百花齐放”是公元 10—12 世纪藏传佛教发展的主要特点，各教派都在努力地积蓄和发展着自己的力量，相互之间并无太多矛盾，处于一种相互牵制的平衡状态。当元朝统治者选择了萨迦派作为自己在西藏的代言人之后，宗教首领们开始感受到权力带来的甜头，而地方首领们也发现宗教对政权巩固的益处，各教派都开始尝试走政教合一的道路，权力的争夺在所难免。在这一段时间里，并没有一个固定的政教集团可以掌控西藏地方过百年的时间，多年的纷争注定了寺庙建筑无法形成一个统一的形式。在其他教派忙着参与政治斗争的时候，噶当派的僧人们还在兢兢业业地继续着自己的佛学之路，翻译经典，写作佛经，后世著名的《甘珠尔》《丹珠尔》等佛学经典都是在这段时间由噶当派僧人完成的。但是没有政治势力的支持，教派的发展非常缓慢。宗喀巴大师创立的格鲁派，以噶当派的教义教理和传承体系为基础，借鉴了其他教派依托地方政治力量来促进自身发展的方式，打着“宗教改革”的旗号，迅速在西藏地区发展起来。格鲁派的这种做法一方面用严明的戒律去约束僧人们的行为，另一方面为僧人们的佛学之路创造了稳定的政治经济环境；既防止了僧人的腐败，也促进了藏传佛教的发展；因此获得了西藏各界的拥护。此后，格鲁派掌握西藏地方政权长达四百年之久，其坚实的宗教和政治基础，使得寺庙建筑形制的统一化成为可能。

建筑形制的确定主要受到以下几个方面因素的制约：自然因素、经济因素、宗教文化因素和政治因素。随着藏族社会生产力水平的日益提高和格鲁派的强势崛起，自然因素的影响日趋减弱，而政治经济等方面因素的影响力却不断扩大，为寺庙建筑形制的定型创造了条件。

1）自然因素

艰苦的生存环境，造就了藏族人尊重自然、追求和谐共生的朴素的世界观，藏式建筑在营造的过程中也一直遵从这样的原则。随着生产力的提高，藏族的工匠们已经掌握了在山地修建大型建筑的技艺，建筑的选址不再受到自然地形的制约，而有了更多的灵活性。这也为寺庙建筑由河谷平面向山间的垂直转移创造了技术条件。在建筑材料的选择上，就地取材、因地制宜，沿袭了藏式传统建筑以石砌筑墙体的方式，而室内为取得大空间的开敞效果，主要采用木结构支撑，形成了本地特色的木石结构体系。

2）经济因素

寺庙经济来源主要有以下几种方式：布施、化缘、政府补贴、经营庄园等生产性机构和收费性的宗教活动，这其中又以布施、政府补贴和经营庄园获得的资金居多。赤热巴巾时期推行的“七户养僧制”就是最早的政府补贴；公元 10 世纪，古格王为了奖励译师仁钦桑布，将其治下的一片土地送给译师，作为供养，开贵族等土地所有者向僧人赠送土地的先河；从萨迦派掌握政权开始，寺庙已经成为藏族社会新兴的特权阶级，取得了来自各方馈赠的大量的社会财富；到了格鲁派时期，固始汗与五世达赖喇嘛建立了“福田与施主”的关系，将卫藏三区的属民和政府财政收入都献给了达赖喇嘛，寺庙的经济实力达到了巅峰。“新中国建立前，仅西藏一地共有大小寺庙 2500 余座，占有实耕地约 180 万克[9]，为西藏实耕地的 39%；占有牧场 400 余个，占有农奴 9 万余人。著名的哲蚌寺、色拉寺、甘丹寺是西藏寺院领主的主体，据不完全统计，其共占有溪卡[10]300 余个，土地播种面积 97.4 万克；占有牧场 200 余个，牲畜 16 万头；占有高利贷本粮 236 万余克[11]，高利贷本银 174 万秤；占有农奴 7.5 万余人；占有房间 4.9 万余间；并占有拉萨市房屋 90 余院和各种林卡 160 多个”[12]。由上述的数据不难看出，寺院作为封建农奴制社会中的第三大领主，占据了藏族社会近 1/3 的财富，正是有了充足的资金来源，寺庙的修建才全无后顾之忧，为其向定型化方向发展做好了物质准备。

3）宗教文化因素

格鲁派在噶当派的基础上，建立了完善的经院教育体系，严明的戒律、严整的组织、严格的学习过程使格鲁派在宗教界享有很高的威望，成为其他教派模仿学习的对象。在对待其他教派的问题上，采取的是包容和打压并存的政策。对于宁玛派、萨迦派尤其是宁玛派，格鲁派更多地是予以扶持的，格鲁派创立之前在拉萨地区没有宁玛派寺庙，而现在有 16 座；对于噶举派、觉囊派等教派，格鲁派对其发展是压制的，在五世达赖喇嘛时期，西藏地区的觉囊派就被禁绝了，原来的教派主寺拉孜的彭措林寺就改宗了格鲁派，现在也仅在云南中甸等地还有小范围的流传。这一捧一压的过程中，格鲁派拉拢了同伴也打击了对手，确立了自己在西藏宗教界的地位，将各教派的理念教法融会贯通，发展自己的教育事业。

寺庙是为宗教活动服务的建筑空间，所以建筑形制的发展必须要满足宗教的要求，同一教派基本遵循相同的教义教理，举行统一的仪轨仪式，开展规定的学习活动，这就决定了建筑在使用时具有相同或相似的使用要求。在格鲁派一统西藏宗教界的局面下，其他教派的寺庙建筑也纷纷效仿，对固定化的建筑形式的存在提出了客观要求。

4）政治因素

格鲁派创立之后，在很长的一段时间里，得到了帕木竹巴从经济上到政治上的多重支持，而在后藏日喀则地区，藏巴汗支持格鲁派的敌对者噶举派，双方之间的争斗一直没有停止过。三世达赖喇嘛时期，格鲁派受到了重创，索南嘉措不得不远赴蒙古，寻求更多的援助。直到公元 17 世纪，在固始汗的支持下，五世达赖获得西藏的政教权力，这场战争才以噶举派和后藏势力的失败而告终。噶举派的势力也在五世达赖喇嘛的多番压制下有所削弱。这场战争表面看是教派间的宗教斗争，但是在当时的西藏已经没有单纯的宗教组织，是各教派之间为了争取更多政治利益而产生的争端。多次的斗争确立了格鲁派不可撼动的政治地位，长达四百年的政权统治也证明了这是之前任何一个教派都做不到的。寺庙已经不仅是宗教场所，也是所在地区的政治代表，所以，将寺庙树立成政治化的符号和标志是寺庙形制趋于定型化的主观驱动力。

佛教文化与藏族文化在经过几百年的融合发展后，寺庙形制定型化的主客观条件都已经成熟，寺庙建筑逐步成为一种专门的建筑类型。

宿白先生在《西藏寺庙建筑分期试论——西藏寺庙调查记之六》一文中指出，“15 世纪前半，格鲁寺院在佛教建筑的安排上，似已初步建立起一套等级体制：寺属大殿（措钦）→扎仓属佛殿→较扎仓佛殿又小的佛殿（略同稍后流行的康村佛殿）”，对于三个建筑等级的划分，笔者认为有一定的道理，这也符合格鲁派的组织体制，但是对其形成时间，笔者认为还要再往后延迟一些，最终的确定应该是在公元 17 世纪也就是五世达赖喇嘛时期。拉萨的三大寺都是始建于公元 15 世纪前期，甘丹寺在“文革”时期已经尽毁，早期的建筑形制已经不得而知；而哲蚌寺和色拉寺则都保存完好，寺庙中基本保留了各个时期的建筑。哲蚌寺始建于公元 1416 年，最早的建筑是位于措钦大殿东北方向的嘉央拉康——一座一柱面积的小佛殿，还有措钦大殿和西北方向的阿巴扎仓都是始建于这一时期。阿巴扎仓的平面形状为十字形，受到前弘期遗留的建筑风格的影响，与同一时期的白居寺、托林寺等都是接近的营造理念。而措钦大殿则应该是在原有建筑基础上扩建而来，不对称的构图手法在藏传佛教寺庙中并不多见，北面主佛殿外圈还留有半圈的室内转经道，这是对早期佛殿做法的延续，东北侧的佛殿应该是后来补建上去的，占去了另外半条室内转经道；措钦大殿东北角佛殿下还有寺庙创始人嘉央曲杰的修行洞“让雄玛”。另外，陈耀东先生在《中国藏族建筑》一书中也指出，在调研哲蚌寺措钦大殿的过程中，发现了经堂地面的一些差别，疑惑是将原来的内庭院增补柱子改建成了经堂。而哲蚌寺另外的三座扎仓也都不是最开始的样子了，从公元 17 世纪开始，扩建改建的活动从未停止，罗赛林扎仓和郭莽扎仓的

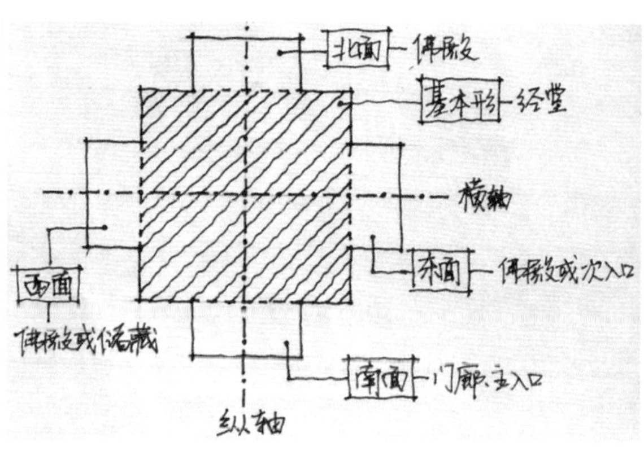

图6-5 “十字坛城式”寺庙建筑特点
图片来源：牛婷婷拍摄、绘制

建筑活动几乎是同步的，所以两组建筑无论从形式上还是规模上如出一辙；德央扎仓最后的定型则是在公元18世纪，扎仓本身的实力也远不如前两座，在规模和等级上都稍次一些。哲蚌寺建寺时，规模较小，没有太多的建筑需要予以等级上的区分，建筑等级并不明显，而寺庙最终的建筑面貌在18世纪基本定型，五世达赖时期的多项建筑活动功不可没，宗教和政治上的双重提升也刺激了等级体制的生成。色拉寺也基本是类似的情况，原来的措钦大殿是现在的阿巴扎仓，现在的措钦大殿、麦扎仓和吉扎仓都是在公元18世纪修建或扩建的。所以，笔者认为建筑等级体制确立的时间应该是在公元17世纪五世达赖在位时期，正是五世达赖在政治和宗教上的权力，大力推动了寺庙等级在全藏的发展。

6.3.1 平面形制

寺庙中的建筑就其重要性而言，可以分为中心建筑和附属建筑，虽然从建筑规模上看，有大有小，但其本质都是由一个以中心建筑为核心的组团。如果按照前文的种类进行归纳的话，大殿和佛殿这些宗教活动的主要场所就是寺庙中的中心建筑；而围绕大殿和佛殿修建的僧舍等一系列具有服务性质的建筑也是这个组团中的组成部分，就是附属建筑。

1. 大殿的平面形制

事物的发展往往是一个连续的因果过程，现在所看到的建筑形式也是经历了漫长的演变过程。随着五世达赖获取政权，在全藏族聚居区扶植格鲁派势力，寺庙建筑的形式也在持续发生着变化。此后虽然各大寺庙都还有维修或是扩建，但大多参考之前修建的建筑的形式，使得这一时期的建筑形式得以保存并成为藏传佛教寺庙建筑的最终形制。

1）格鲁派创建之初寺庙大殿的平面形制

寺庙建筑作为外来的建筑形式，长久以来受到外来文化的影响和制约：吐蕃时期，寺庙建筑的形式是模仿具象化的佛国世界；到了公元15世纪，这种影响依然在延续。建筑平面是规整的多边形，中心对称，纵向和横向两条轴线垂直交叉成十字形，因与坛城的图案非常接近，被称为“十字坛城式”。十字形的特点是建筑形体向东西南北四个方向凸出：南向通常设置建筑主要入口即门廊；北向是佛殿的固定位置，正中的佛殿往往面积最大；西向有时设置佛殿，若建筑有次要入口或联系上下的垂直交通则多设置在这里；东向或为佛殿，或为储藏用房（见图6-5）。

大殿平面主要由门廊、经堂和佛殿三个部分组成：

（1）门廊：1~2排柱组成，“一”字形居多，但也有特例，白居寺就是“凸”字形平面。

（2）经堂：多柱空间，柱网整齐，数量一般不超过50根。

（3）佛殿：佛殿设置在除入口外的其他方向，有的仅在北面，有的则三面都有，每间都相对独立，高度较经堂略高，平面近似方形，设置4柱面积的居多。佛殿外有的有环绕的室内转经道，入口和出口都面向经堂。

扎什伦布寺始建于公元1447年，寺庙中很多老的建筑已经毁坏，吉康扎仓的大殿是幸存下来的始建于公元15世纪的老建筑。大殿的建筑平面是中心对称图形，典型的“十字坛城”式样（见图6-6），正中大空间是经堂，南面凸出的部分是门廊，其他三面凸出的部分分别是佛殿和垂直交通空间。始建于公元1427年的江孜白居寺的措钦大殿也是用了类似的建筑布局，模仿了“坛城”图案（见图6-7）。同一时期修建的哲蚌寺阿巴扎仓平面也是用了相同的形式，不同的是，平面形状更简单一些，是简化了的“坛城”。这样的平面形式并不仅仅出现在格鲁派寺庙建筑中，前文举例的白居寺就是一座萨迦、格鲁、宁玛混合教派的寺庙；后来衰败的觉囊派主寺彭措林寺的措钦大殿也是采用了“十字坛城式”的平面（见图6-8）。可见，这种平面形制是在当时比较流行的一种做法，到了公元17世纪，这种做法已经不多见了。

对比第三章中表3-1所列举的公元10—14世纪修建的寺庙的平面形制和格鲁派初创立时期寺庙大殿建筑的“十字坛城式”平面，主要有如下的变化：首先，中轴对称，建筑形状更加整齐；其次，经堂面积不断扩大，而佛殿面积在逐渐缩小；第三，室内转经道的做法在逐渐取消，主要佛殿放置在建筑的北侧，东西两侧为次要佛殿或辅助空间。

2）17世纪后的大殿平面形制

（1）大殿为寺庙的中心建筑，多在三层以上，一是为了满足使用要求，二是为了突出建筑高大宏伟的形象。公元17世纪后大殿建筑的平面，延续了门廊、经堂和佛殿的组合形式，将这三个部分整合在一个完整的长方形平面内，除此之外，三个主要组成部分在具体做法上也有些不同：建筑一般坐北朝南，入口放置在长方形平面的短边；门廊空间扩大，柱子做法和装饰等更加精美烦琐；扩大了经堂的规模，增加了经堂中采光的高窗；佛殿集中设置，使得建筑外形更加规整，佛殿外的室内转经道被取消，将环绕礼拜的方式扩展到了整个大殿。

①门廊：建筑的入口，长方形，由门厅、两侧的仓储用房和组织垂直交通的楼梯间组成。门厅内有一排或两排柱，靠近室外部分的外排柱一般为2~4根二十棱柱，内排有4~6根，不全是二十棱柱做法。关于二十棱柱（图6-9），从它的横剖断面看，正与前期“十字坛城式”建筑平面的形状相似，是对坛城图案的模仿，具体做法是由多根木头用铁箍包匝组合而成，在公元17世纪以前很少看到这样的做法。

②经堂：僧侣日常诵经和集会的场所，方形，

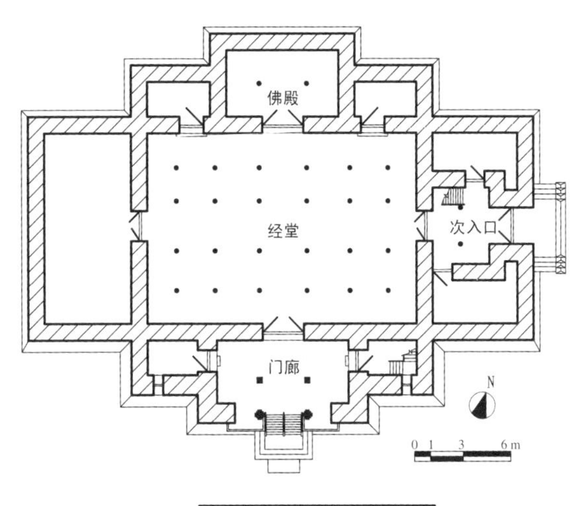

图6-6 扎什伦布寺吉康扎仓大殿平面图
图片来源：沈亚军绘

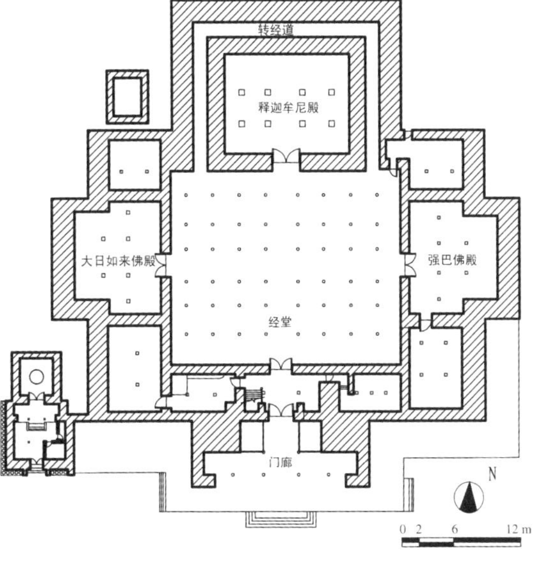

图6-7 白居寺大殿平面图
图片来源：沈芳绘

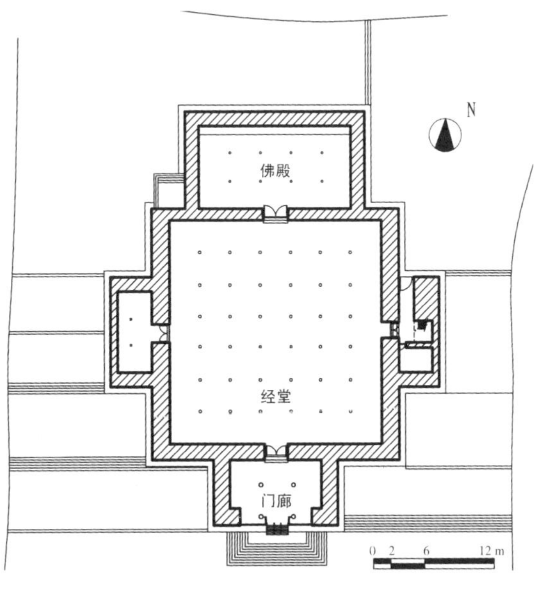

图6-8 彭措林寺大殿平面图
图片来源：沈芳绘

图 6–9 二十棱柱示意图和照片
图片来源：牛婷婷绘制、拍摄

多柱厅，是大殿中面积最大的部分。随着僧侣人数的增加，经堂面积也在不断增加，在建筑平面中所占的比重也越来越大。经堂中的立柱数依据建筑规模各有不同，小的有 20 多根，大的则有上百根。这些柱子纵横排列，面阔方向柱子的排列数为双数，在 4~12 排之间；进深方向柱子的排列数单双都有，在 4~9 排之间。哲蚌寺的措钦大殿是藏传佛教寺庙经堂中的最大者，面阔方向有柱 16 列，进深方向为 12 排，是孤例。比较常见的大经堂面阔方向有柱 12 列，进深方向为 9 排，如甘丹寺和色拉寺的措钦大殿、哲蚌寺的罗赛林扎仓大殿等。经堂大殿中还采用了一种在公元 17 世纪之前并不常见的减柱做法。正中的若干排柱会升起至两层高，使得经堂空间呈立体的“凸”字形，升起的柱子前一排与之相对应的柱子会被省掉，形成特殊的减柱做法（图 6–10）。为了弥补经堂进深过大光线不足的缺陷，在升起部分的南、东、西三面分别开侧窗采光。做法来源疑似是对大昭寺做法的模仿，早期大昭寺的中心佛殿是一个四面封闭有内天井的两层建筑。后来随着藏传佛教的壮大，越来越多的信徒聚集到这里，宗喀巴大师更是从公元 1409 年起每年在此举行传昭大法会，为了满足僧侣聚会的要求，便在大昭寺的内天井中立了多根柱，上覆了屋顶，将其改造成可供多人聚会使用的多柱的经堂。与大昭寺同一时期修建的昌珠寺也采用了类似的做法，将建筑中原有的内天井覆顶改造成了经堂。陈耀东先生在《中国藏族建筑》一书中指出，在哲蚌寺措钦大殿的经堂地面上发现了建筑中的部分空间曾经由室外改建为室内的痕迹，疑是与大昭寺有过同样的天井改经堂的做法，但笔者在实地调研的过程中并未发现此迹象。从经堂内后部柱子排列与整体柱网并不完全对应，佛殿形制不完整，大经堂东北角下的修行洞“让雄玛”和措钦大殿多次扩建的历史推断，经堂部分可能是后期扩建的，大殿建筑整体由西向东发展（图 6–11）。

图 6–10 大殿中升起的柱子和减柱
图片来源：牛婷婷摄

无论是之前的“十字坛城式”还是规整的长方形平面，经堂都在整个平面布局中占据了最重要的中心位置，纵横两条轴线的交会点一定是在经堂的中心，呼应了经堂作为集会活动举办地点的重要性。如果说对称图形轴线带来的向心效果比较虚化的话，经堂正中的升起则是对空间向心性的强化和具体化。建筑高度的突然变化和室外阳光的引入，点亮了经堂的中心、建筑的中心。室内的布置也是沿着光的指示，一排排的卡垫从中轴开始向两侧沿南北向排列，最外圈廊道空置，四面墙壁彩绘或是摆置经书架，预置出室内转经的道路。正中的北面设置法座，为寺庙中堪布或活佛的专座，也是阳光直射的位置，烘托了高僧庄严神秘的身份（图 6–12），阳光的中心和四周的转经道组成了一个完整的轮回，并成为经堂布局的标准形制。

③佛殿：供奉佛像的地方，位于大殿建筑的最

北端，长方形的狭长空间。具体的佛殿数量不等，依据具体使用进行分割。并列三间的形式比较常见，或独立朝经堂开门，或由前部的通道相连，而仅朝经堂开一门（见图 6-13）。佛殿部分进深方向深度一般不过 3 柱距；面阔方向的宽度不等，5 柱距的较多。

（2）大殿建筑的屋顶标高并不是统一的，一般会有两个部分的高度：门廊和经堂的上部会有一层建筑；佛殿由于其本身就有两层的高度，其上往往还有 1~2 层建筑，建筑的高度就有 3~4 层。

①门廊和经堂的上部：这部分建筑的整体形状为方形，长宽较为接近。以经堂升起的部分为中心形成“回”字形平面，这种布局形式也常被称为“都纲”式（见图 6-14），外围一圈设置房屋，为僧侣住房、仓储房或小佛殿；中间一圈为露天的通道，宽度一般在 1 柱距左右；中心就是经堂升起的部分，可以透过侧窗看到经堂内的部分空间。“回”字形平面的南面就是门廊部分的上层，室内柱子的布置与下部门廊内的柱网相对应，面积较其他房间更大，作为会客或会议室使用，如果是在措钦或扎仓大殿中的话，一般是管理委员会的所在地，是寺庙或扎仓的管理核心。

②佛殿的上部：规模较小的大殿建筑的佛殿上部再无建筑，一般的另有 1~2 层建筑，多为高等级僧人居住和办公用房，也有被设为佛殿的，整体形状为长方形，具体的分割方式则较为灵活，会依据使用者的要求进行。

罗赛林扎仓是哲蚌寺中规模最大的扎仓，僧侣人数也是最多的。僧众主要来源于四川、云南、西康、昌都等地区。“罗赛林”这个名字是建寺时由该扎仓的堪布起的，意思是“好心人居住的院子”。扎仓大殿坐北朝南，建筑 4 层，占地面积近 1780 平方米。穿过 6 柱门廊就进入经堂，面阔 13 间，进深 10 间，有柱 102 根。第 3 排正中减柱 6 根，四周升起，形成面积 28 间的上部空间，南面开高侧窗采光。经堂内沿南北走向布置了多列卡垫，中轴北端是扎仓堪布的法座，经堂北墙布置有佛龛。经堂北侧是三间佛殿，均为三进。正中是并列三室的强巴佛殿，

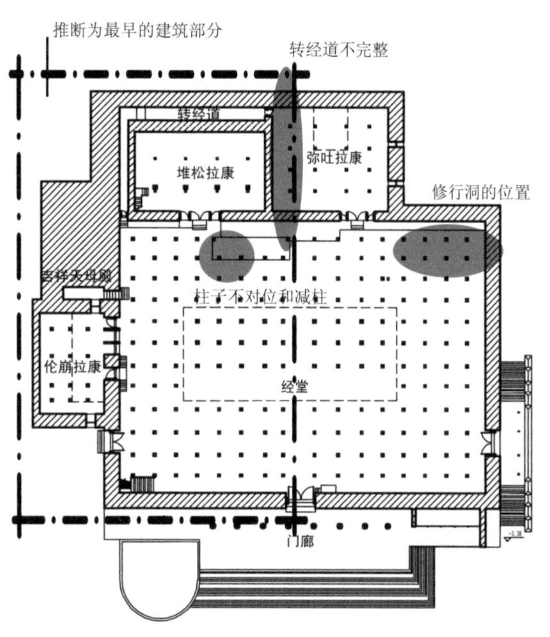

图 6-11 哲蚌寺措钦大殿发展分析图
图片来源：牛婷婷绘

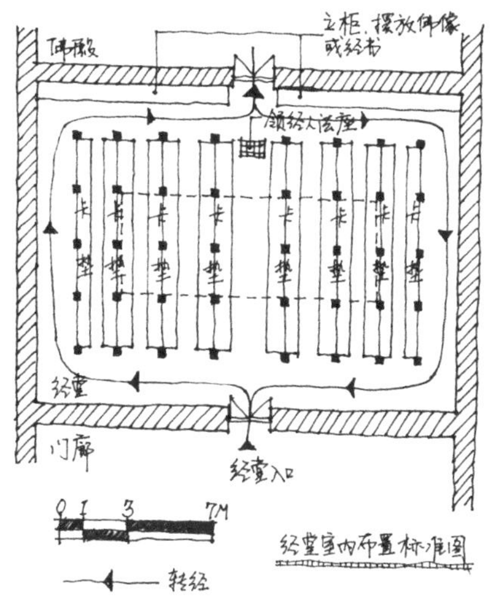

图 6-12 经堂室内布置示意图
图片来源：牛婷婷绘

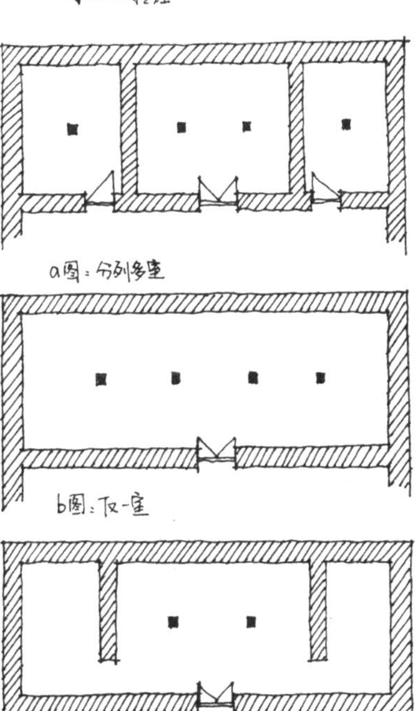

图 6-13 佛殿平面布局
图片来源：牛婷婷绘

图6-14 都纲平面示意图
图片来源：牛婷婷绘

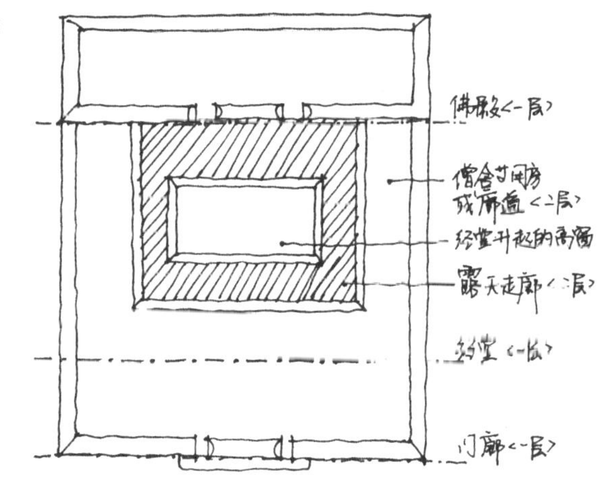

前部相通，两层高。一层经堂正中升起的部分上覆四坡金顶。二层僧舍、管理接待用房围绕金顶呈“回”字形布置，中间留一柱距宽的露天走道。三层、四层均只有佛殿上部才有，三层有一间佛殿，其余房间均为僧舍。但这些僧舍与二层僧舍有所不同，比较像现在所说的套间，有自己独立的厨卫系统，顶层是扎仓堪布居住的地方（图6-15）。

曲水县境内的热堆寺始建于公元1116年，但是早年被破坏，旧物仅为经堂的一部分，从柱头做法判断，与色拉寺吉扎仓大殿较为相似，推断为公元18世纪的遗存，现在的建筑是20世纪80年代由政府组织修复的。大殿坐北朝南，建筑三层，由门廊、经堂和佛殿三个标准部分组成。经堂内有柱48根，第三排正中的四根柱升起两层高，形成10间的升起空间。北面是并列三间的佛殿，都有两层高。建筑二层是“回”字形布置，以经堂的升起部分为中心，四周围绕露天走道，靠近外墙的一柱间距空间里布置的是僧舍和仓储用房等。佛殿上部还有一层建筑，要由二层的屋顶进入，也是佛殿，不过高度与正常层高相同（图6-16）。

有些规模较小的寺庙的大殿只有门廊和经堂两部分，在经堂的末端摆放佛像用于参拜。如堆龙德庆县的邱桑寺，寺庙规模很小，在册僧人只有几人。该寺的大殿建筑规模也很小，不过百来平方米，建筑有两层，只有经堂没有佛殿，在经堂的靠墙处摆放佛像和经书以补充佛殿的功能（见图6-17）。

图6-15 罗赛林扎仓平面图（左）
图片来源：周航、赵婷测绘
图6-16 热堆寺平面示意图（右）
图片来源：牛婷婷绘
图6-17 桑邱寺大殿外立面和室内照片（下左）
图片来源：牛婷婷摄
图6-18 松赞拉康（下右）
图片来源：汪永平摄

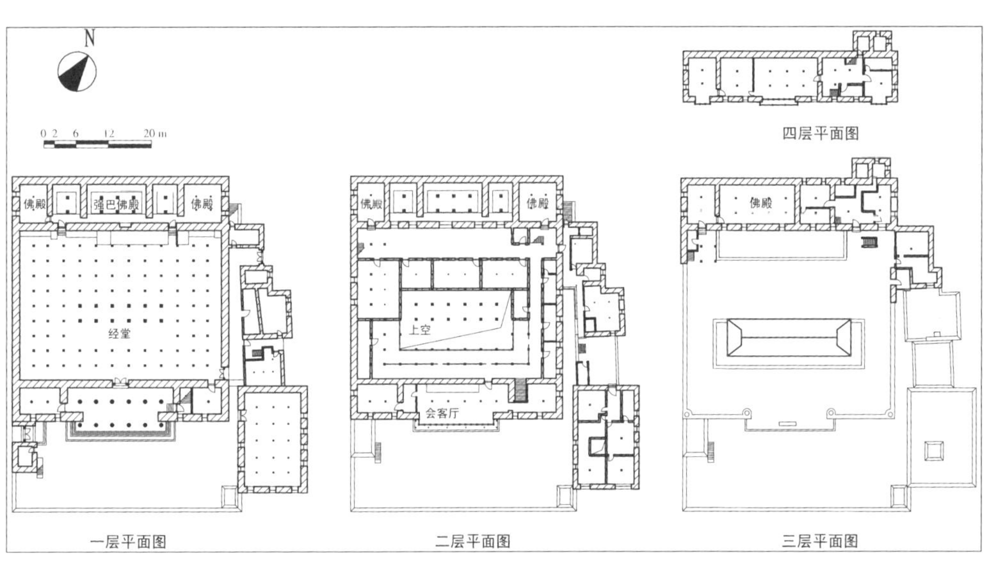

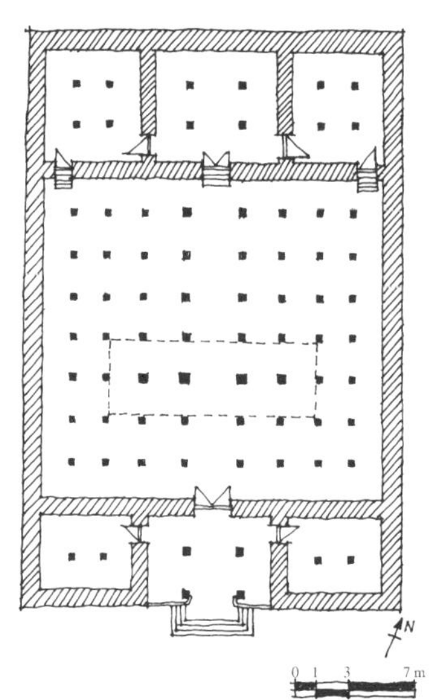

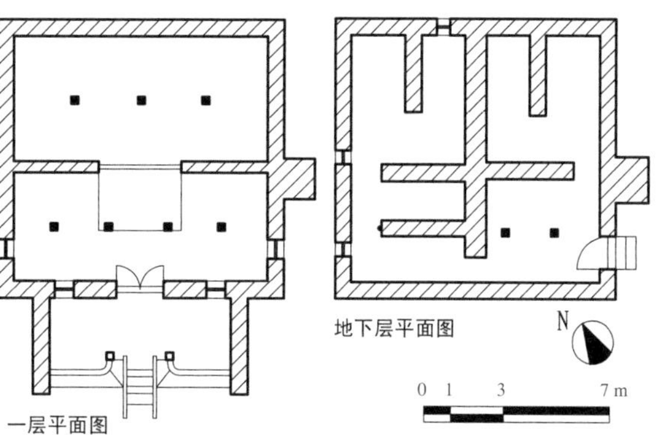

图 6-19 芒松康拉康
图片来源：储旭拍摄、测绘

2. 佛殿的平面形制

佛殿是供奉神佛或神物的场所，功能相对比较简单，对建筑形式的要求不高。从吐蕃时期开始就有了有室内转经道环绕的方形佛殿，如玉意拉康等，这种形式也是从藏式传统建筑而来。虽然经过了几百年甚至上千年的演变，寺庙的内容日益充实，建筑形式也更加丰富，但佛殿的建筑形式变化却不是很大。影响佛殿形制的最主要原因是供奉的物品，它的体积大小直接影响到佛殿建筑的面积和高度。佛殿的平面形式也相对灵活，以规整的方形居多：有的直接在外墙开门进入，如墨竹工卡县的松赞拉康（图 6-18）；有的则有门廊过渡，如林周县甘曲寺的芒松康拉康（图 6-19）。但是在高度空间上往往为了符合佛像高大的身形而将建筑高度拔高。

还有些佛殿，在建成之初为“拉康”级别，但是随着僧侣的增多和组织体系等的完善，逐步发展到了“贡巴”级别。原来的佛殿建筑也有了变化，成为寺庙中的中心建筑。相传，曲水县的卓玛拉康是后弘期著名寺庙聂塘寺的一部分，始建于阿底峡大师时期，公元 1054 年大师圆寂后，噶当派创始人仲敦巴在这里主持了阿底峡大师的悼念仪式，并扩建了卓玛拉康。聂塘寺已经损毁，留下的只有以卓玛拉康为中心的一组建筑，现在是自治区级文物保护单位，也是拉萨地区著名的格鲁派寺庙之一。寺庙现存的建筑是一个坐北朝南的院落，主殿位于北面，是三间并列的佛殿，外有转经道将其包裹，院落周围是僧舍和辅助用房。依据寺庙现存的建筑布局形式推断，北面一层的三间佛殿为早期的遗存，外圈转经道和廊道是后加的，二层的建筑也是后建的（图 6-20）。

灵塔是佛塔的一种形式，很多著名活佛在圆寂后，僧人们将他们的身体或随身的物品经过处理安置在塔形塑像中。在藏族的丧葬制度里，塔葬是最高级别的，只有德高望重的活佛才能享受。僧人们相信活佛的法源会依附在佛塔中庇佑他们。最初这些灵塔很多被置于室外，如达垅寺的活佛灵塔就是，但极易损毁。到了格鲁派时期，由于达赖、班禅等活佛影响力的极大提升，为了巩固个人崇拜，灵塔普遍被摆放在专门的佛殿之中，这些佛殿也因此被称为灵塔殿。达赖喇嘛的灵塔被分别供奉在哲蚌寺和布达拉宫。一至四世达赖的灵塔规模都不大，被集体供奉在哲蚌寺措钦大殿一层西侧的伦崩殿中。平常是关闭的，每年拉萨雪顿节的时候会开放一次，供信徒膜拜瞻仰。五世至十三世达赖的灵塔都供奉在布达拉宫的红宫，被安置在多座佛殿之中。其中，五世达赖喇嘛的灵塔规模宏大，装饰精美，有“庄严第一塔”之称，灵塔高 14.85 米，用了 3721 千克的黄金制成。班禅大师的灵塔则被供奉在扎什伦布寺中，有专门独立的灵塔殿用于供奉，原来有 6 座，

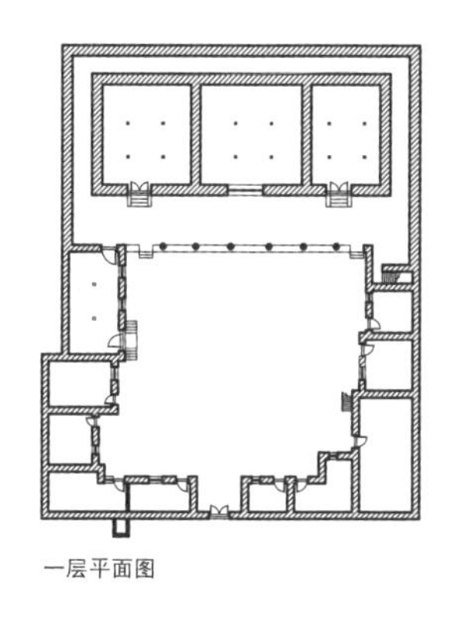

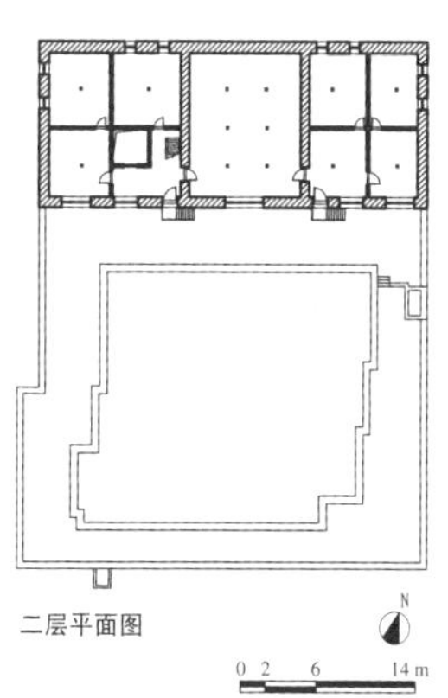

图 6-20 卓玛拉康
图片来源：《拉萨建筑文化遗产》

后在“文革”时遭到了破坏，仅存五世班禅灵塔殿“曲康吉”[13]。1985 年，十世班禅大师主持重修了五至九世班禅的灵塔殿。十世班禅圆寂后，扎什伦布寺又在强巴佛殿和措钦大殿之间修建了十世班禅灵塔殿。“曲康吉”从平面形制上看与其他佛殿无太多区别（见图 6–21），大殿平面接近方形，入口处设置了门廊，通过两根柱子界定了内外空间；不同的是，在佛殿周围修建了一圈廊院，是为服务佛殿的日常活动而设。佛殿分为上、下两层，上层支撑重檐歇山镏金屋顶，下层空间有三层高，摆放灵塔。建筑室内装饰精美，为其他佛殿建筑所不及。

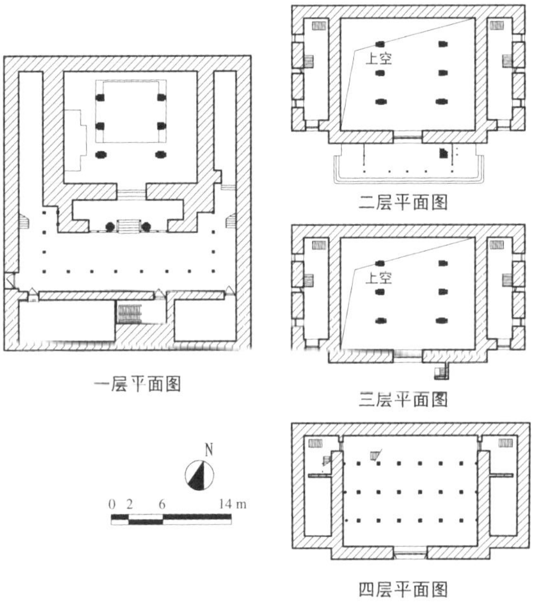

图 6–21 四世班禅灵塔殿平面图
图片来源：汪永平等测绘

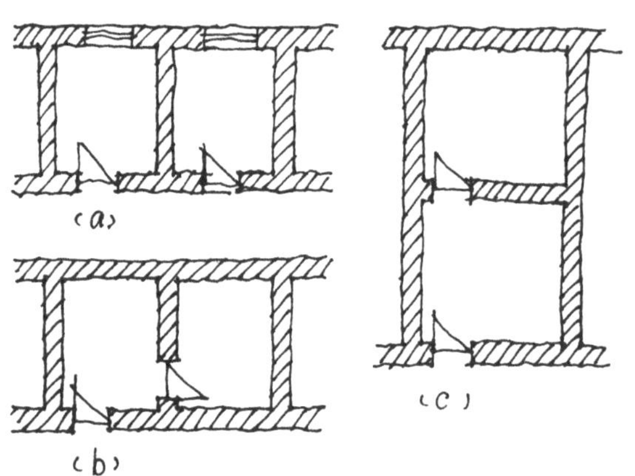

图 6–22 僧舍单元
图片来源：牛婷婷绘

图 6–23 单人住的小僧房一角
图片来源：牛婷婷摄

3. 僧舍的平面形制

僧舍是寺庙中分布最广的一类建筑，是僧侣日常居住的场所，与民居的性质相同，但是由于使用者是一类特殊群体，所以在使用功能上与民居又有所不同，因而产生了建筑平面的变化。

僧舍是僧侣们集中居住的地方。寺庙在藏族社会中也充当了学校的角色，尤其到了格鲁派时期，大型学院的出现，僧侣大量聚集，僧舍的形式与现代的学生宿舍有着相似的背景和功能。现代的学生宿舍是在规整柱网的基础上分割出标准化的房间单元，格鲁派寺庙中的僧舍也有着同样的设计原理。每组僧侣共用的空间就是一个居住单位，僧舍就是由一定数量的居住单位结合公共活动空间形成的。居住单位的形状以便于施工的长方形居多，有的是单间，有的是套间；公共活动空间包括每层设置的卫生设施和交通空间，每组建筑公用的小经堂，或在寺庙组织中的基础管理机构等等。

僧舍单元的构成基本有三种，如图 6–22 所示：（a）是一间独立的单元，（b）、（c）均是套间组合的形式，不同的是分别沿面阔和进深方向套叠。僧舍单元中若没有立柱，则主要依靠纵方向的墙体承重，受密肋梁长度的限制，僧舍单元的面阔一般为 2~3 米；若是室内有立柱的话，则在横方向上由主梁将荷载传送到柱子上，所以面阔有所增加，但依然受到密肋梁长度的限制，是以 2~3 米为模数成倍增长。有的小的僧房的面积只有 5 平方米左右，房间摆设非常简单，一张宽度不到 1 米，长度不到 2 米的卡垫，一个储物柜，一张矮几，就是全部的家当（见图 6–23）。

依据僧舍单元组合的方式不同，又可将僧舍类型分为三种：内廊式、院落式和内天井式，其中前两种在寺庙中较为多见。内廊式——僧舍基本是一栋建筑，平面为长方形，走道设置在建筑的中部，沿走道两侧布置每个僧舍单元；院落式——以院落为中心组合多栋建筑，其中北面的建筑通常高度最高，是主要建筑，一些比较重要的公共活动空间多

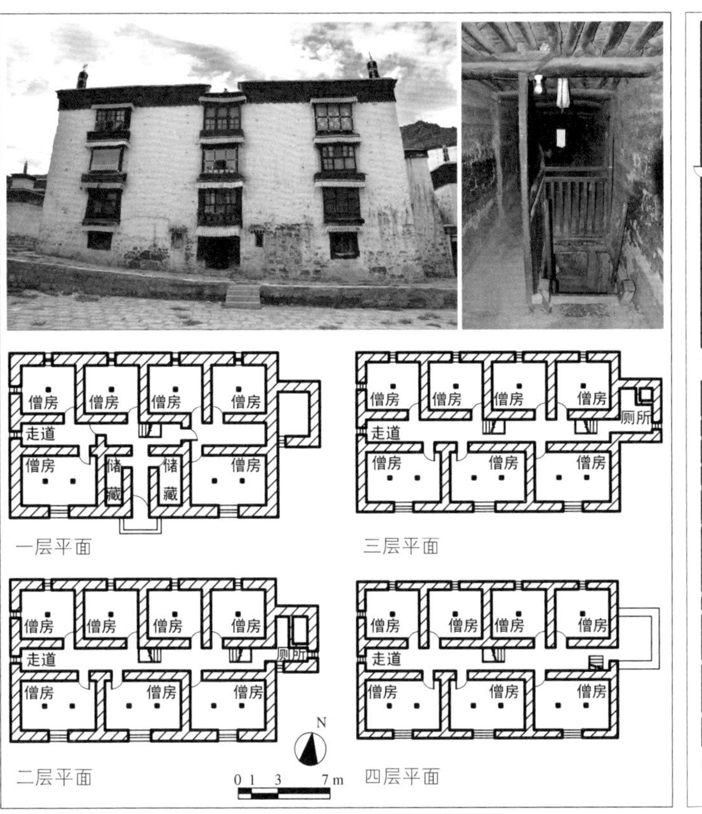

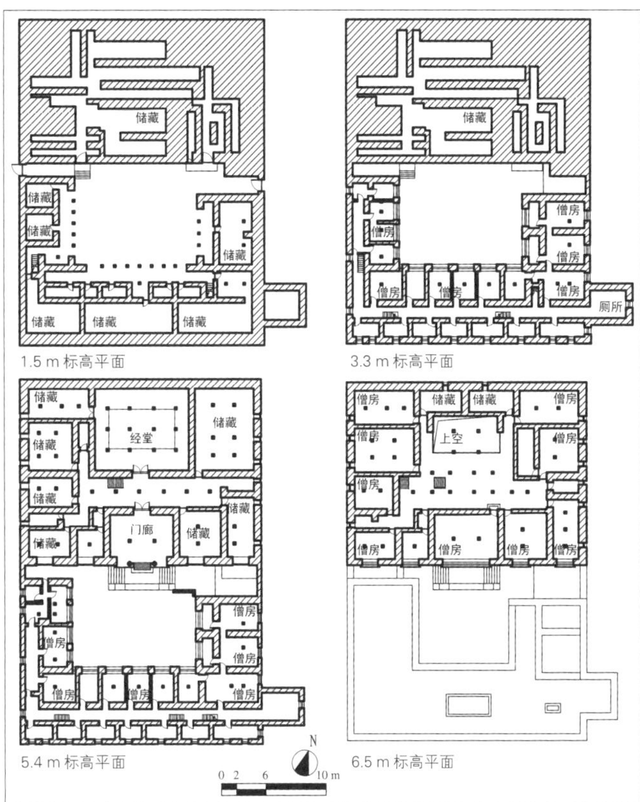

洛布平面图

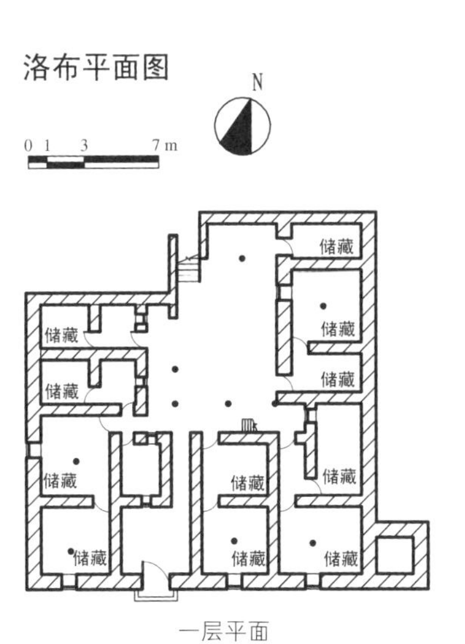

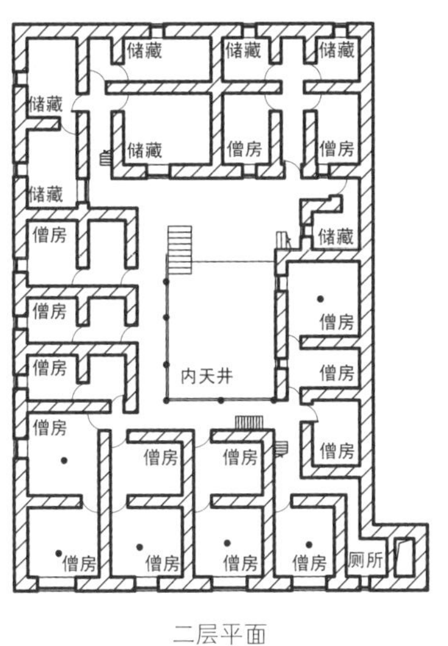

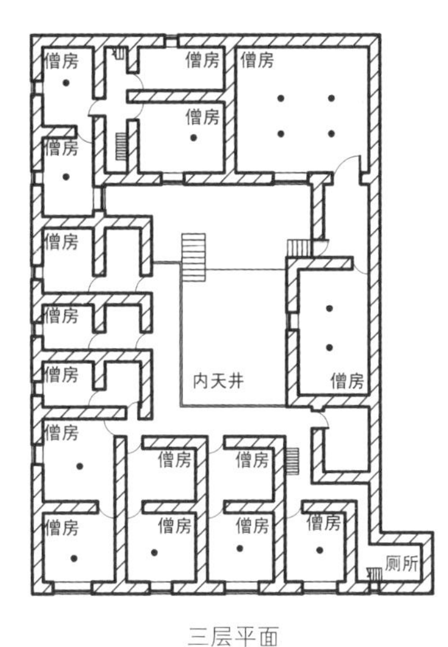

图 6–24 夏孜强玛（上左）
图片来源：梁威拍摄、测绘

图 6–25 哈东米村平面图（上右）
图片来源：梁威、戚瀚文测绘

图 6–26 洛布康村
图片来源：徐海涛测绘

设立于此，这些僧舍一般规模都较大，居住的僧人在百名以上；内天井式——僧舍也是独栋建筑，从外部看是一栋封闭的建筑，建筑内以天井组织垂直交通，僧舍围绕天井布置。以扎什伦布寺中的僧舍为例，夏孜强玛（图 6–24）、杰钦孜就属于内廊式僧舍，达木瓦米村、哈东米村是院落式僧舍（图 6–25），洛布康村是内天井式僧舍（图 6–26）。

还有一些僧舍是利用寺庙中空置的房屋，并没有集中建设集中管理，这里就不再分析。

6.3.2 立面形制

罗马的建筑教育家维特鲁威在《建筑十书》中指出，建筑的三要素是“实用、坚固、美观”，就是要求建筑要符合使用功能，要坚实牢固，并有体现美学特点的建筑外观。在走进建筑之前，首先接触到的是建筑的外观，特定的造型会给人留下深刻而关键的第一印象。寺庙是藏族社会中重要的组成部分，建筑外观也有着鲜明的类型特征，独特而且标志性明显。

1. 大殿建筑的立面形制

大殿是寺庙建筑群中最重要的建筑，除了在建筑整体的布局中占据着最中心的位置外，其建筑外观也是诸多建筑中最华丽、最醒目的。

1）建筑平面对立面形制的影响

建筑外立面的设计首先要满足建筑使用功能的要求，在配合建筑平面设计的同时，形成自己与众不同的特色。大殿建筑平面采用了“三段式”的布局方式，门廊、经堂和佛殿三个部分分别有不同的高度，这为立面设计形成高低层叠的效果创造了条件。门廊和经堂部分的建筑一般有两层，佛殿部分的建筑为三到四层，结合平面层高，建筑立面采用了“两段式”设计。由于经堂进深宽度与面阔深度相当，所以，以正常视角从正立面看建筑，只能看到前一段的建筑立面，只有在侧面或是地势较高的位置才能看到建筑的整体立面。

大殿建筑的平面通常是长方形，所以，经堂内面阔方向的柱子数量就决定了建筑的宽度。最少的柱子数是 4 根，最多的是 16 根，随着柱子数量的增加经堂规模增大，柱间距也会有一定的增加，所以建筑的宽度大约在 10~60 米之间。在藏式传统建筑中，只有等级较高的建筑高度才能在三层以上，一般的民居建筑也就两层，建筑层高也不会超过 3 米。在寺庙中，建筑的层数多在三层、四层，每层的高度约为 3~4 米。虽然层数是一定的，但是随着建筑宽度的增加，建筑的层高也会随之增高，尤其是经堂的层高，要高出其他部分 2 米左右。大殿建筑中的最大者是哲蚌寺的措钦大殿，经堂内面阔方向有柱 16 根，建筑宽度接近 60 米，经堂层高超过 6 米，正中升起的空间高度超过 10 米。除了提高建筑层高外，为了使建筑看起来更加雄伟，抬高基础层也是比较常见的做法。

从表 6–4 中能得出大殿建筑入口立面的大致的高宽比，如果只计算在入口位置看到的前一段的比例，大约为 0.2~0.4；如果计算完整立面的高宽比例，大约为 0.4~0.6。这样的数值关系，反映了建筑沿水平的横向的延伸，与高耸的建筑相比弱化了视觉上的压抑感，强调了建筑宽厚的体量，突出了建筑的坚实雄伟。沿山势排列的建筑群也更贴近自然，遵

表 6–4　各寺庙大殿建筑高宽比

寺庙名称	建筑名称	建筑宽度 *L*（米）	前段高度 *H1*[14]（米）	建筑高度 *H2*[15]（米）	*H1/L*	*H2/L*
甘丹寺	措钦大殿	42.12	11.81	20.50	0.28	0.49
	上孜扎仓	38.80	10.54	13.57	0.27	0.35
	下孜扎仓	27.80	9.20	11.75	0.33	0.42
哲蚌寺	措钦大殿	53.31	13.50	25.44	0.25	0.48
	罗赛林扎仓	40.30	12.68	20.25	0.31	0.50
	郭莽扎仓	41.17	14.40	22.70	0.35	0.55
	德央扎仓	26.30	11.25	14.96	0.43	0.57
	阿巴扎仓	30.60	10.64	16.33	0.35	0.53
色拉寺	措钦大殿	41.80	10.37	20.34	0.25	0.49
	吉扎仓	39.23	10.83	17.52	0.28	0.45
	麦扎仓	35.00	11.50	16.19	0.33	0.46
	阿巴扎仓	33.46	9.80	19.43	0.29	0.58
	哈东康村	23.65	10.54	15.68	0.45	0.66
扎什伦布寺	措钦大殿	39.32	12.72	21.47	0.32	0.55
	吉康扎仓	33.40	—	13.80	—	0.41
	哈东康村	32.00	—	9.45	—	0.30
觉木隆寺		34.31	—	10.69	—	0.31
纳连查寺		32.65	9.08	12.22	0.28	0.37
切嘎曲德寺		36.49	—	11.21	—	0.31
强巴林寺	措钦大殿	33.39	11.50	21.61	0.34	0.65
同卡寺	才尼扎仓	37.43	10.26	13.42	0.27	0.36
	措钦大殿	33.10	11.32	13.75	0.34	0.42

循了藏族传统文化中与自然和谐共生的理念。

建筑的平面是一个中轴对称的规整图形，立面也同样使用中轴对称的做法，两条中轴线交于一处，就是经堂的大门。平面的中轴线上布置着建筑中最主要的部分，如建筑入口、主佛殿等等；立面中轴线也运用了同样的手法，装饰华丽的建筑入口和大尺寸的落地窗，虚化的处理与厚实的墙体形成鲜明对比，强调了立面中轴线。建筑多在入口朝向的墙面上开窗，其余三面实墙体居多；一层一般不开窗或是开面积较小的窗，不可开启，用于通风；其他楼层正中都是尺度较大的窗户，有6~8副窗扇，两侧为一般尺度的窗，可开启，2副窗扇；中轴线上的窗都是对称的，两侧的窗并非一一对称，尤其是随着楼层的增高，房间的分割更细化，窗户的开启则随使用的要求而有变化。藏式建筑喜用平屋顶，寺庙大殿也不例外，除部分用房上覆坡屋顶外，其余都是平顶。大殿两个部分的平屋顶都使用女儿墙，高度均在1米以上；建筑正立面的屋顶女儿墙并不完整，中轴线上的顶层窗上的女儿墙被截断，缺口宽度与窗户同宽，其上通常会摆放铜制法器形状的装饰物（见图6–27）。

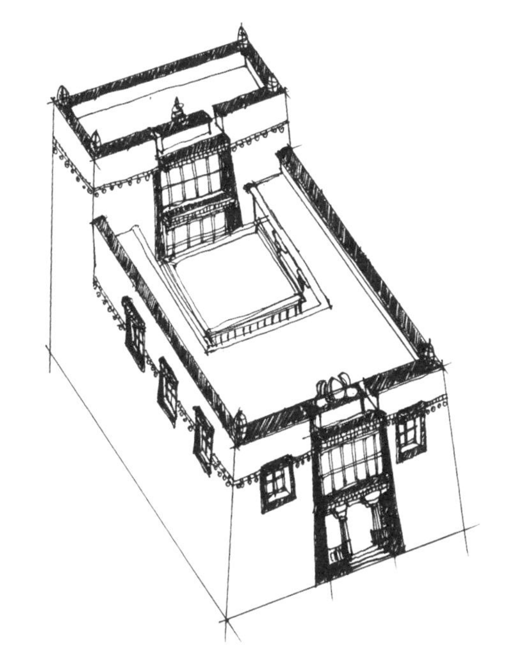

图6–27 鸟瞰标准大殿建筑示意简图
图片来源：牛婷婷绘

图6–28 杰堆寺大殿入口立面
图片来源：牛婷婷摄

2）建筑结构对立面形制的影响

西藏地区气候干燥，少雨，生土夯筑是本地建筑原始的筑造方式，土砌墙体的一个重要特点就是收分做法，利于墙体的坚实稳固。到了公元15世纪，以石砌墙成了主要的方式，但是收分的做法却延续了下来。建筑立面外廓形状为梯形就是受到了墙体收分的影响。

大殿建筑的屋顶使用边玛墙做法。这种女儿墙做法不同于普通建筑墙体一气呵成的做法，而是将一捆捆被修整齐的柽柳树的树枝放到墙体的顶部。这种做法既可以保护墙头不受雨水的侵蚀又能够减轻墙体的自重。在立面处理的时候，将树枝截面用涂料染成土红色，既保护了材料，也与下面的白色墙体形成对比，成为大殿建筑的一种重要特征，是身份和地位的象征。

大殿建筑体量较大，建筑占地面积达数百平方米甚至上千平方米，因此对建筑基础的要求较高。深厚的建筑基础抬高了建筑地坪，入口处十多级的台阶成为建筑立面又一标志性特征。

综上所述，大殿建筑的立面形制充分考虑了平面使用和结构坚固的要求，是一个中轴对称的梯形图形，由“两部分”组成，中心的建筑元素以视线较为通透的门廊、窗户为主，两侧则是墙体，形成凹凸虚实的对比效果，增强了立体感，强化了中轴线（图6–28）。

2. 佛殿建筑的立面形制

佛殿建筑因为供奉的物件不同，建筑形体有较大的差别：或者是高度低于长度和宽度的长方盒子；或者是高度大于长度和宽度的站立的长方体，更像藏式传统的碉房建筑。虽然建筑体块有所不同，建筑的立面形制却还是有一定规律可循的。

有门廊过渡的佛殿建筑一般等级较高，立面保持了中轴对称的布局原则，入口门廊和两侧的实墙

图 6–29 拉萨强日松贡布拉康
图片来源：牛婷婷摄

图 6–30 四世班禅灵塔殿剖立面
图片来源：汪永平等测绘

体构筑了“两实一虚”的空间变化。规模较小的佛殿一般不开窗，或仅在门廊两侧的实墙面上开窗；规模大一些的佛殿在外立面上开窗的概率更大，但都是规则对称布置的，一般也不在北面墙体上开窗。多为平屋顶建筑，女儿墙做法与大殿建筑相似，采用边玛墙做法（图 6–29）。

不是所有的寺庙都有供奉活佛灵塔的灵塔殿，只有在具有一定宗教实力的寺庙中才有可能有这类建筑，所以灵塔殿是级别很高的佛殿，加之高耸的建筑形象，凸显了它的重要地位。除了具有前面所列举的立面形制特点外，在多数灵塔殿的顶层还设有歇山式样镏金的坡屋顶（图 6–30）。

3. 僧舍建筑的立面形制

僧舍是居住单元的层叠组合，重复是僧舍建筑最大的特点，所以，在建筑立面上最常见的就是一模一样的窗，成行成列，整齐地布满整个墙面（见图 6–31）。建筑最下层往往是基础或仓储空间，所以开窗面积很小，仅用于通风；建筑上层的窗以 2 副窗扇的居多，宽度多在 1.5 米以内。平面规整的僧舍，在立面设计的时候也会遵循中轴对称的原则，建筑入口大多设置在南面。大僧舍的中轴线位置通常是套房，住者多为级别较高的僧侣，正中开有一柱距宽的横窗，这种做法既取得了很好的室内采光效果，也凸显了使用者的身份和地位。

如果忽略使用功能，寺庙建筑就只是由墙、柱、梁等构件组成的人工环境，这些建筑构件除了有界定、支撑空间等作用外，也有一定的装饰效果。边玛墙是藏式传统建筑中高等级建筑中常见的做法，在寺庙中也不是所有的建筑都有。正规的边玛做法是用植物枝干垒砌的女儿墙，制作费用较高，现在很多寺庙的维修中还依然会使用到，价格约在 1500 元 / 平方米。小寺庙由于财力和物力的缺乏，只能将屋顶女儿墙粉刷成赭红色，以求在外观上达到同样的视觉效果。柱子是大殿建筑支撑的重要构件，在等级较高的建筑中，柱子横断面的尺寸都比较大，梁的选材也比较大，柱间距比较大，由表 5–1 中可见；另外门廊处的柱子数量也能反映大殿建筑的等级，等级较高的大殿门廊内有双排共 6~10 根二十棱柱，如色拉寺措钦大殿门廊处有两排柱共 10 根，而等级较低者只有 2~4 根，且不全为二十棱柱。由于气候等因素的影响，藏式传统建筑以平屋顶居多，随着与内地交流的日益频繁，镏金坡屋顶逐渐在等级较高的建筑中出现，如拉萨的布达拉宫就有镏金屋顶 7 座。在寺庙中，有金顶的建筑是寺庙中最重要的建筑之一，格鲁派第一大寺哲蚌寺，措钦大殿有金顶 3 座，是大殿建筑中最多的，罗赛林扎仓和郭莽扎仓各有一座，其他的扎仓则没有，再小一些的扎仓大殿和寺庙就更不多见了。在中国传统建筑中，斗拱是一个非常重要的建筑元素，是官家才能使用的构件，它不仅起到结构支撑作用，也是一种身份的象征，通常出现在宫殿、寺庙等形制级别较高的建筑中。从吐蕃时期的大昭寺到元代的夏鲁寺再到格鲁派三大寺，都能看到斗拱，这是汉藏两地文化交流的重要体现。斗拱在寺庙中多出现在门、窗、坡屋顶下，以装饰作用为主，但只在高等级的建筑中才有。总的来说，等级越高的建筑，使用的建筑材料就越好，构件尺寸就越大，装饰也越精美。

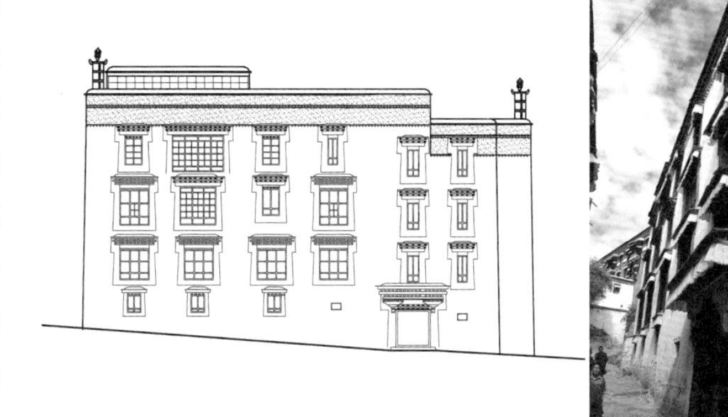

图 6-31 扎什伦布寺僧舍杰钦孜
图片来源：徐二帅测绘、拍摄

6.4 建筑装饰象征化

6.4.1 建筑色彩

蓝天、白云、红日、黄土……我们生活在一个五彩缤纷的世界。在与自然界接触的过程中，人们逐渐地将自然物带来的感受与其表现出来的色彩联系起来，并赋予它们一定的含义，再将其运用到改造自然的活动中。很多实践数据也证明，色彩的内在含义之间不仅是人主观意识上的反映，往往也是具有科学性的客观存在。

藏族本土的宗教从最开始推崇的就是对自然物的精神崇拜，日、月、山、川、大地等等都是神灵的化身，宣扬自然物所具有的独特的色彩也成为借喻本体的一种手法。太阳是黄色的，有阳光的地方就是暖洋洋的，是热情和力量的象征，暗寓权力；月亮是白色的，温和而皎洁，是纯洁、善良的象征，也是一种吉兆；大地是黄色的，是万物赖以生存的重要物质条件，给人以厚重、稳定的感觉；河流是蓝色的，它永不停歇，奔流不息，富于生命力；夜，是黑色的，一向被人们用来形容黑暗、混沌的事物，但夜也是黎明的前奏，预示着光明的到来。这些来源于自然的基本色彩，构成了藏族传统文化的主要色调基础。

佛教传入西藏后带来了一种全新的思想文化，随着藏传佛教的发展壮大，色彩又被赋予了新的宗教文化内涵。在山间的崖壁上或寺庙中，常能看到这样的石刻或是彩绘，内容是用藏文书写的佛教中的六字真言，“唵嘛呢叭咪吽”（见图 6-32），这六个字对应着六种颜色，也对应着藏传佛教中对六道轮回[16]的喻示。“唵”字是白色，对应天道；“嘛”字是绿色，对应阿修罗道；“呢”字是黄色，对应人道；“叭”字是蓝色，对应畜生道；“咪”字是红色，对应饿鬼道；“吽”字是黑色，对应地狱道。可见，色彩已然成为宗教文化的一种重要表现形式。

在格鲁派的寺庙建筑中，常见的颜色有：白色、红色、黄色、蓝色和黑色。白色，藏语称“尕鲁”，有和谐、善良、纯洁、吉祥的寓意，同时对紫外线的反射效果也很好；作为建筑墙体的主要颜色，不仅是在寺庙中，在藏族民居中也很常见。红色，是血液的颜色，被认为是血腥的，代表着凶兆，也被作为克制妖魔的颜色；寺庙中的僧人都穿着红色的僧袍，是为了表达自己终身苦修的意愿；格鲁派寺庙建筑中红色是柱子和边玛墙的专用颜色，既是要告诫僧众勤勉修佛、普度众生，也有驱邪逼恶的含义。黄色，是太阳和大地的颜色，是权力的象征，代表着稳定和谐；在寺庙中没有壁画的室内墙体往往被粉刷成黄色，如果外墙体被涂成了黄色，则表

图 6-32 着色的六字真言
图片来源：牛婷婷摄

图 6-33 组合后的六字真言
图片来源：牛婷婷摄

示这里是重要建筑，与某位高僧活佛有关。蓝色，代表天和水，是神居住的地方，是吉祥的颜色；高级的蓝色颜料一般都取自高原特产的绿松石，所以蓝色也是财富的象征；寺庙中常将天花的密梁粉刷成蓝色，既模拟了天的颜色，也有祈福之意。黑色，一方面是黑暗、混沌的化身，另一方面也预示着光明的到来，圆满即在眼前，只要你潜心修持，必能得到善果；寺庙中的窗洞外都有一圈梯形的黑色框体，既与白色墙体形成鲜明的色彩对比，也呼应了窗户与墙体的虚实对比；黑色常被认为是与白色相反的颜色，对热量的吸收力也是所有颜色中最强的，因此对保护窗角处的墙体有一定的物理意义；黑色的框体还被认为是牦牛的眼睛，牦牛是高原人的好伙伴，普通的藏族人家也会将牦牛角或牦牛头挂在大门的上方，有吉祥平安的象征意义。此外，在藏族的寺院建筑中，修建大殿的金顶是一件特别重要的事情。如大昭寺有四座金顶，以大昭寺未来佛殿堂楼顶上的金顶为中心，其他三座金顶分别矗立在大昭寺中心大殿屋顶的东、南、北三面。

另外，在黑色的壁画上，常用金色的线条来勾画。虽然背景是暗的，但由于金色的加入，整幅壁画格外辉煌、庄严。而这种壁画并非可装饰在任何房间，它只会出现在规格级别较高的地方，如在哲蚌寺甘丹颇章建筑中、桑阿颇章的地垄墙地下室，因五世达赖曾在此修行。其壁画是在漆黑坚硬的质地上，用金色流畅的线条绘制壁画，红色作补充色。

格鲁派因为佩戴黄色的僧帽而被俗称为“黄教”，宗喀巴大师在创教时力求恢复宗教清明的文化环境，要求僧众克己苦修，循序渐进，取黄色并不是为了权力，而是为了稳定和谐。而其他的教派由于自己的教义教理，在建筑色彩的设置上也会有很大的差别。如萨迦派主寺萨迦寺，南寺的建筑外墙主要选用了黑灰、白和红三种颜色，对应的正是寺庙的主供佛喜金刚三面的颜色；夏鲁寺的建筑外立面上集中了蓝黄相间的墙体、红色的柱子、绿色的琉璃屋顶和间或其间的白色彩绘，正是对应了五方佛[17]的颜色。

无论是在藏族传统的绘画还是传统建筑中，使用的颜色都来源于自然，颜料也来源于自然，是从矿物质中提取的天然色彩，明艳、纯净，有如西藏明媚的蓝天和清澈的湖水，这种尊重自然、利用自然的改造活动正是藏式传统建筑营造的精髓。

6.4.2 装饰图案

图案装饰也是一种美化建筑空间的手段，它既能反映出设计者的身份背景，也能体现设计者的美学修养。在寺庙这种特殊的氛围中，图案装饰的作用就显得更加重要，它是渲染宗教环境、烘托神秘气氛的好帮手。在格鲁派寺庙中，常见的图案内容是具象化的佛家器物，通过图形式的表达强化了建筑的美学效果，突出了庄严的宗教地位。

1. 六字真言

六字真言就是用六个字组成的一句咒语，似乎是佛教中无所不能的象征。在藏传佛教的装饰物件中，有一种就是将藏文书写的这六个字“唵嘛呢叭咪吽”用拼接的方式汇总成一个字形（图 6-33），图案近乎方形，比展开的六个字更适合放置在方形平面上，常做成镏金的铜饰镶嵌在边玛墙上或是绘制在门廊处的壁画上。

2. 吉祥八宝

无论是在藏族民居中还是在寺庙建筑中，都常见到被藏族群众称为"吉祥八宝"的八样物件：白伞、金鱼、宝瓶、妙莲、右旋白海螺、吉祥结、胜利幢和法轮（图 6–34）。这八件物品正是释迦牟尼得道时信徒们供奉的敬物。它们或被绘制在壁画上，或是做成酥油花摆放在祭台前，还有的被做成镏金铜饰镶嵌在边玛墙上或是树立在建筑屋顶。绘制成壁画或是做成酥油花的有时是八宝具有，有时只是以双数个组合；而镶嵌在边玛墙上或是竖立在屋顶上的则多是以单个形式出现。法轮是最常选用的宝物，多数建筑屋顶上对称地摆放着被一双金鹿簇拥着的法轮（图 6–35）；胜利幢用于建筑屋顶四角摆放，建筑功能不同，幢的材质也有不同，有的是金质的，有的则是牦牛毛制成的；吉祥结是遮阳幔布中最常见的图案。

图 6–34 吉祥八宝
图片来源：《藏族文化中的佛教象征符号》

图 6–35 屋顶上的法轮铜饰
图片来源：牛婷婷摄

3. 坛城

坛城，简单地说就是诸神佛居住的场所的一种模型，最早源于古印度的一种佛教驱魔仪式，类似于"结界"的性质，基本形式就是一个各边正交的二十面形。早期寺庙在修建的过程中，常将坛城的式样作为平面形制的参考形式，山南的桑耶寺、日喀则的白居寺、阿里的托林寺等等都使用了这种建筑平面；到了格鲁派时期，建筑平面形制发生了很大的变化，日趋规整成为方形，对坛城的模拟体现在了小的装饰细节上。大多数的寺庙中，除了少数规模、体量很小的寺庙，大殿建筑的门廊处至少有两根二十棱柱，这些柱子的横剖面就是一个简单的坛城图案。这种二十棱的柱子制作起来华丽精美，很好地起到了显示寺庙身份地位的作用，同时也延续了对坛城图案的模仿，强调了寺庙的宗教文化。

上述所举的只是寺庙装饰中最简单、最常见的与宗教有着直接联系的图案，从构图上看，这些图案都很讲求平衡、稳定，符合佛教思想的要求；同时每个图案的背后也都有一些宗教的内涵，再一次强调了寺庙建筑的文化背景。

6.5 建筑空间宗教化

意大利建筑历史学家布鲁诺·赛维（Bruno Zevi）曾说过："空间——空的部分——应当是建筑的'主角'，这毕竟是合乎规律的。建筑不单是艺术，它不仅是对生活的认识的一种反映而已，也不仅是生活方式的写照而已；建筑是生活环境，是我们的生活展现的'舞台'。"[18] 寺庙是宗教活动的主要场所，是佛教生活的舞台，寺庙在营建的过程中利用建筑内外的空间对虚幻的佛教世界进行模仿，将佛家思想具象化，从而在精神上对僧众产生更强的心理暗示，坚定他们对佛教的信仰。这种手段从佛教一开始传入西藏就为僧人们所熟悉和利用，著名寺庙桑耶寺就是最典型的实例，建筑从布局和外观上都对佛教圣地——香巴拉世界进行了具体细致的模仿；到了格鲁派时期，藏传佛教更加具有自己的个性，寺庙建筑也更加藏化，模仿手段进而变得隐晦，强调通过建筑围合后产生的不同空间感受去烘托宗教氛围，而并不单纯依靠建筑本身所提供的信息。

6.5.1 "三界"

藏传佛教中把世界划分为"三界"：欲界、色界和无色界。"欲"包括财、色、名、食、睡五欲，

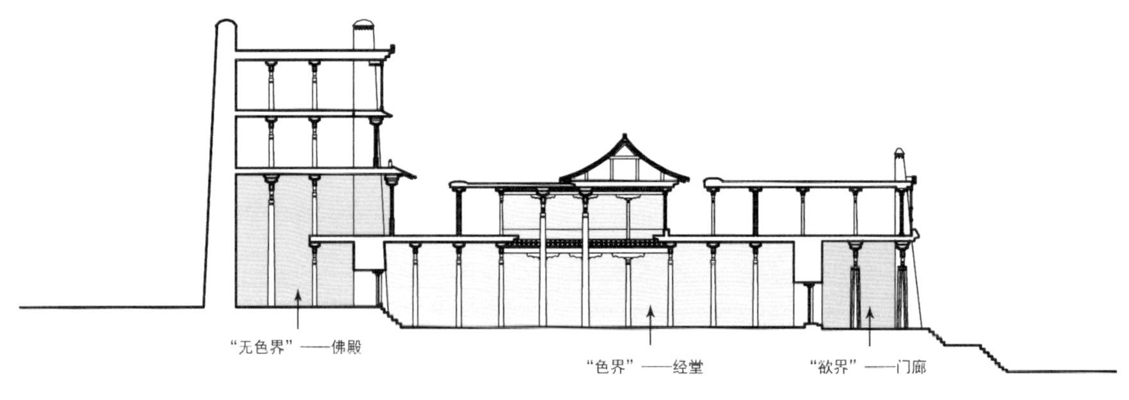

图 6-36 "三界"示意图
图片来源：徐鑫鸣绘

欲界居住着受欲望支配和煎熬的六类生物：天、人、阿修罗、畜牲、饿鬼和地狱这"六道"；"色"意为物质，色界是远离欲的众生居住的，他们仍是具有形体的生类，但是已经没有粗俗的欲望，是圣凡分界的地方；无色界是无形色众生居住的地方，这里的生类已经没有"色"的形体了，不再有物质性的东西。"佛教中的'三界'，通俗地讲，'欲界'是凡夫俗子往来之世界……'色界'是离食、淫二俗的无情之处所，虽然身（身体）、器（宫殿）等有形物质尚在，但已无欲无求。如同佛门弟子，戒除六欲，做到视而不见，坐怀不乱。'无色界'是无身无器、无色无物的境界，是空灵境界，惟以心识往于深妙之空定，唯有灵魂在虚无中飞扬，进入无色界，方解脱轮回之苦，进而，才能达到最高境界——涅槃净土"[19]。

寺庙中的大殿建筑中最常用的平面布局方式就是"三段式"——门廊、经堂和佛殿，正好是对佛教"三界"的直观体现。门廊部分代表"欲界"，所有世俗世界的人都可以到达这里。门廊本身正具有引导作用，是建筑物的入口所在，指向通往"色界"的通道。有些大殿在门廊两侧的墙壁上绘有"六道轮回"的彩画，也正代表"欲界"的内部循环。经堂部分代表"色界"，经堂的主要使用者是僧人，佛门子弟无欲无求、六根清净，色界正好是无欲求的生类的处所。经堂四面封闭，仅靠中段的高侧窗采光，室内光线变化明显，明暗对比强烈，是对色界环境的理想烘托。佛殿是"无色界"的代表，这里主要供奉佛像，供信徒参佛，更多地是追求灵魂上的升华，思想境界的提升。无色界正是灵魂的世界，也与佛殿的此番寓意不谋而合（图 6-36）。

从门廊到经堂再到佛殿，三段地坪也是逐层提高，既强调了佛殿在建筑中的地位，也寓意了随着精神境界的提升，自己也会有由肉身到心灵的蜕变，最后完成涅槃，实现从"欲界"到"无色界"的攀升。

6.5.2 光与影

人类从诞生的那天起，似乎就没有放弃过对光明的追求。希腊神话中，普罗米修斯不惜忍受每日的啄肝之痛，为人类盗来象征光明的火种而受到了世人的尊重。纵观藏传佛教发展的历史，无不与降妖除魔、普度众生有关，诸多的佛家大师为世人营造了一个抽象的只存在于意识中的永世"光明"的理想世界。

寺庙从最开始正是对理想世界的物化。从第一座寺庙的建立开始，佛家大师们就力图向人们证明理想世界的真实存在；随着藏传佛教深入人心，人们更多地在精神意识的层面上了解佛教，对于理想世界的模仿也变得抽象；在格鲁派寺庙中，由于强调个人修为，强调循序而进，所以寺庙从空间形式上更多地是抽象地构筑通过历练而最终到达的理想世界。单纯依靠空间的围合还远远不够，光影交织的情绪烘托显得十分重要，正是由黑暗到光明的过程印证了藏传佛教通过修行在来世达到极乐世界的理念。"在西藏人的宗教（各种宗教表现形式，从苯教直到佛教）的感受过程中，表现出了一种基本特点，一种幻觉，即赋予光明以重大意义。无论是把它作为这种现实的能产生结果的原则，或是视作最高现实的象征，还是看作是现实的、能看到的和触及的神谕都一样，光明是一切事物之源并存在于我们之中"[20]。也正是出于这种自发的对光明的追求，建筑室内的明暗空间对比非常强烈，也寓示出佛教对人间众生的救赎就如同这茫茫昏暗中的一道光芒，指引众生达到光明。

寺庙中的建筑从室内到室外都有着丰富的光影变化。大殿建筑基本都是三段式布局，在长方形的建筑的短边设置入口门廊，经堂和佛殿位于中后部。由于门廊部分的遮挡和开窗面积的不足，经堂和佛殿内部的自然采光均比较差。早期的建筑中只能依靠酥油灯照明，而灯烛又常被放置在靠近经堂尽端和神佛像的前面，犹如指示光明彼岸的使者（见图6–37）。到公元15世纪以后，格鲁派的寺庙中逐渐使用一种新的方法来获取自然光线，就是在建筑中设计高侧窗，这种做法也影响到了其他教派，所以建于公元15世纪后的大部分寺庙的大殿建筑都运用了此种高窗做法（见图6–38）。不仅是在经堂中，在佛殿中也会在高出经堂的墙体上开侧窗，从同样的方向将阳光引入室内。高窗的位置通常在一层建筑以上，光线由南方斜射进室内，照亮建筑的中心位置。在经堂中，通常笼罩在大讲师或高僧的法座位置，烘托出大讲师的宗教地位；在佛殿中则是正好能照射到佛像下半身的位置，增强神佛的崇高气势。这样的采光方式也营造出了一种很特殊的空间感受，在四周压抑昏暗环境中透入室内的一缕明媚的阳光，这道光柱，看得见却摸不着，更营造了神秘高尚的宗教气氛。

图6–37 光明的指引者——酥油灯
图片来源：牛婷婷摄

图6–38 侧窗射进的光束
图片来源：牛婷婷摄

6.5.3 佛的世界

寺庙在初入西藏时，最主要的功用就是供奉神佛，降妖除魔。虽然在上千年的历史传承中，佛教教义得到了发展，寺庙建筑的形式也更加丰富，但是作为供奉神佛的场所的基本属性并没有变化。在藏传佛教中神佛有千万，而每座寺庙都有自己专门供奉的神佛，如拉萨的甘丹寺和哲蚌寺的主供佛都是强巴佛，色拉寺的主供佛是马头明王，大昭寺的主供佛是释迦牟尼，日喀则扎什伦布寺的主供佛也是释迦牟尼，萨迦寺的主供佛是三面喜金刚，等等。主供佛就意味着在寺庙的主要建筑中都会供奉这些佛的佛像或是法器。有些寺庙的由来就是与这些神佛和法器有直接关系，后因供奉这些佛教圣物而远近闻名。

以藏传佛教第一大寺哲蚌寺为例，这里是强巴佛的主道场。强巴佛就是汉传佛教里通常所说的弥勒佛，在佛教中他被看作现在佛释迦牟尼的继任者，就是未来佛。因为主供佛是强巴佛，所以在哲蚌寺里最主要的佛殿都是用来供奉强巴佛的佛像，其中最出名的就是供奉在措钦大殿的8岁强巴佛和12岁强巴佛的等身像。所谓等身像，就是指与真人大小相当的佛像。从空间角度看，这两尊佛像都十分高大，均有两层的高度，供奉佛像的两间佛殿因此都有一定的高度。佛殿的一层用于置放佛像的下半身，

八岁强巴佛上身殿

八岁强巴佛下身殿

八岁强巴佛全身像

图6-39 哲蚌寺强巴佛殿
图片来源：牛婷婷摄

二层透空（见图6-39）。人在一层，可以看到完整的佛像，但是佛像高大，会对人产生压抑且不易接近的感觉，使人觉得佛祖高高在上；到了二层才能清楚地看到佛的面容，增加了亲切感，虽然一样遥不可及，但是会比在一层的感受更贴近。这其中的寓意可能是说当你对佛法的学习日渐深入时就能更深刻地感觉到自己离佛的距离又进了一步。哲蚌寺里大大小小的佛殿有几十间，大部分的佛殿层高都比一般建筑要高，供奉的佛像通常也都比人要高大许多。这些佛殿里光线昏暗，面阔大于进深，空间高度较高，形成的是一个狭长的长方形立体空间，会增强空间压抑感，使人对摆放的佛像产生仰视的情绪，树立各种神佛高大威猛的形象。

图6-40 转经道
图片来源：牛婷婷摄

6.5.4 转经道

在西藏，随处可见身着藏族传统服饰的男男女女，手持或大或小的一个短圆柱状的物体，围绕某一个中心，以顺时针方向走圆圈，边走边摇晃，嘴里还念念有词，这就是在转经，他们手中拿的就是转经筒。转经筒呈短圆柱状，中轴连着一根长长的杆子可以拿在手中用来转动，筒内放的是藏文书写的经文，所以被称为转经筒。信教的藏族人认为每将经筒转动一周就是将经文念诵一遍，通过这样的一种行为向佛祖表示自己的虔诚。时至今日，转经已经成为信徒生活的一个重要部分，每年都有无数的信徒从各地远赴拉萨，到布达拉宫、三大寺进行各种转经祈福的活动，每年到藏历五月的“萨格达哇节”，会有成群的信徒，手持转经筒，沿着新拉萨城的林廓路以布达拉宫为中心转经礼拜。这样的做法，可能最早源于印度，源于通过对塔的环绕进行崇拜活动的佛教礼仪。

转经有讲究，路径通常是围绕某一个或若干个重要佛教圣物或圣地的一个闭合的回路，必须是沿顺时针方向行走。几乎每一座寺庙都有自己的若干条转经道（见图6-40），一些著名的城市如拉萨圣城也有自己的转经道。转经道的设置并不是一个刻意的行为，它的形成有一定的自发性，尤其是室外转经道，常会随着寺庙的不断对外扩张而变化。

前弘期的寺庙建筑中，常会在佛殿之外设置一条室内转经道，在大昭寺和桑耶寺中还存有这样的遗迹，这种做法一直延续到公元15世纪，格鲁派创建早期的一些寺庙中也还有这样的做法。之后由于藏传佛教的飞速发展，为了保证建筑的安全，自大昭寺开始，将室内转经道闲置，反而引导信徒沿建筑群外围转经，形成了一条新的室外转经道；随着八廓街的扩大，现在已经形成了沿八廓街的又一圈以大昭寺为中心的转经道，八廓街的名字也由此而来。大昭寺开先河之后，各大寺庙开始竞相模仿，自觉地在寺庙周围形成了将寺庙包裹其中的转经道，这是最外圈的；在寺庙中，围绕重要的建筑，主要是大殿建筑和佛殿建筑形成了内圈的转经道；围绕佛殿的室内转经道的形式已经被取消，但是在经堂和部分佛殿内，仍然保留了一条并不清晰的转经道，经堂内的卡垫和佛殿中的供奉物被置放于空间的中心位置，而在四周留下了可供人通行的一圈通道，还有的沿四面墙摆放经架，底层架空，约有一米多高，可供一人弯腰从其中穿过，亦被视为得到经文的洗礼，获得佛的照护。

6.5.5 辩经

格鲁派僧侣在学习的过程中讲究循序渐进，每隔一段时间都会进行考核，来决定能否进入下一阶段的学习，“辩经”就是这样一种特殊的考试形式，也是显宗学习中一个必经的过程。辩经在藏语里叫作“唐加”，两位僧人以一问一答的形式辩论佛教论理，这种形式往往可以检验僧人对经文的熟练程度并且训练他们敏捷的思考能力。所以在僧人数量较多的寺庙里，都有一片面积较大的场地供僧人辩经时使用。

辩经场或是设在措钦大殿前的广场上，供全寺使用，或是有专门的一片围合区域，常隶属于某一扎仓。在很多大的寺院里，现存的体系还是很完整的，哲蚌寺的罗赛林和郭莽两个大的显宗扎仓都有各自

图 6-41 辩经中的僧人
图片来源：牛婷婷摄

的辩经场，还有措钦大殿前的大广场，举行寺庙级别的辩经活动就是在这里。哲蚌寺和色拉寺都还保留了比较传统的辩经场的样式：四面被白墙包围，围墙内有很多高大的树木可以将辩经场遮挡起来，地上铺满了白色的碎石子（见图 6-41）。辩经的僧人成双成对，一问一答，或站或立。白色的石子地面、红色的僧袍和被绿叶覆盖的天空构成了一幅色彩艳丽的画卷。

6.5.6 宗教性标识

寺庙多修建在山中，与山体可以说是有着最直接的接触。在这里山体不仅是寺庙依偎生存的坚强后背，也是人们表达宗教感情的载体。走在寺庙与山体交接的小路上，随处可见山坡上雕刻得栩栩如生、色泽艳丽的佛像（见图 6-42）和藏文的六字真言。甚至是在寺庙建筑的墙壁上、道路旁的石块上，人们似乎不愿放过所能及的每一处去记录对藏传佛教的崇敬。

寺庙里最常见的还有转经筒(见图6-43)和白塔。

图 6-42 寺庙里的石刻（左）
图片来源：牛婷婷摄

图 6-43 成排的转经筒（右）
图片来源：牛婷婷摄

一排几个甚至几十个的转经筒排列在墙上的龛里，沿路走过的时候可以转动下面的木头轴承，顺时针方向旋转。还有就是白塔，方方的基座，圆圆的肚子，尖尖的顶。白塔周边会有一圈小道，藏传佛教的习惯是路过的时候沿着它顺时针方向环绕一周。

藏传佛教的符号在寺庙里随处可见，但在这里有所不同的是，它不仅仅是作为标志性的符号存在，也影响着僧侣、信徒的行为习惯，它的存在成为影响空间行为方式的一种不定性因素。

注释：

1 龙珠多杰 . 藏族寺院建筑选址文化探微 [J]. 中国藏学，2010（3）：187.

2 转引自龙珠多杰 . 藏族寺院建筑选址文化探微 [J]. 中国藏学，2010（3）：188.

3 相关数据截止时间到 1990 年。

4 拔塞囊 .《拔协》（增补本）译注 [M]. 佟锦华 , 黄布凡，译注 . 成都：四川民族出版社，1990：28.

5 恰白 • 次旦平措，诺章 • 吴坚 . 西藏简明通史 • 松石宝串：全 3 册 [M]. 拉萨：西藏藏文古籍出版社，2004：150.

6 贡却乎丹巴绕吉 . 安多政教史 [M]. 吴均，毛继祖，马世林，译 . 兰州：甘肃民族出版社，1989：159.

7 转引自周晶，李天 . 从历史文献记录中看藏传佛教建筑的选址要素与藏族建筑环境观念 [J]. 建筑学报，2010(S1)：72–75.

8 数据来源于拉萨市民宗局内部资料《拉萨市宗教活动场所简介》。

9 藏族土地面积计量单位，1 克约合内地 1.5 亩，即约 1000 平方米。

10 由藏语音译而来，有“庄园”之意，它主要包含两个方面的概念：一是作为一种经济组织形式，反映了西藏的经济形态；一是作为基层的政权机构，反映了西藏的政权组织形式。

11 藏族重量计量单位，1 克约合 14 千克。

12 段玉明 . 中国寺庙文化 [M]. 上海：上海人民出版社，1994：321.

13 由于在“文革”时期，扎什伦布寺的多座灵塔和灵塔殿被毁，仅存五世班禅的灵塔殿，所以后将四世班禅的灵塔迁入其间供奉，而将五世班禅的灵塔迁出与多位后世班禅合葬，所以，现在通常将原来的五世班禅灵塔殿称为“四世班禅灵塔殿”。

14 这个层高指的是经堂内没有升起的部分层高，也没有参照后段佛殿的层高，佛殿通常高度会与前段经堂部分两层一共的高度相当，所以未再将其作为参考。

15 此高度包括台阶和建筑顶部的镏金屋顶。

16 佛家思想讲求“轮回”，认为凡事必有因缘关联，六道指的是“天道”“人道”“阿修罗道”“畜生道”“饿鬼道”和“地狱道”。

17 五方佛：白色大日如来佛，代表中央；蓝色不动如来佛，代表东方；黄色宝生如来佛，代表南方；红色无量光如来佛，代表西方；绿色不空成就如来佛，代表北方。

18 赛维 . 建筑空间论：如何品评建筑 [M]. 张似赞，译 . 北京：中国建筑工业出版社，2006：8.

19 于乃昌 . 西藏审美文化 [M]. 拉萨：西藏人民出版社 ,1989：116.

20 图齐 . 西藏宗教之旅 [M]. 耿昇，译 . 2 版 . 北京：中国藏学出版社，2005：81.

7 西藏格鲁派四大寺

甘丹寺、哲蚌寺、色拉寺和扎什伦布寺的创建时间非常接近，都是在公元15世纪的前50年；寺庙的创始人分别是宗喀巴大师和他的亲传弟子们；关于寺庙的修建也有着种种神迹的传说；寺庙都选择修建在远离城市的山上，位于山的南坡，建筑朝向坐北朝南；寺庙从成立开始，都经历了多次的建筑活动，规模不断扩大，比较有影响的建筑活动多集中在公元17世纪到18世纪，初步形成了寺庙现有的风貌；早期的建筑形式还受到前弘期寺庙的影响，到公元17世纪后，寺庙形制趋于定型，逐渐统一，三段式的平面布局、两虚一实的立面构图成为大殿建筑的标准做法。

由于相同的宗教文化背景，这四座格鲁派大寺在营造时有着不可避免的共通性；寺庙所处的实际环境不同，又让这四座大寺各具特色。四组建筑群都修建在山间，集中了当时藏族地区最先进的营造工艺，是藏式传统山地建筑的典范。建筑顺应山体走势、因地制宜、灵活变化，与山和自然融为一体，体现了藏族同胞对自然的尊重和无穷的建筑智慧。甘丹寺坐落在弧形的山坳间，建筑群在一片立体的扇形区域展开，层层叠叠，沿山体攀升；虽然是近年来重建的寺庙，但依然维持了原有的建筑格局，建筑与建筑之间在圆弧的向心力的引导下，围绕圆心以画同心圆的方式层层向外扩张。哲蚌寺从建寺至今，保存非常完整，建筑规模是四座寺庙之首，它的发展是标准的由核心向外扩张的模式：措钦大殿位于建筑群构图的中心点上，四大扎仓围绕其修建，康村、米村又围绕各自所属的扎仓修建，其他的一些建筑则修建在寺庙的最外圈。由于建筑群西侧的山间有一道天然的沟壑，寺庙扩张时自然地选择了东面地理条件更优越的方向，顺应环境，与自然和谐共生。色拉寺选择修建在坡度较缓而靠近山脚的位置，最初的发展集中在西边一隅；在公元18世纪大规模扩建的时候，寺庙并没有往西边已经成熟的区域继续发展，而是在东侧开辟了新的寺域，并将寺庙中心措钦大殿修建在新的寺域中，逐渐围绕措钦大殿发展了许多新的康村和米村；寺庙最终形成了以林荫道为中心，新旧区域分居东西两侧的布局模式，寺庙中的重要建筑分布两片，既聚集了附属建筑，也起到了很好的均衡作用，与现代城市中在保护旧城的基础上另辟新城发展的理念有异曲同工之妙。扎什伦布寺是后藏地区的政教中心、班禅大师的驻锡寺，时至今日，十一世班禅大师回到西藏仍在此居住学习，寺庙不仅是后藏地区格鲁派僧侣心中的最高学府，也是万人景仰的圣地；寺庙中有多座供奉历辈班禅大师的灵塔殿，为了体现无差别，而将它们按照同一高程并列排布在寺庙最高处的东西轴线上，这些有着红色墙体、金色屋顶的高耸的建筑，与措钦大殿、班禅新宫等建筑一起构成了整个寺庙建筑群最神圣的“金顶序列”。

西藏的这四座格鲁派大寺庙，不仅是供奉神佛的净土，也是僧侣们学习生活的地方。寺庙中常驻的僧人至少以千为计量单位，像哲蚌寺在鼎盛时期编员7700人，但实际僧人数已经过万，庞大的规模远远超过了以前的任何一座寺庙，在地广人稀的西藏，这已经达到一座城镇人口的标准。从四大寺的建筑布局上看，不再像早期寺庙那样，追求对佛教世界的刻意效仿，而是以一种自然生长的方式发展着，以人的活动作为寺庙营建的一个主要出发点。“道场中心的建筑单位，则以僧侣生活和学习为核心形成非常明白的实用价值……道场构成是建筑群性质的，像是一座僧侣常驻、俗民流动的城市”[1]。曾有人说哲蚌寺是沐浴在阳光下的城池，其他三座寺庙也一样，除了本身具有深厚的宗教氛围，还体现出了浓郁的生活气息。寺庙的主要构成是各类级别的大殿和僧舍，以及其他一些作为生活服务设施的辅助建筑。大殿是城镇中的公共建筑，是行政管理机构所在地；僧舍就是住宅，其他辅助建筑也能与现代城镇中的建筑产生对应关系。寺庙里的僧人们在学习的同时又各司其职，既完成了佛学修为，也承担着世俗的日常事务。所以说，四大寺在摒除了宗教象征意义之后，是一座充满了生机的城镇。

7.1 格鲁派之源——甘丹寺

7.1.1 寺庙历史

公元 1409 年，举行完大昭寺传昭法会后，宗喀巴大师主持在今拉萨达孜区境内的旺古日山南麓修建了格鲁派的第一座寺庙——甘丹寺，这两件事被认为是格鲁派正式建立的标志（图 7–1）。

对于甘丹寺的修建，流传着多种说法。历史书籍里记载的说法都比较接近，“大师己丑年兴建拉萨的神变祈愿大法会，遂依如来授记修建卓日伍齐山的甘丹尊胜洲寺，在此住持很长时间转大法轮”[2]。除此之外，还有一些其他的传说：宗喀巴大师曾得到佛祖的授记，在旺古日山取得了白海螺，加持后，主持了甘丹寺的奠基仪式；还有的说，宗喀巴大师曾路过此山，发现山形似一尊卧倒的大象，是大吉之兆，因此选在此处修建寺庙；寺庙里的僧人传说，宗喀巴大师正在筹划建寺，一只过路的乌鸦叼走了他的帽子，在空中盘旋几圈后将大师的帽子丢在了半山腰，紧随其后的大师及其弟子都认为这是佛的旨意，便将落帽的地方作为寺庙的基址。

图 7–1 甘丹寺鸟瞰照片
图片来源：牛婷婷摄

甘丹寺是宗喀巴大师驻锡的寺庙，历辈的甘丹赤巴都被公认为格鲁派中最具有学识的高僧，是德高望重的宗教领袖，甘丹寺也被认为是格鲁派的源头，僧众心中向往的圣地，格鲁派最高学府之一。清代时寺庙编员 5500 人，但实际在寺的僧人数量曾达到 9000 人之多。甘丹寺以传授显宗为主，寺中没有密宗学院。这里是宗喀巴大师的主寺，历任甘丹赤巴都是在佛学上有深厚造诣之人，寺庙较少参与政治活动，在社会影响力方面逐渐被哲蚌寺赶超。

7.1.2 布局发展

甘丹寺占地面积达 15 万平方米，现有建筑面积约为 7.75 万平方米，寺庙以山腰为中心向四周扩散，层层叠叠，巍峨雄壮。主要建筑有措钦大殿、阳拔健（阳巴金）、赤多康、两大扎仓等。措钦大殿位于寺庙建筑群偏东的位置，紧贴其左右的分别是阳拔健和赤多康两座佛殿，从阳拔健往西走是下孜扎仓，这四座建筑位于相近的高程上，上孜扎仓在下孜扎仓的上方，两大扎仓现在基本位于整个寺庙建筑群构图的中心位置，主要建筑间分布着大小不一的僧舍。

公元 1409 年建寺时，最先修建了措钦大殿和宗喀巴大师的寝殿——赤多康；“寺院建成后，宗喀巴大师考虑如果在大经堂举行曼荼罗（坛城）修供法会，未受灌顶的僧人会有见曼荼罗的大罪孽，为此必须修建一座幽静的修供殿堂”[3]。公元 1417 年宗喀巴大师为阳拔健奠基，并亲自设计，作为专修密法的佛殿。“宗喀巴大师圆寂后，在甘丹寺用 18 升白银为他建造了大灵塔，并且用金银建造了纪念宗喀巴大师的佛像。第三任甘丹赤巴克珠杰・格勒巴桑期间，为宗喀巴大师的灵塔新建了金铜合金的金顶塔檐，创建了讲论大乘经典的讲经院，建立讲修法相学的扎仓。四任甘丹赤巴夏鲁哇・勒巴坚赞在其 12 年任期内，主持完成了宗喀巴大师灵塔殿屋顶的收尾工程，在染金屋顶新塑密集、胜乐、时轮三尊金像。第五任甘丹赤巴洛周曲迥，在甘丹寺新建佛殿内塑释迦牟尼金像，建造了大银塔等。第六任帕索・曲吉坚赞，新建甘丹寺狮吼殿，而且为其前面几任甘丹赤巴塑像。第八任甘丹赤巴门朗班瓦，新塑佛像、刻印经书、兴建佛塔等。第二十一任甘丹赤巴德瓦坚·格勒白桑，将桑普年绒扎仓与甘丹寺夏孜扎仓合并。第二十三任甘丹赤巴才旦嘉措，于1566年建成甘丹寺两扎仓之一的夏孜扎仓（甘丹东院）之僧人宿舍；为甘丹东院大殿新绘壁画，修建柽柳女儿墙。第四十九任甘丹赤巴洛桑达尔基，新建甘丹寺三层基索殿顶檐。第五十任甘丹赤巴格敦平措，在宗喀巴银塔表面刷金汁而使其变成金塔。甘丹寺是经历历任甘丹赤巴的兴建，逐渐扩建发展而来”[4]。

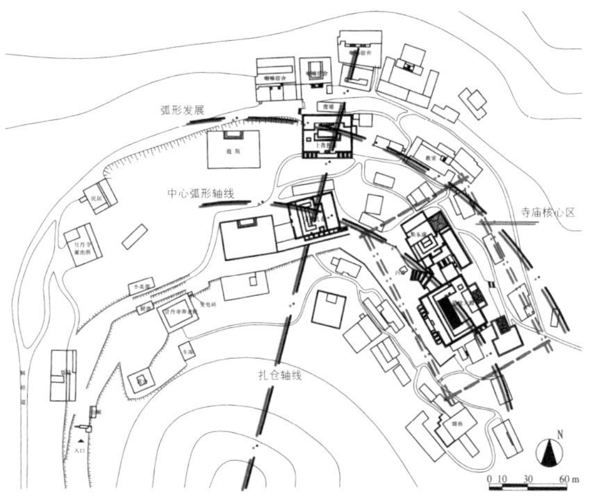

图 7-2 甘丹寺总平面图
图片来源：牛婷婷绘

综上所述，依据建筑修建的年代，偏于东侧的赤多康、阳拔健和措钦大殿是最早的建筑，寺庙最初的范围应该就是在这片区域。阳拔健和赤多康在历辈甘丹赤巴的手中建筑规模也在不断扩大。到五世达赖时，又对措钦大殿进行了大规模的扩建，三座建筑紧簇成团，形成了寺院的建筑核心。寺庙整体由东向西发展，先后确定了上孜和下孜扎仓的位置，下孜扎仓为了延续与上孜扎仓的一致性而选择修建在同一纵坐标点的不同高程上。另外，甘丹寺所处的位置是在山坳里，建筑顺应山体走势修建在一片扇形的区域中，措钦大殿、阳拔健、赤多康和下孜扎仓这些大体量的主要建筑都修建在建筑群构图的横向轴线上，在两段同心圆弧上布置，使得建筑与建筑之间具有潜在联系，产生向心性，构成了整组寺院建筑群带状的视觉中心（图 7-2）。

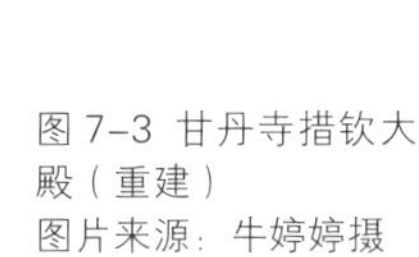
图 7-3 甘丹寺措钦大殿（重建）
图片来源：牛婷婷摄

7.1.3 主要建筑

据宿白先生在1959年所做的调查，寺庙中存在最久的建筑是建于明永乐十五年（1417）的阳拔健，而措钦大殿保留的痕迹多是在五世达赖喇嘛时期扩建而来。寺庙在“文革”时期曾遭受了严重破坏，旧有建筑几乎无存，甘丹寺也是拉萨三大寺中唯一受到破坏的寺庙。现在的寺庙建筑群是1985年由政府出资仿照原来的主要建筑重新修建的，建筑群规模已远不如前，主要建筑有措钦大殿、上孜扎仓、下孜扎仓、阳拔健、赤多康（宗喀巴寝殿）等。

1. 措钦大殿

措钦大殿位于寺庙建筑群的中东部，坐北朝南，是甘丹寺中最大、级别最高的大殿建筑。最初是在达孜宗的资助下修建，后来在公元17世纪进行了扩建，总建筑面积约3000平方米。原来的建筑已毁，现在的建筑是仿旧建筑重建的（见图 7-3）。

大殿主体两层、局部三层，使用三段式布局，由门廊、经堂和佛殿三个部分组成。门廊内是前四后六的10根二十棱柱。经堂面积约1200平方米，有102根柱，在东、西、南三面都有开门，平时僧侣主要使用南门，东、西门又被称为“茶门”，当举行大法会或集会活动时，布施茶水的人会从这两个门进入为诵经的僧人们献上酥油茶和糌粑。经堂北面设佛龛、佛殿，东西两面有底层架空的经书架，朝拜的信徒都会顺时针从经书架下鞠躬弯腰走过，以示对佛经的尊重，这也是一种祈福活动。经堂后部现只有一间佛殿，参看宿白先生在《藏传佛教寺院考古》一书中的插图，原来应该在经堂后部有至少并列两间佛堂（见图 7-4）。佛殿内主供宗喀巴大师及其弟子镏金铜像，并有宗喀巴大师生前用过的袈裟、坐垫、印章等。当信徒们走过时都会虔诚地祈求喇嘛用宗喀巴大师的衣帽轻轻拍打他们的头顶，

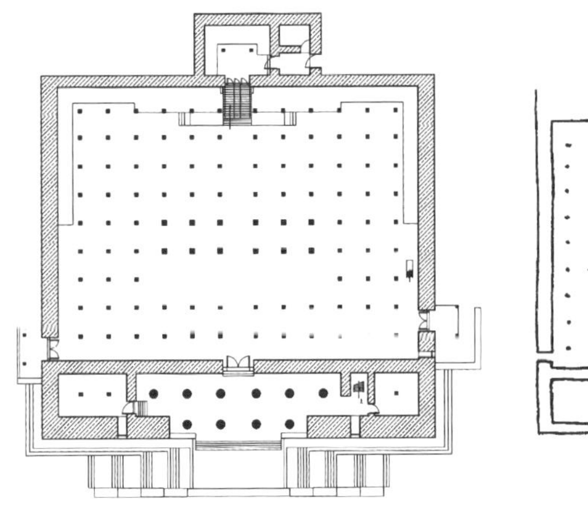

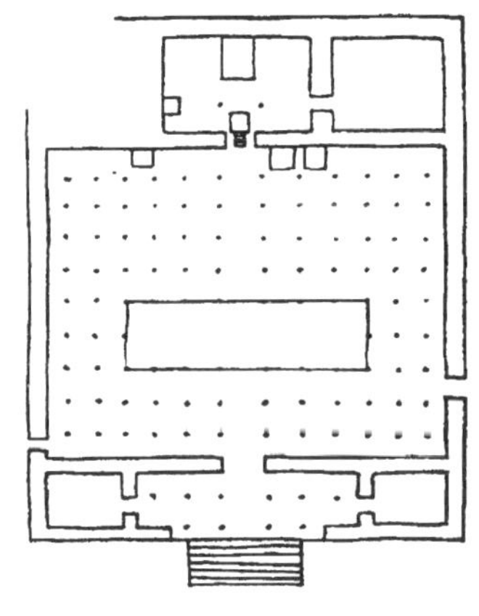

图 7-4 重建的措钦大殿平面（左）和宿白绘历史原状（右）
图片来源：牛婷婷绘（左）、《藏传佛教寺院考古》（右）

以求得到大师的庇护。经堂正中高起的空间上覆歇山金顶，二层平面呈“回”字形，四周设有大小不等的佛殿。另外，二层的屋顶上有通道与北侧赤多康三层相通。

2. 上孜扎仓和下孜扎仓

宗喀巴大师三大弟子之一的克珠杰在担任甘丹赤巴期间，创建了讲论大乘经典的讲经院，任命了四位讲经师，组织建立修习显宗的两大扎仓，即上孜扎仓（又称强孜扎仓，即北顶僧院）和下孜扎仓（又称夏孜扎仓，即东顶僧院）（见图 7-5）。上孜扎仓是克珠杰日常起居静修之所，由宗喀巴大师的亲传弟子南喀桑波兴建；下孜扎仓是宗喀巴大师的亲传弟子夏尔巴·仁钦坚赞创建。两大扎仓主要学习宗喀巴大师和前面两位堪布的佛学著作。甘丹寺内没有密宗学院，僧人修习密宗的话主要前往拉萨的上、下密院。

图 7-5 上孜扎仓和下孜扎仓
图片来源：汪永平摄

上孜扎仓位于甘丹寺纵轴线的上端，是寺庙中海拔最高的建筑之一。建筑坐北朝南，入口略向东偏，高度三层，两段式布局，没有佛殿，等级较低。原有建筑形制已改变。门廊内是 10 根二十棱柱，84 柱的经堂，面积约为 930 平方米。扎仓内主供释迦牟尼像、吉祥天女护法神像、密集金刚坛城及大威德怖畏金刚单身像。二层南面为僧舍和小佛殿，东西面为走廊。屋顶使用了藏式平顶，四角都用经幢作装饰。白色的墙体和红色的边玛墙，是标准的大殿建筑立面做法。

下孜扎仓位于甘丹寺纵轴线的下端。与其他主要建筑不同的是，下孜扎仓是东西朝向，因此建筑平面东西长南北窄。西面入口前设有广场，南面也有入口。建筑三层，标准的三段式布局。门廊有前二后四共 6 根二十棱柱；经堂内有柱 56 根，面积约 570 平方米；经堂东面有四间佛殿，两两相通，主要供奉释迦牟尼像和宗喀巴三师徒像等。经堂二层的布局与上孜扎仓相似，南北两边为走廊，东西两边设有佛殿和僧舍等。

上孜扎仓和下孜扎仓都是修习显宗的学院，建筑形制相似，虽然寺庙历史悠久，宗教背景深厚，但是由于在后期的发展中并没有获得较多优势，建筑规模都不是很大，等级相较拉萨三大寺中的另两座寺庙还是偏低的。

3. 阳拔健（阳巴金）

阳拔健是修习密法的佛殿，是甘丹寺的主要建筑之一。它位于措钦大殿的西侧，高四层，分别由护法神殿、上师殿、坛城殿和历代甘丹赤巴灵塔殿等建筑单元组成。相传由于殿内后墙有一块巨石是由印度广严城（藏文音译“阳巴金”）运来的，故此殿名为“阳拔健”。

建筑主体采用红色墙面作装饰，部分墙面使用了黄色。立面造型错落层叠，加上金顶的烘托，格外富丽堂皇。建筑入口设在东面，经堂在中心位置，佛殿分别在经堂的西侧和北侧。门廊很小很隐蔽，以2根二十棱柱作为空间界定。经堂内纵横布置了6排柱网，共有36根柱，正中的9根柱升至两层高，形成挑高的空间，并从南面开高侧窗采光。经堂西面的护法神殿（里玛神殿）内供有大威德金刚本尊双身像，北侧还有两间佛殿。宗喀巴大师灵塔殿，位于经堂的北面，高三层，面积约360平方米。宗喀巴大师在圆寂后其弟子达玛仁青主持修建了银灵塔，将大师的遗骸保存于银塔之中。灵塔最初为银皮包裹，后于第五十任甘丹赤巴格敦平措时期由固始汗之孙洛桑旦增以黄金重新包裹，并饰以各种名贵珠宝，成为一尊金塔，而被称为“斯东”，即金灵塔，或叫“甘丹斯东”，因此宗喀巴灵塔殿也被称作“斯东康”。

4. 赤多康（宗喀巴寝殿）

赤多康，位于措钦大殿东北方向，是宗喀巴大师和历任甘丹赤巴生前居住和静修的地方，也是甘丹寺最早修建的建筑之一。公元1720年索朗多杰对赤多康进行了扩建，七世达赖喇嘛为其加盖了金顶（见图7-6）。

整栋建筑采用了不对称的构图手法，由赤多康大殿、丹珠尔大殿、护法神殿和宗喀巴寝室等部分组成。主要佛殿设置在二层以上，一层是多柱空间。二层基本是“回”字形平面，四面都是佛殿，东面有护法神殿和藏经殿，南面有宗喀巴寝室，西南角是赤多康大殿。

7.2 格鲁派之首——哲蚌寺

7.2.1 寺庙历史

哲蚌寺位于拉萨市以西10公里的更培邬孜山南麓，公元1416年由宗喀巴大师的弟子嘉央曲杰创立（见图7-7）。嘉央曲杰于公元1379年生于山南桑耶附近，幼年在泽塘出家为僧，早年曾在桑耶寺、甘丹寺学习，后追随宗喀巴大师。在藏历第七绕迴木马年（1414年），宗喀巴大师向嘉央曲杰提出了创建

图7-6 赤多康
图片来源：汪永平摄

寺庙之事，并且预言这座寺庙将比格鲁派主寺甘丹寺还要辉煌。“宗喀巴大师先后指示说：‘为了我们本派显密教法的讲习永不中断，并且弘传到一切地方，应当兴建一座圆满的寺院，并且像母亲养育儿子一样发展出各个子寺院。’并且赐给了果波日山掘出的法螺，又指示内邬首领南喀桑波担任兴建寺院的施主。依照这些指示，嘉央曲杰在他三十八岁的藏历第七绕迴火猴年（1416）由内邬南喀桑波担任施主，兴建了哲蚌寺”[5]。是年，以柳吾宗本南嘎桑布为主要施主，先后完成了哲蚌寺措钦大殿、密修院（阿巴扎仓）和僧舍等最初的寺庙建筑群。

传说宗喀巴大师指示要在拉萨修建除甘丹寺之外的寺庙，他的两名弟子嘉央曲杰和释迦也失都相中了更培邬孜山南麓的这片吉祥之地，都想在此地修建寺庙。这块地的所有者是当地一名叫作宗则的贵族，释迦也失先去拜访他，因为这位贵族出了远门没有见到，要三天后才能回来。释迦也失就请宗则的侍从转告，他相中了这块地，想在此处修建寺庙，并希望得到宗则的应允。第二天，嘉央曲杰也到了这里，他也希望得到宗则的应允。等到宗则回来，

图7-7 哲蚌寺全景
图片来源：牛婷婷摄

他的侍从就告诉他释迦也失和嘉央曲杰先后来拜访，想要在这里修建寺庙。宗则最后决定谁先来到这片地方谁就可以在这里修建寺庙。释迦也失早嘉央曲杰一天来到这里，他在自己相中的地方摆放了一块自己经常使用的卡垫。虽然嘉央曲杰晚来了一天，但是聪明的他把自己日常使用的佛珠放在了释迦也失的卡垫下面。等到宗则来的时候，看到卡垫下的佛珠，就判定是嘉央曲杰先到了这里，并允许他在这里修建寺庙，就是今天哲蚌寺所在。而释迦也失只能另寻他处，最后他在拉萨市北郊的色拉乌孜山南麓修建了色拉寺。据说当年释迦也失放卡垫的地方就是现在嘉央拉康的位置。

7.2.2 布局发展

哲蚌寺占地 20 多万平方米，主要的建筑有措钦大殿、甘丹颇章、四大扎仓和大大小小 87 个院子。措钦大殿位于寺庙正中偏西的位置，以措钦大殿为中心，罗赛林扎仓位于措钦大殿的东南侧，阿巴扎仓在措钦大殿的东北侧，郭莽扎仓在措钦大殿的东边、罗赛林扎仓的东北侧，德央扎仓在郭莽扎仓的南面、罗赛林扎仓的东面。甘丹颇章位于寺庙的西南角。在这些主要建筑之间穿插了许多大大小小的院落，多是僧侣居住的康村、米村。

寺院周围没有明显的围墙，与山体自然衔接。建筑基本都是以院落为单位，通过巷道衔接。建筑院落间的衔接空间或大或小，大到可成为千人聚集的广场，小到为仅能供一人通过的巷道。

哲蚌寺最初只是几间几十平方米的小房子，寺中最早的建筑是嘉央拉康，然后有了措钦大殿和阿巴扎仓，但都不是现在的规模。甘丹颇章初建于二世达赖期间，三世、五世达赖在寺期间，均做了扩建，才有了现在的规模。五世达赖执政时期，哲蚌寺得到了很大的发展，措钦大殿、罗赛林扎仓、郭莽扎仓都是在这一时期扩建的。公元 18 世纪上半叶，颇罗鼐[6]把持西藏政权期间，寺庙建筑群也有所扩张，对主要建筑进行了维修。寺庙现有的规模是在数百年时间里逐步形成的。通过对寺庙中主要建筑的修建年代和寺庙中各等级建筑分布位置的分析，可以描绘出寺庙规模扩张的发展趋势。

1. 从建筑年代看，以嘉央拉康和阿巴扎仓为中心，向东南方向扩散

嘉央曲杰创建寺庙之初，只有嘉央拉康和一个叫作“让雄玛”的山洞。嘉央拉康位于措钦大殿北侧，建筑规模很小，面积仅十来平方米，供奉文殊菩萨。“让雄玛”位于现在的措钦大殿东侧地坪下面，它的形制更像是日追，是嘉央曲杰的修行洞，空间极其狭窄，仅能容一人坐禅，内有宗喀巴大师和嘉央曲杰的石质浅浮雕像。之后修建的是措钦大殿和阿巴扎仓。据《宗喀巴大师传》的记载，在公元 1419 年，宗喀巴大师曾从甘丹寺赴哲蚌寺，专程为阿巴扎仓开光。由于和帕木竹巴的密切关系，所以帕竹政权时期，哲蚌寺一直不断发展，建立了七大扎仓，但此时的扎仓规模很小，没有形成现在的形制，和康村、米村的形式比较相似。至五世达赖时，哲蚌寺成为当时西藏地区的政治宗教中心，寺庙势力空前膨胀，建筑活动更加频繁，修建了许多新的建筑，基本确立了哲蚌寺现在的建筑群格局。措钦大殿、罗赛林扎仓、郭莽扎仓等主要建筑都是形成于这一时期，在公元 18 世纪又再度维修终定型的。四大扎仓中德央扎仓的面积最小，宿白先生认为其修建或扩建的时间约在公元 19 世纪，因为内部柱头样式是公元 19 世纪流行的做法。通过对这段历史的回顾，参看哲蚌寺总平面图（图 7-8），不难得出，整座寺庙的扩展趋势是由西北往东南、从山上往山下扩散。

2. 从各等级建筑分布看，以高等级建筑为中心，向四周发散

格鲁派寺庙是一个等级森严的机构，不仅反映在组织制度上，在建筑上也有所反映。在大型寺庙中，建筑的等级基本是按措钦大殿、扎仓大殿、康村大殿、米村僧舍这样一个从高级到低级的方式排列的。最早的僧舍都是围绕着嘉央拉康和阿巴扎仓而修建的，基本都分布在哲蚌寺现在靠近西北角的区域。措钦大殿修建后，在它的南面和东南面又分别修建了其他的三座扎仓，加上阿巴扎仓，形成了以措钦大殿为中心、扎仓在四周这样一种众星拱月的格局。在

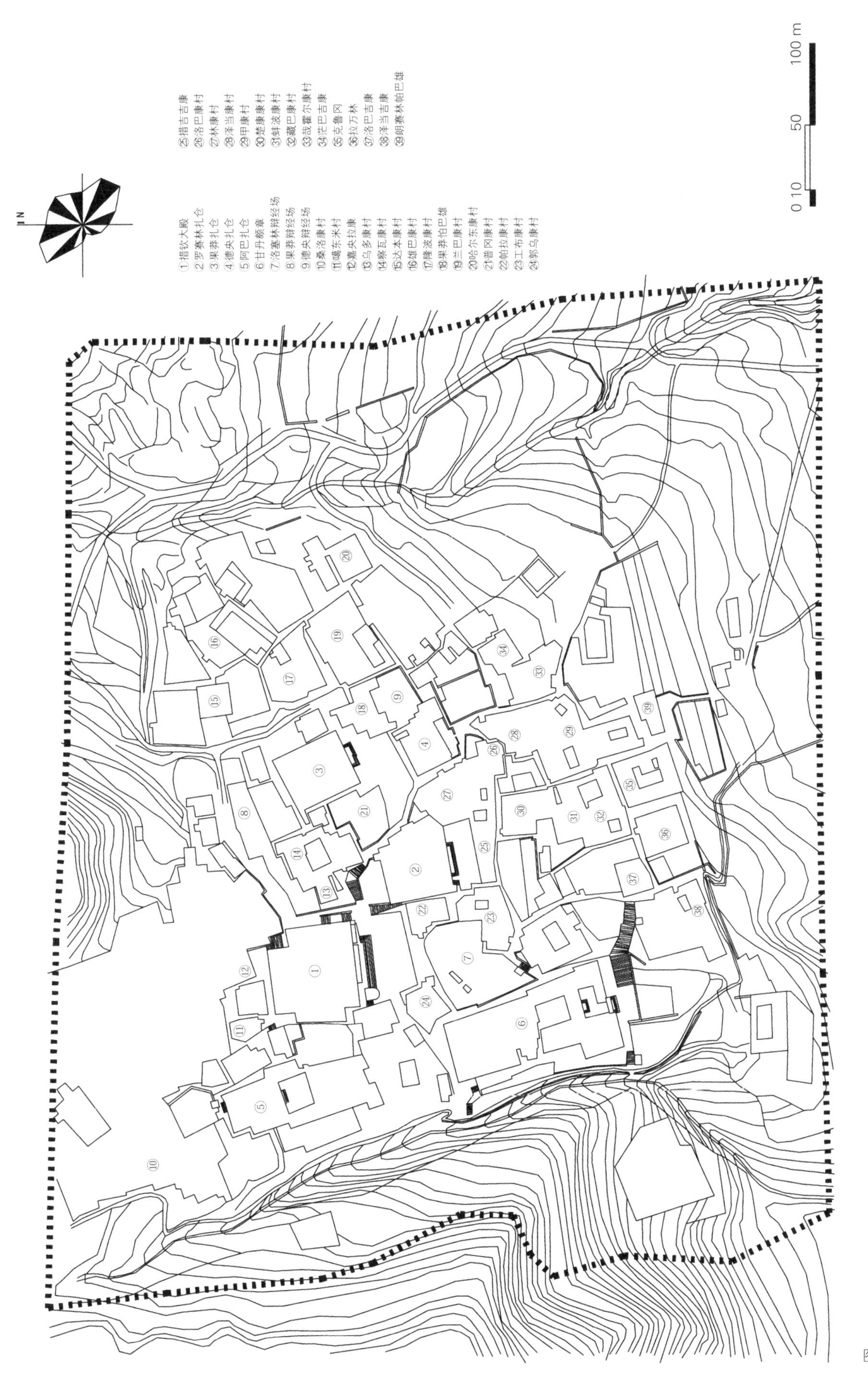
0 10 50 100 m
N
①措钦大殿
②罗赛林扎仓
③果莽扎仓
④德央扎仓
⑤阿巴扎仓
⑥甘丹颇章
⑦洛塞林辩经场
⑧果莽辩经场
⑨德央辩经场
⑩桑洛康村
⑪噶东米村
⑫嘉央拉康
⑬乌多康村
⑭察瓦康村
⑮达本康村
⑯雄巴康村
⑰隆波康村
⑱果莽帕巴雄
⑲兰巴康村
⑳哈尔东康村
㉑普冈康村
㉒帕拉康村
㉓工布康村
㉔郭乌康村
㉕措吉吉康
㉖洛巴康村
㉗林康村
㉘泽当康村
㉙甲康村
㉚楚康康村
㉛蚌波康村
㉜藏巴康村
㉝哉霍尔康村
㉞茫巴吉康
㉟克鲁冈
㊱拉万林
㊲洛巴吉康
㊳泽当吉康
㊴朗赛林帕巴雄

图 7-8 哲蚌寺总平面图

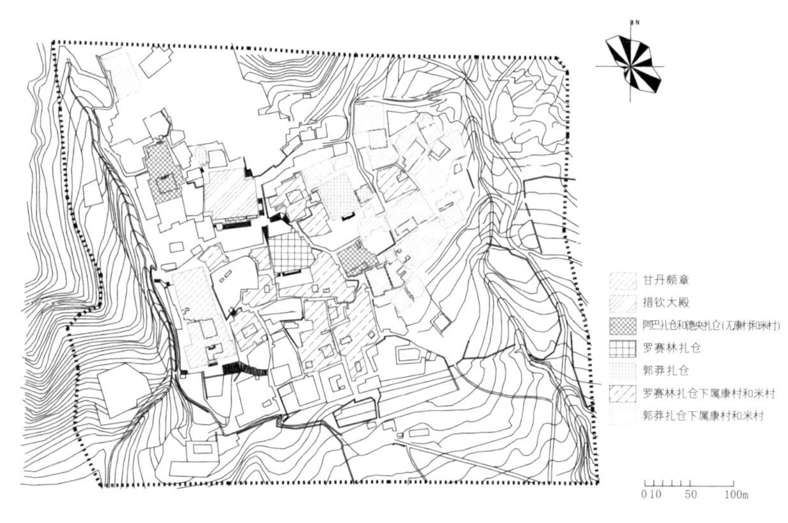

图 7–9 哲蚌寺建筑分析图
图片来源：牛婷婷绘

总图上同样可以看到，填补在扎仓和大殿之间的是众多的康村和米村，分析这些康村、米村的所属关系后不难看出，康村多围绕着所属的扎仓修建，而米村多围绕着所属的康村修建，这就从措钦到米村，形成了层层套叠的、以高等级建筑为中心的向四周放射的布局模式（图 7–9）。同时可以看出寺庙的主要发展趋势是向山下延伸的，主要建筑都居于寺庙的北半部分，这是等级关系的又一体现。在藏族传统中，很早就有高等级的建筑占据山的高处，而低等级的只能在低处的布局。就像兴盛于吐蕃时期的大型土葬墓群中，身份地位较高的人会葬在半山腰，而身份地位比较低的只能葬在靠近山脚的地方。

整个寺庙是一个完整的组织。高等级的建筑就是细胞核，围绕在它周围的低等级建筑就是细胞质，穿插其间的各种小道、广场就是细胞液。这样的若干“细胞”堆积在一起构成了寺庙。这样的布局模式是对教习功能的强调，建筑围绕着学习活动设置，不仅反映了寺庙体制的严整性，也突出了建筑群的向心性。

7.2.3 主要建筑

哲蚌寺是西藏最大的藏传佛教寺庙，无论是僧侣数量还是占地规模，都是其他寺庙所不能及的。这里不仅是宗教的权势重地，也是许多僧侣向往的高等学府。哲蚌寺到现在还保留了完整的学经体系，建筑的设置也都围绕着宗教学习而展开。哲蚌寺建寺初期曾有七大扎仓：结巴扎仓、罗赛林扎仓、郭莽扎仓、夏郭扎仓、都哇扎仓、德央扎仓和阿巴扎仓，分别由嘉央曲杰的七大弟子担任扎仓的堪布。公元 18 世纪后，七大扎仓陆续合并，形成了现在的四大扎仓：罗赛林扎仓、郭莽扎仓、德央扎仓和阿巴扎仓。其中前三个扎仓是显宗学院，后一个扎仓是密宗学院。显宗又叫作显教、显乘或显修派，这一派是用明显的教义来说明修行的途径，并实现成佛的目的，是格鲁派的僧侣最先接受的学佛的方法。在三个显宗学院里对教义的学习各有侧重，罗赛林扎仓侧重于中观自续派见地，郭莽扎仓侧重于中观应成派见地，德央扎仓则侧重于文艺，如藏戏、跳神等。密宗又叫作密教、密乘或密修派，他们通过修习一种不能对外人说的密法来达到成佛的目的。格鲁派的僧人在获得“格西”学位后方可修习密宗，阿巴扎仓是密宗学院，德央扎仓中的部分修行活动也属于密宗范畴。

1. 措钦大殿

措钦大殿内部的各个空间功能明确，首层平面使用了典型的三段式布局：引导空间——门廊、聚集空间——经堂、膜拜空间——佛殿（见图 7–10）。前部门廊 8 根二十棱柱一字排开，形成一个穿廊，有点类似于骑楼的做法。中间经堂是多柱的大空间，有柱 183 根，是藏传佛教寺庙大殿中的最大者，采用密肋梁柱承重体系，内部没有分隔，能同时容纳近万名僧人在里面打坐诵经。后部是并列的两间佛殿。佛殿层高均较高，在两层左右。

随着三段式布局，大殿产生了三个地坪层次，即院落地坪、经堂地坪和佛殿地坪，形成了从入口到佛殿逐层升高的格局，强调佛殿的重要地位。

建筑在体块构成上采用了层层减退升高的做法。从垂直空间上看，门廊、经堂及其上部空间两层高，北面和西面佛殿及其上部空间三层高。从平面上看，二层平面呈“回”字形，在一层平面的基础上，缺少了中间天井的空间；三层平面仅保留了“L”形的局部平面，相较二层平面面积又有所减退。

整个大殿建筑采用的是不对称的布局方式，而不是寺庙中其他主要建筑大多采用的中心对称的布局（见图 7–10）。平面形式不对称，立面同样也不对称。从平面图和立面图上可以看出，整个建筑的比重倾向于西北方向。如果在门廊的第四和第五根柱中间做一条中分线，可以很清楚地看到，两个佛殿金顶都偏在一侧。而这种在数百年时间中形成的不对称格局，也造就了措钦大殿独特的建筑外观（图 7-11）。

重要的佛殿空间上覆盖四坡金顶。这种金顶的做法受到汉地建筑做法的影响，选用级别较高的歇山顶和攒尖顶。大殿总共有两座金顶，九脊的歇山顶在堆松拉康上，攒尖顶在供奉八岁强巴佛等身像的佛殿。

2. 四大扎仓

罗赛林扎仓，是哲蚌寺规模最大的扎仓（见图 7-12），僧侣人数也是最多的。僧众主要来自四川、云南、西康、昌都等地区。“罗赛林”意为“好心人居住的院子”。罗赛林扎仓是一个封闭的院子，由大殿、厨房、僧舍围合成院落。广场正中有一根缠绕经幡的嘛尼杆。大殿坐北朝南，建筑四层，占地面积近 1780 平方米，具体的建筑概况在前文第 6 章中已有介绍，此处不再赘述。

郭莽扎仓，也称“门多院”（见图 7-13）。这个名字的来历还有一个美丽的传说。据说经堂曾经发生大火，人们隐隐约约看到有很多僧侣被围困在熊熊大火之中，而经堂的大门已经被封死，建筑没有出口，等到大火熄灭之后，人们在清理火场时却并没有发现任何僧人的尸体，他们感觉经堂有很多肉眼所看不到的门，火场里的人就是通过这些门逃生了，因此得名。僧众主要来自内蒙古、青海、那曲等地区。大殿与东面的厨房在二层由天桥相连，南面是开敞广场，扎仓的辩经活动就在这里举行。大殿门廊呈“凸”字形，前四后八共 12 根二十棱柱。经堂面积与罗赛林扎仓的经堂面积差不多，均是面阔 13 间，进深 10 间，有柱 102 根。第 4 排正中减柱 6 根，四周升起，形成面积 28 间的上部空间，南面开高侧窗采光。经堂北面有佛殿三间：且巴拉康、敏珠拉康、卓玛拉康，进深均为 3 间，有各自独立的进出口，前部另有相通的门。二层布局基本与罗赛林扎仓相同。三层、四层也仅在佛殿上才有，三层还有一间供奉战神的佛殿。四层是套房式的僧舍，有独立的厨卫系统，还有能容纳数十人的小经堂，这一层也是郭莽扎仓高级管事僧人的住处。

罗赛林扎仓和郭莽扎仓是哲蚌寺内修习显宗的主要场所，它们的建筑等级、规模等基本没有差别，只是在修习的佛法内容侧重上略有区别。

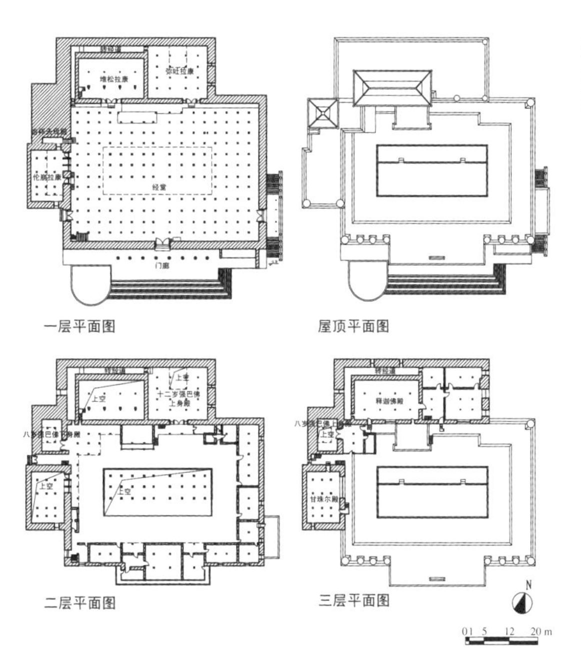

图 7-10 哲蚌寺措钦大殿平面测绘图
图片来源：牛婷婷绘

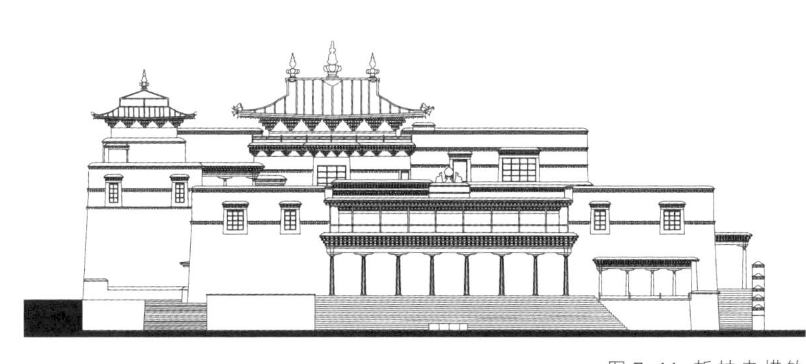

图 7-11 哲蚌寺措钦大殿立面图
图片来源：牛婷婷绘

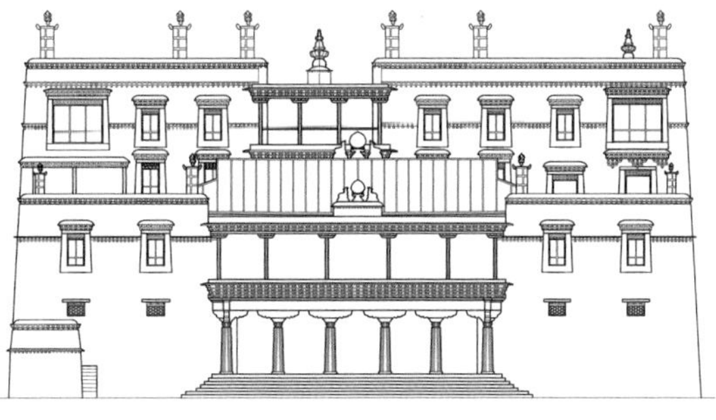

图 7-12 哲蚌寺罗赛林扎仓
图片来源：牛婷婷拍摄、绘制

德央扎仓是四个扎仓里规模最小的扎仓（见图

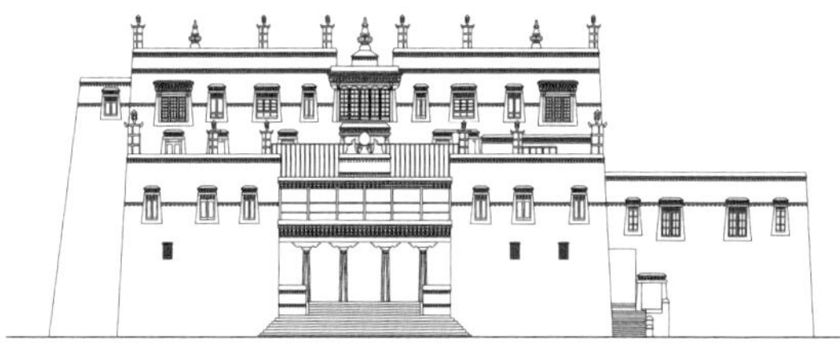

图 7-13 哲蚌寺郭莽扎仓
图片来源：牛婷婷拍摄、绘制

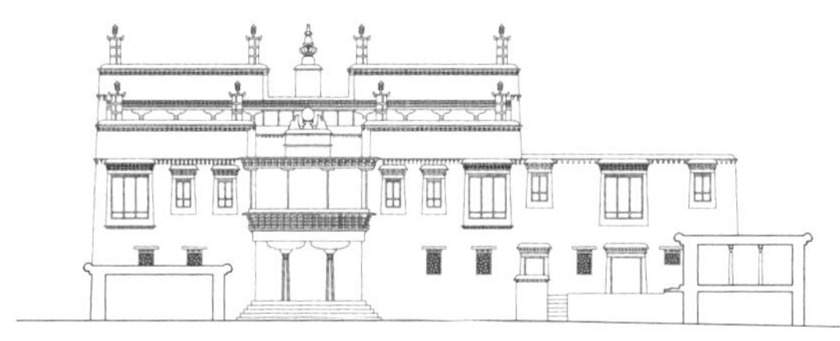

图 7-14 哲蚌寺德央扎仓
图片来源：牛婷婷拍摄、绘制

图 7-15 哲蚌寺阿巴扎仓
图片来源：牛婷婷摄

7-14）。虽然将其归于显宗学院，但教法是显密双修的。“德央”在藏语里是指好听的声音，寺庙里举行大型佛事活动时奏乐的人大多来自这个扎仓。德央扎仓是一个由大殿、辩经场、厨房和僧舍围合而成的小院落，占地面积约 1330 平方米，大殿建筑面积仅 720 平方米，相较前面两个扎仓，规模小了很多。大殿三层，三段式布局。经堂面阔 11 间，进深 7 间，有柱 56 根。第 3 排正中 4 根柱升起两层高，形成 15 间的上部空间，南面开高侧窗采光。经堂北面正中是佛殿，进深两间，两侧是两间库房。二层僧舍布局没有明显规律，不似前两座扎仓；由回廊连接，柱网布置与一层对应。三层仅在佛殿上层才有，室内格局也与前两座扎仓有所不同，房间等级和装饰等级也不及前两座扎仓。大殿东侧靠西是僧舍和其他用房，北侧是德央扎仓的厨房。“僧舍和厨房的建筑相当随和，形状很不规则，是随着僧人数量的增加而不断扩建形成的格局，为寺院僧舍建筑中不拘一格风格的代表”[7]。

阿巴扎仓是哲蚌寺里最早的建筑之一，是一座密宗学院（见图 7-15），“阿巴”藏语是指修习密教的人。按照宗喀巴大师的规定，格鲁派的僧人必须先修习显宗，经过考核和选拔，才有资格进入密宗学院修习。阿巴扎仓的僧人不仅仅是来自本寺庙其他扎仓的优秀者，也可以是其他地区的密宗修习者。由于修习内容的不同以及修建年代要早于前三座扎仓，所以阿巴扎仓的建筑形式较为特别。

阿巴扎仓是一座院落式建筑，占地面积 2120 平方米，大殿在北面，其余三面被两层高的回廊式的僧舍围合，扎仓主入口开在建筑东面。大殿坐北朝南，三层高，门廊是规整的方形。经堂面阔 9 间，进深 7 间，内有柱 48 根，正中的 8 根柱子比较粗壮，升起高达两层，形成面积 15 间的高起空间，南面开高侧窗采光，并没有采用减柱的做法。经堂后是佛殿——杰吉拉康，面阔 3 间，进深 2 间，仅此一间。拉康墙外有近 1.5 米宽的室内转经回廊，延续了前弘期的做法，在后来的格鲁派寺庙中已不多见。二层在北侧有一间佛殿，其余房间为库房，布局自由没有明显的规律（见图 7-16）。

扎仓大殿在建筑布局上基本是对称的，从它们的平面和立面上不难看出。郭莽扎仓、德央扎仓和阿巴扎仓的中轴线很明确，平面的柱网布置、立面的装饰、开窗位置、开窗式样都沿中轴线对称。罗赛林扎仓的立面轴线虽略有曲折，但它的整体布局基本还是对称式的。

四座扎仓大殿首层平面都沿用了三段式的布局，沿纵深方向依次排列的是门廊、经堂和佛殿。门廊平面多呈“凸”字形，两侧布置楼梯或库房。中段经堂是大空间，梁柱结构体系，内部没有分隔。后部是并列多间的佛殿，或三间或五间，均是奇数开间。只是阿巴扎仓的平面形状模仿了“十字坛城”，而其他三座则是规整的长方形。

显宗扎仓经堂均采用了减柱做法，正中开间的若干根被减掉，后排中间的柱子升到两层的部分，升出两层的部分南面开窗采光，北面为无窗实墙。阿巴扎仓经堂内虽有升起但未减柱，应是与建筑的修建年代有关。

建筑地坪分为三个层次，逐步升高，形成从入口到佛殿不断上升的格局。建筑每层的面积依次减少，层数越高面积越小。门廊、经堂的上部有一层建筑，佛殿上部有两层。

德央扎仓作为显密双修的扎仓，具有一些密宗扎仓的特点，也是紧凑的封闭院落。和寺庙中的一些规模较大的康村、米村非常相像，如果没有看到建筑外部的代表等级的装饰的话，从院子旁路过根本不会感觉到这是一个等级较高的学院。

阿巴扎仓和其他扎仓一样，有大殿、僧舍、厨房、厕所、库房等，但没有辩经场，这跟修习的内容有关。密宗主要修习一些不能广为传播的密法，这就要求学习活动具有一定的隐秘性。所以，不同于罗赛林扎仓和郭莽扎仓的大殿面对半开放甚至是开放的广场空间，密宗扎仓是完全封闭的院落空间。建筑平面是简化后的坛城，坛城是密教修行中的一种法器，选择坛城式样平面也是对密法修行的呼应。表 7–1 是四大扎仓建筑特点的比较。

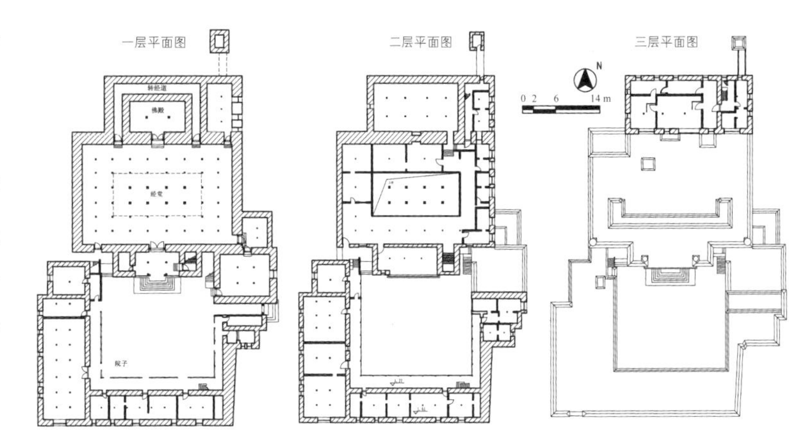

图 7–16 阿巴扎仓平面图
图片来源：牛婷婷绘

3. 僧舍等其他建筑

在哲蚌寺里还有很多其他的围合院落，是僧侣们主要的生活场所——康村或米村。这些院落没有统一的形式，有的形状较为规整，例如桑洛康村（见图 7–17），有的形状则较不规整，例如乌多康村（见图 7–18）。这些独立小院落的布置具有很强的灵活性，见缝插针地分布在措钦大殿和扎仓之间。随着寺庙的扩大和僧侣人数的增加，在很多康村、米村中都能看到加建的痕迹，这也是造成许多院落形状不规整的原因之一。

在寺庙里，学经的活动深入生活的方方面面，个人的学经行为就是在自己的僧舍里进行的。这些院落充满了浓郁的生活气息，常可以看到僧人们培育的鲜艳的花草，点缀了单调的僧侣生活。这是在更正式的集会场所看不到的。

哲蚌寺里还有一些僧舍，它们承担寺庙的接待任务，为外来的访客提供吃住。从建筑形式上看，和一般的僧舍没有什么区别，只是规模会略小一些，位置靠近哲蚌寺山坡地的最南面，地势最低也最接

表 7–1 四大扎仓建筑特点对比

对比内容	罗赛林扎仓（显宗）	郭莽扎仓（显宗）	德央扎仓（显密同修）	阿巴扎仓（密宗）
建筑布局对称	是	是	是	是
三段式布置	是	是	是	是
经堂内减柱做法	是	是	是	否
院落到经堂到佛殿地坪逐步抬高	是	是	是	是
四面围合院落	是	否	是	是
经堂前有大的集会广场	是	是	否	否
有独立的辩经场	是	是	是	否
室内转经礼拜道	否	否	否	是

图 7–17 桑洛康村
图片来源：牛婷婷摄

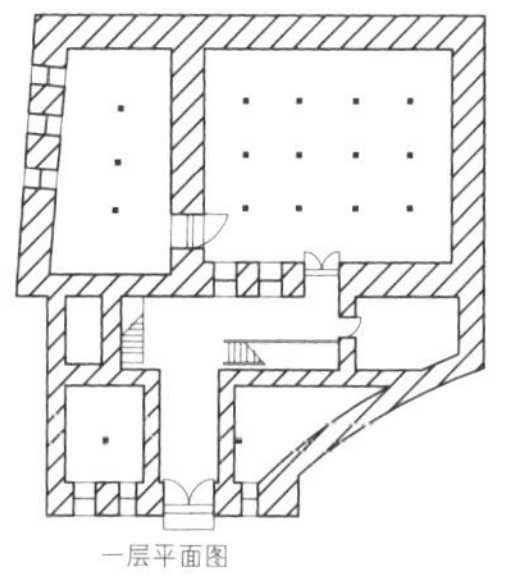

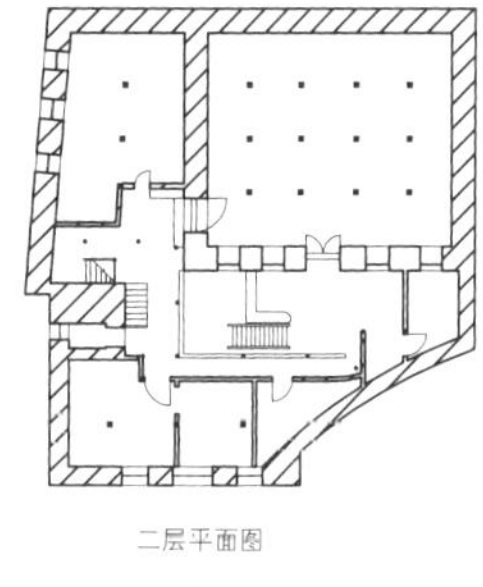

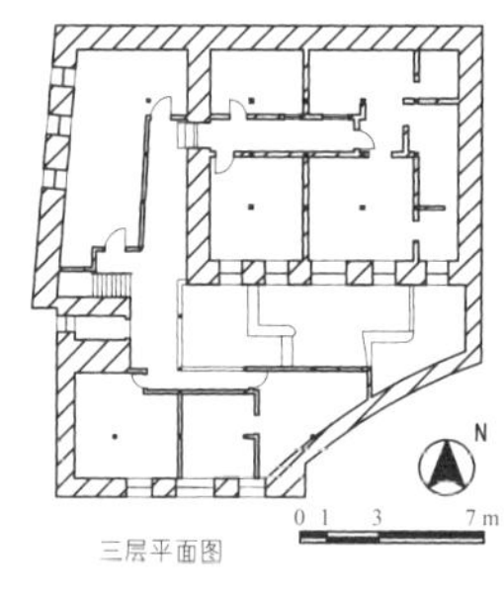

图 7–18 乌多康村平面图
图片来源：牛婷婷绘

近寺庙入口广场。

帕巴雄：单栋式建筑，从外部看和普通僧舍没有差异，白色的外墙粉饰。藏语的意思是“解决吃住的机构”，这里就是哲蚌寺的“招待所”。

克鲁冈：院落式建筑，三层高，同样的白色外墙粉饰，与一般僧舍无异。藏语的意思是“中间的地方”，主要是为前来寺庙学习进修的僧人提供住宿。

拉万林：单栋式建筑，两层高，建筑上部有一道红色边玛修饰的女儿墙，代表着建筑的身份不是简单的宿舍。这里最早是用来接待从蒙古来访的一位女王，后来就用来接待到访的女僧人。

7.3 格鲁派高等学府——色拉寺

7.3.1 寺庙历史

色拉寺，位于拉萨市北郊约 5 公里的色拉乌孜山南麓，由宗喀巴大师的亲传弟子大慈法王释迦也失于公元 1419 年主持修建。

每座著名寺庙在修建时都有各种传说故事。在色拉寺北面的山腰上有一处名为“曲顶岗热坠”的修行洞，是宗喀巴大师在修行时校注佛经的静修室。一日，大师正在静修室中修行，忽见山前的空中，“阿”字遍布天空如雨而下。大师预言，这里应该修建一所讲经修佛的大寺院，佛法在此必得普传。随后，他的弟子释迦也失依据大师的谕示，以柳吾宗贵族为施主，在色拉乌孜山的南麓修建了色拉寺。

寺庙在建成初期，曾有堆、麦、嘉、仲当四个扎仓，到公元 17 世纪，由于各扎仓的发展不均衡，最终拆散合并后改为三个扎仓：麦扎仓、吉扎仓和阿巴扎仓，其中阿巴扎仓是密宗扎仓。

7.3.2 布局发展

关于寺庙中重要建筑的具体修建年代，色拉寺是在西藏四大寺中最明确的。寺庙创建于公元 1419 年，现存的建筑中只有麦扎仓和阿巴扎仓的始建年代与此相符，据说麦扎仓的大殿建筑早年曾遭雷击，现在的建筑是公元 1761 年由贡钦·强曲彭巴主持重建的。吉扎仓始建于公元 1435 年，在 18 世纪初的时候，由于僧人数量的剧增，原有建筑不能满足需要，进行了改扩建，形成了现在的规模；在同一时期，公元 1710 年的时候，由拉藏汗[8]资助修建了色拉寺现在的措钦大殿，新的措钦大殿建成后，原来的措钦大殿便被改成了阿巴扎仓。

色拉寺正中有一条贯穿南北、林荫茂密、由石块砌筑的道路，约有三四米宽。这条道路将色拉寺分成了东、西两个部分，如图 7–19 所示，道路西侧的康村基本都属于麦扎仓，道路东侧的则都属于吉扎仓。公元 18 世纪前修建的措钦大殿、吉扎仓和麦扎仓等主要建筑都位于道路的西侧；而道路东侧主要是新修建的措钦大殿和一些康村建筑等；道路东侧的建筑密度又要低于西侧：因此推测，寺庙原来集中于西侧旧措钦大殿、吉扎仓、麦扎仓附近发展，随着寺庙的不断扩大和新措钦大殿的修建，逐渐向东侧空置区域发展。另外，与哲蚌寺相似的是，吉扎仓和麦扎仓都有各自下属的康村、米村，这些等级更低的建筑大多围绕所属扎仓展开布置。吉扎仓及其所辖的康村、米村主要占据了寺庙旧区靠北面、地势更高一些的位置，并把原来的措钦大殿包裹其中，足以显示该扎仓在色拉寺中举足轻重的地位。而麦扎仓及其所辖的康村则位于山脚地势较低的位置，也是组团围绕扎仓大殿的布局形式。

7.3.3 主要建筑

色拉寺位于拉萨古城的北郊，与哲蚌寺、甘丹寺分别从北、西、东三面对拉萨城及布达拉宫形成合围之势，是格鲁派忠实的捍卫者之一，在政治和宗教方面都有着举足轻重的地位。清代，色拉寺曾有编员 3300 人，在前藏仅次于哲蚌寺和甘丹寺，但实际驻寺的僧人数量远在其上。色拉寺修建在色拉乌孜山南麓，规模宏大，占地超过 11 万平方米，由措钦大殿、三大扎仓和大小 30 座康村组成。

1. 措钦大殿

措钦大殿是全寺最大的建筑，公元 1710 年修建，位于色拉寺正中林荫大道的东北侧（见图 7–20）。大殿前有一片开阔的广场，是举行辩经的场所。

新大殿修建的时候，已是格鲁派寺庙建筑成型时期，建筑的修建完全遵循了大殿建筑常见的形制做法，面积上看是一级的大殿建筑。典型的三段式布局，门廊立柱 10 根；经堂面阔 13 间，进深 10 间，有柱 102 根，与哲蚌寺的罗赛林扎仓、郭莽扎仓等相同，正中 14 间面积的上升空间，高侧窗采光；北面设置了并列的五间佛殿，面积都不大，两层高，正中的三间通过前室相连，供奉强巴佛，最外侧的是独立成间。

大殿的二层主要是僧舍和佛殿，以经堂上空的空间为中心形成“回”字形平面。佛殿上部的三、四层是色拉赤巴的居室、经堂，达赖喇嘛的专用住处（多位达赖喇嘛曾兼任哲蚌寺和色拉寺的赤巴）。建筑四层藏式平顶之上另有一座镏金歇山屋顶。

2. 吉扎仓

吉扎仓大殿占地约 1700 平方米，仅次于措钦大殿，始建于公元 1435 年，公元 18 世纪初扩建（见图 7–21）。因为扩建的年代与新措钦大殿的修建年代接近，所以两座建筑形制非常相似。门廊 10 柱分两排布局；经堂面积稍小一些，面宽 11 间，进深 11 间，立柱 92 根，是比较特别的方形。经堂的西、北侧共有五间佛殿，其中最著名的是位于西侧的马头明王殿，殿内供奉洛珠仁钦僧格亲塑的极密马头明王双尊像，是吉扎仓的主供佛像，也是色拉寺的主供佛之一。二层正中是经堂升起的部分，四周是佛殿和僧舍，中间有一圈回廊。三、四层建筑是扎仓堪布的住处。

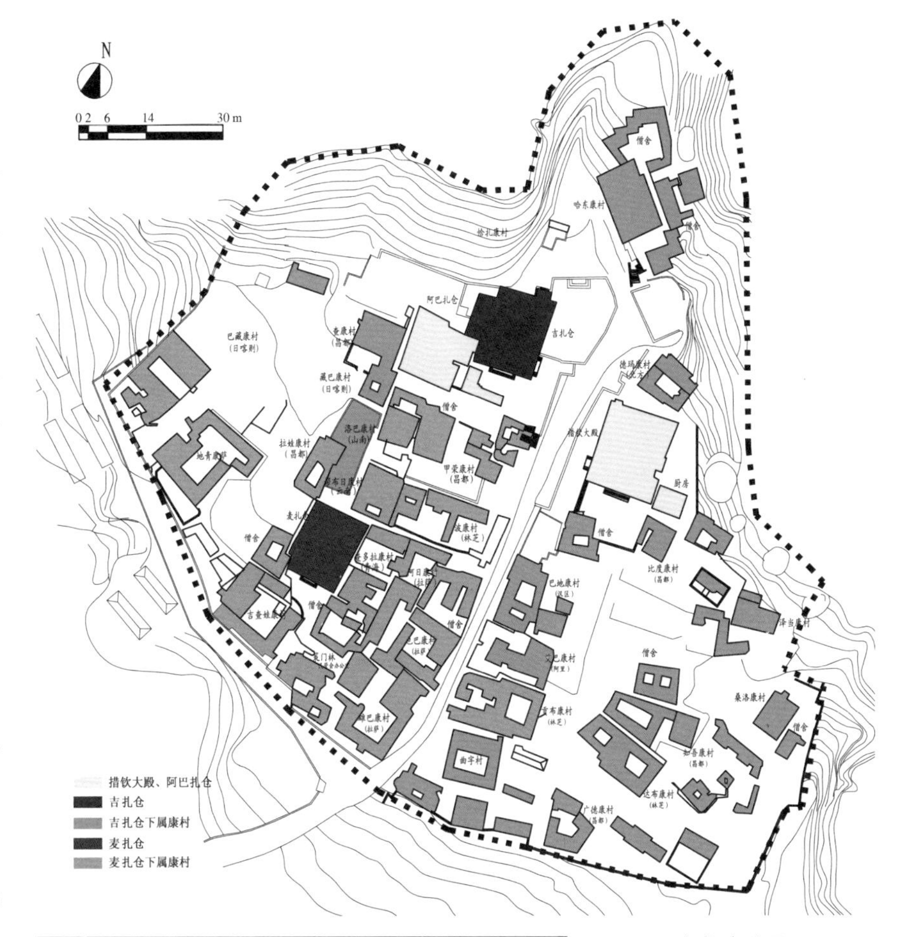

图 7–19 色拉寺总平面图
图片来源：牛婷婷绘

图 7–20 色拉寺措钦大殿
图片来源：牛婷婷摄

图 7–21 色拉寺吉扎仓
图片来源：牛婷婷摄

3. 麦扎仓

麦扎仓位于旧区靠近山脚的位置，是色拉寺最早的建筑之一，始建于 1419 年，由寺庙创建人释迦也失所建。据说当时的经堂内有长短 75 根大柱，建筑占地面积 900 多平方米，后来殿堂毁于雷击。公元 1761 年由贡钦·强曲彭巴重建了扎仓大殿，建筑占地面积达到 1600 多平方米（见图 7-22）。

扎仓大殿是局部四层高的建筑，平面形状呈长方形。一层由门廊、经堂和佛殿组成。经堂面阔 11 间，进深 10 间，有柱 84 根。经堂北侧有四间神殿，将后端空间均分，两层高，且均为四柱空间。麦扎仓的建筑二层还有两间佛殿。三、四层为扎仓堪布的住室及办公场所。

图 7-22 维修中的麦扎仓
图片来源：牛婷婷摄

4. 阿巴扎仓

阿巴扎仓是色拉寺在创寺时就有的建筑之一，曾是色拉寺的措钦大殿，新的措钦大殿建成后改为扎仓（见图 7-23）。建筑修建于格鲁派创派初期，建筑形制尚未完全成型，所以阿巴扎仓的大殿建筑形制与寺庙中另两座扎仓甚至哲蚌寺的阿巴扎仓都有不同。建筑平面基本成方形，约 1500 平方米，虽然也是三段式的布局，但门廊部分的空间处理较弱，在平面构图中尚不能占据一席之地，仅起到对外突出的一个标识作用；经堂内纵向排列 6 排柱，而横向柱数却为少见的单数，改变了中轴线的位置，这是在格鲁派寺庙中不常见的做法；经堂北面有两间佛殿，东侧一间较大，为常用佛殿，供奉释迦也失的佛像。阿巴扎仓二层为僧房和无量光佛殿；三、四层主要作为达赖喇嘛的卧室等。四层屋顶之上设置了一座鎏金歇山屋顶，从新措钦大殿中依然能看到老措钦大殿的影子。

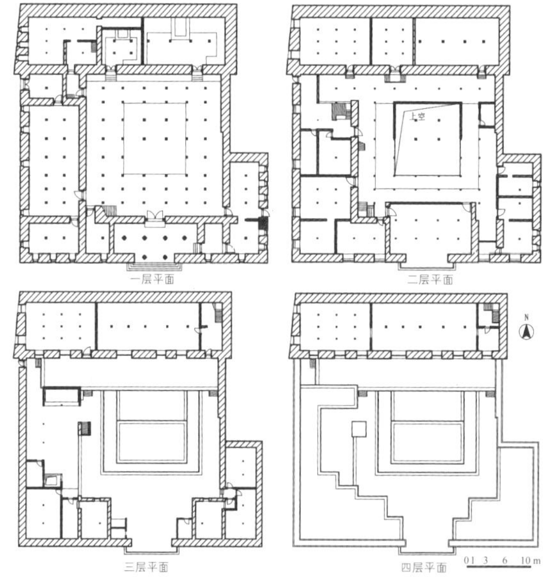

图 7-23 阿巴扎仓平面
图片来源：牛婷婷绘

7.4 后藏的格鲁派中心——扎什伦布寺

7.4.1 寺庙历史

一世达赖喇嘛根敦珠巴于公元 1447 年在后藏中心日喀则创建了扎什伦布寺（见图 7-24）。“当年六月上弦日，由达结巴·索南贝桑担任施主，勘测地形，施食土地神，根据《噶当宝书》授记、宗喀巴大师在那塘寺的教导以及退敌天女的授记，修建扎什伦布寺吉祥大乐遍胜洲”[9]。法尊大师所著的《西藏民族政教史》达赖世系卷里这样叙述扎什伦布寺创建因缘：根敦珠巴在前往响朵格培山闭关时，梦见了西尼玛山，山顶端坐着宗喀巴大师，半山坐着他的受戒恩师慧狮子，自己则坐在山下，这时听见

图 7-24 扎什伦布寺鸟瞰照片
图片来源：牛婷婷摄

恩师对他密语："宗喀巴大师为我授记甚多。"声音十分清楚。此后，根敦珠巴在博东寺修行时，见到一个女人对他说："那里有你的寺庙，有寺就有众生。"根敦珠巴忙问寺庙叫什么名字，究竟如何。女人却两手当胸，做莲花合掌状说了两句密语，就不见了。根敦珠巴领会了这是空行母对他的授记。当时慧狮子也常往返于日喀则和那塘寺，每到西尼玛山就指着说："我心中常感觉僧成（根敦珠巴）在这里说法。"依据这些缘法，根敦珠巴最终在西尼玛山南坡的半山腰上修建了扎什伦布寺。

公元1601年四世班禅罗桑却吉坚赞主持扎什伦布寺，在他担任扎什伦布寺赤巴期间，对寺庙进行了大规模的扩建，僧侣编员3800人，但实际达到了5000人，分别归属显宗和密宗的四个扎仓：夏孜扎仓、吉康扎仓、吞桑林扎仓和阿巴扎仓（密宗）。公元1713年，康熙皇帝敕封五世班禅"班禅额尔德尼"的称号，并赐金册、金印，从此，"班禅额尔德尼"正式登上历史的舞台，扎什伦布寺也成为历代班禅的驻锡之地，是继拉萨三大寺之后最具有影响力的格鲁派寺庙。

7.4.2 布局发展

公元1447年扎什伦布寺创建后，历时12年修建了措钦大殿；公元1474年，寺庙已有3座显宗扎仓和26座康村、米村；公元1601年，四世班禅大师罗桑却吉坚赞创建了阿巴扎仓，主持了扎什伦布寺的扩建；公元1662年，修建了四世班禅灵塔殿；公元1737年，修建了五世班禅灵塔殿"曲康吉"（中灵塔祀殿）；公元1780年，修建了六世班禅灵塔殿"曲康鲁"（西灵塔祀殿）；公元1853年，修建了七世班禅灵塔殿"曲康格司拔"（贤劫光炽灵塔祀殿）；公元1882年，修建了八世班禅灵塔殿"曲康赡部岭哲坚"（赡部州严饰）；公元1940年，修建了九世班禅灵塔殿"司松则甲"（三界严饰）；十世班禅圆寂后，也修建了灵塔殿"释颂甫捷"。由于在"文革"时期四世班禅灵塔殿和六至九世班禅的灵塔殿都被毁，所以寺庙将四世班禅的新灵塔迎至"确康吉"供奉，而将五世至九世班禅的灵塔殿迎至新建的东陵扎什南杰殿供奉，扎什南杰殿的位置就是原来四世班禅灵塔殿的位置。扎什伦布寺是班禅大师的驻锡寺，所以历辈班禅大师的灵塔都供奉在这里，华丽的多座灵塔殿成为扎什伦布寺特有的亮丽风景线。这道红墙金顶线沿东西走向贯穿了扎什伦布寺，并且居于寺庙最高的位置，山的半腰，构成了扎什伦布寺建筑群中等级最高的"金顶序列"（见图7-25）。四世班禅圆寂后紧挨着措钦大殿建立了灵塔殿，以后历世班禅大师的灵塔殿都沿着这条线向西面发展。为体现无差别性，灵塔殿都建于山的同一高度。现在在这条红线上由东向西依然布置着扎什伦布寺最主要的建筑，分别是：扎什南杰殿——五世至九世班禅的合葬灵塔殿、措钦大殿、班禅拉让、"确吉康"——现在的四世班禅灵塔殿、班禅新宫、十世班禅灵塔殿和强巴佛殿。

从图7-26中可以看出，寺庙的发展是以位于东北部地势较高的措钦大殿为中心，现存历史较久的建筑大多分布在以措钦大殿、吉康扎仓为轴线的寺庙偏东的位置，随着组织机构级别的降低，建筑沿山势由高到低顺序发展。这种发展模式与哲蚌寺、色拉寺一样，是顺应地形自然发展的方式。措钦大殿偏于寺庙的东面，吞桑林扎仓和夏孜扎仓虽都被毁，但原址都在措钦大殿的东面，吉康扎仓则位于

图7-25 从拉卡吉康看金顶
图片来源：牛婷婷摄

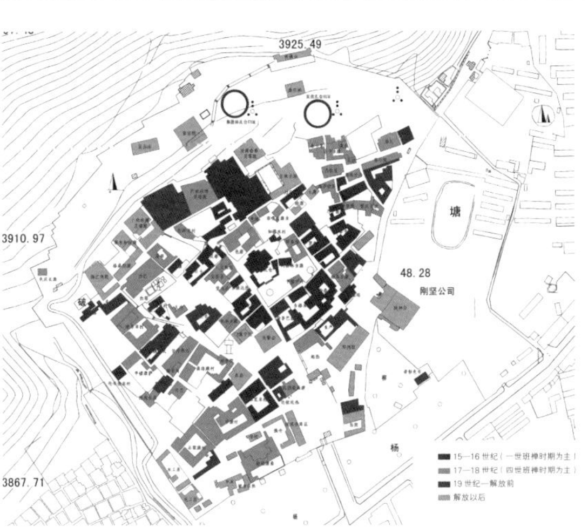

图7-26 扎什伦布寺建筑年代图
图片来源：牛婷婷绘

措钦大殿的南面，可见三个扎仓都围绕措钦大殿而建；措钦大殿与扎仓之间是大小各异、隶属于不同扎仓的康村、米村，见图 7–27。建筑群最初是围绕一栋建筑或一个院落在平面上发展起来，中心一般是措钦大殿。具备一定规模后，逐渐开始分支细化，形成若干个以扎仓大殿为中心的建筑组群。最后以每个扎仓为单位按照一定的拓扑关系发展形成了现在的寺庙布局。

另外，灵塔殿的修建对寺庙建筑群的整体布局和发展有很大的影响：建寺之初中心在偏东位置的措钦大殿，随着势力的扩张，寺庙逐渐向西发展，完成了由东到西的带状构图。灵塔殿数量在增多而合适建殿的空间却在减少，据记载，九世班禅大师在修建强巴佛殿时，曾将山上的僧舍搬迁获得建筑空间来保证“金顶序列”的完整性，高处的僧舍由山腰向山脚搬迁，逐渐铺满，寺庙完成了由点到线到面的发展。扎什伦布寺坐落在山坡之上，建筑依山势起伏排列，建筑体量也随着山势而逐渐增加，体现出了寺庙的气势和山地建筑自由灵活的空间秩序。

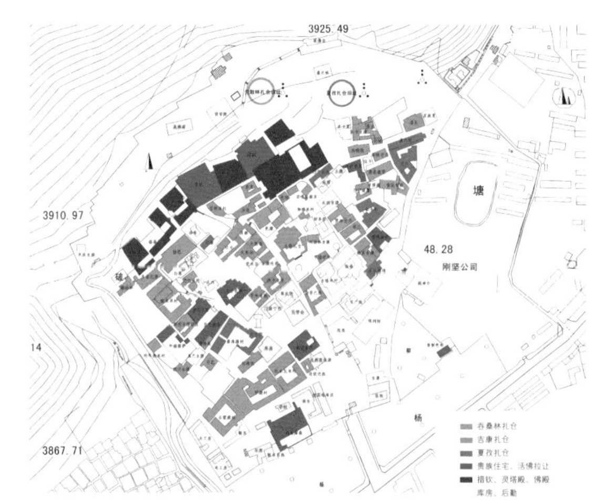

图 7–27 扎什伦布寺现状总图
图片来源：牛婷婷绘

图 7–28a 扎什伦布寺措钦大殿
图片来源：牛婷婷绘

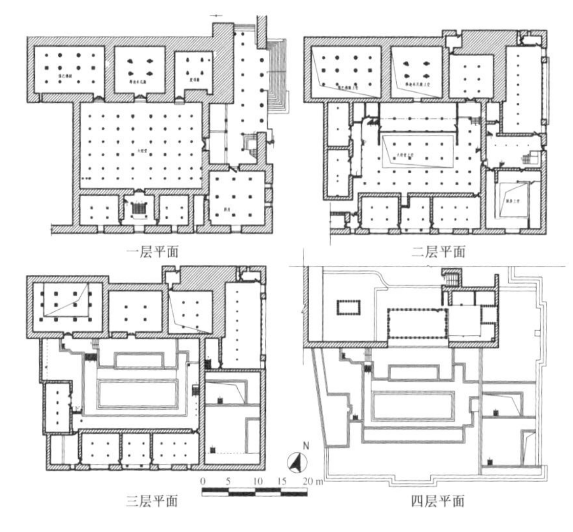

图 7–28b 措钦大殿测绘图
图片来源：牛婷婷绘

7.4.3 主要建筑

扎什伦布寺占地面积约 15 万平方米，主要建筑除了措钦大殿、扎仓大殿外，还有多座班禅大师灵塔殿，以及班禅拉让等扎什伦布寺专有的建筑。

1. 措钦大殿

措钦大殿历时 12 年才建成，为班禅大师讲经和举行佛事活动的场所（图 7–28）。根敦珠巴在世时仅修建了一层，四世班禅时扩建其为三层，并修建了金顶。门廊、经堂、佛殿三个部分都有，但与标准化的“三段式”布局仍有差别。门廊设在建筑南面，从平面构图看，所占比重较小，仅为 2 柱空间；经堂面阔 9 间，进深 7 间，有柱 48 根，规模不是很大；东西两侧各有一门，东面修建了两排的柱廊，正对辩经广场，成为措钦大殿现在最常使用的主要入口，东立面的设计运用了“两实夹一虚”的做法，是格鲁派寺庙大殿建筑成型后惯常采用的手法，但其实整个墙面与经堂的外墙壁之间并无关联，感觉更像现代建筑中使用的“假墙”手法；经堂后部是并列三间的佛殿，均为 4 柱面积，总的面阔比经堂要大。所以建筑平面不是平整的长方形。

2. 强巴佛殿

强巴佛殿位于“第一序列”的最西端，藏语称为“强康”，因内供奉一尊鎏金强巴佛像而得名。大殿建于 1914 年，由九世班禅曲吉尼玛主持修建。殿高 30 米，建筑占地面积近 900 平方米。建筑平面接近方形，层高 30 米，是当之无愧的藏式高层建筑，建筑立面呈阶梯状，层层收进，依据象征极乐世界的立体坛城而建。

3. “曲康吉”——四世班禅灵塔殿

“曲康吉”原是五世班禅灵塔殿，是唯一未在“文革”时期遭到破坏的灵塔殿，后将四世班禅的灵塔供奉于此（见图 7-29）。灵塔殿平面为一个倒“凸”字形，由门廊和佛堂两个部分组成：2 柱界定了门廊的使用空间；佛堂内分两排排列了 6 根方柱，室内空间有三层高，用来摆放四世班禅的灵塔；佛堂两侧还有两间用于储物和垂直交通。建筑外墙除了使用了标志身份的赭红色边玛墙外，也泼涂了红色颜料，与寺庙中的一般建筑相区分，强调了建筑的身份。这种将墙体处理成红色的做法在拉萨地区格鲁派寺庙中并不多见，受到后藏地区建筑文化的一些影响。

4. 吉康扎仓

扎什伦布寺原有四座扎仓，其中吞桑林和夏孜扎仓已毁，而阿巴扎仓是 20 世纪 90 年代重建的，只剩下吉康扎仓依然保存完好（见图 7-30）。吉康扎仓是根敦珠巴在扎什伦布寺期间建立，平面形状模仿了坛城的式样，受到了前弘期寺庙建筑的影响。“十”字的正中是面阔 7 间、进深 5 间的 24 柱经堂；经堂之后并列三佛堂，西面为护法神殿，中间为吉祥天母殿，东面为本多拉姆殿。相较于华丽的灵塔殿和有着红色外墙的金顶序列的建筑，白色外墙的吉康扎仓显得很简朴，但这无损该扎仓在寺庙中重要的宗教地位。吉康扎仓主要传授宗教哲学，是寺庙中进阶最高的学院，只有拥有格西学位的僧人才有资格在这里学习。

图 7-29 曲康吉——四世班禅灵塔殿
图片来源：牛婷婷摄

图 7-30 吉康扎仓
图片来源：牛婷婷摄

注释：

1 张世文 . 藏传佛教寺院艺术 [M]. 拉萨：西藏人民出版社，2003：12-13.

2 土观・罗桑却吉尼玛 . 土观宗派源流：讲述一切宗派源流和教义善说晶镜史 [M]. 刘立千，译注 . 北京：民族出版社，2000：155.

3 第悉・桑结嘉措 . 格鲁派教法史・黄琉璃宝鉴 [M]. 许存德，译 . 拉萨：西藏人民出版社，2009：48.

4 李晶磊 . 经院教育制度下的西藏格鲁派大型寺庙研究：以甘丹寺与色拉寺为例 [D]. 南京：南京工业大学，2010.

5 恰白・次旦平措，诺章・吴坚 . 西藏简明通史・松石宝串：全 3 册 [M]. 拉萨：藏文古籍出版社，2004：555.

6 颇罗鼐（1689—1747 年），西藏贵族，噶厦政府主管财政的官员。

7 西藏自治区文物管理委员会 . 拉萨文物志 [Z]，1985：30-31.

8 固始汗之孙。

9 第悉・桑结嘉措 . 格鲁派教法史・黄琉璃宝鉴 [M]. 许存德，译 . 拉萨：西藏人民出版社，2009：198.

8 寺庙建筑的营造工艺及特征

为了适应西藏的高原气候和自然环境，人们采用分层的办法修筑楼房，称为“碉房”或“碉楼”，在西藏地区尚有不少古老的碉楼遗址（图 8–1），碉房的形式多种多样，但它们的共同特点是：平面呈方形，用石墙或土筑墙与纵向排列的木柱密肋梁架形成土木混合结构。居室以柱子为单位，通常以有一根中心柱的称为一间。较大的居室、客堂或经堂用四柱八梁。外墙有明显的收分，窗洞小而少，多用天井采光通风，外观端庄稳固。这种做法，不仅在西藏民居中，而且在西藏其他建筑中也成为基本的结构形式。此外，在藏东峡谷区，如林芝的墨脱、米林、波密地区和日喀则亚东地区，尚盛行井干式房屋。这种适应温暖、潮湿、多雨地区而产生的形式，是古代藏族建筑的一个分支（图 8–2）。

图 8–1 藏东贡觉三岩碉楼
图片来源：汪永平摄

图 8–2 藏东井干建筑
图片来源：候志翔摄

图 8–3 桑耶寺
图片来源：汪永平摄

唐朝的文成公主进藏，“随带营造与工技著作六十种”，并召集汉族“木匠和雕塑等工匠”参加寺院的修建活动；公元 710 年金城公主进藏，亦是“杂使诸工悉从”：吐蕃王朝和唐朝皇室间结成了亲密的甥舅关系，汉藏人民在经济、文化方面的交流，也促进了藏族建筑技术的发展。汉族建筑装饰艺术更是随着汉式建筑艺术的传入，被大量吸收、引用，例如各种龙、凤形象，以及汉式屋顶与藏族传统建筑形式碉房的平屋顶结合——金顶的出现。大昭寺屋檐下的斗拱装饰，形式上直接引用汉族式样，但在装饰纹样以及题材上却是藏式文字图案。西藏宗教建筑装饰艺术不断地吸取内地建筑装饰艺术风格及文化，并与本地传统巧妙结合，既活泼又富有特点。

至公元 13 世纪中叶，元朝的统一，结束了藏族三百余年分裂割据的局面，给藏族社会带来了一个长期稳定的时期。这段时期西藏的文化艺术、雕塑、绘画、建筑得到蓬勃发展，西藏传统建筑技术（结构、式样等）趋于程式化，有一定的营造法制；逐步创造了独特实用的柱网结构、收分墙体、梯形窗套、松格门框、出挑窗台、檐口、平屋顶，重点建筑常冠以汉式铜质镏金屋顶和斗拱、额枋彩画等（图 8–3）。

8.1 建筑结构本土化

建筑结构本土化是寺庙真正成为藏式传统建筑类型的一个重要过程。早期的西藏寺庙是由汉族、尼泊尔、藏族的工匠共同组织建造，是三种建筑文化共同叠加形成的宗教建筑与宗教艺术作品；随着藏族文化和佛教文化的日渐交融，藏族工匠也在寺庙营建的过程中吸收外来的形式与技术，灵活地运用到藏族传统建筑的营造中，形成具有特色的藏传佛教建筑。

土木结构或木石结构是藏式传统建筑中最常见的结构体系，寺庙中的这些建筑也不例外。土或石主要作为承重外墙的构成材料，但是建筑内部仍然是以木构为支撑，与墙体衔接的梁，一段搭在石墙上，一段与室内的木结构相连，组成了完整的土木（木石）结构体系。

木结构中的支撑单元由下往上主要由以下几个部件组成：柱子、柱头斗、替木、弓木。柱子有方形和圆形两种，一般主要房间都会选用方柱，尺寸在200~300厘米不等，也有更大的尺寸，柱子有收分；柱子上用榫卯插接柱头斗，方柱上为方斗，圆柱上为圆斗；斗上是较短的替木，宽度比斗略窄，120~180厘米不等，下边缘为多段拼接的云状弧线；替木上是弓木，之所以叫弓木是因为最初的形状像一张弓，到公元17世纪时，弓木的做法也更烦琐，弧线更多。弓木上支撑的通常是主梁，与主梁垂直方向密密排列约150~170厘米宽度的密肋梁，密肋梁上再铺载楼板。就这样，柱、柱头斗、替木、弓木、主梁、密肋梁构成了建筑最基本的木构架体系。在寺庙这样等级较高的建筑中，为了抬高建筑高度，增加柱间距，往往会在主梁上沿相垂直的方向摆放短支梁，宽度、高度在10厘米左右，每根短支梁的间距在10厘米左右，其间铺垫木板遮盖，在等级较高的建筑中，这样的短支梁还不止一层。短支梁之上才铺设密肋（见图8-4）。

西藏有些地区的民居建筑中有贯穿两层的通柱，在寺庙中比较少见，每层的木构自成体系，再通过外墙将每层结构连接起来形成整体，所以，上下柱子或承重墙不对位的情况也常常出现。

在整个木结构体系中，每个构件之间的联系还是比较直接的，虽然在连接处可能会有一些榫卯做法，但都比较简单。由于受到材料的限制，主梁长度通常在4米以内。每根柱子的上端就是两根主梁

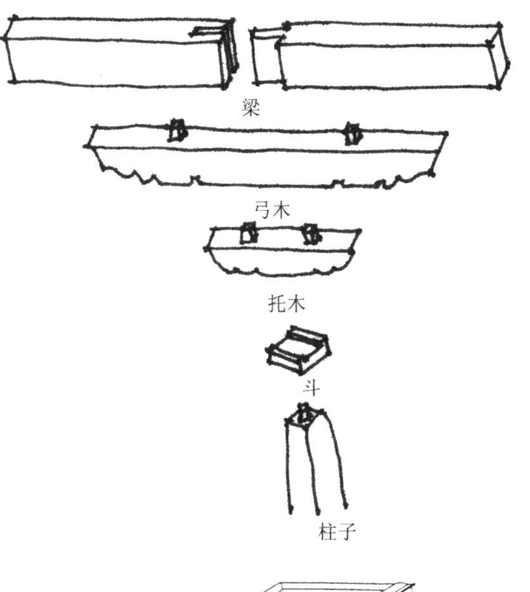

图8-4 梁柱连接
图片来源：《西藏传统建筑导则》

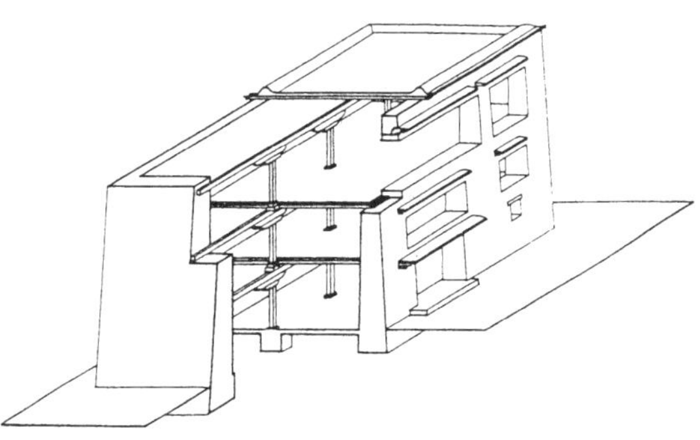

图8-5 柱网结构图
图片来源：《西藏传统建筑导则》

搭接的地方，早期的柱头弓木都较长，两根弓木之间的距离非常接近，确保了主梁的承重能力；随着时间的推移，弓木的长度有所缩短。梁和柱子之间的搭接要么依靠钉子，要么是简单的插榫，从结构性质角度看，属于刚性连接，结构的整体性较差。当给这样的木结构施加水平方向的推力之后，由于无法平衡，建筑会沿着推力方向发生倾倒。所以，厚重的墙体解决了这一问题，稳固了建筑结构，刚性木构架与外墙相结合的混合结构体系也是藏式传统建筑的一个重要特征。

柱网结构（图8-5）是西藏传统建筑的另一大特色。“柱间”是藏式建筑传统的基本计量单位之一，许多大型经堂、佛殿中的柱子都纵横排列成网状，柱距基本相等。每个单体建筑即为一个独立的结构单元，这些结构单元的平面大多是矩形或方形。平面内部按井字形（或近似井字形）布置若干上下贯通的墙体。在四周墙体内的空间，用梁柱组成纵向排架，梁上铺密椽，若需加大内部空间，则由数列纵向排架组成。上下层建筑的梁柱排架，上下对齐

图 8-6　扎什伦布寺措钦大殿室内
图片来源：汪永平摄

在一条垂直线上，偶然也有不对齐的例子，上下层的维修、加建形成了不统一，上下层一般不使用通柱。

面积达数百甚至上千平方米的开敞大空间在一般的藏式传统建筑中很少，但是在寺庙建筑中却常见，大殿中用于集会的经堂就是这样一个柱子林立的宽敞空间。柱网的布置也符合现代建筑的设计原理，采用了最经济最规整的纵横垂直布置的方形柱网。柱间距大小主要依据梁的长度，一般在 2~3 米。公元 17 世纪后，配合着高侧窗的设置，柱网形式有了一定的变化，主要是运用了“减柱”的手法。这种“减柱”的做法与元代内地常用的“减柱”有所不同，它是从规整的柱网中取掉正中的若干根柱子，与侧面的高窗设置相呼应，形成经堂内天井，营造出一个光影效果丰富的视觉中心（图 8–6）。

藏式传统建筑中最常见的就是“四柱八梁”结构，这似乎也已经成为藏式建筑发展的一个原型，寺庙建筑中的大空间多柱厅的做法也可追源至此。“四柱八梁”指的是建筑内部有 4 根用于支撑的柱子，沿进深方向与墙体结合分别搭接 6 根主梁，而在水平方向的两根柱子之间再搭接 1 根主梁，这种做法不仅稳定了建筑结构，也为在建筑中间建造天井创造了极好的结构基础（图 8–7）。

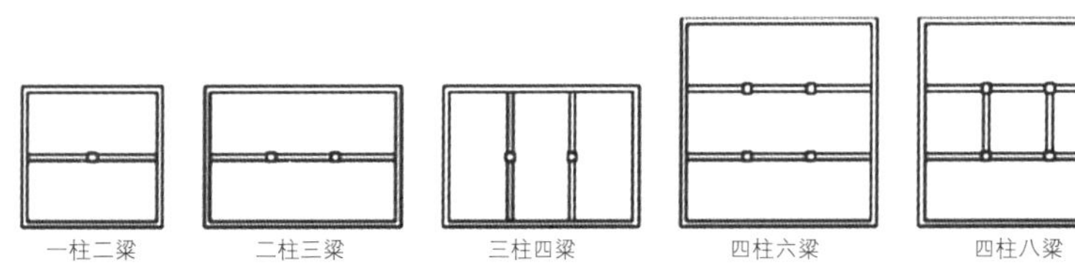

图 8–7 建筑梁柱布置图
图片来源：候志翔绘

8.2　木作技术

藏式建筑中的木作技术分为两类：一类为大木作，另一类为小木作。大木作包括建筑物的梁、柱、楼层及顶层的木作。小木作主要侧重于室内设施及重点装修部位的雕琢。小木作包括门、窗、檐、室内壁柜、水柜（供奉佛像前用于安放水碗的木柜）、佛龛等附属设施，以及梁、柱、檐等部位的雕琢、装饰工艺。在施工中，大、小木作时常交叉使用，在结构上和装饰上都有自己的独到之处，但也有与汉族和其他少数民族在木作技术上的相似地方。

8.2.1　材料

西藏地区的木材主要是从林芝和樟木口岸运来，也有些是从内地和昌都地区运来的。林芝地区的木材材质最好，昌都地区的木材材质稍次，会有虫蛀，没有弹性容易断裂，有经验的藏族师傅在挑选木材产地时会注意到这一点。常用的建筑木材种类有红松、白松、桦木、杨木等。红松质量最好，梁和窗户上需要防潮的地方就用红松，这是因为红松的防潮性能比较好。白松一般就用在门框和一些小型构件中，因为白松比较软容易加工，而且变形少。较硬的木料多用于建筑骨架、建筑物的结构受力部分，如桦木比较硬，一般用在雀替上以传递荷载，变形会比较少，柱子中间也用桦木，这样下沉就不会太多，建筑耐久性可以长一些。雕刻用的木料一般是杨木，很多都是雕好了再贴到建筑上。通常木工师傅采料的时候都选长在山上的木材，虽然生长在山上的木材长得比较慢，但是材质结实，而生长在潮湿地区的木材硬度不高。早期西藏地区运木材都是通过拉萨河从林芝运过来，把木材砍下来后几根一捆地绑起来，然后放入拉萨河中顺流而下，到目的地再捞上来。在没有水的地方就由十几个大汉背回来。现在很多都是用卡车运输了。布达拉宫的红宫在扩建中，木料等的陆路运输主要采用木轮马车，横渡拉萨河时则用牛皮船。

8.2.2 工具

藏族木工工匠所使用的工具基本上都是自己做的或是代代相传的，很多工具和内地工匠所使用的工具相差无几（图8-8）。现在主要用的工具有：斧类、锯类、刨类、凿类，以及尺子、墨斗等。不同的木工师傅，所使用的工具也会有所差异。锯子现在还用，墨斗现多买现成的，刨子一般都自己做。比较小的边刨都用螺丝来调整刀片的角度和松紧，边刨用途很多，可以裁边或做线脚使用。推刨的种类比较多，推刨刨刀分粗、细，刨刀片厚4毫米，刀刃磨成45°角，刨刀与刨身成40°角，一般装在刨底的1/2处。笔者看到师傅用的锯子都已经和内地没有什么差别了，用法也差不多，大约有80厘米高，在锯条一侧开锯齿，锯齿边宽为3~4毫米。锯小料的顺纹锯叫昌锯（锯齿向下成45°斜角，形状似昌鱼），横锯叫截锯（锯齿90°垂直向下），此二锯皆分大、中、小规格。大木作用截锯较多，小木作二者皆用。还有一种锯子叫线锯，在家具上用得比较多，用于雕琢门窗部位镂空的图案。线锯成弓形，一端绑铁丝。要锯木料时先将铁丝松开，穿过要锯的地方，然后拧紧，再按所绘的线条来加工。砍割木材主要用斧头：以重量定其用途，如重2千克者砍大料，重0.75千克者砍小料；斧头尺寸看斧嘴，斧嘴多宽斧片就该多长。锛由锛头和锛把两部分组成，有大小之分。锛头由铁匠打制，锛把自己做，一般都是由木头制成。锛用于木料初加工。锛的使用有一定技巧，要掌握好锛的使用方法，非需数年工夫不可。用大锛时工匠叫“挖锛”，要把料子横架固定好，两只手握把子，前手使力，后手控制方向，像农民使用锄头挖地一样，从料了的这头一路“挖”到那头。掌握得好的师傅，锛都能刚好挖到画的线上，一次就能把料子挖成形。挖锛时手、眼、步、身要配合协调，力道要均匀有节奏。

8.2.3 大木作

大木作主要包括建筑物的梁、柱、椽子、斗拱、雀替、楼层、顶层等。西藏早期传统建筑的木结构

图8-8 木工工具
图片来源：汪永平摄

比例硕大古朴浑厚，许多殿堂的柱、椽子都是原料稍稍加工，基本保持原来材料的模样。柱头上只有大斗、托木等构件，没有琐碎的装饰，托木之间用小斗过渡，托木的正面多雕刻龙、虎、狮和花卉图案，椽子粗壮而疏朗。早期佛殿做法上采取“四柱八梁三十三椽”，主要针对方形佛堂木结构的做法。方形殿堂内大多立柱四根，柱头上除了横向架设六根大梁，纵向也有两根梁连接。梁上一般铺椽三十多根。

1. 柱子

由于西藏大部分地区的木材比较匮乏，加之山高路远，运输困难，木料长度一般都在2~3米，柱径在0.2~0.5米。柱子的繁简和大小直接反映了建筑的等级，一些重要建筑的大殿、门厅的梁柱用比较高大粗壮的木料，做工也比较考究复杂。如大昭寺神殿的廊房柱子（图8-9）皆作金刚橛形，柱身下面

图8-9 大昭寺神殿柱
图片来源：宗晓萌摄

图 8-10 小昭寺早期的柱头
图片来源：汪永平摄

图 8-11 布达拉宫瓜楞束柱（下左）
图片来源：承锡芳摄
图 8-12 圆形柱（下中）
图片来源：承锡芳摄
图 8-13 方形柱（下右）
图片来源：承锡芳摄

图 8-14 丢热寺十二角柱
图片来源：汪永平摄

图 8-15 小昭寺十六角柱（左）
图片来源：汪永平摄
图 8-16 布达拉宫多边角柱（右）
图片来源：承锡芳摄

图 8-17a 色拉寺措钦大殿天窗（下左）
图片来源：汪永平摄
图 8-17b 色拉寺措钦大殿天窗二层（下右）
图片来源：汪永平摄

呈方形，上面八角形，中部有束腰彩画，柱头刻莲瓣方斗。又如小昭寺早期的柱头上有莲花瓣的雕刻（图 8-10）。

柱子断面有圆形、方形、瓜楞形（图 8-11）和多边亚字形，包括八角形、十二角形、十六角形、二十角形等。一般在民居、普通的僧房和一般的贵族庄园中大都采用圆形柱（图 8-12）、方形柱（图 8-13）。而在等级较高的佛殿经堂中则常采用多边亚字形柱子，其中等级越高边就越多。如隆子县丢热寺的十二角柱（图 8-14），小昭寺的十六角柱（图 8-15），扎什伦布寺多边角柱，布达拉宫的多边角柱（图 8-16）。

多边亚字形木柱的做法，是在方形木料四边附加矩形边料；瓜楞柱则用圆木拼成。各式柱子都有较大的收分和卷杀。柱子的断面形式大都以方柱为主，从下到上带有明显的收分，甚至可以看成是一个梯形。藏式传统建筑中柱距一般为 2~3 米。有些柱子间距比较大，能达到 4 米左右，这主要是采用了减柱法。如夏鲁寺大殿祖拉康三层殿堂的后殿就采用“减柱法”扩大空间，13.7 米跨度的空间仅立两柱，平均柱距达到了 4.57 米。配殿中柱间跨度也有 3.7 米，均采用了减柱法。所有柱子都是垂直立放，没有“侧脚”和“升起”。当然，在较大经堂中的柱网，施工中要用垫木将中部的一些柱子微微隆起。这主要是因为中部的柱子受力较大，容易出现沉陷，同时也是为了避免视觉上的塌陷感。寺庙的经堂和佛殿经常通过升高的柱子直通第二层，托起高敞天窗，以形成神秘的气氛（图 8-17）。

西藏传统建筑物的柱子一般无柱础，有柱础者不多见，柱础的形状大多为方形、圆形。如哲蚌寺措钦大殿前的柱子柱础是圆形的（图 8-18）。夏鲁寺大殿祖拉康二层殿堂前殿殿内中心有一小神殿，神殿平面为方形，内部中间立 4 柱，直径 0.27 米、高 2.35 米，柱下端置直径 0.5 米、高 0.16 米的柱础，柱础周缘雕刻复瓣莲花。桑耶寺邬孜大殿回廊，每边各有两排列柱，每排 22 根八棱柱，在四门廊处增柱一排，东西门廊为 6 柱，南北门廊为 4 柱，皆有石柱础，多呈覆盆形，石础上雕有莲瓣、升云纹、桃心、方框等，全为四对，与八棱形柱对称。

2. 椽子

藏式建筑的椽檩实为一体，柱上架梁，梁上架椽，不用檩条过渡。梁枋木上密排的椽子长度也与柱距基本相同，椽子有圆形和方形两种，圆木用于地下室和一般房间。档次较高的房间内的椽子比较整齐，断面为方形，截面一般为 0.12 平方米。梁枋上两边的椽子错落密排，露出椽头，以保证有足够的支撑长度。椽子的长度和直径随建筑的规模而定，大小差别很大。如布达拉宫中有些椽子（图 8-19）就用了直径为 20~30 厘米的大料，甚至超过了一般抬梁式建筑檩条的直径。

3. 梁

藏式传统建筑的梁置于替木之上。梁与梁一般都是企口相接。梁的长度一般为 2 米左右，最长不超过 4 米，梁的高度为 0.2~0.3 米，宽度为 0.12~0.2 米。梁上叠放一层椽木，椽木上铺设木板或石板、树枝；另一种方法是在梁上叠放数层梁枋木和挑出的小椽木，以增大密椽木的支撑长度和加大建筑净空。在凹凸齿形的梁枋木上，放置的出挑各式椽头之间嵌有挡板。椽子在墙体上的支撑（埋置）长度一般为墙体的 2/3，主梁在墙体上的支撑长度则与墙体的厚度相同。

图 8-18 哲蚌寺圆形柱础（上左）
图片来源：承锡芳摄
图 8-19 布达拉宫椽子（上右）
图片来源：承锡芳摄

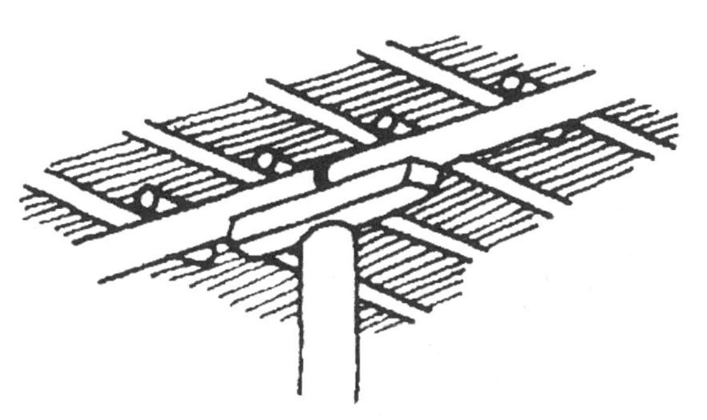

图 8-20 柱梁连接一
图片来源：承锡芳绘

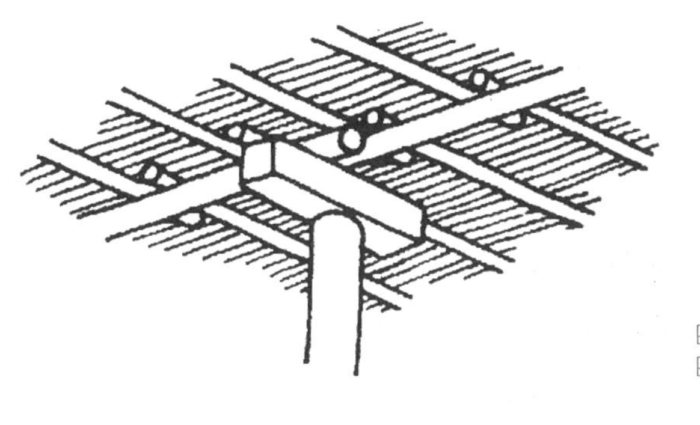

图 8-21 柱梁连接二
图片来源：承锡芳绘

柱和梁的连接方法有两种：一种是在替木上承梁，这也包括两个方面：（1）梁与替木同一方向，左右二梁放在替木之上，两梁接头正对柱心（图 8-20）；（2）梁与替木相垂直，左右二梁互相交错横置于替木之上，梁头伸出柱头两侧，每一柱头顶上都有一块替木（图 8-21）。为了防止梁柱接头移动，特在柱头、替木和梁头夹角处加做木榫，以免滑动。另一种是柱头置斗拱，其目的是加大建筑净空。

4. 斗拱

斗拱是我国内地木结构建筑的传统技术，也是大型木结构建筑的一大特点。宋《营造法式》中称为铺作，清工部《工程做法》中称斗科，通称为斗拱。斗是斗形木垫块，拱是弓形的短木。拱架在斗上，向外挑出，拱端之上再安斗，这样逐层纵横交错叠加，形成上大下小的托架或支撑。斗拱最初孤立地置于柱上或挑梁外端，分别起传递梁的荷载于柱身和支承屋檐重量以增加出檐深度的作用。唐宋时，它同梁、枋结合为一体，成为保持木构架整体性结构的一部分。明清以后，斗拱的结构作用退化，成了在柱网和屋顶构架间起装饰作用的构件。在藏族建筑的许多著名建筑中，都使用了斗拱，主要用于寺庙主殿、灵塔殿（图 8-22）、金顶和其他一些等级比较高的建筑物的柱头、檐卜以及贵族住宅和寺院大门，例如西藏拉萨的布达拉宫、大昭寺、罗布林卡，日喀则的夏鲁寺等，都是典型的例子。其形式和做法与内地明清时期建筑上的斗拱近似，但又有差别。大昭寺中也广泛采用斗拱，这既恰当地发挥了斗拱悬挑的功能作用，又有装饰效果（图 8-23）。根据对觉康主殿四座金顶檐下斗拱的实测和分析比较可以看出，此属明清斗拱，斗拱铺作排列十分丛密，

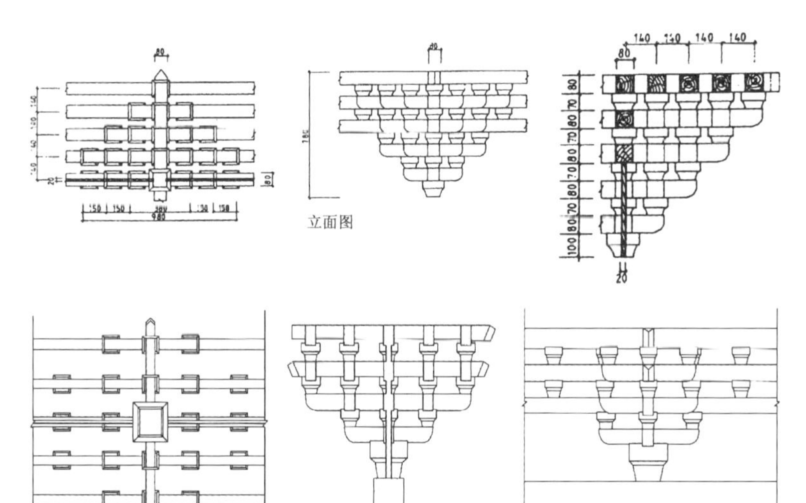

图8-22 五世达赖喇嘛灵塔斗拱平面、立面、剖面（上）
图片来源：承锡芳绘

图8-23 大昭寺千手观音殿斗拱平面、立面、剖面（上中）
图片来源：承锡芳绘

图8-24a 大昭寺金顶檐下斗拱
图片来源：宗晓萌摄

图8-24b 哲蚌寺金顶檐下斗拱
图片来源：牛婷婷摄

图8-24c 扎什伦布寺措钦大殿金顶檐下斗拱
图片来源：牛婷婷摄

形制纤细精巧。建于明初的甘丹寺、哲蚌寺和扎什伦布寺有歇山式的金顶，檐下斗拱具有内地明代建筑风格（图8-24）。

5. 替木

为了保持木柱本身的稳定并减少梁、枋与柱交接处的剪力，相对地缩短梁枋净宽尺度，柱头常常加替木，清以后通称这类替木为雀替，在西藏它还有另一个名字——弓木。弓木由整块木料做成，形式有斜角、直角、圆角，跨度较大的常在弓木之下再加托梁也称托木。藏式传统建筑构架上下之间用暗销连接，在矩形的梁架中，暗销既可以防止矩形框架变形，又可以加强水平构件的连接力，减少剪应力，同时使其在同一净跨内承受更大的荷载。

从宿白的《藏传佛教寺院考古》一书中，可以看出早期的替木一般为单层，表面雕饰形象生动，下缘曲线简洁。如大昭寺中心佛殿廊柱部分的替木（图8-25）。公元10世纪末至13世纪，此阶段木结构受周边地区的影响比较多。替木出现了双层式样，其下缘流行雕饰多曲弧线，出现了与内地构件结合的做法（图8-26）。如乃东的吉如拉康佛殿内发现的双层替木，将作为下层托木的一斗三升中的横拱也雕饰出了多曲弧线。后双层替木发展为主流，其上层下缘前端的多曲弧线开始分为两种：一是前端先做出短促的双曲弧线，后面饰以两组云头，两组云头之间介以缩进的半云头；二是前端曲线，后面只做出两组云头。公元15世纪后，替木前端的弧线向前延长，呈现狭瘦形状，其后面第一个短弧与后面的云头相连接。如哲蚌寺措钦大殿的早期替木。

8.2.4 小木作

藏族的门窗多为长方形，用材小，窗上设小窗户为可开启部分，这种方法能适应藏族地区高寒气候特点，可防风沙。藏族人民有以黑为贵的习俗。门窗靠外墙处都涂成梯形上小下大黑框，突出墙面。考究的住宅和寺院常在土里掺黑烟、清油或酥油等磨光，使门窗框增加光泽。

门窗的制作在结构上与内地基本一致，安装方

图 8-25 大昭寺替木
图片来源：东南大学测绘

图 8-26a 鲁定颇章替木（左）

图 8-26b 大昭寺替木（中）

图 8-26c 拉加里王宫替木（右）
图片来源：汪永平摄

法也无差别，只是在造型上有所不同。民居的门、窗都较为简单，但在寺庙和宫殿建筑中，却显得十分复杂。单就殿堂门框（图 8-27）而言，在雕凿工艺上做工甚多且细。门框框头需作三椽三盖，在藏语中统称为“巴卡”。在框的正立面的上、左和右三方，至少要雕凿三至五道枋案。多数的门框雕凿蜂窝、莲瓣、连珠、门枋四枋。门框下部的门槛既高又厚实，给人以神圣庄严之感。寺庙和宫殿建筑殿堂正面的窗扇（图 8-28），一般也是精雕细做，与内地官式建筑的雕凿方法和造型大体相仿。

门窗上端檐口有多层小椽逐层挑出，承托小檐口，上为石板或阿嘎土面层，起着防水保护墙面及遮阳的作用，也有一定的装饰效果。大门常为装饰重点，门框刻有细致的连续三角形几何图案或卷草、彩画等。明清以前，在中、上层统治阶级住宅和寺院，大门入口常用2组斗拱（图 8-29），和汉式斗拱不同，是由华拱（托木）出挑支承大斗，大斗上出令拱承托，散斗上承挑檐枋，枋上出挑 1~3 层的小檐椽。亦有雀替式替木，直接承托木梁、额枋、木檐椽，再上出挑阿嘎土面层或瓦作的小雨篷。至清代多直接引用汉族手法。入口大门及窗的上部，有二三层逐层出挑的小椽，最上一层出挑小篷，用石片和阿嘎土作面层。在小椽上装饰彩画。窗上小雨篷在逐层出挑小椽后，虽然出挑不大，但檐下形成斜坡，科学而严格地适应了高原特点。它使夏日光影，只能射到窗台，室内处于绝对的阴影之中，给人带来凉爽

图 8-27 布达拉宫殿门
图片来源：宗晓萌摄

图 8-28 扎什伦布寺窗户
图片来源：承锡芳摄

图 8-29a 拉加里王宫门斗拱（左）

图 8-29b 小昭寺门斗拱（中）

图 8-29c 丢热寺门斗拱（右）
图片来源：汪永平摄

的环境；而使冬日光照洒满全屋，达到后墙，给人带来温暖；还使逐层出挑的小椽上彩画装饰互不遮挡。还有的大门边框、额枋雕绘有生动细致的几何纹样、卷草图案，彩绘装饰。

图 8-30 藏王墓
图片来源：汪永平摄

图 8-31 山南夯土建筑遗址
图片来源：汪永平摄

图 8-32 萨迦寺的夯土墙
图片来源：汪永平摄

8.3 墙体工艺

西藏地区传统建筑基本上采用墙体与木构架混合承重结构体系。墙体工艺比较多样，且大多都有鲜明的地方特色。造成这种状况的原因是多方面的，既有对古老技术的继承，也是为自然资源所限。概括起来主要有夯土墙工艺、土坯墙工艺、石墙工艺和木墙工艺等。此外在墙面的装饰方面有边玛墙等工艺，现将各类墙体工艺介绍如下：

8.3.1 夯土墙

夯土建筑是西藏分布最广，历史最悠久的建筑之一。早在吐蕃时期已广泛使用，山南琼结的藏王墓（图 8-30）均是用夯土墙筑成的。近几年西藏文物部门挖掘了很多夯土墙的实例：著名寺庙桑耶寺的主殿邬孜大殿的主体建筑就是夯土墙，还有南边和西边等好几座殿堂也都使用的是夯土墙，寺庙周围一些佛塔也是用夯土建成的（图 8-31）。阿里古格地区几乎所有建筑都是夯土建成的，萨迦王朝时期的很多建筑也都采用夯土建筑，如萨迦南寺城堡及大殿都是夯土墙，还有夏鲁寺和江孜白居寺也都采用夯土墙，拉萨三大寺和扎什伦布寺里也发现一些夯土墙的建筑，这些夯土建筑都属较早的建筑。可见，拉萨和日喀则等地过去也十分盛行夯土建筑（图 8-32），后来逐渐减少。夯土建筑有怕雨水浸湿、墙体笨重等缺陷，但也有夯筑快、就地取材、造价便宜等很多优点。

土墙的夯筑方法根据建筑物的规模大体可以分为两类：一类为大板夯筑法，另一类为箱形夯筑法。大板夯筑法一般用于大型建筑中。大板夯筑前先须确定墙体位置，首先在准备夯筑的墙体两侧竖若干木杆，在木杆上部一定位置上，将内外相向的木杆用牛皮绳或牛毛绳系牢，在绳中插入一木棍，可任意旋转木棍以调整内外木杆间的松紧度和距离；然后在筑墙位置的两边依木杆架设模板，内模板须与地面垂直，而外模板则须向内倾，倾斜到合乎外墙体收分系数的要求即可；在模板内加好木顶撑，在模板外则依木杆处加好楔形木楔，将模板固定；支撑系统和模板安装等准备工作就绪后，将事先调制好的湿黏土往模板内输送，待厚度达 20~30 厘米时，即开始夯筑。夯筑的工具很简单，是用木头做成的一头呈楔形、另一头呈圆柱形，中间较细，可供使用者手握的连体夯筑器。使用时，用楔形的一头夯实转角处、湿土与模板交接处，用圆柱形的一头夯实大面。大板夯筑时，参与的人较多，场面十分热闹，集体歌唱打墙号子歌。当土墙夯至已安制模板的高度后，将下部模板脱去，并逐层上翻，周而复始。普通建筑使用箱形夯筑法较多，因这种方法需用人工、木材少，箱形器使用周期较长，较适合于藏族聚居区建房。先按所需墙体厚度制作一个木质的可拆卸的箱形模具（图 8–33），长度一般为 1.8~2 米，高度 40~60 厘米。施工时，将箱模固定于墙基之上，然后向箱内边加添湿土边夯筑。

无论是大板夯筑法还是箱形夯筑法，有几个环节是须共同遵守的，而且十分重要。一是夯筑墙体所用的土质应有较好的黏结性能；二是所使用的黏土中须含有一定比例的骨料——小石子，以增强墙体的强度；三是加添的水分必须适度，一般含三四分水即可，水加多了土太湿，在夯筑过程中难于成形，水加少了则又影响黏土的黏合性；四是在墙体中适时在横向和纵向加以木筋，以增强墙体的整体性能，避免墙体开裂；五是起墙时，须从转角处开始，以保证大角与其余墙体的稳固连接。

8.3.2 土坯墙

在西藏日喀则和阿里地区的一些地方还流行土坯砌筑墙体的。关于土坏的制作，据史书记载，在吐蕃王朝建立以前就已经出现。藏族聚居区土坯砖的制作与内地土坯砖的制作大致相同，只是在几何

图 8–33 夯筑箱形器
图片来源：汪永平摄

图 8–34 土坯砖制作
图片来源：汪永平摄

图 8–35 土坯砖的晾晒
图片来源：汪永平摄

尺寸上较内地土坯砖要大一些。一般尺寸为 400 毫米 ×300 毫米 ×100 毫米（图 8–34）。用于砌筑墙体的土坯以原生黄土脱模后晾置风干制成，除了将砖块展开排列晾晒外，还有将砖块垒叠成“人”字形的晾晒方式（图 8–35），可能是为了通风和保证充分的光照。砌筑时以草泥作为黏结材料，也需讲究平、立结合，相互拉结，以保证墙体的整体性。另外，出于墙体稳定性的考虑，砌筑时须有合理的收分。砌筑完成后，还需做墙体面层处理。在砌好的土坯墙面上用草泥抹面（草泥是青稞草弄碎后拌上黄泥，然后加一定的水搅拌而成的），一般 1 厘米厚，并将整个墙面抹成彩虹状的纹路（图 8–36），这种纹路除了美观外，还可以起到防雨水冲刷墙面

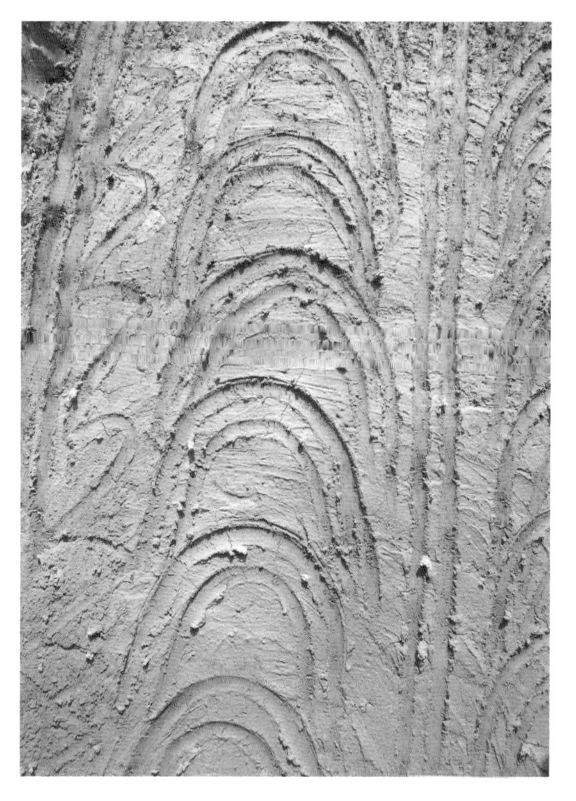

图 8-36 彩虹纹路
图片来源：承锡芳摄

的作用。抹灰完工等墙面干了，再用白土或其他颜色的土泼在墙上，使整个墙面更加美观。

拉萨地区的白土主要产自当雄县一带的山沟，日喀则地区的白土主要来自本地的谢通门县和定结县内。水与土的比例要恰当，过多或过少的水都会容易脱落。一般建筑外墙每年都要重涂一次，布达拉宫的白色外墙每年 9 月都要泼白，差不多有一百多人参与这个活动。在白土中还要加入牛奶、面粉、白糖等。而在寺庙的女儿墙和石墙上通常要用红土来抹面，红土主要取材于拉萨市的林周县，而在日喀则地区这种土主要取自市郊和萨迦一带。灰蓝土只用于萨迦派的寺庙、民居外墙，其原料出自萨迦县一带的卡吾村。有些比较深的颜色的土则采自矿石。

西藏土坯墙的砌筑方式是多种多样的，主要采用的砌法（图 8-37）有以下几种：①全平顺，②全平丁，③侧丁与平顺交替，④侧丁与侧顺交替，⑤侧丁与平丁交替。早前的建筑采用平砌的很多，但由于平砌的拉结力比较差，现在这种砌法很少用在承重墙上，很多新建或修建的外墙多采用一些交替砌法。一般墙体砌了三到四层土坯后会加一道木筋，木筋的长度与墙的长度基本相同，厚为 2~3 厘米，宽为 25 厘米左右，砌筑在墙的中间，以加强土坯墙的拉结力。

8.3.3 石墙

西藏地区石材资源充足，石墙建筑是重要的结构形式之一（图 8-38）。在我国藏族聚居区，垒石为室的技术在 2000 年前就已趋成熟，并且十分普遍，历朝历代都不乏石砌典型建筑，如公元前 2 世纪修建的雍布拉宫，松赞干布时期所建布达拉宫等。此后，

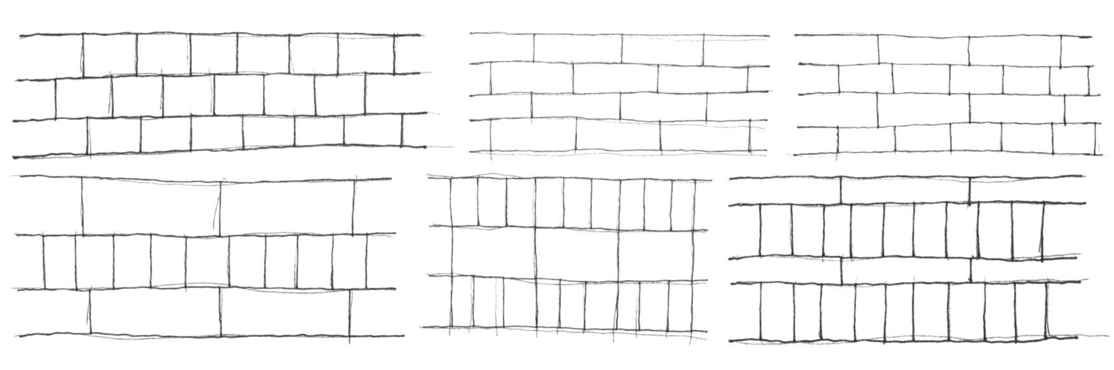

图 8-37 土坯墙的砌筑
图片来源：承锡芳拍摄、绘制

随着垒石技艺的发展，石质建筑更加普及，寺庙建筑、民居建筑无不使用，优秀案例不胜枚举。可以说，藏族的垒石技术在中国乃至世界都可堪称一绝。

西藏建筑的石料有很多种，有花岗石、玄武石、石灰石开采成的毛石、片石等，在同一建筑中，常根据不同部位而施用不同的石料。墙体一般用花岗岩，尤其是拉萨一带盛产这种石料，花岗岩的强度、抗压能力较高，是当地砌筑墙体的最佳材料。布达拉宫宫墙就是用花岗岩石砌筑。日喀则地区的石墙早期主要用青石来砌筑，但现在基本上都看不到了，都用花岗岩。花岗岩容易采集、加工，但硬度没有青石好。

一般情况下，石料都是就地取材，像拉萨的石材大都从北郊取石。在70年代以前西藏还没有用炸药来取石，一般都是靠石工师傅先看一下山，然后在比较容易取石的地方用双手通过简单的工具采石头，采完后用骡从山上驮回来。现在都用炸药，效率提高了很多，也通过一些机械的方式运下山，主要用拖拉机、卡车等。

石料加工一般都比较简单，主要是以下几个工序:

（1）劈：用大锤将石料劈开，这是最基本的工序。

（2）凿：用锤子将多余的部分打掉为凿。西藏的石头开采出来以后要凿的部分特别多，主要是块石突出的部分和片石棱角的地方都要磨掉。

（3）打道：用锤子和扁子将基本凿平的石面上打出平顺、深浅均匀的沟道就叫“打道”，这既是为了美观，最重要的是为了防滑（图8-39）。像一些比较重要的建筑台阶上的石料就得进行打道，一般横面和竖面都得打道。

（4）刺点：刺点凿法适用于花岗岩等坚硬的石料，以形成麻面，主要是为了美观。

石墙所用石料按大小可以分为碎石、片石、毛石块和整石块等。碎石是大小不等、形状各异、没有明显规整面的石块；片石比较薄，厚度大约为5毫米，长为30厘米，宽为20厘米，大小基本接近；毛石块是指轮廓方整但表面没有加工的石料，一般大小为长30厘米，宽18厘米，高为17厘米。毛石块和条石多用于基础，整石和条石砌筑在迎人面，

图8-38a 热振寺旧大殿石外墙
图片来源：汪永平摄

图8-38b 工布江达石碉楼
图片来源：汪永平摄

而片石和毛石多用在砌筑其他面的墙体；片石多用于墙体上部和围墙等处，而毛石用于比较简陋的建筑。石墙一般内壁平直，外壁有收分。每层（2~3米）收分一个“穹都”，施工时不挂线，不立杆而能平整、美观、坚固。

石墙一般都不用抹面，有些需要勾缝，主要用黄泥来勾缝。以前都不用什么工具，只是用手指把黄泥填入缝中，再在上面刮几下就可以了。现在用泥刀来勾缝，一般有凸的勾缝，也有凹的勾缝。片石一般都不用勾缝。

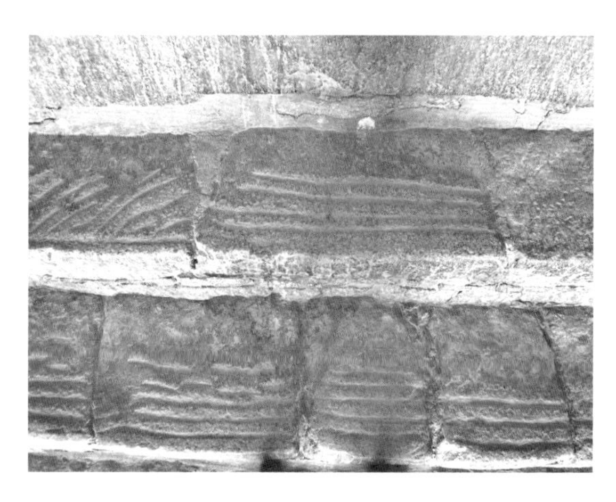

图 8-39 石料的加工工艺（打道）
图片来源：承锡芳摄

图 8-40 石墙的砌筑
图片来源：承锡芳摄

图 8-41 石墙的收分（哲蚌寺）
图片来源：承锡芳摄

黄泥是将富有黏性的黄土除去石子杂物，并和水敲打均匀。有的还会加一些草和青稞秆子来加强拉结力。

增强墙体稳定性的构造做法主要有三个方面：一是处理好大石（片石、块石）、小石、黏土三者之间的关系。大石是地基与墙体结构的主要支撑与结合点，所以摆放时，一定要注意水平方向的平顺和稳定，注意大石与大石之间横向与纵向的照应，上下叠压切忌对缝，前后搭接需错位交合（图 8-40）。根据这个基本原则，再用黏土和小石作为填充和调整，从而使墙体与地基形成一个完美的整体。二是处理好墙体与地基的关系。石砌建筑由于自重较重，对地基的压强较大。所以，在藏族聚居区的建筑中，为减小地基的承载力和墙体自重，一方面加大墙体下部与地基的接触面，从而减小墙体对地基的压强；另一方面由墙体下部逐渐向上收分，在能够满足墙体结构要求的前提下，通过收分逐渐递减墙体厚度，降低墙体的自重（图 8-41）。收分技术成为砌石建筑中一个十分重要的技术环节，它除了能够满足前面两个方面的要求外，还可避免墙体的外倾，增加建筑物的艺术感染力。三是处理好建筑物墙体的转角处角与角之间的关系。建筑物的转角包括阳角和阴角（图 8-42）。藏族群众在建房过程中，凡墙体部分的转角，均由技术特别精湛和熟练的工匠来把握，一般要达到如下要求：角的横切面必须成直角；角与角之间从下至上必须在一个平面内，否则墙体会扭曲；角处的用石一般都用比较大的块石花岗岩；各角的收分系数必须一致；必须处理好墙体的整体连接关系。为提高墙体的拉结力，避免裂缝，除了靠在砌筑时石块与石块之间的合理搭接和叠压外，一般在墙体砌筑到一定高度时（各地不太一致，大体在 1~1.5 米），需找平一次。有的地方，在找平层上还加一道木筋（木板平铺），以增强墙体的拉结力，也可帮助承担角部较大的荷载，防止不均匀沉陷。还有一些寺院建筑常在外侧脚加块石与内部石墙咬接，故整体刚度好，墙身棱角方整、坚实。如布达拉宫石墙有显著的收分，底层石墙厚约 3 米，红宫石墙厚达 4.72 米。内外墙全部采用块石咬接，侧脚有大块石拉结，宫殿外墙基础直达岩层（图 8-43）。

8.3.4 木墙

木墙主要用在西藏东南地区，就是林芝和昌都一带。这一带为林区，木材较多而盛行木板屋，既有干阑式建筑，也有井干式建筑。井干式墙的做法，是将半圆木平面向内两头挖榫互相搭交，使四面墙身连成整体，在墙身上挖洞作门窗。另有一种近于井干式的木墙，是在房间四角用圆木拼装成灯笼框架，在四角柱上挖槽，再将半圆木两端嵌入槽内，横叠成墙，挖洞成门窗。比较两种木墙的结构构造，前一种做法要比后一种更坚固些。林芝、昌都一带民居多用混合结构形式，底层为石筑或夯土，二层、三层用井干木构，既符合当地的用材特点，也丰富了建筑的表现形式。

图 8-42 石墙角部
图片来源：承锡芳摄

图 8-43 布达拉宫外墙
图片来源：承锡芳摄

8.3.5 边玛墙

边玛墙是一种藏族传统建筑装饰工艺，广泛地应用于藏、青，川、甘、滇、内蒙古等地的藏传佛教建筑当中。“边玛”为藏语音译，指高原地区一种野生的灌木柽柳，一般生长在海拔 4000 米以上，据说在山南一个小山村有个专门的加工场地。边玛墙是指寺院或宫殿建筑的檐墙或院墙上常见的一层或多层由柽柳铺成的横向赭红色宽饰带。该做法来源于农村中将砍伐的木柴、桶草等搭铺在房屋檐口的做法，用以防盗、堆柴和保护房屋檐口不被雨水冲刷，后演变为高等级建筑中重要的装饰手段之一（图 8-44）。在西藏历史上，赭红色的边玛墙是一些特定建筑的“特殊待遇”，不是任何建筑都可以享有。在政教合一制度的旧西藏，寺院建筑享有边玛墙、金顶、宝幢、宝瓶的待遇，因为宗教至高无上，人们把最美好、最上乘、最崇高的礼遇献给佛的处所，这是顺理成章的。除了宗教以外，由于特权意识，世俗世界也有等级之分，这都体现在建筑的规模、层高、装饰上，乃至大门前的上马石等细微的标志上。贵族建筑也可享有修砌边玛墙的待遇。在藏族聚居区，寺院建筑中的重要殿堂尤其是格鲁派的建筑，女儿墙都是与白墙成鲜明对比的赭红色墙体。在老式贵族宅院式建筑中，也有边玛墙，最典型的是位于八廓北街的冲赛康建筑，朗孜夏建筑，八廓南街的桑珠颇章建筑，这些建筑的主人都曾是西藏社会中的世族大家。根据等级的不同，做法也稍有差别，根据檐口的木椽挑出的层数，边玛墙檐口有单重檐、双重檐、多重檐之分。

边玛的具体做法为：首先将柽柳枝剥皮晒干，用细牛皮绳捆扎成直径为 5~15 厘米的小束。每束一般长 25~30 厘米，最长的有 50 厘米，小束之间用木签穿插，捆扎成手臂粗细垒砌而成。然后将截面朝外堆砌在墙的外壁上，并用木锤敲打平整，压紧密实，内壁仍为石筑或土筑。砌筑边玛墙的时候，先把捆扎好的边玛树枝铺一层，再加一层黏土夯实，这样重复砌筑，到了顶部还要进行防水技术处理，一般柽柳与块石各占墙体一半，由于树枝的截面一般较粗，梢端较细，因此，需要用碎石和黏土填实柽柳和块石之间的空隙。最后，用红土、牛胶、树

图8-44 二层边玛墙剖面图及照片
图片来源：承锡芳绘制、拍摄

图8-45a 布达拉宫地宫地垄墙
图片来源：汪永平摄

胶等熬制的粉浆，将枝条涂成赭红色，目的是起保温隔热和装饰作用。边玛檐墙上的镏金装饰构件直接固定在预埋于檐口中的木桩上；边玛檐墙上下都铺有装饰木条和出挑小檐头，木条上有垂直的杆件，杆件上留有洞，用木条插在枝捆中加固；椽头上置薄石片略挑出，其上覆以阿嘎土层作保护层。边玛墙一般不承重。这种墙体从建筑技术角度讲，可以减轻墙体顶部的重量，对高层藏式建筑无疑起到了提高稳定性的作用；从建筑外观装饰角度来讲，起到色彩反差的视觉效果，也增加了寺庙建筑的宗教、民族文化内涵。

8.4 基础

8.4.1 山地上的地基处理——地垄墙

由于西藏大型建筑往往依山而建，地垄墙（图8-45）用作建筑物的基础部位的做法非常常见。根据建筑物的规模和所选地址的情况决定地垄墙的层次，有的只有一二层，有的有四五层。地垄墙主要为竖向砌筑，与外墙横向连接，如果地垄进深较长，也在一定的距离内设置横向墙连接。需根据建筑的高度和地质情况等来确定地垄墙的墙厚，高层城堡（如布达拉宫）的地垄墙最厚的地方大约有四五米。

地垄空间的长度及宽度多受到上层建筑柱间距的影响，一般在 2 米左右；地垄墙的层高也是根据地质、地形条件和上部建筑面积的需要而确定的，一般情况下地垄层高和房屋层高是基本相同的。一般外墙要留通风道，地垄层次的外墙上要留小型的窗户，不仅能解决通风的问题而且可以采光。通常情况下，地垄墙形成的空间不住人，个别地垄用来存放一些柴火或牛粪等燃料。地垄墙的修筑作用有二：一是使房屋基础结实坚固；二是能有效地增加底盘的面积。地垄墙在吐蕃时期已出现，但在公元 17 世纪后寺庙营建活动蓬勃发展之后才应用更为普遍。依山而建的西藏传统建筑的地垄墙可以节约大量的人力、财力、物力，还可以起挡土墙的作用。如果采用整体墙抬高来作为上层房屋的基础，不仅要耗费巨大的劳动力和大量石头等建筑材料而且由于整个墙体的自重和下滑的推力，很可能会导致建筑向下滑移、开裂甚至出现倒塌的危险。

8.4.2　一般的地基处理

传统的地基做法，多采用带形基础，基底断面尺寸与底层墙身断面相同。一般由老匠师视土质的好坏而决定砌筑深度：较好的土质地基深度按人体尺度“一膝深”（相当于 50~70 厘米），特殊的较差土质地基深度“一膝半至二膝深”（相当于 1~1.5 米）。施工挖槽后先将素土夯实，然后立放较大的石块砌基础，灌泥浆。规模较小的建筑不设基础，直接在坚实的土层中开浅槽，两端置巨石，中间填碎石、黏土，加以夯实，然后砌筑墙身。柱子的基础做法大致相同。一般是挖一米见方的基坑，分层夯实卵石黏土，再放置柱础石，最后在柱础石上立柱（图 8-46）。

8.5　屋面

藏式传统建筑的屋面按照形式分，主要有平顶屋面、坡顶屋面。按照使用材料分，主要有阿嘎土屋面、石板屋面、木板屋面、镏金铜皮屋面、芭蕉屋面等。

图 8-45b 哲蚌寺地宫地垄墙
图片来源：牛婷婷摄

1. 平顶屋面

平顶屋面的结构一般分三层：第一层是承重层，根据房屋等级的不同在椽子上铺设不同的材料，房屋等级高的密铺整齐的小木条，房屋等级低的铺设修整过的树枝；第二层是掺杂石块的土质垫层；第

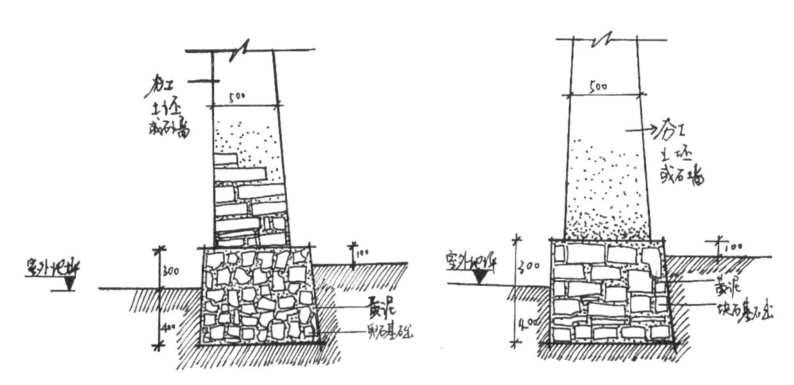

图 8-46a 基础的做法示意图
图片来源：承锡芳绘

图 8-46b 基础的做法
图片来源：承锡芳摄

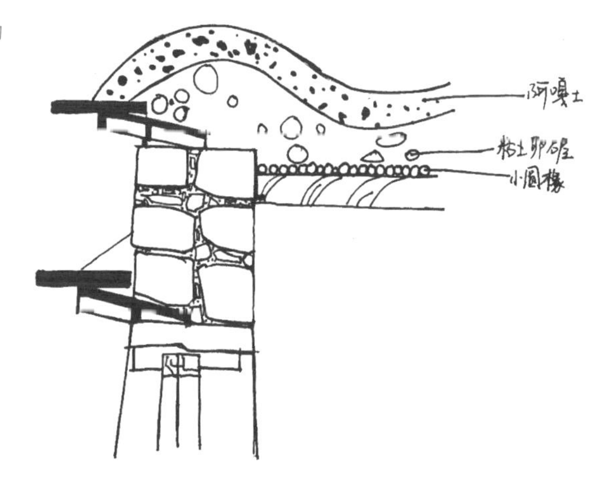

图 8-47 平屋顶结构图
图片来源：承锡芳绘

三层是面层，制作面层的土质有一定黏结性，但其抗渗性能要靠夯打密实和浸油磨光。寺院大殿、宫殿、庄园等建筑多采用阿嘎土的平顶屋面（图 8-47），一般民居、寺院的普通僧舍则主要采用黄土平顶屋面。

2. 坡顶屋面

坡顶屋面的形式以歇山顶居多，多位于重要建筑的顶部，一般局部覆盖，材料主要是木板和镏金铜皮。与汉式建筑不同的是，藏式建筑的歇山屋面是在做好的平顶层上再搭配歇山屋架，然后才铺设木板。屋顶与下部的建筑是相互独立的两个体系，屋顶的作用仅仅是装饰；这些装饰的屋顶体量都不是很大，面阔开间不过数米，规模远不能与内地的官式建筑相媲美。

图 8-48a 扎什伦布寺四世班禅灵塔殿金顶
图片来源：汪永平摄

坡顶木板层外以镏金的方式敷设铜制金属表面，故被称为“金顶”。其金顶平面分六角和长方形两种，位置与重要佛殿上下呼应。金顶下常设斗拱装饰，形式近似清代做法，但构造做法已地方化，十分烦琐华丽，斗拱后尾为枋木，一般不装饰加工（图 8-48）。还有一些是简单的坡顶，如哲蚌寺措钦大殿的八岁强巴佛殿上用的盝顶，这种做法在其他地方并没有见到。屋顶镏金，远远看去，金碧辉煌，分外醒目，既丰富了建筑外立面，也昭示着建筑的身份和地位。

图 8-48b 扎什伦布寺四世班禅灵塔殿金顶结构
图片来源：汪永平摄

8.6 地面、楼面做法

8.6.1 室内地面、楼面做法

西藏的室内地面一般都在墙体、柱梁、屋面等完成后才开始做，分为基层、垫层和面层。基层：先是用素土填基底，填到室内地坪所需的高度，一般是高出室外 50 厘米左右，分层夯实。垫层：先用比较粗的阿嘎土做垫层，然后加上小石子和片石分层夯实。面层：面层有原土夯实地面、阿嘎土地面和木地板地面三种。传统的民居建筑中室内地面一般为原土夯实地面，富有的人家室内采用木地板地面，而大多数的寺庙、宫殿和一些贵族家庭采用阿嘎土作为地面。因为阿嘎土防水性能比较好，在水

图 8-49a 阿嘎土
图片来源：汪永平摄

泥还不曾问世的时候，阿嘎土是楼面、地面最上乘的材料。而且经过不间断地长时间养护，阿嘎土地面会像水磨石一样平整光滑，亮如明镜。但由于其材价格昂贵且费工费时，旧时只有寺庙和贵族才能用得起。

“阿嘎”是一种黏性强而色泽优美的风化石，它产于西藏的一些半土半石的山包中，拉萨建筑用的阿嘎土主要来源于曲水县、林周县和山南地区，其中曲水的阿嘎土为红色，黏性过强，实际中采用不多，而林周县和山南的阿嘎土黏性适中，较受欢迎。阿嘎土刚从山上采掘下来的时候像石块，需要将其打碎成蚕豆大小方好使用（图 8-49）。

施工时先将拳头大小的阿嘎土铺在地上，一般有 10 厘米厚，再用长形石块与木杆连成打夯工具来夯打，夯时唱歌、舞蹈，按节拍夯实，速度要慢力度要均匀，一般要夯打两天左右；夯实后用稍微细一点的阿嘎土铺满地坪继续夯打，等基本平实后洒水继续夯打，夯打三天以后地面感觉平实了再铺上细石土继续夯打，然后多次洒水夯打，直到地面变得十分坚硬为止；最后工人们每人手上拿个鹅卵石摩擦地面，如此反复几次后再用预先泡好的榆树汁把阿嘎土地面擦拭两到三遍就可以了，打制阿嘎土的过程基本就算完成了，整个过程一般需要七到十天的时间（图 8-50）。重要建筑如佛殿地面的阿嘎土铺到第三层的时候，用一些宝石在阿嘎土地面上拼出图案来，这样便提高了它的审美价值（如扎什伦布寺的强巴殿），还体现了建筑的等级。还有一些在阿嘎土上染色成花纹，整个感觉很像大理石地面（如扎什伦布寺的班禅灵塔殿，图 8-51）。顶层的屋面与楼层施工时有所不同，一是铺垫的土层较厚，需要反复拍打提浆，使表面更加密实；二是要有意识地找出一定的坡度和预留排水位，以便排水。总的来看，用阿嘎土夯打的建筑楼面、屋面的施工工序多，工艺复杂，特别厚重，既满足了保暖需要，也有效地提高了防渗漏效果。

在寺庙建筑中还常见在楼层上铺设木地板的做法。木地板的板宽约为 15~20 厘米，厚度约 3 厘米。企口木地板的铺设大致有两种做法：一种是将木地板截成 1 米长短，一个方块一个方块地铺设；另一种是在楼层上先顺安数道纵向楼板条，每道板条之间预留 1 米左右的距离，然后将截好的短木地板挨个与顺安楼板垂直铺设。

图 8-49b 阿嘎土加工
图片来源：汪永平摄

图 8-50 打阿嘎土（布达拉宫）
图片来源：汪永平摄

图 8-51 阿嘎土花纹地面（扎什伦布寺）
图片来源：汪永平摄

8.6.2 室外地面做法

室外地面一般为自然黄土地面，寺庙建筑室外多用石材来铺设，常见的有青石板地面、卵石地面、块石地面、条石地面和砾石地面。根据平面形状和使用功能，铺地方式富有变化，常用条石和块石配

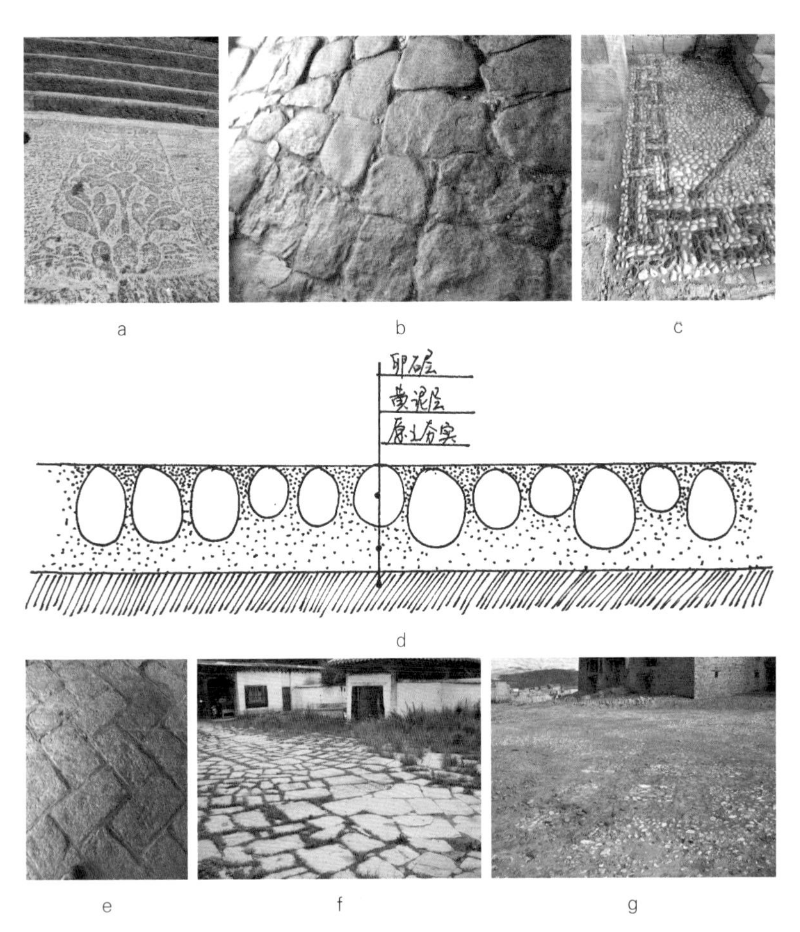

图 8-52 室外地面铺做法
图片来源：承锡芳拍摄、绘制

合构成各种地面图案，高等级建筑中还会在地面上做雕花，十分美观。

青石板多铺设在寺庙广场、院子以及步行道上，也有铺在建筑物四周墙角作为散水。板材无限定规格，有大有小，平铺在地面上，用砂土填缝隙，黄泥抹缝。卵石地面是用卵石竖立铺砌成的地面。如在大昭寺入口的通道处用大的卵石平铺的地面；托林寺的露天回廊是由鹅卵石铺就的；扎什伦布寺的僧舍台阶前面是用卵石竖铺的，还用别的颜色的卵石铺砌了万字纹（图 8-52a、b、c、d）。块石地面一般铺设在建筑入口处、踏步台阶和建筑物周边散水及人行道上。块石由毛石加工而成，平整而有规律。一般尺寸为 600 毫米 ×600 毫米，大都以十字缝来铺砌。条石地面是用花岗岩加工成尺寸为 400 毫米 ×200 毫米的条石，按人字纹来铺砌，或者按 45° 的角度同一个方向斜铺。还有一种比较普遍的铺地材料为砾石，如拉加里王宫的广场地面就是用精心拣选的白青两色砾石（砾径 0.1~0.2 米）拼铺而成，在广场中心部位镶嵌出"雍仲"、莲花、八宝吉祥图案等，构图颇具匠心（图 8-52e、f、g）。

8.7 金工工艺

藏族金工工艺有十余种，直接用于建筑装饰的工艺为铜工工艺和镀金工艺。

8.7.1 铜工工艺

材料主要为铜，在制作高僧灵塔时也用金和银。铜工工艺在建筑中所装饰的部位一般都集中在殿堂顶部的法轮、青羊、法幢以及金顶的筒瓦、脊兽等处，还有就是殿堂内供奉的铜佛像、佛墙、佛龛的金属装饰和高僧的灵塔制作等。

工具：常用的工具（图 8-53）有锤子、刷子、钳子等，其中比较特殊的工具是"夹刚"，用来敲打佛像和图案等。"夹刚"中三角木架可叫作"葛如"，起支撑作用。而中间插入的铁棍上端的部分叫"果棍"。工匠主要用"果棍"来敲打图案，这一部分可以置换，主要有两种尺寸，其中比较粗的"果棍"用于敲打佛像，比较细小的"果棍"可以打制精细的图案。还有一种叫"朗基"的铁墩，整个由铁浇注而成，用来敲打金属。工匠还有一些自制的小錾子，大约 8 厘米长，底部制成有尖有扁的各种形状，适合于不同的图案需求。工匠自制的剪刀也比较特殊，

图 8-53 金工工艺的打制工具
图片来源：承锡芳摄

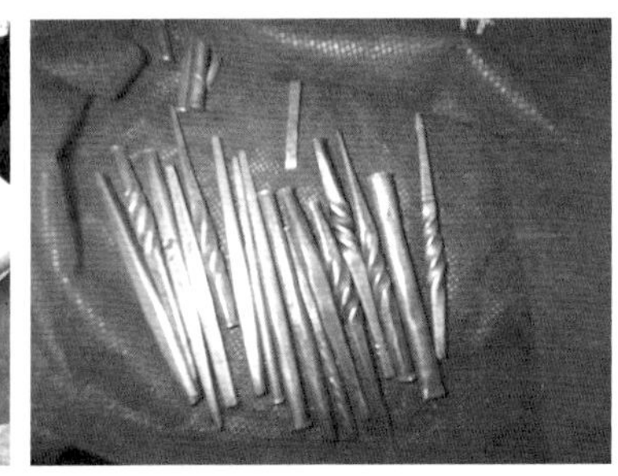

它的柄一边是弯过来的，这样工匠就可以把弯的一头立在地上操作了，比较省力。

佛像制作的流程：①准备原料，主要材料是铜片或铜皮，尺寸大约是 1000 毫米 ×2000 毫米 ×1 毫米。②在纸上画出完整的佛像，严格按经书上的比例和尺寸来画，工匠在学徒阶段便要把各种佛像的比例背得很熟，这样打制的时候心里就有底了（图 8–54）。③把纸切开，放在铜皮上，用凿子按纸上的线条刻出佛像的大体形态。35 张这样尺寸的铜片可以打制一个 2.4 米高的佛像。④把佛像的各个部分都焊接起来，锻敲成形的部件用黏结剂黏结在制成的框架或底面上。⑤打制好以后再进行镏金等工艺加工。

修复的工艺流程：首先便是把要修复的部分从建筑上取下来；然后对一些残破的地方进行修补，主要是进行焊接；接着便是清洗（用硝酸兑上水对器物进行擦洗）；然后对器物进行镀金；镀金后便用沾满铜丝的刷子来刷器物表面；然后再进行上色，先将藏红木煅烧后溶入水中，然后把烤热的金属置入红木水中，这样使金属表面更加发亮；最后将金属吹干就可以了。如果金属颜色不行的话还可以再镀一次金（图 8–55）。

8.7.2 镀金工艺

金箔的制作过程：工匠按工程需要申请金箔进行深加工，用小锤子敲打金箔，使金箔变得更薄，打完后放在一个铜盆里，放在火上加热，加热约一分钟放于冷水中冷却，捞起来后吹干金箔就可以用了。

镀金流程：镀金前将金箔与汞以一定比例（大约 1:11）经过高温熔化后就可以直接用刷子刷于物体表面（如果物体表面比较脏的话先用硫酸洗一下），这样就不容易褪色，现在的新工艺不加汞，很容易掉色，一般几十年就掉色了。每个工人每天有固定的加工定量，大约一个团队每天要加工 550 克金箔，大约 75 克可以镀 1 平方米佛像或器物的表面。

图 8–54 工匠使用的佛像图
图片来源：承锡芳摄

8.8 彩画作

藏族有悠久的彩画历史，且工艺精湛，艺术成就卓著，将传统绘画融于建筑之中是藏族建筑的又一大显著特点。藏传佛教寺庙建筑中常见的传统彩画有壁画和唐卡。

壁画涉及的题材很广泛，主要有宗教、历史和一些民俗内容。壁画在寺庙建筑中，其作用十分明显：从宗教角度讲，起着教化的作用；从建筑角度讲，又起着重要的装饰作用。唐卡是在松赞干布时期兴起的一种新颖绘画艺术，即用彩缎装裱而成的卷轴画，具有鲜明的民族特点、浓郁的宗教色彩和独特的艺术风格，历来被藏族人民视为珍宝。唐卡的题材有以下几种：佛、菩萨造像类；佛传或佛本生故

a 一天金箔产量

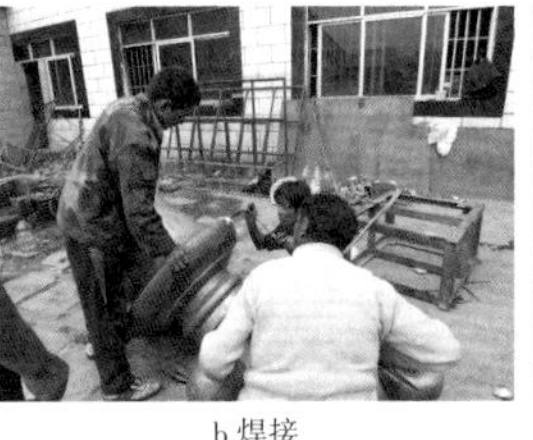

b 焊接

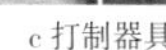

c 打制器具

d 清洗

e 上色

图 8–55 修复的工艺流程
图片来源：承锡芳摄

事；密宗本尊各神；观音度母类；护法神；上师高僧；历史及历史人物；坛城佛塔类；等。

彩绘所用的材料：①牛胶：牛胶是西藏自制的一种特殊的胶水，以前是用牛角来制作的，现在很少用牛角了，多是用牛的废弃部分来制作。②颜料：一般唐卡和修复寺庙壁画用的颜料都是矿物颜料，利用有颜色的矿石来磨成颜料，颜色鲜亮，保存时间很长。颜料的制作工序已经失传多年，后来经过匠人们的不断论证和摸索才重新复原了传统做法。

藏族人民使用矿物颜料的历史悠久。早在4000~5000 年前的新石器时期，藏族先民们就会制作和使用矿物颜料。如昌都卡若的岩石壁画所使用的颜料多是经研磨的赤铁矿等，用兽骨熬成的胶质液或血液加以拌合，绘成的图像为深红色、红褐色或黑色[1]。

在吐蕃时期，藏族人民制作和使用矿物颜料的技术得到了极大的发展。大量的需求推动了颜料制作技术的进步，西藏各地逐渐形成正规的、有组织地定点开采矿物制作植物颜料的制度。比如：藏青、石绿色产自尼木和甲绒地区，白色颜料产自羊八井、仁布，朱砂产自山南洛扎、后藏等地，雄黄、雌黄等产自昌都，云母产自山南乃东，土红、黄土色产自羊八井、易贡，墨色原料产自林芝等地，花青产自不丹、察隅，胭脂产自门隅地区，黄莲花产自各地的阴山处等等[2]。

矿物颜料的制作工艺主要包括两个方面：初加工、深加工。初加工在矿石的原产地进行，深加工则在颜料使用前再进行。在颜料矿物的原产地现场把合格的矿石粗磨，再选择适当规格的筛子过筛，将粗颗粒筛出，以利下一道工序进行研磨。石青、石绿颜色矿石一般品位较低，常夹杂着泥土和碎石，因此，经初选、粗磨、筛选后，必须置于木盆中进行提纯处理。先将初加工后的颜料矿粉适量置入宽底石臼中，再加适量清水后反复研磨，这道湿磨工序历时五至六天后方可完成。加工石青、石绿以及朱砂等颜料矿粉，经上述研磨工序之后，还要进行沉淀分层分离处理。

由植物中提炼植物颜料，也是藏传佛教建筑装饰中的常用颜料。植物颜料的加工工艺较为简单，主要经过采集、精选、清洗、浸泡、熬煮（或加碱）、蒸发、制丸等工序。其中熬煮和蒸发是关键的工序，熬煮时应注意水量与沸煮时间。为提高出色率，黄莲花等植物在熬煮时需加少许土碱；为减少颜料丸粒中的杂质，在蒸发前有一道过滤提纯工序，在蒸发过程中需保持蒸发环境的清洁。在使用植物颜料时需先进行浸泡和沉淀，在绘画时也不可搅混使用，以免影响色彩的纯正。

高等级的建筑绘画中还会用到价格高昂的金色颜料，是由纯金制作。先把金子打成薄片，用剪刀把薄片剪得很小，然后放在一起磨成粉（具体过程一般都是工匠的家族秘方，不对外公开）。最后制成一个个小的金圆片，用开水泡一下就成了粉末，掺上牛胶就可以直接使用了。

画匠现在使用的工具是普通的画笔，由羊毛制成，而传统的画笔是用猫身上的毛来制作，用于勾细部。画笔分三个部分，笔杆部分由木头制成，笔杆与毛的连接部分先用牛胶打一遍，然后再在牛胶上缠上线。

正式作画前，需对颜料进行深加工，主要制作工序如下（见图 8-56）：首先把经过粗加工的矿石磨成豆子一般大小，分清矿石的颜色（就是按颜色进行归类）；再把矿石放到砂锅中，加上少许家里烧菜的油，用 100~200°C 高温进行蒸煮；然后加水搅拌，等到砂锅里倒满水、颜色搅拌均匀后，把水

图 8-56 颜料的制作工序
图片来源：承锡芳摄

图 8-57 唐卡的制作过程
图片来源：承锡芳摄

一层层地倒入空盆中（大概每个盆注入 1/4），再根据所需颜色的深浅酌情往盆子里加水，等颜料沉淀后，再把漂在上面的清水倒掉，放到太阳下晒干，等一个星期后磨成粉末就可以用了。

唐卡通常画在棉布上。首先按唐卡的大小来确定棉布的大小尺寸，然后把棉布固定在特制的木架上，再用手掌大的光滑石头沾水对布进行擦洗（这个水是牛胶与白色矿物颜料以一定比例与水混合而成的）；一般在要作画的那个面打磨三次，然后在反面打磨两次，放到太阳下晒干，这样便可以开始作画了。作画时，先用炭笔在棉布上勾勒底稿，所画的内容都有特定的比例；底稿画得差不多了就上大色块，大体的色块处理好后用黑色勾勒线条，然后再慢慢深化。等画到差不多的时候便进行描金，然后应雇主的需要再进入下一步工作，如果雇主仅需要亚光的话那这样就算可以了，如果雇主不需要亚光的话则用玛尼石对描金的地方打磨抛光，最后进行装裱，在底部镶以各色的绸缎，上下两端贯以木轴，这幅唐卡便算制作完了（图 8-57）。

壁画制作过程：①先在墙上刷一层胶水（主要由牛胶和特制的红色矿物颜料兑在一起，不过现在大多数都用白色颜料兑上牛胶抹在墙壁上）。②作画之前，根据墙壁的高低宽窄按比例留出作画的位置，画好壁画的四面边框。③完成上述准备后，用炭条或铅笔先勾草图，在勾勒人物时，要严格依据《造像量度经》的要求，严格掌握人体各部位的比例。这道工序大多由经验丰富的老画师完成。④勾用毛笔在草图上根据已确定的炭笔或铅笔线条来勾勒墨线，一般就用墨汁，这条墨线为壁画的定稿。⑤在线描的基础上敷大色块：第一步用深蓝色渲染天空；第二步用绿色来表示土地；第三步染云雾，主佛像的头上为云，脚下为雾，云雾多用白色、浅蓝或粉绿色；第四步染主佛像头和背后的佛光，其色彩内圈多用石青或橘红色，外面多用金粉勾勒线条，有的佛像全身都用金粉来涂抹；第五步染人物衣服的深色部分和其他景物的深色部分；第六步染人体的肉色和其他浅色部分。⑥对画面的色彩进一步加工渲染，然后用彩色线条勾勒轮廓线和衣纹。⑦上金：金银粉的应用，是西藏壁画特别是西藏晚期壁画不可缺少的一部分；用金银描出的壁画经过上千年以后画面仍金碧辉煌、灿烂如新；一般描金的部位多在佛像的头饰、衣纹、服装上的花样、背光的华光、供物法器、建筑金顶以及叶筋勾勒等等；越是重要的殿堂，越是讲究壁画，用的金银也越多。⑧用玛尼石将用金及用银处抹平打光后，标志着整个壁画工序的完成。⑨为保护壁画，最后还要在完成的壁画上刷以胶和清漆——先用牛胶熬成较稀的胶水，用软毛刷轻轻刷到壁画上，待干后，再刷一层清漆，整个制作过程就结束了。

8.9 西藏传统建筑的构建过程

8.9.1 工匠的工种和技术级别

建筑分为土（筑墙、面楼及盖顶）、木、石（砌石）、油漆、彩画、雕刻等工种，各有专业人士。公元 15 世纪的帕竹政权大兴土木，建造了很多宗山城堡。从那时候开始逐步在木工、石工等各工种设立技术等级；到了公元 17 世纪末第悉·桑结嘉措时，这种等级分得更清楚，待遇也有很大改善。木匠和石匠中等级最高者称为“屋钦”，也就是“木工屋钦”和“石工屋钦”。“屋钦”是大师傅的意思，一个“屋钦”下面有好几个“屋穷”，“屋穷”是小师傅的意思。一般的工程项目中，只要一名“木工屋钦”和一名“石工屋钦”就够了，较大规模的工程中，也许会有几个“屋钦”共同负责。他们当中也要按资格和技术排名来选一个“总屋钦”当总管。

地方政府承认的木、石工“屋钦”只有一名，他们可以享受政府官员的待遇。“屋钦”们一般自己不动手，负责工程的总安排和质量等，也是工程质量的监督员。“屋穷”一般都是年轻力壮、技术高明的实干家，若“屋穷”在某一个重要工程中完成得十分出色，工程竣工以后就有希望提升为“屋钦”。雕塑工和画师，金、银、铜匠均设立“屋钦”和“屋穷”的技术等级，地方政府在这些工种里的“屋钦”当中再选举“总屋钦”一名。

在西藏，泥工一般由妇女承担，担负室内粉刷和外墙面的手指纹粉刷，特别是寺庙殿堂的壁画墙壁的制作。地坪和屋面阿嘎土的打制也是她们的工作；当中技术最高的叫“谢本”，是“泥工头”的意思。由于旧社会对妇女的歧视，没有设立“总泥工头”，也享受不了政府官员的待遇。

第悉·桑结嘉措在主持建造五世达赖灵塔和红宫等工程项目时，逐步设立了布达拉宫下面的“堆白工程部”，集中了金、银、铜匠和雕塑等工种的技术人员。此外，还培养各工种的技术人才，建筑方面设立了拉萨“石木协会”，由木、石工的两名“总屋钦”全权负责。这样做的好处是培养了一批又一批的专业技术工匠，但是如果外地的工匠来拉萨打工，就需要加入了石木协会，或者交纳一定的费用，才能在拉萨进行施工工作。

8.9.2 度量标准

经过几千年的发展，在宗教文化及地域文化的影响下，藏式建筑形成了自己特有的风格，尤其是独树一帜的藏传佛教建筑。藏族建筑的营造技术和汉族古建筑一样有传统的营造方法，藏族匠师也有一整套设计标准、结构体系、平面布局和施工技术，全凭经验世代相传。藏族建筑的尺度，一般都采用人体的手指、手掌、肘和膝当作度量的单位，并在人体尺度的基础上进一步创造了柱位的基本模数——藏语称“穹都”，一个“穹都”等于手掌一卡长再加上一个大拇指的距离（约23厘米）。

有了基本模数之后，寺庙建筑的设计就有了参照和标准，以穹都为单位决定柱距、进深、面阔、层高的尺度。通常寺庙中的僧舍等低等级建筑的柱距是8.5、9、10个穹都，相当于2~2.3米；而大殿、经堂的高等级建筑经堂的柱距是11.5、12、12.5个穹都，相当于2.6~3米，平面配制原则上是维持左右均衡的对称布局，开间与进深分别采用一柱式、二柱式等，组成单元平面，故一般开间为2.2~2.5米，相当于8.5~10个穹都；亦有2.8米、3米不等；经堂习惯用柱距，相当于21~38个穹都，进深为4米、4.4米、5米，亦有少量5.6米、6米，相当于15~26个穹都。使用木料最长不超过18个穹都（约4米）。僧舍层高一般为10~11个穹都，相当于2.2~2.4米；大殿经堂层高是10.5~12个穹都，相当于2.4~2.8米，大型寺院的措钦大殿或扎仓大殿的层高会随着建筑规模的增大也有所增高，有的可以达到4米以上，也就是16~18个穹都。

8.9.3 规划设计

在旧社会，西藏没有专门从事建筑设计的技术人员，建筑设计由高级的木工师傅或其他有专长的人负责。首先住屋主人会根据投资多少和工匠商议选择基地、决定方位（寺庙中一般须经活佛确定），决定平面的宽度、深度、层数及用材等。其次按照当地传统的生产、生活、习惯方式，决定各层的使用要求，确定房间划分，对于墙基，先画出墙的位置，按柱网布置，以小间为单位组合成一室，以此划分大小各室并定位，然后按照所定层数确定墙基厚度，便可开始画线施工。在施工期间，工匠与主人仍需商议本工段各问题和下一阶段工程的材料、构件及安装等工序。施工、取材等工作中的权衡、比例、增减变化，又都依照他们共同遵守或习惯使用的度量标准（模数）作准则，尽管这些度量标准不够精确，但体系还是基本完整且定型化了。

一般建筑要在一块木板上或纸上简单地画出平面图（图8-58），图上注明柱子的位置和柱间的尺寸。这块图板可以说是木工师傅的备忘录，比较重要的建筑，如寺庙的佛殿或经堂等，除了要有与前面一样的平面图之外，还要绘制一些简单的立面图。立面图上一般没有标注，也有用硬纸做一些小模型的，如18世纪重建桑耶寺主殿和1956年新建罗布林卡新宫时曾经制作木质的模型，一是作为方案供主人观看，二是在施工过程中可以作为样板便于施工，但这些图纸和模型都没有严格的比例概念。具有深刻宗教内容的建筑，如拉萨大昭寺和山南桑耶寺、阿里托林寺等，整体规划及单体建筑上都体现了宗教含义，这样的设计布局多来自法师或高僧，如桑耶寺的整体布局就是按照莲花生大师提出来的宗教世界的布局来设置的。另外，寺庙建筑在开间设置和门窗的布置上也讲究一些宗教内容，如3个开间和3个门的设置象征佛教的“解脱三门”等宗教含义，这是西藏全民信教带来的特有的建筑手法。

从近现代历史来看，除了有名的木工师傅可以进行房屋设计外．寺庙里有些多才多艺的高僧和社会上的学者、画家中都曾出现过建筑设计的人才。藏族古老文化中，虽然没有设置专门的建筑学科，但是“五明”里有一门“工巧明”包括雕塑、木刻、绘画、书法、音乐舞蹈及房屋建造等多种技术、艺术科目，因此，精通“五明”的学者一般对建筑也有所研究。五世达赖就是一位精通“五明”的大学者，布达拉宫的扩建就是由五世达赖牵头，著名画师朗日曲增绘制设计图。第悉·桑结嘉措更是一位名副其实的建筑家，公元1682年对布达拉宫的再次扩建和整个红宫的设计都出自他手。

8.9.4 施工过程

西藏建房有“先砌（筑）桶子（墙）后架楼”的谚语，就是说有一定的施工程序，他们对于完成一座房屋的大工序是：①备料；②平基地（包括挖基槽），即根据计划墙厚画线、挖槽；③砌墙，如筑土墙则包括架板，边砌边收分；④立柱，包括架梁和摆搁栅；⑤铺筑楼面层，按照楼层构造（小工序）逐层铺筑；⑥盖顶，按屋顶构造做平屋顶；⑦装修，安装壁架、壁龛、木隔墙、门、窗扇等。至于门窗框、雨搭等则与砌筑墙同时进行（图8-59）。

图8-58a 画在木板上的设计图（平面）
图片来源：承锡芳摄

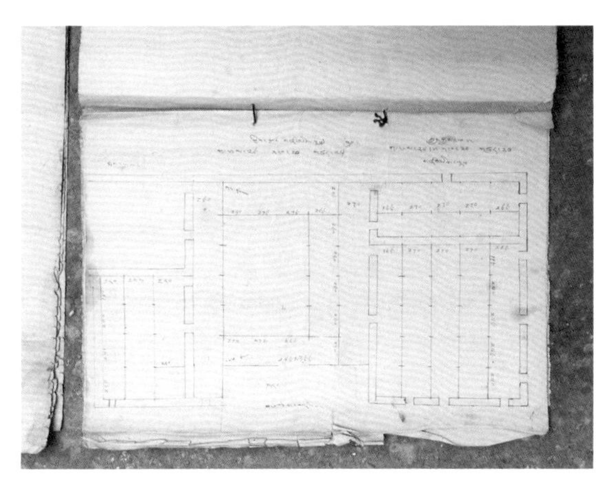

图8-58b 画在纸上的设计图（平面）
图片来源：承锡芳摄

图8-59 施工过程
图片来源：承锡芳摄

注释：

1 藏传颜料研究课题组．藏族传统绘画颜料的历史及工艺研究[J]．中国藏学，1999（4）：117-127.

2 同1。

9 寺庙建筑装饰的艺术风格

从藏传佛教的发展历史不难看出，对于印度、尼泊尔、汉地的模仿和学习主导了寺庙建筑在西藏的早期发展。随着藏传佛教的本土化，佛教建筑也在本土化，建筑装饰的题材、形式、手法在发展中不断吸收各地的特征再加以融合后形成了极具地域特色的典型的藏式建筑装饰艺术风格。

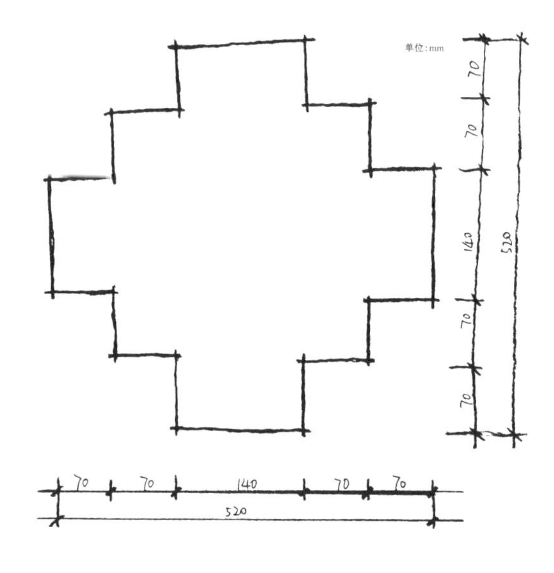

图 9-1 哲蚌寺甘丹颇章门廊立柱平面
图片来源：牛婷婷绘

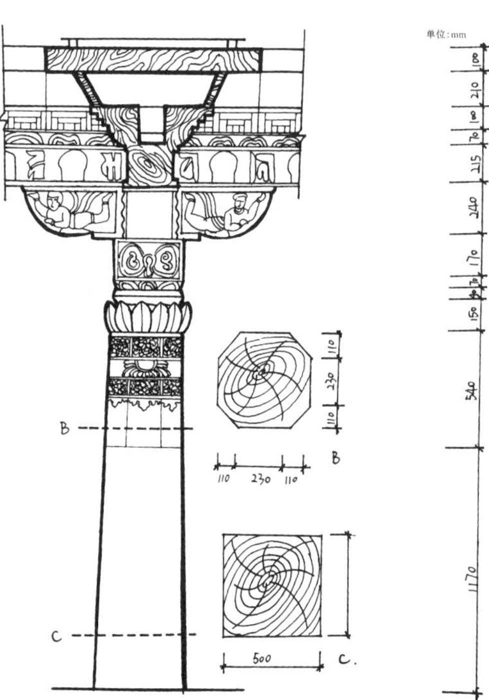

图 9-2 大昭寺觉康大殿内转角立柱
图片来源：宗晓萌绘

9.1 结构构件装饰

9.1.1 柱装饰

在藏传佛教寺院建筑中，柱子的形式大都以方柱为主，圆柱为辅，从下到上带有明显的收分。柱身部分有以整个木材做成的，也有以多个方形或半圆形的小柱拼成的，其截面并非方形，而是在角部有向内收进（图 9-1）。这种样式的柱子大多出现于门廊或外廊、大型寺院的经堂等处。此外，在大昭寺经堂内还存有四方抹角柱（图 9-2）是西藏早期吐蕃时期的柱式。

柱子的直径随着建筑的等级不同而有着明显的区别，直径从十几厘米到一米多不等。在同一建筑中，不同位置的柱子也有着不同的尺寸。如在萨迦南寺的拉康钦莫[1]主殿，殿中有 40 根大柱子，其中最粗的柱子直径达 1.45 米，其两旁的分别为 0.95 米、0.75 米，其他的柱子也因其位置和功用，直径从 0.30 米到 0.90 米不等。

如图 9-3 所示，在柱头装饰上，从上到下依次或刻或绘有六字真言图案、花瓣图案、长城箭垛式图案和短帘垂铃式图案。所有柱头装饰图案基本上都按此模式制作，或增或减，或复杂或简洁。如最上面的六字真言图案，在有些寺庙内已经简化得只剩下装饰六字真言的彩框；长城箭垛式图案简化为圆点。而有些寺庙建筑的柱头装饰则做得更为复杂些，在长城箭垛式图案和垂铃式图案之间多了一道莲花瓣图案；其垂铃式图案也做得更复杂、精美些。

柱身的装饰一般以涂饰红色为主，利用拼合柱身型材的金属连接件进行装饰（图 9-3），在柱身上再用织物进行包裹。织物的颜色大多为红色(图 9-4)，上绘有垂铃式图案(图 9-5、图 9-6)。织物也有蓝色、白色。更有甚者，在小昭寺的柱身上有绘满精美的

图 9-3 色拉寺阿巴扎仓门廊柱头（左）
图片来源：牛婷婷绘

图 9-4 色拉寺措钦大殿柱身装饰（右）
图片来源：汪永平摄

图 9-5 丢热寺内柱身装饰（左中）
图片来源：汪永平摄

图 9-6 布达拉宫内柱身装饰（左下）
图片来源：汪永平摄

图 9-7 小昭寺内柱身装饰（右下）
图片来源：汪永平摄

几何花卉图案的织物（图 9-7）。在分治时期，一些寺庙的柱身上雕刻着吉祥图案。如托林寺殿堂内的柱子多为方形，柱面有图案雕刻 [2]。

柱础大多为石质，形状有圆有方，有的隐藏在地面之下，有的裸露在地面之上，上面刻有如意、莲花瓣等吉祥图案（图 9-8~ 图 9-11）。

9.1.2 梁装饰

梁的装饰类似汉地的彩画，包括横梁装饰、梁托装饰、横杠装饰等（图 9-12）。

横梁上的彩绘装饰一般采用二方连续装饰手法，把各种图案组成序列感很强的装饰线条。其图案题材十分丰富，有莲花纹、卷草纹，以及带有强烈宗教意义的梵文经纹样（图 9-13）等。

位于柱头与梁之间的梁托，一般分两层：上为

图 9-8 山南丢热寺内荒废的柱础（左）
图片来源：汪永平摄

图 9-9 萨迦寺内柱础（右）
图片来源：汪永平摄

图 9-10 山南桑耶寺内荒废的柱础（左）
图片来源：汪永平摄

图 9-11 卓玛拉康内柱础（右）
图片来源：汪永平摄

图 9-12 色拉寺知五康村梁、椽装饰分析
图片来源：汪永平摄

长弓，下为短弓。长短两弓的形状是需要精心雕镂的，通常为祥云状或各种花瓣、卷草形状，装饰效果极强。寺院建筑经堂、佛堂等重要殿堂内的梁托，其长弓中间部分常雕刻佛像或其他宗教吉祥图案，两边及边缘雕刻祥云、花卉，再配上彩色斑斓的彩绘，追求锦上添花的效果，整个梁托表面显得饱满、大方（图 9-14）。另外，梁托还有一种装饰样式，把长弓、短弓合二为一，做成斗拱的样式，如图 9-15 所示的布达拉宫内的梁托装饰。最简单的梁托形状为梯形，这种不加任何雕饰的梁托多见于寺院建筑中底层的

图 9-13 色拉寺内横梁装饰（左）
图片来源：汪永平摄

图 9-14 小昭寺内某梁托（右）
图片来源：汪永平摄

地垄墙室内。

此外，在椽木至大梁之间还夹着两道横杠，其上道用累卷叠函凹凸方格木雕处理，下道横杠用莲花瓣依次排列的雕刻或彩绘完成，这种装饰是约定俗成的，上下图案不能随意调换（图 9–16）。

9.1.3 椽装饰

椽装饰分两个部分，即椽端头部分装饰和椽身部分装饰。

椽端头部分装饰一般和梁装饰结合在一起，绘有花卉图案、文字图案。凸出在外立面上、位于门廊上的椽端头，整整齐齐地、略有间隔地排列在大梁上方，一般有两层，上层端头为方形，绘有花卉图案，下层则雕刻成船形（图 9–17）。

椽身一般用彩绘装饰手法，或涂以单色，或绘有精美图案，涂饰的颜色一般为蓝色或黄色（图 9–18）。装饰图案一般为类似蛇的动物图案，盘绕在椽上（图 9–19）。在桑耶寺中还发现用几何图案装饰的椽。椽一般垂直于横梁平行排列，也有水平倾斜 45° 平行排列的，用各色颜料涂饰，整齐排列形成寺庙室内一道独特的风景线（图 9–20）。

9.2 界面装饰

9.2.1 墙面装饰

墙面装饰包括外墙面装饰和内墙面装饰（图 9–21、图 9–22）。

藏族人民直接将涂料从外墙上面倾倒下来而形

图 9–15 布达拉宫内某梁托
图片来源：汪永平摄

图 9–16 小昭寺内横杠装饰
图片来源：汪永平摄

图 9–17 色拉寺恰扎康村内椽装饰
图片来源：汪永平摄

图 9–18 山南地区桑青寺内椽装饰
图片来源：周航摄

图 9–19 扎囊寺内椽装饰（左）
图片来源：周航摄

图 9–20 桑耶寺内椽装饰（右）
图片来源：汪永平摄

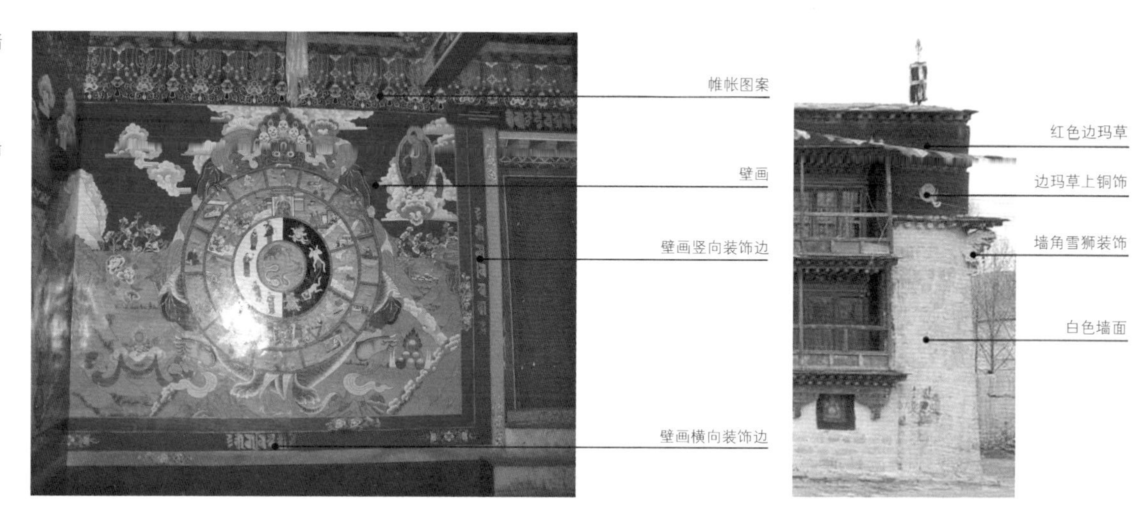

图 9-21 楚布寺内墙装饰分析图（左）
图片来源：汪永平摄

图 9-22 赤米寺外墙装饰分析图（右）
图片来源：汪永平摄

图 9-23 布达拉宫
图片来源：汪永平摄

图 9-24 桑阿颇章地下室壁画
图片来源：汪永平摄

图 9-25 山南地区扎果寺壁画
图片来源：汪永平摄

成一道独特而具有魅力的外墙面装饰。涂料的颜色主要为白色，也有红色、黄色。布达拉宫的两个主体部分因外墙颜色不同而被称为红宫和白宫（图 9-23）。

寺院建筑的内墙面装饰常常根据建筑物等级、功能的不同，内容有所不同。在重要的大殿，用满幅的绘画、唐卡来装饰；而在厨房、地下室及其他等级较低的房间，墙面由整块的单色涂饰及简单的帷帐图案组成；其中厨房内墙面大多用黑色颜料涂刷，上面用金色线条勾画着代表丰收等的吉祥图案。哲蚌寺桑阿颇章的地下室，五世达赖曾经在此修行，壁画用的是黑底金线单描，红色作补充色（图 9-24）。

在级别较高的寺院建筑中，内墙面绘画可分为三个部分：帷帐、壁画和壁画周边。帷帐图案位于墙面与天花的交接处，采用彩绘装饰手法表达。这种装饰图案与一般的线脚不同，是一种带有褶皱及阴影形式的图案。

在壁画的周边，常用三条不同颜色的线条来装饰。线条的颜色根据壁画的色调来选择，常用的颜色有红、黄、蓝、绿等（图 9-25）。线条的转角和端头常用几何花卉图案来装饰（图 9-26~ 图 9-28）。壁画是墙面绘画中最核心的内容，所谓的“三经一疏”（《绘画量度经》《造像量度如意珠》《造像量度经》《佛说造像量度经疏》）[3] 已成为藏传佛教绘画艺术的最高规范。另外，壁画主题有着固定的模式，集会大堂门廊两侧的墙壁上绘有四大天王，廊道右边墙壁上绘有六道轮回图；经堂、佛堂内的壁画主题与其所供奉佛密切相关。

图 9-26 山南地区三林寺墙面装饰1(上左)
图片来源：周航摄

图 9-27 山南地区三林寺墙面装饰2(上中)
图片来源：周航摄

图 9-28 山南地区三林寺墙面装饰3(上右)
图片来源：周航摄

壁画的题材有涉及宗教的，也有不涉及宗教的人物和事件：如迎娶文成公主；填卧塘湖，兴建大昭寺；吞弥桑布扎创造文字；五世达赖朝见清顺治皇帝；历代达赖、高僧的传记画像；等等。另外，还有一些反映寺庙生活和传统风俗的壁画，如辩经、讲经、射猎、比武、逛林卡、打马球图、演藏戏等，其中有的如桑耶寺主殿中所绘的气功、倒立、攀索、攀杆等表演，现在已经失传了。

藏传佛教寺院壁画的构图形式十分丰富，归纳起来，主要有以下四种：

（1）中心构图，这是最常见的一种构图方式，以主要人物（本尊）为中心，上下左右展开故事情节，以达到画面主次分明、饱满匀齐的效果。这种构图方式主要用于肖像作品（图 9-29）。

（2）回环式布局，此类构图方式主要用来表现历史故事等有情节的场面，采用散点透视的回形布局，将每一片段按照一定的次序回环往复地安排成连环画式的结构，再配以文字说明，使得情节分明但又意义连贯（图 9-30）。

（3）分格式布局，这种布局方式主要用于绘制佛传故事，而且主要流行于西藏西部、西南部的寺院中，是“佩孜”风格壁画的特点之一。这种布局的壁画将佛传故事的每一情节分格描绘，依次编排，每一格画面均配以文字说明，填写在每幅画面之下相同宽度的长方格子之内。在绘制千佛像壁画时，也采用将墙壁分割成独幅画面的形式，称作“棋格式千佛”（图 9-31）。

（4）坛城式布局，藏传佛教寺院壁画还有一类很特别的布局形式，那就是“坛城图”。由外到内以圆形和方形层层相套而成，正中间是主尊神，外面的圆形以水图案及火图案装饰；第二层起用圆形的金刚图案、水图案、莲花图案装饰，以示大海、风墙、火墙及金刚墙、莲花墙、护城河，内套正方形图案，

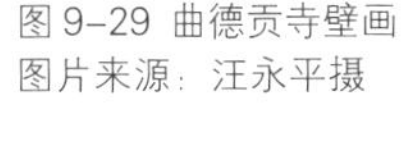

图 9-29 曲德贡寺壁画
图片来源：汪永平摄

图 9-30 小昭寺壁画
图片来源：汪永平摄

图 9-31 桑耶寺壁画
图片来源：周航摄

图 9-32 夏鲁寺壁画
图片来源：汪永平摄

图 9-33 色拉寺天花布装饰
图片来源：汪永平摄

图 9-34 色拉寺麦扎仓天花板装饰
图片来源：汪永平摄

以示坛城的屋檐，层层深入，直至主尊殿，并用白、蓝、红、黄四色象征四方。整幅图结构复杂，抽象、具象手法并用，绘制难度很大，只有具备高超技艺和丰富宗教知识的画师才能绘制（图 9-32）。

9.2.2 顶面装饰

在藏传佛教寺院建筑中，顶面装饰的主要形式有天花布、天花板、天花纸、藻井等。

1. 天花布

天花布质地多为织锦、绸缎，或彩绘好的当地土布。

如图 9-33 所示，在色拉寺的大殿建筑中，顶面用精美的绸缎加以装饰，显得华丽庄重，还有些神秘。在某些寺院中，是将单色布（一般是白布）用白泥加工成纸状后进行彩绘，再把彩绘好的布贴到顶面上。天花布既能起到装饰作用，又能防止顶部落尘。

2. 天花板

类似汉族建筑的平天花吊顶。藏式天花板的形式为紧密排列的正方形小格子，或不同大小的格子组成，每个格子以彩绘的方式画有花纹装饰纹样。但这种天花板在大殿并不是完全布满，仅仅是在正殿当中柱子升高开有高侧窗的那部分屋顶才有，其下供奉着该寺庙内最大的佛像。

这种木质彩绘天花板，画面以抽象的图案居多，也有飞天、坛城、吉祥图案等内容。画面构图繁缛严谨，颜色厚重浓艳，与四周墙上的壁画和塑像构成一个宗教气氛浓厚的环境（图 9-34）。

3. 天花纸

天花纸装饰手法很独特，有着地区特殊性。阿里地区气候比较干燥，才能采用彩绘纸装饰天花板。同彩绘天花布一样，天花纸也是彩绘好以后再贴到天花板上去。这种装饰手法和天花布有着异曲同工之处，不同的只是材料。

在札达县托林寺考古挖掘中，曾出土过这种分治时期的建筑装饰材料。

4. 藻井

这种装饰手法大多用于寺庙的大殿中。例如大昭寺的措钦大殿，内有四层结构的藻井，藻井上饰有 25 个木雕人像。虽然人像体态各异，排列也并不对称，但给人感觉依然和谐统一，特别是以太极图为中心的莲花图案，更增加了藻井的整体美感。

另在札达县底雅布日寺，有一过街楼。此过街楼是在人们必经的路口修建的有通道的塔式小楼房，修建过街楼的目的是让行人从楼下的通道穿过，从而受佛法的加持。其藻井上绘有佛教内容——密宗坛城的图案[4]。

除以上几种顶面装饰外，还有一些比较独特的装饰手法，如大昭寺内一雕刻精美的木雕顶装饰（图

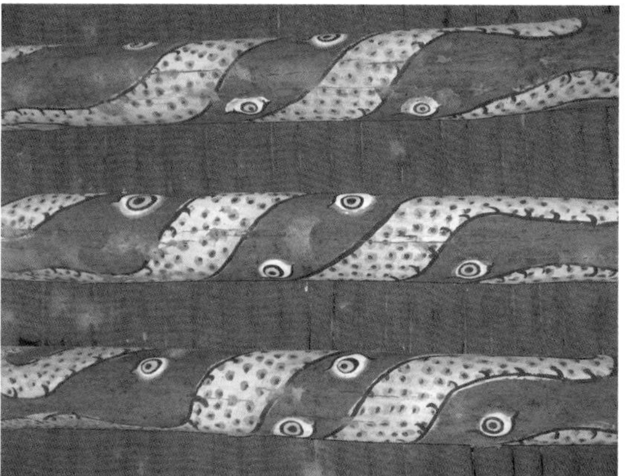

图 9-35 大昭寺木雕顶装饰（左）
图片来源：周航摄

图 9-36 山南地区扎囊寺顶面装饰（右）
图片来源：周航摄

9-35）；还有一些椽直接作为顶部装饰（图 9-36）。

9.3 地面装饰

西藏传统建筑的室内铺地以阿嘎土为主，在藏传佛教寺院建筑中亦是如此。高等级的寺庙经堂中，沿着中轴线方向，在阿嘎土地面上镶嵌了用各种宝石拼成的图案（图 9-37）。这些图案通常是以大块的绿松石用铜环镶嵌，也有用石子拼成仲雍拉曲等宗教图案来丰富其地面装饰如山南丢热寺（图 9-38）。

图 9-37 扎什伦布寺绿松石地面装饰
图片来源：汪永平摄

木制地面也常出现在寺庙建筑的室内，主要用于高僧的书房和寝宫。在局部还会铺以藏式地毯加以点缀，藏式地毯所有的图案均由桑蚕丝织成，颜色以米色为主，加少量金、粉、红色，图案简洁明快，清新雅致，格调简约中透出神秘。

图 9-38 山南地区丢热寺地面装饰
图片来源：周航摄

值得关注的是，在吐蕃时期的寺庙建筑中，直接用大块石头铺地作为地面装饰，如大昭寺的石头铺地，已被无数西藏佛教徒的身体打磨得光滑无比（图 9-39）。

图 9-39 大昭寺地面装饰
图片来源：周航摄

9.4 门窗装饰

藏式建筑门窗装饰十分讲究，从屋檐到门槛的每一部分都以不同的手法进行了修饰，如色彩涂饰、织物挂装、雕刻处理，及其他各种造型处理等。如图 9-40 所示，藏式建筑的门装饰包含门扇、门框、门楣等部分的装饰，外立面中的门装饰还包括门檐的装饰。

图 9-40 色拉寺门装饰示意图
图片来源：汪永平摄

9.4.1 门扇装饰

门扇作为门的重要功能组成部件，其装饰手法有涂饰、挂饰、镶饰等。

涂饰即在门扇上涂色。民居门扇的色彩以红、黑两色较常见，一般黑色为主。寺院建筑中，门扇以红、黄为主，密宗建筑的门扇多用黑色。装饰内容多为花卉几何图案，与铜饰相结合，十分和谐美丽。代表着宗教含义的各种符号也常出现在门扇上（图 9-41）。

镶饰是在涂饰基础上再次装饰。它由镶在门板

图 9-41a 罗布林卡大门装饰 1（左）
图片来源：吕伟娅摄

图 9-41b 罗布林卡大门装饰 2（中）
图片来源：吕伟娅摄

图 9-41c 山南地区拉隆寺门装饰（右）
图片来源：周航摄

图 9-42 圆形的门环
图片来源：汪永平摄

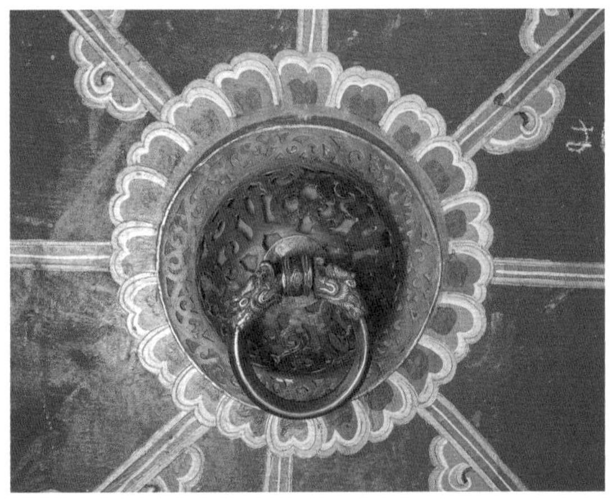

上的金属材料组成，主要部件有条形金属装饰条、门钉、门箍、门环及门环座等。条形金属装饰条既是一种装饰，还起到加固门扇的作用。门环座总体形制为半球形，环为圆形，门环多为浅浮雕的异兽造型，首尾相连，尾部套在兽头嘴部，有的还雕塑成首尾相连的龙形，还有一些是各种表现趋吉辟邪的图案雕刻（图 9-42）。另外，环座的平面形状不光只是圆形，还有花形、菱形等（图 9-43）。

挂饰主要指挂在门环上的色彩斑斓的编织物。

图 9-43 其他不同形状的门环
图片来源：汪永平摄

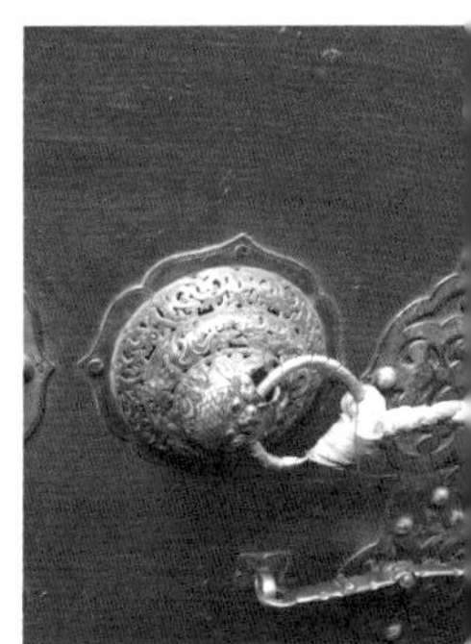

图 9-44 色拉寺阿巴扎仓门框装饰
图片来源：汪永平摄

图 9-45 扎塘寺（扎囊县）门楣装饰
图片来源：汪永平摄

图 9-46 大昭寺无量光佛殿金属门帘
图片来源：承锡芳摄

9.4.2 门框装饰

一般民居门框装饰比较简单，门框上挂短香布，门框左右边缘墙上涂两道黑色竖条，每年过年前短香布要弃旧换新，黑色竖条与粉刷外墙一道重新涂漆。

在藏传佛教寺院建筑中，门框装饰较为复杂，门框木构件多则六七层，少则也有三层，层层雕绘着各种图案，可见其讲究程度。如图 9-44 所示，从内往外，有两层几何花纹图案，一层莲花瓣图案，一层长城图案，一层雍仲图案，一层累卷叠函凹凸方格图案。此六层图案每层都雕刻细致、精美，层层向外递增。

9.4.3 门楣装饰

门楣是门框上边的部分。在藏式传统建筑中，较高级别的门楣装饰，由上至下的装饰构成依次为狮头梁、挑梁面板、挑梁、椽木面板和椽木等五层，通过雕刻与彩绘技法表现。门楣最上方的狮头梁作为一种重要的装饰要素和装饰级别上的界限，是民居与王宫寺庙最为明显的等级标志（图 9-45）。

值得一提的是，吐蕃时期的建筑门楣上挂有沉重的金属门帘，如大昭寺内无量光佛殿的金属门帘，金属空心圆的一点与金属棒的一线组成了独特的沉重的一面门帘，与周边古老、粗犷的雕刻形成一道厚重的屏障，使信徒和佛像产生了一定距离，一种不能超越的距离（图 9-46）。

9.4.4 门檐装饰

门檐指的是围墙上作屋顶状的覆盖部分（图 9-47）。

门檐装饰大多做成塔形，并且在门檐下方正中位置设有小型方龛。这种塔形造型装饰，最初取自佛教密宗中的坛城造型，如桑耶寺的东门，就是这种垒筑七层的塔形装饰。

门檐正中的方龛与塔形的建筑装饰造型一样，来自寺庙建筑造型。在寺庙等建筑的方龛里，一般都安放有红、白、黑三色的佛塔。例如在扎什伦布寺的方龛中就有佛塔，曾是金属制作的，如今安放的是泥塑三色佛塔。这些在文化意义上都有崇拜、禁忌、祈祷等含义，也是佛教文化的一种体现。

一般门檐下悬挂各式布幔，最早只是用牦牛毛编

图9-47 扎果寺门檐装饰
图片来源：周航摄

图9-48 增期寺门檐布幔装饰
图片来源：汪永平摄

图9-49 山南地区日吾曲德寺布幔装饰
图片来源：周航摄

图9-50 山南地区昌珠寺窗装饰
图片来源：周航摄

织而成，黑色的，有时上面绘有吉祥图案（图9-48）；后来多使用粗布，以白色为主，也有红色、黄色，上面也绘有吉祥图案，现以无穷结为主（图9-49）。

9.4.5 窗饰

在藏传佛教寺院建筑中，窗的装饰组成与门相比，没有那么复杂，主要集中在窗檐部分，位于窗的上部，利用两或三层逐层出挑的小椽，在最上一层出挑尺寸不大的雨篷。雨篷以石片及阿嘎土作面层，同时在小椽上用彩绘装饰。外墙窗上的这个小篷在小椽上的出挑虽然不大，但非常科学。逐层出挑的小椽上的彩绘，在人们以仰视的角度观察的时候，视觉上也不会互相遮挡，增添了装饰的层次感。

在窗子出挑雨篷的另外三边，都饰有黑色的边框，由下到上略有收分，呈现上小下大的梯形。这一形状的寓意为牛角，能带来吉祥。藏族古代曾经拥有的图腾之一是"牦牛"，这种装饰手法，既是对牛角艺术形象的抽象表达，同时也有辟邪驱凶的含义，装饰性极强。窗上的装饰手法不分建筑等级，普遍适用。这一形式不仅加大了窗户的尺度感，还与建筑向上收分相呼应，增强了建筑造型的稳重庄严感，同时也丰富了立面的色彩，颇有独到之处（图9-50）。

窗子的雨篷下也同样要悬挂布幔。像这样在建筑外檐门窗上使用布幔，不仅统一了建筑立面的整体美，同时还起到了保护彩画的作用。当阵阵微风吹来时，香布飘然撩起，艳丽的彩绘偶然露出，使原本静止的装饰又带上了动感；而且香布的应用，使建筑立面在质感上更为丰富。香布本身也有着自己的色彩，一般以白色为主，但在重要的窗上会以带状的红色及黄色出现。

9.5 脊饰

9.5.1 金顶

金顶是加盖在寺院主殿、佛殿、王宫屋顶和佛塔顶部的特制金属屋顶，是用铜打造、外表镀金的一种豪华建筑装饰。这种建筑装饰和建筑风格在藏式建筑中，特别在藏传佛教寺院建筑中常用（图 9-51）。

金顶构造与一般汉式传统屋顶瓦相似，顶面为铜质镀金桶型长瓦，翘角飞檐，四角飞檐一般为四只张口鳌头，屋脊上装有宝幢、宝瓶、卧鹿、吉祥鸟等；屋檐上雕饰有法轮、宝盘、云纹、六字真言、莲珠、花草、法铃、八宝吉祥等图案，屋脊宝瓶之间和屋檐下悬挂铃子，风吹时铃声四传，悦耳动听。

金顶面积有大有小，大的金顶面积有约 200 平方米，高约 5 米。小的约 20 平方米，高约 2 米。宫殿、寺院等建筑有无金顶和金顶面积大小是宫殿、寺院主人贫富贵贱的重要标志，也是主人所拥有政教权势大小的重要象征。

藏族金顶历史悠久，它的渊源有人说是藏族自己创造发明的，有人说是来源于古印度。但从形式和外观来看，应是受内地影响。从布达拉宫所藏唐卡和桑耶寺、布达拉宫、大昭寺、罗布林卡等处壁画来看，始建于公元前 2 世纪的雍布拉康，建于公元 7 世纪初的布达拉宫、大昭寺，建于公元 762 年的桑耶寺等建筑均加盖有金顶。据《西藏王统记》《西藏王臣记》《青史》《红史》《巴协》等史书记载，藏王松赞干布于公元 647 年修建拉萨大昭寺时，神殿屋顶饰有纯金瓦和其他装饰。公元 762 年藏王赤松德赞在今西藏扎囊县境内创建藏族第一座佛、法、僧三宝俱全的桑耶寺时，该寺主殿和四大殿、八小殿，以及赤松德赞的三个王妃兴建的三座神殿屋顶均加盖有金瓦。创建于公元 940 年左右的阿里古格托林寺，据史料记载该寺建筑屋顶、柱梁为金子所筑，俗称“古格托林金质神殿”，说明该寺金顶面积很大。

公元 10~19 世纪间藏族聚居区所建的一百余座金顶中，面积最大、工艺最好、造型最豪华，并具有代表性的金顶有拉萨大昭寺、布达拉宫、萨迦寺、哲蚌寺、色拉寺、甘丹寺、罗布林卡金色颇章、日喀则扎什伦布寺等（图 9-52~ 图 9-55）。

9.5.2 铜饰

藏传佛教寺院建筑的铜饰常在屋顶装饰、女儿墙装饰和门窗装饰中出现。门窗装饰中的铜饰已在上一节讲述过，本小节主要讲述其他两个部分。

屋顶金属装饰主要有宝瓶、经幢、祥麟法轮等。

宝瓶藏语称“文巴”，文巴标志着聚满千万甘露，包罗善业，满足愿望。它既是净瓶，也是密宗修法灌顶时的法器之一。藏传佛教僧人除了在念经诵咒或灌顶等宗教活动中使用文巴外，也用文巴来为神像或人沐浴时盛圣水。寺院中的宝瓶内装有净水，象征甘露，瓶口插有孔雀翎或如意树，象征吉祥清静和财运，或者说是福智圆满。有的宝瓶还放置在寺庙等建筑物的

图 9-51 金顶装饰分析图
图片来源：周航摄并标注

图 9-52 扎什伦布寺四世班禅灵塔殿金顶细部
图片来源：汪永平摄

图 9-53 小昭寺金顶
图片来源：汪永平摄

图 9-54 布达拉宫金顶
图片来源：汪永平摄

图 9-55 直贡提寺金顶
图片来源：汪永平摄

顶上和屋脊之上，起到装饰作用（图 9-56）。

经幢是寺院建筑的重要饰物，一般置于寺院主殿屋顶边角处或大门上方屋顶处。宫殿、重要庄园屋顶也有摆放经幢作装饰的。经幢在藏族人民的传统文化中是宗教的标志物之一。经幢的主要形式有镏金铜幢、普通的铜幢、五彩布幢和牛毛幢等（图 9-57）。

寺院里僧徒集合诵经的佛堂大殿顶楼上可看到“祥麟法轮”（图 9-58），这是藏传佛教寺院建筑上的典型装饰品。它是寺庙屋脊和牌坊上所立的吉祥圣物和装饰品，中间是法轮，左右分别是牝牡祥麟，象征释迦牟尼佛在鹿野初转法轮。二麟专注法轮之顶，表示持内外教派观点的优劣徒众。祥麟奉行释迦牟尼教法，于是世间一切不正确的见解都被摧毁，劝人们一心修行向善。法轮是指佛法威力无边无际，可以摧毁所有罪恶。

这些建筑屋顶上的金属材质的造型装饰，与女儿墙上的镶嵌金属图案造型相结合，使整个建筑形象在视觉上更加富丽堂皇。

在等级较高的建筑上部，如寺庙中心的殿堂以及经堂的女儿墙上，还要以各种镏金的金属装饰件镶嵌，这些金属装饰品大多与宗教内容相关。在红色边玛草墙上的铜雕装饰物，藏语叫“边坚”。铜雕工艺粗犷、形象逼真，铜雕内容主要为宗教中的人物、动物和宝器等。这些铜饰和边玛墙上口的檐

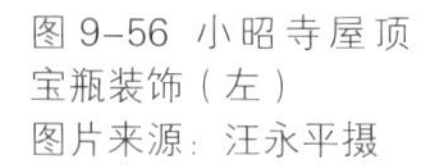

图 9-56 小昭寺屋顶宝瓶装饰（左）
图片来源：汪永平摄

图 9-57 扎什伦布寺四世班禅灵塔殿屋顶经幢装饰（右）
图片来源：汪永平摄

下以短木做成一排象征星辰的白色圆点，既装饰了寺庙建筑的外墙面，又突出了建筑的宗教特色（图9-59~图9-62）。

图 9-58a 大昭寺屋顶祥麟法轮装饰
图片来源：汪永平摄

9.6 建筑装饰图案的题材及特点

图案源于生活，但比现实生活中的客观形象更概括，更抽象，更具典型性，也更美。装饰图案是建筑装饰的灵魂。图案一般来讲有两种含义：一是制作艺术作品的整个构图或布局；二是指在设计中重复使用的元素或母题。本节中的建筑装饰图案取后一种之意。

图 9-58b 扎什伦布寺四世班禅灵塔殿屋顶祥麟法轮装饰
图片来源：汪永平摄

藏传佛教寺院建筑的装饰图案从制作工艺方面大致分为两种：雕刻类和绘画类。雕刻类主要指浮雕，包括建筑门楣、门框、柱头、梁架等上的雕饰图案，佛像座托雕饰图案以及佛、菩萨背光上的雕饰图案。绘画类主要指彩绘图案或纹饰，它的数量众多而且种类丰富，包括柱梁椽彩绘、天花彩绘、壁画等等。其他各族建筑装饰的制作工艺也可分为这两种。

图 9-59 桑耶寺金顶檐口铜饰（左）
图片来源：汪永平摄

图 9-60 布达拉宫金顶鳌鱼铜饰（右）
图片来源：汪永平摄

图 9-61 扎什伦布寺四世班禅灵塔殿女儿墙铜饰（下左）
图片来源：汪永平摄

图 9-62 小昭寺女儿墙铜饰（下右）
图片来源：汪永平摄

就藏传佛教寺院建筑装饰的题材而言，涉及范围十分广泛。本节从装饰图案内容题材角度，把藏传佛教寺院建筑装饰中常用的图案分为几何图案、花卉植物图案、动物图案、文字纹样、传统吉祥图案、帷帐图案，详细描述其原型、变形、寓意及其在建筑装饰中的应用，分析其独特的艺术魅力。

1. 几何图案

藏传佛教寺院建筑装饰题材中，各种各样的几

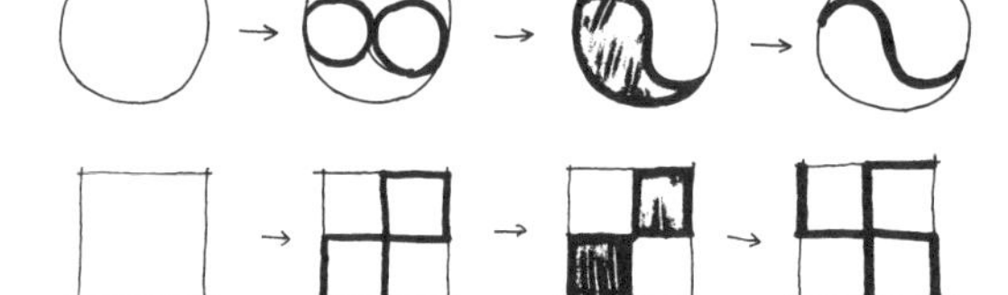

图 9-63 太极图与万字纹的演变示意图
图片来源：周航绘

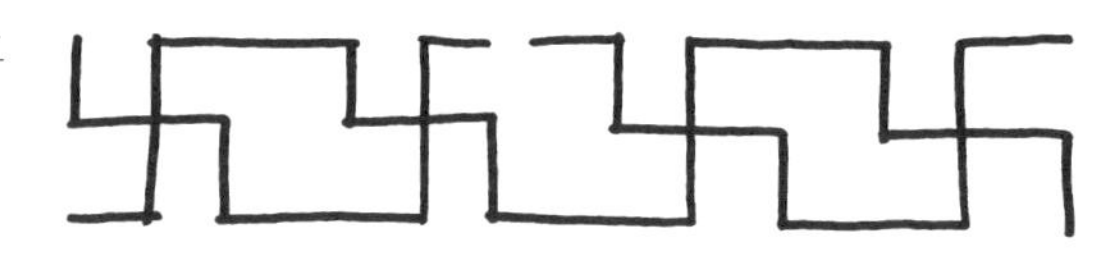

图 9-64 万字纹的二方连续纹样
图片来源：周航绘

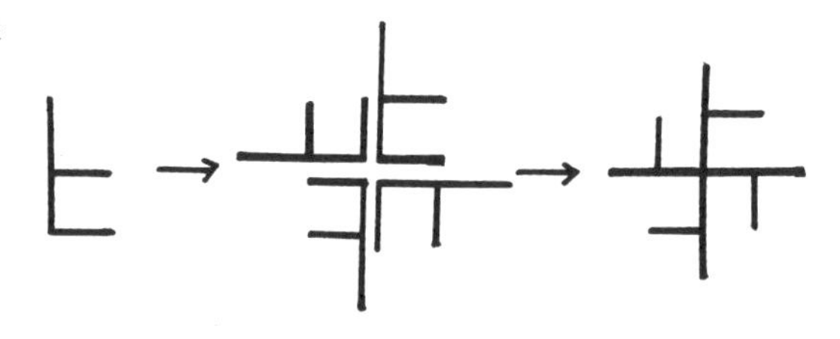

图 9-65 错匙图案形成演示图
图片来源：周航绘

图 9-66 错匙纹的二方连续纹样
图片来源：周航绘

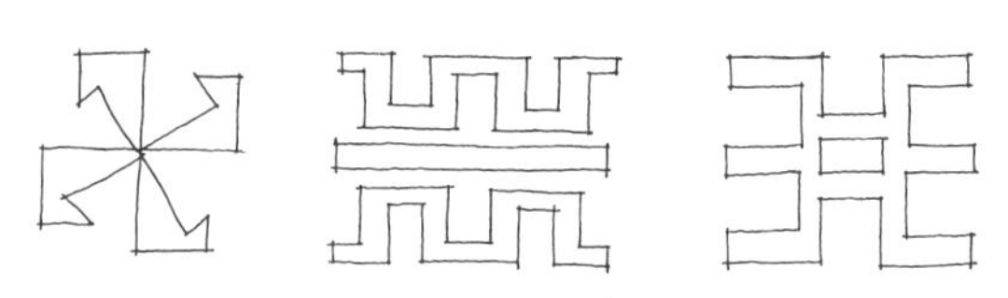

图 9-67 万字纹的其他变形图案
图片来源：周航绘

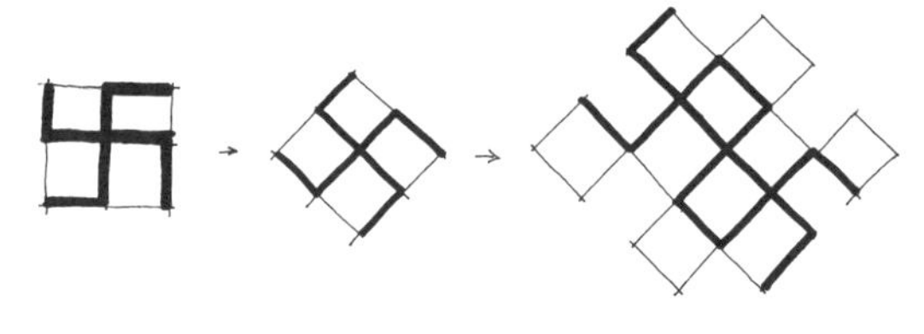

图 9-68 由万字纹演变成回纹示意图
图片来源：周航绘

图 9-69 回纹的其他变形图案
图片来源：周航绘

何图案题材出现频率极高。这些几何图案多以方形、圆形为基础形状，将其旋转 90°、60° 或 45° 后，再做出交错、移位、套叠、纽结、缩放等组合，从而产生复杂多样的图案。不仅如此，还将这些图案的边框提取出来并加以强调，形成各种独特的纹样，例如万字纹、回纹、长城纹、锁纹、云锦纹、十字纹、水波纹、龟纹、球纹、银铤纹及柿蒂纹等。

几何图案中，最有代表的是"卐"，它在藏语里可做"永恒""永生"、象征光明等解释，还有轮回不绝的意思，与太极图有异曲同工之妙（图 9-63），藏语称其为"雍仲"，汉地称其为"万字纹"。在藏传佛教寺院建筑装饰中，万字纹时而单独出现，时而平移阵列成二方连续纹样出现，更多的是经过艺术加工变形为其他图案后再利用（图 9-64~ 图 9-66）。

万字纹通过不同的变形、组合等艺术加工，可演变成其他几何基础纹样，如回纹、长城纹等（图 9-67、图 9-68）。回纹，又称无穷结，没有开端，也没有结束点，寓意永恒、无限和神秘（图 9-69）。回纹最常用在门窗的布幔上，在寺院建筑单体的一层窗格上也常用这种图案（图 9-70）。长城纹常以向左右或上下平移，整列形成带状图案，而用于门框装饰、梁装饰和柱头装饰，及墙面壁画周边的竖向装饰（图 9-71~ 图 9-73）。

2. 花卉植物

花卉图案可分为具象和抽象两类。具象植物装饰图案除了如牡丹、石榴、梅花等实物具象图案外，还有一些有着象征性的具象图案，如象征着最终的目标，即修得正果、获得正觉的，与佛教信仰有关的莲花题材（图 9-74~9-76）。

莲花题材图案频繁地应用于藏传佛教寺院建筑装饰中。较具象的莲花图案一般是单独出现，常常用于椽端头装饰。较抽象的莲花瓣图案则是有规则

卡当寺的布幔装饰

增期寺的布幔装饰

色吉寺的窗装饰

扎塘寺的窗装饰

图 9-70 回纹在藏传佛教寺院建筑装饰中的应用
图片来源：周航摄

地排列成带状，用于装饰梁、门框、柱头、柱础等，寓意莲花基座（图 9–77）。

植物图案中在藏传佛教寺院建筑装饰最常用的是卷草纹（图 9–78、图 9–79）。这类图案应用广泛，既可单独使用，也常和其他题材结合，应用于建筑装饰的各个部位。梁托、柱头常被雕饰成卷草纹的形状（图 9–80）。

花卉植物抽象图案以边角形式修饰壁画、门等的边框，经常与几何纹样相结合。这种题材几乎与几何纹难以区别，经由抽象化转变的途径，变得图式化、几何纹化，有些甚至已经看不出原型。这种题材其内容之丰富，造型之丰富，令人叹为观止（图 9–81~ 图 9–84）。

3. 文字纹样

在藏传佛教寺院建筑装饰中，常出现带有宗教咒语色彩的字句，及其梵文、藏文字母和汉文符号，经过艺术加工，成为其装饰题材中一种较重要的形式。如一些吉祥字样及咒语用梵文写法表现出来，将缩写后的梵文字母结合不同颜色以作区分和暗示，使得这些字母逐渐图形化，周边饰以莲瓣等宗教题材的纹样，组合成既有宗教含义又有美丽装饰效果的装饰图案。“朗久旺丹”文字图案鲜明地体现了这一点（图 9–85）。在藏传佛教寺院建筑装饰中，汉文中的“寿”字，经过艺术加工变形，所形成的各种图案被频繁于用来装饰寺院建筑布幔(图 9–86、图 9–87）。

图 9–71 由万字纹演变成长城纹示意图
图片来源：周航绘

图 9–72 长城纹的其他变形图案
图片来源：周航绘

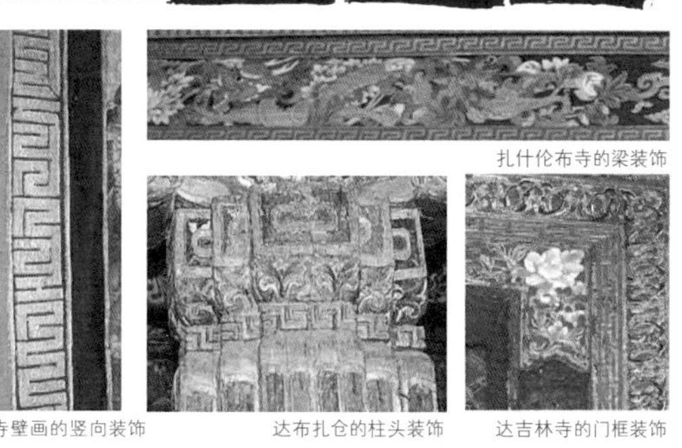

图 9–73 长城纹在藏传佛教寺院建筑装饰中的应用
图片来源：汪永平摄

图 9–74 具象的莲花图案
图片来源：周航绘

图 9–75 莲花图案的其他变形图案
图片来源：周航绘

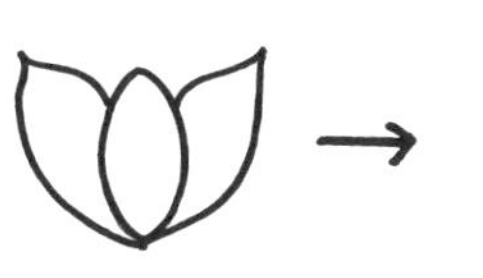

图 9–76 抽象的莲花瓣图案
图片来源：周航绘

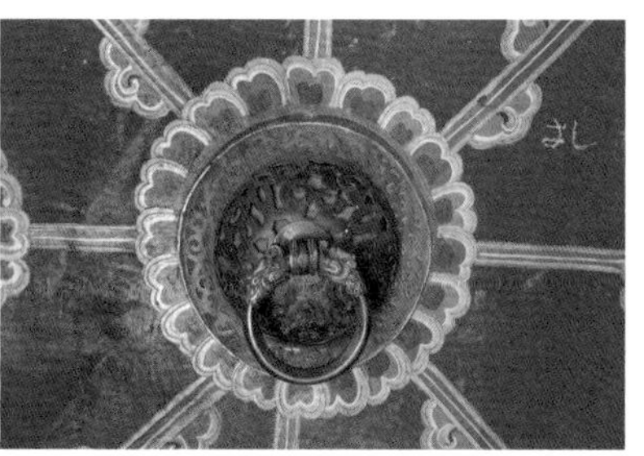

图 9–77 莲花瓣图案的应用
图片来源：汪永平摄

图 9–78 卷草纹的演化示意图 1（左）
图片来源：周航绘

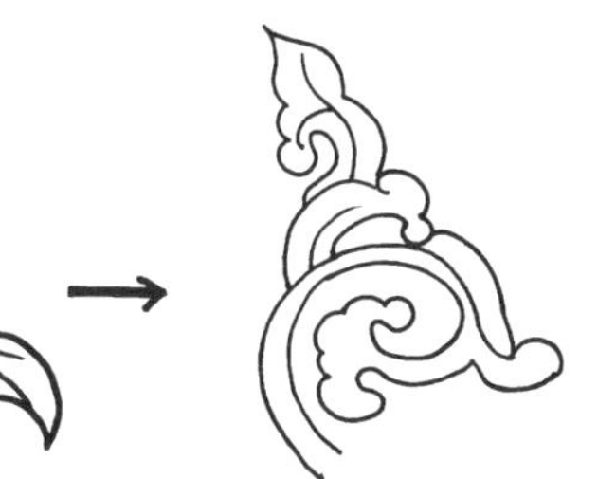

图 9–79 卷草纹的演化示意图 2（右）
图片来源：周航绘

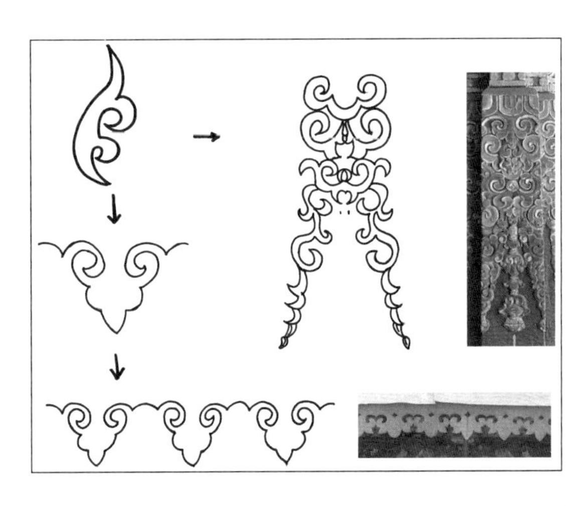

图 9-80 卷草纹的应用（上左）
图片来源：周航绘

图 9-81 卷草纹与其他题材纹样相结合的图案（上中）
图片来源：周航绘

图 9-82 具象的几何花卉边角图案（上右）
图片来源：周航绘

图 9-83 抽象的几何花卉边角图案（左）
图片来源：周航绘

图 9-84 组合图案在建筑装饰中的应用（右）
图片来源：汪永平摄

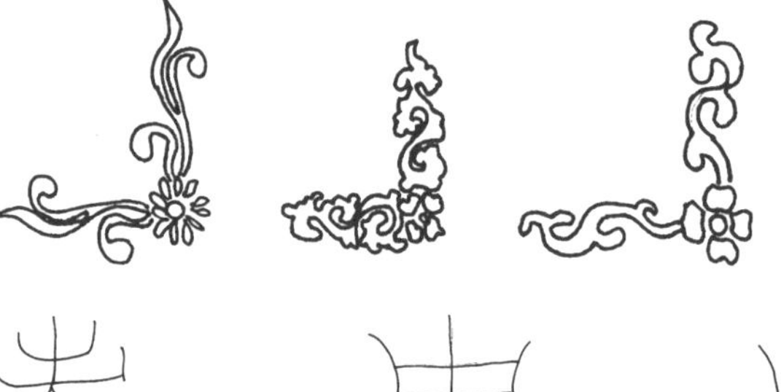

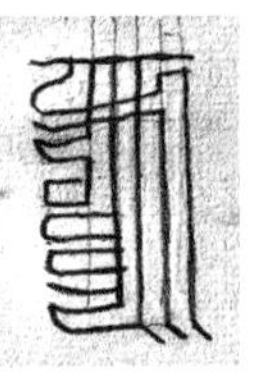

图9-85a 朗久旺丹（左）
图片来源：汪永平绘

图 9-85b 六字真言图案（右）
图片来源：汪永平摄

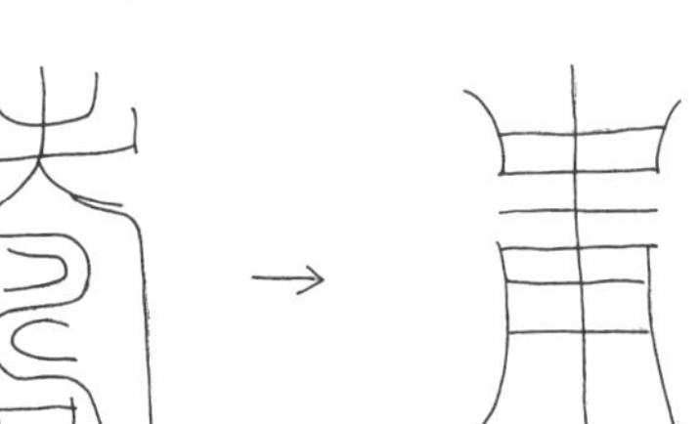

图 9-86 基本寿纹演变示意图（左）
图片来源：周航绘

图 9-87 寿纹其他变形图案及其演变示意图（右）
图片来源：周航绘

4. 翎毛走兽

翎毛走兽题材常被装饰在藏传佛教建筑上。或以雕像的形式出现，或以彩绘的方式出现，在各类装饰题材中所占比重较大。与前两类有所不同的是，这些动物的形象大多是以具象化的形态出现。在各种装饰形式中，藏族的动物纹样可分为下述三类：

（1）属于藏族图腾文化的动物形象

如猕猴、牦牛等，是有关藏族祖先由猕猴所变及藏族为六个牦牛部落后裔的神话传说的直接反映，折射出了早期藏族祖先的原始信仰及图腾崇拜。如外墙窗户上的黑色窗框，原型即牦牛角（图 9–88）。

（2）具有汉族文化影响的动物形象

这一类以龙、凤、鹤、鹿等居多，其中龙的形象更具有突出的地位。龙是中华民族的标志和象征。在汉藏文化交流中，龙等汉族吉祥动物被传播到了西藏，并融入藏民族文化中。例如在金顶上经常见到镏金的龙鳌装饰出现在屋脊的四角上，还有在梁、梁托等装饰上用彩绘、雕刻形式出现的龙（图 9–89、图 9–90）。

（3）与佛教文化有亲缘关系的动物形象

这类动物形象中绝大多数都以宗教象征物的面目出现。狮子，梵语叫“僧伽彼”（即众僧的意思），是佛祖释迦牟尼的象征动物，代表着佛（图 9–91）；大象象征着力量，这种力量被人们期望着能驱除自身的污垢（图 9–92）；孔雀被认为不能被毒死（图 9–93）。有些形象在现实世界中并不存在，如琼钦

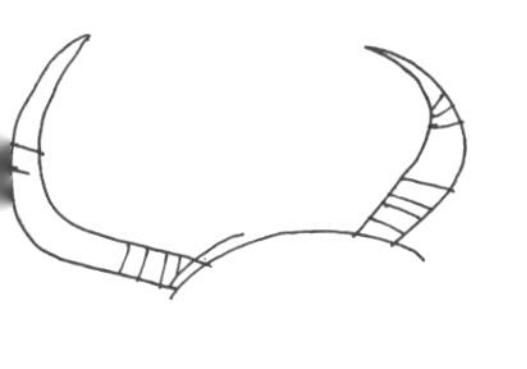

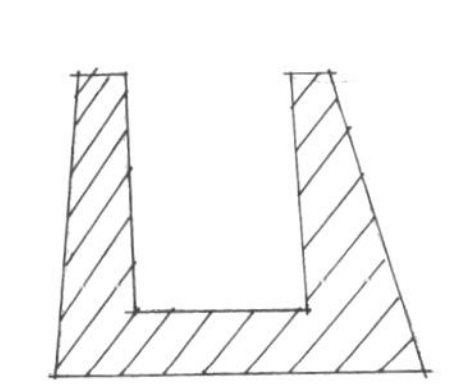

图 9–88 牦牛角与窗户黑框（左上）
图片来源：周航绘

图 9–89 龙图案装饰的应用 1（右上）
图片来源：汪永平摄

扎什伦布寺梁托装饰

桑青寺梁托装饰

帕堆寺梁托装饰

达吉林寺梁装饰

布达拉宫梁装饰

萨迦寺门额装饰

丢热寺墙角装饰

夏鲁寺椽端头装饰

大昭寺墙角装饰

扎塘寺门额装饰

图 9–90 龙图案装饰的应用 2（左中）
图片来源：汪永平摄

图 9–91 狮子装饰题材在建筑装饰中的应用（右中）
图片来源：汪永平摄

图 9–92a 扎同寺白象彩绘（左下）
图片来源：周航摄

图 9–92b 以大象为主题的财神牵象壁画（右下）
图片来源：周航摄

鸟（金翅鸟）是一种融合了人与鹰形状的神鸟，一般具有吉利、勇猛、正义的寓意（图 9–94）。

5. 人物神仙

在藏传佛教寺院建筑的装饰形象中，有不少造型各异、神态不一的人物像，如护法神、财神、佛像、菩萨像、圣者、上师、威猛金刚、罗刹女等。这些人物形象在被作为装饰内容运用时，大体都以自身为中心，用写实性的神化、美化、丑化或异化，来传达不同的精神指令，给人以训导、震慑、启迪、慰藉。人物题材除了壁画外，主要应用在门额、梁托及门上方的墙面装饰。

6. 传统吉祥图案

在藏传佛教寺院建筑中，应用较广的传统吉祥图案有八宝吉祥、七政宝、和气四瑞图、蒙古人导虎图、财神牵象图、六长寿、五妙欲、坛城及十相自在等。这些图案精美华丽，内涵丰富，具有浓厚的宗教色彩和地方特色，广泛绘于墙壁、天花板和柱子上。

（1）八宝吉祥

藏语称“扎西达杰”，又称八吉祥徽，包括吉祥结、妙莲、宝伞、右旋海螺、金轮、胜利幢、宝瓶和金鱼，是藏族装饰中最常见又富有深刻内涵的一种组合式的装饰精品图案。八宝吉祥直接代表着佛陀身体的不同部位，如宝伞代表佛陀头，胜利幢代表佛陀之身，宝瓶代表佛陀的喉咙，金鱼代表佛陀的眼睛，海螺代表佛陀之语，莲花代表佛陀的舌头，吉祥结代表佛陀之意，金轮代表佛陀之足（图 9–95）。

（2）坛城

梵文音译为“曼陀罗”，藏语称“集阔”，有“中轮”“轮圆”之意。它源于印度佛教密宗，系密宗本尊及眷属聚集的道场，是藏传佛教密宗修行时必须供奉的一种对象，其形式多样，大都以唐卡、壁画形式出现，在寺院的各殿墙壁上或天花板上都绘有精美的坛城。这种图案的骨架结构：外形都是正圆，中间有个“亞”字形空间，在“亞”字形中间又有一个圆形，这一小圆形的中心画一密宗佛像或密宗佛的法器，或者写一个本尊的梵文字头。“亞”字形的范围表示该坛城的密宗佛所在的神殿，四面有四殿门及有关装饰（图 9–96）。

（3）六道轮回

西藏寺庙诵经集会大堂门廊两侧的墙壁上绘有四大天王，廊道右边墙壁上绘有六道轮回图，这种绘画布局各个寺院都是统一的。

从阎罗王紧紧抓住轮回的画面来看，六道轮回

图 9–93 扎同寺孔雀彩绘
图片来源：周航摄

图 9–94a 扎同寺金翅鸟图案
图片来源：周航摄

图 9–94b 大昭寺屋顶金翅鸟装饰
图片来源：周航摄

图 9–95 吉祥单宝图
图片来源：周航绘

的主宰者是阎罗王。据《藏汉大辞典》解释，阎罗王是一切死者的统治者。佛教认为世间由因果构成，而因果同转轮一样无始无终，轮转不息，因此六道轮回用圆形表现。方的日、月、佛陀、精舍图从所在位置上来判断显然是超世间的，是希望脱离轮回、脱离痛苦的人们向往的佛土（图 9-97）。

7. 帷帐图案

帷帐图案是藏式建筑中独有的，在藏传佛教寺院建筑中更有着精彩的表现。帷帐图案被装饰在墙面与天花交界处，形状很像帷帐，故而称为帷帐图案。帷帐图案可分为两类，其代表图案分别为连孤帐纹和兽面衔缨洛重帐纹。前者为写实风格，后者想象成分更多些。两类有着共同的特点：反映出其图案虽然具有装饰图案的一些基本法则——例如单位图案的不断重复，具体表现手法上的装饰等等，但从整体上看仍没有真正摆脱自然主义表现的阶段。不过正是这种带有观念性的，同时又采用了自然主义表现手法的装饰味，才让我们得以领略藏传佛教寺院建筑装饰图案之中最具特色的一些内容，即将观念性与写实性同时揉入装饰图案的特殊意味。

图 9-96a 坛城图案（桑耶寺）
图片来源：周航摄

图 9-96b 坛城图案（大昭寺）（左）
图片来源：周航摄

图 9-97 哲蚌寺知五康村六道轮回壁画（右）
图片来源：汪永平摄

注释：
1 拉康钦莫，意为大神殿。
2 索朗旺堆．阿里地区文物志 [M]．拉萨：西藏人民出版社，1993：125.
3 李华东．西藏寺院壁画艺术 [J]．民族艺术，1999（4）：127-144.
4 索朗旺堆．阿里地区文物志 [M]．拉萨：西藏人民出版社，1993：122.

10 国内其他地区藏传佛教建筑

除了西藏自治区以外，我国藏族聚居区还分布在青海、甘肃、云南、四川等地。格鲁派在这些地方也有很多寺庙。在这些地区，藏传佛教各教派往往以某一主要寺庙为中心，在其周边建立一系列与其相关的子寺而形成母子寺的管理体系，这种组团方式，使得各教派寺庙的分布相对集中。“格鲁派寺院在青海境内共有396座[1]，分布地域很广，除了在果洛宁玛派寺院集中分布区和玉树噶举派寺院集中分布区内有少量分布外，其余基本分布在青海东部的河湟流域以及青海西部的日月山以西地区”[2]。在甘肃、云南、四川的各藏族自治州也都有一定数量的格鲁派寺庙分布。

除了上述这些藏民族聚居区外，在非藏族聚居区，格鲁派寺庙主要分布在内蒙古、北京、山西五台山、河北承德。三世达赖喇嘛与蒙古首领俺答汗的会面开启了格鲁派走进蒙古草原的序幕，之后，格鲁派在蒙古各部迅速传开，成为继萨满教之后最重要的宗教组织。寺庙也如雨后春笋般建立起来，基本上只要是蒙古族人的定居区就会有寺庙。到清朝末年，内蒙古地区格鲁派寺庙的数量已经超过1000座。北京、山西五台山、河北承德的格鲁派寺庙修建与清皇室有着密切的关系，北京的寺庙多为进京觐见的活佛高僧的驻锡处和处理藏传佛教事务的管理机构，五台山和承德的寺庙则多为皇家寺庙。

清政府的扶持加速了格鲁派在外围藏族聚居区和非藏族聚居区的传播，尤其是从政治上对几位分别出自内蒙古、甘青等地的大呼图克图的扶持，使得这些地区的格鲁派寺庙数量迅速增长，从一定程度上增强了它们对外辐射的能力。例如甘青地区在乾隆年间已有400多座藏传佛教寺庙，一半以上是格鲁派寺庙，其中不乏著名的格鲁派大寺——塔尔寺、拉卜楞寺、佑宁寺等等。寺庙的分布范围体现出教派的影响力，在西藏本土和各大藏族聚居区，格鲁派寺庙数量最多，分布最广；而在内蒙古和内地，几乎所有的藏传佛教寺庙都是格鲁派寺庙，所以被直接称为“黄寺”。由此可见格鲁派举足轻重的宗教地位。

10.1 青海地区

青海，地处青藏高原东北部，是我国五大藏族聚居区之一，在现有的行政区划下辖6个藏族自治州，海北藏族自治州、黄南藏族自治州、海南藏族自治州、果洛藏族自治州、玉树藏族自治州和海西蒙古族藏族自治州。吐蕃时期，藏族人就曾一度掌控了青海全境；元代，萨迦巴作为帝师掌管宣政院，青海也在其管辖范围之内，隶属吐蕃等路宣慰使司都元帅府；明代，又在今黄南州、海南州一带设立了必里卫、答思麻万户府等；清代，设青海办事大臣，统辖青海玉树、果洛等藏族聚居地区。青海也是一个多民族地区，除了汉、藏族外，还有回族、蒙古族、土族、撒拉族等。在一些民族聚集区也设置了自治区域，如民和回族土族自治县、互助土族自治县、化隆回族自治县、循化撒拉族自治县、河南蒙古族自治县等。在这片多民族共生的地区，不同的民族文化也在互相影响中交融共生。

公元9世纪，朗达玛灭佛时，有部分藏族僧人逃至青海，在今玉树、黄南、海东一带活动，修建了一些小寺庙。公元11世纪起，藏传佛教各教派积极向外扩张自己的势力，在青海修建了大批的寺庙。格鲁派创建之后，也开始了在青海的活动，著名的塔尔寺就修建在宗喀巴大师的诞生地。格鲁派在青海的迅速发展应归功于三世达赖喇嘛索南嘉措的积极活动：索南嘉措曾两次来到青海，不仅在藏族聚居区宣扬宗喀巴大师的宗教理念，也用自己高尚的人格魅力感染了当地的蒙古族统治者。在此期间，兴建了一批格鲁派寺庙，并将已有的寺庙进行了扩建重建，这中间就包括塔尔寺、佑宁寺等后世颇具影响力的大型寺庙。公元17世纪，五世达赖喇嘛阿旺罗桑嘉措进京觐见顺治皇帝，两次经过青海，宣传教派，树立威信，大量的寺庙改宗，格鲁派寺庙数量剧增，达到了历史的顶峰。“据1988年普查，1958年宗教制度民主改革前，全省共有各类藏语佛教寺院722座，在寺僧侣约57 647人，转世活佛1240人。其中格鲁派寺庙423座，寺僧33 517人，活佛760人……上述诸寺中，格鲁派寺庙居多，各地均有分布……”[3]“1958年后，全省共保留藏传佛教寺院11座。1962年西北民族工作会议后，开放137座。‘文革’期间，除塔尔寺和瞿昙寺外，余皆关闭，多数拆毁。”[4]“据调查统计，1995年底全省有格鲁派寺院及活动点343座，批准开放321座，居藏语系佛教各教派之首，分布全省各地，其中西宁2座、海东128座、海北21座、黄南57座、海南79座、果洛6座、玉树21座、海西7座。”[5]

10.1.1 塔尔寺

塔尔寺，位于青海省湟中县莲花山，是青海藏族聚居区最著名的格鲁派寺庙，与西藏的甘丹寺、哲蚌寺、色拉寺、扎什伦布寺和甘肃的拉卜楞寺并称为“六大寺”。塔尔寺，藏语称“衮本贤巴林”，意为“十万狮子吼佛像弥勒洲”（图10–1）。寺庙的历史最早可以追溯到明代，公元1379年，按照宗喀巴大师的指示，信徒们在他诞生的宗喀地方修建了一座佛塔“莲聚塔”；但直到明嘉靖年间，始有僧房建筑出现；公元1577年，在“莲聚塔”的南侧修建了第一座佛殿，寺庙才初具规模。公元1583年，三世达赖亲临塔尔寺，在他的指示下，各方人士资助修建了大量的建筑，寺庙规模进一步扩大。公元1612年，参尼扎仓正式成立，寺庙开始讲经传教，逐渐巩固了其在青海甚至整个藏区的宗教影响力。

塔尔寺有四大扎仓：参尼扎仓，创立于明万历四十年（1612年），主要教授基本的显宗教义；居巴扎仓，创立于清顺治六年（1649年），是密宗扎仓；曼巴扎仓，创立于清康熙五十年（1711年），是传

图10–1 塔尔寺入口大门
图片来源：牛婷婷摄

授藏医药学的密宗学院；丁科扎仓，创立于清嘉庆二十二年（1817年），是传授天文历算和占卜的密宗学院。

寺庙中的主要建筑有：八塔、大金瓦殿（佛殿）、大经堂（措钦大殿）、九间殿（佛殿）、小金瓦殿（佛殿）等。

八塔，是位于寺庙最南侧入口旁的八座白塔，其中一座正是寺庙最早的来源——莲聚塔，塔已经不是最初的原物，数百年间经历了多次的修缮；其余七座是在清乾隆四十一年（1776年）修建，主要是为了纪念佛祖释迦牟尼一生中重要的宗教活动，分别是：四谛塔，又称“扎西果莽”，纪念释迦牟尼初转法轮宣讲四谛要义；和平塔，又称“彦敦”，纪念释迦牟尼平息僧众争议；菩提塔，又称“香趣”，纪念释迦牟尼悟道成正觉；神变塔，又称“穷处”，纪念释迦牟尼降伏外道魔怪；降凡塔，又称“拉播”，纪念释迦牟尼重返人间化度众生；胜利塔，又称“南结”，纪念释迦牟尼战胜魔军；涅槃塔，又称“娘德”，纪念释迦牟尼圆寂归天[6]。八座白塔各不相同，基座的平面形式或圆或方，还有十字形、八边形等，做法和篆刻的图案也不尽相同，有的是佛像，有的是文字，做工精美，气势恢宏。

大金瓦殿，相传最初是宗喀巴大师的母亲修建的一座小塔，宗喀巴的信徒曾在小塔外修建了建筑用于纪念和维护，就是大金瓦殿的前身。大金瓦殿建筑平面约450平方米，仿汉式的宫殿建筑做法，三层，歇山鎏金屋顶，因而被称为“金瓦殿”（图10–2）。

大经堂，就是寺庙的措钦大殿，既是寺庙中建筑规模最大的建筑，也是寺庙的最高权力机构。始建于明万历三十四年（1606年），20世纪初时遭大

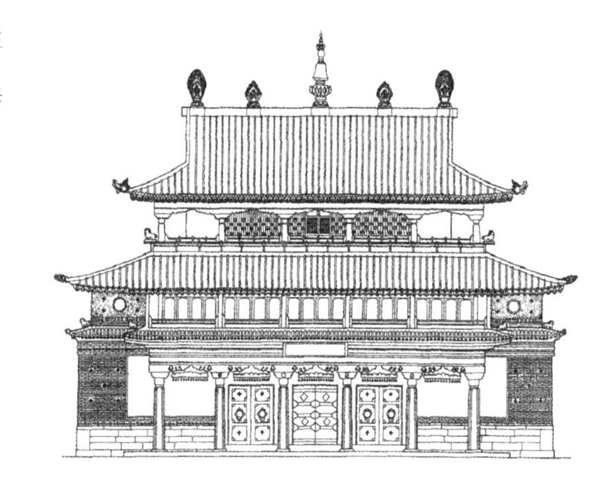

图 10-2 大金瓦殿正立面图
图片来源：塔尔寺修缮工程报告

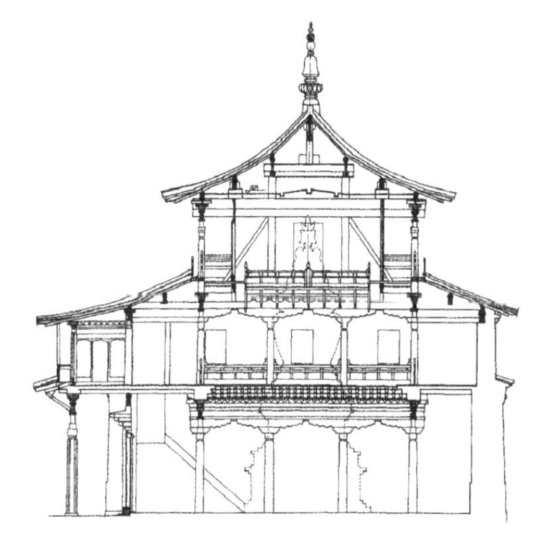

图 10-3 大金瓦殿剖面图
图片来源：塔尔寺修缮工程报告

火焚毁，在 1917 年时重建。新建后的建筑面积约 2000 平方米，经堂面阔 13 间，进深 11 间。

九间殿，是面阔九间的硬山顶建筑，建于明天启六年（1626 年），主要供奉五方如来佛。殿前的院子是达赖喇嘛讲辩经典和举行法会的地方。

小金瓦殿，也是护法神殿，建于明崇祯四年（1631 年），原为琉璃瓦屋顶，于清嘉庆七年（1802 年）改建成鎏金铜瓦屋顶。

这些建筑的平面形制与西藏地区的寺庙建筑差别并不明显，但在其他方面还是有不小的差别。建筑墙体收分不明显；柱子收分不明显；部分建筑采用的是木结构体系，砖墙仅仅用于维护，受到汉地营造工艺的影响（图 10–3）；建造工艺更加成熟，门窗、楼梯等小木作尺寸更精准；装饰题材更加丰富，尤其是砖雕门券的使用；斗拱做法多出现在入口门楣上，而作为窗楣的装饰做法少了，斗拱也更华丽更立体化；坡屋顶出现的频率更高，采用的是汉地做法，歇山鎏金屋顶为主，级别很高。女儿墙做法也与藏地不同，没有边玛的做法，而仅是将女儿墙部分涂上红漆，原因可能是受到材料的限制。

塔尔寺建筑的整体建造工艺相较西藏的四大寺更加成熟，就像一个是尺规作图，一个是手工绘图；主要建材由石、木变为砖、木，承重体系也发生了变化，以汉地的木结构体系为主，墙体材料是砖，这是墙体不收分的主要原因之一；砖雕成为一种重要的装饰手法；建筑大都建在高高的台基之上，受到了汉式做法的影响；还有一些如圆券砖门的做法是受到了当地民居做法的影响。

图 10–4 隆务寺广场
图片来源：牛婷婷摄

10.1.2 隆务寺

隆务寺，全称“隆务大乐法轮洲”，位于青海省黄南藏族自治州隆务镇西山南麓，早期曾为萨迦派寺庙（图 10–4）。明万历年间，格鲁派在青海地区有了很大的发展，寺庙遂改宗了格鲁派。明崇祯三年（1630 年），一世夏日仓活佛主持修建了显宗学院；清雍正十二年（1734 年），二世夏日仓活佛主持修建了密宗学院；乾隆三十八年（1773 年），三世夏日仓活佛创建了时轮学院。公元 1767 年，乾隆皇帝敕封夏日仓活佛为“隆务呼图克图宏修妙悟国师”，主理隆务寺及其属寺的宗教事务，以及同仁地区的政治事务，夏日仓活佛遂成为该区域的政教首领。

寺庙在“文革”时期被拆毁，现存的建筑大多是 20 世纪 80 年代后复建的。主要建筑有马头明王殿、大经堂、文殊菩萨殿、总护法殿、印经院、普照文殊殿、灵塔殿、吉祥天母殿、显宗扎仓、时轮扎仓等。

马头明王殿，1989 年新建，平面形制模仿了早期藏传佛教佛殿的式样，建筑一层，内室供奉马头明王像，外有宽1米余的室内转经道一圈，屋顶则使用了在西藏地区没有的三重檐歇山屋顶。

大经堂，始建于公元1732年，"文革"时部分被毁，后于原址修复（图10-5）。建筑平面为方形，中轴对称，经堂面积近千平方米，室内有柱164根，面阔11间，进深13间。经堂内有两处高起的空间，上覆歇山瓦片屋顶。建筑外立面墙体上也有砖雕装饰。

文殊菩萨殿，2002年重建，两层建筑，歇山鎏金屋顶；总护法殿，1983年重建，歇山屋顶建筑；印经院，1992年重建，三层，歇山金顶；普照文殊殿，1995年重建，一层，歇山鎏金屋顶；灵塔殿，近年新建，歇山屋顶；吉祥天母殿，1985年重建，规模很小的一座建筑；显宗扎仓和时轮扎仓，1988年仿照西藏寺庙的建筑形制修建。

总的来说，隆务寺的建筑有以下特点：

（1）寺庙内的道路关系不明晰，建筑之间主次关系不明显，不似西藏格鲁派大寺肌理层次鲜明；

（2）建筑群的发展似由山下往山腰扩张，现存最老的建筑是大经堂，其他的建筑均在"文革"期间被损毁，为20世纪80年代以后重建的；

（3）寺庙中的主要建筑均用了歇山屋顶，更是出现了三重檐歇山屋顶，只是一些屋顶是铺瓦的，一些是鎏金的；

（4）新建筑的修建多以西藏地区的格鲁派寺庙建筑为摹本，建筑形制与西藏地区相近；沿袭了边玛墙做法，但是有改进，墙头檐口出挑更深远。

（5）建筑装饰风格比较特别，墙面装饰有精美的砖雕，柱子、托木、梁上的彩画色彩更加丰富，构图也更加多样，更接近内地的风格。

10.1.3 夏琼寺

夏琼寺，藏语称"夏琼贡特钦云旦达吉林"，意为"夏琼大乘功德兴旺洲"，位于青海省化隆回族自治县境内，是青海最古老的藏传佛教寺庙之一（图10-6）。寺庙创建于元至正九年（1349年），创建人是宗喀巴大师的启蒙老师曲杰顿珠仁钦，寺庙原为噶当派，宗喀巴大师创建格鲁派之后，寺庙也同其他噶当派寺庙一起改宗格鲁派。因寺庙与宗喀巴大师之间的渊源关系，而常被称作"格鲁派之源"，也是青海最著名的格鲁派寺庙之一。

图10-5 隆务寺大经堂
图片来源：牛婷婷摄

寺庙周边的自然环境优美，是相地者眼中标准的风水宝地。"寺院北倚八宝山，如黄龟伏于后；南临黄河，如青龙游于前；东傍尕如山，如灰虎卧于左；西侧多尔福山，如红鸟翔于右。东西北三面峰峦重叠，铁绳岭纵贯南北，状如驼队，蜿蜒南来，南面悬崖百丈，险峻异常……因寺后山崖形如展翅欲飞的鹫鸟，故称之为'夏琼寺'"[7]。

夏琼寺原有三座扎仓：公元1623年，丹巴仁钦创建了显宗学院；公元1747年，阿旺扎西创建了密宗学院居巴扎仓；公元1797年，第三世西纳活佛创建了医明学院曼巴扎仓，后改成了研究天文历算的时轮学院。寺庙原有大护法殿、拉康钦莫、灵塔殿等11座佛殿，还有措钦大殿和三大扎仓的大殿建筑，1958年寺庙是列入保留名单的，但后来由于保护不当，建筑被拆毁，现有的建筑都是在1985年之后重新修建的，新的措钦大殿在2009年时仍在修建中。

夏琼寺的位置靠近山顶，穿过一座过街塔之后

图10-6 夏琼寺
图片来源：牛婷婷摄

图 10-7 夏琼寺新修的大经堂
图片来源：牛婷婷摄

就进入了寺庙的范围。整个寺庙在山的南面沿山势散开，主道路可以直通大经堂门口。僧舍沿着山坳布置，地势较低；而经堂、佛殿、扎仓等相对集中在山势较高的地方。寺庙现复建了三大扎仓，显宗扎仓（现在也是大经堂，措钦也设置在这里）、密宗扎仓和药学院。还有一些规模并不大的佛殿。寺庙里的建筑都是新的，有些还是钢混结构的，只是外立面式样和平面形制保留了藏式寺庙的做法。建筑色彩鲜艳，装饰手法偏现代，并没有遵循古法。主要建筑大多上覆金歇山屋顶（图 10-7）。

寺庙周边风景秀丽，白色的房子（僧舍）散落在 U 形的山坳里，在阳光的照耀下反射出点点的光芒。建筑依山而建，还有些建在山崖边，远眺北面山崖下，就是九曲黄河。

10.1.4 瞿昙寺

瞿昙寺，藏语称“卓仓拉康果丹代”，也称“卓仓多杰羌”，意为“卓仓持金刚佛寺”，位于青海省海东市乐都区境内（图 10-8）。寺庙由噶玛噶举派高僧三罗喇嘛桑杰扎西于明洪武二十五年（1392 年）创建，翌年，大明开国皇帝朱元璋赐名“瞿昙寺”。明朝初期，得到中央政府的大力支持，一度成为河湟及柴达木地区的宗教中心。格鲁派兴起之后，寺庙改宗格鲁派。“瞿昙寺是乐都南山地区最大的寺院，是一座明代汉式宫廷建筑风格的古寺”[8]，也是青海地区完整保存至今的两座藏传佛教寺庙之一。

瞿昙寺依山傍水，建筑高低错落，气势恢宏。寺院布局仿照了汉式佛寺，由山门、左右碑亭、金刚殿、瞿昙殿、宝光殿、隆国殿、护法殿、三世殿以及左右回廊、钟鼓楼等主要建筑组成，都是明代建筑。

山门，3 开间，进深 1 间，设置坤门，檐下有带下昂的斗拱，琉璃歇山顶（图 10-9）。

金刚殿，3 开间，进深 2 间，前后开门，内供奉四大天王，琉璃悬山顶。

御碑亭，东西各有一座，檐下斗拱做法类似山门，

图 10-8 瞿昙寺屋顶鸟瞰
图片来源：牛婷婷摄

转角斗拱上有宝瓶装饰，重檐十字脊顶。

瞿昙殿，建于明洪武二十六年（1393 年），面阔 3 间，进深 4 间，前出抱厦 3 间，室内有一圈夹墙，围绕佛像而设，是藏传佛教早期佛殿中的室内转经道的形式，内殿天花为平棋做法，室内彩画主题为佛像，重檐琉璃歇山顶。

宝光殿，建于明永乐十六年（1418 年），面阔、进深各 5 间，四面均有回廊，室内平棋天花，彩画

图 10-9 瞿昙寺山门
图片来源：牛婷婷摄

有六字真言图案，重檐琉璃歇山顶。

隆国殿，建于明宣德二年（1427 年），面阔 5 间，进深 3 间，副阶周匝做法，是寺庙中最主要的建筑，修建在须弥台基之上，室内天花平棋做法，檐下是七铺作斗拱，重檐琉璃庑殿顶（图 10–10）。

图 10–10 瞿昙寺隆国殿
图片来源：牛婷婷摄

寺庙基本建筑在平地上，规模并不是很大，三进院落，中轴对称，中轴线上布置了五座佛殿（图 10–11）。寺庙没有重新粉刷，梁柱上还有斑驳的蓝青彩画的痕迹，木料也在历史的冲刷下显得更加苍白。建筑整体保存完好，保持了明代格局，布局做法与普通汉地佛教寺院无异。历史上曾作为军区粮库而在“文革”时期得以保存。大殿中的柱子外还保留有保护用的牛皮，使得这些木质的柱子在经历百年风雨之后仍能保存完好。

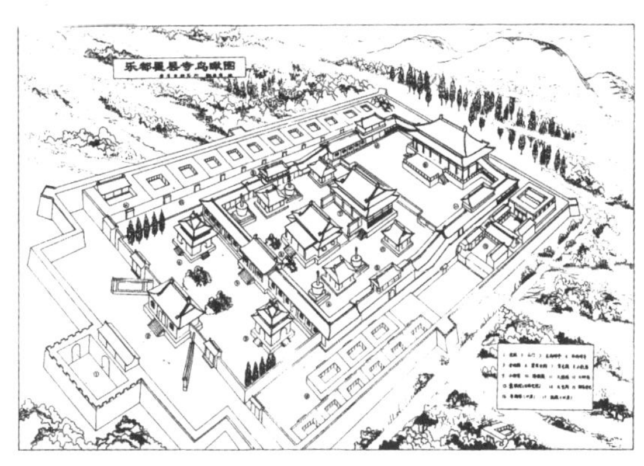

图 10–11a 瞿昙寺鸟瞰图
图片来源：天津大学《瞿昙寺实测图》

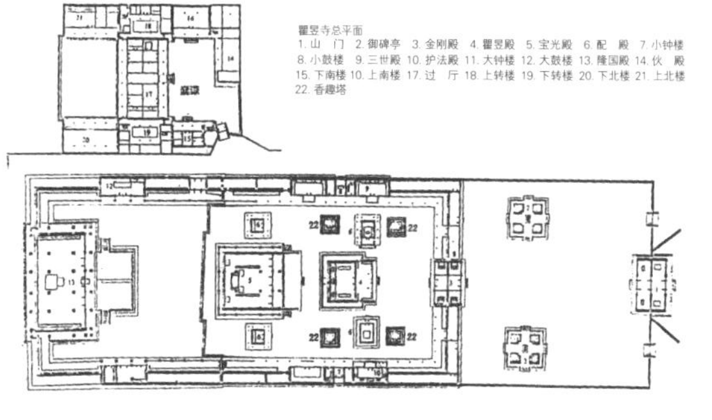

图 10–11b 瞿昙寺总平面图
图片来源：天津大学《瞿昙寺实测图》

总结瞿昙寺的诸多特点如下：

（1）建筑布局：中轴对称的布局方式，建筑坐北朝南，中心轴线上依次布置有山门、金刚殿、瞿昙殿、宝光殿、隆国殿；轴线两侧有御碑亭、香趣塔、配殿和钟鼓楼，也是对称布局，典型的汉地佛教伽蓝的布局。

（2）屋顶形式：大部分建筑的屋顶为歇山或重檐歇山顶，金刚殿为悬山顶，隆国殿为重檐庑殿顶，御碑亭是重檐十字脊；从屋顶形式即可看出寺庙等级较高，隆国殿更是群体中的最高等者。

（3）结构体系：中国传统的木结构建筑，墙体不是承重部分，木构体系是结构的主要支撑。

（4）斗拱作为支撑体系的重要部分而存在，并不是所有的建筑都有；山门、御碑亭、钟鼓楼、隆国殿屋顶下均有斗拱，明代做法；游廊后端也有，但仅是一斗三升的简单做法。

（5）小木作：山门处制作了坤门；瞿昙殿、宝光殿、隆国殿均有天花，平棋做法；栏杆扶手及门窗花格的做法也是比较典型的明代风格，如栏杆中间的宝瓶制作得比较瘦长。

（6）石作：石作在瞿昙寺的建筑中扮演着十分重要的角色，这是在其他寺庙中所不多见的，如明代官式做法的须弥座、华丽精美的石雕。

（7）彩画：蓝青彩画，颜色偏青；旋子彩画，一整二破的做法，都具有明代官式建筑的特点。

（8）壁画：画风具有明显的汉地特色，据说是从塔尔寺请来的僧人绘制的。

10.1.5 佑宁寺

佑宁寺（图 10–12），又称“郭隆弥勒洲”，位于青海省互助土族自治县境内，建寺的经历与三世达赖、四世达赖、四世班禅都有关联。公元 1584 年，三世达赖喇嘛索南嘉措前往蒙古时途经此地，曾指示要在此修建寺庙。明万历三十二年（1604 年），第七世嘉色活佛在一世松布丹曲嘉措协助下建寺。至清康熙年间，“设有显宗、密宗、时轮、医明四大学院，属寺众多，被誉为‘湟北诸寺之母’”[9]。雍正二年（1724 年），曾因罗卜藏丹津事件而被焚毁。

图 10–12 山上鸟瞰佑宁寺
图片来源：牛婷婷摄

8 年后，雍正帝下令重建，并敕封“佑宁寺”。同治五年（1866 年），该寺再次毁于兵乱，后由六世土观活佛奉命重修。“文革”期间基本被毁，于 20 世纪 80 年代后陆续重修，至 2009 年仍有新建筑活动。

现在的寺庙是重新修建的，规模并不大，建筑散布在山的南麓。除了大经堂、显宗扎仓和密宗扎仓在山下外，其他的佛殿都建在山上。山下的建筑规模稍大一些，山上的建筑规模均较小，大多 3 开间，但是无论山上或山下的房子，均以院落为单位。大经堂是寺庙中规模最大的建筑，2006 年新修，四面围墙围合的院落，大经堂建于高高的台基上，整组建筑中轴对称，高度变化明显，平面布局形式是藏式风格，但造型却是汉藏结合的式样，门廊、经堂的上部都覆盖了坡屋顶（图 10–13）。密宗学院的大殿平面呈“凸”字形，只有门廊和经堂两部分，经堂内有柱 24 根，建筑上覆重檐歇山屋顶，外立面做法与塔尔寺相似。山上的佛殿平面形式以汉式建筑形式为主，多是 3 开间，进深五檩大小，悬山屋顶，如护法殿、度母千佛殿等；山脚大经堂后有弥勒佛殿，平面形式则采用了西藏地区的做法（图 10–14），平面形状呈“凸”字形，室内空间高度不同，有 6 间面积的升起空间，外立面做法与密宗学院接近，模仿藏地风格，但是屋顶却偏汉式风格，是琉璃歇山顶。

佑宁寺是一座完全崭新的寺庙，寺庙建筑并不十分精美，很多建筑细部和装饰都做得比较粗糙，主要有以下特点：

（1）每组建筑都是一个围合院落，与当地民居做法相似，入口处的屋顶会随着建筑等级的变化而发生变化，大部分的佛殿都是歇山顶和悬山顶。

（2）建筑与山体契合，平面都比较简单，3 开间，进深五檩；大经堂和扎仓的平面布局方式为藏式。

（3）建筑立面和造型是混合的汉藏式样，如墙体装饰手法和开窗开门形式学习了西藏地区的寺庙，但是建筑的屋顶形式则是典型的内地传统建筑做法，甚至是等级较高的歇山屋顶。

图 10–13 佑宁寺大经堂
图片来源：牛婷婷摄

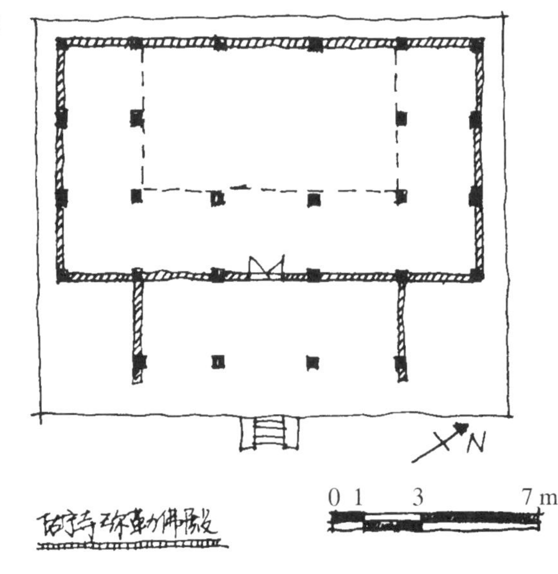

图 10–14 佑宁寺弥勒佛殿
图片来源：牛婷婷绘

10.2 甘肃地区

甘肃位于我国西部，东接陕西，南临四川，西连青海、新疆，北靠内蒙古、宁夏。甘肃省的南部是甘南高原，属于青藏高原的东边缘地区，也是藏族聚居的区域，在行政区划上被定为甘南藏族自治州。藏传佛教寺庙也多集中在甘南州。“当时全省共有藏传佛教寺院 369 座，寺僧 1.69 万人，其中活佛 310 人。甘南藏族自治州共有寺院 196 座，其中宁玛派寺院 8 座，萨迦派寺院 2 座，苯教寺院 9 座，余均属格鲁派……1958 年全省关闭了 361 座，只保留 8 座，大部分僧人还俗，留寺僧人只有 571 人。从 1962 年起又恢复了部分寺院。‘文革’前，全省共开放藏传佛教寺院 107 座，在寺僧人达 4000 多人。‘文革’期间，除拉卜楞寺和妙因寺保留外，其他寺院全部被毁，僧众驱散，宗教活动受到禁止。十一届三中全会后，落实了党的民族宗教政策，至 1986 年，许多藏传佛教寺院又开始重建，现共有寺院 108 座，僧人约 5000 人”[10]。

图 10-15 拉卜楞寺大经堂
图片来源：牛婷婷摄

10.2.1 拉卜楞寺

图 10-16 拉卜楞寺喜金刚学院
图片来源：牛婷婷摄

拉卜楞寺，藏语称“噶丹雪珠达尔杰扎西叶苏旗卫林”，意为“足喜讲修弘扬吉祥右旋洲”，位于甘肃省甘南夏河县拉卜楞镇，这里的地名来源于寺庙。公元 1709 年，一世嘉木样活佛主持修建了拉卜楞寺，创建了显宗学院和续部下院；二世嘉木样活佛创建了时轮学院；三世嘉木样活佛创建了医药学院；四世嘉木样活佛创建了喜金刚学院；五世嘉木样活佛创建了续部上院。至此，拉卜楞寺的六大扎仓形成。

大经堂，闻思学院的大殿，也是寺庙措钦所在地（图 10-15）。闻思学院是显宗扎仓，主要是系统地学习佛家的五部大论。建筑建于创寺之初，经堂原为 80 柱面积，到公元 1772 年，在二世嘉木样活佛的主持下扩建到 140 柱面积。经堂后部佛殿两层高，东西侧另有强巴佛殿和灵塔殿，上覆琉璃歇山屋顶。

续部下院位于大经堂东北侧，藏语称“华尔旦迈居扎仓”，有“祥瑞”之意，专修密宗，建于公元 1737 年，建筑形式与西藏地区的格鲁派寺庙建筑相似。

时轮学院，又称丁科扎仓，位于大经堂西侧，是修习密宗的学院，同时传授天文、历算等相关知识。时轮学院由二世嘉木样活佛于公元 1763 年创建。

医药学院，又称曼巴扎仓，修习密宗，同时传授藏医药等相关知识。学院由三世嘉木样活佛于公元 1784 年创建。采用藏式寺庙建筑的布局形式——三段式布局，中段经堂 16 柱面积，后接佛殿，两层高，主殿 4 柱面积，主要供奉不动金刚佛。

喜金刚学院，又称吉道扎仓，修习密宗，同时传授美术、声乐等知识（图 10-16）。学院由五世嘉木样活佛于公元 1879 年创建。据说是仿布达拉宫南杰扎仓的式样修建，在 1957 年被烧毁，后按照藏式风格重建，佛殿部分上有歇山镏金屋顶。

续部上院位于喜金刚学院西侧，修习密宗，建于 1941 年。建筑有三层高佛殿内主要供奉了五世嘉木样活佛的灵塔。

拉卜楞寺内还有多座佛殿、活佛拉藏、僧舍等。

弥勒佛殿，又称“寿禧寺”“大金瓦殿”，初建于公元 1788 年，主要供奉强巴佛，建筑两层高，前殿面阔 3 间、进深 4 间，后殿面阔 3 间、进深 3 间，建筑上有镏金歇山屋顶，殿内使用斗拱装饰。

释迦牟尼殿，又称“小金瓦殿”，据说是仿照布达拉宫修建，建筑三层高，主要供奉释迦牟尼佛，上覆镏金歇山屋顶。

寿安寺，公元 1809 年受萨木察仓资助而建，建筑一层，但室内高度较高，供奉的不动金刚佛像高达 13 米。

拉卜楞寺的僧舍都是简单的藏式单层平房，比较特别的是，僧舍相对集中，形式标准统一，通过巷道连接，每户门上均有门牌号，标识所归学院。

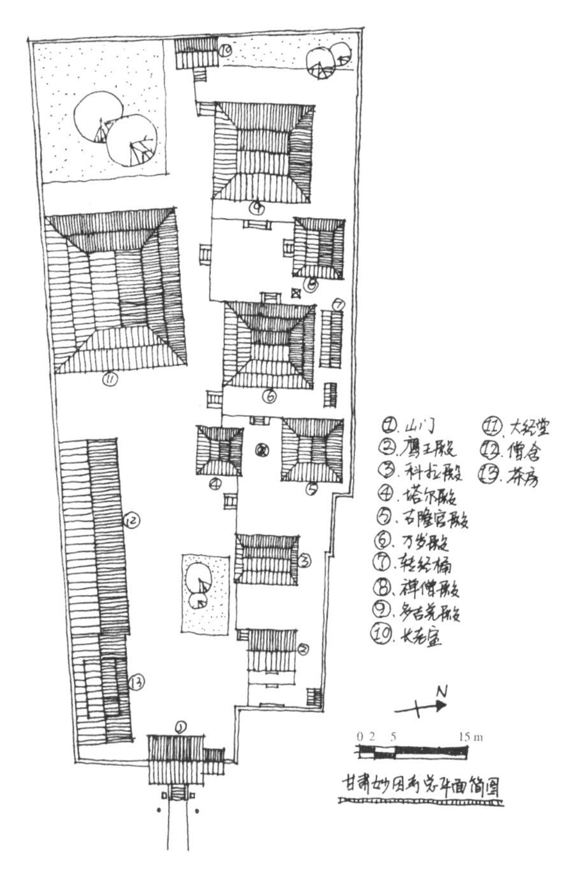

图 10–17 妙因寺总平面简图
图片来源：牛婷婷绘

这与其他大型藏传佛教寺庙僧舍形式相对灵活，以多层建筑为主的做法不同，与僧舍围绕所属扎仓而设置的布局形式也不同。但是这些僧舍建筑的建筑年代都比较新，加之寺庙在早年遭受了多次破坏，所以这些建筑可能是寺庙近年来重新规划后新建的。

拉卜楞寺既是“格鲁派六大寺”之一，也是安多地区最大的藏传佛教寺庙，是安多政教首领嘉木样活佛的驻锡寺，所以除了有格鲁派寺庙的共性之外，也有一些本地区的建筑特色：

（1）布局方式近似扎什伦布寺，北面山体不高，建筑群从山腰向山脚扩张，建筑一字排开，等级越高的在山上的位置越高。佛殿与扎仓相互交错，拉卜楞寺是不动金刚佛的主道场。

图 10–18 妙因寺山门
图片来源：牛婷婷摄

（2）扎仓大殿、大经堂等规模较大的建筑均为院落式，主体为藏式风格。大殿建筑从平面形制上看与西藏地区的类似，三段式布局，院落入口进行专门的设计，既有汉式建筑的山门之意，又带有藏式建筑的风韵，同时也是建筑等级身份的象征。

（3）主要建筑中的梁柱用料都很粗壮，大殿柱径多在 500 毫米以上。

（4）寺庙内的主要建筑均有坡屋顶，金顶或琉璃顶，以歇山形式为主：共有 4 座镏金歇山顶和 2 座青琉璃歇山顶。4 座金顶分别位于大经堂、释迦牟尼殿、弥勒佛殿和喜金刚学院大殿。

（5）壁画与西藏地区的风格差别不大，建筑色彩没有西藏地区的鲜艳。

（6）僧舍标准化，按所属扎仓分配，每户每口都有详细的门牌号。

（7）现存的主要建筑基本反映寺庙原貌，维修的过程主要是对墙体的加固，建筑骨架并没有发生改变。

10.2.2 妙因寺

“文革”后，甘肃地区有两座藏传佛教寺庙完整保存了下来，一座是拉卜楞寺，另一座是妙因寺。妙因寺，又称“大通多吉强”，位于甘肃省天祝县大通河东岸（图 10–17）。寺庙背靠石屏山，西临大通河，始建于明正统六年（1441 年），是鲁土司的家庙，也是大通县境内 8 座藏传佛教寺庙的主寺。清代时多次扩建，多位活佛如六世达赖、土观活佛、松巴活佛等曾在此住宿传教，寺庙实力日趋壮大，成为在青海、甘肃、内蒙古地区都很有影响力的格鲁派寺庙之一。

现存主要建筑有山门、鹰王殿、科拉殿、万岁殿、禅僧殿、塔尔殿、多吉羌殿、古隆官殿、大经堂、僧房、茶房等。寺内原设扎仓两处，分别研习佛教哲学和密宗学科。

山门，清代建筑，面阔 3 开间，硬山屋顶（图 10–18）。

鹰王殿，又称“金刚殿”，明代建筑，殿内供奉雷公，建筑面阔 3 间，进深 2 间，硬山屋顶。

科拉殿，明代建筑，面阔 3 开间，供奉四大金刚和一个直径 1 米的转经筒，歇山屋顶。

万岁殿，明代建筑，建于宣德二年（1427 年），建筑面阔 5 间、进深 3 间，重檐歇山屋顶。

禅僧殿，清代建筑，建于雍正五年（1727 年），建筑面阔 3 间、进深 2 间，歇山屋顶。

塔尔殿，清代建筑，殿内壁画彩绘了度母像和佛教故事，正中原是一座 2 米高的空心木塔，现为砖塔，故称“塔尔殿”，歇山屋顶。

多吉羌殿，明代建筑，建于明成化七年（1471 年），面阔 3 开间，是寺庙内的主佛堂，歇山屋顶（图 10-19）。

古隆官殿，又称“护法殿”，清代建筑，建于清咸丰十年（1860 年），面阔 3 开间，歇山屋顶。

大经堂，清代建筑，两层，歇山屋顶（图 10-20）。

妙因寺是一座深受内地建筑做法影响的藏传佛教寺庙建筑，但同时也承袭了藏式寺庙建筑和本地建筑营造的一些特色：

（1）朝向和轴线：建筑群朝向东面，只有大经堂和茶房等后期建筑为坐南朝北；建筑群核心的中轴线偏南，与穿过山门的轴线平行，中轴线上的建筑呈对称分布。

（2）建筑单体：平面布局简单，汉式布局，建筑多为 3 开间；支撑体系以木结构为主，屋顶也选用的是汉式的坡屋顶，硬山或者歇山，等级较高；大经堂是建筑群中唯一的两层建筑，是汉藏形式的完美结合，平面布局模仿了西藏地区经堂的形式，但是室内采用了减柱做法，并且利用外廊自然形成转经道。

（3）体现地方特色的砖雕装饰：整个建筑群色调低沉，灰色的砖墙和屋顶，装饰手法以砖雕为主，简朴大方，题材多样，也包括藏传佛教特有的宗教符号。

（4）蓝青彩画：与西藏地区寺庙一样，建筑群内有许多的彩画，但是多为蓝青彩画，是清代汉式建筑惯用的色调，不似西藏地区明艳的色彩风格。可能因为颜料的关系，不如西藏地区矿石颜料那般经久不衰。

图 10-19 妙因寺多吉羌殿
图片来源：牛婷婷摄

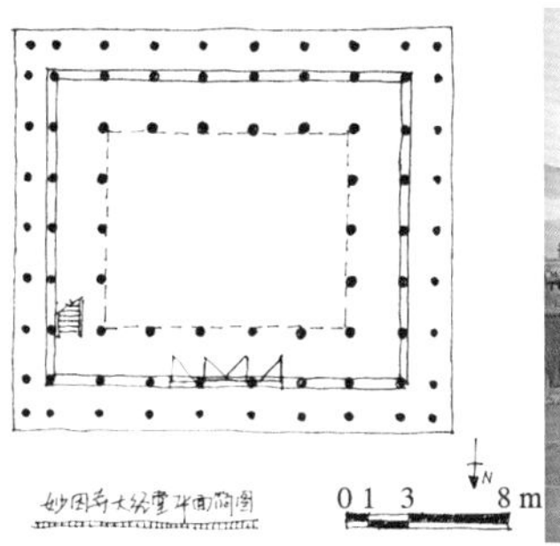

图 10-20 妙因寺大经堂
图片来源：牛婷婷绘制、拍摄

10.2.3 郎木寺

郎木寺，藏语称“噶丹雪珠具噶卓卫林”，意为“具喜讲修白莲解脱洲”，位于甘肃省碌曲县境内。寺庙于公元 1748 年，由格鲁派高僧甘丹赤巴萨木察第一世坚赞僧格创建。寺庙有四大扎仓：闻思学院、喜金刚学院、时轮金刚学院和医学院，是川、甘交界地区著名的藏传佛教寺庙。但是寺庙在“文革”期间遭到了严重的破坏，20 世纪 80 年代后政府对寺庙进行了修复。

寺庙建在山南面，沿山体向山顶展开。大经堂（即措钦大殿）始建于公元 1752 年。现在的大经堂建筑是 20 世纪 80 年代后重建的，平面呈“十”字形，坛城平面，门廊非常壮观，内有 18 根柱，第一排为圆柱，第二排为方柱，第三排为二十面柱，且上覆琉璃歇山屋顶；经堂内有柱 80 根，同藏式的侧高窗采光；后部有佛殿，内有柱 12 根（图 10-21）。

郎木寺现有建筑的主要特点：

（1）主要建筑内部的梁柱用料十分粗壮，尤其是大经堂，柱子截面尺寸达到了 600 毫米。

（2）大经堂的平面形状模仿了坛城式样，门廊

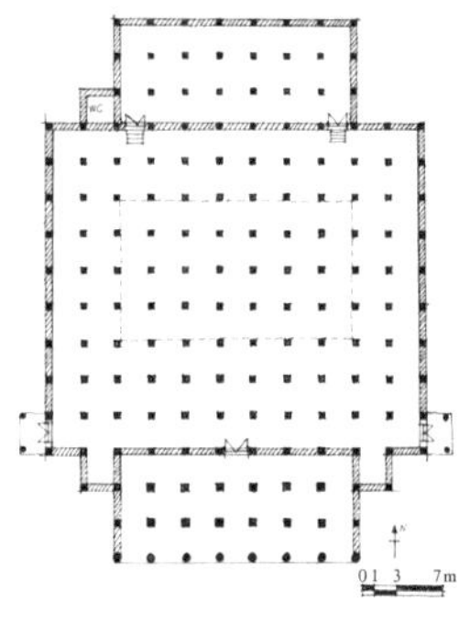

图 10-21 郎木寺大经堂
图片来源：牛婷婷绘制、拍摄

部分的修饰比西藏地区的寺庙更加华丽，且上覆琉璃歇山顶的做法是在西藏地区没有的；大经堂与其附属的两座建筑的组合排列方式更加规整，形成三合院，与西藏地区将附属建筑相对随意摆放或是偏于一隅的做法也有很大不同。

（3）三合院的形式在寺庙中多处出现，与周边的民居形式十分相近，应该是受到了当地民居风格的影响。

10.3 内蒙古地区

自三世达赖喇嘛索南嘉措为俺答汗受戒、俺答汗又敕封达赖封号之后，格鲁派与蒙古部落便结下了不解之缘，并逐渐取代了萨满教成为蒙古草原唯一信奉的宗教。俺答汗从青海湖畔返回呼和浩特之后，就开始了藏传佛教寺庙的营建活动，他的子孙也遵循着先祖的志愿，陆续在蒙古草原各地兴建寺庙。“据清末统计，仅在内蒙古地区各旗召庙约计1000 处，平均每旗就有 20 处以上”[11]。

图 10-22 五当召全景
图片来源：牛婷婷摄

10.3.1 五当召

五当召，又名“巴达嘎尔召”，在藏语里意为“白莲花寺”，寺庙所在地被称为“柳树沟”，“五当”蒙语里就是“柳树”的意思，“召”就是蒙语中“寺庙”的意思，因此被惯称为“五当召”。清乾隆皇帝曾赐名“广觉寺”。寺庙位于阴山山脉中部的吉忽伦固山的南麓，由一世洞阔尔活佛罗桑坚赞创建于公元 18 世纪初叶，寺庙在内蒙古的区有深远地宗教影响力，是洞阔尔活佛[12]的驻锡寺（图 10-22）。

寺庙有四大扎仓：显宗学院、密宗学院、时轮学院和菩提道学院。原有建筑是“六殿、三府、一房”，现存的主要建筑有六大殿和一座活佛官邸：苏古沁殿、却依拉殿、洞阔尔殿、当圪希德殿、喇弥仁独宫、阿会殿和甘珠尔活佛殿（即原来的洞阔尔活佛官邸）。

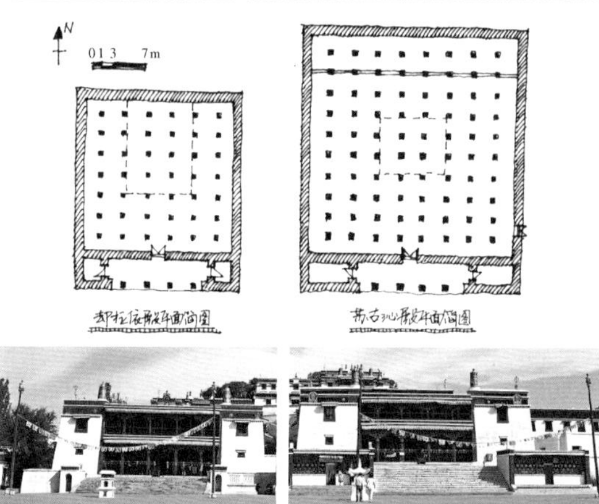

图 10-23 苏古沁殿（右）和却依拉殿（左）
图片来源：牛婷婷绘制、拍摄

苏古沁殿，又称大经堂殿，建于清乾隆二十年（1755 年），前为经堂后为藏经阁，之间用木栅格分割。门廊天花采用平棋做法，经堂中间有升起，没有金顶，殿内柱头上的替木与西藏地区的有所不同，有明显的厚度变化，屋顶女儿墙却是边玛墙做法（图 10-23）。

却依拉殿，显宗学院大殿，建于清道光十五年（1835 年），建筑地坪没有抬高，藏式经堂的典型做法，没有佛殿，经堂中间升起，无金顶，女儿墙粉刷了红色涂料。

洞阔尔殿，时轮学院大殿，建于清乾隆十四年（1749 年），寺庙中现存最早的建筑，位于寺庙正中，其他的建筑均是围绕其修建；殿堂规模不大，前为经堂，后部和二层均为佛殿。殿前有广场，曾经为活佛讲经台，也做辩经场用。

当圪希德殿，金刚殿，建于乾隆十五年（1750 年），位于洞阔尔殿西侧，规模不大，条形，5 开间，进深 2 间。

喇弥仁独宫，菩提道学院大殿，建于光绪十八年（1892 年），建筑两层，室内运用了减柱做法，二层是按内回廊式布置。

阿会殿，密宗学院大殿，建于嘉庆五年（1800 年），规模较小，5 开间，进深 3 间，柱上替木和托木均比常见的要短些许。

甘珠尔活佛殿，始建于乾隆四十二年（1777 年），后于 1998 年原样复原，是洞阔尔活佛的居住之所，为两层平屋顶建筑。

另有金科殿，又称曼陀罗殿，建于 2003 年，完全的新结构材料建筑，外立面装饰为藏式风格，两层，一层殿堂内四壁作画，有诸多藏传佛教寺庙壁画，如哲蚌寺、大昭寺、色拉寺、甘丹寺等。

虽然五当召是内蒙古境内保存最完整的藏式风格的格鲁派寺庙，但还是与西藏地区的格鲁派大寺有不少的差别：

（1）五当召号称内蒙古地区黄教第一大寺，但是与西藏地区的诸多大寺庙一比，规模等级都要小得多。

（2）建筑等级均比较低，没有金顶做法，经堂后部未有佛殿设置的形式级别也较低。

（3）在细部上最大的不同体现在柱头装饰和其上的替木、托木的做法，替木、托木长度均较短，且厚度较大（图 10-24）。

图 10-24 柱头替木、托木对比——五当召（左）和扎什伦布寺（右）
图片来源：牛婷婷摄

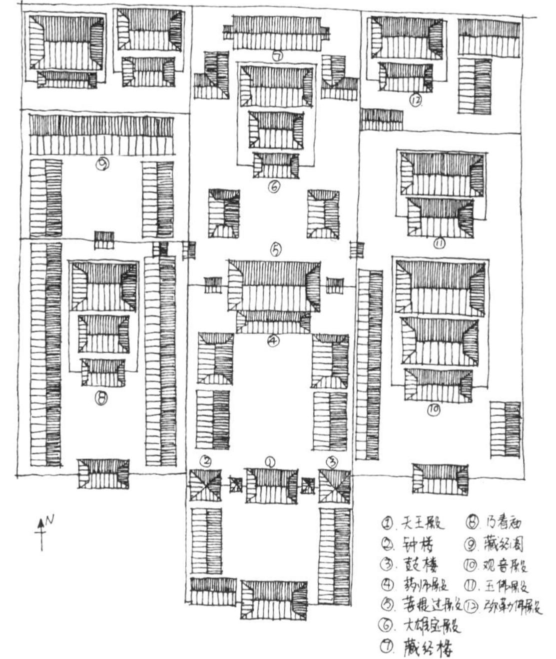

图 10-25 大召总平面示意简图
图片来源：牛婷婷绘

10.3.2 大召

大召，蒙语俗称“伊克召”，即为“大庙”的意思，汉名曾称“弘慈寺”，后改为“无量寺”（图 10-25）。大召是呼和浩特市最早兴建的寺院。明万历六年（1578 年），蒙古土默特部俺答汗迎接三世达赖索南嘉措于青海地方，许愿在呼和浩特建寺，修建了大召。清崇德五年（1640 年），皇太极命当时的土默特部都统对寺庙进行了维修和扩建，即现在的规模。

寺庙是标准的汉式布局，依据“伽蓝七堂制”设计。建筑主要有三路：正中一路是主要部分，山门—药师殿—菩提过殿—大雄宝殿—藏经楼；西侧一路建筑正在维修中，有汉白玉吉祥八塔、天王殿、乃春庙、藏经阁；东侧一路有三座佛殿，天王殿、千手观音殿、玉佛殿。这些佛殿的形式与大雄宝殿非常接近。

山门，7 开间，琉璃歇山屋顶。

藏经阁，院落式布局，建筑两层，琉璃悬山屋顶。

大雄宝殿，平面采用了藏式的三段布局，每个部分的屋顶均为琉璃顶，依次是歇山、歇山和重檐歇山（图 10-26）。

观音殿，三段布局，三座琉璃屋顶，分别是歇山、

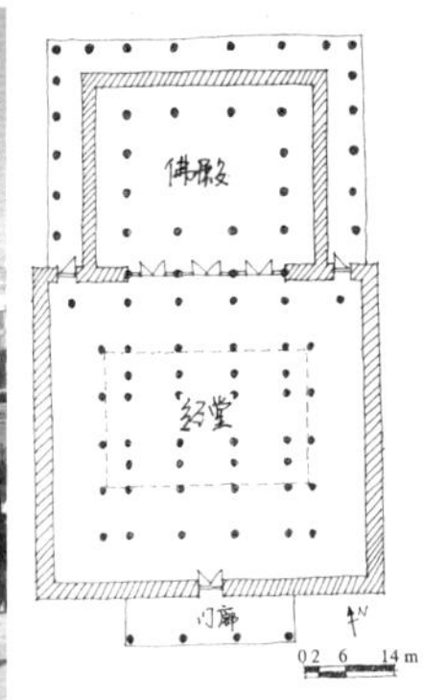

图 10–26 大召大雄宝殿
图片来源：牛婷婷拍摄、绘制

歇山和重檐歇山做法。

弥勒佛殿，3 开间，琉璃歇山屋顶，墙面用了蓝色琉璃装饰。

药师殿，三段布局，但仅两座琉璃歇山顶，平面为凸字形，后部两侧为佛殿。

玉佛殿，三段布局，也是只有两座琉璃坡顶，分别是歇山和重檐歇山。

大召建筑群体形制规整，主要有以下特色：

（1）整体布局对称均衡，效仿了汉地伽蓝式样。

（2）大雄宝殿的做法应该是具有区域特点的，三段式的区分更加明显，三个层次的屋顶效果明显。经堂部分采用了中庭升高侧向采光的做法，还有减柱做法；佛殿部分进深较大，整体外廓小于经堂一圈，外有明廊，与经堂后部有小门相通，为室外转经道。寺中的其他大殿建筑均为类似做法，如玉佛殿、观音殿等，也与美岱召的大殿做法相似。

（3）屋顶铜饰中出现了象征蒙古族的三叉戟；女儿墙使用了类似边玛的做法，但是略有改变，通过砖将女儿墙部分分段，再在其间铺设边玛，既是对藏式女儿墙做法的效仿，也节省了材料。

（4）穿堂而过的前后通行方式。

图 10–27 席力图召大雄宝殿
图片来源：牛婷摄

（5）斗拱出现得并不多，昂的做法略显夸张。

10.3.3 席力图召

“席力图”意为“法座”，曾是三世达赖喇嘛和四世达赖喇嘛的“法座之地”，康熙皇帝曾赐名“延寿寺”。寺庙始建于明万历十三年（1585 年），于清康熙三十三年（1694 年）开始进行长达两年的扩建活动；光绪十七年（1891 年），寺庙又组织了一次大规模的修缮扩建活动，终有了现在的规模。席力图召占地面积约 1.3 万平方米，由楼牌、山门、钟楼、鼓楼、过殿、经堂、佛殿、碑亭、厢房等建筑组成。建筑群有三路：中路是寺庙主体佛殿——大雄宝殿；西路是寺庙里最早的佛殿——古佛殿；东路是万寿塔。

大雄宝殿，明代建筑，汉藏结合做法。蓝色琉璃砖饰面；三段式布局，佛殿上覆琉璃歇山顶，门廊上方是平顶，经堂中间升起的空间上覆琉璃歇山顶，细部的装饰手法与大召相似（图 10–27）。

古佛殿，明代建筑，席力图召最古老的建筑，有两座歇山顶，经堂内用了减柱做法，柱头替木较短。

观音殿，护法佛殿，3 开间，琉璃歇山顶；二进过殿，3 开间，琉璃歇山顶，汉式做法；菩提过殿，5 开间，琉璃歇山顶，汉式做法；天王殿，3 开间，琉璃歇山顶，汉式做法，内供奉四大天王。

钟、鼓楼，两层，琉璃攒尖顶。

席力图召的建筑特色与大召有相似之处，是一座汉藏风格结合的藏传佛教寺庙：

（1）与大召相似的汉式布局，强调中轴，但两侧的两路建筑并不对称；中路第二进是过殿，中间一间是穿堂通道，两侧为佛殿。

（2）大雄宝殿的做法是汉藏混合式，与大召相似但略有不同：前部的经堂做法是偏藏式的，多柱厅，柱网整齐，柱头装饰、做法及替木、托木做法也皆与藏式做法相近；经堂与佛殿的连接部做法则有些特别，首先，门的方向是朝向经堂的，另外，经堂后是实墙，无法从经堂直接进入佛殿，佛殿的入口开在两侧，经堂和佛殿中由一个廊子连接。总的来看，前半部门廊和经堂的做法采用了藏式手段；后半部佛殿则是与大召比较相近的做法，是内蒙古地区寺庙具有的普遍特色。

（3）大雄宝殿的外立面装饰使用了蓝色的琉璃砖，在大召也有这样类似做法的佛殿，应是延续了蒙古族对蓝色的青睐，认为天的颜色具有吉祥之意。

（4）古佛殿的建筑形制和做法与大召的殿堂极为相似，也用了减柱和移柱的手法，美岱召大殿也是类似的做法，可能是受到元代建筑做法的影响。

10.3.4 美岱召

美岱召，蒙语意为“弥勒”，原名“灵觉寺”，又名“寿灵寺”，位于包头市东的萨拉齐镇域内。据说这里就是历史上最早的呼和浩特，成吉思汗十七代孙俺答汗翻过阴山后，看到这里一马平川，决定在此修筑城池“大板升城”。后来为了加强与明朝之间的关系，而迁到了现在的呼市。可以说这里不是单单一座寺庙，而是先为一座城后来才转为了寺庙（图 10–28）。古城的修建时间应该在明嘉靖年间，即 1539 年左右。明万历三十四年（1606 年），俺答汗的孙媳五兰妣吉在此供奉了第一座弥勒佛像，为“城”变为“寺”的开始。

寺庙中现存的主要建筑如下：

大雄宝殿，明代建筑，藏式三段式布局——门廊、经堂和佛殿（图 10–29）。经堂和佛殿由体量相当的多柱空间组成，内部柱子均较为粗大，上绘有五爪龙纹；前间有减柱、移柱做法，后间有两层，室内还保留有明代的天花藻井。从门廊处开始，整组建筑共用了 3 座歇山屋顶。

琉璃殿，明代建筑，据说曾是俺答汗的议事厅，建筑三层，歇山顶，覆琉璃，因而得名。

乃琼殿，明代建筑，又称“护法神殿”，藏式做法，两层，曾为活佛官邸。

佛爷府，清代建筑，卷棚屋顶，活佛传教至此处的住所。

太后庙，明代建筑，重檐歇山顶，也称“三娘子灵堂”。

达赖庙，明代建筑，两层建筑，硬山顶，据说三世达赖曾在此居住。

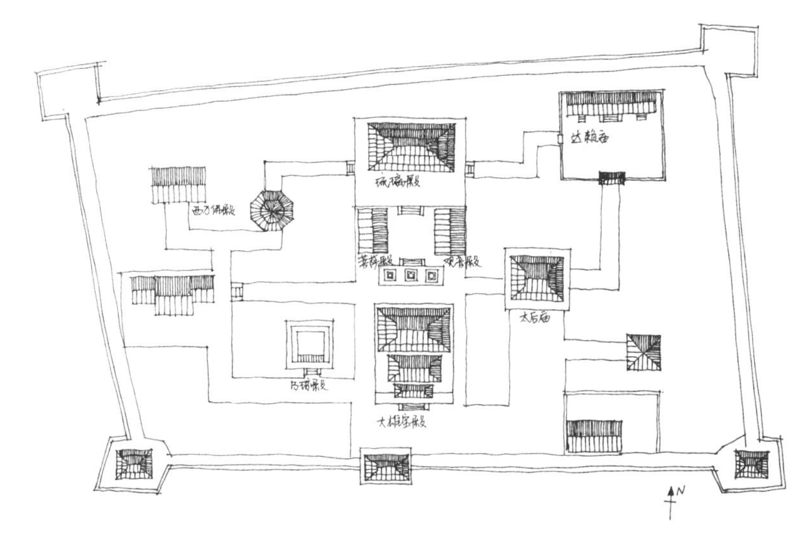

图 10–28 美岱召总平面示意简图
图片来源：牛婷婷绘

看到美岱召，不禁联想到萨迦南寺，不同的是，美岱召应该是先有城再为寺，而萨迦寺是先有寺才有城，做法上也有汉藏的明显差别；但是，它们却也都和蒙古人有着密切的关系。美岱召是一个汉式风格的寺庙，主要建筑沿中轴布局，但两侧建筑既不对称，功能也不相同。

（1）城：四角有歇山角楼，并向墙外突出；城门是重檐歇山顶，仅在南面有；城的形状并不规整，只是四边形而已；城墙剖面呈梯形，下部有 4~5 米厚，上部厚 1.5~2 米（图 10–30）。

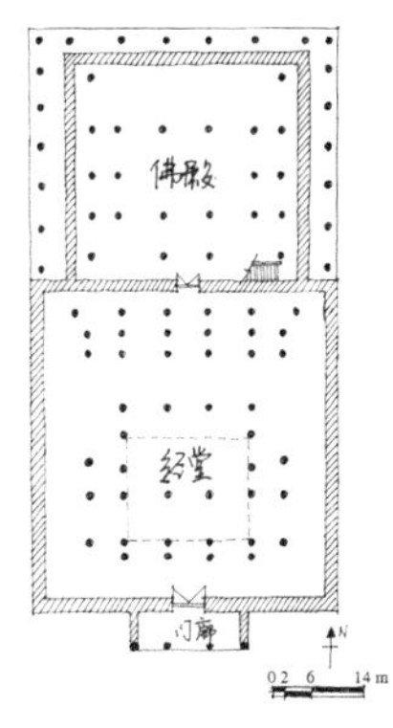

图 10–29 美岱召人雄宝殿
图片来源：牛婷婷拍摄、绘制

图 10–30 美岱召的“城门”
图片来源：牛婷婷摄

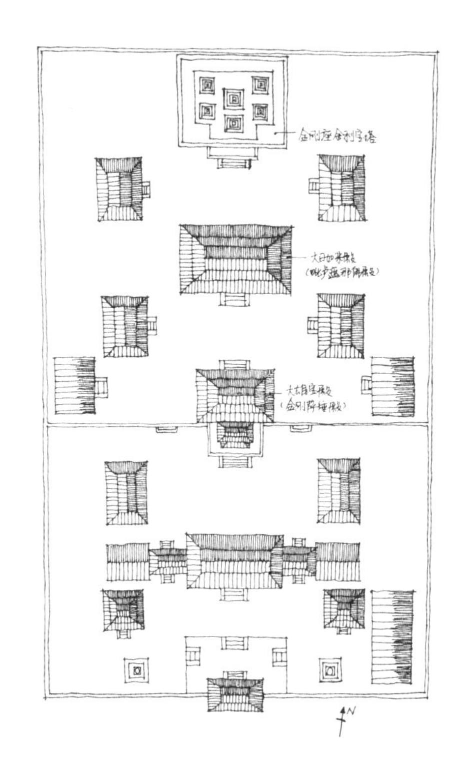

图 10-31 五塔寺总平面简图
图片来源：牛婷婷绘

（2）寺：大雄宝殿、太后庙和乃琼殿是寺庙中最具有宗教性质的建筑，前两者是汉式风格，后者是藏式风格。大雄宝殿的做法很特别，前后间面积体量相当，从室内陈设来看，也不似其他寺庙经堂的做法。前间用了减柱、移柱做法；室内层高较高，连用了 3 座歇山顶；后间墙外有一圈回廊，与在大召等寺庙看到的一样。

（3）中轴线：城的布局沿中轴线展开，但是城门的位置略偏东。轴线上的建筑也是轴对称的平面形式，轴线两侧的建筑并不完全对称；中轴线上的建筑由南向北依次是：山门、大雄宝殿、菩萨殿和观音殿、琉璃殿。

（4）布局形式、建筑形制等都以汉式做法为主，藏式做法在装饰细部上有较多体现。

10.3.5 五塔寺

图 10-32 五塔寺金刚宝座塔
图片来源：牛婷婷摄

五塔寺，蒙语称“塔本·索不日嘎”，即为“五塔”之意，原是清代慈灯寺内的一座建筑。慈灯寺的其他建筑早已无存，现只留下一座拱门方台上簇立的五塔，又称“金刚座舍利宝塔”，故俗称“五塔寺”。“金刚座舍利宝塔”是由五座塔组成，这五座塔代表着密宗金刚界的五尊佛，这五尊佛在曼陀罗中，各居于一定方位，又称五方佛。现在国内仅剩下这样的塔六座。塔身刻满了佛像、六字真言还有诸多藏传佛教吉祥符号，如金刚杵等（图 10-31）。

寺庙的建筑为近代新修复的，寺庙布局完全是汉式做法，有明确的中轴线。大雄宝殿位于第三进，汉藏结合式风格（图 10-32）。寺内还另有白塔两座，对称布局。建筑屋顶以歇山居多，中轴线上的建筑全是歇山顶，两侧的建筑除了佛殿是歇山顶，其他的都是卷棚悬山顶。主要有以下特点：

图 10-33 五塔寺大雄宝殿（右）
图片来源：牛婷婷摄

（1）汉式布局，坐北朝南，中轴对称，塔位于中轴线的最末端（图 10-33）。

（2）琉璃屋顶，重要殿堂都是歇山顶，其他的都是卷棚悬山顶。

（3）单体建筑平面都较为简单，汉式做法为主。

10.4 皇家格鲁派寺庙建筑

清皇家与蒙古部落有着无法割裂的利益关系：清历代皇帝都很注重与蒙古的关系，甚至认为，蒙古的安定就是国家的安定，所以对蒙古人信奉的藏传佛教也格外地推崇，并将其定为国教，在中央设立专门的管理机构，在地方任命达赖喇嘛和驻藏大臣统辖西藏地区的政教事务。清军入关之后，便开始在北京等皇家御地组织修建藏传佛教寺庙，一方面可以作为藏族地区各大活佛进京觐见的住所，另一方面也可以扩大教派在汉族地区的影响力。顺治帝时期，由于国家的经济实力还不强盛，多是在原有的汉地寺庙建筑的基础上进行简单的改扩建；而到了康乾年间，藏传佛教寺庙的修筑活动则变得日益频繁，更是在皇家园林如颐和园、避暑山庄等地修建了多座有藏式风格的寺庙，用作各大活佛进京的居所和传经授道的讲堂。北京的藏传佛教寺庙大多修建于上述几位皇帝在位期间，正反映出在政权确立初期，基础尚且薄弱的清皇室为获取蒙古人的支持和教化民众所做的努力。雍正皇帝更是一位虔诚的藏传佛教信徒，其死后，乾隆帝将其曾经的王府——雍和宫改为统领藏传佛教的事务中心。

山西五台山是驰名中外的佛教圣地，大智文殊师利菩萨的道场，位居四大佛教名山之首。明代起，五台山始有藏传佛教寺庙出现，但数量较少，规模也很小。到清代，康熙皇帝曾五次驾临五台山，敕建了5座黄教寺庙；康熙二十二年（1683年），又将五台山上的十座汉家禅寺改成了黄教寺庙；至雍正帝时，五台山上已有规模较大的黄教寺庙26座。

另一处黄教寺庙聚集的地方就是承德的避暑山庄。避暑山庄始建于康熙四十二年（1703年），是清朝皇帝接见蒙古各部落首领的行宫。为了拉拢蒙古、新疆、西藏等地区的政教首领，康熙帝和乾隆帝在避暑山庄外分别修建了八座风格各异的黄教寺庙，分别是溥仁寺、溥善寺、普宁寺、普佑寺、安远庙、普乐寺、普陀宗乘之庙、须弥福寿之庙，被称为“外八庙”。

10.4.1 雍和宫

雍和宫，原为雍正皇帝继位前的府邸，后改为藏传佛教寺庙，是北京地区最大、等级最高的藏传佛教寺庙。始建于康熙三十三年（1694年）；雍正三年（1725年），改王府为行宫，称雍和宫；乾隆九年（1744年），雍和宫改为皇家寺庙。建筑群主要由牌坊、天王殿（雍和门）、雍和宫大殿（大雄宝殿）、永佑殿、法轮殿、万福阁等五进宏伟大殿组成，另外还有东西配殿、“四学殿”（讲经殿、密宗殿、数学殿、药师殿）等。整个建筑布局院落从南向北渐次缩小，而殿宇则依次升高。

雍和门，建于康熙三十三年（1694年），正中供奉弥勒佛，两侧为四大金刚；5开间，黄色琉璃歇山顶；原为雍正府邸的正门。

大雄宝殿，建于康熙三十三年（1694年），7开间，黄色琉璃庑殿顶；原为雍正府邸的银安殿。

永佑殿，建于康熙三十三年（1694年），5开间，黄色琉璃歇山顶；原为雍正的寝宫。

法轮殿，建于乾隆九年（1744年），平面呈十字形，顶上有五座天窗，黄色琉璃歇山顶；做法比较特别，平面形制模仿了坛城；正中柱升起两层高，柱间距很大，几乎是其他柱间距的2倍。

万福阁，建于乾隆十三年至十五年（1748—1750年），5开间，三层，黄色琉璃歇山顶。

雍和宫是清皇室最为重要的寺庙，建筑群巍峨壮观，具有汉、满、蒙、藏民族的特色：

（1）中轴对称，整组建筑是非常标准的对称做法。

（2）建筑经历过两次大的修建活动，分别在康熙年间和乾隆年间，使用功能的变化使得建筑在形制和功能上也有差别，由于是从王爷官邸改建而来的寺庙，部分保留的建筑在形制上也与一般寺庙有所不同；还有一些建筑是为了补足寺庙建筑群体而增加的，如钟鼓楼等。

（3）屋顶等级较高，出现了庑殿做法，重要建筑下都有斗拱。

（4）装饰华丽，蓝青彩画，大部分是平棋天花，在重要殿堂中也有雕龙藻井。

（5）木结构建筑工艺高超，柱间距明显增大，有多根木头接合成一根梁，还有上、下两根梁中间有斗支撑的做法。

10.4.2 万寿寺

万寿寺，原称聚瑟寺，始建于唐朝，明万历五年（1577 年），改成现在的名字，主要收藏经卷。清乾隆十六年（1751 年）、光绪二十六年（1900 年）两次重修。乾隆曾三次在寺中为其母祝寿。慈禧来往颐和园时会在万寿寺拈香礼佛，在西跨院行宫吃茶点，故有“小宁寿宫”之称。

山门，明万历五年（1577 年）修建，清代重修，3 开间，庑殿顶。

天王殿，明万历五年（1577 年）修建，清代重修，3 开间，庑殿顶。

大雄宝殿，明万历五年（1577 年）修建，清代重修，5 开间，庑殿顶。

万寿阁，明万历五年（1577 年）修建，清代重修，5 开间，两层，歇山顶。

无量寿佛殿，清乾隆二十六年（1761 年）修建，3 开间，重檐歇山顶，室内天花华丽，藻井内绘有龙纹。

钟、鼓楼，明万历五年（1577 年）修建，清代重修，重檐歇山顶。

三大士殿，明万历五年（1577 年）修建，清代重修，正为观音殿，左为文殊殿，右为普贤殿，建筑形制基本相同，三开间，悬山顶。

御碑亭，乾隆二十六年（1761 年）修建，六边形，重檐攒尖顶。

万寿寺颇有历史渊源，初成规模于明万历年间；至清乾隆年间又有修复扩建，达到现在的规模；光绪年间又有修复。万寿寺的特别之处在于是集寺庙、行宫、皇家园林于一体，这是其他寺庙所不具备的。寺庙沿中轴线布局，依次布置了山门、天王殿、大雄宝殿、万佛阁，两侧也对称布置了钟鼓楼和东西配殿。万佛阁后中轴线上有一片假山，据说是模仿佛家仙山，山后有御碑亭和无量寿佛殿。中轴线的末端是一片园林，东西两侧各有院门一座，修建年代为乾隆年间，为其扩建圆明园之后一年修建，风格上有明显的西方巴洛克建筑特色。

10.4.3 承德寺庙

清康熙五十二年（1713 年），诸蒙古王公为庆贺康熙帝六十寿辰，上书“奏请”在承德避暑山庄外围建寺院作庆寿盛会之所。康熙帝欣然“恩准”，遂建造了溥仁、溥善二寺。乾隆二十年（1755 年）为纪念平定厄鲁特蒙古准噶尔部的武装叛乱建普宁寺；乾隆二十五年（1760 年）建普佑寺；乾隆二十九年（1764 年）为迁居至热河的两千余新疆达什达瓦部建安远庙；乾隆三十一年（1766 年）建普乐寺，以纪念土尔扈特、左右哈萨克、布鲁特等族的归顺；乾隆三十二年（1767 年）建普陀宗乘之庙，作为庆祝乾隆皇帝六十寿辰时蒙古和土尔扈特王公进贡朝贺之所，也是达赖喇嘛到热河觐见时的居处；乾隆四十五年（1780 年）建须弥福寿之庙，是为六世班禅大师到热河祝贺乾隆七十寿辰而修建的班禅行宫。

（1）普宁寺

普宁寺，又名大佛寺，建于清乾隆二十年至二十四年（1755—1759 年），1994 年被联合国教科文组织批准为世界文化遗产。寺庙占地 33 000 平方米，有殿堂、楼阁各类建筑 29 座，既有皇家寺庙金碧辉煌的宏大规模，又是佛门圣地“曼陀罗佛国世界的中心”。寺庙的前半部分仿用汉式寺庙的格局，而后半部分则模仿了桑耶寺的格局。

寺庙依山而建，四层的大乘阁建于约三层楼高的高台上，象征佛国世界中心的须弥山，阁的东、西、南、北又有四大部洲殿和八小部洲殿，日光殿与月光殿在东西相配，四个角又有四座吉祥喇嘛塔，组成了佛国的香巴拉世界。与桑耶寺不同的是，这里的佛国世界更加立体，依山层叠，而不是平面的拼贴。但大乘阁的建筑却是汉式做法，建筑是五顶攒尖聚拢式楼阁，前出六层檐，东西五层檐，内部四层，被誉为国内外罕见的古建艺术珍品（图 10–34）。

这样汉藏结合的做法在其他的寺庙并不多见。

（2）班禅行宫

班禅行宫，又称须弥福寿之庙，乾隆四十五年

（1780 年）仿西藏日喀则扎什伦布寺修建，供六世班禅居住、讲经用。其前部为汉族形制，后部的大红台是全寺的主体建筑，沿袭藏式风格（图 10-35）。整个寺庙有明确的中轴线，但是大红台却不是中轴对称的建筑形式。建筑造型上与藏式大殿颇为相似，但是功能上的差别较大。没有了大经堂之类的多柱大空间，而更多地强调对佛像的崇拜，侧重于佛殿的设置。高台的做法很好地烘托了寺庙的威严和神秘，装饰手法上对藏式厚重墙体上的小窗进行了模仿，但是这些也仅仅是用于装饰的盲窗，并无其他的使用效果。建筑处理上还是以汉式的营造方式为主——木结构做法，而非藏式的土木结构做法。

图 10-34 普宁寺大乘阁
图片来源：牛婷婷摄

图 10-35 班禅行宫鸟瞰
图片来源：牛婷婷摄

（3）达赖行宫

达赖行宫，又称普陀宗乘之庙、小布达拉宫，乾隆三十二年（1767 年）三月开工，原计三年竣工，因施工后期失火，延至三十六年（1771 年）八月竣工（见图 10-36）。全寺平面布局分前、后两部分：前部位于山坡，由白台、山门、碑亭等建筑组成；后部位于山巅，布置大红台和房堡。按特征分，可分三部分：第一部分由山门、碑亭、五塔门、琉璃牌坊组成；第二部分是白台群，由若干大小白台组成；第三部分为大红台。白台群成“×”形，上有大红台，下围山门、碑亭、五塔和牌坊，这种建筑布局为外八庙所独有。达赖行宫和布达拉宫相比，它们还是有神似之处的——都建于山巅，易于产生庄严神圣之感，敦实的高台，规则排列的窗，若隐若现的金色坡屋顶。

图 10-36 达赖行宫全景
图片来源：牛婷婷摄

（4）小结

承德的“外八庙”虽然是为了纪念不同的历史事件而修建，但都有一些共同的特点：

①对于在藏传佛教历史上著名的建筑或建筑群的模仿：普宁寺模仿的是桑耶寺，达赖行宫模仿的是布达拉宫，班禅行宫模仿的是扎什伦布寺。

②前汉后藏的处理手法：建筑群的前半部分基本是对汉式寺庙的模仿，建筑沿中轴布局，强调对称手法；到了后半部的藏式风格，则是对各自模仿对象的形式上的继承。

③汉式营造手法为主：虽然寺庙的后半部分采用的是藏式的风格，但是从营造技艺上看，还是更多地偏重于汉式做法；而装饰手法上更多了对藏式寺庙的模仿，包括在外立面上刻意突出的藏式装饰手法。

④虽然是对藏式寺庙的模仿，但是由于各自本身的使用功能和象征意义上的不同，建筑的空间营造也发生了改变；寺庙的象征意味更加浓郁，而讲经传法的功能相对减弱。

10.5 寺庙建筑的地域特色

10.5.1 藏传佛教文化圈

所谓“文化圈”，是现代西方研究人类学的一种理论方法，是传播学派的核心学说。最先由德国民族学家 R. F. 格雷布拉提出，他认为“文化圈”是一个具有空间概念的范围，是能够表述文化分布的一种合理方式，在一定地理空间内存在着文化特质相似或相同的从群，这个具有物质文化共性的空间范围就是“文化圈”。时至今日，对于“文化圈”概念的研究仍然在发展中，“文化圈”除了包含地理区域的文化共性外，也包含在此区域内的各种文化之间的联系。藏传佛教文化产生于雪域高原的特殊历史、政治、宗教背景下，其传播和影响的范围并不仅局限于青藏高原，也远播蒙古、尼泊尔、拉达克、巴基斯坦等地区，“在亚洲中部广袤的高山草原区内形成了一个极富魅力的‘藏传佛教文化圈’”[13]。就我国国内藏传佛教的传播，可以分为三个区域：

内层区域：青藏高原以藏族聚居区为主的区域，基本是现在行政区划中西藏自治区的范围。这一区域是藏传佛教的核心地，也是藏文化的发源地，历史上的乌思藏地区大抵就是这一范围。

次层区域：主要是青藏高原边缘地区的藏族聚居区，如青海、甘肃、四川、云南等与西藏自治区相邻的区域，大致相当于历史上的朵甘思地区。

外层区域：在蒙古人和清政府的支持下，格鲁派达到了势力的巅峰。对蒙古地区和皇家中心地带的渗透，完成了藏传佛教文化圈的外层覆盖。虽然统治者利用藏传佛教笼络人心，稳定统治，但宗教与政治不是对等的关系，只是政治的附属。政治上的劣势和文化上的落差，使得藏传佛教在外层区域仅占得配角的位置。

区域的差别并不意味着明确的划分界限，只是标志文化影响力在空间上由强到弱的变化。由内向外的三个区域层次则清晰地说明了藏传佛教文化的区域影响力逐次减弱。伴随着藏传佛教文化影响力的减弱，区域内的固有文化则在支配程度上逐渐占据上风，形成了既有共性又有个性的“文化圈”特质。

10.5.2 内层区域的寺庙建筑

内层区域主要指的就是以卫藏地区为中心的西藏地区。区域内的格鲁派寺庙建筑已经摆脱了藏传佛教早期对于外来文化的模仿，逐渐有了自己独特的藏式风格。

（1）建筑布局：以大殿、佛殿等主要建筑为中心，依据地形，自然生长式地布局；主要建筑通常位于地势较高点或是寺庙群的中心位置，重点突出；次要建筑围绕中心建筑修建，顺应地形，向自然条件较好的区域扩张。

（2）建筑材料：就地选材，降低造价，以木、石、土为主要的建筑材料。

（3）建筑结构：以石砌或夯土墙体为承重外墙，和以木柱、木梁、木檩为内承重构件的石木或土木混合结构；平屋顶建筑。

（4）主要建筑形制：大殿建筑多为三段式布局——门廊、经堂和佛殿。门廊为“凸”字形或长条形的半开敞空间，经堂是形状接近方形的多柱厅，佛殿是面阔大于进深的高空间；独立的佛殿建筑由门廊和佛堂组成，佛堂平面呈方形，室内空间在两层以上；僧舍有院落式和独栋式两种，多层建筑。

（5）建筑装饰：建筑主体为白色，重要建筑的女儿墙部分为红色，并镶嵌有藏式八宝的镏金铜饰；屋顶四角及正立面中央有镏金铜饰和黑色布匹制作的牦牛桩；窗户四周被粉刷成黑色，门楣及床楣下的短支梁绘有各种藏式的吉祥图案，颜色为蓝色、黄色和红色；室内外的柱子也是以红色涂料粉刷，柱头、托木均有彩绘，以祥云、八宝图案居多，梁、檩等则被粉刷成黄色和蓝色。

10.5.3 次层区域的寺庙建筑

次层区域主要指青海、甘肃、四川等与西藏自治区相邻的区域。在这些地区，藏传佛教依然是最具有影响力的宗教，但是由于多民族的混居和自然地理条件的变化，建筑文化在传播的过程中发生了变化。

完全遵从藏式建筑风格的寺庙建筑在修建的过程中有了本土化的变异，这种变化主要来源于营造工艺的差异。虽然区域的范围仍然是在青藏高原的边缘，但是地理和气候等自然环境已然发生了变化，在千百年的建筑改造活动中，人们发展出了适应本地环境的营造方式，这些建筑习惯的影响具体体现在寺庙建筑的结构体系和装饰细节两个方面（表 10–1）。

生土夯筑和片石砌筑是西藏地区承重外墙的主要构筑方式，但在甘青地区，夯土墙的寺庙建筑已不多见，取而代之的是砖墙。西藏地区的平均海拔较高，氧气含量稀少，加之砖块烧制工艺落后，很少有砖墙建筑；而在甘青地区，自然环境更优越，与内地的交流也更频繁，从加工工艺上看制作砖块并没有难度，同时使用砖块之后，对砌筑技术的要求降低，建筑的营造速度也有所提高。砖墙替代土石墙后，建筑的主要结构体系就由原来的土木或石木混合体系变成了砖木混合体系。砖成为主要建筑材料之后，体现在建筑上最直观的表现主要有两点：一是建筑外墙的收分没有了；二是建筑中出现了能体现砖材特性的拱券门等。

在西藏地区，寺庙建筑中只有重要建筑才有坡屋顶，坡顶形式也比较简单，屋架基本没有举折，

表 10–1　西藏和甘青地区藏式风格寺庙建筑比较

比较内容	内层区域	次层区域
墙体材料	 片石砌筑墙体：林周达垄寺	 砖砌墙体：青海塔尔寺
坡屋顶做法	 歇山镏金屋顶：拉萨哲蚌寺	 歇山琉璃屋顶：青海夏琼寺
女儿墙做法	 边玛女儿墙：拉萨哲蚌寺	 边玛女儿墙：青海隆务寺
外立面装饰	 大殿建筑入口立面：林周杰堆寺	 大殿建筑入口立面：青海塔尔寺

图片来源：牛婷婷绘制

只是在藏式平屋顶上另外架起一座装饰物。而在甘青地区的寺庙中，坡屋顶出现的频率变高，多是歇山顶，甚至有重檐歇山屋顶。屋顶做法也不是西藏那种“假把式”，而是落在承重构件上的实在的空间覆盖。屋顶用的是青色或黄色的琉璃瓦，而西藏也只有夏鲁寺的建筑屋顶能与其相媲美，这也足见建材工艺的进步。

建筑装饰上由于建筑外墙的材料发生变化，装饰手段也随之变化：一方面砖雕成为一种主要的方式；另一方面，边玛墙的功能作用已经弱化，更多的是装饰上的内涵，是对纯粹的藏式做法的形式上的模仿，有的是将女儿墙分段砌筑，边玛墙布置在每段砖墙中间，有的则干脆将女儿墙位置的砖墙粉刷成红色代替边玛墙。

除此之外，在甘青地区还出现了西藏地区所没有的纯粹汉地寺庙形式的藏传佛教寺庙建筑群。

甘青地区位于青藏高原的边缘，是连接内地与西藏的重要的交通纽带，受到来自内地的佛教文化和来自西藏的藏传佛教文化的双重影响。尤其是在明代，格鲁派创建早期，一些寺庙由于得到了政府的财政支持或是与政要机构发生联系，而在建筑形式上效仿汉地佛寺的做法，从建筑布局到结构营造进行了完整的模仿。青海乐都的瞿昙寺就是最典型的例子，每栋建筑都是依照明代官式建筑做法营建，就算是在内地也是不多见的明代寺庙建筑的模板（表 10–2）。这样的藏传佛教寺庙在使用功能上和藏式的寺庙还是有一些不同的：前者更侧重于礼佛参拜的殿堂性质，而后者则功能相对完备，兼具传经讲法的学院性质。

表 10–2　甘青地区明代汉式做法藏传佛教寺庙与禅宗寺庙比较

比较内容	藏传佛教寺庙（瞿昙寺）	禅宗寺庙（智化寺[14]）
创建时间	明洪武二十五年（1392 年）	明正统八年（1443 年）
群体布局	沿中轴线布局，由南向北依次布置了山门、金刚殿、瞿昙殿、宝光殿和隆国殿	沿中轴线布局，由南向北依次布置了山门、智化门、智化殿、如来殿、大悲殿和万法堂
建筑材料	木材和砖材	木材和砖材
建筑结构	木结构	木结构
建筑形制	均为一层建筑，开间为 3 间或 5 间，主殿为重檐庑殿顶，其他为歇山或悬山屋顶	建筑多为 3 开间，歇山或悬山屋顶，主殿如来殿两层，面阔 5 间，庑殿顶
建筑装饰	蓝青彩画；砖雕；木雕；屋顶原为青色琉璃瓦；墙上或屋顶上有藏传佛教特有的装饰图案	彩画、木雕，屋顶琉璃为黑色，等级较低

图片来源：牛婷婷绘制

10.5.4　外层区域的寺庙建筑

藏传佛教与蒙古人的结缘始于元代，元世祖忽必烈在位时就曾将藏传佛教立为国教；到了明代，在三世达赖喇嘛的交际斡旋下，藏传佛教又一次远播大漠，影响力和范围也更大。藏传佛教成为蒙古人唯一信奉的宗教。作为外来的宗教文化，藏传佛教在当时蒙古的传播经历了与佛教初入吐蕃相似的过程，但不同的是，由于来自统治阶层的强力支持，格鲁派教义在蒙古各部的传播很顺利，短时间便获得了极大的势力。内蒙古地区的格鲁派寺庙从建筑风格上主要有两种形式：藏式风格和汉藏结合式风格。藏式风格自然是对发源地文化的模仿学习；而汉藏结合式样则说明了在外层区域中除了来自西藏的藏传佛教文化外也有来自内地的汉家文化的影响，这种影响更多地体现在建筑技术角度，是满足统治者要求的适应自然、社会等各种条件的藏传佛教寺庙的衍生形式。

藏式风格：这一类型的寺庙基本是对西藏地区藏传佛教寺庙的模仿，无论是群体布局还是单体建筑，都是西藏地区常见的做法。只是为了适应当地的营造习惯和自然地理环境而有了一定的本地化痕迹。以位于阴山山脉间的五当召为例，这是内蒙古地区最大的格鲁派寺庙之一，是完全的藏式风格寺庙。建筑布局秉承了藏式的顺应自然环境的自由生长模式，以六座大殿——苏古沁殿、却依拉殿、洞阔尔殿、当圪希德殿、喇弥仁独宫、阿会殿和甘珠尔活佛殿——形成寺庙的核心建筑带，这些主要建筑顺应山势从半山腰向山间深处延伸，僧舍则沿这些主要建筑两侧零散布置。单体建筑的形制也与西藏地区如出一辙，只是建筑等级显得稍低，大殿建筑中没有佛殿，而仅是在经堂后部用木栅格划定了一个区域用于供奉佛像等物，是属于格鲁派寺庙中最低一级的大殿建筑形式。从建筑装饰上看，也更简单，没有看到西藏寺庙中高等级的金顶形式。墙头边玛的做法也不是在所有的重要建筑中都有，多出现在建筑历史较早的建筑中，如苏古沁殿等，估计主要原因在于建筑材料和营造习惯的改变。除此之外，也有一些与藏地有区别的变化了的建筑细部做法，例如作为主要支撑结构之一的柱子和托木，柱子尺寸普遍比西藏的偏大，柱头替木比较厚，从剖面看，尺寸大于柱头上的斗宽，也大于再上一层的弓木厚度。

汉藏结合式风格：这种风格的寺庙最大的特点就是建筑群布局使用的是中规中矩、中轴对称的汉式手法：体量偏小的建筑群在一路轴线上布置三至五座殿堂级建筑，两侧是对称的低矮的厢房，遵循明清时期汉地禅宗寺庙惯用的伽蓝布局方式，如五誉寺等；体量偏大的建筑群则有多路轴线，规模最大的最主要的殿堂集中在中间的轴线上，在东西两则一般又各有一路轴线，布置一些次级别的殿堂建筑，各路轴线之间由院门连接，如大召、席力图召等。建筑单体的形式尤其是一些主要殿堂，既不完全是藏式的也不完全是汉式的，应该说是内蒙古地区特有的一种建筑做法。大殿依然是藏式的三段式布局，但从各部分的建筑体量上看：门廊部分体量缩小，空间形式却更敞亮通透；而佛殿部分的体量变大，与经堂部分的面积越来越接近。门廊以四柱为界，建筑抬高较小，与室外地坪相差不过三步台阶；经堂空间变小，柱网也没有那么密集，正中若干柱被减去，也有若干根柱有偏移的现象；多在靠近佛殿的经堂后部，中空的天井采光手法也被完好地保存下来；佛殿的面阔比经堂小两柱距，空出的部分被开敞的廊道替代，进深有所增加，与面阔接近；佛坛等多布置在佛殿正中，四周留下一圈通道，做转经通道，室外的廊道围绕佛殿三面，也是一圈转经道；有的寺庙的大殿在经堂后部开门与廊道相通。建筑多为一层，但有两层高。从门廊部分开始，设有多座歇山屋顶，汉式做法，屋面有曲折、屋角起翘明显，多以琉璃瓦饰面。屋顶高度也有变化，从门廊到经堂到佛殿依次升高，这在藏式和汉式建筑中都有同样的寓意，突出建筑的主要部分，强调佛殿的重要性。

从表 10–3 和表 10–4 中可以看出，内蒙古地区的藏式风格寺庙，大殿建筑中的经堂面积较大，而佛殿已经从大殿建筑中脱离出来；汉藏结合式风格寺庙，大殿建筑中经堂面积远小于藏式风格的寺庙，而佛殿面积增大，接近经堂面积。在西藏地区，寺庙包括两个方面的重要活动——供奉和讲学，所以，

表 10–3　色拉寺和五当召建筑特点比较

比较内容	色拉寺（拉萨）	五当召（包头）
寺庙规模	措钦大殿、麦扎仓、吉扎仓、阿巴扎仓三大扎仓和 30 座康村	苏古沁殿（措钦大殿）、却依拉殿（显宗学院经堂）、洞阔尔殿（时轮学院经堂）、金刚殿、喇弥仁独宫（菩提道学院经堂）等
群体布局	寺庙依建筑新旧分别在东、西两片区域展开，康村等等级较低的建筑围绕扎仓大殿等中心建筑布局	寺庙以最早修建的洞阔尔殿为中心，顺应山体走势形成穿越洞阔尔殿的轴线，主要建筑都靠近轴线设计，僧舍等级别较低的建筑则穿插其间
建筑形制	大殿由门廊、经堂和佛殿组成三段式平面，二层为“回”字形平面，佛殿上部另有两层建筑；建筑造型类似一个立体的 L 形，入口立面采用“两实一虚”的手法	大殿由门廊和经堂两部分组成，二层为“回”字形平面；建筑造型依然保持了立体的 L 形，入口立面采用“两实一虚”的手法，但门廊上方设置的是同柱数的外廊
建筑装饰	措钦大殿有歇山金顶，建筑立面装饰有鎏金铜饰，屋顶四角也有铜饰，建筑主体为白色，大殿建筑的屋顶女儿墙为边玛墙，并粉刷为红色	寺庙中没有金顶，外立面铜饰构件偏小，建筑主体为白色，大殿建筑屋顶女儿墙部分刷为红色，仅有部分建筑采用边玛墙
建筑结构	石木结构或土木结构	石木结构

图片来源：牛婷婷绘制

表 10–4　藏式、汉藏结合式、汉式寺庙大殿建筑特点比较

比较内容	哲蚌寺 罗赛林扎仓	色拉寺 措钦大殿	大召 大雄宝殿	席力图召 大雄宝殿	瞿昙寺 隆国殿
布局形式	三段式	三段式	三段式	三段式	面阔 5 间、进深 3 间
门廊形制	长方形，两端设有房间，中间内外各有立柱 6 根	长方形，两端设有房间，中间立柱 10 根	形制简单，仅有 4 根立柱，两侧无墙体围合	形制简单，仅有 4 根立柱，两侧无墙体围合	无专门的入口引导式门廊
经堂形制	方形，面阔方向 12 根柱，进深方向 9 根柱，正中减柱 6 根，共 102 根柱	方形，面阔方向 12 根柱，进深方向 9 根柱，正中减柱 6 根，共 102 根柱	方形，柱网不是完全对齐，除在正中减柱 4 根外，其他部位也有减柱做法	方形，柱网不是完全对齐，除在正中减柱 4 根外，其他部位也有减柱做法	与佛殿合二为一，长方形，形制规整，柱网整齐
经堂面积	108 柱	108 柱	36 柱	48 柱	8 柱
佛殿形制	多间佛殿列为一排	多间佛殿列为一排	单间佛殿，正中减柱 4 根，佛殿外有室外廊道	单间佛殿，减柱 6 根，佛殿外有室外廊道	—
佛殿面积	最大间 6 柱	最大间 4 柱	16 柱	24 柱	
建筑高度	四层	四层	一层	两层	一层
屋顶形式	藏式平顶	藏式平顶	三座歇山琉璃瓦屋顶	三座歇山琉璃瓦屋顶	重檐庑殿，琉璃瓦屋顶

图片来源：牛婷婷绘制

内蒙古地区的这两种建筑风格的寺庙在宗教活动中各有侧重点，藏式风格的更多侧重讲经修学，而汉藏结合式的更多的是提供祈祷性质活动的场地。五当召是内蒙古地区著名的佛教学府，它修建在远离城市的阴山山脉之间；而大召和席力图召则选择修建在归化城（今呼和浩特）的近郊：这也体现了两者在宗教活动中各有不同的侧重。

北京城内的藏传佛教寺庙基本都是汉式做法，延续了明代的伽蓝布局，主要建筑布置在中心轴线上，建筑开间 3~7 间不等，按清代官式建筑做法营建。北京城内的 56 座藏传佛教寺庙中，有 16 座寺庙的历史可以追溯到元明时期，如白塔寺等；有 6 座寺庙是由其他类型建筑如住宅改造而来，如雍和宫等。五台山上的多座格鲁派寺庙也是由青庙（汉地寺庙）改建而来。这也可视为内地的这些藏传佛教寺庙形式上与汉地寺庙区别不大的原因之一。

在皇家园林和承德避暑山庄中还有一类汉藏结合式样的藏传佛教寺庙。寺庙的前半部分是按照汉地的布局方式和建筑式样布置，而后半部分侧重的则是模仿，运用了一些抽象化的手段对西藏地区的一些著名寺庙或建筑进行了汉化的模仿。以普宁寺为例：从总平面上看，普宁寺整体是一组标准的中轴对称的建筑群，整组建筑群坐北朝南，由山脚向山腰延伸。从大雄宝殿往北，建筑被修建在抬高的基地上，以此为界可将建筑分为前、后两个部分：前半部分由北向南中轴线上依次布置了山门、碑亭、天王殿、大雄宝殿四座建筑，轴线两侧有钟鼓楼和东西厢房，从台基到屋顶都是标准的汉式做法，只能从部分建筑的外墙上镶嵌的具有标志性的琉璃装饰物如法轮等才知是藏传佛教寺庙；后半部分建筑在升起的三层高的高台上，既顺应了山体走势，又强调了建筑群的重点。后半部分的建筑布局取意于佛教中的香巴拉世界，也可认为是对西藏第一寺——桑耶寺的抽象模仿：正中四层的大乘之阁平面形状近似"十"字形的坛城式样，与邬孜大殿一样象征了理想世界中的须弥山；大乘之阁东、南、西、北四面各有四座建筑，象征世界海中的四大洲东胜神洲、南赡部洲、西牛贺洲和北俱芦洲；另外还有象征八小洲的八座佛殿，位于须弥山两侧的日、月神殿和镇魔降妖的四座佛塔，都与桑耶寺中建筑的设置一一对应。在后半部分的多座建筑中，除了大乘之阁使用的是完全的汉式营造手段外，其他的建筑多是汉藏混合的结构式样：下半部的基础部分是对藏式碉房建筑的效仿，并将极具民族风情的藏式窗户抽象成了一种装饰性元素，将墙体粉刷成了格鲁派寺庙建筑常用的红、白二色；上部分的构建则保留了汉式的营建工艺，尤其是建筑屋顶。

承德的班禅行宫和达赖行宫是格鲁派最高等级的两位活佛到热河觐见大清皇帝的住处。为了体现对他们的重视，乾隆皇帝分别以拉萨的布达拉宫和日喀则的扎什伦布寺为参考对象，结合汉地的营造技艺修建了普陀宗乘之庙和须弥福寿之庙。两组建筑都依山而建，主体建筑修建在高台之上、位于寺庙中轴线的最高点，气势恢宏雄伟。建筑设计吸取了藏式碉房建筑厚重坚实的视觉效果，将原本具有使用意义的门窗功能简化成为外立面的标准化的装饰单元；模仿了藏式宫殿层叠和不对称的设计手法；将建筑内容包含在四面围合的墙体中，只能看到突出墙头的华丽的建筑屋顶。

注释：

1 此为民国末年的统计数据，青海地区藏传佛教寺院共有709座。

2 朱普选．青海藏传佛教历史文化地理研究 [D]. 西安：陕西师范大学，2006.

3 蒲文成．甘青藏传佛教寺院 [M]. 西宁：青海人民出版社，1990：3.

4 青海省地方志编纂委员会．青海省志・宗教志 [M]. 西安：西安出版社，2000：75.

5 蒲文成．甘青藏传佛教寺院 [M]. 西宁：青海人民出版社，1990：4.

6 姜怀英，刘占俊．青海塔尔寺修缮工程报告 [M]. 北京：文物出版社，1996.

7 蒲文成．甘青藏传佛教寺院 [M]. 西宁：青海人民出版社，1990：88.

8 蒲文成．甘青藏传佛教寺院 [M]. 西宁：青海人民出版社，1990：50.

9 蒲文成．甘青藏传佛教寺院 [M]. 西宁：青海人民出版社，1990：75.

10 蒲文成．甘青藏传佛教寺院 [M]. 西宁：青海人民出版社，1990：504.

11 孙大章．中国古代建筑史　第五卷：清代建筑 [M]. 2版．北京：中国建筑工业出版社，2009：300.

12 洞阔尔活佛是清代驻京的八大呼图克图之一。

13 扎洛．菩提树下：藏传佛教文化圈 [M]. 西宁：青海人民出版社，1997：前言 1.

14 内容来自潘谷西主编《中国古代建筑史第四卷：元明建筑》第六章“宗教建筑”。

11 印度佛教建筑对藏传佛教建筑的影响

11.1 印度佛教建筑的产生

古代印度与我们今天提到的印度不是同一个地理概念，古印度的地理位置包括范围很广，大致包含了现在的印度、巴基斯坦、孟加拉国、尼泊尔、阿富汗等国家与地区。古代印度战乱不断，分分合合，只有几个王朝曾一统全印度。那时候的建筑水平很高，例如哈拉巴文明、列国时代、孔雀帝国时期的城市建筑都表现了高超的建筑水平。古代印度的佛教建筑同样表现出了很高的建筑水平，而且特色鲜明，是古代印度建筑史上的辉煌篇章。甚至于在其之后的印度教建筑也是在佛教建筑的基础上建立起来的，佛教建筑在印度的宗教建筑史上有着先驱的重要地位。

11.1.1 精舍与毗诃罗

随着印度佛教的兴起和发展，与之相对应的佛教建筑也应运而生。

图 11-1 露天讲法
图片来源：百度图片

佛陀释迦牟尼在创立佛教之前是苦行的沙门，过着居无定所的修行生活。沙门主张苦行，修行方式就是放下世俗的一切，在山林中或其他任何地方静心思考、领悟，寻求解脱之道。“饿其体肤、空乏其身”就是沙门弟子的真实写照。佛陀起初作为沙门弟子也没有住所，当他苦行无果决定放弃沙门弟子的修行之路后，最终在一棵菩提树下参悟生死求得解脱之道，此时，佛陀释迦牟尼得到的是佛教立教的宗教思想理论基础。

佛陀释迦牟尼在鹿野苑第一次讲法标志着佛教正式成立，这次讲法传道是在一棵菩提树下完成的（图 11-1）。在这里，佛陀接受五比丘入教，组成小型僧团，开始了漫长的佛教传播之路。这时候佛陀带领小型僧团一路讲法传道，白天在露天弘扬佛法，晚上则休憩于林中树下，或山洞，或路边无人居住的茅草房，对于居住和讲法还没有特定的建筑形式，更谈不上寺庙。之后释迦牟尼到王舍城灵鹫山修行布道，佛教的影响力不断扩大，得到了统治者的大力支持。

佛法是佛陀参悟的解脱之道，是他智慧的结晶。佛法得到了统治者的肯定与支持，于是便有了为佛陀修建的精舍，是统治者或其他贵族为了聆听佛法真理，修建给佛陀生活起居和讲法布道之用的临时屋舍。

精舍本不是为佛教而建的，而是在佛教创立之前就存在的。“初，此城中有大长者迦兰陀，时称豪贵，以大竹园施诸外道。及见如来，闻法净信，追惜竹园居彼异众，今天人师无以馆舍……斥逐外道而告之曰：‘长者迦兰陀当以竹园起佛精舍’……”[1] 这段是关于“竹林精舍”的叙述，讲的是有一长者本来以竹园供养外道（佛教对其他宗教的统称）之人，后改信佛教，便驱逐外道而请佛陀入内居住讲法。

可见，精舍是历来就有的建筑形式。

竹林精舍是佛教史上公认的第一座佛教专属建筑，据玄奘所载是迦兰陀所建。还有一种说法，随着佛教影响力的不断扩大，有次佛陀释迦牟尼带着弟子到摩揭陀国弘扬佛法，当时摩揭陀国的国王频婆娑罗王恭迎佛陀，还皈依了佛门。出于对佛陀的景仰，频婆娑罗王请佛陀讲解佛法，并为佛陀及其弟子提供居住、讲法之所，特意在王舍城的迦兰陀竹林中，修建了竹林精舍。

且不说竹林精舍是怎么建立、由谁修建的，竹林精舍的修建在佛教的发展起步中起到了不可磨灭的作用。竹林精舍的修建表明了统治者的态度，引来了更多人的关注，吸引了很多贵族和平民前来听法受道，壮大了佛教僧团的队伍。之后还陆续有各国王族和有钱人为佛陀修建祇园精舍（图 11–2）、瞿师罗园精舍、那摩提犍尼精舍等，但无论是竹林精舍还是后来其他精舍，都没能留住佛陀四处布道讲法的脚步，而只是作为佛教初期佛陀及其弟子度过雨安居（亦称夏安居）的临时居所。

印度是个雨量充沛的国度，每年雨季从 6 月持续到 8 月，在这三个月内，佛陀就带领他的弟子在精舍中过着简单的僧侣生活。比丘们每天除了听佛陀释迦牟尼讲法外，就是参悟修行。这三个月通常被称为“雨安居”。过了雨安居，佛陀就再次带着弟子四处讲法，弘扬教义，发展佛教。所以，从严格的意义上说，这些精舍仅是临时居所，大部分的时间佛陀还是带着弟子过着居无定所的日子。至佛陀释迦牟尼涅槃，僧侣们都是过着这样的日子。佛陀穷其一生四处漂泊，弘扬佛法，为佛教的发展打下了良好的群众基础。

随着佛教影响力的扩大，佛教弟子增多，佛陀带领的僧团队伍不断壮大，因此，僧侣的居住问题逐渐突出，毗诃罗应需求而生。

佛教修炼的基本内容包括两个方面：一是听讲佛法，二是个人的独自体悟[2]。相对应这两个修炼内容，印度佛教建筑有两种基本空间单元：第一就是讲堂或叫法堂；第二就是佛教弟子的个人参佛修行之所，我们把它的典型建筑形式称为“毗诃罗”。

图 11–2 祇园精舍遗址
图片来源：王锡惠摄

佛教律藏中常提到“毗诃罗”，就是梵文“vihara”的音译，它是一种供单个僧人修行的小型建筑，不仅是僧人起居之所，也是他们坐禅修炼的地方。据佛经中记载，王舍城有一位商人在一天内就建造了六十处毗诃罗赠送给比丘们，由此可见，毗诃罗极易建造，因此推测它的规模应该很小。

毗诃罗为僧徒们参习佛法、领悟禅真提供了一个与世隔绝的小环境，也为每一位僧徒提供了一个栖息之所，有学者就认为毗诃罗即精舍，指僧房[3]。这种理解是可以接受的，至少他们的功能是类似的。但是从佛典中的记载可以看出，贵族们捐赠的通常被称为“精舍”，而不是“毗诃罗”，可见，毗诃罗和精舍还是有区别的，是两个不同的概念。

从图 11–3 看，毗诃罗的形式很像一顶帐篷，其建造材料多为竹木、草、树叶等天然材料，竹木作为结构材料，草、树叶则成为维护结构，这种临时居所仅能遮风避雨。其形式来源应该与古代印度居民的住所有着密切的联系，这可以从今天印度贫困地区的居民住所（图 11–4、图 11–5）来推断。印度地

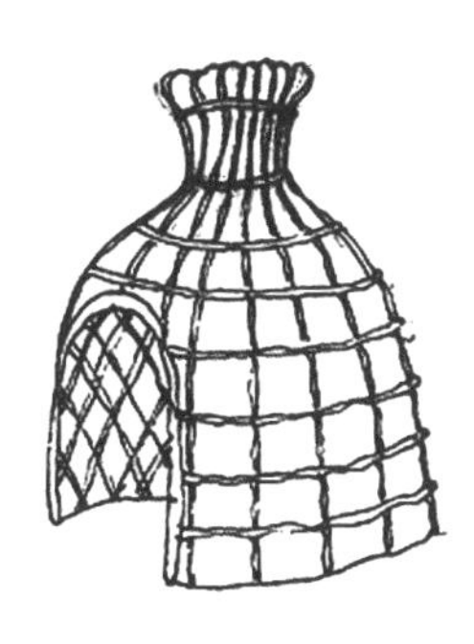

图 11–3 敦煌壁画中的毗诃罗式窝棚
图片来源：徐燕根据《东西方的建筑空间》绘制

图 11-4 印度当地民居 (1) (左)
图片来源：汪永平摄

图 11-5 印度当地民居（2）(右)
图片来源：汪永平摄

区仍保留着这种竹草制的民居形式。这种民居建造所需周期短，就地取材，材料来源丰富，建造费用低，具有一定的遮风避雨的作用，适合印度地区的贫困居民大面积使用。由此可以推测，早期佛教弟子所使用的毗诃罗形式便是来源于生活，类似于图 11-5 中的圆屋形式。但是，这种民居有着稳定性差、强度低、保温性能差、易燃、使用周期短等诸多缺点，这也就意味着毗诃罗不可能被作为固定居所长期使用。

从居无定所到精舍和毗诃罗的应用，是佛教发展的表现，也为日后佛教建筑类型的产生和发展提供参考；同时，精舍和毗诃罗的出现催动着佛教建筑的产生和发展。

图 11-6 窣堵坡
图片来源：汪永平摄

图 11-7 窣堵坡内部结构
图片来源：徐燕根据网络资源绘制

11.1.2 窣堵坡的产生

原始佛教教义要求僧侣不占有任何的财产，包括住所，因此佛教创立之初是没有修建宗教建筑的资本的，更毋庸去谈专门的建筑了。

精舍和毗诃罗也只是暂居之所，且这两种建筑形式在佛教创立之前就已存在，所以，并不是佛教特有的建筑形式，更不能代表佛教建筑。最早的佛教建筑类型应该是窣堵坡（图 11-6、图 11-7）。

佛陀释迦牟尼在库耶那迦涅槃之后，佛祖的遗体被火化，这是众比丘按佛陀生前所言“应为焚烧”[4]的做法，火化后得到的舍利有“八斛四斗”[5]。由于佛祖涅槃时，佛教已经具有了很大的影响力，很多国家都信奉追随，所以，为了得到佛陀释迦牟尼的舍利，库耶那迦附近八国的国王纷纷举兵前来分舍利[6]。对于佛舍利的分法还有另一种说法：据说佛舍利其实是分了九份，第九份是被推举出来分舍利的德罗纳藏起来了。据印度流传的说法，德罗纳修建了一个名叫“德罗纳”的佛塔来埋葬骗得的佛舍利，该塔就位于今天印度的北方邦西湾区，塔里的佛陀舍利子还存放其内[7]。八国的国王得到舍利之后纷纷回国修建佛塔将佛舍利供奉起来。

佛塔和窣堵坡的英文都是“stupa”，玄奘在《大唐西域记》中就把佛塔翻译为“窣堵坡”。今天我们习惯把覆钵状的塔称为“窣堵坡”，如桑吉大窣堵坡；把尖顶的佛塔称为“塔”，如菩提伽耶的摩诃菩提大塔。但也不尽如此，有人就把桑吉的窣堵坡称为“桑吉大塔”。

窣堵坡的产生是应当时的需求而出现的。应佛陀释迦牟尼的要求，佛陀死后其弟子为其举行了火葬，而火葬后留下了佛舍利。佛陀在世时，本就不主张偶像崇拜，以至于涅槃后的一段时期内，都没有佛像这样的雕刻艺术，而是用法轮、莲花等图案象征佛陀。把佛陀释迦牟尼要求火葬这一点与他反对偶像崇拜的思想结合起来，可以大胆猜测，他的本意是涅槃之后不留下遗体，随风而逝，这可能是他对一直寻求的解脱之道的一种理解。只是火化之后却留下了佛舍利，而佛教弟子在失去佛陀后将对他的思念和崇拜转变为对佛舍利的珍视，将其定义为神圣的存在。

为了能将佛舍利供奉起来，佛教弟子特意修建了窣堵坡，这应该是佛陀弟子结合了土葬的形式而修建的。平民土葬而得“坟”，为了表示对佛陀尊敬，突出他的独一无二，则称埋佛舍利的坟为“塔”。这时，“塔”便代表释迦牟尼，成为佛教特有的建筑形式，也是最早的佛教建筑类型。再从早期窣堵坡的覆钵形式来看，与毗诃罗的形式非常接近也说明窣堵坡的产生是符合事物产生的一般规律的，而不是凭空出现、无中生有。

窣堵坡作为埋葬佛舍利的特殊建筑，作为最早出现的佛教建筑类型，对佛教徒来说具有特殊的意义，对于佛教来说，更具有重要的历史意义。

对佛教徒来说，自佛陀涅槃以后，窣堵坡在一定的时期内就代表着佛陀的存在，是他们的精神寄托和崇拜对象，窣堵坡被认为有着佛陀的圣洁光辉，吸引着狂热的佛教徒聚集在窣堵坡周围进行个人修行，提高个人领悟。这种“聚集效应”为之后佛寺的产生做了铺垫，成为佛寺产生的诱导因素。

对佛教来说，佛教创立者释迦牟尼这一佛教的精神支柱和根本原则性存在的涅槃入灭，使得佛教一下子失去了中心和依靠，也失去了判断与衡量价值的准则，并直接导致了之后佛教徒第二次集结大会上出现的“根本分裂”。窣堵坡作为佛陀的代表，使分裂的各部派佛教弟子还能摒弃部派间的差异与不和，多次集结以重述和验证、比对佛教经典。佛史上曾完成过六次集结，最后一次是 1954 年在缅甸仰光举行的，因为窣堵坡的精神象征，引导了每次集结都如第一次那般严谨[8]。

随着佛教的发展，窣堵坡的建筑形制也不断发生着变化，这种建筑形式也被广泛应用，而不是局限于埋葬佛陀舍利，更是成为僧侣们入灭后的最终归宿。

窣堵坡的出现代表着佛教有了专属的宗教建筑类型，也深深地影响着寺庙和石窟的建筑形式。在之后长达七八个世纪的时间里，窣堵坡被作为佛教的象征被大量建造，尤其是在阿育王时期。阿育王为了扩大佛教的影响力，除了将佛教立为国教以外，还修建了八万四千座佛塔来供奉分成八万四千份的佛舍利。

11.1.3 佛寺的产生

什么是佛寺，它的具体概念该如何定义，这是在研究佛寺的产生之前先要弄清楚的。

百度百科上定义佛寺为：“佛教僧侣供奉佛像、舍利（佛骨），进行宗教活动和居住的处所……起源于天竺，有‘阿兰若’和‘僧伽蓝’两种类型。阿兰若，原指树林、寂静处，即在远郊的空闲处建造的小屋，为僧人清净修道的场所，后泛指佛寺。僧伽蓝，是僧众共住的园林，又分为‘支提’和‘精舍’两种。”[9]

显然，这里对于佛寺的定义是针对中国佛寺的，虽然这个定义显得有些啰唆，但我们可以从“……的场所”和“……的园林”这种字眼看出，这里对佛寺提出的概念不单对于一栋建筑，还包括其周围的环境或对建筑群体的统称。那对于古代印度的原始佛寺又该如何定义呢？

佛寺百度翻译成英文为“Buddhist temple”或“Buddhist monastery”，在很多外文资料中，temple 或 monastery 经常所指的是单栋建筑，从一些资料中平面图上的标注可以看到，如 *Where the Buddha Walked* 一书中迦毗罗卫的毗普拉瓦总平面图上就是给单栋建筑标注“monastery”的英文标注[10]。显然，这里英文单词所指的含义有所不明，我们可以理解为：他们把单栋建筑看作是一座寺庙。又或者这里的单词有别的含义，比如指“精舍”。这种翻译间的误差还是会有的，主要是看个人对这个词的理解。

玄奘在《大唐西域记》中主要是用“僧伽蓝”为单位记录当时印度的宗教分配比例，其中卷七内有这样的描述：“婆罗尼河东北行十余里，至鹿野伽蓝。区界八分，连垣周堵……大垣中有精舍……伽蓝垣西有一清池……”[11]虽然玄奘没有提及佛寺这一概念，但从这段话中可以看出，伽蓝是比精舍大一个等级的概念，而且伽蓝周围有“垣(即围墙)”，从这里可以看出，他所说的伽蓝就是佛寺的概念。

有的学者认为，竹林精舍是印度佛教史上最早的佛寺，是佛教最早的建筑形式。且不说竹林精舍本就是既有的建筑形式，就从上面玄奘对“伽蓝”和“精舍”的区别描述上就可以否定“竹林精舍是佛寺”这一说法。

综上所述，笔者认为印度佛寺应该这样定义：印度佛寺是供佛教弟子使用且具有一定规模的、带有佛教特色的、独有的建筑群体及其周边环境的总和。

下面就结合这个佛寺概念来解析一下佛寺的产生。

佛陀释迦牟尼涅槃之后，佛教内部一时没有了精神依靠，所以供奉佛舍利的窣堵坡所在地就被当作佛教圣地，于是就有了之前提到的“集聚效应”。原始佛教时期的佛教弟子纷纷以窣堵坡为中心修建经堂和精舍，佛陀弟子们在圣地诵经、讲法，把佛教继续传播下去，弘扬佛教教义。在佛陀涅槃后的一百多年时间里，佛教徒们单纯地修行礼佛、发展佛教。由于佛教的发展，佛教徒的队伍不断壮大，此时窣堵坡周围修建的精舍已不再是雨安居期的暂居所，而是作为长期居住的建筑形式，因此圣地周围逐渐形成以窣堵坡为中心的建筑群，这些建筑群的布局模式便是佛寺的早期雏形。

从佛寺的早期雏形来看，窣堵坡是其中的关键所在，是“聚集效应”的源头。从另一角度来看，佛寺的早期雏形包括窣堵坡、经堂和精舍至少三种建筑形式，除了窣堵坡是佛教独有的建筑形式外，另两种不是。又因为佛寺以窣堵坡为中心的布局形式具有浓烈的佛教特色和宗教意义，所以结合这几点来看，佛寺产生的条件基本满足了，经过一段时间的发展，佛寺初步产生。

古时候，有些佛经翻译家就将毗诃罗译为“寺”，用之前文章中的内容解释，仅一个毗诃罗根本不能代表一座寺庙，包括之前提到的精舍也同样不能算是一个完整的寺庙。有很多学者都把佛陀生前暂居过的精舍称为寺庙，精舍是有钱佛教信徒无偿捐赠给佛陀讲经说法、度过雨安居的，其规格和形式虽有一定的佛教用途，但这种临时的住所并没有区别于普通民宅的特征，更不能被称为寺庙。而窣堵坡周围逐渐发展起来的建筑群是由讲堂和毗诃罗群组成的，这些毗诃罗大小不一、形式不一，这种围绕窣堵坡修建的功能齐全、具有浓厚的佛教特色的建筑群才能算是寺庙。随着佛教的发展，寺庙的形式与空间也有很大改进，并被赋予了内容丰富的宗教意义，逐渐发展成熟，例如那烂陀寺庙。也有学者认为，佛、法、僧三者齐全才能被称为寺庙，如西藏的大昭寺被称为“觉康”，西藏第一座真正的寺庙则是桑耶寺。

11.1.4 石窟的产生

石窟，顾名思义就是“石头上的洞穴”。

其实石窟在佛教产生之前就已经存在了，佛教产生之后，尤其是佛陀释迦牟尼涅槃之后，佛教徒利用和开凿石窟使之被赋予了佛教内涵和用途。

最早的石窟是山体上天然形成的洞穴，无论是谁发现了山洞都可用作暂避风雨之所。早期释迦牟尼为沙门弟子游历苦行之时，也常会于洞穴中修行。之后佛教创立，佛陀带领弟子四处讲法布道、弘扬佛法，期间偶尔也会集体在洞穴中躲雨。基督教早期也有分散在西亚山岩中的洞穴式的“cell”[12]，cell是“细胞”的意思，这里我们可以理解为“单体（洞穴）”。

佛教石窟的基础便是天然山洞，山洞有遮风避雨的基本功能，而且可作为永久性住所，是宗教信仰者修行场所的良好选择。

之前提到，佛陀涅槃百年后，僧侣内部出现分歧，最终大乘佛教占上风，主导着佛教的发展走势。小乘佛教徒为躲避尘世喧嚣，到偏僻的山林中凿山为穴，修建山野窟居，精心修炼，这便是佛教石窟的由来。

随着阿育王将佛教推上高潮，佛教在全印度呈风靡的态势，一些深山老林里面也出现了石窟。初期的石窟多是毗诃罗式的，这种毗诃罗式的石窟一方面满足了比丘们远离尘嚣潜心修炼的愿望，另一方面跟印度的天气有关——印度是个雨、热季分明的国家，除了有长达三个月的雨季以外，还有漫长的炎热期，在山林里开挖石窟既可以安心修炼，还可以在山林的清爽中度过炎热的夏季。这种开山凿窟避世修行的做法，成为后世佛教徒们的一种追求。我国魏晋至南北朝时期，社会动荡不安，连年战乱，佛教在这种局势下传入我国，中国佛教石窟也在动荡的五胡十六国时期开始开凿，使人们从现实的苦难、恐惧、绝望等悲观情绪中得以遁世苦修，皈依佛门，躲避战乱。

印度的毗诃罗式石窟甚多，如著名的阿旃陀石窟，全部 26 个洞窟中，就有 22 个毗诃罗窟，开凿于公元前 2 世纪到公元 7 世纪。这种毗诃罗窟的布局大体上都是围绕一个较大的方形窟室，除正面入口外，在左右壁和后壁，开凿一些小的支洞[13]。通常来说，毗诃罗窟的立面形象较为简单，它的一面设置有入口（图 11–8），通过立面开凿的一排柱廊与内部的一个较大的方厅相连接。建筑内部在方厅周围再凿建尺度规格相等的小方室，作为僧侣的居住地。有些比较大型的毗诃罗窟，在方厅中有成排的列柱，还专门留有供奉佛像的小室（图 11–9）。毗诃罗窟的窟顶是平的，其内部可依据自身的特点进行一些雕刻和彩绘的装饰[14]。

这些毗诃罗式石窟既能满足僧侣们在寂静的空间内自我修行，又能满足他们的居住所需。通常在雨安居的三个月时间内，僧侣们都是在这种石窟内修行，过了雨安居便出去讲法布道。由于这些石窟具有永久性的特征，因此在长时间的发展中小型的

图 11–8 阿旃陀石窟入口
图片来源：王濛桥摄

图 11–9 供奉佛像的小室
图片来源：王濛桥摄

毗诃罗式石窟（图 11–10）聚集形成石窟寺（图 11–11），这种石窟寺是由多个毗诃罗集中在一起发展而来的，在后来的发展中，单个的毗诃罗几乎没有了。毗诃罗石窟是石窟的一种重要形式。

这之后又有了新的石窟形式，通常称为“支提

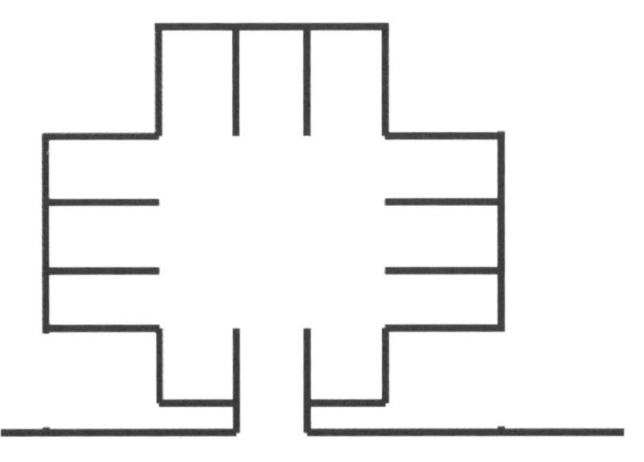

图 11–10 毗诃罗式石窟平面示意图
图片来源：徐燕绘

图 11–11 坎赫里毗诃罗石窟寺
图片来源：王濛桥摄

图 11-12 坎赫里支提窟（左）
图片来源：王濛桥摄

图 11-13 简易支提窟（右）
图片来源：王濛桥摄

窟”。“支提”是指内部设有供奉佛舍利的佛塔，其建造材料有砖和石两种，造型也从初期的覆钵式演变为后来的方形。“支提窟”就是内部建有一座支提的石窟（图 11-12）。

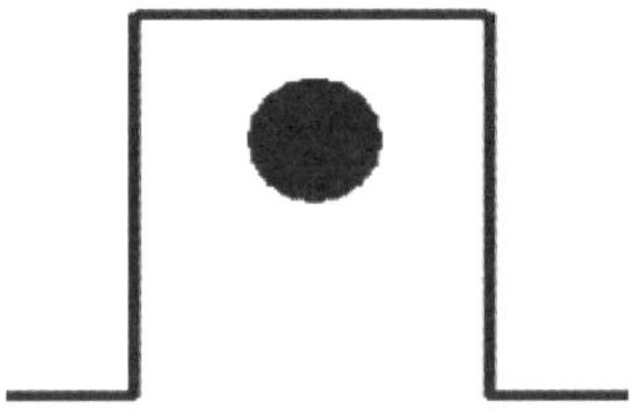

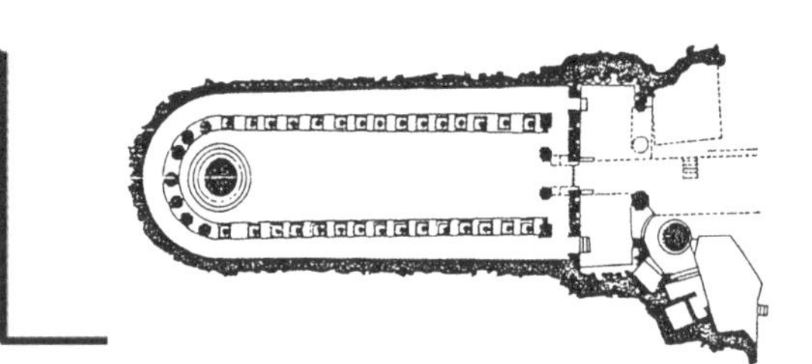

图 11-14 简易支提窟平面示意图（左）
图片来源：徐燕绘

图 11-15 成熟支提窟平面图（右）
图片来源：《东西方的建筑空间》

原始佛教时期，佛教不搞偶像崇拜，为了表达对佛陀的景仰之情，佛教徒修建支提来纪念释迦牟尼，支提窟中的支提就象征着佛陀的存在。这很可能就是小乘佛教徒在山野中开凿石窟进行修行时，为了表达自己的信仰和对佛陀的思念而修建的石窟形式。

最早的支提窟是很简单的形式（图 11-13、图 11-14），简易的山洞内包含有一个支提。随着佛教的发展和对佛陀的偶像崇拜，支提窟逐渐形成了自己特有的空间形式（图 11-15），窟内也有了佛像的出现，佛教艺术从此不断发展。僧侣们会围绕支提窟举行宗教仪式，列队围着支提绕圈子，这是印度佛教中最常见的绕塔仪式，一般是按顺时针方向转圈，这跟佛陀转法轮的行为有着密切的联系。

支提窟的深度远大于宽度，在后期的发展中，沿边会有一圈柱子。为了增加支提窟内部的采光，大门洞的上方再凿一个采光洞口[15]（图 11-16），也因此，支提窟内部的高度较高，窟顶呈拱顶形式，如巴贾支提窟的布局形式（图 11-17）。这种发展成熟的后期的支提窟在佛教石窟中并不多见，比较多的石窟形式还是如居室般呈方形或长方形的布置方式。

由于石窟的永久性特征，这些佛教艺术随着石窟在沉默几个世纪之后一起被保留了下来，为现代研究佛教及其艺术提供了宝贵的资料，更是给世人留下了珍贵的文化遗产。毗诃罗石窟和支提窟经过犍陀罗[16]向东一路传播到了中国内地，得到了极大的发展，主要体现在雕刻和壁画上，至今还保留了丰富的石窟艺术精品，让后人惊叹。

11.2 寺庙

11.2.1 印度佛教寺庙的发展演变

古代印度佛教寺庙的雏形是围绕窣堵坡发展起来的建筑群。虽然佛陀释迦牟尼在世时的精舍和毗诃罗都不能算是佛教寺庙，但是早期佛教寺庙的形成离不开这些精舍和毗诃罗。精舍一开始便是有钱的信徒捐赠给佛陀的，所以精舍的建造也逐渐适应

图 11-16 阿旃陀石窟采光口（左）
图片来源：王濛桥摄

图 11-17 巴贾支提窟（右）
图片来源：王濛桥摄

了佛教修炼的基本活动，可以满足佛陀讲法这一基本的功能需求。毗诃罗作为独立的小型佛教建筑，足够满足佛教弟子居住与个人体悟的修行需求。佛陀涅槃后，各佛教弟子便以窣堵坡为中心修建一些适合修行的大大小小的建筑并以此来靠近佛陀、供奉佛陀、瞻仰佛陀。按逻辑推论得到这样的场景：供奉佛陀舍利的窣堵坡周围，陆陆续续出现了一些独立的毗诃罗，为了宣扬佛法又建造了一些类似于精舍的适合讲法的讲堂；随着时间的推移，独立的毗诃罗和讲堂逐渐形成了一定的规模。这种以窣堵坡为中心，具有一定规模、适合佛教弟子长居于此修炼及讲法的建筑群便形成了早期寺庙的基本形制（图 11-18）。

早期佛教寺庙多以土木结构为主，这受到了古代印度民居的常用建筑材料的影响。原始佛教时期，佛教徒严格遵守着佛陀释迦牟尼的教导，不占有任何财产，所以早期佛教寺庙的建设也是比较简单的，这时候的佛教徒以修炼弘法为重心。

随着佛教的发展、繁荣，尤其是大乘佛教占据主导地位后，佛教寺庙也随之发展。阿育王时期，佛教的发展达到繁荣期，在大乘佛教徒的主导下，在国家政府的支持下，佛教寺庙有了很大的变化。

首先，佛教由原来的非偶像崇拜转变为偶像崇拜。这一变化主要表现在佛像的出现。原始佛教时期，佛教不搞偶像崇拜，认为佛祖是无相的，所以这一时期常用佛陀的脚印、菩提树、窣堵坡、相轮等物代表佛陀释迦牟尼，因此，佛寺中常出现这些象征性的事物。公元 1 世纪末，在犍陀罗[16]第一次出现了佛像，以佛陀释迦牟尼的各种传说为题材的雕刻艺术也随之产生，这种佛教雕刻艺术（图 11-19、图 11-20）还出现在很多佛教类建筑中，如桑吉大塔、佛祖塔等。此后，在寺庙中的佛像取代了这些象征性的事物，原本以窣堵坡为中心的布局逐渐被以供奉着佛像的殿堂为中心的布局形式所取代。

其次，佛教寺庙内由于聚敛了大量的财物，佛寺的规模也不断扩大，不仅如此，佛寺也不再是朴实的建筑体，而是精美繁复的艺术载体。佛寺规模的扩大也引起了佛寺内功能的细分化，出现了专门的管理体制，这种体制的出现更表现了寺庙内的等级分化。

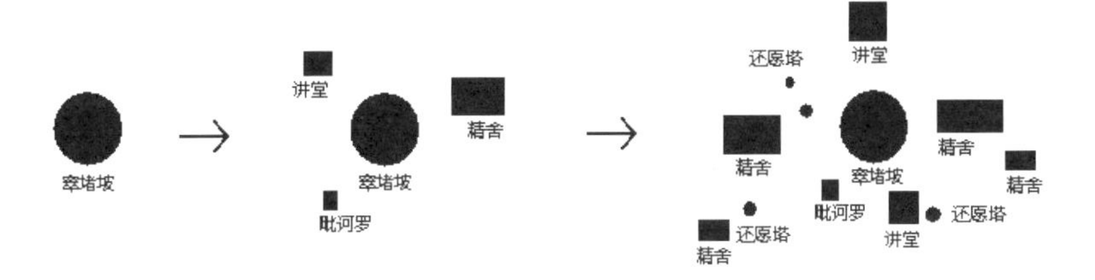

图 11-18 早期寺庙的发展模式
图片来源：徐燕绘

11.2.2 印度佛教寺庙的空间形式

在印度佛教中，有一种曼陀罗图形很重要，常在佛教典籍中出现，不仅对古代印度的佛教建筑有影响，对印度教的建筑也有很深的影响。

曼陀罗，有时也译为“曼荼罗”或“曼达罗”等，在佛教经典中常被意译为“坛”“坛城”“道场”等。曼陀罗是古代印度的一种神秘的图形（图 11-21），其中包含了方形、圆形两种基本形式。同时，一个曼陀罗也象征着一个蜷伏的人体，它的中心部位则相当于人体的肚脐部位（图 11-22）。

佛教经文中就有对曼陀罗图形的记载，如《摩诃僧祇律》和《根本说一切有部毗奈耶》中规定：营造伐树，须于七八日之前在树下作曼陀罗，布列香花、设诸祭食，咒愿诵经，祈请居树之天神飞升。从中可以看出，佛教对曼陀罗的形状还是很重视的，并认为在这样的曼陀罗形式的场所中潜心修炼，能有较高的成就。印度佛教密宗常用曼陀罗作为基本的平面格局来建造寺庙。中国最早的具有曼陀罗特征的寺庙，是建于公元 8 世纪时的西藏桑耶寺，这

图 11-19 佛像艺术（一）（左）
图片来源：汪永平摄

图 11-20 佛像艺术（二）（右）
图片来源：汪永平摄

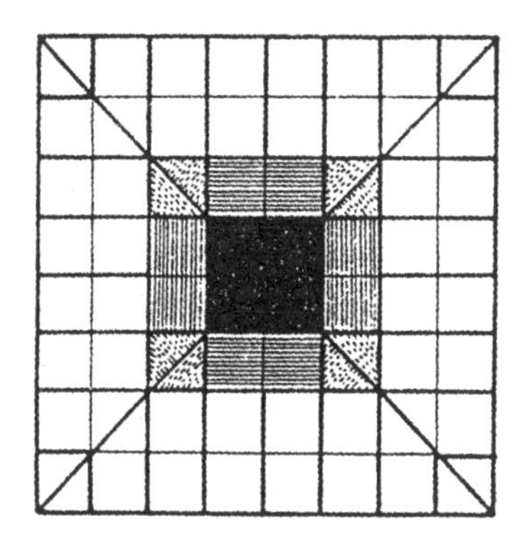

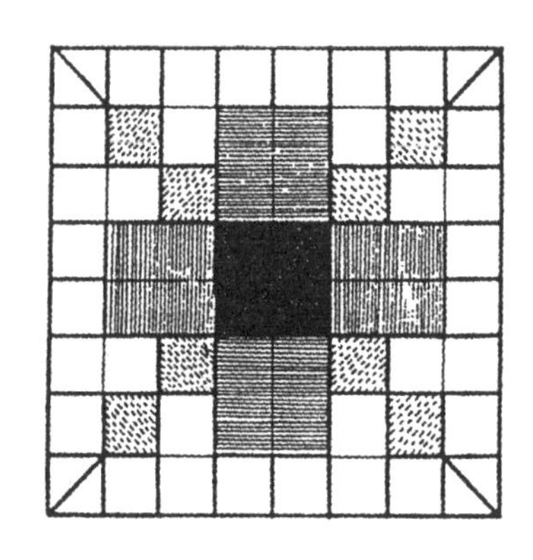

图 11-21 两种偶数形式的印度曼陀罗
图片来源：王贵祥《东西方的建筑空间》

座寺庙据传是仿照印度的飞行寺建造的。曼陀罗的图案主要分为九部分，根据不同位置可将曼陀罗式建筑的基本平面划分为如下的几个部分：中央、四围、八方、院内与院外等。其基本思想是将建筑看成整个宇宙，建筑物中央部分常空出一个较大的庭院，这空旷的庭院就是一切力量的源泉，所以在有些古印度佛教建筑遗址中，庭院内会有一座水池或一口井（图 11-23）。这种佛教的宇宙观影响着古印度佛教建筑的形式与风格。

11.2.3 精舍的平面空间布局形式

精舍是印度佛教寺庙中的重要组成单元，是寺庙内佛教徒休息与修行的场所。曼陀罗式的空间布局能满足佛教弟子的个人修行与体悟功能需求，这与精舍的功能要求是契合的。从平面布局上来看，精舍主要由三大部分组成：小室、廊、庭院。三大部分形成一个四方的围合式院落的结构布局形式。

最外圈的小室是精舍最主要的使用空间，佛教弟子于其间休息并进行一些个人修行与体悟活动，就是所谓的“打坐”。除此以外，在佛教发展后期，精舍中常会有一间专门用来供奉佛像的小室，这间小室有时候会比周围的普通小室大一点，通常位于精舍主入口正对面的一排小室的中间位置，佛像则放置于正对门的靠墙中间位置放置的桌面上，作为佛堂的使用功能。玄奘记载的《大唐西域记》中就有记载过佛堂的大体布局。还有些佛像则以高浮雕的形式出现在那面墙的中心壁龛内。有些精舍的普通小室内正对门的墙壁中间位置也会有些小的佛雕像，通常是以浮雕的形式出现，也有置于壁龛内的做法，这可以从那烂陀寺的精舍中看出一二。这些小室可能还会有一些辅助功能用房，例如厨房或厕所等，例如印度的迦毗罗卫的精舍遗址。小室作为精舍的最外围部分除了作为主要使用空间以外，还是一个围合的界面。通常来说，小室的外墙部分是不开窗洞的，没有窗洞口的精舍外墙将整个精舍围合成一个封闭的修行空间。

小室内紧邻的就是廊。从空间上来看，廊是精舍的灰空间部分，是小室与内院的过渡空间；从功能上看，廊不仅能遮挡一部分阳光对小室内部的直射，还能于雨季作为挡雨的雨篷之用，对于印度这个炎热又多雨的国度来说，是很有用的建筑构成部分。

庭院是精舍的中心部分，是最外围的建筑实体小室所围合的虚空间。能起到组织整组建筑的作用，同时产生向心效果，这也符合中心虚无空间象征一切力量源泉的内涵。

小室、廊、庭院三者由外至内完成了精舍从实到虚的空间营造过程，既符合宗教的使用习惯、修习要求，也反映了曼陀罗的构图表达和精神内涵（图 11-24）。

11.2.4 藏密伽蓝

众所周知，现在的印度已经没有什么完整的佛

图 11-22 人体与曼陀罗（左）
图片来源：（清）马骀《马骀画宝》
图 11-23 庭院布置一口井的曼陀罗式布局（中）
图片来源：徐燕绘
图 11-24 精舍典型平面图（右）
图片来源：Rana P.B. Singh：*Where The Buddha Walked*

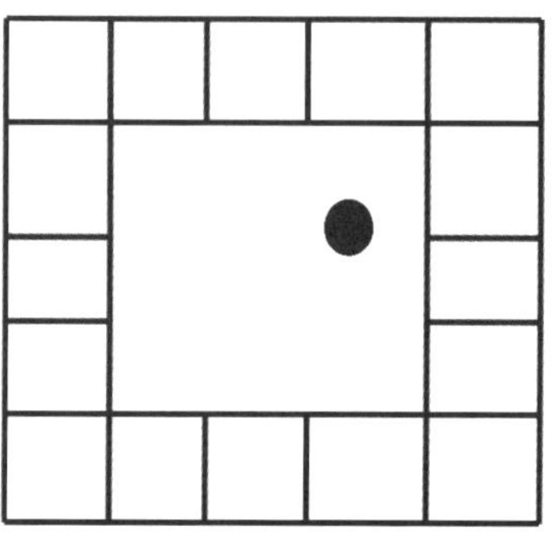

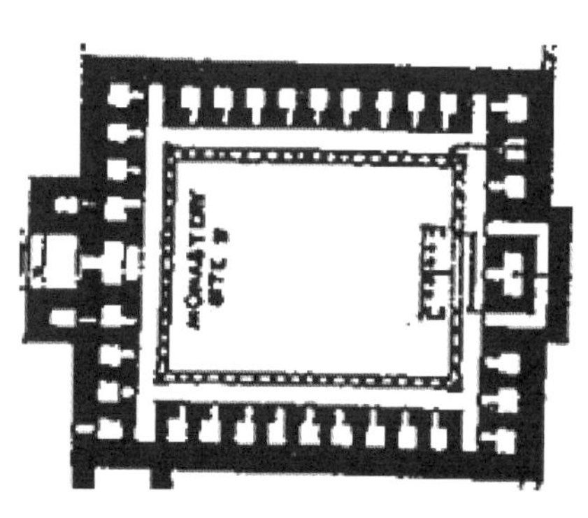

教寺庙保留下来了，所能看到的大多就是佛教建筑遗址上的空间布局，或者是一些佛教经典中对于佛寺布局的描述。为了能对印度佛寺的空间布局进行全面深入的了解，不得不对与之最相近的藏传佛教寺庙进行深入的了解，从中可以反过来看印度佛教寺庙的空间关系，也可以看到印度佛教建筑对藏传佛教建筑的影响。西藏与古印度的地理位置相邻，所以，受到古代印度佛教寺庙空间布局的影响比较直接，相似性也更多。

除了喇嘛塔以外，藏传佛教中象征佛国宇宙的寺庙伽蓝形式也具有独特的空间组织形式。自佛陀释迦牟尼涅槃之后，印度佛教逐渐复杂化，不再如佛陀在世时那么纯粹，佛教中开始出现象征意义，这种象征意义在佛教建筑中体现更甚。随着印度佛教的“根本决裂”，佛教中便不断地出现部派分裂，每一部派之间既有联系又有区别，每一部派对佛教教义的理解也有很大的不同，因此，佛教建筑中便逐渐细分，其每一单体内部及整体空间的布局都是有一个象征意义支撑的。藏密伽蓝就是这样一个对佛国宇宙进行象征性模仿与再现的空间组群。

西藏的桑耶寺（图 11-25）是中国现存最早的模仿佛国宇宙组织建造的佛教寺庙。

桑耶寺建于公元8世纪，桑耶寺又名为“桑鸢寺”，始建于唐大历年间，位于西藏的扎囊县雅鲁藏布江北岸，是西藏历史上第一座为僧人剃度出家的寺庙。该寺庙是由从印度请来的佛教徒寂护主持修建的，而且是以古时候印度摩羯陀国的一个寺庙为蓝本修建的。所以，这座寺庙受到了印度佛教寺庙的直接影响[17]。

图 11-25 桑耶寺鸟瞰图
图片来源：汪永平摄

图 11-26 邬孜殿
图片来源：汪永平摄

邬孜殿（图 11-26）是桑耶寺的主殿，位于整座寺庙的中心，象征着位于世界中央的宇宙之山——须弥山。殿高三层，坐西朝东，平面为方形，平台之上设有类似于金刚宝座的五个尖顶，象征着东、南、西、北、中五个方位及五佛。围绕着邬孜殿的四个正方位各建三座小殿，分别象征着世界各部，并对称设置两轮日与月。在其四个角上则布置红（图 11-27）、白（图 11-28）、绿（图 11-29）、黑（图 11-30）四座塔，表示四方、四色及四大护法天王等象征意义。围绕桑耶寺的围墙则用圆形象征环绕世界的铁围山。虽然现在的桑耶寺已损毁很多，不复昔日的辉煌，但是从其壁画中描绘的桑耶寺的景象还是可以看出比较完整的象征佛国宇宙的空间布局。

图 11-27 红塔（左）
图片来源：汪永平摄
图 11-28 白塔（左中）
图片来源：汪永平摄
图 11-29 绿塔（右中）
图片来源：汪永平摄
图 11-30 黑塔（右）
图片来源：汪永平摄

注释：

1 玄奘，辩机 . 大唐西域记校注 [M]. 季羡林，等校注 . 北京：中华书局，2000.

2 王贵祥 . 东西方的建筑空间：传统中国与中世纪西方建筑的文化阐释 [M]. 天津：百花文艺出版社，2006.

3 王亚宏 . 印度的宗教建筑 [J]. 亚非纵横，2002（4）：41.

4 （唐）义净译《根本说一切有部毗奈耶杂事》，收入大正藏第二十三册。

5 （北宋）宗鉴《释门正统》。

6 玄奘，辩机 . 大唐西域记校注 [M]. 季羡林，等校注 . 北京：中华书局，2000.

7 孙玉玺 . 圣地寻佛（下）[J]. 世界知识，2006（13）：54.

8 柯美淮 . 简介佛教历史上的六次集结 [EB/OL].（2012-07-19）[2012-11-28].http://blog.sina.com.cn/s/blog_68f6d4a101017bwt.html

9 百度百科 . 佛寺 [EB/OL]. [2012-12-05]. http://baike.baidu.com/item/ 佛寺

10 SINGH R P B. Where the buddha walked [M]. Varansi：Indica Books，2003.

11 玄奘，辩机 . 大唐西域记校注 [M]. 季羡林，等校注 . 北京：中华书局，2000.

12 王贵祥 . 东西方的建筑空间：传统中国与中世纪西方建筑的文化阐释 [M]. 天津：百花文艺出版社，2006.

13 萧默 . 敦煌建筑研究 [M]. 北京：机械工业出版社，2003.

14 王其钧 . 外国古代建筑史 [M]. 武汉：武汉大学出版社，2010.

15 陈志华 . 外国古建筑二十讲：插图珍藏本 [M]. 北京：生活·读书·新知三联书店，2001.

16 犍陀罗又作健驼逻、干陀卫。意译香行、香遍、香风。位于今西北印度喀布尔河下游，五河流域之北，今分属巴基斯坦与阿富汗。犍陀罗国的领域，经常变迁，公元前 4 世纪马其顿的亚历山大大帝入侵印度次大陆西北部时，它的都城在布色羯逻伐底，约在今天巴基斯坦白沙瓦城东北之处。公元 1 世纪时，贵霜王朝兴起于印度北方，渐次扩张版图，至喀布尔河一带。迦腻色迦王即位时，定都布路沙布逻，就是今天的白沙瓦地区。王去世后，国势逐渐衰微，至寄多罗王，西迁至薄罗城，以王子留守东方。

17 王贵祥 . 东西方的建筑空间：传统中国与中世纪西方建筑的文化阐释 [M]. 天津：百花文艺出版社，2006.

12 喜马拉雅区域的藏传佛教建筑

喜马拉雅山脉处于青藏高原的西南边缘，这座目前世界海拔最高的山脉，在地理上形成了一个天然屏障，区分着古象雄、古印度、勃律（巴尔蒂斯坦、吉尔吉特）、泥婆罗（尼泊尔）等地区及国家，同时又通过许多山口形成的交通要道沟通“屏障”的南北区域，苯教的发源地——冈底斯山、佛教的发源地——蓝毗尼分布在喜马拉雅山脉的东西两侧（图 12–1）。

图 12–1 喜马拉雅山脉区域示意图
图片来源：国家测绘地理信息局监制，审图号：GS（2016）1609 号

图 12–2a 传统的克什米尔工匠
图片来源：汪永平摄

图 12–2b 龙的雕刻图案（左）
图片来源：汪永平摄
图 12–2c 民居彩绘（右）
图片来源：汪永平摄

生活在喜马拉雅山脉的人们在大大小小的山谷地带繁衍生息，发展成今天的中国西藏、印度、巴基斯坦、阿富汗、尼泊尔、不丹等国家和地区。

喜马拉雅山脉海拔高，生活环境恶劣，资源匮乏，在这里的人们善于高海拔的活动，且没有因为高山而阻断了彼此的联系与交流。从古至今，这里的人们就在相近的自然地理环境下生活着，维持着相似的生活习惯及语言习俗，并且一直进行着经济、文化、宗教等方面的交流，衍生出富有特色的喜马拉雅区域文化（图 12–2）。

因为地理环境的原因，中国西藏与喜马拉雅区域内的其他国家或地区间的交流一直较为频繁，文化方面亦在一定程度上吸收了喜马拉雅区域的文化元素，并成为喜马拉雅区域文化的一部分。

12.1 区域概况

12.1.1 拉达克地区

拉达克位于青藏高原的西缘、喜马拉雅山脉南侧、克什米尔山谷的东北部，紧邻阿里地区，是今印度控制的克什米尔地区，主要包括首府——列城（Leh）及其周围地区（图 12–3）。拉达克处于山谷地带，整个区域为狭长形，周边为高山包围，海拔约 3000~6000 米。

图 12-3 从老城区看列城宫殿（南向北）
图片来源：汪永平摄

图 12-4 笔者（右）与拉达克老人（僧人）
图片来源：汪永平摄

拉达克地区在历史上，曾是象雄的一部分、阿里三围之一，后逐渐分离。公元 1 世纪左右，该地区被纳入贵霜帝国[1]的统治范围，后随着贵霜帝国的衰亡而分裂。公元 8 世纪左右，拉达克卷入唐朝与吐蕃的冲突，其主权在大唐与吐蕃之间转换。公元 9 世纪中叶，吐蕃王室内乱，拉达克建立了独立的王朝，大量藏族群众涌入该地区。

拉达克地区最初受到象雄苯教的影响，后随贵霜帝国开始接受佛教，直至公元 13 世纪伊斯兰教盛行，拉达克地区受到穆斯林军队的侵略，逐渐衰落，部分佛教徒被迫转信伊斯兰教。公元 17 世纪初，拉达克经济渐强，君王支持佛教的复兴，修复佛教寺庙。公元 17 世纪末期，拉达克卷入多次战争，受到多方军队的入侵，曾向西藏地方政府求援，但清朝驻藏大臣拒不发兵，拉达克最终沦陷，王室只能保留部分王权。至今该地区的大多数居民仍是藏族人，官方语言为藏语和乌尔都语，大多信奉藏传佛教，在生活习惯、文化习俗上仍与藏族相同，属于藏族的传统居住区（图 12-4）。

拉达克地区是连接印度、新疆、西藏、汉地的交通枢纽，是著名的丝绸之路上一个重要的节点，在这里交易的有茶叶、丝绸、金银、马匹、皮革、香料、食盐、瓷器等商品，是喜马拉雅山脉西北部地区一个重要的贸易场所，亦是东西方文化交流碰撞的地带。

12.1.2 巴尔蒂斯坦地区

巴尔蒂斯坦地区位于今巴基斯坦控制的克什米尔北部地区，处于喜马拉雅山脉西端与喀喇昆仑山脉之间，首府为斯卡杜（Skardu），风景十分优美。

古象雄鼎盛时期的疆域范围可能包括该地区，即唐朝所称的“大勃律”地方。吐蕃王朝曾派军占领该地区，将大量藏族群众及宗教文化带入该区域，这些藏族群众至今仍保留着与西藏地区一样的语言服饰及生活习俗。该地区与拉达克一样，位于交通要道上，成为许多大国争相占领的地方，唐朝和吐蕃的军队就曾在这一地区进行过激烈的战争。

现今，巴尔蒂斯坦地区又称“小西藏”，大部分人口仍使用藏语，据语言学家分析，现今的巴尔蒂语属于藏语西部分支，保留了许多古藏语的成分。苯教及佛教都曾经在该地区流行，一些佛像图案还遗留在岩刻上。公元 14 世纪末，伊斯兰教传入并逐渐发展成为主流宗教，苯教及佛教逐渐衰落。但是苯教与佛教的文化影响依然存在，当地伊斯兰寺庙门窗上的装饰图案大多受到了他们的影响，该地区成为信仰伊斯兰教的藏文化区。

12.1.3 吉尔吉特地区

吉尔吉特是克什米尔西北部的城市，位于吉尔吉特河谷地带，现属于巴基斯坦控制范围。丝绸之路的商队从该地区经过，至今仍是克什米尔北部地区的经济及交通中心。

该地区亦曾被贵霜帝国统治，成为当时的一处佛教中心。在其境内古商道的沿途，遗留着众多的与佛教相关的石刻。随着贵霜帝国的灭亡，该地区盛行的宗教亦发生了变化，印度教取代了佛教，后又被穆斯林军队侵占，改信伊斯兰教，经历了宗教信仰的多次变换。

12.1.4 不丹

不丹位于喜马拉雅山东段南坡，处于中国与印度之间。据史籍记载，公元 8 世纪左右，不丹是隶属于吐蕃的一个部落，元朝时期，随吐蕃一起纳入元政府管辖，清朝时期独立。现不丹约一半人口为藏族，尊奉藏传佛教的竹巴噶举派为国教，一直深受藏族宗教文化的影响。“不丹”源于梵文，意即“西藏末端”。据说，松赞干布最早在不丹建立了贾姆帕寺与基楚寺，用以传播佛教，可见，不丹与西藏之间的渊源。

公元8世纪，莲花生大师曾两次到不丹传播佛教，其境内有莲花生大师的修行洞，亦有依靠修行洞而建的寺庙，例如著名的建在险峻悬崖上的虎穴寺。据说，莲花生大师骑虎降临此处，在山崖洞穴中修行传教，遂建立该寺庙（图 12–5）。

图 12–5 虎穴寺
图片来源：*The Kingdom of Lo（Mustang）*

公元 12 世纪末，许多西藏的喇嘛来到不丹定居，在这里宣扬藏传佛教、建立寺庙。据说，较早来到不丹传教的是噶举派的僧人，随后是宁玛派，不同教派各自建立寺庙。直到公元 17 世纪，噶举派与宁玛派在不丹发生教派斗争，最终噶举派获得了胜利，成为不丹的国教。不丹人称自己的国家为“竹巴噶举之乡”，称自己为“竹巴噶举派人”，并将西藏视为宗教圣地。

12.1.5 木斯塘

木斯塘（或称莫斯坦），藏语意为“肥沃、富饶的平原”，位于西藏仲巴县及尼泊尔中部之间，海拔约 2500~5500 米。木斯塘曾隶属于西藏，公元 1380 年独立，公元 18 世纪左右，被尼泊尔吞并，成为尼泊尔的附属国直至今日。

由于木斯塘地处西藏、尼泊尔、印度之间，是三地商业贸易往来的必经之处，加之自然资源较丰富，因此，该国的国力曾一度强盛。

木斯塘现居民多为藏族，信奉藏传佛教，境内藏族传统文化气息十分浓厚。木斯塘王受藏传佛教萨迦派影响较深，人们大多为藏传佛教萨迦派的信徒，其境内萨迦派寺庙数量较多，也因信仰萨迦派，木斯塘的寺庙外墙涂红、白、灰三色，与西藏萨迦派寺庙墙体颜色相同。该地僧人的袈裟样式亦与西藏僧人相同，信徒们也遵循着与西藏信徒一致的顺时针转动转经筒的宗教礼仪。

从《木斯塘：失落的藏族王国》（*Mustang：A Lost Tibetan Kingdom*）等资料可知，该地区的藏传佛教筑多建造在山上或山洞里，古老的石窟保持着一定联系（图 12–6）。该地区的人们同西藏地区佛教信徒的祈福方式相同，通过在山口等地悬挂风马旗来祈求长寿、平安。

12.2 区域联系

喜马拉雅周边地区相互间有着千丝万缕的关系。

12.2.1 政治联系

由于历史及政治原因，该地区一些国家的领土及主权出现过多次的变更，甚至至今仍未明确。

强盛的古象雄在喜马拉雅山脉地区占有辽阔的

图 12–6 古老的石窟
图片来源：百度图片

疆域，西边包括了喜马拉雅山附近的中亚部分地区，即象雄时期的巴拉帝、大小勃律，今天的巴基斯坦境内印度河流域、巴基斯坦控制的克什米尔地区，以及拉达克地区。拉达克与阿里的联系尤其深远，曾属于阿里三围的其中一个王朝，也曾归属于唐朝及吐蕃，曾因外敌入侵，而向西藏地方政府求援，也曾出兵占领了古格王国。位于巴基斯坦控制的克什米尔北部的巴尔蒂斯坦、尼泊尔的木斯塘、不丹王国都曾归属于吐蕃王朝，而中国阿里地区的普兰也曾属木斯塘管辖。

可见，该区域内的国家在历史上有着多次的疆域变化及政权更迭，即一定程度上的政治联系。

12.2.2 军事联系

喜马拉雅山脉附近地区的人们，为了争夺物资、占领交通要道等种种原因，发生过无数次的战争，随着战争而来的有人口和文化的输入。

早年，由于各地区大都难敌象雄或吐蕃强势的军队力量，因此，每一次的驻军，都会带来一定数量的藏族群众输入。在象雄或吐蕃管辖、派兵进驻拉达克、巴尔蒂斯坦、不丹等地的时候，有大量藏族群众随军涌入这些地区，并在战争结束后，仍旧留在当地，与当地居民生活在一起。随着西藏地区军政实力的衰落，更加强大的外敌通过拉达克、吉尔吉特等地，穿越过喜马拉雅山入侵西藏地区。例如 1841—1842 年，发生了查谟—克什米尔军队通过拉达克入侵阿里的战争，即森巴战争。这场战争的爆发，使一部分拉达克人留在了阿里，也使得一些阿里人被奴役而远离家乡。

12.2.3 经济联系

历史悠久的丝绸之路，从汉地经甘肃的张掖、武威、敦煌等地，到达新疆，然后分为天山南北两路，到中亚、西亚，经商之人运送着一批批的商品往来于东西方之间。商道的开通，给沿途地点带来了经济的繁荣，形成了许多贸易市场。拉达克、克什米尔的吉尔吉特都位于丝绸之路上，东西方的商人在这些地方交易茶叶、丝绸、马匹等物品。

还有一条与丝绸之路平行的“麝香之路”，大约形成于公元 1 世纪，连接西亚与中国阿里、拉萨、昌都。据说，当时的罗马帝国通过这条道路购买西藏盛产的麝香，由此得名。麝香之路在西藏境内的路线大致是从今天的昌都丁青县，经拉萨、日喀则，到阿里的普兰，然后分为南北两个方向：向北的商道，经日土，到达拉达克、吉尔吉特等地，与丝绸之路汇合，向南的商道直接越过普兰南面的山口，到达印度、尼泊尔。

由此可见，喜马拉雅地区是东西方之间的连接地带，是众多商人及商品的集汇地，是东西方经济的连接枢纽。该地区的普兰、日土、列城、吉尔吉特等地形成了贸易市场，吸引着周边地区的民众前来，加强了地区间的经济联系。

12.2.4 宗教联系

苯教以冈底斯山为中心向周边传播，佛教以蓝毗尼为中心向外扩散，这两个教派均产生于喜马拉雅周边地区，上文所述巴尔蒂斯坦、吉尔吉特、拉达克、尼泊尔、木斯塘、不丹等地便位于两大宗教文化圈的交界地带，受到两种宗教文化的强烈影响。

象雄的苯教形成时期较早，影响范围较广泛，包括了属于象雄的拉达克地区、汉地，还有一些中亚地区。佛教产生后迅速向周围扩散，喜马拉雅地区的人们有着相同的自然环境和相近的生活习俗，因此，很快接受了佛教，尼泊尔、克什米尔等地的人们均成为佛教的信徒，并将佛教继续向其他地区传播。

在佛教衰落、藏传佛教发展成熟后，喜马拉雅地区紧邻西藏的西南部，直接受到了藏传佛教的影响，该地区的人们接纳了藏传佛教。公元 15 世纪以后，格鲁派在西藏境内的势力越发强盛，藏传佛教其他各教派为了寻求新的发展空间，选择到西藏周边地区宣扬教法，分支最多的噶举派便在拉达克、不丹、尼泊尔等地建立了许多寺庙，且产生了巨大的宗教影响力。至今，不丹仍将噶举派奉为国教。

喜马拉雅各地区接受了藏传佛教不同分支教派的教义以后，形成了不同的教派势力范围，反之，各地区又通过与中国阿里之间的政治、军事联系，使得阿里地区的一些寺庙教派发生了改变。普兰县科迦寺，曾在公元15世纪受制于木斯塘王，而木斯塘王信仰萨迦派，因此，科迦寺也从噶举派改宗为萨迦派直至今日。

12.2.5 民族联系

由于政治、战争、贸易等活动，大量的藏族群众从西藏地区涌入喜马拉雅山脉的其他地区生活，或与当地人联姻，繁衍后代。还有一些藏族群众因为放牧等原因，向喜马拉雅西部等地进行了迁徙。因此，喜马拉雅山脉除西藏以外的地区亦有许多藏族定居者，甚至构成了较大的社会人口比例，今日的不丹仍有约一半人口属于藏族，木斯塘人也多数为藏族，这些人将藏族文化带入当地日常生活的方方面面。

综上所述，喜马拉雅地区之间频繁的、古往今来的政治、军事、经济、宗教等方面的联系。加上相近的自然地理环境，形成了该地区独特的区域文化。

12.3 区域的宗教文化

12.3.1 苯教与佛教文化

古象雄地处印度、尼泊尔、于阗、雅砻等地的交界地，连接着各地的交通往来，相当发达。据说，象雄依靠喜马拉雅山与冈底斯山之间开阔的绿色走廊，以及南部的孔雀河、西部的象泉河，开通了三条与外部世界交往的通道。古象雄盛产食盐、黄金、麝香，与北面的葱岭、于阗，西面的印度、尼泊尔，东面的雅砻甚至汉地等周边地区的贸易、文化交流较为频繁。在通信、交通都不发达的时代，往来于古道上的商队是促成文化传播的一个重要途径，其中也不乏工匠、艺术家、朝圣者等角色。

1. 苯教

被佛教徒、印度教徒及苯教徒认定为世界中心的冈仁波齐峰在象雄境内，每年都有众多的信徒从四面八方前来转山参拜，这些不同教派信徒的心里，冈仁波齐峰是世界的中心，是精神的中心，是宗教的中心及发源地。

象雄时期的苯教对西藏及其周边地区都产生了深远的影响，对后期藏传佛教的形成亦有较大的影响。“苯教文化是藏地土生土长的教育文化，它包括医学、天文、地理、占卦、历算、因明、哲学与宗教等浩如烟海的哲学体系。苯教文化是藏族古人的教育文化，我们要保护它，宣扬它，把它当作藏传佛教与文化的一部分。”——第十世班禅确吉坚赞。

每种文化发展强大以后，会向其周边地区扩散传播，扩大影响范围。苯教以象雄为中心向周边传播，更确切的说法可能是以象雄的冈仁波齐峰为中心向周边传播，冈仁波齐峰自然成为苯教文化的中心。苯教有六位翻译大师，分别来自大食、象雄、松巴、天竺、汉域及绰木，而这六位大译师对苯教在自己家乡的传播起到了促进作用。虽然，象雄最终为建立在拉萨的吐蕃政权所灭，但象雄以及苯教文化依旧对西藏社会有一种潜在的影响。

象雄与周边地区进行通商贸易等活动的过程，亦是吸收外来文化并将本土文化向周边渗透的过程，象雄文化对其周边地区产生了深远的影响，亦对外来文化具有很强的包容性。

2. 苯教与佛教文化共存

由于拉达克地区曾属于象雄，象雄自古便与印度、尼泊尔等地有连通的通道，而且象雄一直保持着与丝绸之路上的于阗的频繁联系，因此笔者认为，象雄可能比吐蕃更早地引入了佛教，只是在佛教最初传入的时候，并未与当时盛行的苯教发生对抗。

随着吐蕃王朝的兴盛，许多苯教徒进入吐蕃，保持着与吐蕃王室的密切关系，依靠政治力量扩大新的宗教势力，这也使得佛教与苯教在象雄地区得以共存，也反映出象雄对外来宗教文化的接纳和包容。

直至松赞干布时期，发展迅速的吐蕃王室开始倡导佛教，使得苯教徒们意识到了佛教文化对自身宗教势力的威胁，开始了越演越烈的两种教派之间的宗教对抗。这是两种信仰间的对抗，是外来宗教文化与本土宗教文化间的对抗。

苯教依靠在西藏地区深厚广泛的民众及社会基础，取得了对抗初期的胜利。佛教在西藏的发展受到了苯教的压制，这个时期建立的佛教寺庙带有某些苯教的元素，以求得与苯教的共存。

3. 佛教文化的再度传入

或许，任何一种文化的传播过程都是复杂和漫长的。在经历了与苯教长期的对抗、被苯教徒赶出吐蕃腹地的佛教势力，最终，又得到了统治者的支持，再度传入西藏。苯教的发源地——象雄，成了佛教在西藏地区再度发展的重要地点。

此时的象雄疆域被分为三个部分，即阿里三围，每个部分又衍生出不同的王国。其中，拉达克王国逐渐分离了，阿里三围时期的疆域范围比象雄强盛时期的疆域已然缩小。札达的古格王国发展壮大，日益强盛，逐渐吞并了周边的王国，并占据了文化上的主导地位。

古格时期是佛教在西藏大规模复兴发展的时期，古格的多位国王均大力倡导佛教，从印度、尼泊尔等地迎请多位高僧大德，为佛教的发展打下了很好的基础，佛教文化亦在古格文化中占据了很重要的位置。

传播佛教，需要兴建佛教寺庙，供奉佛像，仅从印度、尼泊尔引进的佛教用品已无法满足众多寺庙的要求，古格人民开始自己铸造佛像、印制经文。据史籍记载，古格的大译师仁钦桑布曾从克什米尔请来了 32 位艺术家及工匠，使古格早期佛教艺术深受克什米尔艺术风格的影响，而仁钦桑布的故乡——鲁巴村成为当时古格重要的造像基地。佛教在大力发展的同时，亦带动了当地经济与文化的发展。

此时的佛教文化发展迅猛，有王室的支持，有广泛的民众基础，有当地人建造的佛教建筑，制造的佛像、经文等佛教用品，已成功地被藏族民众接纳。佛教再次传入西藏，在阿里地区获得了大规模的发展后，继而又向周边地区渗透、扩散。

4. 藏传佛教文化的传播

阿里地区在地理位置上与印度、尼泊尔这样的佛教大国毗邻，藏传佛教后弘期时，借助时机的成熟及地理位置的便利，印度等地的许多高僧大德前来该地区讲经传法，加之该地区多位封建领主对佛教活动的支持，佛教在该地区很好地与当地文化相融合，促成了藏传佛教的发展与传播。而此时，先前佛教文化发达的印度、巴基斯坦等地受到了伊斯兰教文化的渗透，佛教的势力反而被削弱了。

阿里地区是后弘期弘法的重要地点，藏传佛教在该地区的发展态势十分强盛。随着藏传佛教势力的发展壮大，藏传佛教文化亦越来越强势。于是，阿里地区的藏传佛教文化向其东面的西藏腹地及西面的巴基斯坦、尼泊尔、不丹等地分别传播开来。巴基斯坦、尼泊尔、不丹等地在受到来自西方的伊斯兰教渗透的同时，亦受到了来自东面的阿里地区传播的藏传佛教文化的影响。

后弘期，佛教在经历了与苯教的斗争后，进一步经西藏西部的阿里地区发起的“上路弘传”，以及西藏东部发起的“下路弘传”的弘法，与西藏的本土文化深度融合，获得了众多西藏民众的接纳，产生了具有西藏文化特点的藏传佛教。

格鲁派兴起之后，藏传佛教的势力空前壮大，范围遍布整个西藏地区，并以西藏为中心继续向外传播扩散，形成藏传佛教文化圈，阿里的藏传佛教文化向喜马拉雅地区传播，形成了具有地域特色的喜马拉雅藏传佛教文化圈。

12.3.2 佛教艺术

佛教自印度起源后，便逐渐向周边地区传播，亦将与佛教相关的佛教艺术渗透至其他地区，包括喜马拉雅山脉的周边。喜马拉雅山脉周边地区先后在不同地点兴起了几种佛教艺术形式，不同地区的工匠在保留佛教艺术传入形式的基础上，根据自身的审美要求加入了一些具有地域特点的元素，使佛教艺术呈现出不同的风貌。每种形式都是宗教艺术与地域艺术的结合，并都对汉地佛教和藏传佛教艺术产生了深远的影响。以造像为例，佛教艺术可分为以下几种：

1. 犍陀罗艺术

在印度早期的佛教艺术中，并无佛本身的造像形象，而是用一些特定物象来象征，例如用菩提树象征佛的成道，用塔象征佛的涅槃，用足印象征佛去过的地方。随着信徒对佛像崇拜的加深，对佛像造像的需求更加强烈了，遂逐渐产生了佛像的创作。

考古学家在古印度西北地区的犍陀罗地方（现巴基斯坦东北部、阿富汗东南部及克什米尔范围）发现了早期的佛像，属于贵霜帝国时期。这个时期的佛教艺术受到了外来希腊文化的影响，又称“希腊化的佛教艺术”（图 12–7）。

图 12–7 犍陀罗佛像艺术
图片来源：汪永平摄

犍陀罗佛像的眼睛半闭，神情安详，身披袈裟，袈裟褶皱厚重，脸型较椭圆，发型为希腊式的波浪发卷（图 12–8）。佛像的莲花座采用宽大扁平的莲瓣样式。

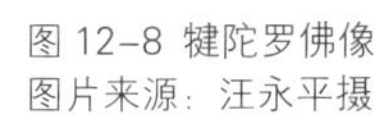

图 12–8 犍陀罗佛像
图片来源：汪永平摄

2. 秣菟罗艺术

位于古印度中部的秣菟罗地区（大约位于现印度首都新德里南部约 150 公里处）是除犍陀罗以外，印度最早的佛陀造像中心。该地区亦处于贵霜帝国范围内，在佛教兴起之前，为印度教及耆那教制作雕像，可见，其雕刻历史之悠久。

秣菟罗艺术有贵霜时代及笈多时代之分，不同时期呈现出的艺术风格有所不同。贵霜王朝时期，秣菟罗地区的造像风格受到犍陀罗风格的影响，也表现出希腊式的特点，但该地区地处犍陀罗以南，气候较炎热，衣着较单薄，因此，佛像的袈裟较犍陀罗造像薄透。

公元 4 世纪左右，印度各地区逐渐进入笈多王朝时期，笈多时代的秣菟罗造像将希腊元素与印度本土特点很好地融合在一起，建立了造像的准则，对各地的造像产生了极大的影响。笈多时代秣菟罗工匠们制造的佛像造像表现出了明显的印度民族特点，佛像面颊圆润，嘴唇变厚，眼帘更加低垂，眉间有白毫[2]，发型由希腊式的波浪发卷变为螺纹发卷，腰腿粗壮。佛像的袈裟较为轻薄贴身，显露出佛像健壮的身体，且佛像的背光[3]变得更加硕大及精美。

秣菟罗与犍陀罗风格截然不同，秣菟罗艺术将犍陀罗时期的佛像更加印度化，完成了佛像从希腊式到印度式的过渡，是印度文化与外来文化完美融合的体现。

3. 萨尔纳特艺术

萨尔纳特是笈多时代的另一处造像中心，位于中印度，大约兴起于公元 5 世纪。其艺术形式与秣菟罗较为相似，不同之处是佛像的衣着更加薄透贴身，几乎透明而没有一丝衣纹，仅在领口、袖口及下摆处雕琢几丝纹路（图 12–9），线条纤细，这也是萨尔纳特艺术的独特之处。佛像的脖颈处多雕刻三道吉祥纹。萨尔纳特艺术在印度、尼泊尔等地延续着。

4. 克什米尔艺术

克什米尔处于犍陀罗艺术的影响圈内，克什米尔艺术是多种文化与艺术相混合的形式。公元 7 世

图 12-9 萨尔纳特佛像
图片来源：百度图片

纪以后，克什米尔艺术展现出了独特的魅力，吸收了犍陀罗与笈多造像的手法。克什米尔佛教造像双目平直，眼大无神，形同鱼肚，眉似弯月，大耳垂肩。佛像着通肩或袒右肩袈裟，菩萨袒上身，下着薄裙，领口、袖口、小腿部分刻画纹路，四肢较健壮。佛像眼睛一般嵌银，后来藏西地区流传的"古格银眼"便是受到这种风格的影响。佛像台座多为雕刻狮子及力士或夜叉的矩形台，莲花台较少，莲瓣形状宽大、扁平，朴实无华，与犍陀罗时期的莲瓣形象相似。

公元 11 世纪以后的克什米尔艺术形式发生了一定的变化，造像的躯体更加修长，腰部较细，乳房隆起，凸显女性特征，并且开始追求肌肉组织的表现，腹部肌肉凸起，这种表现手法可能是受到了早期犍陀罗艺术的影响。

5. 波罗艺术

公元 8 世纪末至 9 世纪初，印度东部的孟加拉国一带兴起的波罗王朝发展迅速，历代国王普遍信奉并积极推广佛教，这里的佛教艺术还逐渐扩展到了周边的西藏、尼泊尔以及东南亚各国。直至公元 12 世纪，波罗王朝为信奉伊斯兰教的色纳王朝所灭，佛教僧侣从印度本土躲避到尼泊尔、西藏等地，波罗王朝的佛教艺术亦被停止，转而由僧侣带至境外其他地方发展。

波罗艺术风格的佛像身材修长，比例较好。菩萨一般头戴尖顶的三角形头冠，后梳高发髻。波罗艺术风格的构图具有如下特点：画面中央为主尊佛像，体量较大，佛像顶部与左右两侧被分隔成若干小方格，下部有时不分格，每个方格绘制不同的佛像，并各有头光及台座，互不相连。主尊佛像两侧一般伴有胁侍菩萨，体量略小，其风格十分相似，一般胁侍菩萨的面孔、胯部、双脚都朝向主尊佛像，身体呈现"S"形曲线。

由于历史及政治原因，许多国家的疆域范围都发生过变化，因此，这些艺术形式产生地并不局限于某个国家的范围之内。不同的佛教艺术形式产生后，均向其周边进行辐射，对周边的佛教艺术产生引导作用，反之，周边的艺术形式对其进行模仿或改良，逐渐形成了各具特色的艺术圈。上文所述五种喜马拉雅地区的佛教艺术形式，亦是五个时间上略有先后、地理区位相近的艺术文化圈。

12.4 区域典型的早期藏传佛教建筑

对于喜马拉雅地区宗教建筑的研究，不能仅仅局限于现今政治区划，而应该将曾经归属于象雄时期、吐蕃时期、古格时期前后的寺庙相联系，共同研究、分析，才能得到一个较为全面的认识。

生活在喜马拉雅山脉的人们有着相似的生活环境、文化习俗及宗教信仰，一些地区处在苯教文化圈、佛教文化圈的交接地带，受到不同宗教文化的影响。当藏传佛教兴盛后，这些地区有相当数量的寺庙改宗藏传佛教的某些教派，直至现今。

12.4.1 拉达克地区

拉达克地区最初受到象雄苯教的影响，贵霜王朝时期开始接受佛教，公元 5 世纪左右贵霜帝国灭亡，佛教在该地区的发展受限。随着藏传佛教的兴盛，阿里地区的高僧在拉达克内亦建立了许多寺庙，

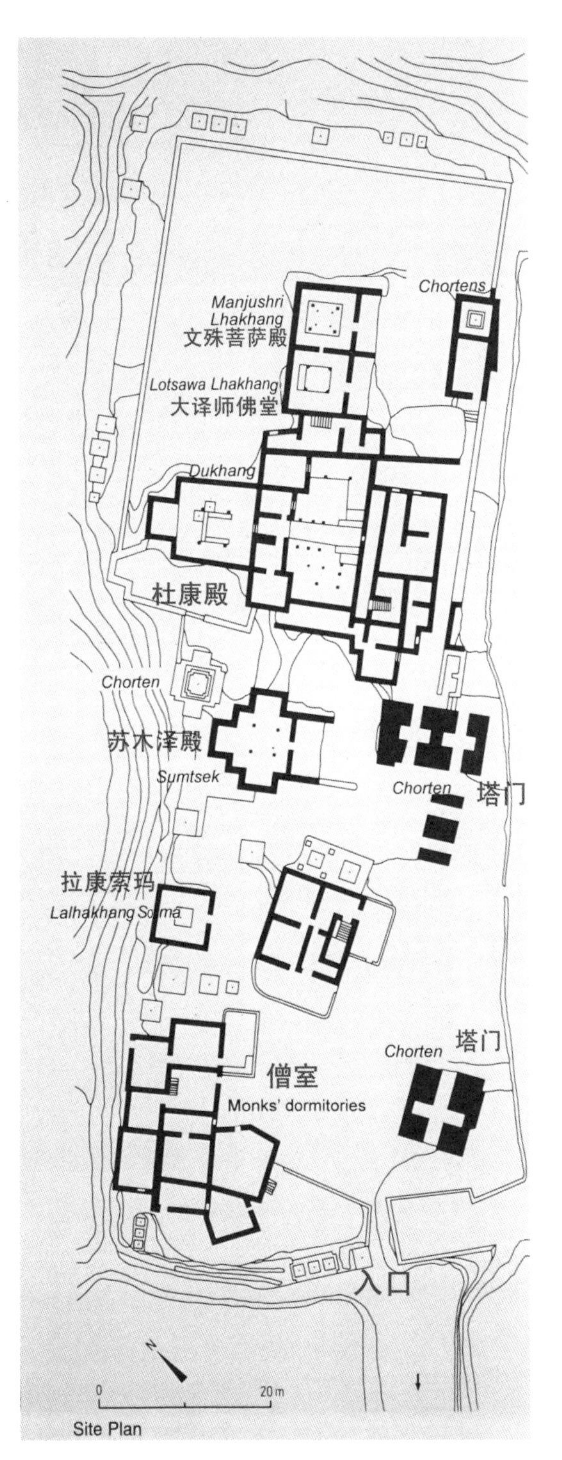

图 12-10 阿奇寺（左）
图片来源：汪永平摄

图 12-11 阿奇寺总平面图（右）
图片来源：*DK Eyewitness Travel Guides：India*

影响广泛。至今，拉达克居民大多信奉藏传佛教。

1. 阿奇（Alchi）寺

阿奇寺位于现拉达克首府列城（Leh）西北处大约 60 公里的印度河岸（图 12-10）。据说，该寺庙与托林寺、科迦寺等属于同时期建筑，均由古格的大译师仁钦桑布于公元 11 世纪所建，其间可能曾归属于宁玛派，公元 15 世纪归属格鲁派。

据 *DK Eyewitness Travel Guides*：*India* 介绍，该寺庙是拉达克地区著名的宗教建筑，也是藏传佛教后弘期弘法的重要道场。

阿奇寺与阿奇村庄建造在一起，农田围绕在寺庙佛殿、佛塔及僧舍周围，与普兰的科迦寺、札达的玛那寺一样，寺庙与民居融合在一起，结合十分紧密。该寺主要由五座佛殿组成，并排布局，均朝东偏南（图 12-11），有的佛殿内供奉着仁钦桑布的画像，可见，大译师与该寺庙的渊源。

（1）杜康殿（Dukhang）

据 *DK Eyewitness Travel Guides*：*India* 记载，该殿是寺庙内最早建造的佛殿。

平面呈矩形，内供毗卢遮那佛，殿内的佛像供奉在墙体突出的泥塑佛台之上，每尊佛像周边均有雕刻精美的木质佛龛围绕，佛龛呈多折角拱形，拱由两根立柱支撑（图 12-12），佛像背部有独立的背光及头光。殿内壁画精美，保存较好，绘制有度母、大日如来曼陀罗等内容。

（2）苏木泽殿（Sumtsek）

五座佛殿中间位置的苏木泽殿，据说建成年代比杜康殿略晚，但也是五座佛殿中较古老的建筑，规模是五座佛殿中最大的，其平面呈“亚”字形，建筑总体三层，逐层内收，平面结合室内布局，整座建筑像是一座立体的曼陀罗，代表着修行与冥想。佛殿室内柱头采用仿照希腊爱奥尼式的旋涡式，且柱身有凹槽，但柱身为上大下小的样式（图 12-13）。

苏木泽殿的壁画十分珍贵，保存较好，其中保有古西藏诗歌化的题词。殿内供奉着三尊巨大的佛

图 12-12 杜康殿大门雕刻
图片来源：汪永平摄

像，代表着肉身、语言与思想，据说参拜者能够得到灵魂的洗涤，最终达到佛的境界（真理的境界）。

佛殿的入口大门门廊上搭建着三角形券，雕刻着狮子图案，门楣、门框设多层雕刻装饰，逐层向内递减。爱奥尼式的柱头及凹槽的柱身来源于希腊的柱式，而上大下小的柱身尺寸及三角形的门廊券来源于西亚式的建筑元素，佛殿的平面形制、收分的墙体等又反映出西藏的特色。可见，阿奇寺庙的建筑结合了东西方的文化元素。

在门框正中还有一处装饰细节，是一只金翅鸟的雕塑，这是在佛教寺庙内应用较多的一种装饰元素。但是，图齐先生的观点是“金翅鸟在印度从来没有角，而带角的金翅鸟是藏地图像几乎一致的特征”[4]。

在寺庙中其他较小的文殊菩萨殿（图 12-14）、

图 12-13a 苏木泽殿外观（左）
图片来源：汪永平摄

图 12-13b 苏木泽殿室外柱头（中）
图片来源：汪永平摄

图 12-13c 苏木泽殿室内佛塔（右）
图片来源：汪永平摄

大译师佛堂（图 12-15）和塔门（图 12-16）都保存了精美的壁画和彩绘。

2. 喇嘛玉如寺（Lamayuru）

不同资料对于喇嘛玉如寺寺庙建造者的描述不尽相同，有的资料显示该寺庙同阿奇寺（Alchi）一样为最古老的建筑，亦是由仁钦桑布所建，可能“由早期的森格岗殿发展而来”[5]；有的资料描述该寺庙由宁玛派建立，寺庙中一个有守护神的殿堂，明显受到了苯教的影响[6]，但基于宁玛派与苯教的渊源关系，该寺由宁玛派主持修建的可信度更高。后改宗达波噶举的分支——直贡噶举派。各资料对于该寺庙最早建立的时间描述较一致——公元 11 世纪。

寺庙位于从列城向西到卡基尔公路沿线的一座山上。据说，当时是一片大湖，后湖水退去，寺庙

图 12-14 文殊菩萨殿壁画
图片来源：汪永平摄

图 12-15 大译师佛堂天花（左）
图片来源：汪永平摄

图 12-16 塔门彩绘（右）
图片来源：汪永平摄

显现（图 12-17）。早期建立的寺庙已毁，现存建筑可能是公元 16 世纪左右重建。

寺庙规模较大，建筑依山势而建（图 12-18），包括佛殿、佛塔及修行洞窟等，洞窟内供奉着噶举派创始人玛尔巴译师，及达波噶举派创始人米拉日巴的雕像（图 12-19）。

寺庙主殿位于山顶，其他佛殿与僧舍等附属房间分布在山体各部位。寺庙充分利用山势建造，有的建筑、连廊好似从山岩裂缝中生长出来一样，与环境很好地结合在一起。

山腰的一座小殿堂里有早期的壁画，内容是佛像和坛城，大约是公元 14 世纪所绘（图 12-20）。殿堂的屋顶已经维修更新，但壁画保存了下来，被当地政府列入保护名录。

3. 赫密斯（Hemis）寺

赫密斯寺位于列城以南约 50 公里处，建于公元 17 世纪初，属于竹巴噶举派，亦有资料显示该寺属于格鲁派。阿里噶尔的扎西岗寺在建立之初就曾属于该寺庙系。

拉达克的统治阶级将大量的庄园土地赐予赫密斯寺，使该寺庙成为较为富裕的寺庙，每年藏历五月都会在寺庙内举行大型的法事活动。可见，该寺在拉达克享有较高的地位。

寺庙建筑依山而立，十余层的建筑错落有致地排列着，素有“小布达拉宫”之称（图 12-21）。寺庙内供奉着一尊将近三层楼高的坐佛，是拉达克境内体量最大的佛像。

4. 帕苏布（Pathub）寺

据阿米·海勒博士有关西藏艺术演讲的

图 12-17 喇嘛玉如寺土林地貌
图片来源：汪永平摄

图 12-18 依山而建的寺庙
图片来源：汪永平摄

图 12-19 修行洞窟里噶举派创始人塑像
图片来源：汪永平摄

图 12-20a 殿堂内景和壁画
图片来源：汪永平摄

图 12-20b 壁画细部
图片来源：汪永平摄

Monasteries of Western Tibet:Piyang, Dungkar and Alchi 中介绍，Pathub 寺建于 1024 年，由当时的古格国王沃德用武力征服拉达克后所建，随后，才建立了阿奇（Alchi）寺，该说法现已很难考证。而有明确记载的是，该寺庙由宗喀巴大师于公元 15 世纪建立，是拉达克境内的第一座格鲁派寺庙。由此，可以推测，Pathub 寺可能最初由沃德建立，后废弃，随着格鲁派在拉达克境内的兴起得以重建，并改宗格鲁派。

然而，笔者查阅的资料显示该寺庙由宗喀巴大师于公元 15—16 世纪建立，是拉达克境内的第一座格鲁派寺庙。笔者推测，该寺庙可能最初由沃德建立，后废弃，随着格鲁派在拉达克境内的兴起，得以重建，因此归属于格鲁派。

前述的四座寺庙是拉达克境内最具影响力的四座，除 Pathub 的地址尚不明确之外，其他三座寺庙均选址在狮泉河的下游——印度河河畔附近建造，亦靠近首府列城。

阿奇寺、喇嘛玉如寺与古格大译师仁钦桑布有渊源，Pathub 寺的建立与古格国王有关联，而赫密斯寺与阿里噶尔的扎西岗寺分别是竹巴噶举派高僧达仓大师的冬季、夏季居住地。可见，拉达克地区的寺庙与阿里藏传佛教各教派之间有着割舍不断的关联，这种关联既是政治上曾经的联系，也是在政治分裂后宗教方面交流的延续。

12.4.2 喜马偕尔邦

喜马偕尔邦，意为“雪山之邦”，位于印度的西北部，处于克什米尔与阿里之间，与拉达克之间隔着一个扎斯加尔（Zanskar）山谷，在这里形成了一个天然的屏障。

喜马偕尔邦海拔较低，约 2700 米，其境内湖泊众多，环境优美，气候宜人。这里雨量较为稀少，

图 12-21a 赫密斯寺庙组群（左）
图片来源：汪永平摄

图 12-21b 寺庙大殿立面（右）
图片来源：汪永平摄

当地人利用冰川水灌溉农作物，以水稻、大米、苹果等农业为主。在历史上它也曾经属于古格王国，后被英国占领，现今在政治上属于印度管辖，但该地仍有数量众多的藏族群众定居，表现出非常浓郁的西藏风俗。

在喜马偕尔邦的斯皮蒂（Spiti）地区，有一座历史悠久的、著名的寺庙——塔波（Tabo）寺（图 12-22）。在古格王朝的拉喇嘛·益西沃时期，阿里三围建有包括托林寺、科迦寺、塔波寺、玛那寺、皮央寺等最早的多座佛寺，查阅现今阿里地区的札达、普兰、噶尔等县区文物志，并未发现对塔波寺的记载，故推测喜马偕尔邦的 Tabo 寺很有可能便是《仁钦桑布传》（参见《梵天佛地》第二卷）中的塔波寺，依据如下：

（1）喜马偕尔邦曾经属于古格王国势力范围，当时的阿里三围可能就包含该区域。

（2）图齐曾翻译了该寺庙的杜康大殿壁画中的题记，主要内容是说杜康大殿由拉喇嘛·益西沃于藏历火猴年（996 年）建造，“猴年，先祖降秋赛贝建此祖拉康。四十六年后，侄拉尊巴降秋沃以菩提心为前行，对此祖拉康进行了修缮”[7]。

（3）*A Path to the Void* 一书中描述了该佛殿内的壁画，记载着杜康大殿由益西沃所建，而且可能沿用了仁钦桑布设计寺庙的思路。

塔波寺位于斯皮蒂河流左岸的山顶坡地平台上。在寺庙上方的山坡上，分布着几十孔人工石窟，是“僧人冬季居住的……小窟”[8]，现已经废弃，“开始崩塌”[9]。

寺庙整体以最早建立的杜康大殿（即图齐先生所称祖拉康）为中心，周边分布着年代较晚、规模略小的其他佛殿及大小不等的佛塔，佛殿彼此紧邻，并无特定的规划，周围由院墙围合，靠近围墙的部位存有僧舍等附属房间的遗址。寺庙的所有佛殿均坐西朝东。除杜康大殿外，主要建筑有曼陀罗殿、弥勒殿、种敦殿（图 12-23）。据 *A Path to the Void* 记载：杜康大殿周边的佛殿建造年代大约从公元 11—16 世纪不等，塔波寺的许多佛塔内壁绘有壁画，且年代约为公元 13 世纪。

杜康大殿作为寺庙中最古老的建筑，其建造年代可以追溯到公元 10 世纪末。

图 12-22 塔波寺鸟瞰
图片来源：*DK Eyewitness Travel Guides: India*

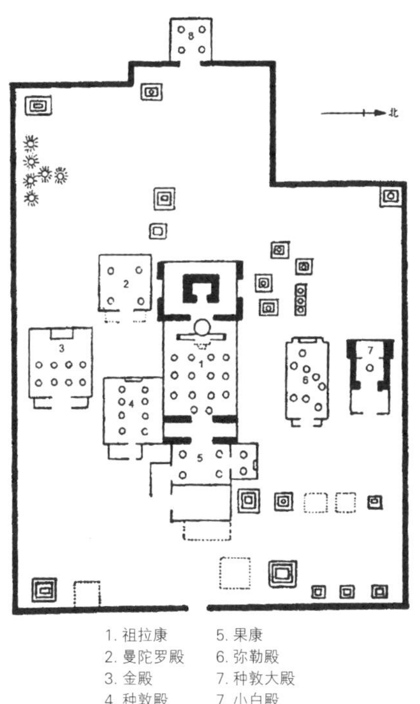

图 12-23 塔波寺总平面
图片来源：《梵天佛地》

从图 12-23 可见，杜康大殿的平面呈规整的矩形，可分为门廊、大殿、后殿（佛殿）三个部分。这种平面形式与托林寺、科迦寺等寺庙的原始平面样式极为相似，反映出大译师时期所建佛殿的特点，图齐先生也认为“这种平面于仁钦桑布时期的大多数寺庙中反复出现：几乎所有的寺院均依此平面布局而建”[10]。

杜康大殿殿堂西部设置主佛像，据说为大日如来佛，与托林寺迦萨殿的主供佛相同。佛像与北面、南面、西面的墙体之间形成 U 形的、类似转经道的空间。殿内壁画年代久远，记录了佛殿建立的时间及人物等内容，还绘制了多种曼陀罗图案。这些壁画具有克什米尔的风格，可能当时仁钦桑布从克什米尔请来的 32 位艺术家及工匠，参加了杜康大殿的建造工程，将仁钦桑布的寺庙设计理念及克什米尔的宗教艺术风格共同运用；“殿内塑像安置在插入墙体的木梁上，其后有石膏浮雕环形背光”[11]，在古格故城的白殿中也有同样的装饰方式。图齐先生认为此种装饰与仁钦桑布或与他请来的克什米尔艺术家有关，在大译师建造的其他寺庙内也有发现。

据说，壁画中还表现了一些西藏的人物形象及服饰，应是受到了藏地工匠及艺人的影响（图 12-24）。据图齐先生记载，该殿壁画“完全独立于更为有名的卫藏画派，显示出其为西藏西部诸王护持下形成于古格的本土艺术……直承印度风范……堪称印藏画派最杰出的记录”[12]，壁画表现的主题有南北印度之间的纷争，以及洛桑王子与仙女生活的故事等，而普兰县的古宫寺相传即为洛桑王子与仙女的居所，藏族故事在此地仍然被大家所熟知，说明藏族的工匠可能参加了当时寺庙的建造工程。另外，杜康大殿内还保存了两件珍贵的佛像雕塑，具有上文所述笈多时期的艺术风格（图 12-25）。

图 12-24 杜康大殿室内
图片来源：*DK Eyewitness Travel Guides: India*

图 12-25 殿内塑像
图片来源：*DK Eyewitness Travel Guides: India*

曼陀罗殿可能建于公元 17 世纪左右，其殿内绘制的曼陀罗图案表明了塔波寺盛行的曼陀罗类型。图齐记载，该殿内的其中一幅壁画中描绘了三尊僧像，其中两位便是拉喇嘛·益西沃与拉喇嘛·绛曲沃，也表明了该寺庙与古格王室的渊源。

弥勒殿重新修建过，除了石质柱础外其他均为后期所建。“柱础四面镌饰狮子，其粗犷原始的风格可归于初期古格艺术”[13]。

种敦殿的木门是“保存至今的 12 世纪少数木雕文物之一。刻工精细，可确信它也是印度工匠的作品”[14]。从图片可见，该木门与拉达克的阿奇寺木门较为相似，表现出了相似的宗教艺术。

塔波寺在宗教历史及艺术风格方面具有很重要的研究价值，是对曾经的阿里地域范围宗教建筑的一个有力补充。

12.4.3 藏式建筑特点

拉达克、喜马偕尔邦、木斯塘等地区有许多藏族群众定居，在很大程度上保留着与西藏地区一致的生活习俗及宗教信仰，在建筑装饰细部上体现了一些该地区产生的艺术元素，在建筑材料、施工方式及外观上与藏式建筑尤其是与阿里地区的建筑极其相似，甚至在较古老的居住方式上也与阿里地区相同——有着穴居的传统。

综合比较、分析以上所述喜马拉雅区域的藏传佛教建筑，可以发现其中所反映的藏式建筑特点：

1. 建筑选址

拉达克、木斯塘地区的许多宗教建筑选择在山上或山洞里建造，有着较强的防御性。这种选址的考虑，一方面是为了防御，另一方面是对该地区多山的自然环境的适应和利用。

2. 建筑材料

喜马拉雅山脉地区的自然条件较为相近，因石材较缺乏，建筑多以土为主要修筑材料，将土制成土坯砖来建造房屋，寺庙建筑也是如此。

3. 墙体、门窗形式

该地区的藏传佛教建筑与西藏地区寺庙的外观相似，墙体带有一定的收分，墙檐处采用边玛草来制作边玛墙，其上压石片，屋面夯阿嘎土。边玛墙有一定的保温隔热作用，有时还在边玛墙部位搭配铜镜或吉祥万字符，起到辟邪的作用。窗框、门框呈梯形，上挑短椽。立面造型稳定感强，底层不开窗或开小窗，随着高度的升高，开窗面积增大，具有一定的防御性；而且，窗框及门框的梯形形状与立面总体的收分墙体形成了一定的呼应，更显稳定。入口大门一般设置在中间位置，将立面在竖向上分为三段，较为均衡。由于降雨较少，寺庙也多采用藏式的平屋顶，局部设置坡屋顶。

4. 色彩

外墙多为白色，墙檐部位为深红色或黑色，窗框及门框多涂黑色，据说，这样的颜色能够为室内多吸收一些热量。门窗本身颜色较为鲜艳，与白色墙面形成鲜明对比，突出建筑的艺术效果。另外，也会装饰一些色彩多变的帐幔。

注释：

1 贵霜帝国：（约公元 1 世纪—5 世纪）古国名，鼎盛时期的疆域包括今阿富汗、恒河地区，是欧亚大陆的强国之一。

2 白毫：佛三十二相之一，位于印堂中心。

3 背光：佛像头部、背后的屏风状饰物，表现佛光普照四方。

4 图齐．梵天佛地：第三卷第一册 [M]．上海：上海古籍出版社，2009：110.

5 图齐；梵天佛地：第二卷 [M]．上海：上海古籍出版社，2009：5.

6 MEHROTRA A．Architecture in India：since 1990 [M]. Italy：Hatje Cantz，1999：92.

7 图齐．梵天佛地：第三卷第一册 [M]. 上海：上海古籍出版社，2009：156.

8 图齐．梵天佛地：第三卷第一册 [M]. 上海：上海古籍出版社，2009：13.

9 图齐．梵天佛地：第三卷第一册 [M]. 上海：上海古籍出版社，2009：13.

10 图齐．梵天佛地：第三卷第一册 [M]. 上海：上海古籍出版社，2009：13.

11 图齐．梵天佛地：第三卷第一册 [M]. 上海：上海古籍出版社，2009：15.

12 图齐．梵天佛地：第三卷第一册 [M]. 上海：上海古籍出版社，2009：52.

13 图齐．梵天佛地：第三卷第一册 [M]. 上海：上海古籍出版社，2009：79.

14 图齐．梵天佛地：第三卷第一册 [M]. 上海：上海古籍出版社，2009：79.

附录　吐蕃王系列表

雅砻部落联盟时期			
	赞普名字	在位时间	主要宗教事件
1	聂赤赞普	公元前 360—前 329 年	建立雅砻部落联盟
2	穆赤赞普	公元前 329—前 302 年	
3	定赤赞普	公元前 302—前 277 年	
4	索赤赞普	公元前 277—前 248 年	
5	美赤赞普	公元前 248—前 207 年	
6	达赤赞普	公元前 208—前 179 年	
7	塞赤赞普	公元前 179—前 146 年	
8	止贡赞普	公元前 146—前 123 年	驱散部分苯教徒，削弱苯教势力
9	布德共杰	公元前 123—前 93 年	
10	艾雪勒	公元前 93—前 71 年	
11	德雪勒	公元前 71—前 38 年	
12	提雪勒	公元前 38—11 年	
13	古茹勒	公元 11—26 年	
14	仲谢勒	公元 26—64 年	
15	伊雪勒	公元 64—99 年	
16	萨南森德	公元 99—128 年	
17	德楚南雄	公元 128—152 年	
18	色诺南德	公元 152—178 年	
19	色诺布德	公元 178—220 年	
20	德诺南	公元 220—245 年	
21	德诺布	公元 245—276 年	
22	德结布	公元 276—326 年	
23	德振赞	公元 326—352 年	
24	结多日隆赞	公元 352—382 年	
25	赤赞南	公元 382—402 年	
26	赤扎邦赞	公元 402—412 年	
27	赤脱吉赞	公元 412—432 年	
28	拉脱脱日聂赞	公元 432—512 年	
29	赤宁松赞	公元 512—537 年	
30	仲宁德乌	公元 537—562 年	
31	达日宁色	公元 562—618 年	
32	南日松赞（囊日论赞）	公元 618—629 年	
吐蕃王朝时期			
	赞普名字	在位时间	主要宗教事件
33	松赞干布	公元 629—650 年	引入佛教，与象雄联姻，发兵象雄
34	芒松芒赞	公元 650—676 年	弘扬佛教
35	赤都松赞（杜松芒波杰）	公元 676—704 年	弘扬佛教
36	赤德祖赞（尺带珠丹）	公元 704—755 年	迎娶金城公主，与唐朝争夺大、小勃律，积极弘扬佛教，向象雄派兵、征服象雄
37	赤松德赞	公元 755—797 年	邀请寂护、莲花生大师入藏，建立桑耶寺
38	木奈赞普	公元 797—798 年	
39	牟如赞普	公元 798 年	
40	赤德松赞	公元 798—815 年	
41	赤祖德赞（赤热巴中）	公元 815—838 年	译经事业成熟，亲自出家为僧
42	朗达玛	公元 838—842 年	大规模灭佛

下卷

13 昌都地区藏传佛教寺庙建筑

13.1 地区概况

13.1.1 自然环境

昌都地区为西藏自治区所辖七地（市）之一，地处西藏自治区东部、位于澜沧江上游，是西藏自治区的东边门户，地理位置十分重要。昌都地处三河一江地区（昂曲、扎曲、色曲、澜沧江），藏语意为“水汇合口处”（图 13-1）；东西长约 527 公里，南北宽约 445 公里；幅员 10.86 万平方公里，约占西藏自治区总面积的 9%。昌都地区东以金沙江为界，与四川德格、白玉、石渠、巴塘四个县隔江相望，其东南与云南德钦县接壤，西南与西藏林芝地区相连，西北与西藏那曲地区毗邻，北面与青海省的玉树藏族自治州交界。昌都地区地理位置如图 13-2 所示。

昌都地区属高原大陆性气候，受南北平行峡谷及中低纬度地理位置等因素的影响，具有垂直分布明显和区域性差异大的特点。其表现为日照充足，太阳辐射强，日温差大，年温差小；降雨集中，季节分布不均；蒸发量大，相对湿度小；夏季多夜雨，冬季多寒风。昌都地区山脉河流的南北纵向排列有利于温湿气流的南北流动。由于山高谷深，地形复杂，气候垂直变化大于水平变化，“一山有四季，十里不同天”是昌都地区立体气候的突出特征（图 13-3）。

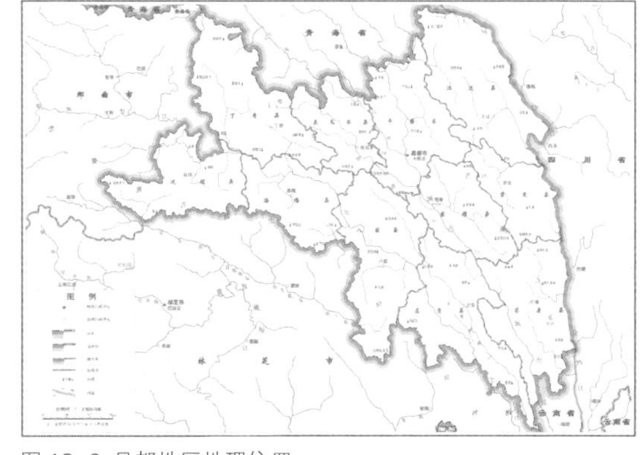

图 13-2 昌都地区地理位置
图片来源：西藏自治区自然资源厅制，审图号：藏 S（2020）002 号

图 13-1a 澜沧江源头昌都
图片来源：梁威摄

图 13-3a 高原牧场
图片来源：汪永平摄

图 13-1b 昌都市容
图片来源：汪永平摄

图 13-3b 高原村落
图片来源：孙菲摄

昌都地区是“三江并流”的主要区域，不仅有雄伟的雪山奇峰、壮观的飞瀑流水、瑰丽的湖光山色等迷人的自然景观，而且还有别具一格的人文景观。古老的寺庙胜迹、精湛的石刻艺术、精美的唐卡工艺、独具特色的金银首饰、华贵大方的康巴服饰，以及淳朴的民情风俗（图 13–4），显示出古老而博大精深的昌都文化。著名的“茶马古道”横贯昌都全境，沿途留下了许多神秘而奇特的文化，众多的不解之谜，更增添了昌都地区神奇的诱惑力。

早在 5000 年前，智慧而富于创新精神的昌都先民，就凭着自己勤劳的双手创造了具有浓厚地方色彩的昌都卡若文化。经过几千年的发展，卡若文化不断吸收周边各民族的文化营养，形成了独具特色的昌都文化，并呈现出绚丽多彩而具有独特魅力的藏族聚居区地域文化——昌都文化。

图 13–4a 康巴服饰
图片来源：戚瀚文摄

图 13–4b 庆典活动
图片来源：梁威摄

13.1.2 历史沿革

在早期的苯教文献和敦煌发现的古藏文中，都有提到昌都地区西北部的“苏毗林儿金秀”。在后来的藏文史料中，昌都一带归为藏族传统地域划分中的“下部多康三岗”中的“多康”范围。汉文史料记载有把藏东昌都一带统称为“西羌”“西南夷”等。随着交往的日益增多及了解的深入，昌都一带不同地区又被分别称为“苏毗”“附国”“东女国”等。

公元 7 世纪，昌都一带被吐蕃政权征服而成为吐蕃军政区划“五茹”中的“苏毗茹”管辖范围。在吐蕃政权崩溃以后，西藏各地长期处于封建割据状态，昌都一带也处于部落林立的局面，封建割据一直延续到近代。

公元 1271 年，元朝政府在总制院的基础上改设宣政院以掌管全国佛教事宜和藏族地区军政事务，其下分设三个宣慰使司都元帅府管理藏族聚居区，昌都一带归吐蕃等路宣慰使司都元帅府管辖。

明朝统治时期，昌都一带归“朵甘卫指挥使司”管理。明朝政府还推行僧官制度，先后赐封昌都地区噶玛噶举派黑帽系第五世活佛德银协巴为大宝法王，贡觉头目宗巴斡为护教王。

明末清初，昌都一带屡遭战事，政权更迭频繁。直至公元 1719 年（清康熙五十八年），朝廷派军队进藏平乱。西藏平定后，康熙帝先后赐封昌都帕巴拉、察雅罗登西绕、类乌齐帕曲和八宿达察济隆等四大活佛为“呼图克图”“诺门汗”等名号，以加强对包括昌都在内的整个西藏的统辖。

公元 1949 年 10 月 1 日中华人民共和国成立，中国人民解放军进军西藏，并于公元 1950 年 10 月 19 日武装解放藏东重镇昌都。昌都的解放，不仅打开了西藏的东大门，也奠定了和平解放西藏的基础，翻开了昌都历史新的一页。

截至 2000 年，昌都地区共辖 11 个县，24 个镇，118 个乡，1315 个行政村。11 个县包括昌都县、类乌齐县、八宿县、洛隆县、左贡县、边坝县、察雅县、江达县、丁青县、芒康县和贡觉县。

昌都地区总人口占西藏自治区总人口的21.9%，共有人口657 505万人，人口密度5.4人/平方公里（西藏自治区第六次全国人口普查数据）。人口和城镇主要沿澜沧江及其支流分布。在人口的民族构成上，藏族占总人口的95%以上，是主体民族；此外还有汉族、纳西族等民族。其中位于南部与云南省交界地区的昌都地区芒康县盐井乡是西藏唯一的纳西族民族自治乡。

13.1.3 宗教文化

多样的宗教文化是昌都地区典型的文化现象之一。原始宗教苯教、藏传佛教、伊斯兰教和天主教是昌都地区主要的宗教文化类型。在藏传佛教内部，又存在不同教派，诸如格鲁派、宁玛派、噶举派等。与多样化的宗教文化相对应的是众多的寺庙和颇具神秘色彩的寺庙文化。

昌都地区信奉伊斯兰教的回族穆斯林基本集中在昌都镇上。清代，进入昌都地区的清军中有回族穆斯林，大部分来自陕西，为第一批伊斯兰教信徒。昌都清真寺（图13–5）是昌都地区唯一的一座穆斯林寺院，位于昌都县聚盛街，始建于清代。建筑面积约为2700平方米，其中的殿堂占地300平方米，采用了中国传统的四合院建筑形式。清真寺周围布置了礼拜大殿、学房、阿訇住房、沐浴间、月台和屠场等建筑。

昌都地区芒康县盐井天主教堂（图13–6）为目前西藏自治区内唯一的天主教教堂，由法国传教士邓得亮神父始建于19世纪60年代。教堂为藏式土木结构，占地300平方米，内部装饰采用西方式样。该教堂在1986年做过维修，该教堂原先的三联圆弧形拱顶为藏式平顶。教徒的名字是天主教惯用的西方称谓，而念诵的却是藏文圣经。现有教徒1300余人，基本都是上盐井村的纳西族和藏族。

伊斯兰教和天主教虽已在昌都地区扎根，但由于势力的弱小及信徒的稀少而不成气候。而当佛教还未传入藏地以前，青藏高原上盛行的本土原始宗

图13–5 昌都清真寺
图片来源：梁威摄

图13–6 芒康盐井天主教堂
图片来源：姜晶摄

图13–7 丁青孜珠寺
图片来源：梁威摄

教为苯教[1]，又称“苯波教”俗称“黑教”。苯教曾一度掌握西藏政教大权，后因佛教的强盛而到偏远地方隐藏起来以保存实力。这使得昌都地区的丁青三十九族地区成为苯教寺庙和教徒最多、影响最大的地区。而丁青县的孜珠寺（图13–7）则是藏东苯

教寺庙中规模最大、教徒最多、影响最大、苯教仪轨最完整的寺庙之一。现昌都地区丁青、江达和洛隆等县部分人民依然信奉苯教。据《昌都地区志》记载，截至公元2000年年底，昌都地区共有苯教寺庙57座。

图 13-8 贡觉木协乡南部神山
图片来源：汪永平摄

图 13-9 从左贡碧土乡远眺梅里雪山
图片来源：汪永平摄

图 13-10a 卡若遗址现状
图片来源：戚瀚文摄

图 13-10b 卡若遗址标志碑
图片来源：戚瀚文摄

把自然物和自然力视作具有生命、意志和伟大能力的对象而加以崇拜是最原始的宗教形式。藏族向来崇拜神山圣湖，昌都地区称神山为“域拉西道”，是地方所有神灵的总称。藏东有众多著名的神山（图13-8），位于昌都县境内的谷布神山，是康区十八座岩山之首，山顶海拔5400米，神山全称为“匝吉果乌琼普”，意为“大鹏鸟穿过的地方”。在谷布神山半山腰的乃宁溶洞，堪称昌都地区第一大溶洞，传说是莲花生大师的修行地，洞口建有佛像、佛塔。位于左贡县的梅里雪山，号称西南第一神山，由13座海拔6000米以上的雪山组成，被称为太子十三峰（图13-9）。梅里雪山山脚下即为澜沧江和怒江，横断山脉特有的立体自然景观分外明显。此外还有八宿县境内的多拉神山，江达县境内的生钦朗扎神山等著名神山。

13.1.4 多元文化的走廊

1. 藏彝走廊

“藏彝走廊”是费孝通[2]先生于1980年前后提出的一个区域概念，主要是指今川、滇、藏三个地区毗邻区域的由一系列南北走向的山系和河流构成的高山峡谷区域。区域内有澜沧江、怒江、金沙江、岷江、大渡河、雅砻江六条大江由北向南穿流而过，而众多的南北向天然河谷通道在此地的高山峻岭中形成，自古以来就成为多民族迁徙流动、南北交流的重要渠道。而藏东地区就位于这条藏彝族走廊上，也是处于“横断山脉地区”“茶马古道”“汉藏过渡地带”等独特的地理位置。

据昌都卡若遗址的考古证明，出土的文物中既有南方的贝壳文化又有北方的细石文化，而且该处曾出现干栏式建筑（图13-10），由此可以推论，自新石器时代起，多民族文化交融的特征就已经在藏东地区形成。据相关文献记载，这一带自春秋战国至隋唐时期曾出现过的民族有白狼、氐羌、多弥、附国、东女、党项、白兰、南昭、吐谷浑等。至今，横断山脉地域内存在的民族有汉、藏、纳西、羌、彝、独龙、白等多个民族，可见民族走廊的称谓当之无愧。

2. 茶马、盐运古道

茶马古道是一个特殊的地域称谓，是指在中国西南地区，以川、滇、藏三角地带为中心，跨越横断山脉和喜马拉雅山，是以马帮（图 13-11）为主要交通工具的商贸通道，是中国西南地区民族文化交流的民族走廊。茶马古道以人赶马（也有少数为骡子、牛）运茶为主要特征，伴随着马、盐、酒、皮毛、药材等商品交换，多样的民族文化及佛教、基督教、伊斯兰教等精神文化也以其为传播纽带。

茶马古道兴于唐宋、盛于明清。古道主要有川藏、滇藏两线，连接川、滇、藏，伸入尼泊尔、不丹、印度境内，直至西亚、西非红海海岸。而昌都地区则是川藏、滇藏两线进入西藏的必经之地，该地区具有深厚的历史积淀和文化底蕴，是古代西藏和内地联系必不可少的过渡地带。而茶马古道的形成过程中的一个重要转折则是盐的使用。盐运和马帮两个因素汇集在一起就形成了辐射范围较广的盐运马帮古道。

佛教等宗教传播线路与早期的茶马、盐运等古道有一个共性，即是人们对它们的依赖性，宗教传播线路是对精神层面的依赖而形成的，茶马、盐运等古道是由于人们对生活物资的依赖而形成的。且宗教传播常以茶马、盐运等古道作为其传播的载体。藏东地区是茶马古道两条线路进藏的必经之地，且存在像昌都地区芒康县盐井（图 13-12）这样的盐运网络中心，其不可避免地成为民族走廊多元文化的交会地，也是以佛教为主的各种宗教传播的重要区域。

图 13-10c 卡若遗址卫星图
图片来源：笔者根据 Google 地图标注

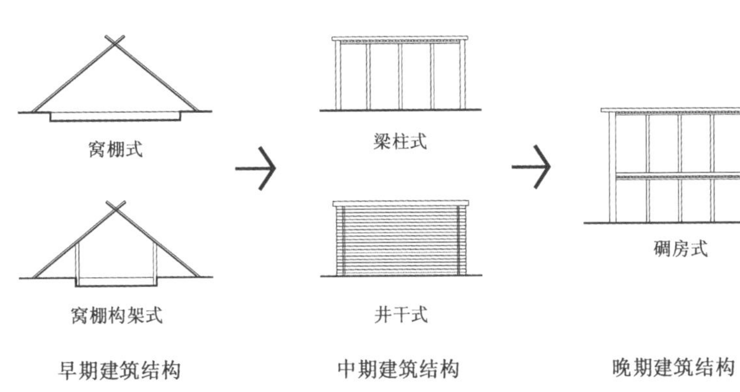

图 13-10d 卡若遗址民居结构
图片来源：侯志翔根据江道元《西藏卡若文化的居住建筑初探》绘制

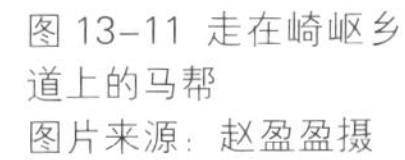

图 13-11 走在崎岖乡道上的马帮
图片来源：赵盈盈摄

13.2 藏东藏传佛教建筑的发展历程

13.2.1 四大教派的传入

宁玛派（红教），宁玛意为旧和古。因该派僧人均戴红帽而又被俗称为“红教”。8 世纪中叶，“七觉士”[3]之一的毗卢遮那被流放到康区时，宁玛派在昌都传播，以江达、贡觉、察雅、芒康、类乌齐儿县较多。具代表性的寺庙有高僧旦曲单增于公元 1230 年（宋绍定三年）在江达县创建的斯佐钦寺，

图 13-12 盐井盐田图
图片来源：赵盈盈摄

高僧加旺始创的类乌齐绒塘寺等。据《昌都地区志》记载，截至公元 2000 年年底，昌都地区有宁玛派寺庙 134 座。

噶举派（白教），噶举派是形成于 11 世纪中叶的一个教派，是藏传佛教中支系最多的一个教派，该派注重密法，多以口语传授，要求耳听而心领。在该派的四大分支中，帕竹噶举派和噶玛噶举派在昌都地区的势力很强。其中噶玛噶举派的祖寺嘎玛寺在昌都县境内，帕竹噶举派中的达垅噶举的祖寺之一的扬贡寺在类乌齐县境内，玛仓噶举的祖寺学贡寺在察雅县境内。据《昌都地区志》记载，截至公元 2000 年年底，全地区共有噶举派寺庙 78 座。

萨迦派（花教），萨迦寺即为萨迦派祖寺。13 世纪中叶，萨迦派高僧八思巴在前往元大都的途中经过昌都地区，他通过讲经传法、建寺扬道、选派法台等方式将萨迦派传入藏东。在 13 世纪到 14 世纪该派曾在昌都地区盛行一时，建有边坝寺、江嘎寺、瓦热寺、向达寺等十多座寺庙，但因后来的格鲁派势力东扩且日益增强，不少寺庙纷纷改宗，如八思巴始建的边坝寺改宗为格鲁派。现今萨迦派寺庙多集中在江达、察雅、芒康、昌都等县，其中具代表性的有噶顿普布瓦创建的贡觉唐夏寺，江达县的瓦热寺，察雅县的宗沙寺，昌都县的向达寺等。据《昌都地区志》记载，截至公元 2000 年年底，昌都地区共有萨迦派寺庙 39 座。

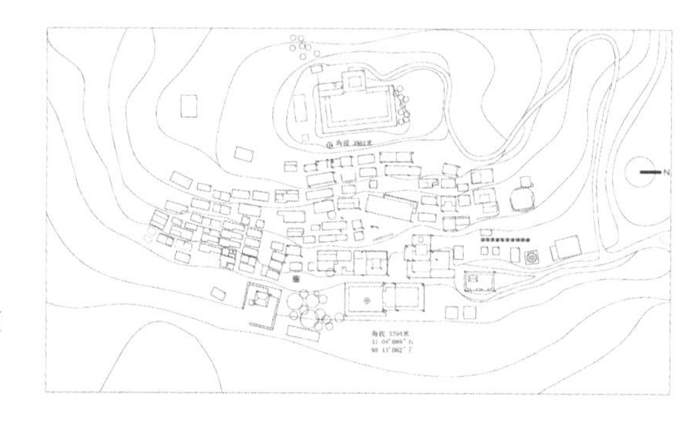

图 13-13a 贡觉唐夏寺总平面图
图片来源：孙菲绘

图 13-13b 远眺贡觉唐夏寺
图片来源：汪永平摄

格鲁派是藏传佛教中最晚兴起的一个教派，创始人为宗喀巴，其早期弟子中的喜饶松布、洛巴坚赞僧格和象雄曲旺扎巴等在昌都一带传教建寺，其中喜饶松布于公元 1444 年创建了昌都强巴林寺，这是继拉萨三大寺之后在康区创建的最早最大的格鲁派寺庙，而洛巴坚赞僧格先后创建了类乌齐县的乃塘寺、八宿县的珠寺，象雄曲旺扎巴在丁青、边坝等地创建了仲德钦绕吉林寺等。据《昌都地区志》记载，截至公元 2000 年年底，昌都地区共有格鲁派寺庙 186 座，格鲁派为昌都地区影响力最大的藏传佛教教派。

13.2.2 “前弘期”发展迟缓

从整个西藏的建筑发展史来讲，藏传佛教“前弘期”是具有里程碑式的发展时期。这个时期涌现了一大批经典的建筑作品，如布达拉宫、桑耶寺、大昭寺等，它们不仅体现了藏族人民对建筑的审美情趣，而且处处闪烁着藏族劳动人民智慧的光芒。而处于同一时期的藏东则与卫藏地区形成了鲜明对比，兴建并且留存下来的颇具影响力的建筑少之又少。

藏东藏传佛教建筑艺术在吐蕃王朝时期虽然已有较大的发展，但存世的建筑遗存极少，像察雅向康寺向康大殿这样有价值的建筑更是凤毛麟角。摩崖石刻是伴随佛教的传入而发展的，以传播佛教教义为目的，与藏传佛教密不可分。不论从整体规模、镌刻技艺还是记载内容上看，察雅仁达摩崖石刻都有很高的价值，从察雅仁达摩崖造像的铭文记载可以看出，昌都地区的文化艺术，包括藏传佛教建筑艺术在吐蕃王朝时期已经开始受到内地汉文化的影响。

社会动荡不安，经济发展滞后以及剥削压迫的严重，是造成藏东藏传佛教建筑在这一时期没有很大成就的主要原因。

1. 唐夏寺

在昌都地区贡觉县境内的唐夏寺，原先有一座造型奇特的殿堂，当地藏族人民称之为“玛堆殿”，取红色殿堂之意。大殿共有三层，从第一层至第三层风格各不相同，分别为藏式、印度式和汉式，屋顶为单檐歇山顶，覆盖有琉璃瓦。据传这就是当年文成公主为了镇压魔女四肢关节而修建的镇压魔女左掌心的寺庙。

唐夏寺位于昌都地区贡觉县相皮乡解放村，由夏嘎部活佛于公元705年始建，寺庙初奉噶举派，不久改奉萨迦派。唐夏寺早期培养的高僧，如达垅塘巴·扎西贝、桑吉温、桑吉雅君等，先后成为达垅噶举派寺庙的创建者。

该寺依山势而建，坐西朝东，背山面水，总建筑面积近千平方米（图13–13）。寺庙主体建筑为拉桑拉康（图13–14）、扎西仓康、学纪堂和禅房，大部分建筑建于北宋年间。寺庙内拉桑拉康、普巴拉康（图13–15）、门堆玛等多座经堂的建筑风格独具

图13–14a 拉桑拉康立面
图片来源：汪永平摄

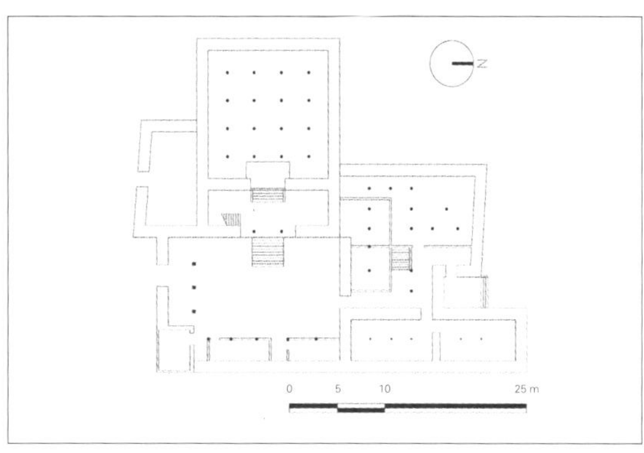

图13–14b 拉桑拉康一层平面图
图片来源：王子鹏等绘

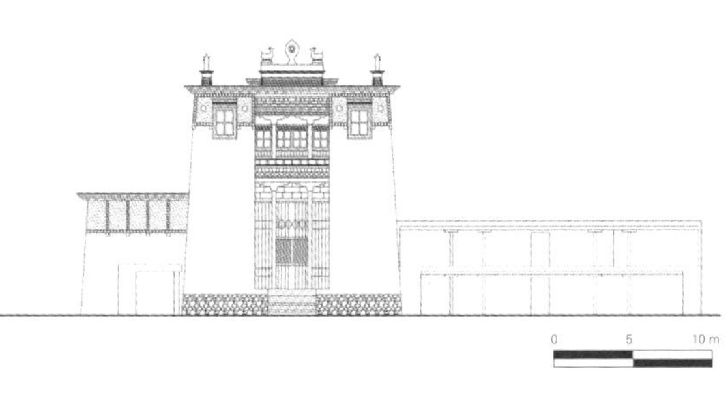

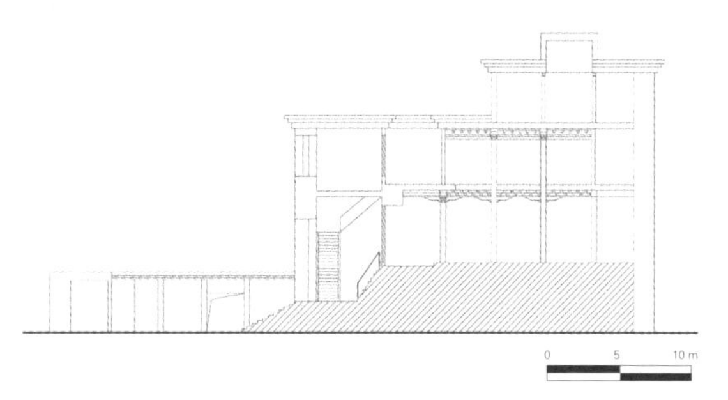

图13–14c 拉桑拉康正立面图（左）
图片来源：王子鹏等绘

图13–14d 拉桑拉康剖面图（右）
图片来源：王子鹏等绘

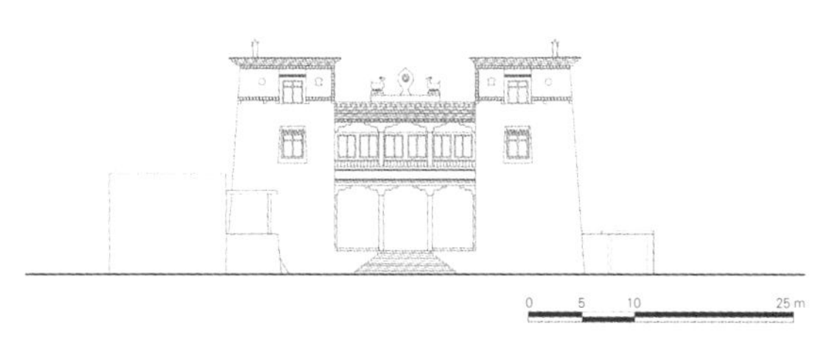

图13–15a 普巴拉康立面图（左）
图片来源：汪永平摄

图13–15b 普巴拉康立面图（右）
图片来源：王子鹏等绘

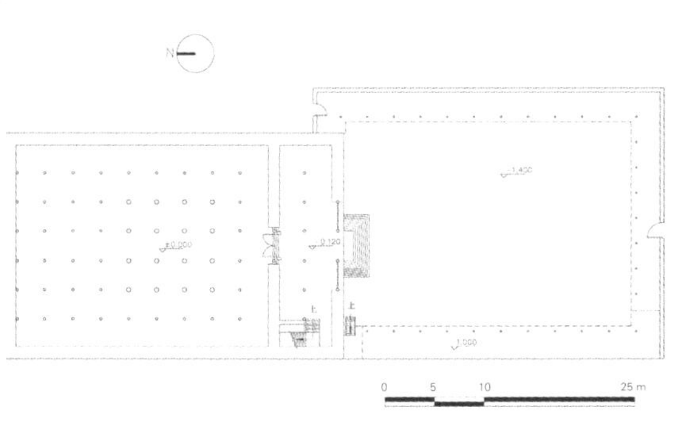

图13–15c 普巴拉康一层平面图（左）
图片来源：王子鹏等绘

图13–15d 普巴拉康殿内壁画（动物）（右）
图片来源：汪永平摄

特色，融藏、汉、印度等建筑风格于一体（图 13-16）。而后期兴建的低等级建筑如僧舍等，局部则采用干栏式木质外墙。

2. 察雅香堆殿堂

察雅香堆殿堂即现今的察雅向康寺的向康大殿，（图 13-17）位于察雅县香堆镇，距县城 79 公里，是香堆镇现存最古老、保存最完整的宗教建筑。据《青史》记载，“七觉士”之一的毗卢遮那被流放到康区时，曾于窝额（察雅古地名）吐杰降钦寺（即现今察雅的香堆殿堂）中译出了尼峨生格所著的《秘密藏续释》。因而可以推论，向康大殿早在公元 8 世纪赞普赤松德赞时期就已存在。格鲁派创始人宗喀巴，昌都强巴林寺创建者喜饶松布，七世班禅以及四、五、七、十世达赖等著名高僧都曾到此朝拜，清乾隆皇帝于公元 1783 年（乾隆四十八年）御赐“黎净地”匾额一方，由寺方悬挂于门下，其左右两侧还有两块镌刻有汉字的石碑，寺内还有清朝皇帝御赐的铜钟，至今仍悬挂于大殿内。

向康大殿在察雅平坝中央兴建，坐南朝北，正对向康寺主殿，为藏式单层平屋顶建筑，外墙长 21.2 米，宽 13.4 米，厚 40 厘米。层高最高处为供有强巴佛的主殿，高 5.2 米。与其他寺庙不同的是，进入大门是一个宽 2.8 米、长 12.6 米的南北向狭长院落。院落东侧两间房间分别作为看护寺庙的僧人居住用房和供奉酥油灯用房（图 13-18）。院落深处西侧是通往大殿的入口，大殿采用下沉式设计，通过入口下行台阶先进入经堂（图 13-19a），经堂为公共空间兼作小僧侣学经之用，其内共有 4 根柱径为 20 厘米的木柱，柱身漆成红色，柱头绘有彩色花纹，梁托则漆成蓝色。

经堂四周的墙壁粉刷成黄色，上面挂有唐卡，靠西侧墙边的立柜内供有数尊小型菩萨雕像，南侧墙边的供桌上面放有糌粑和酥油。经堂殿顶南侧、

图 13-15e 普巴拉康殿内壁画（人物）
图片来源：汪永平摄

图 13-16a 白塔及后面的门堆康
图片来源：汪永平摄

图 13-16b 门堆康歇山琉璃屋面
图片来源：汪永平摄

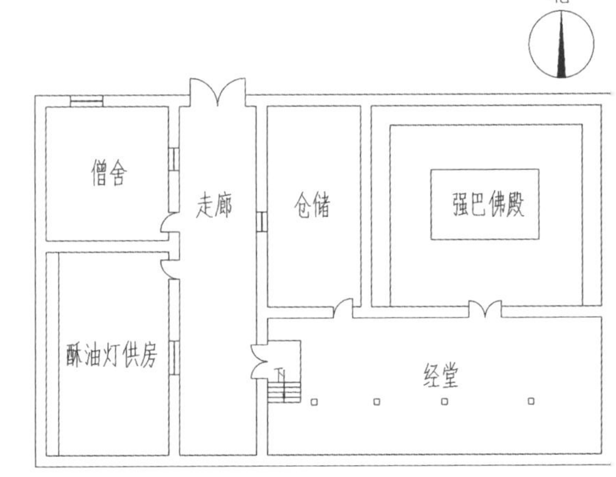

图 13-17a 向康大殿侧立面（左）
图片来源：侯志翔摄

图 13-17b 向康大殿平面图（右）
图片来源：石沛然绘

西侧开有侧向天窗，以解决殿内通风、采光问题。北侧有两间房间，右侧的作为存放宗教法器的仓库，左侧的便是向康大殿主殿，主殿采用双开门，门高仅为 1.6 米，进出主殿的人都需低头弯腰，以示对佛的尊敬。主殿居中供奉的便是“自生”强巴佛，佛像已经重新塑金（图 13-19b），佛像前供奉的大型酥油灯是向康大殿的第二个镇寺之宝，佛像脚下用帷幔遮挡住则为自生泉水。每天寺内的僧人会将泉水先准备好，再将它们提供给村民。自生佛像的四周墙壁上布置了各种各样的神佛雕像，为强巴佛护法。

向康大殿主殿部分外立面采用了传统藏传佛教建筑的设计手法，整个立面自上而下分为六层。最上层是凸出于屋顶的金顶；其下是用阿嘎土打夯而成的平屋顶；屋顶下凸出于墙体的椽头部分漆成了蓝色，椽下有横向排列的白色圆点装饰图案；椽头之下是用边玛草做成的边玛墙，上无装饰图案；边玛墙下再设置一层出挑的蓝色椽头和白色圆形图案，将建筑上下层墙体划分开来；剩下的墙体部分通体粉刷成白色。整个立面没有独特的风格，也没有精美的装饰物，但在纯净的白色墙体映衬下，屋顶的金顶显得更加光彩夺目。

3. 仁达摩崖石刻

西藏摩崖造像和摩崖铭文是藏族聚居区石刻艺术的重要组成部分，是藏族文化遗产中的瑰宝。从藏文、汉文史籍文献中的记载来看，以及从其选材、风格与技法等分析，可知西藏摩崖造像和摩崖铭文是伴随着佛教的传入、发展而产生与发展的，约有 1300 年历史。摩崖造像选材内容除了佛教中的神像外，还会有与藏传佛教发展相关的历史人物，充分反映藏传

图 13-18a 向康大殿入口廊道
图片来源：侯志翔摄

图 13-18b 点酥油灯的僧人
图片来源：侯志翔摄

图 13-19a 向康大殿经堂（左）
图片来源：侯志翔摄

图 13-19b 大殿内供奉强巴佛像（右）
图片来源：侯志翔摄

佛教的特点。摩崖造像旁一般都会有摩崖铭文，内容以佛经文和题记为主，大规模造像群也会以石刻的形式记录摩崖造像的施工过程。（图 13-20）

公元 804 年（唐贞元二十年）夏天，按照赤德松赞赞普的诏令，在今昌都地区察雅县仁达丹玛摩崖雕刻念经兴佛、祈求唐蕃和好、赞普功业昌盛等内容的藏汉铭文和摩崖造像。察雅仁达摩崖石刻是藏族聚居区重要的早期造像，不仅规模大，而且有确切的镌刻年代，是西藏古代唯一一处融藏文、汉文铭文和造像为一体的摩崖石刻。该石刻位于察雅县香堆区仁达乡拉退山的东崖壁上，距察雅县城 116 公里，刻于公元 804 年。在不到 200 米长的崖壁上，共发现各类造像 38 尊，藏、汉铭文十多处。造像最高达到 3.28 米，最小只有 20 厘米。据造像群所处地形、布局、风格以及雕琢技法，由崖壁南向至北向可把仁达摩崖造像分为八组，第五、六、七、八组造像周围崖壁上，都刻满了藏文摩崖铭文，以“六字真言”为多数，其余以经文为主。（以上内容参考于《西藏文物志》）

仁达摩崖石刻是藏东一带唯一能被确认为吐蕃时期的造像，它的发现填补了吐蕃时期藏东金石铭文的空白，对于研究吐蕃时期昌都地区的政治、宗教、语言、文化及雕刻艺术等方面都有着重要意义。以仁达摩崖石刻下面的铭文“安居总执事为窝额比丘郎却热、色桑布贝”可以推论，当时昌都一带不仅已有僧侣，而且也已形成较大规模的寺庙建筑。需要说明的是，在吐蕃时期，昌都一带已与内地有密切交流，在汉文史料中有关当时昌都一带苏毗国、东女国和附国的朝贡信息零星记载。而在察雅仁达摩崖石刻的藏汉铭文中明确记载有汉族工匠的参与过程，详细记载了工程中的总仆役及石刻工匠的名字，这是了解当时石刻工程组织情况和规模的最珍贵资料。而且察雅仁达摩崖石刻为西藏摩崖石刻的断代提供了一个不可多得的依据，填补了西藏摩崖石刻无确切年代的一项空白。

图 13-20 察雅摩崖石刻
图片来源：网络

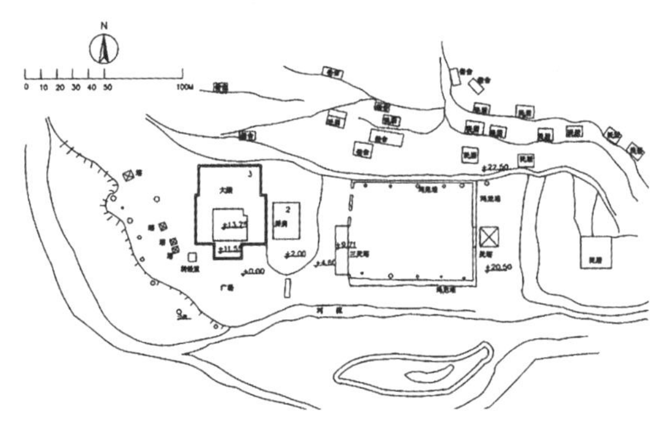

图 13-21 嘎玛寺总平面示意图
图片来源：秦强绘

13.2.3　“后弘期”发展高峰

在这段时期内，西藏从奴隶制社会逐步过渡到封建农奴制社会，到元朝（公元 1271—1368 年）时，政府把西藏正式纳入祖国的版图，结束了藏族社会长达 300 年的分裂局面。而由于昌都地区的特殊地理位置，自古便是多元文化交汇地域，在西藏归附元朝前昌都地区的政教首领就已极为活跃，加强了与周边地区的政治、经济、文化等方面的联系，在建筑艺术造诣上更是影响深远。由此，掀起了昌都地区建筑艺术的第一次高峰，出现了像嘎玛寺、查杰玛大殿这样的杰出建筑。

1. 嘎玛寺

位于昌都地区昌都县嘎玛乡的嘎玛寺，是噶玛噶举派的祖寺，是藏传佛教史上开创活佛转世体系的第一寺，对藏传佛教采用活佛转世来确定宗教首领产生了深远影响。嘎玛寺距县城 120 公里，公元 1185 年由噶举派高僧堆松钦巴创建，为早期噶举派宗教活动中心。二世噶玛巴活佛噶玛巴希通过在内地十余年的传教活动，了解到了博大精深的中原文化，为他扩建嘎玛寺奠定了思想基础。在他的主持下，召集了汉族、纳西族以及尼泊尔工匠，共同兴建了昌都地区“后弘期”的代表性建筑嘎玛寺大殿，后几世噶玛巴也陆续从印度、尼泊尔、拉萨以及内地邀请大批工匠扩建寺庙，筑殿饰彩，镂金雕玉。

嘎玛寺依山傍水，坐北朝南，建筑群由低而高，错落有致，重点突出（图 13-21）。

寺庙建筑主要由大殿、护法神殿、灵塔殿（图13-22）、僧舍、讲经场等组成，以嘎玛寺大殿（图13-23a）为主体建筑，集寺庙精华之所在。大殿坐北朝南，前半部分为大经堂，后半部分为大佛殿。大经堂为土木石结构，藏式平屋顶，高两层，面阔约50米，进深26米，外廊由4根方柱承托，大门居中，经堂内部共有方柱56根，其中12根高擎天窗。四壁绘有释迦牟尼题材的彩色壁画，为典型的“噶玛噶孜派”[4]作品，壁画线条流畅而生动传神，人物比例准确，色彩鲜丽而又不失庄重，其中对花草鸟兽的刻画明显受到内地工笔画的影响。大佛殿为土石结构，分三座殿堂（图13-23b），各自独立，门都开在大经堂内，屋面设有采光天窗。大佛殿屋顶为汉式单檐歇山式屋顶，屋面覆盖琉璃瓦（图13-23c），屋檐由藏族、汉族、纳西族风格斗拱承托，中部是藏式狮爪形飞檐，左边为汉式龙须形飞檐，而右边则为纳西族风格的象鼻形飞檐。佛殿内绘制有红、黑帽系及噶举派祖师的壁画，属早期壁画作品，有很高的艺术价值。

嘎玛寺建筑为藏族、汉族、纳西族等多民族能工巧匠独具匠心的合璧之作，壁画和唐卡画也是作为西藏三大画派之一的噶玛噶孜派发源地的代表作品，有藏东第一画廊之称。就建筑、绘画等艺术方面的成就而论，嘎玛寺当之无愧地成为藏东的宗教文化宝库和代表性佛教建筑，它不仅代表着当时昌都地区建筑艺术的最高水准，在藏传佛教建筑艺术史上也有着很高的地位。

2. 查杰玛大殿

类乌齐寺，又称查杰玛大殿（图13-24），位于昌都地区类乌齐县西部的类乌齐镇，距县城35公里，系达垅噶举派祖寺之一。类乌齐寺起初称作扬贡寺，由出身于贡觉卡斯家族的高僧桑杰温于公元1277年创建。为了把查杰玛大殿修得更加雄伟壮观，第二任法台乌金贡布于公元1320年开始动工，历时6年才竣工。远观查杰玛大殿，巍然屹立于水清草绿的纳依塘平坝上，给人以庄严、神圣之感。面向整个西藏，就单体建筑的规模与第一层的15米层高，查杰玛大殿可称作第一大殿。查杰玛大殿为全国重点

图13-22 灵塔殿
图片来源：侯志翔摄

图13-23a 嘎玛寺大殿立面
图片来源：侯志翔摄

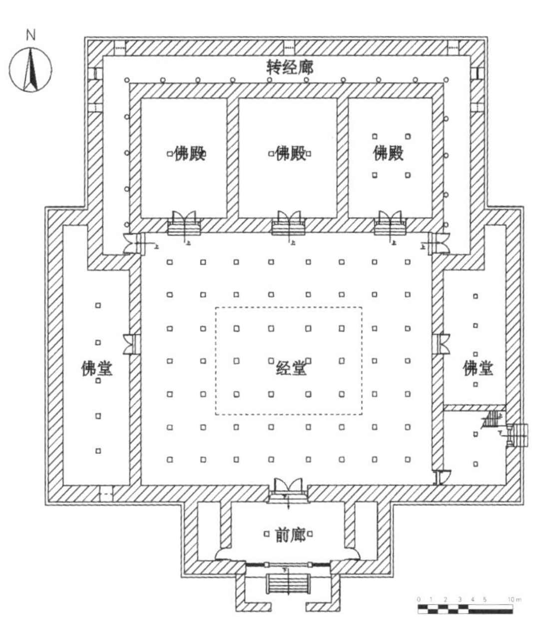

图13-23b 嘎玛寺大殿平面图
图片来源：刘琰、潘波绘

图13-23c 嘎玛寺佛殿琉璃屋顶
图片来源：侯志翔摄

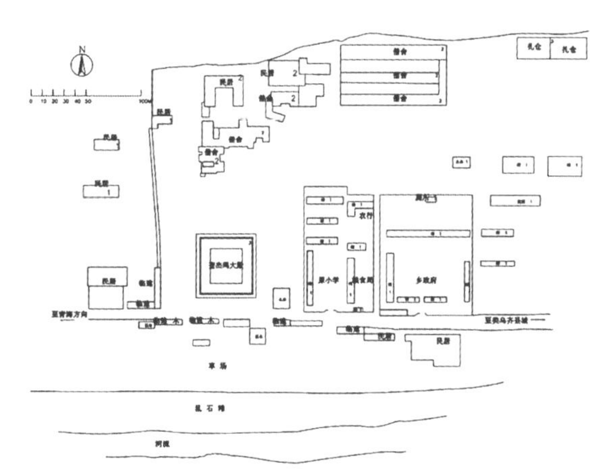

图 13-24 查杰玛大殿总平面示意图（左）
图片来源：刘琰、潘波绘

图 13-25 查杰玛大殿外观（右）
图片来源：汪永平摄

文物保护单位（图 13-25）。

查杰玛大殿坐西朝东，建筑面积约 3335 平方米，平面呈正方形，边长 53 米（图 13-26a、b）。大殿共有三层，层层逐渐向内收分，屋顶则有金顶直指苍穹，加上外墙色彩丰富，整座大殿极富层次感和立体感。查杰玛大殿首层外墙涂红、白、黑三色竖形条纹，每条宽 1 米有余，称为“条花殿”，墙厚 1.6 米，层高 13 米，由夯土砌筑；第二层外墙采用红色，称为“红殿”，层高 9 米，由石块砌筑；第三层外墙则用白色，称为“白殿”，层高 5 米，为柳枝编成的木骨泥墙。大殿内部柱子林立，共有 180 根，其中一层殿内有 64 根高达 15 米的巨柱（两人才能合抱），擎起高高的天窗，较好地解决了藏式寺庙建筑的通风、采光问题（图 13-26c）。

整座建筑融藏、汉、印度和尼泊尔风格于一体，风格独特鲜明，气势雄伟壮观，而且细节处理更是新颖别致。大殿第一层的屋檐出檐近 2 米，由下到上可分为五个部分：第一部分为条形方木，上面绘有黑底白圈的序列图案；第二部分先是在条形方木上立有上粗下细束腰的海螺形雕柱，然后在上面再放置一根固定板；第三部分则是第一层伸出的大梁，

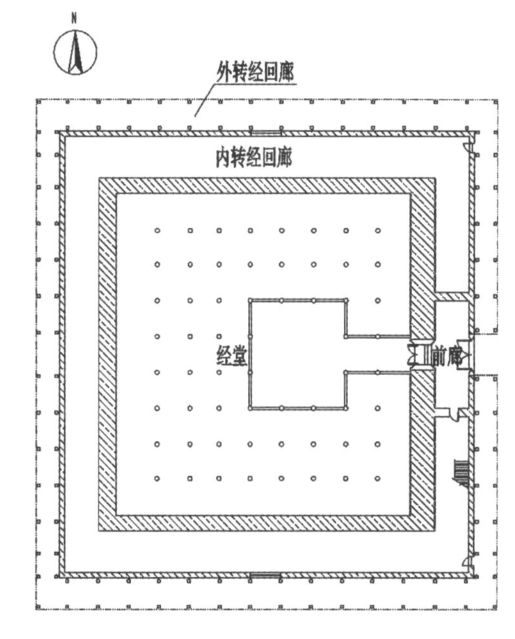

图 13-26a 查杰玛大殿一层平面
图片来源：刘琰、潘波绘

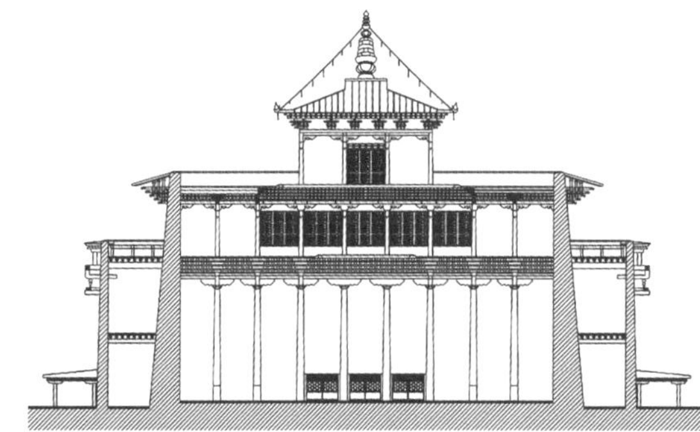

图 13-26b 查杰玛大殿横剖面图（左）
图片来源：刘琰、潘波绘

图 13-26c 查杰玛大殿底层柱（右）
图片来源：汪永平摄

梁上为方木雀替；第四部分为梁与梁之间的空隙部分，镶有木制的菱形吉祥结，其上置有两层方木，起固定作用；第五部分中间为藏族传统的边玛墙饰，上下两边绘有黑底白圈的序列图案。第二层的屋顶向内收拢，屋檐由别致的汉式斗拱承托，上面覆盖琉璃瓦（图 13–27）。第三层的屋顶再次向内收拢，采用四角攒尖顶，屋脊顶端覆盖有镏金铜瓦，戗脊四角饰有套兽等图案，瓦当上雕刻有宝塔和梵文。除此之外，墙体四周规律地镶嵌有雕刻精美的铜制装饰物。这种新颖别致、独具匠心的屋檐装饰，与宽厚的墙体统一和谐，更是衬托出查杰玛大殿的雄伟气势。

除了上述两座昌都藏传佛教后弘期代表性建筑外，丁青县的孜珠寺、察雅县的勒寺、昌都县的向达寺、边坝寺等都是当时建筑中的佼佼者。昌都藏传佛教建筑第一次高峰的形成与当时的政教首领开放豁达的心态是分不开的，他们打破门户偏见，大胆引进技术人才，重金聘请汉族、纳西族、印度及尼泊尔等地的工匠等，这不仅使得建筑艺术获得一定的成就，而且在思想文化等其他方面也兼收并蓄，得到进步与提升。从中我们可以得到启示，一座杰出建筑的问世，继承传统文化是必要的，同时吸取其他民族的精华，勇于实践也是不可或缺的。

13.2.4 格鲁派与第二次发展高峰

宗喀巴“宗教改革”的成功，以及格鲁派的创立与发展，与宗喀巴的弟子也是紧密联系的。在其弟子中，最著名的有甲曹杰、第一世班禅克珠杰、哲蚌寺创建者嘉央曲杰、色拉寺创建者释迦也失、第一世达赖根敦珠巴（扎什伦布寺也由其创建）。除此之外，他的亲传弟子喜饶松布是到康区传播格鲁派的第一人，并于公元 1444 年创建了格鲁派在康区的第一座寺院——昌都强巴林寺，标志着格鲁派在西藏昌都地区的发展进入了一个新的阶段。随之迎来了藏东藏传佛教建筑的第二次高峰。

强巴林寺位于西藏昌都地区昌都镇，是藏东最大的格鲁派寺院，依附于巍峨的达玛拉山，雄踞在扎曲河、昂曲河两水汇合间的岩岛上，岩岛似两河

图 13–27 汉式斗拱承托的檐口
图片来源：汪永平摄

之中的巨舟，劈浪破水驶向滔滔的澜沧江。史书《西藏图考》卷六对强巴林寺记载：“察木多大寺在山上南向，其山自西北来，开大嶂，寺后屏开山叠，左右双峰耸峙，中出一支迤逦而下二里许，如龙饮水。左右二河，即澜沧江之上游，皆来源千余里，自山后环抱而来，交汇山前。其外高山四周，形势非常。”（图 13–28）

强巴林寺占据了整个岩岛，占地面积约 500 亩（约 33 公顷），建筑布局是藏族类型中典型的平川式。整个建筑群古建绵延，没有中轴线，以措钦大殿（图 13–29）为中心的平面布局错落有序。寺院由 9 大扎仓、

图 13–28 澜沧江的上游，两水交汇处
图片来源：汪永平摄

图 13–29 强巴林寺布局及转经道示意图
图片来源：梁威绘

图 13-30a 措钦大殿外观
图片来源：汪永平摄

图 13-30b 措钦大殿金顶
图片来源：汪永平摄

图 13-31 金顶檐下斗拱
图片来源：汪永平摄

图 13-32 强巴林寺广场
图片来源：汪永平摄

20 多座经堂、4 处活佛官邸、1 座印经院、2 个辩经场、8 座菩提塔以及众多僧舍等组成。每座建筑都为独立单位，大型的建筑如措钦大殿则由院落、前殿（廊）、经堂三部分组成，形成由外及里逐步登高的格局，可以充分体现出主体建筑高大神圣的主尊地位，这样的设计也是西藏寺庙建筑的基本特征之一。寺院内大部分建筑的上部檐口均以边玛草构就，其外再施赭红色颜料，其上再饰以镏金的藏八宝图案和藏、梵文的六字真言等饰物，大殿的顶部竖有高大的镏金宝瓶、金幢等，此类饰物烘托出寺院的灿烂夺目，富丽非常。

强巴林寺建筑除了印经院是版筑夯土墙外，其余建筑墙体均由石块砌筑，基本系土木、土石的藏式密梁平顶结构。措钦大殿（图 13-30a）是强巴林寺最大的建筑，占地面积 1690 平方米，坐北朝南，南边是护法神殿，东边是策尼扎仓，殿后是辩经场。整个大殿高三层，收分明显，前半部分为两层高的藏式平屋顶的经堂，为寺院僧人集会念经的地方；后半部分为三层高的汉式歇山金顶佛殿，说明已受汉族建筑风格的影响（图 13-30b）。措钦大殿底层门廊地坪抬高近 2 米，门廊前设有 11 级宽长的石砌台阶，以体现大殿的主体地位及雄伟气势。门廊面阔 29.8 米，进深 5 米有余，内有明柱 13 根，分前后两排，前排为 4 根八棱形柱子，后排为 9 根方形柱子，其左侧设有上二层的楼梯，正中开经堂大门，设有向上台阶 6 级。经堂面阔 31.5 米，进深 33.5 米，共有明柱 100 根，均为正方形，纵横各 10 列，中央 16 根长柱高擎天窗。大殿的所有柱子都上小下大，稳重坚固，柱头和梁上雕有云纹、卷草纹、莲花纹等图案，装饰极为华丽的为措钦大殿歇山金顶檐下斗拱（图 13-31）。经堂后面为佛殿，设有左右两门，向经堂方向开启，殿内有圆柱 18 根，分 3 排 6 列，升高两层，殿内沿东、北、西环墙设有曲尺状供台，正中供有两层高的释迦牟尼镏金造像。措钦大殿二层前部为讲经堂和高僧住处，后部正跨为底层经堂的天井，西部为库房，东部为寺院总管住房。三层后部是三个扎仓，西部为高僧住房，中部为菩萨殿，东部为堪布室。在措钦大殿西侧为 4 层高的帕巴拉活佛官邸，东侧为策尼扎仓的大经堂。殿前为3层高的护法神殿，殿后为风景雅致的辩经场。护法神殿与大经堂之间是一个大型的矩形广场（图13-32），作为昌都强巴林寺重要宗教活动的场地。

据记载，公元1791年，强巴林寺的帕巴拉活佛为庆贺乾隆皇帝八十大寿，专门修建一座汉藏风格的庙宇，乾隆皇帝为此亲笔题写“祝厘寺”庙名，可惜在20世纪初毁于火灾，但从中可以看出该寺的建筑艺术风格已逐渐吸收更多的汉式元素。从格鲁派的传入及昌都强巴林寺的兴建，藏东藏传佛教建筑已开始逐步向规模宏大、气势雄伟、富丽堂皇的风格发展，且采用的汉式元素也逐渐增多。极盛时期，强巴林寺在康区有分寺百余座，它在昌都地区的影响号召力非同凡响。昌都强巴林寺建筑群代表了当时昌都建筑的最高水准，之后昌都各地寺庙建筑的兴建更是受其极大的影响。可见，格鲁派在昌都的兴起及昌都强巴林寺的建立带来了藏东藏传佛教建筑的又一次高峰。

13.3 寺庙选址与布局特点

13.3.1 与自然环境的结合

昌都地区地处横断山脉三江流域，自然地理环境复杂多变，地质灾害很多。在长期的生活实践中，昌都人民在修建房屋时权衡利弊，利用有利环境因素，克服不利环境因素，回避可能的自然灾害，形成了与自然环境相适应的建筑环境理念，寺庙建筑的选址也不外乎此。

1. 结合地形：昌都地区山高谷深，藏传佛教寺庙结合环境多依山势走向而建，如贡觉县唐夏寺、昌都县嘎玛寺、察雅县觉克寺、江达县瓦然寺、边坝县甲热寺、洛隆县康沙寺等，可称此类型寺庙建筑为依山式（图13-33、图13-34）。这种方式也是因为可以节省劳力资源，结合山势地形兴建也决定了建筑布局的相对自由。藏东地区依山式寺庙建筑坐落于山麓或山腰而非山尖或山岗上，在一定程度上也起到避风的作用。在贡觉唐夏寺的择址中，传说是受到了文成公主女魔说的影响而选择在贡觉地方兴建寺庙，但其具体择址则更多地考虑环境因素。寺庙背枕山体，充分地利用了大自然的峰峦之势，以加大建筑“形”的尺度，从而获得较大的高度或体量，满足宗教空间氛围的要求。同时，寺庙前方为平原谷地，视野开阔，让未到寺院的人便可从远处及多个角度感受到寺庙建筑群的外部空间效果，以达到宗教传教的意图。

此外，昌都地区也有很多寺庙选择山谷之间的平坦地带兴建寺庙，称之为平川式（图13-35、图13-36），如昌都强巴林寺、类乌齐县的类乌齐寺、察雅县的向康寺、洛隆的硕督寺、八宿县的邦达寺等。选址于山间平坦之地，四周有平缓的山峰，可阻隔

图13-33 依山布置的贡觉唐夏寺僧舍（外墙是萨迦派三色标志）
图片来源：汪永平摄

图13-34 依山的嘎玛寺
图片来源：侯志翔摄

图13-35 远眺强巴林寺
图片来源：梁威摄

图 13-36 洛隆硕督寺鸟瞰
图片来源：梁威摄

图 13-37 强巴林寺与水源的关系
图片来源：梁威根据 Google 地图标注

寒风，形成较为温暖的小气候。强巴林寺即依附于巍峨的达玛拉山，雄踞在扎曲河、昂曲河两水汇合间的岩岛上，地势高于周边河谷平地，但又平坦宽阔，满足宗教思想的同时，亦结合了自然地理环境。

2. 靠近水源：藏传佛教寺庙不仅是作为僧侣日常修行生活场所，也是社会活动的中心，因此靠近水源及水源是否丰富也成为寺庙选址的关键，昌都强巴林寺就充分考虑到水源因素，在两河交汇处的岩岛上兴建。（图 13-37）

3. 取材便利：由于藏族建筑的营建多就地取材，因而寺庙选址也常靠近建筑材料相对容易取用的地点。又因昌都地区气候偏寒，燃料是僧侣日常生活所必需的，寺庙周围或更远的地方有无森林等可供拾取可燃物也成为寺庙择址的关键。

4. 选择南向：建筑物的方位通常选择南向，山顶寺院多南向面对山下。这种习惯可能是因为对阳光的需求，也可能是受汉地建筑理念的影响。而在藏传佛教传入吐蕃初期，寺庙则多选择东西向，以示对佛教发源地印度寺庙建筑的效仿以及崇敬。昌都地区寺庙群落多南向，但也不尽然，如类乌齐寺则为坐东朝西。而且因为寺庙的组群关系和布局的自由，寺庙单体建筑的朝向不是统一的。

以上几点是根据昌都地区寺庙建筑现状及当地工匠口述等归纳总结出来的寺庙选址布局的影响因素。需要说明的是，依山傍水俨然已成为昌都地区寺庙选址的第一要素，但山体土质是否牢固、河流河道是否畅通等因素也是关键。这些因素凭借藏东人民长期的实践经验已能避免，但希望昌都地区乃至整个藏族聚居区在以后新建筑的兴建前能得到现代化科技力量的支持，以勘察地貌、分析山体结构等方式尽量避免可能存在的灾难。

13.3.2　宗教因素

纵观整个西藏历史，与传统藏式建筑设计相关的理念主要有四种："天梯说""女魔说""坛城说"和"金刚说"。其中前两种思想与原始的宗教信仰有关，后面两种则是佛教哲学思想的反映。藏东藏传佛教建筑的营建也或多或少地受其影响。

"天梯说"是西藏步入王权社会的产物，西藏的人们认为权力的象征及职能占据高处。藏族对登天的理想最初在建筑方面的实践为位于雅砻河山谷的山岗上，是由聂赤赞普主持修建的雍布拉康，为西藏历史上的第一座宫殿，这是宫殿建筑修建于山顶的开端。藏传佛教作为宗教与地方政权相结合的产物，其寺庙建筑的兴建受"天梯说"影响颇大。虽很少有寺庙立于山巅，但藏东藏传佛教寺庙不论是采取依山式还是平川式，其地势大都相对高于周边城镇村庄。

"女魔说"是由进藏和亲的文成公主提出，出现在公元 6 世纪之后。用修建寺庙的方法镇压女魔，意在为了当时佛教在吐蕃地区的顺利传播及建寺而做的宣传。昌都地区贡觉县境内的唐夏寺，据传即为镇压魔女左掌心的寺庙。由于藏东的地理位置偏远，因而受“女魔说”的影响较小。

“坛城说”开启了用建筑形象地表现佛教宇宙观的大门，反映出信徒对理想佛教世界的向往，也是作为藏族学习外来新兴文化的一种捷径。这种坛城思想在藏传佛教教徒思想中仍根深蒂固，在后来的一些寺庙的单体建筑平面上依然可以看见坛城的影子。在昌都地区藏传佛教寺庙中也常见坛城模型（图 13-38），而在建筑上把坛城完全付诸实践的藏东寺庙则没有实例，坛城思想中所强调的秩序、等级等观念在藏东寺庙建筑等级中依然受到重视。

“金刚说”则是藏传佛教主宰西藏社会思想层面的结果。其中的顶礼膜拜、朝圣转经思想反映在了藏式建筑设计思想上面，寺庙建筑布局大都采用“回”字形平面，且会设有转经廊道。这种仪轨扩展到寺庙以外就形成了转山、转寺、转塔、转湖等习俗。在这种思想影响下形成的建筑平面形制和一些习俗普及到整个藏族聚居区，昌都地区寺庙的兴建也都会遵循这种方式。

以上四种宗教方面的思想对藏族社会影响深远，是藏族社会发展进程的反映。昌都地区藏传佛教建筑的兴建也受其不同程度的影响。此外，类似于女魔说，为了顺利弘扬佛教及营建寺庙，也会用神迹的出现等来笼络人心，如察雅向康寺即因自生强巴佛的出土而兴建寺庙。

13.3.3 选址程序

藏东藏传佛教建筑的兴建大致程序如下：

在兴建一处寺庙前，要请来一名德高望重且了解堪舆仪轨的密宗法师主持堪舆占星事宜。从开始的择址、开工动土的仪式、修建过程中的仪式到最后的完工均需法师参与。首先需要相地择址，堪舆师常于某处观天，反复观察山川河流的走向，以寻觅一处风水宝地。若某处天地之相浑圆如月，背枕高山，前方视野开阔，且山间有合适水源，则此地可供参选。如在择址时遇到奔涌而来的牛、羊群或背水的妇人或遇到瞬间雨过天晴等都被视为祥瑞之兆。下一步是勘测土壤的特性及缺陷，勘测土壤的

图 13-38 洛隆宗沙寺坛城制作
图片来源：梁威摄

特性常根据经验判别，如不能识别则会用一些方法检测，如在地上挖以深坑，内部需拍实，然后往坑里注满水，过一定时间后来查看坑里水的情况，若依然是满水，说明土质较好；若水被完全吸收即为凶兆，不宜在上面兴建房屋；若水中发出声响，则说明此处受到邪灵威胁。在土壤的缺陷方面，一般附近有陡坡、深渊沟壑、荆棘丛、蚂蚁堆、树桩、骨头、陶瓷碎片堆等都视为不吉。上面所提到的几点通常不能全满足，所以寺庙会选择多处互相对比而在缺陷相对最少的地点兴建寺庙，不可避免的因素则会动用宗教手段，以法师的法力化解不吉征兆。

从上文论述中可以看出，藏东藏传佛教建筑的选址布局在很大程度上也受到地方堪舆占星术的影响，而懂堪舆占星术的大师均为当地寺庙高僧，堪舆占星之术已蒙上了宗教的色彩。不管是自然环境还是宗教因素，寺庙建筑的选址不是简单的一些习俗经验方面的东西，其中包含了众多科学认识，如在地质条件方面、水文条件方面、土壤条件方面等。可以把藏东藏传佛教建筑的选址布局条件简单地归纳为：土质坚实，以避灾害隐患；河流环绕、植被茂密，以便日常生活；村庄聚集，农田牧场临近，以便传教；背枕高山，视野开阔，或择山麓或择平川，以御寒风。

13.4 寺庙的组织管理和僧侣教育

13.4.1 寺庙的组织管理

昌都强巴林寺占地约 500 亩（约 33 公顷），终年香火旺盛，在康区有分寺百余座。按格鲁派规定，该寺可拥有 2500 名僧人，极盛时期多达 3500 名（图

13–39）。该寺共有五大活佛世系，分别为帕巴拉、谢瓦拉、甲热、贡多和嘉热活佛世系。从帕巴拉活佛世系三世开始，该活佛世系就一直主持强巴林寺，是最具影响力的活佛世系。1951 年以前，中国人民解放军的解放步伐尚未涉足西藏，当时的昌都强巴林寺不仅在宗教方面具有权威性，而且在行政上也控制着强巴林寺所属地区，帕巴拉呼图克图是昌都地区政教合一的最高领导。昌都地区“拉章”设在强巴林寺寺内，解放前夕是由谢瓦拉活佛兼任昌都拉章的“拉章强佐”（即总管），“拉章”起初的作用是为寺院筹集资金，后来逐渐演变为政权机构，由强巴林寺帕巴拉活佛直接管辖。公元 1918 年以后，在西藏地方政府驻昌都地区朵麦总管的监督下，强巴林寺的拉章强佐有权以寺庙的名义，每年在管辖范围内可直接征收肉差、柴差等差税，且可以从所得的粮税中拿出一部分作为五大活佛及各个扎仓的宗教活动经费。

图 13–39 结束措钦大殿诵经的僧人
图片来源：汪永平摄

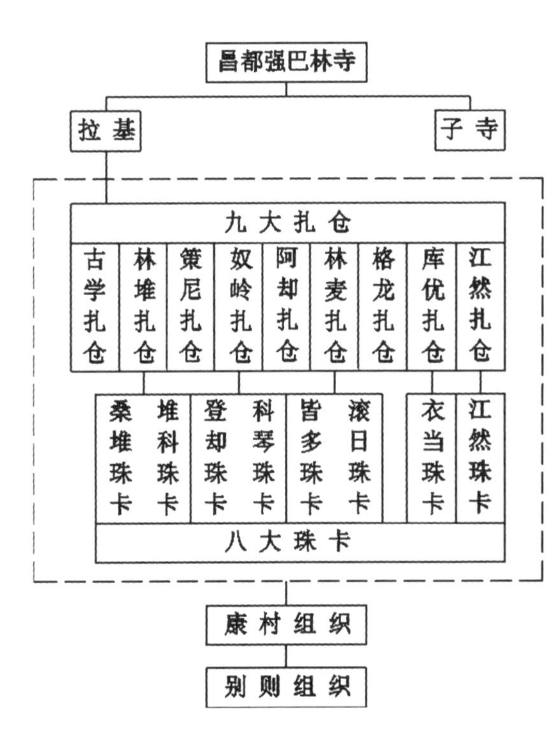

图 13–40 强巴林寺管理机构
图片来源：梁威绘

寺庙对僧人的管理主要依靠佛经戒律和寺规。佛教的清规戒律名目繁多，受居士戒的僧人要严格遵循居士戒“五戒”[5]。在藏传佛教中，入寺僧人必须遵守沙弥戒和比丘戒。受沙弥戒者须遵循“十善”[6]，受比丘戒者须遵守 253 条戒律。在寺庙里的相当大的一部分僧人并没有受过沙弥戒或比丘戒，刚入寺的僧人更是如此，因而出现了有强迫性的寺院法规。昌都地区藏传佛教各教派寺庙都会根据具体情况而制定相应的寺规并严格管理。寺庙除了众多的寺规戒律外，还有等级严明的组织管理机构。昌都强巴林寺的管理机构如图 13–40 所示。

“拉基”是寺庙主持、“堪布”、“基素”等寺庙高层具体主持办公的部门，主要负责强巴林寺的所有教务及行政事务。作为寺庙中等级最高的管理委员会，该部门设置在寺庙的中心建筑——措钦大殿中。“堪布”和“基素”的任期均为 5 年，堪布的俸禄高于基素。堪布作为拉基下属成员之一，是各个“扎仓”的最高领导。基素负责僧众供养事宜，共有 9 个执事人员，具体职责是负责管理全寺发放布施和经营农牧场、经商、放贷等经济活动，此外还与堪布协同处理寺院其他的一些事务。拉基组织机构中设“仲译”1 人，主要负责文秘工作和各扎仓内外的信件来往，任期为 5 年。拉基机构中还设“协俄巴”两人，主要负责监管全寺上下的教规及维持寺院秩序，任期为 1 年。除此之外，拉基还有其他人员作为助手、办事员等。

强巴林寺共有 9 个“扎仓”，为强巴林寺的中层机构，其中部分扎仓下又再分“珠卡”，强巴林寺共有 8 个珠卡。其中“策尼扎仓”和“古学扎仓”是堪布制；“科琴”等其他珠卡是“却本”制；“格龙扎仓”比较特殊，由五大堪布轮流担任；“阿却扎仓”归属“阿却本”管理。寺内的僧人职位分等级，扎仓之间虽存在差异，但总的组织形式基本相同。图 13–41 为“策尼扎仓”的基本组织情况。

其中，堪布是扎仓的最高管理人员，下面设有“扎仓强佐”“乌冬”“格贵”等执事人员。分工情况为：扎仓强佐专管扎仓的财务、仓库、对外联络等事务，一般为堪布的亲信，任期5年；乌冬是“扎仓基素”的具体办事人员，任期5年；格贵又称“铁棒喇嘛”，负责维持秩序及监督本扎仓内部僧人的清规戒律，由“泽拉章”统一委派，任期1年；“翁则”又称“诵经师”，负责本仓诵经时领读经文；“充念”负责管理本仓的经商事宜；“芒聂”则负责本仓诵经时用的酥油供给、斋茶等事务。

在扎仓下面又设有“康村”，康村内部的一切事务均由格贵负责，包括布施、支征差役、维持秩序等。康村内还设有其他几种职位：“聂巴”，专门负责康村内举行宗教仪式时的酥油供给、斋茶等事务；“夏格根”，负责辅导康村内部僧人学经；“别则”，康村下最小的基层单位，一般以“扎巴”的家乡归属而自愿组合。

经过1959年民主改革之后，昌都地区各寺庙建立了民主管理委员会（下文简称“民管会”）。民管会通常设主任1名，副主任2名，委员5至8名，其成员由民主选举产生，三年为一届。昌都强巴林寺的民管会设有1名主任、2名副主任和7名委员。民管会实行集体领导、分工负责的制度，下设教务组、财务组、文物组等小组。教务组由民管会主任、堪布和格贵组成，主要负责寺庙日常的佛事活动及教规的检查、落实等工作；财务组主要负责寺庙收入的入账、管理等经济方面的工作；文物组则负责寺庙内各种文物、法器等的保护管理和对外接待工作。昌都强巴林寺民管会组织机构构成如图13-42所示。

13.4.2 僧侣的教育

僧人的教育因各教派的教义、寺庙的规模、社会背景等的不同而存在差异，格鲁派的经院教育体制比较完善。

强巴林寺学僧入寺之后，不管其年龄、学历如何首先编入其担保经师（昌都地区学僧入寺无一定的选拔制度，但需一名经师担保）的扎仓学经。每个扎仓都有不同的学经班，通常是按照入寺的先后

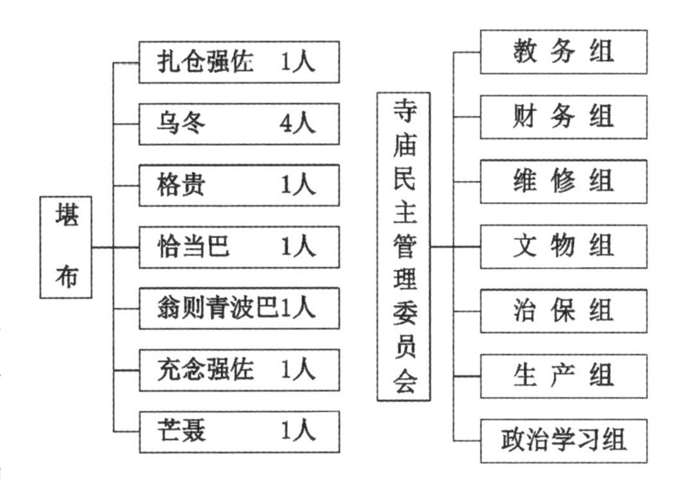

图13-41 策尼扎仓人员组织（左）
图片来源：梁威绘

图13-42 强巴林寺民管会（右）
图片来源：梁威绘

自然形成不同等级的班级，人数没有具体规定，学习的内容每个扎仓各不一样，且学制也没有具体的年限限制。

在教学方法上面，一般情况下经师讲一遍之后就不再做辅导，寺里也不再提供教师，仅靠课代表的辅导和自学。若学僧要请教师则要自己出钱，所以专精和背诵是学僧最重要的学习方法（图13-43为强巴林寺措钦大殿集体诵经）。除此之外，学僧每天都要去辩经场学习辩经（图13-44），这是最重

图13-43 强巴林寺诵经
图片来源：汪永平摄

图13-44 强巴林寺辩经场
图片来源：汪永平摄

要的教学方法之一，也是学僧成绩考核、学位晋升的唯一方法。在辩经过程中，要依据佛教逻辑学（即因明学）的宗、因、喻三支法作推理，需要引经据典。而经典的主要来源便是五部大经论。辩经有两种方法：第一种方法叫作“立宗答辩”，即立宗者出题经行辩论，问难者可手舞足蹈，可拍掌高呼，甚至可以刻意刁难；第二种方法叫作“起坐对辩”，即两者之间一站一坐互相问答。

强巴林寺与所有格鲁派寺庙一样先学习显宗后学习密宗。显宗的学经制度主要学习因明学、般若学、中观论、戒律学和俱舍论五大经论，通常需要学习 15 年至 20 年不等。正规学习按照年级升级的方法，最高的年级是 13 级或 15 级，每级为期一年或者两年不等。每个学年又分两个学期，中间有假期。在学完五部大经论后则由老师推荐，向扎仓申请以考取不同等级的学位。但凡考上“格西”学位，就成为“葛仁巴”，具有升入密宗学院深造的资格。反之则需要补学重考或另谋出路。因这一级是没有规定年限的，所以有的僧人甚至在这一级上终老。

在昌都地区不管是考取何种等级的格西学位，都要到辩经场在高僧面前立宗答辩，答辩僧人要按照因明学的格式引经据典，通过者方可获得学位。强巴林寺自身就拥有授予“措然巴”以下格西学位的资格，一般每年有 3 名僧人取得格西学位。如需报考“拉然巴”等措然巴以上的格西学位时，则要到拉萨参加“默朗青姆”考试。

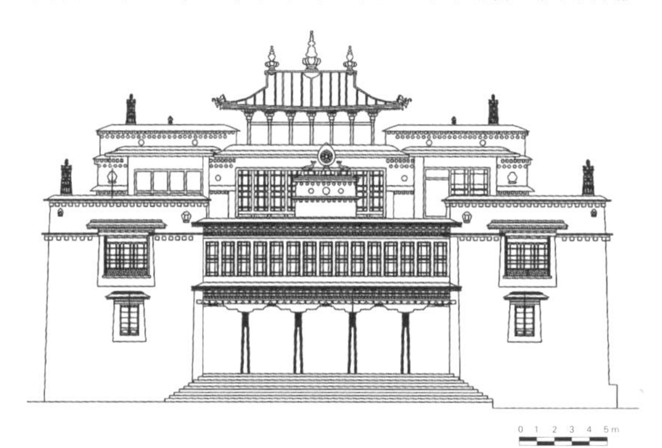

图 13-45 强巴林寺措钦立面图
图片来源：冒钰绘

图 13-46 措钦大殿金顶屋角
图片来源：汪永平摄

13.5 寺庙的主要建筑特点

今天西藏所谓的正规寺庙，是指在寺庙建筑基础设施上有专门举行大型宗教仪轨和供奉主供佛的大殿，有专门供僧众诵经的殿堂，有专门供僧人研习佛法和日常起居的地方，有专门供寺庙活佛、主持使用拉让，还有拉康、更康等；在寺庙组织管理体制上有一个完整的管理机构和一套完善的学经制度和修行仪轨。昌都强巴林寺作为藏东格鲁派第一大寺，它在制度、管理、经文、建筑等各方面都已达到此标准。

1. 大殿

昌都强巴林寺的措钦大殿（图 13-45）是寺庙最高管理机构“拉基”的所在地。寺庙日常的集体诵经、大型宗教仪式、大型法会都会在其内进行。大殿采用前面经堂毗连后面佛殿的建筑形制，地坪从室外、前廊、经堂到佛殿逐次升高，且经堂两层，佛殿三层。用这种手法在体现雄伟气势的同时，突出大殿在建筑群落中的主尊地位。建筑融藏、汉风格为一体，经堂为藏式平顶，佛殿则是汉式歇山金顶（图 13-46）。大殿在装饰、绘画、佛像等方面也是较寺庙其他建筑高一等级：前面经堂屋顶正中置有镏金铜质的“双鹿听法”塑像，两侧为镏金经幢；后面大佛殿外墙采用高等级的两层边玛墙，边玛墙上饰有镏金铜质的“藏八宝”等装饰物；入口前廊的廊壁上绘有四大天王及昌都护法等神像（13-47a）；柱头和梁上雕刻有精细的云纹、卷草、莲花、兽图等；大殿正中供有一尊雕刻精美的释迦牟尼佛鎏金像，盘坐于双狮须弥座；殿内四周供有宗喀巴师徒、强巴林寺创始人喜饶松布及强巴林寺五大活佛世系第一世佛像等。这些精美华丽的装饰、色彩鲜艳的绘画、工艺精细的佛像以及宏大的手笔无不显示出大殿的地位（图 13-47b）。

2. 佛殿

佛殿，藏语中称为“拉康”，主要是作供奉各类佛、神像用。从性质上讲与大殿内部的佛殿没有差别，不同之处在于佛殿是独立的，且功能单一。在大型寺庙中有多个佛殿，中小型寺庙中也有 1 至 2 个佛殿，在每个佛殿中有一间至多间不等的佛堂。其中，护法神殿是必不可少的。佛殿的规模和建造的精美程度，均视其内所供奉的佛像大小以及寺庙自身规模来确定。

强巴林寺的昌都护法神殿（图 13-48、图 13-49），在措钦大殿前方，相对于措钦大殿的坐西朝东，护法神殿面朝北向面对广场。该殿分为前后两部分，前面部分为两层藏式平屋顶建筑，供奉有大小各类佛像；后面部分为三层藏式平屋顶，主供昌都护法神像。整个佛殿在建筑规模、建筑形制、室内外装饰等级等都要低于措钦大殿，如入口空间尺度，开间、进深等都小于措钦大殿。

3. 扎仓

在一些大、中型寺庙中，有专门供僧侣学经、修法的场所，即是将供奉佛像、僧人习经及管理等多种功能集于一体的多功能空间，可分为学校性质和禅修性质两类：一类属于学校性质，如扎仓；另一类属于禅修性质，如禅修院、修行院等。这种场所通常位于一幢两至三层的大型建筑内，是该学院管理机构驻地和该学院僧人专用的习经修行场所。

明代藏传佛教格鲁派在改革寺庙管理体制之后，出现了这种佛殿、聚会殿（藏语称之为“杜康”，也称经堂）、管理机构用房相结合的建筑形制，有的也兼作僧人住房、库房等。昌都强巴林寺共有 9

图 13-47a 入口门廊的壁画
图片来源：汪永平摄

图 13-47b 强巴林寺措钦大殿内部
图片来源：梁威摄

图 13-48 强巴林寺护法神殿立面
图片来源：梁威摄

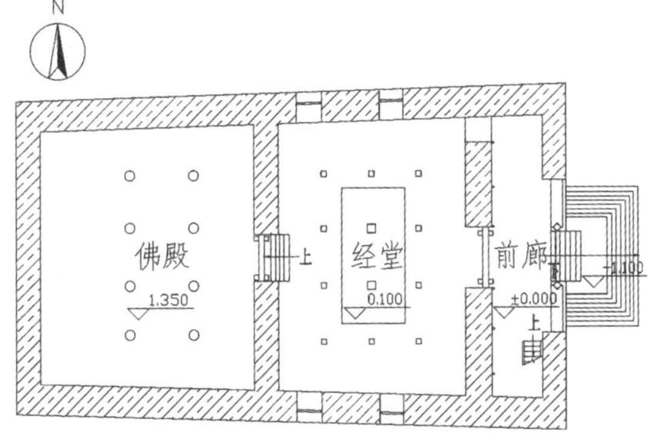

图 13-49 强巴林寺护法神殿一层平面图
图片来源：潘波绘

个扎仓（图 13-50），分别为：古学、阿却、策尼、格龙、林堆、库优、奴岭、林麦、江然扎仓。其各自名称是按照所修习佛法的主要内容来命名，如策尼扎仓即修宗教哲学。策尼扎仓位于措钦大殿东侧，坐北朝南面朝广场（图 13-51）。建筑分为前后两部分：前部分是大经堂，藏式二层平屋顶；后部分是佛殿，藏式三层平屋顶。在建筑功能格局上与大殿相似，但作为寺庙内部第二等级管理机构，其建筑形制等级、建筑装饰等方面则与普通佛殿一样，要低于大殿。

图 13-50 强巴林寺扎仓群落
图片来源：汪永平摄

图 13-51 强巴林寺策尼扎仓
图片来源：梁威摄

4. 僧舍

藏传佛教当中，宁玛派僧人平时多住在家中，只在一定时间去寺庙参加一些宗教活动；萨迦派也允许僧人住在家里，因此这些寺庙的僧舍数量较少。而格鲁派有严格的管理制度，僧人应住在寺里。僧人幼年入寺即跟随师傅学经，生活起居都在一起，所以格鲁派寺庙里僧舍数量较多。不同于汉地佛教寺庙，藏传佛教寺庙不供应伙食，僧人要自带粮食，所以僧舍每间房是师徒二人或数人共住，且室内置有炉灶，这是藏传佛教寺庙僧舍的特点。

1）僧舍

在藏传佛教寺庙中，称普通僧人居处为“扎康”，一般以扎仓下面的康村或康村下面的米村为居住单位。早期的寺庙僧人数量不多，多数僧舍为一至两层。明清以后，随着格鲁派的强盛，寺庙人数增多，一两层的僧舍已满足不了居住需要，以大型寺庙为主，僧舍普遍采用多层住房。由于是为满足普通僧人的日常起居需求，因而相对于大殿的雄伟气势及华丽装饰，僧舍的布局、外观、装饰等均比较简单，但在风格上依然与寺庙整体风格统一（图 13-52）。

图 13-52 强巴林寺僧舍
图片来源：梁威摄

2）拉章

“活佛拉章”一词本是指寺庙活佛私人在宗教、经济方面的管理机构，其住所也在机构的建筑里，所以活佛住所也称拉章。拉章是僧舍的一种，作为寺庙活佛、主持等高级僧人居住的地方，其建筑形制要高于普通僧舍，规模更大，功能更丰富，具体视寺庙的大小及居者的地位而定。相比于贵族府邸，拉章在保证私密性的同时更具宗教色彩，强巴林寺帕巴拉活佛官邸称为三果嘎（图 13-53）。但藏传佛教最大活佛达赖和班禅的住所不称作“拉章”而是称作“颇章”，藏语意为宫殿，如达赖的住所布达拉颇章（译为布达拉宫）。

图 13-53 强巴林寺帕巴拉活佛官邸
图片来源：梁威摄

13.6 佛塔

从形式和内涵上可以把藏式佛塔分为八种：叠莲塔、菩提塔、和平塔、殊胜塔、涅槃塔、神变塔、神降塔和吉祥多门塔。这八种类型佛塔代表的是佛陀的八种精神境界，统称“八相塔”。藏传佛教寺庙及地方有建造整套八相塔的习惯，其中布达拉宫和青海塔尔寺的八相塔最具代表性，昌都强巴林寺的佛塔也是完整八相（图 13-54）。

藏式佛塔无论体形大小还是建材异同，在造型上一般不脱离八相塔的基本模式，其结构主要分为三部分：塔基、塔身和塔刹。塔基是基础部分，称为须弥座，即指神、佛居于宇宙中心须弥山，也取稳固之意；塔身是佛塔的核心部分，其形如古瓶，又称塔瓶，因塔的性质不同，有佛塔、灵骨塔等，其内存放的物品也有异，佛塔内存放经卷、宝物、佛像等，灵骨塔内则存放活佛、高僧舍利等；塔刹主要由十三天极[7]和刹顶组成，刹顶多为太阳或月亮形象，也有刹顶为金刚宝幢。昌都藏传佛教寺庙中也多以此形制建佛塔，如察雅向康寺佛塔（图 13-55）、洛隆硕督寺佛塔、嘎玛寺三灵塔等都是以八相塔为基础而建造的佛塔。但也存在例外，如昌都德邓寺与昌都八宿同卡寺古塔（图 13-56、图 13-57），其形制类似于日喀则白居寺多门吉祥塔，是由八相塔基本形制演变而成的塔中寺风格。

13.7 其他附属建筑

藏传佛教寺庙除上述的主要建筑外，还有其他一些附属建筑，如展佛台、印经院、转经廊、藏经楼、厨房等，这些建筑因教派及寺庙规模不同而存在差异。

展佛是黄教大型寺庙的重要宗教仪式，如色拉寺会在每年藏历六月三十号举行隆重的雪顿节展佛活动，扎什伦布寺的展佛节则在每年藏历五月十四号至十六号举行。色拉寺的展佛台为砖砌结构，下大上小呈梯形，室内有上至台顶的楼梯。扎什伦布寺的展佛台也是如此形制，而有些寺庙没有独立的展佛台，会选择院墙用作展佛，如甘丹寺。昌都地

图 13-54 强巴林寺八相塔
图片来源：汪永平摄

图 13-55 察雅向康寺佛塔图
图片来源：梁威摄

图 13-56 八宿同卡寺古塔
图片来源：马淳靖摄

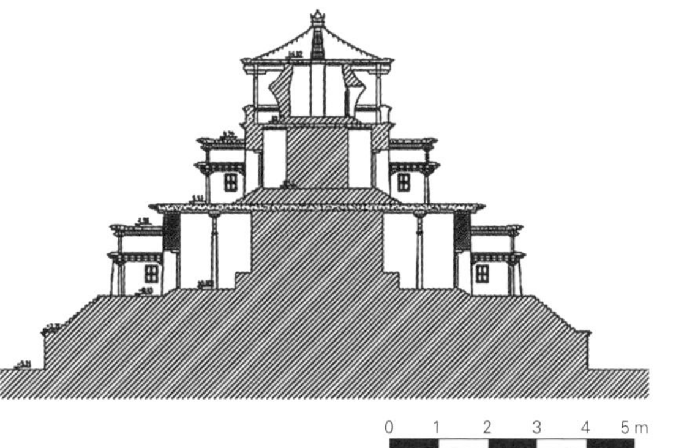

图 13-57 八宿同卡寺古塔剖面
图片来源：马淳靖绘

图 13-58 强巴林寺展佛
图片来源：汪永平摄

图 13-59a 强巴林寺印经院室内
图片来源：汪永平摄

图 13-59b 正在印经的僧人
图片来源：汪永平摄

图 13-60 夯土墙（香堆寺旧址）
图片来源：侯志翔摄

区格鲁派寺庙中只有强巴林寺有展佛节，强巴林寺会在每年藏历二月二十五日举行，但与甘丹寺一样没有专门的展佛台，而是选择广场边上一座高的佛殿外墙作展佛用（图 13-58）。

印经院是专门负责印刷经文的寺庙下层机构，兼作藏经用。藏传佛教藏文经典主要是靠手书和木板印刷的方式传承，一般僧人用的经文是以木板印刷的方式印刷的。印经院一般只在大型寺庙或某一地区主要寺庙中才有，其建筑没有固定的形式，也可利用寺庙闲置的房间，强巴林寺的印经院为独栋建筑（图 13-59）。

13.8 藏东藏传佛教建筑的用材特点

上述藏东藏传佛教寺庙的选址充分反映了藏族建筑的因地制宜、结合环境的特点。而建筑选材方面的就地取材、因材致用又是一个主要特点。因各地材料出产情况的不同，用材也相应地有所区别。再是使用性质的不同，不同类型建筑间的用材也存在差异。藏东传统建筑以石材、泥土和木材等为基本材料，藏传佛教建筑亦是如此。

13.8.1 墙体材料

1. 黄土

原材料为黄土的夯土墙（图 13-60），为藏东应用最广的传统建筑外墙围合材料，常见于寺庙建筑中的 1~3 层建筑物及围墙等。土墙的夯筑需要专门的模具，因而根据建筑物规模的大小其夯筑方法可分为大板夯筑法和箱形夯筑法等，分别应用于大型建筑和小型建筑。夯土墙的优点是夯筑比砌筑快，无需大量的技工，夯土房屋保温性、整体性都比较好，且有一定的抗震性能。但墙体比较笨重，占地面积较大，表皮层不结实，墙根易酥化等都是明显的缺点。

除了夯土墙外，还有一种土坯墙，这种墙体是在施工之前就已制作好标准尺寸的夯土砌块，然后如砌砖一样垒砌即可。其优点是取材方便、土质质量要求相对不高，砌筑简单，造价也较低。但由于其整体性和稳定性较差，且易被雨水渗透而须作表皮粉刷，因而土坯墙在大型建筑中不常被采用，常见于广大农村地区及寺庙低等级建筑。

2. 石材

在藏式传统建筑中，石材最被广泛用于建筑物的墙体砌筑，其主要有块石墙体、片石墙体和卵石墙体三种类型。在藏东，石墙与夯土墙同样占据了相当的地位，寺庙建筑中的石墙主要采用块石砌筑（图 13-61）。块石墙体比较坚固，通常不需要作表面处理。与夯土墙体一样，块石墙体具有冬暖夏凉的特点。但其需要较高的砌筑技术，造价较高，材料采取、运输等费时、费财、费力。

3. 木材

因藏东雨量充沛，盛产木材，因而木材也被广泛用于建筑。这种墙体由圆木或木板拼合而成，分横拼和竖拼两种方式，在接头和间距约 1.5 米处，用横向或竖向木方对其进行榫卯连接，以增强房屋的整体性能（图 13-62）。墙体成型后具有较为强烈的古朴自然的风格。此类建筑在昌都的江达县、贡觉县等地比较常见于民居类建筑。寺庙中等级低的建筑如僧舍、厕所等也会采用此种方法，一些大型建筑的局部也会略有运用，如贡觉县唐夏寺、洛隆县硕督寺。

4. 边玛草

在藏族历史上，边玛墙只能用于寺庙高等级建筑和宫殿建筑，普通民居是没有资格使用的，因而它也是地位、权力的象征。藏东藏传佛教寺庙的大型建筑也普遍运用边玛墙（图 13-63），如大殿、佛殿、扎仓等。

5. 其他材料

除上述几种主要材料外，藏东藏传佛教建筑中的一些隔墙还多使用牛粪、柴草等，主要是为了减轻墙体的重量，常见于建筑的顶层隔墙。

13.8.2 屋面、地面材料

1. 阿嘎土

阿嘎土是一种类似于石块的坚硬土块，有一定的黏结性与防水性，主要用来做屋面、地面和墙面。

图 13-61 块石墙体（昌都嘎玛寺）
图片来源：秦强摄

图 13-62 井干房咬合细部
图片来源：侯志翔摄

图 13-63 边玛墙
图片来源：梁威摄

其优点是防水性能好，但如果阿嘎土打制不密实或楼层木结构变形则会导致阿嘎土层开裂，进而让雨水顺缝而入破坏整个楼屋面。因此阿嘎土屋面、地面每年都需要必要的养护。再加上阿嘎土的取材困难，价格昂贵，打制费工费时，传统的藏东建筑中只有寺庙、宫殿以及一些贵族住宅才会采用。

2. 黄土

相对于阿嘎土的高等级，黄土屋面则是藏族聚居区最普遍的屋面、地面材料，在藏东的藏传佛教寺庙中更多地用于僧舍屋面。其做法是在楼层木结构层上先铺一层 5~8 厘米的厚杂木树枝，其上平铺一层 6~8 厘米的卵石层，最后夯填密室的黄泥层，厚约 3~5 厘米。在打制黄土层时一样要用脚或木板

图 13-64 措钦大殿金顶
图片来源：汪永平摄

等全面拍打，但没有阿嘎土的打制时间长。

3. 其他材料

除上述的阿嘎土和黄土屋面、地面外，藏东藏传佛教寺庙的室内地面还会有木地板地面，室外地面有青石板地面、鹅卵石地面等。当屋面为坡屋顶时，也会像内地一样铺以瓦片，而大殿、佛殿等屋顶上的歇山金顶则为鎏金铜制屋面（图 13-64）。

注释：

1 苯教作为一种早期高原藏族先民的信仰形成年代非常久远，崇拜自然万物，在佛教传入西藏后，佛苯之间的斗争从未停息，且互相吸收对方的文化精髓。

2 费孝通（1910—2005），汉族，江苏吴江人（今苏州市吴江区），著名社会学家、人类学家、民族学家、社会活动家，中国社会学和人类学的奠基人之一。

3 七觉士，西藏佛教用语，又译为七试人，是指第一批随印度高僧寂护出家的七名藏族僧人。

4 噶玛噶孜画派属藏族唐卡画三大画派（勉唐画派、钦泽画派、噶玛噶孜画派）之一，流行于藏东，简称“噶孜派”。

5 “五戒”即不杀生、不偷盗、不淫邪、不妄语、不两舌。

6 “十善”即不杀生、不偷盗、不淫邪、不妄语、不两舌、不恶口、不倚语、不贪、不嗔、不邪见。

7 螺旋形圆锥部分，代表修成正果的十三个阶段。

8 主要参考《昌都地区志》。

9 也有学者考证，盐井教堂始建于公元 1858 年（清咸丰八年）。

附录：昌都大事记[8]

年份	事件
公元前 5000 至公元前 4000 年	据考古发现，昌都地区卡若一带有古人类活动，会制作石器、陶器、骨器，能饲养家畜和种植粟米，建有木结构的草泥墙和半地穴式的卵石墙建筑
公元前 500 年左右	藏族原生苯教（辛绕米沃创建）开始传入今昌都地区（包括丁青三十九族）
公元 6 世纪	昌都一带的东女国“其王所居名康延川”，拥有“人口 4 万余户，胜兵 1 万余人，大小 80 余城”
公元 8 世纪中叶	藏族聚居区最早的一批僧人（即七觉士）之一的毗卢遮那流放至昌都察瓦垄与察雅一带
公元 1167 年（宋乾道三年）	玛仓·西绕生格创建察雅学寺，所传教派称为玛仓噶举派，学寺即为祖寺
公元 1185 年（宋淳熙十二年）	堆松钦巴创建嘎玛寺，所传教派称为噶玛噶举派，嘎玛寺即为祖寺，该寺所传承的噶玛噶举黑帽系开创了藏传佛教活佛转世制度
公元 1256 年（宋宝祐四年）	蒙哥汗召见噶玛拔希，并赐予诏书和印章，同时赠予一顶金边的黑色帽子。之后这顶帽子成为噶玛巴黑帽系活佛世系的标志
公元 13 世纪中叶	朝廷设立了“吐蕃等路宣慰使司都元帅府”，简称为“朵甘思宣慰司”，主要负责相当于今昌都地区和四川甘孜州等地的军政事务
公元 1277 年（元至元十四年）	高僧桑杰翁创建了达垅噶举派的祖寺之一——扬贡寺（类乌齐寺）
公元 1320 年（元延祐七年）	类乌齐寺第二任法台乌金贡布主持修建查杰玛大殿，历时 6 年，于公元 1326 年（元泰宁三年）竣工
公元 1371 年（明洪武四年）	明朝政府设置朵甘卫指挥使司，主要负责今昌都地区、四川甘孜州等地的藏族聚居区军政事务
公元 1374 年（明洪武七年）	朵甘卫晋升为朵甘行都指挥使司，今昌都地区属其管辖
公元 1407 年（明永乐五年）	明成祖赐封噶玛噶举派黑帽系第五世活佛德银协巴为“大宝法王”，赐予金印和诰书。于此，“大宝法王”成为噶玛巴活佛专用法号
公元 1444 年（明正统九年）	宗喀巴的弟子向生·喜饶松布创建了康区格鲁派第一寺，即昌都强巴林寺
公元 1581 年（明万历九年）	三世达赖索南嘉措应邀前来担任强巴林寺第十三任法嗣堪布
公元 1594 年（明万历二十二年）	强巴林寺为第三世帕巴拉·通娃顿垫举行坐床典礼，自此，帕巴拉活佛世系成为强巴林寺寺主，并延续至今
公元 1639 年至次年（明崇祯十二年至次年）	固始汗进军康区，攻打敌视格鲁派的白利土司。并于贡觉桑珠雄发生激战，白利战败被杀，固始汗控制昌都一带
公元 1719 年（清康熙五十八年）	察木多（今昌都）、乍丫（今察雅）、嚓哇（今芒康）三处呼图克图及其所属僧众归顺清朝廷
公元 1723 年（清雍正元年）	四川化林副将周瑛晋升为四川松潘总兵，驻军察木多（今昌都）。同年，朝廷应抚远大将军年羹尧之奏，通过一些手段加强对昌都等地土司、头人的管束
公元 1725 年（清雍正三年）	清朝廷将左贡、贡觉、桑昂曲宗及洛隆等地赐予达赖喇嘛
公元 1726 年（清雍正四年）	清朝廷官员鄂齐、班第等会同川、藏、滇三方官员勘察地界，以金沙江西岸的宁静山为界，其西为达赖喇嘛的“香火地”，其东属四川，中甸属云南
公元 1731 年（清雍正九年）	清朝廷划藏北、昌都一带的三十九族（今昌都地区丁青一带）归驻藏大臣管辖，并设章京一员以约束地方
公元 1748 年（清乾隆十三年）	清朝廷在康藏要道遍设站点。乍丫、江卡、察木多等地均移驻后藏，统归驻藏大臣总理，而从打箭炉出口处至西藏地，包括今昌都地区，各设文武官员，分驻办理，均三年更换一次
19 世纪 60 年代	法国传教士邓德亮进入今芒康一带传教，建立芒康盐井教堂[9]
公元 1897 年（清光绪二十三年）	清朝廷在三岩设立土千户，归属巴塘管辖

续表

年份	事件
公元 1908 年 （清光绪三十四年）	清朝廷任命赵尔丰为驻藏大臣，并在察木多一带推行“改土归流”
公元 1911 年 （辛亥革命爆发）	赵尔丰于成都被杀，昌都清军遂响应革命，改组边防军队
公元 1912 年 （民国元年）	1 月，藏兵东扩，占领昌都地区各县。同年 6 月，四川都督尹昌衡被任命为西征总司令（后更名为川边经略使），统军入藏击败藏军，恢复对昌都一带各县的统辖。第二年，划川边为特别行政区直属民国政府，废旧制，改设县治
公元 1917 年 （民国六年）	9 月，驻类乌齐的川军与藏军发生冲突，英国乘机唆使藏军东犯，发生了第一次康藏纠纷。10 月 10 日，川藏双方在绒坝岔签订《川藏停战退兵条约》，西藏地方政府进驻昌都、类乌齐等地，朵麦总管府迁至昌都。第一任总管由西藏地方政府噶伦喇嘛、藏军驻昌都司令强巴丹达担任
公元 1930 年 （民国十九年）	6 月，“大金寺事件”引发第二次康藏纠纷。10 月 8 日，川藏双方于江达岗托签订了《康藏岗托暂行停战协定》，第二次康藏纠纷结束
公元 1935 年 （民国二十四年）	民国政府任命原来的类乌齐寺总管诺那为“西康宣慰使”，在康定成立了“西康宣慰使公署”
公元 1939 年 （民国二十八年）	西康省成立，省会为今四川甘孜州康定，昌都地区属西康省统辖
公元 1949 年 （民国三十八年）	邦达多吉、张西朗吉、夏克刀登、格达活佛派人去北京上书中国人民解放军总司令朱德，要求早日解放康藏
公元 1950 年	1 月 2 日，中央人民政府由西南局担负进军及管理西藏任务。 7 月 24 日，西南军委、西康省人民政府副主席格达活佛抵达昌都，欲前往拉萨劝和。 8 月 22 日，格达活佛遭投毒遇害。 12 月 28 日，昌都地区第一届人民代表会议为格达活佛举行追悼大会。 10 月 6 日，人民解放军发起昌都战役，至 24 日战役结束
公元 1951 年	5 月 23 日，《中央人民政府和西藏地方政府关于和平解放西藏办法协议》在京签字。 10 月 2 日，五十二师一五五团、师直属队和十八军炮兵营由昌都向拉萨挺进
公元 1952 年	11 月 20 日，康藏公路雅安至昌都段通车，全长 1145 公里
公元 1954 年	昌都地区各界代表召开庆祝康藏公路全线通车大会
公元 1959 年	自治区筹委会通过《关于西藏地区行政区划的调整方案》，昌都专区共辖 12 县，专员公署设在昌都县城关镇

14 山南地区藏传佛教寺庙建筑

14.1 地区概况

14.1.1 自然地理

西藏山南地区，地处青藏高原喜马拉雅山脉以北，冈底斯山和念青唐古拉山脉以南，雅鲁藏布江中游宽广谷地，史称雅砻河谷。北邻西藏自治区首府拉萨，东连林芝，西与日喀则地区毗邻，南部与西南部分别与印度、不丹接壤。

边境线长达600多公里，总面积7.97万平方公里，下辖12个县，居住着以藏族为主体的包括汉、门巴、珞巴等14个民族，人口约33万。山南地区平均海拔3700米，是西藏高原海拔相对较低的地区之一。

山南地区自古就是西藏的核心地区之一，并且孕育了西藏早期的文明。本文所指的山南地区，是指以泽当为行政中心，包括琼结县、桑日县、乃东县[1]、贡嘎县、隆子县、曲松县、措美县、错那县、加查县、扎囊县、洛扎县、浪卡子县在内的12个县级地区。

图 14-1a 雅鲁藏布江上的渡船
图片来源：徐鑫鸣摄

山南地区属于典型的藏南谷地，地势自西向东逐渐降低。藏族人民的母亲河——雅鲁藏布江自西向东流经浪卡子、贡噶、扎囊、乃东、桑日、曲松、加查7个县，境流长度424公里（图 14-1a）。此外，山南地区还有41条河流终年流淌于藏南的高山峡谷之间，江河面积38 000平方公里。全地区还有大小湖泊88个，其中著名的羊卓雍错[2]（图 14-1b）、拉姆纳错、哲古湖、普莫雍错湖就像一个个碧绿的宝石镶嵌在山南的重山之间。

14.1.2 历史人文

今天，当全世界把注视西藏的目光聚焦在拉萨的时候，山南地区默默地屹立在它的后方。其实，山南地区是藏族文明的摇篮和藏族文化的发源地。据文献记载和民间传说以及大量的考古发现证明，大约在四千年以前，藏族先民就繁衍生息于雅砻河流域。从第九代赞普时期开始，雅砻地区开始兴修水利，将山水引入平地，开垦出大片农田，并普遍采用牦牛和马为耕地工具，生产力水平得到很大的提高，粮食产量稳步提升，逐渐成为整个西藏的“粮仓”并延续至今（图 14-1c）。山南地区的雅砻部落

图 14-1b 羊卓雍错（左）
图片来源：汪永平摄
图 14-1c 俯瞰雅砻河流域的农田（右）
图片来源：吕伟娅摄

以不断稳固的经济基础，为部落的强大提供了充足的物质保障，最终征服西藏各个强大的部落，实现了西藏历史上的第一次统一。出于对哺育了吐蕃王朝的雅砻河谷的眷念，历代赞普死后都把陵墓建在琼结县附近，这里曾经是拉萨之前西藏的政治、经济、文化中心。此地至今依然留存有大量吐蕃时期各赞普的墓冢（图 14–2）。

图 14–2a 藏王松赞干布墓
图片来源：王斌摄

图 14–2b 藏王墓标志碑
图片来源：汪永平摄

图 14–2c 藏王赤德松赞记功碑
图片来源：王斌摄

公元 8 世纪初，著名藏王赤松德赞在哈布日山下创建了西藏第一座佛、法、僧三宝俱全的寺院——桑耶寺，从印度和大唐请来大批高僧，在桑耶寺翻译佛经，弘扬佛法，扩大佛教规模，使佛教在西藏站稳了脚跟。

山南地区是具有悠久历史的藏族的发祥地。在漫长的历史岁月中，山南地区因为拥有众多个西藏“第一”而被公认为“西藏民族文化的摇篮”。如西藏第一位国王——聂赤赞普；西藏第一座宫殿——雍布拉康；西藏第一座佛堂——昌珠寺；西藏第一块农田——索当；西藏第一座寺庙——桑耶寺；西藏第一部经书——邦贡恰加；西藏第一部藏戏——枣巴嘎布等，均诞生在山南。西藏第一个奴隶制政权“吐蕃”王朝就是崛起于山南的雅砻河谷地带，并以此为基地，历史上第一次统一整个西藏。

14.2 寺庙选址的时代特征

14.2.1 吐蕃时期

为了推崇佛教，松赞干布在拉萨地区修建了大、小昭寺及十二神殿。不过这些建筑只是一些供奉佛像、佛经的小庙，并无常住的僧人，更没有合乎佛教戒律的仪式活动。[3] 这时的佛教应该说只是徒有其表。为了使佛教为藏族百姓所接受，必须兴建真正意义上的佛教寺院，来推崇佛教教义。吐蕃王朝第六代赞普赤松德赞在公元 8 世纪中叶于山南地区扎囊县境内兴建了西藏历史上第一座“佛、法、僧”三宝俱全的佛教道场[4]——桑耶寺（图 14–3）。桑耶寺的兴建确立了佛教在西藏广泛传播的基础。桑耶寺自创建至今已有一千多年的历史，它是藏族文物古迹中历史最悠久的著名寺院之一，是吐蕃时期最宏伟、最壮丽的建筑，是藏族极其重要的文化宝库之一。桑耶寺对西藏历史、文化、建筑、艺术等方面产生过重大影响，是藏传佛教进入前弘期这一重要历史阶段的主要标志。

从桑耶寺的选址来看，它位于雅砻河谷，雅鲁藏布江北岸桑耶乡的哈布日下一片开阔地带，周围群山怀抱，河渠萦绕，树木葱茏，密集成林，雅鲁藏布江从前川流而过。基于它在西藏社会中显赫的地位，因此选址方式以及建筑布局等方面在西藏吐蕃时期兴建的寺庙中具有很强的代表性及普遍参考意义。

如图 14-4a、b 中村庄所包围的寺庙，是位于山南地区隆子县境内的仲嘎曲德寺。史料记载它始建于吐蕃时期，大致相当于中原的唐朝时期，原来为苯教寺院，后来皈依佛教。寺庙位于现在隆子县俗坡下乡通往三安曲林方向的公路北侧，南有一条自东向西的小河流过。如今的寺庙由于交通不便、自然环境的因素，呈现出没落萧条的景象。但是据记载，仲嘎曲德寺在历史的鼎盛时期，规模庞大，寺中僧侣达到两百多人。

虽然历经维修改建，但它的选址始终没有发生变化，寺庙外一棵参天古树或许见证了这座寺庙的风雨兴衰。整个寺庙的选址方式和桑耶寺基本一致，同为坐落在山谷怀抱之中的开阔平地上，并有河流从寺院前流过。

昌珠寺（图 14-5）据历史文献记载，是西藏吐蕃时期第一批兴建的佛教寺庙之一。虽然如今的昌珠寺内，建筑已经不是吐蕃时期的遗存了，但是这并不妨碍对吐蕃时期寺院选址的研究。昌珠寺位于山南地区乃东县，雅砻河东岸的东乡，距泽当镇 4 公里处，现为全国重点文物保护单位。乃东地区是吐蕃王朝迁都拉萨之前整个雅砻部落的经济、政治、文化中心。由于昌珠寺基本是和大昭寺一个时期兴建的，它们的选址方式有许多相似之处。昌珠寺坐落的这块土地，在吐蕃时期原来是一片湖泊，情况和大昭寺十分雷同。地势相对较低，周围绿树繁盛，其前方地势开阔，后方不远处众山环绕。据说，昌珠寺在吐蕃时期是个规模非常小，仅有六门六柱和祖拉康，现在看到的昌珠寺是经过后世三次大规模扩建维修形成的。因此昌珠寺在山南地区，尤其是乃东县境内规模较小的寺庙中具有代表性。

在乃东县境内，和昌珠寺的选址布局比较类似

图 14-3a 桑耶寺大殿立面及广场
图片来源：汪永平摄

图 14-3b 山水怀抱中的桑耶寺
图片来源：汪永平摄

图 14-4a 仲嘎曲德寺全景
图片来源：汪永平摄

图 14-4b 仲嘎曲德寺村落入口
图片来源：汪永平摄

图 14-5 昌珠寺全景
图片来源：汪永平摄

图 14-6a 吉如拉康（乃东县）（左）
图片来源：汪永平摄

图 14-6b 吉如拉康入口标志碑（右上）
图片来源：汪永平摄

图 14-6c 吉如拉康经堂（左）
图片来源：汪永平摄

图 14-6d 吉如拉康佛像（右中）
图片来源：汪永平摄

图 14-7a 提吉寺（错那县）（右下）
图片来源：汪永平摄

图 14-7b 洛扎县提吉寺大殿
图片来源：汪永平摄

的，还有位于乃东县雅鲁藏布江北岸的吉如拉康（图 14-6a~d），它也是在吐蕃时期修建的寺庙之一。它的规模比前面提到的寺院都小，位于山谷中。虽然建筑已经不是当年的模样，但是由于历史悠久、年代久远，文物价值很高，目前是国家级文物保护单位。

山南地区在边境的县区同样留存有相对完好的吐蕃时期的寺院建筑。与印度、不丹接壤的洛扎县，其境内有一座在藏传佛教界地位甚高，非常著名的寺院——提吉寺（又名“题期寺”）（图 14-7）。该寺建于唐会昌元年（公元 841 年），坐落在群山迭起的幽谷山村之中。藏传佛教称该寺为第二个“江洛坚”[5]。当初先修建了主殿，主殿分内经堂和外经堂，建筑面积约 5000 平方米，经过历史上的风风雨雨，现除主殿幸存外其余全部被毁，能看出唐代遗风特征的就是墙壁上的壁画和建筑的布局。据史书记载历史上整个寺庙规模约有 2 万平方米，拥有僧人上千名，是一座具有特殊影响而享誉全藏的寺庙。寺庙前有一条湍急的河水穿流而过。选址方式属于典型的吐蕃时期的风格。

从以上可以看出，西藏社会在吐蕃时期，即佛教在西藏传播的“前弘期”内，山南地区佛教建筑的选址方式有一个共同的特点：位于开阔的平地上，尤其是山谷地带，地势较低，周围群山环绕，大多数寺院前都有河流流过（图 14-8）。

14.2.2 分裂时期

在西藏分裂的时期内（约公元 9 世纪后半叶至 13 世纪初），山南地区修建的藏传佛教寺院数量也巨大。也许由于自然、人为等因素，至今留存较好的寺院已经不多了。就目前掌握的资料来看，代表佛教建筑有位于乃东县的曲德贡寺，兴建于 11 世纪；乃东县的热烔寺，兴建于 12 世纪初；位于隆子县的卡当寺与羊孜寺，均始建于 11 世纪末；加查县的达拉岗布寺，始建于 12 世纪初；扎囊县的扎塘寺，兴建于 1081 年。不过这些寺院的选址方式大多和佛教前弘期十分类似。山南地区尤以扎囊县的扎塘寺与洛扎县的色喀古托寺最为典型，也是保存最为完好的两座寺院。

扎塘寺（图 14-9）是在西藏佛教“后弘期”开始不久的 1081 年创建，由扎囊当时的十三贤人中的札巴·恩协拔创建。据《青史》记载，当时札巴·恩协拔不乐意在山谷寺庙中住持修行，所建扎塘寺也是位于雅鲁藏布江边的一处视野开阔的广阔平地上。同时，他还在拉萨与山南之间修建了很多寺庙道场，据《土观宗教源流》记载，后来札巴·恩协拔还修建了以扎塘寺为主寺的 108 处道场。

色喀古托寺（图 14-10）为藏传佛教噶举派最早的道场，位于西藏山南地区洛扎县。该寺始建于公元 1080 年前后，距今已有近千年的历史，是藏传佛教噶举派最早、最著名的寺院之一。该寺无论在佛教历史上，还是在西藏建筑及绘画艺术方面，都具有十分重要的地位。色喀古托寺的存在，充分代表

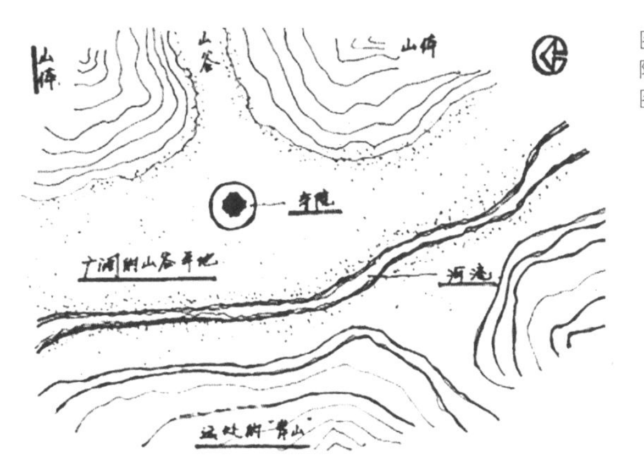

图 14-8 吐蕃时期寺院选址分析
图片来源：徐鑫鸣绘

图 14-9a 扎塘寺立面（扎囊县）
图片来源：汪永平摄

图 14-9b 扎塘寺文物标志碑
图片来源：汪永平摄

图 14-9c 扎塘寺壁画
图片来源：汪永平摄

图 14-10a 色喀古托寺鸟瞰（洛扎县）
图片来源：汪永平摄

图 14-10b 色喀古托寺局部
图片来源：汪永平摄

了西藏分裂时期寺院建筑的形制。寺院的兴建出于弘传佛教的目的，但是受制于地理条件的约束，无广阔地带，所以选址位于山谷河边，周围风光秀丽。

西藏分裂时期的前期，寺院的选址方式和吐蕃时期的情况基本相似。但是到了后期，随着藏传佛教的影响力提高，选址方式开始慢慢地发生了变化。西藏分裂时期是佛教后弘期的开始，佛教进入了缓慢的本土化进程。弘传佛教的僧人对佛教的认识加深，但是各有差异，由于立场不同，并分裂出了众多教派。分裂时期的佛教寺院同样是作为弘扬佛教而存在的，只不过弘扬的不再是吐蕃时期的佛教，而是各教派自己的佛教，因此选址方式和吐蕃时期基本没有差异。

14.2.3　地方政权时期

元朝是西藏在政治上发生重要变革的时期。其重要标志是：公元 1253 年，元宪宗蒙哥汗即位后的第三年，派兵进入西藏，结束了西藏长期分裂割据状态，统一了西藏。更为重要的是将西藏佛教（喇嘛教）立为国教，随后元朝的历任帝师[6]都由萨迦派僧人担任。这奠定了藏传佛教在整个社会决定性的影响力。萨迦本钦[7]——释迦桑布，被任命为十三万户的万户长，同时也明确了萨迦为十三万户之首。这时，政教合一的社会制度在西藏得到了正式的确立。藏传佛教建筑这时的地位已经不能和前弘期同日而语，它不仅仅是弘扬佛法的道场，更具有了权力的象征。元朝在西藏设立十三万户后，它们各自兴建了代表各自势力的“宗”。宗堡建筑是一个独特的建筑形式，建筑内容纳了行政办公、宗教等各种复杂的功能，当时十三个万户在西藏总共修建了十三个大宗，全部位于山巅。“宗”的建筑形式一直从元朝时期延续到清朝末期（图 14-11）。一般说法都将“宗”作为独立的建筑形式，但是建立在宗教基础上的各个政权势力都是将“宗”的势力象征意义与佛教功能结合在一起的。所以在一定意义上，它既是宫殿建筑的特殊形式，又是藏传佛教建筑的一个非常特殊的形式。

由于历史地位的根本性转变，藏传佛教建筑在选址方面也呈现出和佛教前弘期及分裂前期截然不同的特征。具体表现在藏传佛教寺院的选址不再拘泥于广阔的平地上，而以展现佛教世界为目标，开始向地势相对较高的地方转移，比如缓坡、陡峭山体的半山腰处、地势高的台地上等。

这种类型的寺院在西藏山南地区是最为普遍的，从 13 世纪一直延续至今。位于隆子县的丢热寺的选址就位于隆子县城西北约 4 公里的一片山前冲积扇[8]上，周围有茂密的灌木围合。丢热寺始建时为萨迦派寺庙，建寺时间为公元 13 世纪，相传该寺最初建在一马厩旁，故名“丢热”，意为“建在马厩旁的寺庙”。历史上的丢热寺在“涅地”[9]是一座非常重要的寺庙，尤其是在格鲁派时期曾为古涅地格鲁派六大寺之一，下辖有色穷寺。寺庙建筑群北靠起伏的山脉，南临宽阔的河谷。早期建筑原位于隆子河南岸（现寺址在北岸），位置与现今的寺庙大体相对，后被蒙古准噶尔部入侵时所毁，现仅存有残墙（图 14–12）。

亚桑寺于公元 1206 年由却闷朗创建。虽然当时西藏还没有完全被元帝国统一，但是亚桑地区当时的佛教势力已经相当强盛，并成为元朝统一西藏后划分的十三万户之一。其寺庙建筑在西藏被元朝统一后的佛教建筑中很具有代表性。亚桑寺的具体位置在乃东县的可日半山腰上，海拔4330米，坐西朝东。其山脚下是南北流向的亚桑河，河两岸为山谷中宽阔的肥田沃地。大约在明朝时期，亚桑万户被吞并，亚桑寺没落，但是在此之前亚桑寺有“小布达拉宫”的美名。亚桑寺早期规模相当宏伟，南北总长 360 米，东西长 250 米。它依山而建，鳞次栉比，层层抬高，山寺长长的“之”字形主道与寺院主要殿堂相称，颇具拉萨布达拉宫的气势。但是当年的亚桑寺如今只剩残垣断壁，如图 14–13 所示的亚桑寺是在原址侧边新修的。不过，透过其选址可以发现，这个时期寺庙的选址方式和佛教前弘期以及西藏分裂时期的方式已经有所变化了。

图 14–11 琼结宗遗址
图片来源：汪永平摄

图 14–12a 丢热寺遗址
图片来源：汪永平摄

图 14–12b 丢热寺遗址柱础
图片来源：周航摄

图 14–13 远眺亚桑寺（乃东县）
图片来源：汪永平摄

位于曲松县城的朗真寺，其选址方式是自元帝国统一西藏之后比较独特的一种。该寺庙始建于 13 世纪末至 14 世纪初，位于县内下江朗真村内东南一隅的台地上，台地约高 70 米，其东、南皆临崖壁，南侧为江扎普久河，占地约 1500 平方米。它和拉加里王宫处于一块台地上，中间相隔大约 300 米，图

图 14-14 从拉加里王宫看远处朗真寺(重建)
图片来源：汪永平摄

14-14 是从拉加里王宫处拍摄朗真寺的照片，可见寺庙与拉加里王宫遥相呼应。

之所以说朗真寺的选址独特，主要是因为它和拉加里王宫相毗邻。拉加里王是西藏吐蕃王室的一支后裔，这一支吐蕃王室的后裔以“加里”为名，并冠以“拉”（神）字，形成了象征权力与荣耀的“拉加里”这个姓氏。这个王室家族与佛教寺院势力的结合，成为政教合一的地方统治集团，号“拉加里法王”，也称为“山南法王”，行政上保持相对的独立性。由于拉加里法王是吐蕃松赞干布的后裔，黄教政权也需要法王的支持，所以历代地方政权和达赖喇嘛，都对这个小王朝采取宽容态度。从朗真寺的选址中所透露出的信息，充分表明了政教合一的社会制度中藏传佛教在西藏的独特地位及其与地方势力的紧密关系。

西藏地方政权统治时期寺院的选址方式和藏传佛教的演变是分不开的。其实早在 12 世纪下半叶，政教合一的制度便开始出现雏形。佛教的地位得到显著提高，山南地区佛教寺院的选址有了显著的变化，总体趋势是开始往地势高的地方转移，例如选址选在山腰、高台地、缓坡等。形成这种特征的原因是多方面的，归纳起来大概有三点因素：第一，藏传佛教自身地位的提升，必然要求在物质形态即寺院方面有所体现；第二，自西藏分裂以后，各个教派物质实力是显著提升的，而将寺院修筑在山体上比修建在开阔平地上需要花费更大的代价，经济实力的提升为这种要求提供了根本的保障；第三，自佛教后弘期以来，对佛教的认识比前弘期更为深刻，出于佛教教义的要求以及为了更好地修炼成佛，故将藏传佛教建筑的选址选在了地势较高的地点。

14.3 寺庙的环境特征

佛教中有一条戒律是亘古不变的，自从释迦牟尼创建佛教便已产生，那就是出家僧人是不允许劳动的。佛教的戒律规定，佛教弟子们不但不做饭，连种田也是犯戒的，一锄头下去，泥土里不晓得死了多少生命，所以不准种田。[10] 这条戒律决定了佛教寺院的经济来源必须是依靠他人施舍。虽然后期，寺院建立了自己的经济体系，但是僧侣始终是不劳作的。在西藏地区，这一佛教戒律一直延续至今。

早在吐蕃时期，自从松赞干布开始大力推进佛教在西藏的传播开始，寺院的选址就一直与藏族人们聚居的地方有着密切的联系。当时择地修建镇服罗刹女魔的寺院时，选址一般都集中在人口聚居的开阔地带，其中还有一个目的，即希望在广大藏族人们中普及佛教。据史料记载，当时的寺院都由王室供养，山南地区物产丰富，素有“西藏粮仓”的美誉，为王室供养寺院僧侣提供了很大的方便，这也是为何吐蕃时期的寺院在山南地区如此之多的一个重要原因。

到了赤松德赞时期，也是佛教在西藏弘扬最盛的时期，不仅于公元 779 年建成了首次供奉佛、法、僧“三宝”俱全的桑耶寺，并引进、推广了“七户养僧”制度，即七户平民供养一位僧人。由此，佛教的发展有了相对稳定的物质基础。可是如何实施这个制度并没有详细介绍，不过根据当时西藏地区整体生产力水平较低，交通运输的能力也十分落后的情况看来，佛教寺院的选址必然需要选择在藏族人们聚居的村庄附近。

如前所述，西藏分裂后期以及后来地方政权统治时期，寺院拥有了大量的农田、牲畜，逐渐发展壮大了自己的经济实力。寺院虽然大多数位于地势高的地方，但周围附近或者是山下总有村庄的存在。

琼结县城的布局可以充分说明西藏山南地区村庄与寺院的关系。如图 14-15a 所示为山南地区琼结县城，这里是吐蕃王朝名副其实的发源地，在松赞干布迁都拉萨之前，这里就是雅砻部落的政治、经济、文化中心，有着举足轻重的地位。图中的山体为青瓦达孜山，山脊处破败不堪的遗址，是吐蕃时期修建的青瓦达孜宫，它曾经是吐蕃赞普们的夏宫，在西藏历史上有很高的地位。山脊东侧较矮的一侧的遗址是琼结宗[11]的遗址。位于山腰处，如今只剩下残垣断壁的建筑是修建于公元14世纪的日乌德钦寺，如今已经废弃，其西侧崭新的白塔与寺庙是该寺的新址。整个山体上并存着从吐蕃时期一直到今天修建的建筑，尽管宫殿、寺院建筑的选址不断变化，唯一不变的是青瓦达孜山山体下的村庄——“雪村”（图14-15b），据史料记载，在吐蕃时期以及更早的时期，这里是吐蕃贵族集团的聚居地。

由这种布局可以推知，在佛教还没有传入西藏之前，琼结雪村就已经存在并且很繁荣了。日乌德钦寺的兴建是后来的事情，虽然它位于山腰处，但是没有完全脱离村庄，与雪村保持着紧密的联系。它的选址不仅为村民施舍与参拜提供了方便，也为自身的存在与发展提供了物质保障。

佛教寺院的选址还有一种比较普遍的形式——寺院被村庄围绕。最为典型的是位于泽当镇的甘丹曲果林寺（图14-16a、b），整个寺院坐北朝南，位于村庄的中心位置，被村庄紧紧包围。该寺是1900年在“盆得列谢林”的基础上修建的，始建年代为公元18世纪中叶。寺院位于泽当镇的一处地势较高的台地上。

这种村庄围绕寺院的选址方式，是世俗世界与神居世界紧密联系的典型代表。为村民日常参拜提供了极大的方便，尤其是便于村民日常转经，寺院四周的外墙布满转经筒，村名无论走在哪面墙体之外，都会有十分强烈的场所归属感（图14-16c）。

佛教的理论将世界划分为世俗世界和佛国世界两大部分。世界的中心是须弥山，围绕它排列着山河大地、日月星辰。须弥山由金、银、琉璃、玻璃四宝组成，山高八万四千[12]由旬，山顶上为帝释天，周围是七香海和七金山，七金山内的七香海，山外为由铁围山围绕成的威海。威海中分布着四大洲、

图14-15a 琼结雪村、寺庙与宗山全景
图片来源：汪永平摄

图14-15b 琼结雪村鸟瞰
图片来源：汪永平摄

图14-16a 甘丹曲果林寺鸟瞰（泽当镇）
图片来源：汪永平摄

图14-16b 寺院大殿
图片来源：吕伟娅摄

图14-16c 寺院外墙的转经筒
图片来源：吕伟娅摄

图 14–17 东本贝日山山腰处的莫吾觉寺
图片来源：汪永平摄

图 14–18 从寺庙大殿鸟瞰山下
图片来源：汪永平摄

大中洲和无数小洲。四大洲为东胜神洲、南赡部洲、西牛贺洲、北俱卢洲，每一洲形成一个世界，有自己的太阳、月亮和星星。

山南地区的佛教寺院选址集中表现为寺院建筑依据周围的自然环境，选择合适的地点建造寺院，使之与周围的环境相互协调，烘托出佛教世界的意象。

位于山南地区措美县内当许村东侧 2 公里处的莫吾觉寺，坐落在海拔 5000 米的东本贝日山的山腰上，始建于公元 12 世纪中叶，距今已有 800 多年的历史，是藏传佛教宁玛派著名寺庙，被誉为藏南朝圣古道第一关（图 14–17）。措美县城与东本贝日山的位置十分特别，措美县位于群山环绕之中，周边只有几条小道可以通达，交通闭塞，但是这里是由山南边境通往腹地的一个关口要地。东本贝日山与措美县城毗邻，位于周围群山的中心位置，形象地象征了世俗世界和佛国世界构成的佛教世界的中心——须弥山，周围环绕的群山犹如佛教世界中由铁围山围绕成的威海，寺院主体建筑傲然屹立于东本贝日山的山腰，巍峨壮观，面朝山下的村庄，造成居高临下、俯瞰其民之势（图 14–18），佛教世界的中心与众生之间形成的鲜明对照，形象地阐释了一个观想中的佛国世界，成就了它在山南地区佛教寺院中的独特地位。

图 14–19 桑耶寺天花曼陀罗图案
图片来源：汪永平摄

14.4 寺庙空间布局

14.4.1 “曼陀罗”的世界

“曼陀罗”（又译为“曼荼罗”）是藏传佛教中观想的佛国世界，集中体现了藏传佛教的理念，“坛城”是这一所观想世界的物质形态。

密宗起源于印度，是印度佛教的最后一个阶段，有“金刚乘”“大乘”“真言宗”和“密教乘”等各种叫法。密宗是大乘佛教与婆罗门教、印度教和印度地方一些民间信仰的混合产物。在强调供养诸尊的同时，念诵与供养的种种规定也逐渐完善，并组成具体的方形或圆形的土坛，将诸佛位置安排妥当以便祭拜。这种修行与《法华经》的教义相结合，由此建立的宗教体系就是秘密佛教，简称密宗。

密宗崇拜的对象是集密、胜乐、大威德等本尊及各种度母，其中把大日如来（即大毗卢遮那佛）视为根本佛。可以说大日如来是密宗各如来的代表，也就是密宗佛的代表。

坛城（图 14–19）是密宗修法有专门的场所，也就是曼陀罗，它不仅显示密宗法力的形象，而且也解释宇宙的构成，相当于密宗的立体经变，它是有历史渊源的。因此佛寺庙宇采用原始印度教建筑形制中轴对称，多讲究十字对称和布局规整。藏传佛教保持着较多的密宗内容，非常重视以形象说教，所以密宗作法受戒时通常采用的方圆相间、十字轴线对称、九宫分隔的祭坛型建筑——曼陀罗就被当作宣传密教宇宙观的模式而普遍应用。它们通过整体平面布局和整体纵向布局，在人间安置天国的虚境，把对宇宙的构想变成可视的直观的图景——藏传佛教寺院。

1. 桑耶寺

佛教传入西藏，是在公元7世纪松赞干布（593—650年）在位的吐蕃王朝时期。从松赞干布起的吐蕃王室一直致力于发展佛教，早期兴建了大、小昭寺和许多规模较小的寺庙、神殿。至赤松德赞年长亲政，开始决定利用佛教巩固王室权益，先后从尼泊尔迎请著名佛学家寂护和著名佛教密宗大师莲花生来藏传布佛法，并亲自决定修建三宝（佛、法、僧）所依之桑耶寺，作为弘扬佛法的根本道场。据《贤者喜宴》记载，桑耶寺于公元774年建成（图14–20、图14–21）。

关于桑耶寺早期的总体布局，目前已经没有实物可考，但是可以参照目前尚存早期形制的阿里地区札达县境内的托林寺情况做进一步考察。托林寺始建于公元10世纪。1981年西藏工业建筑勘测设计院对阿里地区古格王国遗址做了详细的勘测与历史考察，所撰《古格王国建筑遗址》中纪录托林寺的现状："……古格王益西沃所创建的王国宗教中心托林寺迦莎殿……在千姿百态的佛殿之中自树一帜，独具风格。史籍记载，该建筑物系益西沃仿照桑耶寺而建。"可见，迦莎殿（图14–22）的形制是参照桑耶寺（图14–23）而来。

图14–20 桑耶寺鸟瞰
图片来源：汪永平摄

图14–21 桑耶寺局部
图片来源：汪永平摄

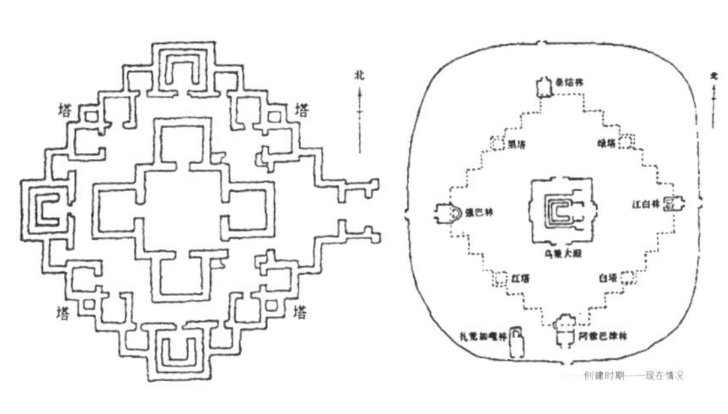

图14–22 迦莎殿平面示意图（左）
图片来源：《藏传佛教寺院考古》

图14–23 早期桑耶寺布局推测图（右）
图片来源：《藏传佛教寺院考古》

"迦莎殿坐西朝东，分内外两圈。内圈布置5座殿堂，呈十字形，正中系14米×14米的方殿……周围环绕3.7米回廊，系转经朝拜道……外围四角，又各设佛殿两座并建塔一座……托林寺的迦莎殿把桑耶寺一组庞大建筑群所表现的设计思想和内容，组织在一幢建筑之中。中间的方殿，表示须弥山，环廊外圈四向的四组佛殿，分别代表东胜身三洲、南瞻部三洲、西牛贺三洲、北妙声三洲；四角四座佛塔，代表四大王天等等。"

专记桑耶寺历史的《拔协》，详细叙述了寺庙的重要建筑物，索南坚赞《西藏王统记》据以摘要：

"大阿伽黎（莲花生）为修建神殿，观察地形……在场地中央，取山王须弥山形，埔筑就大首顶正殿地基，蒙尊胜度母来为授记云：此前应先修建阿耶波罗洲，即于兔年开始修建大首顶正殿下层……复次又修建正殿中层……转经廊外向有八大灵塔……又建中层转经绕道……殿后立有石碑……复次，又仿东胜神洲三洲半月形相，于东建三偏殿，所建……中殿为智慧妙吉祥洲……仿南赡部洲三洲肩胛骨形相，于南建三偏殿……中殿为天竺译经洲。仿西牛货洲三洲圆形之相，于西修建三偏殿……中殿兜率弥勒洲……仿北俱卢三洲四方形相，于北修建三偏殿……中心为发心菩提心洲……又仿日轮所建偏殿，即上亚厦之满贤神殿……仿月轮所建偏殿，即下亚厦之善财神殿……又后修建白色梵塔，即大菩提塔；依声闻之规，有八狮子作严饰……修建红色梵塔，

图 14-24 曼陀罗图案
图片来源：《唐卡艺术全书》

图 14-25 桑耶寺乌孜大殿
图片来源：汪永平摄

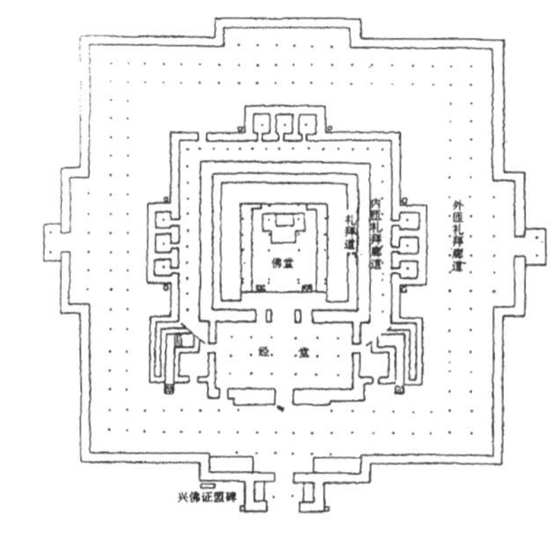

图 14-26 桑耶寺乌孜大殿底层平面示意图
图片来源：《藏传佛教寺院考古》

图 14-27 夏鲁寺壁画坛城图案
图片来源：周映辉摄

依转法轮之规，有莲花作严饰……修建黑色梵塔，依独觉之规……修建蓝色梵塔，依吉祥如来从天下降之规，有十六殿门作为严饰……复次，在多角外围墙金刚步之处，有一百零八座梵塔，每一梵塔内安放一粒如来舍利。复次，尚有三妃三洲……如是妙善修造之吉祥永固天成桑耶大伽蓝和各部殿堂完成，其新颖处：论工艺为拉萨中最新巧之工艺，在中央威灵殿前大门饰以华丽之牌楼，并以鲜净泥土塑造护门四天王像等是也。”[13]

如今的桑耶寺和当初兴建的桑耶寺有很大区别，乌孜大殿原有九层，现存三层。根据记载，早期桑耶寺的围墙并非圆形或椭圆形，而是四方多角形的围墙，推测当时曼陀罗的原型为如图 14-24 所示的形制，这也是曼陀罗形式其中的一种。当年的 108 座小塔如今也已不存在，4 座佛塔也是近几十年新修的，但是这并不影响桑耶寺在西藏佛教历史上至高无上的地位。因为桑耶寺的布局形式深深地影响了后来西藏山南地区几乎所有的佛教寺院建筑。

在建筑的单体方面，桑耶寺也无处不体现着“曼陀罗”理想世界的影响。“乌孜”大殿即“祖拉康”（图 14-25、图 14-26），是桑耶寺的中心主殿，“其地基高厚而大，所备之原材料静致完好，如同螺碗盛满玛瑙一般”（《贤者喜宴》）建筑面积达 6000 多平方米，坐西朝东，殿高三层，样式别致，独具风格。建筑的平面布局就是曼陀罗形式中心的形象再现（图 14-27），与坛城的形式完美吻合。正如《贤者喜宴》所载：“此寺系一难以想象之建筑，此世间无与伦比之寺院。”[14]

桑耶寺的建筑形式在西藏山南地区的佛教寺院中具有典型的代表意义。这种受曼陀罗思想影响的“坛城”形式深刻地左右着后来西藏几乎所有的寺院建筑平面布局形式。但是像桑耶寺这样，不论从总体布局还是单体建筑都严格而完整地按照坛城的形式来建造，并且目前保存最为完整的只有桑耶寺。

2. 扎同寺

位于山南地区错那县扎同乡扎同村北，朗阿河与觉拉河在此相汇合流，寺院所在地为河北岸的高台地上，与河床高差约 20 米，海拔 3700 米。据记载，扎同寺建造于公元 1489 年，创寺人为曲吉扎瓜活佛，隶属噶举派(14–28)。寺院的外围原来均由高墙围合，目前南墙及东、西部分墙体已经不存，北墙保存完整，长约 180 米，墙体分层用夯土夯筑而成，墙基用石片砌筑，墙厚约 1.6 米，墙体残高 1.5~5 米。原来围墙四面皆辟有门道，现在的北门保存最为完整，宽约 6 米。整体的平面布局呈正方形，扎同寺主体建筑位于围墙内部中间位置(图 14–29a)。可以推测，当时扎同寺在早期兴建的时候，也是根据方形坛城的形式，在外围设计了一圈高墙用以象征佛教世界中“铁围山”的形象。中心修建寺院主殿象征佛教世界的中心——“须弥山”。

图 14–28 扎同寺大殿
图片来源：汪永平摄

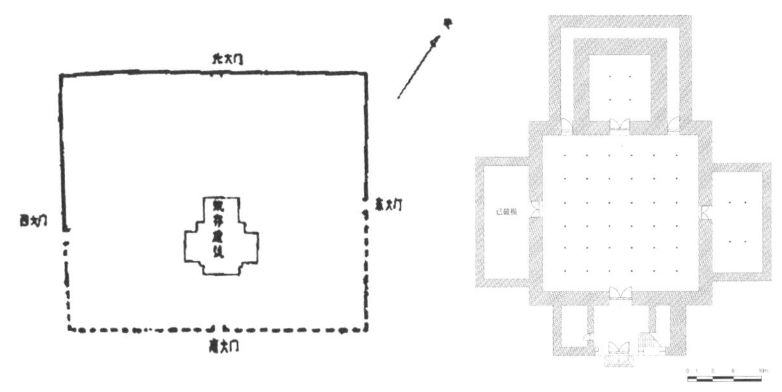

图 14–29a 扎同寺总平面示意图（左）
图片来源：文物局资料
图 14–29b 扎同寺平面图（右）
图片来源：文物局资料

寺院大门前为一小广场，为寺院举行重大宗教仪式或宗教节日跳神活动的场所。门廊两柱，面阔 6.6 米，进深 6 米，立柱为八棱形。门廊往北进入杜康大殿，大殿面阔 7 间宽 22 米，进深 7 间长 23 米，平面略呈正方形，现存 36 根柱子，当中三间上为天井(图 14–29b)。大殿四壁均保存有基本完整的壁画，内容为全套释迦牟尼降生、出家、成佛直至涅槃等重要场景。大殿西侧突出部分为赤巴拉康；东侧为护法神殿。杜康大殿之后（北侧）为佛殿，内有四柱，面阔 8 米，进深 7 米。立柱之上呈十字斗拱（图 14–30a、b）。空间高阔，给人以精神升华的感觉。佛殿北壁设有须弥座式佛坛，上供释迦牟尼等佛塑像。佛殿东西两侧也各设须莲花座式佛坛。佛殿之上为阿嘎尔拉康，原供中央坛城、灵塔及《甘珠尔》经书。据记载，阿嘎尔拉康之上原来还有一层建筑，用以供奉历代活佛肉身的灵塔，现已塌毁。

图 14–30a 扎同寺佛殿吊顶
图片来源：汪永平摄

此外，底层佛殿的东、北、西三面还辟有环廊式转经甬道，其内壁满绘小佛像。

3. 扎塘寺

位于山南地区扎囊县境内，当初的整体建筑布局是严格地按照佛教密宗的曼陀罗建造而成，即所谓“坛城”。由于历史的原因，现仅存主殿和残缺不全的围墙（图 14–31）。据寺内的喇嘛所述，扎塘寺原有内、中、外三重围墙。内围墙和中围墙呈正方形，周长约 750 米，后人曾将北面的围墙内缩，以致形成今日的主殿不在围墙中心的位置。围墙以石为基础，其上用土砂夯筑成墙。外围墙顶部一般都砌有土坯，外高内低。围墙底厚 2.2 米，顶部厚约 1.9 米。围墙东面原有一座大门，与主殿大门在一条中轴线上，南面有一座小门。另外，在围墙外，还挖有一周壕沟。[15] 虽然如今外围的围墙已经不在，但

图 14–30b 扎同寺佛殿斗拱
图片来源：汪永平摄

图 14-31a 扎塘寺立面
图片来源：汪永平摄

是从以上的文献记载中可以清楚地看到，扎塘寺在当年设计建造的时候，其总体布局是严格地按照曼陀罗的意象兴建的。通过层层的围墙，形象地将寺院划分成几个区域，以此和曼陀罗世界中层层围合的世界所对应。

主殿坐西朝东，平面呈不规则“十”字形（图 14-32）。主要由门廊、经堂、密室、佛殿、回廊五部分组成。门廊为 17 米 ×2 米的狭长空间。经堂门宽 3 米，内部面阔 5 间，进深 6 间，共 20 根柱子，柱子形状有八棱角形和方柱。经堂左右各有两间侧房（密室），但是右侧的密室已基本毁尽。佛殿由回廊围成一周，与其他寺院佛殿外的围廊不同的是，该回廊四面围合整个佛殿，而大多数寺院的转经回廊是三面围合而成的。佛殿完全成为一个独立的空间，并有回廊分隔开来，彰显其神秘的色彩。

从扎塘寺整个大殿的平面布局形式来看，其形式基本保持了“曼陀罗”十字形，中心向四面伸展的“坛城”结构。尽管后来有许多加建、改建的部分，却丝毫没有改变设计的理念——“曼陀罗”。

4. 扎果寺

扎果寺，又名查乌寺，位于山南地区隆子县新巴乡吐玛村北面的冲积台地上，其南方 1 公里处为隆子河，海拔 3910 米（图 14-33）。据记载，扎果寺始建于公元 798 年，和桑耶寺属于同一时期的寺院建筑。现存的扎果寺是各个时期修建杂合在一起的建筑群，各个时期的建筑遗迹一一留存。现存的主殿——祖布拉康是公元 17 世纪修建的。寺院建筑群呈东西向展开（图 14-34），东西长约 150 米，南北宽 40 米，除祖布拉康仍保存完好之外，其余的建

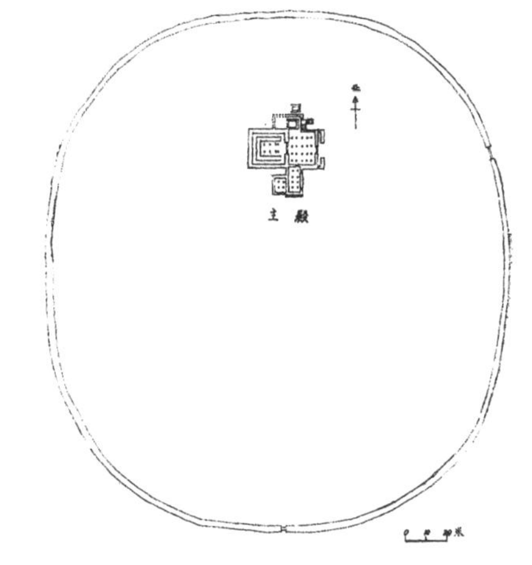

图 14-31b 扎塘寺主殿及围墙平面示意图
图片来源：文物局资料

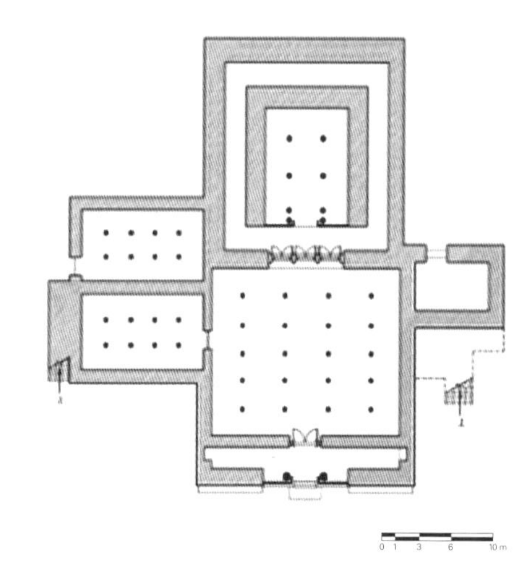

图 14-32 扎塘寺平面图
图片来源：南京工业大学测绘

图 14-33 扎果寺（左）
图片来源：汪永平摄

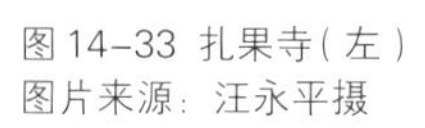

图 14-34 扎果寺周边（右）
图片来源：徐鑫鸣摄

筑遗存均成废墟。从总体布局上已经很难辨认当初设计建造者的真正意图，但是从留存的祖布拉康大殿依然可以窥探到曼陀罗思想意识对该座寺院建筑的影响。

祖布拉康位于整个建筑群的最东端，为两层石砌建筑，底层有杜康大殿、佛殿、耳房，上层为附属建筑（图 14-35）。杜康大殿坐东朝西，前有门廊，后接佛殿，左右各有耳房一间。门廊四柱，面阔 7 米、进深 5.4 米。门廊连接着大殿，大殿面阔 7 间 19 米，进深 7 间 18.4 米，共有 36 根柱。当中四柱撑起中部九间构成的天井。佛殿位于大殿之后，平面呈一长方形，长 8 米，宽 3 米。原来留存有可供奉朝拜的释迦牟尼塑像。从平面布局来看，当初修建祖布拉康也是按照坛城的形式修建的，在建筑的四边都设有突出的体量，和坛城中四边设门道的形式对应。但是随着时间的推移，后来寺院建筑不断扩建翻新，修建了如图 14-35 中左下角多出的建筑部分。这种在不断地加建中改变寺院建筑布局的情况在西藏山南地区的寺院建筑中非常普遍。

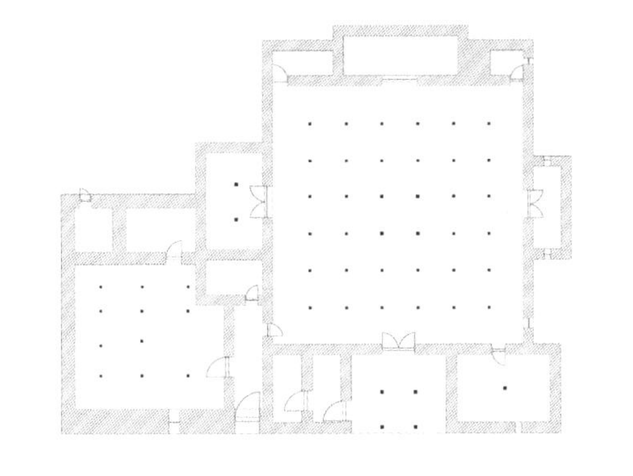

图 14-35 祖布拉康平面图
图片来源：南京工业大学测绘

5. 建叶寺

位于西藏山南地区琼结县加麻乡建叶村中，坐西朝东。现存建筑主要包括经堂、佛堂、僧舍等。这些建筑均布置在一个方形的围墙内。占地面积约为 2720 平方米。建叶寺创建于公元 11 世纪，创建人为格西扎巴，此人还修建了位于扎囊县境内的扎塘寺。据史料记载，格西扎巴创建建叶寺时将寺院划分为三个部分：第一处是讲经和起居的地方；第二处是圆形的围墙；第三处是路口走廊。讲经处现留存，为该寺院最早期的建筑。圆形围墙在以后的扩建时拆毁，改建成方形围墙（图 14-36a）。方形围墙残存，尤以北边较完好，高约 4.5 米，厚 2 米。围墙南北开有对称的侧门，至今保存比较完好，均宽 2.6 米，东门（正门）和北侧门均设有台阶。整个围墙为土石结构夯筑而成，墙内侧有加固的石板层。[16] 从这个特点可以探知，当年修建寺院时也考虑到佛教世界中“铁围山”的象征意义。

现存的大殿位于寺院中央，高三层，分为经堂和佛堂两部分（图 14-36b）。经堂面阔 5 间，进深 6 间。其正中有 6 根柱子直通二层，托起高敞的天窗。经堂两侧壁外建有耳房。位于建筑最里面的佛堂平面呈正方形，面阔三间，进深三间。有四圆柱，内有释迦牟尼的铜像。据记载，现在看到的主殿是分期建设而成的，最后面的佛堂在早期经堂完工后修建，而现在的经堂又是在原来的基础上扩建而成（图 14-37）。但是从最终的平面布局形式看，和坛城的形式极为接近。所以，曼陀罗思想的坛城形式对佛教寺院的影响是深刻的，即使在扩建加建的情况下，依然考虑到佛教世界的直观再现。

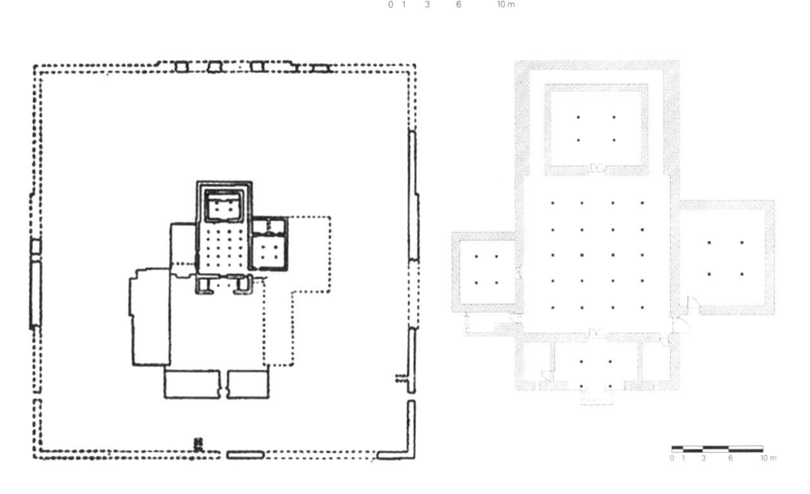

图 14-36a 建叶寺总平面（左）
图片来源：文物局资料

图 14-36b 建叶寺大殿平面图（右）
图片来源：南京工业大学测绘

图 14-37a 建叶寺大殿立面
图片来源：周航摄

图 14-37b 回廊（转经道）
图片来源：周航摄

图 14-38 帕堆寺现状
图片来源：汪永平摄

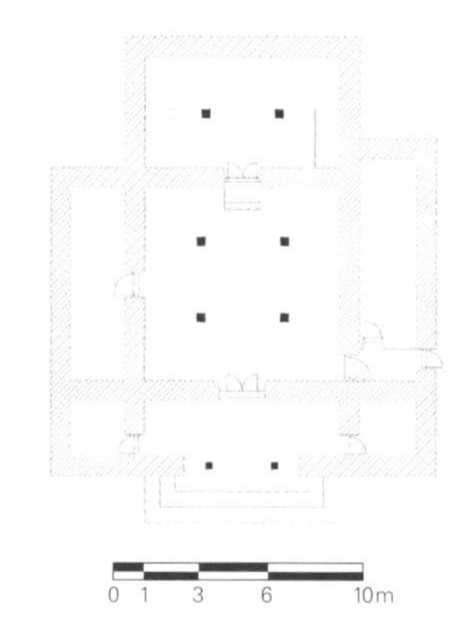

图 14-39 帕堆寺一层平面图
图片来源：南京工业大学测绘

从历史的文献资料中不难发现，山南地区几乎所有寺院的设计建造者都是各个时期的佛教僧人。这一点决定了山南地区佛教寺院的布局，必定和佛教意想的世界存在着千丝万缕的联系。

曼陀罗作为藏传佛教密宗中意想的世界，深刻地影响着西藏山南地区寺院的整体布局与单体建筑形式。可以说，山南地区绝大多数寺院建筑的平面布局形式都遵循着“坛城”这一“曼陀罗”思想的具体物质形态。

14.4.2 佛教世界观对建筑布局的影响

1. 佛教“三界”说对建筑空间序列的影响

佛教所划定的世俗世界由欲界、色界、无色界三界构成。

西藏山南地区藏传佛教寺院单体建筑的布局也将佛教中“三界”之说的感受，通过空间与时间的递进，形象地呈现在世人的面前。

以帕堆寺为例（图 14-38），它位于隆子县一山谷中的热荣乡，交通闭塞。该寺始建于公元 1498 年。从平面布局来看（图 14-39），其形式依然受“曼陀罗”的影响，遵循着“坛城”的原型。整个寺院的布局按照空间递进的关系，大致分为以下几个部分：主殿前由辅助用房或围墙围合而成的院落，主殿的门廊、经堂、佛殿。正是这几部分构成了佛教世界中对“三界”理论的形象阐释。

院落是寺院主殿外的一处开阔的地带，也是朝拜者进入主殿前的一处必经的场所。这一场所与外部更广阔的空间直接联系，在其中可以举行各种法事活动，朝拜者在其中的行为也只受到很少的约束，因此这一空间具有相对的开放性。正是因为这个空间包容了世俗世界生活的内容，因此很容易和佛教“三界”说中的“欲界”相对应。这一空间无形中给朝拜者以即将进入寺院大殿——佛的世界——的暗示。

朝拜者接着沿着门廊的台阶而上，进入门廊。门廊在这一空间序列中起到了一个过渡的作用。朝拜者通过门廊——地坪高度的提升与空间的收缩围合——完成了从外部的院落空间向经堂空间的过渡。不过山南地区也有许多寺院大殿的门廊空间特别开阔，形成一个独立的具有意义的空间，而且地坪高度和室外院落的高度几乎一样，在这种情况下也可以将这一空间理解为“欲界”世界的象征。

帕堆寺门廊的地坪高度和经堂的地坪高度是一

羊的，只以一道门将两空间分隔（图 14-40a）。进入经堂后，朝拜者即进入了另一个更加封闭的空间，由四面围合而成（图 14-40b）。西藏山南地区所有寺院大殿的经堂中部上方都开有天窗，从功能方面看，这满足了封闭空间采光的需求。但这不是根本目的所在，因为山南地区寺院中的其他功能的建筑，有许多很大的空间是现代建筑中所提到的“黑空间”，是不设天窗的。笔者认为经堂空间中天窗的设计，具有深刻的象征与心理暗示的意义。

经过经堂的空间，最终进入帕堆寺的佛堂。这时，佛堂的地坪相对经堂又提升了数个台阶的高度。佛堂由四面高墙围合，不开窗，只有一扇门可以到达，内部空间体量比经堂更加高耸。总之，佛堂内幽暗的光线以及与经堂反差巨大的空间体量，立刻显示出佛堂的神秘与神圣。暗示所有人，这是“神的居所”，即佛教世界的第三重顶天——“无色界”。在佛殿中，有佛祖释迦牟尼的塑像，印证了“神的居所”的说法。在这里，佛祖与佛教的地位通过建筑中时空的递进、空间体量的变化、光线变换，被渲染到极致。

经过从寺院外的广场，至经堂，最终到达佛殿的这一空间序列，所有藏传佛教的信徒们完成了一个心灵逐渐升华的体验过程，这加深了信徒们对佛教世界的心理感知。

这一套空间序列的设计建造，在山南地区所有藏传佛教寺院中都能找到印证，最多只在局部有细微的差异。如位于隆子县的隆子镇，始建于 13 世纪的丢热寺（图 14-41），由于历史上改建加建等原因，其“坛城”的形式已经十分模糊，但是按照时间顺序逐次递进的空间形式依然很明朗，门廊通过台阶的地坪提升，将室外院落和经堂分隔开，经堂进深有七间，开有很大的天窗，佛堂的地坪高度进一步提升，进深只有两间，但是高度却高出经堂几乎一倍（图 14-42），空间极富戏剧性的变化赋予佛堂以崇高的象征意义和显赫的地位。不同的是佛堂最上部开一狭长的天窗，微弱的光线照射在释迦牟尼塑像上半身，更增添了佛祖至高无上的神秘色彩。

位于山南地区隆子县的赤来寺（又名色切寺），

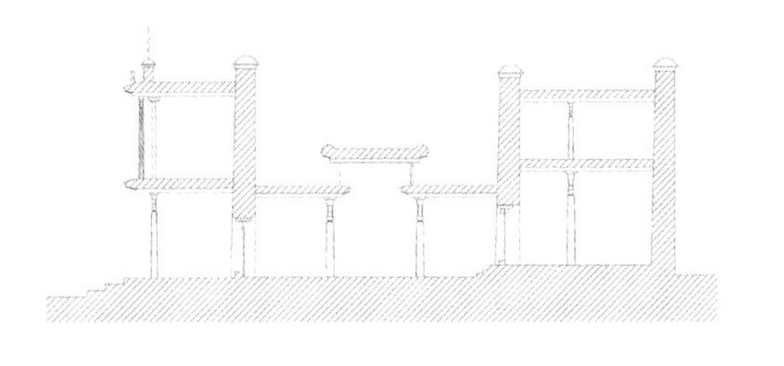

图 14-40a 帕堆寺剖面图
图片来源：南京工业大学测绘

图 14-40b 帕堆寺经堂
图片来源：汪永平摄

图 14-41a 丢热寺大殿立面
图片来源：汪永平摄

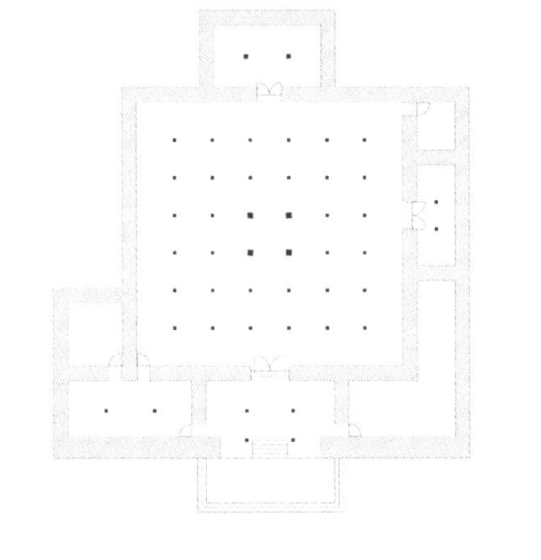

图 14-41b 丢热寺一层平面图
图片来源：南京工业大学测绘

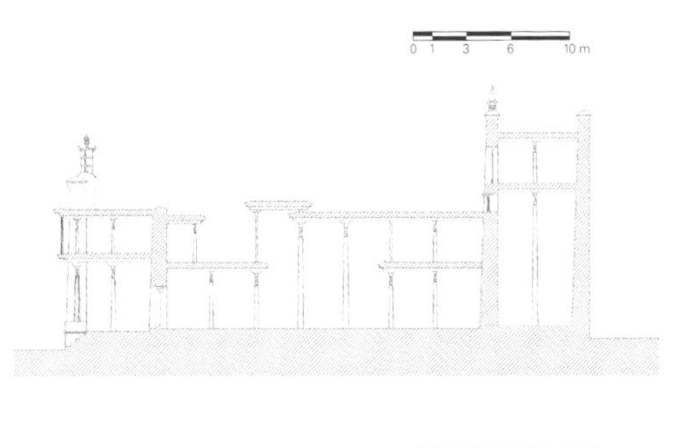

图 14-42a 丢热寺剖面图
图片来源：南京工业大学测绘

图 14-42b 丢热寺大殿经堂
图片来源：汪永平摄

图 14-43a 赤来寺立面
图片来源：汪永平摄

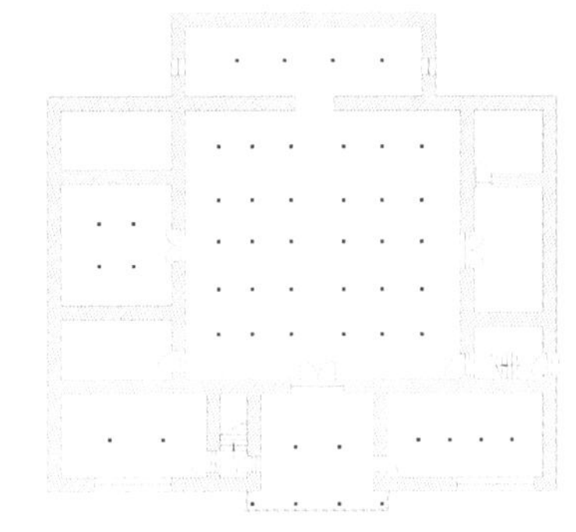

图 14-43b 赤来寺一层平面图
图片来源：南京工业大学测绘

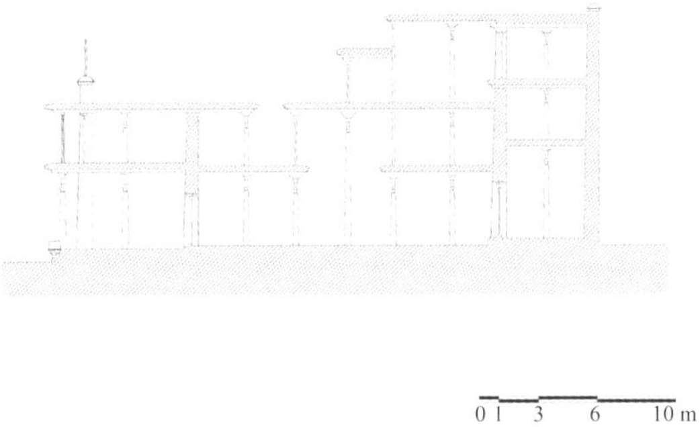

图14-44 赤来寺剖面图
图片来源：南京工业大学测绘

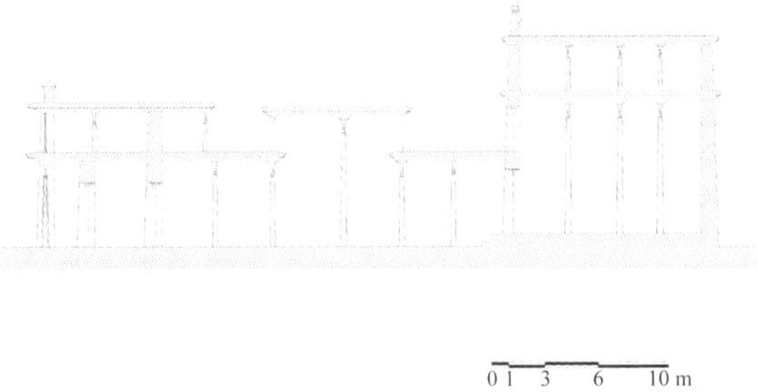

图 14-45a 增期寺平面图（左）
图片来源：南京工业大学测绘
图 14-45b 增期寺平面图（右）
图片来源：南京工业大学测绘

据历史资料记载，始建于佛教“前弘期”后期，约公元 9 世纪下半叶，大殿为该寺较早期的建筑（图 14-43a）。从平面布局来看（图 14-43b），纵身部分同样分成以上所讲的几个层次。门廊、经堂、佛堂的地坪依次升高。大殿经堂的面积巨大，面阔为七开间，进深为六开间，而佛堂为扁狭长的空间，地坪高度也明显高出经堂，两者形成鲜明的对比（图 14-44）。赤来寺同样将佛教中“三界”说的思想淋漓尽致地表现了出来。

如上节所述的扎同寺大殿的纵身布局，同样是受“三界”说的影响。南地区几乎所有寺院大殿的纵身布局都是按照“三界”说的概念进行设计建造（图 14-45、图 14-46），在此仅举一些代表性较强的寺院详细说明。

2. 佛教“轮回”说对寺院布局的影响

轮回，梵语 sam sa^ra，音译僧娑洛，是说众生由于惑业[17]之因（贪、嗔、痴三毒）而招感三界、六道之生死轮转，恰如车轮之回转，永无止境，故称轮回。本为古印度婆罗门教主要教义之一，佛教沿袭了这种教义，并加以发展。婆罗门教认为四大种姓[18]及贱民于轮回中生生世世永袭不变。佛教则主张业报之前，众生平等，下等种姓今生若修善德，来世可生为上等种姓，甚至可升至天界；而上等种姓今生若有恶行，来世则将生于下等种姓，乃至下地狱，并由此说明人间不平等的原因。

轮回观念对西藏民众行为的影响表现为转经，这同时也是和藏传佛中“即身成佛”的理念相融合的。例如顺时针手摇转经筒、转神山、转圣湖、转寺院等等。

西藏山南地区藏传佛教寺院也为佛教信徒们转经的行为提供了切实的场所，这一场所就是许多佛教寺院大殿里围绕佛堂的特殊空间——转经廊（图 14-47）。例如桑耶寺的平面、扎同寺平面、建叶寺平面布局，围绕佛堂都有一圈狭窄的廊道，宽高比大致为 1:5，高度和佛堂高度一致。山南地区的藏传佛教寺院呈现一个显著的规律：时代越早的佛教寺院，其大殿中出现转经廊的情况越多，而寺院兴建的时间越晚，平面布局出现转经回廊的情况越少，其平面被简化为只有佛堂。笔者认为，这一特点与藏传佛教在西藏的发展密不可分，早期佛教建筑的兴建是出于宣扬佛教的目的，寺院必须为修行的僧人或者普通佛教徒修建相应修行的场所，这时真正修行佛教的人并不多。但是进入佛教后弘期以后，越来越广泛的藏族人们笃信佛教，寺院大殿内转经廊道的空间有限，越来越不能完全满足为数众多的佛教徒们虔诚的转经行为。这时，转经的场所扩大到了更宽的范围，寺院本身成为佛教或者是佛的象征，寺院外围一周成为转经的合适的场所。山南地区许多寺院外围都有一圈转经筒（图 14–48），信徒口念“六字真言”，手摇转经筒，顺时针绕寺院行进，这种转经的方式同样满足了他们此生修行的目的，而且不需要进入寺院，方便了许多，这也是和藏传佛教修行中讲求“方便”的特点是分不开的。因此寺院大殿中“转经廊”的功能意义逐渐淡化，但是它作为一种特殊的空间形式，在建筑方面有着积极的意义。

3. 佛教“彼岸”说对寺院选址的影响

西藏山南地区的地理特征是多山，无论走到哪里，视线中总会有山体的存在。所以佛教寺院的选址一定不能忽视这个现实的自然条件。但是寺院的设计建造如何利用山南地区多山的特点，与自然环境相得益彰，使藏传佛教寺院更加富有魅力，山南地区藏传佛教寺院的总体布局方式在这一方面给出了精彩的回答。

山南地区藏传佛教寺院建筑的选址布局存在一个比较普遍规律，即大多数寺院的主殿对面远方都有一座山丘，其形式与用意酷似汉地“风水”说中的“案山”（图 14–49）。

但是从其他方面来看，佛教寺院的总体布局并不能和风水中的其他情况一一对应。例如很多寺院的后面没有风水说中的“主山”，更没有“朝山”，寺院多选址在山谷地带，侧翼没有风水说中的“青龙”“白虎”环抱的山等等（图 14–50）。可以看出，山南地区佛教寺院的选址布局并不是根据风水说中“附阴抱阳，冲气为合”的基本理念设计建造的。笔者认为，山南地区藏传佛教寺院布局中，寺院前

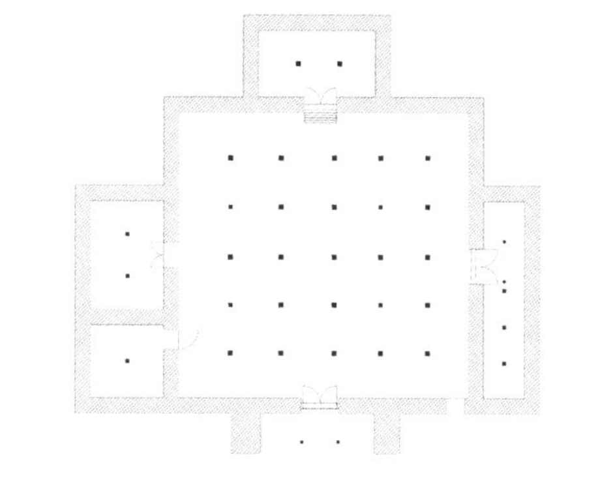

图 14–46a 觉拉寺平面图
图片来源：南京工业大学测绘

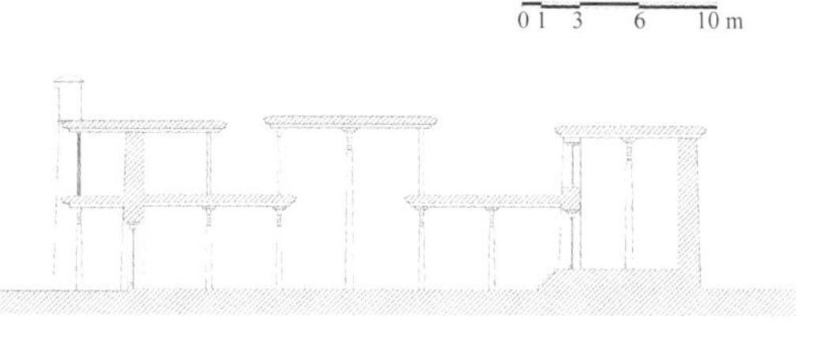

图 14–46b 觉拉寺剖面图
图片来源：南京工业大学测绘

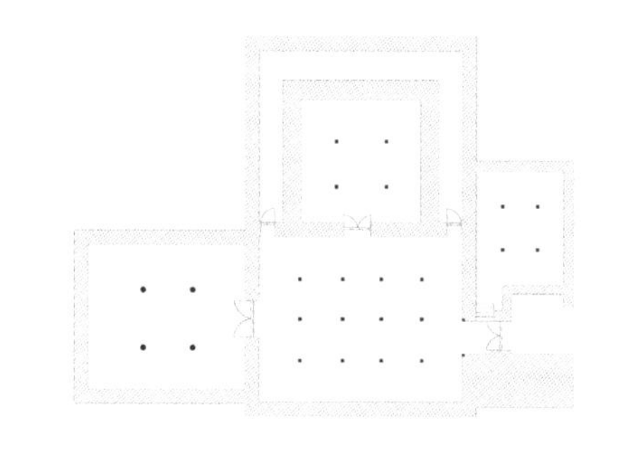

图 14–47 乃西寺一层平面图（含转经廊）
图片来源：南京工业大学测绘

图 14–48 昌珠寺转经筒
图片来源：吕伟娅摄

图 14–49a 吉如拉康寺院 前方的山体
图片来源：汪永平摄

图 14-49b 噶丹曲果林寺院前方的山体
图片来源：周航摄

图 14-49c 达吉林寺院前方的山体
图片来源：汪永平摄

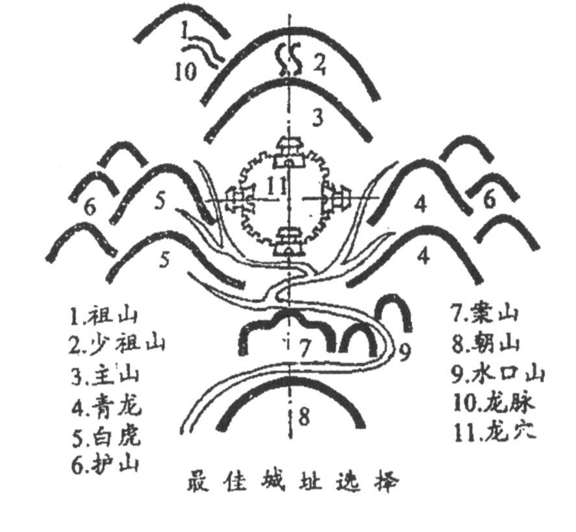

图 14-50 城址最佳选择方式
图片来源：《风水理论研究》

图 14-51a 隆子县赤来寺双修壁画（左）
图片来源：汪永平摄

图 14-51b 隆子县三林寺壁画墙双修雕塑（右）
图片来源：汪永平摄

方远处的“案山”是对佛教中“彼岸”世界想象的形象写照。案山的“案”与彼岸的“岸”在汉语中同音，只是一个巧合而已。笔者在本文中将这种位于寺院前方远处的山称为“岸山”。

藏传佛教寺院象征了“此岸”。在寺院这个场所内，朝拜的信徒或者僧侣都是苦苦修行中的众生，都在为着各自心中的信念努力修行。来寺院转经、朝拜的佛教信徒，期望通过今生业力的修行来获得来世的福报，佛教僧侣在此念经修行，目的只有一个，那就是成佛成圣。而“岸山”则象征了佛教中的“彼岸”世界，这个象征手法是以“山”这一实体的物质形态，来完成心理层面的暗示、意会。

4. 密宗修行对寺院功能的影响

印度佛教的最后阶段变化为密宗，实质上“佛教”这个概念根据时代和地域的不同，其内容的差异非常大。印度密宗是印度佛教吸收了印度教湿婆神理义的产物，西藏密宗是印度佛教吸收了高原本土文化苯教教义的产物，所以藏传佛教是印度佛教（显宗）、印度教生殖派（性力派）和苯教文化的三者结合。印度密宗分“事部”“行部”“瑜珈部”“无上瑜珈部”四个历史流派，前三个史称“老密”，后一个史称“新密”。莲花生从乌仗那把新密带到西藏高原，首建桑耶寺，吸收了当时国教苯教的内容，成为藏密的开端。

“即身成佛”的实践方法，就是三密：身密、口密、意密，通过身、口、意的修炼达到成佛的境界。身密有手印的密，人体气脉的密。口密便是咒语，是神咒“声密”，密宗之所具有神秘的特点，这方面是它最重要的部分。意密是三密中最主要的一环，因为身体的内密与声音的妙密，都是凭借意念（意识）而发挥作用。它基本是按照上师们的传法去做“观想”。

从山南地区藏传佛教寺院建筑大殿的调查情况来看，许多寺院都将大殿两侧的耳房称作“密室”。从名称来看，其中必然有一些不为众人所知的神秘之处，并且现存的许多密室严禁女性入内。从实地调查的情况看，一些密室的墙壁上有关于“双修”内容的壁画（图 14-51）。这类密室空间都非常狭小，四壁没有窗户，私密性很强，是进行身体修炼、双修的理想场所。

后弘期佛教始祖阿底峡在古格王朝火龙年大法会上对“无上瑜珈”提出限制，但各派我行我素，从宁玛派到萨迦派到噶举派，双修活动越来越不成体统。格鲁派[19]（黄教）大师宗喀巴进行针对“无上瑜珈”的宗教改革，著《菩提道次第广论》，规定僧人要先学“显宗”，待修成正果之后才能进入佛教的更高阶级——“密宗”，一般僧人要严守释迦牟尼戒条，研习“双修”的只是格西[20]以上少数大师。从山南地区的寺院大殿建筑演变发展情况来看，大殿两侧密室空间的功能，往后期逐渐模糊、淡化，大多数密室逐渐转变为储藏性质的空间，有的密室甚至彻底被封闭起来，大殿建筑的加建、改建也都是集中在大殿的两侧。到了后期兴建的大规模寺院建筑，密室的空间和辅助功能的空间混杂建造在了一起，“坛城”的形式感已经变得很弱。现存昌珠寺是经过历次大规模扩修改建而成的，最后一次是在1957年完成。寺院大殿改建前的形式已经没有资料可寻，只是有文献记载，当初吐蕃时期兴建的昌珠寺只是一个很小的佛堂。从其目前的平面布局来看（图14–52），南侧的密室已经被周围加建的房屋所掩盖，北侧耳房已经彻底和加建的空间形成一个整体。又如上文提到的位于隆子县境内的扎果寺，其平面布局和当初兴建的时候有很大的差异，但是密室部分还是相对独立地保存着，加建的建筑只是在密室外围。以上类似的寺院布局比比皆是。这些寺院目前的布局充分体现了藏传佛教的演变发展对大殿密室演变的影响。

14.5 寺院建筑的结构体系与建造特点

14.5.1 混合承重体系与夯土技术

西藏山南地区佛教寺院建筑的结构特征体现了强烈的地域性特征与多种文化交融的影响。山南地区佛教寺院建筑中——尤其是寺院大殿建筑——基本的支撑体系是由墙体和木柱组成，属于混合承重体系。

外墙承重的方式为泥土的夯筑与石材的垒叠。西藏山南地区的土壤黏性很高，是夯筑土墙很好的材料，而西藏多山的特点使石材的来源不成问题，

从现存的早期寺院建筑来看，夯土技术在西藏早期建筑应用方面已经比较成熟。位于隆子县日当镇的日当寺内，留存有一座年代相当久远的佛堂——杜康大殿（图14–53），建造年代大致为吐蕃时期。如图14–54平面布局所示，面阔14米，进深17米，

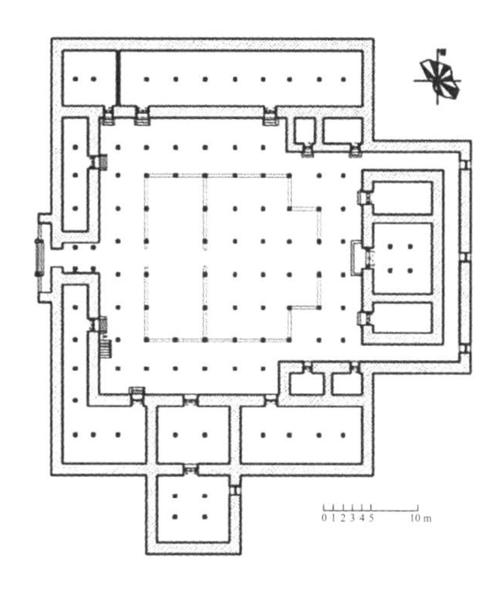

图14–52 昌珠寺大殿一层平面图
图片来源：南京工业大学测绘

图14–53 日当寺杜康大殿
图片来源：汪永平摄

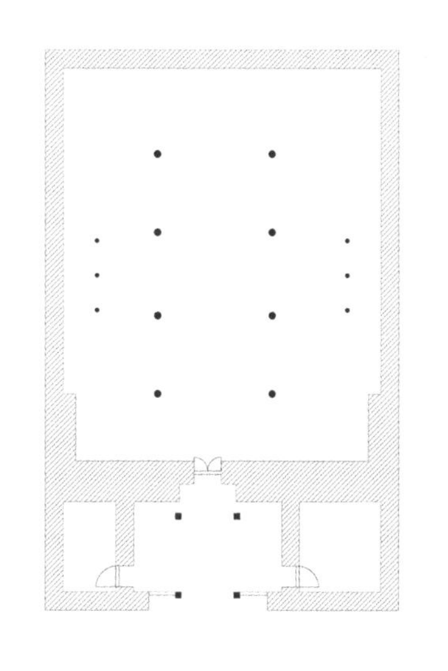

图14–54 日当寺杜康大殿一层平面图
图片来源：南京工业大学测绘

总面积约为 240 平方米，外墙完全由泥土夯筑而成。在 2006 年 5 月份，寺院正在修建辅助用房，其修筑方式同样是用泥土夯筑（图 14–55）。泥土直接从附近农田挖取，润水后进行夯筑（图 14–56），一来取材极其方便，二来造价十分低廉。

图 14–55 日当寺内夯土筑墙建房
图片来源：汪永平摄

隆子县城附近有许多废弃的寺院遗址，据当地人讲，这些寺院是元朝时期由于教派间的战争冲突而损毁。从遗址情况来看，残存的部分都是外墙墙体，都是由夯土夯筑而成（图 14–57）。

其实直至今日，西藏山南地区很多民居建筑依然采用泥土夯筑的原始建造方式。由此可见，在西藏山南地区，采用夯土技术建造寺院建筑的外墙，最晚是从吐蕃时期一直延续至今，从来没有中断过，显示了其极强的生命力。

还有一种生土建筑的材料就是土坯砖，未经烧造的土坯砖由于取材便利、制作简单、造价低廉在国内外的农村普遍使用（图 14–58）。但是土坯砖强度不高，不耐风雨，作为一种建筑材料在山南地区主要用于室内的隔墙或一些简易的建筑。

西藏社会进入分裂时期之后，直至后期进入地方政权统治时期，佛教在西藏社会中已经具有了至高无上的地位，必然要和普通的民居建筑相区别，在运用材料方面也有了显著的进步，逐渐采用石块垒筑外墙，用黏土填充的建造方式。山南地区隆子

图 14–56 建房就地取土（左上）
图片来源：汪永平摄

图 14–57a 残存的寺院遗址（左下）
图片来源：汪永平摄

图 14–57b 残存的寺院遗址夯土墙（右）
图片来源：汪永平摄

图 14-58a 制作土坯砖（左）
图片来源：汪永平摄

图 14-58b 土坯砖晾晒（右）
图片来源：汪永平摄

县城周围的赤来寺大殿、扎果寺大殿、丢热寺大殿，乃东县境内的亚桑寺、噶丹曲果林寺，扎囊县境内的扎塘寺等众多这一时期兴建的寺院建筑大殿，其外墙均为这种营造方式。一方面使得寺院建筑更加坚固，另一方面墙体的“收分”结构使大殿建筑看起来更加挺拔、雄伟（图 14-59）。

图 14-59 仲嘎曲德寺老大殿石砌收分外墙
图片来源：汪永平摄

但是，由于山南地区海拔较高，连绵起伏的山脉上几乎没有高大的植被。据调查，山南地区几乎大多数的木料都是从山南地区以东、地势较低的林芝地区输入，朗县是木料输入量较大的地区，和山南地区的加查县、曲松县毗邻。但是由于地理条件的限制，交通运输极其不便。所以，木材的使用不能像我国内地建筑那样运用于建筑的各个部分。但是这个不利因素并没有妨碍山南地区佛教寺院的修建，恰恰相反，木柱与内墙混合承重的支撑体系，彰显了山南地区佛教寺院建筑强烈的地域性特征。

位于隆子县境内的赤来寺是这种承重方式的典型。从平面布局来看墙体互相连接，构成一个稳固的墙体支撑体系，而大部分内部的柱子只负责承担大空间的承重（图 14-60）。

图 14-60 赤来寺经堂内高大的中柱
图片来源：汪永平摄

14.5.2 地垄墙基础

西藏山南地区佛教寺院建筑的基础，按照选址区位的不同大致分成两种。

一种是位于山腰的寺院，在兴建主体建筑之前都要在山腰处平整场地，其方式为用石块垒起地势较低的山体和挖开部分地势较高的山体。用石块垒筑的方式形成的基础大多构成“地垄墙”[21]结构，承

图 14-61 琼结县日乌德钦寺遗址外墙
图片来源：汪永平摄

图 14-62 从室内看遗址外墙
图片来源：汪永平摄

图 14-63 整平过的地基
图片来源：汪永平摄

图 14-64 人工处理后的建筑台基
图片来源：汪永平摄

托起寺院建筑的地坪。地垄墙作为基础部分，比一般墙体都厚，其厚度和高度根据寺院的建筑高度、建筑规模和所处的基地环境条件而定，一般厚为 1~2 米，也有的则厚达 3~4 米。地垄墙的外围支撑起建筑的外墙，内部支撑起建筑的室内地坪。

青瓦达孜山位于山南地区琼结县城，山腰处有一座废弃的寺院。从山下仰望寺院废墟，高大的墙壁貌似是寺院建筑的外墙（图 14-61），其实它下面很大一部分是作为基础，没有实际使用空间（图 14-62）。再者，现在位于乃东县境内的亚桑寺，其西侧为其早期建筑的遗址，从残存废墟的情况来看，其地基为石块垒叠而成，由于建筑规模不大，垒叠的方式为实心垒筑，没有做成地垄墙的地基结构形式。

另一种是平地型的寺院，建筑多采用就地夯筑或者垒石夯筑。佛教寺院建筑很多是位于平地上，或者高台地上，地势较平坦，地基稍做夯筑就可以建造主体建筑。但是，所有寺院的主体大殿建筑的地坪不一样高，这就需要人工对地坪高度进行提升。由于现存的佛教寺院建筑很难看清其地基的构造形式，而且大多数废墟已经不能辨清原有的建筑与平地，给研究工作带来了很大困难。但是从民居建筑中或许可以得到一些启示。琼结县城，地势平坦，有一处人工垒高的平地，正准备在其上建造新的建筑（图 14-63）。从地基的构造情况来看，为小石块垒叠，其上用黏土找平（图 14-64）。因此笔者判断，平地上的寺院建筑高出地坪的地基和这种构造方式应该接近。

14.5.3 木柱与柱础

由于山南地区缺少木材，因此木料的使用显得很不规范，在同一个建筑内使用的差异较大。木柱大致分成四种：四角方柱、圆柱、多角柱、不规则柱。

四角方柱和圆柱是使用频率最高的样式，主要运用在经堂内（图 14-65），由于经堂内都有天窗，所以支撑天窗的柱子往往都粗于周围普通的柱子。一般柱径不超过 200 毫米。

多角柱是中央为方形木柱，四周围绕以矩形的辅助木柱。这种类型的柱式使用规格比较高，大多用在门廊与佛堂内。这与它本身的特点是密不可分的。还有一种是八角柱或抹角柱，出现在吐蕃时期寺庙建筑，如大昭寺和桑耶寺，受印度和尼泊尔建筑的影响（图 14-66）。在上文提到，佛教寺院的布局都遵循“坛城”的形式，其实这种多边形柱式也是来源于这种观念的影响。多边形的构造形式和“坛城”中心多边放射的构图基本一致（图 14-67）。因此，这种类型的柱子大多运用在规格较高的场所内——佛堂，还多出现在门廊中，与大殿建筑的平面中“坛城”的形式构成一个感知体系。

不规则的柱子基本是指未经太多加工的柱子，在一些次要的场所，例如密室、辅助用房内，这种类型的柱子运用得较多。

柱头与上部的梁的搭接方式多用一颗小木榫简单地连接。

西藏建筑木柱下的柱础较为简单，通常用一块石板垫在柱子的下面，石板与地面或铺地在一个平面，看上去像没有柱础。吐蕃时期受汉地唐代寺庙的影响，柱下多有覆盆形的石柱础，上面雕刻莲瓣花纹或卷草图案（图 14-68）。

图 14-65 丢热寺经堂内方柱
图片来源：汪永平摄

图 14-66 桑耶寺八角柱
图片来源：汪永平摄

图 14-67 曲德寺门廊多角柱（左）
图片来源：汪永平摄

图 14-68a 桑耶寺卷草图案柱础（右上）
图片来源：汪永平摄

图 14-68b 昌珠寺双层莲瓣柱础（右下）
图片来源：汪永平摄

14.5.4 楼面及屋面

山南地区位于雅鲁藏布江以南，喜马拉雅山脉以北，平均海拔 3700 米。受印度洋暖湿气流的影响，气候温暖湿润，气候条件较好，属高原半干旱半湿润气候。年降水量为 450~550 毫米之间，年日照时间在 3200 小时以上，年平均温度为 5~10 摄氏度，气候比较干燥，气候条件和拉萨地区比较接近。这些自然条件决定了山南地区几乎大多数建筑的屋顶形式为平顶。

西藏山南地区佛教寺院的屋面、楼面构造方式，融合了我国内地建筑的梁、椽体系。不同的是，由于是平顶建筑，椽子是平铺的。椽子上密铺细而长的木条，木条上覆盖小石块与泥土，并且夯实。

屋面不同之处在于防水的处理，使用阿嘎土材料，经过人工反复夯实，形成类似于三合土材料，具有密实性和柔性，经得起高原严酷的气候，在西藏寺庙建筑中被广泛使用。

图 14–69a 木雕雪狮（扎同寺）
图片来源：汪永平摄

图 14–69b 木雕雪狮（桑耶寺）
图片来源：汪永平摄

图 14–69c 木雕雪狮（赤来寺）
图片来源：汪永平摄

图 14–70a 桑耶寺金顶
图片来源：汪永平摄

14.6 寺院建筑的装饰特征

14.6.1 外檐装饰

1）木雕雪狮

狮子在印度很多宗教中都被视为圣物，并且印度是亚洲狮的发源地。其实西藏高原自古并没有狮子，其形象是同佛教一并被带进西藏的。随着佛教的传入，被佛教推崇的狮子在藏族人们心目中成了高贵尊严的灵兽，成为藏传佛教建筑一个典型装饰特征。

如今在西藏其他一些地区，雪狮的形象多见于室内的平面图画，而在山南地区，很多寺院建筑的四角都有木雕的雪狮形象，栩栩如生（图 14–69）。

2）金顶龙鳌

在藏传佛教寺庙中，金顶用在主要建筑大殿上升起的屋顶中，仿照汉地寺庙建筑的歇山或庑殿的屋顶结构和形式，屋面的材料采用镏金的铜瓦，在阳光照耀下显得金碧辉煌，突出了寺庙的庄严。在屋角部位使用了龙鳌作为装饰构件。山南的寺庙使用金顶最早最有特色的当属桑耶寺（图 14–70a），还有雍布拉康、色喀古托寺古堡金顶（图 14–70b）。其他寺庙由于建造规模和等级的限制，基本上没有使用金顶。

14.6.2 壁画

西藏山南地区寺院从门廊开始至经堂，直至最内部的佛堂、转经廊，都绘有内容各异的壁画，对场所意义的烘托及在视觉感官层面起到了积极的作用。

壁画的内容多种多样，一般有如下几种类型：释迦牟尼像、佛教故事、藏传佛教中意想世界的人物、藏传佛教发展中重要的人物、曼陀罗（坛城）的图案、西藏社会的历史事件等（图 14-71）。

西藏山南地区佛教寺院建筑壁画的总体内容之丰富，跨越年代之久远是西藏地区少有的。从佛教世界一直延续到真实的历史事件，从遗存的唐代零星的壁画一直到如今还在继续画的壁画，可以说山南地区寺院建筑内的壁画具有很高的考古价值。例如，关于西藏分裂时期的历史，即吐蕃王朝灭亡后至元朝统一西藏之间这一段历史，西藏本地的历史记载几乎为空白。而山南地区有很多年代久远的壁画，相信可以为研究这段历史提供一些依据。

西藏地区很多寺庙的史料都和真实情况有很大出入，对于寺庙的建造年代的说法也都很含糊，但一些壁画的内容、风格可以为一些建造年代不明确的寺院建筑提供判断的参考依据。例如，在对隆子县仲嘎曲德寺的实地调研中，可喜地发现寺庙内一片大约 4 平方米的墙面上有一块彰显唐代风格的壁

图 14-70b 色喀古托寺古堡金顶
图片来源：汪永平摄

图 14-71a 坛城壁画（贡嘎曲德寺门廊）（左）
图片来源：汪永平摄

图 14-71b 六道轮回壁画（贡嘎曲德寺门廊）（右）
图片来源：汪永平摄

图 14-71c 释迦牟尼壁画(贡嘎曲德寺)（左）
图片来源：汪永平摄
图 14-71d 尺尊公主进藏壁画（贡嘎曲德寺）（右）
图片来源：汪永平摄

画，整体色彩有典型的唐代风格（图 14–72）：朱红色为主调，人物面部丰腴，用近于“游丝描”的线条勾勒造型，与中原地区自唐盛时期发展起来的“宽鬓大衣”“浓丽丰肥”的造型特点和“紧劲联绵、屈铁盘丝”的运笔技巧等壁画风格相似，再结合壁画中人物服饰等因素，可以推测这部分壁画年代为西藏佛教“前弘期”的遗存。[22]

虽然仲嘎曲德寺经过历代翻新修建，从建筑方面已经很难判断它所属的年代，但是由上两点可以准确得出，这是一座始建于吐蕃时期的寺院。

“后弘期”山南寺庙中的壁画首推扎塘寺壁画，壁画的画风、用色、构图和人物形象与“前弘期”有了很大不同，是一种东印度波罗艺术和中亚艺术的综合。我们在隆子县城西面的扎果寺发现与扎塘寺壁画类似的壁画，其人物形象、服饰、用色和细部相近，但由于屋面漏雨，墙面受到雨水的侵蚀，壁画保存状况较差（图 14–73a、b）。寺内还有一处壁画，表现的是异域风情的建筑形式，据僧人介绍，是较早寺庙的一位喇嘛去了印度和尼泊尔后绘制的（图 14–74）。扎果寺的大殿内还有时代较近的壁画，用色鲜艳，人物或动物刻画细腻，算得上是藏传佛教壁画中的佳作（图 14–75a、b）。

隆子县的色吉寺和仲嘎曲德寺都是建于吐蕃分裂时期，保留了较为完整的建筑和室内的壁画。贡嘎曲德寺位于山南地区贡嘎县岗堆乡，壁画分四个部分：①佛殿外壁壁画，南壁左右两侧为萨迦派高僧像，西、北、东三壁为一完整的佛传故事。故事按顺时针方向排列，开头反映悉达多王子家族，画面上有华盖广宇、富丽的马车与成群的仆从。接着是反映悉达多王子少年时的情景，画面下方有几个印度风格的舞女，舞姿优美（图 14–76）；②原经堂壁画，在经堂东配殿的东壁与西配殿的西壁，有佛传故事与佛本生故事，刻画富有生活气息（图 14–77）；③现大经堂壁画，保存较好，创造年代为五世达赖时期即 17 世纪中叶（图 14–78），构图规整，比例准确，色泽艳丽。④密宗殿堂壁画，纯粹的密宗图像。

图 14–72 仲嘎曲德寺内唐代壁画
图片来源：汪永平摄

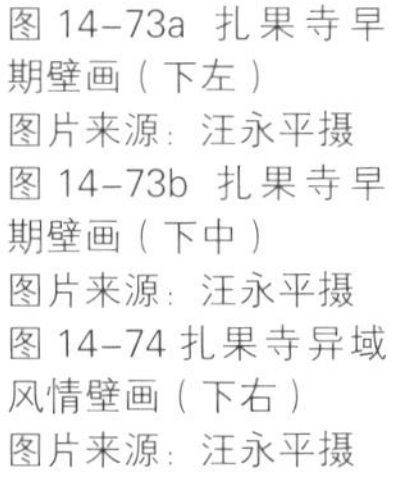

图 14–73a 扎果寺早期壁画（下左）
图片来源：汪永平摄
图 14–73b 扎果寺早期壁画（下中）
图片来源：汪永平摄
图 14–74 扎果寺异域风情壁画（下右）
图片来源：汪永平摄

洛扎县是山南地区边境县，有几座吐蕃分裂时期建造的古老寺庙，建筑与壁画保存完好。拉拢寺建于公元12世纪，其大殿内柱斗拱和彩绘具有明显的汉地特点，可以看出宋营造法式的影响，具有较高的技术价值和艺术价值。二层明廊绘有千佛、本生故事、药师佛等壁画。三层活佛舍内的壁画为宁玛派三个掘藏大师的传说故事，有较高的艺术水准。提吉寺壁画数量较多、保存较好，佛殿内的壁画有释迦牟尼、菩萨、罗汉、弟子、供养人等，三面内转经廊两侧壁画是佛教故事，创作年代大约在公元14世纪，其他壁画是清代和近代所绘制。色喀古托寺壁画主要保存在色喀古托古堡、杜康大殿的经堂

图 14-75a 扎果寺晚期壁画（上左）
图片来源：汪永平摄
图 14-75b 扎果寺晚期壁画（上右）
图片来源：汪永平摄

图 14-76a 贡嘎曲德寺壁画王子出行（左）
图片来源：汪永平摄
图 14-76b 贡嘎曲德寺壁画宫殿与舞女（右）
图片来源：汪永平摄

图 14-77 贡嘎曲德寺壁画七觉士（左）
图片来源：汪永平摄

图 14-78 贡嘎曲德寺晚期壁画（右）
图片来源：汪永平摄

和佛殿、密宗殿、久拉康殿、久玛拉康殿等建筑中，年代早晚不一。在色喀古托的9层古堡中，第三至六层有壁画，第三层壁画与提吉寺佛殿的壁画、夏鲁寺的壁画比较近似，创作时代大约在公元14世纪，其余各层壁画大约在元代末期至明代初期。杜康大殿经堂中的壁画中有贵族或赞普拜见高僧的场面，有高僧讲法、收徒、僧侣辩经的场面，有战争、地狱等场面，还有农家小景等。壁画中的人物服饰具有民族与时代特点。以上这三座寺庙我们都到现场

图 14–79a 桑耶寺二层转经廊壁画
图片来源：汪永平摄

图 14–79b 桑耶寺二层转经廊壁画侍女
图片来源：汪永平摄

图 14–79c 桑耶寺二层转经廊壁画僧人
图片来源：汪永平摄

进行了考察，由于条件的限制，未能够对其内部拍照和测绘。

桑耶寺历史久远，由于战争和火灾的破坏，吐蕃时期的壁画未见保存，现存下来的是明清时期的壁画，题材广泛、技艺精湛。在“乌孜”大殿内围墙中层廊道壁面的“西藏史画”，自西藏远古传说的人类繁衍，到雅隆部落的兴起，直至九世达赖喇嘛业绩，整个画面长达 92 米，宏篇巨幅被誉为西藏的“史记”（图 14–79）。

“桑耶史画”在“乌孜”大殿分布较广，第一、二层均有。这种“寺史画”，将“寺史志”形象化，穿插“舞蹈杂技”“举重柔道”“长跑赛马”等体育活动场面，这些画面是 17 世纪中叶失火后重绘的，这是研究我国舞蹈、杂技及体育运动的珍贵实物资料（图 14–80）。

桑耶寺大殿周边的回廊壁画中有一幅珍贵的清代桑耶寺全景图（图 14–81），表现了乌孜大殿和大殿四周的四色佛塔，以及三王妃殿。乌孜大殿坐西向东，殿高 3 层，底层为藏式，中层为汉式，顶层为印度式风格，主殿象征须弥山，周围 12 殿象征四大部洲和八小洲，左右各有一殿象征日、月二轮。

14.7 山南佛塔

山南地区的佛塔，多种多样，纷繁复杂。虽然明确的时间不可考，但是从佛塔的形式、材料和构造来看，山南地区的佛塔受多种文化的综合影响（图 14–82）。

与中原地区佛塔一样，山南地区佛塔的原型为

图 14–80 桑耶寺底层回廊角斗场面壁画（左）
图片来源：汪永平摄

图 14–81 桑耶寺底层回廊寺庙全景壁画（右）
图片来源：汪永平摄

印度窣堵坡（图 14-83）。但是，中原文化对藏式佛塔的影响也是不可低估的，位于山南边境地区的边巴乡与洛扎县之间的一处山头上，默默地矗立着三座佛塔（图 14-84），这三座佛塔均由石块垒叠而成，呈四方形，其形式和我国内地山东省神通寺的四门塔极其类似。山南边境地区这种佛塔比较普遍，形

图 14-82a 随处可见的古塔遗址（隆子）（左）
图片来源：汪永平摄

图 14-82b 日当寺古塔（隆子）（右）
图片来源：周航摄

图 14-82c 贡嘎县苏若林寺塔（左）
图片来源：周航摄

图 14-82d 隆子县色吉寺塔（右）
图片来源：周航摄

图 14-83a 加德满都斯瓦扬布窣堵坡（左）
图片来源：汪永平摄

图 14-83b 加德满都斯瓦扬布支提塔群（右上）
图片来源：汪永平摄

图 14-84 洛扎边巴乡谷地单层塔群（右下）
图片来源：汪永平摄

式和材料等方面并无差异，只是体量不同。

位于桑耶寺以西约 7.5 公里的雅鲁藏布江边松嘎尔村，这里共有大小不同 5 座石塔，均为整块巨石雕刻而成。据说这 5 座石塔是印度高僧寂护主持雕造的。这 5 座塔自西向东第一座最大，为多边形底座方塔，其底座长边为 4.1 米，圆形塔瓶最大直径为 2.5 米，高 1.65 米，塔尖高 2.95 米，塔顶雕成太阳和月亮（图 14-85）。其他 4 座塔均朝东，距离 40~200 米，大小、形制相似。

图 14-85 松嘎尔石塔
图片来源：周航摄

桑耶寺“乌孜”大殿周边四角，有代表释迦牟尼出生、成佛、讲法、涅槃的红、白、绿、黑 4 塔（图 14-86）。根据《桑耶寺简志》记载，白塔建于桑耶寺大殿东南角，平面呈方形，由石块砌成；红塔建于在大殿的西南角，由砖石砌成，形方而实圆，状如覆钟；黑塔位于大殿的西北角，塔身如三叠覆锅，刹盘上托宝刹；绿塔位于大殿的东北角，平面四方折角。塔基甚高，第三层为覆钵形的塔身，上置相轮宝刹。4 座佛塔分别代表着藏式佛塔的最初 4 种形制（图 14-87）。

图 14-86a 红塔
图片来源：周航摄

嘎布登丹白塔位于山南地区错那县扎同乡乡政府以东约 2.5 公里处的顿当村西侧，海拔 3700 米。始建年代为藏历第六热炯，约公元 1327—1386 年之间。传说建塔人崔西钦布朗嘎兰觉出生于觉拉乡的罗堆地方，为莲花生大师的后裔。在他年满十八岁时，当地各方募集资金建成了这座白塔。嘎布登丹白塔，造型雄伟、结构稳健，经历了 1951 年的大地震依旧保存完好。

白塔共有 7 层，通高约 20 米，由塔基、塔身、塔瓶、塔顶相轮“十三天”等部分组成。塔基高 1.7 米，用片石叠砌而成。塔基之上的塔身共分 4 层，逐层向上收分，其平面形状均呈十字折角“坛城状”。每层高度亦同塔基相同，均为 1.7 米，塔瓶（覆钵）

图 14-86b 白塔（左）
图片来源：汪永平摄
图 14-86c 绿塔（中）
图片来源：汪永平摄
图 14-86d 黑塔（右）
图片来源：汪永平摄

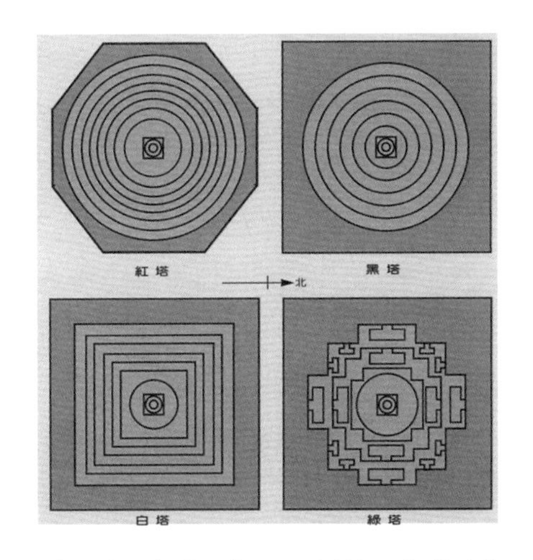

图 14-87 桑耶寺四塔平面（左）
图片来源：《藏传佛塔与寺庙建筑装饰》

部分用砖砌筑，高约 6 米，上承刹杆、相轮（十三天）及仰月、日轮等（图 14-88）。

特别之处在于该佛塔的塔座，完全是按照曼陀罗世界的形式修建而成，四级浮屠向上递进收缩，每层四边正中各有一突出的体量，完全是物质形态化了的坛城形式。这一特征和西藏著名的江孜白居寺十万佛塔有类似之处，只是它的规模较小，边角的转折没有白居寺佛塔那样丰富，但是设计建造的理念是一致的。山南地区的佛塔也是经过本土化的产物。如前所述，西藏山南地区的佛教寺院，从选址布局，到内部装饰，甚至到一根柱子都是根据佛教世界的图景来设计建造的，佛塔自然也离不开这个范畴。

山南地区绝大多数的佛塔，其形式并非如图 14-88 所示的方形塔身，而是上下收分的圆柱形（图 14-89）。我们在考察途中，离措美县城 2 公里处正在维修一座佛塔，据当地老工匠介绍，这是山南地区现存最大的佛塔之一，保持了较早的形制（图 14-90），从风貌上来推断，始建于吐蕃时期。由于吐蕃与唐朝和亲与交往，山南的早期佛塔受到了隋唐单层墓塔的启示和影响；后弘期受印度高僧阿底峡和尼泊尔大师阿尼哥的亲历指导，西藏的佛塔设计与建造形成了系统的理论，即“佛八行塔”或“佛八善逝塔”的规制，藏传佛教喇嘛塔的形式、比例、尺度的度量被固定下来，并在藏族聚居区和内地广泛流布（图 14-91）。

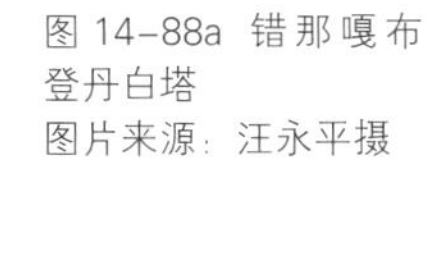

图 14-88a 错那嘎布登丹白塔
图片来源：汪永平摄

图 14-88b 错那嘎布登丹白塔
图片来源：汪永平摄

图 14-89 隆子县扎果寺塔群
图片来源：汪永平摄

图 14-90a 正在维修的觉那古塔（左）
图片来源：汪永平摄
图 14-90b 施工现场调研（右）
图片来源：汪永平摄

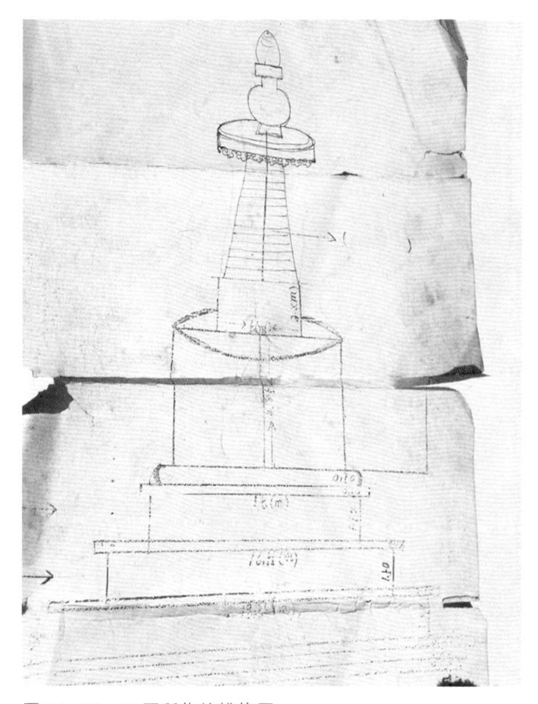

图 14-90c 工匠所作的维修图
图片来源：汪永平摄

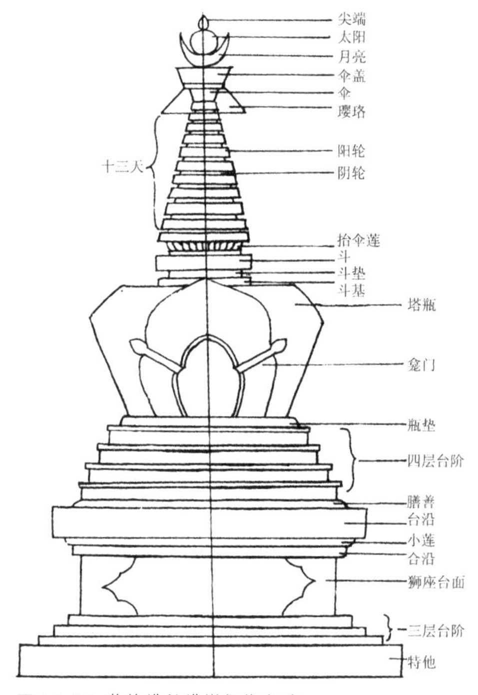

图 14-91 藏传佛教佛塔部位名称
图片来源：《藏传佛塔与寺庙建筑装饰》

注释：

1 乃东县，2016 年 2 月撤乃东县，设立乃东区。本章以乃东县称呼，方便与历史资料呼应。

2 藏语中“错”，为汉语中“湖”的意思。

3 索朗旺堆，何周德 . 扎囊县文物志 [M]. 西藏自治区文物管理委员会，1986：25.

4 “道场”有广狭二义，广义之道场指一切修行处所。狭义则指释尊成道之处而言。此处为前者。

5 意为金刚手菩萨和多闻天子所居宫殿。

6 元朝实行帝师制度，帝师的地位极其崇高。

7 萨迦本钦是元朝时西藏萨迦地方政权的首席官员。

8 冲积扇又叫洪积扇，山麓脚下的流水冲积，沉积则形成冲击扇。

9 涅地——今西藏山南地区隆子县的古称。

10 南怀瑾 . 南怀瑾选集（第八卷）[M]. 上海：复旦大学出版社，2003：25.

11 宗，是解放前西藏噶厦政府设在专署下面一级的地方行政机构，相当于现在的县政府。

12 佛经上的八万四千，不是定数，意思是非常多，无穷无尽。此处指山非常高。

13 转引自宿白 . 藏传佛教寺院考古 [M]. 北京：文物出版社，1996：59.

14 转引自宿白 . 藏传佛教寺院考古 [M]. 北京：文物出版社，1996.

15 索朗旺堆，康乐 . 琼结县文物志 [M]. 西藏自治区文物管理委员会，1986：71.

16 索朗旺堆，康乐 . 琼结县文物志 [M]. 西藏自治区文物管理委员会，1986：70.

17 佛教用语中的“业”特别有“造作”之意。我们起心动念，对于外境与烦恼，起种种心去做种种行为。行为可分为身、口、意：用身体去做，用口去讲，或心里在想，这些都是行动，称为造作，也称为“业”。

18 印度的种姓制度将人分为四个不同等级：婆罗门、刹帝利、吠舍和首陀罗。婆罗门即僧侣，为第一种姓，地位最高，从事文化教育和祭祀；刹帝利即武士、王公、贵族等，为第二种姓，从事行政管理和打仗；吠舍即商人，为第三种姓，从事商业贸易；首陀罗即农民，为第四种姓，地位最低，从事农业和各种体力及手工业劳动等。后来随着生产的发展，各种姓又派生出许多等级。除四大种姓外，还有一种被排除在种姓外的人，即“不可接触者”或“贱民”。他们的社会地位最低，最受歧视，绝大部分为农村贫雇农和城市清洁工、苦力等。

19 格鲁派是目前西藏境内主流的教派。

20 格鲁派兴起后，格西成为学位，只授予修显宗达到一定程度的人。

21 地垄墙主要沿建筑的进深方向平行砌筑，与横向的外墙连接，其位置基本与上层的墙体或柱对应。

22 索朗旺堆 . 错那、隆子、加查、曲松县文物志 [M]. 拉萨：西藏人民出版社，1993：76.

附录　西藏山南地区藏传佛教建筑考察表

1959 年，山南地区有寺庙、拉康、日追 528 处。2000 年有 251 处，其中寺庙 141 座，拉康 93 个，日追 17 处。资料来源：山南地区志。

表格根据自治区文物志、文物局、民宗局资料整理，* 为笔者实地调研的寺庙。

乃东县（乃东区）：

名称	始建年代	地点	备注
雍布拉康 *	公元前 127 年	昌珠镇	修复
昌珠寺 *	吐蕃早期	昌珠镇	完整
吉如拉康 *	吐蕃中期	结巴乡吉如村	完整
曲德沃寺（下曲德寺）	17 世纪	亚堆乡曲德沃村	完整
曲德贡寺 *	11 世纪	亚堆乡曲德贡村	完整
甘丹曲果林寺 *	1742 年乾隆皇帝赐匾	泽当镇	重修，完整
哲布寺	1940 年	泽当镇	完整
追果奴寺	不详	亚堆区	庙堂保存
桑丹林寺（尼姑庙）	18 世纪初	泽当镇	重修
哲布林寺	1940 年修建	泽当镇	完整
哲西多嘎寺	14 世纪	温区	修复
玉意拉康（赞塘寺）	吐蕃早期	泽当镇	遗址
热炯寺	12 世纪初	昌珠区克松乡	修复
则措巴寺	1356 年	乃东县城	遗址
罗布群宗	12 世纪初	温区	遗址
拉日佛殿	吐蕃中期	颇章区	完整
亚桑寺 *	1206 年	亚桑乡	遗址
日乌曲林寺	15 世纪末	昌珠区	遗址
曲登贡巴	16 世纪	温区车门	遗址
噶丹朗杰林	16 世纪	温区	1950 年毁弃
昂日扎仓	16 世纪初	温区	遗址
棉塘尼娘庙	16 世纪	温区	遗址
桑丹林（尼姑庙）	18 世纪初	泽当镇	完整
关帝庙 *	18 世纪后期	泽当镇	遗址
日松拉康	14 世纪末	泽当镇	简陋
德钦嘎才寺	20 世纪初	结巴乡	毁
桑登林 *	不详	结巴乡	毁
扎西曲德寺	16 世纪	桑珠德庆乡	毁
格桑山泉寺	不详	卡多乡	遗址
侏色寺	不详	乃东东嘎村	遗址
通追林（尼姑庙）	不详	泽当镇	毁
它巴林（尼姑庙）	不详	颇章区	小
达瓦寺	不详	亚堆区	遗址
旺格寺	不详	亚堆区	毁
嘎玛拖康（僧尼合寺）	不详	亚堆区	毁
甾不章尼姑庙	不详	亚堆区	毁
曲德沃尼姑庙	不详	亚堆区	毁
卫思顶寺	不详	丁那区	遗址
桑阿曲林（尼姑庙）	不详	丁那区	遗址
当马寺	不详	丁那区	遗址
甘丹拉孜（尼姑庙）	不详	丁那区	毁
达仓寺	不详	丁那区	毁

续表

名称	始建年代	地点	备注
拉珠达嘎	不详	丁那区	毁
琼宗拉康	不详	温区	毁
色奴寺	不详	温区	毁
德林拉康（彩虹殿）	不详	温区	毁
降嘎尼姑庙	不详	温区	毁
扎子玛寺（尼姑庙）	不详	温区	保存
香不拉寺	不详	昌珠区	遗址
麦肖寺	不详	昌珠区	遗址
江长寺	不详	温区车门	小

资料来源：《乃东县文物志》，西藏自治区文物管理委员会编，1986 年 12 月。表格中行政区划以《乃东县文物志》为准，现有所改变，不再一一标注。以下表格类似。

隆子县：

名称	始建年代	地点	备注
扎果寺 *（查乌寺）	公元 798 年	隆子镇扎果	祖拉康完好
色吉寺 *（色切寺）	公元 918 年	隆子镇龙须村	杜康大殿完好
丢热桑林寺 *（丢热寺）	十三世纪	隆子镇新巴乡	杜康大殿完整
赤来寺 *	不详	隆子镇	
日当寺 *（甲错日当寺）	吐蕃时期	日当镇	部分完好
昂杰寺	公元 798 年	日当镇	重修
色琼寺（色穷寺）	9 世纪	日当镇	重修
卡当寺 *（卡定寺）	公元 1098 年	日当镇	重修
仲嘎尔曲德寺 *（曲德寺）	吐蕃时期	俗坡下乡	主殿完好
色龙日追	不详	日当镇	
三安曲林寺 *	公元 1515 年	三安曲林乡	重修
吉布拉康	不详	三安曲林乡	新修
开玛当拉康	不详	三安曲林乡	新修
莫嘎日追	不详	加玉乡	新修
加玉寺（强钦白嘎寺）	15-16 世纪	加玉乡强钦村	杜康大殿保存
阿扎寺	公元 1438 年	加玉乡	
多吉林拉康	始建年代不详	加玉乡	新修
桑青寺 *（尚钦寺）	14 世纪	列麦乡	杜康大殿重建
羊孜寺	公元 1099 年	列麦乡	新修
内嘎拉康	始建于 1198 年	列麦乡	新修
白衮寺（白古拉康）	13—14 世纪	列麦乡	大殿保存
色吉拉康	公元 1303 年	列麦乡	新修
怕堆寺 *（帕定寺）	公元 1498 年	热荣镇	新修
曲果当寺	公元 1241 年	热荣镇	新修
松尼寺	公元 1527 年	雪萨乡	新修
达孜寺 *	不详	雪萨乡	
亚古拉康	不详	雪萨乡	新修
下木达拉康	不详	雪萨乡	新修
秀仓拉康	公元 1246 年	雪萨乡	重修
觉白嘎尔寺（拉康）	13—15 世纪	斗玉乡	拉康（神殿）完整
儿甲帕玛拉康	13 世纪	扎热乡	帕玛拉康（坛城平面）完整
东增拉康	公元 1210 年	扎热乡	重修
措嘎拉康	公元 1558 年	扎热乡	重修
古乳拉康	不详	扎热乡	新修

资料来源：《错那、隆子、加查、曲松县文物志》，西藏人民出版社，1993 年 6 月。

续表

扎囊县：

名称	始建年代	地点	备注
桑耶寺 *	8 世纪中叶	桑耶镇，雅江北岸	布局完整
敏竹林寺 *	公元 1677 年	扎其乡敏竹林村	重修，完整
康松桑康林寺	8 世纪晚期	桑耶寺附近	布局完整
错杰那木错拉康	8 世纪中叶	扎达乡	主殿完整
宁多寺	13 世纪初叶	结林区白仲乡	重建
吉林措巴	公元 1224 年	结林乡吉林村	布局与葱堆措巴同，主殿完整
日乌朗杰寺	公元 1470 年	结林乡	遗址
朵阿林寺	公元 1438 年	如乡乃嘎村	大殿完整
强巴林寺	公元 1472 年	扎囊县城	遗址
白玛曲林寺（尼姑庙）	不详	斯孔乡	遗址
顶布钦寺	公元 1567 年	结如乡德赖林村	重修
查斯尼姑庙	不详	阿扎乡	附属建筑保留
阿扎寺	不详	阿扎乡阿扎村	1955 年维修
扎塘寺 *	公元 1081 年	扎囊县城	主殿完好
葱堆措巴寺	13 世纪初	扎期乡	19 世纪维修
嘎萨顶寺	不详	结鲁乡	遗址
嘎乃寺	不详	结鲁乡	遗址
民秋寺（尼姑庙）	不详	卓玉乡	遗址
归萨寺	不详	卓玉乡	遗址
德乃寺（僧、尼同寺）	不详	卓玉乡	遗址
曲当寺（尼姑庙）	不详	肖拉乡	遗址
桑措寺	不详	萨普乡	遗址
堆绒寺	不详	扎西岭	遗址
寨荣寺（尼姑庙）	不详	索普乡	遗址
聂果寺	不详	索普乡	遗址
桑普寺	16 世纪中期	热志岗乡	遗址
达结曲林寺 *	17 世纪中期	卓玉乡	遗址
旧阿格寺	17 世纪早期	白仲乡	遗址
新阿格寺	17 世纪中期	白仲乡	废墟
尚布当寺（尼姑庙）	不详	白仲乡	遗址
扎西曲顶寺（尼姑庙）	不详	结林乡	遗址
白若格钦寺	不详	斯孔乡	废墟
衮巴杀巴寺（尼姑庙）	不详	阿札乡	遗址
积无杰布寺（尼姑庙）	不详	折木乡	遗址

资料来源：《扎囊县文物志》，西藏自治区文物管理委员会编，1986 年 8 月。

贡嘎县：

名称	始建年代	地点	备注
贡嘎曲德寺 *（多吉丹寺）	1464 年	岗堆乡	主殿完好
省布日寺	11 世纪	岗堆乡	格局完整
多比却廓寺	13 世纪	姐德秀镇	主殿完好
达布扎仓	不详	甲竹林镇	完好
热美寺 *（吉雄热美寺）	11 世纪	贡嘎县县城	大殿完好
夏珠林寺 *（尼姑庙）	17 世纪初	岗堆镇	小，完好
苏若林寺	不详	姐德秀镇	遗址大，重建小
刚者玛尼寺	不详	姐德秀镇	小，新修

续表

名称	始建年代	地点	备注
顿布曲果寺 *	不详	姐德秀镇	主殿完好
那若达布扎仓	不详	甲日乡	完好

琼结县：

名称	始建年代	地点	备注
白日寺 *	16 世纪	琼结镇白日乡	修复
敏竹寺 *	不详	加麻区特里乡	毁
坚耶寺 *	11 世纪	加麻乡坚耶村	完整
次仁炯寺（尼姑庙）	18 世纪	琼结镇	毁
娘角寺	11 世纪	加麻区加麻乡	主殿保存
当不启寺	明	加麻区加麻乡	毁
曲拉康	16 世纪初	曲沟区日乌岗乡	毁
根迪利寺	不详	加麻区加麻乡	小，毁
巴欧桑丹非吉林寺	19 世纪末	久河区下林乡	毁
日吾德庆寺 *	14 世纪	青瓦达孜山腰	遗址，新建
东嘎尼姑庙	18 世纪	琼结镇	修复
贡布堆寺	宋	加麻区加麻乡	遗址
日乌德钦寺 *	14 世纪	青瓦达孜山腰	遗址，新建
迷谐尼姑庙	明	加麻区昌嘎乡	小，毁
迷谐寺	不详	加麻区昌嘎乡	小，毁
确果顶寺	11 世纪中叶	曲沟区德庆乡	1984 年重修
若康（僧、尼同寺）	8 世纪末、9 世纪初	加麻区加麻乡	宋时供殿保存
钟木赞拉康 *	1982 年	松赞干布墓上	1982 年重修
桑王寺	不详	琼果区雪康乡	毁
护法庙	不详	琼果区雪康乡	毁
迪寺	吐蕃时期	琼果区仲堆乡	毁
唐布切寺 *	1017 年	久河区下林乡	1916 年重修
称巴顶寺	不详	加麻区昌嘎乡	毁
奴刃寺	18 世纪	曲沟区堆巴乡	1985 重修
罗汉殿 *	18 世纪	青瓦达孜山	遗址
色得寺	不详	琼果区雪康乡	已毁
朗木杰布寺	不详	琼果区雪康乡	小、无存

资料来源：《琼结县文物志》，西藏自治区文物管理委员会编，1986 年 8 月。

桑日县：

名称	始建年代	地点	备注
巴朗却康	吐蕃中、晚期	绒乡巴朗村	主殿完好
乌坚曲定寺（僧尼合寺）	宁玛派古寺	扎嘎乡	主殿完整
增期寺 *（曾期寺）	10 世纪	增期乡	主殿完整
恰嘎曲德寺 *	公元 1589 年	绒乡	主殿完整
吉荣拉康	吐蕃晚期	绒乡吉荣村	遗址
丹萨梯寺	1159 年	江乡日岗村	遗址
里龙寺	13 世纪	白堆乡里龙村	毁
德庆桑林寺	11 世纪末	绒乡	毁，新建
尼玛林寺	17 世纪	沃卡乡	毁，遗址
拔鲁寺	18 世纪	巴廊村	毁，遗址

续表

名称	始建年代	地点	备注
巴廊却康	吐蕃晚期	巴廊村	修复
卡玛当寺 *	11 世纪	桑日县	修复
曲龙寺	15 世纪	沃卡乡	修复
曲桑寺 *	15 世纪初	沃卡乡	修复
桑丹林寺 *	12–14 世纪	沃卡乡	修复
仁钦岗寺 *	17 世纪	白堆乡	新修
降白林寺	不详	白堆乡	毁
常泽寺	不详	雪巴乡	毁

资料来源：《桑日县文物志》，西藏山南地区文管会编，成都科技大学出版社，1992 年 6 月。表格中行政区划以 1992 年出版的《桑日县文物志》为准，现有所改变，不再一一标注。

错那县：

名称	始建年代	地点	备注
贡巴孜寺 *	公元 1420 年	夏日乡	部分保存
卡达寺 *	公元 1422 年	卡达乡	部分保存
扎同寺 *	公元 1489 年	扎同乡	主体完整
觉拉寺 *	公元 1447 年	觉拉乡	主体完整
兴玛寺	公元 1436 年	曲卓木乡	部分重建
师目拉康	不详	贡日乡	已毁
白日寺	不详	贡日乡	已毁
扎西岗寺	不详	贡日乡	已毁
炯章日追	不详	贡日乡	已毁
贡日拉康	不详	贡日乡	已毁
罗布林寺	不详	贡日乡	已毁
扎嘎尔寺	不详	基巴乡	部分残存
乌坚林寺	不详	基巴乡	毁
基巴拉康	不详	基巴乡	毁
让扎基寺	不详	基巴乡	残存
江昌日追 *	不详	麻玛乡	毁
斯木扎日追	不详	勒乡	重建
西吾寺	不详	卡达乡	部分保存
曲地寺	不详	曲卓木乡	部分重建
吉以寺	不详	果麦乡	部分重建
加玉寺	不详	果麦乡	部分重建
布当寺	不详	库曲乡	毁
曲哲寺	不详	库曲乡	毁
吉定寺	不详	卡达乡	毁
多吉拉康	不详	卡达乡	毁

资料来源：《错那、隆子、加查、曲松县文物志》，西藏人民出版社，1993 年 6 月。

加查县：

名称	始建年代	地点	备注
达拉岗布寺	公元 1121 年	计乡	重修
白塘拉迫寺	不详	坝乡	
穷果杰寺（琼杰果寺）	公元 1509 年	崔久乡	重修

资料来源：《错那、隆子、加查、曲松县文物志》，西藏人民出版社，1993 年 6 月。

措美县：

名称	始建年代	地点	备注
玛悟觉寺 *（毛吾角寺）	12 世纪中叶	措美镇	新修
扎西曲林寺 *	15 世纪	措美镇	83 年维修
强秋林寺 *	17 世纪	措美镇	
拿顶寺 *	10 世纪	措美镇	
劳乌寺 *（拉沃寺）	14 世纪	波嘎乡卡堆村	主殿完整
扎玛寺 *	13 世纪	措美镇	
布朵寺	17 世纪	措美镇	
达玛森康寺	12 世纪	措美镇	
贝西拉康	无考	措美镇	
日美拉康	无考	措美镇	
卓德寺（僧尼合寺）	公元 1139 年	查杂乡卓德村	主殿完好
觉康拉康	13 世纪	哲古镇	
扎杂拉康	12 世纪	哲古镇	
喀珠拉康	12 世纪	哲古镇	
宗宗拉康	无考	哲古镇	
乃西寺（西追拉康）	13 世纪后期	乃西乡	格局完整
当巴寺（顶寺）	16 世纪	当巴乡	主殿完整
纳布齐寺	19 世纪	乃西乡	
孜杰拉康	无考	乃西乡	
举巴拉康	无考	乃西乡	
达琼拉康	无考	乃西乡	
拉顶寺	无考	古堆乡	
让仲寺	无考	古堆乡	

资料来源：措美县民宗局。

曲松县：

名称	始建年代	地点	备注
朗真寺 *（朗真曲德寺）	13—14 世纪	曲松县城	主殿完整
玉如寺	13—14 世纪	曲松县城	主殿完整

资料来源：《错那、隆子、加查、曲松县文物志》，西藏人民出版社，1993 年 6 月。

浪卡子县：

名称	始建年代	地点	备注
打隆下寺 *	吐蕃时期	打隆镇	主殿完整
扎热寺 *	17 世纪	打隆镇	主殿完整
曲德寺 *	17 世纪		新修
拥不多寺	不详		
卓德寺	不详		
桑顶寺（僧尼合院）	公元 1436 年	浪卡子镇	1985 年重建
雪珠达杰曲林寺	14-15 世纪	林乡	大殿完整
岗普寺（尼姑庙）	15 世纪	浪卡子镇	大殿完整
桑顶寺	吐蕃时期	达隆乡	大殿完整

洛扎县：

名称	始建年代	地点	备注
色喀古托寺 *	公元 1080 年	色区	完整
提吉寺 *（题期寺）	公元 841 年	边巴乡	主殿完整
拉隆寺 *	公元 1154 年	扎日乡拉隆村	主殿完整
库丁寺（拉木龙）	吐蕃初期	拉康镇	主殿完整
卓瓦隆寺	11 世纪前期	色乡	新建
卓瓦寺 *	吐蕃晚期	边巴乡	修复，完整
枯廷拉康（郎朗拉康）	吐蕃早期	拉康镇	修复
可久寺（修行洞）	公元 1568 年	拉康镇	布局完整

资料来源：洛扎县民宗局。

总表：

区域名称	寺庙 / 座	寺庙 / 座
乃东县	51	25（寺庙 13，拉康 12）
琼结县	27	13（寺庙 9，拉康 4）
桑日县	18	16（寺庙 12，拉康 4）
隆子县 *	34	35（寺庙 17，拉康 16，日追 2）
措美县	23	24（寺庙 14，拉康 10）
错那县	25	12（寺庙 10，拉康 2）
曲松县	2	19（寺庙 8，拉康 6，日追 5）
加查县	2	10（寺庙 4，拉康 4，日追 2）
扎囊县 *	34	23（寺庙 14，拉康 5，日追 4）
贡嘎县	10	24（寺庙 18，拉康 6）
洛扎县	8	21（寺庙 9，拉康 10，日追 2）
浪卡子县	9	29（寺庙 13，拉康 14，日追 2）
总计	244（文物局调查的寺庙，包括遗址）	251（民宗局在册的宗教活动场所）

桑耶寺测绘图

桑耶寺总平面图

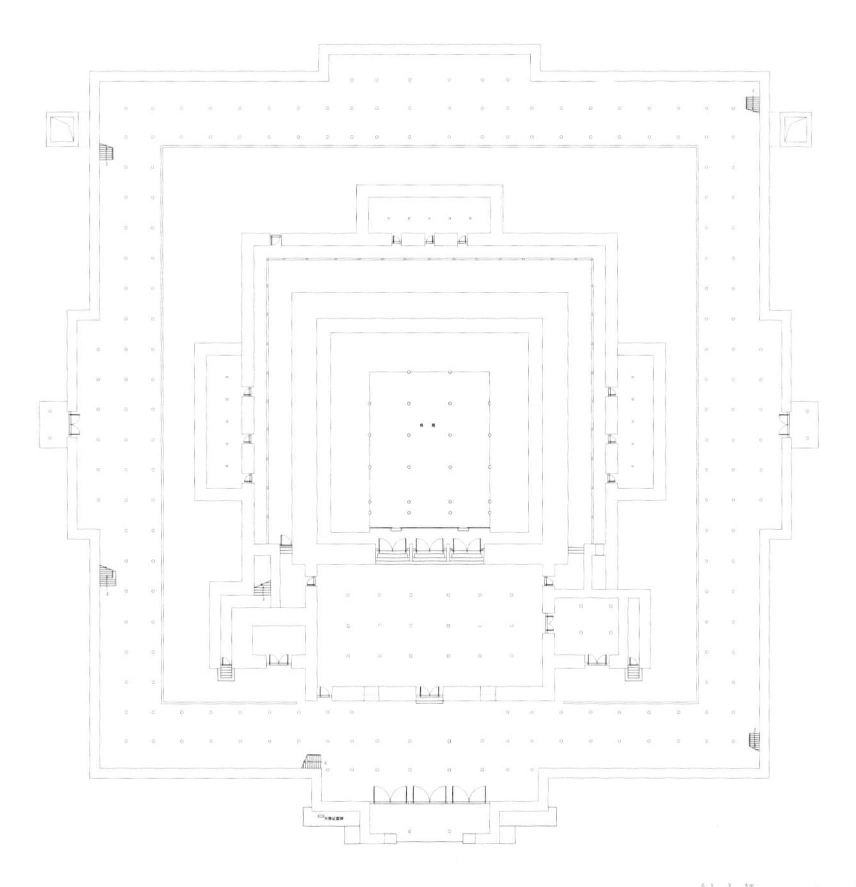

乌策大殿一层平面图

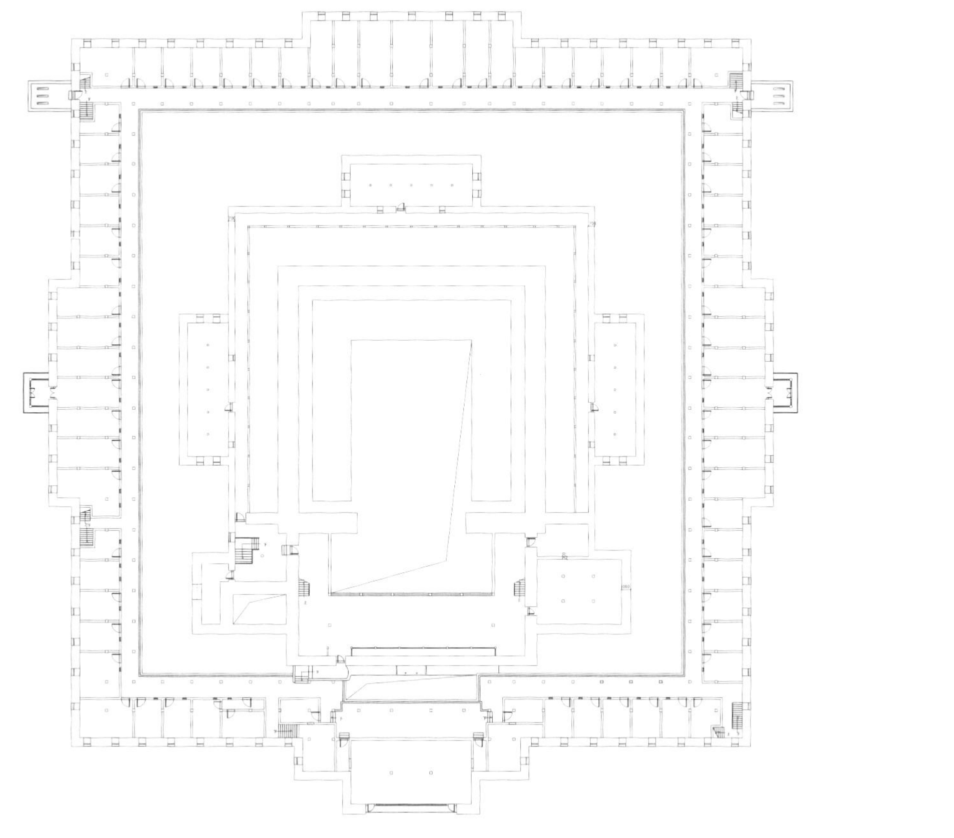

乌策大殿二层平面图

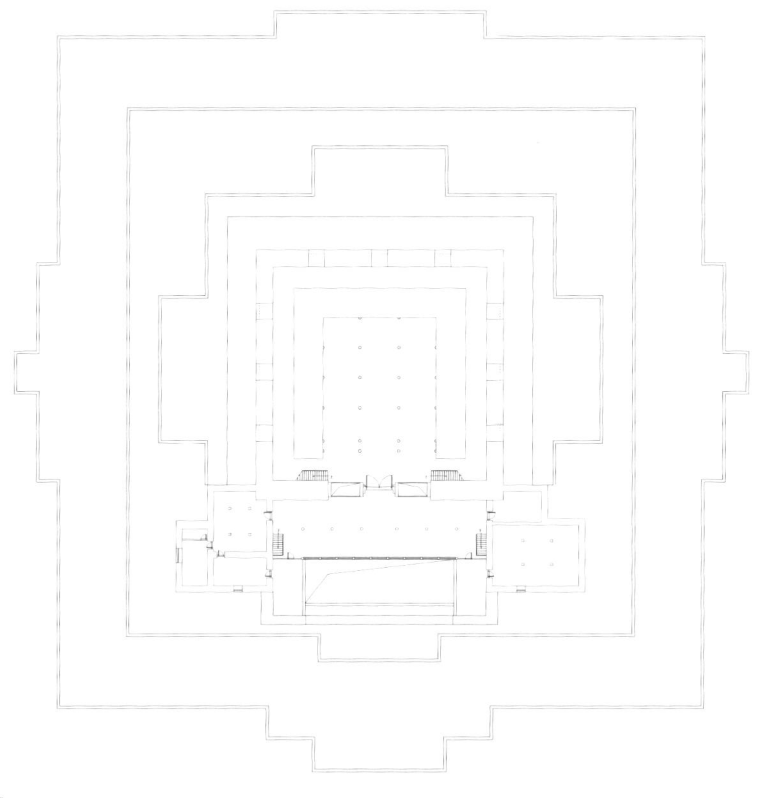

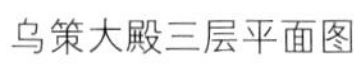
乌策大殿三层平面图

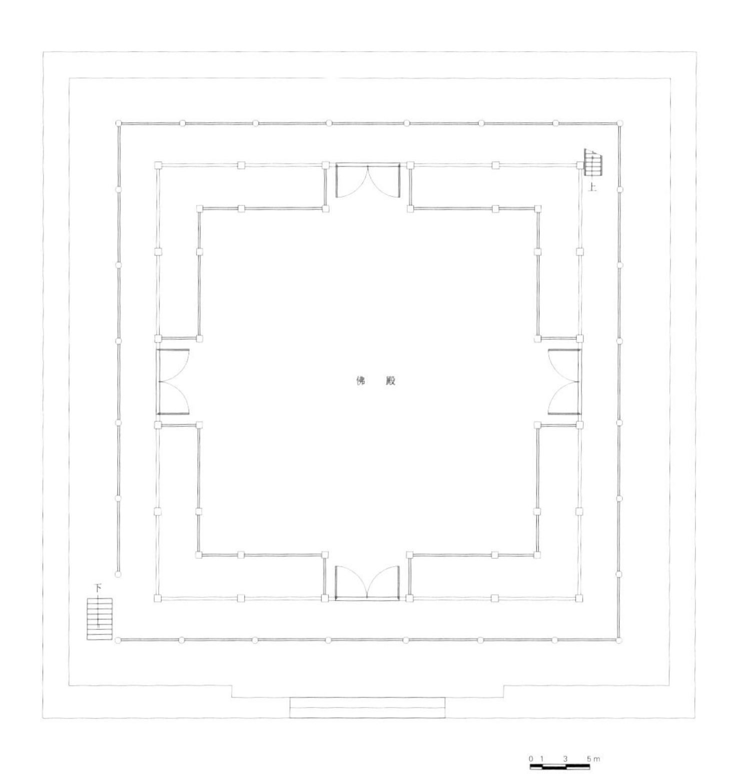

乌策大殿四层平面图

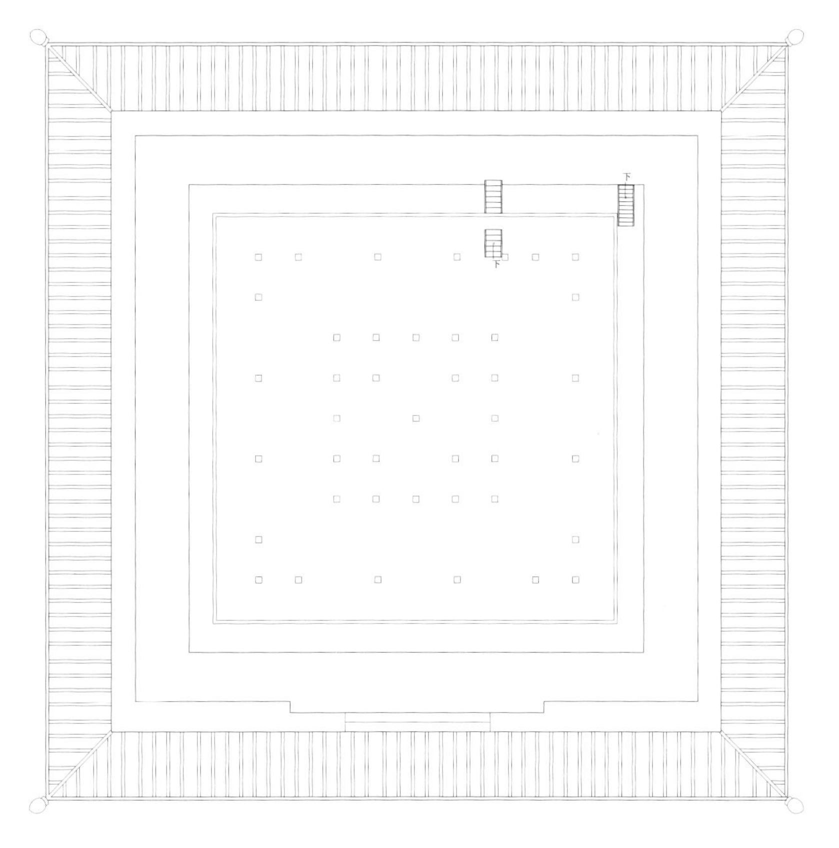

乌策大殿五层平面图

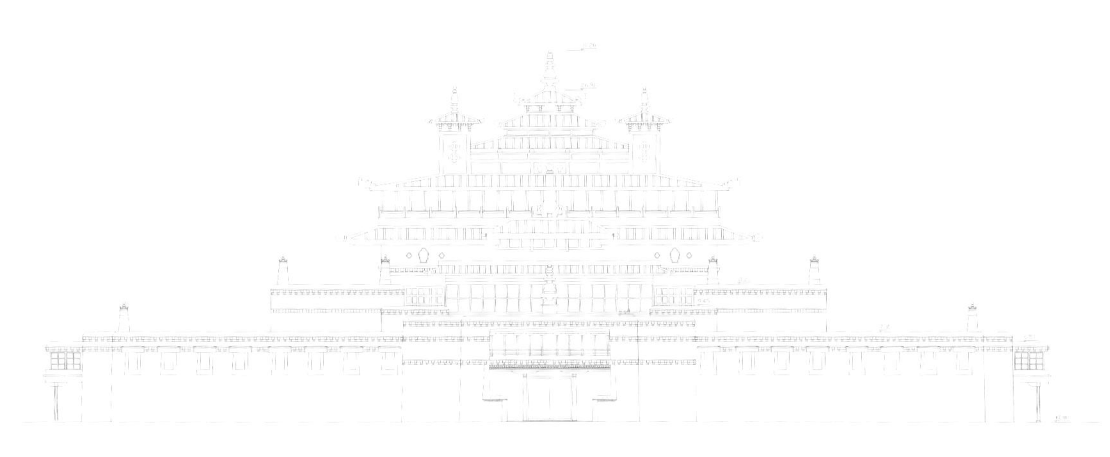

桑耶寺乌策大殿立面图

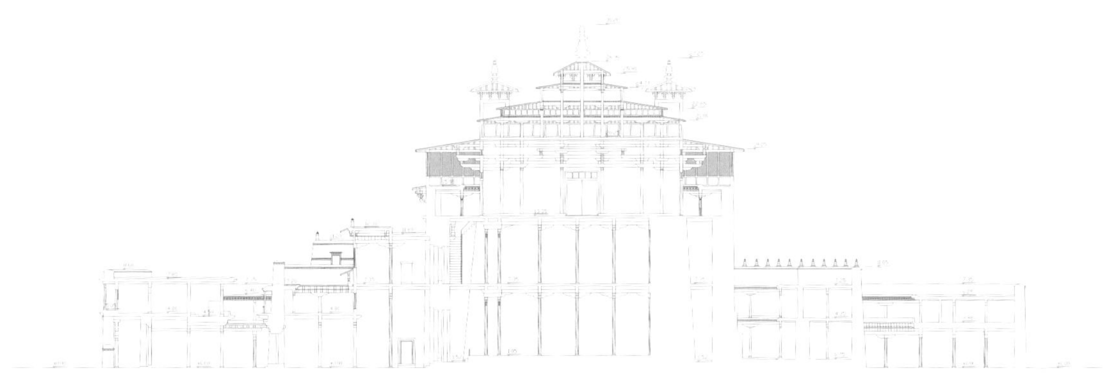

桑耶寺乌策大殿纵剖面图

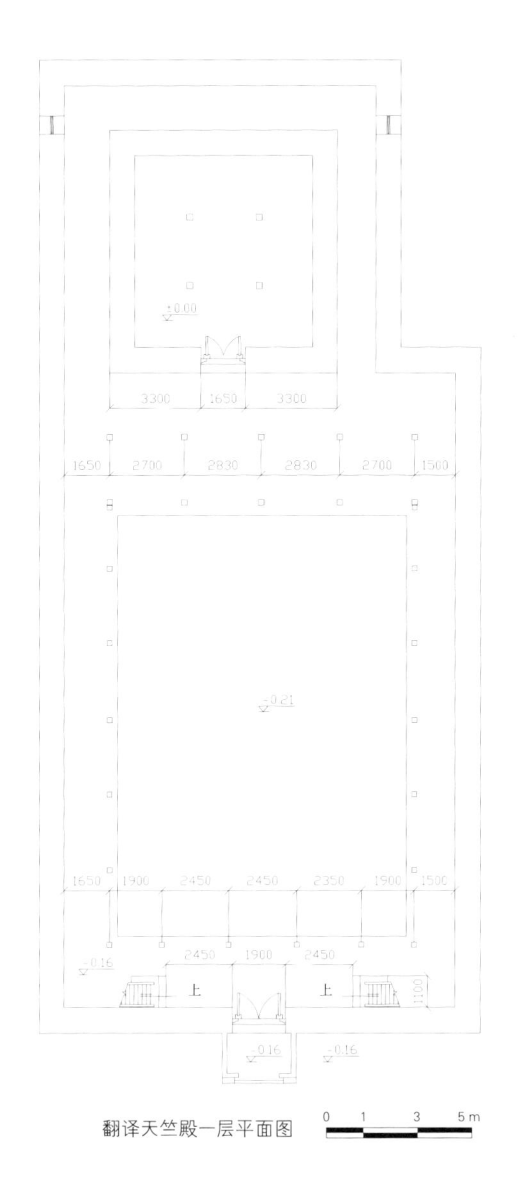

翻译天竺殿一层平面图

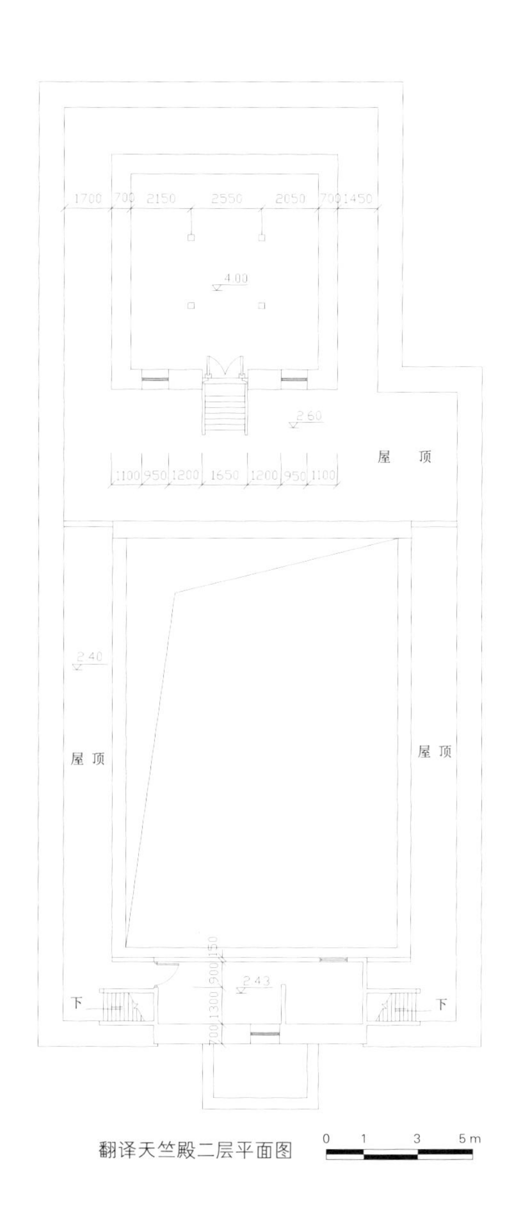

翻译天竺殿二层平面图

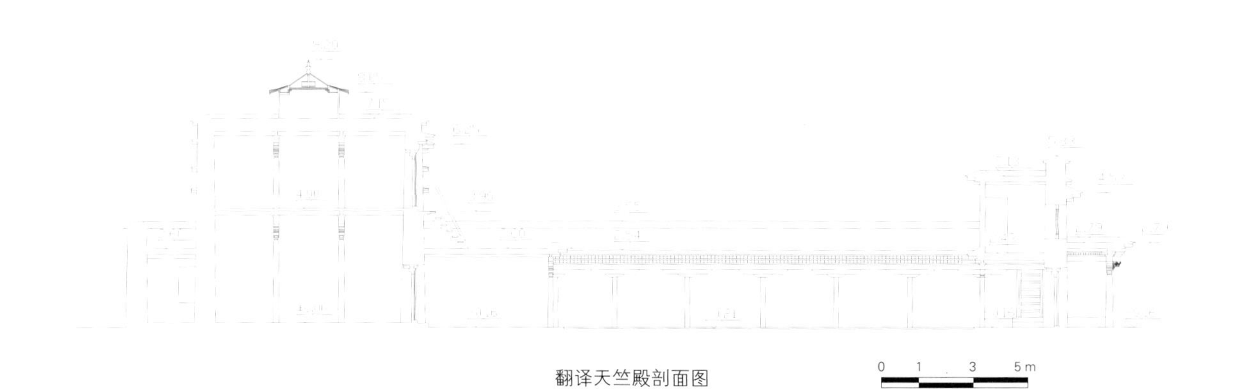

翻译天竺殿剖面图

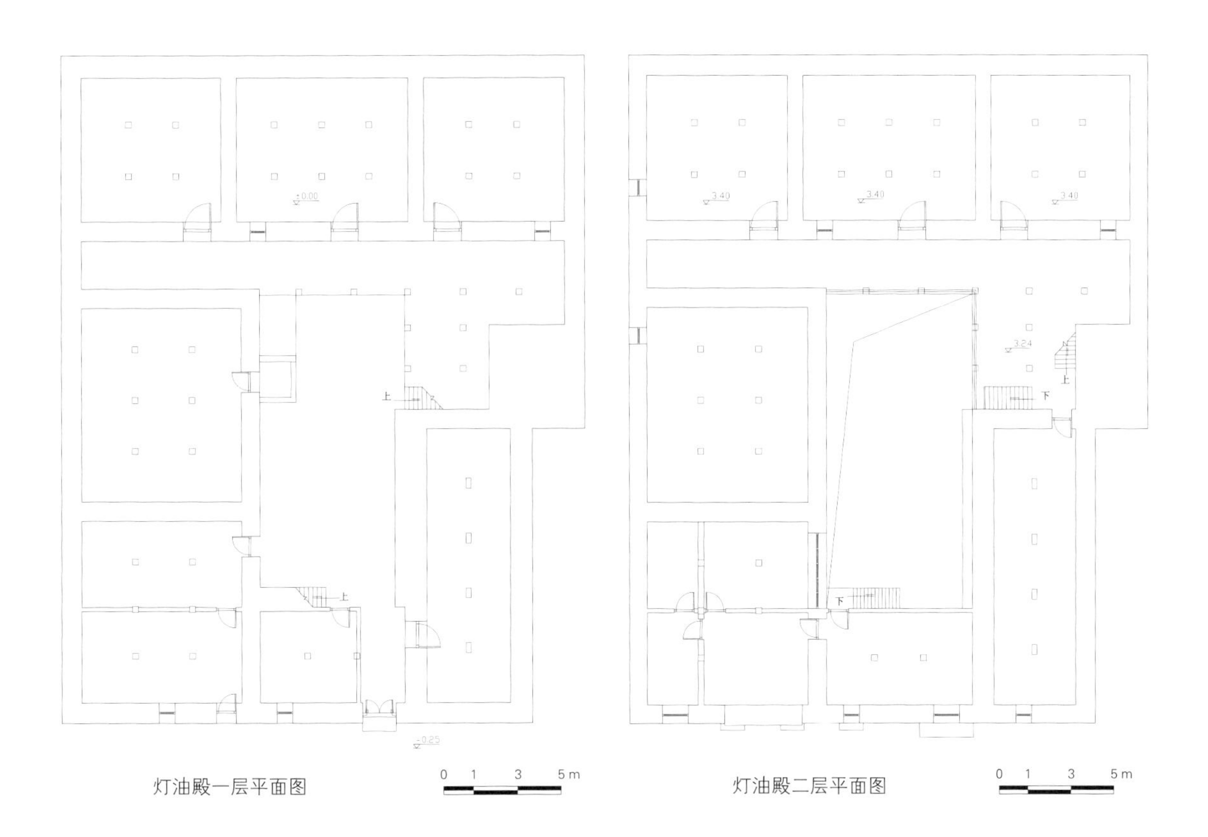

灯油殿一层平面图

灯油殿二层平面图

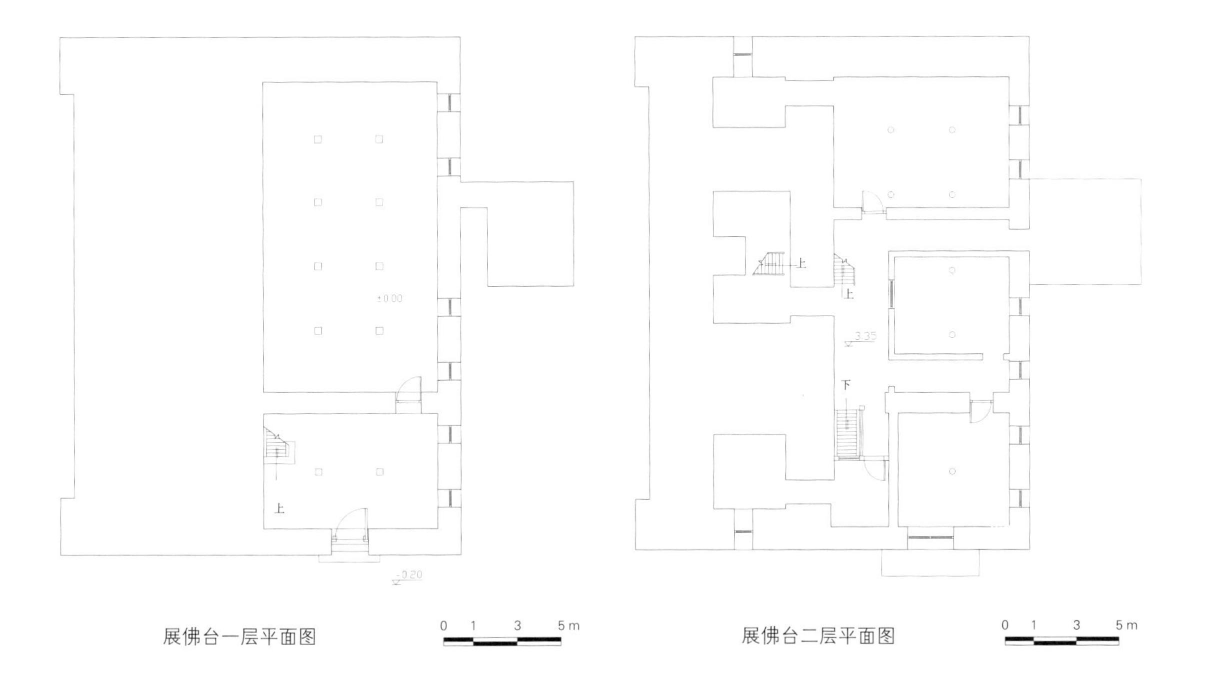

展佛台一层平面图

展佛台二层平面图

白塔正立面图

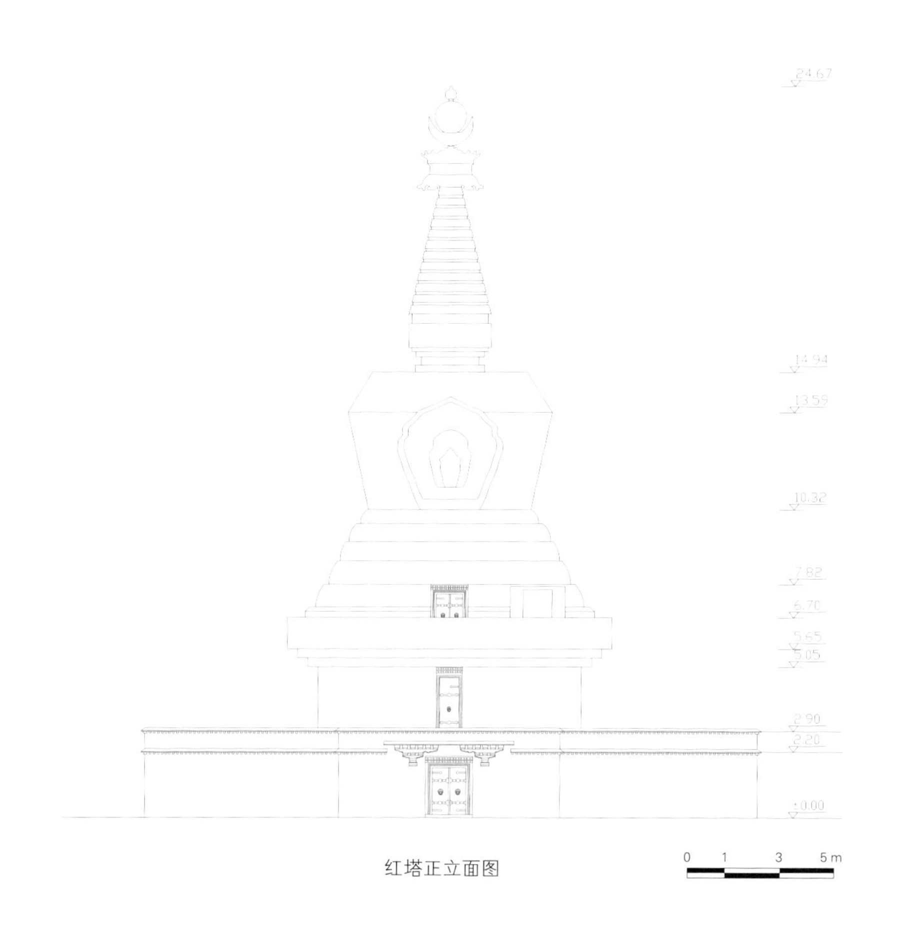

红塔正立面图

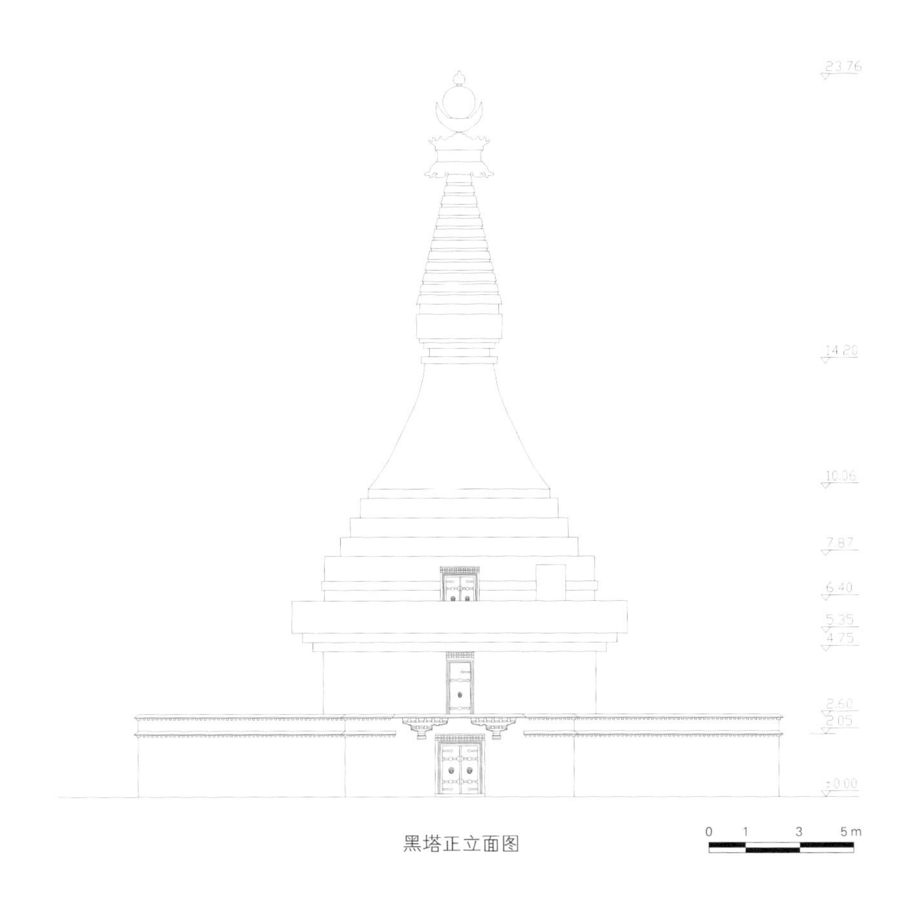

黑塔正立面图

绿塔正立面图

昌珠寺测绘图

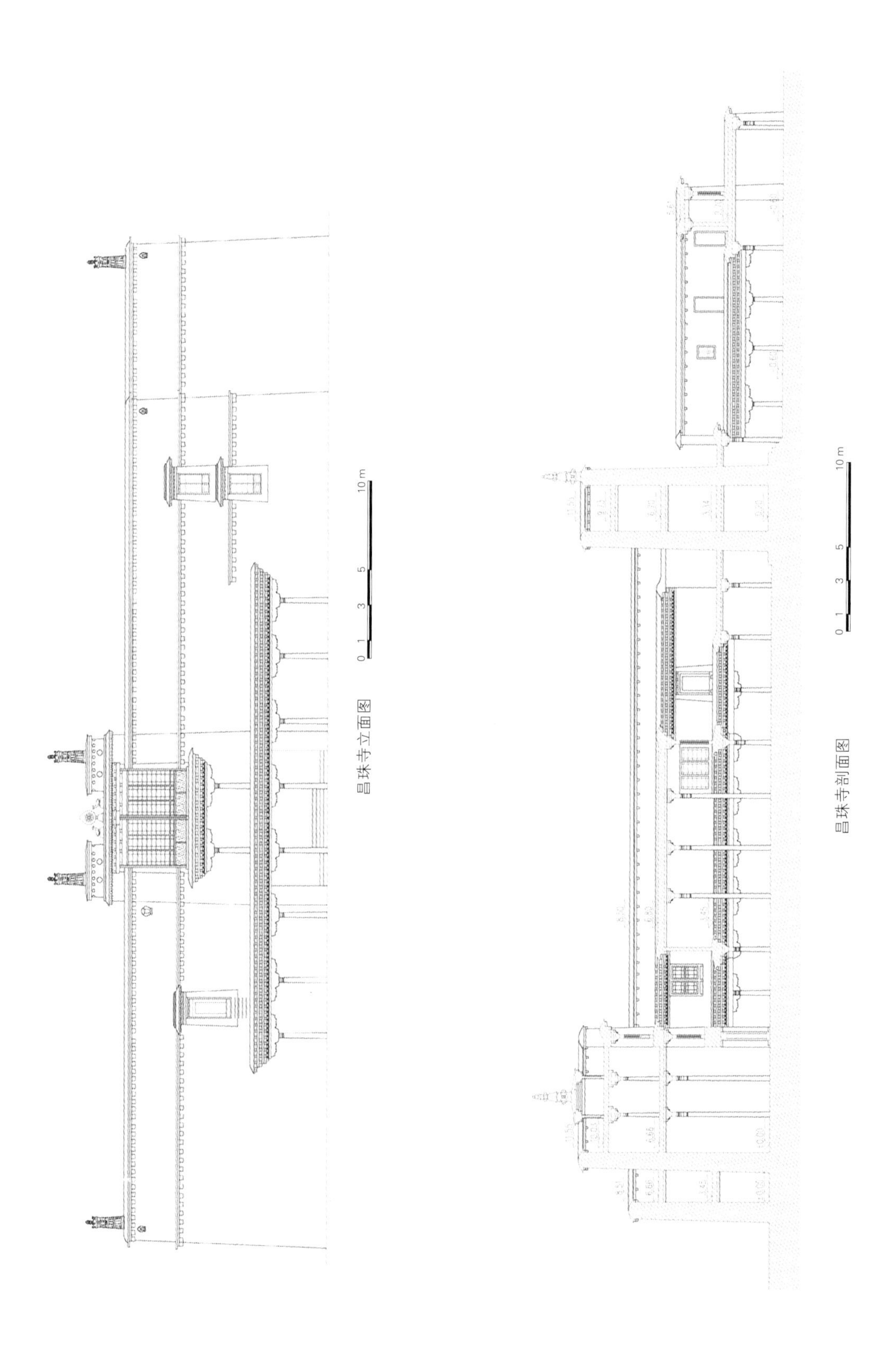

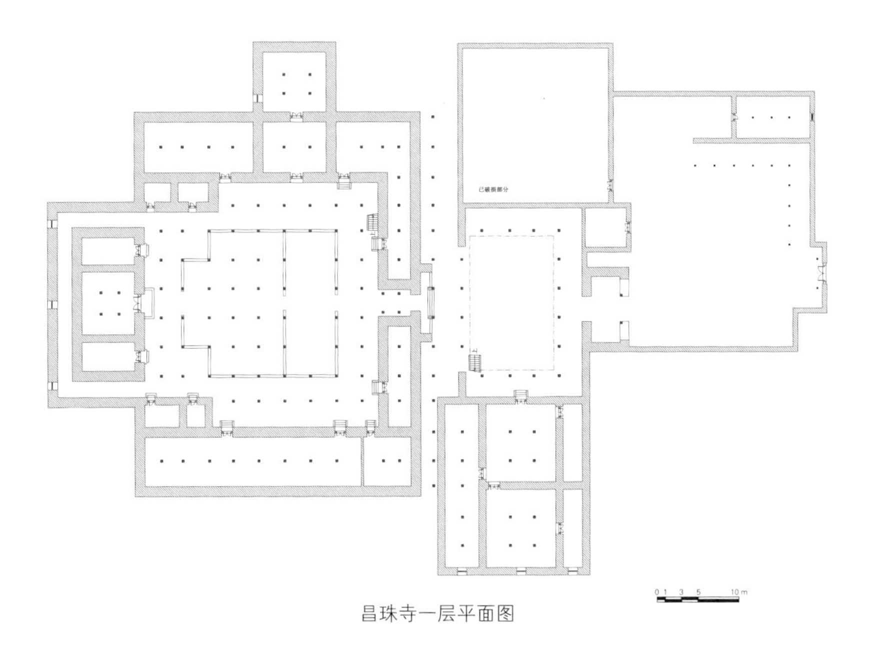

昌珠寺一层平面图

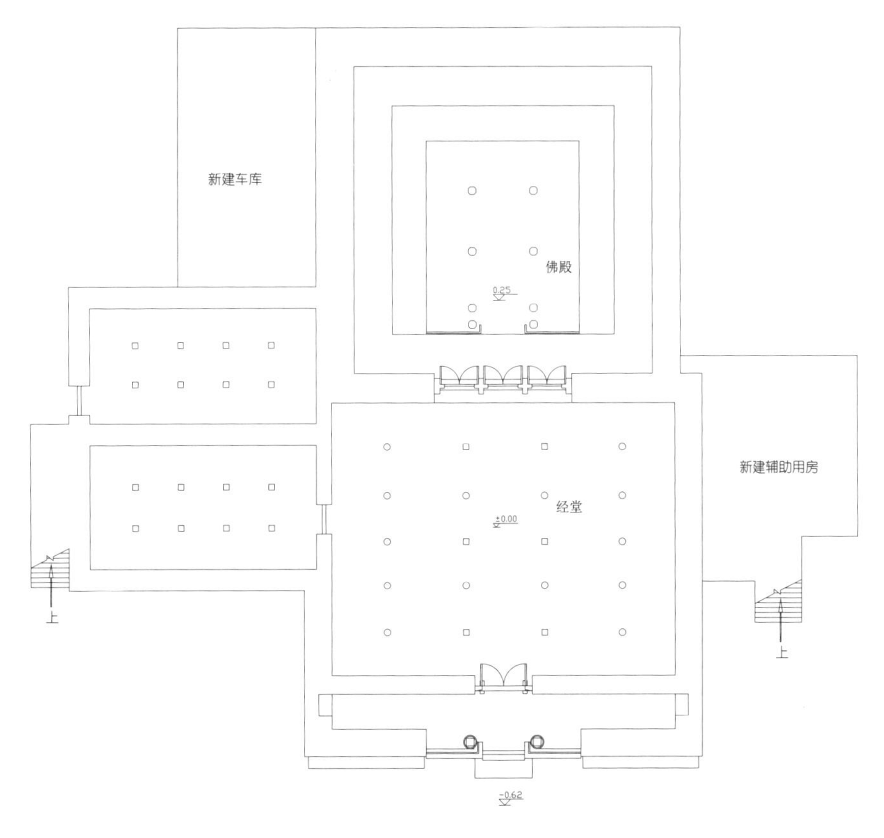

扎塘寺底层平面图

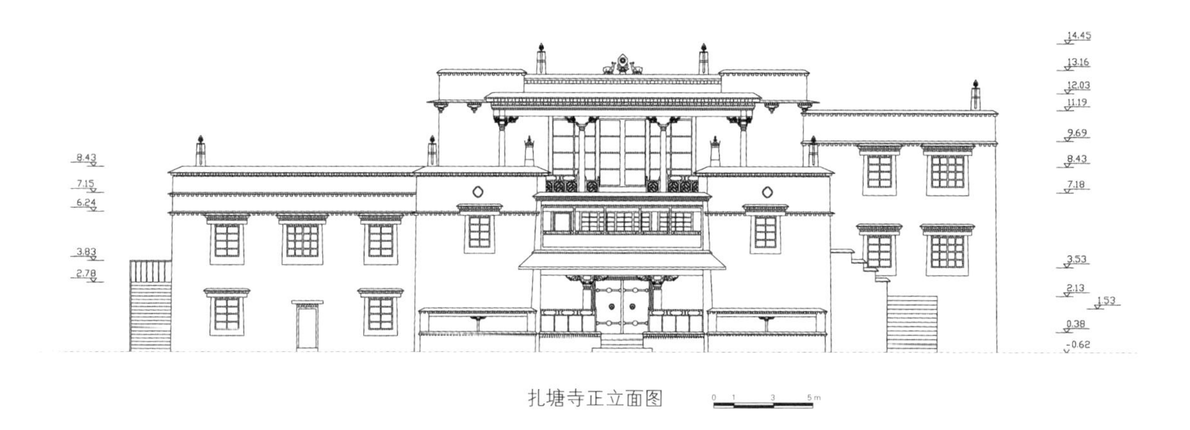

扎塘寺正立面图

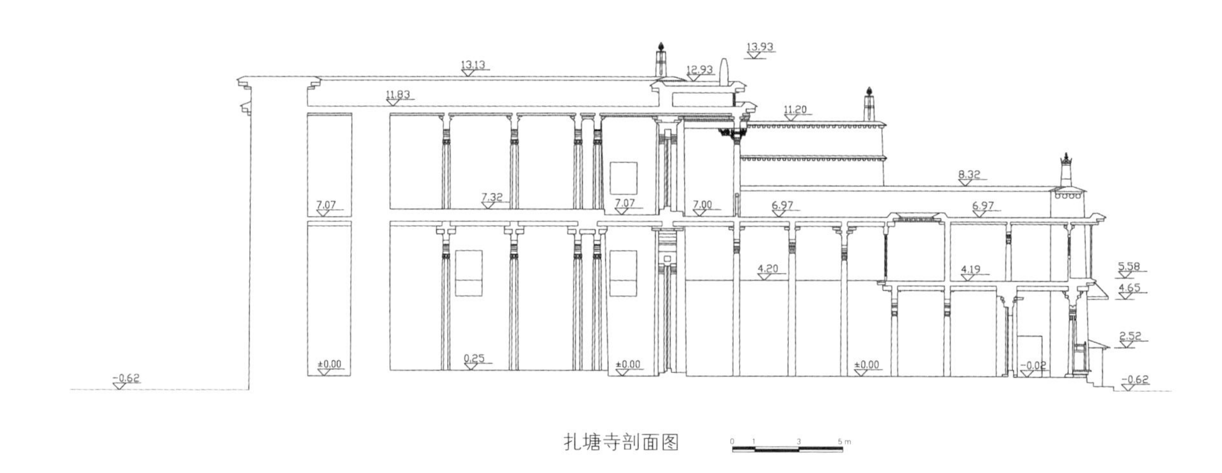

扎塘寺剖面图

山南8座寺庙测绘图

1. 乃东县泽当镇刚丁曲果林寺测绘图

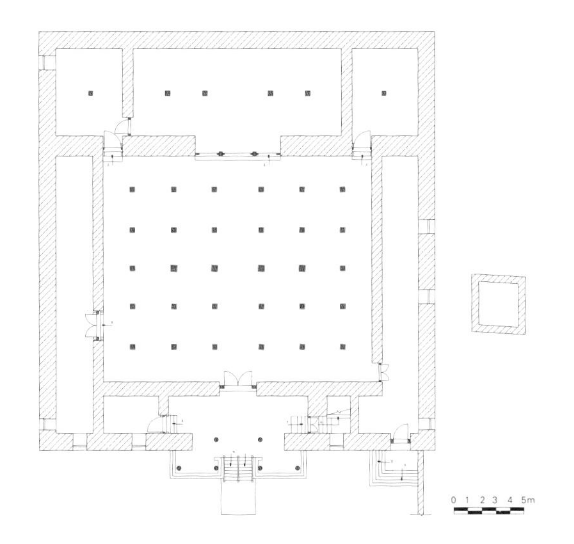

泽当镇刚丁曲果林寺一层平面图

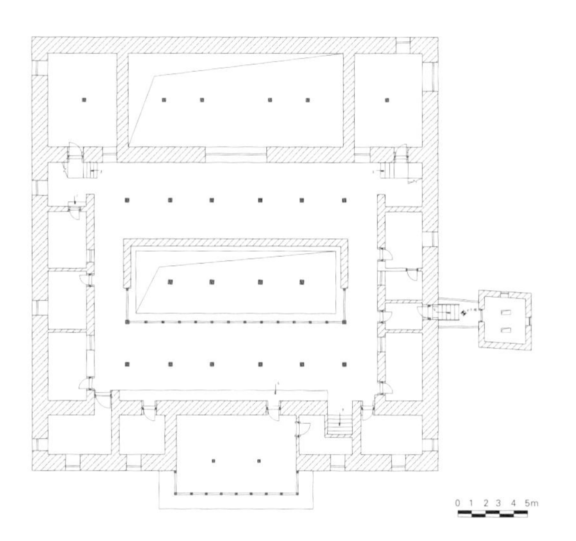

泽当镇刚丁曲果林寺二层平面图

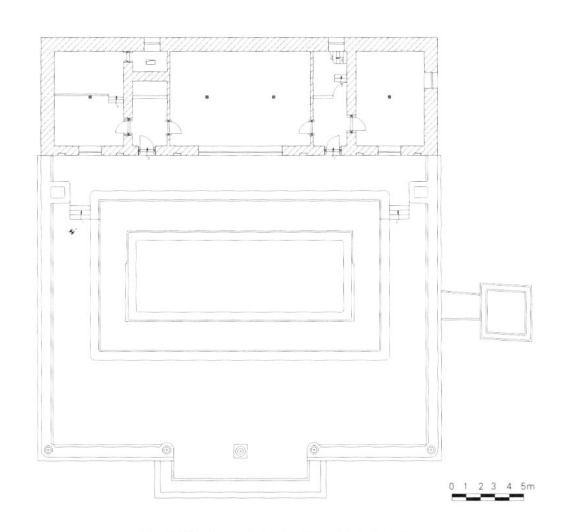

泽当镇刚丁曲果林寺三层平面图

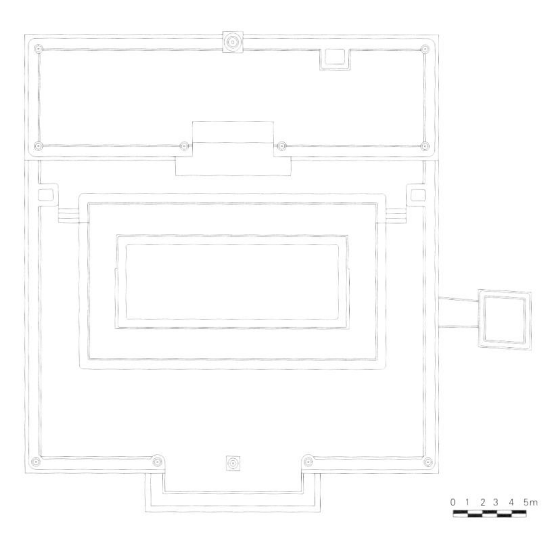

泽当镇刚丁曲果林寺屋顶平面图

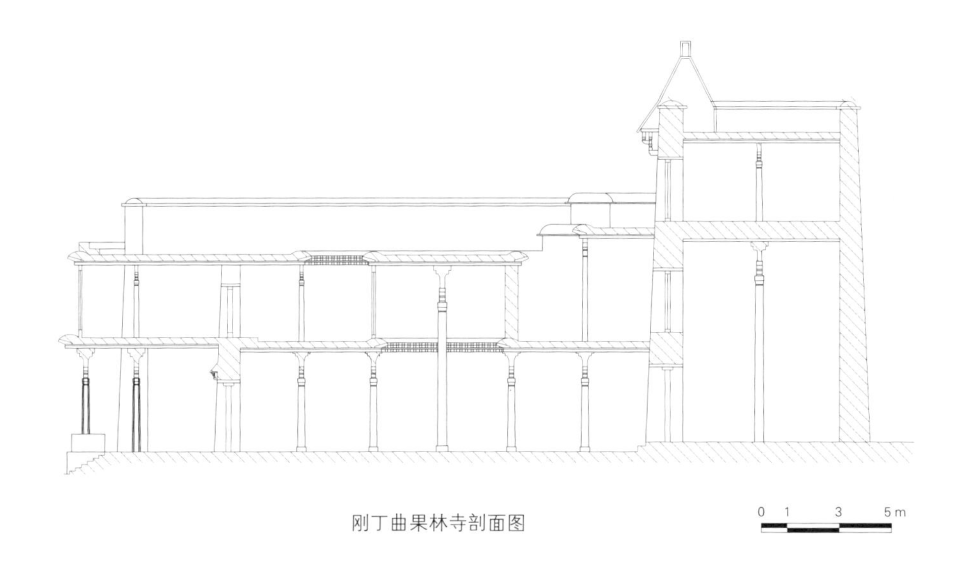

刚丁曲果林寺剖面图

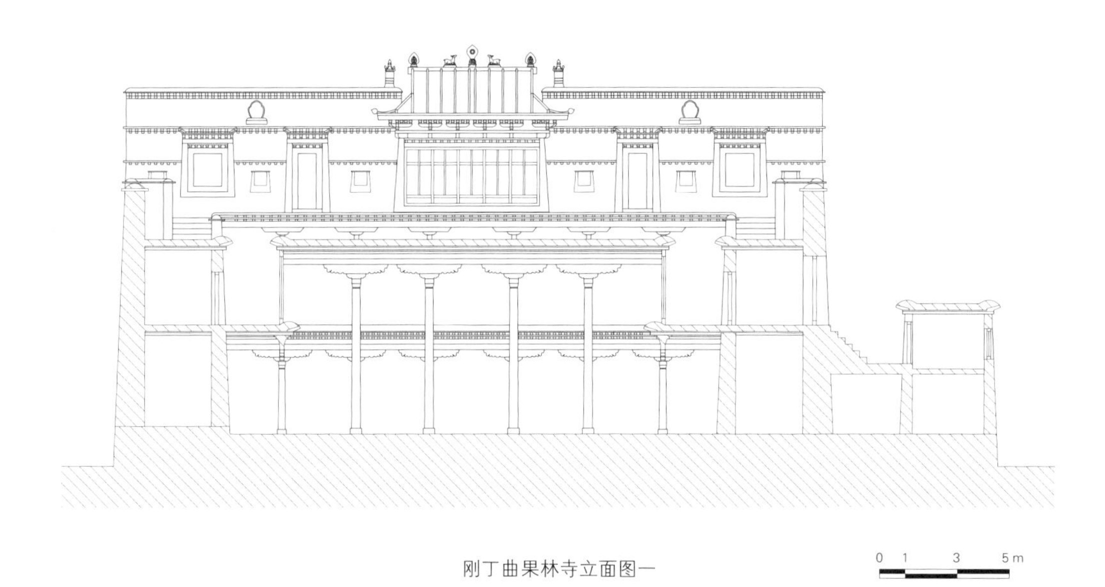

刚丁曲果林寺立面图一

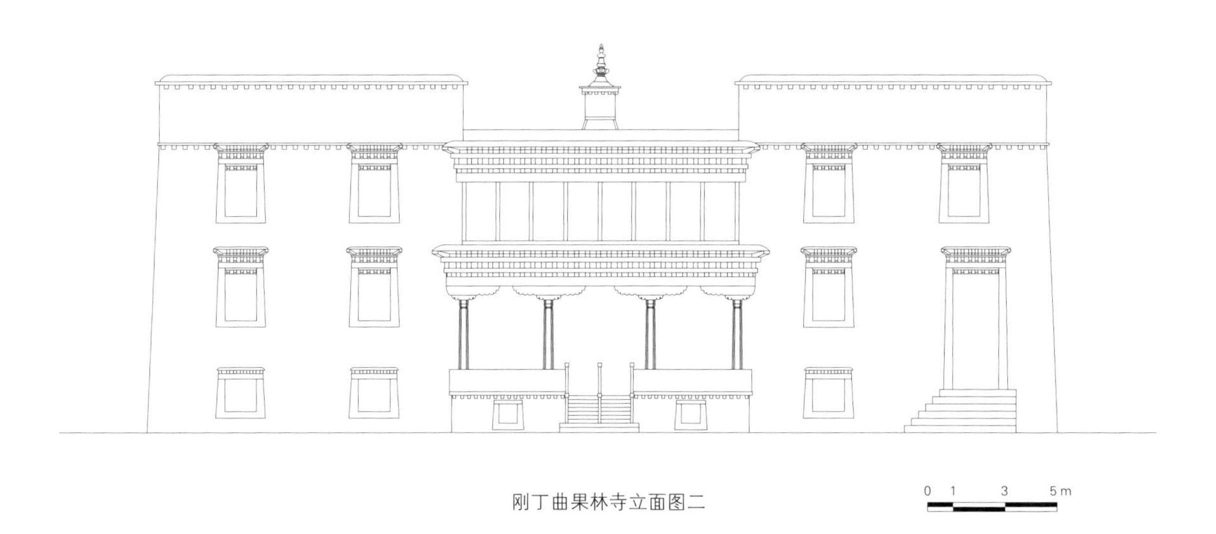

刚丁曲果林寺立面图二

2. 乃东县赞塘寺测绘图

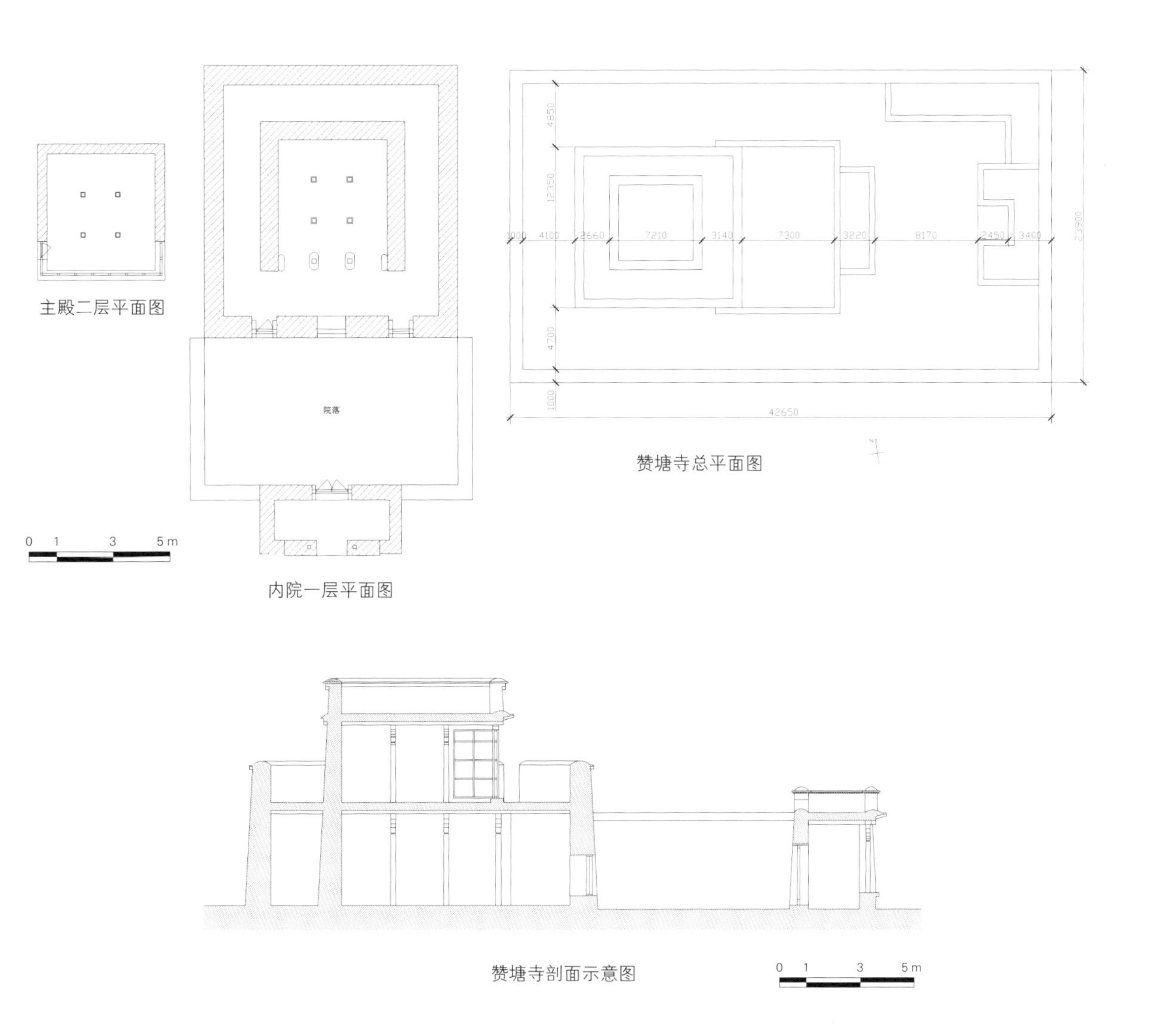

主殿二层平面图

内院一层平面图

赞塘寺总平面图

赞塘寺剖面示意图

3. 乃东县扎玛乡吉如拉康测绘图

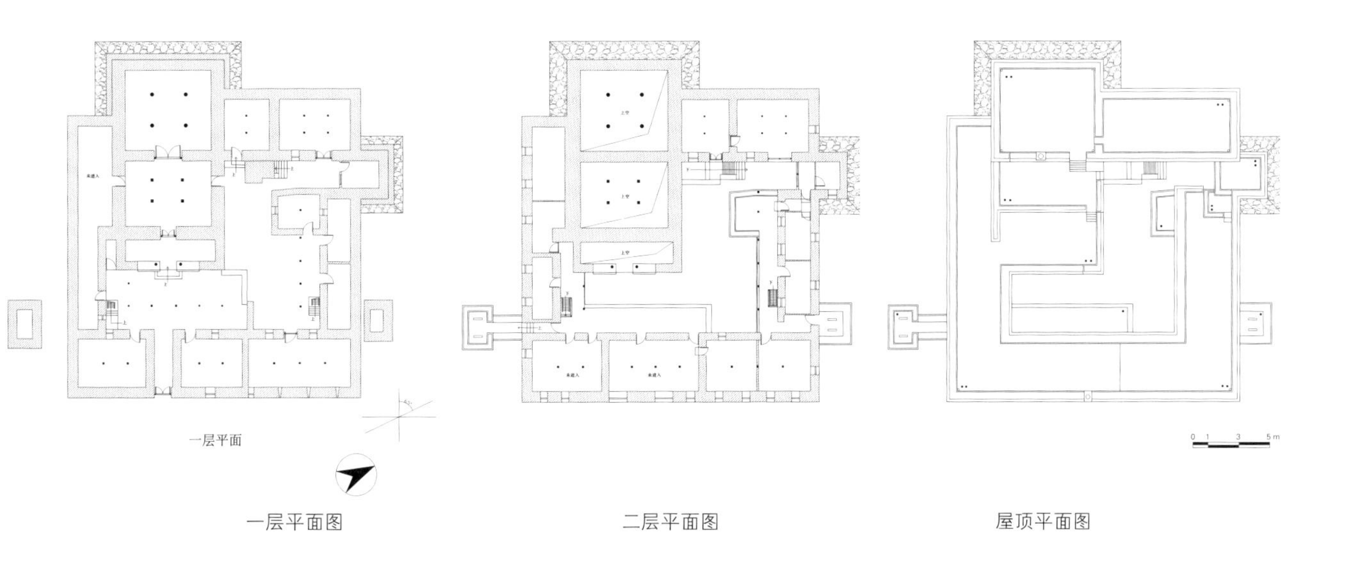

一层平面图

二层平面图

屋顶平面图

4. 琼结县加麻乡坚耶寺测绘图

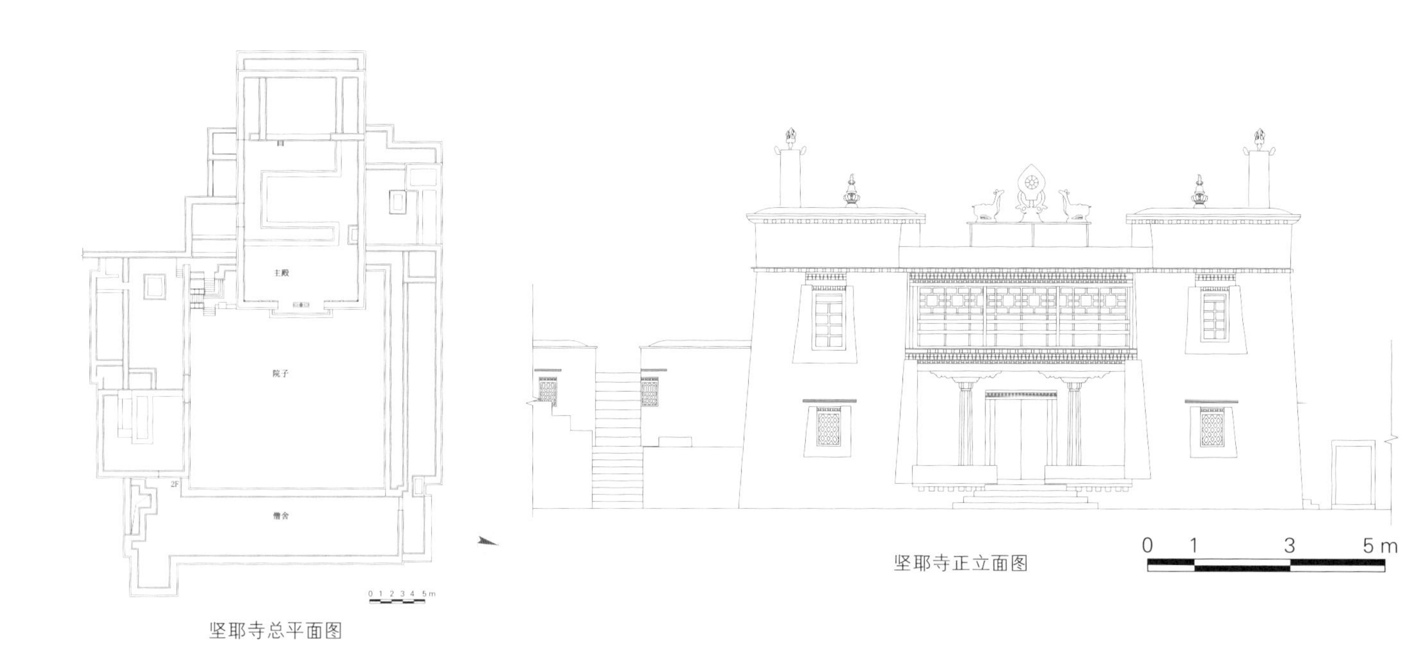

坚耶寺总平面图

坚耶寺正立面图

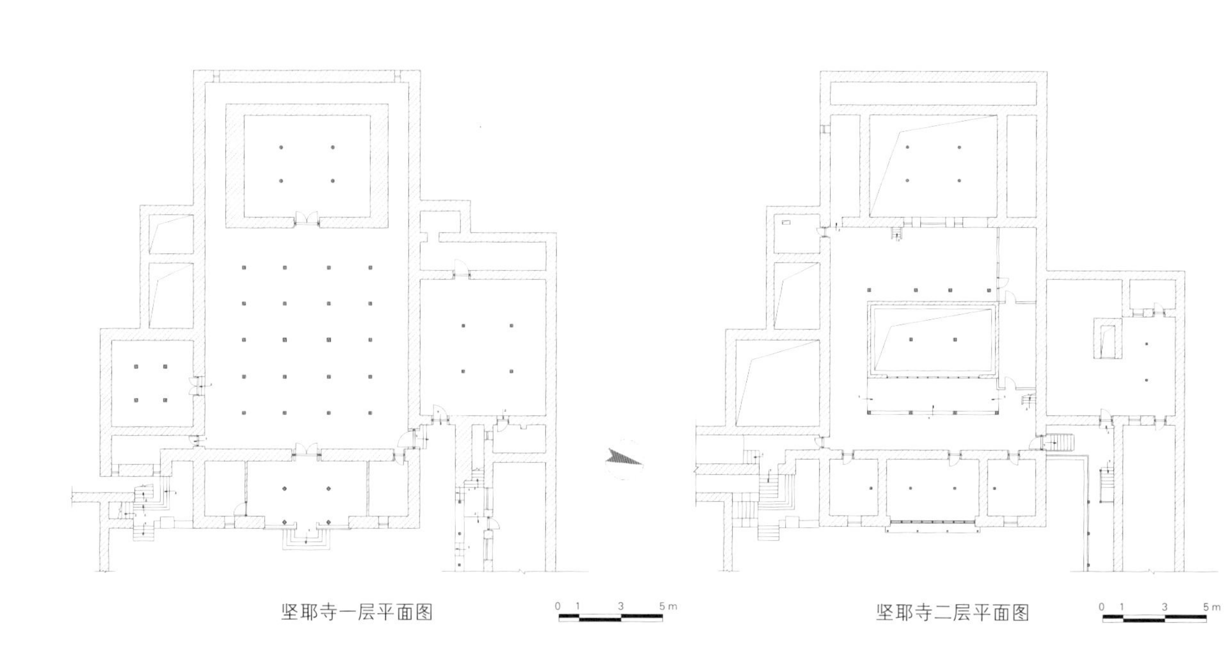

坚耶寺一层平面图

坚耶寺二层平面图

5. 琼结县下林乡唐波且寺测绘图

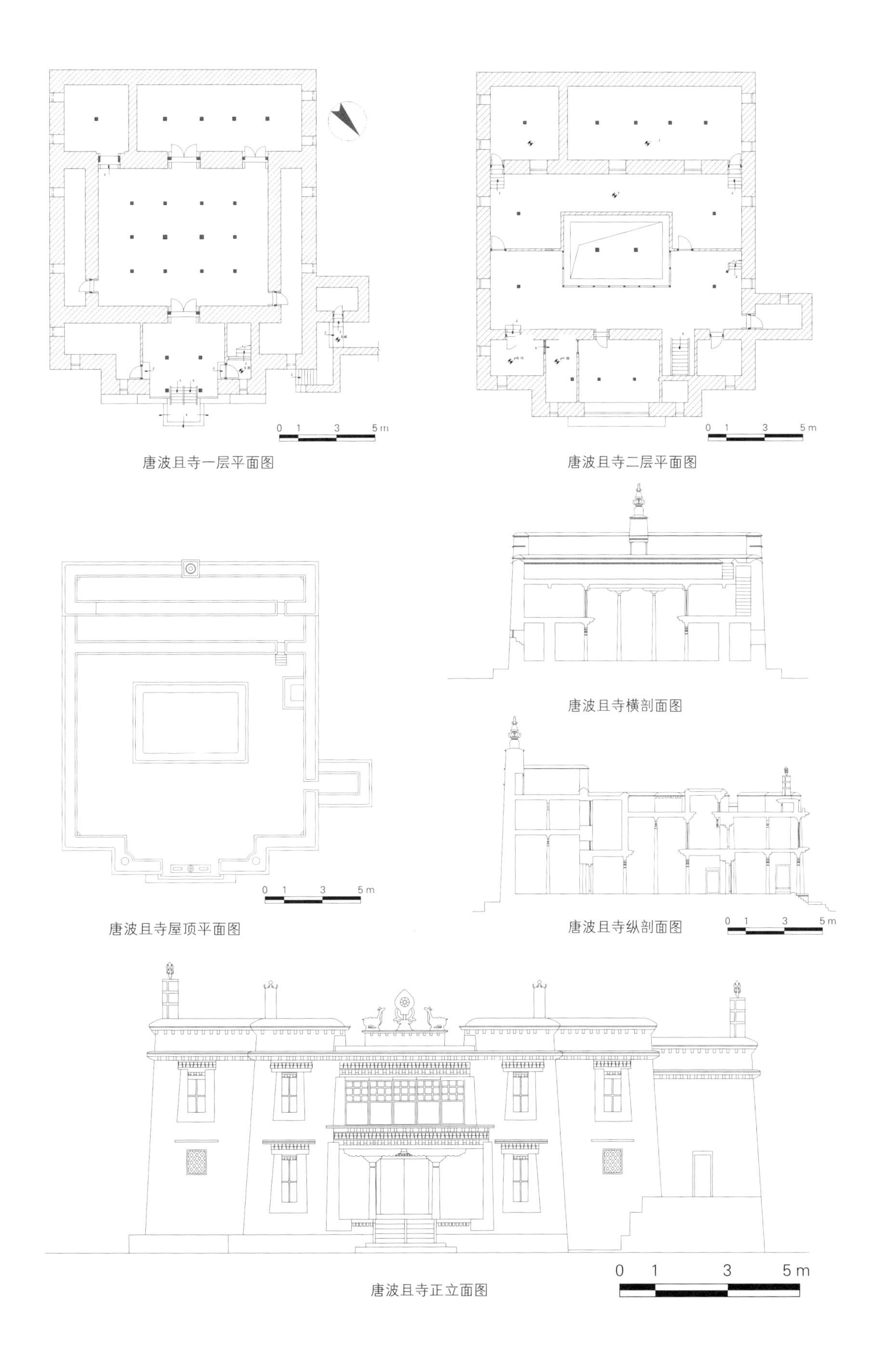

6. 贡嘎县杰德秀镇顿布曲果寺测绘图

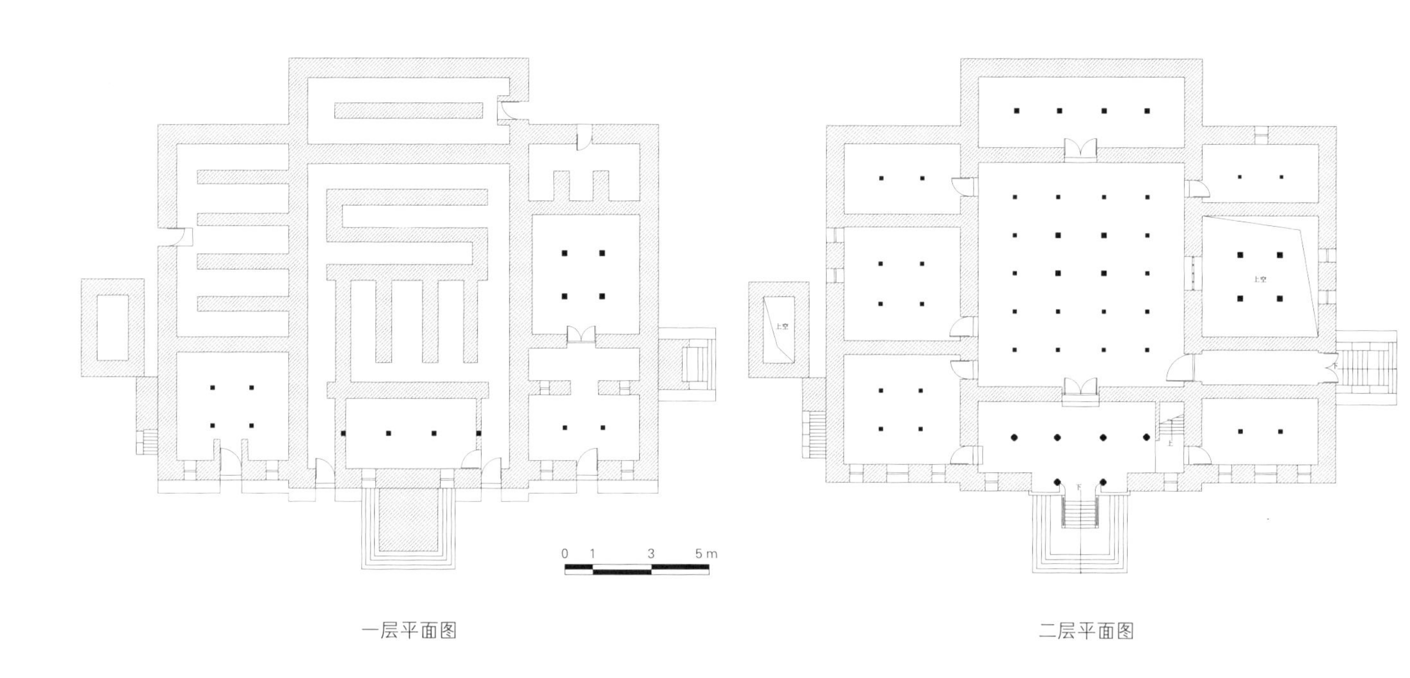

一层平面图

二层平面图

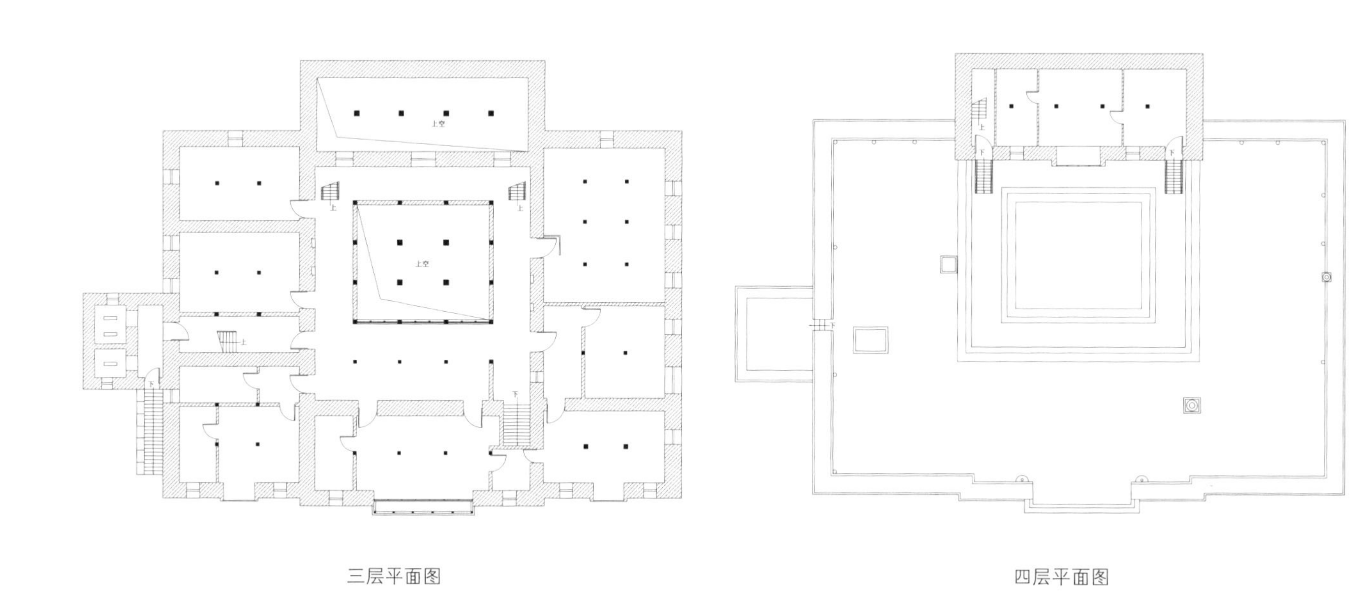

三层平面图

四层平面图

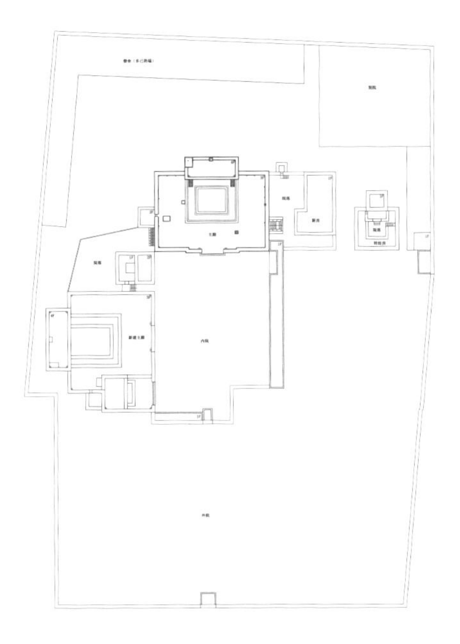

顿布曲果寺总平面图

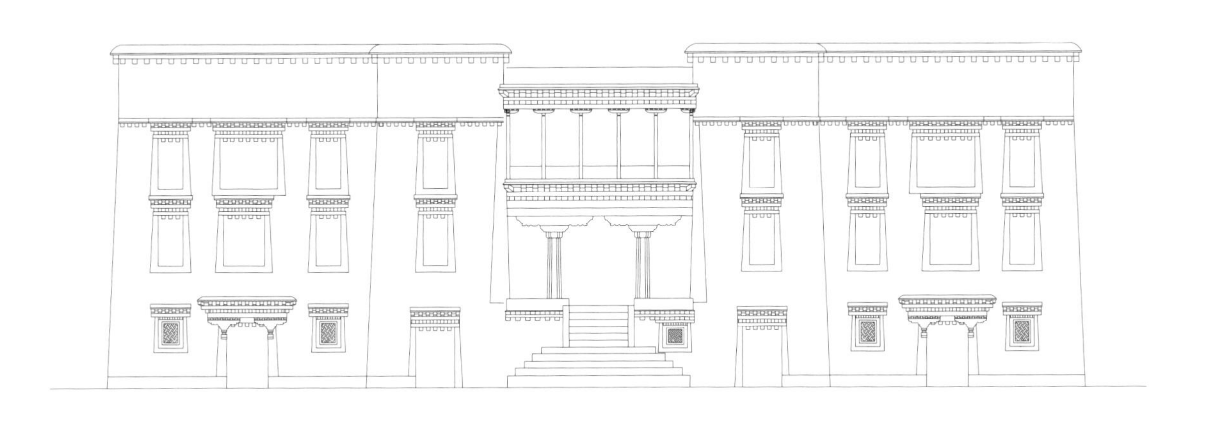

立面图

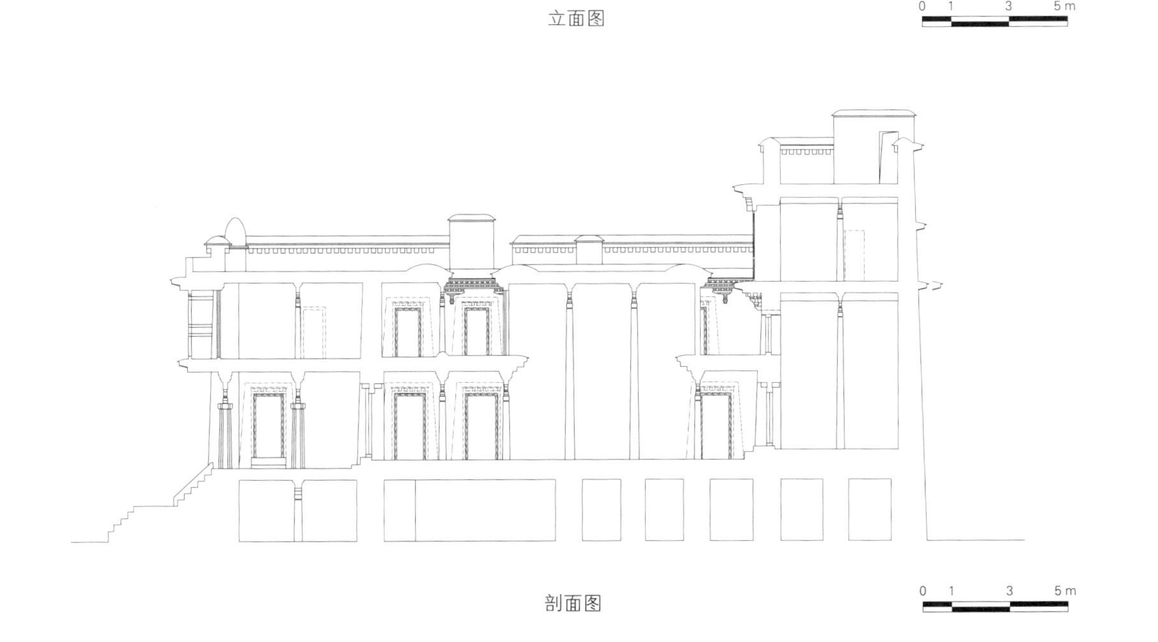

剖面图

7. 贡嘎县甲日乡那若达布扎仓测绘图

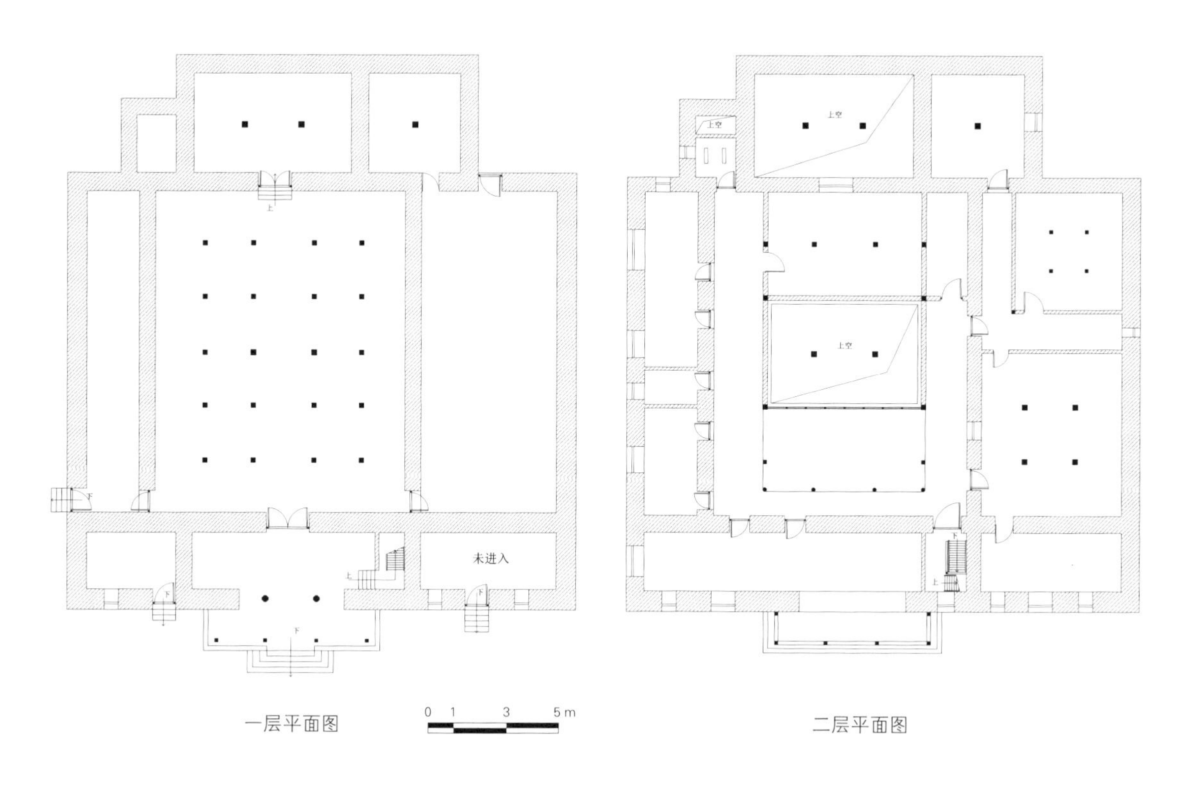

一层平面图

二层平面图

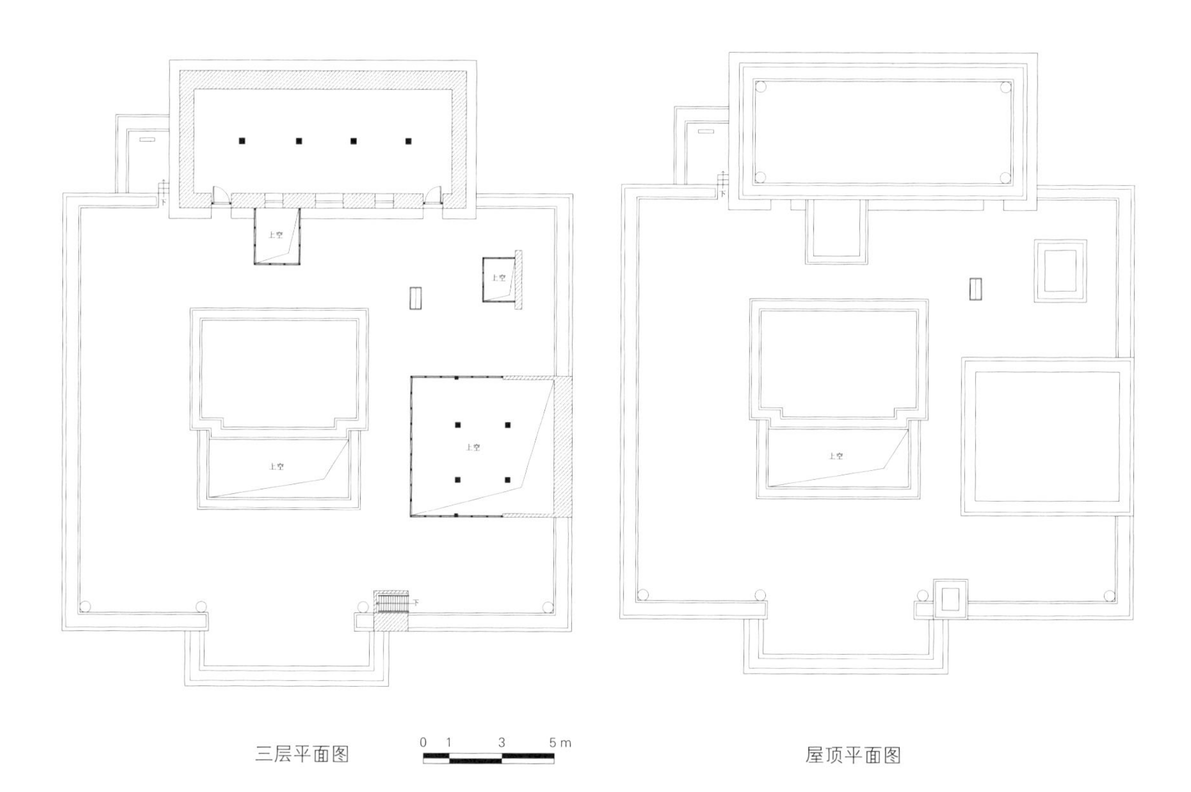

三层平面图

屋顶平面图

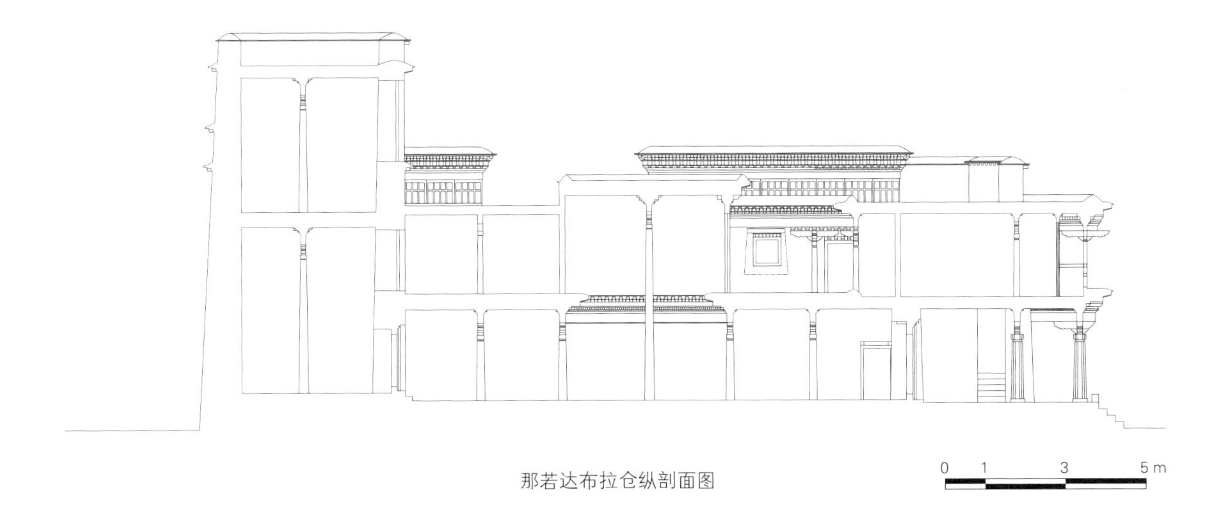

那若达布拉仓纵剖面图

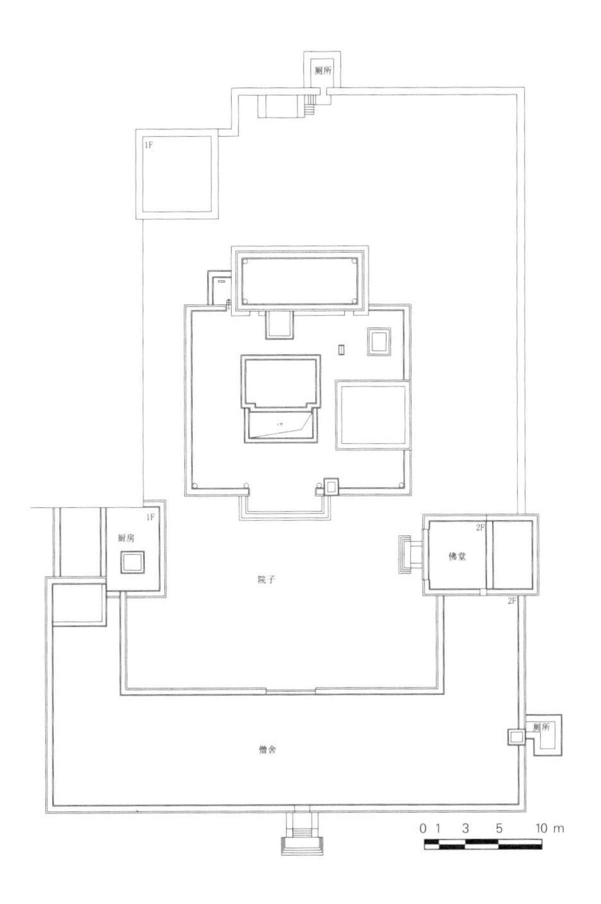

那若达布扎仓总平面图

8. 扎朗县扎其乡从堆措巴测绘图

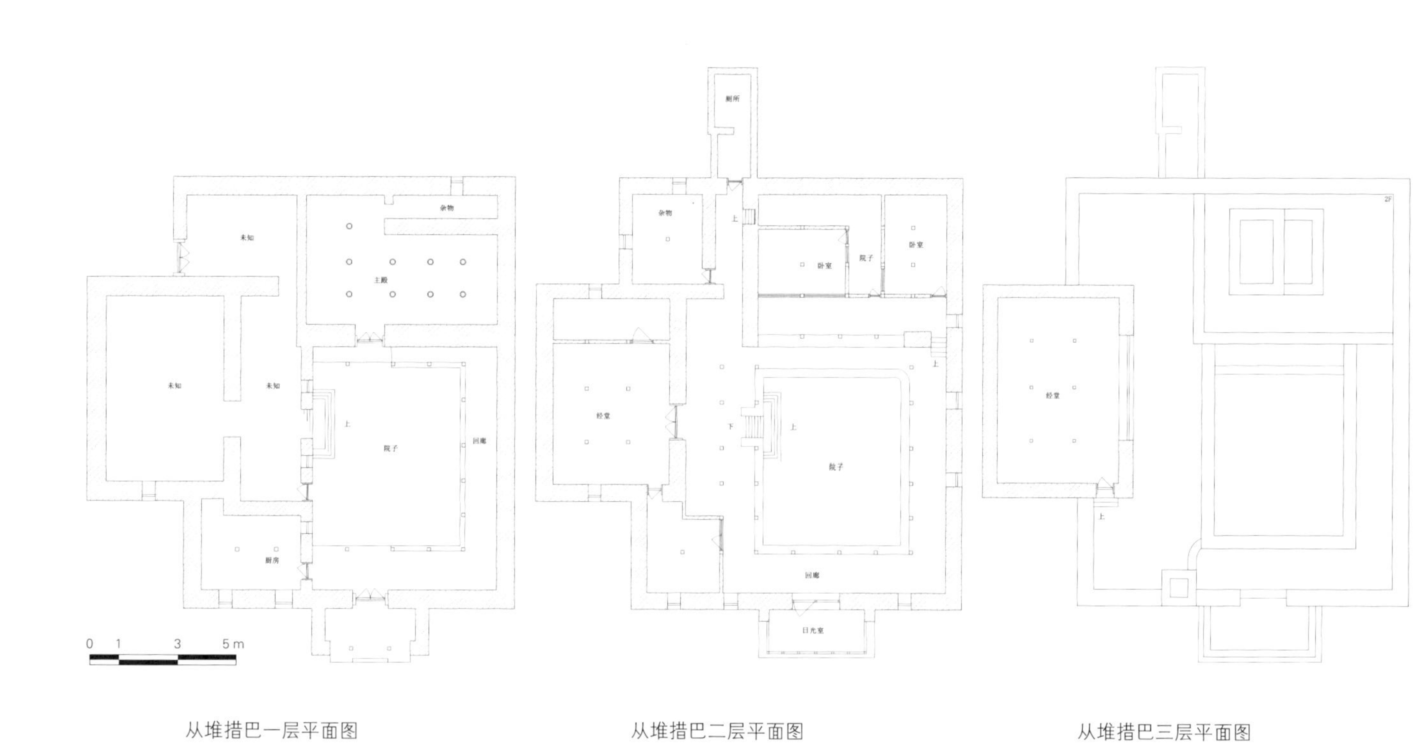

从堆措巴一层平面图　　从堆措巴二层平面图　　从堆措巴三层平面图

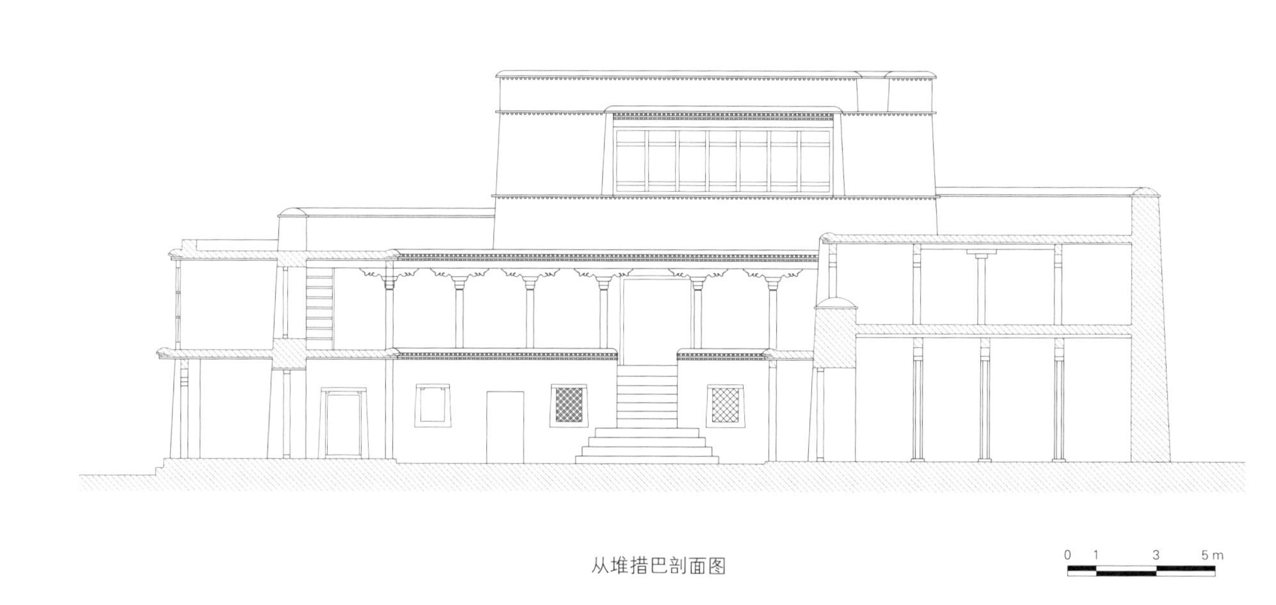

从堆措巴剖面图

山南佛塔测绘图

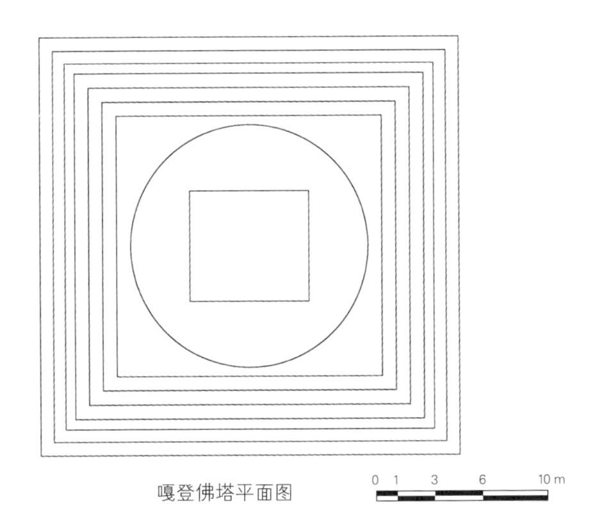

嘎登佛塔平面图

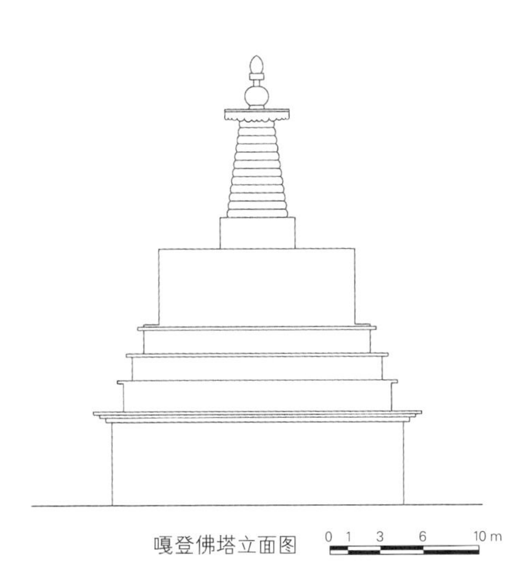

嘎登佛塔立面图

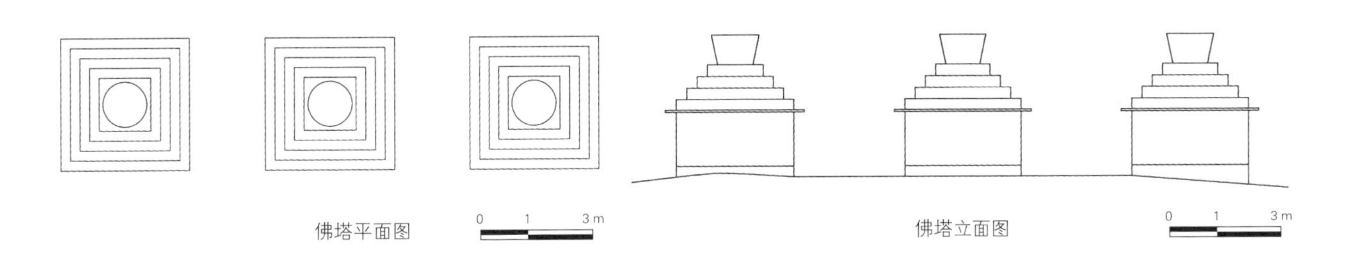

佛塔平面图

佛塔立面图

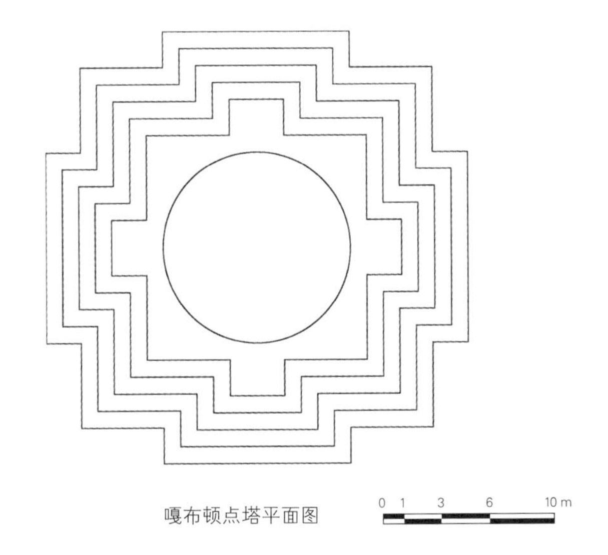

嘎布顿点塔平面图

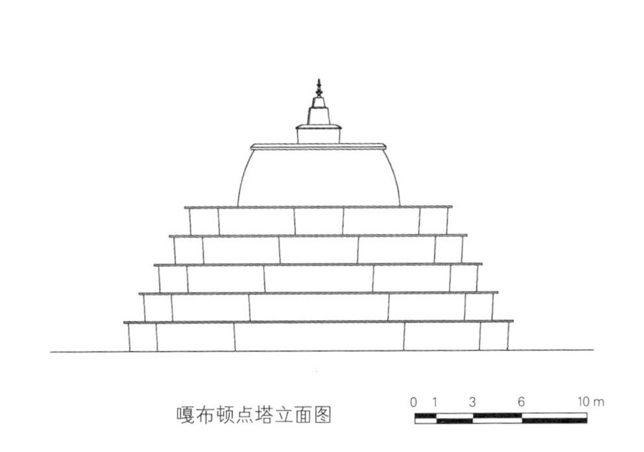

嘎布顿点塔立面图

15 藏北藏传佛教寺庙建筑

15.1 藏北概况

15.1.1 历史沿革

据《那曲地区志》一书，对于“藏北”这个概念有两种说法：其中一种说法来源于于小冬的《藏传佛教壁画》一书，藏北即今天的安多地区和今那曲地区；另一种说法藏北即今天的那曲地区。本书以那曲地区行政区划为藏北界定。

“那曲”，藏语的意思是“黑色的河流”，故名“黑河”。因其地域辽阔，又被称作“羌塘”。羌塘一词在藏语里的意思是“北方的旷野”，故得名“藏北”[1]。在20世纪50年代，地质学家和考古学家在藏北高原发现了其形状和制造工艺普遍带有游牧文化特征的打制石器，从考古的角度断定这些石器基本上属于旧石器时代中期到晚期之间的文化遗物，距今大约1万~5万年。藏北地区有明确史料记载的是从古老的象雄时期开始，在汉文史籍中称藏北地区为“羊同”。据藏文史料中记载这一地区称作“卓岱”，意为“牧业部落”，称这里的居民为“卓巴”，意为“牧民”，或“羌巴”，意为“北方人”，或“羌日”，意为“北方部落”。

在象雄鼎盛时期，藏北地域分为内、外、中三部。中象雄和外象雄是现在的那曲地区，中象雄的中心“当惹琼宗”，位于那曲地区西南隅的当惹雍错湖畔一带。象雄鼎盛时期的疆域是以今天的西藏阿里地区为中心，向东延伸到昌都的丁青县，包括现在的藏北（那曲一带），呈弧形的发展趋势。“象雄势力衰退后，象雄管辖的势力范围收缩主要集中在今西藏西部（藏北是其中一部分）”[2]。在7世纪前后，这一地区的东部地域归属于苏毗部落统治。

松赞干布时期，将吐蕃分为四台和61个东岱（相当于千户），原苏毗部落故地设“孙波如”，共辖11个东岱，作为吐蕃向西域和河湟江岷地区扩张的基地，这一带显得特别重要，史称“军粮马匹，半出其中”，在藏北高原上出现了三四个部落王国，那曲中部的三十九族，据今聂荣、巴青和比如县的一部分；西部那仓部落，据今尼玛和申扎县一带；中北部安多八部落，据今安多和班戈县；东部欧那雪为主的四部落，据今比如和索县。现在的巴青、比如、索县都处于吐蕃时期的苏毗部落，后在松赞干布时期改为“孙波如”，这也是这些地区寺院分布比较多的原因。

宋元时期，那曲和羊八井、帮仓（今当惹湖和昂则湖一带）、朗如（今班戈县一带）被称作北方四部落。1269年，忽必烈派出官员在自青海到萨斯加的主要驿道设置驿站，其中在前藏设置驿站7所。驿道穿越今那曲的巴青、索县、比如、那曲及当雄一带，并派蒙古军士屯驻藏北，以后形成了霍尔三十九族的藏北蒙古人势力，三十九族部落当时的范围是现在的聂荣、巴青、丁青和比如四县。17世纪至18世纪初属和硕特蒙古政权，并在腾纳木错驻扎蒙古骑兵震慑全藏。

1950年10月，昌都地区和那曲地区东部首先获得解放，1951年3月，昌都地区人民解放委员会宣告成立，1965年8月，经国务院批准，那曲专区改称那曲地区。1989年，在撤区并乡中，那曲地区保留11个区、146个乡镇。1993年，撤销文部办事处，正式成立尼玛县，撤销双湖办事处，设立双湖特别区。至2000年年底，那曲地区辖那曲、比如、聂荣、巴青、索县、嘉黎、班戈、安多、申扎、尼玛10个县和双湖特别行政区，共3个区公所、147个乡（镇）、1534个村民委员会，全地区总人口36.29万，其中藏族占总人口的99.07%，另有汉、回、蒙古、满、门巴、珞巴等民族。

15.1.2 地理概况

藏北地区位于西藏自治区北部，北面有昆仑山和唐古拉山且与北边的新疆维吾尔自治区及东边青海省接壤，西接阿里地区的改则、措勤两县，西南与日喀则地区昂仁、谢通门、南木林三县交界，南与拉萨市尼木、当雄、林周、墨竹工卡四县为邻，东南与林芝地区工布江达、波密两县毗邻，东面与昌都地区丁青、边坝连接。东西长约 1156 公里，南北长 760 公里。

藏北地区被群山环绕，巨大的山系呈东西走向，贯穿整个藏北，一望无际的草原随山脉的走势由西北向东南“倾斜”。藏北地区的地势呈南北高、中间低的走势。地貌结构总体上是东部为高山峡谷，中西部为高原、湖泊、盆地。从行政区的角度上划分，藏北的东部地区由巴青、索县、比如和嘉黎等县组成；中部地区由那曲、安多、聂荣县组成；西部由班戈、申扎、尼玛县及双湖区组成。

15.1.3 气候特点

藏北地区是青藏高寒气候区域的一部分，地域辽阔，海拔高，地形相对复杂，气候类型众多，形成了独特的气候特征：日照时间长、太阳辐射强烈、空气稀薄、气温较低，风季长、大风多。那曲地区常年平均气温在地理分布上呈“中部低，东西部高”的组合。总之藏北地区冬季寒冷，夏季不热，四季不分明。藏北地区气象灾害比较严重，主要有大风、干旱、雪灾、沙暴、冰雹、泥石流等气象灾害。这种恶劣的天气直接影响着藏北寺院的选址和分布，这也是区别于西藏其他地区的特点之一。

15.1.4 文化特色

中华民族的母亲河长江就起源于藏北的格拉丹东山脉。举世无双的高原雪域风光、众多的神山圣湖、神秘的无人区、诱人的自然溶洞驰名中外，一年一度的恰青赛马艺术节：白天赛马，夜晚歌舞，跳“锅庄”，讲述格萨尔故事等，形成的音乐特色和舞蹈风格也有差别。曲艺在那曲地区的发展、流传广泛，其中《格萨尔王传》是一部享誉世界的藏族长篇英雄史诗，其次曲艺的形式还有“折嘎”“仲鲁”“喇嘛嘛呢”等。藏北的绘画艺术称得上是世界绘画史的一枝奇葩，它有着别具一格的题材和绘画方式。其绘画方式主要有唐卡、泥塑、木雕、石刻，唐卡的绘画题材以宗教为主要内容，唐卡绘制以佛像为主，画面线条细腻，用色讲究，整体统一。

在牧区，牧民的住所一般都是采用牛毛帐篷的形式（用织好的两块长方形大布缝制起来，然后把两片帐幕用扣环连接起来固定在地上），这种形式的住所搬迁方便，易于携带。那曲地区的民间生产习俗主要是牧业生产，包括挤牛奶、打酥油、捻毛线、织毯子（图 15–1）、采挖人参果等。挤奶是牧民经济来源的一部分，打酥油是牧民生活中必不可少的必需品，也是他们生活品最主要的来源。

那曲赛马节（图 15–2）是那曲地区全区的盛大节日，一般在藏历七月底八月初举行，为期 5~15 天时间不等，对应阳历大约在 8 月间，不过每年都不一样。赛马是主题，物资交流、情感交流、歌舞表演等则是配套项目，这种综合性节日已是藏北草原上一年一度最受当地百姓欢迎的节日，同时也是藏北草原旅游观光的最佳时间。

图 15–1 村民织布
图片来源：王浩摄

图 15–2 赛马节
图片来源：网络

15.2 藏北藏传佛教概述

藏北地区幅员辽阔，曾是中象雄中心当惹琼宗所在地，在长期的佛苯竞争中，佛教和苯教的发展在不同的历史时期都有自己的优势。

据史料记载，藏北地区藏传佛教文化来自两个方向：一个是昌都地区；另一个是阿里地区。公元639年，文成公主进藏时，噶热东赞大相选址，由觉龙拉孜活佛在比如县茶曲乡创建热登寺，全称为平措热旦曲林寺。8世纪中叶，从昌都丁青而来的僧人在那曲地区修建一座修行洞。

阿里地区是古象雄文化的发源地，也是藏传佛教后弘期发端的地方，后弘时期的佛教在藏族聚居区的发展达到了鼎盛，百花齐放，众多的派别相继出现，藏北的佛教也随之兴盛。藏北西部属于那仓部落管辖，伴随着后弘期的兴起，今尼玛、申扎一带的佛教文化得到了迅速的传播。总的来说，藏北的藏传佛教早期发端于比如县，中期发展于霍尔三十九族和以那雪为主的四雪部落，后期在巴青、索县、那曲等一带发展。

图 15-3 宁玛派寺院分布
图片来源：王浩标注

图 15-4 噶举派寺院分布
图片来源：王浩标注，那曲地区行政图

15.3 藏北寺院分布特点

藏传佛教寺院在藏北的分布面积广，纵向分布，从南边的比如县、巴青县到西北部的安多、文部县；横向分布，从东边索县到西部的申扎等县，跨距之大，面积之广是其他藏族聚居区所不能比拟的。藏北佛教主要派别有四个，分别为宁玛派、噶举派、萨迦派和格鲁派。

15.3.1 宁玛派

根据藏北地区实地调研，宁玛派的寺院主要分布在怒江支流、罗曲、索曲、杰曲河支流等江河流域，集中在比如、聂荣、巴青、索县、那曲一带，其中比如、巴青、索县是属于藏北的东三县，拥有着丰富的自然资源，该地区的人们以半农半牧的方式劳动和生活着，宁玛派在这几个县得到了迅速的发展。除了上述四个县有宁玛派寺院外，我们在班戈县发现了宁玛派的另外一个寺院沙漠寺。宁玛派寺院在藏北共有8座，还有拉康3座，日追1座，具体分布在比如县3座、那曲县1座、聂荣县1座、索县2座、班戈1座（图 15-3）。

15.3.2 噶举派

噶举派的寺院分布特点同宁玛派寺院很相似，集中在比如、索县、那曲一带，共17座，还有拉康3个，日追3个，佛塔1个，仓康1个，寺院中比如4座、安多2座、索县2座、那曲6座、嘉黎2座、尼玛县1座。从寺院的创建年代上看那曲的寺院几乎都是后弘时期的寺院，它是藏北藏传佛教发展的辉煌时期，从地理位置上看，那曲地区处于汉藏佛教交流必经之地，也可以说是汉藏交流的“咽喉”，因此寺院在此地得到潜移默化的影响和发展也是必然的（图 15-4）。

15.3.3 萨迦派

萨迦派唯一一座寺院坐落在索县，它的分布特点是背靠大山，面朝怒江。由于萨迦派寺院在藏北只有一座，由此看出萨迦派在藏北的影响力甚微（图15–5）。

15.3.4 格鲁派

格鲁派的寺院分布在藏北大部分地区，地理环境优越。

格鲁派寺院在藏北共有42座，还有拉康4座，日追2座，其中比如县15座寺院，那曲县6座寺院，聂荣县1座寺院，索县11座寺院，嘉黎县2座寺院，安多县6座寺院，尼玛县1座寺院。格鲁派大部分寺院不论是早期的还是后期的，大多靠近河流或湖泊，靠近的河流有果曲、杰曲、布曲、怒江、吉庆曲、麦地臧布（曲和藏布在藏语中是河流的意思）等。寺院多分布在河流边上，选择在河流的南岸或北岸。有的寺院靠近湖泊（图15–6）。

图15–5 萨迦派寺院分布
图片来源：王浩标注，那曲地区行政图

图15–6 藏北格鲁派寺院分布
图片来源：王浩标注，那曲地区行政图

15.4 藏北寺院选址

15.4.1 影响因素

1. 客观因素

藏北地区群山连绵，山体呈现出东西走向的态势，有着一望无垠的草原。河流分支众多，主要河流有怒江、雅鲁藏布、索曲河、易贡藏布、那曲河等，尤其是东部地区水源充沛，河流湍急。这些客观的自然条件影响着当地寺院的选址。

选择寺院首先要以方便寺院的建造和有利的交通为前提，但是也有例外，在朗达玛灭佛期间大多数僧人都被迫跑到了偏僻的地方修建寺院，如整个西藏最北边的唐康寺，就是为了逃避当时政治势力的压迫，毅然选择在藏北的最北边修建。藏北寺院不仅是僧人修行的活动场所，同样也是社会政治和文化的中心。因此寺院的选址要在交通方便，水源充足，建筑取材方便，距离居民生活区不远的地方，有的寺院和居民村庄建在一起。例如藏北索县的琼扩寺便和村庄在一起。寺院与村庄结合有几个好处：一是，村民拜佛方便；二是，藏北的寺院僧人生活的物品靠的是村民的供奉，所以与村庄捆绑在一起，增强了寺院的生存能力。

防御也是寺院选址需要考虑的重要因素。位于索县亚拉镇的赞丹寺由于历史的原因，常年处于战乱中。赞丹寺选择在亚拉镇的赞丹雪村驻地朗嘎提亚山顶峰上，四面山势陡峭，只有一条通上山顶的道路，虽然后来赞丹寺也没有逃脱战乱期间的破坏，但是从寺院的选址的角度来说，它当时的选址是为了防御外来势力的攻击，体现了宗教高高在上的威严。

藏北降雨不均匀导致大部分地区常年处于干旱的状态，因此水资源在藏北的寺院选址中尤为重要。藏北的寺院大多都是建造在水资源充沛的河流上游，围绕着雅鲁藏布江、怒江、怒江支流等河流建造。

2. 主观因素

影响寺院选址的主观因素主要有：堪舆术、自然崇拜和宗教文化。

1）堪舆术

在藏族聚居区有专门为寺院选择地势的人叫“孜巴”，他们精通天文历算等知识，根据周边的地理环境来决定寺院的朝向和位置。由于历史、宗教和文化的原因，藏北寺院择址原则与汉族的择址原则有着不同的理解，通过对藏北的寺院选址的分析发现，藏、汉的寺院选址有一些共同的特点，例如“依山傍水，负阴抱阳”。古代的说法就是北向（玄武的方位）要有高山、高地作为寺院的靠山；南向（朱雀的方位）要平坦，地势低洼；东西向（白虎和青龙方位）要有河流互通。但是寺院不会坐落在河流的“刹”的地方（河流转折处所指的方向）。在以上的前提下还要求四个不同的方向有着不同的特点，例如北面的山上要树木茂盛，以此来抵挡冬天寒风的“袭击”，南面要有弯曲的河流流过寺院前，东西方向的地势要稍微高于南方。

2）自然崇拜

藏北地区神山、圣湖众多，当地的人们把神山、圣湖当做神圣的象征，每当节日来临或者家庭有矛盾和困难时，都会到圣湖边或神山旁祈祷以此来得到内心的满足和抚慰。拜会神山、圣湖更是僧人们的“专利”，僧人几乎每天都会对着神山、圣湖祈求祝福。长此以往，很多寺院就选择在靠近神山或者圣湖的边上，一方面有利于僧人的朝拜，另一方面方便寺院取水。但是藏北的达而果雪山很特别，它是一种神圣、纯洁的象征，所有的僧人和平民不可以靠近它，更别提在山脚下或者山坡上修建寺院了。

3）宗教文化

回顾藏族的寺院发展史，大多数寺庙都有着自己的故事，故事的内容从寺庙的选址直到后代寺院的发展。藏北安多县的唐康寺在建寺之初有一个传说。据说孝登寺的一位活佛（珠康四世洛桑次成·丹巴坚赞）一次在梦中见到了佛教的两大护法金刚，两大护法金刚要求他在安多县帕那镇一村（央嘎村）西南方向一处山脚下建造寺庙，并且答应他如果在此建造寺庙会得到神灵的保护。于是洛桑次成·丹巴坚赞去寻找神灵指引的地方，一开始是以修行洞的形式存在，后来在十三世达赖喇嘛的指派下，从色拉寺选了康桑七世阿旺洛桑·土登贡噶建造了现在的唐康寺。

另外，佛家思想也在影响着寺院选址和单体建筑的建造，赤松德赞在位时期，莲花生大师在拉萨桑耶的地方勘察地形为桑耶寺选址，利用了佛教中的“世界结构”思想观念去选址和建造单体建筑。“曼陀罗”的佛家宇宙精神和“都纲法式”[3]从不同的角度影响着寺院的选址和建筑的布局。

15.4.2　选址特点

寺院建筑记载着寺院的发展、宗教文化的变革、社会的变迁等各个方面的历史。藏族的“堪舆术”一般会把寺院选址在背靠大山，面朝河流，东西群山环绕，交通方便的地方，但是有时为了追求佛家的“净地”，遂远离交通要道和人烟稠密的地方。如琼科寺坐落在背山面水的地势上，而唐康寺却建造在比较偏僻的地方，有利于僧人的修行学法。

藏北的寺院很大一部分是依山面水的选址特点，依山面水的选址主要可以分为山麓河畔型、山腰缓坡型和山间台地型三种（图 15–7）。

1）山麓河畔型

山麓河畔型寺院的空间形态主要为背山面水，寺院坐落的地址一般是临近河流或者湖泊的边上。山麓河畔型选址模式下的寺院与周边山体和河流（湖泊）的关系往往是自上而下呈现出山体—寺院—湖泊（河流）的空间顺序。例如安多县的热东寺，位于木纠错的旁边，背靠热东日山，山体与寺院融为一体，寺院与湖畔形成了丰富的空间形式。湖泊与山体之间遥相呼应，它们之间通过寺院这个空间节点进行着有机的联系。一方面，寺院靠近湖泊方便僧人取水，另一方面寺院有着开阔的空间，以便僧人能够很好地修行、念经。

2）山腰缓坡型

山腰缓坡型寺院的特点是背山面水，寺院的建造地址一般位于山体的半山腰处，自山上往山下的布局往往是：山体—寺院—山体—河流。这种选址的寺院分布面积大，交通流线长，寺院建筑组织和

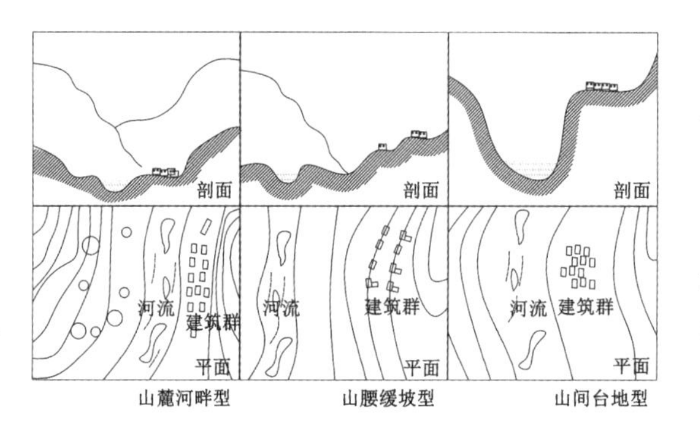

图 15–7　选址类型示意图
图片来源：王浩绘

交通布置比较散乱。相对于山麓河畔型寺院来说其交通、取水等都有一定的缺陷。但是相对于山间台地型寺院来说无论从交通还是从生活等方面都算是比较方便的。

例如琼扩寺北面背靠加勤日山，东西有群山环绕，夏季北面山上植被茂密，是僧人单独修行的绝佳地点。琼扩寺这种典型的环山抱水的地理位置，是藏北大多数寺院在选址时所遵循的选址法则之一。此种选址方式的优点：一是可以抵挡冬天北风的“袭击”；二是有好的建筑朝向（朝南）；三是取水方便等。

又如那曲县达前乡亚唐村的夏容布寺，位于夏曲东岸缓坡上，西距河边约150米，高出河面约10米。西倚缅母神山，隔河与齐若山相望。整个寺院坐落在相对平缓的山体上。通向寺院的道路平坦便捷，突出了山腰缓坡型寺院选址的优点。

3）山间台地型

山间台地型寺院的空间形态结合了前两者的特点，这种选址在藏北地区相对来说比较少。其特点是，寺院坐落在高高的山顶上的相对平坦的地方，河流距离寺院的垂直高差很大，小到十几米大到几百米。寺院的僧人要想去山下取水只能靠徒步到达，而且山路陡峭，交通极为不便。虽然这种类型的寺院选址模式存在各种不利的弊端，但是寺院整体布局与山体的结合自成一体，气势宏伟，充分地表现了寺院在藏北地区的文化与宗教地位，这也是寺院选址在山间台地的原因之一。

唐康寺（图15-8）位于那曲地区安多县帕那镇一村（央嘎村）西南约14公里，周围道路蜿蜒崎岖，是大多数僧人不想去的地方。历史记载它是西藏最北边的寺院，由于当时西藏的佛教受到了政治迫害和其他宗派的挤压，僧人们被迫来到安多县，在这个比较偏僻的地方修建寺院。唐康寺坐落在陡峭的山坡上，山上几乎没有植被，可以说是个秃山，西面和南面有群山环绕，给人很拥挤的感觉，南面通往外界的道路是陡峭崎岖的山路（后来才修建成平坦的道路），在寺院东南方向有一河流，平时僧人们通过长时间的徒步到山脚下取水。解放以前唐康寺几乎不与外界联系，只是后来交通的发达以及通信工具的普及，此寺院才被人们发现并重视。

图15-8 唐康寺
图片来源：王浩拍摄、标注

图15-9 白日寺周边
图片来源：王浩摄

4）其他类型寺院选址特点

藏北寺院的选址除了上面介绍的几种，还有其他类型的存在，只是这些选址类型极少。在藏北安多县的白日寺就属于极为少见的类型之一。白日寺寺院坐落在平坦的高原上，周围方圆10公里几乎没有高低起伏的山包。现在的白日寺是公元1679年经五世达赖喇嘛赐封后，由木尔盖·阿旺洛珠创建（图15-9）。

从以上的分析可以看出，依山傍水是藏族寺院选址的理想之地。但是寺院的选址在遵循自然法则的基础上掺杂着人的主观意识在里面，而主观思想的存在正符合藏族佛学的思想观念。

15.5 寺院布局

藏北寺院的布局针对所处地形，分为平川式和山地式两种，其成长模式可以分为发散式、带状式两类。早期的寺院受外来的影响，如桑耶寺的建造遵循了一定的佛教思想和规划理念，例如坛城形制等。到后期的格鲁派时期，寺院的建造不再受到太多的世俗与模式的约束，寺院的整体布局更符合自由生长模式，更加强调天人合一与自然的和谐有机关系，从而创造出更加适应僧人生活和活动的场所。寺院建筑的发展成为一个连续生长的过程，一个寺院的规模壮大总是在原先小建筑的基础上发展起来的，原先小建筑到后期往往被发展成为寺院的中心建筑。藏北寺院建筑大多依托山势建于山顶、山脚（面向湖泊）或半山腰处，建筑顺应山势和地形呈现出自由的布局形式，中轴线的布局几乎看不到。

15.5.1 总平面布局形式

1. 发散式

发散式寺院的布局特点是，以早期某一个建筑为核心点呈现出横向或者纵向发展的模式。也就是说由一个“点”发展到整个“面”，呈多元性向四周发散的发展趋势。为了充分地体现它核心地位，寺院的核心建筑一般都处于地势相对高的地方，或者处于地势优越的地理位置上，僧舍和辅助用房等都在地势相对低的位置，以核心建筑为中心在其周围逐步展开。发散式寺院建筑布局有着有机的系统，看似无序的自由布局，实际上是进行着有机的生长。

图 15-10 唐康寺生长过程分析
图片来源：王浩绘

图 15-11 东热寺一字形寺院布局
图片来源：王浩根据 google 地图标注

如安多县第一个寺院——唐康寺，也是藏北佛教的发源地，最早由六世喇嘛康桑活佛在山上建造了修行洞；到后来从色拉寺来的活佛格西扎巴次成修建了度母修行洞、马头明王修行洞；再到 1852 年唐卡寺的建立，20 世纪 30 年代创建了上世福田殿；最后在上世福田殿左边建立了厨房、僧舍、公共房。鸟瞰唐康寺寺院可以看出，建筑的衍生主次分明，层次清晰，重点建筑突出，以主要的大殿世福田殿为中心自由地生长着并扩张着自己的规模（图 15-10）。这种“形散而神不散”的建造境界正是藏北藏传佛教大型寺院的布局特点之一。

2. 带状式

带状式寺院布局指的是寺院随着山体的走势或者河流的走向形成一种随山体或者河流延伸、环绕的带状布局形式。这种寺院一般规模不是很大，寺院建筑相对较少，建筑沿着河岸或者山体呈一字形展开。从建筑学的角度分析有它独特的优点，当建筑围绕着山体或者河流呈一字形排开时，寺院内部建筑之间不会因为强大的风力而产生涡流现象。同时寺院建筑也可以有很好的景观朝向。在藏北地区带状式寺院布局的实例有位于申扎县的东热寺，建筑结合陡峭的山体和湖泊呈一字形排开，呈带状式布局（图 15-11）。

15.5.2 寺院空间组织

在藏北的藏传佛教寺院中，许多寺院是建立在有围墙保护的大院里的或者建造在山顶等，借助山体等自然屏障来保护寺院不受到外界的干扰，如 1450 年在索县江达乡创建的江达寺有着长方形的寺院，前面是天然的山体，寺院后面是怒江支流，很好地保护了寺院。但是在藏北也有很多不设围墙的寺院，主要出于两方面的考虑：一方面，地势的狭小限制了寺院围墙的建设。如位于索县色昌乡扎玛须日山顶缓坡处的邦纳寺，建筑坐落在山体的斜坡上，建筑前面就是怒江，受到地形的限制，寺院围墙无从或无须建立。另一方面，寺院要经常组织宗教活动，开阔的前部空间也有利于僧人和人们之间的交流和融合。不仅仅是在藏北，甚至在整个藏族聚居区，都会在寺院的前面留出一块比较大的空地作为公共空间，供寺院的佛事活动使用。藏北地区常见到的院落空间形式：一是建筑围绕的内院式；二是单面开敞式。

1. 内院式

周边建筑围绕着的中心空间成为一种“死”空间，无法向四周扩展，除非周围一边的建筑被拆除掉。但是这种空间布局也有其优点：一方面，在藏北这块气候环境很恶劣的地方常年都有强烈的大风和暴风雪，因此“封闭”的内院空间更有利于寺院免受袭击；另一方面，寺院在藏北作为一种文化中心和宗教中心，它需要隐蔽的空间进行寺院内部的法事活动。琼科寺就是采取这种空间布局形式，大殿位于长方形内院的一个长边上，另外一个长边和两个短边分别布置着僧人的宿舍和一个强巴佛殿，在大殿的东西两侧有出入口连接着内院与外面的道路。寺院的其他建筑则围绕着中心内院进行发展和扩散（图15-12）。

2. 单面开敞式

该布局方式的特点是：寺院三面被村庄、山体、院落、河流等包围着，只有一面是开敞的，一般寺院选择这样的布局形式都会在寺院的前面留有充足的空地作为佛事活动等。这种布局方式相对于内院式布局特点来说有很多优越的地方，其一就是有着充足的扩展空间，随着寺院规模的扩大不断延伸。其二是当寺院与村庄结合在一起时，随着村庄的壮大，村民数量的增加，寺院的宗教活动也会因为参与人员的增多来扩大佛事活动的公共空间。这种布局方式为后来的发展提供了充足的余地。在藏北，仲欧寺就采取这种寺院空间布局形式，它坐落在南面大山的脚下，西面与村庄连接，东面是空旷的场地，形成单面开敞式的布局（图15-13）。

单面开敞式寺院布局中，随着地形的变化呈现不同的形式。其中错落有致的空间形态值得我们去研究。这种寺院实例可以说数不胜数，位于申扎县的东热寺，结合陡峭的山体，建筑逐层上升，从山脚下沿湖泊的驳岸呈“扇形”的横向发展，同时建筑也随着山体陡峭的坡度呈现纵向的垂直发展，充分体现了建筑与地形的有机结合（图15-14）。

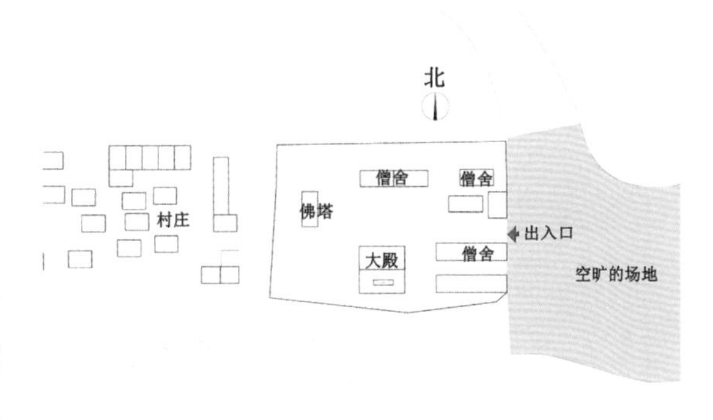

图15-12 内院式布局
图片来源：王浩绘

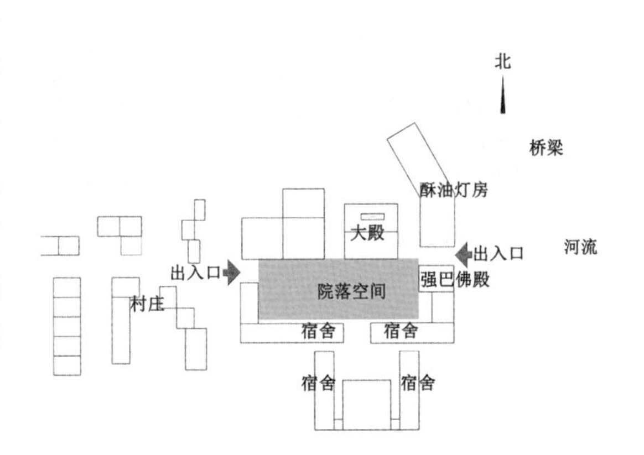

图15-13 单面开敞式布局
图片来源：王浩绘

图15-14 东热寺鸟瞰
图片来源：王浩摄

藏北的欧托寺位于山腰上，主要由经堂大殿、食堂、供佛殿和僧人宿舍组成，随着山路而上，首先看到的是经堂大殿，从经堂到后面的佛殿随着上升的山体而抬升，前后高差达到1.7米，通过室外的台阶通向佛殿。经堂大殿的后面是僧人的宿舍，从大殿到宿舍要经过一段高差为3米的陡峭山体。从宿舍到山上的供佛殿，首先要经过一段长约10米的较缓和的坡道，然后通过一个垂直的木质楼梯才可以到达供佛殿平面。这种逐层上升的建筑布局适应了山

图 15-15 欧托寺全景
图片来源：王浩摄

体的坡度，丰富了建筑之间的空间（图 15-15）。

寺院建筑的布局、生长总是要受到一定的地理环境和人文环境的影响，在有限的自然环境下，结合地形规划与建筑，成为藏北地区藏传佛教寺院发展的必然趋势。

15.6 教派寺院实例分析

藏北藏传佛教寺院主要是由宁玛派寺院、噶举派寺院、萨迦派寺院和格鲁派寺院组成的。不同派别的寺院建筑有着不同的历史发展过程、派别特点和建筑特点，因此在介绍藏北不同派别寺院建筑时先简要地分析各个派别的派系特点以及佛事活动是很有必要的。

图 15-16 恰如寺外观（左）
图片来源：那曲文化局资料

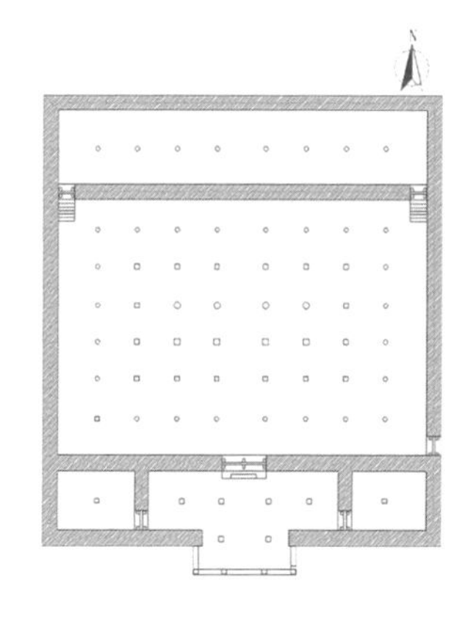

图 15-17 集会殿一层平面图
图片来源：王浩绘

15.6.1 宁玛派

藏北的宁玛派寺院建筑最早是在修行洞的基础上发展而来的，大约在 8 世纪中叶，在那曲地区修建一座修行洞，具体是谁修建的，位于那曲的什么地方，目前还不知道。

1. 恰如寺

1）恰如寺简介

恰如寺（图 15-16）是娜布吐片在比如县那索交界处修建的修行洞上发展而来的，康熙四十二年（公元 1703 年）由第一世帝钦 · 仁增钦姆尼玛扎巴主持，在修行洞的基础上建造了恰如寺。恰如寺位于那曲地区比如县香曲乡，“文革”期间遭到毁坏。

2）整体布局特点

恰如寺地处怒江北岸色木宗日山一级台地上，南距怒江约 300 米、高出江面约 70 米；北依色木宗日山；南与甲吾拉日山相望；东为宗普日山，在其东面 2 公里处为怒江和索曲河交汇处；西面为玛幽尔日山。寺院周边植被丰富，有松柏、灌木、杂草等。寺院主要建筑有集会殿、修行洞、僧舍、擦康、佛塔。寺院占地面积为 22 100 平方米。

3）单体建筑分析

集会殿（图 15-17）坐北朝南，建筑高度为 2 层，主要承重结构材料为素土、石块和木头。墙体由块石垒砌而成，墙体厚度为 1.1 米。集会殿一层由门廊、经堂、佛殿组成。门廊处共有 6 根柱，前部 4 根后部 2 根。面阔五间总宽度为 13.8 米，进深两间由间距为 4.2 米的柱子组成；门廊左右两侧分别为仓库，仓库内部只有一根柱子支撑着屋面的荷载，门廊处壁画有四大天王及六道轮回图等。从门廊到经堂要经过一扇门，经堂面阔九间用 8 柱，总宽 27 米，进深七间用 6 柱，总长为 18 米，大殿的经堂有 48 根柱子，在藏北的寺院中算是一座大型的建筑。中央 8 根长柱上部为采光天棚，天井处的壁画有四臂观音为主的佛像千尊。经堂后部是佛殿，内部 8 根柱子支撑屋面的荷载，二层的平面由采光天棚、寝宫、热色康等组成。僧舍则分布在集会大殿周围。

2. 嘎加寺（图 15–18）

寺庙坐落在相对平坦的地势上，地处索曲河西岸约 1 公里，索曲河由北流向南，西南为亚拉日山（圣山）；南面为嘎拉日山；北面不远处有尼姑寺，东面是藏北著名的赞丹寺。从索县县城到嘎加寺步行需大约 20 分钟，寺院坐落在居民区，与村庄结合得很完美，寺院建筑在一圈围墙中，寺院外围一圈是宽度 3~4 米不等的转经道。集会大殿正对着大门，集会大殿的旁边就是厨房，两个建筑连接在一起，外围有一圈转经筒，供僧人和村民转经使用。现该寺由集会殿、拉康、厨房等建筑组成，拉康位于集会大殿的西面，由于年久失修完全毁坏，现在的拉康是在原有的基础上重新修建的。

集会殿（图 15–19）坐北朝南，藏式二层建筑，建筑底部墙体为石块砌筑的基础，墙体上部为素土夯实的土墙，夯土墙厚 1 米。集会殿一层由门廊、经堂和佛殿组成。集会殿的南边为门廊，门廊内部共有 6 根柱子，前部 2 根檐柱，这 6 根柱子截面为多棱柱，门廊左、右侧各有一个储藏室，内部各有一根柱子支撑。门廊后部为经堂，面阔五间四柱 12 米，柱距为 2.1~3.3 米；进深五间四柱 12.4 米，柱距为 2~2.4 米，二、四排中央 4 根柱间上部为采光天棚。采光井处有莲花生、四臂观音等壁画。经堂后部为佛殿，面阔三间二柱 12 米，进深二间一柱 5.1 米。佛殿内主供镏金莲花生、金刚萨埵、无量光佛等。二层为采光天棚、热色康、护法殿等，平面呈“凹”形。

3. 宗庆次曲拉康

1）宗庆次曲拉康简介

宗庆次曲拉康位于那曲地区那曲县孔玛乡多苏村东约 2 公里的宗庆自然村。该寺院始建于 1693 年，教派为噶宁派（噶举派与宁玛派共存）。最早史料记载宗庆次曲拉康是宁玛派的寺院。“文革”期间遭毁，20 世纪 80 年代重建。

2）整体布局特点

宗庆次曲拉康（图 15–20）位于宗庆河西岸坡地上，东距宗庆河边约 150 米，高出河面约 30 米。西倚德望日山，南为格尼日山，隔河与宗庆日山相望。宗庆次曲拉康由集会殿、僧舍、拉让等组成，占地面积 5867 平方米。建筑坐落在半山坡上，南面有怒江河流经过，地势呈现出北高南低的态势，遵循了风水布局。寺院整体的布局特点是两条南北向的建筑群共享一个室外空间的格局。集会大殿和拉让坐落在山体的山脚下，另外一边是僧人的宿舍，整个寺院空间开阔，视野比较广，几乎没有什么建筑遮挡住视线。

3）单体建筑分析

集会殿（图 15–21）坐西北朝东南，石砌墙体厚 0.5 米，由门廊、经堂组成。门廊面阔三间二柱，柱

图 15–18 嘎加寺南立面图
图片来源：王浩绘

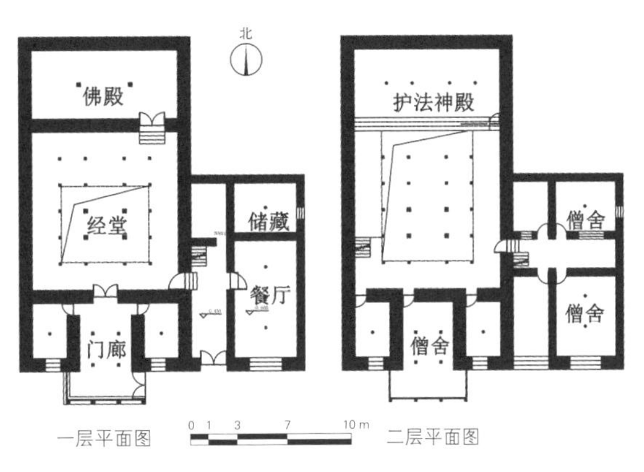

图 15–19 集会殿平面图
图片来源：王浩绘

图 15–20 宗庆次曲拉康
图片来源：王浩摄

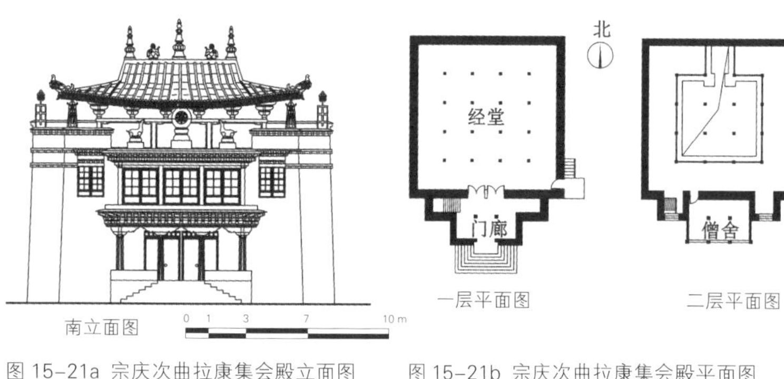

图 15-21a 宗庆次曲拉康集会殿立面图
图片来源：王浩绘

图 15-21b 宗庆次曲拉康集会殿平面图
图片来源：王浩绘

图 15-22a 桑莫寺鸟瞰
图片来源：王浩摄

图 15-22b 桑莫寺集会殿外景
图片来源：王浩摄

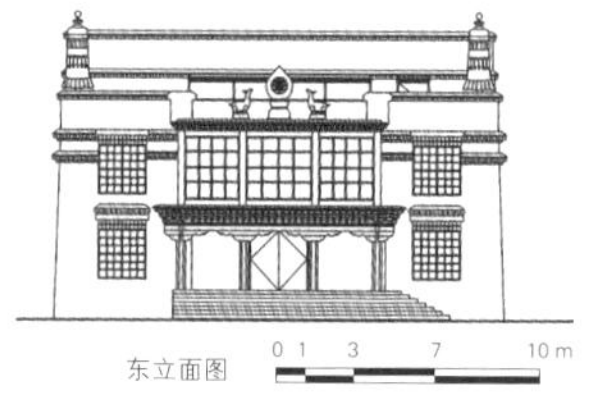

图 15-23a 集会殿东立面图
图片来源：王浩绘

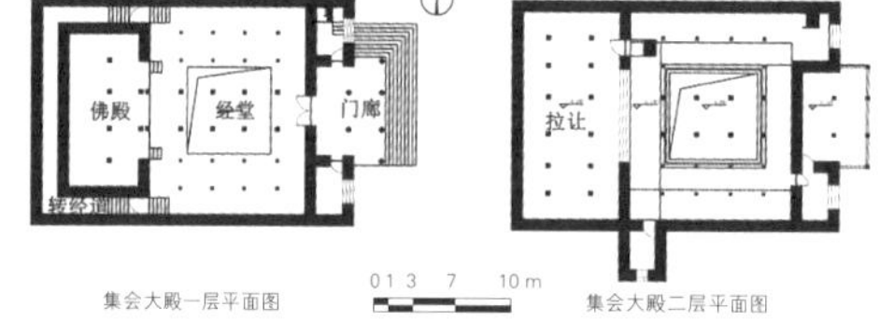

图 15-23b 集会殿平面图
图片来源：王浩绘

图 15-24 金孔雀装饰
图片来源：王浩摄

距 1.9 米，进深二间，柱距 2.2 米，左侧有通往二层的楼梯。经堂面阔五间四柱 13.5 米，柱间距 2.7 米，进深五间四柱 13.5 米，柱间距 2.7 米，中央四根长柱，上部为采光天棚，天井处主供莲花生大师佛像。

拉让位于集会殿东西两侧，在原来老建筑的基础上利用现有的材料加以改造。拉让的一层内部作为僧人宿舍，二层用作客厅。宗庆次曲拉康僧人宿舍在集会大殿的南边，靠近怒江河岸，呈“一”字形布局，建筑空间简单，僧舍内部没有柱子排列，房间大小不等，僧舍有的有套房，套房一般作为储藏用房，有的作为宿舍。

玛尼堆位于集会殿东北角，数量多，规模大，年代各异，石刻保存较好，主要内容为“六字真言”，雕刻手法以浅浮雕为主，兼有阴线刻和阳刻。

4. 桑莫寺

桑莫寺创建于 1814 年，具体创建人不详。

1）整体布局特点

桑莫寺处于四面环山的山谷里（图 15-22），方圆几十公里没有村庄，地理位置比较偏僻，整个寺院坐落在狭长的山谷中。桑莫寺由大殿、厨房、僧舍组成，整个寺院坐西朝东，北面和南面是僧舍，西面是大殿，东面是寺院佛事活动的大广场。整体空间呈现出“凹”形。

2）单体建筑分析

集会殿（图 15-23）坐西朝东，石砌墙体厚 0.8 米。大殿由门廊、经堂、佛殿、转经道组成。门廊面阔三间有 2 根柱子，柱距 2.3 米，进深二间柱距 2.5 米，右侧有通往二层的楼梯。经堂面阔七间六柱 15.9 米，柱间距 2.7 米、2.3 米、2.0 米不等，进深五间四柱 12.7 米，柱间距为 2.5、2.8 米，中央四根长柱，上部为采光天棚，天井处主供莲花生大师佛像。佛殿与别的寺院不同，本大殿的佛殿与经堂连接在一起，高差 1.05 米，通过木质楼梯连接，佛殿内部空间由四根 3.9 米的柱子支撑。在佛殿的外围（大殿内部）有一圈转经道，像桑莫寺这种内部转经道的形式在藏北很少见，此次藏北调研测绘仅发现一例。

藏北寺院大殿的正立面上有一对吉祥鹿和一个法轮组成的装饰构件，而桑莫寺的集会殿正立面的吉祥鹿被一对铜箔镀金凤凰装饰构件取代，据寺院僧人说这种形式是受到汉地文化的影响（图 15-24）。

僧舍坐落在集会殿的南边和北边两处，南边的僧舍呈“无序”组合的形式，平面两层，立面上呈现出“阶梯式”形式。

15.6.2 噶举派

噶举派俗称“白教”，名称的由来是噶举二祖玛尔巴、米拉日巴尊者的袈裟是白色的。噶举派是典型的密宗教派，派别众多，以口传授教的形式传播着本派的教理，口传身教是噶举派最大的特点。各个分支所属的寺庙的仪轨存在不同的差异。

1. 丹古寺

1）丹古寺简介

丹古寺是藏北噶举派最早的寺院，位于嘉黎县措多乡（图 15-25）。始建于公元前 7 世纪末，“文革”时期遭毁，1986 年由曲尼让珠[5]组织信教群众恢复修建，主供佛为莲花生佛。

2）寺院整体布局特点

丹古寺北依丹古日山；东面有措让龙巴（沟）及措让藏布；南面有吉宝日（山）、农龙巴（沟），以及农曲与眉曲交汇于寺院西南约 5 公里处；西面有朗查日山及日朗曲（河）。寺院周边植被丰富，有柏树、红柳、灌木等。主殿系石砌墙，寺院由主殿、伙房、僧舍、佛塔等建筑组成，占地面积 37 780 平方米。

3）单体建筑分析

主殿（图 15-26）坐西朝东，共三层，墙厚 1 米。一层由门廊、经堂组成。前部为门廊，面阔四间有 3 根柱子，柱间距为 2.3 米、2.9 米，进深一间有 1 根柱子，均为方柱，门廊内绘有四大天王及六道轮回图、丹古寺全景等。门廊后部为经堂，面阔五间用四柱 12 米，柱间距 2.4 米，进深五间用四柱 10.2 米，柱间距 2.1 米，圆柱直径 0.25 米。经堂南墙上设有五个采光窗及一个通道门，北墙紧靠山体，经堂地面铺设木地板。经堂主供觉巴仁波青、嘎举派三大上师、莲花生大师、释迦牟尼、金刚萨持、文殊菩萨、长寿三尊等。二层平面为护法殿、仓库和寝宫。三层为寝宫等。集会殿四周为僧舍、伙房、转经轮、佛塔及经幡等。 随着萨迦政权前期噶举派的兴盛，噶举派的寺院在比如县有了发展，帕拉金塔、卓那寺、邦荣寺、噶登寺相继建立起来。

2. 邦荣寺

1）邦荣寺简介

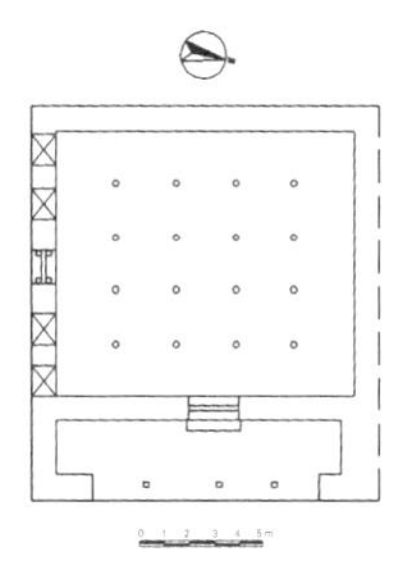

图 15-25 丹古寺外观（左）
图片来源：那曲文化局资料

图 15-26 丹古寺主殿一层平面图（右）
图片来源：王浩绘

邦荣寺是藏北噶举派的著名寺院，邦荣寺（图 15-27）位于那曲地区那曲县古露镇，地处邦荣沟北侧山坡上。1146 年前后由塔玛旺丘创建卓玛拉康，1153 年建邦荣寺，属巴绒噶举派。清代准噶尔军队入侵寺院遭到破坏。后在西侧约 5 公里处新建邦荣寺，“文革”时被毁。20 世纪 80 年代初在寺庙新址上按原规模、结构重建集会殿等建筑，2004 年重建 2 号集会主殿。

2）寺院整体布局特点

邦荣寺位于邦荣曲北岸坡地上，南距河边约 100 米，高出河面约 20 米。西为格宁雪山。邦荣寺东南约 3 公里为青藏铁路及青藏公路，有简易的砂石公路通往寺院所在地。西约 1 公里为卓玛峡谷摩崖石刻。寺院由集会殿、修行殿、活佛寝宫、上师住所、僧舍等建筑组成，占地面积 37 000 平方米。

3）单体建筑分析

1 号集会殿（图 15-28）坐西朝东，石砌墙体厚 1.1 米，由门廊、经堂组成。前部门廊有檐柱 2 根，柱间距 1.8 米。经堂面阔五间用四柱 12 米，柱间距 2 米，进深五间用四柱 10 米，柱间距 2 米。

2 号集会殿（图 15-29）位于 1 号集会殿东约 50 米，坐北朝南，石砌墙体厚 1 米，由门廊、经堂、佛殿组成。殿前铺设踏道，踏道后为门廊，前部有八棱檐柱 4 根；中部有八棱檐柱 2 根，其左右两侧为主殿墙体，门廊右侧为储藏室，左侧为通往二层

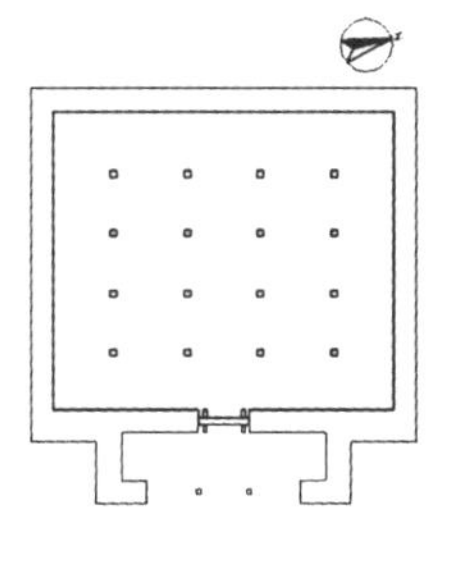

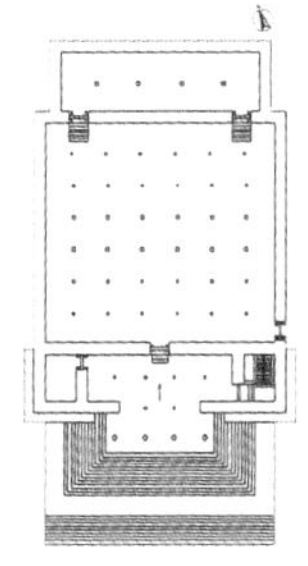

图 15-27 邦荣寺全景（左）
图片来源：那曲文化局资料
图 15-28 邦荣寺 1 号集会殿平面示意图（中）
图片来源：王浩绘
图 15-29 邦荣寺 2 号集会殿平面示意图（右）
图片来源：王浩绘

的踏道。经堂面阔七间用六柱 20.1 米，柱间距 3.0~3.1 米，进深七间用六柱 18.55 米，柱间距 2.7 米。中央八根长柱间形成采光天棚。佛殿面阔五间用四柱 17.4 米，柱间距 3.6~3.9 米，进深三间用二柱 4.85 米。二层为采光窗、寝宫、仓库等。修行殿、上师住所、转经房、僧舍分布在集会殿和二号主殿周围。

3. 帕拉佛塔

1）帕拉佛塔简介

帕拉佛塔别名帕拉金塔，位于那曲地区比如县良曲乡帕拉村西边。始建于公元 1100 年，由格西宝多瓦和乃索瓦兴建。帕拉佛塔相传于公元 1611 年由

图 15-30a 帕拉佛塔群体
图片来源：王浩摄

图 15-30b 帕拉佛塔主塔
图片来源：王浩摄

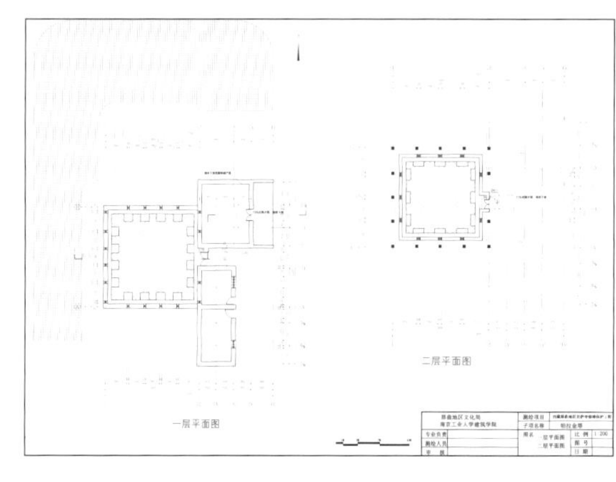

图 15-30c 帕拉佛塔一层、二层平面图
图片来源：王浩绘

僧人让朵・夏加倡议修建。帕拉金塔和附近的美巴日处、塔巴灵共被尊为当地的圣地。该塔为贡萨寺附属建筑之一，属噶举派，“文革”时严重被毁。“文革”中主塔被毁，仅存塔基残部，1985 年在原址上修复。

2）整体布局特点

帕拉佛塔地处怒江北岸，南距江边约 800 米，高出河面约 15 米；东面为多龙日山；北面为玛布则昂日山，西面为久中山；南面为门康日山。帕拉佛塔总面积达6600平方米，由主塔、塔群（共133座塔）、集会殿、拉康、僧舍、擦康、修行室、玛尼堆组成。帕拉佛塔处在村庄的包围之中，整个塔坐落在缓坡上，塔四周一圈为转经道。拉康、僧舍、擦康坐落在佛塔的东北方向，距离佛塔不是很远，但是要穿过村庄，需步行大约 3 分钟的路程。

3）单体建筑分析

主塔（图 15-30b）外观宏伟壮观，高 30 余米，主塔居中，门向东，形制为“嘎当塔”式，塔基分三层，平面呈长方形，逐层收分，底层及第二层均为两重夹墙，其间形成宽约 0.3 米的夹道，底层内墙每面设有 3~4 个小龛，每龛内供泥塑一尊，有护法神、格萨尔王等，外墙设采光小窗，窗户上用钢丝网固定，以防山上的野生动物进入；第二层夹道亦在内墙设小龛，每龛内供三尊泥塑，有松赞干布及两公主、宗喀巴师徒三尊、噶举派高僧等；第三层有一周女儿墙，其上承白色塔瓶，女儿墙各面又有八种形制不同的小塔；塔瓶之上为金色塔刹，故有“帕拉金塔”之称。主塔周围底部建有 130 余座小塔，塔群占地面积 300 平方米。

4. 东热寺

1）东热寺简介

东热寺又称东热贡米久特庆林，位于那曲地区申扎县买巴乡欧措行政村东热自然村东北约 1 公里处的木纠错（湖）西岸，海拔 4678 米，分布面积约 69 000 平方米。该寺创建于公元 1690 年，创建人不详，尊奉噶玛噶举派，“文革”时遭毁，20 世纪 80 年代恢复重建。

2）整体布局特点

东热寺（图 15-31a）西北依东热日山；东约 10

米为木纠错；西面为那扎日山；东面与杨德日山相望；北面有农那日山。寺院现由灵塔殿、护法殿、食堂、修行洞等建筑组成。修行洞位于山体内部（图 15-31b），要想进入修行洞需要攀爬陡峭的山体才能到达。东热寺另外一个护法殿在围墙的外面，顺着围墙走到食堂的西面，那里有个十分狭窄的阶梯通向护法殿。

3）单体建筑分析

灵塔殿坐北朝南，藏式一层，承重结构由土、木组成，夯土墙厚 0.5 米。平面为 2.52 米 ×5 米，内部空间没有柱子，屋面的承重主要靠四周的承重墙来完成，立面呈现碉楼形式。

东热寺护法神殿（图 15-32）有两个，一个坐落在灵塔殿的西边，平面矩形，内部有一排（两根）柱子。第二个护法神殿位于食堂的西边，要通过一个高差 3 米狭长的山体斜坡才能进入建筑内部，内部空间由四根柱子和南向的一个天窗组成，从屋面俯视屋顶平面呈现“凹”形。

修行洞坐落在灵塔殿北边的山脚下，此修行洞是第八世大宝法王红帽系在此修建的，相传第七世大宝法王黑帽系、第十世大宝法王红帽系都在此修行，修行洞入口很小，宽度为 0.7 米，人进去要爬过一个高 0.6 米的槛墙，修行洞面阔为 3.7 米，越往里面越小，后面呈喇叭口形，只有 2.1 米，进深为 3.9 米，高度仅为 1.7 米，人勉强可以站立。修行洞的最深处摆放着僧人念经的经文和一个坐垫。四周排放着作法的工具。修行洞的四周墙壁上挂着唐卡，唐卡上绘有玛尔巴、米拉日巴等噶举派高僧的画像。

5. 贡沙寺

1）贡沙寺简介

贡沙寺位于西藏自治区那曲地区比如县良曲乡嘎达村，始建于公元 1611 年，由让多 · 夏加仁钦主持创建。在此之前有岗达寺之称，历史不详。公元 1647 年由止贡巴·杰·仁增曲吉扎巴、赤列朗巴·杰·瓦德将止贡噶举派的帕姆寺、乃秀嘎布嘉龙寺、吉日达龙寺、萨玛日龙寺、嘎曲珠寺提巴林和帕拉寺 6 座小寺庙合并于岗达寺，并改名为贡萨寺。“文革”时严重毁坏。1985 年在原址上恢复重建。

图 15-31a 东热寺外观
图片来源：王浩摄

图 15-31b 东热寺修行洞
图片来源：王浩摄

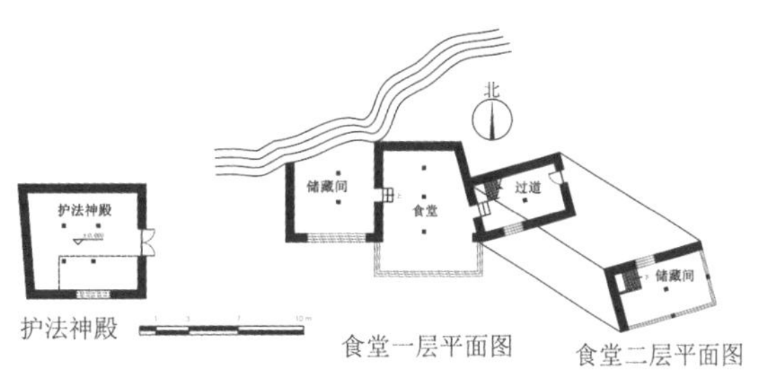

图 15-32 东热寺主要建筑平面图
图片来源：王浩绘

图 15-33a 贡沙寺周边环境
图片来源：王浩摄

2）整体布局特点

贡沙寺地处怒江南岸及怒江支流嘎曲河西岸（图 15-33a），东北约 400 米处为两河交汇处，北距怒江约 400 米、东约 100 米处为嘎曲河；东面为阔让迪日山；南为比日来日山，西面为玛则昂日山。分布面积为 13 200 平方米，贡沙寺坐落在山头上，从嘎达村到贡沙寺要经过架在怒江上的铁桥，然后围绕着山体盘旋而上，最终到达贡沙寺，贡沙寺寺院由集会殿、拉让等组成。贡沙寺三面是悬崖，一面与山体相连，集会殿和拉让之间有着一个长 100 米、宽 50 米的广场组成，空间开阔，围绕着集会殿外围一圈有转经道，供僧人平时转经用。

3）单体建筑分析

集会殿（图 15-33b）坐北朝南，由土、石组成的三层建筑，墙体基础由块石垒砌，石砌墙基高 1.2 米，其上为素土夯实的墙体，夯土墙厚 0.9 米。一层由门廊、经堂、佛殿组成。门廊处面阔六间用五根柱子共 17 米，柱间距 2.8 米，进深二间用一柱间距为 4.3 米；门廊左侧小空间为通向二层的木质楼梯，右侧为仓库。门廊内壁绘有四大天王及六道轮回壁画。门廊后部为经堂（图 15-33c），面阔七间用六柱子共 20.1 米，柱间距 2.8 米、3.3 米不等，进深七间用六柱共 17 米，柱间距 2.4 米，中央四根长柱间上部为采光天棚。经堂左侧为八柱库房，面阔三间用二柱共 7 米，柱间距 3 米，进深六间用五柱 14.8 米，柱间距 2.4 米，经堂后部从右至左依次为护法殿、佛殿、拉康：护法殿内部空间由四根柱子组成，室内高度比经堂高出 0.45 米，佛殿由 8.4 米 ×7.8 米的大空间构成，佛殿的高度比经堂高出 0.45 米；拉康面阔三间用二柱 7 米，柱间距 2.9 米，进深同护法殿，柱间距 2.7 米内部主要供奉镏金哲贡觉巴等人的佛像。二层平面形式呈“回”字形，四周有走道围绕天井一周。

拉让（图 15-34）是三面围合的建筑，入口在建筑的东面，南北两侧各有一间储藏用房，西面有一个 8.3 米 ×8.7 米的天井，天井从下直接通到顶面，天井北面有两间 6.3 米 ×7.2 米的房间和一间 6.3 米 ×4.4 米房间呈一字形排列，西面是一个 6.0 米 ×6.8 米的房间作为僧人宿舍使用。在天井的最南边有一个通向二层的木质楼梯，二层与一层平面布局相同，一层的层高是 3.06 米，而二层的高度是 2.66 米。整个建筑类似内地南方的天井式建筑布局，围绕着天井建造并布置房间。

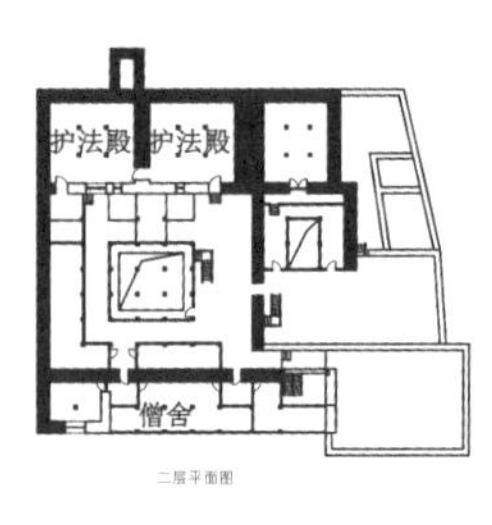

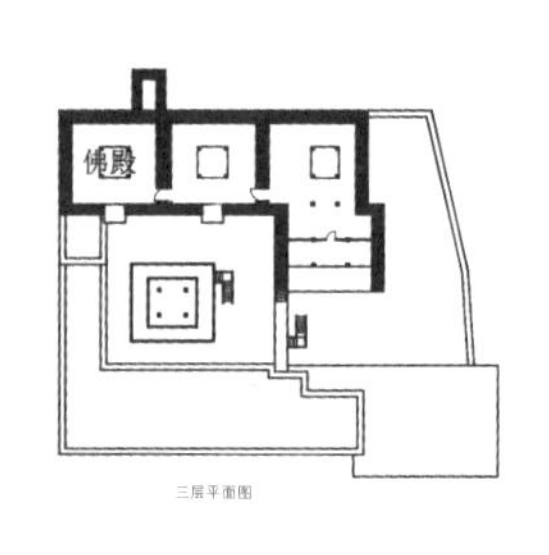

图 15-33b 集会殿平面图
图片来源：王浩绘

图 15-33c 经堂室内
图片来源：王浩摄

图 15-34 拉让平面图
图片来源：王浩绘

15.6.3 萨迦派

由于萨迦派发展脉络极其复杂，派别分支较多，故现以东宗寺为例介绍主要的密教佛事活动。

藏历 7 月 8 日至 18 日举行金刚橛修供法会，法会期间，举行修供本尊金刚橛，跳菩萨舞和驱逐邪恶的法舞。

藏历 9 月 8 日至 14 日举行喜金刚法会，法会期间全寺的僧人要念按照喜金刚的要义修、供、颂喜金刚仪轨。

藏历 11 月 23 日至 12 月 1 日，举行依喜金刚上供下施的活动。法会期间跳法舞，供奉圣灵布施鬼类。

藏北萨迦派寺院只有两个。

1. 东宗寺

1）东宗寺简介

东宗寺，全称东宗瓦纳寺，该寺于明代永乐十六年（1418 年）由荣东·西饶多杰创建，始奉萨迦教派，1937 年由拉萨色拉寺活佛帕乌嘎巴·强巴丹增桑布改名为“瓦那嘎多贡加林”寺。原建筑在“文革”中被毁，1985 年在原基址上修复。

2）整体布局特点

东宗寺位于西藏自治区那曲地区索县江达乡行政5村（达黑村）西南约3公里处，海拔3721米，分布面积约10 000平方米。寺院坐北朝南，北约1公里为松佐日山，北下约20米为怒江，南约800米为那佐日山；西面为麦拉日山。现有建筑包括集会殿、护法殿、讲经院（图15-35a）等。

3）单体建筑分析

集会殿（图15-35b）坐北朝南，藏式二层土、木、石建筑，石砌墙厚0.9米。一层由门廊、经堂、佛殿组成。前部为门廊及仓库：门廊面阔9.3米，进深5.5米；门廊左、右侧均为仓库，面阔6.4米，进深5.5米。门廊后部为经堂，面阔九间用八柱23.9米，柱间距2.6米、3.1米，进深五间用四柱16.6米，柱间距3.32米，中央四根长柱间上部为采光天棚。经堂后部为佛殿：面阔九间用八柱23.9米，进深二间用一柱5.9米。三层有采光天棚、寝宫等。曲热拉康坐北朝南，藏式土、木、石建筑，石砌墙厚1米。拉康面阔五间用四柱14.6米，柱间距3米，进深三间用二柱9米，柱间距3米。

2. 察夏次曲拉康

1）察夏次曲拉康简介

察夏次曲拉康位于那曲地区那曲县香茂乡察夏村北约200米处，由色木多吉强于约公元19世纪创建，属萨迦派。“文革”期间遭毁，20世纪80年代在藏顶次仁云丹[5]主持下重建。

2）整体布局特点

察夏次曲拉康地处忧曲支流隆仁河北岸，南距河边约200米，北为棉宗日山，东为隆嘎日山。察夏次曲拉康南约200米为察夏村驻地，有简易道路通往拉康。由主殿、伙房等建筑组成，占地面积285平方米。（图15-36）

3）单体建筑分析

主殿（图15-37）坐北朝南，石砌墙体厚0.8~1.1米。面阔三间用二柱7.2米，柱间距2.4米；进深三间用二柱6.1米，柱间距2米。主供四臂观音、吉祥天母佛、莲花生大师。公用房位于主殿南侧约3米。伙房位于主殿东侧约7米。

图15-35a 讲经院
图片来源：那曲文化局资料

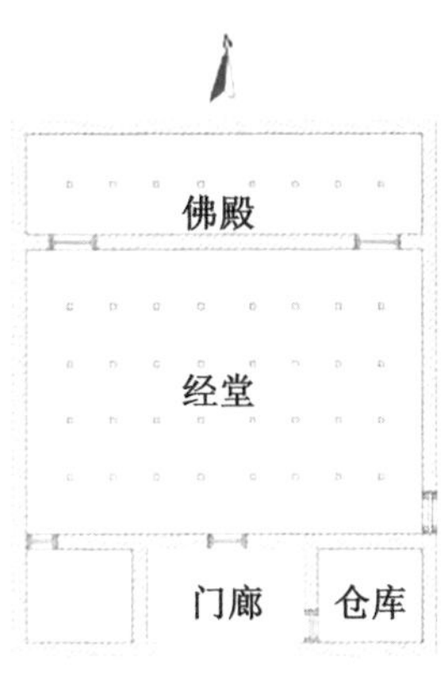

图15-35b 东宗寺集会殿平面示意图
图片来源：那曲文化局资料

15.6.4 格鲁派

西藏格鲁派的大小寺院有很多，成为藏传佛教寺院的主流，由于历史和政治方面的原因，各寺院的佛教活动有所差别。以藏北达仁寺为例，其佛事活动简介如下：

每年农历一月、四月、六月、九月分别举行观经大会，观经大会上僧人向诸神祈愿、诵经。

四月十五日上午和六月初六的上午在寺院东侧的莲花山坡展开巨大的佛像一幅，僧人在佛像前诵经、演奏法器。

六月初八上午举行转经佛，僧人祈愿来世弥勒菩萨降临人间的法事活动。

九月的法会举行“晾宝”，意思就是开放佛殿的文物宝库供僧俗瞻仰。在此期间进行驱鬼的跳神活动。

常见的法舞活动有：一月十四、四月十四、六月初七演出的“法王舞”，以及四月十五、六月初八、九月二十三演出的“马首金刚舞”。

另外还有农历十月二十五日宗喀巴忌辰前后的

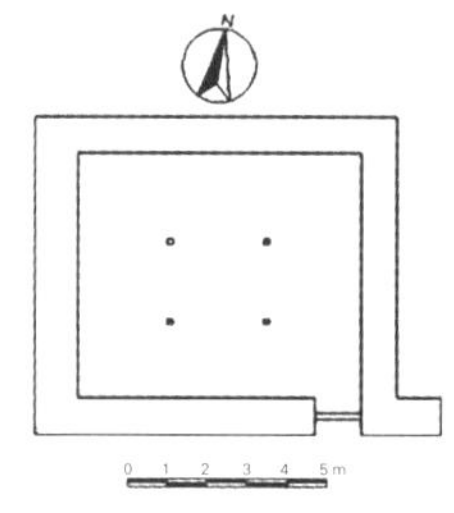

图 15-36 察夏次曲拉康（左）
图片来源：那曲文化局资料
图 15-37 察夏次曲拉康主殿平面图（右）
图片来源：那曲文化局资料

图 15-38 热登寺集会殿
图片来源：那曲文化局资料

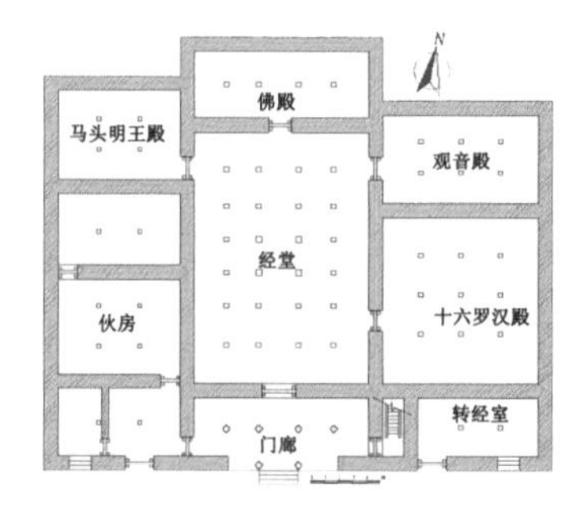

图 15-39 热登寺集会殿一层平面图（左）
图片来源：那曲文化局资料
图 15-40 赞丹寺全景（右）
图片来源：王浩摄

“燃灯节”和年终的祈祷大会。

1. 热登寺

1）热登寺简介

热登寺是藏北地区格鲁派最早的寺院，位于那曲地区比如县茶曲乡的热登寺全称为平措热旦曲林寺，创建于公元 639 年，文成公主进藏时，噶热东赞大相选址，由觉龙拉孜活佛组织创建。“文革”时全部建筑被毁，1985 年在原址恢复重建。

2）整体布局特点

寺院由集会殿、僧舍、擦康、伙房等组成，占地面积为 13 400 平方米。

3）单体建筑分析

集会殿（图 15-38）坐北朝南，二层土、石建筑，墙基块石垒砌高约 0.8~1.5 米，在石墙基上夯土筑墙体，夯土墙厚 1 米。由一层门廊、经堂、佛殿（位再拉康）、伙房、观音殿、马头明王殿、十六罗汉殿、转经室等组成。前部为门廊共 6 柱，前部 2 根檐柱、后部 4 柱均为八棱柱，面阔五间用四柱 12.4 米，柱间距 2.3~2.8 米，进深二间用一柱 4 米；门廊后部为经堂，面阔五间用四柱 12.4 米，柱间距 2.3~2.8 米，进深七间用六柱 17.4 米，柱间距 2.3~2.7 米，中央四根长柱间上部为采光天棚。经堂左侧为十六罗汉殿，面阔四间用三柱 11 米，柱间距 2.8 米，进深四间用三柱 11.5 米，柱间距 2.7 米；经堂后部为佛殿，面阔五间用四柱 12.4 米，柱间距 2.3~2.8 米，进深二间用一柱 4.6 米；佛殿左侧为观音殿面阔三间用二柱 8.7 米，柱间距 2.9 米，进深三间用二柱 6.2 米。二层有采光天棚、护法殿、寝宫等（图 15-39）。

2. 赞丹寺

1）赞丹寺简介

赞丹寺（图 15-40）在藏语中的意思是“檀香木”，指的是经堂内有两根珍奇的檀香木柱。赞丹寺始建于 1668 年（清康熙七年），位于那曲地区索县亚拉镇赞丹雪村驻地朗嘎提亚山顶处，有着“小布达拉宫”之称。同治九年（1870 年）由索拉·东嘎旺堆将该地附近宁玛、苯教、噶举等三个教派的五座寺院合并，尊奉格鲁派，由五世达赖命名为“甘丹杰林寺”，属拉萨色拉寺管辖。

2）整体布局特点

赞丹寺地处朗嘎提亚山顶部，东约 1 公里有索曲经北流向南，寺院高出河面约 50 米，东约 5 公里为楚布日山；南面为嘎拉日山；西约 5 公里为亚拉日山（圣山）。赞丹寺位于那曲地区索县亚拉镇赞丹雪村，北面约 2 公里为索县县城，西面约 300 米为 317 国道，南面约 600 米为嘎加寺。原赞丹寺的主要建筑包括红宫、白宫等仿拉萨布达拉宫修建的大殿，1959 年被毁坏后，1985 年在原基址上修复，建筑面积约 1.2 万平方米，占地面积 2.6 万平方米。

3）单体建筑分析

集会殿（白宫）（图 15-41）坐北朝南，藏式二层土、石、木式建筑，石砌墙厚 1.6 米。一层由库房、门廊、经堂、佛殿组成。前部为门廊及仓库；门廊共 8 柱，前部为 6 根檐柱，后部 2 柱，均为八棱柱，面阔三间用二柱 9.4 米，柱间距 4 米，进深二间用一柱 5.4 米；门廊内壁绘有四大天王及六道轮回壁画。门廊后部为经堂，面阔九间用八柱 27.2 米，柱间距 2.8~4.5 米，进深八间用七柱 21 米，柱间距 2.6 米，中央十二根长柱间上部为采光天棚。经堂后部从右至左依次为护法殿、佛殿。护法殿面阔二间用一柱 4.9 米，进深二间用一柱 5.2 米。主供有泥塑大威德金刚、多闻子等内容，均为护法神类。佛殿面阔七间用六柱 21.5 米，柱间距 2.8~4.5 米，主供有弥勒佛、宗喀巴三尊等。三层有采光天棚、莲花生殿、寝宫等，四层为坛城殿，五层为金顶。

3. 唐康寺

1）唐康寺院简介

唐康寺位于那曲地区安多县帕那镇 1 村（央嘎村）西南约 14 公里。海拔 4840 米，公元 19 世纪由四世珠康活佛创建，是孝登寺的附属寺院，属格鲁派，距今已有一百多年的历史，“文革”期间全部建筑被毁坏，1984 年得以恢复重建。

2）整体布局特点

唐康寺地处央嘎村，海拔 4840 米。距达嘎曲河西南岸约 500 米；东面约 20 米为白玛宗日山，南面有贡萨日山及拉吉曲；西面约 10 公里有俄索日山及俄索曲；北面约 4 公里为吴保日山。寺院由集会殿、上世福田殿、厨房、僧舍、公共房、修行洞、书房等建筑组成，占地面积 14 000 平方米。寺院的平面布局很有特点，以上世福田殿为中心，周边的建筑围绕着此建筑展开，从寺院的主入口去看建筑可以发现建筑呈现“阶梯”式发展。唐康寺最早的建筑是修行洞，从崎岖的山路进入唐康寺首先映入眼帘的是上世福田殿，它高高地矗立在北面山体上，唐康寺的布局是两面由建筑物围绕，南向和东西向为空地，其中东向为悬崖，西向为面朝西的集会大殿，北面为上世福田殿，上世福田殿的下面靠近集会大殿的是书房、僧人宿舍、活动室等，集会大殿和书房、僧人宿舍等是处在一个平面上的，要想进入上世福田殿需要经过集会大殿北面的 4 米宽的通道，再往东面通过宽 1.5 米的石材台阶上到书房、僧人宿舍的屋顶，再通过南北向的高度为 2.1 米、宽 2.0 米的石材台阶才能上到上世福田殿的平面。在上世福田殿的西边依稀地布置着僧舍。

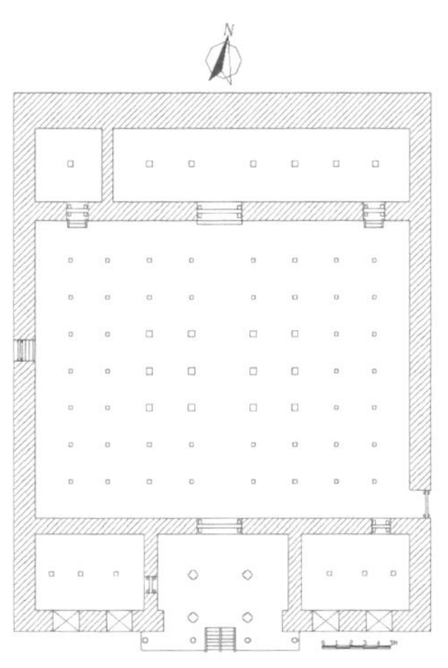

图 15-41 集会殿（白宫）二层平面图
图片来源：那曲文化局资料

3）单体建筑分析

集会殿（图 15-42）坐西北朝东南，藏式三层的土、石、木式建筑，墙体为石块砌筑，厚度为 0.9 米。一层由门廊、经堂、佛殿、护法殿组成。前部为门廊，门廊凸出墙体 2.35 米，有 4 根方形檐柱，柱间距分别为 1.4 米、2.5 米；面阔 10.9 米，进深 1.9 米，门廊处壁画有四大天王、轮回图；经堂面阔五间用四柱共 10.9 米，柱间距 2.5 米，进深五间用四根柱共 12.4 米，柱间距 2.5 米，中央四根长柱间上部为采光天棚，采光井处的壁画主要供奉有宗喀巴三尊。经堂后部依次从右至左为甘珠尔拉康及护法殿，它们之间没有连接而是各自在经堂方向开一扇门，甘珠尔拉康面阔三间用二柱 6.3 米，柱间距 2.1 米，进深二间用一柱 4.1 米，内部供奉弥勒佛、时轮及甘珠尔、丹珠尔等；护法殿面阔二间用一柱 3.9 米，进深二间用一柱 4.1 米，供奉马头明王、六臂玛哈嘎拉、地方护法扎泽托美等。二层采光天棚处从平面形制上看为“回”字形。采光天棚前部为热色康，现在的功能为储藏室和僧人休息场所，后部为寝宫，是活佛

图 15-42 集会殿立面
图片来源：王浩摄

休息念经的地方。二层的寝宫与三层之间通过内部的木质楼梯上下联系，三层存放本寺的文物（图 15-43）。

上世福田殿（图 15-44）是本寺院最有历史价值的大殿，创建于 20 世纪 30 年代，大殿内部存放有立体的坛城及佛像模型（主要是宗喀巴大师及其弟子）。上世福田殿坐落在半山坡上，精明的工匠结合山势，把一层的主入口设置在山坡脚下，从一层通往二层的楼梯利用山体的坡度形成，建筑主体依靠山体建造。立体佛像殿位于楼梯的右侧，进入立体佛像殿以后首先看到一个巨大的转经筒，筒体上刻有六字真言。三面墙壁有壁画，绘制藏传佛教高僧的内容。此大殿内部空间开阔，由六根柱子组成，三层与二层上下对应，只是在三层楼梯处开了一扇窗以及一扇通向后山的门。

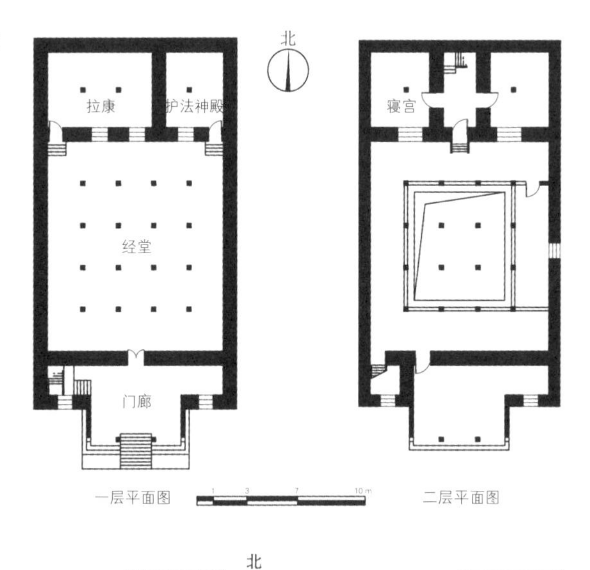

图 15-43 集会殿平面图
图片来源：王浩绘

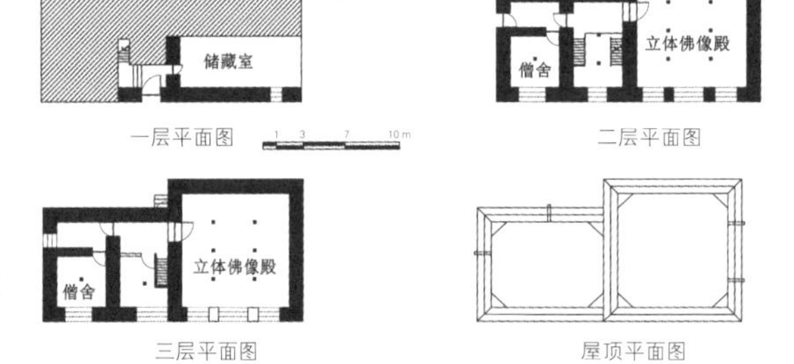

图 15-44 上世福田殿平面图
图片来源：王浩绘

图 15-45 白日寺周边村落
图片来源：王浩摄

唐康寺的第一个修行洞名叫多闻子修行洞，是第六世康桑活佛在此修行时建造的，本次调研由于施工原因无法进入测绘。格西・扎巴次成的度母修行洞和马头明王修行洞，这两个修行洞位于同一个地点，在上世福田殿的东边并相邻，修行洞东、南面依靠山体，入口在北面，与上世福田殿的三层通过弯曲的小道连接，大体呈“正方形”，长宽都为 5.2 米，内部空间被挡板一分为二，外部作为门廊，内部是高僧念经、闭关的地方。

4. 白日寺

1）白日寺简介

白日寺又名白日噶庆贡平措达杰林，公元 1679 年经五世达赖赐封后，由木尔盖・阿旺洛珠创建。此前，已经有从四川甘孜、青海果洛州的牧民移民到今白日寺的地方，并进行佛事活动，主要的建筑是蒙古包帐篷的形式，而集会殿是正式建寺后所建。

2）整体布局特点

白日寺地处安多县滩堆乡江村曲东南岸，东约 3 公里是永赤日山，东北有昂表日山，南面有昌培日山，相对处于地势比较平坦的草原上（图 15-45），在现有集会殿的北面是早期蒙古包的所在地，四周零散地布置着僧人的宿舍。西边现在正逐渐发展成为村落，在我们去调研的时候当地的村民都忙着为佛事活动做“擦擦”（图 15-46），具体的做法是：首先要有一个擦擦的模具，然后往里面放黄土，听当地的村民说这些黄土要选择靠近水源地方的优质土质，把黄土放进去以后用细长的木条捣实，因为黄土本身就有黏性只要捣实就行，把做好的擦擦放在太阳下晒干，这样一个个擦擦就做好了。白日寺一开始只有一个蒙古包经堂，后改为现在的木石结构建筑，占地面积约 1500 平方米。

3）单体建筑分析

蒙古包大殿的形式（图 15-47）：平面呈圆形，直径为 3 米，帐篷中间有一根高 3.6 米的柱子，四周

图 15-46a 擦擦制作过程（左）
图片来源：王浩摄
图 15-46b 擦擦制作过程（右）
图片来源：王浩摄

图 15-47a 蒙古包大殿外观（左）
图片来源：王浩摄
图 15-47b 蒙古包大殿室内（中）
图片来源：王浩摄
图 15-47c 蒙古包大殿室内（右）
图片来源：王浩摄

图 15-48 白日寺集会殿立面
图片来源：王浩摄

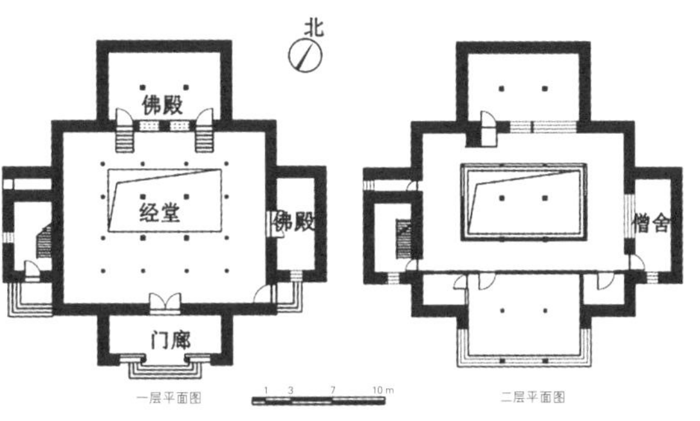

图 15-49 白日寺集会殿平面图
图片来源：王浩绘

只有一扇门，宽 1.2 米，门的材料是粗布。其形象像一个仓库的粮仓，结构是木结构支撑的体系。

白日寺的集会殿（图 15-48）是那曲寺院建筑中最有特色一个，平面形制犹如“坛城”。大殿内部不像别的寺院建筑那样把垂直交通放在大殿内部，而是放在大殿的左边一侧，一层功能分区明确，从而为大殿创造了安静的环境。集会殿平面由四个小体块加上中间一个大体块构成（图 15-49）。大殿门廊处有两根檐柱支撑着上部的荷载，门廊内部为 2.9 米 ×8.5 米的空间，经堂内部三面墙壁上绘有宗喀巴大师师徒的壁画和四大天王的壁画，经堂面阔五间，由间距 3.0 米、直径 0.2 米的方柱子组成；进深五间用四柱，柱间距为 2.4 米（天井处为 3.0 米）。二层天井的三面围墙上的壁画以宗喀巴大师及其徒弟为主要内容。一层大殿后面是佛殿，内部空间由两根柱子支撑。大殿东边有一间佛像殿（存放立体佛像）与大殿相连。

15.7 藏北藏传佛教寺庙建筑特点

15.7.1 大殿形制

1. 公元 7 世纪以前的平面形制

吐蕃王朝时期，寺院建筑的形制依照佛教世界结构的模式建造。坛城平面形制的建筑直到公元 15 世纪还在藏族聚居区延续，藏北出现了白日寺的坛城平面形制（图 15-50），一方面是对藏族早期宗教文化的追随，另一方面是为了在空旷的草地上抵挡恶劣的自然环境。坛城的形制特点：平面形制中轴对称，中心平面呈正方形，在四个方向都有一个入口，入口凸出于中心平面，四个方向上的入口大小一样，体量相当，坐落在中心佛殿的中轴线上，每个入口

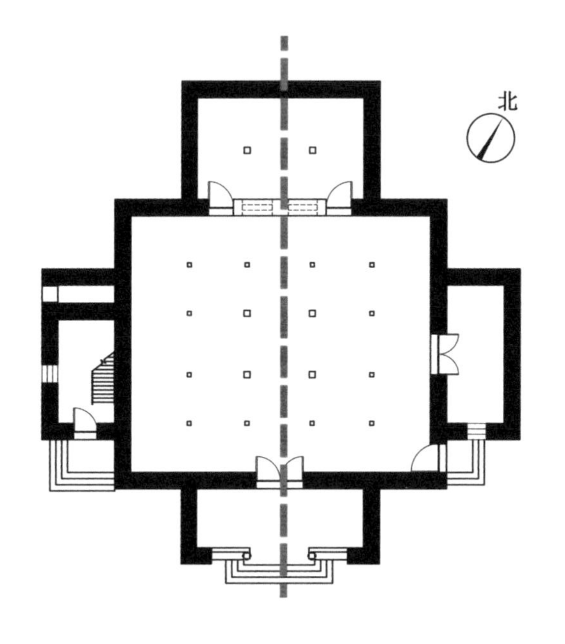

图 15-50 白日寺坛城形制
图片来源：王浩绘

处都有一个大殿供佛居住。坛城的形制是追求一种理想化的“世界结构”，同时也有汉地所谓的“天圆地方”之说。坛城的形制只是一种理想化的形状，现实中的寺院建筑如果完全按照这种思想去建造的话，一方面功能不好用，不利于建筑内部的佛事活动的进行，另一方面，浪费大量的人力和财力建造一个形式复杂的建筑也是没必要的。工匠们结合当地的材料，在财力的允许下，模仿坛城，创造了本土化的一种建筑形制：建筑中间为佛殿，四周分别有突出的附属建筑，东向设置佛殿，西向设置储藏用房，南向设置主要出入口即门廊，北向设置佛殿供奉寺院的佛像或者密宗方面立体佛像。

2. 公元 17 世纪以后的平面形制

公元 17 世纪以后，建筑平面形制延续了门廊、大殿和佛殿的组合形式，以长方形的平面为主。门廊、大殿、佛殿的建筑面积相对以前大了一些，在集会大殿的上空增加了采光井，从而增强了室内的采光。室内的转经道已经不太明显了，室内的转经道扩大到整个集会大殿的外围。

门廊：门廊的组成一般是由一排或者两排平行于门廊主入口大门的柱子组成，门廊处的柱子一般都是有棱角的，根据建筑的结构、层数和承重的需要，大多是 20 边形的棱柱，形状下大上小，由中心的主要承重的木柱子和四周 8 个木头或者木条捆绑起来形成（图 15-51）。从门廊处棱柱的剖面可以看出柱子的形状和早期的坛城平面形制很相似。门廊处除了有柱子承重外，还有素土夯实的承重墙，门廊两侧各有一个房间，这两个房间作为储藏或者垂直交通空间使用，只从平面上看，它被分为三段式：中间一个大空间和两侧近似相等的小空间（图 15-52）。

图 15-51 门廊棱柱
图片来源：王浩摄

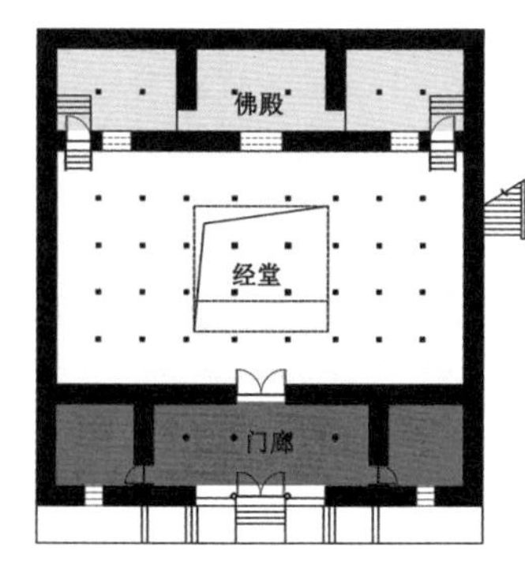

图 15-52 三段式平面布局（左）
图片来源：王浩绘
图 15-53 大殿内部二层柱（右）
图片来源：王浩摄

经堂：经堂是僧人念经、做法、集会的地方，经堂内部的柱子数量众多，随着建筑规模的变化，藏北寺院建筑的经堂内部柱子的直径分别为 20~25 厘米和 30~35 厘米，前者主要布置在大殿的四周，起到承载上层建筑的荷载作用，后者的柱子主要布置在天井处，直接通向天井处屋顶，承载着天井上的屋面荷载（图 15-53）。

佛殿：位于经堂的后面，主要的功能是供奉佛像，其平面形制有多种形式，一种是在面阔方向开两个门（在两侧靠墙部位开门）；另一种是在面阔方向开三个门的形式（经堂中轴线上一个门，两侧面各开一个门）；最后一种，是只在面阔方向上的中轴线上开门。佛殿内部平面的分割分为：三开间式、大空间式（单开间）。大开间内部用实墙分割，横向串通（图 15-54）。佛殿内部的承重结构大多是柱子承重，在进深方向一般有 1~3 柱距不等的空间，面阔方向的柱子根

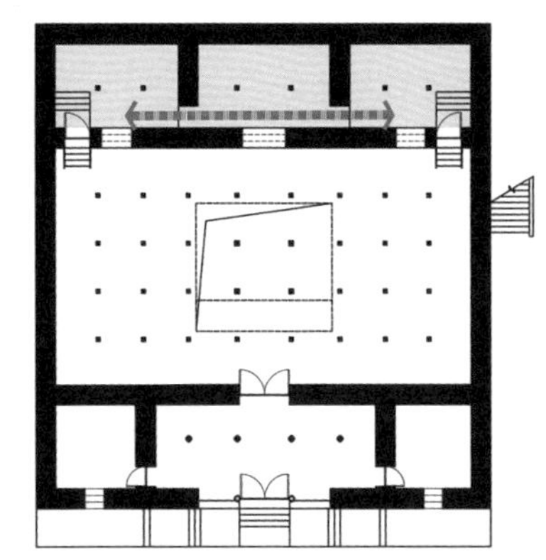

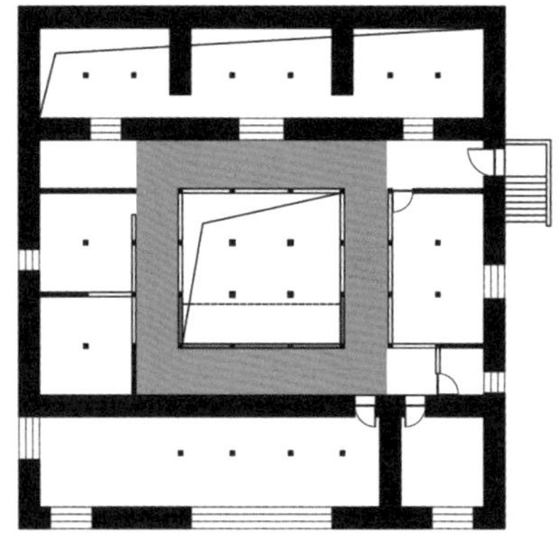

图 15-54 佛殿内部串通（左）
图片来源：王浩绘
图 15-55 “回”字形平面形制（右）
图片来源：王浩绘

图 15-56 石材砌筑墙体
图片来源：王浩摄

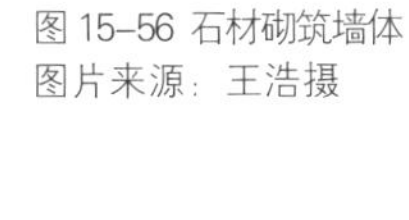

图 15-57a 夯土砌筑的墙体
图片来源：孙正摄

图 15-57b 正在进行的夯土施工
图片来源：王浩摄

据建筑的规模和经堂的柱子来决定，一般寺院佛殿的柱子柱距比经堂的柱距要大一些。

由于佛殿的使用功能特殊，建筑层高很高，一般是两层建筑高度。佛殿层高取决于供奉佛像的高度，为了突出佛像的高大的形象，故要求佛像建造得很大，以体现信徒对佛的崇敬。

门廊和经堂上层：从平面上看可以发现这部分的平面是呈“回”字形（图 15-55），空间变化因回形的走道和凸起的天井而显得丰富。

天井处空间有两种形式：一种是天井直接通向屋面，也就是我们经常说的“通高”；另外一种是经堂天井处有两排柱子，前面一排柱子比后面一排柱子短，从而形成了阶梯式的屋面形式。

佛殿的上层：较小规模的大殿中的佛殿部分一般只有一层的高度，规模稍大的大殿，佛殿部分有二层甚至是三层高度，二层或三层的平面功能主要作为活佛或者高僧居住和念经的地方，有时内部设置活佛的灵塔，以便僧人供奉，但是一般僧人是进不去的。佛殿上层的平面一般为长方形，通过大殿经堂的屋顶到达佛殿上层。

15.7.2 建筑结构特点

1. 墙体

从最初的桑耶寺的建立到现在新的寺院建筑建造，墙体都作为主要的承重体系存在着。早期的墙体主要通过夯土的形式砌筑起来，随着开采技术的成熟和运输的方便，石材（图 15-56）逐渐成为新建建筑墙体的主要材料。

藏北寺院建筑的墙体分为内墙和外墙，内墙部分起到承重作用，但是作为分隔空间时，只起到围护的作用。外墙在建筑中的作用除了围护，还与内部的木梁架共同起到承载主体荷载的作用。外墙的筑造材料有素土和石材两种，内墙以素土夯实为主。

在藏北素土夯实为墙体主要的筑造方式（图 15-57），吐蕃时期的桑耶寺的建造就是这种筑造方式。工匠们准备好一定量的素土作为材料，使用简单的夹板包在墙体的外侧，然后把拌合好的素土放进夹板中，用榔头用力地夯实，两侧夹板的高度决定了每次夯实墙体的高度，每次夯实一段，工匠们将夹板向上挪动再向里面加素土夯实，墙体就是这样一层层地或一段段地被建造起来，内墙不做收分，而外墙往上逐渐地收分，外侧的夹板与地面形成一定的角度，角度范围在 2 度至 6 度之间，逐层地向上建造墙体。

2. 木构架

在藏北藏传佛教的寺院建筑承重体系中，主要采用土木结合和石木结合方式。土和石应用于建筑的外墙，建筑内部结构还是以木柱和密肋结合的形式以承载上部的荷载。

建筑内部的木承重结构体系从下往上的构件依次为：柱子、柱头、替木、弓木、大梁、密肋等（图 15–58）。柱子有方形和圆形之分，一般情况下都是方形的，直径在 15~20 厘米之间，在天井处直通屋顶的柱子要大一些，直径为 20~30 厘米不等。柱子从下往上也逐渐收分，柱子与柱头之间的连接方式为卯榫连接，替木接在柱头的顶端或两侧，形状为云形。替木之上置弓木，弓木上面承载了大梁，大梁上搭着屋面下的密肋，大梁一般是直接插入柱子的预留洞口，密肋垂直大梁方向排布，间距一般为 10~20 厘米不等。就这样建筑内部的结构承重体系建立起来了。在特殊的情况下，由于柱子之间的跨距较大，一般还在大梁的垂直方向上设置侧梁来加强空间的刚度和稳定性。

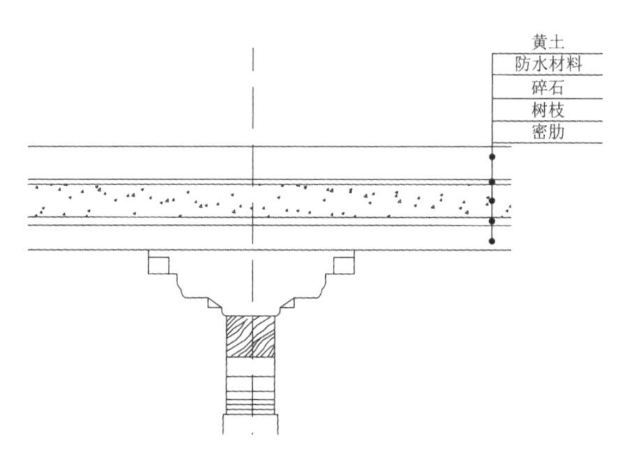

图 15–58 梁柱结构承重体系
图片来源：王浩绘

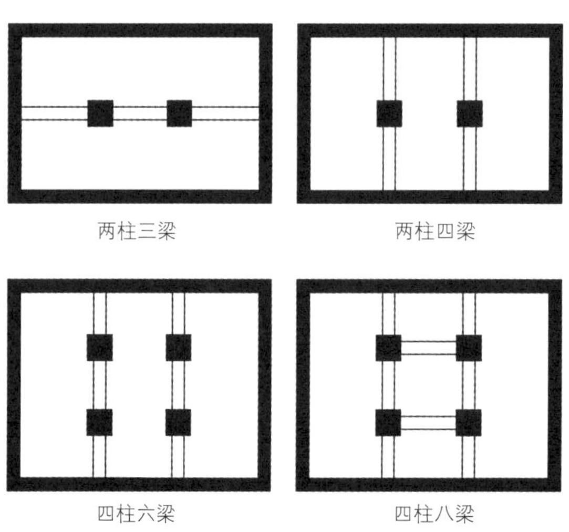

图 15–59 柱网布局形式
图片来源：王浩绘

3. 柱网

在藏北的寺院建筑中柱网的布置主要是横向和纵向互相垂直的形式（即格网式布置），这种柱网的布局结构稳定，抵抗侧向压力能力强。在寺院建筑中大殿的一层平面的柱网几乎都是横向和纵向互相垂直联系的形式，随着经堂处采光井的运用，出现了在建筑内使用“减柱”的手法，桑莫寺大殿经堂处采用了“减柱”的做法，经堂一层天井处的南北两侧的柱子到二层被减去了，代替的是起到围护作用的落地窗，由于承重的柱子被减去了，柱子之间横向的传力发生了变化，因此在西、南、北三面砌墙，以此把受力点集中到墙上。

在藏北藏传佛教的寺院大殿中柱网的布局主要有早期的四柱八梁形式和在此基础上发展起来的两柱三梁、两柱四梁、四柱六梁、四柱八梁的形式（图 15–59）。四柱八梁的形式是藏族聚居区最早的柱网布局形式，它主要是由四根柱子和横向连接的六根梁以及纵向连接的两根梁组成。这种柱网布局方式结构很稳定，为柱网内部的空间变化提供了多种可能。

15.7.3 建筑材料特点

1. 地面与屋面

藏北藏传佛教寺院建筑的地面和屋面的材料来源于当地。藏北地区地域辽阔，各地资源不同，客观的资源是寺院建筑选址首要考虑对象。在藏北藏传佛教寺院建筑中地面和屋面用的材料有所区别，主要还是以石材、黄土和阿嘎土作为主要材料，但是木材作为地面材料应用得比较少，在藏北只有邦纳寺有应用。

黄土在藏北藏传佛教寺院建筑的屋面和地面上应用得比较多，它的土质松软，取材方便。具体的做法是：在夯实后的地基上撒上 10~20 厘米的黄土再用榔头用力地夯实，直到不再松弛为止，然后再在上面撒上一层黄土夯实，直到需要的高度，然后在上面做找平层。石材地面的做法有两种：一种是直接在黄土层上铺设加工好的石块；另外一种是不做黄土铺垫层，直接在地基层上铺设石块。受到经济、技术和施工条件的影响，藏北寺院建筑地面上用阿嘎土的很少，至多在门廊处小面积地使用。

黄土屋面在寺院建筑中应用较多，其做法在大殿和僧舍之间有所不同。大殿屋面从下而上的做法：在结构层之上铺设10~15厘米的密肋，在密肋上铺设5厘米左右的树枝，再在树枝上铺设碎石，最后在碎石上铺设防水材料，早期是用塑料布代替，现在用改性沥青防水材料，黄土铺设在防水材料之上，一般不做夯实处理。关于石材、石板应用在屋面上的做法，我们在藏北地区三个半月的实践调查中没有发现有此做法。

2. 墙体

藏北地区特殊的地理、自然环境决定了建筑必须要有厚实的围护结构——墙体。墙体的用材一般为黄土、石块、条石、木头、边玛草。藏北藏传佛教寺院建筑大殿的墙体一般用黄土夯实砌筑，僧舍等辅助用房一般为了节省财力、人力，以加快施工进度，用石块或者条石砌筑，后者用较少。条石在墙体上的应用主要用在民居建筑上，由于藏北的山比较多，随处可以取到条石，因此居民往往不对条石进行加工，直接用在墙体的砌筑上。为了表面的美观，墙体的外面用规整的条石，形成类似面砖的效果，内外材质和砌筑方法不一样（图15-60）。在一些河流边上建造的建筑也会使用卵石作为砌筑的材料，这种做法只限于河道附近的建筑。

15.8 藏北藏传佛教壁画特点

西藏的绘画艺术历史悠久，佛教传入西藏之后，佛教的绘画艺术也跟随着宗教的发展而成长。西藏的绘画艺术大致分为四个时期：第一个是公元7~9世纪，即藏传佛教的前弘时期。第二个是公元12世纪左右，即藏传佛教的后弘时期，出现了西藏最早的江孜画派。第三个是公元15~16世纪，即是西藏绘画的繁荣时期，出现了画派林立、风格各异、百花齐放的景象。第四个是公元18~19世纪，即西藏绘画的巅峰时期，随着格鲁派势力不断地扩张和发展，西藏的绘画也传入青海、云南、四川、蒙古、甘肃等地。

图15-60 内外不一样的材质和砌筑方法
图片来源：王浩摄

15.8.1 发展演变

历史上松赞干布时期是藏族聚居区文化与外部文化结合最为密切的时代。在松赞干布统治时期，为了增强国家的经济和文化建设，先后从尼泊尔和大唐迎娶了尺尊公主和文成公主，两位公主各自从自己的国家带着经书、佛像等来到了西藏。佛教文化艺术也跟着发展起来。自从赤德祖赞被朗达玛谋杀以后，寺庙被封闭，僧人被驱逐出寺庙，佛教的绘画艺术难以生存，加之壁画相对建筑更难保存，几经破坏，吐蕃时期的壁画遗存极少，殊为珍贵，现仅见于大昭寺集会大殿二层东边墙上的壁画。

公元8世纪中叶到12世纪末，波罗[6]王朝与西藏的关系一直很密切，波罗王朝一度在政治上得到西藏的支持。在波罗王朝灭亡后，大部分僧人都逃到了尼泊尔和西藏，同时也把波罗的绘画艺术带到了西藏。

后弘早期西藏出现了翻译佛经的高潮，佛教绘画的著作《度量经》被翻译成藏文传播到藏族聚居区的每个角落。克什米尔佛教艺术的风格是中亚几个国家不同风格和艺术流派融合的产物，对西藏西部的阿里和拉达克的绘画风格影响甚大。

吐蕃王朝统治敦煌的70年，同时也是对敦煌艺术深入学习的70年。阿底峡大师来到了西藏创建了噶当派不久，他深感佛教的艺术总是滞后于佛教的发展，遂书信与印度的超戒寺请求绘画的范本为噶当派绘画临摹之用，此时正值波罗王朝的晚期，绘画风格是正统的波罗风格。早期的波罗风格表现出来庄重严谨、细腻简陋的艺术形式，而汉地的绘画艺术风格主要是敦煌遗风。

公元 1247 年，西藏大大小小的割据势力随着萨班与元朝达成一致的意见而归顺元朝，实现了祖国的统一，促进了蒙、汉、藏之间的文化交流。14 世纪前后尼泊尔尼瓦尔人[7]的艺术文化影响了西藏的文化发展，完成了夏鲁风格和江孜风格的形成和转身。随着元、明两朝文化交流的加强，西藏的艺术结合本土化的文化最终形成了自己独特的绘画风格。夏鲁风格和江孜风格的形成标志着本土艺术文化走向成熟，外来绘画风格主导作用时代的终结。

公元 15 世纪，西藏受明代画风的影响同时出现了勉唐派和青孜派，东部出现了嘎玛嘎赤画派等大大小小的画派。嘎玛嘎赤画派是藏东最大的画派，也是藏东影响力最大的画派，公元 17 世纪后期，噶举派在残酷的教派斗争中败给了格鲁派。噶举派退居康区，从此以后康区成为嘎赤绘画风格的发展地。

公元 17 世纪中叶，新勉唐画派吸收了明清时期汉地的绘画风格，融合了嘎赤画派的风格，把《度量经》作为制作壁画、唐卡的标准样式，从此开创了藏族独特的绘画样式，西藏佛教艺术进入了稳定的发展时期，而壁画作为寺院中重要的壁面装饰形成了定制。

15.8.2 壁画内容与特点分析

1. 壁画内容

西藏壁画艺术是西藏绘画艺术的一种，它最初的形式来源于距今两千多年的“喀拉孜”摩崖的刻画。到公元 8 世纪中叶，壁画的绘画内容以祭祀、风俗和历史题材、人物写真和佛经故事为主，但是佛经故事却是壁画绘画内容中最主要的内容之一。其题材主要有以下几种：菩萨、佛本生故事、佛陀、历代高僧、各教派创始人的传记画及其肖像、藏族的神话故事、民间的风俗故事；另外还有社会上的生活场景，例如生产活动、战争场景、体育活动、狩猎的场景、佛事仪轨活动，以及一些传说的内容。佛像画在壁画中占据画面的主要内容，其绘画依靠《造像量度经》《绘画量度经》两种绘画规范，按照其比例规定绘画。

2. 构图手法与布局

在壁画的绘画手法上以单线平涂，笔法古朴细腻。画像庄严肃穆，比例关系匀称。在人物、建筑、背景的绘画中以几何形结构构图为主，在历史故事，风俗画等方面以鸟瞰的透视方式去表达。常见的构图手法有：中心构图法、分隔式构图法、回环式构图法、几何形构图法。

中心构图法主要用于肖像，是在正中心的位置绘制佛祖、菩萨、高僧大德等，在其四周有众佛、神、弟子以及一些装饰图案，突出画面的中心。分隔式构图法主要应用于绘制佛传故事，中心靠上位置绘制佛像，在佛像的下方绘制佛传故事的每个细节，这种布局形式很有特点。回环式构图法主要表现生活中的具体情节场面，将生活中的每个片段按照顺时针或者逆时针的顺序安排成环形的“连环画”的样式，情节表达层次分明，这种构图方式主要描绘生活场景。几何形构图法是建筑壁画中常用的手法，常用的形状有圆形、正方形、长方形。例如建造桑耶寺起初采用的《世界模式图》和《六道轮回图》等，将人生的因果关系和世界的分布关系，布置在圆形和方形的图案之中。

3. 门廊壁画内容及特点

门廊是建筑的“门面”，在其墙壁上绘制不同图案的壁画。壁画在门廊处的布置方式有两种形式：一种是经堂主入口大门两侧呈一字形排开；另外一种方式是壁画布置在经堂主入口门两侧的墙体和门廊东西两侧墙体上（门廊长边朝南）。不同藏传佛教教派在门廊处壁画几乎有着相同的表现内容，主要有四大天王、轮回图、世界结构模式图。第一种布置方式一般只在墙面上绘制四大天王的画像，轮回图和世界结构模式图一般被省略了；第二种布置方式在门廊东西两侧绘制轮回图和世界结构模式图。

4. 经堂墙壁内容与特点

经堂墙壁上的壁画内容特点随教派的不同，表现出来的特点也不尽相同。

宁玛派经堂前墙主要有：密宗护法神像和天王像。经堂东西两边（若建筑朝南，下同）有：毗沙门天王、广目天王、大黑天王、吉祥天母、胜乐金刚等。北面墙壁有：莲花生大师的和上师肖像（寺庙创建人）。

噶举派经堂前墙有：四大天王、智慧护法神。经堂东西两侧主要有：四大天王、金刚手大势至、胜乐金刚、白度母像。北面墙壁有：释迦牟尼佛像，主尊两侧绘制十六罗汉像，四周绘制噶举派高僧的肖像。

萨迦派经堂前墙有：四大天王、无量寿佛、裸体女菩萨。经堂东西两边有：萨迦派历代著名人物肖像，例如莲花生大师。北面墙壁绘制：衮噶宁波、卓衮・却杰帕巴以及金刚手菩萨等。

格鲁派经堂前墙有：多闻子天王、吉祥天母、阎王、六臂玛哈嘎拉、当地的神山和圣湖；本尊有时轮金刚、大威德金刚、喜金刚、密集金刚。经堂东西两边有：释迦牟尼像，在主尊像的周围有八大罗汉像环绕，两侧绘制护法神、转世轮回图等图案。北面墙壁绘制上师的画像（例如本寺庙的建造者）、转世灵童等。

5. 佛殿壁画内容与特点

宁玛派的佛殿供奉释迦牟尼像以及释迦牟尼本生传和莲花生大师，壁画结合每位大师重要历史节点生动地表达了他们的故事。噶举派的佛殿供奉一些密宗的护法立体佛像，也有马头金刚像、无量佛像、高僧的肖像。其中密宗护法神有：金刚持、依怙神、吉祥天母等内容壁画。萨迦派的佛殿供奉一些密宗的佛像，但是菩萨像和无量寿佛像也被绘画在佛殿的墙壁上。格鲁派的佛殿由护法殿、佛殿和本尊殿组成。护法殿墙壁上的壁画以格鲁派的护法神为主，其绘画方式一般是用墨底金线来勾画。佛殿壁画供奉释迦牟尼、弥勒佛（未来佛），以及墙壁两边的八大佛子和马头明王、金刚手两个怒神。本尊殿壁画描绘了时轮金刚、大威德金刚、喜金刚、密集金刚等。

15.9 邦纳寺壁画

15.9.1 邦纳寺建筑

邦纳寺（又称巴丹邦纳寺）位于西藏那曲索县色昌（西昌）乡巴秀（东巴须）村的西入口正中位置。海拔高度为4180米。从邦纳寺至色昌（西昌）乡政府所在地大约17公里，交通极其不便，主道为骡马驿道，行程大多是山路，山路极为陡峭。

寺院(图15-61)所在的地形北高南低，北面约1.7米处为山坡，东面约6米处为居民住房，南面约20米处为下坡，山坡下方便是怒江，西面约10米处是居民住房。邦纳寺建筑面积1780平方米，寺院占地面积500余平方米，是加东・嘎玛丹觉所建，为噶举派寺院，传说该寺的建造时间同于山南的桑耶寺，但无史料记载。根据对邦纳寺建筑风格、壁画及部分文物的鉴定，邦纳寺建造时间不晚于明代。从邦纳寺保留的现状来看，邦纳寺的建筑没有遭受战乱的破坏，但是由于年久失修、自然灾害等因素影响而显得破旧。邦纳寺由大殿、护法殿等10余间房间

图15-61a 邦纳寺全景
图片来源：那曲文化局资料

图15-61b 邦那寺东侧（入口）立面
图片来源：王浩摄

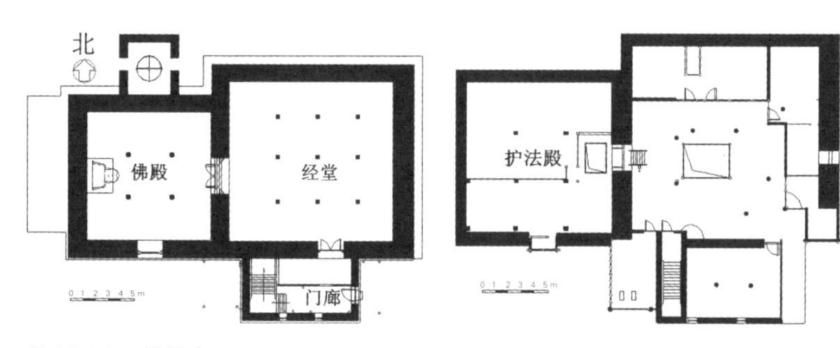

图 15-62a 邦纳寺一层平面图（左）
图片来源：王浩绘
图 15-62b 邦纳寺二层平面图（右）
图片来源：王浩绘

图 15-63a 二层楼面
图片来源：王浩摄

图 15-63b 上下楼梯
图片来源：王浩摄

图 15-64a 经堂（左）
图片来源：王浩摄
图 15-64b 经堂（右）
图片来源：王浩摄

组成，为藏族传统的碉房式建筑，大殿和护法殿保留了极为珍贵的早期佛教壁画。2006 年 5 月发布的《国务院关于核定并公布第六批全国重点文物保护单位的通知》，将索县邦纳寺列入第六批全国重点文物保护单位名单。

平面布局从总体上看，基本上由三个正方形和一个长方形构成，平面基本呈“凸”字形，而转经轮室应为后来添建的，并非同一时期所建，置于佛殿北墙外，自成一室。邦纳寺大殿为藏族传统的碉房式建筑，跟四川阿坝一带的藏式建筑相似，并且一直保持原有的建筑风格，未经过大规模的修建（图 15-62）。

1. 大殿

门廊藏语称“嘎辟”，是寺庙的唯一入口，也是沟通上下层的唯一通道，平面呈长方形，东西长 9.2 米，南北宽 4.8 米。门廊的上层为住寺喇嘛生活用房和二楼通道（图 15-63）。

经堂（藏语称“杜康”）入口在本堂南墙正中，西墙正中设有佛殿入口。面阔四间、进深四间，屋内主柱有 15 根，其中方柱 9 根（原建柱），圆柱 6 根（后加支顶柱）。经堂正中屋顶设有天井窗，为经堂采光。地板为木制地板，墙体有夯土墙（图 15-64）。

佛殿藏语称“强康”或“曲康”，内供有一尊未来佛，是新塑的泥佛，佛像坐西朝东。佛殿为邦纳寺最主要、最高级的建筑，平面呈方形，面阔三间，进深三间。室内用方柱四根，四柱中间顶部天花板上绘有彩色的坛城（曼陀罗）。地板为木制，内墙面绘有壁画，外壁刷饰白灰浆，墙体为版筑夯土墙，室内高度 5.08 米（图 15-65）。

佛殿上层是护法殿和法鼓库房（藏语称“阿康”）及号房（藏语称“兄次”）北面和东面原为住寺喇嘛和寺院的厨房、住房（藏语称“日青”）、仓库（藏语称“左康”或“仓左”），二层建筑构造比较简单，用料、尺度都比较随意。

2. 护法殿

图 15-65a 佛殿（左）
图片来源：王浩摄
图 15-65b 佛殿墙面壁画（右）
图片来源：王浩摄

图 15-65c 佛殿彩绘梁架（左）
图片来源：王浩摄
图 15-65d 佛殿彩绘天花（右）
图片来源：孙正摄

护法殿（藏语称“贡康”）位于佛殿上层，内供有镇寺之宝（藏语称“丹・崩叉玛”）和石刻护法神像、供奉品多玛等，是住寺喇嘛诵经、上酥油灯的场所。本殿坐西朝东，西、北墙壁上绘有壁画，佛殿上层南半部分为法鼓、法号库房。屋顶木椽中设有采光、排气的小天井等（图 15-66）。

15.9.2 邦纳寺壁画构图特征

1. 构图方法

首先在平整的墙面上涂一层白色的底，其次用碳墨在墙面上构图，然后用毛笔勾线，最后在勾好的线条内部填色。

2. 画面组合

墙面上的佛像与佛像之间的间隙用黑、丹青、大红、翠绿、中黄五种颜色呈表格式布局，画面由莲花瓣组成，在上面写着佛的名字，根据建筑的等级不同在颜色的选择和线条使用上有所不同（图 15-67）。

佛像（主尊）壁画很大，通常坐落在宝座上，周围环绕着随从佛。如果佛像为佛祖或者佛教历史人物，其四周环绕着六树，把宝座抬起来，如果是

图 15-66 护法殿及壁画
图片来源：孙正摄

图 15-67 护法殿（左）、经堂（中）、佛殿（右）线条纹样
图片来源：那曲文化局资料

图 15-68a　榆林 4 号洞窟壁画（左）
图片来源：那曲文物局提供
图 15-68b　古格时期唐卡（右）
图片来源：那曲文物局提供

图 15-68c　夏鲁寺壁画
图片来源：那曲文物局提供

图 15-69a　佛殿北墙壁画人物对坐构图
图片来源：孙正摄

图 15-69b　佛殿天花板彩绘坛城
图片来源：那曲文物局资料

本尊或者护法，背景绘有吉祥图案等象征火和云。《西藏美术史》一书中记载，13~15 世纪这种绘画风格在卫藏地区很流行，但是根据笔者对邦纳寺壁画的分析和那曲地区文化局提供的资料显示，这种风格在藏北的怒江流域也有，而邦纳寺的壁画更偏向于早期齐乌岗巴画派的风格。

3. 工笔表现

线条流畅，表现刚劲有力、疏密得当、勾勒讲究，线条掌握得潇洒自如。在人物造型上采用厚涂和点染相结合的手法，在背景的处理手法上同国画相似，但是没有山水作背景，画面用红、绿两种颜色比较多。

15.9.3　邦纳寺壁画内容特点

邦纳寺的壁画是齐乌岗巴画派风格，为什么把邦纳寺的壁画定义为齐乌岗巴画派，主要从文殊、弥勒佛的构图特点上分析。《西藏美术史》一书中记载，文殊、弥勒对坐的构图风格只在 11 世纪到 16 世纪存在，16 世纪中叶几乎没有，而到 17 世纪这种构图风格彻底消失。下面列举 11 世纪到 16 世纪齐乌岗巴画派壁画以作说明。一是 11 世纪山南扎塘寺的弥勒与文殊对坐的壁画；二是 12 世纪陕西榆林 4 号洞窟的壁画（图 15-68a）；三是 14 世纪日喀则的夏鲁寺壁画（图 15-68c）；四是 16 世纪阿里古格时期唐卡（现保存在英国维多利亚博特图书馆）（图 15-68b）。而邦纳寺佛殿北墙壁画和天花板上的坛城（唐卡）是早期齐乌岗巴画派风格的延续（图 15-69）。

1. 经堂壁画

经堂入门左边南墙上绘有天王、天母、护法像等（多闻子、四臂天母、二臂和四臂大黑天护法），旁边有小幅如来、供奉佛、护法佛、人物等环绕。尤其是在四臂大黑天护法右下角绘有倒立的供奉小佛，在莲花底座的莲花瓣上有藏文，入门右侧南墙和上方的壁画均被雨水冲刷已不存在。南墙构图很有特点，主尊四边由上师、如来、护法等小佛像组成，为古格壁画的风格。经堂入门右侧绘有大威德金刚、金刚亥母。

经堂西墙壁画（佛殿大门右侧）绘有较大的护法、空行母、金刚亥母、南炯空行母、大威德金刚、密集金刚等，周边有小幅的上师、空行母、愤怒护法像等环绕；大门左侧墙上绘有红帽上师（索·扎北旺久）和护法像（喜金刚）。上端有小幅的菩萨、上师、护法等画像。西墙壁画在施色上同古格壁画相似（佛殿大门两侧有小面积脱落和几处大小不同的裂缝，整体壁画受到烟熏影响，色泽灰暗）。

经堂北墙壁画讲述一些佛教故事，构图随和，没有规律可循。现存壁画绘有红帽噶举上师（娘密达布仁布切）、菩萨像及阿底峡像，主尊的莲花底座的莲花瓣上有藏文，周边环绕小幅上师和菩萨像，因墙体损坏严重，许多壁画已内容不清。

经堂东墙壁画绘有主尊四世诸佛（燃灯佛、释加牟尼佛、弥勒佛、不动王佛，周边环绕小幅上师、如来、供奉佛、护法、人物像等，主尊莲花底座的莲花瓣上有藏文。壁画面积 102.5 平方米，

2. 佛殿壁画

主尊佛位于佛殿后墙正中，身后墙上壁画有无量光佛和小幅的人物、佛像（墙面壁画大面积脱落）。主尊佛前方四柱上端天棚顶有三层大小各异的正方形木板形成的天花板，上面绘有九个彩色的坛城，正中（内层）为主坛城，主坛城四边（二层）绘有四个副坛城，二层四边（外层）绘有四个坛城，周边绘有红帽和黑帽噶举派上师的画像和坐姿不一的佛像。主尊佛塑像面前的木柱、坐斗、托木、额枋、莲花枋、花牙枋上有彩绘。

主尊佛正前方墙壁门上部画有米拉日巴、吉祥天母，两边画有四大天王（图 15-70）、四臂大黑天护法，其间绘有排列整齐的小幅的佛像、上师像，护法及人物像。

主尊佛右边墙面上绘有华丽的不空成就佛像和侍者，其间绘有一排排小幅的千佛如来像等。因墙壁中部上方新建一窗户，佛殿南墙上的壁画受到破坏。

主尊佛左边墙面上的壁画保存较为完好，绘有尺寸较大的六幅主佛（上师、莲花生、千手千眼观音、度母等像）壁画，其上端、两侧以及下方绘有随从弟子（图 15-71），如黑帽、红帽噶玛噶举派上师及如来、菩萨、护法等小像。壁画面积 117 平方米。

3. 护法殿壁画

护法殿西墙壁画保存较为完好，绘有尺寸较大的天王、护法、天母等像（多闻子、五大黑天护法、四臂天母、金刚亥母），壁画上端、两侧及下方绘有如来、菩萨、护法等小像。护法殿北墙上绘有主尊护法、上师等像如密集金刚（图 15-72）、上乐金刚、喜全刚、黑帽、红帽噶玛噶举派上师，其间绘有小幅的上师、供奉佛、护法、人物、动物等像环绕，

图 15-70 四大天王像（左上图多闻子天王，左下图广目天王，右上图持国天王，右下图增长天王）
图片来源：那曲文化局资料

图 15-71 随从弟子像
图片来源：王浩摄

图 15-72 密集金刚像
图片来源：王浩摄

部分小像下方有藏文名称。护法殿壁画面积 35 平方米，有雨水冲刷、开裂、脱落、空鼓等问题。

15.9.4 邦纳寺壁画画派风格

西藏齐乌岗巴画派主要是对尼泊尔绘画艺术的融合与延续。在尼泊尔绘画特色的基础上，集合本土的艺术、文化特点等因素创新地形成了西藏本土的画派，此画派的绘画风格有如下几方面的特点：

1）构图上，遵循了尼泊尔的构图形式，构图严谨，以几何方格形式分割画面。在画中占据画面达三分之一的为主尊佛像及上师像，四周佛像及上师护法都安排在有序的几何形方格里（图 15-73）。

2）造型上，在佛像的造型上延续了尼泊尔佛像的造型准则。脸、手、脚造型都很优美，眼睛圆润，相比尼泊尔的柳叶状要大点。对女性的描绘形象地表现为隆胸、细腰、丰臀的特征，具有唐代动感的形态；在服饰方面表现细腻华丽，纹理表现出晕染的视觉效果；在人物的表情、动作和姿势上比尼泊尔的画派表现得更为优美而丰满（图 15-74）。

3）颜色应用上，齐乌岗巴画派爱用团状的色块增强画面的艺术感染力，偏重红、黄暖色调，爱用朱砂，为了调节视觉上的平衡常掺杂着少量的绿、蓝等颜色，表现出来沉重而鲜艳的色调，同时注重对比色的使用。

图 15-73 齐乌岗巴画派壁画风格：佛殿壁画构图（左）
图片来源：王浩摄

图 15-74 齐乌岗巴画派人物风格：佛殿壁画四臂大黑天护法（右）
图片来源：王浩摄

注释：

1 顿珠拉杰：“藏北即是现在的那曲地区。”顿珠拉杰在西藏社会科学院宗教研究所从事宗教研究工作。

2 才让太，顿珠拉杰 . 苯教史纲要 [M]. 北京：中国藏学出版社，2012：1.

3 就是在“回”字形的平面空间，纵横排列柱网，外围一圈是装修向内的二至三层的平顶楼房，构成围廊；而中部是高高凸起的木构建筑，空间直贯上下，成为中心。

4 曲尼让珠是嘉黎县一个寺院的活佛，具体出生年代不详。

5 藏顶次仁云丹是萨迦派的活佛，出生年代不详。

6 指印度的波罗王朝（约公元 750—1150 年），也称为“帕拉王朝”，兴起于北印度东部的孟加拉比哈尔地区，是佛教在印度的最后庇护所。

7 南亚尼泊尔民族之一。

附录一：藏北藏传佛教寺院

宁玛派寺院在藏北共有 8 座，还有拉康 3 座，日追 1 座。其中比如 3 座寺院，那曲县 1 座寺院，聂荣县 1 座寺院，索县 2 座寺院，班戈 1 座寺院。

寺庙名称	创建时间	所属派别	具体位置	占地面积（平方米）
色扎寺	公元 1620 年	宁玛派	那曲地区比如县扎拉乡	7800
恰如寺	公元 1703 年	宁玛派	那曲地区比如县香曲乡	16 000
如宁次曲拉康	公元 1868 年	宁玛派	那曲地区那曲县色雄乡	2023
昂青寺	公元 1735 年	宁玛派	那曲地区那曲县达萨乡	1848
嘎觉拉康	公元 1890 年	宁玛派	那曲地区那曲县油恰乡	4765
次曲日追	公元 17 世纪（1645 年）	宁玛派	那曲地区聂荣县色庆乡	800
珠曲寺	公元 19 世纪（1877 年）	宁玛派	那曲地区聂荣县色庆乡	4525
嘎加寺	公元 13 世纪创建	宁玛派	那曲地区索县亚拉镇	500
嘎欧寺	南宋淳熙年间	宁玛派	那曲地区索县若达乡	13 000
强达寺	公元 1488 年	宁玛派	那曲地区比如县白嘎乡	8448
扎西曲林拉康	始建年代不详	宁玛派	那曲地区嘉黎县绒多乡	350
桑莫寺	公元 1814 年	宁玛派	那曲地区班戈县门当乡	不详

噶举派寺院共 17 座，还有拉康 3 个，日追 3 个，佛塔 1 个，仓康 1 个。其中比如 4 座寺院，安多 2 座寺院，索县 2 座寺院，那曲 6 座寺院，嘉黎 2 座寺院，尼玛县 1 座寺院。

寺庙名称	创建时间	所属派别	具体位置	占地面积（平方米）
乃木寺	公元 13 世纪	噶举派	那曲地区安多县扎仁镇	26 000
穷宗寺	公元 1894 年	噶举派	那曲地区安多县强玛镇	3508
珠德寺	公元 1920 年	噶举派	那曲地区比如县比如镇	11 572
贡沙寺	公元 1611 年	噶举派	那曲地区比如县良曲乡	13 200
帕拉佛塔	公元 1100 年	噶举派	那曲地区比如县良曲乡	13 200
瓦塘寺	公元 1248 年	噶举派	那曲地区比如县夏曲镇	29 678
朗德寺	公元 1914 年	噶举派	那曲地区比如县巴然村	1786
克地寺	公元 1884 年	噶举（直孔）派	那曲地区嘉黎县措多乡	9363
丹古寺	公元 7 世纪末	噶举派	那曲地区嘉黎县措多乡	37 780
邦荣寺	公元 1146 年前后	巴绒噶举派	那曲地区那曲县古露镇	37 000
达那寺	公元 1854 年	噶宁派（嘎举派和宁玛派合成派）	那曲地区那曲县尼玛乡	16 656
不翁寺	17 世纪上半叶	噶举派	那曲地区那曲县尼玛乡	23 258
果康日追	公元 1850 年	属噶举、宁玛派	那曲地区那曲县孔玛乡	1478
南顶日追	公元 1707 年	达龙噶举派	那曲地区那曲县那曲镇达嘎夺村	872
鲁朗日追	公元 1842 年	达龙噶举派	那曲地区那曲县德吉乡果雄村	641
念波寺	公元 1906 年	噶举派	那曲地区那曲县洛麦乡 8 村	6439
罗仲翁赤列贡恰拉康	公元 1982 年	噶举派	那曲地区那曲县尼玛乡	6751
嘎登寺	公元 1153 年	噶举派	那曲地区那曲县油恰乡秀琼岗村	6991
边琼仓康	公元 1805 年	噶举派	那曲地区那曲县罗玛镇热泽村	484
门康扎西曲林寺	公元 1928 年	噶举派	那曲地区尼玛县来多乡行政 5 村	5919

续表

寺庙名称	创建时间	所属派别	具体位置	占地面积（平方米）
当琼寺	于五世达赖时期由楚布罗扎瓦创建	由宁玛派改宗为噶举教派	那曲地区尼玛县文部乡行政北村	13 519
东热寺	公元 1690 年	噶玛噶举派	那曲地区申扎县买巴乡	69 000
邦纳寺	由加东·嘎玛丹觉创建，据传该寺建造时间同于西藏山南桑耶寺的建造时间，但无史料记载	噶举派	那曲地区索县色昌乡	1780
帮吉寺	创建年代不详	噶举派	那曲地区索县荣布镇	31 000
宗青次曲拉康	公元 1693 年	噶宁派	那曲县孔玛乡多苏村	1693
江卡次曲拉康	公元 1800 年	噶举派	那曲县罗玛镇夏玛村	493
南聂寺	公元 1933 年	噶举派	那曲地区那曲县那玛切乡	2972

萨迦派只有 1 座寺院，位于索县，还有拉康 2 个。

寺庙名称	创建时间	所属派别	具体位置	占地面积（平方米）
察夏次曲拉康	约公元 19 世纪	萨迦派	那曲地区那曲县香茂乡	285
东宗寺	公元 1418 年	萨迦派	那曲地区索县江达乡	10 000
买玛拉康	公元 8 世纪	萨迦派	双湖区	不详

格鲁派寺院在藏北共有 42 座，还有拉康 4 座，日追 2 座。其中比如 15 座寺院；那曲县 6 座寺院，聂荣县 1 座寺院，索县 11 座寺院，嘉黎 2 座寺院，安多 6 座寺院，尼玛县 1 座寺院。

寺庙名称	创建时间	所属派别	具体位置	占地面积（平方米）
仲巴尼姑寺	公元 1940 年	格鲁派	那曲地区安多县措玛乡	36 206
卓古寺	公元 1892 年	格鲁派	那曲地区安多县扎仁镇	13 678
唐康寺	公元 19 世纪	格鲁派	那曲地区安多县帕那镇	14 033
多玛寺	公元 1898 年	格鲁派	那曲地区安多县措玛乡	22 586
雪穷寺	公元 1892 年	格鲁派	那曲地区安多县扎仁镇	67 911
白日寺	公元 1679 年	格鲁派	那曲地区安多县滩堆乡	15 114
古崩拉康	公元 1440 年，由第一世象雄曲旺查巴创建	格鲁派	那曲地区比如县比如镇	200
比如寺南杰白坝林	公元 1440 年，由第一世象雄曲旺查巴创建	格鲁派	那曲地区比如县比如镇	16 000
夏那寺	公元 1444 年	格鲁派	那曲地区比如县白嘎乡	799
白嘎寺	公元 1488 年	格鲁派	那曲地区比如县白嘎乡	13 334
亚扎寺	公元 1628 年	格鲁派	那曲地区比如县香曲乡	11 480
曲德寺	公元 1568 年	格鲁派	那曲地区比如县香曲乡	20 910
热登寺	创建于公元 639 年，文成公主进藏时嘎热东赞大相选址，由觉龙拉孜活佛组织创建	格鲁派	那曲地区比如县茶曲乡	13 378
卓那寺	公元 1100 年	格鲁派	那曲地区比如县比如镇	106 400
热庆寺	公元 1422 年	格鲁派	那曲地区比如县良曲乡	56

续表

寺庙名称	创建时间	所属派别	具体位置	占地面积（平方米）
曲林寺	公元 1439 年	格鲁派	那曲地区比如县比如镇	29 678
达蒙寺	始建年代不详，据传说是于公元 7 世纪文成公主进藏时选址创建	格鲁派	那曲地区比如县茶曲乡	10 800
拉日寺	公元 1416 年	格鲁派	那曲地区嘉黎县嘉黎镇	2334
多保寺	始建年代不详	格鲁派	那曲地区嘉黎县藏比乡	8212
孝登寺	公元 1724 年	格鲁派（那曲地区最大的格鲁派寺院之一）	那曲地区那曲县那曲镇人民政府西南约 200 米	16 000
夏容布寺	公元 1640 年	格鲁派	那曲地区那曲县达前乡亚唐村	77 860
欧托寺	公元 1718 年	格鲁派	那曲县孔玛乡郭热村南顶自然村	12 737
扎西桑旦林	公元 1843 年	格鲁派	那曲地区那曲县那曲镇第二居委会西约 200 米	4208
次曲昂扎久（拉康）	公元 1863 年	格鲁派	那曲地区那曲县那曲镇第一居委会，镇政府西南约 200 米	1041
达仁寺	公元 1708 年前后	格鲁派	那曲地区那曲县达萨乡帕林村西约 2 公里	8846
土桑强秋林	公元 1087 年	由噶举派改宗格鲁派	那曲地区那曲县达萨乡 9 村加龙自然村北约 4 公里	12 929
德庆久美林寺	公元 1890 年	格鲁派	那曲地区尼玛县卓尼乡行政 4 村（卡果村）西约 15 公里处	5794
扎西曲林寺	公元 1697 年	格鲁派	那曲地区聂荣县当木江乡 6 村（曲德村）东约 3 公里处	11 156
赞丹寺	公元 1668 年	宁玛、苯教、噶举等三个教派的五座寺院合并后建成，尊奉格鲁派	那曲地区索县亚拉镇赞丹雪村驻地朗嘎提亚山顶处	26 000
日崩阿尼寺	公元 1902 年	格鲁派	那曲地区索县亚拉镇行政 5 村	14 500
热登寺（全称为荣布嘎登热登德庆林）	具体创建年代及相关历史不详	格鲁派	那曲地区索县色昌乡行政 5 村	30 000
贡俄寺	公元 1428 年	格鲁派	那曲地区索县加勤乡行政 11 村	9038
琼扩寺	公元 1250 年	格鲁派	那曲地区索县加勤乡布德村所在地加勤日山体缓坡部位	18 987
江达寺	公元 1450 年	格鲁派	那曲地区索县江达乡行政 9 村（巴塘村）东北 100 米处	17 517
夏查寺	公元 1450 年	格鲁派	那曲地区索县赤多乡行政 7 村（德望雄村）西北上 20 米处	7500
哲达寺	公元 1417 年	格鲁派	那曲地区索县赤多乡行政 2 村	6290
恩江寺	公元 8 世纪（据传是三十六代吐蕃赞普赤松德赞时期由甲东吉秋南卡多吉创建	格鲁派	那曲地区索县嘎木乡 6 村（乃西村）东北约 5 公里处	15 450
比如寺	始建于公元 1440 年，由第一世象雄曲旺查巴创建	格鲁派	那曲地区比如县比如镇色贡村比如镇中心	16 000
夏那寺	始建于 1444 年，由杰顿・洛桑扎巴主持创建	格鲁派	那曲地区比如县白嘎乡 10 村贡定村北 1 公里处	799

续表

寺庙名称	创建时间	所属派别	具体位置	占地面积（平方米）
亚扎寺	该寺根据第一世达布・库西巴旦顿珠主活佛旨意，并由弟贡噶顿珠于公元 1628 年创建，“文革”时遭受毁坏。1983 年在原址上恢复重建	格鲁派	那曲地区比如县香曲乡 6 村亚扎布村东约 100 米处	11 480
仲耐拉康	始建年代、创建人不详，具体历史沿革不清	格鲁派	那曲地区比如县香曲乡仲耐村驻地	450
曲德寺	始建于公元1568年，由第一世达布・库西白旦顿珠主持创建	格鲁派	那曲地区比如县香曲乡 3 村色雄村西北约 600 米处	20 910
藏嘎次曲拉康	创建时间不详	格鲁派	位于那曲地区那曲县色雄乡 3 村热巴多自然村	530
觉巴日追	公元 1180 年由觉巴仁布钦于创建。“文革”期间被毁，20 世纪 80 年代重建	格鲁派	那曲地区那曲县那玛切乡 1 村拉藏自然村西约 3 公里	2705
麦热日追	始建年代及创建人均不详	格鲁派	那曲地区聂荣县白雄乡行政 8 村（维维格加村）所在地	6000
军巴寺	始建年代及历史沿革不详，该寺“文革”时遭毁，原集会殿已经完全拆除，仅剩废墟	格鲁派	那曲地区索县嘎木乡行政 2 村（旺昂村）西北约 1 公里处	5000

表格来源：王浩根据那曲文化局资料绘制

16 阿里地区藏传佛教寺庙建筑

“阿里”意为“属地”“领地”。目前，藏学家普遍认为，这里在公元 7 世纪以前有一个强大的部落联盟王国——“象雄”。根据汉文史籍的记载，不同朝代对该地区的称呼不同。9 世纪前被称为“大羊同”（图 16–1），元代称“纳里速古鲁孙”，明代称“俄里思”，清代称“阿里”。在藏文古籍中，“阿里”一词是 9 世纪中叶以后才出现的。

阿里地区有着被印度教、佛教、苯教等教派认定为“世界中心”的冈底斯神山，可见这里在信徒的心中一直是神圣的朝圣之地。该地区与周边地区的宗教文化交流一向频繁，与多种宗教有着千丝万缕的关联，不仅是西藏本土宗教——苯教的发源地，还是藏传佛教后弘期“上路弘传”的重要发祥地，“对西藏西部复兴藏传佛教的重大作用，历史学家和编年史家均直言不讳”[1]。由此可见，阿里地区宗教文化的源远流长。

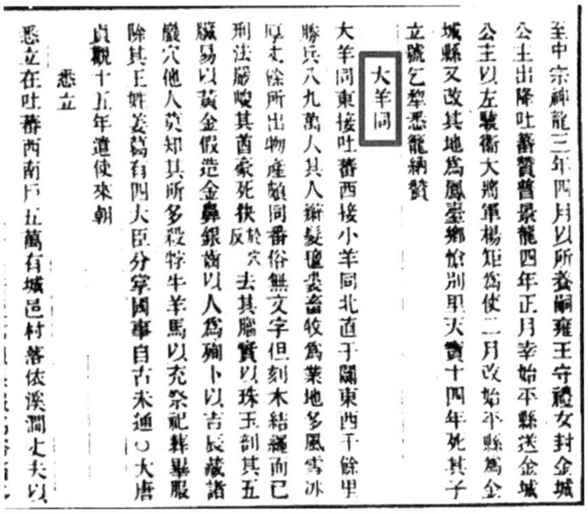

至中宗神龍三年四月以所養嗣雍王守禮女封金城
公主出降吐蕃贊普景龍四年正月幸始平縣送金城
公主以左驍衛大將軍楊矩爲使二月改始平縣爲金
城縣又改其地爲鳳壟鄉愴別里天寶十四年死其子
立號乞犂悉籠納贊

大羊同

大羊同東接吐蕃西接小羊同北直于闐東西千餘里
勝兵八九萬人其人辮髮氈裘畜牧爲業地多風雪冰
厚丈餘所出物產頗同蕃俗無文字但刻木結繩而已
刑法嚴峻其酋豪死抉於穴反去其腦實以珠玉剖其五
臟易以黃金假造金鼻銀齒以人爲殉卜以吉辰藏諸
巖穴他人莫知其所多殺牸牛羊馬以充祭祀葬畢服
除其王姓姜葛有四大臣分掌國事自古未通○大唐
貞觀十五年遣使來朝

悉立

悉立在吐蕃西南戶五萬有城邑村落依溪澗丈夫以

图 16–1 《通典》中有关大羊同的记载
资料来源：《通典》

图 16–2 冈仁波齐峰
图片来源：汪永平摄

16.1 地区概况

16.1.1 自然环境

阿里地区位于中国西藏自治区西部，是喜马拉雅山脉、冈底斯山、喀喇昆仑山脉和昆仑山脉汇聚的地方，平均海拔高度约 4500 米，有“世界屋脊之屋脊”的称号。阿里地区高山及河流皆较多，有“万山之祖”及“百川之源”的称号，其地形和气候多样，较为复杂，拥有数座 6000 米以上的高峰，其中素有“神山”之称的冈仁波齐峰（6714 米）便是冈底斯山的主峰。冈底斯山与喜马拉雅山脉平行，呈西北—东南走向，西起喀喇昆仑山脉东南部的萨色尔山脊，东至念青唐古拉山。该山脉横贯西藏西南，为内陆水系与印度洋水系的分水岭。主峰冈仁波齐峰四壁非常对称（图 16–2），南壁上从峰顶垂直而下的冰槽与横向的山体岩层组成极似佛教万字纹的图案，不止佛教徒将该山峰视为吉祥的神山，印度教徒、苯教教徒都将该山峰认定为世界的中心，每年从四面八方前来转山参拜的信徒络绎不绝。

阿里境内的四条重要河流发源于冈仁波齐峰附近，分别流向东、南、西、北四个方向，这四条大河哺育了历代的阿里人。流向东方的是当却藏布（马泉河），是雅鲁藏布江的源头；流向南方的是马甲藏布（孔雀河），下游为恒河；流向西方的是朗钦藏布（象泉河），河畔周边的金矿丰富；流向北方的是森格藏布（狮泉河），下游为印度河（图 16–3）。

阿里地区不仅有较多的河流，亦有大大小小的湖泊一百多个，即藏语的“错”。该地区的湖泊多

图 16–3 冈仁波齐峰及四条河流
图片来源：西藏自治区地图，审图号：GS（2019）3333 号

图 16–4a 扎达土林地貌
图片来源：汪永平摄

图 16–4b 扎达土林形态
图片来源：曾庆璇摄

属内陆湖，而且大多为盐湖，其中部分小型湖泊往往是夏季成湖、冬季就变干了。

由于长期的地质演变，形成了阿里地区复杂的地质构造和多样的沉积环境，为阿里地区提供了丰富的矿产资源，其中硼、金、铜、铁、锂为优势矿种，矿产品位较高，且矿床分布集中。据说，古希腊一位历史学家有过这样的描述：在印度以北的一个地方盛产黄金，周边的人们靠挖金为生。这个地方便是今天的阿里地区。

阿里地区总面积近 36 万平方公里，约占西藏自治区面积的三分之一，但该区总人口不足 6 万，人口密度很低，95% 以上为藏族 [2]。该地区的行政中心设在狮泉河镇，下辖日土、噶尔、札达、普兰、革吉、改则、措勤 7 个县。由于自然地理环境的差异，七个县区的环境各有特色。

冈底斯山脉像一道屏障将阿里地区分作南、北两个不同自然环境的区域。北部区域大致包括日土、噶尔、革吉、改则、措勤 5 个县，主要地貌是巨大的山系及湖泊，降水量很少，且河流较短，河流切割作用较小，属于高原寒带干旱 – 半干旱气候，植被极为稀少，为纯牧业经济区。

南部区域主要包括札达、普兰两县，是喜马拉雅山脉与冈底斯山脉之间的小型河谷平原及盆地地形，海拔在 4000 米左右，狮泉河、象泉河、马泉河、孔雀河等河流流经该区域，并进入克什米尔、印度等地。

该区域内的许多地方被河流切割较深，地形较复杂，札达县境内为湖相沉积侵蚀地貌，古湖的沉积物基本成岩，形成土质的山林。土林在气候的侵蚀下，显现出类似碉楼、塔等千姿百态、高低错落的样式，成为阿里地区著名的自然地貌景观（图 16–4）。该区域属高原亚寒带季风半湿润、半干旱气候，年温差较小，日温差较大，能种植小麦、青稞等喜凉作物，部分地区能种植温带果木蔬菜并有小片森木分布，为半农半经济区，也是阿里地区的主要农业分布区。

根据《阿里地区文物志》《阿里地区寺庙、拉康总表》等资料显示，阿里地区的宗教建筑主要分布在札达、普兰、噶尔、日土四个县，其中又以札达县最多。

16.1.2　历史沿革

阿里地区虽然海拔较高、自然资源较匮乏，但这里很早便有人类生活，在这里诞生了古老的藏族文明。

文物普查时在噶尔县境内发现了陶片，部分陶片绘制有花纹，制陶技术对人类生产及生活的进步具有很大的意义。普查队在日土县境内发现了大量的岩画（图 16–5），内容有人物、动物、放牧、舞蹈等生活场景，还有一些类似原始宗教的符号，但不同于佛教的符号，因此，笔者推测这些岩画早于佛教传入该地区的年代。

公元7世纪以前，阿里地区有一个强大的部落联盟王国——“象雄”，是青藏高原最古老的大国，人口众多。然而，随着吐蕃王朝的兴起，象雄逐渐衰弱。

吐蕃王朝初期，松赞干布迎娶了象雄国王之女象雄萨黎特麦，并将自己的妹妹赞蒙赛玛噶德嫁给象雄王作妃子，通过联姻的方式牵制象雄王朝与其修好。赤德祖赞、赤松德赞时期，吐蕃多次向象雄派兵，终用武力将其征服。至此，雄踞“世界屋脊之屋脊”的象雄王朝随着吐蕃王朝的强盛而逐渐衰亡了。

公元842年，吐蕃王朝末代赞普朗达玛被害，吐蕃王朝分崩离析。其后裔彼此残杀，混战多年。

据史书记载，朗达玛去世后，其王后那朗氏的养子“永丹”，与王妃蔡绷氏之子“维松”争夺赞普之位，爆发了多次自相残杀的战争。终因王后一方势力较强，维松之孙吉德尼玛衮被逼无奈，离开吐蕃故土，前往象雄避难，“逃至西境羊同的扎布让（今西藏札达县），娶羊同地方官之女没卢氏”[3]。

《汉藏史集》记载“吉德尼玛衮出征‘上部’各地，把这些地方置于自己的统治之下，并用‘阿里’一词泛指这些地方。于是‘阿里’才成为专用的地名。”[4]“阿里”在藏文中指领土、国土，即被统治和管辖的意思。吉德尼玛衮建立了地方割据政权，自封为“阿里王”。

吉德尼玛衮英勇善战，受到了当地百姓的拥戴，成为统领阿里的国王，阿里在其统治下日渐强盛。为了不使自己的三个儿子争夺王位而自相残杀，吉德尼玛衮便把阿里分成三个势力范围，分属于三个儿子，繁衍出拉达克王朝、古格王朝及普兰王朝。

公元1292年，中央政府在阿里设立纳里古鲁孙元帅府，管辖阿里军政事务。公元1307年，贡塘王系的俄达赤德前往元朝大都觐见，皇帝封其为“阿里三围”君主，阿里境内的各王系仍享有在势力范围内相对独立的管辖权。

明代，中央政府在阿里设立俄力思军民元帅府。

图16-5 日土县岩画
资料来源：阿里地区文物局

公元1630年，古格王朝被拉达克推翻，继而被拉达克军队统治50余年之久。公元1681年（清康熙二十年），在蒙古军队的援助下收复阿里三围。

公元1686年，西藏地方政府在阿里建立噶本政权，管辖范围包括今阿里地区全部和后藏西部地区的仲巴等地。噶本政府下辖四宗六本，四宗即札布让宗、达巴宗、日土宗、普兰宗；六本为左左本、朗如本、萨让如本、曲木底本、帮巴本、朵盖奇本。

公元1965年，西藏自治区成立，阿里地区逐步形成地、县、区三级党委。

16.1.3 民俗文化

民俗文化是由民众在日常的生产生活中慢慢形成的，与人们的习惯、情感、宗教信仰等相关联，是一个国家、一个民族或一个地区的民众共同创造的，具有普遍性、传承性等特点。因此，民俗文化反映着人们生活的方方面面，并且可以强化一个国家、民族或地区的凝聚力，是珍贵的非物质文化遗产。其涵盖的方面较广泛，包括婚丧嫁娶、社会组织、岁时节日、民族礼仪等等。

1. 日土谐巴谐玛舞

据说，日土县保留着一种古老的舞蹈——谐巴谐玛，这种舞蹈是为了纪念格萨尔王[5]的一位大臣所跳的。舞蹈由17对男女共同表演，男子为武士打扮，女子均身着华丽的古代服饰。该舞蹈是阿里地区宝贵的非物质文化遗产。

2. 札达宣（旋/弦/玄）舞

据阿里地区文物局介绍，该舞蹈历史悠久，大

图 16-6 古格故城宣舞庆典壁画
图片来源：汪永平摄

图 16-7 托林卓嘎老人展示宣舞
图片来源：新华网

约形成于公元 10 世纪的札达地区，后流传到日土等地。该舞蹈可分为持鼓舞及面具舞，形式融合了藏戏、说唱等藏族民间艺术，步伐舒缓稳重，具有较强的观赏性。

在寺庙的壁画中可以看到反映这种舞蹈场景的图画，多为庆典活动而表演（图 16-6）。现在，阿里人在重要节日期间仍然会穿着盛装表演宣舞。

如资料所示，该舞蹈“区别于西藏其他地区的民族艺术形式，具有自身的独特风格和魅力。札达县民间艺术团共招收了 9 男 9 女 18 人，均拜师于托林村老人卓嘎门下学习宣舞。这 19 人也是世界上仅有的宣舞传承人。”[6]（图 16-7）

3. 普兰传统服饰

阿里地区最著名的民俗服饰非普兰传统服饰莫属。

生活在孔雀河畔的普兰妇女，均拥有一种贵重的、世代相传的民族服饰，只在盛大节日及宗教庆典的时候才会穿戴，难得一见，因此，笔者在调研时并未能亲见。据当地人介绍，该服饰十分华丽，从上到下运用了黄金、白银、松石、珍珠、玛瑙等多种珠宝来装饰衣领、肩膀、腰封等部位，重达十几斤，价值不菲。服装以毛呢料为主，色彩鲜艳，头饰亦装饰有多种珠宝，中央垂下珠宝串帘，几乎遮住面部，与服装相呼应，整体和谐富贵，反映了普兰人的审美观、价值观。

4. 普兰男人节

在普兰县科迦村有个独特的节日——男人节。节日的时间定在每年藏历的二月中旬，大约持续五六天，节日期间，科迦村的男人集中在科迦寺的广场，坐在卡垫上喝酒看戏，十分惬意，妇女儿童只能在一旁围观。

5. 阿里婚俗

阿里地区的传统还是以父母包办为主，注重门当户对，20 世纪 80 年代后，也提倡婚姻自由，主要为一夫一妻制。婚礼一般可持续 3~5 天，席间众多宾客一同喝酒唱歌，观看表演，热闹非凡。

阿里地区还有许多与其他藏族聚居区相似的民俗，例如果谐舞（圆圈舞）、望果节等。阿里人同其他地区的藏族人们一样，很多时候边跳舞边劳作，村头、广场、田间随处可见，将娱乐与生产结合在一起。

16.1.4 宗教概况

自朗达玛灭佛百年之后，佛教从阿里地区、青海地区再度向西藏腹地传播，西藏佛教得以复苏，阿里地区成为“后弘期”引人注目的地方。根据佛教再次传入西藏的路线的不同，分为“上路弘传”和“下路弘传”。

根据藏文文献《巴协》的描述，上路弘传戒律严明、讲求次第，下路弘传较为突出个人修持，佛教在复兴的同时亦吸取了当地的传统文化。上路弘传与下路弘传既是宗教传播的路线，亦是不同地域文化向西藏腹地渗透的过程。

阿里地区在地理位置上与印度、尼泊尔这样的佛教大国毗邻，同属于喜马拉雅山脉区域，更便于接受佛教教义的影响。后弘期时，借助时机的成熟及地理位置的便利，印度等地的许多高僧大德前来该地区讲经传法，加之该地区多位封建领主对佛教活动的支持，佛教在该地区快速发展起来，并逐渐渗入西藏的其他地区。

1. 对弘法做出重大贡献的阿里王室及高僧

阿里地区，尤其是古格王国境内，产生了许多对佛教的上路弘传做出重大贡献的王室及高僧：

（1）拉喇嘛·益西沃

吉德尼玛衮的幼子德尊衮统辖阿里境内的古格王国范围，德尊衮的儿子松艾继任古格王，他为了弘扬佛法，出家为僧，让位于兄长——柯日，取法名为拉喇嘛·益西沃。

拉喇嘛·益西沃从印度等地迎请多位高僧大德前来古格传法，并从当地居民中选派21名童子携带象泉河河畔产出的众多黄金，前往迦湿弥罗等地学法。他为了迎请阿底峡大师，亲自外出寻金，后被别派人士所擒，并毅然将赎金作为迎请大师之用，舍身弘法，对佛教在阿里地区的复兴做出了巨大的贡献，也反映出古格君主对于倡导佛法的决心。

（2）拉喇嘛·绛曲沃

拉喇嘛·绛曲沃是益西沃的侄孙，带着益西沃的赎金到印度迎请高僧，说服阿底峡到阿里传法，并负责迎请工作，后接替兄长的王位，成为古格国王。在位期间，他持续从印度迎请高僧大德入藏弘法，支持翻译了大批的佛教经典，修复Tabo（塔波）寺。

（3）仁钦桑布

仁钦桑布是拉喇嘛·益西沃选派的到迦湿弥罗等地学法的21名童子中的一员，但最终只有仁钦桑布及其堂弟雷必协饶得以返回古格。据说，仁钦桑布于公元958年左右出生于古格地区，“与629年出生的松赞干布相隔329年”。13岁出家，法名仁钦桑布，“随即被益西沃下令派往印度（学法）”。

仁钦桑布曾先后3次赴克什米尔、印度等地求学，据说，回古格后，他在阿里三围的大范围内选址建造了上百座寺庙、殿堂（据说是108座）以及300余座佛塔，许多寺庙以壁画的形式记叙了当时的情况及仁钦桑布的传记，如拉达克地区的Alchi（阿基）寺。“仁钦桑布带着三十二位迦湿弥罗艺术家回到故乡……逐步建起二十一座佛寺……完成了佛教在西藏西部部落的传播”。可见，从境外进入阿里的艺术家及工匠，确实参与了对寺庙的建造及装饰工作，这些寺庙又与仁钦桑布有关联，因此，仁钦桑布是促成后弘期阿里寺庙发展的重要人物之一。

为了向民众普及佛教，对于佛教经典的翻译是十分重要的。仁钦桑布翻译出大量的佛教经典，其中以他在克什米尔学习的密宗经典为主，并且修改了吐蕃时期的旧译本，西藏宗教史上将他修订之前的密集称为“旧密”，将他修订之后的称为“新密”，尊称他本人为“洛钦”，即“大译师”，称呼其堂弟雷必协饶为“小译师”。

从佛教的角度上来说，仁钦桑布为阿里地区引进并且翻译了大批的佛教经典，还广建寺庙，可以说他是后弘期弘法的先驱者，是阿里藏传佛教的重要开创者之一。

（4）阿底峡

著名的阿底峡大师（公元982—1054年）应当时的古格国王拉喇嘛·益西沃之邀，带领门徒，途经尼泊尔，于公元11世纪（1042年）来到古格，即今阿里地区札达县境内传教，入驻托林寺。在托林寺期间，与大译师仁钦桑布论法，对仁钦桑布的评价很高，“要是见着如你这样的人住在西藏，我也就无须来西藏了”[8]，著《密咒幻境解说》助大译师修法。

阿底峡大师在古格住了3年，写成《菩提道灯论》等巨著，在古格境内的大小寺庙宣讲佛法，之后又到卫藏地区传教长达9年之久，成为噶当派祖师，对佛教在西藏的复兴起了重要作用。

（5）噶林·阿旺扎巴

阿旺扎巴大师年轻时出家，跟随宗喀巴大师学习显密教法，与另外三位祖师并称为“宗喀巴早期四徒”，并被宗喀巴大师赐号“大堪布”。公元15世纪，阿旺扎巴大师来到古格地区弘扬格鲁派，在皮央、东嘎等地的寺庙驻锡，受到过古格国王的封赐。阿旺扎巴大师在阿里地区兴建或扩建了许多寺庙，并使许多寺庙改宗格鲁派，对公元15世纪以后格鲁派在阿里及其周边地区的发展起到了很大的推动作用。

2. 古格成为重要佛教中心

如前文所述，后弘期以来，佛教在阿里地区迅猛发展，尤其是古格境内。当时的古格成为后弘期上路弘法的佛教中心，其主要原因如下：

（1）古格王室大力兴教

以拉喇嘛・益西沃为代表的古格国王十分支持佛教的发展，有的亲自出家，虔诚信佛，更不惜用重金派人前去印度等地迎请高僧和学法。“能如上部阿里诸王对佛教那样的恭敬承事，任何其他地区也是没有的”[9]，由于统治阶级的支持，对佛教的发展起到了重要的推动作用。

（2）境外大批高僧进入古格

在古格王室及仁钦桑布等人的真诚邀请下，印度、尼泊尔等地的多位高僧进入古格地区传教，随着他们的到来，也带来了大批的弟子及艺术家等人，这些人共同为佛教在古格的发展壮大做出了贡献。

（3）培养本地佛学人才

据说，拉喇嘛・益西沃在古格境内选拔了 21 名童子送往迦湿弥罗学法，他按照智商的高低将他们分为三组，由最智慧的第一组来领导众人。对于学成归来的仁钦桑布，当时已经继任古格国王的拉德，“仿效印度土王，赐给仁钦桑波封地，根据传记，四块封地在布让地区”[10]。可见，古格王室对于培养本地的佛学人才还是非常重视的，这也促使了佛教在古格能够快速被当地民众接受。

各方面的因素使得古格成为后弘期上路弘传的重要弘法中心，备受瞩目，加之大法会的召开，更吸引了远近各地的佛教人士前来学法、论法。

吐蕃王朝时期的佛教即佛教发展的前弘期，笔者认为这个时期的西藏佛教是西藏人对印度佛教的模仿，尚不能称作“藏传佛教”；后弘期兴起的佛教才真正可以称作“藏传佛教”。后弘期的佛教，经历了西藏不同地区、不同时间的复兴，不同的观念及思想相互吸收、相互融合，使佛教完成了其西藏化的过程。在此过程中，其教义发生了一定的改变，既吸收了西藏本土宗教——苯教的内容，融入了西藏的地域文化，也吸取了晚期印度佛教的教义，由此形成既有深奥的佛学思想，又具有独特地方特色的地方性佛教。

这是藏族人按照自己的理解方式对印度佛教经典重新进行“秩序排列”，并将藏族文化融入其中的结果。于是，出现了宁玛、噶当、萨迦等不同的藏传佛教的分支教派，各教派之间对佛教典籍及修学方式的看法存在些许的差异。现在，藏传佛教主要有宁玛派、噶举派、萨迦派和由噶当派衍生而来的格鲁派四大教派，这四大教派均先后在阿里地区设立了许多寺庙。

16.1.5 宗教传说——神山、圣湖崇拜

宗教类的建筑在选址方面自然也要满足上述要求，还会伴有一些神话传说或宗教传说，来渲染寺庙的神秘气氛。

1. 神山崇拜

如前文所示，普兰境内的冈仁波齐峰被苯教、佛教、印度教甚至耆那教等各教派认定为世界的中心，被认为是一座有灵性的神山，是连接天界的天梯，这座山峰被各教派升华为宗教中心、精神中心，是他们朝拜的圣地。藏传佛教亦将该山峰奉为神山，莲花生大师、噶举派的米拉日巴大师等许多大师曾来此修炼、斗法，在神山周边留下了诸如脚印等许多圣迹及美丽的传说。尤其是噶举派的米拉日巴大师，常年在此闭关苦修，此后的噶举派大师大都遵从这种修炼方式，因此，冈仁波齐峰周边的许多宗教建筑属于噶举派。

“其东西南北四面有四座颇富名声的寺宇”[11]，西面为曲古寺，北面为哲日普寺，东面为仲哲普寺，南面为江札寺，均属于噶举派。四个方位的四座寺庙伴随着冈仁波齐峰，宛如一座立体的曼陀罗，四座寺庙的周边还分布着泉眼、修行洞等各种圣迹。

2. 圣湖崇拜

位于冈仁波齐峰南面的玛旁雍错是海拔最高的淡水湖之一，景观十分美丽。藏传佛教的信徒们认为“此湖是龙王的栖息处，十分神圣不可侵犯。无龙便无湖，无湖便无水，无水便无植被，无植被便

无生命，所以湖就是生命之神，是生灵生长的灵气之源泉”[12]。

在圣湖的周围亦分布着众多的宗教建筑，萨迦派的聂果寺坐落在东南岸，格鲁派的楚果寺坐落在南岸，格鲁派的果祖寺坐落在西南岸，噶举派的其吾寺坐落在西岸，噶举派的朗（波）纳寺坐落在北岸，噶举派的色拉龙寺位于东北岸。圣湖的附近还分布着一些修行洞以及其他寺庙，但始建年代均不确定，在西面的拉昂错周边还分布着许多石构遗址，可见，圣湖周边自古便是宗教圣地（图 16–8）。

上文所述的圣湖边的现属于格鲁派的楚果寺、果祖寺这两座寺庙，在最初建寺时属于噶举派，其中果祖寺的山洞内留有阿底峡大师的圣迹，随后，竹巴噶举派的祖师在此洞内修行数月，此地便被称为“竹巴噶举派诞生之地，从此以后成了竹巴噶举派的修行、成道的重要场所。但始终未形成有规模的寺庙……”[13]

16.2 佛教早期建筑遗址

据记载，公元 8 世纪初，大唐高僧慧超在回忆录中记述，他由天竺（古代印度及印度次大陆国家的统称）返回中原路途中经过西藏的西部地区，已然发现该地区建有寺庙及塔。可见，吐蕃王朝初期，阿里地区就不乏宗教类的建筑，但很难确定这些宗教建筑的具体信息，笔者目前尚未查找到慧超提及的这些宗教建筑的派别、地点、年代等方面信息的明确记载。

笔者在调研阿里的过程中，发现了许多规模并不大的殿堂或神庙遗迹，从其建筑结构、佛像遗存等皆可判断出比阿里地区现存的寺庙要早，可能是后弘期早期，也可能是前弘期，甚至是上文所述吐蕃王朝初期的时候建造的，但是，文献资料及文物普查结果未能明确它们的建造年代及背景，许多资料均待确定。笔者在综合史籍记载的基础上，推测这些遗迹的年代可能是处于吐蕃赞普朗达玛灭佛前期至后弘期初期的这段时间，至少比其周边现存寺庙年代略早。

图 16–8 从湖边的寺庙看玛旁雍错
图片来源：汪永平摄

16.2.1 札达县托林镇周边遗址

札达县是古格王国的中心，托林镇为札达县县府所在地，位于象泉河南岸，距离古格故城札布让大约 18 公里。

在距离托林镇南面大约 1.3 公里的陡峭土林山腰及山顶处，分布着一些建筑及洞窟遗址。从遗址的形制、规模及残存物件可以大致判断其原始的建筑用途为城堡、佛殿、僧舍和佛塔，虽已成为废墟，但仍可见其当初的宏伟气派，其中一些殿堂属于早期建筑，据专家推测其建筑时间早于现著名的托林寺，可能是托林寺的旧址（图 16–9）。

根据在山体上分布位置的高低不同，当地人将这周边土林上的遗址大致分为三个部分：卡尔共玛（意即上部城堡）、卡尔巴尔玛（意即中部城堡）、卡尔沃玛（意即下部城堡）（图 16–10）。

上部城堡，遗址群内房屋分布散乱，由土坯砖砌筑。有的废墟规模较大，房间分隔多，无宗教遗存，可能是城堡或贵族府邸。遗迹中有一处房屋四壁皆存，平面呈“凸”字形布局，有门廊，坐西朝东，

图 16–9 早期寺庙与城堡遗址
图片来源：宗晓萌摄

进深约 5 米，面阔约 4 米，其结构与寺庙大殿相似，且外墙上涂有寺庙常用的红色涂料，应为一处宗教活动的场所。

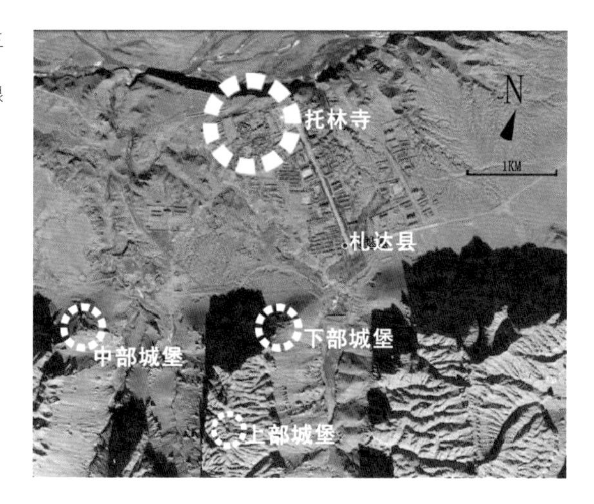

图 16-10 托林寺及三处遗址地形关系图
图片来源：宗晓萌根据 Google Earth 标注

图 16-11 中部城堡佛殿
图片来源：宗晓萌摄

中部城堡遗址群（图 16-11）位于上部城堡的西面山腰处，海拔高度约 3800 米。遗址群主要由保存比较完整的两座佛殿、数座大小不等的佛塔及数十孔洞窟组成，周边还有一些房屋废墟，笔者根据其布局形式推断，这些房屋中有些是起到防御作用的碉楼（图 16-12）及围墙，遗址依山势而建，错落有致，位于不同的山体高度上。

两座殿堂均朝东南面，F1 平面呈“凸”字形，由门廊、大殿、后殿三部分构成（图 16-13）。墙体采用石砌基脚，用土坯砖砌建，外表墙刷红色颜料。顶部及殿内立柱等皆已不存，现存墙体残高约 8 米。该遗址内的佛殿形制相似，规模相近。入口处设置门廊，选择东向或东南向，在西墙正中供奉大体量佛像，背光精美（图 16-14）。

F1 和 F2 的东南部，靠近 F1 的位置，建有一座体量较大的佛塔，塔基为“亚”字形须弥座式，其上为圆形的塔瓶，上承十三天（图 16-15）。塔瓶中空，残破处可见其中填放有泥模小佛像及经卷等。从残破的塔基可见，其内部设有土坯砖垒砌的隔墙，分隔成了大概 9 个小室，由于尺寸太小，笔者无法进入。

在距该遗址不远的山脚处，还分布着一个大概由 8~10 座体量较小、形式较接近的佛塔组成的塔群，

图 16-12 碉堡（左）
图片来源：宗晓萌摄

图 16-13a 佛殿遗址（右）
图片来源：宗晓萌摄

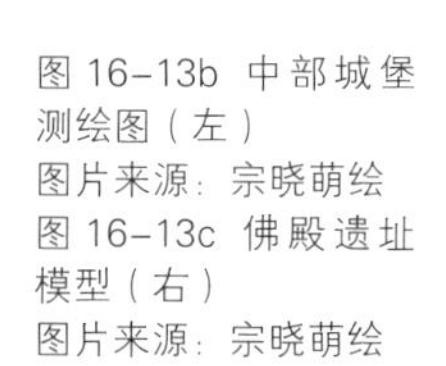

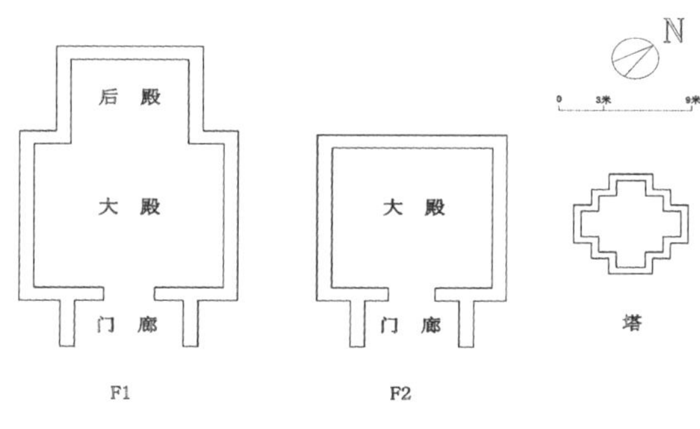

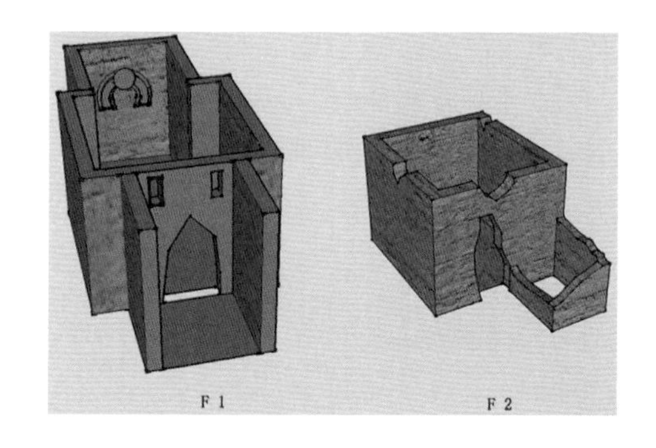

图 16-13b 中部城堡测绘图（左）
图片来源：宗晓萌绘
图 16-13c 佛殿遗址模型（右）
图片来源：宗晓萌绘

图 16-14 佛像精美背光（左）
图片来源：宗晓萌摄

图 16-15 塔遗址（右）
图片来源：宗晓萌摄

从样式上来判断，其建造年代应该与该遗址一致。

在两处佛殿及佛塔周边还有数十孔洞窟，洞窟分为上、下两层，以前可能在洞窟外建有台阶或梯子，用于解决竖向上的交通问题，现已无法进入二层的洞窟（图 16-16）。洞窟形式较规整，规模大致相当，内部设置较简单。据阿里地区的考古报告来看，在该遗址的一些洞窟里还发现了绘有佛像的经书残页，笔者推断这些窑洞应该是僧侣修行及居住所用。

图 16-16 上下两层洞窟
图片来源：宗晓萌摄

16.2.2 皮央寺旧址——格林塘寺遗址

距离札达县城以北约 30 公里处，象泉河的北岸，有一条东西长约 3.5 公里、南北宽约 800 米的狭长形沟谷，分布着现今已被中西方学者知晓的规模庞大的皮央和东嘎遗址。

皮央旧寺——格林塘寺距离皮央遗址的直线距离约 400 米，处于沟谷中一处不规则的坡地上，坡地西、南、东面均为陡坡，坡地与其下面的溪流相对高差约 20 米。

据记载，皮央遗址中的格林塘寺一直被称为“皮央旧寺”，始建于公元 996 年，公元 11 世纪初进行改、扩建。考古学家从该寺杜康大殿提取木块样品及墙面泥灰进行碳 -14 测年，又对该寺出土的藏文佛经字体及内容进行辨认，其结论均是：该寺建寺年代与文献记载的建寺年代十分接近。

该寺庙遗址现存佛殿遗迹 2 座、佛塔遗迹 10 余座、其他建筑遗迹 10 余间及数段院墙遗迹。两座佛殿分别位于坡地的南侧及西北侧，从卫星图可见，南侧的佛殿坐西朝东，平面呈“凸”字形，中心大殿开间、进深均约 16 米，西侧小佛殿开间、进深均约 8 米，东侧似有门廊；西北侧佛殿平面形状较复杂，体量较大，似乎是“小殿围绕中心佛殿”的平面布局样式，笔者推测该殿主入口亦朝东。两座佛殿周

图 16–17 玛那遗址
图片来源：汪永平摄

图 16–18 古格故城遗址
图片来源：宗晓萌摄

图 16–19 佛殿遗址
图片来源：宗晓萌摄

边均有大小不等的佛塔，院墙转角处设有类似碉楼的建筑，具有一定的防御性。

16.2.3 玛那遗址

玛那遗址位于象泉河支流玛那河南岸土林顶部（图 16–17），距离玛那村约 1.2 公里，距离玛那河垂直高度 200 余米，海拔约 4268 米。

根据阿里地区文物局文物普查队队长的描述，该处遗址主要由三处建筑废墟、佛塔以及 70 余孔开凿在山体北面断崖上的洞窟组成。建筑残骸依山势东西分布于山顶缓坡上，从建筑形制及佛像、壁画的残存可以判断三处建筑均为宗教建筑，均坐西朝东，一处平面呈“凸”字形，凸出部分有泥塑佛像及佛像基座残存；一处平面呈方形；另一处方形佛堂外有门廊。从文物普查队拍摄的照片可见，遗迹损毁严重，残存的壁画已无法辨认。

遗址佛塔的塔基内部和托林寺遗址的塔基一样，由土坯砖垒砌的墙体分隔成若干小室，内藏各类擦擦及经书。

16.2.4 古格故城佛殿遗址

古格王国以象泉河流域为统治中心，鼎盛时期的疆域范围北抵日土，南至印度，西邻拉达克，东至冈底斯山麓，我们所说的“古格故城”，实际上是指古格王国都城的遗址（图 16–18），旧称札兰布，现称札布让，位于现札达县城西面约 18 公里的象泉河南岸。著名的古格故城便位于象泉河畔一座 300 多米高的土山上，山体的西面及西北面为断崖，崖下为干涸的河床，南面亦是土山，东面为开阔的坡地，坡地下生长着灌木，还有一条小溪汇入象泉河。

宿白先生的书中[14]描述了古格故城土山中部东南坡的一处佛殿遗址（图 16–19），佛殿坐西朝东，整体近似方形，为一圈小佛殿围绕中央庭院布局的形式（图 16–20）。据宿白先生所述，中央部分为庭院，但小佛殿的屋顶也已无存，笔者无法判定中央部分是庭院还是大殿。各殿堂顶全部塌陷，墙体部分倒塌，与宿白先生的描述相比，这个时期墙体的损坏程度更加严重，只能大致看出房间分隔。西侧正中位置的佛殿残留墙体比周围佛殿略高，突出其主体地位。壁画只余残留的颜色，难以分辨其主题及内容。佛殿外墙整体涂红色。

宿白先生认为该殿堂平面形式与印度的那烂陀寺、拉萨的大昭寺极为相似（图 16–21）。大昭寺在建立之初的平面形制，是周围一圈小殿围绕中间天井，因此，该佛殿很可能是对印度佛寺或者大昭寺的一种模仿，应属公元 10~11 世纪所建，这可能是古格故城中所建较早的佛殿遗存，随着古格的灭亡而荒废了。

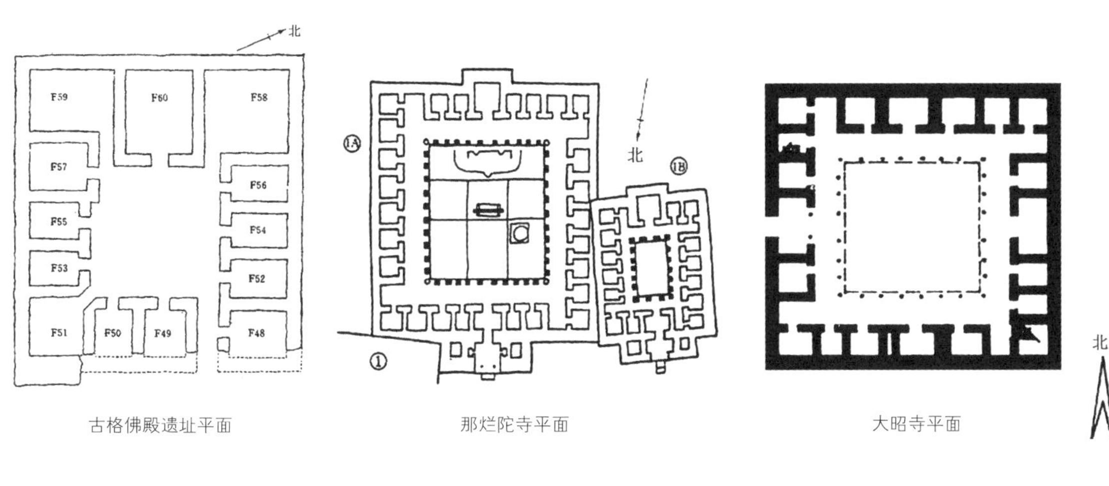

图 16-20 古格故城佛殿遗址平面图（左）
资料来源：《藏传佛教寺院考古》

图 16-21 那烂陀寺、大昭寺平面图（右）
资料来源：《藏传佛教寺院考古》

16.2.5 遗址建筑特点

上述四处宗教建筑遗址，是笔者在调研的基础上，并查阅了资料记载，整理得出的年代较早寺庙遗址实例。虽然已成废墟，但依然具有一定的研究价值，可以从中发现阿里地区后弘期早期，甚至可能更早时候的佛殿特点。

笔者将以上这些札达县宗教建筑遗址的选址分布、佛堂形制、建筑布局等进行了整理，如表 16-1 所示。

表 16-1 宗教建筑遗址特点

年代	寺庙名称		位置	数量	平面形状	朝向
公元 996 年	托林寺遗址	上部	象泉河南岸山顶	1	凸字形	东
		中部	象泉河南岸山腰	2	凸字形、正方形	东
		下部	象泉河南岸山脚	1	凸字形	东
公元 996 年	格林塘寺遗址		象泉河北岸坡地	2	凸字形、围绕小室	东
公元 996 年	玛那寺遗址		玛那河南岸山顶	3	凸字形、方形	东
公元 10~11 世纪	古格故城佛殿遗址		象泉河南岸山腰	13	方形、围绕小室	东

1. 遗址的分布

1）古格境内

如上文所述的宗教建筑遗迹均分布在阿里地区的札达县境内，即古格王国曾经的管辖范围。根据史籍的记载，古格的国王十分推崇佛教，积极倡导佛教，并花费重金从佛教圣地迎请高僧及建造的工匠，因此，笔者推测当时阿里地区的古格王国最先建造佛寺，并逐渐向周边扩散，印证了上文所述古格成为后弘期上路弘传的佛法中心。

2）河谷地带

平原、河谷地带水源充足，气候较为宜人，一直是农业比较发达、经济基础较好的地区，同时也是人口聚集的地带。在生活环境较恶劣的阿里札达县，象泉河流域的河谷地带更是修建城堡、村庄的首选。前文所述托林寺旧址、皮央寺旧址分布在象泉河的南、北两岸，玛那遗址分布在象泉河的支流南岸，可见，这些早期的佛殿均选择在札达县重要的象泉河河谷地带修建，有的位于河谷山体的山顶，有的位于山腰。在这样的地理位置上兴建寺庙，与当时的城堡、聚落接近，既靠近权力机构，又深入民众，有利于佛法的弘扬。

2. 佛殿平面形制

这些佛殿的规模较小，平面形制较简单，有“亚”字形、方形，亦有周边一圈小佛殿相围绕的形式，总体来说，以“凸”字形居多。一般中心佛殿为方形，凸出部分为主供佛像位置，或是一间佛殿。

由于这些宗教建筑的建造时期较早，当时佛教并未在西藏地区造成较大影响，可能没有数量众多

图 16–22 遗址墙体及土坯砖
图片来源：宗晓萌摄

的僧人及信徒，因此，其佛殿规模并不大。这些佛殿可能多用于供奉佛像等佛教用品，而且多为王室贵族等少数人服务。

这个时期的佛殿内部可能并未设置转经道，也有可能因为保存问题，并未在遗址中明显地显现出来。

3. 佛殿朝向

宗教建筑的方位及朝向，有的时候不仅仅是对日照、采光的追求，更是受到宗教影响。“东南亚宗教建筑的方位、朝向往往受到强烈的宗教影响，印度教、佛教主要建筑的方位和入口几乎毫无例外地选择东 – 西向，即入口在东边，圣殿在西边……印度佛教建筑一般都是东西向的。”[14]

前文所述宗教建筑遗迹大都选择了坐西朝东，笔者认为这样建造的一个原因是，可能受到了印度佛教建筑选址和朝向的影响。在藏传佛教上路弘传时期，阿里迎来许多印度佛教高僧，并派僧人前去印度学习，因此该时期的宗教建筑在一定程度上受到印度寺庙的影响。

4. 就地取材、土坯砖砌筑

众所周知，藏族建筑的材料主要为木材、石材及黏土三类。由于自然环境的限制，阿里札达县地区十分缺乏木材与石材，人们便依土林挖掘洞窟居住，利用当地的土质建立房屋。前文所述宗教建筑遗址的墙体及佛塔均为土坯砖砌筑，即将当地的黏土经过简单成型，后垒砌成墙体（图 16–22）。这反映出阿里人民对自然环境的利用及建筑的因地制宜，但由于其他材料的缺乏，只用土坯砖砌筑的建筑难以抵挡自然的侵蚀，如前文所述的宗教建筑遗址的保存状况并不好，令人担忧。

图 16–23 托林寺鸟瞰图
图片来源：汪永平摄

16.3 后弘期的大型佛教建筑实例

大部分藏学专家将公元 10 世纪至 15 世纪初格鲁派建立，这段时间跨度定为佛教在西藏发展的“后弘期”。如前文所述，阿里地区的古格王国大兴佛教，率先建立多座佛教寺庙，成为后弘期上路弘传的佛法中心，并迅速将佛法的影响向周边地区扩散。

在古格王朝的拉喇嘛 · 益西沃时期，阿里三围建有包括托林寺、科迦寺、塔波寺、玛那寺、皮央寺等最早的八座佛寺，上文所述宗教建筑遗址与这些寺庙有一定的联系。这些寺庙由于历史及环境影响，建于该时期的佛寺很难将其原貌保留至今，大都经历了多次重建和扩建，建筑带有不同时代的特性。因此，笔者在分析不同时间段所建宗教建筑的特点时，以各寺庙的各个佛殿为单位进行比较，而非整个寺庙。

16.3.1 托林寺

托林寺（图 16–23）是阿里地区著名的寺庙，建于公元996年，有阿里历史上“第一座佛教寺院”之称。虽然，该寺庙到底是否为阿里地区第一座佛教寺院，已很难考证，但是，这充分说明这座历史悠久的寺庙具有崇高的宗教地位。

“托林寺”藏语意为悬空寺或飞翔于空中的寺庙，许多佛教高僧都曾在这里著书传教、译经授徒，对佛教在阿里地区甚至整个藏族聚居区的发展起到了巨大的推动作用，对藏传佛教后弘期弘法的形成及发展做出了重要的贡献，1996 年，该寺庙被定为全国重点文物保护单位。

该寺位于札达县托林镇的西北部，属于札达盆地的土林地带，紧邻象泉河南岸的台地，高出河床约47米[16]。寺庙周边地势较平坦，与县城建筑结合在一起，距离上一章节所述的托林寺旧址的直线距离大约1.3公里，旧址位于山上，而现在的托林寺建在象泉河畔。

1. 历史沿革及其宗教地位

拉喇嘛·益西沃于公元10世纪末，即藏历火猴年（公元996年）创建了该寺庙。当时的托林寺没有如今的规模，初期的佛殿有两座——朗巴朗则拉康及色康佛殿。

根据文献记载，拉喇嘛·益西沃选派仁钦桑布在内的21名童子到印度学法，并迎请印度达摩波罗法师的弟子波罗松到阿里传授佛教戒律。仁钦桑布学成后返回托林寺，成为阿里著名的大译师，他在托林寺著书立说，还对前人的佛学典籍进行了多方面的修订，他修订后的密集称为“新密”。仁钦桑布还担任了托林寺的堪布多年，并逐渐扩大寺庙规模。

拉喇嘛·益西沃和仁钦桑布在托林寺所做的这一切，为“上路弘传”的兴盛打下了坚实的基础，也为藏传佛教在阿里地区的发展做出了极大的贡献。公元11世纪中叶，印度高僧阿底峡受邀来到托林寺传教布道，著有名作《菩提道灯论》及其他二十余种著作。阿底峡带动了西藏佛教的复兴，托林寺也因阿底峡的驻锡而逐渐成为当时藏族聚居区的藏传佛教中心，可见，该寺庙的宗教地位之高。

公元1076年，古格国王孜德在托林寺举行“火龙年大法会”，以纪念阿底峡大师去世二十二周年。这次大法会是藏传佛教“后弘期”以来，藏族聚居区各地佛学大师们的第一次大型集结法会。经过这样一系列的弘扬佛法的举措，古格成为藏传佛教“后弘期”的佛教中心，影响到西藏各个地区。

公元12—14世纪，噶举、萨迦派在阿里地区的势力较大，古格及托林寺都曾归萨迦派统治。

公元15世纪，宗喀巴大师的名徒弟——噶林·阿旺扎巴来到古格传播格鲁派。他来到托林寺传教、授课，于是托林寺成为格鲁派的寺庙。托林寺亦在这一时期得到扩建，杜康大殿、拉康嘎波便大约建立于该时期。第四世班禅大师罗桑曲杰坚赞，应末代古格王扎巴扎西之邀来到托林寺，大大提升了托林寺的宗教地位，成为格鲁派在西藏西部的一座重要寺庙。

公元17世纪30年代，拉达克国王使用武力征服了古格王国，劫掠了托林寺内众多的佛像、经书等价值连城的供物，损坏了塔林及殿堂内的壁画。托林寺在此劫难中遭受了很大程度的破坏。据说，在公元17世纪80年代，由于教派之争，拉达克军队再次侵占托林寺，抢劫寺庙财物。

公元18世纪中叶，七世达赖喇嘛格桑嘉措亲自任命自己的经师赤钦阿旺曲丹为托林寺的首位堪布或托林寺的首位赤巴，因为他属于色拉寺阿巴扎仓，此后，历任托林寺的堪布均由色拉寺阿巴扎仓派出，而托林寺成了色拉寺的属寺，慢慢形成了一整套的选拔及任用制度。赤钦阿旺曲丹在其任内维修了寺内的诸多佛塔。

公元1841年，道格拉王室在英国的支持下进攻阿里地区，托林寺再次遭到破坏。虽然次年藏军收复了失地，但阿里地区的多数寺庙破坏较严重，逐步走向了衰落。

公元1959年，西藏改革后，托林寺不再是属于色拉寺，而直接由阿里地区的札达县管理。“文革”时期，托林寺再次遭毁，朗巴朗则拉康及色康佛殿均毁于此时。20世纪80年代后，托林寺得到了国家和地方政府的重视，曾多次派专人维修和保护寺庙建筑，并且恢复了宗教活动。

2. 建筑及其布局

该寺整体位于象泉河南岸的一处较为平坦的台地上，寺庙顺应地形而建，东西长，南北窄，呈条形分布。“规模较大，包括朗巴朗则拉康、拉康嘎波、杜康等三座大殿，巴尔祖拉康、玛尼拉康、吐及拉康、乃举拉康、强巴拉康、贡康、却巴康等近十座中小殿，以及堪布（寺院住持）私邸、一般僧舍、经堂、大小佛塔、塔墙等建筑”[17]。托林寺的建筑主要由殿堂、僧舍区及土塔、塔墙区两个部分组成，殿堂、僧舍的布局较为集中，佛塔的布局散漫，占地面积大，“两部分共占地495万平方米，占了象泉河南岸台地的大半”[18]。

殿堂区域以最早建造的朗巴朗则拉康（迦萨殿）

图 16-24 塔墙
图片来源：汪永平摄

图 16-25a 迦萨殿入口
图片来源：宗晓萌摄

图 16-25b 迦萨殿北墙
图片来源：汪永平摄

为中心，在该殿外墙的四角建四座小塔（内四塔），在距离该殿较远的范围建四座大塔（外四塔）。经过历史的变迁，托林寺内的规模发生了变化。在朗巴朗则拉康及色康殿的周围又兴建了其他的佛殿，均分布在外围四塔的范围内。西北角的“涅槃塔”塌陷后，在其原位置处建造了两排各由 108 座小塔组成的塔墙（图 16-24），两排塔墙之间还分散建造了一些体量较大的土塔。

朗巴朗则拉康与周边殿堂之间形成了一个约 500 平方米大小的广场空地，是每年举行跳神、表演藏戏、讲经、辩经等大型活动的场所，寺内其他殿堂排列在迦萨殿东西向轴线的南北两侧。寺院内的建筑都在不同时期受到过程度不同的破坏，该寺庙于 1996 年被列为全国重点文物保护单位，国家多次派专家对其进行修缮。

1）朗巴朗则拉康（迦萨殿）

朗巴朗则拉康，意即遍知如来殿。该殿又称迦萨殿，迦萨在藏语中意为“一百”，因而迦萨殿意即百殿，可见其殿堂众多。该殿是托林寺中最早修建的佛殿，应是阿底峡抵达托林寺之前的建筑，其形制也最为独特（图 16-25）。

迦萨殿朝东偏北 40° 左右，其殿堂平面整体呈“亚”字形，即大型的曼陀罗（坛城）样式，由中心的 5 座佛殿、外围的 18 座[19]佛殿及 4 座塔共同组成。

中心佛殿主供遍知者如来佛，周围四个方位上的小佛殿分别供佛、度母、菩萨、罗汉等。包括大

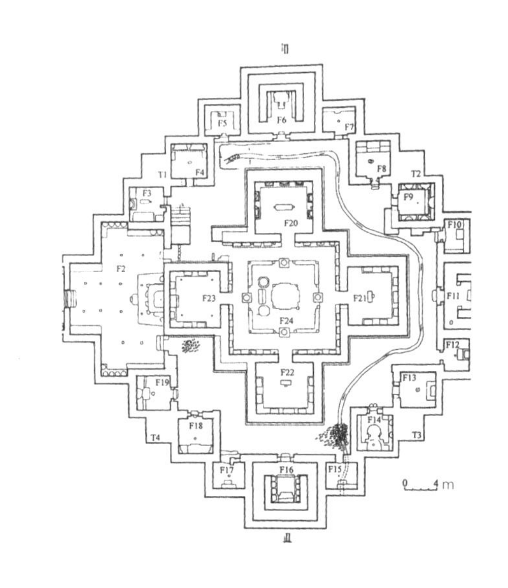

图 16-25c 门框木雕（左）
图片来源：宗晓萌摄
图 16-26 迦萨殿平面（右）
资料来源：《西藏阿里地区文物抢救保护工程报告》

日如来佛殿在内的中心五座佛殿组成小“亚”字形，外围由四大殿、十四小殿围合，其间形成一个大的转经道（图 16–26），转经道将外围的佛殿连接在一起，包括四角的塔楼在内与整组建筑形成一个整体。整组殿堂规模较大，总体东西长约 60 米、南北宽约 57 米。

据藏文史书记载，迦萨殿是仿照山南桑耶寺的平面布局形式而建的，建造者将桑耶寺建筑群体所表现的设计思想和内容组织在这一幢建筑中，中心

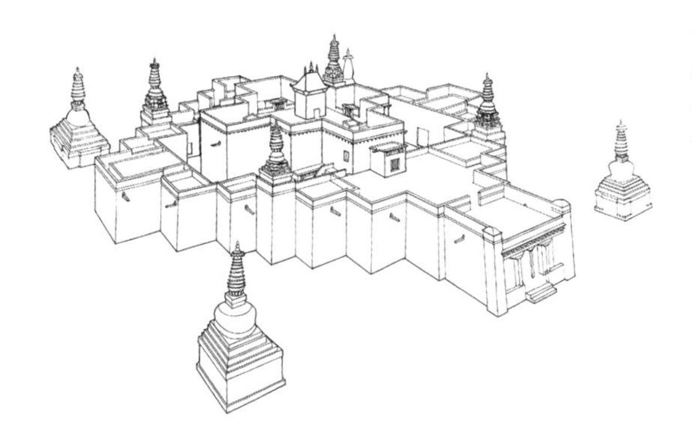

图 16–27 迦萨殿模型复原图
图片来源：《西藏阿里地区文物抢救保护工程报告》

表 16–2 迦萨殿各佛殿名称及考古发现基本情况[21]

佛殿序号	名称	佛殿规模（米 × 米）	出土建筑遗物
F1	天王殿	8 × 4	栈棍
F2	释迦殿	21.2 × 11.8	木柱础、残柱、天花板、托木
F3	护法神殿 / 大威德殿	4.4 × 4.4	残柱、木板
F4	阿扎惹殿	4.4 × 4.3	柱坑、木棍、边玛草
F5	吉祥光殿	4.3 × 3.9	石片、边玛草、门楣垫木
F6	药师佛殿	3.7 × 3.5	动物木雕残件、彩绘天花板
F7	观音殿	4.1 × 3.7	圆形柱洞、小木棍
F8	度母殿	4.4 × 4.3	残柱、小木棍
F9	五部佛殿	4.4 × 4.4	柱洞、门框
F10	吉祥天女殿	4.2 × 3.3	原屋顶残存木棍、干草
F11	弥勒佛殿	7.2 × 8.5	柱础、托木、天花板、石板、干草
F12	金刚持殿	4.2 × 3.3	柱础、天花板、石板、卵石
F13	佛母殿	4.7 × 4.4	方形柱础、天花板
F14	修习弥勒殿	4.5 × 4.4	柱础、天花板、石板
F15	宗喀巴殿	4.2 × 3.3	柱础、石板，门下设有出水暗道
F16	无量寿佛殿	8.4 × 7.4	托木、天花板、石板
F17	甘珠尔殿	4.1 × 3.3	方形柱洞、干草
F18	丹珠尔殿	4.4 × 4.4	圆形柱洞、木门槛
F19	文殊殿	4.3 × 4.1	石质柱础、彩绘天花板
F20	宝生佛殿	7.3 × 6.3	柱洞、托木、木板
F21	无量光佛殿	7.3 × 6.3	柱洞、木板、石板
F22	不空佛殿	7.2 × 6.3	柱洞、木板、石板
F23	不动佛殿	7.3 × 6.3	柱洞、木板、石板
F24	遍知大日如来殿	14 × 14	柱础（横向 4 排，每排 6 个）

的“亚”字形佛殿象征佛教世界中的须弥山，外围的佛殿象征四大部洲和八小部洲，“四角高耸的四小塔代表护法四天王”[20]，形成一个立体的曼陀罗，其总体布局比桑耶寺更加紧凑，给人以更深刻的印象和感染力。根据《西藏阿里地区文物抢救保护工程报告》中迦萨殿的模型复原图（图 16–27），外围佛殿空间较低，中心的五座佛殿空间较外围佛殿高，原内殿屋顶正中还有高出的庑殿式金顶一座，这是整座殿堂的至高点，是曼陀罗的中心，从外到内，空间逐渐升高，形成立体曼陀罗的空间序列感。

由表 16–2 可知，考古工作人员对迦萨殿的发掘结果多为柱础、天花板、托木等残件，该殿损毁较为严重，顶部已全部不存，塑像、壁画等损坏殆尽，至今已无大木构件的遗存，因此，难以分析其柱头、托木等样式。从该殿残存的门框等小木构件，可见当时雕刻的精美（图 6–28）。

笔者在寺内僧人的引导下，按照顺时针的方向调研了迦萨殿中心佛殿及外圈佛殿。位于迦萨殿十

图 16–28a 精美的托木构件
图片来源：汪永平摄

图 16–28b 精美的托木构件
图片来源：汪永平摄

图 16–29 金殿原始照片
资料来源：《西藏考古》

字轴线上的外围佛殿内部设置了室内转经道，中心佛殿与外圈佛殿之间亦形成转经道。这些佛殿分别供奉着各种佛、菩萨、度母等塑像，大多塑像只剩余头部、脚部或佛像基座、背光等，有的佛殿墙壁上依稀可以看到残留的壁画。

虽然朗巴朗则拉康是托林寺中建成最早的佛殿，“然因后世发展过程中出现的维修和重新装修，其 23 座殿堂的现存壁画中没有遗留与建筑始建年代同期的壁画作品……壁画的年代为 12 世纪或 13 世纪”[22]。

从考古发掘的遗存及资料可以得知，朗巴朗则拉康是西藏西部宗教建筑艺术的上乘之作。该佛殿建成以后，吸引着各地的香客前来朝拜。据说，公元 15 世纪，拉达克王扎巴德和次旺朗杰曾先后两次派人测绘该殿，按照其独特的样式，在拉达克境内兴建寺庙。其后，五世达赖喇嘛时期，拉萨来的画师将该殿作为独特完整的寺庙建筑蓝本绘入大昭寺中廊墙壁上，从而将其未经损毁时的原貌保留。

由于人为和自然原因的破坏，1997 年考古工作者在托林寺开展考古工作时，迦萨殿仅剩下残垣断壁。虽然整组殿堂顶部不存，塑像、壁画等损坏严重，但从各个佛殿残留的佛像基座及墙壁的贴塑背光上，仍可以想象到其当年辉煌的气势。

2）色康佛殿（金殿）

色康佛殿又名金殿，“因其殿堂内壁画全部用金汁绘制，故名‘色康’，意即金殿”[22]，可见其当年的华丽。佛殿位于现寺庙围墙的东北角处，距离迦萨殿约百米。据说，该殿与迦萨殿的建造年代一致，为托林寺内最早的建筑之一，并且由大译师仁钦桑布参与设计。

金殿坐西朝东，规模较小，由前后两个部分组成，现在我们看到的只有底层墙基和四周台地，据史籍记载，前部为“凸”字形单层殿堂，后部原为三重檐有回廊攒尖顶建筑，在杜齐先生的《西藏考古》图版中有其较为完整的形象，并称该殿为“托林寺始庙”（图 16–29）。据《历史宝典》介绍，“次殿（后殿）是三层楼，顶层供奉事部众佛，二层为无上瑜伽部众佛，以金汁绘于壁上。第五世达赖喇嘛修缮大昭寺的时候，将色康壁画按原样画于大昭寺中。大译师仁钦桑布晚年在色康闭门修行直至升上天界之美闻所传之地乃本殿也”。据说，清朝的皇帝也对该殿十分欣赏，在皇宫中仿色康佛殿建造了神殿。

前殿由门廊和方形殿身组成，门廊南北长约 8 米，东西宽约 1 米，殿身边长 8 米多，建筑面积达 88 平方米。殿身西墙有宽近 2 米的门洞，应该是通向后殿的后门。《西藏阿里地区文物抢救保护工程报告》中描述，殿内原有坛城，四周墙壁有壁画及佛像背光的遗迹。殿身内原有四柱，现存方形柱础，该殿出土文物中有双层十字托木构件 4 个以及彩绘的望板若干，可见该殿屋盖结构较讲究[23]。（图 16–30）

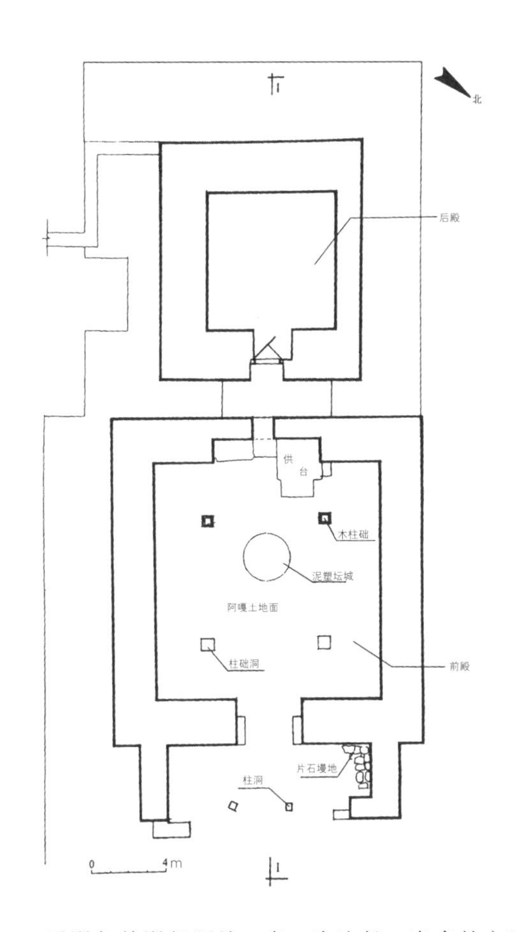

图 16-30 金殿平面图（左）
资料来源：《西藏阿里地区文物抢救保护工程报告》

图 16-31a 红殿入口
图片来源：汪永平摄

图 16-31b 红殿大门（左）
图片来源：汪永平摄
图 16-31c 红殿外观（右）
图片来源：汪永平摄

后殿与前殿相距约 1 米，为边长 3 米多的方形平面。从佛殿周边遗迹推测，后殿四周有一圈转经道，其地面与殿内同高，外围是一圈实墙。南、北、西三面墙上是圆形曼陀罗壁画，但“显然不是建筑最初同一时期的作品……大概在公元 1500 年左右或稍早”。[24]

有专家推测该殿为密宗神殿，有一种独特的佛教密续供奉的形式，应该是仁钦桑布大师的修炼之所，可能也是仁钦桑布与阿底峡尊者谈论佛法心得，并按照尊者所著《密咒幻境解说》修炼直至逝世的地方。

3）拉康玛波（杜康大殿 / 红殿 / 集会殿）

据史籍记载，公元 15 世纪中叶，古格国王罗桑绕丹资助过宗喀巴大师的弟子——噶林 · 阿旺扎巴。阿旺扎巴来到托林寺传教授课，弘扬格鲁派，托林寺在这个时期得到扩建，杜康大殿便是此时由古格的王后顿珠玛主持修建的。

杜康大殿在藏语中是僧众集会殿之意，因外墙涂满红色又称红殿（图 16-31）。该殿是现有托林寺建筑群中保存较为完整的一座，位于迦萨殿东面偏

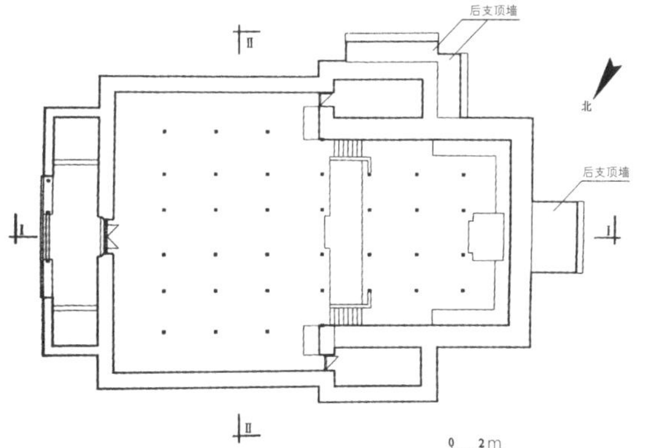

图 16-32 红殿平面图
资料来源：《西藏阿里地区文物抢救保护工程报告》

南约 50 余米处，坐西朝东，现与红殿相连的还有护法神殿、厨房及僧舍。整座红殿东西长约 35 米，南北宽约 21 米，建筑面积 588 平方米，规模仅次于迦萨殿（图 16-32）。

大殿由门廊和平面类似“凸”字形的殿堂组成，殿堂又可以分为经堂、佛堂两部分，佛堂左右两侧还有对称的两个耳室，这种平面布局形式与格鲁派寺庙拥有较大的经堂的特点相符合，所以也印证了该佛殿建成的时间在格鲁派兴起之后。

门廊共设三柱，其中南端的一根八角形的柱子，上承单层托木，采用近似镂空的雕刻，样式较为古

图 16-33 红殿天花
图片来源：汪永平摄

图 16-34 白殿外观
图片来源：宗晓萌摄

图 16-35a 白殿天花
图片来源：汪永平摄

图 16-35b 白殿壁画
图片来源：汪永平摄

朴，可能为寺内最早的托木形式。据藏文文献记载，殿内原供有高大的三世佛铜像及大译师仁钦桑布、莲花生、米拉日巴、宗喀巴等各派高僧的铜像或塑像，如今造像已毁。据说，殿内原供奉一座合金佛塔，内藏用金汁书写的佛经《八千颂》。

殿内壁画和彩绘天花板基本保存完好。天花板彩绘图案极具特色，一个主题图案往往横跨数个椽档，构图大气、华丽、饱满，色彩艳丽，大幅的几何纹、卷草、飞天、迦陵频伽、双狮等图案栩栩如生，这种望板彩画的布局形式在其他地方较罕见（图 16–33）。门廊壁画中的十六金刚舞女采用线条优美、色彩清淡的工笔画法，高雅脱俗，衣饰及绘画风格与汉地、于阗等地的手法极其相似。

4）拉康嘎波（白殿）

拉康嘎波因外墙涂满白色而又称白殿（图 16–34），位于杜康大殿东北约 125 米处。该殿门朝南偏西，平面由门廊和略呈“凸”字形的殿堂组成，南北长约 27 米，东西宽约 20 米，建筑面积达 555 平方米，是托林寺内的第三大殿堂。

至于该殿的建立时期，有以下资料可查“……此殿原奉有萨迦班智达塑像，壁画所绘祖师像中已有萨迦祖师像，且有宗喀巴像……萨迦高僧与格鲁高僧并重……又此殿柱头托木系双层式样……可推知托林寺嘎波拉康的时代当亦在 15 世纪。”[25]

门廊与殿身同宽，门廊两侧是现已封闭的两个耳室。殿门为木质门框，雕以三重花饰，殿门外有门罩装饰，由两道横枋和四座泥塑瓶状花柱组成，门罩整体呈淡蓝色，上绘白色或黄色的小花图案，笔者目前未在西藏其他建筑上见到过类似的门罩。殿堂内 42 柱，柱网呈矩形布置，面阔 7 间 6 柱，进深 8 间 7 柱，柱位有一定偏差，柱子截面方圆混杂，柱头上部均为双层托木，且托木正中雕有佛像。殿堂四周环绕着矩形的佛像基座，北墙正中凸出放置供奉释迦牟尼佛像的佛台，其他佛台上的佛像已毁，仅存墙上的背光。殿内望板及四周墙壁绘有精美的壁画，保存较好（图 16–35）。殿内为石板泥土铺地，而不是常用的阿嘎土地面，这种做法笔者目前未在西藏其他寺庙内见到。

5）其他建筑

（1）乃举拉康

乃举拉康位于迦萨殿与白殿之间，是体量较小的独立殿堂，殿内主要供奉罗汉像。

（2）玛尼拉康

玛尼拉康，殿内设有高大的转经筒。

在佛殿的周边还建有拉让楼及僧舍等建筑群。位于白殿西面的拉让楼，既是托林寺堪布的住处，也是寺庙曾经的管理机构，现已成废墟。

6）佛塔

如前文所述，托林寺的殿堂周边分布着大大小小的佛塔几百座，可见，佛塔是托林寺的重要组成部分。

（1）外四塔

这四座距离迦萨殿较远的佛塔，是与迦萨殿相同时期建造的，限定着寺庙的范围，与迦萨殿的内四塔遥相呼应，与迦萨殿形成了一个更大范围的立体曼陀罗。

①天降塔（拉波曲丹塔）

天降塔位于迦萨殿的东北位置，原址仅存须弥座式的塔基，平面为方形，后将塔瓶复原，塔基边长约 10 米，每面正中雕刻忍冬草一束。

②铜质灵塔（桑吉东丹塔）

铜质灵塔位于迦萨殿的东南位置，现仅存塔基，规模与天降塔相仿，塔基四角处雕刻忍冬草。塔基呈方形，边长约 12 米。

③花塔（曲丹查沃塔）

花塔位于迦萨殿的西南位置，是外四塔中保存最好的一座塔，塔基边长近 15 米，平面呈方形，塔基每面正中及转角位置均雕刻忍冬草。塔高约 15 米，是现存三座塔中体量最大的。塔身设“亚”字形坛城层级，在塔身的四面设有上窄下宽的 15 级天梯（图 16–36）。

④涅槃塔

涅槃塔位于迦萨殿的西北位置，该塔的位置最接近象泉河，随着象泉河河堤的垮塌，涅槃塔被河水冲走，无法得知其形式。

（2）内四塔

笔者梳理现有资料发现，目前学者们对于托林寺外四塔的定义没有争议，但是内四塔究竟是指位于迦萨殿外圈殿堂的四座塔，还是指迦萨殿外圈殿堂四角上的四座小塔，不同的资料有着不同的见解，笔者暂将迦萨殿殿堂外的四座佛塔定为内四塔。

内四塔位于迦萨殿外圈殿堂延长线交会的四角位置，塔身垮塌较严重，已无法辨识其种类。四座塔的体量均等，边长约 5 米。考古挖掘的结果显示，在内四塔中两座尚未垮塌的塔座中设有小塔室，内有壁画及擦擦。

（3）迦萨殿四角塔

迦萨殿外圈殿堂的四角还设有四座小塔，保存情况较好，可看出其中一座为天降塔，其余三座为吉祥多门塔（图 16–37）。四座塔的体量均等，边长近 4 米，塔高约 7 米。

（4）迦萨殿附近的土质菩提塔

迦萨殿东面有座土质的菩提塔，体量较大，据说，塔内安放着仁钦桑布的骨灰。

（5）外围土塔

如前文所述，在外四塔中的涅槃塔垮塌的方位，建立了数量众多的佛塔，形成“塔林”。这些塔位

图 16–36a 花塔原始照片（左）
图片来源：《西藏阿里地区文物抢救保护工程报告》
图 16–36b 花塔现状（右）
图片来源：汪永平摄

图 16–37a 吉祥多门塔（左）
图片来源：汪永平摄
图 16–37b 吉祥多门塔塔室内景（右）
图片来源：汪永平摄

图 16-38a 集中式外围土塔
图片来源：汪永平摄

图 16-38b 分散式外围土塔
图片来源：汪永平摄

于现在寺庙的围墙之外，紧挨象泉河南岸，这些塔的布局较分散。

笔者调研时发现，这组塔林中有两排各由 108 座小塔排列而成的“塔墙”，根据《西藏托林寺勘察报告》描述，这样的塔墙，藏语称为“却甸仁布”，意为长塔。据说每座小塔内均供奉着一颗大译师仁钦桑布用过的佛珠，经笔者现场测量得知，每座小塔边长近 2 米。《西藏托林寺勘察报告》还指出，这些小塔的内部藏有擦擦及经书。

一排塔墙与现在托林寺的围墙接近平行，一排与象泉河的河岸接近平行，有的是几座佛塔组成的集合（图 16-38a），《西藏托林寺勘察报告》中指出，不同组合形式代表着不同的曼陀罗样式；还有的是散落布置的（图 16-38b），但是，这些外围土塔的保存状况都不好，很多塔坍塌为一个土堆，只能推测出这里是佛塔的位置。

笔者总结了托林寺殿堂周边佛塔的情况，如表 16-3 所示。

表 16-3　托林寺佛塔

外四塔			
佛塔序号	名称	塔基规模（米 × 米）	雕刻图案
T1	天降塔	10 × 10	忍冬草
T2	铜质灵塔	12 × 12	忍冬草
T3	花塔	15 × 15	忍冬草、吉祥八宝
T4	涅槃塔	—	—
内四塔			
T5~8	—	5 × 5	—
迦萨殿四角塔			
F9~11	吉祥多门塔	4 × 4	未清晰辨识
F12	天降塔	4 × 4	未清晰辨识
塔墙			
—	—	4 × 4	—

3. 建筑构件及装饰艺术

托林寺这座有着上千年历史的阿里地区的古老寺庙，虽经历了改、扩建及自然、战争的破坏，但从其遗留的建筑构件等元素，可以看出还是保存了一些该地区早期寺庙建筑的特点。

1）托木形式

该寺庙的柱头托木规格较小，轮廓及雕刻较简洁，且多为双层，而梁端托木多为单层。依据各佛殿的不同尺度、不同的屋顶样式、不同的修建时间，托木样式仍存在着差异。考古学家在发掘迦萨殿时，在佛殿的范围内发现了分散的托木，均为双层托木，规格比其他佛殿的现存托木略大，雕刻较简单的忍冬纹图案。笔者调研时发现，迦萨殿的中心佛殿内堆放着许多零散木构件，其中有很大一部分属于柱头托木部分，其原有表面可能有彩绘，现只留木材本身的颜色。

金殿内发掘出的柱头托木亦为双层，且呈“十”字形，与其屋顶样式有关，上刻忍冬纹图案，样式较为考究（图 16–39）。

红殿与白殿的建造时间相近，其托木形式亦相似，规格略有不同，多雕刻忍冬纹，托木正中刻有方框，内浮雕花饰（图 16–40a）。白殿内有两枚双层梁端托木，上下层托木之间雕刻立狮图案（图 16–40b）。

2）佛像基座及背光

虽然迦萨殿损毁严重，但从其残存的佛像基座、塔座、背光等，可见该佛殿建立之初的精美及辉煌。

这些装饰呈现出了与其他殿堂不尽相同的艺术风格。遗址内的佛像基座立面雕刻精美，二狮对称立于矩形佛座正面两端，中间为立士，立士与二狮之间又用立柱相隔（图 16–41）。

该遗址内还可清晰见到莲花座，莲瓣宽大扁平，并非饱满的核仁状莲瓣。佛殿墙壁上还存有佛像的背光、头光，与前文所述托林寺旧址的遗址内发现的背光一样，均雕刻精美（图 16–42）。

笔者在迦萨殿的遗迹中亦发现有“腹肌隆起”的佛像残存（图 16–43），在许多佛塔内遗存的擦擦上，亦可见到该种表现形式的佛像。

在红殿门廊中由十六位金刚舞女组成的壁画尤为引人入胜。这组舞女姿态婀娜、身形丰腴、衣带飘舞、活灵活现，画面线条圆润流畅，表现力较强，而非颜色鲜艳的渲染，画面较为典雅，与佛殿内的壁画风格迥异，在西藏地区极为少见，是西藏寺庙壁画中的独特代表（图 16–44）。其表现手法与汉地的壁画相似，但舞女身上的细节又带有克什米尔的风格，例如下身着薄纱裙，丰乳细腰，佩戴耳环、颈环、手环、尖角形的头冠等配饰。

笔者将上文所述托林寺各佛殿的特点总结如表 16–4 所示。

图 16–39 金殿柱头托木（长约 1.2 米）
图片来源：《西藏阿里地区文物抢救保护工程报告》

图 16–40a 红殿柱头托木
图片来源：宗晓萌摄

图 16–40b 白殿柱头托木

图片来源：宗晓萌摄

图 16–41 佛像基座
图片来源：宗晓萌摄

图 16–42 佛像背光（左）
图片来源：宗晓萌摄
图 16–43 腹肌隆起的佛像（中）
图片来源：宗晓萌摄
图 16–44 金刚舞女（右）
资料来源：《托林寺》

表 16–4　托林寺各佛殿特点

佛殿名称	年代	平面形制	朝向	托木	壁画	背光	转经道
迦萨殿	公元 10 世纪	亚字形	东	单 / 双层	—	有	有
金殿		凸字形	东	双层十字	曼陀罗	有	有
红殿	公元 15 世纪中叶	凸字形	东	双层	金刚舞女	无	无
白殿	公元 15 世纪	凸字形	西南	双层	—	有	无

4. 属寺

托林寺下属二十五座属寺，遍布阿里地区，这些属寺分别属于萨迦派、竹巴噶举派及格鲁派。

萨迦派：喜谢寺、培旺寺、日布杰林寺、顶噶举、康色觉卧寺。

竹巴噶举派：穷龙寺、叶如寺、达巴扎什伦布寺、热贡寺、洞波扎西曲林寺、堆曲寺、玛那寺、罗康寺、多香寺、热底岗寺、曲色寺、噶日寺、努寺、萨让寺、培噶寺、布日寺、落寺。

格鲁派：色缔寺、贡普寺、苏毛如寺。

托林寺的下属寺庙数量很多，可见托林寺是阿里地区宗教地位很高的寺庙，在宗教方面具有很大的影响力。这些属寺由于时代、教派和自然环境等方面的差异，建筑结构与艺术风格也各不相同，在“文革”时期大多数被毁。近年来，在党和政府的关怀下，正由僧侣群众陆续恢复重建之中。

16.3.2　科迦寺

如前文所述，科迦寺亦是阿里地区的古老寺庙之一（图 16–45），与托林寺一样都建于公元 996 年。该寺在国内外享有很高的声誉。“科迦”，藏语是“赖于此地，扎根于此地”的意思。

图 16–45 科迦寺鸟瞰
图片来源：汪永平摄

该寺坐落于阿里地区普兰县城东南约 19 公里的科迦村，海拔约 3800 米，位于中国与尼泊尔的边境地区，是口岸通商和香客出入的必经之道。从尼泊尔、印度来阿里的僧人走到此地，在这里休息，便修建了科迦寺，而后围绕科迦寺建成了科迦村，这个说法体现了处于边境地区的科迦寺与尼泊尔、印度之间的渊源。

科迦村选址在孔雀河东岸，环境宜人，科迦寺亦依山傍水，因地制宜。整座寺庙殿宇巍峨，风景独特，十分迷人。由于科迦寺特殊的地理位置，对于促进西藏、尼泊尔、印度等地宗教文化的交流及传播起到了极其重要的推动作用。

1. 历史沿革及其宗教地位

《阿里地区普兰县科迦寺保护维修工程险情分析及维修设计》中记载的科迦寺的建寺时间更早，建于古象雄时代，属于苯教寺庙，曾供奉雍仲苯教创始人敦巴辛绕米沃齐的铜像，“文革”期间被毁。

据文物普查资料记载，现今科迦寺始建于公元 996 年，由大译师仁钦桑布按照拉喇嘛·益西沃的意愿而建。最初的寺庙规模主要有两座佛殿——嘎加拉康与觉康殿，据《西藏阿里地区文物抢救保护工程报告》记载，大译师仁钦桑布在嘎加拉康的周边又修建了桥居拉康、强巴拉康、桑吉拉康、护法殿及经书殿，使得科迦寺成为一座佛、法、僧俱全的寺庙。

公元 13 世纪的古格王赤扎西多布赞德增建了扎西孜拉康。公元 15 世纪，普兰王国的势力日渐强盛，前来科迦寺朝圣的香客及僧人络绎不绝，普兰王扎西德为科迦寺添加了三尊银质佛像，称为“科迦觉卧”，可与拉萨大昭寺内的释迦觉卧相提并论，名扬全藏。

1898 年，觉康殿遭遇火灾，由地方政府出资修复。

1938年，孔雀河河水上涨，寺庙受淹，佛像、壁画等受损严重。公元20世纪80年代后，政府出资对寺庙进行大规模维修。

科迦寺早期的教派为阿底峡的传承教派。公元13世纪初，直贡噶举派在普兰的神山圣湖越发活跃，普兰王便将科迦寺交付于直贡派的大师们，于是科迦寺该宗为直贡噶举派，而该寺成了直贡派在神山的重要活动中心。公元15世纪左右，普兰被木斯塘王[26]管辖。由于木斯塘王信奉萨迦教派，因此将科迦寺交由萨迦派经营，传承至今。

由于科迦寺地处中国与尼泊尔的边境地区，加之“科迦觉卧”的盛名，尼泊尔及印度的许多信徒来此朝圣，该寺成为不同地区宗教文化的汇集地。

2. 建筑及其布局

科迦寺的围墙入口朝东，院内现存两座旧殿堂——嘎加拉康和觉康殿，均为若干房间组成的复合二层多边形建筑。觉康殿入口朝北，嘎加拉康入口朝东。两殿呈“L”形布置，之间形成一个小广场，广场上有水井、经幢和香炉。嘎加拉康的南侧是近年才重建的玛尼拉康，为方形建筑，内有巨大的玛尼轮。嘎加拉康西侧紧邻科迦村与外界联系的主要道路，寺庙建筑四周保留有转经道，有的部分为暗道，从民居建筑的下部穿过。嘎加拉康（百柱殿），藏文“嘎加”即一百的意思，形容殿内用柱较多。该殿体量较大，包含大、小多座殿堂及僧侣生活用房（图16-46）。

从该殿堂的位置、朝向及体量上看，百柱殿应为科迦寺的主殿。据记载，百柱殿是科迦寺建造的第一座殿堂，现殿内遗存构件、壁画等尚能看出一些早期建筑的痕迹。但由于孔雀河河水上涨、战乱及“文革”等影响，该建筑遭遇过洪灾及火灾，经历过多次修建，现从殿内不同时代的托木便可看出，梁柱等木构件大都经后世替换。

该殿坐西朝东，平面呈多边“亚”字形，基本沿东西轴线对称，由于后期的维修及扩建，现其平面略有不对称之处（图16-47），形成在大殿周围环绕许多小佛殿的平面布局样式。

从该殿现状图来看，经过大门来到立有四根方

图16-46 百柱殿立面
图片来源：汪永平摄

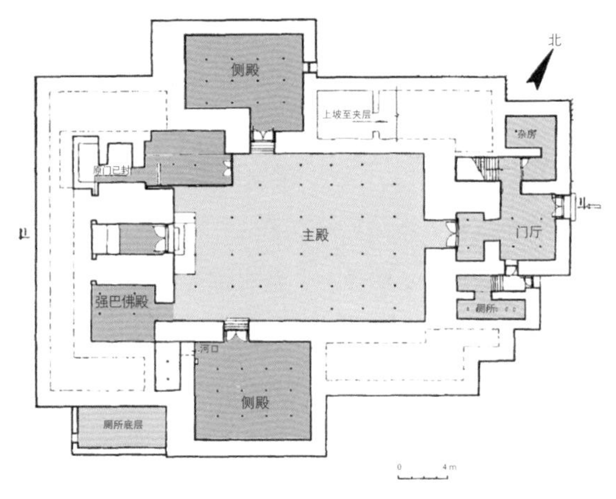

图16-47a 百柱殿一层平面图
资料来源：《西藏阿里地区文物抢救保护工程报告》

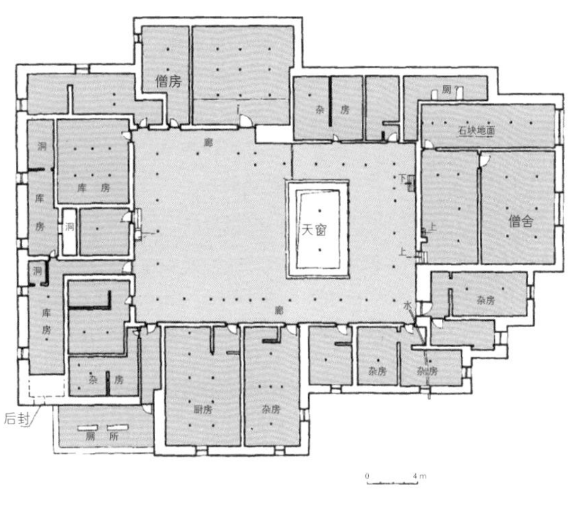

图16-47b 百柱殿二层平面图
资料来源：《西藏阿里地区文物抢救保护工程报告》

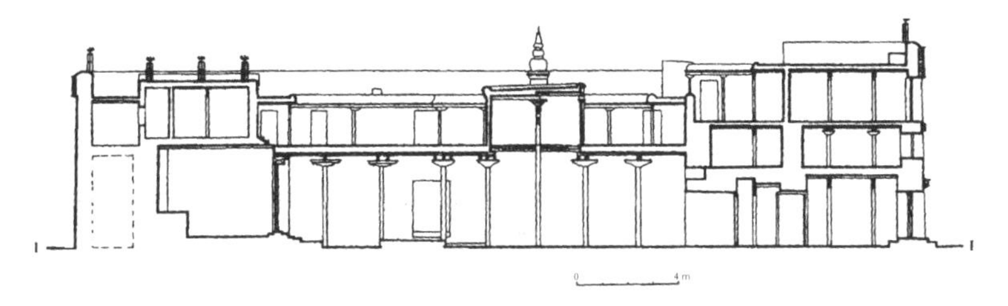

图16-47c 百柱殿纵剖面图
资料来源：《西藏阿里地区文物抢救保护工程报告》

柱的门厅，穿过西墙上的门洞，来到内部立有两根方柱的小门厅，两个门厅内的立柱在东西向上位置一致，并与主殿内的立柱一致，但从其柱身及托木

形式来看，像是后期加建或重修的。进入主殿的大门位于主殿东墙的正中位置，即轴线上，其门框、门楣均设多层雕刻装饰，有花草、鸟兽、佛像、佛龛建筑等各种题材，十分精美。

每层的大门门框及门楣均雕塑细致，有狮子或佛像等图案，反映着佛教典籍中的故事情节。门框两边对称地分隔自上而下的八个格子，每个格子中原本亦有雕刻，现已被损坏（图 16–48）。笔者推测，该门可能是百柱殿初建时的原物，可能是由来自印度、尼泊尔等地的工匠所建。

中央大殿东西向长近 20 米，南北向宽约 13 米，殿内原有立柱为方柱，后期加建的柱子有方有圆，柱头托木皆为单层，方向与梁垂直（图 16–49），这与一般殿堂做法不同。位于中央大殿东西轴线南侧的小殿堂为“桥居拉康”，其内部的托木摆放方向与中央大殿一致，且内部残存的壁画风格与古格、托林一带的寺庙较为相似。笔者在史籍记载的基础上，推测桥居拉康、中央大殿及大门可能属于百柱殿初始建筑。如图 16–47a 虚线部分墙体厚约 5 米，且为空心，笔者推测原为转经道，后期封闭。大殿二层与首层在建筑风格上相差甚远，应属不同时期建造。

图 16–48 门框雕刻细部（左）
图片来源：汪永平摄
图 16–49 百柱殿梁架（右）
图片来源：汪永平摄

1）觉康殿（释迦殿）

觉康殿又名释迦殿，它是僧众聚集诵经的场所，该殿由一条南北向的轴线贯穿廊院、门廊和主殿三个部分。根据《西藏阿里地区文物抢救保护工程报告》记载，该殿在公元 19 世纪遭遇火灾，木构件被烧殆尽。廊院由回廊及大殿的门廊共同围合而成，是 20 世纪 80 年代末增建的。廊院门两侧悬挑小斗拱，承载门上凸出的屋檐（图 16–50），这是卫藏地区的习惯做法，将于下文详述。回廊用方柱，柱上施简易的单层托木。廊内设有卡垫，供人们休息诵经（图 16–51）。

主殿平面呈多边“亚”字形，亦为“曼陀罗”样式，殿内经堂呈“凸”字形，殿身南北长约 30 米，东西宽约 20 米，殿门设于北墙正中，宽约 2 米。经堂南北长 25 米，立五排方柱，东西宽约 8 米，立两排方柱（图 16–52）。柱头略呈斗状，其托木体量较大，形式与阿里地区的早期托木不尽相同，立面基本平整，仅在托木的中部有盘肠、忍冬草等浅雕，其他处为彩画（图 16–53）。经堂南端最后两排柱子处地面略微升高，供奉“科迦觉卧”——三尊银质佛像，形成“佛堂”的空间，墙壁上绘制的壁画年代较早。该区域又设置“U”形内墙，与经堂的南墙间形成宽约 0.5 米的转经道，从其现状来看，可能原先亦没有壁画，转经道东西两边设小门，可进入夹层或小室。从入口到第四排柱子之间形成“经堂”的空间（图 16–54），地面为阿嘎土，内嵌松石。

该殿的立面檐部较有特色，阿嘎土墙帽下以片石出檐，片石与高 1.3 米的边玛草之间用两层方椽连接，边玛草下又接石板、檐椽，椽下用一圈方梁、

图 16–50 释迦殿大殿外观（左）
图片来源：汪永平摄
图 16–51 释迦殿廊院（右）
图片来源：汪永平摄

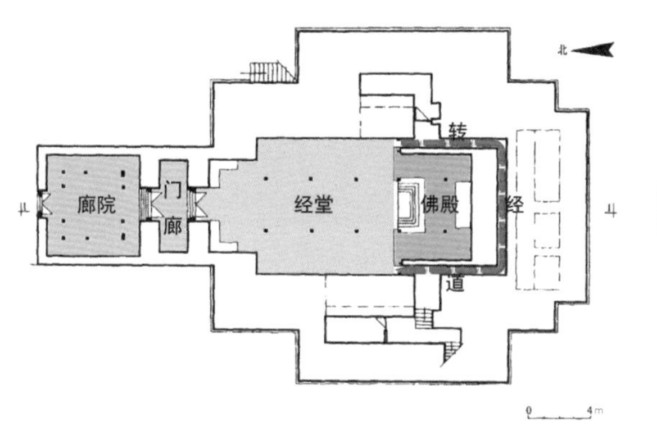

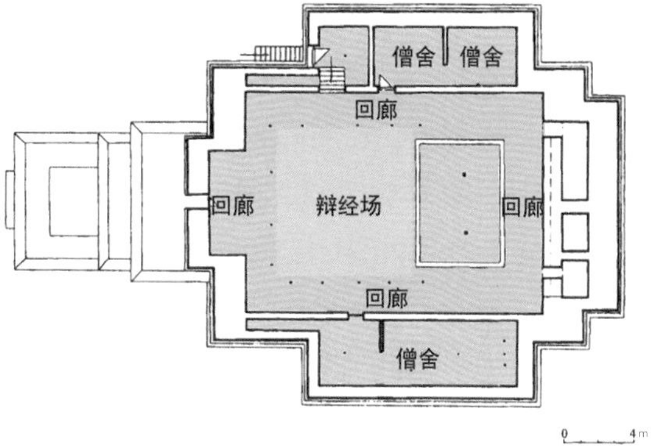

图 16-52a 释迦殿一层平面图（左）
资料来源：《西藏阿里地区文物抢救保护工程报告》
图 16-52b 二层平面图（右）
资料来源：《西藏阿里地区文物抢救保护工程报告》

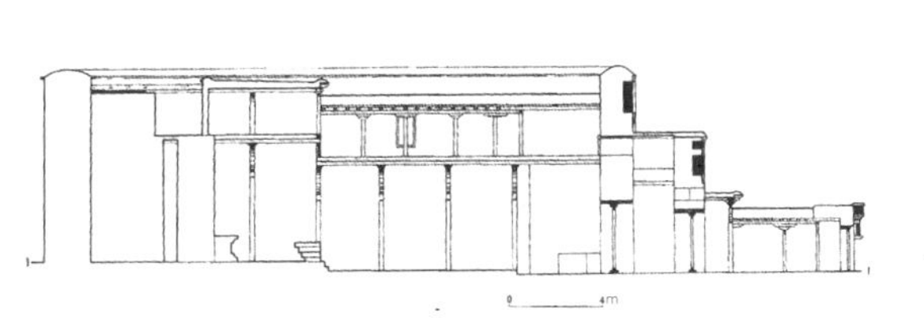

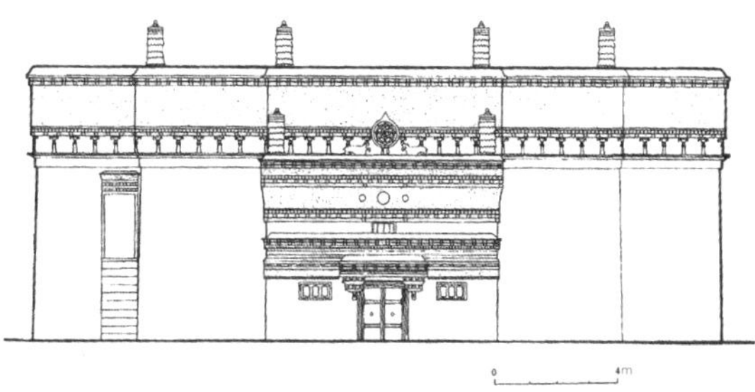

图 16-52c 释迦殿纵剖面图（左）
资料来源：《西藏阿里地区文物抢救保护工程报告》
图 16-52d 释迦殿正立面图（右）
资料来源：《西藏阿里地区文物抢救保护工程报告》

小托木及小短柱，像在檐口及墙体之间增加了一圈束腰。目前在西藏用这种方式修饰外墙的，仅见于科迦寺，其设计来源是否受到内地影响尚需进一步比较、考证。

根据《西藏阿里地区文物抢救保护工程报告》记载："觉康底层平面有多段厚达 3.5 米的墙体，这些厚墙体在平面上又是对称的……同时敲打墙壁可判断墙是空心的，有的部位有明显后期封堵的迹象。因此我们可以较肯定地推断，觉康底层平面内有一周环大殿殿身的转经道……"[27] 该种殿堂布局形式与百柱殿初期的布局形式相同，应属同时期的建筑。

图 16-53 释迦殿柱头托木
图片来源：汪永平摄

图 16-54 释迦殿佛殿室内
图片来源：汪永平摄

3. 建筑特点

科迦寺的建寺时间较早，经历过战争掠夺、自然灾害的侵害，以及宗教派别的改变，佛殿亦被重修过，其建筑形式亦发生过变化。

1）平面形制的演变

如前文所述，百柱殿与释迦殿为科迦寺最初兴建的佛殿，年代最为久远，从建筑现状来看，其平面形制、建筑规模及木构均经过替换或修复，笔者主要讨论建筑平面形制及柱头托木的演变。

百柱殿的门框雕刻精美、造型复杂，笔者推测其为较古老的门框，大殿及位于大殿西墙正中的桥居拉康的托木形式较为相似，因此，百柱殿最初的形制可能为包括桥居拉康、大殿的"凸"字形及门廊。随着寺庙规模的增加，佛殿增设了南、北两间耳室及西墙处的小佛殿，随后又在原建筑外墙外围增设外墙，形成了一圈转经道，并且加建了小佛殿。

觉康殿的南、北、东的墙体亦为空心，可能情况与百柱殿相似，是将原来的转经道封堵起来的。

最初大殿平面形制为矩形大殿与门廊组成的“凸”字形，后期亦在原有外墙之外增设墙体与小佛，形成转经道。

2）柱头托木样式

木材在西藏的阿里地区较为缺乏，木结构亦较难保存，经历过多次灾害的古老的科迦寺庙，其室内柱子及柱头托木大都被维修或替换过。由于材料的匮乏及寺庙的不同年代的实际情况等，造成了现寺庙佛殿内的柱子及托木样式不一，现将科迦寺内的柱头托木样式整理如下（如表 16–5 所示，根据照片自绘）。

表 16–5　科迦寺柱头托木样式

时期	托木样式		位置
早期	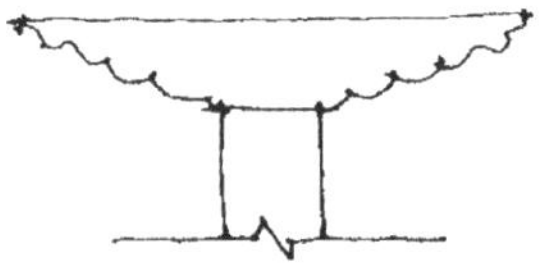	单层托木，无雕刻及彩绘	百柱殿
		单层托木，雕刻忍冬纹	百柱殿
		单层托木，中央雕刻“壶门”	百柱殿
	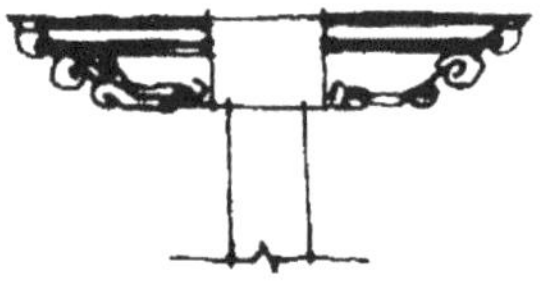	单层托木，底部卷涡形似如意	百柱殿
公元 11 世纪后		单层托木，中央刻桃形神龛	百柱殿 觉康殿
	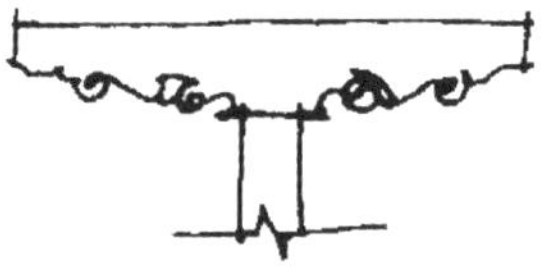	单层托木，无雕刻	百柱殿 觉康殿
		单层托木，由两部分拼成，轮廓较复杂	百柱殿 觉康殿

将科迦寺两座佛殿的基本情况整理如下（如表 16–6 所示）。

表 16–6　科迦寺佛殿特点

佛殿名称	年代	重修年代	平面形制演变	朝向	背光	转经道
百柱殿	公元 10 世纪	多次	凸字形—亚字形	东	无	有
释迦殿	公元 10 世纪	公元 19 世纪	凸字形—亚字形	北	无	有

16.3.3 古格故城

1. 历史沿革及其宗教地位

据相关史籍记载，古格王朝大约建立于公元10世纪中叶，公元17世纪灭亡。各类藏文文献记载的古格王国历史相互间有些许出入，本文主要以较翔实的《西藏王统记》为依据。

拉喇嘛·益西沃出家后，将古格国王之位让于哥哥——柯日。柯日继位后，继续弘扬佛法，并在克什米尔修建寺院。他的儿子拉德波在位时，从印度迎请高僧素巴希及梅如至古格讲经，他的孙子绛曲沃亦出家修行，人称拉喇嘛·绛曲沃。拉喇嘛·绛曲沃遵照拉喇嘛·益西沃的遗愿，于公元1042年携黄金前往印度迎请阿底峡大师至古格传法，之后的几位古格王也十分推崇佛教，在古格管辖境内修建了多处寺庙。

直至公元1624年8月，天主教徒安德拉德从印度教圣地翻越玛拉山口，来到古格王国都城札布让。此时的古格正处于藏传佛教的格鲁派取代噶举派的时期，而当时的古格国王——犀扎西巴德与格鲁派有矛盾，安德拉德便趁机取得了王室的支持，在札布让建立据点，传播天主教。古格国王应允传教士们在札布让建立教堂，并亲自为教堂奠基，国王与臣民之间的矛盾彻底激化。

公元1630年，拉达克派兵攻入并统治古格，古格的历史宣告完结。

公元1682年，五世达赖派兵驱逐拉达克军队，在阿里设立了五个宗。

该王朝在西藏历史上具有极其重要的意义，其都城遗址是遗留下来的当时规模最大的一处建筑群。

2. 建筑及其布局

该遗址是从公元10世纪至公元16世纪不断扩建而成的，是一座包含宫殿、佛殿、佛塔、碉楼、洞穴等多种建筑形式在内的古建筑群，东西宽约600米，南北长约1200米，占地总面积约720 000平方米。大部分建筑物集中在山体的东面，依山势而建，错落布局，星罗棋布（图16-55）。

据《古格故城》记载："……调查登记房屋遗迹445间、窑洞879孔、碉堡58座、暗道4条、各类佛塔28座、洞葬1处；新发现武器库1座、石锅库1座、大小粮仓11座、供佛洞窟4座、壁葬1处，木棺土葬1处……"[27] 规模庞大，十分壮观。加之其建筑材料取自周围土林的自然材料，古老的断壁残垣与山体浑然一体，整体感非常强烈[28]。（图16-56）

整组遗址按照选址的高低不同可大致分为上、中、下三层，依次为王宫、寺庙和民居，外围建有围墙及碉楼，等级分明、防御性强（图16-57）。王宫建在山顶，悬崖与防护墙使得王宫成为一个险要的堡垒，堡垒附近的山体内开挖了暗道，有的暗道通向山顶，有的暗道通向西面断崖下的河边，可供取水。山坡不同高度上建造的宗教建筑、佛塔及洞窟之间，通过曲折的道路相连通，层层设防，易守难攻。当年的古格国王如果没有选择投降的话，拉达克的军队很难在一夜之间将其攻破，这场战争还

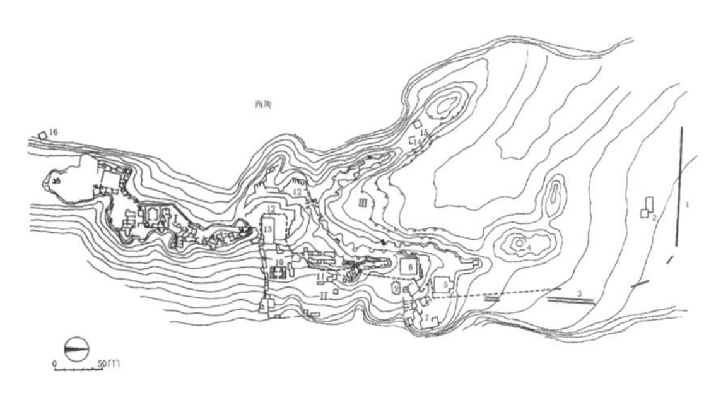
图16-55 古格故城平面图
资料来源：《古格故城》

图16-56 古格故城遗址
图片来源：汪永平摄

图16-57 古格故城遗址入口
图片来源：汪永平摄

有许多未解之谜有待进一步发掘。

笔者于 2010 年、2011 年先后两次调研古格故城，其遗址的基本状况是：山顶的王宫建筑毁坏严重，有的仅存墙基；山坡上的几座宗教建筑在文物部门的保护、维修下，保存情况较好，有山顶的坛城殿及山脚至山腰之间的白殿、红殿、大威德殿、度母殿。将于下文逐一阐述：

1）白殿（拉康嘎波）

如上文所述，白殿是藏语“拉康嘎波”的意译，因其墙壁涂满白色而得名。建在山脚处的一处平台上，坐北朝南，平面呈“凸”字形，面积约为 370 平方米（图 16-58）。殿内规整地布置着 36 根方形立柱，每根立柱高约 5 米、直径约 20 厘米，多为三至四截拼接而成（图 16-59）。柱头雕成束腰状，自上而下雕刻着重莲瓣、连珠纹、忍冬草。柱头上托轮廓略呈梯形的单层托木，正反两面均有雕刻图案，两面正中均为一长方框，框内雕一尊坐佛，有背光及头光，框两侧下部雕饰忍冬纹图案，以红、蓝两种颜色施以彩绘。托木上承东西向梁，梁上架南北向椽，梁端部与墙交接处施忍冬纹浮雕样式的托木，椽端部与北面墙体交接处施伏狮状的托木，其色彩亦多为红蓝色调（图 16-60）。

殿顶共设三处天窗，一处位于殿堂中部偏南，两处呈错落式位于北部佛堂上方，最北部的即高度最高的天窗顶部做成藻井式（图 16-61）。天花板上绘有花纹、龙兽、几何纹及佛像图案（图 16-62）。殿内四周的泥塑佛像已损毁，只余残存的佛像基座、小佛龛及背光。殿内尚存佛像基座十余个，有矩形、

图 16-58 白殿入口立面（左）
图片来源：宗晓萌摄

图 16-59 白殿室内（右）
图片来源：宗晓萌摄

图 16-60 白殿托木（左）
图片来源：汪永平摄

图 16-61 白殿藻井（右）
图片来源：汪永平摄

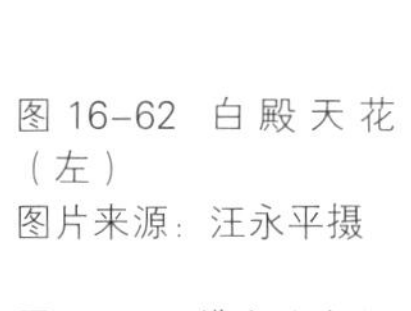

图 16-62 白殿天花（左）
图片来源：汪永平摄

图 16-63 佛座（右）
图片来源：汪永平摄

“凸”字形、多棱“凸”字形、圆形等等，其立面及侧边转角均饰有束腰忍冬纹、莲花等精美的图案（图 16-63）。

2）红殿（拉康玛波）

红殿是藏语“拉康玛波”的意译，因其墙壁涂满绛红色而得名。该殿建在一处比白殿高出 20 米左右的平坦台地上，平面近似方形，面阔约 22 米，进深约 19 米，坐西朝东。

现存殿堂入口为木雕大门，门框、门板上雕刻着梵文、人物、动物、花草等图案（图 16-64）。殿内有 30 根方形红色立柱，柱高近 5 米、直径约 22 厘米。

从现存实物来看，柱头及托木的样式、颜色与白殿的大致相同，所不同的是托木正中为梵文符号而非佛像（图 16-65）。南北向的梁端部与墙交接处施忍冬纹浮雕样式的托木，上面还刻有梵文字样。西墙正中处为天窗。殿内残存几尊泥塑佛像、佛像基座及背光，四周墙壁、望板上绘满了彩色图案，题材有花纹、几何图案及佛教故事。其中有的壁画反映了古格王城落成后的庆典仪式，还有的反映了迎接高僧、宾客的场景，能发现类似尼泊尔等地装扮的宾客，这些壁画为后人研究古格时期的历史提供了非常宝贵的资料（图 16-66a~d）。

图 16-64a 红殿木雕大门（左）
图片来源：汪永平摄
图 16-64b 木雕大门细部（中）
图片来源：汪永平摄
图 16-65 托木及望板彩绘（右）
图片来源：汪永平摄

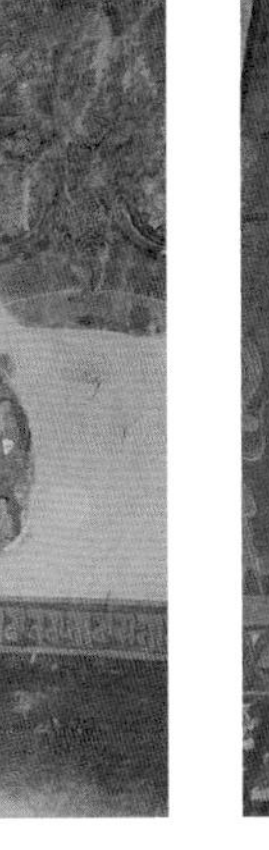

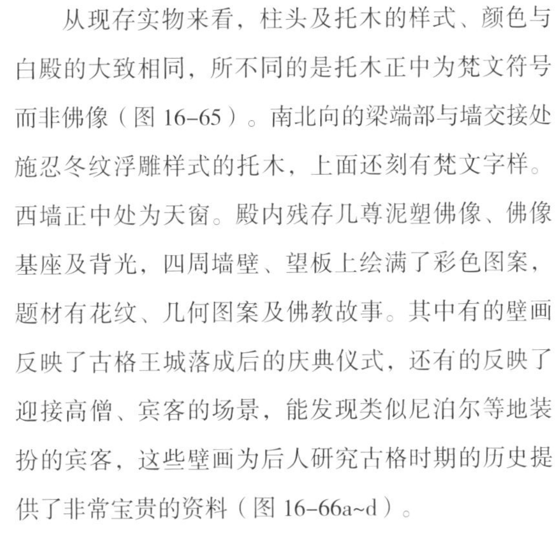

图 16-66a 壁画佛塔（左）
图片来源：汪永平摄
图 16-66b 壁画度母（右）
图片来源：汪永平摄

图 16-66c 壁画庆典活动（左）
图片来源：汪永平摄
图 16-66d 壁画讲经活动（右）
图片来源：汪永平摄

3）金科拉康（坛城殿）

金科拉康意为坛城殿，位于遗址山顶部，由呈正方形的殿堂及不规则三角形的门厅组成。根据相关资料记载，该门厅为后来加建的，内有两根圆柱，柱子及托木均无彩绘。柱上承双层托木，每层托木中央雕刻一个方框，内饰叶瓣纹图案。殿堂面积约 25 平方米，规模较小，坐西朝东。该殿木雕门框保存较好，饰有佛像、菩萨、动物及忍冬草图案（图 16–67）。殿内顶为藻井形式（图 6–68），底层由四根较大的方梁对接成正方形与墙壁交接，交接处施以狮形替木。据记载，该殿中并无立柱，现梁下的六边形柱子可能是后加的，柱头雕成束腰状，柱上承单层托木。殿堂中间为立体坛城，现已毁坏，周边散落一些泥塑及木构件。

望板及四周墙壁上绘有色彩鲜艳的壁画，主要是表达天堂、人间及地狱的情景，绘图上将各护法的大体量形象放于墙体正中位置，上下绘较小的佛像，排列整齐。

坛城殿的外檐有一圈梁头，木雕卷草、共命鸟和雪狮图案（图 16–69）。

4）杰吉拉康（大威德殿）

杰吉拉康意为大威德殿，距拉康玛波约 15 米。该殿堂为单层平顶藏式建筑，坐西朝东，其平面由呈“凸”字形的殿堂及矩形的门厅组成。

该门厅无柱，入口木雕大门保存较好，还可见其精美的雕刻图案，有迦陵频伽、忍冬草及力士（图 16–70）。

图 16–67 坛城殿门框木雕（左）
图片来源：汪永平摄
图 16–68 坛城殿藻井及天花（右）
图片来源：汪永平摄

图 16–69 外檐梁头雕刻
图片来源：汪永平摄

图 16–70 大威德殿大门
图片来源：宗晓萌摄

图 16–71 大威德殿室内
图片来源：宗晓萌摄

殿堂内有 8 根方形立柱，柱头呈束腰状，上承双层托木，每层托木正反面的中央雕一方框，内雕吉祥物，两侧为忍冬草，以红蓝色调为主，南北向的梁与墙体交接的部位施以忍冬草纹浮雕样式的替木（图 16–71）。在西墙凸出的部位放置主供佛，屋顶上部设置天窗，笔者调研的时候发现殿堂中部亦有高起的天窗，在《古格故城》的剖面图中并未发现，可能属于后期加建的。门厅及殿堂墙壁、望板均绘制精美的壁画。

5）卓玛拉康（度母殿）

卓玛拉康意为度母殿（图 16–72），距拉康嘎波约 20 米。该殿坐南朝北，平面呈正方形，开间及进深均接近 6 米，规模较小。

殿内规整地排列着 4 根方柱，柱头呈斗状，四周雕刻忍冬纹。柱头上承单层托木，正方两面正中均雕有一方框，框内为梵文图案，框周围是忍冬草。该殿横梁与墙体交接处并无托木，据文物局的工作人员介绍，该殿四周墙壁的壁画因长期受到烟熏已难以辨别，后经专业人士擦拭，才得以恢复原貌，壁画中出现了大译师仁钦桑布、阿底峡及宗喀巴大师的像，可见，该殿的建成时间应在公元 15 世纪以后（图 16–73）。

3. 修行洞窟

在古格故城的土山上，寺庙等建筑群依山而建，顺势而上，建筑群中还穿插着许多在山崖上开凿的洞窟，据文物普查人员统计，这座山上的洞窟有近千孔。这些与建筑紧密结合的洞窟有的是用于居住，有的是用于修行。这些洞窟的入口并不起眼，但是，进到内部会发现有些洞窟通过暗道与周边的洞窟连接在一起（图 16–74）。

16.3.4 玛那寺

距离古格故城东南约 17 公里处的河谷中分布着玛那遗址、玛那寺及村落，象泉河支流玛那河从东西向的河谷中流过，南北向为陡峭的断崖，宽约 2.5 公里。玛那寺建于河谷北岸平坦的地面上，海拔约 4100 米，与村庄连为一体。玛那遗址位于河谷南岸土林顶部，距离村庄约 1.2 公里，距玛那河垂直高度 200 余米，海拔约 4268 米（图 16–75）。

由前文叙述可知，该寺庙是阿旺扎巴所述的阿里早期八座佛寺之一，与托林寺、科迦寺的建造年代一致，为公元 10 世纪。但亦有文献记载，玛那寺由拉喇嘛 · 绛曲沃在公元 11 世纪左右修建，在“文革”时期遭受破坏，后村民在维修玛那寺时从该遗址取木材造成二次人为破坏。因此，笔者推断，该寺旧址与托林寺、皮央寺旧址的情况相同，建造于

图 16–72 度母殿立面
图片来源：曾庆璇摄

图 16–73 度母殿壁画
图片来源：汪永平摄

图 16–74 古格故城洞窟
图片来源：宗晓萌摄

图 16–75 远眺玛那寺与玛那村
图片来源：汪永平摄

图 16-76a 玛那寺及寺庙遗存
图片来源：汪永平摄
图 16-76b 玛那寺及寺庙遗存平面图
图片来源：宗晓萌绘

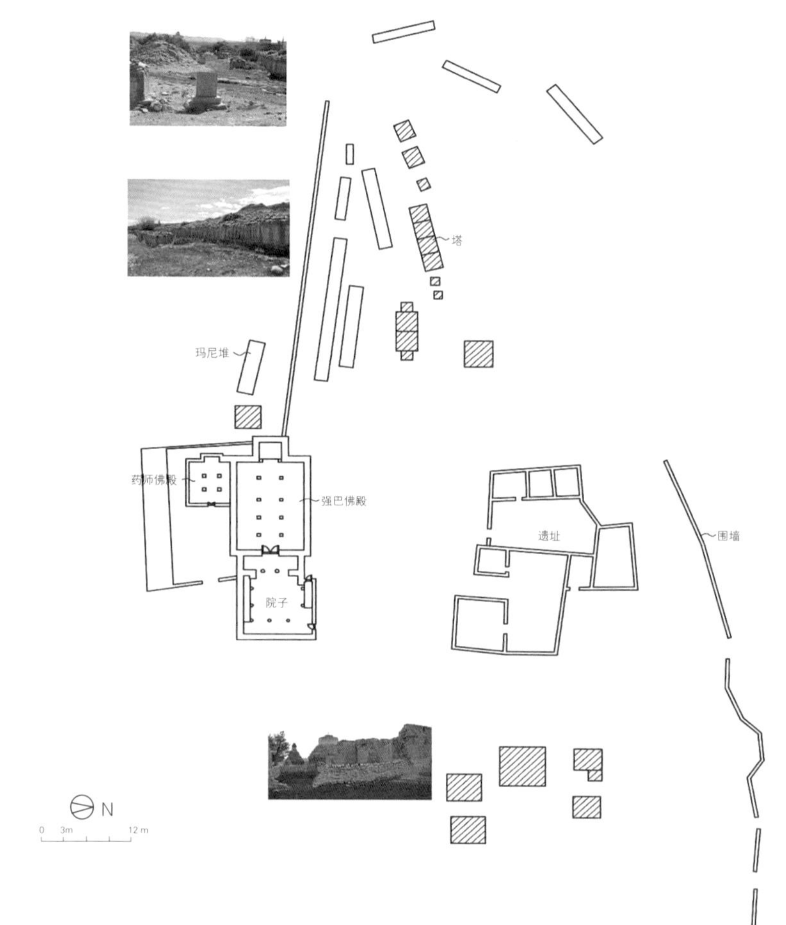

公元 10 世纪，后因历史、环境等种种原因，在旧址附近重建寺庙。

玛那寺位于玛那村中，与民居结合紧密，现存较完整的建筑是强巴佛殿与药师佛殿，佛殿周边遗存大小几十座佛塔及佛殿或僧房类建筑的遗址（图 16-76）。

1. 寺庙建筑

该寺庙现存两座佛殿为强巴佛殿及药师佛殿。强巴佛殿坐西朝东（图 16-77），殿前有门厅，立两根圆柱。门楣及门扇均刻有人物、动物等图案，门框下端刻一对立狮，面朝殿门，其雕刻方法及形制与古格故城中的拉康玛波（红殿）门框下所雕刻的立狮很相近。

殿堂平面呈“凸”字形，面阔两柱约 9 米，进深四柱约 13 米，西壁中间为向外凸出的佛龛，佛龛墙角处设有两根立柱（图 16-78）。殿堂内 10 根立柱均为方柱，柱上坐斗，斗上承单层托木（图 16-79），木板上施神祇、祥兽、花卉等图案（图 16-80a~e）。殿堂中央即第二排柱与第三排柱之间为一

图 16-77 强巴佛殿外立面
图片来源：宗晓萌摄

图 16-78 强巴佛塑像（左）
图片来源：汪永平摄
图 16-79 强巴佛殿柱头托木（右）
图片来源：汪永平摄

图 16-80a 强巴佛殿天花（左）
图片来源：汪永平摄
图 16-80b 强巴佛殿天花（右）
图片来源：汪永平摄

图 16-80c 天花局部大样一（左）
图片来源：汪永平摄
图 16-80d 天花局部大样二（中）
图片来源：汪永平摄
图 16-80e 天花局部大样三（右）
图片来源：汪永平摄

正方形天窗。殿堂内现存一幅早期壁画——大威德像，其余为后期所绘，可见不同时期风格与色彩的不同，区别较为明显。佛殿墙基为石块砌筑，墙体为土坯砖砌筑，厚约 1 米。

强巴佛殿南侧为药师佛殿，与强巴佛殿相连，坐西朝东，平面近似呈方形，边长约 6 米，面阔两柱，进深两柱，殿内墙壁绘有药师佛。

在保存较好的两座佛殿周边还分布着其他建筑墙体遗存（图 16-81），已无法辨识其原始功能，据当地村民所述，原玛那寺的规模较大，存留的建筑亦属于寺庙，有的是佛殿，有的是僧舍等附属建筑。这些建筑周边还分布着大大小小三十多座佛塔，有的只剩塔基部分，佛塔外围保留有断断续续的围墙，可能是寺庙原始的院墙。

2. 佛塔

玛那寺的大小佛塔分布在佛殿的周边，共有三十多座。从佛塔的现状来看，保存情况不好，大部分塔身已塌毁，有的只余塔基，露出内部擦擦等物。塔基均为方形平面，侧面转角处刻忍冬草（图 16-82）。从已毁的塔身来推测，玛那寺的佛塔中可

图 16-81 寺庙建筑及佛塔遗存
图片来源：汪永平摄

图 16-82 转角忍冬草雕刻
图片来源：汪永平摄

图 16-83 玛那寺周边洞穴
图片来源：汪永平摄

图 16-84a 札达县皮央洞窟建筑群（西向）
图片来源：汪永平摄

图 16-84b 札达县皮央洞窟建筑群（东向）
图片来源：汪永平摄

图 16-85 皮央·东嘎卫星图
图片来源：宗晓萌绘

能有天降塔、菩提塔等类型。

3. 寺庙与村庄

笔者认为，如果说玛那寺位于玛那村中，还不如说如今的玛那村庄散布在寺庙的佛殿与佛塔之间，是一种寺中有民居的布局。

由于玛那河谷两岸开凿有数量众多的洞窟，而洞窟就分布在寺庙附近（图 16-83），笔者推测，公元 10 世纪末，在象泉河的支流玛那河谷处建立了由寺庙、城堡及洞窟组成的聚集点，即前文所述的玛那遗址，后随着自然环境的改变及人口的增加，玛那遗址所处的土山已无法容纳该聚集点的人们。于是，在河谷的河岸边重建玛那寺，佛堂、佛塔、僧舍的数量增加了，寺庙的规模增大了。当时的阿里人由于建筑材料的缺乏、生活习惯等原因，居住在寺庙周边的河谷两岸的洞窟之中。逐渐地，演变成今天的玛那村及玛那寺相互融合在一起的布局形式。

16.3.5 皮央·东嘎

皮央·东嘎是一处集佛教石窟、佛寺、佛塔、墓葬、岩画、村落为一体的大型遗址（图 6-84），大约在 1992 年被考古学家发现并进行发掘。其中的遗迹大都分布在相距很近的皮央、东嘎两村，因而考古学家们将其命名为“皮央·东嘎遗址”。

据《皮央·东嘎遗址考古报告》记载，皮央·东嘎遗址的总面积约 2.8 平方公里，规模宏大。遗址分布在一条狭长的沟谷中（图 16-85），皮央村位于沟谷的西面，地势较低，主要由佛寺与窑洞共同组成；东嘎村位于沟谷的东面，地势较高，主要由佛寺、石窟、佛塔组成。

《古格普兰王国史》中提及，在古格王朝的益西沃时期，阿里三围建有最早的八座佛寺，其中便包括该遗址内的皮央寺，笔者推测该寺便是前文所述的格林塘寺——皮央旧寺。《古格普兰王国史》中的描述表明：皮央旧寺与象泉河南岸的托林寺、普兰县的科迦寺一样，是藏传佛教“后弘期”阿里地区所建的早期寺院之一，并且反映了皮央、东嘎一带在古格王朝时期，甚至更早的时候，已经成为象泉河北岸一个较为重要的佛教中心。

由于历史、环境等原因，该地区存在着数量众多的、珍贵的洞窟，有的是居住类的洞窟，有的是宗教类的洞窟。宗教类的洞窟内含有壁画、佛塔、佛像、擦擦等宗教物品，可以说是皮央·东嘎遗址中，甚至是阿里地区的宗教建筑中重要的佛教文化遗存，因此，下文主要讨论该遗址内的宗教类洞窟。

根据洞窟形制、洞内设施等，又可将该遗址的宗教类洞窟分为以下几种：

1. 礼佛窟

这类洞窟往往供奉佛像或设置佛塔，洞内壁上绘有壁画，是进行宗教活动的场所。这类洞窟在该遗址中最具特色，东嘎遗址中便有三座著名的礼佛洞窟（图 16–86），笔者于 2011 年再次来到这三座洞窟调研的时候，有幸得以对其内部拍照，获得珍贵的一手资料。这三座洞窟位于东嘎村西北 400 米处的山崖上，山崖呈东西走向，略呈 U 形，与村庄高差约百米，洞窟依崖壁开凿而成，均坐北朝南。

1）东嘎一号洞

根据先前考古工作者的定位，该洞位于三个洞窟中间，为单室洞，平面呈方形，开间与进深均为 6 米多，高为 5 米多（图 16–87）。顶部藻井多层套叠，底边为方形，内套连接各边中点形成小方形，层层套叠，形成多层次的藻井（图 16–88）。窟内未设佛龛。其内部壁画精美，以曼陀罗题材为主（图 16–89）。

其中北壁左侧为曼陀罗样式，“……很可能为后期密教无上瑜伽部曼陀罗……此种类的曼陀罗在西藏西部地区尚属首次发现，很有可能是一种形制较为古朴的曼陀罗图像”[29]。可见，该洞窟壁画具有很高的研究价值。

2）东嘎二号洞

该洞窟位于一号洞东侧，亦为单室方形洞窟，开间与进深均为 7 米多，高为 5 米多（图 16–90）。顶部为底边方形与多重同心圆套叠的藻井，中心部位为向上隆起的圆形窟顶，每层藻井与其四周的彩绘配合在一起，呈现出一种立体的曼陀罗样式（图 6–91），构思巧妙，十分美观。

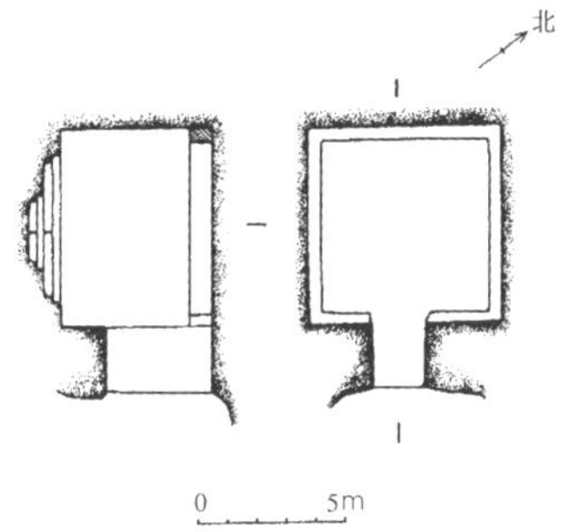

图 16–86 东嘎礼佛窟近景（左）
图片来源：宗晓萌摄
图 16–87 一号洞平面图、剖面图（右）
资料来源：《皮央·东嘎遗址考古报告》

图 16–88 一号洞藻井
图片来源：宗晓萌摄

图 16–89 一号洞北壁坛城壁画
图片来源：宗晓萌摄

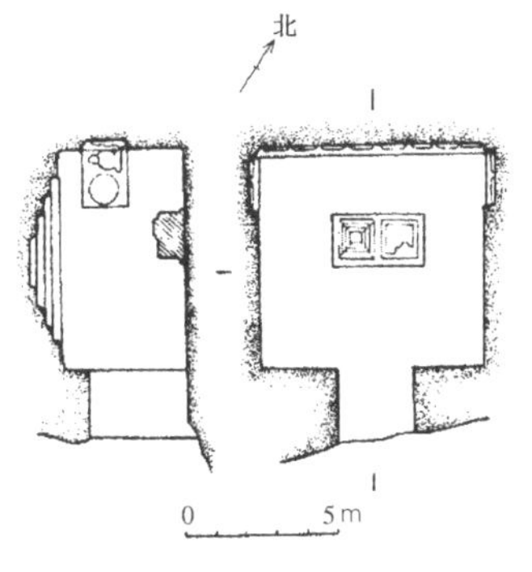

图 16–90 二号洞平面图、剖面图（左）
资料来源：《皮央·东嘎遗址考古报告》
图 16–91 二号洞藻井（右）
图片来源：宗晓萌摄

洞内的东、西、北三面设有连接在一起的矩形佛龛，从龛内仅存的残留佛像及部分头光、背光来看，北龛内原有塑像 8 尊，东、西佛龛内原有塑像两尊，现只余碎片。洞窟内还有残存的两座方形塔基，表明原来在窟内还建有佛塔供养。洞内的壁画以小佛像的形式表现，每尊小佛像均坐于独立的莲花座之上，有圆形的头光及背光，样式千姿百态，栩栩如生。

3）东嘎三号洞

该洞窟位于一号洞窟西侧，体量较小，进深 4 米、面阔约 3 米，平面近似呈方形，顶部略呈半球形穹顶（图 16–92），绘有曼陀罗图案，窟内壁画受损较严重，题材以女尊像为主（图 6–93）。

2. 灵塔窟

保存佛教高僧、活佛遗体的佛塔为“灵塔”，设置有灵塔的石窟便是灵塔窟。灵塔及灵塔窟既是一种佛教建筑，亦是一种丧葬场所。这种特殊的丧葬形式，在现今西藏寺院中仍然流行。皮央・东嘎作为古格王国一个重要的佛教中心，亦受到传统习俗的影响，在石窟群中设置了灵塔窟。

图 16–92 三号洞顶部
图片来源：宗晓萌摄

图 16–93 三号洞壁画
图片来源：宗晓萌摄

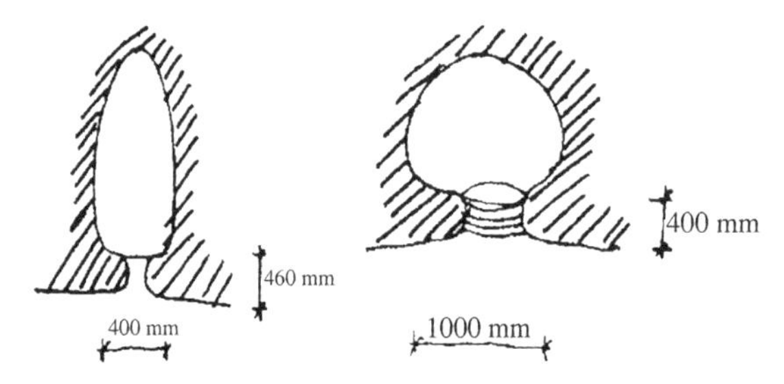

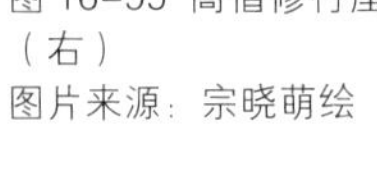
图 16–94 徒弟修行座（左）
图片来源：宗晓萌绘
图 16–95 高僧修行座（右）
图片来源：宗晓萌绘

据《皮央・东嘎遗址考古报告》记载，皮央遗址中有两处灵塔窟，可能是由僧侣居住或修行的洞窟改建的，现已封砌，笔者在调研的过程中未能进入。

3. 修行窟

该类洞窟主要供僧侣修行与起居，洞窟内设有僧侣修行禅座、摆放经书或擦擦的壁龛等。僧侣修行的洞窟与居住的洞窟联系密切，许多修行的洞窟与居住的洞窟是相连的，难以明确区分。洞窟内设有僧侣修行禅座、摆放经书或擦擦的壁龛等。修行禅座及壁龛一般在内壁上挖凿而成，形式较简单。笔者调研的札达附近的洞窟修行禅座一般有两种样式：一种座位较窄、背龛较高，往往成组设置，可能供年纪稍轻的僧人使用（图 16–94）；另一种座位较宽、背龛较矮，可能供高僧使用（图 16–95）。

这类洞窟在古格、皮央、东嘎遗址中所见较多，该类洞窟的构造根据其规模大小有单室和多室，平面有方形、长方形、圆形等几何形状，顶部多为平顶。

16.4 其他佛教建筑实例

藏传佛教后弘期时，阿里地区大规模弘扬佛教，兴建佛教建筑，除前一章节中提及的阿里地区最早的佛寺之外，还有许多史籍资料记载较少的、规模较小的、建造时间稍晚的，甚至有些尚未发掘的佛教建筑，同样为佛教在该地区的发展壮大作出了贡献，同样具有很高的研究价值。本章节主要阐述笔者在阿里地区调研时的发现，其中有些寺庙的建寺时间尚未明晰，供今后进一步的深入研究做参考。

1. 热布加林寺

热布加林寺位于札达县北面香孜乡热布加林河西岸的山上，海拔约 4200 米，为半农半牧区。据文物部门介绍，该寺始建于公元 11 世纪，由萨迦派支系俄尔的创始人俄尔钦・贡嘎桑布创建，因此属于萨迦派支系俄尔，但也有资料显示该寺为宁玛派，笔者较为赞同前者的说法，原因如下：萨迦、噶举两派在阿里的势力范围较广，其寺庙数量应较多；宁玛派的主要势力范围在拉萨河以南，与该地区相距较远。

现存寺庙建筑主要分为两个部分，分别位于山顶与山脚，经两个地点的海拔测量得知，山顶距地面近 50 米。

山顶处为遗址，山脚处为 20 世纪 80 年代在原址上重建的寺庙和佛塔。山顶上的建筑名叫朗扎拉康，现仅存墙体，坐北朝南。根据笔者实地测量，朗扎拉康由正殿、两个侧殿、门廊、门厅等部分组成，墙体均为土坯砖砌筑（图 16–96），表面未发现壁画痕迹，但根据当地人的叙述，该拉康原绘有壁画。正殿开间 7.5 米，面阔 4.5 米，面积约为 33 平方米，北墙正中有佛座的遗迹，但已不能辨识其形式，殿内还散落着少量的佛经残片。佛殿周边有围墙及碉堡遗迹（图 16–97），其布局形式与前文所述托林寺旧址相似，推测其建造年代不会太晚，应该与资料显示的公元 11 世纪相符。

山脚处的佛殿为“文革”后重建的（图 16–98），由正殿、门廊组成，正殿面阔两柱三间，进深三柱四间，面积约为 84 平方米。佛殿北面为两座新建的佛塔，但在其塔座底部发现的塔座雕刻图案相似，该图案既表明了该寺的建立时期，又证明了确实是在原址上重建的。

根据整个寺庙新、旧建筑的布局，笔者推测，公元 11 世纪左右，在山顶上首先建立了朗扎拉康以及山脚处的三座佛塔，后来在其周边进行扩建，出现了山体上、山脚处的其他几座大大小小的佛殿，“文革”期间，整个寺庙受到了较为严重的破坏，后便在山脚处重建了部分佛殿建筑。

2. 达巴扎什伦布寺

据说，“达巴”原是个有 4000 左右人口的小王国，属当时的古格王国管辖。“达巴”的藏语意为“箭头落地处”，这与其选址的传说故事有关。据说，在选择王国的修建地点时，达巴王向空中射出一箭，箭头落地之处生出莲花，是吉祥之兆，故决定在此处修筑王城。

据文物志记载，考古人员从该遗址处采集到大批铠甲、铁片等物品，形制与古格故城的遗物相同，故判断其与古格的年代相当，亦兴起于公元 10 世纪，

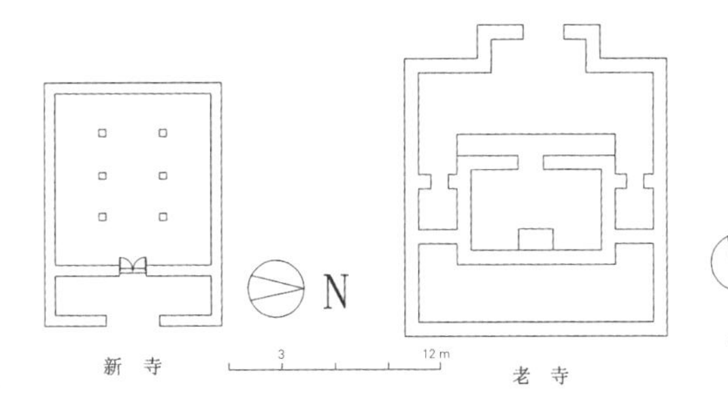

图 16–96 热布加林寺新、老建筑平面图
图片来源：宗晓萌绘

图 16–97 碉堡遗址（左）
图片来源：宗晓萌摄
图 16–98 新建佛殿（右）
图片来源：宗晓萌摄

灭亡于公元 17 世纪。

该遗址位于札达县达巴乡西北部的山脊上，南距古格故城遗址约 90 公里，山体的西北面为由东向西流的达巴河，遗址海拔约 4100 米。

遗址主要建筑遗迹分布在南北走向的两座山脊之上，笔者用 A、B 来区分，其间有山谷相隔。笔者利用有限的测量仪器，粗略地测出两座山脊相隔 200 余米，山脊相对高度约 70 米。遗址的分布范围较广，类型较多，主要包括城堡、寺庙、民居、碉堡、窑洞及防卫墙等，大部分房屋建筑遗迹分布在 A 山脊上，与之相对的 B 山脊上大多为民居类的窑洞。

1）A 山脊遗址

A 山脊顶部的遗迹主要包括城堡、佛殿、民居、碉楼、窑洞以及沿山体东西两侧修筑的防卫墙等，较低的山脊部亦依山修建有房屋，按分布情况大致分为四个组群。

防卫墙沿山势走向砌筑，总长度为 300 余米，由土坯砖砌建，高约 2 米，每隔 4 米左右在墙上开设一个射孔，形状略呈梯形，大小约 0.3 米 ×0.2 米。

A 山脊的东部，是一组寺庙建筑的遗址，目前为止并未发现有关该寺庙的历史沿革，但从其现场残存的门窗木构件可推断，该寺庙的始建年代应该比遗址中的其他建筑略晚（图 16–99），因此，笔者

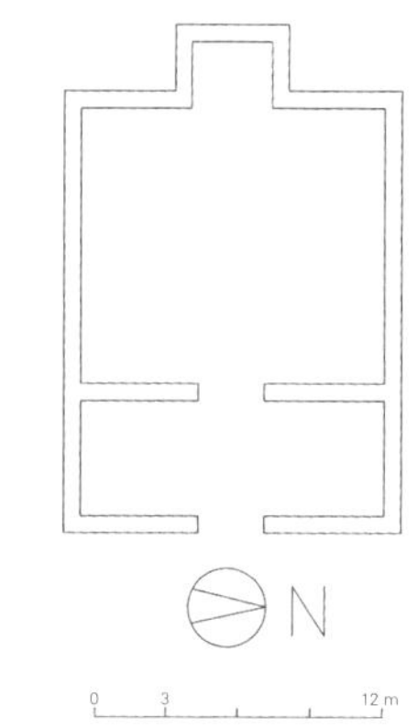

图 16-99 达巴寺庙遗址（左）
图片来源：宗晓萌摄
图 16-100 达巴寺庙平面图（右）
图片来源：宗晓萌绘

图 16-101 达巴新寺
图片来源：宗晓萌摄

推测该遗址很可能是达巴扎什伦布寺的旧址。据说，达巴扎什伦布寺在公元 13 世纪末由辛迪瓦大师创建，"文革"期间受到破坏，现属格鲁派，寺中堪布由拉萨色拉寺直接委派，三年轮换一次。

该寺庙遗址有大小十余间殿堂，平面形状有"凸"字形、"十"字折角形，以及方形、长方形等，其中最大的一处殿堂坐西朝东（图 16-100），墙体保存较好。由矩形门厅及"凸"字形正殿组成，经笔者现场测量，门厅与正殿开间均为 12.7 米，门厅进深 5.4 米，正殿进深 11.2 米，正殿西壁正中凸出一个供佛龛，墙体用土坯砌筑，基脚采用石砌。

在这组寺庙建筑遗迹中的一处小房间内发现了数量众多的、散落的木板，上面绘有较为古老的几何图案样式，笔者推测这些木板可能最初被用作佛殿的望板，图案样式对于辨别其年代具有很大的参考价值。这些图案的木板与笔者在古格大威德殿所拍的望板样式极为相似，这也印证了上文的说法，该遗址的年代与古格故城年代相近。

2）B 山脊遗址

B 山脊最高处有一座碉楼，由于山体滑坡较严重，笔者并未能到达 B 山脊的顶端，根据文物局工作人员叙述，该碉楼平面呈方形，基脚采用石砌，墙体采用土坯筑。B 山脊的南面山腰及山脚下窑洞群为民居窑洞，数量较多，分布比较密集，据笔者粗略估计，有 200 余孔。

3）达巴新寺

据札达县文物局介绍，达巴扎什伦布寺于"文革"期间受到破坏，后迁移至山脚下的达巴村旁，1992 年建成。

如今，该寺庙为两层藏式平顶屋建筑。佛殿平面呈长方形，殿门向南，进深一柱两间，面阔两柱三间，面积约为 28 平方米（图 16-101）。

3. 札布让寺——托林寺属寺

札布让寺同古格故城遗址一样，也分布在象泉河的南岸，分别位于象泉河支流的东、西坡地上，隔河相望。

据说该寺为托林寺属寺之一，但笔者并未查阅到有关寺庙名称、历史沿革等确切的文字资料。在宿白先生《藏传佛教寺院考古》的书中亦提到了该寺庙遗迹，称其为"札布让寺"，笔者亦暂时将该寺庙称为托林寺属寺——札布让寺。该遗址总平面接近长方形，由一圈房屋建筑遗迹与中间的佛堂、佛塔组成。位于中心位置的佛堂平面呈"凸"字形，由门廊、正殿、后殿组成，坐西朝东。经笔者现场测量，正殿呈长方形，开间约 8.4 米、进深约 12.2 米（图 16-102），入口在东墙正中。后殿入口开在正殿西墙正中位置，开间约 4.8 米、进深约 4.7 米，西墙正中有佛像背光、头光遗迹，地面上残存佛像基座。正殿及后殿墙体均为土坯砖砌筑，墙身涂红色（图 16-103）。

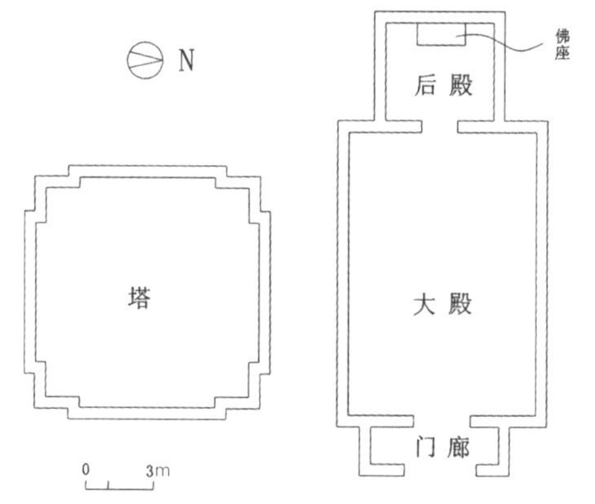

图 16-102 札布让寺佛殿及佛塔平面图
图片来源：宗晓萌绘

图 16-103 佛像基座
图片来源：宗晓萌摄

图 16–104 佛塔（左）
图片来源：宗晓萌摄
图 16–105 塔墙（右）
图片来源：宗晓萌摄

图 16–106 札布让寺遗址现状
图片来源：宗晓萌摄

图 16–107 玛央拉康位置图（左）
图片来源：底图截取自：中国分省系列地图册：西藏［M］. 北京：中国地图出版社，2016. 审图号 GS（2015）125 号
图 16–108 玛央拉康（右）
图片来源：宗晓萌摄

正殿的东部及北部还分布着门廊及其他房间，门廊开间约 6.7 米、进深约 1.6 米，门廊及其他小房间的墙体略薄，且已看不出是否涂红色，可能建造时期略晚（图 16–104）。

距离佛堂南墙约 3 米处为一座规模较大的佛塔，平面呈“亚”字形，边长约 10 米，塔身雕刻已毁，但从其形制上来看应属于吉祥多门式塔（图 16–104）。佛堂周边还有几座佛塔，但体量略小，且保存情况不佳，较难分辨其形制。在距离佛堂以北近 200 米的位置，有两排由佛塔排列而成的塔墙，每座佛塔之间排列紧密，规模大小一致，高度约 1.2 米。由于这些佛塔均为土塔，坍塌情况较严重，乍一看，更似一排低矮的围墙（图 16–105）。

佛堂周边靠近围墙的位置，还分布着一些建筑遗迹，笔者推测应为僧舍等寺庙的附属房间。形制较简单，多为矩形平面，规模比佛堂小。

从该寺遗址情况分析（图 16–106），该寺庙佛殿与前文所述宗教遗址的建造形式相似，也是使用土坯砖垒砌、夯制而成，所不同的是，该寺庙佛塔的尺度与佛殿相当，且距离佛殿很近，笔者推测该寺庙佛塔的地位较高，可能是以塔为中心的寺庙，或者塔与佛殿共同构成寺庙的中心。

4. 玛央拉康

玛央拉康位于札达县底雅乡玛央村（图 16–107），笔者调研时未得知该拉康的名字及历史资料，暂将其称为玛央拉康，属于噶举派。拉康位于村庄旁边，山谷地带，海拔不高，水源充足，村庄里房屋的布局错落有致，山泉水从山上流下，流过每家每户。玛央拉康位于村子附近，地势较为平坦。

玛央拉康朝西，规模较小（图 16–108），经堂外围有一院子，院子南面立有经幢及玛尼堆。

5. 贡不日寺（古宫寺）

贡不日寺，又称“古宫寺”，位于普兰县城马甲藏布河的北岸。寺庙依山势而建，凿洞建佛殿，用悬挑的木质平台连接各洞。寺庙高出河岸台地 30 余米，沿山坡另辟有阶梯及小路，可达僧人修行和生活的洞窟。

此寺之所以又称“古宫寺”，与一段古老传说有关。相传普兰的洛桑王子与仙女相恋于此，此宫亦为仙女的居所，是普兰县的重要历史名胜地之一。据普兰县文化局工作人员介绍，该寺是由别处搬迁而至，搬迁后距今亦有 600 多年的历史了，因此推算大约为公元 14—15 世纪，搬迁后山洞的壁画风格和题材与原寺庙保持一致。

该寺属于直贡噶举派，创寺人为直贡寺活佛拉嘛坚嘎、多增·郭雅岗巴，寺庙的住持由直贡寺直接派遣，每三至五年轮换一次。

古宫寺位于普兰县城边的山腰上，与县城隔河相望。寺庙位于山体的南侧，由西至东依次展开，依山势而建，错落有致，布局精巧，与山体结合紧密（图 16–109）。

图 16–109 古宫寺近景
图片来源：宗晓萌摄

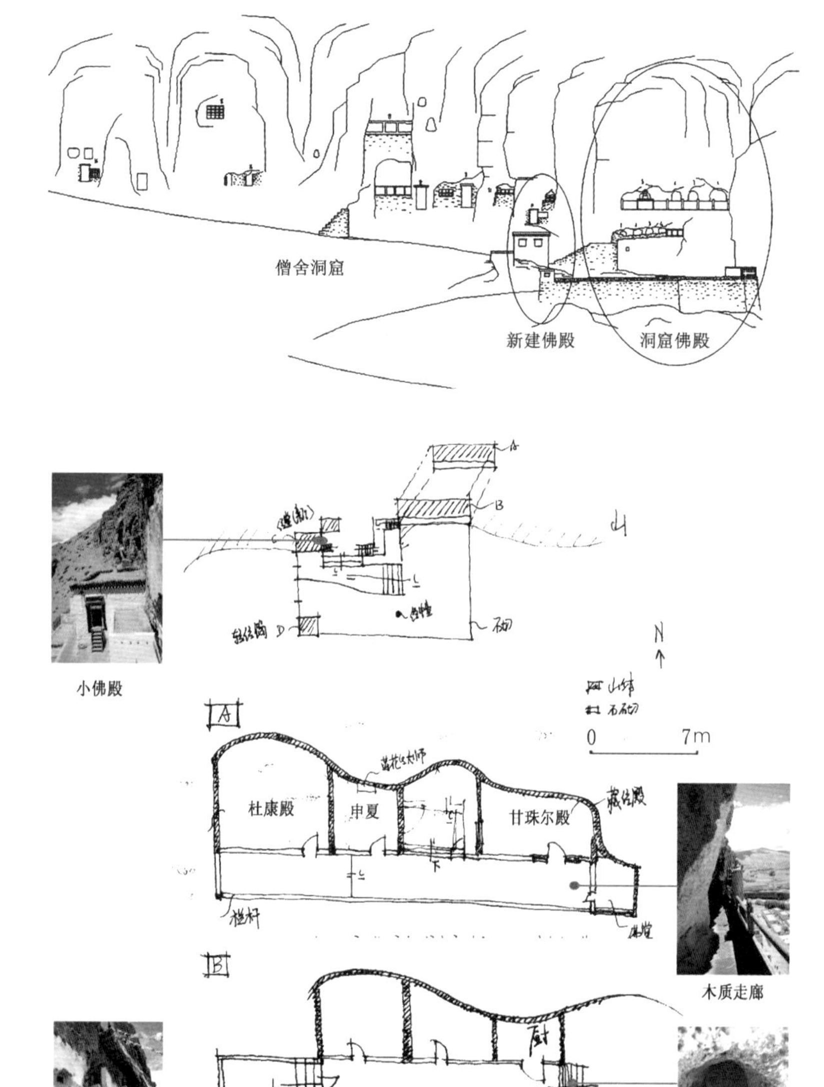

图 16–110 寺庙功能立面分析图
图片来源：宗晓萌绘

图 16–111 古宫寺平面分解图及各部位照片
图片来源：宗晓萌绘

从水平方向来看，寺庙大体可分为三个部分，最西面的洞窟是僧侣修行或生活用的，中间的部分是年代较新的小佛殿及转经筒殿，东面为寺庙的主体部分，即洞窟佛殿部分，亦是历史最久远的部分（图 16–110）。依着转经筒殿的位置，在面积不大的坡地平台上建造了寺庙的围墙及入口，笔者推测两者的年代可能是一致的。通过大门，进入寺庙范围，转经筒殿及小佛殿分列大门两侧，在大门与山体形成的三角形坡地上，树立着经幢。

从竖向上来看，洞窟佛殿与僧侣修行部分由山体开凿而成，高度较高。洞窟佛殿部分垂直地分为上下两层，由梯子相连，坡度较大。上层分布着杜康殿、甘珠尔拉康、住持卧室、“申夏”等佛殿，下层现为僧侣生活的辅助用房，转经筒殿的高度比洞窟均低，高差约 3 米。（图 16–111）

经笔者测量，寺庙主体部分的洞窟全长约 21 米，洞窟高度在 1.8~2 米左右，洞口外悬挑宽约 1.5 米的木质走廊，连接各个洞窟。杜康殿开间约 5 米、进深约 7 米、最高处约 2 米，为寺庙中规模较大的洞窟，平面较为规整，略呈矩形。洞内四壁皆绘制有壁画，保存情况较好。“申夏”紧邻杜康殿，开间与进深均为 4 米，略呈方形，内供莲花生大师像。甘珠尔拉康位于东面，平面呈矩形，开间约 7.2 米、进深约 4 米。小佛殿内饰均为新建，除杜康殿外，其余各洞窟均无壁画痕迹，洞窟内有厚重的烟炱痕。杜康殿内的壁画年代较古老，据说是寺庙建立之初所画，保存较好（图 16–112）。

6. 贤佩林寺、萨贡当曲林巴寺

在普兰县孔雀河西边，现今普兰县国际贸易市场附近达拉卡尔山的山顶，沿东西走向的山势分布着一处规模宏大的古老建筑遗址群（图 16–113）。

据阿里地区文物局工作人员介绍，该遗址的年代跨度较大，最早可以追溯到象雄时期，“最晚至 1959 年前仍有兴建”[30]，各个时代均在此处留有遗存，对于不同建筑遗址的断代，仍需考古工作者的进一步考证。遗址群整体保存情况较差，因雨水冲刷等原因，山体局部坍塌，对遗址造成严重破坏。

该遗址群中有寺庙建筑及宗堡建筑的遗址，整体沿山势呈东西向展开，高低错落，按照位置区域大致将其分为中部、西部和东部三大部分。中部是一座重新翻修的寺庙——贤佩林寺（或音译为香柏林寺）；西部是寺庙遗址群，其中一处规模较大的佛殿遗址亦属于一座萨迦派寺庙——萨贡当曲林巴寺[31]；东部是普兰宗堡及萨迦派其他宗教建筑群遗址（图 16-114）。

1）贤佩林寺

贤佩林寺“是 17 世纪末西藏和拉达克战争结束后……由蒙古大将甘丹才旺白桑布为了忏悔在战争中夺取诸多人命的罪过而建筑的”[31]，是普兰境内的第一座格鲁派寺庙。该寺是拉萨三大寺之一的哲蚌寺的一个属寺，在其属下还有楚古、古苏、卓萨、喜德林、哲达布日五座寺庙。自公元 17 世纪至今，寺庙建筑经历了数次的扩建、修复工程。现该寺庙大部分建筑只余遗址，杜康大殿及部分佛殿、僧舍为新近重建。

贤佩林寺的建筑群是遗址的主体部分，笔者调研时，寺内仅一位僧人，他向笔者展示了“文革”前该寺庙的旧照片及图画，可见其当时的风貌及其规模。

主殿杜康大殿（集会殿）为 2002 年后重新修建的，居于中心，坐北朝南，现面阔 4 柱 17 米、进深 5 柱 17 米（图 16-115），平面近似呈方形，由经堂及佛堂组成，其中经堂分布有 16 柱，从地上原有柱础来看有 24 柱（图 16-116）。前经堂后佛堂的布局方式为格鲁派寺庙的平面布局样式。门厅处立有两根十二棱柱，该柱式在西藏佛教建筑中出现的时间较晚，亦可表明该寺庙修建的年代。据记载，“在其里面所绘的壁画，独具特色，神态各异，肃容威仪，气势雄伟……”[31] 后壁画被毁，翻新后并未保留。

2）萨贡当曲林巴寺

同样位于山顶的还有萨贡当曲林巴寺，紧邻贤佩林寺的西墙约 30 米位置而立。据记载，该寺庙修建的年代略早，“建于 17 世纪初”[31]，属于萨迦派。

现虽为废墟，但仍可见其当初的规模。寺庙的顶部不存、殿墙残缺不全。从遗址现状来看，佛殿位于石块铺设的台基之上，佛殿的墙体局部由内、外两部分组成，笔者推测可能是设置了环绕大殿的转经道，佛殿外墙体可能为夯筑，内墙为土坯砖砌筑，两墙之间的转经道宽约 3 米。

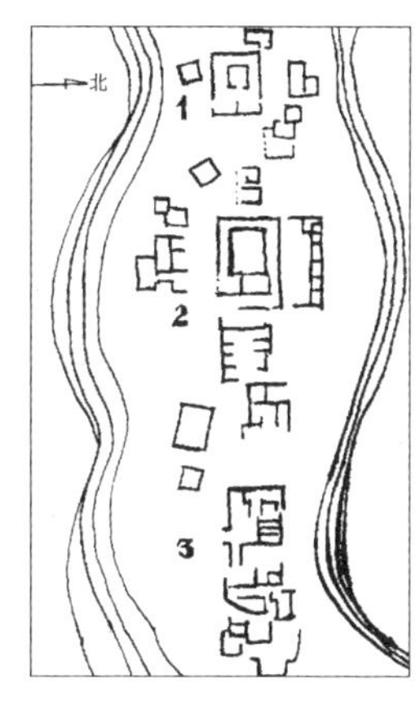

图 16-112 杜康殿壁画（左）
图片来源：宗晓萌摄
图 16-113 遗址分布示意图（右）
资料来源：《阿里地区文物志》

图 16-114 遗址群现状
图片来源：宗晓萌摄

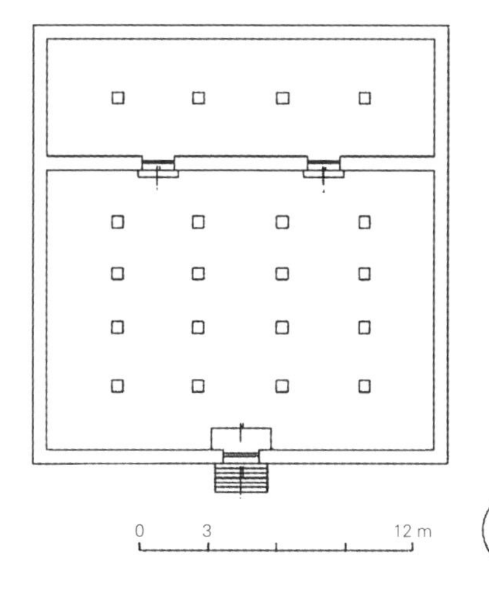

图 16-115 贤佩林寺庙平面图（左）
图片来源：宗晓萌绘
图 16-116 大殿墙体遗址（右）
图片来源：宗晓萌摄

大殿平面形状近似呈方形，边长约 9 米，壁画保存情况较差，内容已难以辨别，只能看到颜色的残留。大殿的周边还分布着其他殿堂及僧舍等建筑遗迹，但不确定是属于该寺庙，还是其他寺庙的部分。

3）其他寺庙（萨迦派）

据贤佩林寺的僧人介绍，山顶的遗址群东部为普兰宗政府及由各地兴建的寺庙废墟，这些寺庙均属于萨迦派，可见，当时萨迦派可能得到了普兰地区统治阶层的支持，在阿里地区的势力较强，且势力范围主要集中在该处。

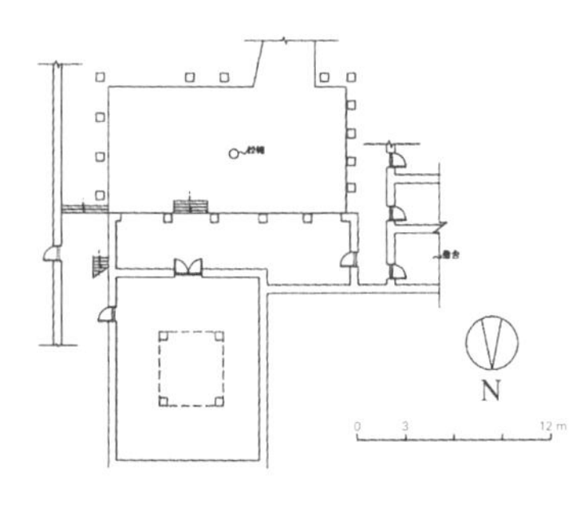

图 16-117 喜德林寺平面图（左）
图片来源：宗晓萌绘
图 16-118 内部壁画（右）
图片来源：宗晓萌摄

这些废墟由大大小小的殿堂构成，多为方形或矩形平面，形制较为规整、简洁。与贤佩林寺及萨贡当曲林巴寺相比，规模较小，大约在 10~20 平方米，其保存情况差，没有壁画及其他宗教遗迹可寻。

7. 喜德林寺

在普兰县境内距离贤佩林寺不远处的山顶上，还有一座寺庙——喜德林寺，它又称冈泽当宗寺，或拉德扎西贡寺，如是贤佩林寺的属寺。寺庙周边废墟亦为城堡。

据传，该寺庙的修建与贡不日寺一样，都与诺桑王子及其王妃有关。诺桑王子将寺庙所在的地界赐给了一个勇敢的渔夫，渔夫后裔平措旺布酋长修建了这座寺庙。据寺内僧人介绍，公元 15 世纪，该寺得到扩建，规模与现今相近，“文革”时期受到破坏，1989 年在原址重建，该寺与科迦寺一样属于萨迦派寺庙。

寺庙现由集会殿、护法殿、拉康及僧舍等构成，围合成院落（图 16–117）。集会殿是其主体建筑，一层为佛堂，二层为藏经阁。柱头托木为双层，且形式不一，与院内托木的形式亦不相同。

拉康位于喜德林寺院落外的东南角，相距 10 余米，平面近似呈正方形，边长约 6 米，其内部保留了部分原有壁画（图 16–118）。壁画中描绘的是萨迦派的祖师，还有戴红帽的僧人，笔者推测是宁玛派高僧，由于萨迦派与宁玛派素有渊源，在这座萨迦派的寺庙壁画中便共同表现了宁玛与萨迦的祖师。

8. 其吾寺

其吾寺位于普兰县巴嘎乡雄巴村桑多帮日山顶上（图 16–119），处于冈仁波齐峰的南面，拉昂错及玛旁雍错之间，距离神山、圣湖都很近，地理位置极佳。据记载，该寺由喇嘛加衮冈日瓦创建，莲花生大师曾在该寺院的东南处修行过。据记载，莲花生大师是在公元 8 世纪左右由赤松德赞从印度邀请入藏的，可见，莲花生大师可能是从印度经过此处到达西藏腹地的。笔者推测，莲花生大师初到此地时，尚无寺庙，便选择了在桑多帮日山上的山洞中修炼，此后，继续向东到达吐蕃弘法。那么，该寺庙的选址可能受到了莲花生大师修炼传说的影响，而其建造时间可能略晚。

该寺庙信奉噶举派，“文革”期间遭受严重破坏。1983 年至 2003 年之间在原基础上重建。现由主殿、拉康、修行洞、储藏室等组成。寺庙各部分建筑及修行洞均依山势而建，拾级而上，错落有致（图 16–120），整体建筑紧凑而富有变化。寺院大门朝西，进入寺庙院门后，是一个较规整的院落，周围布置的是僧舍及修行洞，顺着阶梯而上，来到了主殿处，该层高度错落变化。主殿平面形制呈“L”形，坐南朝北，开间约 6 米，进深约 10 米。

沿着寺庙内的台阶而上，一直可达遍插经幡的山顶。

修行洞的洞窟在寺庙东南面的半山腰上，据说，洞窟内有矿石及莲花生大师的脚印。

9. 嘎甸拉康

嘎甸拉康位于普兰县仁贡乡嘎东村的孜拉山山

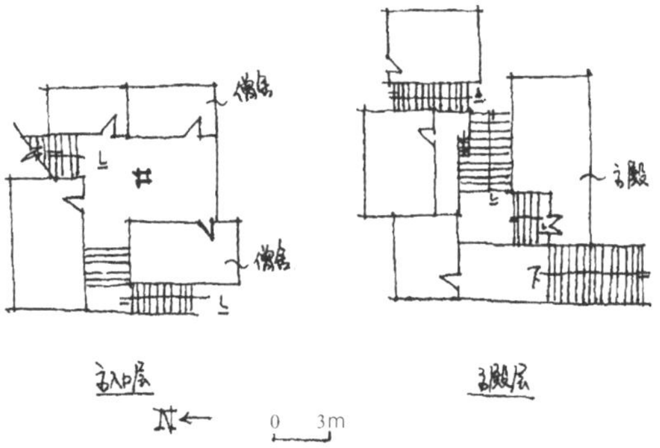

图 16–119 其吾寺平面图（左）
图片来源：宗晓萌绘
图 16–120 其吾寺山顶（右）
图片来源：宗晓萌摄

顶，距离普兰县城约 30 公里，距离孔雀河源头约 15 公里。笔者查阅了相关资料，并未发现对该拉康始建年代的确切记载，据村子里的老年人介绍，该拉康建立的年代比科迦寺要早。

据阿里地区文物普查队介绍，该拉康在公元 17 世纪末由嘎丹次旺改宗为格鲁派，公元 20 世纪初该拉康又改宗为宁玛派，“文革”期间遭受破坏，1994 年在原址重修。

嘎甸拉康布局分散，现多处为建筑废墟（图 16-121），拉康坐北朝南，平面呈方形，边长约 9 米，开间与进深方向均为 2 柱（图 16-122）。殿内柱头承单层托木，下缘为卷涡轮样式，年代较久远，其余均为新建。

拉康周边还分散布置着其他附属建筑，有一座类似塔的建筑，其形式与古如江寺的塔较为相似（图 16-123）。在周边遗址残存的地基上看到了绿色的琉璃类的砖。

山体上分布着窑洞，据当地人叙述，该山以前有 4 个出入口，4 处均建有碉堡，村里原有 6 户人家，均居住在山上的窑洞内，后由于战争原因，只幸存 1 户，山洞也大都被毁。现村子内有 34 户人家，居住在国家安居工程建设的新民居内，分布在山脚的东面及南面（图 16-124）。

10. 扎西岗寺

扎西岗寺位于噶尔县扎西岗村，属于狮泉河流域范围，狮泉河经由此地流入印度境内，成为印度河的上游。这里距离狮泉河镇仅 50 多公里，距离克什米尔边境仅百余公里。扎西岗寺依地势建造在一座小山丘上，高低错落有致（图 16-125）。

据《阿里地区文物志》记载，扎西岗寺的创建人为达格章，原系拉达克赫米尔（Hemis）寺系统，公元 15 世纪后改宗为格鲁派[32]。但笔者对此说法存疑惑，根据资料显示，Hemis 寺建于公元 17 世纪，与上文所述的时间衔接上似有问题。《阿里史话》中关于该寺的建立时间意见不同，认为该寺建立于公元 16 世纪末，由竹巴噶举派高僧达仓大师选择了从阿里通往拉达克、巴尔蒂斯坦等地的交通枢纽——典角地方而建[33]，该说法与笔者调研的结果相近。

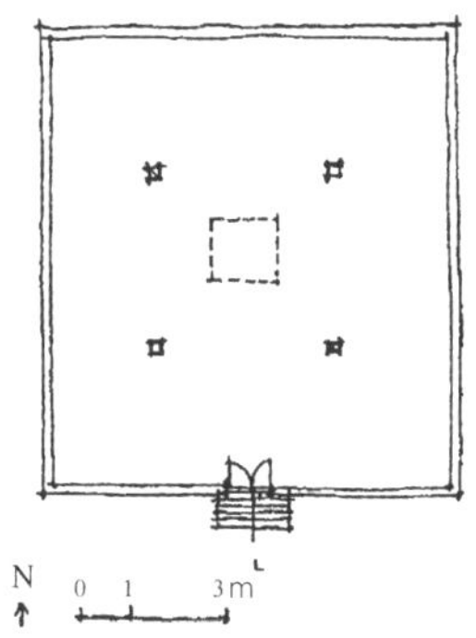

图 16-121 嘎甸拉康（左）
图片来源：宗晓萌摄
图 16-122 嘎甸拉康平面图（右）
图片来源：宗晓萌绘

据说，达仓大师在建造这座寺庙时，特意从拉达克请来大批的工匠和画师，并运来所需的木料，花费数年时间，最终建成这座雄伟壮观的寺庙。随后，“大师还从拉达克的 Hemis 寺请来十三名僧人”[33]，在此进行佛事活动。据说，Hemis 寺是达仓大师的冬季居住地，而扎西岗寺是大师夏天避暑的胜地。这两座寺庙的建筑形式、风格样式都非常相像，但各自隶属的管辖范围不同，只在宗教方面有一定的关系。

公元 17 世纪 30 年代，拉达克的势力愈加强大，凭借武力占领了古格，直至 17 世纪 80 年代初，控制古格领地达 50 年之久。在此期间，扎西岗寺完全成了 Hemis 寺的下属寺庙。公元 1883 年，由甘丹颇章政权派出的藏蒙军队将拉达克敌军击退，成功收复了扎西岗寺。

自甘丹颇章政权在阿里地区建立噶尔本政府以

图 16-123 塔（左）
图片来源：宗晓萌摄
图 16-124 山脚民居（右）
图片来源：宗晓萌摄

图 16-125 扎西岗寺
图片来源：宗晓萌摄

图 16–126 凸出的碉楼

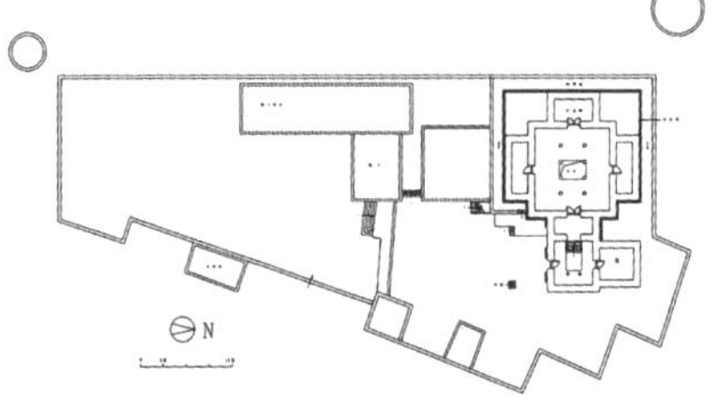

图 16–127 扎西岗寺平面图
图片来源：宗晓萌绘

图 16–128 殿堂（左）
图片来源：宗晓萌摄

图 16–129 天窗（右）
图片来源：宗晓萌摄

后，扎西岗寺便从竹巴噶举派改为格鲁派，下属于拉萨色拉寺杰扎仓，其住持由托林寺的堪布兼任，寺庙的规模更为宏大。据相关史籍记载，该寺历经沧桑，几度兴衰，曾遭受过三次比较重大的毁坏。第一次是在公元 1841 年，印度锡克人与西藏发生战争时，寺内所藏佛典等文物惨遭洗劫，尼姑庵庙毁于一旦。第二次是殿堂发生火灾，烧毁了殿堂及佛像等物。第三次是“文革”时期被破坏殆尽。1989 年，扎西岗寺开始重建。虽然，现如今的建筑完全是重新修建的，但仍保留其原有风貌。

据笔者测量，该寺占地面积近 600 平方米。寺庙建筑防御性很强，布局带有明显的军事色彩，亦反映出当时社会政治的动荡不安。其围墙为略呈矩形的夯土墙，围墙外为一周宽约 1.5 米的壕沟，围墙的四角设有凸出的碉楼（图 16–126），西南及西北角上的碉楼为圆形，现仍旧可见碉楼墙上开设的三角形或长条形的射孔。

寺庙殿堂位于围墙内偏北处，原本共有三层，有百余间大小不等的房屋，重修后其规模大大缩小，只有两层楼（图 16–127），平面为“十”字折角形，门向东。现今，寺庙殿堂的主要建筑是一座八根柱子的集会大佛殿，是僧侣们诵经及朝拜的地方，面阔 2 柱 3 间，长约 9 米，进深 4 柱 5 间，长约 10 米（图 16–128）。中央升起四支擎天柱形成采光天窗，以便通风采光（图 16–129），但已无早期的壁画遗迹。佛殿西面为护法殿，南面及北面各有一个小仓库，笔者推测原本应是两个小佛殿。殿堂屋顶覆有镏金宝瓶，整个建筑庄严巍峨。

整个殿堂外环绕了一圈转经道，这种平面布局方式具有西藏较早殿堂的特征，也与托林寺朗巴朗则拉康中心部分的设计相似。宿白先生在《藏传佛教寺院考古》中提及：“此种殿堂在卫藏地区最迟不晚于 14 世纪，如考虑扎西岗寺原系拉达克系统，结合‘公元 15 世纪初叶和中叶，拉达克王札巴德和次旺朗杰曾先后两次派人测绘此殿（托林寺朗巴朗则拉康），按照其独特的模式，在拉达克兴建寺庙和佛殿的事迹，扎西岗寺殿堂的时间或许较 14 世纪略迟。’”[34]

11. 古如江寺

著名的苯教大师琼追·晋美南卡于 1936 年在苯教大师詹巴南夸的修行洞周边，建立了现阿里地区仅有的一座苯教寺庙——古如江寺（图 16–130）。

古如江寺“文革”期间被毁，1985 年重建，笔者在 2010 年去调研时，寺庙住持是晋美南卡大师的徒弟——丹增旺扎。

现今寺庙由在原址范围内重建的杜康殿、护法殿、甘珠尔拉康、僧舍等建筑及修行洞组成（图 16–131）。寺庙建筑位于较平坦的河谷地势，殿堂、佛塔、转经筒等均被呈矩形的院墙围合，建筑及院墙入口均设在东面。

杜康大殿位于院内偏西南的位置，平面呈矩形，由门廊、经堂及佛堂组成，经堂 4 柱 5 开间、5 柱 6 进深，殿内陈设较新。护法殿与杜康殿平行布置，体量较小，平面呈方形，开间及进深均为 3 柱，柱间距约 3.5 米（图 16–132），殿内陈设着一些化石及寺庙重建前的遗物等。杜康殿门前立有经幢，塔及寺庙内其他建筑布置在两座佛殿周边，院墙的南、北、西三

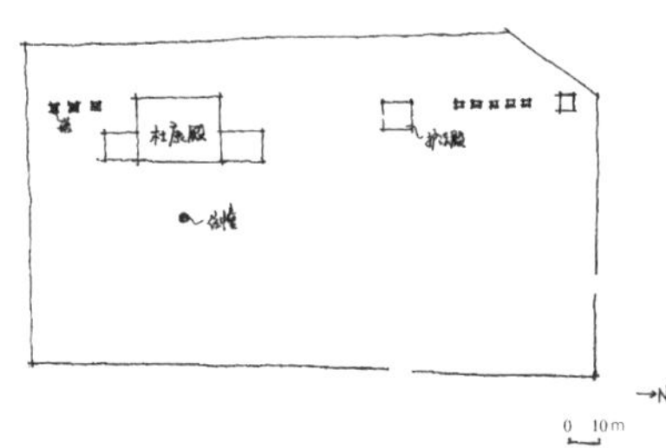

图 16–130 古如江寺（左）
图片来源：宗晓萌摄

图 16–131 古如江寺总平面（右）
图片来源：宗晓萌绘

面墙体内外均满布转经筒，北墙上开设通往山上修行洞的偏门。该寺塔的样式较独特，塔身为矩形，正面开设方形孔，塔顶亦为矩形（图 16–133）。

12. 伦珠曲德寺

在阿里地区的日土县境内，有一座气势磅礴的旧宗山城堡遗址修筑在一座形同卧象的山顶，海拔约 4700 米，山体的西南、西北面为沼泽，植被茂盛，光照充足。

遗址依山就势，规模宏大，由四殿、一宗、一康组成，即东殿、西殿、热普丹殿、喀噶殿、日土宗、拉康机索（总管寺庙公共财务收支的机构），是集合了宗教、政治、军事为一体的建筑群，极具特色，而这其中的四殿、一康便组成了伦珠曲德寺。

该遗址是由“日土历史上有名的酋长昂巴朗杰平当施主创建的”[35]，伦珠曲德寺建于公元 16 世纪左右。由于日土与拉达克来往密切，而拉达克是竹巴噶举派的势力范围，所以该寺在建立之初属于竹巴噶举派，自五世达赖喇嘛后改为格鲁派。也有记载说，该寺庙各殿教派各异，有萨迦和竹巴噶举派等，后统一改宗为格鲁派，并成为色拉寺杰巴扎仓的属寺。

该遗址在历次战争中惨遭劫难，在“文革”时期也曾遭受破坏，其整体已基本倒塌。据日土县文物局工作人员介绍，1986 年修复了热普丹殿，按照原来的布局修建，另外在该殿东边修建了玛尼拉康和僧舍。

2010 年笔者第一次调研该寺庙时，热普丹殿和玛尼拉康保存较好，其他殿堂及城堡皆为遗址（图 16–134）。寺内僧人向笔者介绍了这座山上以前的建筑分布，山顶上有东西排列的两座较高的山顶平台，热普丹殿、玛尼拉康及以前的格鲁派佛殿、竹巴噶举派佛殿建于一座山顶平台上，而一座布丹建造的佛殿及“辛拜卡”日土宗城堡建于另一座山顶平台上。2011 年当笔者再次来到该寺时，热普丹殿、玛尼拉康及周边的僧舍均在维修过程中，已不见当年的面貌。

修复后的热普丹殿坐西朝东，外墙涂满红色，一层由门廊、正殿及后殿组成（图 16–135）。门廊 3 开间宽约 8.5 米，进深 2.5 米。正殿 3 开间宽约 8.5 米，进深 3 开间约 8 米。后殿位于正殿中轴线偏南，宽约 4.5 米，进深约 4.4 米，接近方形，后殿正中供奉未来佛，佛像体量较大，基座较高，基座与四周墙壁之间形成宽约 0.8 米的转经道，墙壁部分位置可见残存壁画。二层只有一间佛殿，为班丹拉姆殿。

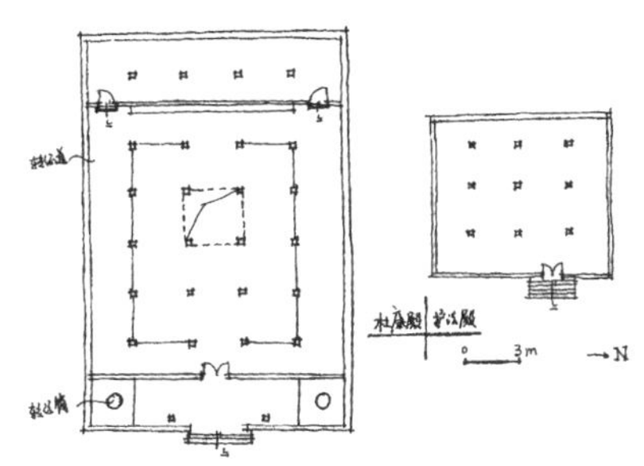

图 16–132 杜康殿及护法殿平面图
图片来源：宗晓萌绘

图 16–133 塔
图片来源：宗晓萌摄

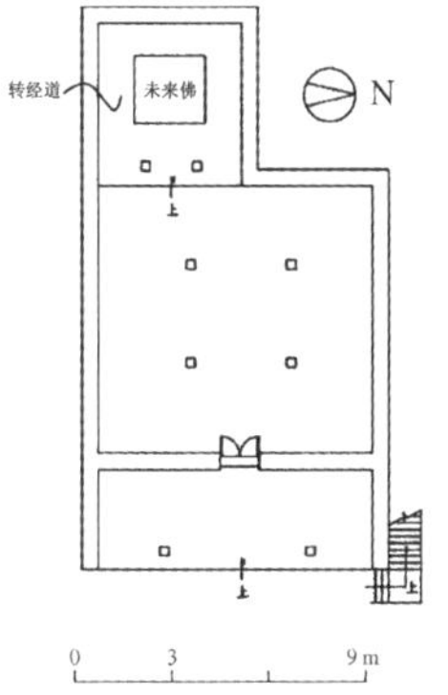

图 16–134 遗址及热普丹殿位置（左）
图片来源：宗晓萌摄
图 16–135 热普丹殿平面图（右）
图片来源：宗晓萌绘

图 16–136 玛尼拉康
图片来源：宗晓萌摄

玛尼拉康位于热普丹殿东面，规模较小，外墙涂黄色（图 16–136），内部安放转经筒。内部墙壁亦为黄色，镶嵌刻有佛像的石板，石板颜色较鲜艳。

16.5 阿里佛教寺庙建筑的特点

阿里地区处于青藏高原西部，紧邻喜马拉雅山脉，其历史上的疆域范围曾经包含了西藏的大部分地区及喜马拉雅山脉的部分地区，在广泛的地域留下了阿里的古老文明，同时也吸收、包容着多个交界地带的文化元素。作为藏传佛教后弘期上路弘传的重要发源地，对阿里地区宗教建筑的研究就显得尤为重要。

佛教建筑在不同的历史阶段会呈现不同的特征，笔者依据藏传佛教在阿里地区的发展传播过程、该地区的政治局面、该地区与周边地区（主要指喜马拉雅地区）之间的交流情况等因素，将公元 10 世纪后弘期开始至公元 15 世纪格鲁派的兴盛之间的时间分为以下三个阶段，以分析阿里地区佛教建筑的特点。

16.5.1 公元 10—11 世纪初阿里地区佛教建筑特点

这个时期的寺庙主要包括札达县境内的托林寺旧址、格林塘寺遗址、玛那寺遗址、古格故城佛殿遗址、托林寺的迦萨殿及金殿、玛那寺的强巴佛殿、热布加林寺的朗扎拉康、普兰县境内科迦寺的百柱殿及觉康殿。据说，同时期兴建的还有原属于阿里三围的拉达克地区的 Pathub、Alchi、Lamayuru，喜马偕尔邦的 Tabo 等寺庙。

1. 寺庙的选址与分布特点

1）河谷地带

平原、河谷、山谷地带水源充足，阳光充足，植被较多，气候宜人，一直是农业比较发达、经济基础较好的地区，同时也是人口聚集的地带。

如前文所述的托林寺旧址、玛那寺旧址、古格故城的佛殿，以及格林塘寺的佛殿遗址，这些建立年代较早的，甚至可能在后弘期之前的宗教建筑，均分布在水源充足、气候较为宜人的札达县境内的象泉河河畔，隶属于古格王国的管辖范围，这些地方是气候较恶劣的阿里地区当中比较适宜居住的地带，是土林中的绿洲。

图 16-137 公元 10—11 世纪阿里地区宗教建筑分布位置图
图片来源：底图源自：中国分省系列地图册：西藏［M］. 北京：中国地图出版社，2016. 审图号 GS（2015）125 号

比上述佛殿遗址兴建时间可能略晚的托林寺、科迦寺、玛那寺、热布加林寺、古格故城的佛殿同样分布在象泉河及其支流的河谷地带，如拉达克地区的 Alchi 寺、Lamayuru 寺位于狮泉河的下游印度河河畔，科迦寺位于普兰县境内的孔雀河河畔。

在这样的地理位置上兴建寺庙，可以给僧侣提供一个较好的礼佛的环境，也能解决其生活方面的需求。

2）选择人口聚集地

该时期的宗教建筑在王室的支持下兴建，在为王室提供服务的同时，也向民众弘法。寺庙选址在象泉河、孔雀河河畔，并且选择靠近前文所述四大宗堡及村庄位置建寺，札布让、皮央、东嘎、玛那村等地均能满足佛教弘扬的要求，成为建立寺庙首先选择的地点，既有利于接近各地的统治阶层，又有利于弘扬佛法。

古格的国王推崇佛教，且国力强盛，其境内的寺庙建立年代最早、数量最多。大译师仁钦桑布在古格国王的支持下，在阿里地区多地选址建寺，包括托林寺、科迦寺、玛那寺及拉达克地区的 Alchi 寺、Lamayuru 寺、喜马偕尔邦的 Tabo 寺等寺庙的建立，均与仁钦桑布有一定的联系。可见，仁钦桑布对后弘期佛教在阿里地区的发展起到了巨大的推动作用，而且该时期的古格王国的势力越发强盛，对普兰王朝、拉达克王朝境内寺庙的兴建都具有一定的影响力。

3）形成分散的佛教中心

仁钦桑布所建立的这些寺庙从古格都城札布让开始，沿河谷地带向边缘扩散（图 16-137），每个建寺地点又选择与当地的统治阶层及人口聚集地结合在一起。如前文所述，札布让、玛那、皮央等地均是当时众多人口聚集的地点，洞穴也较为集中，寺庙在这些地区建立后，又依次形成小的佛教中心，继续向周边地方弘法，将佛教的影响扩散开来。

有文献记载，仁钦桑布时期修建了众多的寺庙，共百余座，由于历史的久远、文字资料的缺乏，已无法证实其数量的准确性及寺庙的具体位置，其中难免存在夸大的成分，但至少表明仁钦桑布时期阿里各地区兴建寺庙、大力发展佛教的火热场面。

4）经济、战略因素

笔者认为除此之外，有些寺庙的选址还出于一定的经济及战略考虑，例如普兰王国境内的科迦寺。这里十分接近普兰、尼泊尔边境，普兰边境的斜尔瓦村与尼泊尔境内的 Siar 村均紧邻边境线，两地的居民自古便有着密切的联系，而且据说，普兰王国最初的疆域范围包含尼泊尔境内的部分地区。建造科迦寺后，能够满足普兰、尼泊尔、印度等信徒的朝拜需求，吸引了许多人来此定居，渐渐形成了以寺庙的名字命名的科迦村。

笔者在调研普兰县的过程中，看到每天都有尼泊尔人越过边境来普兰做生意，甚至长期居住，在科迦寺调研的时候，也遇到了在寺庙内转经的尼泊尔信徒。

普兰县城周边的山上还保留着当年印度、尼泊尔人居住过的山洞，它有个动人的名字叫“尼泊尔大厦”。县城内有为印度、尼泊尔商人提供的近年新建的边境贸易市场（图 16–138），从卫星地图上能清晰地看到普兰、尼泊尔之间连接的“友谊桥”。在这样的地方兴建寺庙可以吸引尼泊尔信徒前来朝拜，亦有助于边境地区的安定。

2. 佛殿成为寺庙建筑的主体

佛殿是寺庙中的主体建筑，是用来供奉佛像、佛经的主要场所，在整座寺庙建筑的地位最高、规模最大，如前文所述托林寺的迦萨殿、红殿、白殿，科迦寺的百柱殿、释迦殿等，均是整座寺庙的核心建筑。有些规模较小的寺庙只有一座中心佛殿，例如前文所述的热布加林寺、扎西岗寺、贤佩林寺、喜德林寺等。

1）佛殿的组成

佛殿内梁柱雕刻精美、壁画形象生动，集结了寺庙建筑中精美绝伦的艺术精品。佛殿建筑又可根据其规模，细分为门厅、大殿及佛堂，多位于中轴线上，有的佛殿内包含转经道，有的设在佛殿外围。

图 16–138 边境贸易市场
图片来源：宗晓萌摄

2）佛殿形制的演变

从平面形制来看，笔者将阿里地区的早期宗教建筑的遗址与后期的寺庙建筑相比较，其平面形制大约可以分为三种：一种为“凸”字形或方形，凸出佛殿部分，朝向多为东向，规模较小，开间一般在 10 余米；一种为周围小室围绕中央大殿的形式，规模略大；一种为“亚”字形，主要佛殿位于中心位置。这个时期的佛殿会选择模仿较早的寺庙样式，例如托林寺迦萨殿模仿桑耶寺而建，而且“凸”字形及“亚”字形佛殿较强调佛堂。

笔者将阿里地区该时期兴建寺庙的建筑基本情况汇总如下（如表 16–5 所示）：

该时期的佛殿规模有逐渐增大的趋势，平面形制依旧是“凸”字形、“十”字形、矩形等规整的样式，也有小室围绕中心佛殿或内院的形式，曼陀罗（亚字形）的平面形式较少。托林寺的迦萨殿为曼陀罗式的平面形式，古格故城佛殿遗址及格林塘寺遗址的其中一个佛殿采用了小室围绕中心佛殿或内院的形式，其余佛殿均为“凸”字形、“十”字形或矩形。除托林寺的迦萨殿体量较大以外，其余各佛殿的开间、进深在 10~20 米左右，多为一层，局部两层，这样规模的佛殿，内部除去供奉佛像、佛经等佛教用品，剩余的室内空间并不大，可能不足以容纳较多人数的僧众及信徒。

除科迦寺的觉康殿朝北、热布加林寺的朗扎拉康朝南之外，包括较早建立的宗教建筑遗址内的佛殿均采用坐西朝东的朝向布局。笔者认为，佛殿的这种朝向选择是受到了印度佛教建筑朝向的影响。

表 16-5　后弘期早期阿里地区寺庙建筑基本情况

寺庙名称	佛殿名称	年代	平面形制	朝向	托木	壁画	转经道
托林寺旧址	上部	公元 996 年	“十”字形	东	—	难辨识	—
	中部		“凸”字形、正方形	东	—	难辨识	—
	下部		“凸”字形	东	—	难辨识	—
格林塘寺遗址		公元 996 年	“凸”字形围绕小室	东	—	—	—
玛那寺遗址		公元 996 年	“凸”字形、正方形	东	—	难辨识	—
古格故城佛殿遗址		公元 10—11 世纪	方形围绕小室	东	—	—	—
托林寺	迦萨殿	公元 10 世纪	“亚”字形	东	单 / 双层	难辨识	有
	金殿		“凸”字形	东	双层十字	曼陀罗	有
科迦寺	百柱殿	公元 10 世纪	“十”字形	东	单层	—	有
	觉康殿		“十”字形	北	单 / 双层	佛像	有
玛那寺	强巴殿	公元 11 世纪	“凸”字形	东	单层	—	无
热布加林	朗扎拉康	公元 11 世纪	“凸”字形	南	—	—	—
Tabo	杜康殿	公元 996 年	矩形	东	—	题记	有

在藏传佛教上路弘传时期，阿里地区迎来许多印度的佛教高僧及工匠，并派僧人前去印度等地学习，因此该时期的宗教建筑较多受到印度寺庙建造模式的影响。

印度佛殿的朝向多选择东向，这样的设置是受到了宗教教理、仪式等因素的影响。朝东的佛殿使得每天清晨的阳光透过入口照在佛像上，营造出一种神秘的宗教气氛，而且据说，东向与“日神”在天空的起始行程一致，这样方位的设置给皈依佛教的人一种心灵及精神的召唤。

3. 有室内转经道

经过对寺庙建筑平面形制的分析，除玛那寺的强巴佛殿，以及难以辨别的佛殿遗址之外，该时期的佛殿内部均有转经道，一般设置在佛殿内主供佛像与其周围墙体之间。后来受格鲁派绕寺庙转经方式的影响，室内转经道大都被封堵不用，形成了较厚的空心墙体，例如科迦寺的百柱殿及觉康殿。

16.5.2　公元 11—14 世纪阿里地区佛教建筑特点

大约从公元 11 世纪初开始，经历了佛教在西藏地区的再度兴起并获得了广泛的发展之后，藏族人按照自己的理解方式对佛教经典重新进行“秩序排列”，并将更多的藏族文化融入其中，于是，相继出现了宁玛、噶当、萨迦、噶举等不同的藏传佛教的分支教派，并且各分支教派并存发展，许多寺庙发生过教派的改宗。阿里地区的宗教建筑也发生过多次的教派变换。

宁玛派产生的时间较早，在阿里地区建立了寺庙，但是该教派的传承方式一直都是家族内的秘传，亦没有系统的教义，甚少修建寺庙，因此，虽然该教派传到了阿里地区，但在寺庙数量上很少，笔者掌握的该时期的宁玛派寺庙只有普兰境内的嘎甸拉康。

公元 11—14 世纪时期，阿里地区属于萨迦派与噶举派的寺庙数量较多。萨迦派与阿里统治阶级的关系一向密切，便首先将影响力最大的托林寺纳入其教派势力范围，位于托林寺西北面的热布加林也属于萨迦派，皮央也属于萨迦派的势力范围，萨迦派势力范围较为集中地分布在古格故城的札布让区周边。

公元 14 世纪末，格鲁派兴起，改变了多个教派各据一方的形式，对一些教派的寺庙进行兼并，导致其建筑形制产生一定的变化。因此，笔者将公元 11 世纪藏传佛教各分支教派先后兴起，到公元 14 世纪末格鲁派逐渐壮大，作为阿里佛教寺院发展的第二个阶段。基本情况汇总如下（如表 16-6 所示）：

表 16-6　公元 11—14 世纪阿里地区寺庙建筑基本情况

寺庙名称	佛殿名称	年代	平面形制	朝向	托木	壁画	转经道
达巴扎什伦布寺		公元 13 世纪	“凸”字形、方形等	东	—	—	—
古格故城	白殿	公元 10—14 世纪（部分佛殿可能延续至公元 16 世纪）	“凸”字形	南	单层	佛像	无
	红殿		长方形	东	单层	尼泊尔宾客	无
	坛城殿		正方形	东	双层	护法神像	无
	大威德殿		“凸”字形	东	双层	佛像	无
	度母殿		正方形	北	单层	出现宗喀巴	无
皮央新寺	杜康殿	公元 12 世纪	长方形	东	—	—	—
嘎甸拉康		—	正方形	南	单层	—	—
古宫寺		公元 14—15 世纪	近似矩形	南	无	莲花生	无

1. 神山、圣湖周边为朝圣修建寺庙

在自然环境较恶劣的阿里地区，四大河流及其支流的河谷地带一直是农业较发达、经济较富裕的适宜居住的地带，也是政权集中分布的地带，寺庙的选址也符合这样的规律，这个时期寺庙的选址仍在延续之前的原则。

在格鲁派兴起之前，神山、圣湖边的寺庙几乎全属于噶举派，仅有少数的萨迦派寺庙。噶举派选择在这些地方建造寺庙，与米拉日巴传下来的在山洞内苦修的修习方式有一定的关系。噶举派按照一定的方位在冈仁波齐峰及玛旁雍错湖边营造寺庙，使转山、转湖的信徒们，每转一段路线，就可以到达一座噶举派寺庙。前文所述的普兰境内的古宫寺亦属于噶举派，科迦寺也于公元 13 世纪左右改宗噶举派。公元 12 世纪左右，噶举派的僧人还到达拉达克、不丹等地传播教义、建立寺庙。该时期噶举派势力范围较为集中地分布在普兰县境内的神山、圣湖周边。

阿里的冈底斯神山——各教徒心中的宗教发源地，成为大师理想的静修之地。神山周边留下了许多莲花生、米拉日巴等大师的圣迹及修行山洞，而米拉日巴在山洞苦修的方式被噶举派僧人推崇效仿，因此，神山及相邻的圣湖周边的山洞及寺庙多属于噶举派，归纳如下（如表 16-7 所示）。

表 16-7　神山、圣湖周边寺庙建筑基本情况

神山周边寺庙					
方位	寺庙名称	教派	方位	寺庙名称	教派
东面	仲哲普寺	噶举派	西面	曲古寺	噶举派
南面	江札寺	噶举派	北面	哲日普寺	噶举派
圣湖周边寺庙					
方位	寺庙名称	教派	方位	寺庙名称	教派
东南岸	聂果寺	萨迦派	南岸	楚果寺	噶举 - 格鲁
西岸	其吾寺	噶举派	西南岸	果祖寺	噶举 - 格鲁
北岸	朗（波）纳寺	噶举派	东北岸	色拉龙寺	噶举派

2. 平面形制依旧规整、朝向不再固定

这个时期的寺庙佛殿依旧规整，多为“凸”字形、方形、矩形等，例如达巴扎什伦布寺其中的佛殿、古格的白殿、大威德殿采用了“凸”字形平面，其余佛殿为方形或矩形平面，但规模增大。

神山、圣湖边的寺庙一般就势而建，平面形式较灵活，佛殿面积不大，朝向湖面。

古格的白殿、嘎甸拉康及古宫寺入口朝南，古格的度母殿入口朝北，这是对前一时期入口大多为东向的一种打破，笔者认为在佛殿设计方面，阿里人已经在逐渐摆脱印度式佛殿的理念影响。

3. 取消室内转经道

笔者在调研古格的佛殿时，未在其内部发现转经道的设置，在达巴遗址及皮央遗址的佛殿内，亦未发现有类似转经道的遗存。

4. 装饰的外来文化影响

该时期阿里地区的宗教活动依旧活跃，与相邻地区之间的宗教文化交流依旧呈上升趋势。

一些著名的佛教大师纷纷带门徒入藏传教，例如于公元 1042 年进入阿里地区的阿底峡大师，就为阿里带来了大量的佛教典籍，随他一起入藏的门徒们也为佛教的传播做出了贡献，一些佛教艺术家及工匠的随行也是理所当然的。但对于阿底峡的进藏路线及其随行的艺术家来源，不同的资料描述不一，有的说是来自克什米尔，有的说是来自尼泊尔。一方面，由于历史的久远，很难考证描述的准确性；另一方面，该时期，不论是从尼泊尔还是克什米尔，均有僧侣及工匠入藏；再者，仁钦桑布也曾去多地学习，招揽工匠。因此，可以肯定的是，随着以阿底峡大师为代表的境外高僧进入阿里地区，确实带来了境外大量的佛教艺术。

图 16–139 古格故城红殿大门
资料来源:《古格故城》

1）三道门框装饰的大门

公元 10—11 世纪，所建的托林寺百柱殿及玛那寺的入口大门，均设有雕刻精美的逐层向内递减的三道门框，大门的立体感很强，这种样式的门对该时期的寺庙装饰具有一定的影响，有些寺庙便沿用此门。例如古格故城中的红殿大门（图 16–139），即设置了三道门框，均雕刻细致，与前期寺门的样式极其相似。

2）胁侍菩萨构图的壁画

如前文所述，公元 8 世纪末至 9 世纪初，印度东部的孟加拉国一带兴起的波罗王朝，在公元 12 世纪，被信奉伊斯兰教的色纳王朝所灭，波罗王朝的佛教僧侣从印度本土躲避到尼泊尔、西藏等地，波罗王朝的佛教艺术由僧侣们带至境外其他地方发展，其中就包括了一种“胁侍菩萨”式的构图。

在佛教中，胁侍菩萨是修行觉悟层次最高的菩萨，在没有成佛前，常伴在佛陀身边协助弘法，每位佛陀都有两位或多位胁侍菩萨，例如文殊菩萨、普贤菩萨就是释迦牟尼的左右胁侍。胁侍菩萨与佛陀一样，也有一定的法相及手印。

在构图上，主尊的佛陀位于画面中心位置，一般呈坐式，尺度比例较大，胁侍菩萨分列两旁，一般站立，比例较小。胁侍菩萨的风格比较相似，面孔、胯部朝向主尊佛陀，有的胁侍菩萨双腿较直，双脚脚尖均朝向主尊佛陀，也有的一腿屈膝脚跟微微踮起，姿态更具曲线感，此种图像在唐卡[36]的表现中应用较多。

寺庙壁画亦会采取这样的构图方式，在绘图中，主尊佛陀的头顶及左右侧分隔成若干大小相当的小方格，用以绘制不同的佛像，每尊佛像各有独立的背光及基座，互不相连。主尊佛陀下方有时亦用同样的方式分隔方格绘制佛像，或者书写梵文。主尊佛陀一般呈坐式，绘制有精美的背光及基座。不同时期以这种构图方式绘制的壁画，其佛陀及菩萨的装饰、线条表达、色彩略有不同。

笔者调研阿里地区普兰县的古宫寺时，看到这座历史悠久的洞窟寺庙内还较好地保存着佛教壁画。虽然画面有些斑驳，但其构图形式、内容及色彩还是能够清楚呈现的（图 16–140）。画面构图形式与上文所述类似，主尊佛陀位于画面中央，周边分隔大小相当的方格，分别绘制佛陀，各有背光及基座，主尊佛陀两旁伴有胁侍菩萨，面孔朝向佛陀。壁画整体以红色调为主，颜色饱和度较高，壁画中的佛陀及菩萨样貌趋向写实，更接近藏族的表达形式。

3）古格银眼

随着佛教在阿里地区的兴盛、大批境外艺术家及工匠的进入，阿里地区的宗教艺术也被推向一个新的高度，其中最为著名的即“古格银眼”。这是古格王国特有的一种制作佛像的技法，即用白银来镶嵌佛像的眼睛，使佛像眉目更加传神，惟妙惟肖。

快速、大范围兴建的寺庙需要大量的佛陀造像、法器等佛教用品，也催生了古格本地的佛教造像业。据说，在古格故城札布让的西北部、象泉河北岸有个地方叫鲁巴村（据说为仁钦桑布的故乡）（图 16–141），属于札达县与印度接壤的底雅乡。那里的造像技艺、金属冶炼技艺均高超，成为当时古格重要的造像基地，产生了“古格银眼”这样的优秀造像。笔者 2010 年去底雅乡调研的时候，经过鲁巴村，风景优美，村内现已无生产造像的作坊，全然想象不到其当年热闹、繁忙的景象。

当时的鲁巴村造像多采用当地产的黄铜制造，质地较细腻，并以白银嵌白毫、眼珠部位，衣物精美华贵。据说，鲁巴村的佛陀造像远近闻名，著名的托林寺及其下属的二十多座属寺均供奉鲁巴的造像。

1997 年，考古工作者在上文所述皮央寺庙的杜康大殿挖掘出一尊精美的铜质造像，其眼球、白毫均使用镶银的技法制成，晶莹铮亮，向世人展示了“古格银眼”的风采。这印证了古格境内的寺庙供奉鲁巴造像的说法，也说明象泉河沿岸确实矿产丰富，为造像提供了优质的金属材料。

图 16–140 古宫寺壁画
图片来源：汪永平摄

图 16–141 鲁巴村
图片来源：宗晓萌摄

16.5.3 公元 15 世纪以后阿里地区佛教建筑特点

公元 14 世纪末，戒律严明的格鲁派产生，其创始人宗喀巴大师先后师从萨迦、噶举及噶当派高僧学法。格鲁派取得了西藏统治集团的支持，还得到了帕竹噶举在内的其他教派的赞赏，很快取代了其他教派的地位，结束了各教派长期分裂的局面，成为藏传佛教中势力范围最大的一个教派，西藏各地区许多寺庙改宗为格鲁派。

1. 寺庙教派改宗普遍

公元 11—14 世纪，在格鲁派兴起之前，阿里地区的寺庙多属于噶举派与萨迦派，其中又以噶举派为多。噶举派的分支在藏传佛教各教派中最多，其中直贡噶举与竹巴噶举的势力范围最大、寺庙数目最多，阿里地区的日土县、札达县、普兰县等地均有噶举派寺庙，萨迦派亦在阿里各地区建立了寺庙，且两派均向喜马拉雅地区的拉达克、木斯塘、不丹等地进行传播。

公元 15 世纪以后，随着格鲁派的发展壮大，阿里地区的许多寺庙发生了宗教派别的变更，如托林寺、玛那寺、达巴扎什伦布寺、扎西岗寺、伦珠曲德寺等，除此之外还增加了一些格鲁派的新建寺庙，如贤佩林寺及拉达克的 Pathub。

2. 教派数量变化

笔者综合了《阿里地区文物志》《阿里史话》及调研结果等资料，得知从公元 11 世纪至 2003 年，使得教派势力日益加强，并最终在公元 17 世纪建立了以达赖喇嘛为核心的西藏地方政权。随后，格鲁派又获得了清政府的支持，其教派势力远远超出其他教派。

随着该时期西藏政治局面的变化，阿里地区与以拉萨为中心的卫藏地区的联系逐渐增多，在宗教方面，向格鲁派靠拢，其建筑的形式亦趋向于卫藏地区的格鲁派寺庙（表 16–8）。

表 16–8　公元 15 世纪以后阿里地区寺庙建筑基本情况

寺庙名称	佛殿名称	年代	平面形制	朝向	托木	转经道
托林寺	白殿	公元 15 世纪中叶	“凸”字形	南	双层	无
	红殿		“凸”字形	东	单 / 双层	无
札布让寺		公元 15 世纪后	“凸”字形	东	—	—
贤佩林寺		公元 17 世纪	方形	南	双层	无
喜德林寺		公元 15 世纪	长方形	南	双层	无
扎西岗寺		公元 15 世纪	“亚”字形	东	双层	殿外
扎西曲林寺		公元 15 世纪	“凸”字形、方形	南	—	无
伦珠曲德寺	热普丹殿	公元 16 世纪	长方形	东	双层	有

萨迦派在阿里地区的寺庙数量变化不大，其分布范围由札布让区逐渐转移到普兰，进而发展到木斯塘；噶举派寺庙数量呈缓慢增长趋势，分别沿狮泉河向西北至拉达克，沿孔雀河向东南至不丹等地；格鲁派自公元 15 世纪传入该地区以后，其寺庙数量一直在持续、快速地增加，亦向阿里临近的周边地区扩张（图 16–142）。

格鲁派是以西藏腹地——拉萨为中心向周边地区传播的，该教派与当时强盛的蒙古人关系良好，

图 16–142　公元 11 世纪至 2003 年阿里地区各教派寺庙数量比较
图片来源：宗晓萌绘

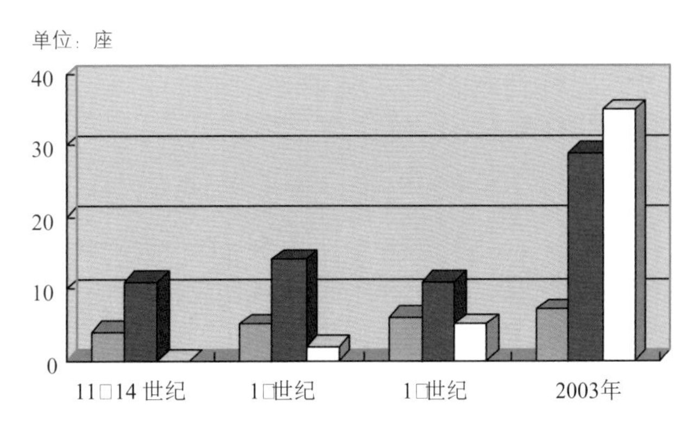

3. 佛殿平面逐渐定型

本书中调研的该时期建立的寺庙佛殿平面形制仍然较规整，其规模逐渐扩大，有的佛殿内出现了明显的经堂、佛殿的划分，如前文所述托林寺的红殿、贤佩林寺、伦珠曲德寺的热普丹殿内出现了明显的前经堂后佛殿的设置，且经堂的面积较大。

寺庙平面设置的这种变化是与宗教需求相关的。一方面，佛教传入西藏早期，西藏佛教信徒少，寺庙主要用来供奉佛像、佛经等宗教用品，且大都为王室所用。后弘期，佛教在西藏社会蓬勃发展，藏传佛教逐渐成熟，信徒数量增加，要求寺庙扩大规模来容纳更多前来朝拜的人。另一方面，要求僧侣集中念经修行的格鲁派逐渐兴盛，要求佛寺有能够容纳众多僧侣的经堂。因此，寺庙佛寺前经堂、后佛殿的平面形制逐渐定型（图 16–143）。公元 12 世纪以后，阿里地区与西藏腹地联系紧密，该地区的寺庙形制亦符合定型式的样式。

4. 转经道扩展至室外

佛殿内部取消转经道，有的寺庙佛殿建筑外部设置了转经道，例如扎西岗寺（图 16–144）。这种设置的变化，可能亦与格鲁派的兴起有关，格鲁派认为希望从佛殿内受益，就需要围绕佛殿顺时针转经，后来，转经道逐渐扩大，发展到围绕整个寺庙转经。

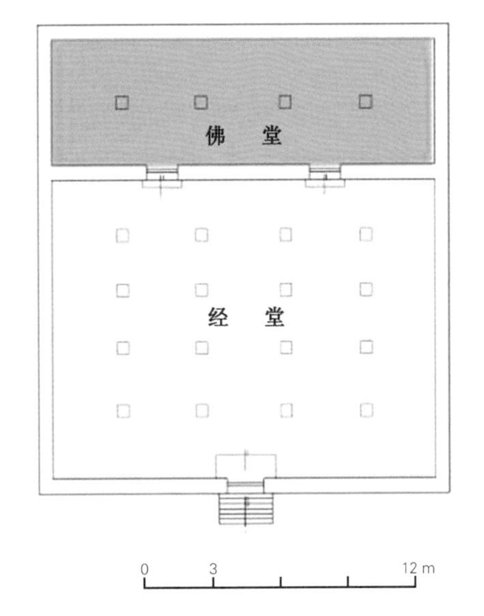

图 16–143 格鲁派佛殿
图片来源：宗晓萌绘

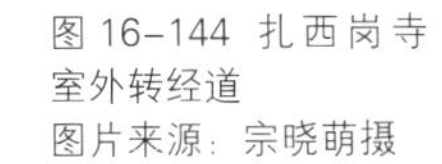

图 16–144 扎西岗寺室外转经道
图片来源：宗晓萌摄

图 16–145 古如江寺塔
图片来源：周永华摄

16.5.4 阿里地区佛塔特点

在阿里地区，甚至整个西藏地区，凡是有寺庙或者村子的地方，随处均可见到塔。有的佛塔安置在寺庙建筑的室内，有的在室外，还有的在洞窟中，抑或是独立存在的，总之，塔是藏族聚居区十分普遍的宗教性建筑。

据说，苯教时西藏已有类似塔状的宗教性建筑，称为“神垒”，平面有方有圆，用土石垒砌。由于苯教距今年代久远，且少有典籍流传，笔者查阅了许多史籍资料，尚未发现对“神垒”样式的详细描述。

笔者在阿里地区唯一现存的一座苯教寺庙内，发现该寺庙的塔为方形（图 16–145）。笔者按照塔的一般各部分组成，用塔身、塔基、塔刹来描述该塔。塔身、塔基、塔刹均为方形，塔基为三层，涂成红色，塔身涂白色，正面开矩形窗口，透出内部红色部分，像是红色塔刹的延伸。塔刹、塔身顶部为四坡样式，塔刹上呈体量较小的铜质塔幢。由于缺乏苯教古老的塔的资料，笔者无法判断该形式的塔是否与苯教塔有一定的渊源。这种形式的塔，与笔者在普兰境内的嘎甸拉康山上见到的塔有一定的相似性。

随着印度佛教向西藏的传入，印度式的佛塔亦传入西藏地区。印度称塔为“窣堵坡”，即为掩埋佛陀或圣徒舍利的地方，意为“坟”，形状为有基座的半球形，规模较大者外围有石栏杆，栏杆的东西南北四个方位各开一门。佛教传入西藏以后，西藏工匠开始将印度或尼泊尔形式的塔与当地的“神垒”相结合，逐渐形成藏式佛塔，俗称喇嘛塔，藏语称为“曲登”“却甸”等。

如上文所述，阿里地区佛塔的基本形式与八相塔相同，材料则是就地取材，用当地的土质制成土坯砖，继而垒砌成塔，体现了地域特色。

1. 土坯砖塔

阿里人利用当地的土质简单成型，做成规格大小相当的土坯砖块。砌塔时，塔基底部往往先垫石块，上垒土坯砖，每 2~4 层不等的土坯砖之间用片石间隔、固定。笔者在阿里各地区的宗教遗址内发现的佛塔大都采用这种方式垒砌。

如前文所述，阿里地区宗教建筑遗迹中所见的体量较大的佛塔，多采用泥土及片石垒砌而成。例如玛那寺、托林寺的佛塔（图 16–146）。

2. 塔室

有些坍塌的塔基内部分隔有若干小室，之间用土坯砖垒砌的墙体分隔，每间小室内均供奉经书、擦擦等佛教用品，此种形式的佛塔可能年代较早，例如笔者调研的托林寺周边遗址内的佛塔。塔基内部分隔着多个小室，由于尺寸较小以及担心损坏内部佛教用品，笔者未能进入，但从洞口处观察，塔基内部大概分隔了 9 个格子，类似九宫格的样式。各小室之间均用土坯砖砌筑的墙体简单间隔，内部的经书及擦擦暴露在外，各小室的规模相近。有些资料显示，阿里地区有的佛塔塔基内部绘有壁画。

图 16–146 古格故城佛塔
图片来源：汪永平摄

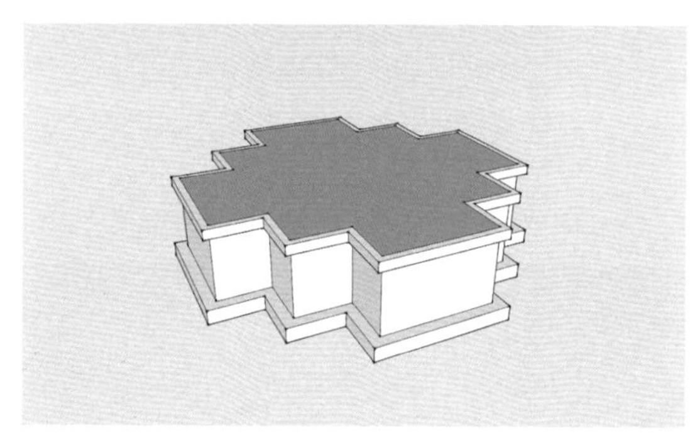

图 16–147 “亚”字形塔基模型
图片来源：宗晓萌绘

3. 塔基雕刻装饰

笔者调研的阿里地区佛塔塔基，多为方形、“亚”字形（图 16–147），塔基上装饰精美的雕刻，正面一般为海螺、狮子等吉祥图案，转角处一般雕刻一束忍冬草。笔者在穹窿银城的佛塔基座看到，正面中央位置雕刻着柱式，柱头好似希腊科林斯式的花篮样式，柱身上大下小，与中亚古代柱式相似。

4. 塔墙（却甸仁布）

阿里地区的很多寺庙设置由大约 108 座小佛塔密集排列成排的塔墙，例如托林寺、札布让寺、东嘎扎西曲林寺等寺庙周边均有塔墙，托林寺的塔墙位于象泉河河畔，札不让寺的塔墙位于佛殿北面约 200 米的位置，扎西曲林寺的塔墙位于山脚的河谷谷地。

108 是佛教中的一个圣数，据说，在古印度，认为人有 108 种烦恼，念 108 遍经即可去除烦恼，达到圆满。因此，108 这个数字在佛教中出现得很频繁，例如佛珠为 108 颗。108 座小塔排成的塔墙也代表着圆满。

据当地文物局工作人员介绍，这些佛塔可能由不同地方的高僧前来修建，笔者认为，这些塔墙好似寺庙的守护墙，有一定辟邪、防护的作用。

注释：

1 图齐．梵天佛地：第二卷 [M]. 上海：上海古籍出版社，2009：7.

2 索朗旺堆．阿里地区文物志 [M]. 拉萨：西藏人民出版社，1993：1.

3 藏族简史编写委员会．藏族简史 [M]. 拉萨：西藏人民出版社，2006：88.

4 达仓宗巴・班觉桑布．汉藏史集 [M]. 陈庆英，译．拉萨：西藏人民出版社，1986：215.

5 格萨尔王（公元 1038—1119 年），是古代藏族人民的英雄，统一多个部落，为藏族人民降魔驱害。

6 搜狐新闻网 http://news.sohu.com/20120910/n352693102.shtml.

7 加湿弥罗，或译为迦湿弥罗（kasmira），是喜马拉雅山脉的古国之一，位于西北印度犍陀罗地方的东北地区，大约是现在的克什米尔地区。汉朝称罽宾，魏晋南北朝称迦湿弥罗，隋唐称迦毕试。

8 廓诺・迅鲁伯．青史 [M]. 郭和卿，译．拉萨：西藏人民出版社，2003：152.

9 廓诺・迅鲁伯．青史 [M]. 郭和卿，译．拉萨：西藏人民出版社，2003：45.

10 图齐．梵天佛地：第二卷 [M]. 上海：上海古籍出版社，2009：60.

11 古格・次仁加布．阿里史话 [M]. 拉萨：西藏人民出版社，2003：97.

12 古格・次仁加布．阿里史话 [M]. 拉萨：西藏人民出版社，2003：123.

13 古格・次仁加布．阿里史话 [M]. 拉萨：西藏人民出版社，2003：125.

14 宿白．藏传佛教寺院考古 [M]. 北京：文物出版社，1996：155.

15 谢小英．神灵的故事：东南亚宗教建筑 [M]. 南京：东南大学出版社，2008：245.

16 王辉，彭措朗杰．西藏阿里地区文物抢救保护工程报告 [M]. 北京：科学出版社，2002：3.

17 索朗旺堆．阿里地区文物志 [M]. 拉萨：西藏人民出版社，1993：120.

18 王辉，彭措朗杰．西藏阿里地区文物抢救保护工程报告 [M]. 北京：科学出版社，2002：10.

19 王辉，彭措朗杰．西藏阿里地区文物抢救保护工程报告 [M]. 北京：科学出版社，2002：15.

20 索朗旺堆．阿里地区文物志 [M]. 拉萨：西藏人民出版社，1993：122.

21 该表格资料来源：《西藏托林寺勘察报告》（未正式出版）

22 张蕊侠，张建林，夏格旺堆．西藏阿里壁画线图集 [M]. 拉萨：西藏人民出版社，2011：3.

23 王辉，彭措朗杰．西藏阿里地区文物抢救保护工程报告 [M]. 北京：科学出版社，2002：43.

24 张蕊侠，张建林，夏格旺堆．西藏阿里壁画线图集 [M]. 拉萨：西藏人民出版社，2011：3.

25 宿白．西藏佛教寺院考古 [M]. 北京：文物出版社，1996：154-155.

26 木斯塘，成立于公元 1380 年，是古罗王国所在地，位于尼泊尔中北部，与西藏仲巴县比邻。

27 王辉，彭措朗杰．西藏阿里地区文物抢救保护工程报告 [M]. 北京：科学出版社，2002：161.

28 西藏自治区文物管理委员会．古格故城：上 [M]. 北京：文物出版社，1991：5.

29 教育部人文社会科学重点研究基地四川大学中国藏学研究所，四川大学历史文化学院考古学系，西藏自治区文物事业管理局．皮央・东嘎遗址考古报告 [M]. 成都：四川人民出版社，2008：39.

30 索朗旺堆．阿里地区文物志 [M]. 拉萨：西藏人民出版社，1993：119.

31 古格・次仁加布．阿里史话 [M]. 拉萨：西藏人民出版社，2003：159.

32 索朗旺堆．阿里地区文物志 [M]. 拉萨：西藏人民出版社，1993：128.

33 古格・次仁加布．阿里史话 [M]. 拉萨：西藏人民出版社，2003：163.

34 宿白．藏传佛教寺院考古 [M]. 北京：文物出版社，1996：177.

35 古格・次仁加布．阿里史话 [M]. 拉萨：西藏人民出版社，2003：173.

36 唐卡，指用彩缎装裱后悬挂供奉的宗教卷轴画。

附录一：阿里地区列入文物保护等级的宗教建筑

全国重点文物保护单位				
序号	名称	年代	详细地点	备注
1	古格王国遗址	公元 11—17 世纪	札达县札布让区东嘎乡	
2	托林寺	公元 11 世纪	札达县	
3	科迦寺	公元 996 年	普兰县科迦村科迦乡	
西藏自治区级文物保护单位				
1	香柏林寺遗址	公元 12 世纪	普兰县	
2	玛那寺及玛那遗址	公元 11 世纪	札达县	
3	东嘎扎西曲林寺遗址	公元 11 世纪	札达县东嘎乡	
4	曲布多部石构遗迹	公元前 11—公元 6 世纪	改则县	
5	扎西岗寺	公元 14—15 世纪	噶尔县扎西岗区	
6	益日寺	公元 11 世纪	札达县香孜乡	
7	古宫寺	公元 15 世纪中	普兰县普兰镇	
8	热布加林寺	公元 11 世纪	札达县香孜乡	
9	卡孜寺	公元 11 世纪	札达县	
10	普日寺	公元 11 世纪	札达县底雅乡	
11	皮央石窟	公元 11—14 世纪	札达县札布让区东嘎乡	
西藏自治区县级文物保护单位				
1	托林寺旧址	公元 996 年	札达县托林镇札布让村	
2	色底寺遗址	吐蕃分治时期	札达县曲松乡曲木底村	
3	当巴寺	公元 12 世纪	札达县萨让乡萨让村	
4	白嘎寺	清	札达县萨让乡萨让村	
5	萨让寺	清	札达县萨让乡萨让村	
6	日巴寺	公元 10 世纪	札达县萨让乡日巴村	
7	日尼寺	明	札达县底雅乡底雅村	
8	曲色寺	清	札达县萨让乡日巴村	
9	西谢寺	清	札达县香孜乡热布加林村	
10	曲龙寺	清	札达县达巴乡曲龙村	
11	白东波寺	公元 10—13 世纪	札达县托林镇东嘎村	
12	曼扎拉康	清	札达县曲松乡楚鲁松杰村	
13	楚鲁拉康	清	札达县曲松乡楚鲁松杰村	
14	强久林寺	清	札达县曲松乡楚鲁松杰村	
15	底雅拉康	清	札达县底雅乡底雅村	
16	久巴拉康	清	札达县底雅乡什布奇村	
17	玛央拉康	清	札达县底雅乡底雅村	
18	色贡拉康	清	札达县底雅乡什布奇村	
19	什布奇拉康	清	札达县底雅乡什布奇村	
20	东坡热旦寺	清	札达县达巴乡东坡村	
21	岗巴扎西曲林寺	清	札达县底雅乡日巴村	
22	努巴扎西曲林寺	明	札达县底雅乡鲁巴村	
23	贡布扎西曲林寺	明	札达县底雅乡鲁巴村	
24	达巴扎西伦布寺	清	札达县达巴乡达巴村	
25	帕角平措热布旦林寺	清	札达县曲松乡楚鲁松杰村	
26	热木旦强久林寺	清	札达县香孜乡香孜村	
27	桑旦达杰林石窟寺	吐蕃分治时期—清	札达县香孜乡热布加林村	
28	卡孜江洛坚石窟	吐蕃分治时期	札达县托林镇札布让村	
29	卡孜酿石窟洞	吐蕃分治时期	札达县托林镇札布让村	

续表

30	卡孜扎宗石窟	吐蕃分治时期	札达县托林镇札布让村	
31	达巴 木石窟	吐蕃分治时期	札达县达巴乡达巴村	
32	达巴夏尔石窟	吐蕃分治时期	札达县达巴乡达巴村	
33	达巴阿钦石窟	吐蕃分治时期	札达县达巴乡东坡村	
34	达巴帮扎石窟	吐蕃分治时期	札达县达巴乡东坡村	
35	白东波石窟	吐蕃分治时期	札达县托林镇东嘎村	
36	曲龙石窟	明	札达县达巴乡曲龙村	
37	吉日石窟	吐蕃分治时期	札达县托林镇札布让村	
38	夏朗石窟	吐蕃分治时期	札达县香孜乡热布加林村	
39	芒扎石窟	吐蕃分治时期	札达县托林镇札布让村	
40	夏沟石窟	吐蕃分治时期	札达县托林镇东嘎村	
41	桑达石窟	吐蕃分治时期	札达县托林镇札布让村	
42	香巴西丹果石窟	吐蕃分治时期	札达县香孜乡香孜村	

注：地点名称为笔者 2010 年左右调研时名称。下同。

附录二：阿里地区寺庙、拉康总表

序号	寺庙名称	教派	创建年代	详细地点
1	托林	格鲁	公元 996 年	札达县扎让乡托林村
2	喀泽	萨迦	公元 10 世纪	札达县柏林乡喀泽村
3	玛那寺	格鲁	公元 11 世纪	札达县扎让乡玛那村
4	拜东波	格鲁	—	札达县扎让乡东波村
5	东波	格鲁	—	札达县东噶乡东波村
6	朵香	格鲁	—	札达县柏林乡朵香村
7	皮央	萨迦	—	札达县东噶乡皮央村
8	香孜	格鲁	—	札达县香孜乡香孜村
9	喜偕	萨迦	—	札达县香孜乡喜偕村
10	热布加林	萨迦	—	札达县香孜乡热布加林村
11	噶色	噶举	—	札达县香孜乡江当巴村
12	色帝	格鲁	—	札达县曲松乡曲木帝村
13	楚鲁拉康	格鲁	—	札达县曲松乡楚鲁村
14	江久林	格鲁	—	札达县曲松乡楚鲁松杰村
15	蔓扎拉康	格鲁	—	札达县曲松乡楚鲁松杰村
16	彭措热旦	格鲁	—	札达县曲松乡巴交村
17	卡日	格鲁	—	札达县曲松乡卡日村
18	什布奇拉康	噶举	—	札达县底雅乡什布奇村
19	久巴拉康	噶举	—	札达县底雅乡什布奇村
20	日尼拉康	噶举	—	札达县底雅乡日尼村
21	色孔拉康	噶举	—	札达县底雅乡色孔村
22	底雅拉康	噶举	—	札达县底雅乡底雅村
23	荣堆拉康	宁玛	—	札达县底雅乡荣堆村
24	玛央拉康	噶举	—	札达县底雅乡玛央村
25	鲁巴	格鲁	—	札达县底雅乡鲁巴村
26	益日	噶举	—	札达县底雅乡鲁巴村
27	奴巴拉康	格鲁	—	札达县底雅乡奴巴村
28	贡普	宁玛	—	札达县底雅乡贡普村
29	普日	格鲁	—	札达县底雅乡什布奇村
30	萨让	格鲁	—	札达县萨让乡萨让村

续表

31	东嘎	格鲁	—	札达县扎让乡东嘎村
32	当巴	格鲁	—	札达县萨让乡当巴村
33	拉玉拉康	格鲁	—	札达县萨让乡拜噶村
34	拜噶	格鲁	—	札达县萨让乡拜噶村
35	日巴拉康	格鲁	公元 10 世纪（仁钦桑布）	札达县萨让乡日巴村
36	曲色	格鲁	—	札达县萨让乡曲色村
37	日帝岗	格鲁	—	札达县萨让乡日帝岗村
38	达巴	格鲁	—	札达县达巴乡达巴村
39	琼隆	格鲁	—	札达县达巴乡琼隆村
40	科迦	萨迦	公元 10 世纪	普兰县科迦村
41	喜德	萨迦	—	普兰县喜德乡多康村
42	查乌	萨迦	—	普兰县科迦乡岗子村
43	贤佩林	格鲁	—	普兰县吉让乡迦钦村
44	朗喀琼宗	宁玛	—	普兰县噶东乡
45	楚果	格鲁	—	普兰县仁贡乡朵康村
46	果促	格鲁	—	普兰县仁贡乡朵康村
47	其吾	噶举	—	普兰县巴噶乡雄巴村
48	朗波纳	噶举	—	普兰县巴噶乡朗纳村
49	祖楚普	噶举	—	普兰县巴噶乡岗萨村
50	江扎	噶举	—	普兰县巴噶乡岗萨村
51	色龙	噶举	—	普兰县巴噶乡岗萨村
52	曲古	噶举	—	普兰县巴噶乡岗萨村
53	色拉龙	噶举	—	普兰县霍尔乡贡吉村
54	玛弥	宁玛	—	改则县玛弥乡查普村
55	扎江	噶举	—	改则县康朵乡玉托村
56	洞措拉康	格鲁	—	改则县洞措乡洞措村
57	诺布拉康	噶举	—	改则县洞措乡诺布村
58	布噶	噶举	—	措勤县达堆乡雅东村
59	门东	噶举	—	措勤县磁石乡门东村
60	尼姑寺	噶举	—	措勤县磁石乡门东村
61	边拉拉康	噶举	—	措勤县磁石乡加绕村
62	扎西岗	格鲁	—	噶尔县扎西岗乡扎西岗村
63	哲达布日	噶举	—	噶尔县门士乡门士村
64	古入江	本教	—	噶尔县门士乡门士村
65	顿久	格鲁	—	噶尔县门士乡门士村
66	加木拉康	噶举	—	噶尔县扎西岗乡加木村
67	伦珠曲德	格鲁	—	日土县日土乡日土村
68	斡江拉康	格鲁	—	日土县斡江乡斡江村
69	扎布拉康	格鲁	—	日土县日帮乡扎布村
70	次龙拉康	格鲁	—	日土县日帮乡果巴村
71	扎西曲林	噶举	—	革吉县盐湖乡噶玛村
72	扎迦	噶举	—	革吉县帮巴乡森麦村
73	哲日普	噶举	—	革吉县帮巴乡吉噶村
74	香鲁康	噶举	—	革吉县雄巴乡雄巴村
75	迦巫拉康	噶举	—	革吉县雄巴乡雄巴村
共计 75 处 宁玛：4 处；　萨迦：7 处；　噶举：29 处；　格鲁：35 处				

注：该表格主要参照 2003 年版的《阿里史话》

17 日喀则地区重要寺庙实例

17.1 萨迦派寺庙萨迦寺

17.1.1 昆氏家族与萨迦派的形成

“萨迦”是藏语 sakya 一词的汉语音译，它既是地名，又是寺院名，还是教派名、家族名。作为地名，它是指西藏自治区日喀则地区的萨迦县，在日喀则西南约 120 公里处。

据藏文史料记载，在吐蕃赞普赤松德赞时期，贡巴杰公达是最富有的贵族之一，故又叫“昆百波且”，意思是最为富裕的昆氏。昆氏家族有子嗣叫作昆·贡却杰布[1]，生于公元 1034 年，是一位藏传佛教后弘期开始之后 60 年内出现的宗教重要人物。他幼年开始随父亲和兄长学习宁玛派的旧密法，精通密宗显宗不共法门[2]，还系统研习因明学、释量论、语言学和诗学等诸多学科。在昆·贡却杰布 40 岁那年，与徒弟野游，发现今天萨迦寺的所在位置是个风水宝地，随即从主人手中买下该地，于公元 1073 年创建著名的萨迦寺，昆·贡却杰布也成为萨迦教派的创始人。

萨迦教派也是公元 11 世纪中后期产生的教派。萨迦教派是以“道果经教授”为主要传承密法，既重视研习显教中观等理论，又严守戒律、正规修行密教仪规，提倡显密并重，并主张从显入密，于是萨迦教派产生完整而独特的教义。

公元 1073 年，萨迦北寺的建立可以看成是萨迦教派正式创立的标志。随着北方蒙古民族的兴起，蒙古逐步统一中原，萨迦班智达（简称萨班）贡嘎坚赞响应元朝中央政府的号召，使西藏全境归于元帝国管辖。

1. 以萨迦五祖为代表的萨迦派高僧简介

“萨迦五祖”是萨迦教派中五个最具影响力的高僧。“萨迦五祖”由白衣三祖和红衣二祖组成，所谓“白衣”指身穿白色法衣，象征着居士的身份，所谓“红衣”指身穿红色法衣，象征比丘的身份。

萨迦第一位祖师贡嘎宁波（公元 1092—1158 年），是白衣三祖的第一位。此人是萨迦北寺建立者昆·贡却杰布之子，被称作“萨钦”，意为萨迦派的大祖师。他将萨迦教派声势扩大。因此在萨迦教派的信徒中他的地位比他的父亲还要高。

萨迦第二位祖师索南孜摩（公元 1142—1182 年），这是白衣三祖的第二位，他是第一祖师的长子。从 27 岁开始名声大振，成为非常有名的佛学大师。

萨迦第三位祖师扎巴坚赞（公元 1147—1216 年），是白衣三祖的最后一位，他是第一祖师的次子，被人尊称为扎巴坚赞尊者。第三祖师虽未出家，但是一生严守戒律，行为比一般的出家僧人还要规范。

萨迦第四位祖师贡嘎坚赞（公元 1180—1251 年），又名萨班贡嘎坚赞。他是藏族最有名的学者之一，擅长藏传佛教壁画，精通印度大小五明[3]，为藏族的十明学科的建设以及完善做出了非凡的贡献，所以被人们称为“萨迦班智达”，简称“萨班”，“班”是“班智达”的缩写，是梵文 Ban Di ta 的音译，意思是精通大五明和小五明之人；而“萨”就是萨迦派的缩写。“萨班”是指“萨迦派精通大小五明智慧之人”。据相关史料记载，公元 1206 年，成吉思汗的蒙古大军到达青海柴达木，成吉思汗亲自写信向当时萨迦寺扎巴坚赞表示愿意皈依佛法。公元 1239 年，成吉思汗的孙子阔端率军驻扎凉州，为了用宗教领袖协助蒙古人统治西藏，于是在公元 1244 年邀请萨迦第四位祖师贡嘎坚赞在凉州见面。当时的萨班带着他的两个侄子八思巴和恰那多吉启程赴凉州谈判。公元 1247 年萨班写了《致蕃人书》，劝服西藏全境各势力归顺中央政府。代表蒙古接受西藏归顺谈判的代表是阔端，而代表西藏地方势力表示愿意归顺蒙古中央政府的代表是萨班。这次会谈，对于祖国长期的稳定、改善藏族和蒙汉民族之间的关系，起到了不可替代的作用。萨班贡嘎坚赞一生著作很多，据文字资料显示，现存著作 25 种，内容涉及佛教显宗、密宗、声明学、诗学、修辞学音乐等诸多学科。其中的《萨迦格言》[4] 被后世广为流传，对藏族社会发展、人生价值甚至文化的发展等方面均有很大影响。

萨迦第五祖师就是大名鼎鼎的八思巴（公元 1235—1280 年）。

2. 萨迦第五祖师——“帝师”八思巴

八思巴原名罗智坚赞，是萨班贡嘎坚赞的侄子，因为天资聪颖加上又是贵族，被人称为八思巴，八思巴是藏语的音译，意思是与众不同的圣者，与汉语“神童”一词意思相近。

公元 1246 年，八思巴跟随萨班贡嘎坚赞来到凉州，继续学习佛法，一直到 17 岁。公元 1251 年，萨班将自己的法螺、钵盂等珍贵法物交给八思巴，同时任命由八思巴来主持萨迦派的法座。《西藏王臣记》记载：“幼而颖悟，长博闻思，学富五车，淹贯三藏。”萨班去世后，八思巴成为萨迦派的教主和代表西藏地方势力的重要人物，对于西藏地方乃至元朝中央政权起过较大作用。

公元 1260 年，忽必烈当上了蒙古大汗，他立刻封八思巴为“国师”，并赐其玉印。公元 1264 年忽必烈迁都北京，同一年在中央政权设置总制院，掌管全国佛教和藏族地区事务，又命八思巴以国师的身份兼管总制院事。公元 1265 年八思巴回萨迦寺去，公元 1268 年他奉忽必烈之命创制一种“蒙古新字”[5]，即八思巴蒙文，因为字母形体呈方形，又称为“方体字”。完成后回北京进献，忽必烈一面命令在全国范围内推行这种新字，用以译写一切文字，一面加封八思巴为帝师、大宝法王。公元 1280 年，八思巴卒于萨迦，忽必烈追封他为“皇天之下，万人之上，宣文辅治，大圣至德，普觉真智，佑国如意，大宝法王，西天佛子，大元帝师”。以后大宝法王成为元、明两代对西藏佛教领袖人物的最高封号。八思巴死后，昆氏家族和门徒继续受到元朝中央政府的信任和重用，前后被封为帝师的有 14 人之多，此外尚有不少人被封为王、司空、国公和各级官吏。

公元 14 世纪开始随着元朝皇室力量的衰弱，萨迦教派在西藏地区的声势和地位也很快低落下来了。公元 1354 年，萨迦教派发生内讧，萨迦教派力量大大地被削弱，帕木竹巴降曲坚赞趁机率兵灭萨迦，占据其大片辖地，随即地方政权由帕竹取而代之。就此统治西藏长达 70 年之久的“萨迦王朝”覆灭，退出历史舞台。

萨迦教派兴盛时期，在蒙古、汉地、康区、安多以及卫藏各地新建不少寺庙。但是，在其衰落后，外地的寺院相继衰败，只有少数继续留存下来[6]，如著名的四川德格贡钦寺[7] 和昌都贡觉的唐夏寺[8] 等。

17.1.2 萨迦派主寺北寺的历史与现状

1. 萨迦北寺的始建

萨迦寺坐落在萨迦县城北部山坡上，分为南北两寺，分别建造在仲曲河南北两岸。

南北两寺中最先建造的是萨迦北寺。公元 1073 年由吐蕃贵族昆氏家族的后裔昆・贡却杰布在今萨迦北寺的位置上，首先修建了一座修法小庙，后被称为“萨迦阔布”[9]。因为萨迦寺在建寺初期佛法还不算完备，所以萨迦教派未被流传开，萨迦寺的初期建筑规模相对比较有限。

萨迦北寺建立在仲曲河北岸本波山的南坡上。受当时中原文化的影响，西藏的建筑选址，特别是寺庙选址更加讲究地形、风向和采光等诸多因素，将其归结为“乘山、得光、避风、走水”四大选址原则。西藏地区的很多寺庙都或多或少地遵循这些原则，萨迦寺庙也是这四大原则的具体体现。萨迦北寺建在本波山南坡，背后山势险要，南面开敞面对萨迦县城，并且能够明显减少阴冷刺骨的北风侵袭，并充分享受阳光。靠近水源取“佛教的源头”之意，而北寺脚下恰有仲曲河流过。

萨迦北寺的主要建筑“乌孜宁玛”大殿是由昆・贡嘎宁波创建，经其子孙索南孜摩、扎巴坚赞等加以扩建，后来又加建了金顶，使这一建筑更加壮丽。元朝时在大殿的西侧又建一座八根柱子的配殿，俗称“乌孜萨玛殿”[10]。以后历代萨迦法王陆续在山坡上加以扩建，增加了许多建筑，逐渐形成透逸重叠、规模宏大的寺院建筑群。由于本波山为灰白色土壤，故在此修建的寺庙也称为萨迦（意为灰白色土）寺。据传萨迦北寺共有拉康（佛殿）、贡康（护法殿）、颇章（宫殿）、拉让（主持宅邸）等建筑 108 座，除去历史上少量毁坏外，绝大多数建筑毁于 20 世纪 60 年代，只有贡康努、拉让夏、仁钦岗等少数建筑近十几年来进行了修复，其余建筑仅存高低错落的残垣断壁（图 17–1、图 17–2）。

图 17–1 萨迦北寺老照片
图片来源：《目击雪域瞬间》

图 17–2 萨迦北寺老照片
图片来源：《目击雪域瞬间》

萨迦北寺的建立直接标志着萨迦教派的成立，因为萨迦教派在西藏历史上占有重要的地位，所以萨迦北寺在西藏历史特别是佛教历史上的地位不容撼动。在这里，萨迦教派经历了由小变大，由弱变强的历史变故。也正是在这里，萨迦教派的第五世法王八思巴登上元代"帝师"的宝座，协助元朝中央政府统治西藏全境长达 70 余年。萨迦北寺在元代既作为萨迦教派的主寺，广布佛法于天下，又作为萨迦王朝统治的中心，承担着政治和军事统帅的重任。

2. 萨迦北寺现存状况

1）得确颇章法王殿遗址

遗址位于仲曲河北岸本波山南坡的一个较开阔的台地上，在整个萨迦北寺建筑群偏西侧的位置，地势较高，由萨迦第二祖索南孜摩创建于公元 12 世纪中叶。建筑群内的房屋在 20 世纪 60 年代被全部拆毁，仅存残垣断壁。墙内的建筑分为三组，呈"品"字形排列，南侧一组，北侧两组。根据 2005 年由西藏文物局和陕西省文物研究所对于萨迦北寺的考古调查：南侧的建筑区（I 区）是法王密宫，东北侧的建筑区（III 区）是护法神殿，西北侧的建筑区（II 区）是藏药加工厂。

法王寝宫类似一座四合院，中间是铺着石片的庭院，周围环绕回廊，东、西、北三面的建筑都是两层，残存的墙体厚重而结实。护法神殿中曾经从这里发掘出排列有序的 11 尊护法神塑像残躯，其中有萨迦寺法力最大的护法神"萨迦巴姆"[11] 残躯。藏药作坊还残留着不少当年加工藏药的石臼、石头磨盘、石头磨球和藏药原料。这组建筑据推测原来应该是法王的居所[12]，北侧的大房子面积约为 100 平方米，夯着阿嘎土的地面，至今坚实而平整。室内保留着排列整齐的 12 个柱础，南面墙上原有硕大的落地窗，西面墙上残留着一些壁画痕迹。据史料记载，法王迁往萨迦南寺以后，这里才被用作藏药加工作坊。

2）乌孜宁玛殿遗址

乌孜大殿全名为"乌孜宁玛殿"，地处本波山西侧的陡坡上，上层是古绒颇章，下层为乌孜宁玛大殿，南侧的遗址已经遭到了严重的破坏。废墟之间高差最大处为 20 米，可见当年乌孜宁玛殿存在时候的雄伟景象。这座建筑群在公元 12—14 世纪曾经是萨迦教派宗教活动中心，即使在以后政治宗教中心转移到萨迦南寺以后，这里仍然具有重要地位。建筑群依照地形起伏而建造，高低错落有致。

20 世纪 50 年代，北京大学著名的学者宿白[13]先生曾经对此做过调查，并且绘制了乌孜大殿的平面布局线图。

"乌孜大殿，东向，窄暗门屋之后为阔七间、深五间、二十四柱的经堂。经堂后为阔五间、深三间，内立八柱的西佛堂。西佛堂八柱间距较经堂柱距宽阔。佛堂后壁前主像为释迦。经堂左侧有北佛堂，阔七间、深三间，内立十二柱，柱距较经堂为窄。北佛堂正中设长坛，坛上主像为文殊。经堂右（南）壁内侧，后世加厚壁面时，中间留有一片传为萨班贡嘎坚赞 1216—1251 年管理萨迦寺时期的文殊旧壁画。”[14]

上层的古绒颇章共清理房间六间，最上层殿堂的北壁上有三个圆拱顶的小龛，据调查原来供奉有萨迦五祖中的“白衣三祖”像，这种在墙壁上开龛放置造像做法，是早期建筑的特征之一。旁边的一间是藏书室，有一些残毁的经书和用来做经书架的木板，以及大量的包裹佛像底座的饰有各种花纹的镏金铜皮。根据文献记载，作为护法神殿的两座小房子是北寺最早的建筑之一，建于公元 1073 年，这里原本是存放萨迦寺庙古老的经书的地方之一，房屋的四壁上均残留有壁画，但是构图古朴简单，绘制粗糙；附近残留着大量的铁质铠甲、头盔片和数量较多的铁箭头。

下层的乌孜大殿由南面的乌孜宁玛大殿和北面的佛堂组成。其中北佛堂原有十二柱，多数柱础尚保存完好，地面为阿嘎土夯成，坚如水泥，这里原本也是存放古老经书的地方。乌孜宁玛大殿虽南半部残损，但北半部形制仍很清楚，两排柱础东西间距 3.6 米，柱础坑直径 0.6~0.7 米，可知原来均为粗大的柱子。大殿中央发现有一个直径 2 米多的圆形凹槽，应该是原来放置大型曼陀罗的位置。“这次发掘，出土遗物并不多，只有一些包裹木质佛座的镏金雕饰铜皮和经书残页等，但基本搞清楚了大殿的整体布局、柱网分布、与周边其他建筑的关系，对于我们重新认识这组建筑的宏伟结构和它昔日的辉煌，提供了重要的参考资料。”[15]

图 17–3 萨迦北寺“萨迦五祖”佛塔
图片来源：储旭摄

图 17–4 萨迦北寺“森康宁巴”
图片来源：储旭摄

3）北寺佛塔群

藏族的佛塔是一种与宗教信仰密切相关的建筑，起源可以联系到印度的窣堵坡。从功能上主要分为佛塔和灵塔两大类。用于被崇拜的被称为佛塔，塔内安放佛经、佛像和法物等。灵塔具有特殊的功能，是用来安放高僧遗物等，因此灵塔有陵墓建筑的性质。

北寺佛塔群包括三大一中一小一共五座佛塔，分别为纪念“萨迦五祖”的佛塔（图 17–3）。这些佛塔于 20 世纪 60 年代被毁，而后又在 2000 年被重新修建起来，规模比原来的稍大，现在供前来朝圣的香客纪念“萨迦五祖”。

4）九间佛殿

相对于萨迦北寺曾经占地 73 万平方米的辉煌鼎盛时期，现在残存下来，并且还保留一定功能的佛殿已经屈指可数，包括九座（间）佛殿和一座僧舍，在《萨迦文物志》里被称作“森康宁巴”（图 17–4）。佛殿面积相对都比较小，主要集中在本波山南坡东段，只有一座护法神殿在本波山南坡西段，接近仲曲河向北折流的位置，而处在护法神殿及东段八殿中间的就是现在已被毁的乌孜宁玛神殿遗址。

由于九间佛殿分布得相对比较松散且不规则，根据平面图大致估算：九间佛殿的总面积约等于乌孜宁玛神殿遗址的三分之一。

最西端的护法神殿主要供奉着萨迦教派主护法神——大黑天护法神。东段八间佛殿包括一间帝师灵塔殿，虽然称作“帝师”灵塔殿，供奉在这里的却是帝师的老师（图 17–5）。“帝师灵塔殿”有两层，形式类似于拉康，内供奉有帝师之师的灵塔。灵塔高约 4.5 米，通体包铜，在灯光的照射下，显得金光灿灿十分耀眼（图 17–6）。在“经书殿”里尚存数量不多的经书，都被整齐地放在经书架上，这些经书的数量显然无法与原有北寺藏书或是南寺的“经书墙”相比，但是这也许就是北寺存放经书的原样。

在九间佛殿的墙壁上，发现了极其珍贵的萨迦北寺全图壁画（图 17-7）。这幅壁画绘制的具体时间已经无法考证，但是可以从斑驳的痕迹判断出它已经历经多年风雨。

5）尼姑庵

在距离萨迦北寺残存九间佛殿不远的东边还有一座尼姑庵（图 17-8）。这座尼姑庵没有名字，尼姑有十几位，据她们口述，这座寺庙原本不归属萨迦北寺，只是由于距离萨迦寺较近，多年来一直被当地划归萨迦寺托管。

6）卓玛拉康

在与萨迦北寺同时期建造的佛殿中，卓玛拉康建在萨迦一望无际的平原上，其建筑年代早于萨迦南寺，主体是一座二层的佛殿建筑。可以说卓玛拉康是已知可考的最早建立在仲曲河南岸的萨迦宗教建筑。这里最初是用来作为萨迦法王的官邸之一，萨迦南寺建立起来后，法王放弃使用这里，卓玛拉康开始转变为普通的佛教寺庙。[16]

卓玛拉康的壁画和其他萨迦佛殿的壁画并无太大的区别，但是这里有一个比较罕见的“双层壁画”。双层壁画绘制在卓玛拉康一层入口处左右两侧的墙壁上，高约 2 米，左右两侧的宽度都超过 2 米，上层壁画的下半部分不知道是何原因已经有大块剥落，露出了覆盖在下层的另一幅壁画。正是由于这里先作为法王官邸，而后改成佛殿的情况造就了这种奇特的壁画方式（图 17-9）。里层壁画表现的是古代藏族贵族的生活场景，这恰恰符合当时法王官邸的事实；外层的壁画描绘的就是佛教故事或是佛教法事的场景。

3.《萨迦 谢通门县文物志》关于萨迦北寺的记载

《萨迦 谢通门县文物志》出版于 1993 年，由索朗旺堆主编，其中对于萨迦北寺遗址（建筑部分）有相对完整的文字记载。

1）古绒森吉嘎尔布颇章

该颇章简称古绒寺，当推该寺最早的建筑。门向东，门名“古绒查国”，无前廊，高 3 层。第一层名为遍追康，即经书库。第二层名为力玛拉康，即合金佛殿，主供合金渡母。第三层设昆·贡却杰

图 17-5 萨迦北寺帝师灵塔殿
图片来源：储旭摄

图 17-6 帝师灵塔殿内部的灵塔
图片来源：储旭摄

图 17-7 萨迦北寺全图壁画
图片来源：储旭摄

图 17-8 本波山北坡东部的尼姑庵
图片来源：储旭摄

图 17-9 卓玛拉康里的双层壁画
图片来源：储旭摄

布卧室、护法神殿，面积各为 4 柱，四壁彩绘咕露依咕从印度到西藏经受训诫变为萨迦寺护法神的传奇壁画。建筑为土木结构，藏式平顶，顶上竖立牦牛经幡 11 个，最高者达 5 米，低矮的仅 0.4 米。

2）森康宁巴

森康宁巴，即旧宫殿，又称“拉章夏”，位于古绒颇章东侧，为昆·贡却杰布所建。高 2 层，门向东，底层面积 2 柱，上层面积 4 柱（依山而建），这里主要以底层的修行洞和洞内的珠久神水胜迹而闻名。相传吐蕃时期，洞命名为甲央珠布洞。

3）努·曲美曾卡典曲颇章

努·曲美曾卡典曲颇章，意思是“圣乐宫殿”，位于古绒颇章西侧，为索南孜摩所建。高 2 层，门向东，土木结构，藏式平顶风格，顶部无装饰。下层面积 12 柱，是讲经说法之处，上层面积 8 柱，内设索南孜摩卧室。上、下层均无壁画。

4）乌孜宁玛祖拉康

乌孜宁玛祖拉康，东临森康宁巴，为札巴坚赞所建。建筑为土木结构，上覆盖歇山式金顶。高 2 层，下层平面由前廊、经堂、佛堂三部分组成。前廊无柱，无壁画。经堂面积为面阔 5 间，进深 5 间，内置 16 柱，正面供台上供有萨迦历代法王，皆为金质。

5）细脱格笔玛

细脱格笔玛，又称为细脱措钦大殿，为札巴坚赞所建。高 1 层，门向东，前有一片平整的广场，是喇嘛辩经的场所。大殿无前廊、佛殿，面积为 100 柱，是当时全寺喇嘛的集合之地。四壁彩绘萨迦历代寺主及高僧的传记壁画，大殿内北侧为一护法神殿，面积 6 柱，供吉祥天母、咕露依咕等泥塑像。

6）乌孜萨玛朗达古松殿

该殿为萨班去内地时，由乌郁巴·日白桑格等 3 人主持寺庙期间所建，高 2 层，每层面积 6 柱，土木结构，殿顶覆盖歇山式金顶。下层主供释迦佛，铜鎏金质，高 3 米，左右也供奉释迦佛，为元帝妃卡普玛馈赠给萨班和翻译巴央的礼物。殿内另藏有《甘珠尔》经一部，全由金汁书写。

7）细脱拉章

细脱拉章由萨班·贡嘎坚赞所创，由释迦桑布组织施工。高 4 层，层面积 6 柱，门向南。第一层名为重巴贡康。第二层名为堪强贡康。第三层名为堪强·喇嘛拉康，主供历代萨迦寺主及高僧像。第四层名乃炯拉康，内供有 16 罗汉泥塑像，高 0.8 米，壁画内容不清。细脱拉康在八思巴时期，进行了大规模的扩建。扩建后的细脱拉章依山而建，层叠砌筑，从底部到殿顶拾级而上为 103 级石台阶，高达 9 层。底下三层为实心。第四层名为都堆布贡康，面积 12 长柱，主供咕露依咕泥塑像，高 2 层，约 5 米。第五层为各任寺主灵塔（现移至南寺供养）。第六层以上建筑面积缩小，为僧舍和库房。后来，萨迦寺分裂成 4 个拉章，细脱拉章第一任主持由阔尊南喀勒巴担任。

围绕细脱拉章周围建有众多附属建筑，如众星捧月般，呈“U”形分布，是萨迦政府所在地，往东依次为都堆贡康、德宁夏、果奔夏、准奔夏、孜夏下、囊邦、旺康森琼、八市贡康；往北依次为森琼色札、森琼德钦、嘎雪、杰卡拉康；嘎雪之东依次为聂仓勒孔、嘎玛贡康；按此往南为音仓康、强追勒轰、尼奔夏、朗杰康萨、札仓曲奔。

17.1.3 萨迦北寺布局推测

萨迦北寺作为一个建筑群，坐落在海拔约 4420 米的本波山南坡，建筑群分布在占地约 73 万平方米的广阔山坡上，包括现存遗址的得确颇章法王殿和乌孜宁玛神殿，以及现已修复的南部九殿和五祖灵塔，此外根据山坡上残存不完整的建筑遗址，比较集中的应该有 20 多座形式各异的佛殿，但具体的佛殿范围现已无法考证。

得确颇章法王殿遗址是相对比较完整的，在卫星图上，神殿呈一个倒置的“品”字形，一道巨大的藏式围墙环绕在外，遗址长度约为 57 米，宽约 54 米。“品”字的每个“口”均是一个独立的殿堂建筑遗址。《萨迦北寺考古记》记载：“南侧的建筑区是法王密宫，东北侧的建筑区是护法神殿，西北侧的建筑区是藏药加工厂。”法王密宫前凸在护法神殿和藏药加工厂南面，整个遗址所在地形呈明显的南低北高。

法王密宫是三个独立殿堂建筑遗址中平面相对

比较简单的，从这些遗址的现存状况可以很容易地看出这个建筑原先至少有两层，有可能出现三层的建筑，因为这里的建筑外墙比其余位置都高，下半部的垒石墙体高度更是达到了惊人的2米，如果参照围墙的石土比例，这个密宫的外墙高度可以达到7.5~8米，在这样一个高度里足够安排三层的建筑空间，结合作为法王密宫的建筑用途，在北寺山门的位置建立如此高度的宏伟建筑是完全可能的，作为法王的官邸，还可以作为教派的标志性建筑。

藏药加工厂的遗址平面是三个殿堂遗址中最为复杂的一个，呈不规则的形状。在遗址一层平面上，有大片十分平整的阿嘎土地面。在外墙上能够看见明显的分层痕迹。藏药加工厂也是两层建筑，下层稍低矮，估计是作为药材的储藏和备料间之用，在一层遗址的北边角落里还残留下来几个捣药的石臼，只是现在石臼上早已没有当年珍贵的药材，只有雨水年复一年地留在石臼的凹槽里（图17-10）。

在得确颇章法王殿的东南角落，也就是护法神殿的正前方的一堵矮墙上，发现一块残碑，残碑上用阳文篆刻着10行梵文（图17-11），通过萨迦僧人旦曾塔庆现场认读，是一块介绍性质的碑文，碑文上赫然写着“乌孜宁玛神殿”[17]。不知道是谁将这块残碑搬到这里来的。

乌孜宁玛神殿的遗址在得确颇章法王殿遗址东边的高地上，这两个遗址相距的直线距离大约在50~60米，中间隔着一道山涧。

乌孜宁玛神殿的遗址与得确颇章法王殿遗址一样，都有一道围墙，现仅存三面，唯独缺失东面的一道，在平面上呈现“C”字形（图17-12）。乌孜宁玛神殿遗址已经比较靠近萨迦县北部的萨迦雪，根据陈宗烈先生拍摄于20世纪50年代的老照片，显示神殿在未被毁坏之前，下半部的外观很类似萨迦南寺康钦莫大殿，而上半部明显还存在着一个歇山殿顶，由于是黑白照片，故无法判断出是琉璃屋面还是镏金屋面。

17.1.4 萨迦派主寺南寺的形成与发展

萨迦南寺是八思巴委托萨迦本钦释迦桑布于公元1268年开始兴建的，至第九任本钦阿伦于公元1295年建造寺外城墙为止，前后历经27年陆续修建而成，萨迦南寺在位置上与北寺恰好形成一高一低、一南一北，遥相呼应之势。

图17-10 藏药加工厂残留的石臼
图片来源：储旭摄

图17-11 得确颇章法五殿矮墙上的梵文残碑
图片来源：储旭摄

图17-12 乌孜宁玛神殿遗址的围墙
图片来源：储旭摄

1）建寺选址

仲曲河南岸平地上的萨迦南寺，是一座城堡式的寺院建筑（图17-13）。当年选择地点时，僧侣们一致认为要选择有利防守、有利防火的地点，于是便在本波山上和巴钦颇章山上各架设一门火炮，向山下打石选点，结果一石落在大殿门前左侧，一石落在现在大殿广场中央，涌出泉水，人们认为这是祥瑞之兆，便决定在此建寺[18]。萨迦南寺的主要建筑是在统一设计后陆续建造的，显得集中而规整。城墙分为内外两重，内城高大厚实，东面开大门，四角设有角楼，城墙四面均建有马面，顶部原有垛口，并可供人环绕行走。外城墙“羊马城”墙则相对低矮，用土坯或夯土筑成，外城之外还有护城河壕沟。

2）城堡保卫寺庙的防御模式

萨迦南寺的结构既不同于常见的西藏佛寺，也不同于内地佛寺，是一座典型的元代城堡式建筑，四周筑有护城河及两重城墙。平面几乎呈方形，南北宽约 210 米，东西长约 214 米，总占地面积约 45 000 平方米。内城墙高 8 米，宽 3 米，城墙有收分，为石包砌夯土墙，四角上有 3~4 层的角楼，城墙上有垛口，四方城墙中段有碉楼。外城墙为“口”字形土筑墙。城外护城河宽 8 米（现存遗址发掘），全为石砌。城北、西、南三面无门，只有东面有门（门前原架桥跨护城河，现被毁）。东入口门道狭窄，呈“工”字形，有闸门，城门孔道顶部还开有堕石洞，形成城池的一道防线。萨迦南寺完全是以城防为目的而修建的一座仿元代内地城池结构的寺院，其结构布局以及设计思想都体现了战争防御的要求。

萨迦寺庙作为元代统治阶级在西藏地区的控制中心，采用深沟高墙的防御模式来保卫寺庙本体以及身居其中的高官贵族是不难理解的，究其原因主要有三点：

第一，自从吐蕃赞普朗达玛被杀，吐蕃王朝土崩瓦解。西藏进入长达 400 多年的分裂割据时期。在这期间，西藏皇族与贵族之间频繁发生冲突，不同教派之间为各自利益而发生的争斗等接连不断，直到蒙古势力进入西藏，西藏才再度统一。萨迦派借助元朝中央政府的力量掌握大权以后，西藏的社会局面日趋稳定。但长时期以来社会不安全因素的思想一直牢记在萨迦派的统治者的心里，尽管当时社会已趋于平静，但各教派之间的矛盾并没有完全消除，为了巩固其统治，萨迦统治者必然会首先想到其住所的安全。

第二，以萨迦班智达·贡嘎坚赞、八思巴等为首的萨迦政权统治者具有宽广的胸怀和超凡的个人能力，他们敢于吸收和借鉴外来优秀文化并将其本土化。萨迦南寺的建筑思想，不但包含了传统佛教的曼陀罗[19]思想，而且融入了中国古代修建城郭的军事防御思想。在修建的时候从内地请来汉地工匠。这就使得萨迦南寺在建成之后具有一定军事防御能力。

第三，具有一定的经济基础和防卫能力。自萨迦派掌握西藏大权以后，他们不但可以从元朝皇帝那里得到大批的赏赐，而且还可以从全藏的税收中获取巨大的利益。在公元 1268 年萨迦南寺始建之时，萨迦派已积聚了一定的经济实力，从而使修建这样一座带有军事防御色彩的巨大寺庙成为可能。

西藏的寺庙建筑按照建寺选址的位置分为山地寺庙和平川寺庙，萨迦北寺可以看成是山地寺庙，而萨迦南寺恰恰是平川寺庙的代表。

3）建寺格局和规模

由于战争和自然侵蚀，南寺在历史上经历过多次修葺，我们现在所见建筑为公元 1945 年全面维修时面貌，在布局和风格上仍然比较忠实地保存了原有建筑形式。整座建筑坐西朝东，占地约 4.5 万平方米，主殿居中，共三层，平面呈四方形坛城模式，由拉康钦莫大殿（又称萨迦大殿）、拉康、扎仓、僧舍和城墙及其城墙上的望楼等建筑单元组成，是一座根据密宗坛城模式设计、集藏式和汉式建筑风格于一体的大型建筑。

17.1.5 萨迦南寺的主要建筑

萨迦南寺的主要建筑由面积最大的拉康钦莫大殿、八思巴殿、吉纪拉康、则庆拉康，以及几个扎仓和僧舍组成。城墙和护城河也是萨迦南寺必要的组成部分。

图 17–13 萨迦南寺老照片
图片来源：《目击雪域瞬间》

1）拉康钦莫大殿

拉康钦莫大殿，也称为萨迦大殿。南北宽84.8米，东西长79.8米，通高24.3米，墙基宽度3.5米，总面积约6800平方米。拉康钦莫大殿并不是一个单独的佛殿，与西藏地区许多佛教寺庙的主殿不同，是由一层的大经堂、布康、欧东拉康，二层的平措颇章灵塔殿、卓玛颇章灵塔殿，三层的拉玛拉康以及多个库房组成。萨迦首任本钦释迦桑布奉八思巴旨意，以杰日拉康为蓝本精心设计建造，当时“向当雄蒙古以上的乌斯藏地方各个万户和千户府发布命令，征调人力。于次年为萨迦大殿奠基，还修建了里面的围墙、角楼和殿墙等”[20]。

图17-14 萨迦南寺拉康钦莫大殿内院
图片来源：储旭摄

通往主殿的大门宽约2.5米，双开，每扇门板上镶嵌有三列四行共十二个铜质门钉，门板上装饰有门环。推开主殿的大门看到的是一条长约30米的幽深通道，

两侧各有一条通向二层灵塔殿的楼梯。长长的通道采光不足，显得比较黑暗，而穿过通道就进入一个开敞的内院空间。这个由暗到明，由狭窄到开阔的过程也许是佛教教义的另一种体现（图17-14）。内院空间十分宽敞，长宽分别为27米和24米，院中有一口古井，井台高约0.3米，长宽均为1.5米。该口井是萨迦南寺里供僧人饮用水的两口古井之一，近年来由于地下水位变动，已经干涸，已被条石封闭。

（1）大经堂

大经堂位于内院的西边，整个大经堂是拉康钦莫大殿里独立体量最大的经殿。面阔66米，进深较浅有23米，高度达到8.7米。大经堂里有10列4行，一共40根立柱，其中有4根柱子是非常有名的，统称“甲纳色钦嘎那”，意思是“皇帝送的柱子”[21]。从北至南分别是“流血柱子”（又称为“淌血柱子”）（图17-15）、“忽必烈柱子”（图17-16）、“老虎柱子”（图17-17）和“野牦牛柱子”。相传“忽必烈柱子”是元代皇帝忽必烈所赐，而“老虎柱子”和“野牦牛柱子”是由老虎和牦牛负载而来，“流血柱子”是伐倒树木时流淌出乌血得名。四根柱子都是由西藏樟木地区出产（另一说取材于定结县），柏木质。这四根柱子没有过多的加工，仅仅是刷上各色的涂料。直径最大的是“老虎柱子”，这根柱子上钉有一张完整的虎皮，柱子下部直径约1.7米，通高6.6米，柱础直径1.65米，需要两人合抱。大经堂里最具有历史价值的是安放在大经堂西墙的经书墙。这面经书墙从设立到今天已经历经700多年的历史，与瓷器墙、壁画墙和佛像墙并称为“萨迦四宝”。据测量，这个经书墙全长57.2米，宽1.3米，有经书仓464个，共藏书44 000余卷，人称“天成神妙殿，倒墙不覆经”（图17-18）。

经书内容主要为105部乃塘版《甘珠尔经》，在这些经书中还包含有一部罕见的《布德甲龙马》大藏经，长1.8米，宽1.03米，厚0.67米，这部巨著对西藏宗教、历史、哲学、文学、农牧等都有论述，内容十分丰富。这里还曾经藏有国宝——贝叶经，这是一种将梵文绘制在贝叶上的经书，每片贝叶上绘有四幅佛教彩色插图。贝叶经原有100部留世，每部100~200叶，现在仅存21部，极其珍贵，尤其以《八千颂般若波罗蜜多》经为最[22]。大经堂的壁画特点非常鲜明，在这些以绿色为背景颜色的壁画图

图17-15 “流血柱子”（左）
图片来源：储旭摄
图17-16 忽必烈柱子（中）
图片来源：储旭摄
图17-17 老虎柱子（右）
图片来源：储旭摄

案里，可以明显地看到带有金顶的汉式建筑，有些还是两层甚至三层，还有些反映的是藏族人民生活与朝圣的场景（图 17–19）。此外大经堂里供奉有大佛 16 尊，小佛众多，主供佛为中间的释迦牟尼，还供有萨班・贡嘎坚赞骨灰。

图 17–18 大经堂里的经书墙
图片来源：储旭摄

图 17–19 反映西藏人民生活的壁画
图片来源：储旭摄

图 17–20a 欧东拉康里表现萨迦南寺建造的壁画一
图片来源：储旭摄

图 17–20b 欧东拉康里表现萨迦南寺建造的壁画二
图片来源：储旭摄

（2）欧东拉康

欧东拉康全称“欧东仁增拉康”，位于内院北边，面对内院开一门四窗。这间拉康分为内外两间，内间称作北殿。欧东拉康外间面阔约 22 米，进深约 15 米，高度与大经堂相仿，整个拉康外层布置有 8 根柱，柱身有明显的收分，且装饰精美，柱头雕刻比较简单。欧东拉康里布置有壁画、佛像、坛卡和灵塔，属于布置比较齐全的佛殿。这里供奉有释迦牟尼和几个护法神，而壁画却相对丰富得多，东、西、北三面墙上绘制的壁画多是佛祖与菩萨，唯独南面墙上绘制的却是反映寺庙里僧人生活与学习的场面，以及建设萨迦南寺时热火朝天劳动的场面（图 17–20）。壁画背景是萨迦南寺，使用了立面展开图画法：以萨迦南寺拉康钦莫大殿内院为中心，向四个方向分别绘制四面墙的立面。很显然，当时壁画的画匠创作壁画的位置就是内院，他把萨迦南寺主殿当成一个立方体拆解成六面，取其周边四面水平放置，以内院为中心调整好方向后开始作画。这样的布置使得整幅壁画看来带有明显的坛城画特点，重点突出，而又不显得杂乱无序（图 17–21）。萨迦壁画多属于歧乌热画派，细腻的线条、奔放的用色恰恰都是该画派的特色（图 17–22）。

欧东拉康内殿是拉康强，这个佛殿最大的特点就是没有开窗，室内光线的营造完全是凭借室内的烛火以及一扇大门（图 17–23），给人的感觉颇为神秘。北殿的面阔约 28 米，甚至超过了欧东拉康的外间，进深约 11 米。拉康强有柱 2 行 6 列，总计 12 根，这里也是所见不多未使用束柱的佛殿。柱头和柱础的做法和欧东拉康外间如出一辙，如此可以从侧面证明，欧东拉康的内外间建造的时间基本相仿。这里主要供奉历代萨迦教派高僧大德的灵塔，由于历史久远，很多灵塔都已经失去原来的光彩，但是如此多的灵塔布置在一起给人感官上的冲击力还是很强的。北殿的左右两面山墙上各开有一个门，是通向耳房的，两间耳房布置得更像是存放物品的储藏室，悠长而昏暗且常年封闭，空气不能流通。据寺庙里的僧人回忆，这里曾经是用来关押触犯佛法或是有违寺规僧人的。

（3）普巴拉康

普巴拉康位于主殿一层内院的南面，与欧东拉康相对。殿内的形制基本与欧东拉康的外间相仿，比后者面宽略大，多了2根柱，共计10根，面阔6间，约26米，进深约15米（图17-24）。为了方便进出，普巴拉康将最东面的一扇窗改成了门，这样做的好处也是显而易见的，朝圣者可以有序而安全地拥有一个“转经回路”。普巴拉康内部的装饰与欧东拉康如出一辙，供奉多个灵塔，这样的布置似乎有意与欧东拉康形成呼应。这里供奉着萨迦三面喜金刚（图17-25），根据萨迦僧人旦增塔庆叙述：许多人认为萨迦的红白蓝三色分别象征着文殊菩萨、观音菩萨和喜金刚菩萨，但是萨迦教派内流传着另一种说法，萨迦的三色恰恰象征着喜金刚的三面。普巴拉康的西墙上布置了整面的小佛像，这些佛像被分别放置在大小各异的神龛里，足有上千个（图17-26）。这些体型比常见的擦擦[23]略大，而雕刻工艺及其精美的佛教雕像构成“萨迦四宝”之一的“佛像墙”。

拉康钦莫大殿的二层主要是由平措颇章灵塔殿、卓玛颇章灵塔殿以及经书殿组成。由于一层的佛殿垂直高度都比较高，所以拉康钦莫大殿二层南、西、北三面均为佛殿上空，分别对应布康、大经堂和欧东拉康。

通过一层通道左右两侧的耳房可以到达二层的平措颇章灵塔殿以及卓玛颇章灵塔殿。平措颇章灵塔殿位于主殿二层北角，由一个长20余米、宽8米的佛殿以及一个进深只有灵塔殿一半的库房组成。平措颇章灵塔殿由三根直径0.35米的柱支撑，采用顶部采光方式。根据测绘平面，这三根柱恰好应该与位于其正下方的库房里的主支撑柱对位。平措颇章里间的库房显得相当破旧，是由于缺乏必要的维护造成的，这里的墙上绘制有历史久远的壁画，估计其年代应该与萨迦南寺同时期完成。大殿二层右边的卓玛拉康灵塔殿供奉着“萨迦五祖”的雕像，是一个相对规整的空间，两根直径0.35米的支撑柱恰好位于佛殿的正中，而顶部开天窗采光的方式，更为神殿蒙上了一层神秘的面纱。其实这样的布置是为更好地安排殿内五祖佛像，朝圣者在佛殿的每一个角落都能清楚看见“萨迦五祖”的雕像。

拉康钦莫大殿的三层必须从室外才可登上，通过安置在主殿入口南边的一跑长梯登上。这跑长梯不同于一般寺庙里见到的楼梯，踏步足有42阶，每一阶踏步高度均超过0.3米，而阶面的宽度却小于0.2

图17-21 表现主殿的壁画
图片来源：储旭摄

图17-22 岐乌热画派的壁画
图片来源：储旭摄

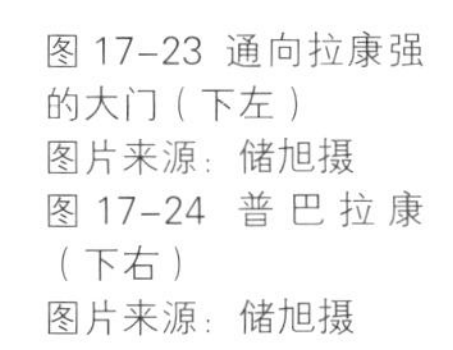

图17-23 通向拉康强的大门（下左）
图片来源：储旭摄
图17-24 普巴拉康（下右）
图片来源：储旭摄

图17-25 萨迦三面喜金刚（左）
图片来源：储旭摄
图17-26 萨迦南寺佛像墙（右）
图片来源：储旭摄

米（图 17–27）。这样的设计更多的是考虑到防卫的需要：一旦敌人进攻，从大殿三层可直接把长梯撤掉，在冷兵器时代，这样的防守方式无疑是“一夫当关，万夫莫开”。

拉康钦莫大殿三层由西北角的三间护法神殿、北边的露天天井以及环绕整个二层的遮雨回廊组成。护法神殿的室内屋顶可看到明显的密肋结构（图 17–28），部分檩条被涂成了天蓝色。不同于常见的藏式建筑，护法神殿的内间供奉着萨迦教派护法神“大黑天”和“尸父尸母”。北边露天的天井看起来其实更像是一个两层的庭院，庭院的一端通向正东面的库房，庭院的另一端则通向法王私人使用的卫生间。环绕二层的防雨回廊被西面的墙分成两段，两段均绘制有精美且历史悠久的壁画，这里就是“萨迦四宝”之一的壁画墙。根据史料典籍查考，这些画工精美的壁画绘制年份为公元 1295 年，也就是萨迦南寺建立之后的第 27 年。壁画题材分为两大类：一类是叙述萨迦神话和萨迦著名人物的故事类壁画；另一类是宣扬佛法降妖驱魔的坛城类壁画。故事类壁画主要集中在南面墙上，而坛城类壁画主要集中在西面墙上。南面墙上绘制的故事类壁画以中间一尊释迦牟尼为主，身边围绕着众多佛祖弟子。这组壁画以红、蓝和绿色为主，色调搭配协调，历经百年颜色依旧艳丽。西面墙上绘制的坛城类壁画可谓难得一见，这些坛城有两个特点：坛城个体比较大；图案绘制密度很高（图 17–29）。在长达 63 米的西面墙上，绘制了 20 个大坛城[24]，44 个小坛城，每个坛城的直径约为 2.2 米至 2.5 米（小坛城直径约 0.8 米至 1 米），绘画的风格完全一致。每个坛城分为四个圈层：最外圈是由红、黄、蓝、绿四色构成的光圈，象征着佛教的普照佛光；往里一圈是由形如艾草的花瓣状装饰，这种装饰的效果是非常明显的，长时间的凝视会使人觉得花瓣是在不停地生长，这圈装饰多半含有生生不息的意义；再向里一层是主要的装饰层，这里一般会出现一种主要的颜色，有的是红色，有的是绿色，这一层装饰的颜色会决定整个坛城的主色调；最内层就是坛城的本体，坛城宣扬的是“天圆地方”的理念，同时也暗含有因果轮回的“圆”的佛教含义。

图 17–27 萨迦南寺大殿楼梯（左）
图片来源：储旭摄
图 17–28 护法神殿屋顶室内的做法（右）
图片来源：储旭摄

图 17–29 壁画墙的坛城
图片来源：储旭摄

“壁画墙”坛城列表（表 17–1）：

表 17–1 “壁画墙”坛城

坛城编号	坛城名称
1	桑堆江白多吉金廓（密集妙吉祥金刚坛城）
2	桑堆坚惹色金廓（密集观音自在坛城）
3	桑堆米觉巴金廓（密集不动金刚坛城）
4	摩哈摩呀金廓（摩耶佛母坛城）
5	给·多吉那波鲁金廓（喜金刚那波宗坛城）
6	给·多吉措给鲁金廓（喜金刚措金宗坛城）
7	给·多吉孜贝鲁金廓（喜金刚孜贝宗坛城）
8	给·多吉米阿鲁金廓（喜金刚米阿宗坛城）
9	多吉印金廓（金刚界佛坛城）
10	白巧当白日追金廓（金刚坛城）
11	多吉咕露堪卓拉惹德金廓（金刚空约坛城）
12	科洛德觉珠钦那布鲁金廓(胜乐金刚那布宗坛城）
13	科洛德觉罗黑巴鲁金廓（胜乐罗黑巴宗坛城）
14	科洛德觉康珠加嘉金廓(胜乐善巧成就旨坛城）
15	科洛德觉波坚金廓（胜乐坛城）
16	普巴多吉寻隆金廓（金刚橛寻隆坛城）
17	普巴阳达玛美咕金廓（金刚橛坛城）
18	多吉达美玛哈姆金廓（金刚坛城）
19	白敦吉科洛金廓（吉祥时轮金刚坛城）
20	欧松衮乃炯哇金廓（吉祥时轮坛城）

拉康钦莫大殿四层和五层并没有佛殿，高差也并不大，甚至可以看成是一层。这层应该被看做整

个萨迦南寺主殿的技术层，包括一个用于活佛居住的房间，一个闭关的暗阁，以及环绕寺庙主殿屋顶的检测通道。活佛居住的房间位于主殿的西北角，占据着寺庙最高的位置，在这里可以遥望山坡上的整个萨迦北寺。活佛的房间长宽分别为13米和7米，分为3间，其中一间为活佛的厨房和餐厅，一间为会客室，而最里间则是活佛休息的地方。穿过活佛居住房间，是一个长方形的露台，供活佛休息之用。北面有一个用于高僧闭关修炼的闭关室。屋顶的检修通道是这里最有特色的，顺时针共有6个进出口，从这些进出口可以方便地进入这条环绕主殿的检修通道。这条检修通道高不足1米，宽0.8米，人必须在其间蹲下慢慢前进，且狭窄不能转身。仔细观察这条通道的横断面，是一个倒置的直角梯形，靠外的一侧上大下小，且下方设置有木格，当年的僧人需要对萨迦南寺的外墙进行涂刷的时候，就携带涂料从这里进入检修通道，把涂料从木格中倒下，因为萨迦南寺外墙有收分，涂料倒下后顺着外墙向下流淌，这就是萨迦南寺外墙的涂装方式。

2）其他佛殿

（1）八思巴殿

八思巴殿原名拉康拉章，为贡嘎桑布主持修建。该殿位于萨迦南寺主殿的西南方向，中间相隔一排僧舍，门向东，全高2层，实际高度相当于普通佛殿建筑4层高。主体包括八思巴殿、护法神殿和僧舍。主殿建立在3.4米高的石质台基上（图17–30），原址为“帝师”八思巴的寝殿，已毁，主体建筑重建于1970年，由居住在拉萨的萨迦派高僧和活佛出资修建，1971年建成，基本恢复历史上八思巴殿原貌。佛殿主体高度约为11米，檐口高度2.6米，面宽35米，进深14米。由一道隔墙将整个佛殿划分成左右两个部分，右边空间被用作经堂。这里一方面供奉“萨迦五祖”之一的八思巴，另一方面在萨迦新的佛学院建成之前被用作萨迦佛学院显宗初级和中级班的学习场所，大部分的萨迦僧人都是在这里完成显宗初级和中级佛教考试的。

八思巴殿的经堂里布置着2排4行共计8根方木柱，边长为0.4米。由于是后期重建，木柱的加工工艺明显比较精细，而柱础却沿用原先的遗留，为石质圆础。

经堂供奉着八思巴塑像，最有特色的是供奉在西面墙上的“二十一度母”，正中间供奉一尊白度母[25]，形体高度约为其余佛像的3~4倍，白度母身边环绕着形神各异的20尊度母（图17–31）。在西藏的寺庙里经常可以看到供奉有度母像的，但是通常为一尊“白度母”[26]或是“绿度母”[27]，而像这样同时供奉有所有二十一尊度母像的佛殿却并不常见，据萨迦僧人介绍，这尊二十一度母像是西藏甚至全世界唯一的[28]。

八思巴殿还有一个比较独特的装饰：顶棚被织物覆盖。织物覆盖顶棚的装饰方式在西藏并不少见，覆盖顶棚织物图案并不是常见的一般藏式花纹，而是汉族常用的寿星和蟠龙图案（图17–32）。织物共5件，2件绘制有寿星图案，另外3件则绘制蟠龙，形象逼真，细节精美。仔细观察这些织物，不像藏地的手法，据寺庙里僧人回忆，其制造的年代大致在清朝中前期，系清中央政府赠送给萨迦寺庙[29]，当时就布置在八思巴殿，后佛殿毁坏时被僧人收藏，直到新殿重建后才取出布置于此。

图17–30 八思巴殿
图片来源：储旭摄

图17–31 八思巴殿里的二十一度母
图片来源：储旭摄

图 17-32 蟠龙图案的织物
图片来源：储旭摄

图 17-33 则庆拉康
图片来源：储旭摄

图 17-34 康巴扎仓
图片来源：储旭摄

八思巴殿附属的护法神殿也是特色十足，护法神殿里供奉着萨迦主要护法神之一“大黑天”，墙壁上绘制有尸棒[30]的内容。

（2）吉纪拉康

吉纪拉康位于萨迦南寺入口，平面上与康巴扎仓相对，紧靠萨迦城墙。吉纪拉康的外形并不引人注目，远看起来更像是一面空无一物的墙。这座建筑的入口在二层，直接面向萨迦城墙，现在是寺庙民管会的办公室。

（3）则庆拉康

则庆拉康位于萨迦南寺主殿门前北侧，是一个左右完全对称的两层建筑。不仅仅立面对称，平面上也是完全对称，这样完全对称的建筑在汉地似乎很常见，但是在藏式建筑里却是难得一见（图 17-33）。

则庆拉康高约 9.7 米，面宽 39 米，进深 28 米，除去建筑北部的一个附属建筑，整个建筑平面恰恰是一个矩形。进入则庆拉康是一个长 22 米、宽 3.5 米的中庭空间。这个空间因为长宽比例的问题显得十分狭窄，人行走其间感到采光不足。中庭空间的北部是 3 间不大的佛殿，现用于存放杂物，中庭空间东西两面宽不足 4 米的山墙上，各开有两扇门，分别通向 4 个大小完全相等的佛殿空间。这些佛殿由 4 根木柱支撑，地面平整干净，现在被用作经书编目人员的休息室。

（4）康巴扎仓

康巴扎仓位于萨迦南寺主殿入口南侧，是一个三层的建筑。一层在东、南、北三面各开有一个入口。该建筑内部没有木柱，完全凭借墙体承重。建筑主体经过多次大修，现作为萨迦寺庙旅游纪念品出售处（图 17-34）。

（5）入口扎仓

该扎仓名称奇特，因位于萨迦南寺入口右侧，又名门口扎仓。扎仓紧贴着南寺城墙，主体为两层建筑，长 36 米，宽约 6 米。正是由于这种狭长形的平面，这个扎仓内部空间使用起来功能比较单一，用来会见一般的客人，现为寺庙临时办公室。

（6）僧舍

僧舍被称作“康村”，是寺庙里的僧人日常生活起居的场所，是寺庙的重要组成部分。藏族的僧人一旦进入寺庙进修佛法，就会被寺庙按照生活地域的不同分派到不同的“康村”里。一般一个僧舍里寄宿着两到三名僧人，这些僧人都是来自相同地域以及有着相似学习经历。康村中包含大小不等的僧舍、规模较小的经堂、厨房和卫生间，这些僧舍的外观和藏族民居并没有太大的区别（图 17-35）。

萨迦南寺的僧舍不同于一般寺庙的僧舍，分为两种类型：一种是藏式民居的僧舍，集中在萨迦南寺中的西面，这种僧舍为一层，房屋的平面呈“凹”字形或是“L”形，所有的僧舍都带有院落，向阳面开有大窗，便于僧舍采光，背阳面只开设有小窗，僧舍彼此相连；第二种是碉楼形式的僧舍，这种僧舍里居住的都是寺庙的管理人员和等级比较高的喇嘛，这些僧舍分布在萨迦南寺城墙的四个角楼里，具有良好的视野和采光。

3）城墙和护城河

萨迦南寺的城墙分为内外两层，内城墙高大厚实，曾经多次维修，保存完好，在东面正中，开设城门，四角各有一座角楼。外城即羊马城城墙相对低矮单薄，东面曾开设有仅容2人并行的小门，其外的东、南、西三面还有护城河壕沟环绕，北面紧邻仲曲河，形成天然屏障（图 17–36）。

（1）内城防护墙和羊马城

萨迦南寺建筑以拉康钦莫大殿为中心，寺庙外围修有一道方形的高大厚实的防护墙，墙体采用泥土夯筑而成，这也是西藏早期筑墙的一个特点。如此筑成的土城墙既坚实又牢固，而且进一步增大城墙外侧的坡度，加大了敌人攻城时的难度。城墙顶部夯土层的厚度超过20厘米，夯土技术的提高使城墙的坚固程度和防御能力都得到了大大加强。在内围墙上设有垛口和向外凸出的马面墙台。垛口是指城墙上凹凸形短墙间的开口。马面墙台因形如马面而得名，通常与墙体一并夯筑而成，台面一般呈长方形，面积大小不等。垛口和马面墙台的构筑，主要是为了在战时有效地打击敌人。防护墙外构筑低矮的土城——羊马城，以增强战时的抗击能力，高大的防护墙和低矮的羊马城共同构成萨迦南寺的两道内层保护屏障。

（2）角楼和敌楼

角楼位于内围墙的四角城墙拐角处，它是由城门上的城楼扩展和延伸而成（图 17–37）。角楼的楼身向城墙外部凸出，顶部向里凹进，上下收分。这种布置方式有助于角楼内的守军从侧面攻击攀墙进攻之敌。敌楼位于内围墙南、北、西三面的正中，楼身向城墙外凸出。敌楼守军不仅可以从各个方向攻击来犯之敌，而且可以支援角楼和羊马城上的守军。内城墙中部设城门，城门异常坚固。在城门上方设有高大的门楼座，门洞内设闸门，门道十分狭窄，平面呈“丁”字形。门楼下部设军事坠洞多处，便于战时从上面向敌人投掷石头进行防御（图 17–38）。在城门外面还另筑有一短墙，短墙的上部直接与门楼相连，类似于汉地的瓮城，平时既不会妨碍城内外交通，又能阻止城外敌人直窥城内虚实，

图 17–35 萨迦南寺僧舍
图片来源：储旭摄

图 17–36a 萨迦南寺城墙
图片来源：储旭摄

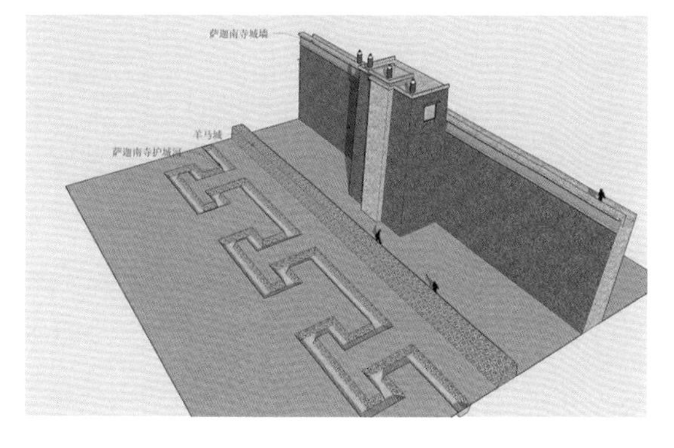

图 17–36b 萨迦南寺城墙示意图
图片来源：储旭绘

图 17–37 萨迦南寺角楼
图片来源：储旭摄

图 17-38 萨迦南寺的入口（左）
图片来源：储旭摄
图 17-39 萨迦南寺护城河遗址（右）
图片来源：储旭摄

而且战时便于军队的调动，增强了城门的防御能力。“一旦遇有战事，角楼、敌楼和门楼城门的守军便可互为犄角、遥相呼应，共同御敌。”[31]

（3）萨迦南寺护城河遗址

萨迦南寺的最外层防御设施就是护城壕，壕内有水。城壕建设是中国古代城郭建设的一个重要特征，但是在西藏有护城壕的建筑却并不多见。

根据考古发掘的结果，羊马城城墙的平面布局和结构以及与护城河壕沟之间的关系已经基本清楚。羊马城城墙与护城河壕沟实际是一个整体建筑，羊马城的城墙直接修建在护城河壕沟内侧之上，与高大的内城墙相配合，构成一套完整的立体防御系统。护城河的平面呈现一种藏式吉祥结的形式。护城河壕沟的剖面结构呈倒梯形，这也是一般古代城市护城河常用的形式，这样做的好处显而易见，既能够最大程度防御敌军的突破，又能减小施工时工程量。城壕上部宽 4~6 米，底部宽 3~4 米，内外两侧相互平行，均有石块砌成的坚固护坡，底部铺有卵石，最深处可达 3 米（图 17-39）。护城壕沟西、南两面各有三处锯齿状的凹进部分，这些部分一般凹进 5~6 米，长约 12 米。羊马城城墙在南侧东部和东侧南部尚保存有局部墙体，高 1.8 米，墙基用石块直接砌筑在护城河壕沟内侧石砌护坡上，墙体为夯土或土坯筑成，墙顶部有石片遮檐。

17.1.6 萨迦主寺南寺形式意象与壁画装饰艺术

1. 萨迦南寺的形式意象

1）“曼陀罗”平面

早在公元 11 世纪，萨迦北寺建立之初，整体平面布局，尚未摆脱前弘期佛教寺院的影响，平面体现了佛教世界观和宇宙精神（曼陀罗）的象征。佛教宣传“空苦”观，看破红尘，鼓动人们断绝对现实的期望，脱离苦海，去往佛界净土，净土不是举足可达。佛性在我心，佛境在彼岸，于是，佛教虚构出一个世界图景，创造了一个精神宇宙。佛教认为：世界的中心是须弥山，山顶为帝释天所居，山腰四面为四大天王所居，各护持一方天下。山之周围有七香海、七金山。第七金山外又有铁围山所围绕的咸海。咸海四周则有四大部洲、八小部洲。如此复杂的世界结构，凡夫俗子自然难于窥见，于是佛教艺术大师们煞费苦心地把寺院建筑作为佛国净土的象征，在整体平面布局上形象地显现出这个世界的图景，这就是西藏寺院建筑的“曼陀罗”结构。

西藏的寺院在修建之时十分看重“曼陀罗”形式，而这种形式最直接地反映在寺院的平面布置上。藏传佛教的僧人坚信圆是佛教的教义体现，藏族佛教寺院最初的壁画均为坛城，而这种直接对于坛城形式的模仿，导致佛教寺庙的平面极容易出现相似甚至完全相同的情况，只是在佛殿等级的大小上有所区别。

萨迦北寺的平面现在已无法确切考证，在温波山南坡 73 万平方米的广阔土地上，呈现一种相对自然的零星分布；萨迦南寺的平面则是严格地按照“曼陀罗”形式布置。这种平面的布置并不是刻意模仿坛城，而是为了更好地满足防御的要求。拉康钦莫大殿布置在南寺正中的位置，象征以萨迦法王为代表的统治阶级至高无上的权力；僧舍集中在南寺内西边，众多扎仓和拉康在南、北方向环绕拱卫着拉康钦莫大殿。

2）“三界”空间序列

藏传佛教中有“六界”之说，即地狱、冥界、傍生（牲畜）、人间、阿修罗和神佛界，世间所有的生命都在这六界之中往复轮回，这就是通常所说的“六道轮回”[32]。同样佛教又有“三界”之说，即欲界、色界和无色界，欲界是人类对于食欲和淫欲的象征，代表着人间生老病死等最痛苦的现实，众生都生活在这层欲界里；色界在欲界之上，在这里人们已经没有食欲和淫欲的诉求，但是身体和随身器物尚在；无色界则是最高的，在这层界里，人们已经无欲无求，且已无身无器。

萨迦南寺的立面设计就充分体现了佛教“三界”之说，主要体现在萨迦城墙和拉康钦莫大殿上。萨迦南寺城墙在设计以及施工上明显地分成三部分。城墙最下层是完全由巨大的石块堆积而成，象征着痛苦的欲界；城墙的中段是整个城墙立面上比例最大的部分，由夯土筑成，上绘制有萨迦标志的三色，象征着色界；而城墙最上层的边玛墙设置的整齐而有气势，一方面是给城墙立面做“收头”，另一方面象征着最高的无色界，高高在上无人企及，恰给人涅槃净土的感觉。

2. 萨迦寺壁画

考古资料证明，在距今四五千年的新石器时代，西藏地区就已经有了相当发达的文明，西藏绘画艺术的起源，最迟就可以上溯到这个时期。在佛教传入西藏之前，西藏原始的、土著的早期绘画艺术已经历了漫长的发展历史，为以后宗教绘画艺术的兴起、传播和发展打下了初步的基础。[33]

西藏早期的壁画曾明显地受到过外来文化的影响。首先从尼泊尔的艺术风格中汲取了营养。由于松赞干布迎娶尼泊尔的尺尊公主为妻，不少绘画艺术家也随之来到西藏。其后，以尼泊尔为主体，包括克什米尔、印度在内的所谓“佩孜”[34]绘画风格，在一个比较长的时期内对西藏壁画艺术起着最重要的影响，在日喀则以及江孜地区的许多寺院中都留下了很深的印记。另一对西藏寺院壁画风格造成较大影响的是内地的汉式流派。松赞干布迎娶文成公主入藏时，大批汉族工匠把汉式艺术风格带入了西藏。在今天所能见到的西藏寺院壁画中，无论是纯粹的尼泊尔式或是汉式的风格都不存在了，它们已经完全融入了西藏自己的绘画风格中。

萨迦寺院的壁画类型是歧乌热画派[35]，这一画派的绘画特点是：奔放活泼，用色强调对比，注重色彩的浓淡变化，惯用渲染退晕技法，笔触相当细腻，勾线粗细不一，富于顿挫变化。在画面组织上自由起伏，主题突出，层次鲜明，构图丰满。

藏传佛教寺院壁画还有一类很特别的布局形式，那就是“坛城图”，而萨迦寺庙南寺著名的壁画墙上的壁画就是典型的“坛城图”。坛城意味着一种专事修炼的神圣场地或空间，它可以是平面的，也可以是立体的，坛城的形象通常是佛的宫殿，由外到内以圆形和方形层层相套而成，正中间是主尊神，外面的圆形以水图案及火图案装饰；第二层起用圆形的金刚图案、水图案、莲花图案装饰，以示大海、风墙、火墙及金刚墙、莲花墙、护城河，内套正方形图案，以示坛城的屋檐，层层深入，直至主尊殿，并用白、绿、红、黄四色以象征四方（图 17-40、图 17-41）。整幅图结构复杂，抽象与具象手法并用，绘制难度很大，只有具备高超技艺和丰富宗教知识的画师才能绘制。萨迦寺庙的佛教绘画十分讲究色彩的运用，达到了相当高的水平。由于使用了独特的天然矿物质原料，壁画画面效果沉着、厚重而艳丽，历久如新，有的壁画甚至在千年以后仍然鲜艳如初。

3. 萨迦寺佛教造像

公元 1267 年，尼泊尔著名的艺术家阿尼哥从喜马拉雅地区来到了元大都，作为一个建筑师、造像师和绢画织造师为元朝皇帝忽必烈及其继任者服务了 45 年，在其后的元明两代数百年时间里，他在中

图 17-40 萨迦南寺壁画墙的坛城壁画一（左）
图片来源：储旭摄
图 17-41 萨迦南寺壁画墙的坛城壁画二（右）
图片来源：储旭摄

国佛教界的知名度非常高。而在萨迦寺内阿尼哥为萨迦班智达建造的大金塔已荡然无存，根据《萨迦世系史》的记载认为，阿尼哥“为此塔建设费时两年”，当年八思巴第一次见到阿尼哥时，这位艺术家“给他留下了很深的印象”。没有确切的史料证明阿尼哥于公元 1261 年来到萨迦，但很可能在忽必烈于公元 1260 年发布敕令为纪念萨迦班智达建一座金塔之后，年轻的阿尼哥与其他 80 位尼泊尔艺匠一起受邀首次来到萨迦，因此，一些带有阿尼哥风格或来自他的作坊的铸像以及绘画、塑像存在于萨迦寺也是很自然的事（图 17–42、图 17–43）。

4. 建筑装饰艺术

在八思巴殿的吊顶上，直接使用锦缎织物将天棚结构遮盖，锦缎上并不是藏地传统的六字真言或是吉祥结，而是在内地比较常见的寿星形象，寿星形象分为两种，一种为单人（图 17–44），一种为骑鹿（图 17–45）。更为难得一见的是，锦缎的图案还有盘龙和飞凤的造型，中央盘踞一条金龙，两边各有一只凤凰，还依稀可见四个朱红大字“龙凤章诰”（图 17–46），据寺里的僧人介绍，这是由清朝的某位皇帝御赐萨迦寺的，考虑到八思巴大师曾为元代帝师，后世有这样的封赐也是合乎情理的。其余几个殿堂在天棚下悬吊垂类似布幔的皱褶织物，在堂内的中心位置或主供佛的位置再吊挂矩形的织物，形如伞罩，僧人称之为“经盖”。

类似汉地建筑的平棊做法在萨迦寺的拉康钦莫大殿一层也有出现，因为是寺庙等级最高的佛殿，所以建筑装饰的等级也最高。这种天花完全布满拉康钦莫大殿顶棚，看上去显得气势恢宏。从佛殿地坪至平棊天花大约高 8~9 米，四边用边框加固，中间用若干互相垂直的框料把天花板连接成整体，划分成水平方向 12 格，进深方向 8 格，共计 96 个方形格子，边长约 0.6 米，每个格子以彩绘的方式画有蓝底八瓣莲花，围绕中间红色圆形图案，用金色勾边及书写多个藏文咒语。每个格子边框和交接处上粘有金刚杵法器图案。

图 17–42 萨迦南寺佛教造像一（左）
图 17–43 萨迦南寺佛教造像二（右）

图 17–44 单人寿星图案（左）
图片来源：储旭摄
图 17–45 骑鹿寿星图案（中）
图片来源：储旭摄
图 17–46 龙凤章诰（右）
图片来源：储旭摄

附表 萨迦寺分寺一览表

序号	寺庙名称	所在地点	备注	序号	寺庙名称	所在地点	备注
1	仁钦岗寺	萨迦县	尼姑庙	46	座龙寺	后藏	尼姑庙
2	莎桑寺	萨迦县	尼姑庙	47	卡苗公则官寺	后藏	
3	曲古能布寺	萨迦县		48	座巴德娃介寺	后藏	
4	东嘎曲定寺	萨迦县		49	资旦·札拉寺	后藏	
5	普穷堆寺	萨迦县	尼姑庙	50	洛洛久屯寺	后藏	
6	拉当查卜切寺	萨迦县		51	曲龙寺	后藏	
7	拉当德庆寺	萨迦县	尼姑庙	52	夏赫强巴寺	后藏	
8	考哇来寺	萨迦县	尼姑庙	53	卡达曲旺寺	后藏	
9	琼堆寺	萨迦县		54	多吉寺	后藏	
10	真知寺	萨迦县		55	格丁寺	后藏	尼姑庙
11	郭家则宗寺	萨迦县	尼姑庙	56	丁结寺	后藏	
12	普穷扎岗寺	萨迦县	尼姑庙	57	布让宫寺	后藏	
13	长苏庄扭寺	萨迦县		58	皮德西娃寺	后藏	
14	香人官沙寺	萨迦县	尼姑庙	59	仰岗寺	后藏	
15	官巴屯寺	萨迦县		60	山木业寺	山南	
16	香卜屯寺	萨迦县	尼姑庙	61	泽当哲蚌岭寺	山南	
17	普日仲洛寺	萨迦县		62	耶龙扎西曲德寺	山南	
18	班旦哲寺	萨迦县		63	重堆茶仓寺	山南	
19	查绒卜松寺	萨迦县		64	农热塔过茶仓寺	山南	
20	查绒居角寺	萨迦县		65	吉德肖东布杰名寺	山南	
21	查绒官巴杰寺	萨迦县		66	贡嘎曲德寺	山南	
22	肖美官寺	萨迦县		67	拉多扎寺	山南	
23	查绒卜热寺	萨迦县		68	百堆全扎寺	山南	
24	拉孜·长母旦寺	后藏		69	煌当洛卜官寺	山南	
25	拉孜·忙嘎寺	后藏		70	半布兰堂寺	山南	
26	拉孜·卡雄寺	后藏		71	南日昌寺	山南	
27	忙嘎·曲德寺	后藏		72	西布龙宫寺	山南	
28	曲米吉·扁章官寺	后藏		73	明煌若日古官寺	山南	
29	羊佐·特林寺	后藏		74	巴拉苦寺	山南	
30	哲佐见札·宗巴多吉	后藏		75	曲久官寺	山南	
31	边松道沟寺	后藏		76	兰珠官寺	山南	
32	嘎拉昂嘎寺	后藏		77	嘎西官寺	山南	
33	江孜·德娃坚寺	后藏		78	堆鸟其西寺	青海安多	
34	江孜·若巴壮仓寺	后藏		79	究必寺	青海安多	
35	米清庄干寺	后藏		80	边寺	青海安多	
36	则东·曲德寺	后藏		81	当德必鸟官寺	青海安多	
37	则东·仁钦岗寺	后藏		82	洛加官寺	青海安多	
38	旦那土登寺	后藏		83	喀达寺	青海安多	
39	欧奴·益寺	后藏		84	祥官巴寺	甘肃	
40	麦·尊寺	后藏		85	德格贡青寺	四川康区	
41	帕丁卡拉寺	后藏	尼姑庙	86	宗沙公寺	四川康区	
42	吉龙布明寺	后藏		87	冬多官巴寺	四川康区	
43	曲布寺	后藏		88	多美寺	四川康区	
44	居热寺	后藏		89	切哲官巴寺	四川康区	
45	打卓官寺	后藏		90	碗巴官寺	四川康区	

续表

序号	寺庙名称	所在地点	备注	序号	寺庙名称	所在地点	备注
91	沃热寺	四川康区		122	扎多寺	四川康区	
92	古色寺	四川康区		123	达龙寺	四川康区	
93	波洛寺	四川康区		124	大登寺	四川康区	
94	公哲寺	四川康区		125	修伍寺	四川康区	
95	冬多寺	四川康区		126	耶龙拉加寺	四川康区	
96	加拉寺	四川康区		127	南哲章旦寺	四川康区	
97	娃拉寺	四川康区		128	底古寺	四川康区	
98	可多寺	四川康区		129	加嘎官寺	四川康区	
99	措门扎岗寺	四川康区		130	塔孜多索布官寺	四川康区	
100	多扎寺	四川康区		131	俄巴官寺	四川康区	
101	三珠寺	四川康区		132	多扎官寺	四川康区	
102	热登岗寺	四川康区		133	布不官寺	四川康区	
103	宇那寺	四川康区		134	热祥官寺	四川康区	
104	旺堆寺	四川康区		135	查布官寺	四川康区	
105	音巴官寺	四川康区		136	米德寺	四川康区	
106	格多寺	四川康区		137	史布龙宫寺	四川康区	
107	扎西寺	四川康区		138	米密官寺	四川康区	
108	曲哲寺	四川康区		139	苦诉官寺	四川康区	
109	亚巴寺	四川康区		140	丙之官寺	四川康区	
110	德巴寺	四川康区		141	劣禄官寺	四川康区	
111	坤久唐吉官寺	四川康区		142	朗马寺	四川甘孜	
112	尼夏寺	四川康区		143	多马寺	四川甘孜	
113	阿色寺	四川康区		144	娘拉寺	四川甘孜	
114	官那寺	四川康区		145	曲德寺	尼泊尔	
115	哲寺	四川康区		146	母官寺	尼泊尔	尼姑庙
116	加岗寺	四川康区		147	南加官寺	尼泊尔	
117	卖当色久寺	四川康区		148	卜哇官寺	尼泊尔	
118	姜拉寺	四川康区		149	扎朗官寺	尼泊尔	
119	孜朗加寺	四川康区		150	介美官寺	尼泊尔	
120	特巴官寺	四川康区		151	囊加拉孜寺	尼泊尔	
121	岭张寺	四川康区		152	珠达站官寺	不丹	

萨迦寺测绘图

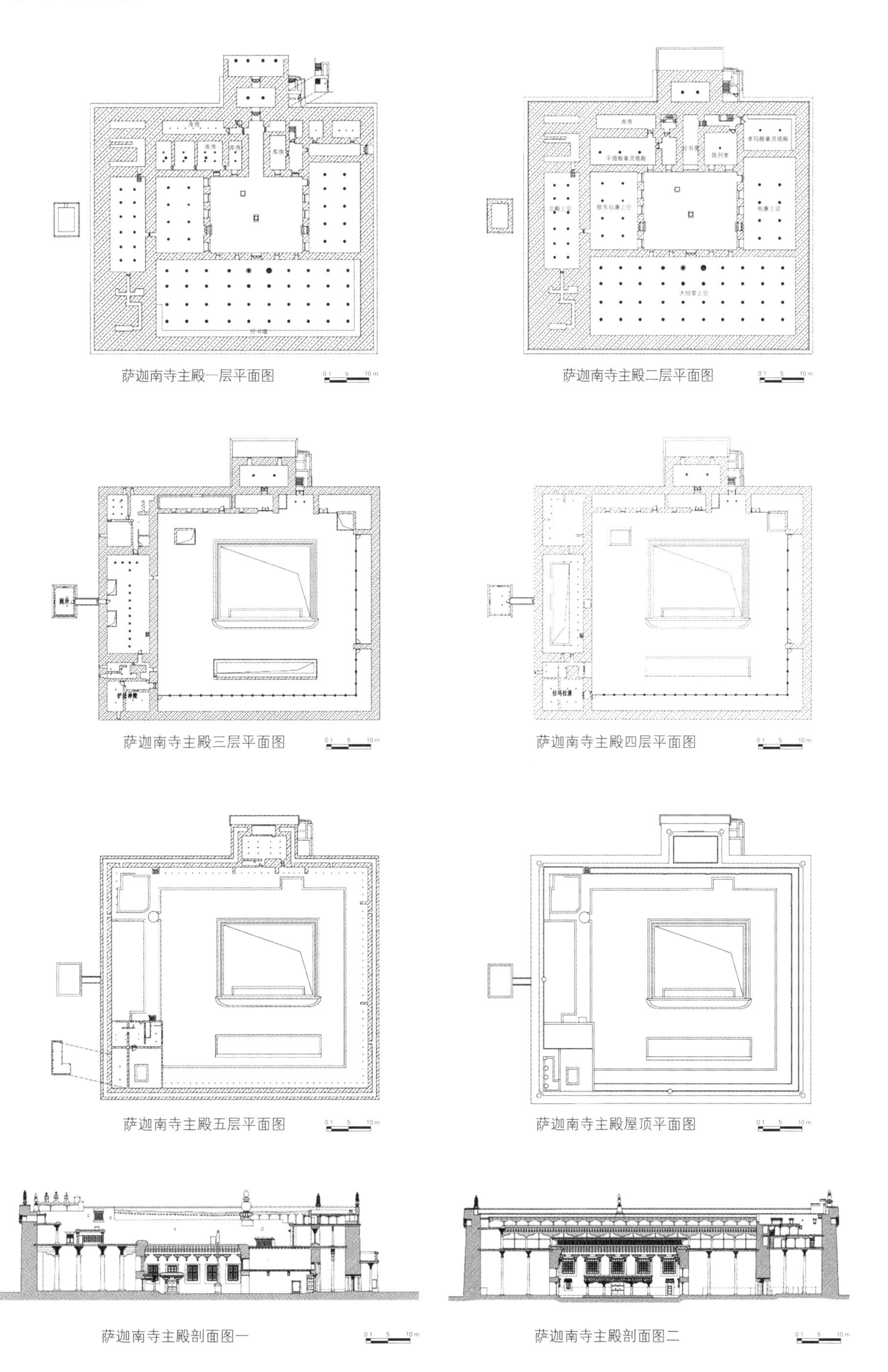

萨迦南寺主殿一层平面图

萨迦南寺主殿二层平面图

萨迦南寺主殿三层平面图

萨迦南寺主殿四层平面图

萨迦南寺主殿五层平面图

萨迦南寺主殿屋顶平面图

萨迦南寺主殿剖面图一

萨迦南寺主殿剖面图二

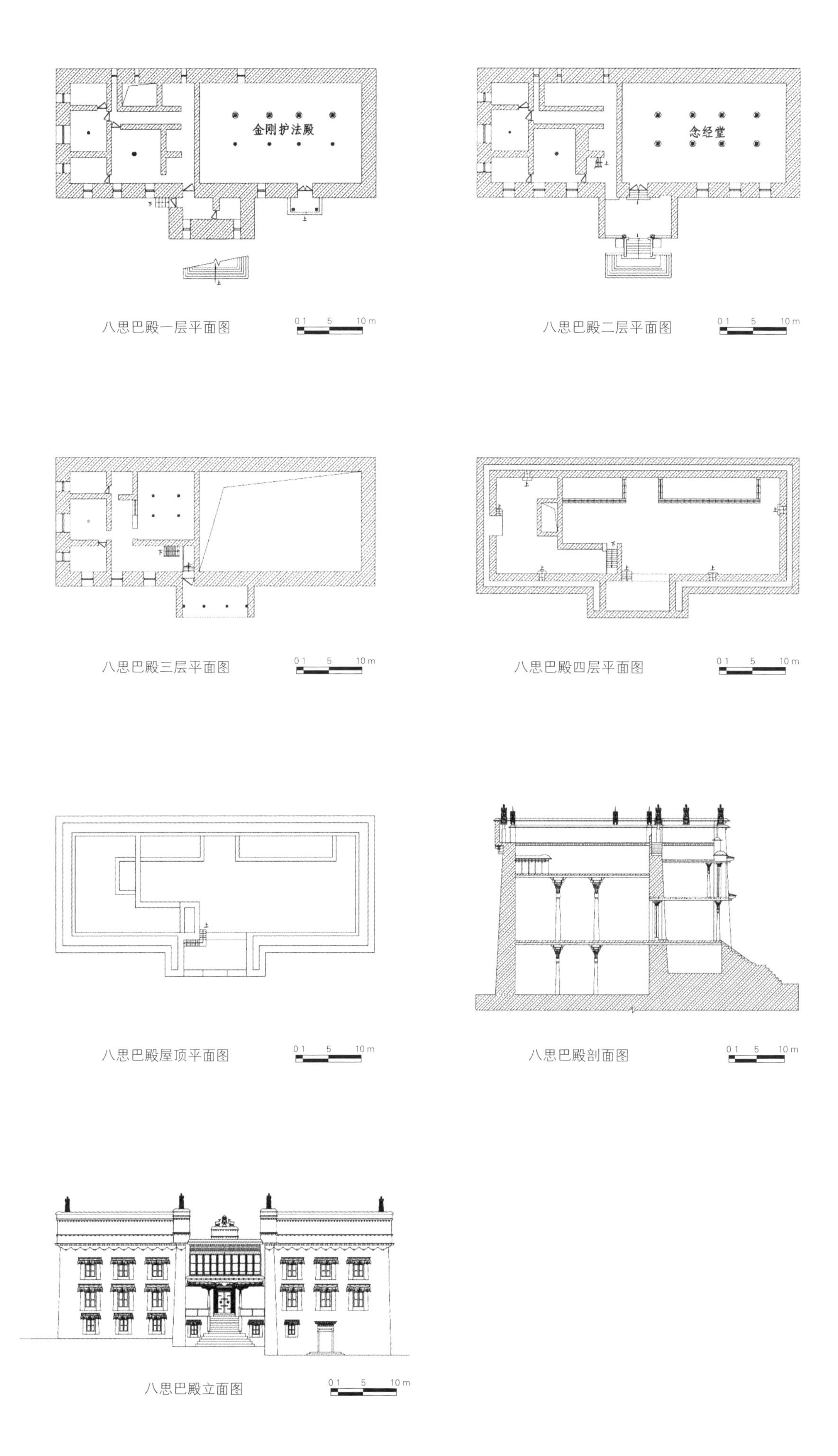

八思巴殿一层平面图

八思巴殿二层平面图

八思巴殿三层平面图

八思巴殿四层平面图

八思巴殿屋顶平面图

八思巴殿剖面图

八思巴殿立面图

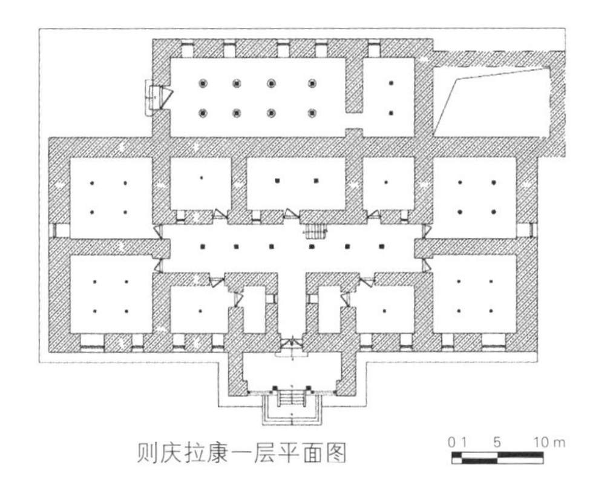

则庆拉康一层平面图

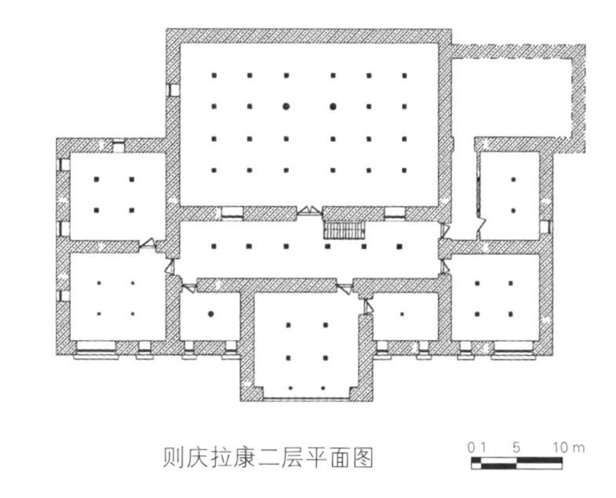

则庆拉康二层平面图

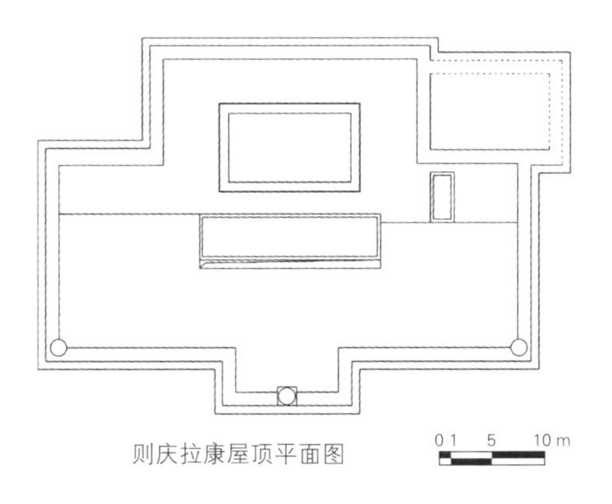

则庆拉康屋顶平面图

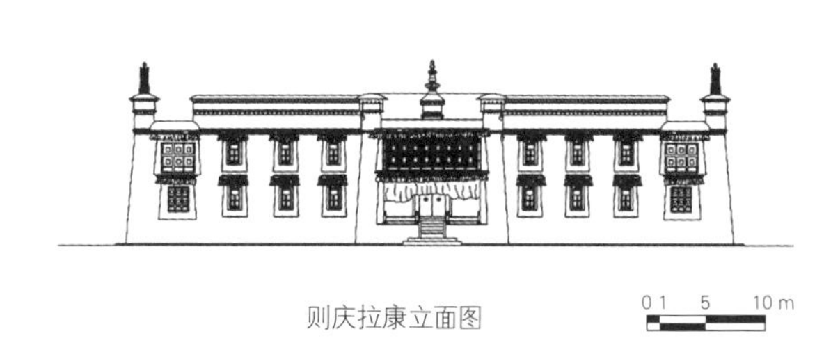

则庆拉康立面图

17.2 噶当派寺庙实例夏鲁寺

17.2.1 历史沿革

1. 夏鲁派的创始人——布顿・仁钦珠

夏鲁派，又名布鲁派或布顿派，由布顿・仁钦珠创立，主寺为夏鲁寺。因教派规模较小，与萨迦派又有较深的历史渊源，故也有人认为夏鲁派是萨迦派的分支。

布顿・仁钦珠是夏鲁派的创始人，是萨班[36]以后、宗喀巴[37]以前，西藏最有名望的一位佛教学者。布顿大师于公元1290年出生在后藏夏卜墨贡勒寺（现萨迦县吉定乡）的一个宁玛派家庭，父母均是颇负盛名的密宗大师。幼时的布顿天资聪慧，5 岁时便能熟练背诵经文，被人称为神童。布顿 8 岁时便精通了宁玛派经典教法，并且开始修习医方明、工巧明、摄生术等。1308 年，18 岁的布顿・仁钦珠正式出家受沙弥戒。通过两年多勤奋的学习，布顿・仁钦珠对三藏经典已能熟练掌握，在佛学理论上达到了较高境界，云游西藏各大寺院，通过一系列的经典辩论的获胜，名声大振。1312 年，22 岁的布顿・仁钦珠拜著名的克什米尔班智达的三位第四代传承者为师，在丛堆的古尔摩拉章受比丘戒。至此，布顿・仁钦珠共从 28 位学者修学，当时藏传佛教中所有的显密教法几乎全部学完。30 岁时，布顿・仁钦珠的学业和思想业已成熟，至此他不仅修遍显密，并对当时的各大教派都做过潜心研习，这为他以后主持夏鲁寺、编撰《丹珠尔》、创立夏鲁派打下了坚实的基础。

公元 1320 年夏鲁寺重建后，时任夏鲁万户长的扎巴坚赞邀请 30 岁的布顿・仁钦珠前来担任堪布。布顿到任夏鲁寺不久，着手撰写了《量抉择论》《波罗蜜多经》和《阿毗达摩集论》等经典佛学著作，声播卫藏。1322 年，布顿大师撰写了藏传佛教史上具有重要地位的《布顿佛教史》。1334 年，布顿大师主持由那塘寺编写的《丹珠尔》的修订工作并将其缺失部分补全，前者与蔡巴贡噶多吉校订的《甘珠尔》部合在一起，为藏文《大藏经》的最后成型奠定了基础，实乃藏传佛教史上的盛举。布顿大师对夏鲁寺的贡献还体现在寺庙的建设上，他在任期间夏鲁寺先后建立了密宗和显宗学院，并在夏鲁寺西南方的日普山上修建了德钦颇章。令人遗憾的是，这些建筑如今已不复存在，我们仅能从日普山的残垣断壁窥探昔日的盛况。布顿大师在夏鲁寺担任堪布[38]共37年，期间夏鲁寺常住僧人4500人，学者100多人，加上暂住的外地求学者，人数一度超过 7300 人[39]。晚年的布顿大师辞去了堪布职位，隐于日普山修行。公元 1364 年，布顿大师于日普寺圆寂，终年 75 岁。

布顿大师一生孜学不倦，是西藏乃至全国少有的集大成于一身的学者，也是西藏著述最多的学者之一，其作品涵盖了宗教、艺术、教育、政治、翻译、建筑、医学、天文等，共 28 函 100 余部。他不仅通晓理论，在实践方面也卓有成就。他制定了佛塔建筑度量及坛城画法，参与设计了夏鲁寺的建筑布局，并亲自绘制了夏鲁佛殿墙上的多幅坛城壁画。布顿大师的佛学理论体系对格鲁派的发展亦影响深远，其众多弟子中便有多位曾做过宗喀巴的老师。

2. 夏鲁寺的施主——夏鲁万户

关于夏鲁派起源的通行说法为布顿大师创立，可究其根源，以布顿一己之力无法创造昔日的辉煌。夏鲁寺的施主有两个，分别为介和介尊家族。两个家族相处融洽，通力合作扶持寺庙，为夏鲁派的创立及发扬光大提供了先决条件。两个家族共同作为一个寺庙施主的形式在西藏实属罕见，他们的结合形式也是有缘由的。

夏鲁寺的始建者喜饶迥乃所属的介家族起源于波斯，曾是阿里象雄地区王裔，其势力一度到达大食、汉地、霍尔等地区。在松赞干布统一西藏以后，介家族即归顺了吐蕃王朝，家族多名成员辅助赞普治理朝政，并参与了吐蕃早期的佛经编译。吐蕃赞普赤松德赞时期，介家族出现了一位名叫介钦珠的大译师，曾受赞普之命迎请莲花生大师进藏弘扬佛法，并因此次贡献被赞普封为囊伦，赐以黄金制作的诰身。介钦珠之子还曾受命出征汉地，并大获全胜。接下几代的家族成员也都是赞普的将帅，并曾任过象雄国王的大臣和朵甘思[40]、朵思麻[41]地区的大臣。

吐蕃时期的介家族一直是当时的名门望族，但是，在朗达玛灭佛以后，介家族遭受了一次灭顶之灾，介家族的属民借机发动了叛乱，显赫了几个世纪之久的介家族几乎被斩尽杀绝。仅介尊·喜饶迥乃幸免于难，便出家为僧，成为佛教后弘期开始时期的重要人物之一。介尊·喜饶迥乃回到夏鲁后建起了夏鲁寺，建立了一个以夏鲁寺为中心的势力范围，主要活动重心开始由政治向宗教转变。宁玛、噶当、噶举、萨迦等宗教派别在11世纪以后开始在西藏地区出现，他们以一个寺庙为中心，大肆招收信徒，希望以此扩大其宗教影响。各个教派散落在西藏各地，他们纷纷投靠当地某个有势力的家族，获取这个家族在政治和经济上的支持。在当时，每一个有较大规模的家族都会成为一个大寺院的施主。比如萨迦与昆氏、帕竹与朗氏、搽里八派与噶尔氏等都是福田与施主的关系。夏鲁寺如果要在西藏发展，也必须获得一个贵族的支持和扶助。这个时候，介家族刚刚受到重大打击，势力一落千丈。介尊家族逐渐强大起来，其势力已经远远超过了介家族。于是夏鲁寺就接纳介尊家族为自己的施主家族。

介尊家族虽然充当了夏鲁寺的施主，但介家族的政治力量并没有削弱。相反，依靠其日益扩大的宗教影响力，介家族的政治力量也有了很大的发展。在元代，只有介家族的成员才能是夏鲁万户长者的人选。在夏鲁出现的新、旧两个贵族平分秋色的局面是很少见的，在西藏的历史上也是十分罕见。至今夏鲁寺的高僧在介绍夏鲁寺的历史时，还是会说夏鲁有两个主人，一个源自象雄，另一个是朗达玛赞普的后裔。

很多人认为夏鲁被封为万户都是萨迦扶持的，因为夏鲁是萨迦的世代联姻关系，但夏鲁本身并没有多大的实际力量。事实并非如此，夏鲁万户不仅在其领土具有相当实力，而且还是后藏万户中的强者。在蒙古统一西藏之前，夏鲁地区其实就是一个具有较大的宗教和世俗影响的地方力量。根据《夏鲁世系史》记载，阿美钦波的父祖在位时，当时夏鲁尽管还没有被封为万户，但其力量与万户相当。这说明蒙古人封夏鲁为万户并不是因为夏鲁为萨迦的姻亲，而是因为夏鲁已经具备了元代万户所拥有的实力，是一个独据一方的豪强，所以才被蒙古人加以利用。

对于夏鲁这个万户，提得最多的是它与萨迦昆氏家族的世代联姻关系。阿美钦波之女、第一任夏鲁万户长古相·阿扎的妹妹玛久坎卓本，和帝师八思巴的弟弟恰那多吉的结合是夏鲁人和萨迦的最为成功的一次联姻。第二任帝师达尼钦波·达玛巴拉·合吉塔就是恰那多吉和玛久坎卓本的儿子。到了元朝以后，夏鲁万户家族成员的名字前面都会加一个“古相”的称号，意为“舅父”。夏鲁人的女子一代接着一代嫁给萨迦人，并为萨迦人繁衍子嗣，所以，夏鲁人历代都是萨迦人的舅氏。而夏鲁人的舅氏也不同于一般人家的舅氏。因为萨迦人不但是蒙古人在西藏地区的代言人，而且还是元皇室的帝师，所以其地位非常高。元成宗在为夏鲁万户长扎巴坚赞敬酒时曾说过：“你是萨迦人世世代代的阿舅，也即朕的娘舅。”[42]由此可见，夏鲁万户的地位比一般万户确实要高很多。

夏鲁万户的势力至少在元初是十三万户中最大的。公元1268年，蒙古派官员到西藏地区进行了一次规模非常大的人口普查。当时整个西藏地区一共有三万六千四百五十三户，接近二十二万人口。而当时的夏鲁万户就有三千八百九十二户，二万三千三百五十二人口，差不多占了整个西藏地区的十分之一还要多，在十三个万户中是最多的。《汉藏史集》曾记载道：“乌斯藏地方出现了许多权势显赫，统治千户、万户的官宦人家。其中族性高贵的是十三万户中最为尊胜的夏鲁古相。”[43]

元代夏鲁万户与萨迦的命运始终绑在一起，夏鲁一直在萨迦的照顾之下，所以它也很坚定地站在萨迦的一边。元朝廷和萨迦对夏鲁万户确实是礼遇有加、刻意扶持的。根据法旨记载，夏鲁万户统辖的地域非常大，领土包括了门卓杰却、甲巴如参、两个加措、卓、云、门卡、措德、奥色、贡噶热哇、策察则波、喜楚、吞布达、粗普、多衮巴等地区。

夏鲁万户长大多数都不直接担任夏鲁寺的主持，而是以施主的身份帮助夏鲁寺扩建，或者给夏鲁寺一些钱财物品。在元朝以前，夏鲁寺的政教权力都在介家族成员的手中，而在元朝的时候为夏鲁寺堪布的布顿大师和其弟子都不是夏鲁介家族的成员。元朝的夏鲁寺堪布只是一个精神上师，对夏鲁的日常行政事务并不怎么进行管理。所以尽管整个夏鲁地区仍然是夏鲁介家族掌握的，但起码在形式上，宗教事务是由介家族以外的大师来管理，政教有了明确的分工。

到了元末第五任夏鲁万户长贡嘎顿珠在位的时候，因为萨迦派势力的逐渐衰弱，夏鲁万户也开始衰落了。萨迦第十三任法王向其反对派发动了战争，后藏地区出现了规模非常大的骚乱。与萨迦关系密切的夏鲁古相贡嘎顿珠也遭到牵连，被迫逃到当雄一带，以躲避这场战乱，曾经辉煌一时的夏鲁万户也在慢慢褪去昔日的光环。

这个时候，夏鲁与其他万户一样，受到了帕竹的冲击。利用萨迦派的内乱和元王朝的动摇，帕竹迅速发展壮大，并很快征服了西藏的绝大部分地区。

帕竹对西藏的统治并没有持续多长时间。随着对外扩张的终止，帕竹的内部开始分裂，最终它并没有在整个西藏地区建立统一的政权。帕竹无法对其征服的大部分地区进行控制，而是回到了乃东地区。夏鲁万户的传承并没有因元末的动乱而被打断，因为明初统治者继续在西藏地区推行十三万户制度，贡嘎顿珠的弟弟被封为新的夏鲁万户长。最后两位夏鲁万户长在位时，已经到了大明王朝建立以后了。此后，明朝统治者用八大法王的新制度代替了万户制度。而夏鲁并未被选为法王，夏鲁万户从此退出了政治舞台。

3. 夏鲁寺的创建

夏鲁寺始建于公元 1027 年（关于确切建寺年代说法不一），由介尊·喜饶迥乃主持修建。公元 998 年，西藏佛教进入后弘期，当时佛教徒鲁梅·楚臣喜饶等卫藏十人在朗达玛禁佛以后，远赴青海拜大喇嘛钦·贡巴绕赛为师修行佛法。其中有名叫做洛敦·多杰旺秀的僧人学成回藏，在日喀则东南的甲措修建坚贡寺，并收介尊·喜饶迥乃为徒。公元 1003 年，介尊·喜饶迥乃欲修建寺庙，便请求大师洛敦·多吉旺秋为其选址。洛敦大师将一只装满黄金的箭射落在坚贡寺附近的草地里。夏鲁藏语意为绿草发芽之地，故将新建的寺庙取名为“夏鲁寺”。此时的夏鲁寺建筑为今天一层集会大殿西面的南佛殿和北佛殿，东面三层建筑的一层护法神殿和二层般若波罗蜜多佛母殿等建筑。

公元 1320 年，夏鲁万户长扎巴坚赞将其妹妹玛久坎卓本嫁入萨迦，使夏鲁万户的政治地位得到了极大提升。后来扎巴坚赞去内地觐见元朝皇帝，元仁宗赐给他金册金印，并答应其请求派遣工匠赴藏扩建夏鲁寺。扎巴坚赞对夏鲁寺风格定型的贡献最大，其主要扩建活动有：首先是修建了四座带有琉璃歇山顶的无量宫佛殿；其次，将原入口处的门廊改建成护法神殿，并将大殿入口移置北侧；再次，在经堂南部修建了甘珠尔殿。最后，在大殿外围修建四座扎仓，在日普山修建日普寺。此次扩建确定了夏鲁寺的建筑风格，并创作了许多珍贵的绘画和雕塑作品。寺庙建成后，扎巴坚赞迎请佛教大师布顿·仁钦珠担任夏鲁寺堪布。布顿·仁钦珠是夏鲁派的创始人，其一生成就卓越，对藏传佛教的发展有深远影响。公元 1333 年，扎巴坚赞退位后，其子贡噶顿珠接替了夏鲁万户长的职位。贡噶顿珠在位时扩建的建筑有无量寿佛殿、丹珠尔殿、罗汉殿、具乐殿。益西贡噶对夏鲁寺进行了最后一次修建，在保持原貌的前提下做了一些细小的修缮，并修建夏鲁寺内外城墙。经过以上四任万户长的扩建，夏鲁寺基本定型，今天的夏鲁寺保持了元代的面貌。

如今夏鲁寺主体建筑为三层藏汉合璧式，由集会大殿、回廊、护法神殿、般若母殿和东西南北无量宫殿等主要建筑单元组成。主殿上下共有佛殿 10 间，占地面积约 1600 平方米。

4. 夏鲁寺建寺时间考

藏传佛教后弘初期，卫藏十人之一的洛顿·多吉旺秋修建了坚贡寺，随后其弟子介尊·喜饶迥乃修建了夏鲁寺。元代，由于受到了当权政府的大力支持，夏鲁寺开始了一系列的修建活动，其建筑成就及其寄寓的文化政治含义令人瞩目，当代学者称其为“元代官式建筑的西藏的珍遗”[44]。但目前关于其建造的历史沿革及规模的说法一直未形成共识，本小节旨在探讨这一问题。

在进行考证之前，首先得明确一个概念。一般情况下人们所提到的夏鲁寺为现在我们所能见到的夏鲁拉康，即保留下来的主体殿堂，对其建筑组群并未考证。从严格意义上说，夏鲁寺包括为满足僧人进行一切宗教活动所建的房屋，如拉康周围的四大扎仓及活佛官邸。虽然这些建筑如今仅剩残垣断壁或已不存在，但我们在研究夏鲁寺沿革时若忽略了这类建筑，得出的结论也将是不完整的。

夏鲁寺由当地介氏家族的先祖介尊・喜饶迥乃创建，关于夏鲁寺的建寺时间，至今众说纷纭。概括有如下四种说法：其一是王忠先生翻译的《夏鲁寺史》中记载的兔年，作者对此做的注释为丁卯・宋哲宗元祐二年・公元 1087 年；其二为松巴于公元 1748 年所撰《如意宝树史》中记录的公元 1040 年，即西藏时论历法中的铁龙年；其三是格桑和杰波在《夏鲁寺史志》中记载的公元 1027 年，即第一饶迥阴火兔年；其四为《夏鲁寺编年史》《后藏志》两本史籍中所记录的兔年，因其记载简略，导致后人对确切时间一直存有分歧。

《后藏志》明确记载，印度著名佛教学者阿底峡在公元11 世纪 40 年代为夏鲁寺举行了开光仪式。通过了解阿底峡大师生平我们可以知道他在公元 1042 年抵达阿里，公元 1054 年寂于聂塘。由此我们可得出判断，夏鲁寺在公元 1054 年前就完成了修建，因此王忠先生所记的公元 1087 年建寺说法不能成立。

松巴所记载的公元 1040 年建寺说法也存有缺陷。由于介尊・喜饶迥乃的师傅洛顿・多吉旺秋为西藏著名的卫藏十人之最年长者，并于公元 978 年修得佛法归来，若于公元 1040 年为喜饶迥乃建寺射箭选址恐年事过高，并且此类说法也缺乏相关史料支撑。

公元 1027 年藏族著名翻译家觉达瓦维色于首次将《时轮经》译成藏文[45]，此时印度的时论历法开始传播，并取代了西藏原有的纪年法。时轮历算法结合了汉历中的天干地支六十甲子，以五行（加以阴阳区别）与十二地支相配合，六十年为一个周期，即为一饶迥。时论历法中兔年分为铁、木、水、火、土五个兔年，故《后藏志》与《夏鲁寺编年史》中记载的兔年令人感到模棱两可，要得出准确结果，还得结合其他史实进行分析。《后藏志》中记载了坚贡寺的奠基和喜饶迥乃出生为同一年，即阴火鸡年（公元 997 年）。《夏鲁寺编年史》中记载喜饶迥乃于 30 岁时修建夏鲁寺。从中我们便能找到联系，若两本史籍记载无误，夏鲁寺建寺的确切年代应为公元 1027 年。

5. 夏鲁寺的修建过程

夏鲁寺的修建主要可分为两个阶段：第一阶段为介尊・喜饶迥乃在位时期对夏鲁进行的始建活动，这一时期的夏鲁寺属纯粹的藏式风格，建筑规模远不如今。当时的建筑原貌在目前已经很难考证，但各个建筑实体还有文献和实物可循。第二阶段为元代扩建期，也是夏鲁寺借以闻名的汉藏风格成型阶段，元朝过后并无过大变动，当时的建筑特征得以保存至今。由于受到元朝政府在财力及人力方面的大量援助，扩建后的夏鲁寺无论在建筑规模还是艺术价值方面都有较高地位。

第一阶段由喜饶迥乃完成，《后藏志》对于这段修建历史也做了记载：介尊遂在那时兴建了夏鲁寺乌孜殿、西殿、南殿、北殿和东殿最上一层以下和殿堂——底层今日扩作护法神殿[46]。《夏鲁寺编年史》中的记载与《后藏志》有细微差别，除了南、北和佛母殿为当时所建，那时并没有护法神殿，佛母殿以下为一条开放的转经道。由此我们可以得知，喜饶迥乃在位时期，主要修建有西面的觉康佛殿和马头明王殿，东面的护法神殿及二层的般若佛母殿。根据《夏鲁编年史》的观点，护法神殿是由般若佛母殿下的转经道改造而成。当时的集会大殿还未建成，整个夏鲁寺只有佛堂，由此我们可猜想当时僧人念经打坐都是在寺庙以外进行。当时的夏鲁寺仅建造了拉康，沿东西轴线布局。这一时期的夏鲁寺只是确定了选址及朝向，规模较小，功能也比较单一。

第二阶段历时较长，所涉及的相关人物也比较多，总的可以分为贡波贝时期的初次扩建、扎巴坚赞时期的大规模扩建、贡噶顿珠时期的定型以及益西贡噶时期的最后修葺四个时期。

（1）古相·贡波贝时期（公元 13 世纪 90 年代期间）

贡波贝执政期间是夏鲁寺在元代的第一次维修和扩建。《后藏志》对此次扩建做了记载：“他兴建了有三道门的北殿，内中建造大父阿梅钦波·桑结益喜的配有宝座和靠背的内供佛像释迦牟尼金宝像，圣像身着紫红丝缎法衣，法衣有珍珠旒子。”[47]此次修建也仅是针对夏鲁拉康，在北面增添了三门佛殿，依旧延续了喜饶迥乃时期的特点。夏鲁拉康的发展打破了原有的布局，不仅是在东西轴线上排列的形式，也开始兼顾在南北轴线上布置建筑，夏鲁拉康的平面开始呈现围合的布局形式。

（2）古相·扎巴坚赞时期（公元 1306 年以后）

扎巴坚赞在接过了叔叔古相·贡波贝权杖之后开始一系列大刀阔斧的外交及扩建，迎请布顿大师入寺担任堪布。他在担任万户长期间，对夏鲁寺进行了多次扩建维修。他曾经远赴内地觐见当时的元朝皇帝，《后藏志》对此亦有记载：“古相扎巴坚赞前往汉地，完泽笃皇帝手端盛满酒的孔雀形水晶杯说：‘你是萨迦人世世代代的阿舅，也即朕的娘舅。’说罢，赐之。扎巴坚赞担任乌斯藏、纳里、速古鲁孙[48]等三路之长官护使都元帅，出任执掌银制虎头印章的法官，从而出人头地。”[49]元朝政府不仅在财力上对夏鲁万户扩建夏鲁寺给予了有力支持，还派遣了许多技艺精湛的汉族工匠前往西藏修建夏鲁寺。《后藏志》对夏鲁寺的扩建进行了详细记载：“夏鲁经堂墙外房间之南是漆皮革门殿。东面门楼是护法神殿。北面现今为月墙，当时铺大道。建造夏鲁金殿时，南方的军队和属民运来大批木料，从东方汉地和霍尔招聘高明的工匠。在绿瓦汉式屋顶上安装屋脊金宝瓶。四角墙外房屋系绿瓦角楼，装饰金质屋脊宝瓶。金殿为三层汉式屋面，别处的建筑均无双层汉式屋顶格式。金殿内供养着装点八十一种兵器的如来佛像无数，特别是漆皮革门殿内珍藏用金粉书写的《甘珠尔》八千一百零八函和三时诸佛身像。西面两佛堂中之一殿的主尊是天成观音像，另一殿的主尊是大日如来。南殿的主尊为三时佛。北殿的主尊是释迦牟尼。东殿的主尊系大佛母。东殿楼下是四大天王中的多闻天子护法神殿。四个院落建造四大佛塔。[50]

此时夏鲁寺的扩建先是在南边修建甘珠尔殿，即《后藏志》中所述的漆皮革门殿。再是在四面所有佛殿的基础上增砌了一层，并修建有琉璃歇山屋顶，即如今的三个两层歇山殿和一个三层歇山殿。这种内地建筑样式一直保存至今，此类汉藏结合的风格对后来寺院建造也产生了深远影响。此外对寺院的入口也做了调整，之前的夏鲁寺正门为护法神殿，扎巴坚赞时期将其改到了北面，也就是现在我们所看到的入口。《后藏志》中记载的在四个角建造的四个佛塔现已全毁，形制亦无法考证。此次不仅对夏鲁拉康做了较大规模的扩建，并在周围修建了四个大型的扎仓，以方便慕名而来的求学僧人。如今扎仓均已损毁，仅葛布扎仓保留有部分残垣断壁。为抵御外敌入侵，在主体建筑外围筑有围墙。此次修建完善了夏鲁寺宗教功能，平面布局打破了原来仅在一层进行扩建的局限，垂直方面也布置了大量佛殿，整个建筑群更加紧凑。扎巴坚赞执政时期的大规模扩建维修，对于夏鲁寺的风格定型起到了决定性的作用。

（3）古相·贡嘎顿珠时期（公元 1333—1335 年）

贡嘎顿珠于扎巴坚赞退位后子承父业，接管了夏鲁寺万户的职位。他对夏鲁寺的扩建主要是修建二层四个端头的无量寿佛殿、丹珠尔佛殿、罗汉殿和具乐殿，并绘制了四座无量宫殿的壁画。贡嘎顿珠对夏鲁寺的扩建标志着夏鲁寺大规模的扩建活动基本结束，至此夏鲁寺佛殿建筑业已成型。

（4）古相·益西贡嘎时期（公元 1355 年）

公元 14 世纪中叶，益西贡嘎在位时针对夏鲁寺进行了最后一次修葺。《后藏志》记载：“古相·益西贡嘎建造了不动佛的立体坛城，绘制上面转经堂的彩色壁画，在转经堂东面的殿堂塑造法主布敦师徒的身像，绘制殿堂外面的壁画，修建具乐殿的庭院、护法神白哈尔杰波所在邦热殿外边的北围墙、摩温地方的壕沟和内外围墙等。”[51]从上文可以看出益西贡嘎只是在原有的基础上增建了庭院以及夏鲁寺的围墙，并未对之前的建筑格局做改动。此次维修的完成标志着夏鲁寺于元代的修建活动彻底结束。

经过元代的扩建和维修之后，夏鲁寺基本上保持了最后定型的面貌，文献所载当时定型时的建筑布局、风格和大部分壁画都与今天所保存的样式大致相同。

17.2.2 建筑选址与布局

1. 选址

说到的夏鲁建寺的传说，有必要提到夏鲁寺的全名。夏鲁寺全名“夏鲁色坚茶母”，藏语意即金箭射入的绿草发芽之地。其中的金箭则是夏鲁寺的始建人介尊·喜饶迥乃请求其师傅多吉旺秋为其选址之用。建寺之初，喜饶迥乃前去请求师傅为其在一箭程的范围内选择夏鲁寺的建寺地址。关于这段故事，《后藏志》亦有记载：“洛敦的近住弟子介尊·喜饶炯乃对洛敦说：‘请允许我在你一箭程处修建一座有夏鲁地方大小的道场。’‘照此办理吧。’介尊用金子填满箭杆，敬献之。洛敦三次旋绕箭。说：‘吉尊聪睿。’随即发矢，箭落在现今地祇旧庙堂叫做‘当崩’的地方。”[52]此乃夏鲁寺全名中的金箭。由于当初夏鲁村所在的位置还只是一片长满绿草的空地，金箭所落之地则为“夏鲁”，即绿草发芽之地。后人为了纪念这一事件，在当年的落箭之处修建了一座小型佛塔，如今可在一层的马头明王殿见到。

夏鲁寺的选址顺应了风水学角度中的依山傍水原则，却与许多顺山势而建的寺庙格局有很大差异。依山的形势有两类：一类是“屋包山”，即成片的房屋覆盖着山坡，从山脚延绵到山腰。如白居寺的布局就属此类，寺庙背山而建，建筑随着等级变化逐渐向山腰蔓延。依山的另一种形式是“土包屋”，即周围群山环绕，中部有大片的开阔平地。夏鲁寺则属于此类形式，寺庙于平地居中建造，强调了其不可撼动的核心地位，也更进一步验证了风水学中居中适中的选址原则，村落围绕寺庙向外逐渐散开。“傍水”即寺庙临近水系，不仅满足了农田灌溉，也解决了僧侣及牲畜的饮水问题。依山傍水也是务实思想的体现。根据实际情况，使人与建筑适宜于自然，回归自然，返璞归真，天人合一，这正是风水学的真谛所在。

夏鲁寺的朝向不同于内地。内地风水学对于朝向讲究坐北朝南。可夏鲁寺则选择坐西朝东的开门方式，与内地差异较大。可这正是西藏早期寺院的朝向形式，以便看到初升的太阳，同时也顺应了宗教教义和传统做法。选择此类朝向的寺庙还有桑耶寺大殿、萨迦南寺。根据笔者调查发现夏鲁寺的朝向亦是军事需要。夏鲁寺四周被山峦包围，仅有一条道路贯穿南北，选择东西朝向，或许是从防御的角度考虑，为缩小敌军攻击正门的缓冲空间。

藏传佛教寺院的选址几乎都包含着一定的宗教含义，夏鲁关于夏鲁寺的选址，《后藏志》中亦有记载：“夏鲁地方的地貌呈世自在之相状。北山宛若莲花瓣，碧绿年楚河是月亮水晶座，从堆（意为集市）是珍宝宝洲，密宗修证之地具备满足所欲的征兆；腹心菩提宝地草呈轮状，具备众多班钦、译师、班智达、得道者转动大小乘法轮之征兆……夏鲁村所处之地东、西山体呈手、脚之状，南山宛若顶髻，周围群山则象征着佛教佛器胜利幢，北面的河流胜似苍龙腾空，奔流不息。作为圣哲、格西、权威佛学家将要出世的标志，南山形若撑开的华盖。作为消除世间和出世间的危难，自然成就增上、定胜果报，满足所欲的征兆，东山好似光华灿烂的须弥山。西山宛若红宝石大盆，修道和证悟从而不断提高境界。”[53]因而当初的决策者认定夏鲁地方的地貌真正预示着吉祥，能消除众生们世间和出世间的一切灾难，便遵循神的旨意于此建寺。

模仿曼陀罗图形的目的对藏传佛教寺院建筑选址也有着一定的影响力。建造在平地的寺院，平面图案性比建筑在山地上的寺院更强，更容易将佛教中的曼陀罗思想融入规划意识当中。夏鲁寺的平面布局讲究对称，也是曼陀罗思想的集中体现。

夏鲁寺整体平面以东西无量宫殿中线为中轴，南北无量宫佛殿与四角的佛殿呈南北对称，中间庭院则是“曼陀罗”图像中的中心须弥山。再看单体，四个无量宫佛殿正好象征“四面为四大天王所居”，佛教高僧们所倡导的极乐世界在夏鲁寺的建筑布局中亦得到了体现。

2. 建筑布局

夏鲁寺由回廊和主体建筑群组成。主体建筑为三层，主要建筑集中在一、二层，第三层为独立的东无量宫佛殿。一层建筑包括集会大殿及周围的觉康佛殿、马头明王殿、三门佛殿及甘珠尔殿，二层则有南、西、北三个无量宫佛殿及四端的长寿殿、罗汉殿、具乐殿及丹珠尔殿。除了以上佛殿与经堂，整个主体建筑还有四条封闭转经道包围部分建筑群。

夏鲁寺建筑平面为坐西朝东，长方形，整个建筑群体由主殿、前院两部分组成。主殿平面为凸字形状，由凸出的门楼与靠西的佛殿两部分构成。门楼为三层建筑，《汉藏史集》中对此曾有记载，并称其为“神变门楼”。神变门楼从底层至上依次为护法神殿、般若佛母殿、布顿佛殿（也称东无量宫佛殿）。门楼的二、三层佛殿外侧有小型转经道。佛殿部分为长方形的内院式二层建筑，长 44 米，宽约 30 米。佛殿底层中心为集会大殿，由 6×6 结构的 36 根立柱支撑。集会大殿被 4 座佛殿包围，西端为主殿觉康佛殿和马头明王殿，南北两侧各为甘珠尔殿和三门佛殿。西侧两端转角各有两佛殿，现已废弃。一层各佛殿外侧为封闭环形转经道。二层布局与一层相同，西面、南面和北面中部佛殿分别为西无量宫殿、南无量宫殿和北无量宫殿，四个转角分别为具乐殿、无量寿佛殿、甘珠尔殿、罗汉殿。同样的，除丹珠尔殿和无量寿佛殿之外，二层其余佛殿被封闭的二层转经道包围。4 座无量宫佛殿上均设有歇山屋顶，上铺绿色的琉璃瓦，屋顶正脊上建有藏式金幢。4 座歇山顶佛殿围合成庭院（图 17–47），颇有几分中原的“四合院”建筑风格。

图 17–47 夏鲁寺庭院上空
图片来源：周映辉摄

图 17–48 经堂内景
图片来源：周映辉摄

图 17–49 狮头梁
图片来源：周映辉摄

（1）集会大殿

集会大殿位于护法神殿之后，是夏鲁寺的经堂所在，也是整个建筑群中面积最大的内殿。该殿经过多个时期修建，最初形式已无法见得。大殿东西长 18.65 米，南北长 21.9 米，净高 3.6 米。殿内立 38 柱，南北、东西各 6 排，柱上下收分较明显，柱径为 0.27~0.3 米，高约 2.4~2.75 米，柱上置斗。中间 12 柱升起，并开有高侧窗（图 17–48）。托木与梁多处出现断头，形式也各有差异。殿内布局可以分为两部分，第一部分为前庭，主要承担交通功能，第二部分比前庭高 0.24 米，放置长凳及长桌供僧侣念佛之用。门楣最上方的狮头梁（也称兽托）作为一种重要的装饰要素，是用以区别民居与王宫寺庙最为明显的等级标志。集会大殿的天井下端西壁设有狮头梁（图 17–49），体现了元代夏鲁的政治地位。西面觉康佛殿外面的木结构顶部曾因遭受火灾被毁，现已复原。大殿内木柱的排设，体现出印度的石窟寺风格。介尊・喜饶迥乃在位时期的集会大殿曾为寺院中的露天庭院。集会大殿的大部分壁画绘制于

14 世纪，从画风可以看出明显受到印度、尼泊尔风格影响，题材多为佛教尊像以及转经道内的佛本生经变图。

（2）护法神殿

护法神殿为夏鲁寺年代最为久远的一间佛殿，建于公元 11 世纪，其大门便是当时进入夏鲁主殿的唯一入口，史书中称其为“神变门楼”。由于护法神殿内供奉的两尊面具法力强大且面目狰狞，恐伤害前来朝圣的俗人，元代时将主殿入口移至右侧。护法神殿坐西向东，平面布局非常独特，狭小的内部被墙体分割成多个空间。从平面图上看，护法神殿沿东西方向中轴对称。由东门首先进入门厅，南北长 14.3 米，东西宽 2.58 米。门厅两端各有两门进入两个狭长密室，现用于存放杂物。神殿中间为过道，最西端有一门直达经堂，现已关闭。过道两旁为 6 间开放的小型佛堂，墙上绘有壁画。柱上下等粗，柱头略有收分，柱上承方形栌斗，栌斗上承风格简练的托木（图 17–50）。护法神殿内有通往二层的楼梯间，现常年关闭。

神殿在“文革”期间曾用于存放木料，导致墙上壁画严重破损。该殿北墙绘有浓郁汉式风格的龙凤壁画，中部隔间的东墙外壁壁画则为明显的尼泊尔风格，壁画为汉藏尼多种绘画形式结合的典型。夏鲁寺这种将护法神殿置于门楼之下的做法在西藏别处还未曾见到。

（3）般若佛母殿

般若佛母殿平面近似方形，东西长 6.4 米，南北宽 7.3 米，净高 3.65 米。殿内四柱，柱顶置普拍枋，上坐栌斗，其上出十字泥道拱，拱上承十字托木，此是托木与内地木构结合的一种新形式。柱顶设有藻井，藻井中央开设天井，现已被木板封堵。殿内供奉有大佛母（图 17–51），佛殿因此得名。南北两侧为两排菩萨塑像，艺术价值较高，佛像底部由镀金神兽承托。殿外为一圈封闭式转经道，南侧有楼梯与护法神殿相通。

（4）觉康佛殿

觉康佛殿为夏鲁主殿，殿内文物价值较高，供奉有合金观音、天然六字真言及净水宝瓶等镇寺之宝。佛殿南北长 6.13 米，东西长 5.89 米，净高 5.5 米。该殿为四柱八梁结构，藻井被遮盖无法看见。殿内东墙开有高窗，窗底与二层中庭地面平齐。室内有高差，大门与前柱之间的地面有坡度。殿内四柱围合的空间筑有烛台，高 0.54 米。南、西、北依墙体砌有一圈台基，高 1.09 米。南北两侧的墙壁上曾贴有彩绘过的小型擦擦（图 17–52），现已大部分脱落。柱上设有简单斗拱（图 17–53），比例协调。

（5）马头明王殿

马头明王殿内有洛顿大师射出的金箭掉落之处，现建有佛塔（图 17–54）以纪念这位大德高僧。该殿规模与觉康佛殿相仿，室内采光较好。殿内靠墙处为一圈台基，放置有塑像。临门处有一尊马头金刚

图 17–50 护法神殿托木（左）
图片来源：周映辉摄
图 17–51 大佛母塑像（右）
图片来源：周映辉摄

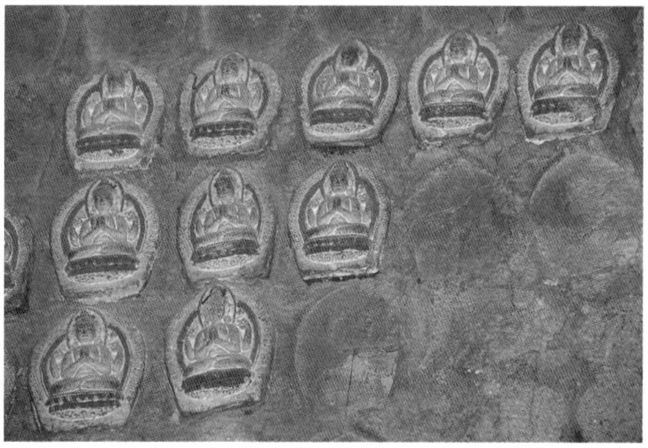

图 17–52 觉康佛殿墙上彩绘擦擦
图片来源：周映辉摄

图 17–53 觉康佛殿斗拱
图片来源：周映辉摄

图 17–54 布顿大师落箭处
图片来源：周映辉摄

佛像，该殿名称便得于此。顶部绘制有世俗人物及菩萨画像，推测其绘制年代与该殿一致。梁柱为四柱八梁结构并绘有色彩浓重的彩绘，斗拱与觉康佛殿有所不同。

（6）甘珠尔殿

图 17–55 甘珠尔殿藻井
图片来源：周映辉摄

甘珠尔殿（图 17–55）位于集会大殿南侧，是公元 14 世纪古相·扎巴坚赞扩建初期修建的佛殿，为集会大殿内的南配殿。由于佛殿大门涂漆后产生如皮革状的粗糙黑色表面，也称犀牛门殿。甘珠尔殿坐南向北，佛殿东西长 10.27 米，南北宽 7 米，室内空间高度 5 米，墙厚 1.10 米。佛殿内东西各有一根木柱，为不规则扁圆形，西侧柱周长 0.86 米，东西柱周长 0.81 米，两柱均无明显收分。佛殿顶部中央藻井部分（图 17–56）在后期维修时重新铺设，藻饰图案（花纹）部分经过后期补绘。佛殿只能通过北壁上方东西两侧的窗户进行采光。甘珠尔殿壁画精美，其出神入化的绘画技艺令人惊叹。画面中不同神色的 5 位佛陀，面带微笑，各自结出不同手印。

图 17–56 甘珠尔殿室内
图片来源：储旭摄

（7）三门佛殿

三门佛殿为公元 13 世纪由古相·贡波贝修建。三门佛殿以其独特的大门（图 17–57）而得名，大门可分为左中右三个出入口，每个出入口均为两扇门板，之间由门框相隔。门楣有彩画痕迹，并刻有浮雕佛像与吉祥图案。殿内立柱尺度各异，南侧较高，疑为经过不同时期的维修。柱上方托木形式简单古朴，仅正面绘有彩绘。殿内西端正在建造四座佛塔。三门佛殿壁画亦颇有名气，北侧墙壁五方佛画像艺术价值较高。三门佛殿的五方佛写实性强，艺术家将人物肌体感表现得淋漓尽致，人物周边用华丽的卷草纹作为装饰。

图 17–57 三门佛殿大门
图片来源：周映辉摄

（8）西无量宫佛殿

西殿（图 17–58）是四座无量宫佛殿中较特殊的一座，它与一层的觉康佛殿及马头金刚佛殿组成的西端建筑群竟比东端的三层建筑群还要高出一些。此殿等级高于其余三座无量宫佛殿，其较高的净高、大尺度斗拱及华丽的门框都能印证这一点。西殿东西长 5.8 米，南北长 13.3 米，净高 4.8 米。西殿有三

图 17–58 西无量宫佛殿正立面
图片来源：周映辉摄

种不同形式的斗拱。柱头铺作和补间铺作有细微区别，初步判断是由于需承托天花而导致的结构变化。西殿天花与南北两殿也有略微差异，其金刚杵用色及中间主体图案均有自身特点。殿内有壁画20幅，题材皆为金刚简略坛城。殿内墙壁内侧设有防水雨檐以保护壁画，但效果不尽如人意，壁画破损严重。佛殿内有供佛台，供奉有高僧灵骨及塑像。

（9）南无量宫佛殿

南无量宫佛殿坐南向北，建于甘珠尔佛殿之上。佛殿东西长10.8米，南北长6.3米。东西两侧墙壁开有侧窗，窗洞内大外小，提高了采光面积。墙体顶端架设汉式斗拱（图17-59），屋顶覆绿色琉璃瓦。殿内沿东西向设立柱两根，柱上方架梁，梁上设短柱3根，短柱上方架梁以承托天花。佛殿顶部铺设方格天花，天花板藻饰内容为描金梵文与曼陀罗图案。入口处的地面铺设有方形木板，此处曾作为甘珠尔殿的天井，现已封堵。南殿共有壁画31幅，除东壁因雨水侵袭破损严重以外，其余保存较为完好。壁画题材为胜乐部简略坛城，线条清晰，色彩鲜艳。佛殿南侧为供佛台，西侧设经书柜，供奉有布顿大师塑像及其生前著作。

（10）北无量宫佛殿

北无量宫佛殿（图17-60）东西长10.8米，南北长5.2米。北无量宫佛殿墙体较厚，厚约1.6米。佛殿大门西侧墙内有夹层，厚度约为墙体的1/3，用于储藏粮食以防不时之需。殿内曾有立柱两根，现已拆去，用作柱础的木桩仍存于殿内。殿顶因东西跨度较大而中间未有柱子支撑出现凹陷。北殿斗拱尺度形式与西殿一致，为五铺作双下昂，补间铺作每间各施一朵。北殿大门外形样式与甘珠尔殿的大门风格相仿，门楣有木刻雕花。佛殿内壁画共计25幅，均为坛城题材。壁画破损程度严重，部分较难辨认。佛殿正中设烛台，供朝圣者添置酥油。北侧设供佛台，供奉有布顿大师塑像。

（11）东无量宫佛殿

东无量宫佛殿（又名布顿佛殿）建于元代。东殿平面近似为方形，东西长6.4米，南北长7.3米。东殿与般若佛母殿有天井相通，做法特别。东殿天井处仅做一简单石砌低矮护栏进行围合，未设窗户，目前此处用木板遮盖。东殿斗拱与其余三个无量宫佛殿风格一致，为双抄五铺作（图17-61），每面墙上铺作数目相同，补间铺作每间各施一朵。大门做法在藏族聚居区比较罕见，分为上下两部分，上部为几何形镂空窗格，下部由门框分隔成三部分，中间为出入口。东殿外围为小型封闭转经道，目前未开放。转经道外墙上施单铺作斗拱，拱眼壁为镂空隔窗，为东殿提供了极佳的采光条件。殿内四面绘有壁画，均为坛城图案，破损较为严重。

（12）无量寿佛殿

无量寿佛殿（图17-62）位于二层佛殿入口处，

图17-59 南无量宫佛殿斗拱
图片来源：周映辉摄

图17-60 北殿室内
图片来源：周映辉摄

图17-61 东殿斗拱
图片来源：周映辉摄

图 17-62 无量寿佛殿室内
图片来源：周映辉摄

图 17-63 罗汉殿壁画（左）
图片来源：周映辉摄
图 17-64 具乐殿壁画（右）
图片来源：周映辉摄

图 17-65a 丹珠尔殿（左）
图片来源：周映辉摄
图 17-65b 丹珠尔殿内小型佛塔（右）
图片来源：周映辉摄

图 17-66 二层转经道
图片来源：周映辉摄

建于公元 14 世纪。佛殿东西长 4.3 米，南北长 8.4 米。西壁正中设佛台，供奉无量寿佛塑像。西、南两面的墙体表面上凿洞布满小型佛龛，龛内供奉彩绘的无量寿佛塑像。东侧墙上曾镶有圆形擦擦，现已掉落。

（13）罗汉殿

罗汉殿位于西无量宫佛殿南侧，为公元 14 世纪所建。该殿东西长 5.4 米，南北长 8.7 米。罗汉殿现作为仓库使用，常年关闭。佛殿内保存有壁画（图 17-63），绘于初建时期。

（14）具乐殿

具乐殿位于西无量宫佛殿北侧，现用于存放寺内贵重物品。佛殿内绘制有壁画，画面基本保存完好，其中西面墙上绘有反映元代夏鲁寺全貌的壁画（图 17-64）。靠大门处地面上开有圆洞用于倾倒粮食至底层仓库。

（15）丹珠尔殿

丹珠尔殿（图 17-65a、b）位于南无量宫佛殿东侧，建于公元 14 世纪。丹珠尔殿平面为狭长长方形，内立柱两根，东西长 4.5 米，南北长 9.38 米。丹珠尔殿为典型藏式风格，室内比室外低 0.9 米，未发现壁画。该殿现用于存放面具、小型佛塔等法器。

（16）二层转经道

二层大转经道（图 17-66）较为特殊，入口在三层，出口却设在二层处，地面有较大的高差变化，常年关闭。估计原因有二：一是今夏鲁寺内承担转经功能的场所已有三处，能够满足需要；二是现三层唯一的佛殿——东无量宫佛殿常年关闭，三层进、二层出的设计在使用时较为不便。转经道内采光较好，外墙上架斗拱，斗拱间未施拱眼壁。转经道壁画集中于内墙，艺术价值较其他佛殿略低，有一小部分壁画与其他壁画风格差异较大，疑为近代绘制。

夏鲁寺内部门窗做法、集会大殿的设计及回廊的布局均体现出早期藏族聚居区寺院布局形式；元官式建筑风格主要体现在建筑的柱网、梁架及屋顶做法上。整个汉式建筑结构全系汉族工匠所为，殿堂的开间、斗拱和铺作的运用及屋脊吻兽的造型与同一时代山西芮城永乐宫等内地建筑基本相同[56]。这种在底层夯土结构基础上结合汉式传统坡顶的形式打破了西藏寺庙建筑的单一模式，为藏传佛教寺院的建造提供了新思路，藏式建筑的形式也显得更加灵动和富丽。

17.2.3 汉藏结合的建筑风格和艺术特征

1. 藏式建筑的风格传承

夏鲁寺采用夯土和石砌墙体，底层外墙未开窗，内部梁柱和门窗等建筑构造也为传统藏族样式。佛殿殿门、楼梯、雨篷等细部做法和封闭环形转经道的设置均体现了西藏寺院的传统风格。

1）屋面

藏式传统建筑的屋面按照形式分，主要有平顶屋面、歇山屋面。夏鲁寺中这两种屋顶形式并存。除去四个无量宫佛殿外均采用平顶屋面（图 17–67），屋面使用阿嘎土砌筑，构造分三层。第一层是承重层，根据房屋等级的不同在椽子上铺设不同的材料，房屋等级高的密铺整齐的小木条，房屋等级次一级铺设修整过的树枝；第二层是阿嘎土层；第三层是面层，制作面层的土质有一定黏结性，但其抗渗性能要靠夯打密实和浸油磨光。

2）墙体

夏鲁寺的外墙有明显的收分效果（图 17–68），底层墙体厚度均在 1 米以上，墙体的收分能够增强建筑物的稳定性。从结构上来看，宽厚的墙体增强了承载能力及稳定性能。采用收分的方式，可以减轻墙体上部的重量，使得整座建筑的重心下降，增强建筑的稳定性，并提高了建筑的抗震性。

夏鲁寺的墙体一般采用石块砌筑，或实土夯实。一层建筑的外墙多采用石砌。传统石墙的砌筑工艺是一层方石叠压一层碎薄石片，一层一层向上砌筑。这样不仅解决了墙体水平和坚固稳定的要求，并且起到了使外墙富于韵律感的装饰效果。二层外墙及室内墙、隔墙采用土坯夯筑。土坯墙多用黄土夯筑，内掺碎石或者细木棍作为骨料。二层外墙墙体中间夹有木柱，随着墙体向上收分，柱子上端部分逐渐暴露出来。

西藏的寺院顶部多有边玛墙作为装饰，以此象征着权势和地位。夏鲁寺因深受汉式建造工艺的影响，并未将边玛墙这种寺院或官邸的标志特征融合进来。而寺庙下属的葛布扎仓，因采用了地方的建造风格，现存的残垣断壁还能发现边玛墙。

3）外墙颜色

在西藏的寺庙建筑中，较为常见的外墙色彩为白色和红色。红白二色与藏族几千年的生活习惯和宗教传统有着密切的联系，在藏族的生活习惯和宗教信仰等观念中，白色象征着吉祥，而红色因具有特定的宗教文化内涵，多用于寺庙的护法神殿、灵塔殿及个别殿堂外墙。红白这两种色彩在藏式建筑外墙的普遍应用不仅体现了该民族的风俗习惯，对宗教信仰等文化内涵的物化也同样具有重要意义。

夏鲁寺的神变门楼外墙涂抹的是整片的青色（图 17–69），其余建筑部分为红色或夯土墙体本色。由此不禁令人联想到萨迦南寺及萨迦雪民宅标志性的三色外墙涂抹。萨迦的三色为青、白、红，其中的青色与神变门楼外墙如出一辙。由于夏鲁万户在元代与萨迦王朝缔结姻亲关系，关系甚好，以致目前还有学者提出了夏鲁派为萨迦派的一支分支的观点。关于萨迦三色的来源有两种说法：一说为萨迦主神喜金刚的三种面孔的不同颜色标识；另一种说法认为三色为文殊菩萨、观音及金刚手的象征。无论哪种说法，我们在夏鲁寺都未见供奉对应菩萨的塑像，无法找到关联因素，或许青色外墙仅是表明对萨迦

图 17–67 集会大殿上空阿嘎土平屋面（左）
图片来源：周映辉摄
图 17–68 夏鲁寺收分外墙（右）
图片来源：周映辉摄

图 17–69 青色古朴的外墙
图片来源：周映辉摄

图 17-70a 觉康佛殿天花（上左）
图 17-70b 觉康佛殿天花（上右）
图片来源：周映辉摄

图 17-71 集会大殿柱顶坐斗（中左）
图片来源：周映辉摄
图 17-72 集会大殿拼合柱（中右）
图片来源：储旭摄

图 17-73a 夏鲁寺不同形式托木一
图片来源：储旭摄

图 17-73b 夏鲁寺不同形式托木二
图片来源：储旭摄

图 17-73c 夏鲁寺不同形式托木三
图片来源：汪永平摄

的一种尊重。

4）木构件

藏传佛教寺院建筑无论是土木还是石木结构都包括椽、梁、柱、斗栱等木构件。木构件是鉴别藏传佛教寺院建筑年代、风格等特征的重要物证。不同时期、不同风格建筑的木构件构造形式有一定的区别。以下就夏鲁寺建筑楼板、柱子、门窗等构件逐一进行分析。

夏鲁寺楼板的做法基本都是密肋结构，在主梁上搁置着许多间距仅为 30~40 厘米的次梁，这些次梁大多涂蓝色或未上色，次梁之上是短小的木材紧密地排列在一起。一般走廊或房间上的木材排列较为随意，但在重要的大殿和门廊，如集会大殿的天棚处的次梁上的木材的选用较为严格，排列的方式也很严谨。在重要的殿堂，如觉康佛殿的入口楼板处，直接以织物将楼板结构遮盖，颜色各异的布匹上绘制装饰图案或花纹（图 17-70）。或是在楼板下悬吊垂类似布幔的皱褶织物，在堂内的中心位置或主供佛的位置再吊挂矩形的织物，像个伞罩，三门佛殿的吊顶就是这种做法。

夏鲁寺中的柱子以圆柱为主，从下到上有收分。经过抹角处理的方柱在夏鲁寺也有发现。柱子的柱身采用整根木料加工制成。柱脚下一般未发现柱础，仔细观察能发现在柱脚靠近地面处有人工挖凿的柱坑。夏鲁寺集会大殿的梁柱采用比较高大粗壮的木料，为求美观，对其进行加工装饰。柱顶上设有坐斗（图 17-71），坐斗和柱头之间用插榫连接。其他佛殿的梁柱制作比较简单，只需满足结构要求。柱子装饰集中在柱头，柱头的装饰大多以浅浮雕或者彩绘进行，大多是写实的卷草纹或莲花瓣。柱身的装饰一般涂红色，拼合型柱用金属连接件进行加固和装饰（图 17-72）。

柱子上方连接梁柱的托木是装饰的重点，托木是承接梁、柱的结构与承重件。构件尺寸较大，结构作用明显。上面的装饰为雕刻、彩绘相结合的方式，表面雕刻卷草及龙头、藏文等图案，边缘一般都是类似云纹的曲线。托木上装饰花样繁多，可参见详图（图 17-73）。

5）门

夏鲁寺除东殿外，其余殿门均为拼板门，用木材制作，制作方便，坚固耐用。部分门的外表面用铁皮和铜皮作为金属装饰。夏鲁寺殿门虽没有华丽的装饰，但也包含了丰富的构成元素，体现在门扇、门框、门斗拱、门楣之中。门扇多为木质拼板，以双扇为主，门扇宽 0.6~0.8 米。夏鲁寺中仅西殿大门（图 17–74）有门斗拱，形式精巧，并绘有彩绘。

6）窗

夏鲁寺对外开窗不多，洞口尺寸普遍较小。因西藏地处青藏高原，气候寒冷，较小的门洞利于保温，还含有驱鬼避邪等宗教原因。窗扇较为简单，以单扇窗为主。

2. 元代官式建筑的集中体现

1）琉璃瓦

元官式建筑的特征主要体现在整个建筑的屋顶，即二楼天井四周的四座无量宫佛殿建筑及其建筑装饰上。从空中俯视或从底层外围远视，除东面的“神变门楼”屋顶为三重琉璃歇山顶外，南、西、北三面屋顶均为重檐琉璃歇山顶。

琉璃是以铅、硝为助熔剂，以铜、铁等金属为着色剂而烧制成的带釉陶器。历代关于琉璃的概念一直很模糊，直到铅釉被应用在建筑的砖瓦之后，才将建筑构件称为琉璃。琉璃制品在古代主要用于庙宇、宫殿建筑，具有地域和时代特征，不同的外观、规格尺寸及釉面着色象征着帝王的不同权力地位或佛门圣地的威严等级。早在西周时期中国就能够自己制造琉璃，但是当时的工艺水平还处于非常稚嫩的阶段。至北魏出现了我国历史上第一个大型的生产琉璃的场所，到了唐代唐三彩琉璃制品艺术更取得了卓越成就，并逐渐在民间普遍开来，色釉也增加到了蓝、黄、赭、白等色。宋、元年间，由于深受统治阶级青睐，琉璃瓦制造技术有了一个较大的发展，其规格开始标准化，集中于山西、河北、陕西、河南一带生产。元代以后，由于宫殿建筑对琉璃的需求大增，琉璃制品的发展更是进入了鼎盛时期。

琉璃在西藏主要使用在宫殿、佛殿、寺庙、佛塔等建筑上，个别还使用于重要碑刻和桥梁屋顶上。

图 17–73d 夏鲁寺不同形式托木四
图片来源：汪永平摄

据文献记载，西藏地区应用琉璃始于公元 7 世纪，即文成公主进藏、唐蕃友好关系建立之后，汉地的建筑工艺也带进了吐蕃，并在大、小昭寺的建造中等得到了充分的运用。从那时起，宫殿、佛教、寺庙建筑中逐渐吸收或受汉文化的影响，并在建筑屋顶上广泛使用琉璃瓦。

元代是汉地琉璃瓦的重要发展和普及阶段，夏鲁寺又是在元代时由汉地工匠参与建造的，因而在扩建夏鲁寺的过程中很自然地采用了琉璃。琉璃瓦是夏鲁寺重檐歇山顶建筑中使用最多的屋面建筑材料，与内地同时期、同类型的建筑可以媲美，成为汉藏文化交流的象征。

夏鲁寺整个屋顶所用的琉璃为绿色单色釉。正

图 17–74 西殿大门
图片来源：周映辉摄

脊是屋顶琉璃的重要部位。夏鲁寺正脊正中立宝瓶，两端为对称的舞者琉璃塑像（图 17-75）。屋顶正脊的琉璃采用高浮雕形式，造型有天女、宝珠、莲花、走狮、奔虎和玉兔等（图 17-76）。正吻又名鸱尾、大吻或鸱吻，置于正脊两端，在防护屋顶两坡交汇点漏雨的同时，也为整个建筑物的装饰起到了锦上添花之效。夏鲁寺在 1986 年屋顶维修前屋面上所用的鸱吻有三种造型：一种与山西芮城县永乐宫的鸱吻造型极其相似；一种为龙首兽吻；另一种为呈上升态势的螺状卷云。维修后则改为元代统一的鸱吻造型（图 17-77）。兽头型构件作垂脊和斜脊的做法在夏鲁寺得到了印证，其斜脊端头所采用的正是龙头构件。4 座佛殿垂脊和角脊用红、黑底色，外附绿釉薄条砖以及部分用板瓦叠压而成，是宋元以前内地的做法。屋面的瓦当可分为筒瓦、板瓦、沟头（图 7-78）及滴水。各构件尺寸分别为：筒瓦长 34 厘米，口宽 12 厘米；板瓦长 32 厘米，口宽 18 厘米；勾头直径 12 厘米，长 15 厘米；滴水面宽 18 厘米，长 12 厘米。瓦当有龙首正面、宝塔、莲花、走兽等。由图案可以看出，瓦当和滴水为传统内地的做法。陈耀东先生曾就夏鲁寺的瓦当重量做过推断：“四座殿堂屋顶面积共约 550 平方米，四周屋顶的瓦檐约 680 平方米，实测厚约 18.2 厘米，如考虑筒板瓦的曲面，板瓦上的上下搭接，沟头、滴水及脊瓦等图案，夏鲁寺的瓦件总重量在 200 吨左右。”[57] 在当时的社会条件下，将如此重量的瓦当从内地运送到后藏难以实现，极有可能是由汉族工匠指导，两地工匠共同烧制完成的。公元 14 世纪，夏鲁工匠掌握了琉璃构件的烧制全套技术，据夏鲁寺高僧介绍夏鲁寺曾存有阐述琉璃烧制技术的经书。夏鲁工匠亦承担过其他寺庙的琉璃烧制任务，如十三世达赖喇嘛在位期间修建罗布林卡和维修拉萨大昭寺中所用的琉璃构件。达赖喇嘛还因此对夏鲁工匠赐名“增堪”。

笔者采集了夏鲁寺的元代琉璃构件，汪永平老师提供了 1983 年在山西做琉璃调查时收集的介休洪山寺的唐代琉璃、山西五台山殊象寺的明代琉璃、山西琉璃之乡——马庄山头的清代琉璃样品。为便于对比，采样对象皆为绿色琉璃，并请南京工业大学材料学院的实验室使用精密仪器进行了显微镜结构和成分的分析（图 17-79~ 图 17-82）。实验结果表明：夏鲁寺元代琉璃成分与内地唐代琉璃成分

图 17-75 琉璃屋面
图片来源：周映辉摄

图 17-76 正脊琉璃塑像
图片来源：周映辉摄

图 17-77 鸱吻
图片来源：周映辉摄

图 17-78a 西殿元代沟头一（左）
图片来源：周映辉摄
图 17-78b 西殿元代沟头二（右）
图片来源：周映辉摄

图 17-78c 西殿元代沟头三（左）
图片来源：周映辉摄
图 17-78d 西殿元代滴水（右）
图片来源：周映辉摄

相近，与明、清琉璃的釉色成分相差很大，而这正是内地山西元代琉璃的特征。元代处于从唐宋向明清过渡的时期，即从石灰釉向铅釉的过渡。从釉色的光洁度来看，相比较明清更为亮丽，这是因为釉色中的铅成分增大，釉色更加饱满。另外从夏鲁寺的琉璃瓦胎质来看，远不及内地的坩子土或白土，而是铁含量较高的“红土”。可能是夏鲁寺当地缺少烧制琉璃坯胎的优质材料，因而杂质含量较高，胎质有夹生。

2）斗拱

中国斗拱的演变经历了三个时期，各代表了三种不同风格。西周至魏晋南北朝为斗拱初始形成的发展阶段；唐代至元代属于成熟阶段，强调功能结构与造型艺术的完美结合；明代至清代为斗拱结构趋向装饰化的阶段。

元代是中国古代一个较为特殊的历史阶段，在蒙古族统治中国的那段时期，少数民族及域外文化以空前的规模进入中国，对本土建造工艺形成了巨大的冲击。处于动荡期的元代建筑，在斗拱用材方面出现较大突破。此时的柱头之间已开始使用大小额枋和随梁枋，加强了梁架本身的整体性，斗拱所起的结构作用开始削弱，逐渐缩小为显示等级的装饰物。总的来说，元代建筑是在北方的金代建筑和南方的南宋建筑的基础上分别发展起来的，是从宋、金到明的过渡。

元代斗拱的演变主要表现在用材不断下降，结构上所承担的作用也逐渐降低。元代斗拱用材的减少导致出挑尺寸的减小，铺作层在整个构架中的高度比例也由宋、金时代的30%左右降至25%以下[58]。斗拱的结构作用日益减弱了，而它的装饰意味却加强了，总的来看，还是自有其时代规律性：①在建筑做法上，元代斗拱的过渡性特点较明显，如宋金要头均作单材，元代建筑中同时具有单材和足材要头，明清建筑中全为足材要头。②琴面昂完全取代了批竹昂，补间铺作真昂假昂并用，柱头铺作用假昂的做法逐渐普及，并出现了假华头子。③补间铺作开始增多，其分布也具有时代特点。一般情况为前檐当心间一般施两朵补间铺作，次间施一朵；后

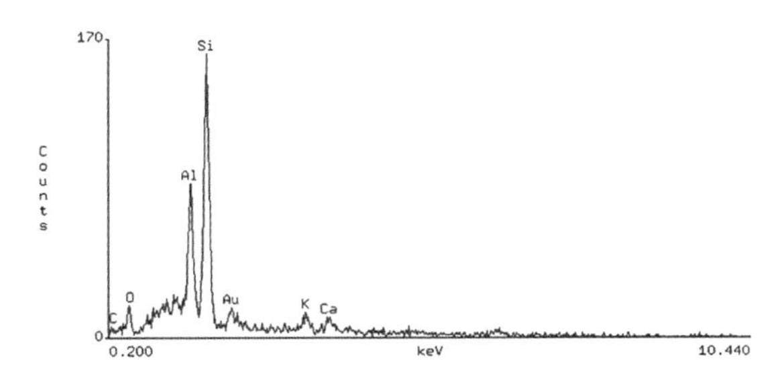

图 17-79a 五台山殊象寺琉璃成分分析（坯质成分）
资料来源：南京工业大学材料实验室

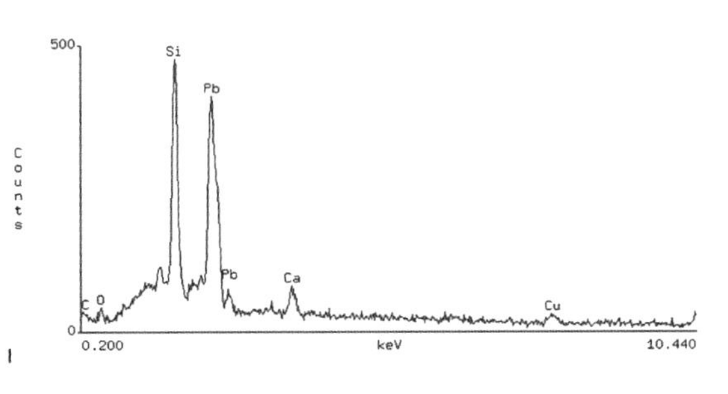

图 17-79b 五台山殊象寺琉璃成分分析（釉料成分）
资料来源：南京工业大学材料实验室

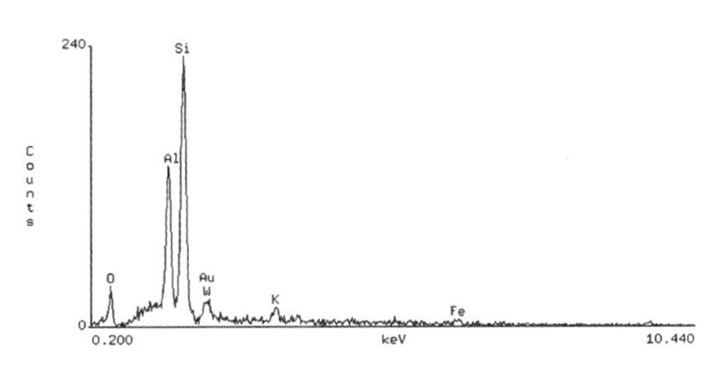

图 17-80a 山西太原马庄琉璃成分分析（坯质成分）
资料来源：南京工业大学材料实验室

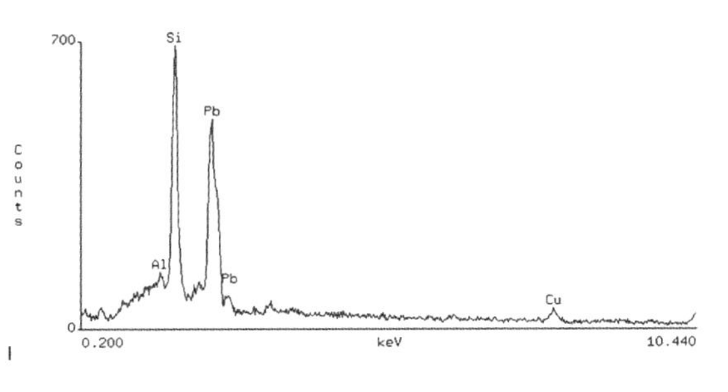

图 17-80b 山西太原马庄琉璃成分分析（釉料成分）
资料来源：南京工业大学材料实验室

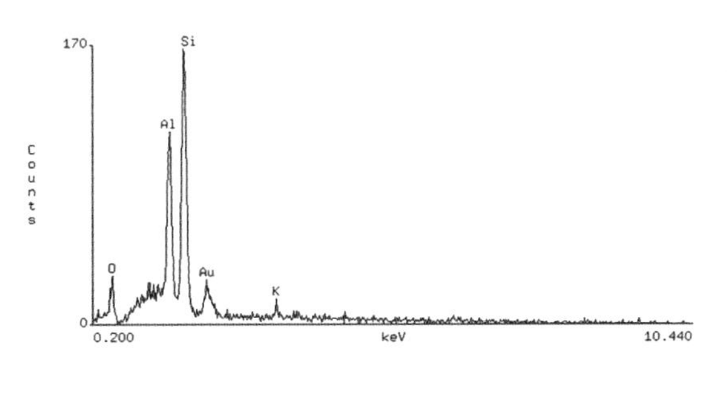

图 17-81a 山西介休洪山下寺琉璃成分分析（坯质成分）
资料来源：南京工业大学材料实验室

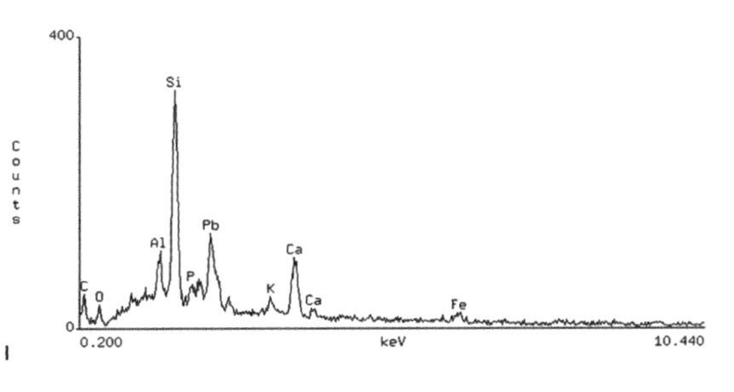

图 17-81b 山西介休洪山下寺琉璃成分分析（釉料成分）
资料来源：南京工业大学材料实验室

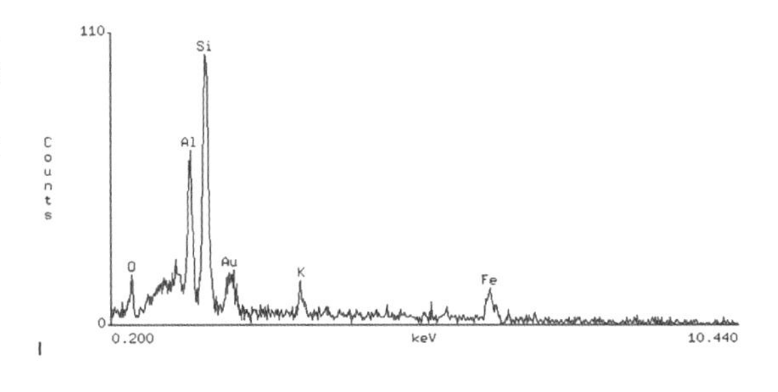

图 17-82a 西藏夏鲁寺琉璃成分分析（坯质成分）
资料来源：南京工业大学材料实验室

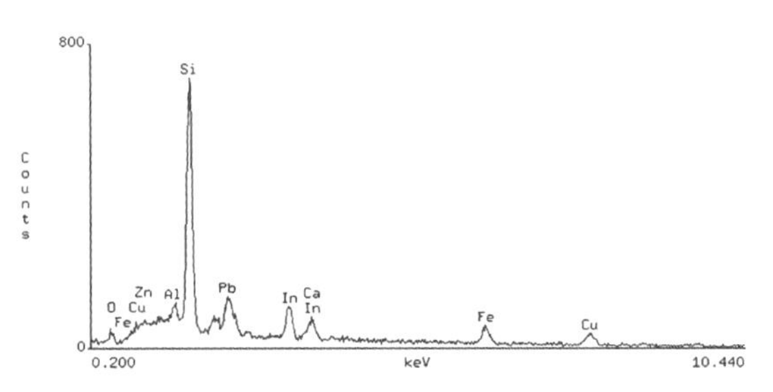

图 17-82b 西藏夏鲁寺琉璃成分分析（釉料成分）
资料来源：南京工业大学材料实验室

图 17-83 南殿转角铺作（左）
图片来源：周映辉摄
图 17-84 转角铺作侧面（右）
图片来源：周映辉摄

檐及山面补间铺作的施用较灵活，有的施一至两朵，有的则根本不施；前檐梢间，后檐次间、梢间及山面各间均施补间铺作一朵，其余各间不施。

夏鲁寺四座殿堂的斗拱做法一致，东、西、北三殿所采用的斗拱为五铺作双下昂，南殿少一铺作为四铺作单下昂（图 17-83），均为重拱计心造。我们可以看到，四佛殿中的斗拱中华拱（清称翘）上还有重叠的慢拱，所以称为“重拱”。“计心”表现在华栱或昂的出跳跳头上安放与之十字相交的拱和枋。除南殿为单下昂以外三个佛殿中斗拱的昂为双层下昂。下昂是以华栱外延，做出假昂头，为琴面昂式，在元代斗拱中较常见，昂已不是斜木真昂，而是将翘头改作昂形的假昂，加强装饰感。斗拱上部的耍头与令拱相交，伸出令拱外的端部加工成耍头（清称蚂蚱头），直接切成斜面形式（图 17-84）。

通过实地测绘调查，我们可得出西殿构件尺寸：普拍枋 21 厘米 ×11.3 厘米，柱头栌斗与补间栌斗大小相同，总高 20 厘米。斗拱里外出挑约为 30~31 厘米。斗口宽约 9.4 厘米，单材 14.9 厘米，足材 21.1 厘米，泥道拱长 71 厘米，泥道慢拱长 106.3 厘米，通过分析得出夏鲁寺的铺作用材接近宋制，介于七等材（5.25 寸 ×3.5 寸）与八等材（4.5 寸 ×3 寸）之间。南殿构件尺寸略小，低于八等材。四佛殿斗拱与柱高比均在 20%~30% 之间，符合元代变动范围。斗拱的分布情况为：西殿前檐补间铺作每间两朵，两侧及后檐均一朵。东、南、北三殿为每间一朵。

陈耀东先生曾就夏鲁寺斗拱与永乐宫做过比较，并得出“夏鲁寺除令拱比永乐宫三清殿稍长外，其他都大致相同，而且和宋制也极相近。在我国北方的建筑，宋元的权衡是一脉相承的。而夏鲁寺的细部做法，也和内地一样。夏鲁寺的这组很成熟的榫卯结合的坡顶木构架建筑，极有可能是从内地请来的工匠所为”[59]。笔者于 2007 年对始建于元代的江孜白居寺进行调研时在措钦大殿也发现有一组斗拱，其昂的形式和夏鲁寺的一致。

3）柱子

夏鲁寺的柱子形制为典型的藏式做法，向上有不明显收分，柱顶承接托木。但柱子的摆放及排列也体现出中原汉文化建筑的手法和风格，其特点是采用了中原宋元时期流行的“侧脚”和“升起”两种营造法式。此外夏鲁寺大殿上层的后殿及东、西殿也采用了中原营造法式的“减柱法”，以扩大室内的空间感。

（1）侧脚和升起

元代建筑大多继承了宋制的做法，故木构架建筑也保留了侧脚和升起的特征，通过对夏鲁寺的檐柱调查，进一步证实了其汉地宋元形式的做法。夏鲁寺的外墙结构采用的是墙包柱的形式，檐柱由夯土墙包裹并略高出一部分。由于柱根被夯土所包覆，我们无法测量出其与柱头间的相对位移，但能看出角柱有明显倾斜，即侧脚。夏鲁寺檐柱从明间至稍间依次升高，从正面看，普拍枋呈两端翘起的曲线。我们对北殿南墙角柱和檐柱高出水平墙头部分进行测量，所得数据自西向东为 18.1 厘米、13.2 厘米、13.5 厘米、18.5 厘米，两角柱约各高出檐柱 5 厘米。

宋《营造法式》规定："若十三间殿堂，则角柱比平柱生高一尺二寸；十一间生高一尺；九间生高八寸；七间生高六寸；五间生高四寸；三间生高二寸。"按宋时的做法，每间依次高出两寸，若按宋制 1 寸 =3.07 厘米（或 3.12 厘米），合现在的 6.14 厘米（或 6.24 厘米），夏鲁北殿的升起幅度略小于《营造法式》中记载的做法。但在内地，宋、辽、金、元时期建筑的侧脚和生起，比《营造法式》上的规定要大得多[60]。从两地的比较中，我们或许可以得知，当年的汉地工匠在建造过程中，并不是有意沿袭内地的做法，而是在实践过程中为了更好地适应土木混合结构进行了改良。

（2）减柱

减柱的做法始于金代，体现在木构建筑中为减去多余金柱。减柱法在元代兴盛一时，多应用于寺庙建筑，夏鲁寺作为元代汉地工匠的智慧结晶，也采用了此法。

夏鲁寺中的减柱做法集中在二层的两个大殿。西无量宫佛殿的开间为一层两个佛殿开间之和，可整个建筑内部仅设置两根立柱，较之下层对应佛殿的八根柱明显少了很多（图 17-85）。北无量宫佛殿较对面的南殿进深小 1.1 米，为了使空间不显得局促，建造者在此亦采用了"减柱法"。整个建筑内部一柱未立，扩大了使用空间，使朝圣者在室内的行为活动更加舒适随意。

4）构架

夏鲁寺琉璃顶建筑的梁架均为四架椽屋，通长四椽袱承托屋面的荷载。其木构梁架有以下特点：四椽袱之上施托脚、驼峰，上施平梁；平梁正中立短柱，柱上栌斗置泥道拱，与前后之翼形拱相交，泥道拱上置散斗接襻间、脊槫，脊槫两侧设叉手（图 17-86）。

元代建筑的举折比较平缓，经实测得知夏鲁寺举折为 1 ∶ 4，在宋法式规定和宋代实例的范围之内。因此，从立面看，二层四个汉式殿堂显得出檐深远、形式古朴（图 17-87）。

叉手与托脚是梁架结构中的连接和承托构件，在早期建筑中属结构性构件，明清建筑中已不常用，或变为装饰性构件。夏鲁寺中所用的叉手与托脚仍保持着结构功能，其截面尺寸比例约为 3∶1，与宋式接近。

阑额是联系柱头间的构件，其功能是使柱子形成闭合的整体，以增强建筑的整体稳固性。宋法式规定阑额的高厚比为 1 ∶ 0.66，夏鲁寺的阑额高 21.1 厘米，厚 12.3 厘米，高厚比为 1 ∶ 0.57，在尺寸上比宋式小，在比例上又显狭高。宋式阑额出头者多为垂直截割或砍作耍头，夏鲁寺阑额断面为矩形，阑额出头为斜线切割（图 17-88）。

普拍枋是柱头上承托铺作的构件，宋法式规定其宽厚之比约为 1 ∶ 0.66，夏鲁寺普拍枋为 22.4 厘米

图 17-85 西殿减柱做法
图片来源：周映辉摄

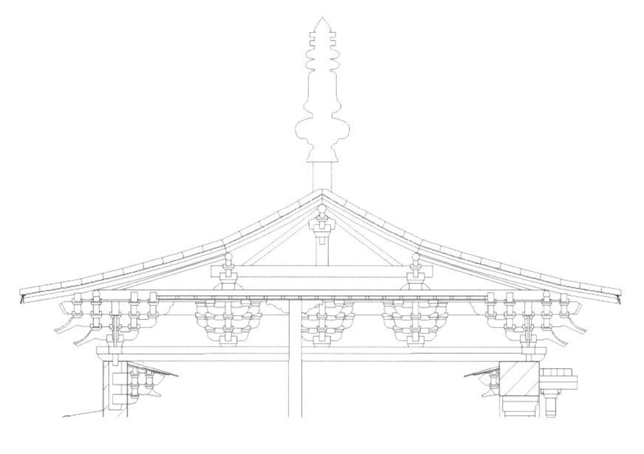

图 17-86 西殿屋架结构图
图片来源：周映辉绘

图 17-87 举折平缓的西殿屋面
图片来源：周映辉摄

图 17-88 阑额交接处
图片来源：周映辉摄

图 17-89 勾头搭按
图片来源：周映辉摄

图 17-90 西、南、北三殿天花
图片来源：周映辉摄

×11.8 厘米，宽厚之比约为 1 ∶ 0.53，较宋式扁薄。普拍枋出头为垂直截割，并于柱头处接头，用勾头搭按（图 17-89）。

5）天花

类似汉地建筑的平棊做法，在夏鲁寺的四个无量宫佛殿中也能找到。四个无量宫佛殿屋顶部分主要为汉地工匠所造，因而继承了不少内地建筑风格。佛殿平棊天花（图 17-90）四边用边框加固，划分成水平方向及进深方向数个方形格子整齐排列。四个佛殿的格子尺寸各不相同，西殿天花的方格边长 0.73 米，南殿为 0.59 米，北殿为 0.62 米，东殿为 0.7 米。每个格子以彩绘的方式画有蓝底八瓣莲花，围绕中间红色圆形图案，用金色勾边及书写 9 个藏文咒语。每个格子边框和交接处上粘有金刚杵法器。天花下面由斗拱承托，其斗拱的大小等级是用出跳数和铺作数的多少来决定，东、西、北殿承托平棊的斗拱出两跳五铺作，南殿的等级略低，出一跳四铺作。

17.2.4 壁画艺术

夏鲁寺的壁画为藏传佛教寺庙中时代最早、题材最为丰富的壁画，为研究西藏早期的绘画艺术提供了珍贵的实物资料。夏鲁寺壁画的完整保存使我们能够清楚地认识公元 11 世纪以后西藏寺院壁画艺术的发展进程，夏鲁工匠的精湛技艺也代表着从公元 11 世纪至元代西藏绘画艺术的最高水平。

夏鲁寺壁画绘制经历了两个重要历史时期，分布在所有佛殿中的壁画都与夏鲁寺这两个不同历史时期进行的佛殿扩建有密切联系。按前述夏鲁寺建筑分期，划分为两个时期，即公元 11 世纪介尊 · 喜饶迥乃创建夏鲁寺时期和元代扩建时期。第一个时期的壁画遗存较少，主要集中在护法神殿、马头金刚殿，般若佛母殿中亦有零星分布。第二个时期是元代夏鲁寺大规模扩建时期。这一时期根据在位时的万户长官又分为三个阶段。第一个阶段的维修是由古相 · 扎巴坚赞主持，在一层护法神殿、集会大殿、甘珠尔殿、转经道以及二层般若佛母殿中都留下了该时期绘制的壁画；第二个阶段为由古相 · 贡噶顿珠与布顿大师主管夏鲁寺时期，留存于四座无量宫佛殿和罗汉殿中；第三个阶段是由古相 · 益西贡噶主持，绘制于二层佛殿周围的转经道。元代时期的壁画又可分为重绘和新绘两部分，前者主要集中在喜饶迥乃所建的佛殿中，而后者主要集中在元代扩建的佛殿中。

现存公元 11 世纪的壁画集中在介尊 · 喜饶迥乃修建的护法神殿、马头金刚殿和般若佛母殿。题材均为佛教尊像与世俗人物。护法神殿在创建时期为转经道，扎巴坚赞扩建时期将其改建为护法神殿，并对部分壁画进行了重绘。所幸的是门厅西壁墙体壁画大都未经过重绘，使得夏鲁寺早期的部分壁画得以留存至今。西壁两侧保存原貌的壁画有 2 幅，题材为佛陀说法图（图 17-91）。两侧壁画的构图大致相同，中间为主尊释迦牟尼佛，两侧为数排听法弟子和菩萨，以四分之三侧面像与释迦牟尼佛对面而坐。壁画的构图以释迦牟尼佛为中心，佛祖身后有宫殿及光晕以便突出其神圣形象，佛祖与听法弟子组成的人物群体由彩色边框围合，边框以外为七彩宫殿及装饰，整个画面内容丰富，层次鲜明。虽画面有多处破损，但色彩依然鲜艳，实为不可多得的珍品。熊文彬先生对西壁的风格曾做过考证，认定胁侍风格与山南扎塘寺同一题材的壁画极为相似，体现出极为纯正的古典波罗艺术风格；与此同时，尤其是菩萨的造型，与敦煌吐蕃帛书的风格也极其相似。

扎巴坚赞时期的壁画为夏鲁寺现存最多的壁画，主要集中于护法神殿、集会大殿、甘珠尔殿、般若佛母殿外的转经道以及一层转经道。根据绘画内容可分为两部分：其中之一为重绘，保存在护法神殿、甘珠尔殿和般若佛母殿。护法神殿所绘制的内容有龙凤呈祥和多闻天王，表现出明显的中原绘画风格。甘珠尔殿则为著名的五方佛画像（图 17-92），画面中的五位佛陀各自结出不同手印，人物肌体感十足，展现了夏鲁画匠的高超技艺。般若佛母殿外转经道的壁画（图 17-93）题材以佛经故事为主，其中有很多汉式楼阁造型，是汉藏印尼四种风格结合的典范。新绘壁画集中在一层转经道。东、西、南、北四壁一周绘满了大型壁画，画面由题记分为上下两排，题材为根据《一百本身》内容绘制的 101 幅佛陀本生故事图 [61]。整个转经道所绘壁画内以生动人物造型，恢宏的汉式宫殿，为我们完整地再现了当时社会风貌。

夏鲁寺的四座无量宫殿虽是扎巴坚赞时期所建，其中的坛城壁画均为贡噶顿珠时期的作品。这些壁画都是由布顿活佛设计，并在其指导下创作而成的。遗憾的是，除了南无量宫佛殿的壁画保存得较为完整外，其他佛殿的坛城壁画均破损严重，部分严重脱落，模糊不清。

由古相·益西贡噶主持的二层佛殿外的大转经道内壁画为夏鲁扩建后期所绘，题材以度母和佛陀画像为主（图 17-94）。北壁经过颜料涂抹，画面着上红色背景，壁上绘满单尊度母打坐画像。画中人物面容饱满，形象各异，但褪色严重，仅留墨线得以辨别。南壁所绘题材与西壁大致相同，中部的画面布局由原来的相同大小度母画像改为主尊配胁侍的形式。部分壁画因毁坏严重经过重绘虽内容一致但画风有异，疑为近年所绘。西壁为佛陀画像，两侧为多幅佛陀配胁侍构成的小型场景整齐排列，居中部分为大型佛陀画像，配以神兽、花纹、宝塔作

图 17-91a 佛陀说法图
图片来源：周映辉摄

图 17-91b 佛陀说法图
图片来源：周映辉摄

图 17-92 甘珠尔殿五方佛画像
图片来源：周映辉拼图

图 17-93 佛母殿外转经道壁画
图片来源：周映辉摄

图 17–94 二层转经道壁画
图片来源：周映辉摄

图 17–95 护法神殿双龙双凤戏珠壁画(下左)
图片来源：周映辉摄
图 17–96 多闻天王及眷属壁画（下右）
图片来源：周映辉摄

为装饰。整个二层大转经道因受日晒及雨水影响，颜料褪色及画面残破现象严重。

由以上分析可知，夏鲁寺壁画绘于介尊·喜饶琼乃和扎巴坚赞至益西贡噶时期，即公元 1027—1045 年和公元 1306—1335 年之间。自公元 7 世纪起，印度、尼泊尔的绘画风格在雪域一直占据着统治地位。但至少从公元 8 世纪起，汉人工匠和汉地艺术品就已经进入西藏中部和南部，开始对藏传佛教艺术有了一个虽然有限但却持久的影响。夏鲁壁画便是这一转变的集中体现。夏鲁寺壁画按风格大致可以划分为 3 种类型：第一种为受印度和尼泊尔波罗艺术影响较深的作品；第二种为典型的内地汉族艺术风格；第三种以多种风格混合的形式存在。

在夏鲁寺中有不少具有明显尼泊尔和印度佛教风格的壁画。除一层转经道棋格式的构图形式、佛像的面相特征、佛塔以及部分装饰纹样外，甘珠尔殿和三门佛殿的五方佛也具有代表性，例如菩萨的面部特征、标识、手印、背光以及衣纹和莲花座等造型，皆体现了浓郁的印度、尼泊尔画派特征。一层转经道的佛本生故事壁画中的“舞蹈本生图”也带有鲜明的南亚热带风格。

随着西藏贵族与元代朝廷政治关系的建立，西藏的艺术逐渐受到汉地艺术影响，并将这种影响置于特定的文化情境下。夏鲁寺护法神殿和一层转经道的壁画便是反映当时艺术交流一个典型案例。护法神殿北壁为双龙双凤戏珠的题材（图 17–95）。画面上方为一对五爪青龙，下方为一对凤凰，均以腾飞的姿态盘旋于空中，中间为火焰纹宝珠。在汉地传统的绘画表现中，龙凤都是极具象征意义的形象，壁画内容便体现了典型的汉族艺术风格。西藏寺院传统的集会大殿门廊标准的造像主题一般为四大天王、寺规、六道轮回图，有时也有根据印度宇宙观描绘的色界、大海和大洲环绕的须弥山。夏鲁寺护法神殿曾是集会大殿的正门，龙凤相争的图像却占据一面墙壁，这也不是毫无原因的。在古代，人们一直视龙凤为皇权的标志。公元 14 世纪元朝统治下，法律限定只有色目人和高级官员才能穿着装饰刺绣三爪龙的官袍，王子才能穿着刺绣五爪龙的衣袍[62]。壁画中龙爪采用了最高等级的五爪，从此得以推断夏鲁在元代享受极高的待遇。此壁画绘制于扎巴坚赞在位时期，古相·扎巴坚赞从元成宗铁穆尔完泽笃皇帝手中得到统辖夏鲁领地的授权，于公元 1306 年前后成为夏鲁“僧俗各部的统领”。绘制此壁画的目的一是为了庆祝其得到皇帝钦赐统辖夏鲁的政治权力，同时也象征性地表现了皇帝的支持。

护法神殿东壁北侧绘有护法神多闻天王及其眷属（图 17–96），画面中心的多闻天王身穿战甲骑于马上，蓝白两色描绘的云海构成画面的背景。从寺内僧侣口中得知，古相·扎巴坚赞被认为是多闻天王的化身，壁画所绘内容是为了歌颂其在任时的功德。整幅壁画不仅采用了汉式的构图风格，从装饰纹样到人物的描写都呈现明显的汉族特征。画中的云气图案反映出元代漆画的装饰趣味。多闻天王的服饰和面部造型亦为典型的汉族形式，连供养人的服饰也具有浓郁的汉族服饰韵味。

夏鲁寺壁画中的内地元素主要有建筑符号和人物特征两类。其中包含汉式建筑的壁画出现在集会大殿转经道佛本生故事和佛传故事的叙事性画面中。我们从中能看到内地的楼台亭榭，甚至连屋脊的兽吻、屋瓦、菱形窗和斗拱等建筑构件也清晰可见。

画中的汉式建筑形式各异，其中既有单檐建筑，也有重檐建筑，体现了画匠对汉式楼阁的深刻理解。夏鲁寺壁画中表现内地人物特征的壁画包括汉装的世俗人物和菩萨像。世俗人物主要出现在集会大殿转经道等叙事性画面中，他们既有王公大臣、豪门望族，也不乏武士和普通百姓，大都以供养人的身份出现，衣着为最明显的区别标志。服装都多为长袍或铠甲，人物风格与山西芮城永乐宫中的神仙壁画有相似之处。在护法神殿中有一胁侍菩萨的造型极具唐宋仕女特点。画中人物面容饱满，颇有唐宋国画中的仕女风范。

混合风格的壁画则集中于一层大转经道。共有94幅佛经故事壁画，每幅壁画长2米、宽1.5米，为长方形构图。在每一长方形区域内表现某个佛经故事中的一个具体情节或一个具体场面，只有极少数完整地反映了一个故事。二层前殿回廊的壁画则以一整幅面墙，用连环画的形式表现了一个完整的故事，壁画中的故事主要有“须摩提女请佛”“萨垂太子舍身饲虎”“五百强盗成佛”等，多见于《大藏经》。

曼陀罗是源于古印度的一种密教图案。它以几何图形为基底，配以装饰性的动植物图案、法器和各类宗教人物形象。一方面可以作为一种宗教艺术来欣赏品评，另一方面又有深刻的象征意义。夏鲁寺四座无量佛殿内的曼陀罗壁画（图17–97），如“胜乐坛城”“一切部简略坛城”等均是按照布顿大师的设计意图严格绘制，也极具价值。

图17–97a 坛城壁画
图片来源：周映辉摄
图17–97b 坛城壁画
图片来源：周映辉摄

夏鲁寺测绘图

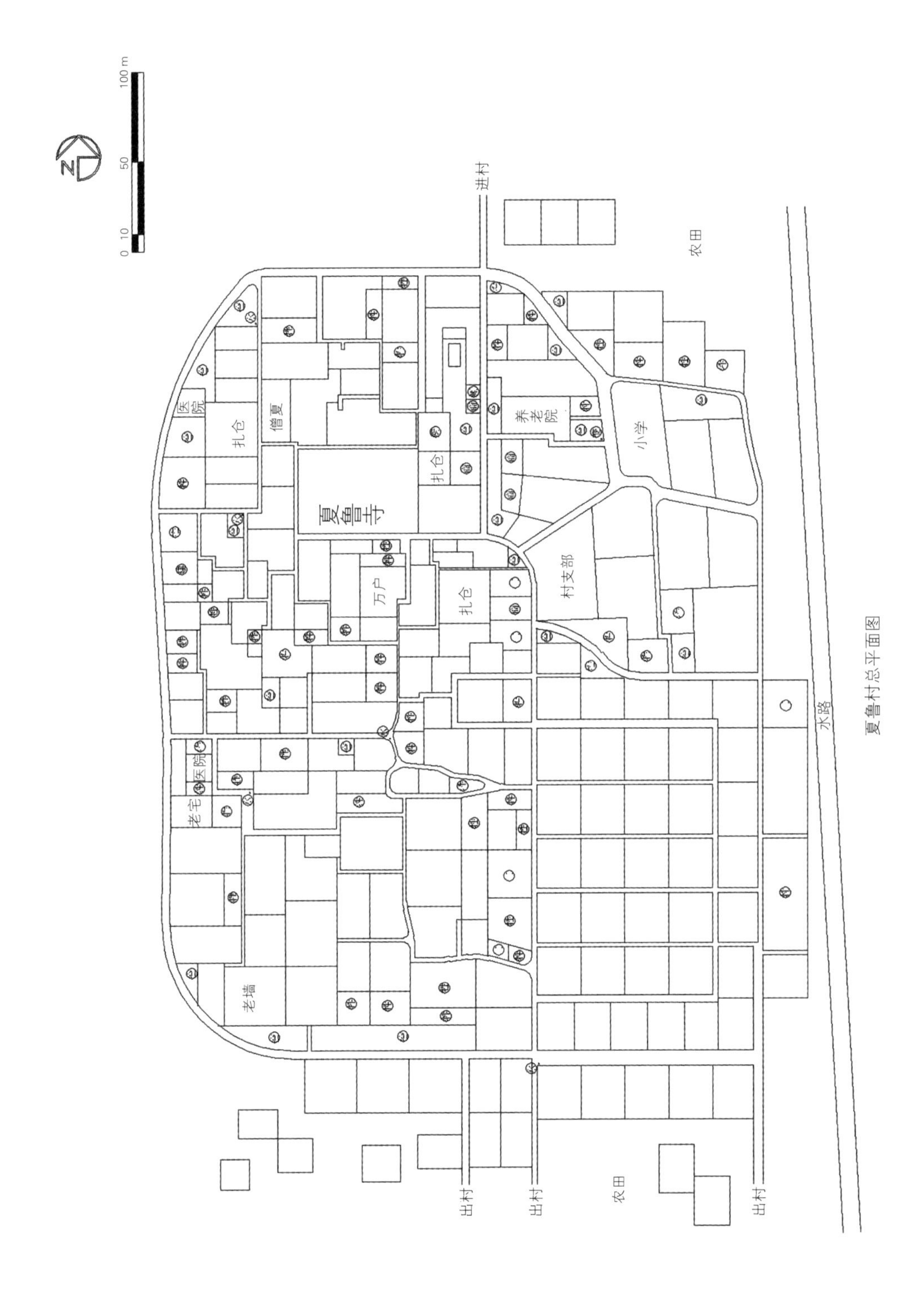
0 10 50 100 m
N
进村
农田
医院
扎仓
僧夏
夏鲁寺
扎仓
养老院
小学
万户
扎仓
村支部
水路
夏鲁村总平面图
医院
老宅
老墙
出村
出村
农田
出村

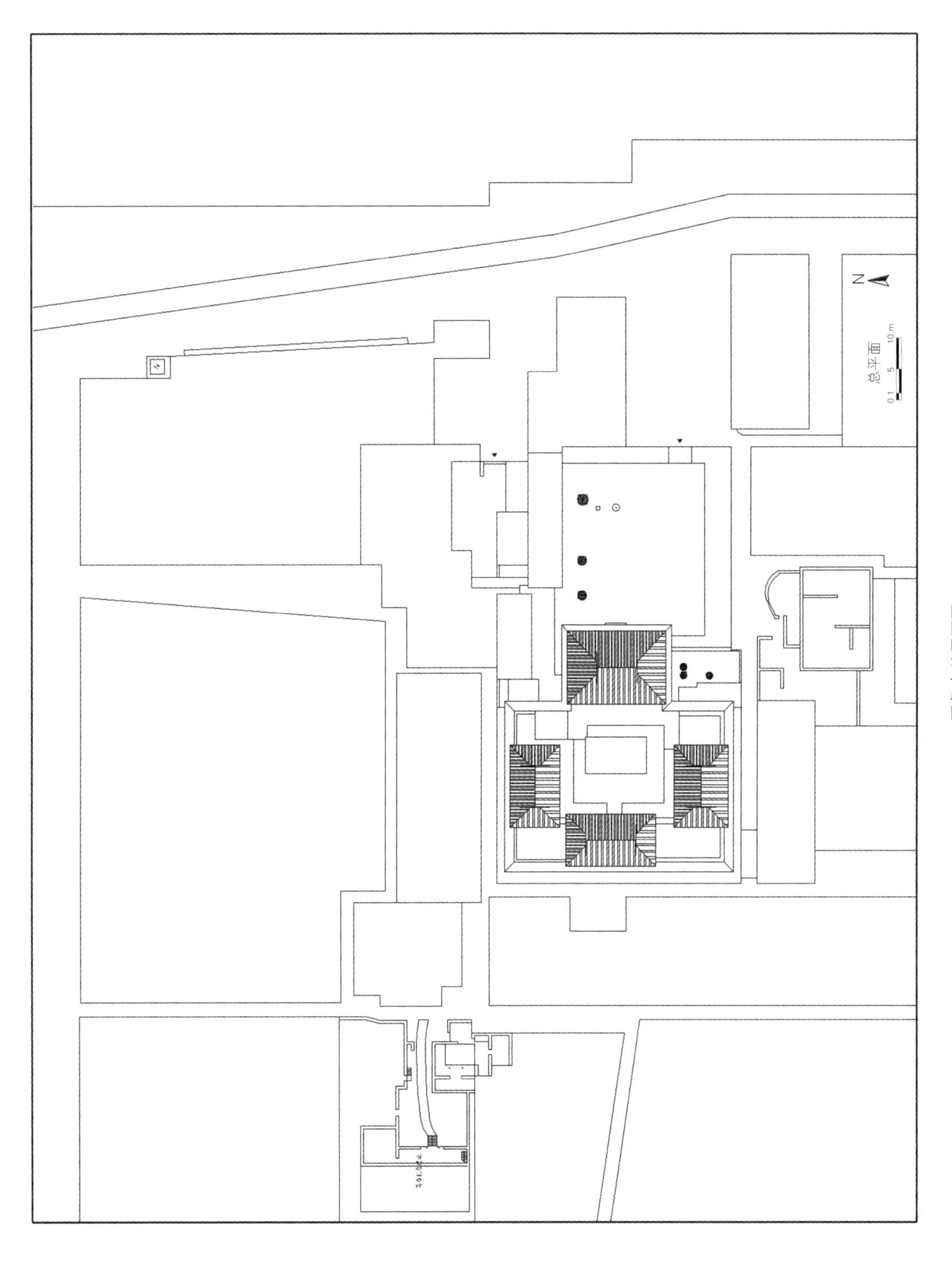

夏鲁寺总平面图

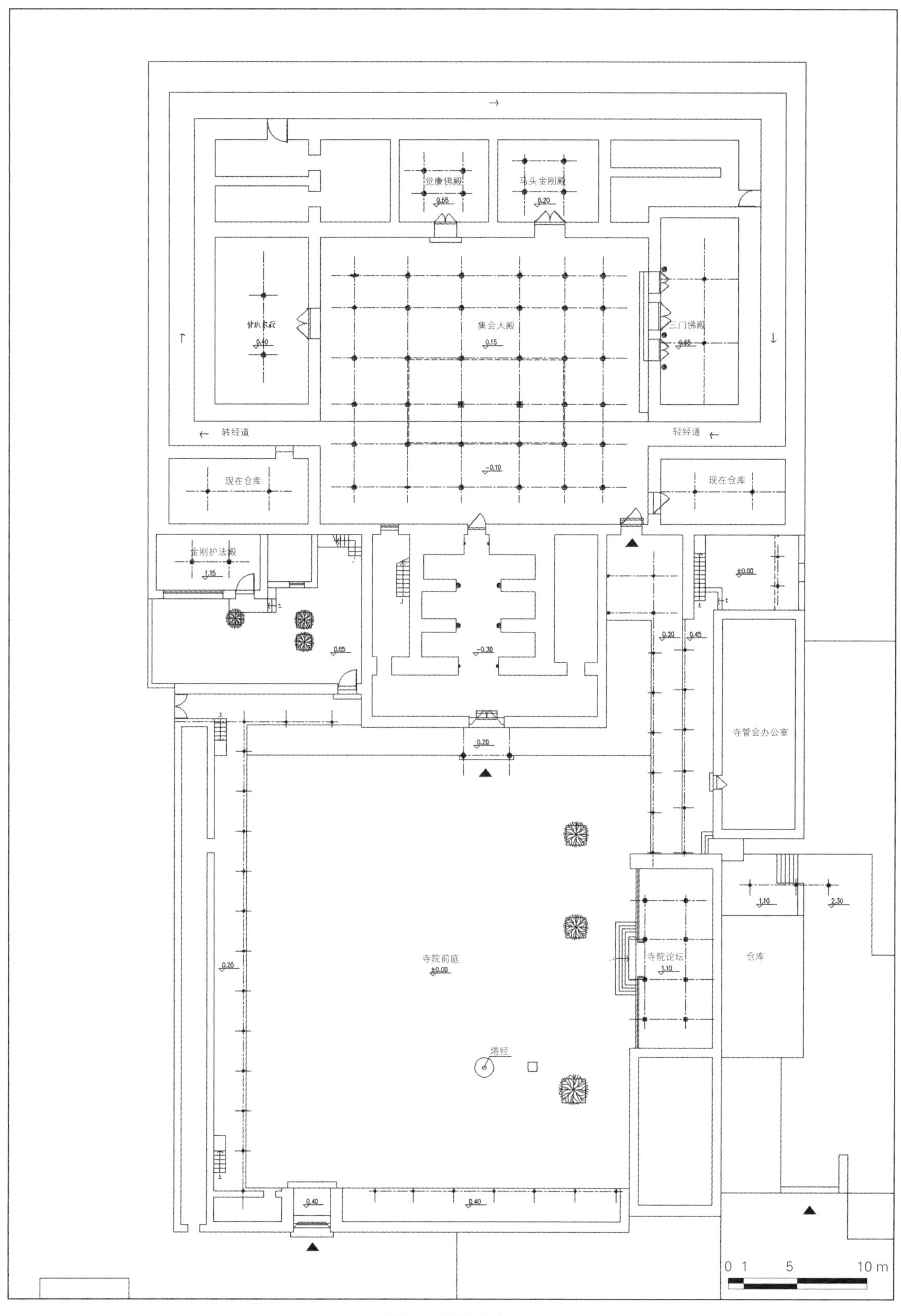
觉康佛殿
0.65
马头金刚殿
0.20
0.40
集会大殿
0.15
三门佛殿
0.65
转经道
轻经道
-0.10
现在仓库
现在仓库
金刚护法殿
1.15
±0.00
0.65
-0.30
0.20
0.45
寺管会办公室
0.20
1.10
2.30
寺院前庭
±0.00
寺院论坛
1.10
仓库
0.20
塔经
0.40
0.40
0 1 5 10 m

夏鲁寺一层平面图

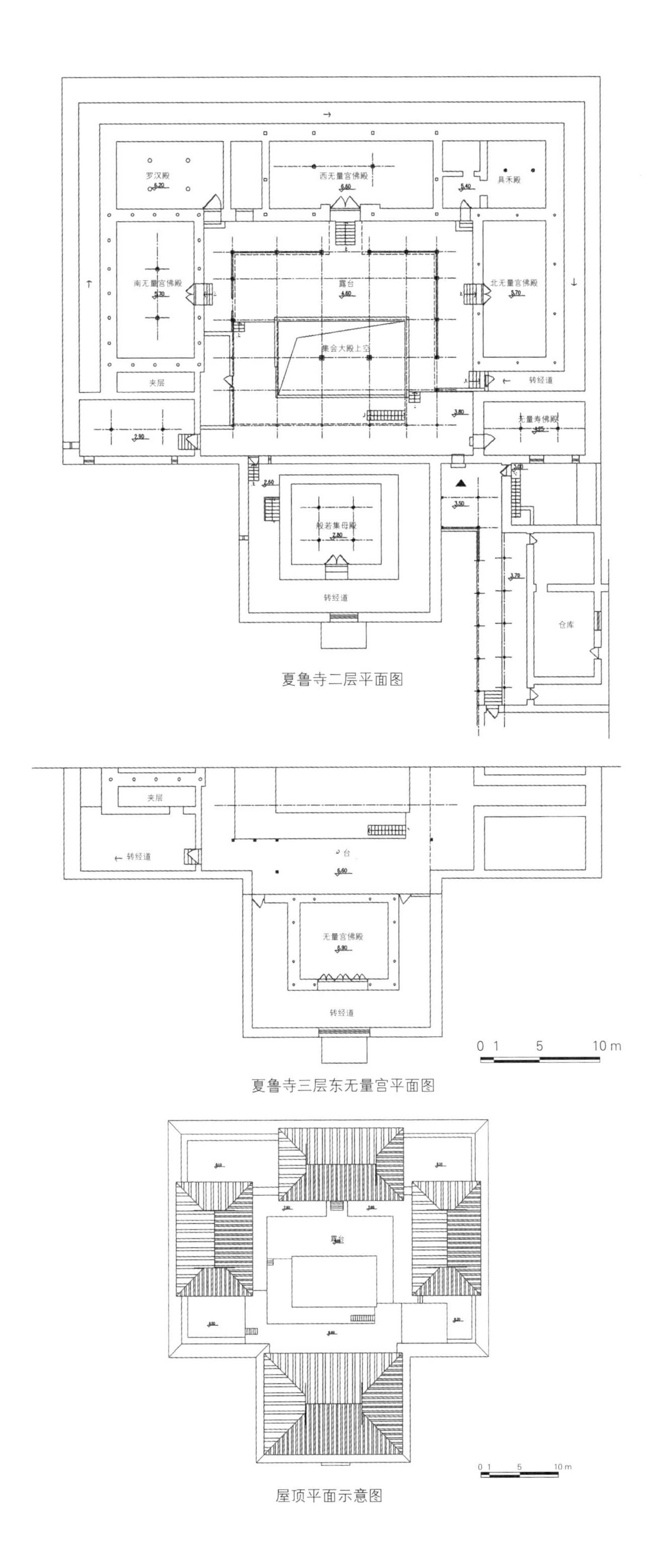

夏鲁寺二层平面图

夏鲁寺三层东无量宫平面图

屋顶平面示意图

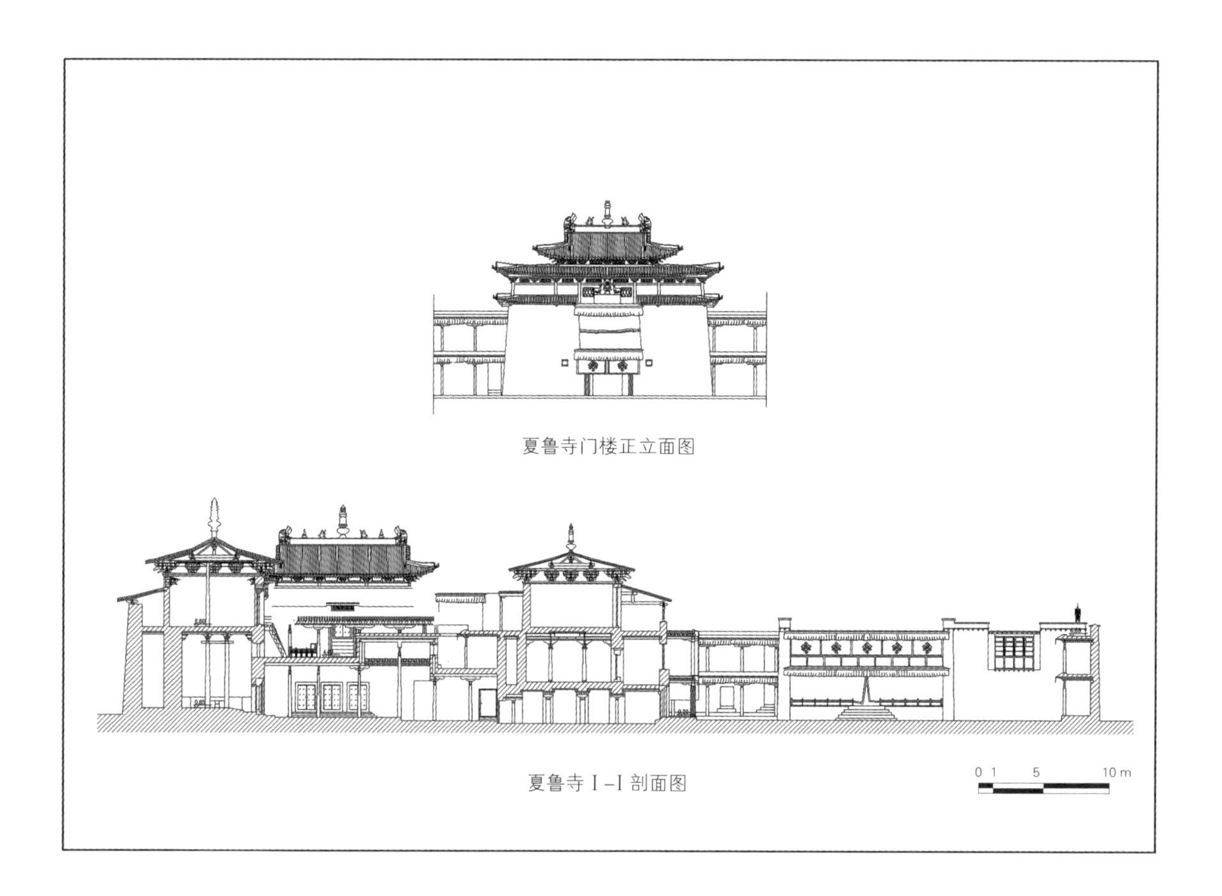

夏鲁寺门楼正立面图

夏鲁寺 I-I 剖面图

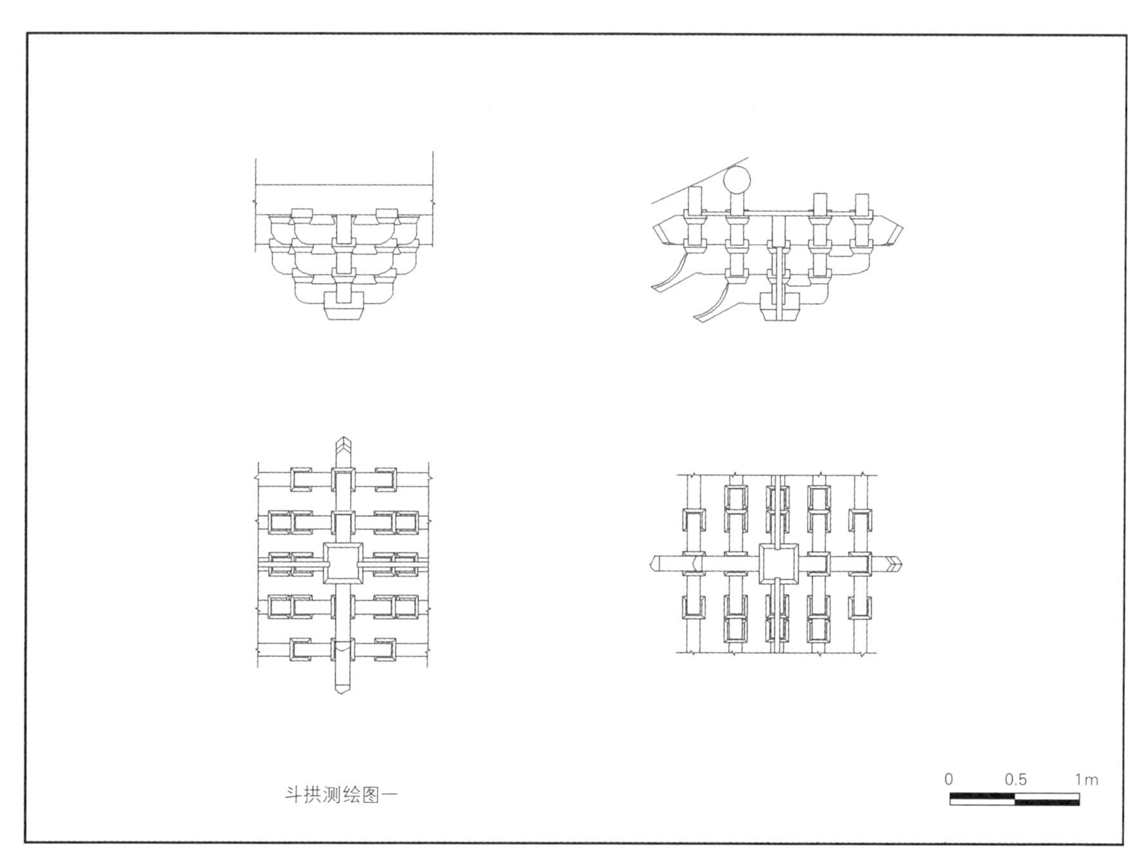

斗拱测绘图一

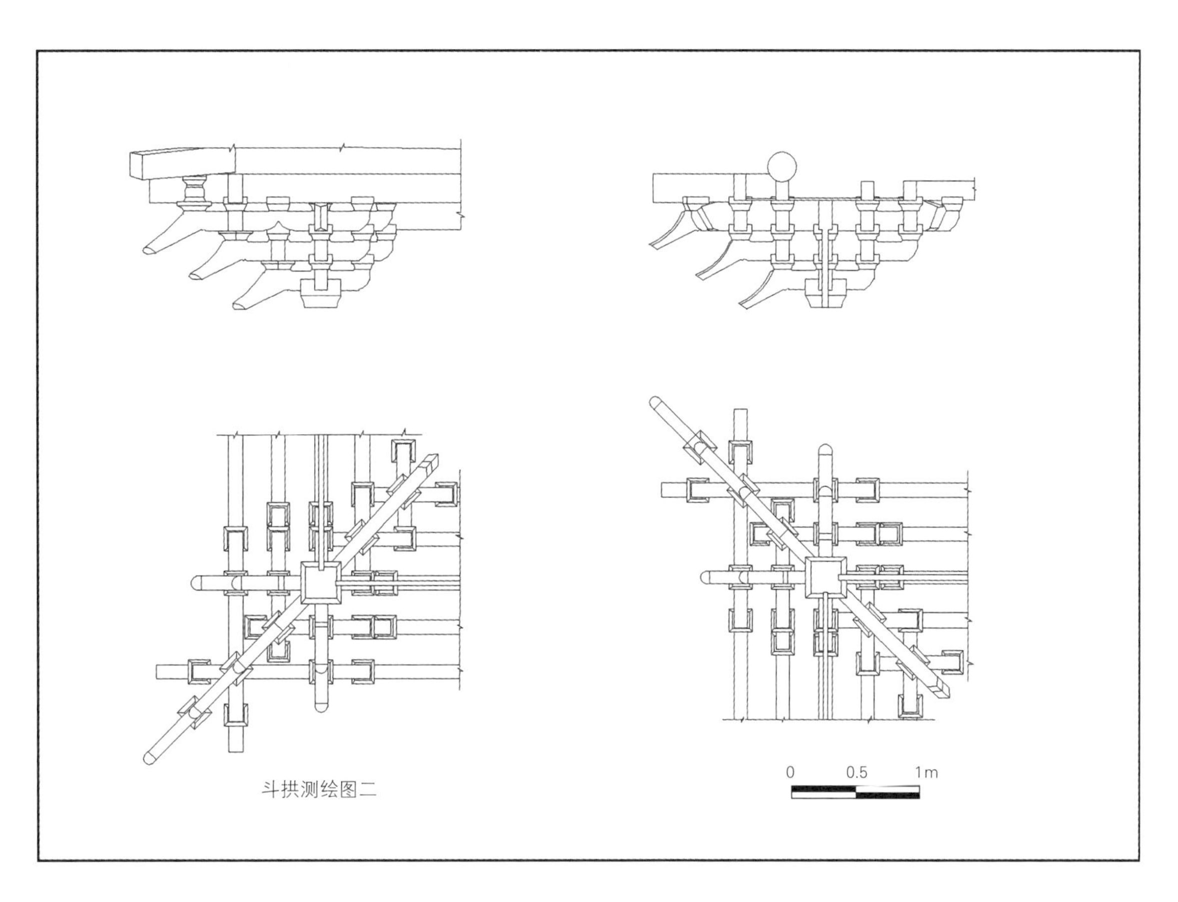

斗拱测绘图二

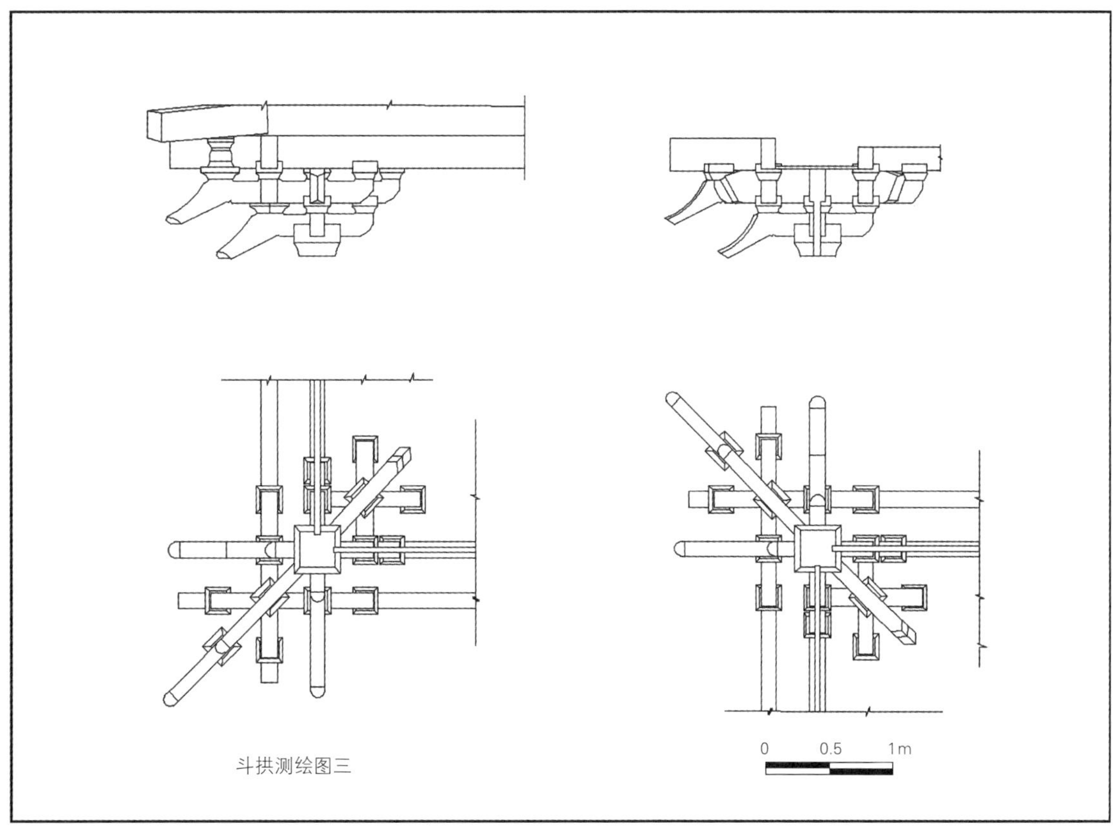

斗拱测绘图三

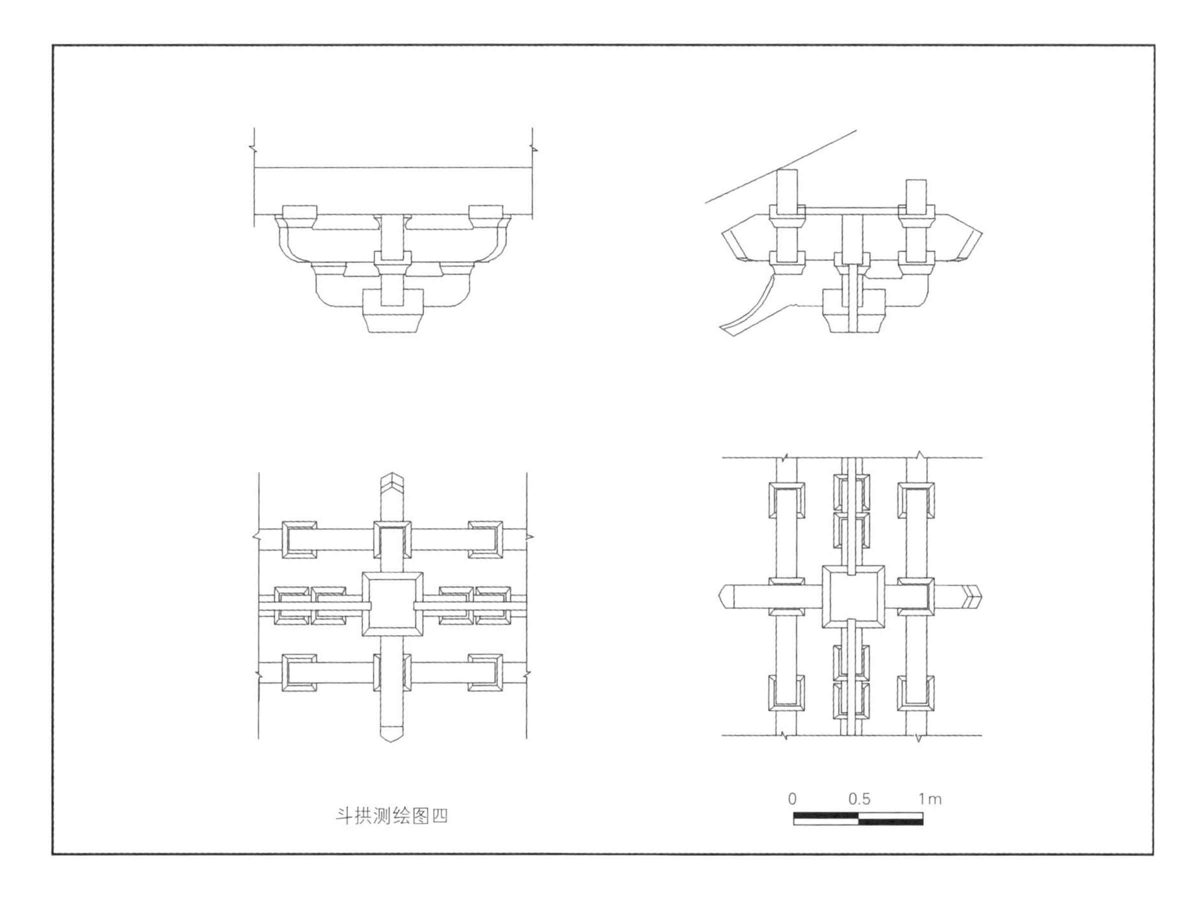

斗拱测绘图四

17.3 噶举派寺庙白居寺

17.3.1 历史沿革

帕竹政权从公元1354年到1618年存在了264年，江孜白居寺建筑是在帕竹政权时期先后建造的。

1. 建寺时间

笔者查阅书籍，注意到有关白居寺具体建寺时间，各种说法不一。但较为肯定的说法是："阴土蛇年（己巳·明洪武二十二年·公元1389年），饶丹衮桑帕（有译为热丹贡桑帕）生。阳木马年（甲午·永乐十二年·公元1414年）二十六岁时，于江孜宗山前年楚河上建六孔大桥。阳土狗年（戊戌·永乐十六年·公元1418年）三十岁时，去萨迦，接受明廷封赠。同年六月，为班廓德庆（白居寺）经堂奠基，开始兴建。"（宿白引述《娘地（江孜）佛教源流》）

15世纪达仓宗巴·班觉桑布所撰《汉藏史籍》[63]亦有相同记载："此班廓德庆寺（白居寺）修建的时间是，于释迦牟尼圆寂后的三千五百五十三年的阳土狗年（戊戌·永乐十六年·公元1418年）六月二日奠基动工。"

熊文彬博士[64]根据明嘉靖十八年（公元1539年）博多哇·晋美扎巴写就的《江孜法王传》整理云："白居寺一层大殿和回廊建筑最早，建于1418年，但于1420年进行过扩建。即在向东西两侧增建法王殿（即左佛堂）和金刚界殿（即右佛堂）的过程中有所增补，殿内主尊释迦牟尼塑像就是1421年3月8日在决定扩建东西配殿（即左、右佛堂）时，在雕塑家本莫且加布主持下立塑完成的。因此，殿内壁画和造像的年代不晚于1420年。东配殿法王殿完成于1422年。西配殿金刚界殿完成于1423年，这两个年代界定了这两个佛殿壁画和造像的创造年代。至于二楼西侧的道果殿的开光年代，尽管在《江孜法王传》中没有明确记载，但可以通过1424年落成的二楼东侧罗汉殿和1425年竣工的三层无量宫殿开光的时间推断出来。它不是与1424年的罗汉殿同时落成，就是与1425年的无量宫殿同时竣工，或介于二者之间即1424—1425年完成。因此，殿内壁画和造像年代最晚不应晚于1425年……《江孜法王传》中关于吉祥多门塔1427年(宣德二年)奠基，到1436年(正统元年)5月11日开光的记载，给出一个大致的年代，也就是说吉祥多门塔壁画，在1427年至1436年5月11日十年之间相继创作而成。

由上可以确定，白居寺最初建寺年代为1418年，最早的建筑是措钦大殿，吉祥多门塔及扎仓等院内其他建筑建造年代在大殿之后。

2. 选址

藏传佛教选址思想是在汉文化和青藏畜牧文化的双重影响下形成的，随着中原“风水”思想传入和藏传佛教的影响，西藏寺院建筑的选址保留原先向阳的特点，还采用了“依、拥、扶、照，然后通”的选址观念，因而得以把中原“环境养生”等原则在雪域更多地内化为乘山、得光、避风、走水的重大选址原则。白居寺建筑与自然环境的关系就体现了这一系列的选址思想。

据《汉藏史籍》记载：“选择寺址，决定在此摩羯陀金刚座之北面，圣者观世音菩萨教化之区，大乘法会举行之圣地雪山环绕之地，佛法如太阳显明之地，被称为雪域的地方之中，距金刚座一百零三由旬（计量单位）的地点建寺。此地曾经受到许多贤哲加持，众生富于智慧学识，成为显密教法之源泉，年楚河上游地区教法之源头，特别是共敬王的清净后裔领主贝考赞曾在此处建立过称为江喀孜的宫殿，在此附近的大寺院，白天举行讲经说法的法会，犹如阳光催开智慧的莲花，晚上念诵经典之声，犹如流水使如意之宝时常洁净。在这里，能够讲论经典的有一千人，能够理解密宗四续、按照二次第努力修习的有五百名，断除尘缘、修习禅定的有一百名。此僧众会集之处，犹如五台山山坡之上盛开的莲花。”[65]

史籍从佛教的角度阐述了选址，并包含了具体的选址原则。比如：“乘山”思想体现为白居寺位于江孜旧街西北端，坐北向南后边三面被小山环抱，山岳形似盛开的莲花；它坐落在山凹处，背后地势险要，南面向平原开敞，以减少阴冷刺骨的北风侵袭，并充分享受阳光，此乃“得光”“避风”。“走水”即寺庙临近年楚河上游，靠近“教法之源头”，与雄峙其左前方的宗山形成掎角之势。

3. 建寺人物

关于白居寺的创建人有三种说法：一是认为由江孜法王热丹贡桑帕所建；二是认为由布顿大师所建；三是认为由江孜法王热丹贡桑帕与一世班禅克珠杰共同建造。

笔者认为，第一种说法忽略了一个事实，寺庙许多方面必须按严格的宗教仪轨来建造，若光靠江孜法王而没有一名德高望重的喇嘛主持，是无法胜任的。第二种说法仅仅是口传，布顿派确实存在白居寺中，但布顿大师1364年去世，那时白居寺尚未兴建，也有一种可能那时此地已建有小的佛寺建筑，后江孜法王在原址上扩建。第三种说法笔者在查阅多种资料后，觉得比较有根据。

班钦·索南查巴于明嘉靖十七年（1538年）所撰《新红史》记载：“（江卡孜哇）衮嘎帕其子热丹贡桑帕，凯楚仁波切（即克珠杰）被尊为供养师长，并建班阔德钦寺（即白居寺）。据说还完成了建造大佛像、塔及缎制大佛像等三十六种不同的圆满善业。至于金写甘珠尔经，从那时以迄今日仍缮不竭。此（衮桑帕）代本所行之善业成绩卓著。”[66]可见寺的创建者除江孜夏喀哇家的热丹贡桑帕外，还有被后世尊为一世班禅的克珠杰。

五世达赖阿旺洛桑嘉措的《西藏王臣记》中亦记有此事：“达钦·饶丹衮桑帕……与克珠仁波伽有上师与施主的因缘，以此他修建了班阔德钦寺并安置僧众。他还兴立了修密僧众专研多种曼陀罗，以及习经僧众在夏季法会中，广习诸经，勘行辩论的常规。又修造吉祥多门大塔及缎制大佛像，并经常不断地书写甘珠尔佛经。在卫藏的大长官中，他所做的善业算得最大的。”

一个半世纪以前，宁玛派僧钦则旺布巡礼卫藏佛寺，撰《卫藏圣迹志》记此寺情况：“此寺是江孜法王饶丹衮桑帕所建。寺内有萨迦、布鲁、格鲁三大宗派的学僧，共分十六个僧学院。佛像经塔是无量无边的，在大殿内神像中最主要者是释迦佛的大像。大宝塔内藏有百种修法的密宗本尊像，还有极为庄严的殿堂等。

图 17-98a 白居寺全景绘画
图片来源：沈芳摄

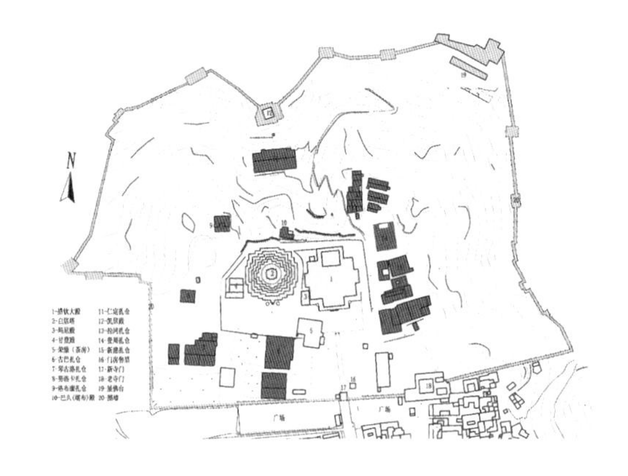

图 17-98b 白居寺现状总平面（2007 年 10 月测绘）
图片来源：沈芳绘

图 17-99 白居寺鸟瞰图对比（上图据白居寺贡嘎平措僧人说拍摄于 1930 年；下图由笔者于 2007 年 5 月在宗山上拍摄）

晋美扎巴撰写《江孜法王传》，详细记录了克珠杰与白居寺的关系。熊文彬据《江孜法王传》得出结论："白居寺大殿是由江孜法王（饶丹衮桑帕）和一世班禅喇嘛克珠杰共同主持修建的……1413 年（永乐十一年）饶丹衮桑帕为了弘传江孜地区的佛教文化事业，决定邀请这位大师到江孜主持佛教事务，封克珠杰为江孜佛教总管，参与并策划江孜弘佛事宜。1413 年克珠杰应邀前往江孜，会同江孜法王策划柳园白居寺的修建……据《江孜法王传》记载克珠杰由于与江孜法王在一些问题上发生了较大分歧……在吉祥多门塔开工的 1427 年离开了白居寺。"笔者认为熊文斌博士的说法应较符合实际情况。

17.3.2 平面布局与建筑特点

白居寺在西藏佛教史上有其特殊的地位和影响。白居寺初建属于萨迦教派，后来布顿派、噶当派、和格鲁派等势力相继进入，各派之间一度互相排斥，分庭抗礼，到最后互谅互让，兼容并蓄，各教派同处一寺，寺内供奉佛像及建筑风格也博采众长。

白居寺由措钦大殿（三层大殿）、吉祥多门塔（白居塔）、扎仓和拉康（僧舍）建筑依山势布置，错落有致，寺中藏塔，塔中有寺，形成了一座规模宏大、造型优美的综合建筑群（图 17-98a）。这种塔寺结合的建筑布局代表了公元 13 世纪末至 15 世纪中叶后藏地区寺院建筑的典范样式，而且也是唯一一座寺塔都完整保存至今，集宗教和艺术于一身的里程碑式的大型建筑群。从总平面上看（图 17-98b），主要建筑佛塔、大殿建于山脚的平地，而扎仓与僧舍沿山麓而建，曾建有 16 座扎仓。我们在寺院调查中，寺院僧人提供了 20 世纪 30 年代拍摄的寺庙全景照片（图 17-99），照片的角度是从宗山上拍摄的，笔者也曾在宗山上从同一角度拍摄，两张相同地点，但不同时期拍摄的照片进行对比，从寺庙外围的围墙可以看出，寺庙的范围没有变化，而寺庙内的建筑少了许多，山坡上的扎仓很多已不存在，仅存 7 座，新建几处僧舍多在山脚。措钦大殿北侧建于山上的堪布殿现只有一层的规模。山顶西面的围墙已有损坏。值得庆幸的是吉祥多门塔和三层的措钦大殿保存完好。1996 年白居寺被公布为全国重点文物保护单位。

1. 措钦大殿

三层的措钦大殿是白居寺最早的建筑。措钦大殿是寺庙里规模最大等级最高的建筑，佛殿内供奉寺庙的主供佛，大经堂则供全寺僧众集会、诵经、举行重大法事活动之用。

1）一层

措钦大殿的一层平面是复式十字折角形（见本节后附录一层平面图），即《汉藏史籍》中记载的"外面突出的有十二道大棱"[67]。大棱，即折角（阳角），类似于坛城平面。主要由集会大殿、回廊、东配殿法王殿、西配殿金刚殿组成。

（1）门廊

入口门廊二排柱，第一排4柱，第二排2柱，面宽15.4米，门廊左右两侧塑四大天王像[68]（图17-100），每侧各两尊，是由本莫且多加塑造的"，现为新塑，但也是根据原作塑造的，正中为走道。进入第一道大门，左手为楼梯，经楼梯可上二楼，护法神殿在主殿外部西侧。

（2）护法神殿[69]

在入口前室左侧，内、外两间，殿内2柱，层高6米多。内门仅高1.4米，人们需弯腰进入，这可能与护法神殿独特的密宗仪轨有关，信徒需要卑躬屈膝地表达对佛的忠心。殿内主尊是萨迦派的六臂护法神。室内墙壁绘满壁画，时代较早，内容恐怖、狰狞，与藏传佛教密宗的仪轨有关，其中青面獠牙的阎罗王（图17-101）显得比较传神。

护法神殿对面是长寿殿，沿三面墙布置佛龛，壁画颜色鲜艳，似为新绘。

（3）集会大殿

白居寺一层大殿和回廊建筑始建于公元1418年，在1420年又进行了扩建。集会大殿是供僧侣诵经与举行佛事活动的殿堂，中间是经堂（图17-102），阿嘎土地面，面阔九间、深七间，四十八柱，即《汉藏史籍》记录的"围廊有四十八根柱子的面积"，约600平方米。中间升起天棚的高度为7米，开高窗，整个经堂的光线都靠二层的气窗获得。

集会大殿四壁皆绘有壁画，题材为释迦牟尼（图17-103）、燃灯佛、弥勒佛、释迦牟尼八大弟子等。佛像一般作跏趺坐或半佛坐，八大弟子多为立像，皆身披袈裟。风格庄重，与江孜宗山上折拉康大殿内的壁画风格较为一致。现保存的壁画色彩已比较暗淡，剥落的也很多，应是早期的作品。

（4）佛殿（主佛殿）

集会大殿后部是佛殿，与集会大殿同期建造，即公元1418—1420年间。佛殿平面为矩形，面阔五间、进深三间、八柱，有高窗采光，佛殿面积160多平方米，墙厚1.8米。柱有明显收分，柱头为莲瓣样式。如《汉藏史籍》所述"佛堂有八根穿眼的形式特别的大柱子，有三解脱门"。佛殿至平棊天花大约高9.8米，南侧高4.9米，位置接二层觉夏勒佛殿，8.3米处有一室内挑台。佛殿上为第三层的夏耶拉康。从室内的装饰、天花和斗拱形制（图17-104）来看，受到了汉地寺庙的影响，这一点与夏鲁寺相似。这反映了元末明初西藏与内地的文化交流。这种室内装饰形式与风

图17-100 入口门廊的四大天王像
图片来源：沈芳摄

图17-101 护法神殿中青面獠牙的阎罗王壁画（左）
图片来源：沈芳摄
图17-102 经堂进深第四跨，柱高2层（右）
图片来源：沈芳摄

图17-103 集会大殿释迦牟尼壁画
图片来源：沈芳摄

图17-104 佛殿顶的平棊及斗拱
图片来源：沈芳摄

格在后来的西藏寺院建筑中已很难见到。

大门左、右两侧墙上分别绘有白伞盖佛母和观音菩萨的壁画。殿内主尊为近 8 米高的释迦牟尼铜佛坐像，是白居寺的主供佛，史料记载建造时用去 1.4 万千克黄铜。其左、右两侧分别为观音菩萨和文殊菩萨像。周围墙上供有 16 尊菩萨立像，即八大随佛子像和八大随佛女像。殿内雕梁画栋，十分引人注目，其中一个梁柱上绘有两只体态各异的孔雀（图 17–105）（笔者在萨迦寺时，发现相轮两旁的也是孔雀而非后来格鲁派寺院的神鹿，这也说明了白居寺的兴建与萨迦有很深的渊源）。

图 17–105 释迦牟尼像及横梁上的孔雀（左）
图片来源：沈芳摄
图 17–106 东佛殿佛塔及整墙的甘珠尔经（右）
图片来源：沈芳摄

图 17–107 二层回廊
图片来源：王一丁摄

图 17–108 二层回廊壁画
图片来源：王一丁摄

有关释迦牟尼佛像，《汉藏史籍》记录较详："佛堂中央有与摩揭陀金刚座的大佛像尺寸相等的大菩提佛像，用诸宝制成，它是阳铁鼠年（庚子，公元 1420 年）六月八日由化身的工匠本莫且加布建造的……于阴铁牛年（辛丑，公元 1421 年）三月八日吉时建成。"[70]

（5）法王殿（东佛殿）

第一层东面佛殿，完成于公元 1422 年。6 柱，平面呈"凸"字形，约 115 平方米，门上开设高窗采光。堂正中供奉强巴佛，后壁正中塑十一面观音。从左到右供有如下佛像：阿底峡[71]、噶玛拉希拉、莲花生[72]、寂护、三怙主像、克什米尔班智达释迦释利以及松赞干布、赤松德赞和赤热巴巾吐蕃三大藏王像。

佛殿南面的一间矩形小屋有 4 柱。里面供奉一座大的佛塔，周围有存放大藏经《甘珠尔》经文的藏书架（图 17–106）。四壁皆有壁画，壁画多为红底黑线，水平一般，其中北壁的十一面观音像比较精美。壁画的色泽较新，估计为后期所绘。

（6）金刚界殿（西佛殿）

经堂的西面佛堂，为金刚界殿，完成于公元 1423 年，与东佛堂对称布置，共 6 柱。殿内供有数尊制作精美的彩釉陶塑像。这些塑像神态各异、工艺精湛，堪称一流佳品。神台右侧珍藏有一部上下用木质夹板保护着的大部头经书，它是用金汁缮写在黑纸上的一部叫《八千颂》的佛经。

2）二层

二层中间（详见见本节后附录二层平面图）是一层集会大殿高出屋面部分的共享空间，及三面回廊围合的中央庭院（图 17–107），透过天井南面的窗户，可以清楚地看到下面集会大殿内僧侣集会诵经的情景。二层的转经道位置和一层相同。二层东、西佛殿的位置设上三层的木质阶梯。二层的佛殿于公元 1424 年至 1425 年间竣工。从围廊壁画看，属于早期作品，题材是佛经故事和佛本生的传说。壁画的风格与白居塔壁画明显不同，具有浓郁的汉地艺术色彩（图 17–108），构图疏朗，画面生活气息浓重。壁画中的楼阁、花卉、树木、山岩、流水、人物衣着，皆如汉地绘画风格，每一片段画面皆有藏文说明[73]。

（1）罗汉殿（东佛殿）

二层东面罗汉殿，于公元 1424 年（永乐二十二年）落成。比二层庭院平面高出 1.3 米，平面和一层法王殿一样，也呈“凸”字形，有 6 柱。罗汉殿内供奉的十六尊罗汉像工艺精湛，十分精美。各具特点，动态神情、服饰衣着各不相同，为明代艺术珍品。

（2）说话度母殿

此佛殿紧邻罗汉殿南面，有 2 柱。佛龛围绕墙壁布置，神台上备受人们崇奉的神像是中央的一座小度母像，传说中曾开口说过两次话而远近闻名。

（3）罗汉堂（南面）

二楼南面还有一座十六罗汉堂，比东面罗汉殿规模小、陈设简单得多。墙上的 16 个洞里分别供奉一尊罗汉坐像，用一种非常像木头的特殊的泥塑成的，是一组艺术价值较高的西藏古代佛教雕塑艺术作品，约塑于明宣德年间。十六罗汉的造型各有特点，不论是动态神情还是服饰衣着，都不雷同。它是古代雕塑艺术的杰作，也是今人借鉴的艺术佳品。

由于西藏佛教同印度、尼泊尔的宗教关系密切，从印度、尼泊尔以及中原地区，不断有雕塑家和雕塑工匠来藏，为西藏佛教雕塑艺术贡献技艺。譬如公元 1260 年尼婆罗（今尼泊尔）雕塑家阿尼哥应聘到西藏铸造金像便是一例。阿尼哥的雕塑作品具有犍陀罗[74]雕塑的风味，他对东方雕刻艺术的发展有很大影响，使西藏雕塑艺术也吸收了古代希腊末期的雕刻手法；元、明的雕塑工匠大都崇尚写实，形成“江孜派艺术”。江孜派的特点是造型写实，内容情节富有生活气息。

（4）道果殿（西佛殿）

第二层西佛堂为道果殿，是萨迦派殿堂。于公元 1424—1425 年完成。在一层金刚界殿上，平面相同，有 6 柱。这座佛殿中最引人注目的是克珠杰亲自建造的一座巨大的立体金制胜乐金刚坛城（图 17-109），直径约 3 米，供奉在佛殿中央，它代表属于胜乐金刚密宗传承的 62 座胜乐金刚坛城，这一密宗传承的始祖为印度成道者鲁意巴。与楼下的佛像和东面的十六罗汉一样，每一尊塑像都制作精湛。

四壁皆有壁画。从人物面相及衣饰看，皆为印度风格，但与白居塔壁画又有较大区别，画面色彩艳丽，技巧精美，在西藏其他地方极为少见。东北部壁画为萨迦派始祖像，场面很大，人物也绘得很密集。壁画的中间，描绘了八思巴朝见元朝皇帝忽必烈的情景。

（5）觉夏勒拉康、强巴夏勒拉康

第二层后列两座拉康，右者现为小经堂，左者为觉夏勒拉康（图 17-110），有 4 柱，北侧仅用栏杆相隔，可以看到一层佛殿内所奉弥勒大像头部。殿内的壁画非常精美，大约是十三世达赖喇嘛时期绘制的。

（6）拉基会议堂

二层南面为拉基大殿和库房所在。拉基大殿是召开全寺最高会议的地方。库房多藏文物，其中来自内地者，以绀青纸地泥金描绘的救度佛母像最为重要。该像附书《御制救母赞》，赞后记：“大明永乐十四年四月十七日施”[75]。

3）三层

（1）夏耶拉康（无量宫）

“夏耶拉康”（图 17-111）是三楼唯一的佛殿，

图 17-109 立体金制胜乐金刚坛城
图片来源：沈芳摄

图 17-110 觉夏勒拉康室内
图片来源：沈芳摄

图 17–111 夏耶拉康
图片来源：沈芳摄

图 17–112 转经道（左）
图片来源：沈芳摄
图 17–113 北转经道度母壁画（右）
图片来源：沈芳摄

图 17–114 玛尼拉康
图片来源：沈芳摄

图 17–115 甘登拉康
图片来源：沈芳摄

位于建筑的后部，意为“神宫之顶”，一般用来称呼寺院里的密宗佛殿，有 8 柱，公元 1425 年竣工。这座佛殿又称坛城殿，因殿的四壁绘有 51 个小坛城而得名，沿殿内三面墙供奉数座直径为 2.4 米的萨迦派密宗护法神坛城。“四壁满绘坛城，计大型十四幅、中型一幅、小型三十四幅，共四十九幅。”“堂内柱上承龟背格平棊，平棊每格绘一莲座，莲瓣上书六字真言。”[76]

坛城的外形为圆形，外面有四层。和圆相连接的是方形建筑，一般有六层，用白、蓝、黑、黄、红、绿六色表现护城河与建筑的装饰结构。再往里又是圆，在金刚墙包围中居住着本尊和他的眷属，其他空处布满花草、法器、吉祥物。夏耶拉康的 51 座坛城壁画，制作精美，形态各异，与白居塔五层的坛城壁画风格一致，相传出自同一个藏族画匠之手。《汉藏史集》描写白居寺开光仪式中提到“无量宫的墙壁上充满了珍奇的壁画”，即指此。

（2）转经道

转经道建筑在西藏的寺院中非常重要，是佛教徒进行右旋绕佛仪式的重要场所。公元 14 世纪，夏鲁寺围绕一、二层各层佛殿背面修建了两层结构的封闭式转经道，这是西藏其他寺院建筑中极为少见的建筑形式。白居寺受到影响，建造了围绕其主要佛殿的室内转经道（图 17–112）。转经道的平均宽度为 1.6 米，空间高度为 4.4 米，只有东、西侧墙上开一小高窗采光。第一、二、三层后佛堂转经道的内外壁面满绘壁画。第一层绘有释迦、五方佛及其千佛、金刚持、度母（图 17–113）等。第二层绘有具有内地画风的佛传故事。第三层绘千佛。

2. 其他佛殿

1）玛尼拉康

紧邻措钦大殿入口西面的玛尼拉康（图 17–114）是个体量很小的佛殿，寺院僧人介绍说该殿建于 400 年前。佛殿里有一巨大的转经筒，四壁满绘千佛的壁画，为后期所绘。

2）甘登拉康

甘登拉康（图 17–115）位于白居塔西侧，属于格鲁派的佛殿，佛殿入口南面和西面设有一排转经筒，从大门进入内院，供奉宗喀巴大师[77]坐像。四壁满绘壁画。

3. 扎仓

白居寺聚萨迦、格鲁、布顿、噶当派和平共存于一寺。每个教派在此寺内都拥有五六个扎仓。原大殿和吉祥多门塔四周有16处扎仓，从S.巴彻勒的著作《西藏导游》中的照片，我们可以看出20世纪30年代的白居寺山上山下还是有不少扎仓和僧舍的（图17-116）。现仅存7座扎仓，洛布康扎仓是格鲁派最早的扎仓，仁定扎仓是布顿派最大的扎仓，古巴扎仓是萨迦派扎仓中保存较为完整者（图17-117）。

图17-116 1935年前后
资料来源：S.巴彻勒《西藏导游》（伦敦智慧出版社，1987年）

图17-117 在山顶凯居殿遗址位置拍摄的白居寺现有扎仓位置
图片来源：沈芳摄

扎仓是藏传佛教各大寺院组织机构中的中间一级，是僧侣们学经和修法的地方。扎仓可以说是寺院中的学院，有自己的经堂、佛像、学法系统，以前还会有自己的土地、属民、庄园等。不同寺庙按其规模大小，扎仓的数量不等；扎仓的负责人称堪布，管理扎仓的政教事务，一般由佛学造诣和资历较高的僧侣担任。

1）洛布康扎仓

洛布康扎仓（图17-118）位于吉祥多门塔西北，南向，底层设牛圈。据寺僧介绍：此扎仓为建寺时克珠杰所规划，但现存建筑已经后世重修。门廊后右为库房，左为面阔五间、深四间的十二柱经堂，经堂后壁画宗喀巴，其右为贾曹杰，左为克珠杰，再左为十八罗汉。经堂后辟三室，右为护法堂，左为库房，正中为佛堂。门廊和佛堂皆有上层建筑，现空置无佛像。

图17-118 洛布康扎仓
图片来源：沈芳摄

2）仁定扎仓

仁定扎仓（图17-119）位于寺最北部，靠近围墙，依山坡兴建。它是原来17个扎仓中规模较大的一个，为噶当派所属，保存情况良好。门廊南向，柱头、弓木、托木雕刻精致，属于早期的遗留。上层为扎仓主要殿堂，包括贡觉殿、斋康、护法殿、集会堂等，其余部分皆为僧舍或库房。

图17-119 仁定扎仓
图片来源：沈芳摄

经堂面阔4间、进深5间。经堂南壁画宗喀巴、贾曹杰、克珠杰三像，其左画白度母，其右画四臂佛母等像。经堂北壁正中为北佛堂。

图 17–120 古巴扎仓
图片来源：沈芳摄

图 17–121 白居寺僧舍
图片来源：沈芳摄

图 17–122 展佛台及围墙、角楼
图片来源：沈芳摄

3）古巴扎仓

古巴札仓（图 17–120）位于吉祥多门塔与措钦大殿南面，寺内南墙之外，东向，原为萨迦派扎仓。建筑分为左、右两部分，左部分为僧舍，右侧的一层为大殿。门廊画四天王。前厅之后是面阔五间、深四间的十二柱经堂。经堂后壁正中为佛殿，内奉三世佛，两侧置萨迦历代法王座像，四壁画萨迦祖师故事。二层为僧舍。

4. 僧舍

僧人除却每日习经拜佛，日常生活起居的场所也在寺院中，在藏语中称作“康村”，是寺院中的主要基层组织。僧人进入扎仓后，一般按照家乡地域分到不同的康村中生活。康村中有僧舍、较小的经堂和厨房，外表和藏族民居并无区别，主要作为僧人日常生活的地方。

白居寺的僧舍（图 17–121）多为一层，房屋平面呈“凹”字形或“L”形，多带院落，向阳面开大窗，背阴面开小窗或不开窗，彼此相连或单独一幢矩形碉房。沿山脚而建，高低起伏不大。

5. 围墙

《汉藏史籍》中记载白居寺的围墙：“热丹贡桑帕巴三十七岁的阴木蛇年（乙巳，公元 1425 年），为贝考德钦寺修建了大围墙，每一边长二百八十步弓，围墙上建有二十座角楼作为装饰，开有六个大门，并在墙外四周种上树木。”[78]

现看到的围墙全长为 1440 米，用黄土夯筑，有的部分的外侧用岩石嵌砌，围墙（为内外双墙）宽度 2~4 米，高 3 米左右。墙基、墙身、墙头浑成一色为朱红色，平地修筑单墙，随山地起伏筑双墙，在两墙之间砌筑单跑楼梯便于人上下防守巡逻，这时外墙仍是朱红色，但内墙刷白色，且靠外边的墙比临寺院的墙要高，从视觉上看，朱红色墙面上仿佛有一道白边勾勒，蜿蜒连成一片。围墙现存有 13 个角楼遗址，但破损严重，角楼多为长方形，北部山顶上有 2 个楼，其外侧用岩块砌成半圆形厚墙，十分坚固。东北角还设有巨大的砖砌展佛台（图 17–122），高 30 米，宽 10 米，有明显收分，一面为平整的斜面，上开 8 个小空洞，并与后面的角楼相连。据说，晒佛的传统为白居寺首创，大约为江孜法王热丹贡桑帕时期，即公元 1425 年前后。每逢佛教重大传统节日，僧人从角楼爬上展佛台顶，放下卷制的唐卡，需多人合力才能把佛像铺展开来，信徒很远就能看到佛像，感受佛祖慈悲。

寺院的大门开在南墙上，右侧是原来的寺门，随着公元 1984 年江孜新街的形成，重新修建了现在的寺门。寺门现在的围墙总体上还是当时的建筑。

17.4 白居塔

纵观西藏佛塔的发展，其中最令人叹为观止且至今仍庄严如初、造型绝妙、巧夺天工的是公元 15 世纪建造的江孜白居塔。从建筑价值来看，该塔也许是藏族工匠们创造的前所未有的最为重要的纪念碑式的建筑杰作。从艺术价值来看，塔身的76座小殿中无数雄伟壮丽的绘画作品，反映出十分成熟和最为光辉灿烂的藏传佛教艺术。这座白塔在我国佛塔的建造史和艺术史上都可以说是举世无双的杰作。

1）建造时间

吉祥多门塔（即白居塔）位于大佛殿西侧，藏语称这座塔为“班廓曲颠”，意为“流水漩涡处的塔”，这流水便是日喀则地区的年楚河，白居寺就是因为拥有这座佛塔才格外富有魅力。《汉藏史集》记载了此塔建造年代：“热丹贡桑帕巴……三十九岁的羊年（丁未·明宣德二年·1427年）为十万佛像吉祥多门塔奠基，不几年就全部完成。在这期间编写十万佛像及第二幅缎制大佛像的目录、噶丹静修地创建记。”[79] 塔全部完工于公元1436年。

2）形制由来

白居寺吉祥多门塔并不是西藏唯一一座吉祥多门塔造型的佛塔，也不是建造年代最早的吉祥多门塔。在后藏地区除江孜吉祥多门塔外，还有觉囊大塔、江塔和日吾且塔，它们采用的都是吉祥多门塔建筑形式，规模也十分宏大。觉囊大塔、江塔遭到毁坏，变为一片废墟，日吾且塔（图17-123）仍然还矗立在今后藏昂仁县多白区的日吾且村。它们表明吉祥多门塔造型是公元14—15世纪流行于后藏地区的一种建筑模式和建筑风格，白居寺吉祥多门塔的建造无疑受到这种潮流的影响。

香巴噶举高僧、著名的桥梁专家和藏戏创建者汤东杰布，于公元14世纪初参加了索南扎西主持的江塔的修建和开光仪式，后来又亲自主持和参加了日吾且塔的修建，他十分了解觉囊大塔和江塔的造型和结构，日吾且塔就是根据觉囊大塔和江塔修建而成的。从地理位置上看，三塔分别位于西藏的拉孜县和相邻的昂仁县，距离很近，因此三塔之间造型和结构上的相互借鉴和吸收自然顺理成章。

白居塔在造型和结构上受到三塔的影响，还有两条重要的依据：一是江孜白居寺创建者之一的克珠杰（追封为“一世班禅”）是拉堆地区人，十分了解该地区的觉囊、江塔和日吾且塔，而且他是江孜白居寺的堪布，有权参与决定白居寺佛塔的造型和设计；二是白居寺大部分画家和雕塑家都来自拉堆地区的拉孜，十分熟悉拉堆艺术风格，所以白居塔的壁画和雕塑艺术受到了拉堆艺术的启迪和影响。后藏地区的江孜白居寺白塔和昂仁日吾且塔，向人们展示了西藏佛塔史上的另一种成就。这里寺塔合二为一，寺即是塔，塔即是寺，寺中有塔，塔中有寺，寺塔结构合理配置，相得益彰，这种形式与结构的佛塔在西藏，乃至全国也是十分罕见的。

重要的一点是，白居塔虽然建于公元15世纪，可是建筑外表却保留了大量尼泊尔佛塔的符号，和建于公元前2世纪的尼泊尔斯瓦扬布塔（图17-124）比较，两塔上部形式接近，为十三相轮，说明尼泊尔塔与西藏塔之间的渊源关系。元代尼泊尔工匠阿尼哥于公元1260年第一次到中国，首先在西藏修建了黄金塔（原址不详），并修建了北京妙应寺塔（1271年）、五台山大白塔（1301年）均以尼

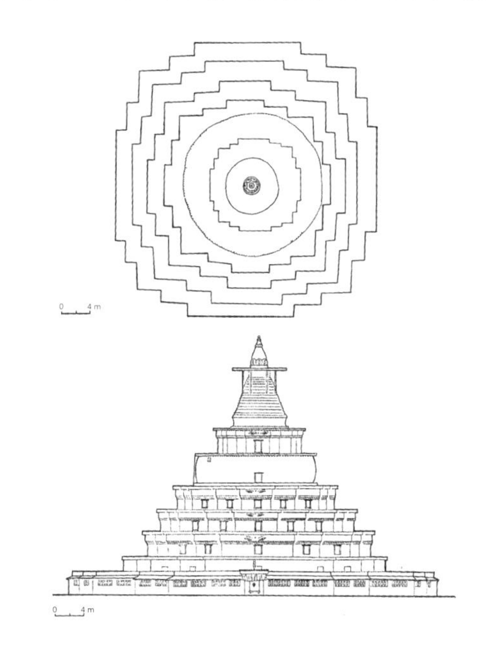

图17-123 汤东杰布建的日吾且塔
资料来源：《南方民族考古》

图17-124 尼泊尔斯瓦扬布塔
图片来源：汪永平摄

图 17–125 白居寺吉祥多门塔（左）C.S. 卡廷摄于 1935 年；（右）沈芳摄于 2007 年

泊尔的十三相轮为制，相信在西藏建的黄金塔也是如此。布顿大师的《大菩提塔样尺寸法》一书即以十三相轮为制，并规定了日月心刹制度，改变了尼泊尔塔刹的小型窣堵波的做法。观察白居塔塔刹，它也采用了十三相轮，但并未用日月刹，仍保留尼泊尔小型镀金窣堵波的塔刹，另塔首四面各有一双巨眼，绘制眼状纹饰习见于尼泊尔寺庙上，在西藏除白居塔外并不多见。

3）造型分析

白居塔外观 9 层（图 17–125），内有 13 层，高约 42.5 米，塔基占地直径 62 厘米，约 2670 平方米。寺内设有大小 76 间佛殿、神龛和经堂（其中一层 20 间，二层 16 间，三层 20 间，四层 12 间，五层 4 间，六七八九层不分间共 4 间）。外开 108 个门，称为“塔中寺”。殿堂内藏有大量佛像，故又称“十万佛塔”。

白居塔为吉祥多门式佛塔，塔体由十三层石阶、塔基、塔瓶、塔首和塔刹等几个建筑单元组成。一层至四层（图 17–126~ 图 17–129）为塔基部分，在长宽约 60 米的基础上东西南北四方逐层收分，并建有石墙泥面围栏和墙檐。一层至三层每面建五座佛殿（平面共有 20 角），四层每面建四座佛殿，其中正中为大殿，左右两座佛殿为配殿。一、三两层佛殿的布局和结构相同，正中大殿开间高大，向上延伸，分别与二、四层佛殿相通。二、四两层佛殿的布局和结构基本相同，正东、正西、正南和正北佛殿有门无殿，是一、三层大殿的延伸。塔东面建有通往

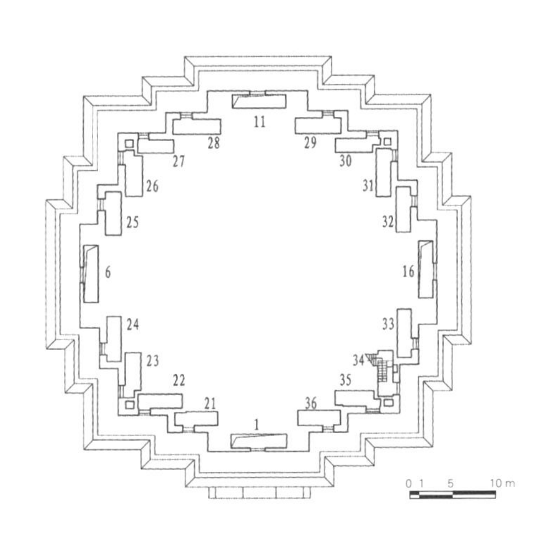

图 17–126 白居塔一层平面图（左）
图片来源：沈芳绘
图 17–127 白居塔二层平面图（右）
图片来源：沈芳绘

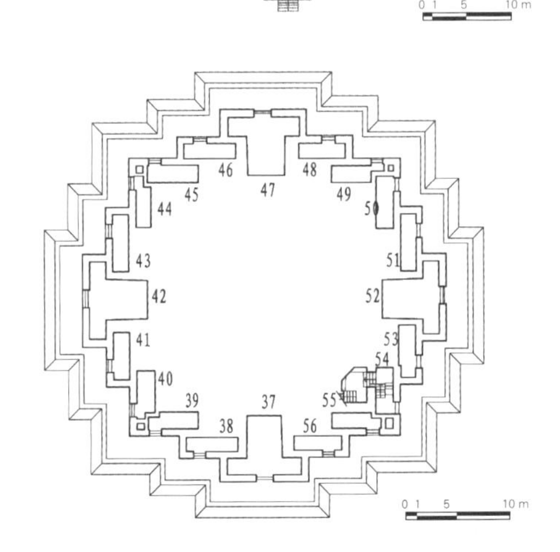

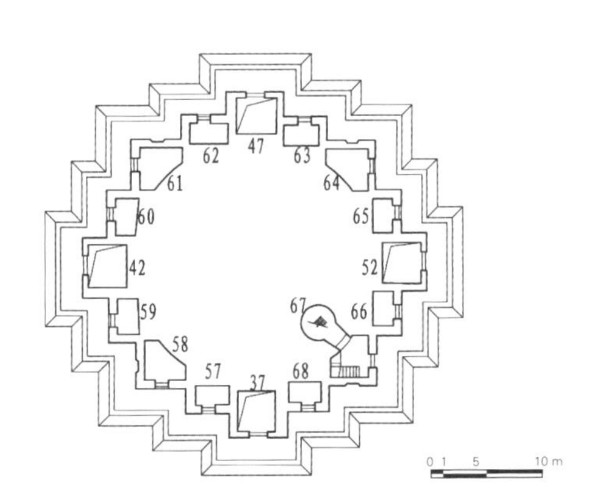

图 17–128 白居塔三层平面图（左）
图片来源：沈芳绘
图 17–129 白居塔四层平面图（右）
图片来源：沈芳绘

各层直至塔尖的门殿和石阶，称为入大解脱城门。

第五层（图 17–130）为塔瓶部分，外墙圆形，粉白色，直径约 20 米，墙上方斗拱（图 17–131）为五铺作双昂，重拱计心造，三十二朵，以承出檐，上为覆钵。墙四面正中各辟一门，门外两侧为束莲柱，束莲柱外侧和门上方的门塑为六拏具装饰（图 17–132）。六拏具中大鹏（伽噌拏）只具头部与翅爪，两爪紧抓蛇神尾部并纳入口中，大鹏下两侧各有蛇身摩羯（布啰拏），当是早期形制，再下是童男（婆罗拏）作骑龙之相，还有兽王（福啰拏）、象王（救啰拏）。

第六层塔首部分，外壁为十字折角相轮座（平面共有十二角），四周檐下置斗拱二十朵，以承出檐。补间铺作两朵，四铺作单昂，重拱计心造。四正面各辟一门，门楣上各画一双宽达 3 米的巨眼（图 17–133）。据说这是佛眼的象征，能观人间一切。正是这四双眼睛的存在，这座巨大的佛塔仿佛有了生命一样。尼泊尔的萨拉多拉大塔、苏瓦扬布塔四边均有一双慧眼。无疑，白居寺塔的这种形式，与尼泊尔的佛塔具有一定渊源。

第七层为承托相轮的仰莲，平面方形，四面各开一门，室内有一利用方形相轮柱的中心柱式佛堂。仰莲上为铜皮包裹的锥形十三天。第八层内部为平面抹角方形的佛堂，佛堂正中偏西、东向设坛，上置金刚持铜像，右立持铃杵菩萨，左立持颅钵菩萨。四壁画各派祖师像。第九层即伞盖下的空间，平面圆形，现内无佛像，但伞盖底面分八格，各格画一菩萨。（图 17–134）

伞盖之上塔刹高约 5 米，十三相轮由底部和顶

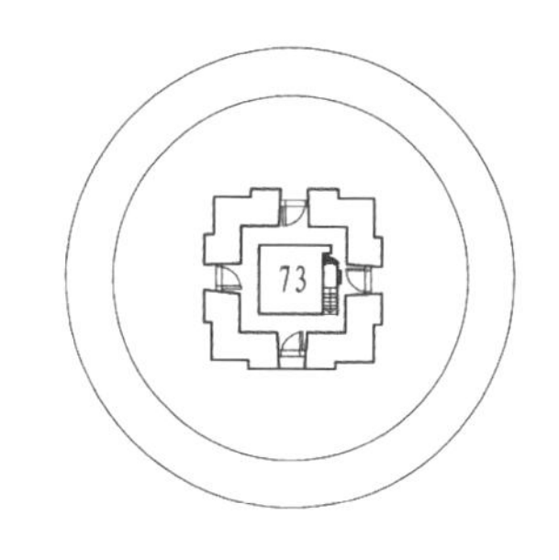

白居塔六层平面图

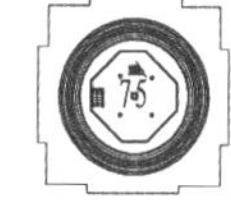

白居塔八层平面图
（第九层形同第八层平面）

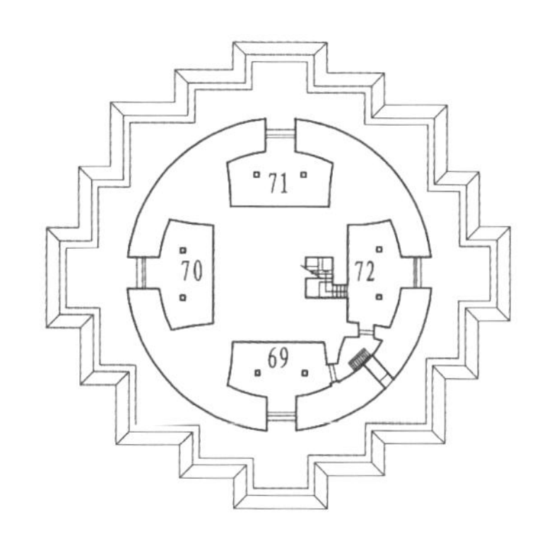

白居塔五层平面图

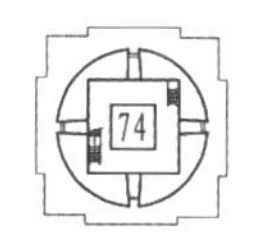

白居塔七层平面图

图 17–130 白居寺五层至八层平面图（2007 年 10 月测绘）
图片来源：沈芳绘

图 17–131 白居塔第五层的斗拱
图片来源：汪永平摄

图 17–132 白居塔第五层六拏具门饰（左）
图片来源：王一丁摄

图 17–133 白居塔第六层门楣上的巨眼（右）
图片来源：王一丁摄

图 17-134 仰莲及伞盖下的佛像
图片来源：王一丁摄

图 17-135 白居塔剖面示意图
资料来源：《藏传佛教寺院考古》

图 17-136 塔的墙面装饰（东北角拍摄）
图片来源：王一丁摄

部组成，底部莲花座外圆内方。塔幢也由上下两部分组成，从十三天部分升出 8 根木柱，支撑上部塔顶的铜制镏金宝盖和小窣堵波塔刹，小窣堵波塔刹的结构也明显地分为刹座、刹身、刹顶三部分，内用刹杆直贯串联。为了使顶部稳固，用四根铁链分别系在宝盖和第六层覆蓬位置，链子上也挂满了金铎，从远处望去塔顶部光彩夺目。

整个建筑造型雄伟壮观，外形优美而又富于变化，结构构造上也极为科学，塔心为实心，每一层围廊构成环绕的转经路线，毗连的各神龛之间互相独立，由下而上，龛室面积逐渐变小，最终可达塔身第六层（图 17-135）。全塔以土石材料为主，细节上也有木结构，尤其在塔腹以上部分，采用斗拱、柱枋等，完全是明代汉地木构的式样。

白居塔的整体色彩也极为丰富。总体为白色，一至五层每层涂白色的墙面约占整个墙体高的 2/3（图 17-136）。一层檐口至出挑的篷，从下到上依次为：约 18 厘米高的棕红色带，15 厘米高的黑底金字的藏文字图案，10 厘米高的棕红色底出挑枋涂绿，枋大小约为 8 厘米的方形。其上约 40 厘米高的墙面底色为蓝色，上绘绿色圆形卷草图案，中间绘各形各色的莲花，还在每面墙的中心位置根据墙面的长短在卷草图案中绘 1 至 2 尊仙女、天神。上部约 8 厘米为棕红色，出挑的椽子涂蓝色。椽上的小篷以石片及阿嘎土做面层，涂棕红色。二至四层基本相同，但椽和枋之间的墙面的图案颜色与一层不同，为白底，并在每边转角处及中间绘制菱形黑底的绿色或橘红色卷草图案，有的之间为圆形的八吉祥 [80] 图案。每层的围栏涂橘色。五层外观基本绘白色，斗拱相隔涂绿或蓝色。六至九层是装饰的重点，出挑的椽子和枋及斗拱结构涂蓝或绿色，六层绘有传神的巨眼，其上额枋部分彩绘花朵，色彩多为橘色、蓝、绿等饱和色，七层仰莲的绘制也多为橘色、蓝色、绿色的对比涂绘。再上为金色的塔刹部分。

总体而言，塔每层大部分的墙面是白色的，但在每层檐部重点彩绘色彩对比强烈的图案，巧妙地让人感觉到层次分明、有主有次。如果没有这些装饰色彩，白居塔整体肯定会逊色不少。

4）白居塔艺术上的成就

很多现代学者，无论是藏族还是西方学者，大都将形成真正的西藏艺术风格的时间确定在大约公元 15 世纪中期，公元 15 世纪 30 年代白居塔壁画的风格表明了藏民族绘画风格的产生，这一时期的藏族艺术家们已经有了艺术的敏感性和独特性，正如杜齐所述：“这一时期的西藏艺术家们采取了西藏绘画中极为罕见的做法，在自己的作品上署名。”白居塔的壁画正是处于关键的“西藏风格”形成时期。

壁画在白居寺造型艺术中占据十分重要的地位，尤其是吉祥多门塔内壁画数量之大，品质之精在藏族画史上有着不可替代的重要位置，它代表了一个时代乃至整个藏传佛教艺术从发生走向鼎盛的轨迹。在此我们有必要去探究对白居寺壁画形成有着深远影响的要素：

（1）萨迦、夏鲁寺风格对白居寺壁画的影响

白居寺壁画风格因素最早可以追溯到萨迦时期。白居寺的创建者夏喀哇家族同萨迦昆氏家族及其教派在政治、宗教、婚姻等方面存在着极为密切的关系。夏喀哇家族成员不仅在少年时代都要到萨迦去学习、供职，而且从帕巴贝桑布开始，朗钦就一直由夏喀哇家族成员辅佐出任，尤其是到了饶丹衮桑帕时期，还在宗教上同萨迦派建立了师徒传承关系。饶丹衮桑帕早年师从萨迦派都却拉章传人南渴烈思巴（明朝政府封其为“辅教王”），成为其著名的心传弟子之一。后来他在白居寺的扎仓中专门设立了弘传萨迦派教法的僧学院，并且在大殿二层和白居塔四层辟设了两个道果殿，展示和弘传萨迦派在政治和宗教上取得的瞩目成就。萨迦寺壁画在吸收中亚和中原内地艺术风格的同时，形成了具有独特风格的创作，对白居寺的壁画创作产生了不小影响。

其中萨迦的坛城壁画对白居寺的坛城创作影响尤其巨大。据白居寺壁画题记和《江孜法王传》记载，吉祥多门塔五层东无量宫殿北壁以金刚界大手印为主的坛城壁画就是根据萨迦派坛城仪轨绘制的。白居寺壁画题记明确记载，关于这幅坛城绘制仪轨，宗教界存在着无畏大师、释迦协聂和贡嘎宁波及普美琼乃巴大师等四种不同的主张，而此幅坛城壁画主要是按照贡嘎宁波[81]大师的主张绘制的。还有如吉祥多门塔一层叶衣佛母殿、白伞盖佛母殿等壁画都是根据萨迦派样式绘制的。

从坛城内容来看，夏鲁寺的坛城壁画也影响了白居寺坛城壁画的创作。吉祥多门塔五层的大部分坛城壁画，题记都明确记载是根据布顿大师所著的十万尊像坛城仪轨绘制而成。

（2）拉堆画风的影响

据白居寺壁画题记中部分画师名单记载，白居寺的壁画和塑像主要是由后藏的拉孜和当时江孜的乃宁两地的艺术家队伍创作完成的。公元14—15世纪，这一地区产生了诸如觉囊大塔、江塔和日吾且塔等精美宏大的塔寺建筑和壁画群，形成了比较一致、具有地方特色的艺术风格，由于传统上这一地区被称为拉堆地区，故称该地区的艺术为拉堆艺术风格（La-stod style）。拉堆艺术无论是在寺塔建筑造型，还是壁画的创作风格上都对白居寺产生了直接的影响。对白居寺吉祥多门塔的影响在建筑部分已经叙述，下面着重说明拉堆画风对白居塔的影响：

G. 杜齐和罗伯特·维塔利认为拉堆三塔的艺术受到了萨迦寺和夏鲁寺的影响。这三个地方的塔形成了具有独特地方个性而又比较统一的风格。因此，白居寺壁画也主要受到了融合萨迦、夏鲁寺风格的拉堆艺术风格的影响。据不完全统计，吉祥多门塔一层的白伞盖佛母殿、马头明王殿、不动明王殿，二层的度母殿，三层的金刚菩萨殿、无量殿、大佛母殿，以及四层香巴噶举祖师殿等殿壁画都是由拉孜和觉囊画家创作的壁画。在这些壁画中，我们不仅能够找到与觉囊大塔胁侍菩萨造型接近的五叶冠及塑像构图，在人物造型轮廓上能看到质朴有力、一气呵成的铁线描，而且也能看到拉堆壁画常常点缀在画面中的六瓣团花纹样，甚至还能找到很多与日吾且塔二层佛龛坛城壁画造型一致的佛陀彩虹背光[82]。

不过值得注意的是，白居寺壁画中的拉堆艺术风格因素与觉囊、江塔、日吾且所代表的拉堆艺术本身相比，风格有了十分明显的变化。变化的总趋势就是拉堆艺术质朴自然、稚拙自由的风格在白居寺壁画中逐步趋于圆润典雅、精美富丽。同乃宁画家笔下的白居寺壁画走向了融合的倾向。

乃宁、尼木画家笔下的白居寺壁画与拉孜、觉囊笔下的壁画相比，色彩更加富丽和谐，菩萨秀丽典雅，纹样繁缛华丽，给人一种清秀柔美的审美感受。白居寺大殿一层法王殿、二层道国殿，吉祥多门塔一层弥勒佛殿、二层文殊菩萨殿，四层格鲁祖师殿及五层西弥勒殿等壁画均出自乃宁和尼木画家之手[83]。

罗伯特·维塔利认为，夏鲁寺般若母殿回廊的

这种类型壁画在江孜白居寺达到了全盛阶段，发展成为一种生机蓬勃、格调高雅、完臻成熟的艺术风格。不过，这种影响不是夏鲁寺直接影响的结果，而是通过乃宁画家的手笔展现出来。从白居寺壁画题记中的从业画家来看，乃宁地区已经形成了一支阵容强大的地方画家队伍和比较统一的画风。

（3）中原艺术的影响

据壁画题记和《江孜法王传》记载，吉祥多门塔一层忿怒明殿的壁画和二层观音殿中的汉式度母壁画就是根据内地艺术风格描绘的[84]。白居寺壁画中的中原艺术风格主要体现在部分人物造型和装饰纹样的表现上：四大天王人物造型的国字脸、倒八字眉、八字胡须和宝冠、甲胄都体现出汉族艺术人物面部和服饰描写的特点，尤其是持国天手中的琵琶则是中原内地典型的乐器造型。四大天王的人物造型是从内地传入西藏的，它的出现最早可以追溯到建于吐蕃时期的大昭寺，据说大昭寺中的四大天王雕塑同汉族雕塑家在内地创作的造型完全一样。不仅如此，十六罗汉的造型也受到了中原艺术的影响，据藏文文献记载，后弘期著名佛学大师鲁梅・楚呈喜饶（约公元 10 世纪）访问内地时，带回了根据内地十六罗汉描绘的十八幅唐卡，其中还包括一幅释迦牟尼像和法护居士画像，在西藏广为传播。

图 17–137 绿度母（二层 22 号佛殿）
图片来源：王一丁摄

装饰纹样的影响主要体现在宫殿建筑造型和山石的皴染方面。内地的重檐琉璃歇山顶宫殿建筑与藏式建筑的宫苑墙体、金顶、宝幢、法轮、双鹿合为一体。岩石和树木的刻画已出现了具有内地山水画特点的皴擦点染的特征。

海瑟・噶尔美在《早期汉藏艺术》中把西方各大博物馆收藏的明代金铜佛像和公元 1410 年北京版的《甘珠尔》插图同白居寺壁画之间进行了一番比较后认为，它们都是同一时期风格十分相近的同源作品。如白居寺壁画中大多数莲花为双重仰覆莲花造型。男性菩萨大都裸露上身躯干，穿着几乎一样的袈裟，佩戴着相同的珠宝饰物，面部造型大多为方脸，度母则为圆脸。由此说明了明代内地的佛教艺术对西藏地方的藏传佛教艺术的创作产生了影响。

（4）白居寺壁画的分类

环绕吉祥多门塔共有大大小小 76 间佛堂，据《江孜法王传》统计，从底层至塔幢各殿，分别按事部、行部、瑜伽部和无上瑜伽部等绘有诸佛菩萨画像 27 529 身。其中一层绘有 2423 身；二层绘有 1542；三层绘有 3400 身；四层绘有 1278 身；五层绘有 18 886 身；横斗绘有 321 身；十三法轮绘有 677 身；塔幢绘有 127 身。全塔绘塑诸佛菩萨画像达三万余身，不愧为公元 15 世纪西藏的万神殿。

以第一至第三层为例，各殿壁画的一般格局是：进入殿门后，面墙为塑像，其余三面皆为壁画。每墙中部为一至数幅较大的主供佛画像，四周皆充满丰富的小型造像，旁有藏文佛名。同一主供佛如度母或护法神，有许多化身。

笔者尝试从佛像壁画的内容分门别类地摘取精品中的精品，去领略白居寺绘画艺术的殊胜华美：

・显宗佛像

以“我佛慈悲”为其传神要点，画中的佛陀在莲花和光环的映衬下稳坐莲台，神态慈祥，气韵十分生动，倾身俯视，给人以救苦救难的佛陀即将降临人间之感。

・绿度母（图 17–137）

该壁画位于白居塔第二层 22 号佛殿，此件作品达到了出神入化的境地。画师的技艺精湛，造型的组合设计已经过千锤百炼，是白居寺壁画的经典之作。她美丽动人、静穆慈祥，优雅的神韵得到了最充分的表达。值得关注的是，主尊背后多出一个明代家具中才会有的高背椅的两角，如牛角状上翘。正像古希腊艺术的古典时期实现的美学高度一样，藏族美术和谐而理想化的古典精神在这里实现了！

·持戒度菩萨（图 17–138）

该壁画位于白居塔第三层 38 号佛殿，此尊菩萨是白居寺壁画中众多菩萨画像的精品之一。它最突出的特点是面部神情把握得非常好，美丽安详又冷逸高洁。靠背有着中原明代木质家具的特征。

·密宗佛像

第六、第七层为通往顶层的过道，建筑内部结构为回廊，四壁皆绘壁画，题材多为密宗内容，以“佛法无边”为其传神要点，画中的佛多为忿怒变化相（图 17–139）。

·传承师祖像

第四层壁画表现各派祖师像、布局工整。其中既有藏族高僧大德们的画像，也有印度高僧大德们的画像，因民族、教派、性格的不同而形态各异，特点分明。这类画像少有夸张，而注重真实感（图 17–140）。

·护法神祇

这类画像一般狰狞威严，凶悍可怖，以使人产生对佛法的崇敬。白居寺多处出现四大天王的形象（图 17–141），十分具有代表性。印度及尼泊尔的影响全部消失，完全采用中原明代民间年画中的门神的造型，着汉族武将的盔甲，面部特征亦如宋代泥塑与明代肖像，是具汉地风采个性明确的作品，也可看作是四大天王早期形象的代表。在后来的 500 年中，四大天王在寺院壁画中变得越来越重要。

·佛教坛城

第五层壁画数量不多，题材皆以坛城为主（图 17–142）。

·装饰图案

装饰图案多用于画像、书籍、壁画、柱饰、藻井、雕梁画栋等。图案勾画匀称、清晰，典雅庄重，呈方形、圆形或其他几何图形，有的还绘有鱼虫草木、飞禽走兽、动物、花卉、梵文、法器图案（图 17–143）、吉祥如意图等。

图 17–138 持戒度菩萨（三层 38 号佛殿）
图片来源：王一丁摄

图 17–139 忿怒变化相——三头六臂及牛头马面（六层 73 号佛殿）
图片来源：沈芳摄

图 17–140 布顿像［（四层 57 号佛殿，印度祖师（四层 61 号佛殿），噶当祖师（四层 68 号佛殿）］
图片来源：沈芳摄

图 17–141 泥塑四大天王（一层楼梯间）（左）
图片来源：汪永平摄
图 17–142 坛城（五层 71 号佛殿）（右）
图片来源：王一丁摄

图 17–143 法器图案（五层 73 号佛殿）
图片来源：王一丁摄

（5）壁画的制作过程

2007 年 4 月笔者去布达拉宫采访施工维修时，适逢故宫博物院维修西印经院，重点是保护和维修壁画，现场采访了壁画方面的专家，并仔细观看了工作人员是如何保护剥落的壁画，又是如何给颜色暗沉的壁画或是已经掉落的部分用古法重新上色，并查阅相关资料，对壁画的制作过程大致总结如下：

· 颜料来源

西藏壁画使用传统的不透明的矿物质颜料，直接利用有颜色的矿石磨成颜料，经过采集、处理、加工成粉状。各种颜料在使用时须调入动物胶和牛胆，以保持其鲜艳色彩经久不褪。

· 壁面处理

墙体砌好后，用阿嘎土抹平；待干后，用黄土和粗砂加少量麦草（防裂缝）和少量细木炭（防虫蛀和变质）拌泥抹墙；待全干后，再用较细的阿嘎土和砂子拌泥抹墙；用石英石打磨到墙面直到发出亮光为止。

· 绘画过程

a. 先在墙上刷一层胶水（主要由牛胶和特制的红色矿物颜料兑在一起），现多用白色颜料兑上牛胶抹在墙壁上。

b. 作画之前，先根据墙壁的高低宽窄按比例留出作画的位置，画好壁画的四面边框。

c. 用炭条或铅笔先勾草图，在勾勒人物时，严格依据《造像量度经》的要求掌握人体各部位的比例。

d. 勾墨线。用毛笔在草图上根据已确定的炭笔或铅笔线条来勾勒墨线，一般用墨汁。

e. 在线描的基础上敷大色块。一般用深蓝色渲染天空，绿色表示土地，并渲染云雾（主佛像的头上为云，脚下为雾），云雾多用白色、浅蓝或粉绿色。还需要渲染主佛头像和背后的佛光，内圈多用石青或橘红色。再突出人物衣服的深色部分和其他景物的深色部分，并描绘人体的肉色和其他浅色部分。

f. 进一步加工渲染画面，然后用彩色线条勾勒轮廓线和衣纹。

g. 上金。金银粉的应用，是西藏壁画不可缺少的一部分。用金银粉描出的壁画经过几百年仍金碧辉煌，灿烂如新。一般描金的部位多在佛像的头饰、衣纹、服装上的花样、背光的华光、供物法器、建筑金顶以及叶筋勾勒等等。越是重要的殿堂，越是讲究的壁画，用的金银也越多。

h. 用石英石将上金的线条抹平打光。

i. 为保护壁画，最后还要在完成的壁画上刷胶和清漆。先用牛胶熬成较稀的胶水，用软毛刷轻轻刷到壁画上，待干后再刷一层清漆，整个制作过程就结束了。

注释：

1 昆・贡却杰布，另译名“款・贡曲杰波”。

2 不共法门，又称不二法门。据说在佛家里面一共有八万四千个法门，而不二法门为第一法门，人一旦进入门，就是进了超越了生死的涅槃境界便可以成佛了。当然这只是从思想境界上而不是从空间上来说的。法门可以理解为一种门道或途径，所有修行的人只要依着这样的途径去不断修炼便可以获得正果。

3 大五明：工艺学、医学、声律学、正理学、佛学。小五明：诗词学、修辞学、律学、韵律学、星相学。

4 《萨迦格言》在西藏文学史上占有重要地位。它不仅在藏族中广为流传，而且在国内外都有一定的影响。原书共九章四百五十七首，后人白登曲吉等添著释文故事五十一个。

5 蒙古新字不仅用于书写蒙古语，而且还用于书写汉语、藏语、畏兀儿语和梵语。

6 关于萨迦分寺详见萨迦寺分寺一览表。

7 四川德格贡钦寺，本名伦珠顶寺。

8 唐夏寺初奉噶当派，不久改宗萨迦派。八思巴至元大都时曾路经贡觉唐夏寺，并且出资修建了文成公主时所建的四大镇翼寺之中的玛堆殿。还另建了一座共有30根柱子的殿堂，该寺随之改奉萨迦派。

9 《目击雪域瞬间》中称为“古绒寺”。

10 张建林．追寻往日辉煌：萨迦北寺考古记[J]. 中国西藏考古，2007（2）：49.

11 萨迦巴姆，即大黑天护法神，萨迦教派护法神之一。

12 据寺院僧人所说。

13 宿白，1922年出生于辽宁沈阳，是国务院公布的第一批博士生导师。最能体现其考古研究成果和学术造诣的，当推《中国石窟寺研究》《藏传佛教寺院考古》。宿白先生是我国佛教考古的开创者。

14 宿白．藏传佛教寺院考古[M]. 北京：文物出版社，1996：101.

15 张建林．追寻往日辉煌：萨迦北寺考古记[J]. 西藏考古，2007（2）:49.

16 根据萨迦僧人旦曾塔庆口述整理得出。

17 乌孜宁玛殿，又名乌孜萨玛殿，碑文上的梵文已不清晰。

18 参见《萨迦　谢通门县文物志》古建筑部分，第61页。

19 曼陀罗或称曼荼罗、满达、曼扎、曼达，梵文：mandala。意译为坛城，以轮围具足或“聚集”为本意，指一切圣贤、一切功德的聚集之处。

20 出自达仓宗巴・班觉桑布著，陈庆英译的《汉藏史集》，第224页。

21 出自萨迦寺《后藏寺庙巡礼》。

22 参见索朗旺堆《萨迦 谢通门县文物志》第78页。

23 一种小佛像。

24 20个大坛城名见表17-1坛城列表。

25 度母，梵名Tara，全称圣救度佛母，我国古代称多罗菩萨、多罗观音，共有二十一尊，皆为观世音菩萨之化身。

26 白度母，藏音译卓玛嘎尔姆，“度母”，亦称“救度母”“多罗母”等。藏密常以长寿佛、白度母及尊胜佛母等三尊合称为“长寿三尊”。相传白度母是观世音菩萨左眼眼泪所化。

27 绿度母（Green Tara），为观世音菩萨的修行伴侣。

28 根据萨迦僧人曲朗结口述所得。

29 历史记载清朝乾隆皇帝特别推崇藏传佛教，对藏地寺庙大加封赏。乾隆本人也被广大藏传佛教寺院视为文殊菩萨转世。

30 尸棒，藏传佛教象征符号的一种。

31 参见杨永红《西藏古寺庙建筑的军事防御风格》。

32 轮回理论是佛教的基本理论之一。六道者：天道、人道、阿修罗道、畜生道、饿鬼道、地狱道。

33 参见李华东《西藏寺院壁画艺术》。

34 参见沈芳《江孜白居寺研究》。

35 歧乌热画派又称小鸟画派。

36 藏传佛教萨迦派第四代祖师，昆氏家族贝钦活布之长子。通达大、小五明，被称为萨迦“班智达”（大学者）。

37 藏传佛教格鲁派（黄教）的创立者、佛教理论家。

38 原为藏传佛教中主持授戒者之称号，相当于汉传佛教寺院中的方丈。其后举凡深通经典的喇嘛，而为寺院或扎仓（藏僧学习经典之学校）的主持者，皆称堪布。担任堪布的僧人大都是获得格西学位的高僧。

39 谢斌．西藏夏鲁寺建筑及壁画艺术[M]. 北京：民族出版社，2005：30.

40 元代藏族地区名。相当于今西藏自治区昌都地区东部，四川甘孜藏族自治州和阿坝藏族自治州的一部分。

41 元代藏族地区，又作脱思麻、脱思马、秃思马、朵哥麻思。相当于今青海、甘肃的藏族聚居区和四川阿坝藏族自治州的一部分。藏语指今青海一带藏族地区为朵，朵思麻意为“下朵”。

42 觉囊达热那他．后藏志[M]. 佘万治，译．拉萨：西藏人民出版社，2002：89.

43 达仓宗巴・班觉桑布．汉藏史集[M]. 陈庆英，译．拉萨：西藏人民出版社，1986：203.

44 此说法源于陈耀东先生发表于《文物》1994年第5期

的文章《夏鲁寺——元官式建筑在西藏的珍遗》。
45 傅千吉．藏族天文历算学教育发展初探 [J]. 中国藏学，2008（3）.
46 觉囊达热那他．后藏志 [M]. 佘万治，译．拉萨：西藏人民出版社，2002：85.
47 觉囊达热那他．后藏志 [M]. 佘万治，译．拉萨：西藏人民出版社，2002：88.
48 乌思（清以后译作卫）指前藏，藏指后藏；纳里即阿里；速古鲁孙意为三部（即古格、卜郎、芒域）。纳里速古鲁孙大体相当于今阿里地区。
49 觉囊达热那他．后藏志 [M]. 佘万治，译．拉萨：西藏人民出版社，2002：89.
50 觉囊达热那他．后藏志 [M]. 佘万治，译．拉萨：西藏人民出版社，2002：89-90.
51 觉囊达热那他．后藏志 [M]. 佘万治，译．拉萨：西藏人民出版社，2002：96.
52 觉囊达热那他．后藏志 [M]. 佘万治，译．拉萨：西藏人民出版社，2002：85.
53 觉囊达热那他．后藏志 [M]. 佘万治，译．拉萨：西藏人民出版社，2002：84.
54 宿白．藏传佛教寺院考古 [M]. 北京：文物出版社，1996：91.
55 金刚杵，又叫作宝杵、降魔杵等，是一种佛教法器。原为古代印度之武器。由于质地坚固，能击破各种物质，故称金刚杵。
56 陈耀东．夏鲁寺：元官式建筑在西藏地区的珍遗 [J]. 文物，1994（5）：4-23.
57 陈耀东．夏鲁寺：元官式建筑在西藏地区的珍遗 [J]. 文物，1994（5）：4-23.
58 张丹．斗栱艺术与结构机能演变历史的研究 [D]. 沈阳：东北林业大学，2005：46.
59 陈耀东．中国藏族建筑 [M]. 北京：中国建筑工业出版社，2007：277.
60 郭华瑜．明代官式建筑侧脚生起的演变 [J]. 华中建筑，1999，17（4）:100-102.
61 谢斌．西藏夏鲁寺建筑及壁画艺术 [M]. 北京：民族出版社，2005：110
62 艾尔伯托・罗勃．夏鲁寺部分壁画的汉地影响及其所在文化情境下的政治寓意 [J]. 谢继胜，译．故宫博物院院刊，2007（5）：67-77.
63 《汉藏史集》，是藏族历史上一份十分珍贵的资料，在国内属于罕见的珍奇史料之一。该书的作者为达仓宗巴・班觉桑布，其事迹迄今未见史书记载。据该书上册五十七叶说，该书写于木虎年（甲寅），一百九十二页说，“从阳土猴年（戊申，公元 1368 年）汉地大明皇帝取得帝位至今年之木虎年（甲寅），过了六十七年”，说明此书写于藏历第七饶迥之木虎年，即公元 1434 年。该书后记中又说，该书写完之时，江孜法王热丹贡桑还在人世。
64 熊文彬博士，藏族，娴于藏文，对明嘉靖十八年（公元 1539 年）博多哇・晋美扎巴写就的《江孜法王传》中有关白居寺、塔的各种记录，做了翻译分析，并写成研讨白居寺图像学的专门著作《白居寺藏传佛教艺术图像学研究》（打印本，1994）。
65 达仓宗巴・班觉桑布．汉藏史集 [M]. 陈庆英，译．拉萨：西藏人民出版社，1986：214.
66 班钦・索南查巴．新红史 [M]. 黄颢，译．拉萨：西藏人民出版社，1984：60.
67 达仓宗巴・班觉桑布．汉藏史集 [M]. 陈庆英，译．拉萨：西藏人民出版社，1986：214-215.
68 四大天王：常在寺院殿门左右绘塑的重要画像，即持国天王、整长天王、广目天王和多闻天王。四大天王住须弥山腰，是镇守四方的神将，有催邪辅正、护法安僧的作用。
69 护法神殿是指由释迦牟尼佛或其他高僧大德所收服的，立誓顺从佛法、护卫佛法的神灵所在的佛殿，它不仅要护法，还要护卫修行佛法的人民，以其免受内外灾害。
70 达仓宗巴・班觉桑布．汉藏史集 [M]. 陈庆英，译．拉萨：西藏人民出版社，1986：214.
71 阿底峡（公元 982-1054 年），克什米尔人，于公元 1042 年从尼泊尔至阿里，后来到卫藏等地译经授徒。其弟子仲敦巴弘扬其学说，创立了西藏佛教中的噶当派。
72 莲花生，印度高僧，于公元 761 年前后，应藏王赤松德赞邀请来藏传授佛教，弘扬密法。相传他入藏后，以密宗法术收服了当地苯教神嗣，并参与了桑耶寺的建设。
73 柴焕波．西藏艺术考古 [M]. 郑州：河北教育出版社，2002：112.
74 犍陀罗雕刻艺术，远在公元前 4 世纪末马其顿亚历山大入侵古印度犍陀罗国（今巴基斯坦白沙瓦及毗连的阿富汗东部），使希腊文化艺术影响了这一地区，公元前 3 世纪摩揭陀国的阿育王，遣僧人传播佛教，渐渐形成犍陀罗式佛教艺术，公元 1 至 6 世纪犍陀罗雕刻作为古代佛教艺术流派盛行于犍陀罗国。
75 《汉藏史集》记载：“热丹贡桑帕巴……作为具吉祥萨迦派首席大臣、执掌教法的栋梁、地方的大长官……当他登上执掌地方政务的职位后，汉地大明皇帝封他为大司徒。赐给印信、诏书，赠给许多礼品，并准许朝贡”（据陈庆英译本第 242 页）。热丹贡桑帕受明封赠，接到（萨迦）大乘法王的信函。去到萨迦。宣读了任命他为大司徒、朗钦、土官的诏书”（据《江孜法王的家族与白居寺的兴建》转引），疑此像是这次明廷所赐礼品之一。
76 宿白．藏传佛教寺院考古 [M]. 北京：文物出版社，1996：139.
77 宗喀巴大师（公元 1357—1419 年），为藏传佛教最大的派系格鲁派，亦称“黄教”的创始人和祖师，本名洛桑扎巴，生于青海湟中。藏语称那一带为宗喀，古尊称为宗喀巴。
78 达仓宗巴・班觉桑布．汉藏史集．陈庆英，译．拉萨：西藏人民出版社，1986：215.
79 达仓宗巴・班觉桑布．汉藏史集 [M]. 陈庆英，译．拉萨：西藏人民出版社，1986：215.
80 八吉祥：藏语称“扎西达杰”，象征吉祥，即吉祥节、妙莲、宝伞、右旋海螺、金轮、金幢、宝瓶、金鱼。常以石雕、木雕和铜雕、彩绘等形式装饰在寺院、建筑、帐篷、器皿、绘画中。
81 贡嘎宁波（公元 1092—1158 年），萨迦派教义的主要创建者之一。此人显密兼通，学识渊博，不仅学到了道果法口诀，还学到了修习方法，将卓弥译师所传的道果法系统化，确立为萨迦派的主要教法。他不仅享有萨迦大师的称号，而且还被追认为萨迦五祖中的鼻祖。
82 金维诺．藏传寺院壁画 [M]. 天津：天津人民美术出版社，1989：132-134.
83 金维诺．藏传寺院壁画 [M]. 天津：天津人民美术出版社，1989：91-102.
84 金维诺．藏传寺院壁画 [M]. 天津：天津人民美术出版社，1989：103-112.

附录　白居寺测绘图

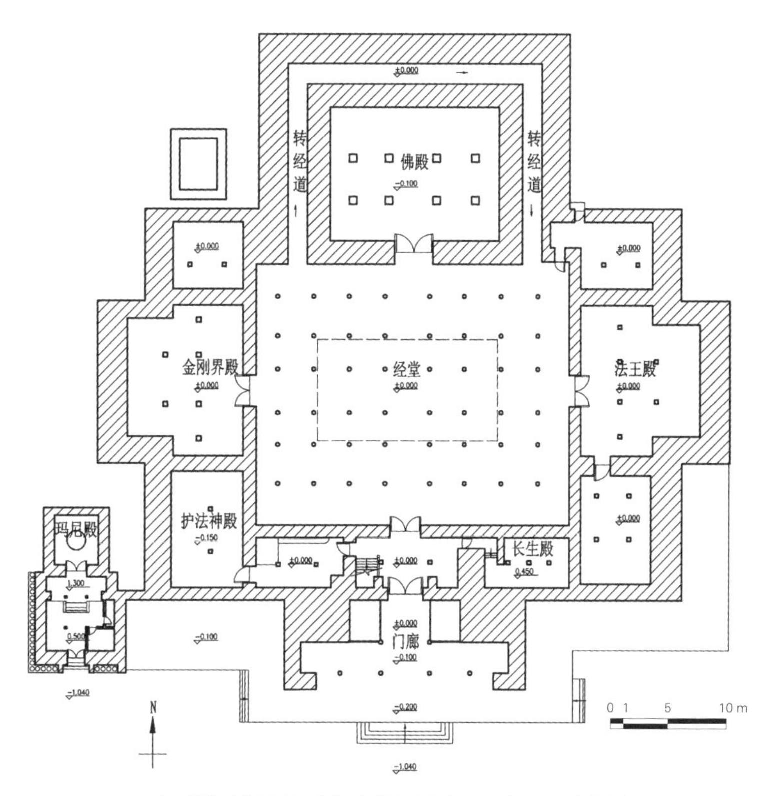

白居寺措钦大殿及玛尼殿一层平面图（2007 年 10 月测绘）

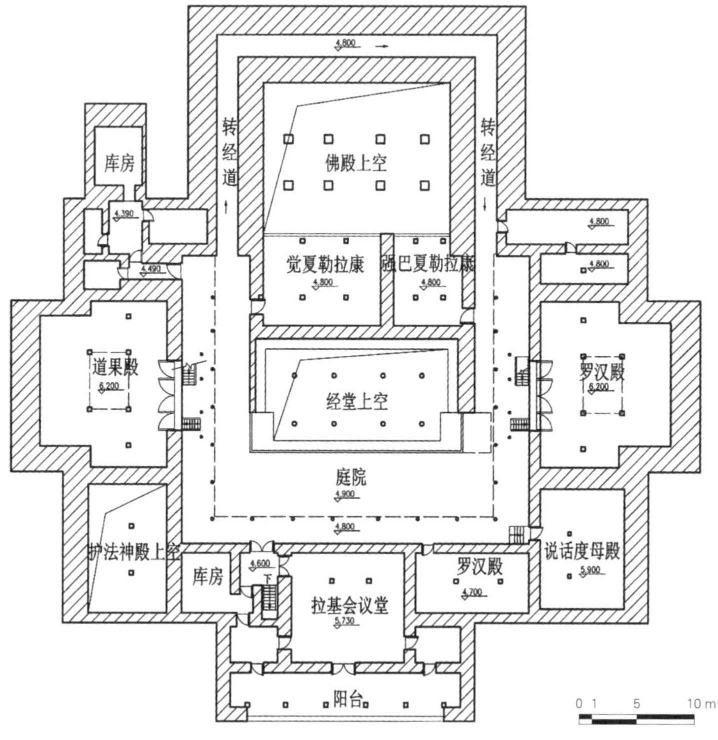

白居寺措钦大殿二层平面图

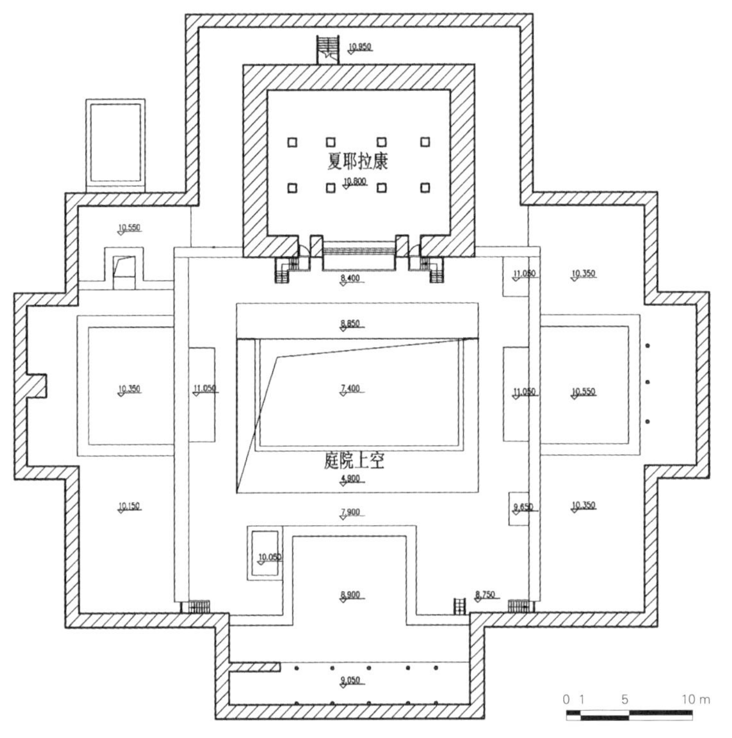

白居寺措钦大殿三层平面图

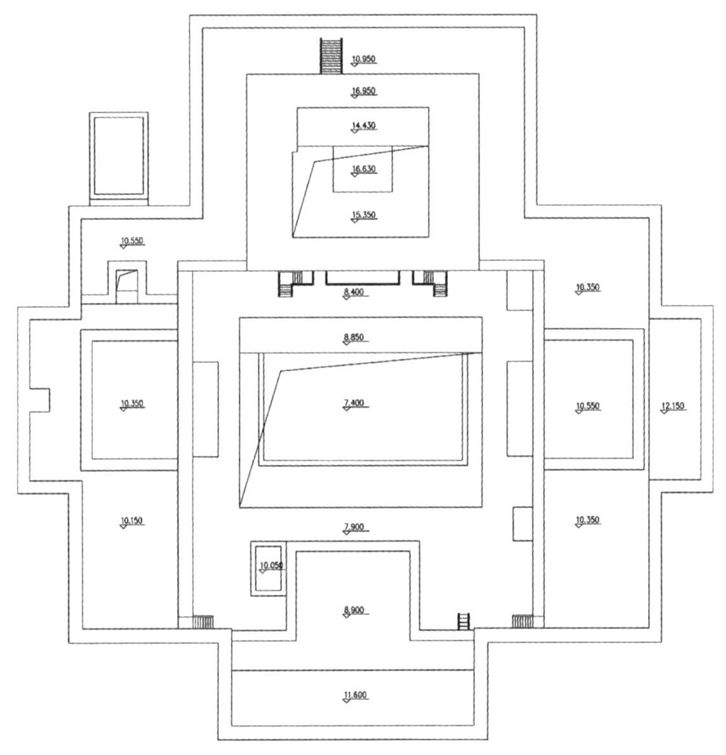

白居寺措钦大殿屋顶平面图

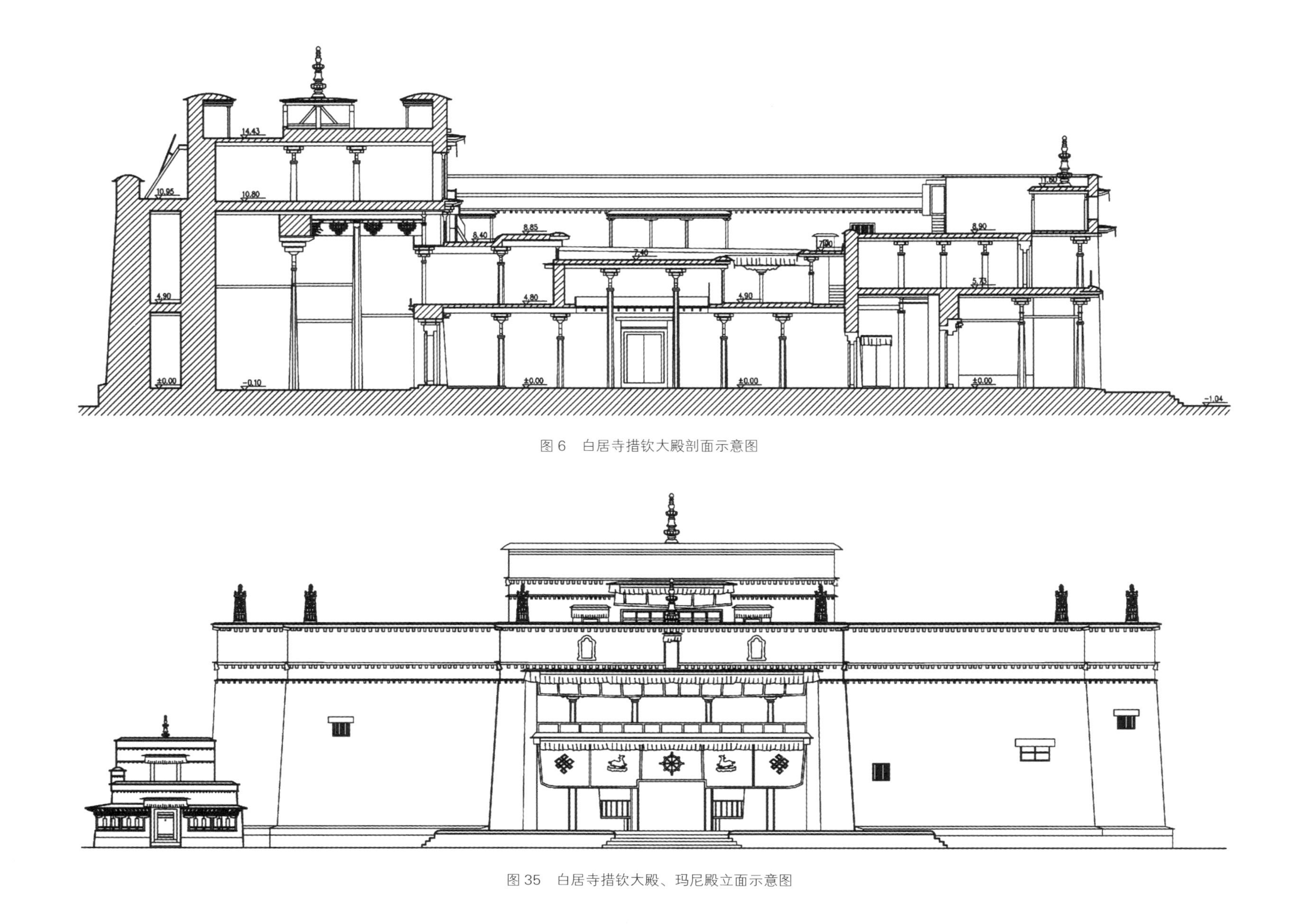

图 6　白居寺措钦大殿剖面示意图

图 35　白居寺措钦大殿、玛尼殿立面示意图

参考文献

中文专著

1. 陈耀东 . 中国藏族建筑 [M]. 北京：中国建筑工业出版社，2007.

2. 汪永平 . 拉萨建筑文化遗产 [M]. 南京：东南大学出版社，2005.

3. 徐宗威 . 西藏传统建筑导则 [M]. 北京：中国建筑工业出版社，2004.

4. 杨辉麟 . 西藏佛教寺庙 [M]. 成都：四川人民出版社，2003.

5. 张世文 . 藏传佛教寺院艺术 [M]. 拉萨：西藏人民出版社，2003.

6. 蒲文成 . 甘青藏传佛教寺院 [M]. 西宁：青海人民出版社，1997.

7. 玄奘，辩机 . 大唐西域记校注 [M]. 季羡林，等校注 . 北京：中华书局，2000.

8. 刘敦桢 . 中国古代建筑史 [M]. 2 版 . 北京：中国建筑工业出版社，1984.

9. 潘谷西 . 中国古代建筑史　第四卷：元明建筑 [M]. 北京：中国建筑工业出版社，2001.

10. 孙大章 . 中国古代建筑史　第五卷：清代建筑 [M]. 北京：中国建筑工业出版社，2002.

11. 恰白・次旦平措，诺章・吴坚，平措次仁 . 西藏通史简编 [M]. 北京：五洲传播出版社，2000.

12. 陈庆英，高淑芬 . 西藏通史 [M]. 郑州：中州古籍出版社，2003.

13. 伊伟先 . 明代藏族史研究 [M]. 北京：民族出版社，2000.

14. 曾国庆 . 清代藏史研究 [M]. 拉萨：西藏人民出版社、济南：齐鲁书社，1999.

15.《藏族简史》编写组 . 藏族简史 [M]. 3 版 . 拉萨：西藏人民出版社，1999.

16. 宿白 . 藏传佛教寺院考古 [M]. 北京：文物出版社，1996.

17. 中国西南民族研究学会《藏族学术讨论会论文集》编辑组 . 藏族学术讨论会论文集 [M]. 拉萨：西藏人民出版社，1984.

18. 王尧，陈庆英 . 西藏历史文化辞典 [M]. 拉萨：西藏人民出版社，1998.

19. 杨嘉铭，赵心愚，杨环 . 西藏建筑的历史文化 [M]. 西宁：青海人民出版社，2003.

20. 邓侃 . 西藏的魅力 [M]. 拉萨：西藏人民出版社，2005.

21. 熊文彬 . 西藏艺术 [M]. 北京：五洲传播出版社，2002.

22. 姜安 . 藏传佛教 [M]. 海口：海南出版社，2003.

23. 彭英全 . 西藏宗教概说 [M]. 2 版 . 拉萨：西藏人民出版社，2002.

24. 王森 . 西藏佛教发展史略 [M]. 北京：中国社会科学出版社，1997.

25. 顾笃庆 . 西藏风物志 [M]. 拉萨：西藏人民出版社，1985.

26. 释妙舟 . 蒙藏佛教史 [M]. 扬州：广陵书社，2009.

27. 冯燕 . 国外西藏研究概况 [M]. 北京：中国社会科学出版社，1979.

28. 王尧，王启龙，邓小咏 . 中国藏学史（1949 年前）[M]. 北京：民族出版社，2003.

29. 柴焕波 . 西藏艺术考古 [M]. 北京：中国藏学出版社，2002.

30. 于乃昌 . 西藏审美文化 [M]. 拉萨：西藏人民出版社 ,1999.

31. 旺堆次仁 . 拉萨 [M]. 北京：中国建筑工业出版社，1995.

32. 丹珠昂奔 . 藏族文化发展史 [M]. 兰州：甘肃教育出版社，2001.

33. 尕藏才旦 . 藏传佛教文化概览 [M]. 兰州：甘肃民族出版社，2002.

34. 尕藏加 . 雪域的宗教 [M]. 北京：宗教文化出版社，2003.

35. 次旦扎西 . 西藏地方古代史 [M]. 拉萨：西藏人民出版社，2004.

36. 西藏自治区文物管理委员会 . 拉萨文物志 [Z]. 拉萨，1985.

37. 杨辉麟 . 佛界：神秘的西藏寺院 [M]. 2 版 . 西宁：青海人民出版社，2007.

38. 张世文 . 藏传佛教寺院艺术 [M]. 拉萨：西藏人民出版社，2003.

39. 李允鉌 . 华夏意匠：中国古典建筑设计原理分析 [M]. 天津：天津大学出版社，2005.

40. 牙含章 . 达赖喇嘛传 [M]. 北京：华文出版社，2000.

41. 全佛编辑部 . 佛教小百科 26：西藏地区的寺院与佛塔 [M]. 北京：中国社会科学出版社，2003.

42. 罗哲文 . 中国古塔 [M]. 北京：中国青年出版社，1985.

43. 根秋登子，次勒降泽 . 藏式佛塔：藏汉对照 [M]. 北京：民族出版社，2007.

44. 李崇峰 . 中印佛教石窟寺比较研究：以塔庙窟为中心 [M]. 北京：北京大学出版社，2003.

45. 常霞青 . 麝香之路上的西藏宗教文化 [M]. 杭州：浙江人民出版社，1988.

46. 西藏自治区文物管理委员会 . 古格故城 [M]. 北京：文物出版社，1991.

藏文译著

1. 恰白・次旦平措，诺章・吴坚 . 西藏简明通史・松石宝串：全 3 册 [M]. 拉萨：西藏藏文古籍出版社，2004.

2. 索南坚赞 . 西藏王统记 [M]. 刘立千，译注 . 北京：民族出版社，2000.

3. 五世达赖喇嘛 . 西藏王臣记 [M]. 刘立千，译注 . 北京：民族出版社，2000.

4. 钦则旺布 . 卫藏道场胜迹志 [M]. 刘立千，译 . 北京：民族出版社，2002.

5. 土观・罗桑却吉尼玛 . 土观宗派源流：讲述一切宗派源流和教义善说晶镜史 [M]. 刘立千，译注 . 北京：民族出版社，2000.

6. 刘立千 . 刘立千藏学著译文集・杂集 [M]. 北京：民族出版社，2000.

7. 续藏史鉴 [Z]. 刘立千，译 . 成都：华西大学，1989.

8. 达仓宗巴・班觉桑布 . 汉藏史集：贤者喜乐赡部洲明鉴 [M]. 陈庆英，译 . 拉萨：西藏人民出版社，1986.

9. 东嘎・洛桑赤列 . 论西藏政教合一制度：藏文文献目录学 [M]. 陈庆英，译 . 北京：中国藏学出版社，2001.

10. 扎雅·诺丹西绕. 西藏宗教艺术 [M]. 谢继胜，译. 拉萨：西藏人民出版社，1989.

11. 多卡夏仲·策仁旺杰. 颇罗鼐传 [M].2 版. 拉萨：西藏人民出版社，2002.

外文译著

1. 噶尔美. 早期汉藏艺术 [M]. 熊文彬，译. 石家庄：河北教育出版社，2001.

2. 萨耶. 印度－西藏的佛教密宗 [M]. 耿昇，译. 北京：中国藏学出版社，2000.

3. 石泰安. 西藏的文明 [M]. 2 版. 耿昇，译. 北京：中国藏学出版社，2005.

4. 杰克逊. 西藏绘画史 [M]. 向红笳，谢继胜，熊文彬，译. 拉萨：西藏人民出版社，2001.

5. 杜齐. 西藏考古 [M].2 版. 向红笳，译. 拉萨：西藏人民出版社，2004.

6. 图齐. 西藏宗教之旅 [M]. 2 版. 耿昇，译. 北京：中国藏学出版社，2005.

7. 比尔. 藏传佛教象征符号与器物图解 [M]. 向红笳，译. 北京：中国藏学出版社，2007.

8. 戈尔斯坦. 喇嘛王国的覆灭 [M]. 杜永彬，译. 北京：中国藏学出版社，2005.

9. 图齐. 梵天佛地 [M]. 上海：上海古籍出版社，2009.

10. 伯戴克. 元代西藏史研究 [M]. 张云，译. 昆明：云南人民出版社，2002.

11. Knud Larsen，Amund Sinding-Larsen. 拉萨历史城市地图集：传统西藏建筑与城市景观 [M]. 李鸽，木雅·曲吉建才，译. 北京：中国建筑工业出版社，2005.

外文专著

1. ALEXANDER A. The temples of Lhasa：Tibetan Buddhist architecture from the 7th to the 21st centuries[M]. London：Serindia Publications，2005.

2. GROVER S. The architecture of India：Buddhist and Hindu [M].New Delhi：Vikas Publishing House，1980.

3. SINGH R P B. Where the buddha walked[M]. Varansi：Indica Books，2003.

4. RAJAN K V S. India temple styles：the personality of Hindu architecture[M].New Delhi：Munshiram Manoharlal Publishers，1972.

5. The stupa：Its religious，historical and architectural significance[M]. Wiesbaden：Franz Steiner，1980.

6. GOVINDA L A. Psycho-cosmic symbolism of the buddhist stupa[M]. Berkeley：Dharma Publishing，1976.

7. BIDARI R B. Lumbini [M]. Nepal：Hill Side Press，2007.

8. A path to the void[M]. New Delhi：India Publishing Company，1998.

9. ZURICK D，PACHECO J. Illustrated atlas of the Himalaya[M]. Lexington：India Research Press，2006.

学术论文与期刊

1. 贾中. 藏式建筑研究 [D]. 武汉：武汉理工大学，2002.

2. 吴晓红. 拉萨藏传佛教寺院建筑研究 [D]. 南京：南京工业大学，2006.

3. 徐鑫鸣. 西藏山南地区藏传佛教寺院建筑研究 [D]. 南京：南京工业大学，2007.

4. 李晶磊. 经院教育制度下的西藏格鲁派大型寺庙研究：以甘丹寺与色拉寺为例 [D]. 南京：南京工业大学，2010.

5. 沈芳. 江孜白居寺研究 [D]. 南京：南京工业大学，2008.

6. 赵婷. 扎什伦布寺及其与城市关系研究 [D]. 南京：南京工业大学，2008.

7. 储旭. 萨迦寺研究 [D]. 南京：南京工业大学，2008.

8. 周映辉. 夏鲁寺及夏鲁村落研究 [D]. 南京：南京工业大学，2008.

9. 牛婷婷. 藏传佛教格鲁派寺庙建筑研究 [D]. 南京：南京工业大学，2011.

10. 叶阳阳. 藏传佛教格鲁派寺院外部空间研究与应用 [D]. 北京：北京建筑工程学院，2010.

11. 柏景，陈珊，黄晓. 甘、青、川、滇藏区藏传佛教寺院分布及建筑群布局特征的变异与发展 [J]. 建筑学报，2009（S1）：38-43.

12. 孙林. 西藏宗教与民间习俗中的象征主义人类学 [J]. 西藏研究，2003（1）：55-63.

13. 杨永红. 西藏古寺庙建筑的军事防御风格 [J]. 西藏研究，2005（1）：78-84.

14. 朱莹. 阳光下的城池：哲蚌寺 [J]. 建筑师，2005(1)：70-74.

15. 达宝次仁. 三世达赖喇嘛索南加措 [J]. 西藏研究，2003（3）：44-48.

16. 嘎·达哇才仁. 传统藏传因明学高僧培养基地：哲蚌寺 [J]. 中国藏学，2008（1）：194-199.

17. 周晶，李天. 从历史文献记录中看藏传佛教建筑的选址要素与藏族建筑环境观念 [J]. 建筑学报，2010（S1）：70-75.

18. 拉毛杰. 藏传佛塔文化研究 [D]. 北京：中央民族大学，2007.

19. 张驭寰. 北京地区的藏传佛塔 [J]. 紫禁城，2001（3）：18-21.

20. 申平. 佛塔形态演变的文化学意义 [J]. 洛阳工学院学报（社会科学版），2001（2）：59-61.

21. 李翎. 西北地区藏传佛教遗迹调查 [J]. 西藏研究，2003（2）：77-81.

22. 王宏利. 藏传佛塔的形制及其特点 [J]. 五台山研究，2001（3）：18-20.

23. 湛如，丁薇. 印度早期佛教的佛塔信仰形态 [J]. 世界宗教研究，2003（4）：28-38.

24. 根秋登子. 论藏式佛塔建筑 [J]. 西藏研究，2004（2）：92-94.

25. 英卫峰. 试论 11~13 世纪卫藏佛教艺术中的有关波罗艺术风格 [J]. 西藏研究，2008（4）：34-41.

26. 岗措. 多元文化交融的古格佛教艺术：评介《西藏西部的佛教史与佛教文化研究》[J]. 中央民族大学学报，2006（4）：102-104.

27. 王松平. 西藏阿里象雄文化发掘与保护探析 [J]. 西南民族大学学报（人文社科版），2011，32（9）：38-41.

28. 克·东杜普，伊西兰姆措. 西藏与尼泊尔的早期关系（七一八世纪）[J]. 西藏研究，1987（2）：108-110.

29. 马学仁. 犍陀罗艺术与佛像的产生 [J]. 西北民族研究，2001（4）：120-128.

30. 霍巍. 西藏西部佛教石窟壁画中的波罗艺术风格 [J]. 考古与文物，2005（4）：73-80.

31. 柏景. 藏区苯教寺庙建筑发展述略 [J]. 西北民族大学学报（哲学社会科学版），2006（1）：10-18.

图书在版编目（CIP）数据

西藏藏传佛教建筑史 / 汪永平等著 .—南京：东南大学出版社，2021.12
ISBN 978-7-5641-9267-9

Ⅰ.①西… Ⅱ.①汪… Ⅲ.①喇嘛宗－宗教建筑－建筑史－西藏 Ⅳ.① TU-089.3

中国版本图书馆 CIP 数据核字（2020）第 242725 号

书　　名：西藏藏传佛教建筑史
　　　　　Xizang Zangchuan Fojiao Jianzhushi

著　　者：汪永平　牛婷婷　宗晓萌　等
责任编辑：戴　丽　贺玮玮
责任校对：张万莹
封面设计：皮志伟
责任印制：周荣虎

出版发行：东南大学出版社
社　　址：南京市四牌楼 2 号
网　　址：http://www.seupress.com

印　　刷：上海雅昌艺术印刷有限公司
排　　版：南京布克文化有限公司
开　　本：889 mm × 1194 mm　1/16　印张：30.375　字数：775 千
版　　次：2021 年 12 月第 1 版　印次：2021 年 12 月第 1 次印刷
书　　号：ISBN 978-7-5641-9267-9
定　　价：460.00 元

经　　销：全国各地新华书店
发行热线：025-83791830